编写人员名单

主　编　朱宗元　梁存柱　李志刚

参编者　胡天华　王　炜　王立新　刘小平
　　　　贾成朕　闫建成　付晓玥　柴　曦
　　　　赵春玲　周全良

绘　图　马　平　张海燕　田　虹

宁夏贺兰山国家级自然保护区
第二次综合科学考察系列丛书

贺兰山植物志

朱宗元　梁存柱　李志刚 ◎主编

黄河出版传媒集团
阳光出版社

图书在版编目（CIP）数据

贺兰山植物志/朱宗元，梁存柱，李志刚主编. --
银川：阳光出版社，2011.12
ISBN 978-7-5525-0011-0

Ⅰ.①贺… Ⅱ.①朱… ②梁… ③李… Ⅲ.①贺兰山—植物志 Ⅳ.①Q948.522.6

中国版本图书馆 CIP 数据核字（2011）第 263033 号

贺兰山植物志 朱宗元 梁存柱 李志刚 主编

责任编辑 王 燕 马 晖 金佩霞
封面设计 石 磊
责任印制 郭迅生

黄河出版传媒集团
阳 光 出 版 社 出版发行

地 址 银川市北京东路 139 号出版大厦（750001）
网 址 http://www.yrpubm.com
网上书店 http://www.hh-book.com
电子信箱 yangguang@yrpubm.com
邮购电话 0951-5044614
经 销 全国新华书店
印刷装订 宁夏雅昌彩色印务有限公司
印刷委托书号 （宁）0007736

开本 787mm×1092mm 1/16
印张 54.5
字数 872 千
版次 2011 年 12 月第 1 版
印次 2011 年 12 月第 1 次印刷
书号 ISBN 978-7-5525-0011-0/Q·16

定价 288.00 元

Flora of Helan Mountain

EDITOR
Zongyuan Zhu Cunzhu Liang Zhigang Li

EDITORIAL ASSISTANCE
Tianhua Hu Wei Wang Lixin Wang Xiaoping Liu
Chengzhen Jia Jiancheng Yan Xiaoyue Fu Xi Chai
Chunling Zhao Quanliang Zhou

The Yellow River Publishing and Media Group Co., LTD.
Sunshine Press Co. LTD.
Address: No.139, Beijing Road (East) , Yinchuan, Ningxia

朱宗元（Z. Y. Chu=Z. Y. Zhu），男，1937年生，北京昌平人。内蒙古乌兰察布市科技局高级工程师；内蒙古大学客座研究员；原中国科学院内蒙古-宁夏综合考察队成员。自1958年以来一直从事中国北方草地与荒漠区植物分类学、植物区系地理、植被科学、草地科学等领域的研究工作。参编专著6部，是《内蒙古植物志》、《内蒙古药用植物志》编委，《内蒙古植被》主要作者之一；发表学术论文20余篇；发表植物新种及新变种20余个。曾获国家教育委员会二等奖，内蒙古科技进步一等奖，内蒙古星火计划优秀工作者。

梁存柱（C. Z. Liang），男，1964年生，内蒙古丰镇市人。现任内蒙古大学生命科学学院教授，博士生导师。获内蒙古师范大学学士、内蒙古大学硕士及东北师范大学博士学位；曾在北京大学做博士后研究和美国亚利桑那州立大学做访问学者。自1990年以来一直从事植被生态学、植物分类与区系地理、生物多样性，植被遥感与地理信息系统等领域的研究工作。主持完成国家自然科学基金项目6项，科技部国家重点基础研究发展计划（973）前期研究项目1项。发表学术论文40余篇，参编专著5部。

1/ 青海云杉
Picea crassifolia Kom.

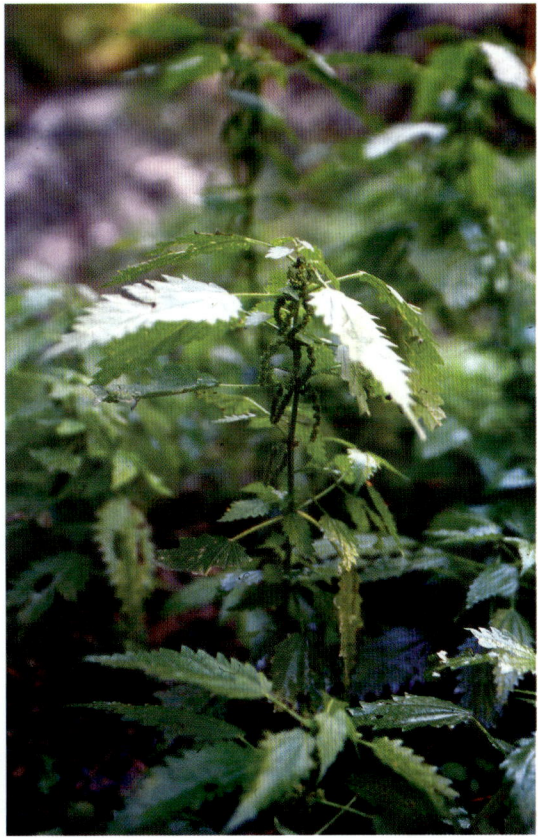

2/ 贺兰山荨麻
Urtica helanshanica W. Z. Di et W. B. Liao

3/ 贺兰山圆柏
Sabina vulgaris Ant. var. *alashanensis* Z. Y. Chu et C. Z. Liang

4/ 总序大黄
Rheum racemiferum Maxim.

5/ 中华卷柏
Selaginella sinensis (Desv.) Spring

6/ 油松
Pinus tabulaeformis Carr.

7/ 斑子麻黄
Ephedra rhytidosperma Pachom.

8/ 小叶朴
Celtis bungeana Bl.

9/ 阿拉善银莲花
Anemone alaschanica (Schpicz.) Borod. - Grabovsk.

10/ 半钟铁线莲
Clematis ochotensis (Pall.) Poir.

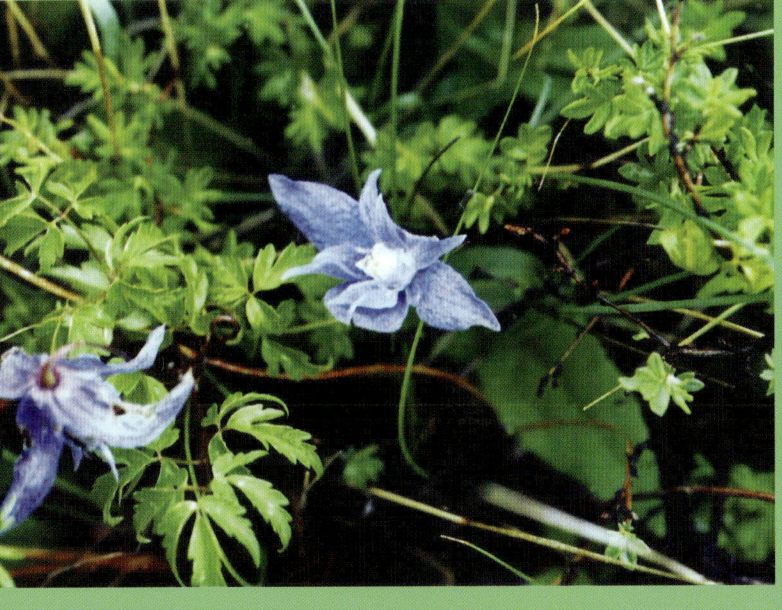

11/ 长瓣铁线莲
Clematis macropetala Ledeb.

12/ 白花长瓣铁线莲
Clematis macropetala Ledeb. var. *albiflora* (Maxim.) Hand. -Mazz.

13/ 置疑小檗
Berberis dubia Schneid.

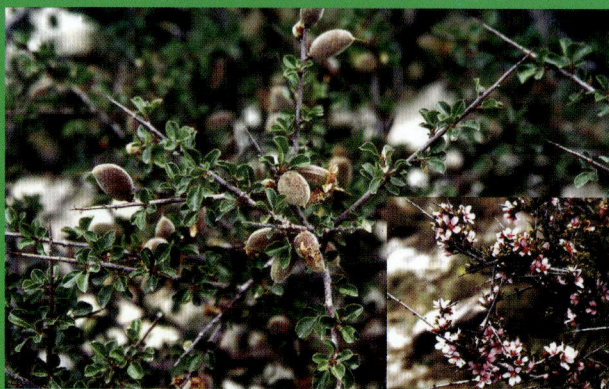

14/ 蒙古扁桃
Prunus mongolica Maxim.

15/ 花叶海棠
Malus transitoria (Batal.) Schneid.

16/ 毛樱桃
Prunus tomentosa Thunb.

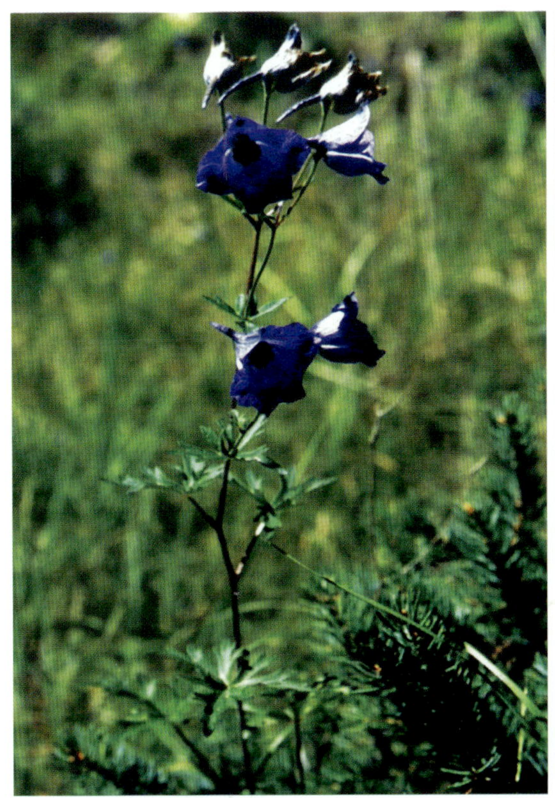

17/ 白蓝翠雀
Delphinium albocoeruleum Maxim.

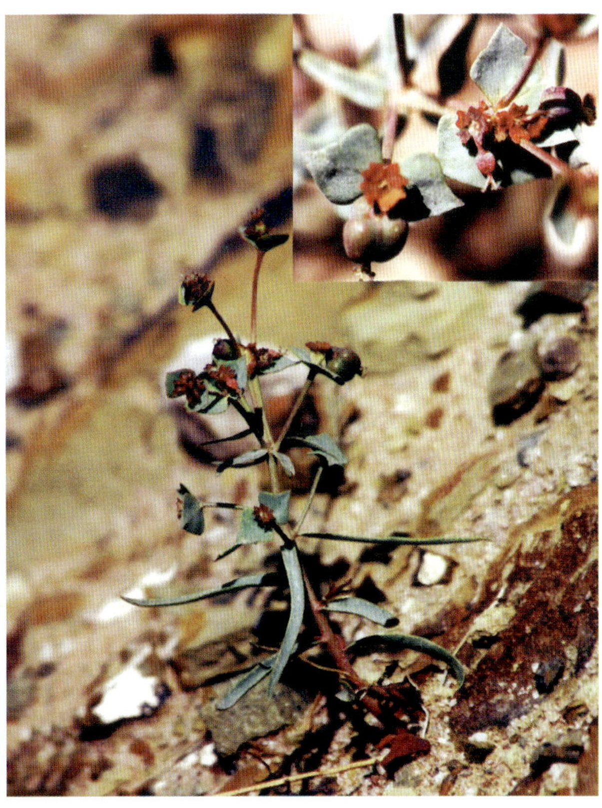

18/ 红腺大戟
Euphorbia ordosinensis Z. Y. Chu et W. Wang

19/ 沙冬青
Ammopiptanthus mongolicus (Maxim. ex Kom.) Cheng f.

20/ 粗壮黄芪
Astragalus hoantchy Franch.

21/ 淡黄芪
Astragalus dilutus Bunge

22/ 短龙骨黄芪
Astragalus parvicarinatus S. B. Ho

23/ 大花雀儿豆
Chesneya grubovii (Ulzij.) Z. Y. Chu et C. Z. Liang

24/ 宽叶多序岩黄芪
Hedysarum polybotrys Hand. – Mazz. var. *alaschanicum* (B. Fedtsch.) H. C. Fu et Z. Y. Chu

25/ 贺兰山岩黄芪
Hedysarum petrovii Yakovl.

26/ 四合木
Tetraena mongolica Maxim.

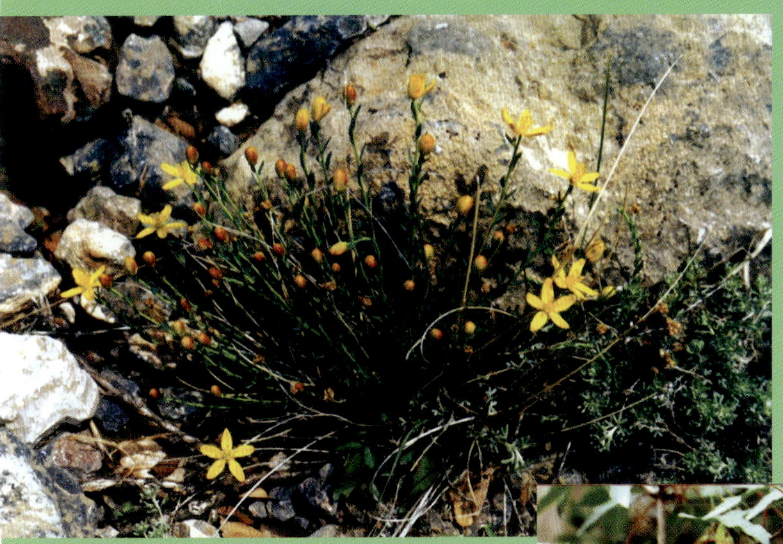

27/ 针枝芸香
Haplophyllum tragacanthoides Diels

28/ 大叶细裂槭
Acer stenolobum Rehd. var. *megalophyllum* Fang et Wu

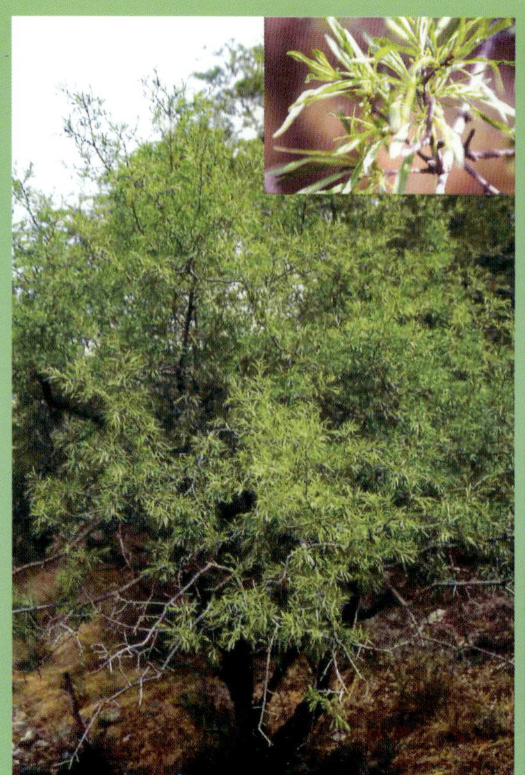

29/ 柳叶鼠李
Rhamnus erythroxylon Pall.

30/ 沙梾
Cornus bretschneideri L. Henry

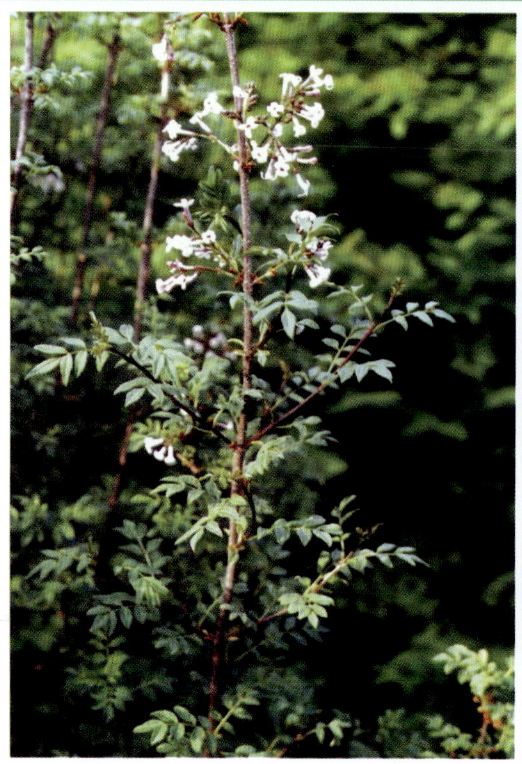

31/ 羽叶丁香
Syringa pinnatifolia Hemsl.

32/ 贺兰玄参
Scrophularia alaschanica Batal.

33/ 长叶红沙
Reaumuria trigyna Maxim.

34/ 天栌
Arctous ruber(Rehd. et Wils.) Nakai

35/ 阿拉善点地梅
Androsace alashanica Maxim.

36/ 翼萼蔓
Pterygocalyx volubilis Maxim.

37/ 蒙古芯芭
Cymbaria mongolica Maxim.

38/ 藓生马先蒿
Pedicularis muscicola Maxim.

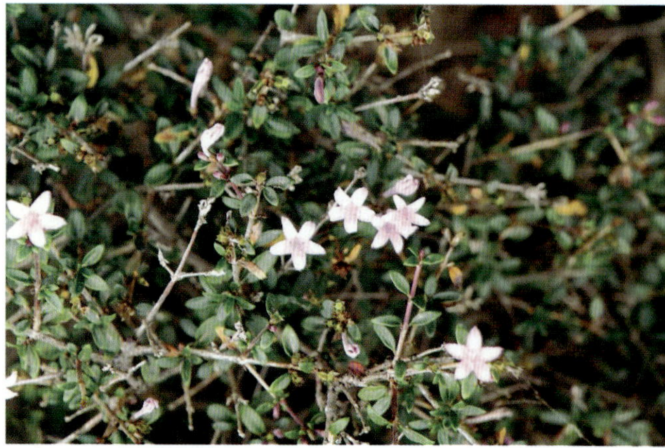

39/ 内蒙薄皮木
Leptodermis ordosica H. C. Fu et E. W. Ma

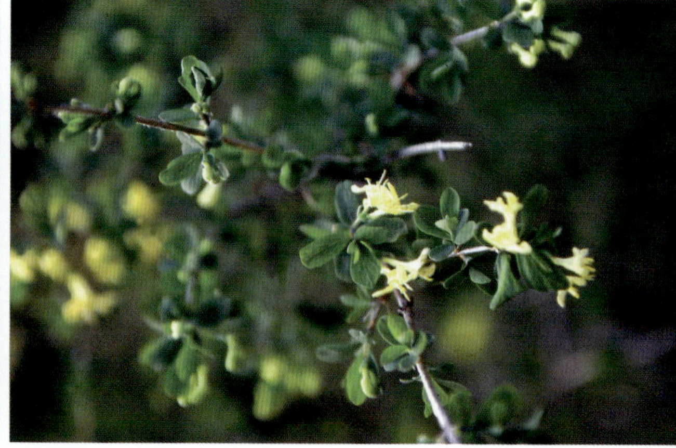

40/ 小叶忍冬
Lonicera microphylla Willd. ex Roem. et Schult.

41/ 阿拉善马先蒿
Pedicularis alaschanica Maxim.

42/ 术叶菊
Synotis atractylidifolia（Ling）C. Jeffrey et Y. L. Chen

43/ 贺兰山风毛菊
Saussurea helanshanensis Z. Y. Chu. et C. Z. Liang

44/ 阿拉善风毛菊
Saussurea alaschanica Maxim.

45/ 缩茎阿拉善风毛菊
Saussurea alaschanica Maxim. var. *acaulie* Z. Y. Chu et C. Z. Liang

46/ 贺兰山女蒿
Hippolytia kaschgarica (Krasch.) Poljak. subsp. *alashanica* (Ling) Z. Y. Chu. et C. Z. Liang

47/ 革苞菊
Tugarinovia mongolica Iljin

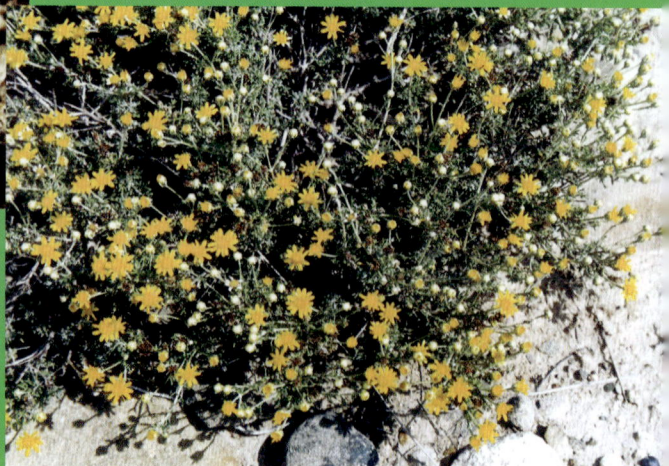

48/ 星毛短舌菊
Brachanthemum pulvinatum (Hand. -Mazz.) Shih

编写人员名单

主　编:朱宗元　梁存柱　李志刚

参编者:胡天华　王　炜　王立新　刘小平　贾成朕　闫建成

付晓玥　柴　曦　赵春玲　周全良

绘　图:马　平　张海燕　田　虹

序言

贺兰山植物种类丰富,区系成分复杂,是我国东阿拉善–西鄂尔多斯生物多样性中心或称特有植物中心的核心部位,对它的植物学研究受到中外学者的广泛关注。

采集和研究贺兰山植物是内蒙古大学生物系(生命科学学院)植物分类学和生态学专业师生一直坚持的一项教学和科研工作。早在1962年第一届生态–地植物学学科组(专业)毕业实习就是在贺兰山进行的。由李博带队,我和曾泗弟负责植物标本采集和分类学实习指导。1963年暑期,我又进行了一个月的采集和考察。两年包括"生四(生物系四年级)"学生的采集,获得标本近900号。这些标本和后来采集的标本除我们自己鉴定外,一些重要科还经过了中国科学院植物研究所有关专家鉴定。如莎草科由汤彦臣,毛茛科由王文采、刘亮,蔷薇科由俞德浚,玄参科由钟补求,菊科由林镕、陈艺林等诸先生鉴定。伞形科是我带着标本到江苏植物所在单人骅先生指导下完成鉴定的。在编写《内蒙古植物志》期间,赵一之和内蒙古林学院周世权于1980年生长季(6~9月)又对贺兰山作了较全面的采集,共得标本697号(3500余份)。在此次考察的基础上,赵一之1981年写出了《贺兰山植物区系考察报告》(油印本),于1987年以《贺兰山西坡维管束植物志要》在内蒙古大学学报(自然科学版)上正式发表。朱宗元从1959年参加阿拉善草场考察开始至2008年,除文化大革命期间外一直没有间断对贺兰山植物的考察和采集工作。从2005年梁存柱等和宁夏贺兰山自然保护区管理局合作对贺兰山东坡的植物开展了考察和采集,弥补了内蒙古大学多年来缺乏东坡资料的不足。这次出版的《贺兰山植物志》即是两家合作的成果。

应该看到《内蒙古植物志》(第二版)、《宁夏植物志》(第二版)、《中国植物志》、英文版《中国植物志》(Flora of China)、《亚洲中部植物》等专著的出版为编著《贺兰山植物志》提供了有利条件,为编者对一些疑难种的考证节省了精力和时间。但无论如何,编写《贺兰山植物志》是几代植物学工作者多年来共同努力和积累的结果,也是近些年来学者们对贺兰山植物更加全面和深入研究的科研成果,是值得祝贺的。这将对今后贺兰山植物的进一步识别、利用和保护起到积极的推动作用。

马毓泉

2008年3月

前言

贺兰山山地是我国8个生物多样性中心之一“阿拉善–鄂尔多斯中心(南蒙古中心)”的核心区,是亚洲大陆中部干旱荒漠区一个特有植物集中分布区。贺兰山植物种类丰富,植物区系不仅成分复杂,且既古老而又年轻,山地内部往往分化出许多年轻的植物类群,而山地外侧山麓及其毗邻的西鄂尔多斯和东阿拉善高平原区则保留了一些古老的残遗类群,多为非常珍稀的第三纪古地中海干旱植物的后裔。因此,贺兰山是我国西北干旱区不可多得的生物资源宝库和重要的生物多样性演化中心,本书的完成将为贺兰山生物多样性保护,资源的可持续利用提供最基本的参考资料。

贺兰山植物区系研究一直备受世人关注,早在19世纪,国外一些探险家和学者先后来到该地区考察和探险,对植物进行了一些记录和描述。20世纪中叶至今,我国许多学者先后对该地区的植物区系从不同侧面进行了研究,取得了许多重要的研究成果。但由于多种原因,至今没有完成贺兰山植物志。作者朱宗元上世纪50年代,已对该地区进行过数次实地考察,此后的几十年年间,亦断续进行过一些考察和研究。2004~2008年作者梁存柱、朱宗元等在宁夏贺兰山自然保护区管理局及国家自然科学基金委与科技部项目的支持下,对贺兰山植物区系进行了更全面和系统的调查研究,先后采集植物标本3 000余号,获得的第一手调查资料,是完成本书的主要依据。2007~2009年,作者又承担了宁夏贺兰山自然保护区第二次综合考察任务,保护区管理局给予了财力、物力、人力等多方面的鼎力支持,使本书得以顺利完成。因此本书是贺兰山自然保护区第二次综合考察成果,亦是国家自然科学基金项目“贺兰山山地系统景观生态多样性及其功能研究(40161001)”和科技部“国家重点基础研究发展规划项目(973项目)(G20000468)”的研究成果。

本书收录维管植物87科,357属,788种,2个亚种和28个变种。考证了每个物种名,按植物志要求引证了原始文献,记述了形态特征、在贺兰山及国内外的分布、区系地理成分、生态生物学特性及主要经济用途,并附图版。特别需要指出的是本书的文献引证在给出物种最早的文献后,主要引用《中国植物志》、《内蒙古植物志》第二版和《宁夏植物志》第二版。近年来,由于陆续出版了《中国植物志》英文版,本书在遇到物种名与《中国植物志》英文版不一致时,以英文版为主,并在文献中列入,但如果名称一致,在文献中仅列原中文版。此外,由于《内蒙古植物志》第一版出版时,贺兰山尚完全属于宁夏回族自治区,很多物种并未收录,因此,除特殊情况外,通常不引用该志。《宁夏植物志》第一版缺乏文献参考,而第二版较详尽,故只参考第二版。

全书100多万字,图版144个,特有与珍稀物种彩色照片48幅。本书主要由朱宗元(内蒙古乌兰察布市科学技术局)、梁存柱(内蒙古大学),李志刚(宁夏贺兰山自然保护区管理局)主笔完成。宁夏贺兰山自然保护区管理局胡天华、赵春玲、周全良,内蒙古大学王炜、王立新、刘小平、闫建成、贾成朕、付晓玥和柴曦参加本书部分内容编写、标本采集、鉴定以及书稿的校对工作。内蒙古大学马平、张海燕、田虹为本书绘制了图版。

特别值得一提的是我国著名分类学家、《内蒙古植物志》主编马毓泉先生一直对本书的编写给予支持与指导。在本书初稿完成后,先生以94岁高龄为本书做序,不久在几无征兆的情况下仙逝。在此我们深表谢意,并将此书献给先生以寄托我们深切的思念。

此外,内蒙古大学生命科学学院赵一之先生对本书新种及新变种的拉丁文描述做了修改,在此表示衷心感谢。

本书历时数年,查阅了大量的文献资料,反复多次修正,力求减少遗漏与错误。但由于水平所限,错误和不足之处在所难免,真诚地希望读者批评指正,以便进一步完善与修正。若能如此,作者将不胜感激。

最后,感谢宁夏黄河出版传媒集团、阳光出版社的大力支持。

朱宗元　梁存柱　李志刚

2010年12月

目 录

贺兰山植物采集史

作为我国干旱与半干旱区的界山和我国重要生物多样性中心之一的贺兰山，很早就受到中外学者的关注。从19世纪下半叶至新中国成立前，贺兰山从未中断过各种探险队、考察团及由中外学者共同参与的考察和采集活动。其中以俄国地理学会组织的“亚洲中部探险队”在贺兰山的考察活动最多，从19世纪70年代至20世纪初，考察次数达4次之多，所取得的资料、成果也最多。美国华府国立地理学会组织的甘蒙考察团也把贺兰山列为重点考察区。我国旧国民政府的北平研究院植物研究所、西安国立西北农林专科学校也分别派员到贺兰山作过专门采集，当时的宁夏建设厅林务局还专门组织了贺兰山森林植被考察。1949年新中国成立后，又多次进行了各类考察与采集。这些考察采集成果，成为现今研究贺兰山动、植物的重要参考资料。

一、俄国人亚洲中部探险队对贺兰山的考察

1871年俄国探险家普热瓦尔斯基（N. Przewalski），在他第一次亚洲中部探险时三次登上贺兰山。1870年受俄国地理学会派遣，由中、俄边界城镇恰克图出发，经乌兰巴托（乌尔加、库仑），过张家口（卡尔干），于1871年1月到达北京。2~4月先到内蒙古南部的达里诺尔、多伦和河北张家口考察。5月又从北京出发，经张家口于6月底到达呼和浩特（归化城），7月中旬在阴山西段的乌拉山（莫尼乌拉）考察，7月底过黄河到鄂尔多斯西北部，再经磴口过黄河进入贺兰山北部低山区，9月4日到达巴彦浩特（定远营），9月22日第一次登上贺兰山。这一次普氏主要是捕猎野生动物，在山里呆了两周时间，打了一只马鹿，三只岩羊和一只麝，鸟类最多，其中有一只蓝马鸡。普氏在第一次亚洲中部探险后，1875~1876年出版《蒙古与唐古特人地区》一书，记载贺兰山有蹄类哺乳动物有马鹿、麝、岩羊、斑羚（青羊），北部低山区有盘羊。他认为贺兰山的动物区系与阴山山脉不同，阴山山地动物是北部蒙古种，而贺兰山则是南部喜马拉雅种。俄国动物学家Bobrinski根据普氏捕猎的马鹿标本，定了一个阿拉善新亚种。普氏本人也对鸟类发表了一些新种和新亚种（表1）。10月上旬普氏经狼山、阴山北麓返回张家口。

表 1　普热瓦尔斯基（N. Przewalski）在贺兰山采集的动物模式标本

中　名	学名与现代学名	文　　献
石鸡 贺兰山亚种	*Alectoris graeca* Potanini	Bull. Brit. Orn. Cl. Sushkin **48**：25. 1927
雉鸡 贺兰山亚种	*Phasianus colchicus alaschanicus* Alpheraky et Bianchi	Бианки Ежея. Зоол. Муз. Акад Наук **12**：434~452. 1907（1908）
灰伯劳 宁夏亚种	*Lanius Grimmi* Bogdonow = *Lanius excubitor pallidirostris* Cassin	Warg. Russ. Faun. in Faun. Zapiski Imp. Nauk. **39**：151. 1881
喜鹊 阿拉善亚种	*Pica pica alashanica* R. = *Pica sericea* Gould	Ежея. Зоол. Муз. Акад Наук **28**：381. 1927
贺兰山岩鹨	*Accentor koslowi* Przevalski	Bull. Phys. Acad. Imp. Sci. St. –Petersb. **5**（5）：407. 1887
贺兰山 红尾鸲	*Rutirilla alaschanica* Przevalski =*Phoenicurus alaschanicus*　(Przevalski)	Монг. и. ст. Тангут. **2**：40. 1876
白眉朱雀 甘肃亚种	*Carpodacus dubius* Przevalski = *C. thura dubius* Przevalski	Монг. и. ст. Тангут. **2**：92. 1876
贺兰山 凤头百灵	*Galerida cristata alaschanica* Meise = *G. cristata magna* Hume	Mitt. Zool. Mus. Berlin **19**：45. 1923
马鹿 贺兰山亚种	*Cervus elaphus alashanicus* Bobrinskii	Arch. Mus. Zoo1. Moscou. **1**：29. 1935

1872 年他又从张家口出发，沿 1871 年的考察路线再次来到巴彦浩特，时间是 1872 年 5 月 23 日，这次他没上贺兰山，而是沿长城南下兰州到祁连山和青海柴达木，最后由黄河、长江上游返回，1873 年 6 月初回到巴彦浩特。从 6 月初到 7 月中旬，用了 1 个半月的时间重点在贺兰山区进行考察和采集。据普氏的记载，他在贺兰山上遇到了山洪暴发，急流卷动着巨石，震天动地的涌来，冲击着两侧的岩石，就像火山爆发一样，把谷内的森林、树木连根拔起、折断、冲成碎片……只差一英尺，就把所有采集品冲走。这一次他采集了大量植物标本和部分动物标本。

1879~1880 年是普氏的第三次亚洲中部探险，他自称是西藏之行。从靠近俄国边境的斋桑出发，计划到西藏的拉萨，在越过唐古拉山口布萨姆山时遭到西藏地方政府坚决反对，在此停留 20 多天后，无奈返回。回程从青藏高原到青海湖，过祁连山后经河西走廊于 1880 年 8 月初进入阿拉善。8 月初至 8 月 23 日考察了腾格里沙漠，24 日到巴彦浩特。8 月底至 9 月初第三次登上了贺兰山，这一次在贺兰山考察时间较短，采集的动、植物标本也不多。9 月 2 日从阿拉善北部返回恰克图。普热瓦尔斯基在贺兰山采集的植物模式标本见表 2。

另一次大规模的亚洲中部考察，是由科兹洛夫（P. K. Kozlov）领导的，1899~1926 年

表 2　普热瓦尔斯基（N. Przewalski）1871、1873、1880 年在贺兰山采集的植物模式标本

中名、发表时学名及现有学名	采集时间 标本号	模式类型	生 境	文　献
总序大黄 *Rheum racemiferum* Maxim.	1873. 6. 27~7. 9 No.166, No.163	Syntype （合模式）	山地	Bull. Acad. Sci. St.-Petersb. **26:**503. 1880
白花长瓣铁线莲 *Clematis alpine* subsp. *maeropetala* var. *albiflora* Maxim. ex Kuntze =*C. macropetala* Ledeb. var. *albiflora* (Maxim.) Hand.-Mazz.	1873. 6. 28~7. 10 No. s. n.	Holotype （主模式）	湿润峡谷	Verh. Bot. Ver. Prov. Brand. **26:**163. 1885
贺兰山翠雀 *Delphinium przewalskii* Huth= *D. albocoeruleum* Maxim. var. *przewalskii*(Huth)W. T. Wang =*D. albocoeruleum* Maxim.	1872. 9. 26~10. 8 No. 405 1873.7.5~17 No. 206	Syntype （合模式）	山谷湿地的黏质土上	Bot. Jahrb. **20:** 407. 1895
贺兰山稀花紫堇 *Corydalis pauciflora*(Steph.) Pers. var. *alaschanica* Maxim.	1873. No. s. n.	Holotype （主模式）	湿润的峡谷中	Enum. Fl. Mongolia 37. 1889
贺兰山女娄菜 *Lychis alaschanica* Maxim.= *Melandrium alaschanicum* (Maxim.)Y. Z. Zhao=*Silene alaschanica* (Maxim.)Bocquet	1873. 6. 28~7.10 No. s. n.	Holotype （主模式）	山地	Bull. Acad. Sci. St.-Petersb. **26:**27. 1880
贺兰山南芥 *Arabis alaschanica* Maxim.	1873. 6. 20~7. 2 No. 102 1880	Lectotype （选模式）	山地中部居民点附近	Bull. Acad. Sci. St.-Petersb. **26:**421. 1880
乳毛费菜 *Sedum aizoon* L. var. *scabrum* Maxim.	1873. 6. 21~8. 3 No. s. n. 1883	Type （模式）	石质山坡	Bull. Acad. Sci. St.-Petersb. **29:**144. 1883
置疑小檗 *Berberis dubia* Schneid.	1873. 7. 2. ser. 5: 663. 2 No. s. n. 1905	Syntype （合模式）	山地	Bull. Herb. Boiss.2 ser. **5:**663. 1905
宽叶多序岩黄芪 *Hedysarum semenovii* Rgl. et Herb var. *alaschanicum* B. Fedtsch. = *H. polybotrys* Hand.-Mazz. var. *alaschanicum*(B. Fedtsch.)H. C. Fu et Z. Y.Chu	1873. 6. 23~7. 5 No. 137	Holotype （主模式）	高山地的湿润处	Acta Hort. Petrop. **19:**250. 1902
阿拉善黄芪 *Astragalus alaschanus* Bunge ex Maxim.	1873. 6. 20~7. 10 No. 135	Holotype （主模式）	山地	Bull. Acad. Sci. St.-Petersb. **24:**31. 1877
灰叶黄芪 *Astragalus discolor* Bunge ex Maxim.	1873. 6. 30~7. 12 No. 167	Lectotype （选模式）	峡谷林缘	Bull. Acad. Sci. St.-Petersb. **24:**33. 1877
阿拉善点地梅 *Androsace alaschanica* Maxim.	1873. 6. 18~30 No. 94	Holotype （主模式）	石质山坡	Bull. Acad. Sci. St.-Petersb. **32:**503. 1888

续表 2

中名、发表时学名及现学名	采集时间 标本号	模式类型	生境	文献
阿拉善黄芩 *Scutellaria alaschanica* Tschern	1873. 6. 27~7. 9 No. 159	Holotype (主模式)	山地陡崖 及山坡	Nov. Syst. Pl. Vasc. Acad. Sci. URSS 1965:220. 1965
蒙古莸芭 *Cymbaria mongolica* Maxim.	1873. 6. 25~7. 7 No. 145	Lectotype (选模式)	山脚细质 土壤	Mem. Acad. Sci. St. –Petersb. ser. 7. **29:** 66. 1881
阿拉善马先蒿 *Pedicularis alaschanica* Maxim.	1873. 6. 30~7. 12 No. 106	Syntype (合模式)	山地中部	Bull. Acad. Sci. St.–Petersb. **24:**59. 1877
藓生马先蒿 *Pedicularis muscicola* Maxim.	1873. 6. 20~7. 2 No. 108	Lectotype (选模式)	山地林下 苔藓中	Bull. Acad. Sci. St.–Petersb. **24:**54. 1877
粗野马先蒿 *Pedicularis rudis* Maxim.	1873. 6. 30~7. 12 No. 186	Lectotype (选模式)	山地中部 峡谷	Bull. Acad. Sci. St.–Petersb. **24:**67. 1877
三叶马先蒿 *Pedicularis ternata* Maxim.	1873. 6. 28~7. 10 No. 172	Holotype (主模式)	山地中部林 间湿润地	Bull. Acad. Sci. St.–Petersb. **24:**64.1877
贺兰玄参 *Serophuaria alaschanica* Batal.	1873. 6. 23 No. 131	Holotype (主模式)	山地中部 沟谷	Acta Hort. Petrop. **13:**388. 1894
细裂亚菊 * *Ajania przewalskii* Poljak.	1880. 8. 9. 17:422 No. s. n. 1955	Holotype (主模式)	山地	Not. Syst. Herb. Inst. Bot. Acad. Sci. URSS. **17:** 422. 1955
火绺草 *Echinops przewalskii* Iljin.	1873. 7. 9~21 No. 225	Syntype (合模式)	山地	Not. Syst. Hort. Petrop. **4:**108. 1923
阿拉善风毛菊 *Saussurea alaschanica* Maxim.	1873. 7. 7~19 No. 215	Holotype (主模式)	山地峡谷	Bull. Acad. Sci. St.–Petersb. **27:**492. 1881
蒙新苓菊 *Jurinea mongolica* Maxim.	1872. 5. 18~30 No. s. n.	Lectotype (选模式)	北部山地	Bull. Acad. Sci. St.–Petersb. **19:**519. 1874
裂瓣角盘兰 *Herminium alaschanicum* Maxim.	1873. 6. 27~7. 9 No. 163	Syntype (合模式)	山坡湿 润地	Bull. Acad. Sci. St.–Petersb. **31:**105. 1887
醉马草 *Stipa inebrians* Hance= *Achantherum inebrians*(Hance.) Keng	1873 采 1875 送 Keng	Type (模式)		Journ. Bot. Brit. et. For. **14:**212. 1876
蒙古绣线菊 *Spiraea crenlfolia* C. A. Mey. var. *mongolica* Maxim.= *S. mongolica* (Maxim.)Maxim.	1873. 6. 18~30 No. 95	Syntype (合模式)	山地	Acta Hort. Petrop. **6**(1):181. 1879

注:* 模式标本产地误写贺兰山,实为祁连山。

间，他的考察队曾按三个方向分五次穿过戈壁荒漠。第二次 1907~1909 年也是对蒙古和西藏的考察，这次考察中在弱水下游发现了著名的“哈日—浩特”（黑城）废墟，1908 年 3~5 月在巴彦浩特附近考察，其队员契图尔津（S. S. Tchetyrkin）于 5 月下旬登上了贺兰山，采到一批春季开花植物，弥补了普热瓦尔斯基以前两次采集的不足。

俄国人在贺兰山考察所采集的植物标本，都集中到俄国科学院圣彼得堡植物园，由当时著名的植物分类学家马克西莫维奇（J. Maximowcz），莱格尔（E. A. Regel）和后来的柯马洛夫（V. Komarov）等进行研究，研究成果发表在俄国科学院汇刊上（表3）。

表3　科兹洛夫探险队员契图尔津在贺兰山采集到的植物模式标本

中名、发表时学名及现有学名	采集时间 标本号	模式类型	生　境	文　献
阿拉善杨 *Populus alaschanica* Kom. ——*P. hopeiensis* Hu et Chow	1908.3.27 1908.4.16 1908.6.4	Lectotype (选模式)	巴彦浩特 沟边、湖旁	Fedde Repert. Spec. Nov. Regni Veg. **13**：233. 1914
阿拉善银莲花 *Anemone narcissiflora* L. var. *alaschanica* Schipoz. = *A. alaschanica* (Schipcz.) Borod.-Grabovsk.	1908.4.30 No. 68	Lectotype (选模式)	山地中部高山地岩石上	Acta Hort. Bot. Univ. Jurjev. **13** (2)：100. 1912
阿拉善苜蓿 *Medicago alaschanica* V. Vass.	1908.5.29 No. 213	Holotype (主模式)	巴彦浩特 附近	Not. Syst. Herb. Inst. Bot. URSS. **12**：113. 1950
阿拉善凸脉苔草 *Carex laneceolata* Bott var. *alashanica* Eqor.	1908.5.11 No.148	Type (模式)	山地林缘	Pl. Asi. Centr. **3**：74. t. 4. f. 1~6. 1976

二、美国甘蒙考察团在贺兰山的考察

1923年美国华盛顿国立地理学会派F. 沃尔森（F. R. Wulsin）来我国组织“甘蒙科学考察团”。包括人文、动物和植物三个组，当时在南京东南大学任教的秦仁昌负责植物组的考察和采集工作。1923年春从包头出发，经过河套，阿拉善东北到达巴彦浩特，于5月上旬登上贺兰山，考察7天后，经宁夏、甘肃到青海西宁等地考察。返回时，秋季再次上贺兰山，又进行了秋季植物的考察和采集。这批标本由美国纽约植物园瓦尔克（H. Walker）进行了整理鉴定，于1941年出版了《秦仁昌在中国蒙古南部和甘肃省所采集的植物》(Plants Collected by R. C. Ching in Southerm Mongoliu and Kansu Provicnce）一书，报道了这次考察成果，报道100余种植物，其中发现了几个新种或新变种（表4）。秦仁昌自己也于1941年在北平静生生物调查所的《静生生物调查汇报》第十卷第五期用英文发表了《内蒙古贺兰山植物采集记略》（A botanical trip in the Ho La Shan，Inner Mongolia）。秦仁昌当年的采集记录地名与我们目前贺兰山西坡地名基本相同，如峡子沟、水磨沟、北寺沟、哈拉乌沟等。

三、北平研究院植物研究所与西北农林专科学校对贺兰山的采集与考察

20世纪20年代开始，我国先后成立了自己的生物学研究机构，1922年8月在南京成立了中国科学社生物研究所；1928年尚志学会和中华教育文化基金会在北平建立静生生物调查所；1929年刘慎谔从法国留学回国后，被聘组建北平研究院植物研究所。前两个所多

次组织对我国南北地区的考察采集，但以云南、四川、湖北、广西等地为主，均未涉及贺兰山。国立北平研究院植物研究所侧重于华北、西北的调查采集，该所夏纬英1933年从陕西延安开始，北上榆林，而后进入内蒙古鄂尔多斯地区，由乌审旗至鄂托克旗，直到黄河沿岸的艾力套海，在磴口过黄河到达阿拉善巴彦浩特，8月份登上贺兰山，在山上采集数日后返回北平，夏纬英在贺兰山采集植物标本近100号，其中有数个新种（表5）。

表4　秦仁昌1923年在贺兰山考察采集到的植物模式标本

中名、发表时学名及现有学名	采集时间 标本号	模式 类型	生境	文献
秦氏黄芪 *Astragalus chingianus* Pet.-Stib.	1923 No.1048	Type （模式）	山地	Acta Hort. Gothob. **1:** 36. 1937~1938
贺兰山稀花紫堇 *Corydolis pauciflora*（Steph.）Pers. var. holanschanica Fedde = *C. pauciflora* var. *alaschanica* Maxim.	1923 No.1150	Type （模式）	山地中部 湿润峡谷中	Fedde Repert. Spec. Nov. Regni Veg. **22:** 37. 1926
毛果旱榆 *Ulmus glaucescens* Franch. var. *lasiocarpa* Rehd.	1923 No.160	Type （模式）	2 200~2 400 m 山地（锡叶沟）	Journ. Arn. Arb. **11:** 157.1930
小獐牙菜 *Swertia pusilla* Diels = *S. tetraptera* Maxim.	1923.5 No.70	Type （模式）	哈拉乌沟湿润 沟底 2 100 m	Notizbl. Bot. Gart. Berlin **11:** 215. 1931
针枝芸香 *Haplophyllum tragacanthoides* Diels	1923.5 10~23	Type （模式）	1 370~2 400 m 石质山坡（北寺沟）	Notizbl. Bot. Gart. Berlin **9:** 1028. 1926

表5　夏纬英、白荫元1933年在贺兰山考察中采集的植物模式标本

中名、发表时学名及现有学名	采集人 采集时间	标本号	模式 类型	文献
宁夏麦瓶草 *Silene ningxiaensis* C. L. Tang	夏纬英 1933.8. 25	No. 3925	Syntype （合模式）	Acta Bot. Yunnan. **2**（4）: 431. f. 4. 1980
术叶菊 *Senecio atractylidifolia* Ling = *Synotis atractylidifolia*（Ling） C. Jeffrey et Y. L. Chen	夏纬英 1933.8. 27	No. 3905	Type （模式）	Contr. Inst. Bot. Nat. Acad. Peiping **5:** 24. 1937
硬叶早熟禾 *Poa stereophylla* Keng	夏纬英 1933.8	No. 3950	Type （模式）	中国主要植物图说（禾本科）199. 1959
贺兰山女蒿 *Tanacetum alaschanense* Ling = *Hippolytia alaschanensis*（Ling） Shih	白荫元 1933.8	No. 151	Type （模式）	Contr. Inst. Bot. Nat. Acad. Peiping **2:** 502.1935
宁夏沙参 *Adenophora ningxiaenis* Hong	白荫元 1933.8. 28	No. 151	Type （模式）	Fl. Reip. Pop. Sin.（中国植物志）**73**（2）:114. 1983
阿拉善鹅观草 *Roegneria alashanica* Keng = *Elymus alashanica*（Keng） S. L. Chen	白荫元 1933.8. 29	No. 146	Type （模式）	Acta Nank. Univ.（Bot.）（南京大学学报（生物学））（1）: 73. 1963

与夏纬英同时，西安国立西北农林专科学校教师白荫元，也按上述线路，从陕西北部进入鄂尔多斯，也经乌审旗，鄂托克旗到黄河沿岸。过黄河8月份登上贺兰山，在贺兰山采集后，返回西安，白荫元在贺兰山也采集到了数个新种（表1–5）。

据记载西安国立农林专科学校的外籍教师，德国林业专家芬茨尔（G. Fenzel）1936年6月20~26日在贺兰山作过考察和植物采集，所得标本送到了瑞士维也纳博物馆，在我国中科院西北植物所也有部分标本保存。调查后，芬茨尔博士为宁夏建设厅作出《贺兰山森林保护及经管办法》，共四章：（一）森林所有权与监督权，（二）森林保护之基本原则，（三）林务行政机关对贺兰山森林应采之方针，（四）造林之特种指南。其中一章提到森林几乎全在分水岭之西面，森林所有权决定时，对于蒙古人之权利必须加以相当之注意。二章提出森林及林地均不得出售于私人。砍伐量仅能为森林的百分之一，砍伐时间由9月起至次年3月止，且只能每年分五段之一的轮流采伐，均不可施行净伐。还提出树高不足28尺、根部直径不满一尺，不得砍伐。并建议在山地阳谷有灌溉条件之处建设苗圃。造林时间宜在秋季。

四、宁夏林务局1940年贺兰山森林植被的调查

在20世纪20~40年代，贺兰山东、西侧均属宁夏省管辖。阿拉善额鲁特旗虽属宁夏省疆域之一，然行政上仍自立分治，由内蒙古王公统治。1940年9月20至11月6日宁夏建设厅林务局组织了对贺兰山全境（南起三关口，北至石嘴山）的森林植被调查。考察结果由冯钟粒在《建设丛刊》上发表了宁夏森林调查报告Ⅰ：《贺兰山森林调查报告》一文。该文第一次较详细地报道了贺兰山森林植被的垂直分布情况，将贺兰山垂直分异划分为高山界、森林界和平野界三个植被带。在森林界中自上而下的又分出常绿云杉林带、针叶树阔叶树混交林带和落叶阔叶林带。对每个森林类型还进行了描述，估算了贺兰山森林面积：后山云杉林5 400 hm^2，油松900 hm^2。植物区系按刘士林（刘慎谔）所分之中国华北植物地理而论，属蒙古区。最后对云杉、油松、杜松等主要树种进行了较细致的林学特征记述，记载的树种达30种之多，有偃柏、麻黄、山杨、毛柳、筐柳、红桦、山榆、刺檗、大黄连、茶藨子、野杏、水栒子、灰栒子、野蔷薇、野珍珠梅、金腊梅、黄腊梅、冬青、琉璃枝、紫丁香、白丁香、小叶金银花、秦岭忍冬、石兰条、马鞭草科一种等。这是贺兰山植被的早期研究成果和重要数据资料。

新中国成立前贺兰山的动、植物学的考察，外国人包括俄国人、美国人和德国人的考察占据了相当重要地位，其考察成果均发表在国外刊物上，采集的标本，特别是模式标本也都保存在国外，给我们深入地开展贺兰山动、植物研究工作增加了一定难度，这与我国在当时所处的半封建、半殖民地的地位有关。虽然如此，新中国成立后，我国科技人员奋发图强，加大科研力度，生物学研究取得了空前的进展。

五、新中国成立后对贺兰山植物的考察和采集

新中国成立后，由于生产建设的需要，国家和各部委、内蒙古和宁夏两自治区组织了多次包括植物资源在内的综合或专业考察。科学院有关研究所和大专院校也开展了植物学的科研和考察。涉及到贺兰山地区的有如下几个方面：

1950 中国科学院组织了“黄河中下游水土保持考察”，1954~1957 年又组织了“黄河中游水土保持考察”，两次考察均有我国著名植物学家参加，如林镕、钟补求、李继侗、崔友文等。考察中到贺兰山进行了植物采集。整个考察共采集标本 3 万余号，最后编写了《黄河中游黄土区植物名录》。其中在贺兰山采到两个新种：宁夏绣线菊（*Spiraea ningshiaensis* Yu et Lu）（植物分类学报 13（1）：100. 1975；黄河队 8928 号，1956 年 9 月 20 日采自贺兰山东坡苏峪口 1 700 m 山地）、软毛翠雀（*Delphinium mollipilum* W. T. Wang）（植物学报 10：268. 1962；黄河队 8928 号，1956 年 9 月 24 日采自贺岚山，发表时写贺岗山）。

1957~1958 年成立的沙漠考察队，对我国西北地区沙漠开展综合考察，共采得植物标本 2 500 余号。在贺兰山西坡采得新种斑子麻黄（*Ephedra rhytidosperma* Pachom.）（in Not. Syst. Herb. Inist. Bot. Acad. Uzbeckistan. 18：51. 1967；彼得洛夫 Petrov s.n 采自巴彦浩特南 50 km，银川至巴彦浩特公路旁）。此后沙漠研究所一直在我国沙漠地区坚持植物采集和科研工作，又得新种 2 个：阿拉善独行菜（*Lepidium alaschanica* S. L. Yang）（植物分类学报 19（2）：241. 1981；张强、陈必寿 0174，1964 年 7 月 4 日采自贺兰山西坡）、刘氏大戟（*Euphorbia liouii* C. Y. Wu & J. S. Ma）（云南植物研究 14（4）：371. 1992；刘瑛心、杨喜林 790405，1979 年采自巴彦浩特）。

1958~1961 年。1958 年内蒙古草原管理局刘中央在贺兰山曾采过 40 余号标本。1959 年内蒙古草原勘测总队（内蒙古草原管理局前身）开展了阿拉善旗草原普查，朱宗元等 5 月和 9 月两次进贺兰山考察采集，得标本 150 余号。1960 年内蒙古农牧学院王朝品在巴彦浩特至贺兰山前采集，得 292 号，在采集基础上写出了《巴彦淖尔盟植物名录》（当时阿拉善地区归巴彦淖尔盟），在阿拉善共采植物 508 号。1960 内蒙古药检所到贺兰山做药用植物普查，采植物标本 130 余号。1959~1961 年，中国科学院植物研究所、西北植物研究所曾派石铸、何业祺等到贺兰山采集标本。其中何业祺曾采得 2 个新种：短龙骨黄芪 *Astragalus parvicarinatus* S. B. Ho（植物研究 3（1）：55. 1983；Y. C. Ho 2551，1959 年 5 月 31 日采自贺兰山西坡巴彦浩特附近）、栉齿毛茛（*Ranunculus pectinatilobus* W. T. Wang）（植物研究 15（3）：1. 1995；He Ye-qi 2809，1959 年 6 月 1 日采自贺兰山哈拉乌沟）。斑子麻黄 *Ephedra lepidosperma* C. Y. Cheng（=*E. rhytidosperma* Pachom. 植物分类学报 13（4）：87. 1975；2207，采自贺兰山）。此后西北植物所仍断续到贺兰山采集，如叶友谦、徐养鹏、徐朗然等，其中叶友谦采得一新种贺兰山棘豆（*Oxytropis holanshanensis* H. C. Fu）（植物分类学报 20（3）：313. 1982；321，1961 年 7 月 26 日采自贺兰山南寺沟），徐养鹏

采得无齿葱(*Allium edentatum* Hsu)（Y. P. Hsu et al.，2222，1981 年采自哈拉乌沟)。

1962~1963 年。1962 年夏季内蒙古大学生物系生态与地植物学学科四年级学生毕业实习到贺兰山考察。“生四”学生采集植物标本 350 余号，马毓泉和曾泗弟采标本 200 余号。1963 年暑期马毓泉又采标本 290 余号。两年共采近 900 号。经鉴定发现新分类群多个（表 6)。

表 6　内蒙古大学生物系 20 世纪 60 年代在贺兰山采集的模式标本

中名及学名	采集地点	采集人，采集号，时间	文献
贺兰山毛茛 *Ranunculus alaschanicus* Y. Z. Zhao	贺兰山哈拉乌沟 3 000m	内大生物系四年级 144，1962.7.3	植物研究 **9** (1)：64. 1989
小伞花繁缕 *Stellaria parci-umbellata* Y. Z. Zhao	贺兰山黄土梁 2 000m	内大生物系四年级 168，1962.7.4	内蒙古大学学报 **20** (2)：226. 1989
贺兰山繁缕 *Stellaria alaschanica* Y. Z. Zhao	贺兰山 2 500m 云杉林下	马毓泉 140，1962.8.10	内蒙古大学学报 **13** (3)：283. 1982
耳瓣女娄菜 *Melandrium auritipetalum* Y. Z. Zhao et Ma f.	贺兰山 2 800~ 3 000m	马毓泉 135，1963.8.10	植物分类学报 **27** (3)：225. 1989
贺兰山丁香 *Syringa pinnatifolia* Hemsl. var. *alashaensis* Ma et S. Q. Zhou	贺兰山峡子沟	马毓泉 275，1963.8.7	内蒙古植物志 5: 63. 1980
大叶细裂槭 *Acer stenolobum* Rehd. var. *megolophyllum* Fang et Wu	贺兰山峡子沟 2 200m 山地	马毓泉 23，1963.8.7	植物分类学报 **17** (1)：77. 1979
二柱繁缕 *Stellaria bistyla* Y. Z. Zhao	贺兰山岔沟北沟 2 600m	马毓泉 205，1963.7.7	植物研究 (Harbin) **5** (4)：142. 1985

1962 年后，宁夏大学、宁夏农学院开始在贺兰山采集植物标本，采集量尚不得知，仅见宁夏大学 1962 年 5 个采集组（编号为宁大 1-、2-、3-、4-、5-)，每组都在 100 号以上，均无采集人。1963 年有刘岳关的采集。宁夏农学院马德滋、刘惠兰等多次到贺兰山采集，所积累的标本成为编写《宁夏植物志》贺兰山部分的主要参照资料。其中有新变种 2 个：白花蒙古百里香（*Thymus mongolicus* Ronn. var. *leucanthus* H. L. Liu et D. Z. Ma）（马德滋 s. n.，1975-07，采自贺兰山)、长花长稃早熟禾（*Poa dolichachyra* Keng var. *longflora* S. L. Chen et D. Z. Ma）（马德滋 No. A-048，1973-06 采自贺兰山苏峪口沟兔儿坑)。

1970~1973 年。20 世纪 70 年代后全国掀起一场调查中草药资源运动。宁夏成立了药源普查队，曾到贺兰山采集药用植物标本 200 余号（包括西坡，当时阿拉善盟属宁夏回族自治区管辖)。其中蕨类植物经西北大学谢寅堂鉴定，1982 年在《西北植物研究》2 卷 1 期上发表《宁夏回族自治区蕨类植物资料》，包括贺兰山蕨类植物 12 种。

1980~1984 年。内蒙古大学赵一之与内蒙古林学院周世权等 10 人，为内蒙古植物志补点采集，对贺兰山进行了较全面的采集。共采得标本 697 号，约 2 500 余份。在考察的基础上赵一之于 1981 年写出《贺兰山植物区系考察报告》（油印本)，1987 年以《贺兰山西坡维管束植物志要》在内蒙古大学学报（自然科学版）18 卷 2 期上发表，包括 70 科 248

属 511 种。其中采到新种 6 个，变种 1 个。内蒙古植物志补点采集还包括 1984 年包头师专雷喜亭等对贺兰山–龙首山山地的采集，其中贺兰山采标本 310 余号，采到新种 1 个（表 7）。

表 7 《内蒙古植物志》贺兰山补点采集队在贺兰山采集的模式标本

中名及学名	采集地点	采集人，采集号 时间	文献
尖叶杯腺柳 *Salix cupularis* Rehd. var. *acutifolia* S. Q. Zhou	贺兰山哈拉乌北沟高山 3 200m	周世权、赵一之 0051，1980.8.31	西北植物学报 **4** (1) :2. 1984
瘤翅女娄菜 *Melandrium verrucosa-alatum* Y. Z. Zhao et Ma f.	贺兰山	雷喜亭 121，1984.7.2	植物分类学报 **27** (3) :227. 1989
宽裂白蓝翠雀 *Delphinium albocoeruleum* Maxim. var. *latilobum* Y. Z. Zhao	贺兰山哈拉乌沟	赵一之、周世权 2479，1980.8.31	内蒙古大学学报 **19** (4) :676. 1988
内蒙古棘豆 *Oxytropis neimonggolica* W. C. Chang et Y. Z. Zhao	贺兰山香池子沟 2 100m	赵一之、周世权 1114，1980.6.6	植物分类学报 **19** (4) :523. 1981
阿拉善茜草 *Rubia cordifolia* L. var. *alaschanica* G. H. Liu	贺兰山南寺沟 1 800m	赵一之等 2606，1980.9.5	内蒙古大学学报 **21** (4) :570. 1990
阿拉善葱 *Allium alaschanicum* Y. Z. Zhao	贺兰山哈拉乌沟	赵一之 26，1990.9.5	内蒙古大学学报 **23** (1) :110. 1992

1983~1985 年，西北大学狄维忠、田连恕、李继赞、任毅等，在宁夏有关部门协助下，对贺兰山植物进行了考察和采集。1983 年为全面考察，1984~1985 年为补充调查，共采集标本 4 126 号，约 1.2 万份。于 1988 年出版了《贺兰山维管植物》，总计包括野生植物实际为 77 科 327 属 652 种（书中写 80 科，329 属，690 种），是赵一之《贺兰山植物区系考察报告》基础上的补充和提高，也是建立贺兰山自然保护区的综合考察报告之一。其中发现新种 6 个，新变种 3 个（表 8）。

1982 年 7 月宁夏回族自治区人大通过了建立贺兰山自然保护区建议。1987 年 1 月区委批准将贺兰山林管所更名贺兰山自然保护区管理局。自此，保护区管理局开始自己采集和积累标本，至 2004 年已采标本 1 000 余号。1992 年 10 月 27 日正式批准为国家级自然保护区，贺兰山西坡属内蒙古自治区。1979 年内革字 363 号文件批准贺兰山自然保护区成立，也为 1992 年 10 月 27 日批准为国家级自然保护区。保护区成立后，加强了植物标本的采集，目前采集标本数百号。1998~2004 年，内蒙古大学生命学院与甘肃草原生态研究所共同承担了国家自然科学基金重点项目“阿拉善干旱荒漠区生态系统受损机制与重建研究（课题号 39730100）”，2002~2004 年梁存柱、朱宗元等承担了国家自然科学基金项目“贺兰山山地系统景观生态多样性及其功能研究（课题号：40161001）”，2003 年刘钟龄、梁存柱又承担了北京大学方精云院士主持的“中国山地植物物种多样性调查计划（PKU–958 计划）”中的贺兰山山地植物多样性调查。在这些课题执行中朱宗元、梁存柱等多次上贺兰山调查和采集。前后共采植物标本 2 500 余号。其中新分布科 2 科：山茱萸科、桑科，新分布属 4 个，新分布种 14 个，成为这次编写《贺兰山植物志》的重要资料之一。

表 8　西北大学在贺兰山采集的模式标本

中名及学名	采集地点	采集人，采集号，时间	文献
贺兰山荨麻 *Urtica helanshanica* W. Z. Di et W. B. Liao	贺兰山苏峪口樱桃沟	EHNWU*，6271，1984. 7. 21	贺兰山维管植物: 68，327. 1986
无刺刺藜 *Chenopodium aristatum* L.var. *inerme* W. Z. Di	贺兰山北寺沟	EHNWU，5321，1983. 8. 3	贺兰山维管植物: 81，326. 1986
贺兰山孩儿参 *Pseudostellaria helanshanensis* W. Z. Di et Y. Ren	贺兰山水磨沟	任毅，0051，1985. 8. 22	植物分类学报，**25** (6)：478. 1987
顶花孩儿参 *Pseudostellaria terminalis* W. Z. Di et Y. Ren	贺兰山水磨沟	廖文波，858065，1985. 5. 22	西北大学学报，**17** (2)：42. 1987
二柱繁缕 *Stellaria bistylata* W. Z. Di et Y. Ren	贺兰山	EHNWU，6413，1984. 7. 27	西北植物学报，**5** (3)：231. 1985
毛细裂槭 *Acer stenolobum* Rehd.var. *pubescens* W. Z. Di	贺兰山冰沟	EHNWU，3158，1983. 8. 17	贺兰山维管植物: 175. 1986
毛冬青叶兔唇花 *Lagochilus ilicifolius* Bunge var. *tomentosus* W. Z. Di et Y. Z. Wang	贺兰山苏峪沟	李延峙，3106，1983. 8. 5	贺兰山维管植物: 215. 1986
贺兰山嵩草 *Kobresia helanshanica* W. Z. Di et M. J. Zhong	贺兰山	EFNWU，6503，1984. 7. 28	西北植物学报，5 (4)：311. 1985
二蕊嵩草 *Kobresia bistamisis* W. Z.Di et M. J. Zhong	贺兰山	EFNWU，6051，1984. 7. 25	西北植物学报，6 (4)：275. 1986

注：*EHNWU 为西北大学贺兰山采集队。

贺兰山植物区系

一、植物区系的环境背景

贺兰山位于内蒙古阿拉善高原东缘和宁夏银川平原的西侧，西坡位于内蒙古阿拉善盟，东坡属宁夏回族自治区。山体近南北走向，略呈弧形。北起阿拉善左旗的楚鲁温其格，南止宁夏中卫县的照壁山。绵延约 270 km，东西宽约 20 ~ 40 km，海拔 2 000 ~ 3 000 m，相对高度 1 500 ~ 2 000 m，最高峰海拔 3 556 m（石蕴琮等，1989）（图 1）。

1.1 地貌

贺兰山西邻腾格里和乌兰布和两大沙漠，地貌形态东仰西倾，东坡山势陡峻，西坡相对较缓。根据地貌特征，可将山体分为 3 段：古拉本（西坡）–汝箕沟（东坡）以北为北段，北缘与乌兰布和沙漠相邻，南北长约 70 km，东西宽约 40 km，多为剥蚀低山，山势平缓，分化强烈，山丘有覆沙现象；古拉本–汝箕沟以南至黄渠沟（西坡）–甘沟（东坡）为中段，南北长约 60 km，东西宽约 20 ~ 40 km，是贺兰山的主体，主峰及 3 000 m 以上的山脊均分布于此，山高谷深，环境复杂。由此以南为南段，南北长约 80 km，东西宽约 10 ~ 20 km，以海拔 1 500 m 左右的低缓山丘为主（图 1）。

贺兰山高耸的山体，形成了复杂多样的生境条件。从山基至山巅，高差 2 000 m 以上，随着海拔的增高，垂直变化明显，形成多个垂直带。东、西坡的分异，南、北、中各段的差别，加之地形、地貌、坡向、土壤的变化，为贺兰山创造出一个复杂多样的自然环境。按温度因子，可划分出暖温、中温、寒温、高寒诸多生境类型；按水分因子，可划分出超旱生、旱生、中旱生、旱中生、中生、湿中生、湿生等多种生境类型；此外还有石生、沙生及阳生、阴生等众多生境。这些多样化的生境及其复杂的组合为物种的生存、分布、分化及多样性的形成提供了必要条件。

1.2 气候

贺兰山地处干旱区，随海拔上升水、热条件有显著的垂直差异。东坡山麓（石嘴山）年平均温度为 8.2 ℃，≥10 ℃年的积温在 3 300 °左右，降水量 183.3 mm；西坡山麓（巴彦浩特），年平均温度为 7.6 ℃，≥10 ℃年的积温在 3 000 °左右，年降水量为 200 mm；3 000 m 左右山地，年平均温度为–0.8 ℃，年降水量为 430 mm；主峰 3 500 m 以上，年降水量可达 500 mm，年平均温度为–2.8 ℃，无霜期仅 60 ~ 70 天，有时在 7 月盛夏可见降雪（裴浩等，2000；田连恕等，1996）。

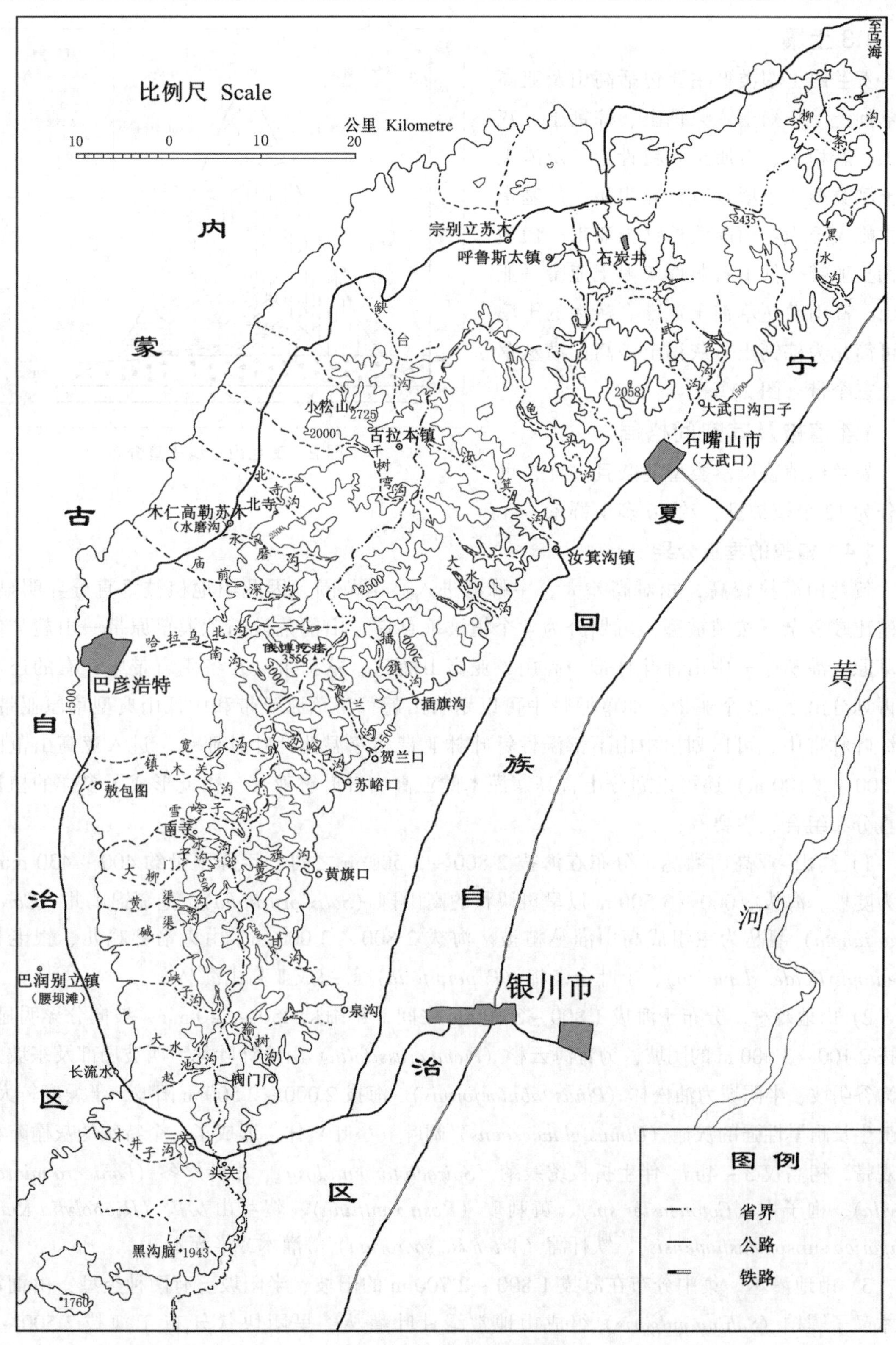
比例尺 Scale
公里 Kilometre
10 0 10 20
至乌海
内
蒙
古
自
治
区
宁
夏
回
族
自
治
区
宗别立苏木
呼鲁斯太镇
石炭井
大武口沟口子
石嘴山市
（大武口）
汝箕沟镇
小松山
2725
古拉本镇
木仁高勒苏木
（水磨沟）
北寺
巴彦浩特
哈拉乌北沟
哈拉乌南沟
插旗沟
贺兰口
苏峪口
敖包图
黄旗口
巴润别立镇
（腰坝滩）
银川市
泉沟
长流水
闸门厂
头关
黑沟脑
1943
1760
黄
河
2435
2058
3556
图例
省界
公路
铁路

图 1. 贺兰山位置、地貌图

1.3 土壤

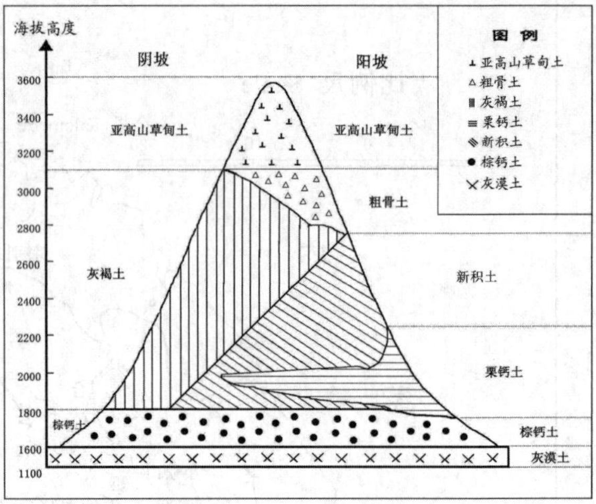

贺兰山土壤类型主要包括高山及亚高山草甸土、灰褐土、栗钙土、棕钙土、灰钙土、新积土、石质土、粗骨土、灰漠土等土壤类型。土壤垂直分异明显，从基带至主峰大至为：山前淡棕钙土亚带→山麓棕钙土亚带→低山石灰性灰褐土亚带→亚高山、高山灌丛草甸土亚带。从大的土壤带可简化为棕钙土→灰褐土→高山灌丛草甸土三个带（图 2）。

图 2　贺兰山土壤垂直分布

1.4 植被及其空间格局

贺兰山植物群落类型复杂且多样，可划分为 12 个植被型，约 70 多个群系。

1.4.1 植被的垂直分异

贺兰山海拔较高，相对高差大，主峰已进入高山范围，因此山地植被垂直分异明显，带谱比较复杂。按植被型，可划分为 4 个植被垂直带：山前荒漠与荒漠草原带→山麓与低山草原、灌丛带→中山针叶林带→高山、亚高山灌丛、草甸带。在各垂直带中，有的还可以再划分出 2 ~ 3 个亚带，如草原带中可以划出山麓荒漠草原亚带和中低山典型草原亚带。在针叶林带中，可以划出中山下部温性针叶林亚带和寒温性针叶林亚带。进入亚高山范围（2 800 ~ 3 100 m）还可以划分出含高寒灌木的亚高山针叶林亚带。由此形成了多样的植被垂直分布组合，主要有：

1）高山–亚高山灌丛。分布在海拔 2 800 ~ 3 500 m 之间，年降雨量约 400 ~ 430 mm，多为陡坡。海拔 3 000 ~ 3 500 m 以呈斑块状的高山柳（*Salix oritrepha*）、鬼箭锦鸡儿（*Caragana jubata*）灌丛为主组成高山灌丛植被。海拔 2 800 ~ 3 000 m，由鬼箭锦鸡儿、银老梅（*Pentaphylloides davurica*）、小叶金老梅（*P. parvifolia*）等组成亚高山灌丛。

2）山地森林。分布于海拔 1 800 ~ 3 000 m 之间，年雨量 250 ~ 340 mm，坡向分异明显。海拔 2 100 ~ 3 000 m 的阴坡，为青海云杉（*Picea crassifolia*）山地针叶林，西坡局部及东坡大部沟谷阴坡、半阴坡为油松林（*Pinus tabulaeformis*）。海拔 2 000 ~ 2 500 m 阳坡，干燥度较大，稀疏生长耐旱性强的灰榆（*Ulmus glaucescens*）阔叶（小叶）林，形成了一个特殊的灰榆疏林景观带，树高仅 3 ~ 4 m，伴生折枝绣线菊（*Spiraea tomentulosa*）、小叶忍冬（*Lonicera microphylla*）、栒子木（*Cotoneaster sp.*）、黄刺玫（*Rosa xanthina*）、贺兰山女蒿（*Hippolytia Kanschgarica* subsp. *alashanensis*）、铁杆蒿（*Artemisa sacrorum*）等灌木或半灌木。

3）山地灌丛。集中分布在海拔 1 800 ~ 2 700 m 的阳坡、半阳坡。有两种类型：由匍匐灌木叉子圆柏（*Sabina vulgaris*）组成山地常绿针叶灌丛，呈团块状分布于海拔 2 500 ~ 2 700 m 的半阳坡或云杉林缘；由小叶忍冬、栒子木、黄刺玫、蒙古绣线菊（*Spiraea mongoli-*

ca)、小叶鼠李（*Rhamnus parvifolia*）、小叶茶藨（*Ribes procumbens*）等多种中生灌木组成的山地夏绿阔叶灌丛，分布于海拔 1 800 ~ 2 800 m 山地阳坡、沟谷，也常占据海拔较低处云杉林分布不到的阴坡。

4）山地草原。分布于山地森林带以下海拔 2 000 ~ 2 300 m 的平缓坡地，呈片状分布，不成带，常与中生灌丛形成复合群落，主要以克氏针茅（*Stipa krylovii*）或本氏针茅（*S. bungeana*）为建群种。

低山或山麓为荒漠草原，多为短花针茅（*S. breviflora*）草原，石质山地除戈壁针茅（*S. gobica*）、短花针茅、中亚细柄茅（*Ptilagrostis pelliotii*）等多年生草本外，还有蒙古扁桃（*Prunus mongolica*）、松叶猪毛菜（*Salsola laricifolia*）、荒漠锦鸡儿（*Caragana roborovskyi*）、刺旋花（*Convolvulu tragacanthoides*）、斑子麻黄（*Ephedra rhytidosperma*）等旱生灌木。

1.4.2 植被坡向分异

山体内部在同一海拔高度范围内，坡向不同，水热组合则不同，使得同一垂直带或亚带内的植物群落有很大差别。如在山地典型草原亚带内，草原群落多占据阳坡、半阳坡，而半阴坡、阴坡则被中生灌丛所占据，较陡的阴坡还能出现灰榆、杜松（*Juniperus rigida*）疏林。在山地温性针叶林亚带，与平缓阴坡上的油松林相对应的是阳坡的灰榆疏林；平缓半阳坡则是中生夏绿阔叶灌丛。山地寒温性针叶林——青海云杉林，是贺兰山垂直带谱中最宽的类型。在其下为油松林带区段（如东坡、西坡的北寺沟），它占据 2 200 ~ 3 100 m（西坡）或 2 400 ~ 3 100 m（东坡）的阴坡、半阴坡；在无油松林的区段（如西坡的哈拉乌沟、南寺沟），它从 2 000 m 开始一直分布到 3 100 m 的阴坡、半阴坡。与青海云杉林相对的阳坡下段（2 700 m 以下）是灰榆疏林；上段（2 700 ~ 3 100 m）是银露梅和小叶金露梅亚高山灌丛。2 400 ~ 2 700 m 半阳坡常出现团块状的叉子圆柏灌丛。3 000 m 以上阴阳坡分异不明显，完全被高山柳和鬼箭锦鸡儿高寒灌丛所占据，只有在地形较平缓，土质稍厚地段才出现斑块状的嵩草（*Kobresia myosuroides*）高寒草甸。

1.4.3 植被水平分异

贺兰山的东、西坡及其南、北、中段植被类型也有明显的差别，各自形成一些特殊群落类型。

贺兰山山体东坡窄陡，西坡宽缓，东、西坡水热状况不同。东坡山基海拔低、气候温暖，年均温在 8 ℃以上。在山口和沟谷的村户中种植的臭椿（*Ailanthus altissima*）、桑（*Morus alba*）、枣（*Zizyphus jujuba* var. *inermis*）、核桃（*Juglans regia*）、栾树（*Koelreuteria paniculata*）等皆为华北地区习见树种，西坡则无。在山坡脚下或沟谷内常见的酸枣（*Zizyphus jujuba* var. *spinosa*）灌丛，油松林带下部常见的虎榛子（*Ostryopsis davidiana*）灌丛、甘蒙锦鸡儿（*Caragana opulens*）灌丛及零星分布的白桦（*Betula platyphylla*）等均不见于西坡。西坡山基海拔较高、气候温凉，年均温 8 ℃以下。山麓中段（哈拉乌沟）有一较宽的（1~1.5 km）短花针茅荒漠草原带，靠近山体是由短花针茅与冷蒿（*Artemisia frigida*）共同组成的群落，向外则是比较纯的短花针茅群落，这两组群落内见不到任何荒漠植物的参与。

再向下才见到混生珍珠（*Salsola passerina*）的短花针茅荒漠草原，其土壤为黄土性的棕钙土，土层较厚，这与东坡低山带石质性较强，又比较零散的常混有大量灌木亚菊（*Ajania fruticulosa*）及荒漠植物的短花针茅草原迥然不同。西坡沟谷深长，湿度较大，水分条件较好，杜松林、紫丁香（*Syringa oblata*）等杂木林，乌柳（*Salix cheilophyla*）灌丛、西北沼委陵菜（*Comarum salesovianum*）灌丛（半灌木）、坡脚的醉马草（*Achnatherum inebrians*）草甸、低山带荒漠锦鸡儿（*Caragana roborovskyi*）旱生灌丛与卷叶锦鸡儿（*C. ordosica*）旱生灌丛等又为东坡所不见。该群系在南、北部低山带都占有相当大的面积，但北部更多。

贺兰山北段荒漠化程度较高，与东阿拉善草原化荒漠连成一体，分布大面积的东阿拉善–西鄂尔多斯特有的沙冬青（*Ammopiptanthus mongolicus*）群系、戈壁荒漠特征种松叶猪毛菜群系、西鄂尔多斯特有的四合木（*Tetraena mongolica*）群系，南段则极少见。南段荒漠化程度也很高，有喜暖且旱生性较强的羽叶丁香（*Syringa pinnatifolia*）灌丛、斑子麻黄垫状灌丛，而北段没有，但斑子麻黄在中段沟口附近有一些分布。中段是贺兰山的主体，植物群落类型丰富、垂直带完整、带谱宽而复杂，这里的针叶林、高寒灌丛、高寒草甸及多数中生灌丛皆不见于南、北段，只有北段最高峰塔什克梁（2 436 m）有岛状分布的叉子圆柏灌丛和旱生特征很强的小叶金露梅灌丛。上述贺兰山东、西坡分异，南、北、中段的差别和各有特色的群落类型为贺兰山植物群落多样性增添了丰富的色彩。

二、植物分类群的多样性

本书收录贺兰山野生维管植物 357 属 788 种 2 亚种和 28 个变种。其中蕨类植物 10 科 11 属 18 种；种子植物 77 科 346 属 770 种 2 亚种和 28 变种。种子植物中含裸子植物 3 科 5 属 8 种 1 变种；被子植物 74 科 341 属 762 种 2 亚种 27 变种（表 9）。

贺兰山总面积 0.45 万 km^2，有维管植物 788 种，每平方公里为 0.18 种。相邻草原区的大青山 1.1 万 km^2，有维管植物 841 种（赵一之，2005），每平方公里 0.08 种；南部的六盘山 0.5 万 km^2，有维管植物 836 种（戴君虎等，2007），每平方公里 0.17 种；荒漠区的祁连山北坡自然保护区 2.65 万平方公里，有 1 305 种（刘建泉等，2010），每平方公里为 0.05 种。相比之下，贺兰山单位面积上的植物种的多度是比较高的。

2.1 科的多样性

维管植物种数以禾本科（Gramineae）最多，其次是菊科（Compositae）、豆科（Fabaceae）、蔷薇科（Rosaceae）、毛茛科（Ranunculaceae）、藜科（Chenopodiaceae）、莎草科（Cyperaceae）、石竹科（Caryophyllaceae）、百合科（Liliaceae）、十字花科（Cruciferae）。前 10 科共有 181 属 489 种，占全部属的 50.7%，全部种的 62.0%（表 10）。其中，含 10 种以上的科共 18 科；含 9~5 种的 12 科；含 4~2 种的共 32 科；仅含 1 种的科 25 科（表 10）。由此可见，植物集中于几个大科的现象非常明显。

表 9　贺兰山野生维管植物大类群统计

<table>
<tr><th colspan="4"></th><th>科数</th><th>占总科数的%</th><th>属数</th><th>占总属数的%</th><th>种数</th><th>占总种数的%</th><th>变种/亚种</th><th>占总变/亚种数%</th></tr>
<tr><td rowspan="7">维管植物</td><td colspan="3">蕨类植物</td><td>10</td><td>11.49</td><td>11</td><td>3.08</td><td>18</td><td>2.28</td><td></td><td></td></tr>
<tr><td rowspan="5">种子植物</td><td colspan="2">裸子植物</td><td>3</td><td>3.45</td><td>5</td><td>1.40</td><td>8</td><td>1.02</td><td>1</td><td>3.45</td></tr>
<tr><td rowspan="3">被子植物</td><td>双子叶植物</td><td>63</td><td>72.41</td><td>270</td><td>75.63</td><td>576</td><td>73.10</td><td>26/2</td><td>93.10</td></tr>
<tr><td>单子叶植物</td><td>11</td><td>12.64</td><td>71</td><td>19.89</td><td>186</td><td>23.60</td><td>1</td><td>3.45</td></tr>
<tr><td>被子植物合计</td><td>74</td><td>85.06</td><td>341</td><td>95.52</td><td>762</td><td>96.20</td><td>27/2</td><td>96.55</td></tr>
<tr><td colspan="2">种子植物合计</td><td>77</td><td>88.51</td><td>346</td><td>96.92</td><td>770</td><td>97.72</td><td>28/2</td><td>100</td></tr>
<tr><td colspan="3">维管植物总计</td><td>87</td><td></td><td>357</td><td></td><td>788</td><td></td><td>28/2</td><td></td></tr>
</table>

此外，维管植物 87 科中，含 10 属以上的科有禾本科、菊科、豆科、十字花科、藜科、蔷薇科、唇形科、毛茛科、石竹科、伞形科、紫草科等 11 科，共计含 199 属，占贺兰山全部维管植物属数的 55.7%，即以 12.6%的科，包含了半数以上的属，也表明了植物集中分布于大科的特点（表 10、表 11）。

表 10　贺兰山野生维管植物科的大小排序

科名	属数	占总属数 %	种数	占总种数 %	变种/亚种
1. 禾本科 Gramineae	43	12.04	107	13.58	
2. 菊科 Compositae	41	11.48	103	13.07	5/1
3. 豆科 Fabaceae	17	4.76	60	7.61	4
4. 蔷薇科 Rosaceae	13	3.64	46	5.84	5
5. 毛茛科 Ranunculaceae	12	3.36	36	4.57	1
6. 藜科 Chenopodiaceae	14	3.92	35	4.44	1
7. 莎草科 Cyperaceae	8	2.24	28	3.55	
8. 石竹科 Caryophyllaceac	11	3.08	27	3.43	
9. 百合科 Liliaceae	7	1.96	25	3.17	1
10. 十字花科 Cruciferae	15	4.20	22	2.79	
11. 蓼科 Polygonaceae	6	1.68	18	2.28	

续表 10

科名	属数	占总属数 %	种数	占总种数 %	变种/亚种
12. 唇形科 Labiatae	13	3.64	18	2.28	1
13. 玄参科 Scrophulariaceae	8	2.24	16	2.03	1
14. 龙胆科 Gentianaceae	9	2.52	16	2.03	
15. 伞形科 Apiaceae	10	2.80	13	1.65	
16. 紫草科 Boraginaceae	10	2.80	13	1.65	
17. 杨柳科 Salicaceae	2	0.56	11	1.40	1
18. 报春花科 Primulaceae	4	1.12	11	1.40	
19. 蒺藜科 Zygophyllacese	6	1.68	9	1.14	
20. 堇菜科 Violaceae	1	0.28	7	0.89	
21. 大戟科 Euphorbiaceae	2	0.56	6	0.76	1
22. 茄科 Solanaceae	4	1.12	6	0.76	
23. 兰科 Orchidaceae	6	1.68	6	0.76	
24. 茜草科 Rubiaceae	3	0.84	5	0.63	1
25. 罂粟科 Papaveraceae	3	0.84	5	0.63	
26. 柽柳科 Tamaricaceae	3	0.84	5	0.63	
27. 萝摩科 Asdepiadaceae	1	0.28	5	0.63	
28. 旋花科 Convolvulaceae	2	0.56	5	0.63	
29. 忍冬科 Caprifoliaceae	2	0.56	5	0.63	
30. 灯心草科 Juncaceae	1	0.28	5	0.63	
含 5 种以上的共 30 科	277	77.59	674	85.53	20
含 4~2 种的共 32 科	55	15.41	89	11.29	7
仅含 1 种的共 25 科	25	7.00	25	3.17	
合　计	357	100	788	100	28/2

表 11　贺兰山野生维管植物科内属的数量分布

	含 20 属以上		10~19 属		5~9 属		2~4 属		1 属	
	数量	%	数量	%	数量	%	数量	%	数量	%
科	2	2.30	9	10.37	7	8.04	29	33.30	40	46.00
属	84	23.53	115	32.21	50	14.01	68	19.05	40	11.20
种	210	26.65	270	34.26	118	14.97	117	14.87	73	9.26

2.2 属的多样性

357 属维管植物中含物种最多的是蒿属（*Artemisia*，24 种），其次是黄芪属（*Astragalus*，19 种）、早熟禾属（*Poa*，19 种）、苔草属（*Carex*，15 种）、委陵菜属（*Potentilla*，13 种）、葱属（*Allium*，13 种）、棘豆属（*Oxytropis*，11 种）、针茅属（*Stipa*，11 种）、藜属（*Chenopodium*，10 种）等。上述含 10 种以上的属共 9 属，135 种，占全部维管植物种的 17.13%（表 12，表 13）。大部分的属仅含 1~ 4 种，占全部属的 91.31%，所含物种占全部种的 64.97%。可见，种在属内的分布，集中于大属的现象不突出。

表 12　贺兰山野生维管植物属内所含种数统计

	含 10 种以上		5~9 种		2~4 种		1 种	
	数量	%	数量	%	数量	%	数量	%
属	9	2.52	22	6.16	114	31.93	212	59.38
种	135	17.13	141	17.89	300	38.07	212	26.90

表 13　贺兰山野生维管植物含 5 种以上属的排序

属　名	种数	属　名	种数
1. 蒿属 *Artemisia*	24	17. 堇菜属 *Viola*	7
2. 黄芪属 *Astragalus*	19	18. 亚菊属 *Ajania*	6
3. 早熟禾属 *Poa*	19	19. 唐松草属 *Thalictrum*	6
4. 苔草属 *Carex*	15	20. 蒲公英属 *Taraxacum*	6
5. 委陵菜属 *Potentilla*	13	21. 芨芨草属 *Achnatherum*	6
6. 葱属 *Allium*	13	22. 披碱草属 *Elymus*	6
7. 棘豆属 *Oxytropis*	11	23. 鹅观草属 *Roegneria*	6
8. 针茅属 *Stipa*	11	24. 繁缕属 *Stellaria*	5
9. 藜属 *Chenopodium*	10	25. 大戟属 *Euphorbia*	5
10. 蓼属 *Polygonum*	9	26. 点地梅属 *Androsace*	5
11. 铁线莲属 *Clematis*	9	27. 鹅绒藤属 *Cynanchum*	5
12. 栒子属 *Cotoneaster*	9	28. 马先蒿属 *Pedicularis*	5
13. 锦鸡儿属 *Caragana*	8	29. 鸦葱属 *Scorzonera*	5
14. 柳属 *Salix*	8	30. 隐子草属 *Cleistogenes*	5
15. 风毛菊属 *Saussurea*	8	31. 灯心草属 *Juncus*	5
16. 毛茛属 *Ranunculus*	7	以上属合计	276

三、植物区系成分的多样性

3.1 种子植物属的区系多样性

根据吴征镒（2006）对我国种子植物区系地理成分划分，贺兰山种子植物346属可划分为14个分布区类型和13个变型（中国种子植物为15个类型，31个变型）共计27种区系地理成分（表14），显示了贺兰山植物区系的多样性。这些区系成分可归纳为世界分布、热带分布、温带分布、东亚分布、地中海-西亚-中亚分布和中国特有分布等6类（表14）。

表14 贺兰山野生种子植物属的分布类型

分布区类型		属数	占%
世界分布	1. 世界分布	49	14.2
泛热带-热带分布型	2. 泛热带	26	7.5
	3. 热带亚洲和热带美洲间断分布	1	0.3
	4. 旧大陆热带	2	0.6
	5. 热带亚洲至大洋洲	2	0.6
	7. 热带亚洲(印度-马来西亚)	2	0.6
温带分布型	8. 北温带	51	14.8
	8-2.北极-高山	3	0.9
	8-4.北温带和南温带(全温带)间断	56	16.2
	8-5.欧亚和南美洲温带间断	12	3.5
	10. 旧大陆温带	43	12.5
	10-1. 地中海区、西亚和东亚间断	3	0.9
	10-2. 地中海区和喜马拉雅间断	4	1.2
	10-3. 欧亚和非洲南部(有时也在大洋洲)间断	5	1.4
	11. 温带亚洲分布	19	5.5
东亚分布型	9. 东亚和北美洲间断	7	2.0
	9-1. 东亚和墨西哥间断	1	0.3
	14. 东亚(东喜马拉雅-日本)	6	1.4
地中海-西亚-中亚分布型	12. 地中海区、西亚至中亚	19	5.5
	12-1.地中海区至中亚和南美洲、大洋洲间断	4	1.2
	12-2.地中海区至中亚和墨西哥间断	1	0.3
	12-3.地中海区至亚洲、大洋洲和南美洲间断	3	0.9
	13.中亚	7	2.0
	13-1. 中亚东部(亚洲中部)	10	2.9
	13-2. 中亚至喜马拉雅	5	1.4
	13-3. 西亚至西喜马拉雅和西藏	1	0.3
中国特有分布	15. 中国特有分布	4	1.2
合　计		346	100.0

注：分布区类型编号根据吴征镒(2006)。

温带分布类型包括北温带及其3个变型，旧大陆温带及其3个变型和温带亚洲等9个分布区类型及变型（表14），是贺兰山数量最多的分布型，共196属，占种子植物总属数的56.7%，显示出贺兰山植物区系的温带特征。温带分布属以全温带、北温带、旧大陆温带和温带亚洲分布为主。其中全温带56属，主要包括圆柏属（*Sabina*）、柳属（*Salix*）、桑属（*Morus*）、蓼属（*Polygonum*）、滨藜属（*Atriplex*）、女娄菜属（*Melandrium*）、水毛茛属（*Batrachium*）、翠雀花属（*Delphinium*）、唐松草属（*Thalictrum*）、景天属（*Sedum*）、茶藨子属（*Ribes*）、李属（*Prunus*）、委陵菜属（*Potentilla*）、野豌豆属（*Vicia*）、槭树属（*Acer*）、鹿蹄草属（*Pyrola*）、报春花属（*Primula*）、假龙胆属（*Gentianella*）、薄荷属（*Mentha*）、紫菀属（*Aster*）、雀麦属（*Bromus*）、臭草属（*Melica*）针茅属（*Stipa*）、葱属（*Allium*）、绶草属（*Spiranthes*）等；北温带分布属51属，以云杉属（*Picea*）、松属（*Pinus*）、刺柏属（*Juniperus*）、桦属（*Betula*）、杨属（*Populus*）榆属（*Ulmus*）、苹果属（*Malus*）、蔷薇属（*Rosa*）、绣线菊属（*Spiraea*）、棘豆属（*Oxytropis*）、扁蕾属（*Gentianopsis*）、鹅观草属（*Roegneria*）、嵩草属（*Kobresia*）、百合属（*Lilium*）、鸢尾属（*Iris*）等为代表；旧大陆温带分布43属，以大黄属（*Rheum*）、雾冰藜属（*Bassia*）、糖芥属（*Erysimum*）、栒子属（*Cotoneaster*）、草木樨属（*Melilotus*）、柽柳属（*Tamarix*）、益母草属（*Leonurus*）、百里香属（*Thymus*）、菊属（*Dendranthema*）、芨芨草属（*Achnatherum*）、顶冰花属（*Gagea*）、鸟巢兰属（*Neottia*）等为代表；温带亚洲分布19属，主要有轴藜属（*Axyris*）、花旗竿属（*Dontostemon*）、锦鸡儿属（*Caragana*）、米口袋属（*Gueldenstaedtia*）、狼毒属（*Stellera*）、狗哇花属（*Heteropappus*）、亚菊属（*Ajania*）、细柄茅属（*Ptilagrostis*）等。红景天属（*Rhodiola*）、单侧花属（*Orthilia*）、天栌属（*Arctous*）3个北极–高山分布属反映了贺兰山的高山特征及其与北极–高山植物区系的联系。

占第二位的是地中海–西亚–中亚分布类型，包括地中海、西亚至中亚及其3个变型，中亚及其3个变型等8个类型（表14），共50属，占种子植物总属数的14.5%。其中地中海、西亚–中亚19属，如假木贼属（*Anabasis*）、盐爪爪属（*Kalidium*）、燥原荠属（*Ptilotrichum*）、雀儿豆属（*Chesneya*）、红沙属（*Reaumuria*）、锁阳属（*Cynomorium*）、肉苁蓉属（*Cistanche*）、蓟属（*Cirsium*）、花花柴属（*Karelinia*）獐茅属（*Aeluropus*）等；中亚东部（亚洲中部）10属，如沙米属（*Agriophyllum*）、合头藜属（*Sympegma*）、沙冬青属（*Ammopiptanthus*）、脓疮草属（*Panzeria*）、小甘菊属（*Cancrinia*）、栉叶蒿属（*Neopallasia*）、沙鞭属（*Psammochloa*）、钝基草属（*Timouria*）等；中亚分布7属，包括蛛丝蓬属（*Micropeplis*）、爪花芥属（*Oreoloma*）、鸡娃草属（*Plumbagella*）、腺鳞草属（*Anagallidium*）、兔唇花属（*Lagochilus*）、紫菀木属（*Asterothamnus*）和短舌菊属（*Brachanthemum*）。充分反映了贺兰山植物区系的荒漠特征及其古地中海区系的性质。

排第三位的是世界分布属，共49属，占种子植物总属数的14.2%。主要为水生、湿生、沼生、盐生及田间杂草等植物类型。主要有：猪毛菜属（*Salsola*）、碱蓬属（*Suaeda*）、藜属（*Chenopodium*）、苋属（*Amaranthus*）、繁缕属（*Stellaria*）、铁线莲属（*Clematis*）、毛茛属（*Ranunculus*）、独行菜属（*Lepidium*）、黄芪属（*Astragalus*）、远志属（*Polygala*）、堇菜属（*Viola*）、补血草属（*Limonium*）、旋花属（*Convolvulus*）、黄芩属（*Scutellaria*）、茄属（*Solanum*）、车前属（*Plantago*）、蒿属（*Artemisia*）、鬼针草属（*Bidens*）、苍耳属（*Xanthium*）、香蒲属（*Typha*）、眼子菜属（*Potamogeton*）、水麦冬属（*Triglochin*）、羊茅属（*Festuca*）、早熟禾属（*Poa*）、苔草属（*Carex*）、莎草属（*Cyperus*）、藨草属（*Scirpus*）、灯心草属（*Juncus*）等。

泛热带-热带分布有33属，占第四位，占总属数的9.5%。包括泛热带、热带亚洲和热带美洲间断分布、旧大陆热带、热带亚洲至大洋洲和热带亚洲5个分布区类型。其中以泛热带分布为主，有26属，代表属有：马齿苋属（*Portulaca*）、蒺藜属（*Tribulus*）、一叶萩属（*Flueggea*）、菟丝子属（*Cuscuta*）、三芒草属（*Aristida*）、孔颖草属（*Bothriochloa*）、虎尾草属（*Chloris*）、隐子草属（*Cleistogenes*）、马唐属（*Digitaria*）、稗属（*Echinochloa*）、冠芒草属（*Enneapogon*）、画眉草属（*Eragrostis*）、狼尾草属（*Pennisetum*）、狗尾草属（*Setaria*）、草沙蚕属（*Tripogon*）等。

代表东亚森林特征的东亚分布类型共14属，占总属数的4.0%。包括东亚-北美间断及其变型8属，如地蔷薇属（*Chamaerhodos*）、胡枝子属（*Lespedeza*）、野决明属（*Thermopsis*）、蛇葡萄属（*Ampelopsis*）、蛇床属（*Cnidium*）、罗布麻属（*Apocynum*）、短星菊属（*Brachyactis*）等；东亚分布5属：莸属（*Caryopteris*）、地黄属（*Rehmannia*）、薄皮木属（野丁香属）（*Leptodermis*）、毛鳞菊属（*Chaetoseris*）、尾药菊属（*Synotis*）。这些属的分布反映了贺兰山植物区系与东亚植物区系的联系，也表明贺兰山虽然地处中国西部荒漠区，但仍受东亚植物区系的影响。

中国特有分布属4属，包括文冠果属（*Xanthoceras*）、虎榛子属（*Ostryopsis*）、阴山荠属（*Yinshania*）和四合木属（*Tetraena*）。

3.2 种的区系多样性

贺兰山维管植物种的区系组成较为复杂，788种及28变种2亚种中除7种（占总种数的1.02%）尚未确定成分外，已确定成分可划分为9大类84个类型（表15）。其植物区系特点主要表现在如下几个方面：

2.1 突出的温带广布成分

植物区系中温带广布种最多，有252种，占全部维管植物的30.8%，其中以北温带分布为主，反映了贺兰山北温带植物区系的基本特征。温带成分，包括旧大陆温带和温带亚洲等成分，以草甸和山地中生植物居多，代表种有2种拂子茅（*Calamagrostis epigeios*，*C. pseudophragmites*）、2种早熟禾（*Poa nemoralis*，*P. pratensis*）、2种披碱草（*Elymus sibiricus*，*E. nutans*）、无芒雀麦（*Bromus inermis*）、几种委陵菜（*Potentilla anserine*，*P. conferta*，*P. multifida*）、几种蒿属植物（*Artemisia frigida*，*A. sieversiana*，*A. annua*）、旋覆花（*Inula britanica*）、阿尔泰狗娃花（*Heteropappus altaicus*）、海乳草（*Glaux maritima*）等。

此外，广布成分中有1.8%的世界分布，多为杂草，代表植物有藜（*Chenopodium al-*

bum）、反枝苋（*Amaranthus retroflexus*）、狗尾草（*Setaria viridis*）、田旋花（*Convolvulus arvensis*）等。

表 15　贺兰山野生维管植物种的分布区类型

分布区类型		种数	占%	分布区类型		种数	占%
Ⅰ. 1.世界种		9	1.1	Ⅶ. 亚洲中部草原分布	43.达乌里-中国-喜马拉雅种	1	0.1
Ⅱ. 热带分布	2.泛热带种	16	2.0		44.黑海-哈萨克斯坦-蒙古种	1	0.1
	3.亚洲热带种	1	0.1		45.哈萨克斯坦-蒙古种	3	0.4
	4.热带亚洲和热带非洲种	1	0.1		46.亚洲西部山地种	1	0.1
	Ⅱ.	18	2.2		47.亚洲中部草原	1	0.1
Ⅲ. 温带广布	5.泛温带种	4	0.5		48.达乌里-蒙古种	16	2.0
	6.南北温带种(全温带)	3	0.4		49.蒙古种	9	1.1
	7.泛北极(北温带)种	75	9.2		50.内蒙古-黄土高原种	1	0.1
	8.古北极(旧大陆温带种)种	66	8.1		51.黄土高原种	19	2.3
	9.东古北极(亚洲温带)种	103	12.6		52.华北-南蒙古种	5	0.6
	10.温带针叶林种	1	0.1		Ⅶ.	57	7.0
	Ⅲ.	252	30.8	Ⅷ. 古地中海及亚洲中部荒漠分布	53.古地中海种	44	5.4
Ⅳ. 东亚分布	11.东亚-北美种	2	0.2		54.中亚-北美种	1	0.1
	12.东亚-东非种	1	0.1		55.地中海-中亚-北美种	1	0.1
	13.东亚种	86	10.5		56.地中海-西亚-中亚种	1	0.1
	14.华北种	57	7.0		57.亚洲中西部种	2	0.2
	15.东北种	4	0.5		58.亚洲中部(荒漠)山地种	10	1.2
	16.华北-东北种	18	2.2		59.亚洲中部-南亚种	1	0.1
	17.华北-华中种	2	0.2		60.亚洲中部种	41	5.0
	18.华北西部山地种	2	0.2		61.亚洲西部荒漠种	1	0.1
	19.秦岭-横断山种	1	0.1		62.青藏高原-亚洲中部荒漠种	1	0.1
	Ⅳ.	173	21.1		63.哈萨克斯塔-戈壁种	1	0.1
Ⅴ. 西伯利亚及高山分布	20.欧洲-西伯利亚种	2	0.2		64.戈壁种	17	2.1
	21.东欧-西伯利亚种	1	0.1		65.东戈壁种	4	0.5
	22.北极-高山种	7	0.9		66.南戈壁种	4	0.5
	23.西伯利亚-青藏高原种	3	0.4		67.准格尔-戈壁种	1	0.1
	24.中亚山地-青藏高原种	5	0.6		68.戈壁-蒙古种	12	1.5
	25.西伯利亚-唐古特种	1	0.1		69.阿尔泰-西戈壁种	1	0.1
	26.西伯利亚-蒙古种	4	0.5		70.阿拉善-柴达木种	1	0.1
	27.西伯利亚-亚洲中部种	3	0.4		71.阿拉善种	6	0.7
	28.东西伯利亚-中国北部种	1	0.1		72.鄂尔多斯-南阿拉善种	1	0.1
	29.亚洲高山种	3	0.4		Ⅷ	151	18.5
	Ⅴ.	30	3.7		73.西鄂尔多斯-东阿拉善种	4	0.5

续表 15

分布区类型		种数	占%	分布区类型		种数	占%
Ⅵ.青藏高原分布	30.唐古特种	6	0.7	Ⅸ.特有与近特有分布种	74.东阿拉善种	4	0.5
	31.华北高山–唐古特种	3	0.4		75.西鄂尔多斯种	2	0.2
	32.阿尔泰–唐古特种	1	0.1		76.阴山–贺兰山–祁连山种	3	0.4
	33.青藏高原外缘山地种	5	0.6		77.贺兰山–祁连山种	2	0.2
	34.青藏高原东缘种	6	0.7		78.贺兰山–阴山西段种	4	0.5
	35.喜马拉雅种	1	0.1		79.贺兰山–阿尔巴斯山种	4	0.5
	36.唐古特–喜马拉雅种	1	0.1		80.贺兰山–阿尔巴斯山–兴隆山种	1	0.1
	37.青藏高原东、南部种	1	0.1		81.贺兰山–东天山(南坡)种	1	0.1
	38.青藏高原–唐古特种	1	0.1		82.贺兰山–太白山–罗浮山种	1	0.1
	39.青藏高原种	20	2.4		83.贺兰山–兴隆山–阴山西段种	1	0.1
	40.华北–青藏高原东缘种	1	0.1		84.贺兰山山地、山麓种(3 种)	34	4.2
	41.贺兰山–青藏高原东缘种	1	0.1		Ⅸ.	61	7.5
	42.贺兰山–唐古特种	13	1.6	未确定类型种		7	0.9
	Ⅵ.	60	7.3	合　计(788 种,2 亚种,28 变种)		818	100.0

2.2 东亚植物区系成分的广泛渗透

贺兰山地处我国西部荒漠区东缘，毗邻东亚植物区系的华北地区，因此东亚森林植物区系的影响仍十分显著，由东亚、中国华北与东北等组成的东亚成分共 173 种，占全部维管植物的 21.1%（表 15），成为仅次于温带广布成分的第二大类区系成分。其中，油松（*Pinus tabulaeformis*）、虎榛子（*Ostryopsis davidiana*）、达乌里胡枝子（*Lespedeza davurica*）、酸枣（*Zizyphus jujuba* var. *spinosa*）、黄刺玫（*Rosa xanthina*）、紫丁香（*Syringa oblata*）、蒙桑（*Morus mongolica*）、互叶醉鱼草（*Buddleja alternifolia*）、文冠果（*Xanthoceras sorbifolia*）、白莲蒿（*Artemisia sacrorum*）、凸脉苔草（*Carex lanceolata*）等中国华北、东北成分均有广泛分布。

2.3 显著的古地中海及亚洲中部等荒漠成分

贺兰山地处干旱荒漠区，山麓与低山区广泛分布古地中海及亚洲中部等荒漠区系成分，有 151 种，占全部维管植物的 18.5%（表 15），是贺兰山第三大区系成分。亚洲中部荒漠成分是典型荒漠种，代表植物有霸王（*Sarcozygium xanthoxylon*）、合头藜（*Sympegma regelii*）、短叶假木贼（*Anabasis brevifolia*）等。古地中海成分是更广的旱生成分，代表植物有红沙（*Reaumuria soongorica*）、驼绒藜（*Krascheninnikovia ceratoides*）、苦豆子（*Sophora alopecuroides*）、骆驼蓬（*Peganum harmala*）、花花柴（*Karelinia caspia*）等。

2.4 亚洲中部草原成分的强烈影响

贺兰山地处蒙古高原边缘，在山地垂直带分布有较多的亚洲中部草原成分，共 57 种，占全部维管植物的7.0%，包括蒙古种、达乌里-蒙古种等10种区系成分（表15）。如几种针茅（*Stipa krylovii*，*S. grandis*，*S. breviflora*，*S. klemenzii*，*S. gobica*，*S. glareosa*）、无芒隐子草（*Cleistogenes songorica*）、几种葱（*Allium mongolicum*，*A. polyrhizum*，*A. bidentatum*，*A. tenuissimum*，*A. anisopodium*）、几种黄芪（*Astragalus melilotoides*，*A. adsurgens*，*A. galactites*）、蒙古莸（*Caryopteris mongholica*）、兔唇花（*Lagochilus ilicifolius*），戈壁天门冬（*Asparagus gobicus*）等。

2.5 欧洲西伯利亚及青藏高原高寒成分的广泛渗透

由于贺兰山山体高大，欧洲西伯利亚及高山分布（10种成分，共30种，占全部维管植物的3.7%）及青藏高原高寒成分（14种成分，共60种，占全部维管植物的7.3%）也有一定渗透（表15），特别是青藏高原成分的存在反映了贺兰山与青藏高原的广泛联系。北极-高山或环极高山成分，多生长于3 000 m以上山地，代表植物有高山唐松草（*Thalictrum alpinum*）、极地早熟禾（*Poa aretica*）、雪白委陵菜（*Potentilla nivea*）、北点地梅（*Androsace septentrionalis*）、粉报春（*Primula farinosa*）以及珠芽蓼（*Polygonum viviparum*）、双花堇菜（*Viola biflora*）、嵩草（*Kobresia* myosuroides）等。青藏高原成分代表植物有2种嵩草（*Kobresia pusila*，*K. pygmaea*）、3种苔草（*Carex aridula*，*C. allivescens*，*C. scabrirostris*）、短梗葱（*A. kansuense*）、异针茅（*Stipa aliena*）、2种毛茛（*Ranunculus membranaceus*，*R. tanguticus*）、乳突拟耧斗菜（*Paraquilegia anemonoides*）、白蓝翠雀（*Delphinium albocoerulum*）、禾叶风毛菊（*Saussurea graminea*）、西北缬草（*Valeriana tangutica*）、喜山葶苈（*Draba oreadas*）以及青海云杉（*Picea crassifolia*）等。

2.6 特有性强

贺兰山是我国西北干旱区生物多样性中心，特有与近特有种比例较高，共61种占全部维管植物种的7.5%。

此外，贺兰山植物区系还分布有一些热带、泛热带成分，以禾草类特别是以一年生禾草居多，代表植物有三芒草（*Aristida adscenionis*）、虎尾草（*Chloris virgata*）、锋芒草（*Tragus racemosus*）、长芒棒头草（*Polypogen monspeliensis*）等，多年生禾草有白羊草（*Bothriochloa ischaemum*）、白草（*Pennisetum flaccidum*）等。

3.3 植物分类群的特有性

3.3.1 属的特有性

贺兰山维管植物没有仅分布于贺兰山的特有属，但有贺兰山所在的阿拉善-鄂尔多斯地区特有属或亚洲中部荒漠特有属。主要包括1个西鄂尔多斯特有属，即蒺藜科（Zygophyllacese）的四合木属（*Tetraena*），分布于贺兰山北段西麓；有1个阿拉善-鄂尔多斯特有属菊科（Compositae）的革苞菊属（*Tugarinovia*），分布于贺兰山山麓及低山带。上述2属，均为单种属。此外还有2个亚洲中部荒漠特有属，即豆科（Fabaceae）的沙冬青属（*Ammopiptanthus*），本属含2种，贺兰山分布有1种；菊科的紊蒿属（*Elachanthemum*），本属含2种，贺兰山有1种，分布于北段山麓。

上述5属，奠定了贺兰山及其周边地区成为中国西北干旱区生物多样性中心的地位。按王荷生（1994）中国种子植物多度中心的划分，中国有8个生物多样性中心，秦岭、淮河以北只有2个，一是中条山-南太行山中心，一是南蒙古中心（阿拉善-鄂尔多斯中心）。前者是我国暖温带山地中国特有属的集中分布地区，是西南和南方特有属分布的北界，与秦岭中心有许多相似之处。

此外，贺兰山还分布有中国华北特有属虎榛子属（*Ostryopsis*）；中国华北-东北特有属文冠果属（*Xanthoceras*）；中国华北-西南特有属阴山芥属（*Yinshania*）。

3.3.2 物种的特有性

目前发现贺兰山维管植物有贺兰山特有种近特有种61个（包括15个变种1亚种）。其中仅分布于贺兰山的“贺兰山特有种”35个；以贺兰山为中心，分布区可扩展到周边邻近地区的“贺兰山近特有种”26个（表16）。这些特有种与近特有种，隶属于29科，45属，占全部维管植物的7.5%（包括变种）。其中豆科9种、菊科8种、石竹科7种、毛茛科4种、禾本科3种，其他科仅含1~2种(表16)。

表16　贺兰山特有与近特有种

科	种	生态型	生活型	分　布
鳞毛蕨科 Dryopteridaceae	*中华耳蕨 *Polystichum sinense*	Ⅴ	E	贺兰山，阴山，祁连山
松科 Pinaceae	*青海云杉 *Picea crassifolia*	Ⅴ	A	贺兰山，祁连山，阴山
柏科 Cupressaceae	贺兰山圆柏 *Sabina vulgaris* var. *alashanensis*	Ⅴ	A	贺兰山
麻黄科 Ephedraceae	斑子麻黄 *Ephedra rhytidosperma*	Ⅰ	B	贺兰山山麓
榆科 Ulmaceae	*毛果旱榆 *Ulmus glaucescens* var. *lasiocarpa*	Ⅱ	A	贺兰山，阴山西段
荨麻科 Urticaceae	贺兰山荨麻 *Urtica helanshanica*	Ⅴ	E	贺兰山
蓼科 Polygonaceae	*总序大黄 *Rheum racemiferum*	Ⅲ	E	贺兰山，狼山，阿尔巴斯山，龙首山
	*单脉大黄 *Rheum uninerve*	Ⅲ	E	贺兰山，狼山，阿尔巴斯山，龙首山
藜科 Chenopodiaceae	无刺刺藜 *Chenopodium aristatum* var. *inerme*	Ⅴ	F	贺兰山
石竹科 Caryophyllaceae	贺兰山女娄菜 *Melandrium alaschanicum*	Ⅴ	E	贺兰山
	瘤翅女娄菜 *Melandrium verrucoso-alatum*	Ⅴ	E	贺兰山
	耳瓣女娄菜 *Melandrium auritipetalum*	Ⅴ	E	贺兰山
	*贺兰山孩儿参 *Pseudostellaria helanshanensis*	Ⅴ	E	贺兰山，陕西（太白山）、河南（罗浮山）
	*宁夏麦瓶草 *Silene ningxiaensis*	Ⅱ	E	贺兰山、祁连山
	*贺兰山繁缕 *Stellaria alaschanica*	Ⅳ	E	贺兰山、祁连山

续表 16

科	种	生态型	生活型	分 布
	二柱繁缕 *Stellaria bistyla*	Ⅳ	E	贺兰山
毛茛科 Ranunculaceae	阿拉善银莲花 *Anemone alaschanica*	Ⅴ	E	贺兰山
	白花长瓣铁莲 *Clematis macropetala* var. *albiflora*	Ⅴ	D	贺兰山
	软毛翠雀 *Delphinium mollipilum*	Ⅴ	E	贺兰山
	栉齿毛茛 *Ranunculus pectinatilobus*	Ⅴ	E	贺兰山
罂粟科 Papaveraceae	贺兰山延胡索 *Corydalis alaschanica*	Ⅴ	E	贺兰山
蔷薇科 Rosaceae	* 蒙古扁桃 *Prunus mongolica*	Ⅰ	B	阿拉善,贺兰山,乌兰察布北部
	白果毛樱桃 *Prunus tomentosa* var. *jeueocarpa*	Ⅴ	A	贺兰山
豆科 Fabaceae	* 沙冬青 *Ammopiptanthus mongolicus*	Ⅰ	B	阿拉善,贺兰山,西鄂尔多斯
	阿拉善黄芪 *Astragalus alaschanus*	Ⅱ	E	贺兰山
	* 秦氏黄芪 *Astragalus chingianus*	Ⅲ	E	贺兰山,阿尔巴斯山
	毛果莲山黄芪 *Astragalus leansanicus* var. *pilocarpus*	Ⅱ	E	贺兰山
	* 拟边塞黄芪 *Astragalus ochrias*	Ⅱ	E	贺兰山,乌拉山
	* 粗壮黄芪 *Astragalus hoantchy*	Ⅳ	E	阴山,贺兰山,东祁连山
	* 贺兰山岩黄芪 *Hedysarum petrovii*	Ⅱ	E	贺兰山,六盘山,祁连山北坡
	阿拉善苜蓿 *Medicago alaschanica*	Ⅳ	E	贺兰山西坡山麓
	贺兰山棘豆 *Oxytropis holanshanensis*	Ⅱ	E	贺兰山
蒺藜科 Zygophyllaceae	* 四合木 *Tetraena mongolica*	Ⅰ	B	贺兰山北段,西鄂尔多斯
芸香科 Rutaceae	* 针枝芸香 *Haplophyllum tragacanthoides*	Ⅱ	C	贺兰山,狼山,阿尔巴斯山
大戟科 Euphorbiaceae	刘氏大戟 *Euphorbia lioui*	Ⅳ	E	贺兰山西坡山麓
	* 红腺大戟 *E. ordosinensis*	Ⅱ	E	贺兰山,阿尔巴斯山
槭树科 Aceraceae	大叶细裂槭 *Acer stenolobum* var. *megalophyllum*	Ⅴ	A	贺兰山
	毛细裂槭 *Acer stenolobum* var. *pubescens*	Ⅴ	A	贺兰山
柽柳科 Tamaricaceae	* 长叶红沙 *Reaumuria trigyna*	Ⅱ	B	东阿拉善,贺兰山,西鄂尔多斯
伞形科 Apiaceae	* 内蒙西风芹 *Seseli intramongolicum*	Ⅳ	E	贺兰山,狼山,阿尔巴斯山,阴山西段
杜鹃花科 Ericaceae	贺兰山越橘 *Vaccinium yitis-idaea* var. *alashanicum*	Ⅴ	B	贺兰山
报春花科 Primulaceae	* 阿拉善点地梅 *Androsace alashanica*	Ⅱ	E	贺兰山,狼山,阿尔巴斯山,祁连山
唇形科 Labiatae	毛冬青叶兔唇花 *Lagochilus ilicifolius* var. *tomentosus*	Ⅱ	E	贺兰山

续表 16

科	种	生态型	生活型	分布
玄参科 Scrophulariaceae	* 阿拉善马先蒿 *Pedieularis alaschanica*	Ⅴ	E	贺兰山，龙首山，祁连山
	* 贺兰玄参 *Scrophularia alaschanica*	Ⅴ	E	贺兰山，阴山西段
茜草科 Rubiaceae	内蒙薄皮木 *Leptodermis ordosica*	Ⅱ	B	贺兰山，阿尔巴斯山
	阿拉善茜草 *Rubia cordifolia* var. *alaschanica*	Ⅴ	E	贺兰山
桔梗科 Campanulaceae	* 宁夏沙参 *Adenophora ningxiaensis*	Ⅳ	E	贺兰山，阿尔巴斯山，兴隆山
菊科 Compositae	多头铺散亚菊 *Ajania khartensis* var. *polycephala*	Ⅳ	E	贺兰山
	贺兰山女蒿 *Hippolytia kanschgarica* subsp. *alashanensis*	Ⅱ	C	贺兰山
	阿拉善风毛菊 *Saussurea alaschanica*	Ⅴ	E	贺兰山
	缩茎阿拉善风毛菊 *Saussurea alaschanica* var. *acaulie*	Ⅴ	E	贺兰山
	多头阿拉善风毛菊 *Saussurea alaschanica* var. *polycephala*	Ⅴ	E	贺兰山
	贺兰山风毛菊 *Aaussurea helanshanensis*	Ⅱ	E	贺兰山
	* 术叶菊 *Synotis atractylidifolia*	Ⅴ	E	贺兰山，兴隆山，阴山西段
	* 鄂尔多斯黄鹌菜 *Yougia ordosica*	Ⅱ	E	贺兰山，阿尔巴斯山
禾本科 Gramineae	硬叶早熟禾 *Poa stereophylla*	Ⅲ	E	贺兰山
	长花长稃早熟禾 *Poa dolichachyra* var. *longiflora*	Ⅲ	E	贺兰山
	* 阿拉善拟鹅观草 *Pseudoroegneria alashanica*	Ⅲ	E	贺兰山，东天山
莎草科 Cyperaceae	贺兰山嵩草 *Kobresia helanshanica*	Ⅴ	E	贺兰山
百合科 Liliaceae	阿拉善葱 *Allium alaschanicum*	Ⅳ	E	贺兰山

注：1）* 代表分布区略超出研究范围的当地近特有种；2）生态型：Ⅰ强旱生；Ⅱ旱生；Ⅲ 中旱生；Ⅳ旱中生；Ⅴ中生；3）生活型：A 小乔木；B 灌木；C 半灌木；D 木质藤本；E 多年生草本；F 一年生草本。

贺兰山山地是西北地区新特有类群的分化中心之一，仅分布于贺兰山的种及种下的 35 个特有类群中，共有 15 个是种下等级类群，表现出植物类群的强烈现代分化。如大叶细裂槭（*Acer stenolobum* var. *megalophyllum*）和毛细裂槭（*A. stenolobum* var. *pubescens*）是细裂槭（*A. stenolobum*）的旱生变种。

其余仅分布于贺兰山的贺兰山荨麻（*Urtica helanshanica*）、贺兰山女娄菜（*Melandrium alaschanicum*）、耳瓣女娄菜（*Melandrium auritipetalum*）、二柱繁缕（*Stellaria bistyla*）、阿拉善银莲花（*Anemone alaschanica*）、软毛翠雀（*D. mollipilum*）、贺兰山棘豆（*Oxytropis holanshanensis*）、阿拉善风毛菊（*Saussurea alaschanica*）等特有种（表16），以及以贺兰山为中心可扩展到周边山地的总序大黄（*Rheum racemiferum*）、单脉大黄（*Rh. uninerve*）、宁夏麦瓶草（*Silene ningxiaensis*）、贺兰山繁缕（*Stellaria alaschanica*）、贺兰山孩儿参（*Pseudostellaria helanshanensis*）、贺兰玄参（*Scrophularia alaschanica*）、内蒙薄皮木（*Leptodermis ordosica*）、阿拉善黄芩（*Scutellaria alaschanica*）等大多明显为晚近分化的类群。其中有些种类，形成替代分布，如内蒙薄皮木是薄皮木（*Leptodermis oblonga*）的替代；阿拉善黄芩（*Scutellaria alaschanica*）是黄芩（*S. baicalensis*）的替代；贺兰玄参（*Scrophularia alaschanica*）是华北玄参（*S. moellendorffii*）的替代。

贺兰山山地新特有类群的分化，是与其长期的孤立演化密切相关的。贺兰山周围被荒漠包围，周边地区气候干旱，而高大的贺兰山由于其山地效应，降水略有增加，成为荒漠中的 "孤岛"，不仅大大丰富了该地区的生物多样性，相对封闭的环境也促使了新类群的分化。

贺兰山山地内部基本无古老的特有种，但山麓边缘分布有如四合木、革苞菊等阿拉善-鄂尔多斯成分的古老物种。这些物种主要是北极第三纪、古热带第三纪（冈瓦纳第三纪）和古地中海第三纪的古老孑遗类群。因此本区的这些干旱特有类群，大部分极有可能是第三纪古地中海起源的（吴征镒，2005）。

3.4 植物生态类群的多样性

虽然贺兰山地处干旱区，但贺兰山有海拔 3 000 m 以上的高大山地，极大地丰富了该地区的生物多样性，并提高了中生植物类型的比例，使中生与旱中生植物达到 61.2%。但旱生植物，包括中旱生、旱生及强旱生，仍占 33.0%（表 17）。由此足可见贺兰山植物区系的强烈旱化特征。

植物生活型包括乔木、木质藤本、灌木、半灌木、多年生草本、多年生草质藤本和一二年生草本，以多年生草本及一、二年生草本为主，占 78.7%，乔木较少，不足 3%（表 17）。

表 17　贺兰山野生维管植物生活型与生态型组成

水分生态型	数 量	%	生活型	数 量	%
湿生或水生	32	3.9	乔木	23	2.8
湿中生	15	1.8	灌木	93	11.4
中生	433	52.9	半灌木	35	4.3
旱中生	68	8.3	多年生草本	496	60.6
中旱生	72	8.8	一、二年生草本	148	18.1
旱生	169	20.7	藤本	17	2.1
强旱生	29	3.6	寄生	6	0.7
合 计	818	100	合 计	818	100

四、植物多样性空间格局

4.1 贺兰山植物东、西坡分异

贺兰山东侧由于银川平原断陷和贺兰山上升，山麓到山顶的相对高差达2100 m，山坡陡峻短狭，沟谷深切，地面比较破碎；西侧面临广漠的阿拉善高原，山麓至顶峰相对高度为1 500~2 000 m，坡面缓长；两坡的地貌特征具有一定的差异。由于受季风的影响，贺兰山西坡与东坡相比，表现出更为干旱、寒冷。东坡与我国西部温带草原相接，西坡毗邻荒漠，东、西坡受到了不同性质植物区系的影响。因而，贺兰山东、西坡植物区系在种类组成、区系地理成分组成、水分生态类型组成、生活型组成上会有一定的分异。

在物种水平上，贺兰山东坡与西坡的相似系数为0.71；在属水平上，相似系数为0.81；在科水平上，相似系数为0.91（表18）。仅分布在东坡的科有桑科（Moraceae）、苦木科（Simaroubaceae）、山茱萸科（Cornaceae）、夹竹桃科（Apocynaceae）等5科，仅分布在西坡的科有阴地蕨科（Onocleaceae）、杜鹃花科（Ericaceae）、天南星科（Araceae）、杉叶藻科（Hippuridaceae）等3科。这些科在贺兰山仅有1种，少有2种以上分布。

表18　贺兰山野生维管植物东、西坡科、属、种组成比较

	仅东坡	仅西坡	东、西坡共有	相似系数
种	98	143	577	0.71
属	40	29	288	0.81
科	4	4	79	0.91

4.2.2 贺兰山植物南北分异

贺兰山南北狭长，横跨纬度1度多。地势南高北低，气候南部温暖，降水较多，北部则较寒冷和干旱。特别是贺兰山南部临近黄土高原和六盘山，受草原和东部森林区系的影响较显著，北侧则被阿拉善荒漠所包围，受亚洲中部与古地中海区系的影响较大。中部则为贺兰山主体，是贺兰山森林、灌丛的集中分布区。

上述环境特征导致贺兰山南北植物各类群组成分异明显，在科、属和物种不同水平上，北部与中部相似系数分别为57.0%、39.1%和26.5%；中部与南部相似系数为61.2%、44.0%和31.6%；北部与南部相似系数分别为76.3%、67.0%和60.8%。

贺兰山中段是贺兰山植物的集中分布区，分别占贺兰山全部维管科、属、种的96.6%、94.7%、94.4%。与中段形成鲜明对比，南段和北段物种丰富度较低，出现在南段的科、属、种数分别占全部维管植物的60.9%、43.7%、32.0%；出现在北段的科属种数分别占全部维管植物的66.7%、50.4%、37.1%。中段出现了贺兰山所有的物种地理成分，与北段、南段植物区系区别较大，而北段与南段植物相似性较高。特别是代表高寒植物区系特点的欧洲–西伯利亚成分及青藏高原成分全部集中在中段。

由于北段和南段海拔较低，植物多为旱生类群，相似性较高，与中段的差异显著。中段出现了所有的水分类型，中生植物最多，水生、旱生植物较少。

总之，贺兰山是我国西北干旱区一个丰富的生物多样性宝库，是连接我国西北与华北植物区系，蒙古高原、黄土高原及青藏高原植物区系的重要枢纽。丰富的特有成分，使之成为我国 8 个生物多样性中心之一的南蒙古中心的核心区和我国西北干旱区重要的生物多样性演化中心之一。

参考文献

戴君虎，白洁，邵力阳，韩超，崔海亭. 2007. 六盘山植物区系基本特征的初步分析. 地理研究，**26**（1）: 91~100.

梁存柱，朱宗元，王炜，裴浩，张韬，王永利. 2004. 贺兰山植物群落类型多样性及其空间分异. 植物生态学报，**28**（3）：361~368.

刘建泉，郝虎，王学福. 2010. 青海云杉林种、属、科丰富度的垂直分布格局. 南京林业大学学报（自然科学版），**34**（4）：97~101.

裴浩，敖艳红，李云鹏，朱宗元，王炜，梁存柱. 2000. 内蒙古阿拉善地区气候区划研究. 干旱区资源与环境，**14**（3）:49 ~54.

石蕴琮，石应蕙，白征夫，孙金铸. 1989. 内蒙古地理. 呼和浩特：内蒙古人民出版社.

田连恕等. 1996. 贺兰山东坡植被. 呼和浩特：内蒙古大学出版社

王荷生，张镱锂. 1994. 中国种子植物特有属的生物多样性和特征. 云南植物研究，**16**（3）: 209 ~ 220.

吴征镒，周浙昆，孙航. 2006. 中国种子植物分布区类型及其起源和分化. 昆明：云南科技出版社.

吴征镒，孙航，周浙昆，彭华，李德铢. 2005. 中国植物区系中的特有性及其起源和分化. 云南植物研究，27（6）: 577 ~ 604.

赵一之. 1998. 内蒙古大青山高等植物检索表. 呼和浩特：内蒙古大学出版社.

朱宗元，马毓泉，刘钟龄，赵一之. 1999. 阿拉善-鄂尔多斯生物多样性中心的特有植物和植物区系的性质. 干旱区资源与环境，**13**（2）：1~15.

贺兰山高等植物分门检索表

1\. 植物无花，无种子，孢子繁殖。

2\. 小型绿色植物，结构简单，仅有茎、叶之分或有时仅为扁平的叶状体，不具真正的根和维管束 ………………………………………………………… 苔藓植物门 Bryophyta

2\. 通常为中型和大型草本，很少为木本植物，分化为根、茎、叶，并有维管束 ………………………………………………………… 蕨类植物门 Pteridophyta

1\. 植物有花，以种子繁殖。

3\. 胚珠裸露，不包于子房内 ………………………… 裸子植物门 Gymnospermae

3\. 胚珠包于子房内 ………………………… 被子植物门 Angiospermae

(苔藓植物另编)

蕨类植物门 PTERIDOPHYTA

蕨类植物是具有维管束的孢子植物，陆生、附生、少为水生的多年生草本，少为高大树形。有根、茎、叶的器官分化。根只有不定根，无主根。茎绝大多数无直立茎，而具直伸或横走的根状茎。叶通常兼营养和生育两种功能，有的植株先后长出两种叶片，一种绿色营养叶（不育叶)，一种幼时绿色，长出孢子囊即失去绿色为能育叶。叶有单叶或复叶，复叶有叶轴，按分裂次数有一至四回，羽片也分一回小羽片、二回小羽片至末回小羽片(裂片)。叶脉有下先出脉和上先出脉之分。孢子体的形体多种多样，产生多数孢子囊，囊内生有孢子。最原始的近代蕨类的孢子囊生于枝顶，有的特化成穗囊，有的生在叶的边缘，而绝大多数的种类则以各种形式生于叶的下面，形成孢子囊群，或满布于叶下。孢子囊群盖由叶表皮细胞分化而成，保护孢子囊群。盖的形式多样，是鉴别属的重要特征。隔丝是一种毛状不育器官，对囊群起保护作用。孢子有同孢和异孢两种类型。近代绝大多数蕨类植物都属于同孢型，孢子叶和孢子都同型，孢子成熟后从孢子囊内通过环带被散布出去，萌发生长成配子体。配子体最后生长发育成绿色孢子体。

分科检索表

1. 叶远不如茎发达；孢子囊聚成穗状，生分枝顶端或与单生营养叶同生于总苞柄上。
  2. 叶小，鳞片状，钻形或针形，不分裂，孢子囊穗生枝顶。
    3. 茎有明显的节；中空，叶退化成锯齿鞘，在茎上轮生 ………………………… 三、木贼科 Equisetaceae
    3. 茎节极短，不明显，实心。
      4. 茎辐射对称，无支撑根；叶一型，螺旋状排列，不具叶舌；孢子囊和孢子同型 ……………………………………………………………………………………………… 一、石松科 Lycopodiaceae
      4. 茎两侧对称，常有支撑根；叶二型，鳞片形，背腹二列生，腹叶基部有叶舌；孢子囊 及孢子异型 ……………………………………………………………………………………………… 二、卷柏科 Selaginellaceae
  2. 营养叶（不育叶）为一回羽状复叶，孢子囊穗圆锥状，自总叶柄上生出；根状茎肉质 ……………………………………………………………………………………………… 四、阴地蕨科 Botrychiaceae
1. 叶较茎发达；孢子囊群生叶背、叶缘，有能育叶和不育叶之分。
  5. 孢子囊群生叶缘，为反折叶缘形成假盖；叶片五角形或披针形，二至三回羽状；叶柄栗色或褐色；孢子囊群生小叶顶端 ……………………………………………………………… 五、中国蕨科 Sinopteridaceae
  5. 孢子囊群生于叶背，远离叶边。
    6. 孢子囊群圆形。
      7. 孢子囊群无盖。
        8. 单叶，全缘，披针形或矩圆形；孢子囊群生主脉两侧 ………… 九、水龙骨科 Polypodiaceae
        8. 叶一至三回羽状或羽裂；孢子囊群生主脉上。
          9. 叶二型，能育叶大，绿色，羽状或深羽裂，不育叶小，矩圆形，坚硬，干膜质，孢子囊群生侧脉交节点上 ……………………………………………………… 十、槲蕨科 Drynariaceae
          9. 叶一型，三回羽裂；囊群盖生侧脉上部 ……………………………………………………………………………… 七、蹄盖蕨科 Athyriaceae（羽节蕨属 Gymnocarpium）
      7. 孢子囊群有盖，盖圆盾形；在根状茎上被宽鳞片；叶柄基部横断面有多条小圆形的维管束 ……………………………………………………………………………… 六、鳞毛蕨科 Dryopteridaceae
    6. 孢子囊群矩圆形或条形，有盖；群生于小脉向轴一侧，叶柄内的二条维管束不向叶轴上部汇合 ……………………………………………………………………………………… 八、铁角蕨科 Aspleniaceae

一、石松科 Lycopodiaceae

多年生中小型草本。陆生，少为腐生，无根托，以气生根固着于地面或地下。地上茎直立或匍匐，圆柱形，通常二歧或分枝，稀不分枝。叶小，螺旋状排列茎、枝上，条形、披针形、针形或鳞片状，无叶舌，有中脉。孢子囊穗圆柱形，顶生；孢子叶螺旋状排列，边缘有锯齿，孢子囊单生叶腋，肾形，无明显的环带，横裂；孢子同型，球状四面体形。

贺兰山有1属，1种。

1. 石松属 Lycopodium L.

根状茎长，匍匐于地下，地上茎直立或匍匐，圆形或扁圆形，二岐分枝或合轴分枝；有疏叶。叶小型，披针形、钻形或条形，具中脉，螺旋状排列。孢子囊穗单一，顶生，圆柱形，有柄或无柄；孢子叶宽卵形或宽披针形，排列紧密；孢子囊肾形；孢子球状四面体形，表面具网状纹饰。

贺兰山有 1 种。

1. 石松（图版 1，图 1） 亚洲石松

Lycopodium clavatum L. Sp. Pl. 1101. 1753；中国植物志 **6**（3）：66. 2004.——*L. clavatum* L. var. *robustius*（Hook. et Grev.） Nakai in Bot. Mag. Tokyo **39**：197. 1925；内蒙古植物志（二版）**1**：182. 1998. ——*L. clavatum* L. var. *asiaticum* Ching，云南植物研究 **4**（3）：224. 1982；宁夏植物志（二版）**上册**：3. 图 1. 2007.

多年生草本。主茎匍匐地面，坚硬，长 100~150 cm，粗约 2 mm，疏生叶；侧枝直立或上升，植株高 10~15 cm，枝连叶宽 8~10 mm，常多回不对称二叉分枝。叶密生，螺旋状排列，斜升开展，针形，长 4~5 mm，宽约 1 mm，先端具易落的芒状长尾尖，全缘，或多少具齿，中脉明显。孢子囊穗从第二、三年营养枝上长出，圆柱形，长 3.5~4 cm，粗 3~4 mm，有柄，常 2~3 个生于枝端长总梗上，梗长 8~10 cm，具疏叶；孢子叶卵状三角形，先端长尾尖；边缘具不整齐的锯齿，具短柄；孢子囊肾形；孢子同型，球状四面形，有密网纹。

中生植物，生海拔 1 300~1 500 m 低山带阴坡山地灌丛中，零星分布。仅产东坡南部个别沟内。

分布于我国东北及内蒙古、宁夏（青铜峡）、河南和长江流域各省区。也广布于欧、亚、北美大陆温带及亚热带、热带高山地区。泛北极种。

石松多生长在针叶林下，生长在灌丛中的较矮小，主茎上的叶多少具齿，孢子枝常具 1~2 个孢子囊穗，可能是生境干旱所致（参照标本：宁夏药源普查队 No. 35. 1969-06-03）。

全草入药（药材名：伸筋草），能祛风湿、舒筋活络，主治风湿关节酸痛、屈伸不利、跌打损伤。

二、卷柏科 Selaginellaceae

陆生，多年生中小型草本。根二叉分枝，上端通常有托根与茎相连；根状茎横走，地上茎匍匐或直立，有背腹面，二岐分枝或合轴分枝。叶通常二型，螺旋状互生，背腹各 2 列，背叶（侧叶）常大于腹叶（中叶），无柄，近轴面叶腋有叶舌。孢子叶同型，孢子囊异形，着生于枝顶的孢子叶腋，形成孢子囊穗；大小孢子囊多为同株，少为异株，大孢子黄色，囊内具 4 个大孢子，稀 2~3 个，小孢子囊橙或红色，内有多数球形小孢子。

本科为单型科。

1. 卷柏属 Selaginella Spring

属的特征同科。贺兰山有 2 种。

分种检索表

1. 分枝圆柱形，无背腹之分；茎紫红色，背腹叶同形，背部具龙骨状突起，先端具短突尖 ………………………………………………………………………………………… **1. 圆枝卷柏 S. sanguinolenta**

1. 分枝扁平。有腹背之分；茎禾秆色，背叶与腹叶 2 型，叶片矩圆形，背部无突起，先端钝圆 ………………………………………………………………………………………… **2. 中华卷柏 S. sinensis**

1. 圆枝卷柏（图版 1，图 2） 红枝卷柏

Selaginella sanguinolenta（L.） Spring in Bull. Acad. Brux. **10**（2）：135. 1843；内蒙古植物志（二版）**1**：187. 图版 3. 图 15~17. 1998；中国植物志 **6**（3）：96. 2004；宁夏植物志（二版）**上册**：4. 图 2. 2007. ——*Lycopodium sanguinolentum* L. Sp. Pl. 1104. 1753.

多年生草本。植株伏地丛生，高 5~15 cm。茎圆柱形，细而坚实，多回分枝，老时常为紫红色，侧枝短，再次分枝，枝腹背扁平。叶同形，紧贴于茎上，四列覆瓦状排列，长卵形，长 1.4~1.6 mm，宽 0.6~0.8 mm，基部稍下延而抱茎，边缘具狭的膜质白边，有微锯齿，背部呈龙骨状突起，先端有短突尖。孢子囊穗单生于小枝顶端，四棱柱形，长 1~2 cm，径 1~1.5 mm；孢子叶三角状卵形，长 1.4~1.5 mm，宽 0.7~1 mm，背部龙骨状突起，边缘有微齿，先端急尖。孢子囊同形，小孢子囊位于囊穗上部，大孢子囊位于囊穗下部。

中生植物。生海拔 1 400~2 500 m 山坡岩石缝中。见东坡苏峪口沟、小口子、黄旗沟、榆树沟；西坡南寺沟、北寺沟、哈拉乌沟。

分布于我国东北、华北、西北（东部）、西南（东部），也见于俄罗斯（西伯利亚）、蒙古（北部）、阿富汗、巴基斯坦、印度（北部）。东古北极种。

2. 中华卷柏（图版 1，图 3）

Selaginella sinensis（Desv.） Spring in Bull. Acad. Brux. **10**（19）：137. 1843；内蒙古植物志（二版）**1**：189. 图版 4. 图 13~18. 1998；中国植物志 **6**（3）：159. 2004；宁夏植物志（二版）**上册**：5. 2007. ——*Lycopodium sinense* Desv. in Ann. Soc. Linn. Par. **6**（120）：189. 1827.

多年生草本。植株平铺地面。茎纤细坚硬，圆柱形，枝互生，二叉分枝，禾秆色；主茎和分枝下部叶疏生，螺旋状排列，鳞片状，椭圆形，黄绿色，贴伏茎上，长 1.5~2 mm，宽 0.9~1 mm，边缘具厚膜质白边，一侧中下部具长纤毛，全缘；分枝上部的叶 4 行排列，背腹扁平，侧叶 2 列，矩圆形，长约 1.5 mm，宽约 1 mm，先端圆形，边缘具厚膜质白边及纤毛，外一侧下方缘毛较长；腹叶 2 列，矩圆状卵形，长 1~1.5 mm，宽 0.8~1 mm，叶

缘同侧叶，先端尖，基部宽楔形。孢子囊穗四棱形，无柄，单生于枝顶，长 5~10 mm；孢子叶卵状三角形，长渐尖，具厚膜质白边和微细锯齿，背部龙骨状突起，大孢子叶稍大于小孢子叶；孢子囊单生于叶腋，大孢子囊少数，常单生于囊穗下部。

中生植物。生海拔 1 300~2 300 m 阴坡石缝中。见东坡苏峪口沟、小口子、黄旗沟、榆树沟；西坡南寺沟、北寺沟、哈拉乌沟。

分布于我国东北（南部）、华北、华东（北部）及内蒙古、陕西、河南。为我国特有。华北种。

全草入药，能凉血、止血，主治咯血、吐血、衄血、尿血。

三、木贼科 Equisetaceae

多年生草本。根状茎匍匐，深埋地下。茎具节，节上常轮生分枝，节间中空，外具肋棱，肋上常有硅质瘤状突起，槽内有气孔；有时主茎二型，能育的顶生一个孢子囊穗，不含叶绿素；营养茎含叶绿素。叶退化，轮生，相互连合成筒状或漏斗状叶鞘筒，顶部分裂成多数狭齿。孢子叶盾形，通常生 6 个孢子囊，在顶端聚生成孢子叶球；孢子多数，同型，圆球形，附有 4 条弹丝，螺旋状缠绕于孢子上。

本科为单型科。

1. 木贼属 Equisetum L.

属的特征同科。贺兰山有 3 种。

分种检索表

1. 茎一型，绿色，具分枝。
   2. 植株较坚硬，茎表面粗糙，具明显的小瘤状凸起，节上分枝 2~5 个；叶鞘筒形，鞘齿短三角形，褐色近膜质，易脱落 …………………………………… 1. 节节草 **E. ramosissimum**
   2. 植株较柔软，茎表面光滑，节上分枝 6~12 个；叶鞘漏斗状，鞘齿短三角形，黑褐色，具白色膜质边缘，宿存 …………………………………… 2. 犬问荆 **E. palustre**
1. 茎二型，生殖茎早春生出，淡黄褐色，无叶绿素，不分枝；营养茎后生出，具轮生分枝，绿色 …………………………………… 3. 问荆 **E. arvense**

1. 节节草（图版 1，图 4）

Equisetum ramosissimum Desf. Fl. Atl. **2**：398. 1800；内蒙古植物志（二版）**1**：193. 图版 6. 图 1~4. 1998；中国植物志 **6**（3）：234. 2004；宁夏植物志（二版）**上册**：7. 图 5. 2007.

多年生草本。高 25~75 cm，根状茎横走，黑褐色。地上茎绿色，较硬，粗糙，粗 1~3 mm，主茎具肋棱 6~16 条，沿棱脊有疣状突起 1 列，槽内气孔 1~4 行；分枝中空，节上轮生侧枝 2~5，或仅基部分枝，侧枝斜展；叶鞘筒状，长4~12 mm，鞘齿 6~16 枚，三角形，棕褐色，具长尾，易脱落。孢子叶球囊穗顶生，无柄，矩圆形或长椭圆形，长 5~20 mm，顶端具小突尖。

中生植物。生海拔 1 100~1 800 m 沟谷河溪湿地中。见东坡苏峪口沟、汝箕沟、小口子；西坡巴彦浩特涝坝。

分布遍及全国个省区，也布于欧、亚、北美。泛北极种。

2. 犬问荆（图版 1，图 5）

Equisetum palustre L. Sp. Pl. 1061. 1753；内蒙古植物志（二版）**1**：193. 图版 6. 图 5~8. 1998；中国植物志 **6**（3）：234. 2004；宁夏植物志（二版）**上册**：7. 2007.

多年生草本。细弱，根状茎细长，黑褐色，具块茎。地上茎高 15~30 cm，绿色，茎 1.5~3 mm，具锐肋棱 5~12 条，棱脊窄，表面有横的波状隆起，近于平滑，槽内气孔多行，中部以上轮生 6~12 侧枝，斜升内曲，常不等长；叶鞘筒漏斗状，长 5~12 mm，鞘齿狭条状披针形，黑褐色，背部具浅沟，具白色膜质宽边，向顶端延伸为易脱落的白色长芒。孢子囊穗有长 5~12 mm 的柄，早期黑褐色，成熟时变棕色，长椭圆形，长 1.5~2 cm，钝头。

中生植物。生海拔 2 100–2 400 m 山地林缘湿地、河溪边。见东坡苏峪口、黄旗沟；西坡哈拉乌沟、南寺沟。

分布于我国东北、华北及陕西、宁夏、河南、湖北，也见于欧亚大陆温带地区。古北极种。

全草入蒙药（蒙药名：呼呼格–额布苏），功能主治同问荆。

3. 问荆（图版 1，图 6）

Equisetum arvense L. Sp. Pl. 1061. 1753；内蒙古植物志（二版）**1**：190. 图版 5. 图 1–6. 1998；中国植物志 **6**（3）：232. 2004；宁夏植物志（二版）**上册**：6. 2007.

多年生草本。高 20~50 cm，根状茎匍匐，具黑色小球茎，向上生出地上茎。茎二型，生殖茎早春生出，淡黄褐色，无叶绿素，不分枝，粗 2~4 mm，具 10~14 条浅肋棱；叶鞘筒漏斗形，长 10~17 mm，鞘齿 3~5，棕褐色，质厚，每齿由 2~3 小齿连合而成，阔三角形；孢子囊穗顶生，有柄，长椭圆形，钝头，长 1.5~3.3 cm，粗 5~8 mm；孢子叶六角盾形，螺旋排列，下生 6~8 个孢子囊。孢子成熟后，生殖茎渐枯萎，营养茎由同一根茎生出，绿色，具肋棱 6~12，沿棱具小瘤状突起，槽内气孔 2 纵列，每列具 2 行气孔；叶鞘筒漏斗状，长 7~8 mm，鞘齿条状披针形，2~3 小齿联合而成，黑褐色，具膜质白边，背部具 1 浅沟。分枝轮生，每节 7~15 枝，3~4 棱，中实，斜升挺直，常不再分枝。

中生植物。生沟谷溪边湿地，呈小片群聚。东、西坡中部各沟均有分布。

分布于我国东北、华北、西北及山东、浙江、湖北、西藏，广布于北半球温寒带地区。泛北极种。

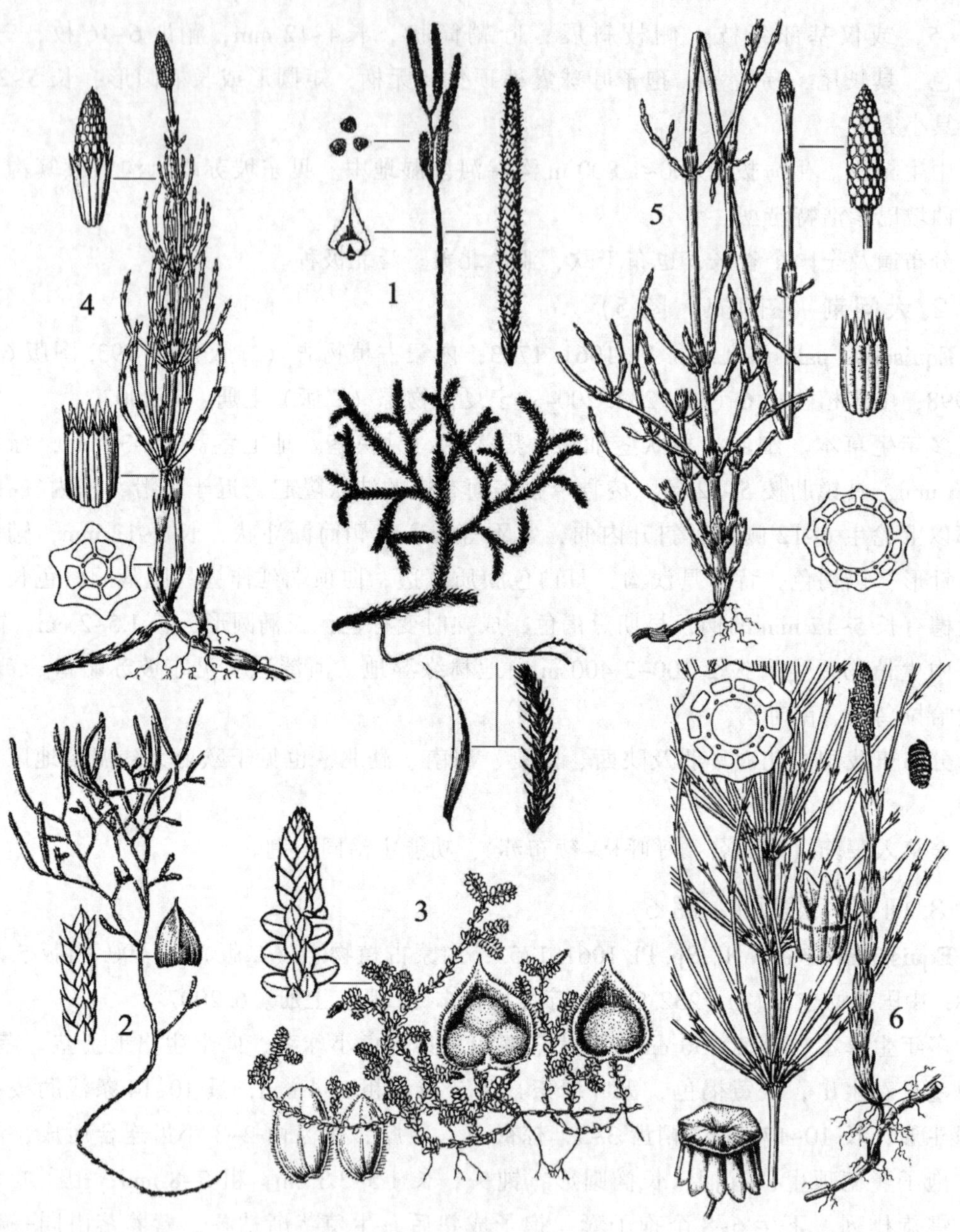

图版 1　**1. 石松** Lycopodium clavatum L. 植株、分枝、叶孢子囊穗、孢子叶、孢子；**2. 圆枝卷柏** Selaginella sanguinolenta（L.） Spring 植株、分枝、叶；**3. 中华卷柏** S. sinensis（Desv.） Spring 植株、分枝与孢子囊穗、侧叶、大孢子叶与大孢子囊、小孢子叶与小孢子囊；**4. 节节草** Equisetum ramosissimum Desf. 植株、茎横切面、叶鞘、孢子囊穗；**5. 犬问荆** E. palustre L. 植株、茎横切面、叶鞘、孢子囊穗；**6. 问荆** E. arvense L. 营养茎、生殖茎、茎横切面、孢子叶与孢子囊、孢子与弹丝。（2~6 马平绘，1 引自中国高等植物图鉴，有改动）

全草入药，能清热、利尿、止血、止咳，主治小便不利、热淋、吐血、衄血、月经过多、咳嗽气喘。全草入蒙药（蒙药名：呼呼格-额布苏），能利尿、止血、化痞，主治尿闭、石淋、尿道烧痛、淋症、水肿、创伤出血。也为中等牧草，夏季牛和马乐食，干草羊喜食。

四、阴地蕨科 Botrychiaceae

中小型陆生植物。根状茎短、直立、具一簇生肉质粗根。叶二型，分营养叶与孢子叶，都出自总柄，总柄基部包有褐色、全缘的鞘状托叶。营养叶叶轴、羽轴上有绒毛，三角形或五角形，光滑或一至三回羽状分裂，有柄或无柄，叶脉分离，通常不明显；孢子叶总柄出自营养叶基部或中轴，有长柄，高出营养叶；孢子囊穗为疏散的圆锥状或紧密的总状；孢子囊圆球形，无柄，沿小穗轴排列成两行，不陷入囊托内，成熟时横裂，无环带；孢子半球形或三角形，具 3 裂缝，不具周壁，外壁具疣状纹饰。

本科通常仅承认 1 属。

属特征同科。贺兰山有 1 种。

1. 阴地蕨属 Botrychium Sw.

1. 扇羽阴地蕨（图版 2，图 1） 扇叶阴地蕨

Botrychium lunaria（L.）Sw. in Schrad. Journ. Bot. 1800. 110. 1801；中国植物志 **2**：13. 图版 2. 图 1~5. 1959；内蒙古植物志（二版）**1**：198. 图版 8. 图 1~2. 1998. ——*Osmunda lunaria* L. Sp. Pl. 1064. 1753.

多年生草本。植株高 5~15 cm，根状茎极短直，具一簇暗褐色肉质根。叶单生，总叶柄长 5~10 cm，基部有棕褐色鞘状鳞片，营养叶从总柄中部以上伸出，矩圆状披针形，长约 2~8 cm，宽约 1 cm，具长约 5 mm 的短柄，一回羽状；羽片扇形，3~4 对，长约 5 mm，宽约 6 mm，边缘全缘或具浅裂，先端圆形，波状，基部楔形，叶脉羽状分离，不明显。孢子囊穗于近不育叶基部抽出，柄长 1~3 cm，远高于营养叶，1~2 次分枝；孢子囊穗长约 1 cm，狭圆锥形，复总状；孢子囊球形；孢子极面观为三角形，赤道面观为半圆形，外壁具粗而明显的疣状纹饰。

中生植物。生海拔 2 700~3 000 m 亚高山石隙间。今见西坡哈拉乌北沟。

分布于我国东北、华北、西北、西南及台湾，也见于欧亚、北美温寒带地区及澳大利亚、新西兰。泛北极种。

全草入药，能止血、止痢、消肿，主治子宫出血，痢疾便血、外伤出血、跌打损伤、痈肿。

五、中国蕨科 Sinopteridaceae

陆生中、小型植物。根状茎短，直立或斜升，少为横卧，有管状中柱，外被栗色或红棕色的鳞片。叶簇生，近生，少远生，叶柄常栗色或近黑色，少为禾秆色，通常光滑或被柔毛；叶同形或多少二型，二回羽状或三至四回羽状分裂，叶片披针形，卵状三角形或五角形，有时下面被白色或黄色粉粒；叶脉分离或少为网状。孢子囊群圆形，沿叶缘着生于小脉顶端，少有着生于边脉上成条形，有盖或无；盖被反卷的膜质叶缘所包被，囊球球状梨形，具短柄或无柄，孢子大型，球状四面形，孢子囊表面具瘤突起。

贺兰山有 1 属，1 种。

1. 粉背蕨属 Aleuritopteris Fee

陆生中、小型植物。根状茎短，直伸或斜升，被棕色或黑色披针形至卵状披针形鳞片。叶簇生；叶柄连同叶轴为黑色、栗褐色或红棕色，光滑，有光泽；叶片五角形、卵形或披针形，二至三回羽裂，羽片对生或近对生，通常基部一对最大，纸质，下面被白色或乳黄色粉末，稀无粉；叶脉羽状，分离，不明显。孢子囊群圆形，生于细脉顶端，通常互相靠近但不联合，囊群盖膜质，棕色或棕褐色，叶边反卷而成，内缘齿状或称睫毛状；孢子囊大型，环带具多数细胞；孢子球状四面形，有疣状突起，光滑透明。

贺兰山有 1 种。

1. 银粉背蕨（图版 2，图 2） 五角叶粉背蕨

Aleuritopteris argentea（Gmel.）Fee，Gen. Fil. 154. 1850~1852；内蒙古植物志（二版）**1**：204. 图版 10. 图 1~2. 1998；中国植物志 **3**（1）：143. 1999；宁夏植物志（二版）**上册**：10. 图 6. 2007. ——*Pteris argentea* Gmel. in Nov. Comm. Petr. **12**：519. t. 12. f. 2. 1768.

多年生小草本。高 10~20 cm。根状茎直立或斜升，密被有黑色或棕黑色披针形的鳞片。叶簇生，厚纸质，上面暗绿色，下面有乳白色或淡黄色粉粒；叶柄长 6~20 cm，棕褐色，有光泽，基部被鳞片，向上光滑，叶片五角形，长 5~6 cm，宽约相等，三出羽裂，基部一对羽片最大，无柄，长 2~5 cm，近三角形；小羽片 3~5 对，条状披针形，羽轴下侧的羽片较上侧的大，基部下侧 1 片特大，长1~3 cm，浅裂，其余向上各片渐小，全缘或浅裂；裂片矩圆形，边缘具圆锯齿，叶脉羽状，侧脉 2 叉，不明显。孢子囊群生于小脉顶端，成熟时汇合成条形；囊群盖条形，棕色，膜质，为反卷叶缘而成，远离中脉，不断裂。

中生植物，较为耐旱。生海拔 1 350~2 500 m 沟谷岩石缝中。见东坡苏峪口沟、拜寺沟、大水沟；西坡哈拉乌沟、北寺沟。

分布于我国南北各省区，也见于俄罗斯（西伯利亚、远东）、蒙古（东部、北部）、朝

鲜、日本、印度、缅甸（北部）。东亚种。

全草入药，能活血通经、祛湿、止咳，主治月经不调、经闭腹痛、赤白带下、咳嗽、咯血。也入蒙药（蒙药名：吉斯-额布苏），能愈伤、明目、舒筋、调经补身、止咳，主治骨折损伤、月经不调、视力减退、肺结核咳嗽、止血。

六、鳞毛蕨科 Dryopteridaceae

陆生、中型植物。根状茎短粗，直伸或斜卧，上被红棕色或褐色有时为黑色的大鳞片。叶簇生，叶柄基部不具关节，密被鳞片。叶一型，一至多回羽状或羽裂，背面常沿叶脉疏生小鳞片；叶脉羽状分离或少有联成网状，多少被鳞毛。孢子囊群圆形，被生或顶生于小脉背上；囊群盖圆肾形，以弯曲状着生或盾状着生；孢子二面型，椭圆形或长椭圆形，具周壁，周壁具褶皱。

贺兰山有 1 属，1 种。

1. 耳蕨属 Polystichum Roth

根状茎短，直伸或斜升，上被红棕色、褐色或黑色鳞片，鳞片质薄，全缘或有缘毛，基部通常呈撕裂状。叶簇生，具柄，下部被鳞片；叶片矩圆形或披针形，一回羽状至三回羽裂，小羽片为上先出，末回小羽片通常为镰刀形，少为矩圆形，边缘常有芒状锯齿，基部不对称、上侧截形，并常具耳状突起，下侧偏斜，或下延成羽轴翅；叶脉羽状，分离。孢子囊群圆形，通常顶生于小脉上，有时为背生；囊群盖盾形，盾状着生，稀无盖。孢子两面型，表面有刺或疣状突起。

贺兰山有 1 种。

1. 中华耳蕨（图版 3，图 3）

Polystichum sinense Christ, Bull. Soc. Bot. France **52**: Mém. 1. 30. 1905；内蒙古植物志（二版）**1**: 235. 图版 20. 图 1~3. 1998；中国植物志 **5**（2）: 79. 2001；宁夏植物志（二版）**上册**: 25. 2007. ——*P. prescottianum* Moore var. *sinense* Christ, Bull. Soc. Bot. Ital. 289. 1901.

多年生草本。高 15~20 cm。根状茎短、直伸，上密被棕色狭披针形鳞片，先端长尾尖。叶簇生，柄长 4~6 cm，禾秆色，密被淡棕色或褐色宽披针形或条状披针形鳞片，先端长尾尖，边缘疏具齿及毛；叶片狭披针形或狭长椭圆形，长 15~20 cm、宽 2~3.5 cm，上下两端渐变狭，二回羽状，一回羽片 10~15 对，互生，卵状披针形，中部的较大，长 8~15 mm，宽约 5 mm；二回羽片，小羽片 4~6 对，互生，斜上，卵形或菱形，基部上侧一片较大，长达5 mm，其余向上各片渐小，渐尖，边缘具微齿，基部下延成狭翅；叶脉羽状，不明显；两面被鳞片，叶轴和羽轴下面密生纤维状和披针形鳞片。孢子囊群圆形，成熟后满布叶背面；囊群盖淡褐色，膜质，边缘蚀啮状并疏具睫毛；孢子圆形，表面有疣状突起。

中生植物。生海拔 1 700~2 500 m 山地沟谷阴湿石缝中。见东坡苏峪口沟、黄旗沟；西坡哈拉乌北沟。

分布于我国内蒙古（大青山）、宁夏（六盘山）、甘肃、青海。为我国特有。阴山–贺兰山–祁连山种。

七、蹄盖蕨科 Athyriaceae

陆生、中小型植物。根状茎横走，直立或斜升，内有网状中柱，外被棕色鳞片。叶簇生、近生或远生；叶柄上面有沟，通常禾秆色，基部常黑色，光滑或疏生鳞片，有 2 条维管束，向叶轴上部汇合呈 V 字形；叶片一至三回羽状或四回羽裂，少为单叶；小羽片或末回裂片上先出，边缘通常有锯齿，两面光滑或多少被有多细胞节状毛或灰色单细胞短毛，各回羽轴和主脉上有 1 条纵沟，彼此相通；叶脉羽状，分离，侧脉单一或分叉。孢子囊群圆形、矩圆形、条形或马蹄形，背生或侧生于叶脉，沿小脉一侧或两侧着生；有囊群盖或无囊群盖；孢子肾形或圆肾形，通常具周壁。

贺兰山有 2 属，4 种。

分属检索表

1. 孢子囊群无盖，羽片或叶片以关节着生 …………………………………………… **1. 羽节蕨属 Gymnocarpium**
1. 孢子囊群有盖，卵形，基部着生于成熟的孢子囊群下面，半下位盖，羽片基部无关节，基部不变 …………………………………………………………………………………………………… **2. 冷蕨属 Cystopteris**

1. 羽节蕨属 **Gymnocarpium** Newman

中小型植物。根状茎细长而横走，黑褐色，有网状中柱，顶端与叶柄基部疏被宽披针形或卵状披针形的棕色鳞片。叶远生，有细柄，基部被鳞片；叶片三角状卵形或五角状三角形，一至三回羽裂，叶片或羽片基部以关节与叶柄或叶轴相连。叶脉分离，在末回裂片上为羽状，小脉伸达叶边。孢子囊群圆形或矩圆形，着生脉上，无盖；孢子周壁表面不平，具褶皱，褶皱成裂片状，具小穴状、网状纹饰。

贺兰山有 1 种。

1. 羽节蕨（图版 2，图 3）

Gymnocarpium jessoense（Koidz.）Koidz. in Acta Phytotax. Geobot. **5**：40. 1936； 中国植物志 **3**（2）：67. 1990. ——*Dryopteris jessoense* Koidz. in Bot. Mag. Tokyo **38**：104. 1924. ——*Gymnocarpium disjunctum* auct. non（Rupr.）Ching: 植物分类学报 **10**（4）：304. 1965；

内蒙古植物志（二版）**1**：214. 图版 14. 图 4~7. 1998；宁夏植物志（二版）**上册**：17. 图 11. 2007.

多年生草本。高 25~50 cm。根状茎长而横走，先端被卵状披针形淡棕色鳞片，老时脱落。叶远生，有时近对生，草质，光滑；叶柄长 15~30 cm，禾秆色，基部疏被鳞片，向上光滑，叶片卵状三角形，长宽近相等，长 10~30 cm，先端渐尖，二至三回羽状；羽片 6~8 对，对生，斜向上，相距 2~7 cm，基部一对最大，长三角形，有短柄，长 7~15 cm，宽 4~10 cm，二回羽状，一回小羽片 7~9 对，斜向上，羽轴下侧小羽片较上侧的稍大，具柄，基部一对最大，三角状披针形或矩圆状披针形，尖头，基部圆截形，长 3~6 cm，宽 12~25 mm，羽状深裂，裂片矩圆形，先端圆钝，边缘具浅圆齿或全缘，叶脉羽状，分叉。孢子囊群小，圆形，生于小脉背上、靠近叶边；无囊群盖；孢子具半透明的周壁，具列片状矮褶皱，表面具小穴状纹饰。

中生植物。生海拔 2 400~2 600 m 的山地云杉林下或渠溪边的石缝中，零星分布。仅见东坡苏峪口沟。

分布于我国东北、华北、西北及四川、云南、西藏，也见于俄罗斯（远东）、蒙古（东部）、朝鲜、日本、尼泊尔、锡金、印度（北部）、巴基斯坦（北部）、阿富汗（北部）。东古北极种。

2. 冷蕨属 Cystopteris Bernh.

陆生小型植物。根状茎细长而横走，或短而横卧，顶端疏生鳞片。叶草质，光滑无毛；叶柄禾秆色，基部被鳞片；叶片矩圆形、卵形或近五角形，一至三回羽状，稀有四回羽裂，羽片有短柄；叶脉羽状，侧脉单一或分叉。孢子囊群圆形，背生于叶脉上；囊群盖卵形或近圆形，着生于囊托基部，被成熟的孢子囊压在下面；孢子囊球形，环带直立；孢子肾形，周壁紧包于孢子外面，表面具刺状或细网状纹饰。

贺兰山有 2 种。

分种检索表

1. 根状茎短，叶披针形或矩圆状披针形；叶柄短于叶片 ………………………………… 1. 冷蕨 **C. fragilis**
1. 根状茎细长，叶三角形。
    2. 叶片三角形或卵状三角形，基部一对羽片的下侧小羽片不伸长 ……………… 2. 欧洲冷蕨 **C. sudetica**
    2. 叶片近三角形，基部一对羽片的下侧小羽片特别伸长 ………………………… 3. 高山冷蕨 **C. montana**

1. 冷蕨（图版 2，图 4）

Cystopteris fragilis（L.）Bernh. in Schrad. Journ. Bot. **1**（2）：26. t. 2. f. 9. 1806；内蒙古植物志（二版）**1**：212. 图版 13. 图 1~3. 1998；中国植物志 **3**（2）：45. 1999. ——*Polypodium fragilis* L. Sp. Pl. 1091. 1753.

多年生草本。高 15~30 cm。根状茎短而横卧，被宽披针形鳞片。叶近生或簇生；叶柄长 6~10 cm，短于叶片，禾秆色或红棕色，光滑，基部常被少数鳞片，叶片披针形、矩圆状披针形或卵状披针形，长 10~25 cm，宽 4~8 cm，二回羽状或三回羽裂，羽片 8~12 对，远离，基部一对稍缩短，卵状披针形，中下部的近对生，近无柄，先端渐尖，基部具有狭翅的短柄，一至二回羽状；小羽片 4~6 对，卵形或矩圆形，先端钝，基部不对称，下延，彼此相连，羽状分裂；裂片矩圆形，边缘有粗锯齿；叶脉羽状，小脉达齿的先端；叶轴、羽轴、羽片着生处疏被毛。孢子囊群小，圆形，生于小脉中部；囊群盖卵形，膜质，灰棕色；孢子表面具深棕色刺状突起。

中生植物。生海拔 2 200~2 900 m 云杉林下岩缝中及沟谷阴坡岩石下。见东坡镇木关沟；西坡北寺沟、南寺雪岭子沟、哈拉乌沟。

分布于我国东北、华北、西北、西南及台湾，也广布于欧洲、亚洲（东部）、北美的温、寒带及亚热带高山地区。泛北极种。

2. 欧洲冷蕨（图版 2，图 5） 山冷蕨

Cystopteris sudetica A. Br. et Milde in Jahresber. Schles. Gesellsch. 92. 1855； 内蒙古植物志（二版）**1**：213. 图版 13. 图 4~5. 1998；中国植物志 **3**（2）：50. 1999。

多年生草本。高 15~30 cm。根状茎细长而横走，褐黑色，疏被淡褐色的卵形鳞片。叶远生；柄长 8~12 cm，禾秆色或淡绿色，下部疏被淡棕色鳞片；叶片三角形，长 10~16 cm，宽 6~9 cm，三回深羽裂；羽片 6~10 对，矩圆状披针形，基部一对最大，有柄，长 5~7 cm，宽约 3 cm，二回羽裂，小羽片披针形，长 1 ~1.5 cm，羽状深裂；裂片矩圆形，先端钝，边缘有细锯齿；叶脉羽状，每裂齿有 1 条小脉，侧脉达齿的凹陷处。孢子囊群小，圆形，灰棕色，生于小脉中部稍下处，每裂片有 1~2 枚，囊群盖近圆形，背上有微腺体疏生；孢子表面具长短不一的刺状突起。

喜阴中生植物。生海拔 2 400~2 900 m 溪边及滴水岩石下或石缝中，也生于云杉林下。见东坡插旗沟；西坡哈拉乌北沟、水磨沟。

分布于我国东北、河北及四川、云南、西藏，也见于东欧、俄罗斯（西伯利亚、远东）、朝鲜、日本。东古北极种。

贺兰山的欧洲冷蕨 *C. sudetica* 形态不典型，某些特征近似高山冷蕨 *C. montana*，正如《内蒙古植物志》（二版）（**1**：213）描述的叶长 6~9 cm，宽与叶近等长；叶片基部一对最大，从附图来看叶为略带五角状的三角形，羽片 6~10 对，基部不对称，而典型的欧洲冷蕨 *C. sudetica* 叶片三角形或宽卵形，长 10~20 cm，宽 5~10 cm，长明显大于宽，羽片 10 对，基部 1 对不缩短或稍缩短，长 3~8 cm，宽 2~3 cm。我们这次描述是参照《西藏植物志》和相近标本。

3. 高山冷蕨（图版 2，图 6）

Cystopteris montana（Lam.） Bernh. ex Desv. in Journ. Bot. Schrad. **1**（5）：26. 1806；贺兰山维管植物：41. 1986；中国植物志 **3**（2）：57. 图版 11. 图 1~3. 1999.——*Polypodium montanum* Lam. Fl. France **1**：23，1778.

多年生草本。高 20~30 cm。根状茎细长横走，褐黑色，无毛，疏生淡棕色的卵形鳞片。叶远生，柄长 15~22 cm，为叶片长的 1~2 倍，疏生淡棕色鳞片，向上禾秆色；叶片近五角形，长 8~12 cm，宽与长相等或稍短，先端渐尖，四回羽状或羽裂；羽片 8~10 对，下部的近对生，上部的互生，基部一对羽片最大，三角形，基部偏斜，小羽片 6~8 对，羽轴下侧小羽片较上侧为长，基部羽片下侧第一小羽片最大，长为上侧小羽片的 2~3 倍，两侧不对称，近直角，向下开展，二回小羽片卵形，基部常下延，与小羽轴合生，末回裂片卵形，先端圆钝，近对生，斜展，以狭翅相连，羽裂，羽脉网状，主脉稍曲折，小脉单一，稀二叉，伸向裂齿末端微凹处，羽轴及羽脉多少具毛或短腺毛。孢子囊群圆形，裂片 3~7 枚，黄棕色，生于小脉中部，每齿一枚，囊群盖近圆形，孢子表面具短刺状或疣状突起。

耐寒中生植物。生海拔 2 900 m 左右的阴湿岩缝中及高山灌丛下，零星出现。见于主峰两侧。

产我国河北（小五台山）、陕西（秦岭）、甘肃与青海（祁连山）、新疆（天山）、四川、云南、西藏、台湾，也见于欧、亚、北美大陆寒温带山区及亚热带高山区。北极–高山种。

八、铁角蕨科 Aspleniaceae

陆生中、小型草本植物，有时附生。根状茎横走、斜升或直立，有网状中柱，被粗筛孔状鳞片。叶多数，簇生；叶柄绿色或栗色，叶远生、近生或簇生，草质、革质或近肉质，光滑或有无关节，具 2 条维管束，单叶或一至多回羽状，羽状分枝或为上先出，末回小羽片或裂片通常为斜方形或不等四边形，基部不对称；叶脉分叉，分离或连接，不具内藏细脉，上先出。孢子囊群条形，通常沿小脉上侧着生；囊群盖与囊群同形，着生小脉的一侧，开向中脉；孢子囊柄一行细胞，环带纵行而不完全；孢子两面型，卵圆形或肾形，周壁表面具小刺或光滑。

贺兰山有 1 属，2 种。

1. 铁角蕨属 **Asplenium** L.

陆生小型草本。根状茎短，横走，斜升或直立，密被黑褐色或棕色筛孔状的鳞片。叶簇生或疏生，无毛，叶柄基部无关节，具 1 条维管束，在上部合为 1 条纵沟，绿色或栗色，

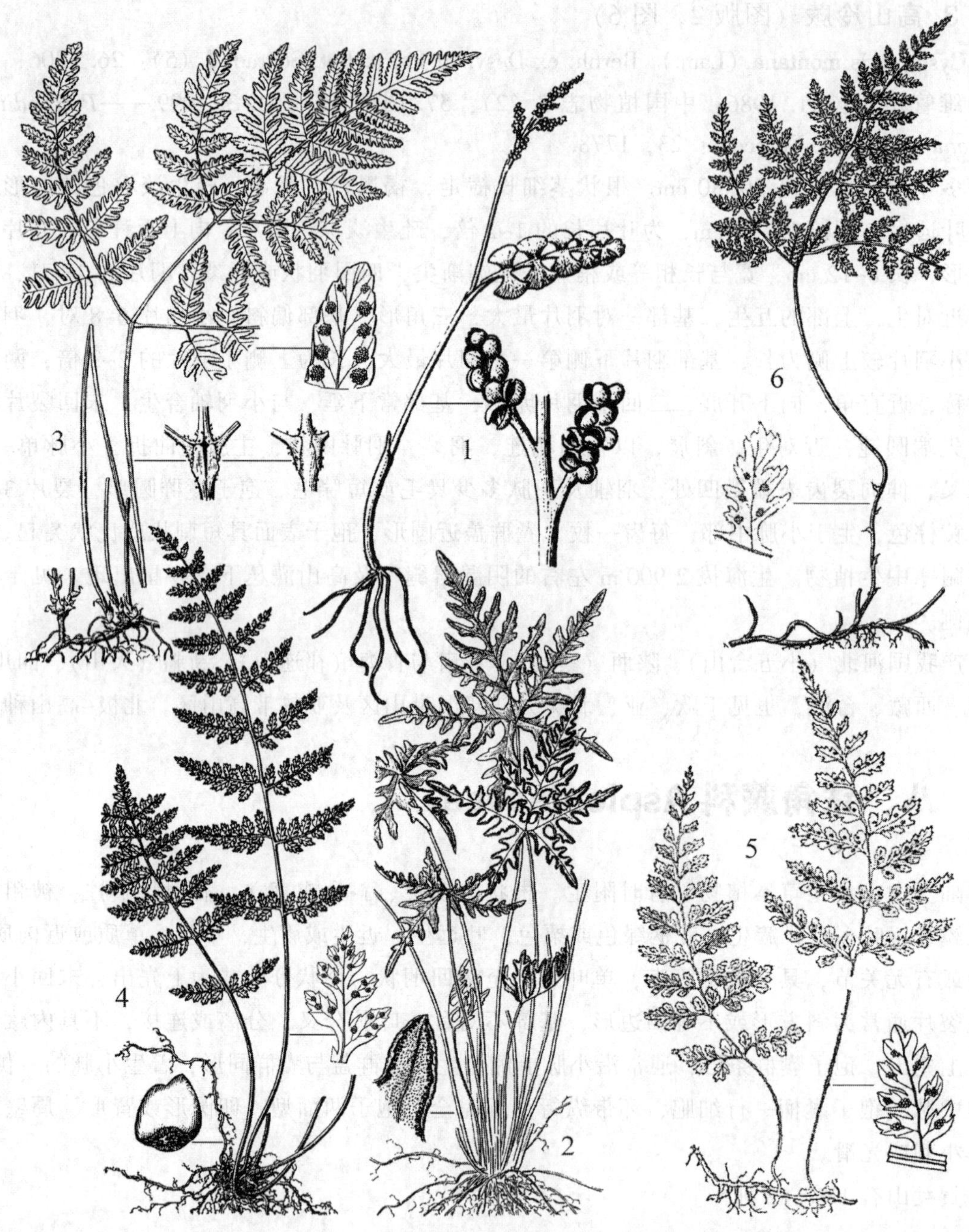

图版 2　1. 扇羽阴地蕨 Botrychium lunaria（L.） Sw. 植株、孢子囊穗部分放大；**2. 银粉背蕨** Aleuritopteris argentea（Gmel.）Fee 植株、裂片先端孢子囊群；**3. 羽节蕨** Gymnocarpium jessoense（Koidz.） Koidz. 植株、裂片上孢子囊群、羽节基部的关节（背、腹面）；**4. 冷蕨** Cystopteris fragilis（L.） Bernh. 植株、小羽片及孢子囊群、囊群盖；**5. 欧洲冷蕨** C. sudetica A. Br. et Milde 植株、小羽片及孢子囊群；**6. 高山冷蕨** C. montana（Lam.） Bernh. ex Desv. 植株、小羽片及孢子囊群。（1~3 马平绘；4~5 张海燕绘；6 引自中国植物志）

叶全缘或一至三回羽状，羽片或小羽片下延，基部不对称，上侧耳形，下侧楔形，叶脉分离，叉分，不达叶边。孢子囊群单生，条形或矩圆形，沿叶脉上侧生，囊群盖同型膜质、全缘，开向中脉或有时开向叶边；孢子囊具长柄，有些仅具一行细胞，环带通常具 18~28 个细胞；孢子两面型，表面具小刺毛或光滑。

贺兰山有 2 种。

分种检索表

1. 叶二至三回羽状，叶柄和叶轴为绿色，末回裂片先端具 2~3 个尖齿 ……… **1. 北京铁角蕨 A. pekinense**
1. 叶一至二回羽状，叶柄上部为禾秆色，中下部为黑褐色，末回裂片先端具 3~5 齿 ……………………………………………………………………………………………… **2. 西北铁角蕨 A. nesii**

1. 北京铁角蕨（图版 3，图 1）

Asplenium pekinense Hance in Seem. Journ. Bot. **5**：262. 1867；中国植物志 **4**（2）：100. 1999；宁夏植物志（二版）**上册**：21. 2007.

多年生草本。高 10~20 cm。根状茎短而直伸，顶端密被褐色狭披针形粗筛孔的鳞片；基部着生处具棕色长毛。叶簇生，坚草质，光滑无毛，叶柄长 2~5 cm，绿色，基部被有与根状茎相同的鳞片，向上到叶轴疏生纤维状小鳞片；叶片披针形，长 5~15 cm，宽 2~3 cm，二回至三回羽裂；叶轴和羽轴均有狭翅；羽片 8~10 对，互生或近对生，有短柄，相距5~12 mm，基部羽片稍短，中部羽片长 1~2 cm，宽 6~13 mm，三角状卵形或菱状卵形，基部截形，不对称，末回裂片椭圆形或短舌形， 2~3 对，基部上侧一片最大，与叶轴平行，先端常具 2~3 个尖锯齿，基部楔形，其余浅裂，叶脉羽状分枝，每裂片有 1 小脉，伸达齿顶端。孢子囊群矩圆形，每裂片有 2~4 枚，成熟可布满叶下面，囊群盖条形，灰白色，膜质、全缘。

中生植物。生海拔 1 400~2 100 m 山坡石缝中。见东坡苏峪口沟、小口子、黄旗沟、甘沟；西坡北寺沟。

分布于我国黄河流域和长江流域各省区，为我国特有。华北–华中种。宁夏参照标本：宁药队 25. 1973–07–28。内蒙古植物志（二版）（**1**：219. 图版 15. 图 3~4）的附图应该是西北铁角蕨 *A. nesii* Christ。

全草入药，能化痰止咳、利膈、止血，主治感冒咳嗽、肺结核、外伤出血。

2. 西北铁角蕨（图版 3，图 2）

Asplenium nesii Christ in Nuov. Giorn. Bot. Ital. n. s. **4**：90. 1897； 中国植物志 **4**（2）：94. 图版 15. 图 1~5. 1999.

多年生草本。高 5~12 cm。根状茎短，直伸，先端连同叶柄基部被披针形黑褐色鳞片，鳞片为全缘鳞，有红色光泽，筛孔细而透明。叶簇生，坚草质，两面无毛，叶柄长 2~8 cm，上部为禾秆色，中、下部黑褐色，疏生条形鳞片；叶片披针形，长 4~6 cm，中部宽 1~2 cm，两端渐狭，二回深羽裂；羽片 8~12 对，下部几对不缩短，互生或近对生，相距 5~10 mm，斜三角状矩圆形，中部的长 5~12 mm，宽 5~8 mm，钝头，基部斜楔形，不对称；小羽片 3~5 对，上先出，基部上侧一片较大，向上渐小，倒卵形，顶端有 3~5 粗齿；叶脉羽状，侧脉 2~3 叉分，每裂片有 1 条小脉。孢子囊群矩圆形，每裂片 1~3 枚，近主脉或羽轴排列；囊群盖半月形，灰棕色、膜质、全缘。

中生植物。生海拔 2 000~2 500 m 山坡及沟谷石缝中，见西坡哈拉乌沟、水磨沟、南寺沟。

分布于我国华北（北部、西部）、西北及内蒙古、西藏，也见于印度（西北部）、克什米尔、巴基斯坦、伊朗。亚洲中部–南亚种。

对贺兰山该植物的确认中外学者有不同意见，《宁夏植物志》（二版）（**上册**：21. 2007）将其定为变异铁角蕨 *A. varians* Wall. ex Hook et Grev.，亚洲中部植物（Pl. Asi. Center. **1**：82. 1963）定名为切边铁角蕨 *A. exiguum* Bedd.。但变异铁角蕨 *A. varians* 叶片二至三回羽状，切边铁角蕨 *A. exiguum* 一回羽状，而本种叶片三至四回羽状，明显不同，另外《内蒙古植物志》（二版）（1：219. 图版 15. 图 5~6. 1990）的附图是北京铁角蕨 *Asplenium pekinense* Hance，末回羽片（裂片）先端具 2~3 齿，非 3~4 齿。

九、水龙骨科 Polypodiaceae

常为附生植物，很少土生。根状茎横走，内有网状中柱，外被有盾状着生的鳞片。叶通常一型，少为二型；基部常以关节与叶足相连；单叶至一回羽状，纸质或革质，无毛或被单毛、星状毛；叶脉为各式的网状，少有分离，网眼内常有分叉的内藏小脉。孢子囊群圆形、矩圆形或条形，有时满布叶背面；无囊群盖；孢子囊柄长，有 3 行细胞，环带纵行，通常有 12~14 个增厚细胞；孢子为椭圆形，左右对称，单裂缝，具周壁或不具周壁，易脱落，表面有条式纹饰或光滑。

贺兰山有 1 属，2 种。

1. 瓦韦属 Lepisorus Ching

通常附生或石生。根状茎横走，有网状中柱，鳞片宽，全缘或有齿。叶单一，近生，一型；叶片披针形或条状披针形，向两端渐变狭，基部常下延，全缘或波状，革质，少为草质，无毛，下面略被鳞片；中脉明显，无侧脉，网状，网眼内有内藏小脉，小脉顶端有棒形水囊。孢子囊群圆形或矩圆形，在主脉两侧各排成 1 行，幼时有粗筛孔的长柄隔丝，或脱落；孢子囊有长柄，环带由 14 个细胞组成；孢子椭圆形，外壁具疣状，或呈拟网状或穴状。

贺兰山有 2 种。

分种检索表

1. 叶薄、草质，叶片一年生，先端钝圆，边缘无软骨质狭边，两面光滑，背面无贴生的鳞片 …………………………………………………………………………………………………… 1. 小五台瓦韦 **L. hsiawutaiensis**

1. 叶厚、软革质，叶片宿存，先端长渐尖，边缘具软骨质的狭边，背面多少具贴生的鳞片 …………………………………………………………………………………………………… 2. 有边瓦韦 **L. marginatus**

1. 小五台瓦韦（图版 3，图 4）

Lepisorus hsiawutaiensis Ching et S. K. Wu in Acta Bot. Yun. **5**（1）: 6. 1983；内蒙古植物志（二版）**1**：244. 图版 26. 图 4~6. 1998；中国植物志 **6**（2）：89. 2000；宁夏植物志（二版）上册：27. 2007.

多年生草本。高 5~12 cm。根状茎横走，密被鳞片、鳞片深棕色，卵状披针形，先端渐尖，具毛发状长尾尖，边缘张开的有长刺，筛孔大，近方形，透明。叶近生；叶柄长约 3 cm，禾秆色，基部被鳞片，向上光滑；叶片条状舌形，长 3~13 cm，中部宽 5~13 mm，向顶端通常不变狭，钝圆头（少为钝尖头），基部渐变狭、楔形下延，边缘平直，干后薄纸质，灰绿色；主脉上下均隆起，网状，内藏小脉单一或分叉，不明显。孢子囊群圆形，生于主脉和叶边之间，幼时有褐色鳞片状隔丝覆盖，隔丝眼大而透明，边缘具长粗刺。

中生植物。生海拔 1 800~2 400 m 山地沟谷，阴湿石缝中。见东坡苏峪口沟、贺兰沟、插旗沟；西坡哈拉乌沟、北寺沟。

分布于我国河北、山西、内蒙古（大青山、乌拉山），为我国特有。华北种。

2. 有边瓦韦（图版 3，图 5）

Lepisorus marginatus Ching in Fl. Tsingling. **1**：184 et in Addenda 233~234. 1974；中国植物志 **6**（2）：65. 图版 12. 图 7~9. 2000；宁夏植物志（二版）**上册**：26. 2007.

植株高 15~20 cm。根茎横走，褐色，上密被棕色软毛和鳞片，鳞片棕褐色，近卵形，网眼细密透明，基部通常有软毛，老时软毛脱落。叶近生；叶柄长 2~7 cm，禾秆色，光滑；叶片披针形，长 15~20 cm，中部最宽，通常 2~3 cm，先端渐尖头，向基部渐变狭，下延，叶边有软骨质的狭边，干后呈波状，稍反折，软革质，两面均为淡黄绿色，表面光滑，背面多少贴生卵形棕色小鳞片。主脉两面隆起，侧脉不明显。孢子囊群圆形，直径约 2 mm，着生于主脉与叶边之间，彼此远离，相距 5~8 mm，在叶片背面高高隆起，在表面呈穴状凹陷，幼时被棕色圆形的隔丝覆盖。

中生植物。生海拔 2 500 m 左右山地岩缝中，零星少见。仅见东坡大南沟（参照标本，宁药队 158. 1969-08-11）。

分布于我国河北（小五台山）、山西（中条山）、陕西（秦岭）、甘肃（南部）、河南、湖北、四川。为我国特有。秦岭—横断山种。

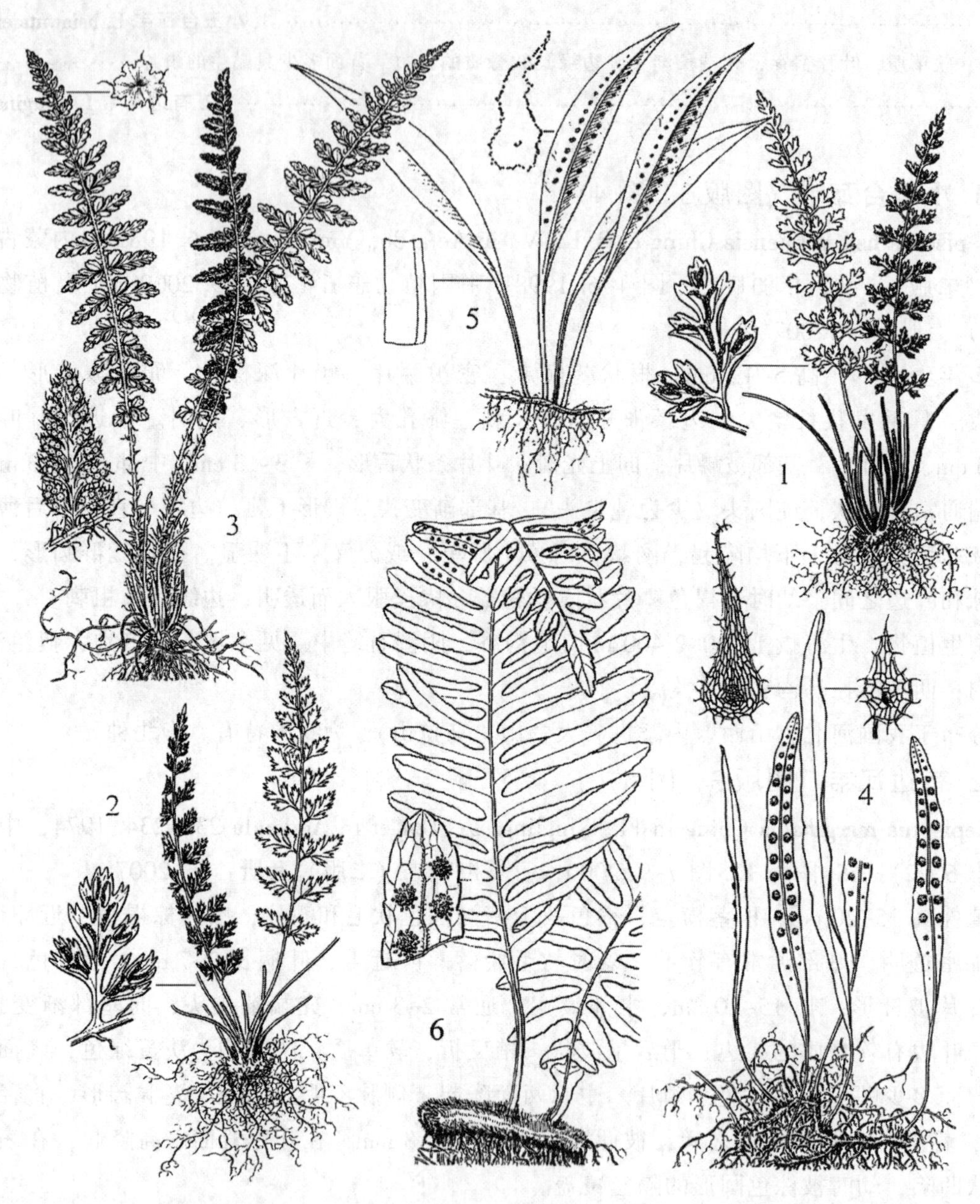

图版 3 1. **北京铁角蕨** Asplenium pekinense Hance 植株、羽片及孢子囊群；2. **西北铁角蕨** A. nesii Christ 植株、羽片及孢子囊群；3. **中华耳蕨** Polystichum sinense Christ 植株、羽片及孢子囊群、囊群盖；4. **小五台瓦韦** Lepisorus hsiawutaiensis Ching et S. K. Wu 植株、根茎上鳞片、盾状隔丝；5. **有边瓦韦** L. marginatus Ching 植株、叶边缘、根茎上鳞片；6. **中华槲蕨** Drynaria sinica Diels 植株、羽片上的孢子囊群。（1~4、6 马平绘；5. 引自中国植物志，有改动）

一〇、槲蕨科 Drynariaceae

大型或中型附生植物。根状茎横走，粗肥，肉质，具穿孔的网状中柱，密被鳞片。叶近生或疏生，柄基部不以关节着生于根状茎上；叶片深羽裂或羽状，二型或一型；如一型，则基部扩大成宽耳形，枯棕色或枯黄色，以聚积腐殖质，向上为正常的绿色叶片并产生孢子囊群；如二型，叶分两种，一种为大而能育叶，纸质，另一种为短而基生的不育叶，坚膜质，能育叶羽片或裂片以关节着生于叶轴上，老时或干后全部脱落。叶脉为槲蕨型，即一致二回叶脉粗而隆起，彼此以直角相连，形成大小四方形的网眼，小网眼内具少数分离小脉。孢子囊群或大或小，小的着生于小网眼内的分离小脉上，大的着生两脉间，无囊群盖，亦无隔丝；孢子囊为水龙骨型。

贺兰山有 1 属，1 种。

1. 槲蕨属 Drynaria J. Sm.

中型附生植物。叶二型，腐质叶矮小，枯棕色，干膜质，无柄，浅裂稀为深羽裂；能育叶高大，有柄，基部无关节，叶片近羽状全裂；裂片披针形，边缘有缺刻状细齿，基部有时以关节着生于叶轴，但不易脱落。孢子囊群着生于侧脉交结点，圆形，通常不陷入叶肉内，不具隔丝，无囊群盖。

贺兰山有 1 种。

1. 中华槲蕨（图版 3，图 6） 秦岭槲蕨、骨碎补

Drynaria sinica Diels in Engl. Jahrb. **29**：208. 1900； 内蒙古植物志（二版）**1**：247. 图版 25. 图 3~4. 1998； 中国植物志 **6**（2）：290. 图版 67. 图 1~5. 2000；宁夏植物志（二版）**上册**：28. 图 19. 2007. ——*Polypodium baronii* Christ apud Baroni et Chirst in Nuovo Giorn. Bot. Ital. n. s. **4**（1）：100. t. 2. 1897. non. Baker（1887）. ——*Drynaria baronii*（Christ）Diels. Engl. Bot. Jahrb. **29**（1）：208. 1900.

多年生草本。植株高 13~20（40） cm。根状茎横走，粗约 1 cm，肉质，密被红棕色鳞片，鳞片披针形，基部宽卵形，边缘有睫毛，盾状着生。叶二型，不育叶（又称腐殖叶）矮小，矩圆形，深羽裂，基部下延，无柄，幼时绿色，不久即变为枯黄色；能育叶高大，绿色，叶柄长 2~5（10） cm，粗约 2 mm，基部被鳞片；叶片卵状披针形，长 11~18 cm，宽 6 ~10 cm，羽状深裂几达叶轴；裂片 13~15 对，互生，彼此以等宽间隔分开，矩圆形，长 3~5 cm，宽 8~15 mm，先端圆钝，边缘有不明显的细齿，下部 2~3 对缩短，基部一对下侧沿叶柄下延而成狭翅；网脉明显，有内藏小脉，沿叶脉与叶轴均被白色短毛。孢子囊群圆形，着生于网脉交结点，沿主脉两侧各呈 1 行，通常着生于叶片的上半部；孢子的周壁表面有很小的刺，常脱落，孢子的外壁上有较小的疣状纹饰。

中生植物。生海拔 1 800~2 500 m 阴坡岩石或树上。见东坡黄旗沟、插旗沟；西坡峡子沟、哈拉乌北沟。

分布于我国山西、陕西、甘肃、青海、河南、四川、云南、西藏（东部）。为我国特有。中国–喜马拉雅种。

根入药，能补肾接骨、行血止血。

裸子植物门 GYMNOSPERMAE

乔木，少为灌木，稀为木质藤本；茎的维管束排成一环，具形成层，次生木质部具管胞，稀具导管。叶多为针形、条形或鳞形。花单性，雄蕊（小孢子叶）组成雄花球，具多数至 2（稀 1）个花药（小孢子囊），无柄或有柄，花粉（小孢子）有气囊或无气囊，多为风媒传粉，雌蕊胚珠（大孢子囊）裸生，生于大孢子叶（即珠鳞、套被、珠托或珠座）上，大孢子叶从不形成密闭的子房，不形成雌球花，或形成雌球花（大孢子叶球），胚珠直立或倒生，珠被一层，稀两层，顶端有珠孔。珠被发育成种皮，胚珠发育成种子，种子有胚乳，胚直伸，胚乳丰富，子叶 2 至多数。

贺兰山有 3 科。

分科检索表

1. 乔木，极少灌木；花无假花被；胚珠无珠被管。
   2. 叶和种鳞螺旋状排列，或叶簇生；叶针形或条形 ………………………………… 十一、松科 Pinaceae
   2. 叶和种鳞对生或轮生；叶鳞片形或针形 …………………………………………… 十二、柏科 Cupressaceae
1. 灌木或草本状灌木；花具假花被；胚珠顶端具珠被管；叶退化成鳞片状，对生或轮生 ………………………………………………………………………………………………… 十三、麻黄科 Ephedraceae

十一、松　科 Pinaceae

常绿或落叶乔木，稀为灌木，有树脂。叶条形或针形，叶在长枝上螺旋状排列，在短枝上簇生。球花单性，雌雄同株；雄球花具有多数螺旋状排列的雄蕊，每雄蕊具 2 花药，花粉有气囊或无气囊；雌球花具多数螺旋状排列的珠鳞和苞鳞，每珠鳞的腹面基部具 2 倒生胚珠，苞鳞与珠鳞常分离。球果直立或下垂，种鳞扁平，木质或革质，宿存或脱落；发育种鳞腹面具 2 粒种子，种子上端具一膜质的翅，稀无翅；子叶 2~16。

贺兰山有 2 属，2 种。

分属检索表

1. 叶四棱状锥形，质坚硬，常绿，不成束；球果当年成熟 ………………………………… 1. 云杉属 Picea
1. 叶针形，针成束，基部包有叶鞘，常绿；球果两年成熟 ………………………………… 2. 松属 Pinus

1. 云杉属 Picea Dietr.

常绿乔木。树皮薄，鳞片状。枝轮生，小枝具隆起叶枕。叶螺旋排列，辐射伸展，四棱状锥形，四面有气孔线或仅上面有气孔线；树脂道 2，边生，稀无树脂道。雄球花黄色或红色，单生叶腋，稀单生枝顶，雄蕊多数，花药 2，药隔圆卵形，花粉粒有气囊；雌球花绿色或紫红色，单生枝顶，直立，珠鳞多数，腹面基部生 2 枚胚珠，背面下部有极小苞鳞。球果当年成熟，下垂；种鳞薄木质，宿存；苞鳞短小，不露出；种子有翅，膜质，子叶 4~9（15）。

贺兰山有 1 种。

1. 青海云杉（图版 4，图 1）

Picea crassifolia Kom. in Not. Syst. Herb. Hort. Bot. Petrop. **4**：177. 1923；中国植物志 **7**：137. 图版 32. 图 10~17. 1978； 内蒙古植物志（二版）**1**：251. 图版 27. 图 7~12. 1998；宁夏植物志（二版）**上册**：33. 图 21. 2007.

常绿乔木。高达 23 m，胸径可达 60 cm。一年生枝淡绿黄色，后变淡粉红色；二年生枝粉红色或褐黄色，无毛或有疏毛，被白粉或无，叶枕顶端白粉明显；冬芽圆锥形，淡褐色，无树脂，小枝基部芽鳞宿存，先端向外反曲。叶四棱状条形，长 1.2~2.5 cm，宽 2~2.5 mm，先端钝或钝尖，横断面四棱形，上两面各有气孔 5~7 条，下两面各有 4~6 条；小枝上面的叶向上伸展，下面和两侧的叶向上弯伸。球果圆锥状圆柱形或矩圆状圆柱形，长 7~11 cm，径 2~3 cm；幼球果紫红色，直立，成熟前种鳞绿色，上部边缘紫红色，熟时褐色；中部种鳞倒卵形，先端圆形，边缘呈波状或全缘；苞鳞三角状匙形，种子斜倒卵形，褐色，长约 3.5 mm，连翅长约 14 mm。花期 5 月，球果成熟 9 月。

中生植物。生海拔 2 100~3 100 m 山地阴坡、半阴坡及沟谷中，成纯林或混交林。为贺兰山最主要建群树种。见东、西坡中部各山体。

分布于我国内蒙古（大青山）、宁夏（六盘山）、甘肃（祁连山、兴隆山、白龙江流域）、青海（祁连山、都兰以东）。阴山–贺兰山–祁连山种。

分布区主要造林和森材更新树种。亦可作绿化和庭院观赏树种，材质优良，抗旱性强。

2. 松属 Pinus L.

常绿乔木，稀灌木，有树脂；冬芽有鳞片。针叶 2~3~5 针为一束，每束基部为由芽鳞组成的叶鞘所包，叶鞘脱落或宿存。球花单性同株，雄球花腋生，簇生于新枝的基部，多数成穗状花序，雄蕊多数，花药 2，花粉有气囊；雌球花 1~4 个生于新枝顶端。球果直立或下垂，种鳞木质，宿存，上部露出的部分肥厚为鳞盾，有横脊或无横脊，鳞盾的先端或中央有瘤状凸起的鳞脐，球果二年秋季成熟；种子有翅或无翅，子叶 3~18 枚。

贺兰山有 1 种。

1. 油松（图版 4，图 2）

Pinus tabulaeformis Carr. Traite Conif. ed. 2. 510. 1867；中国植物志 **7**：251. 图版 56. 图 8~13. 1978；内蒙古植物志（二版）**1**：258. 图版 30. 1998；宁夏植物志（二版）**上册**：35. 2007.

常绿乔木。高达 25 m，胸径可达 1.0 m 以上；树皮深灰褐色或褐灰色，裂成不规则较厚的鳞状块片，裂缝及上部树皮红褐色。一年生枝较粗，淡红褐色或淡灰黄色，无毛，幼时微被白粉；冬芽圆柱形，红褐色，微具树脂，芽鳞边缘有丝状缺裂。针叶 2 针一束，长 6.5~15 cm，径约 1.5 mm，粗硬，不扭曲，边缘有细锯齿，两面有气孔线，横断面半圆形，树脂道 5~8 或更多，边生或个别中生；叶鞘淡褐色或淡黑褐色，宿存，有环纹。球果卵球形或圆卵形，长 4~9 cm，熟时淡橙褐色或灰褐色，有短梗，留存树上数年不落；鳞盾肥厚隆起，扁菱形或菱状多边形，横脊显著，鳞脐凸起有刺；种子褐色，卵圆形或长卵圆形，长 6~8 mm，连翅长 15~18 mm。花期 5 月，球果成熟于次年 9~10 月。

中生植物。生海拔 1 900~2 300 m 阴坡、半阴坡，成纯林或混交林。是贺兰山主要建群树种之一。见东坡中部各主要山体，向北不超过汝箕沟，向南不超过红石峡；西坡仅见北寺沟、水磨沟。

分布于我国辽宁（千山）、内蒙古（大青山、赤峰）、河北、山西、河南、陕西（秦岭）、宁夏（罗山、须弥山）、甘肃（中南部）、青海（祁连山）、四川（北部）。为我国特有。华北种。

材质优良，可供建筑等多种用途；树干可采割松脂；树皮可提取栲胶。为分布区重要造林树种，亦可用作城市绿化。瘤状节或支枝节入药（药材名：油松节，蒙药名：那日苏），能祛风湿、止痛，主治关节疼痛，屈身不利；花粉入药（药材名：松花粉），能燥湿收敛，主治黄水疮、皮肤湿疹、婴儿尿布性皮炎；松针入药，能祛风燥湿、杀虫、止痒，主治风湿痿痹、跌打损伤、失眠、浮肿、湿疹、疥癣，并能防治流脑、流感；球果入药（药材名：松塔），能祛痰、止咳、平喘，主治慢性气管炎、哮喘。

一二、柏 科 Cupressaceae

常绿乔木或灌木，有树脂。叶二型，鳞形或刺形，或同一树上二者兼有，交叉对生或 3~4 片轮生。球花单性，雌雄同株或异株；雄球花有 2~16 对交叉对生的雄蕊，花药 2~6，花粉无气囊；雌球花有 3~16 交叉对生或 3~4 片轮生的珠鳞，每珠鳞有 1 至数枚胚珠；苞鳞和珠鳞合生。球果较小，圆球形、卵圆形或圆柱形；种鳞木质或革质，熟时开裂，或种鳞肉质合生，不开裂，每种鳞腹面基部有 1 至数粒种子；种子无翅或周围具窄翅；子叶 2 枚，稀数枚。

贺兰山有 2 属，3 种。

分属检索表

1. 叶为刺叶或鳞叶，或同一树上二者兼有，刺叶基部无关节，下延；球花单生枝顶 …… 1. 圆柏属 **Sabina**
1. 叶全为刺叶，基部有关节，不下延；球花单生叶腋 …………………………………… 2. 刺柏属 **Juniperus**

1. 圆柏属 Sabina Mill

常绿乔木或匍匐灌木；冬芽不显著。叶刺形或鳞形，幼树之叶全为刺形，老树之叶为刺形或鳞形或二者兼有。刺叶基部无关节下延生长，3 叶轮生，稀交叉对生；鳞叶交叉对生，菱形。雌雄异株或同株，球花单生短枝顶；雌球花具 2~4 对珠鳞，胚珠 1~2。球果通常翌年成熟，稀当年或第三年成熟，种鳞合生，肉质，不张开；种子 1~6 粒，无翅；子叶 2~6 枚。

贺兰山有 2 种，1 变种。

分种检索表

1. 壮龄株叶明显二型，鳞形兼有刺叶形，刺叶三叶轮生，乔木，树冠塔形 …………… 1. 圆柏 **S. chinesis**
1. 壮龄株上全为鳞叶，幼株有刺叶，但刺叶通常交互对生，匍匐灌木，如乔木则树冠卵球形 ……………………………………………………………………………… 2. 叉子圆柏 **S. vulgaris**

1. 圆柏（图版 4，图 3）

Sabina chinensis（L.）Ant. Cupress. Gatt. 54. t. 75~76、78. f. a. 1857；中国植物志 **7**：362. 图版 80. 图 6~8. 1978； 内蒙古植物志（二版）**1**：268. 图版 35. 图 5~7. 1990；宁夏植物志（二版）**上册**：38. 2007. ——*Juniperus chinensis* L. Mant. Pl. **1**：127. 1767.

乔木。高达 20 m；树冠塔形，树皮灰褐色，纵裂条片脱落。壮龄植株叶二型，鳞叶与刺叶共存，幼时多刺叶，老树多鳞叶；刺叶 3 叶交互轮生，长6~12 mm，先端渐尖，基部下延，上面微凹，有两条白粉带，下面拱圆；鳞叶交互对生或3 叶轮生，菱状卵形，排列紧密，长 1.5~2 mm，先端钝或微尖，下面近中部具椭圆形的腺体，生鳞叶的小枝圆柱形或近四棱形。雌雄异株，稀同株，雄球花黄色，椭圆形，雄蕊 5~7 对，常 3~4 花药。球果近圆球形，成熟前淡紫褐色，成熟时暗褐色，径 6~8 mm，被白粉，微具光泽，有 2~4 粒种子，稀 1 粒种子；种子卵圆形，黄褐色，微具光泽，长约 6 mm，具棱脊及少数树脂槽。花期 5 月，球果成熟于次年 10 月。

中生植物，当地呈小乔木状。生海拔 2 400 m 左右山地半阳坡，极为少见。仅见西坡哈拉乌北沟。

分布于我国华北、西北（东部)、华东、华中、华南、西南（东部)，也见于朝鲜、日本。东亚（中国–日本）种。

木材坚韧致密，有香气，耐腐力强，可供建筑、家具、文具及工艺品等用材。树根、枝叶可提取柏木脑及柏木油。因树形美观，除东北外全国各地都有栽培，常作庭院和观赏树。枝叶入药，能祛风散寒、活血解毒，主治风寒感冒、风湿关节痛、荨麻疹、肿毒初起。叶入蒙药（蒙药名：乌和日-阿日查），功能主治同侧柏。

2. 叉子圆柏（图版 4，图 4）爬柏、臭柏

Sabina vulgaris Ant. Cupress. Gatt. 58. t. 80~82. 1857；中国植物志 **7**：359. 图版 84. 图 1~3. 1978. 内蒙古植物志（二版）**1**：270. 图版 36. 图 4~7. 1998；宁夏植物志（二版）**上册**：38. 2007. ——*Juniperus sabina* L. Sp. Pl. **2**：1039. 1753。

匍匐灌木。高不足 1 m。树皮灰褐色，裂成薄片。幼株上为刺叶，交互对生或 3 叶轮生，披针形，长 3~7 mm，先端刺尖，上面凹，下面拱圆，中部有长椭圆形或条状腺体；壮龄树上多为鳞叶，交互对生，斜方形或菱状卵形，长 1.5 mm，背中部有椭圆形或卵形腺体。雌雄异株，稀同株；雄球花椭圆形或矩圆形，长 2~3 mm，雄蕊 5~7 对，各具 2~4 花药；球果着生于下弯曲的小枝顶端，倒三角状球形或叉状球形，长 5~8 mm，径 5~9 mm，熟前蓝绿色，熟时褐色、紫蓝色或黑色，多少被白粉，内有种子 1~5，微扁，卵圆形，长 4~5 mm，顶端钝或微尖，有纵脊和树脂槽。花期 5 月，球果成熟于次年 10 月。

中生植物。生海拔 1 800~2 600 m 山坡及沟谷，在云杉、油松林林缘或在 2 500 m 左右的山顶、半阳坡上形成灌丛。东、西坡中部均有分布，西坡中部的范家营至高山气象站之间有大面积的分布。

分布于我国内蒙古（中西部）、陕西（榆林）、辽宁（罗山、香山）、甘肃（祁连山）、青海（东北部）、新疆（阿尔泰山、天山），也见于欧洲南部、中亚、蒙古、俄罗斯（西伯利亚南部、阿尔泰）。古北极种。

耐旱性强，可作水土保持及固沙造林树种。枝叶入药，能祛风湿，活血止痛，主治风湿性关节炎、类风湿性关节炎、布氏杆菌病、皮肤瘙痒。叶入蒙药（蒙药名：伊曼-阿日查），能清热利尿、止血、消肿、治伤、祛黄水，主治肾与膀胱热尿闭发症、风湿性关节炎、痛风、游痛症。

2a. 贺兰山圆柏（新变种）

Sabina vulgaris Ant. var. **alashanensis** Z. Y. Chu et C. Z. Liang，var. nov. in Addenda.

本变种与正种的区别是:乔木,鳞叶排列疏松,枝较粗,径 1~2 mm 左右,球果较大,卵球形,长 7~9 mm,径约 6 mm 左右,含 1~2 粒种子。与松潘叉子圆柏 var. *erectopatens* Cheng et L. K .Fu. 区别在于鳞叶枝排列疏松(非较密),较粗,径约 1.2 mm(非较细,径约 0.8 mm),球果含 1~2 种子,(非通常 2 种子,稀 1 种子),较大,长 7~9 mm,径约 6 mm。与昆仑多子柏 var. *jarkendensis*(Kom.) C. T. Yang 区别在于球果在鳞叶上常多俯垂,含 1~2 种子(非通常 3~4 粒种子,稀 2~5 粒),鳞叶枝稍细,径 1~1.2 mm(非 1~1.5 mm)。

中生植物。生海拔 1 900 m 左右的山地半阳坡,数量很少。仅见于西坡峡子沟。

贺兰山特有变种。

2. 刺柏属 Juniperus L.

常绿乔木或灌木；小枝圆柱形或四棱形；冬芽显著。叶刺形，3 叶轮生，基部有关节，不下延生长。雌雄同株或异株，球花单生叶腋，雄球花具 5 对雄蕊，雌球花具 3 枚珠鳞，胚珠 3，生于珠鳞之间。球果浆果状，球形，2~3 年成熟；种鳞 3，合生，肉质，苞鳞与种鳞合生，仅顶端尖头分离，成熟时不张开或仅球果顶端微张开。种子 3 粒，有棱脊及树脂槽。

贺兰山有 1 种。

1. 杜松（图版 4，图 5） 崩松、刚桧

Juniperus rigida Sieb. et Zucc. in Abh. Math. –Phys. Akad. Wiss. Munch. 4（3）：233. 1846；中国植物志 **7**：379. 图版 87. 图 8~9. 图版 88. 图 3~5. 1978；内蒙古植物志（二版）**1**：272. 图版 37. 图 1~3. 1998；宁夏植物志（二版）**上册**：40. 图 24. 2007.

小乔木，高达 10 m。树冠塔形或圆柱形；树皮褐灰色，纵裂成条片状；小枝下垂或直立，幼枝三棱形，无毛。叶 3 叶轮生，条状刺形，质厚，硬直，长 12~18 mm，宽约 1 mm，顶端渐窄，先端锐尖，上面凹下成深槽，槽中有 1 条窄白粉带，下面有明显的纵脊，横断面成“V”状。雌雄异株，雄球花着生于新枝叶腋，椭圆形，黄褐色；雌球花亦腋生，球形，绿色或褐色。球果圆球形，径 6~8 mm，熟前紫褐色，熟时淡褐黑色或蓝黑色，被白粉，内有 2~3 粒种子；种子近卵圆形，长约 6 mm，顶端尖，有 4 条钝棱，具树脂槽。花期 5 月，球果成熟于翌年 10 月。

旱中生植物。在当地有时呈灌木状。生海拔 1 600(东坡)~1 800~2 500 m 的山坡、沟谷,单独或与灰榆形成疏林,也混生于油松林、云杉林中。是贺兰山除灰榆以外,分布最广泛的树种。

分布于我国东部、华北、西北（东部），也见于朝鲜、日本。东亚（中国—日本）种。

木材坚硬，纹理致密，耐腐力强，可供作工艺品、雕刻、家具、器皿、农具等用材。树姿优美，为我区著名庭院绿化树种。果实入药，能发汗、利尿、镇痛，主治风湿性关节炎、尿路感染、布氏杆菌病。叶、果实入蒙药（蒙药名：乌日格苏图–阿日查），功能同叉子圆柏。

一三、麻黄科 Ephedraceae

灌木、亚灌木或草本状灌木。茎直立或匍匐，多分枝；小枝绿色，有节，对生或轮生。叶退化为鞘状，膜质，先端裂成三角状裂片，在节上对生或轮生。花单性，雌雄异株，稀同株；雄球花单生或数个密集生，雄花有 2~8 对交叉对生或轮生（每轮 3 枚）的苞片，每苞片内具 1 雄花，花被膜质，先端 2 裂，雄蕊 2~8，花丝合成 1~2 束或于先端分离，花药

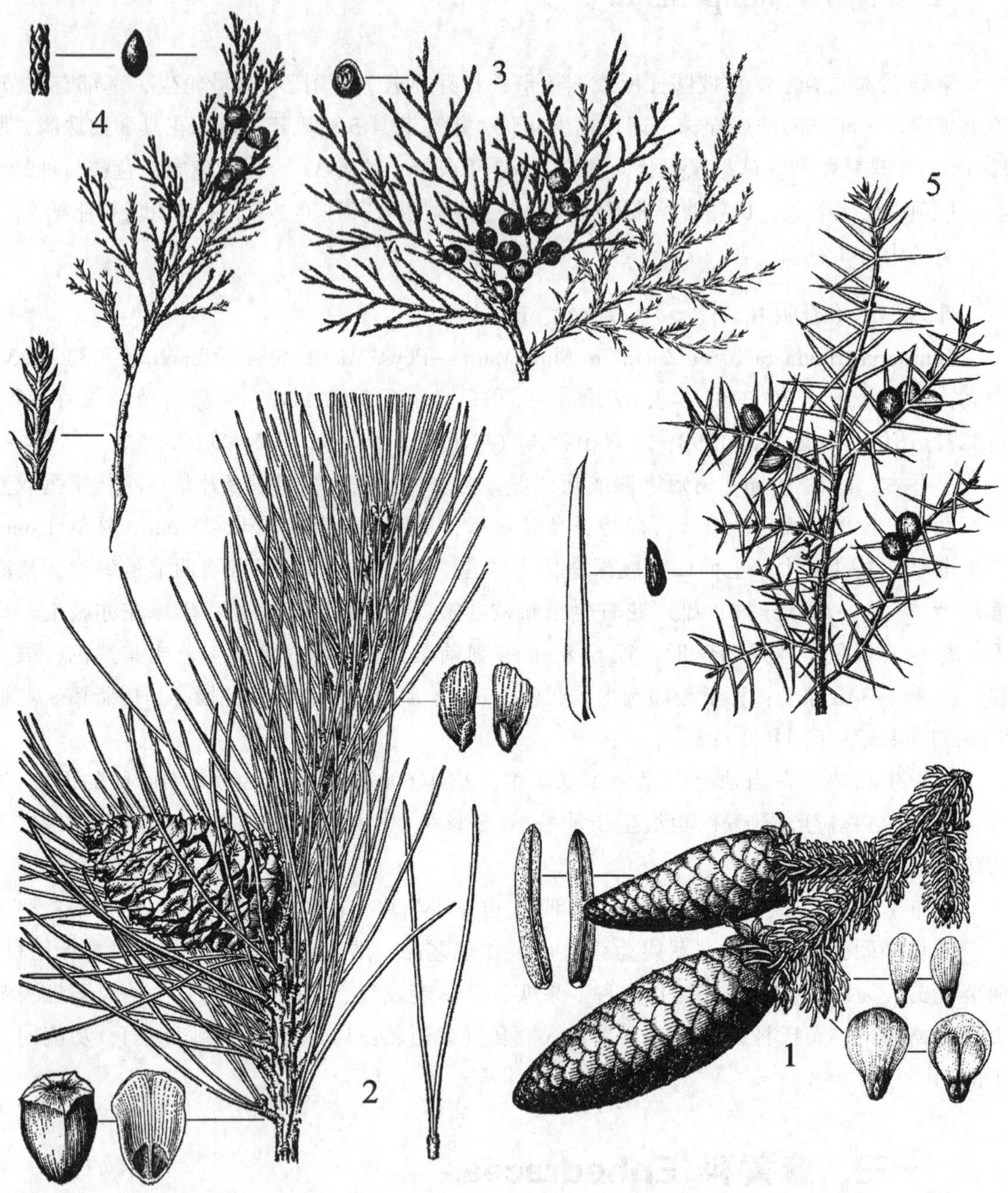

图版4　1. 青海云杉 Picea crassifolia Kom. 果枝、种鳞（背、腹面）及苞鳞、叶、种子（背腹面）；**2. 油松** Pinus tabulaeformis Carr. 果枝、一束针叶、种鳞（背、腹面）、种子（背、腹面）；**3. 圆柏** Sabina chinensis (L.) Ant. 果枝及鳞叶、刺叶、种子；**4. 叉子圆柏** S. vulgaris Ant. 果枝、放大鳞叶枝、放大的刺叶枝、种子；**5. 杜松** Juniperus rigida Sieb. et Zucc. 果枝、放大刺叶、种子。（1 张海燕；2 马平绘；3~5 田虹绘）

1~3 室；雌球花的苞片 2~8 对，交叉对生或轮生，每轮 3 枚，雌花着生在上端 1~3 枚苞片内，具顶端开口的囊状假花被包于胚珠外，胚珠 1，直立，有膜质珠被 1 层，上部延长成珠被管，由假花被管口伸出，珠被管直或弯曲；花序上部的 4~6 枚苞片于种子成熟时变为肉质，呈红色或橘红色，或为膜质。种子 1~3 粒，当年成熟，假花被发育为木质假种皮；胚乳丰富，子叶 2 枚。

本科为单型属，贺兰山有 3 种。

1. 麻黄属 **Ephedra** Tourn ex L.

属特征同科。贺兰山有 3 种。

分种检索表

1. 叶裂片全为 2；种子 1~2 粒；雌球花具 2~3 对苞片；珠被管直立。
  2. 种子 2 粒，垫状矮小灌木，种子纵棱具突起和横列细密突起，雌花被苞片草质，褐色 ……………………………………………… 1. 斑子麻黄 **E. rhytidosperma**
  2. 种子 1 粒，直立灌木，种子不具突起，雌花被成熟时苞片肉质 ……………… 2. 木贼麻黄 **E. equistina**
1. 叶裂片 3 和 2 混生；种子 3 粒；雌球花具 3~5 对软苞片；珠被管螺旋状弯曲 ……………………………………………… 3. 中麻黄 **E. intermedia**

1. 斑子麻黄（图版 5，图 2）

Ephedra rhytidosperma Pachom. in Not. Syst. Herb. Inst. Bot. Acad. Sei. Uzbeckistan. **18**: 51. 1967; Pl. Asi. Centr. **6**: 26. 1971；内蒙古植物志（二版）**1**：277. 图版 39. 图 1~4. 1998；宁夏植物志（二版）**上册**：43. 图 26. 2007.——*Ephedra lepidosperma* C. Y. Cheng, 植物分类学报 **13**（4）：87. 图 59. 1~8. 1975；中国植物志 **7**：481. 图版 111. 图 1~8. 1978.

矮小垫状灌木。高 20~30 cm。木质茎粗壮，坚硬，灰褐色；小枝绿色，较短，密集于节上呈假轮生状，具粗纵槽纹，节间长 1~1.8 cm，径约 1 mm。叶鞘 2 裂，鞘长 1 mm，褐色，裂片为短而宽的三角形，长 0.5 mm，先端微钝或钝尖，裂片边缘为白色膜质。雄球花对生于节上，长 2~3 mm，无梗，具 2~3 对苞片，假花被片倒卵圆形，雄蕊 5~8，花丝全部合生，近 1/2 露出花被之外；雌球花单生，苞片 2（3）对，下部一对较小，上部一对矩圆形，长约 5 mm，深褐色具较宽膜质缘，上部近 1/2 裂开，雌花 2，胚珠外围的假花被粗糙，有横列碎片状细密突起，花被管长 1 mm，先端斜直，微弯曲。种子 2，较苞片长，约 1/3~2/3 外露，棕褐色，椭圆状卵圆形、卵圆形，长约 6 mm，径约 3 mm，背部中央及两侧边缘具黄色纵棱突起，表面具锈黄色横列碎片状突起。花期 5~6 月，种子成熟期 7~8 月。

旱生性极强的常绿茎植物。生海拔 1 900 m 以下的山口、山缘的石质山坡和山麓多砾石处，能形成群落。见东、西坡中部及南部山缘。

为贺兰山山麓特有种，并分布到邻近贺兰山的阿拉善左旗的骡子山、宁夏中卫的照北山。东坡向北不超过贺兰沟，西坡向北不超过水磨沟。

该种《中国植物志》（**7**：481）的 E. lepidosperma，发表于 1975 年 in Acta Phytotax. Sin. **13**（4）：87 与 Pachom. 的 E. rhytidosperma in Not. Syst. Herb. Inst. Bot. Acad. Sci. Uzbeckistan. 18 : 51. 1967. 分类特征完全相同，只是程先生的发表在后，故成晚出异名。该种模式是苏联人彼得洛夫 1958 年 6 月 10 日采自内蒙古阿拉善旗巴彦浩特西南 50 km 处的银川至巴彦浩特公路旁贺兰山 1 800 m 的石质山坡上。

2. 木贼麻黄（图版 5，图 1）

Ephedra equisetina Bunge in Mem. Acad. Sci. St.-Petersb. ser. 6. **7**：501. 1851；中国植物志 **7**：478. 图版 110. 图 5~7. 1978； 内蒙古植物志（二版）**1**：275. 图版 38. 图 5~8. 1998；宁夏植物志（二版）**上册**：44. 2007.

直立灌木。高达 1 m。木质茎粗长，直立，稀部分呈匍匐状，灰褐色，茎皮纵裂，基部茎直径达 1 cm 以上，中部茎直径 3~4 mm，小枝细，径约 1 mm，节间长 1~3 cm，具不明显纵槽纹，稍被白粉，光滑。叶鞘状 2 裂，鞘长 1.8~2.0 mm，裂片短三角形，长 0.5 mm，先端钝。雄球花穗状，1~3（4）集生于节上，近无梗，卵圆形，长 3~4 mm，宽 2~3 mm，苞片 3~4 对，基部约 2/3 合生，雄蕊 6~8，花丝合生，稍露出；雌球花常 2 个对生于节上，长卵形，苞片 3 对，最上一对为椭圆形，1/3 合生，淡褐色，先端稍尖，边缘膜质；雌花 1~2，珠被管长 1.5~2 mm，直立，或稍弯。雌球花熟时苞片肉质，红色，长约 8 mm，径约 5 mm，近无梗。种子常为 1，棕褐色，窄长卵形，长 6 mm，顶部压扁似鸭嘴状，两面突起。花期 5~6 月，种子于 8~9 月成熟。

旱生常绿茎植物。生海拔 1 500（东坡）~1 700~2 300 m 山脊、干燥阳坡、沟谷、石缝中。东、西坡浅山区、开阔山地均有分布。

分布于我国河北、山西、内蒙古、陕西（北部）、宁夏（中卫、盐池）、甘肃、新疆，也见于小亚细亚、中亚、俄罗斯（西伯利亚）、蒙古。古地中海种。

茎入药，是麻黄属含麻黄素较多的一种。也入蒙药（蒙药名；哈日-哲日根），功能主治同草麻黄。全株可作固沙造林的灌木树种。

3. 中麻黄（图版 5，图 3）

Ephedra intermedia Schrenk ex Mey. in Mem. Acad. Sci. St.-Petersb. ser. 6. **5**：278. 1846；中国植物志 **7**：474. 图版 110. 图 1~3. 1978；内蒙古植物志（二版）**1**：280. 图版 40. 图 5~7. 1998；宁夏植物志（二版）**上册**：43. 图 27. 2007.

灌木。高 20~50（100）cm。木质茎粗，灰黄褐色，直立或匍匐斜升，基部多分枝，茎皮干裂后呈细纵纤维；小枝直立或稍弯曲，绿色或灰淡绿色，有时稍被白粉， 槽上具细浅纵槽纹，槽上具白色小突起，触之粗糙感，节间长 3~5 cm，径 1~2 mm。叶 3 裂及 2 裂混生，鞘长 2~3 mm，基部深褐色，余处为白色，裂片钝三角形或三角形，长 1~2 mm，中部

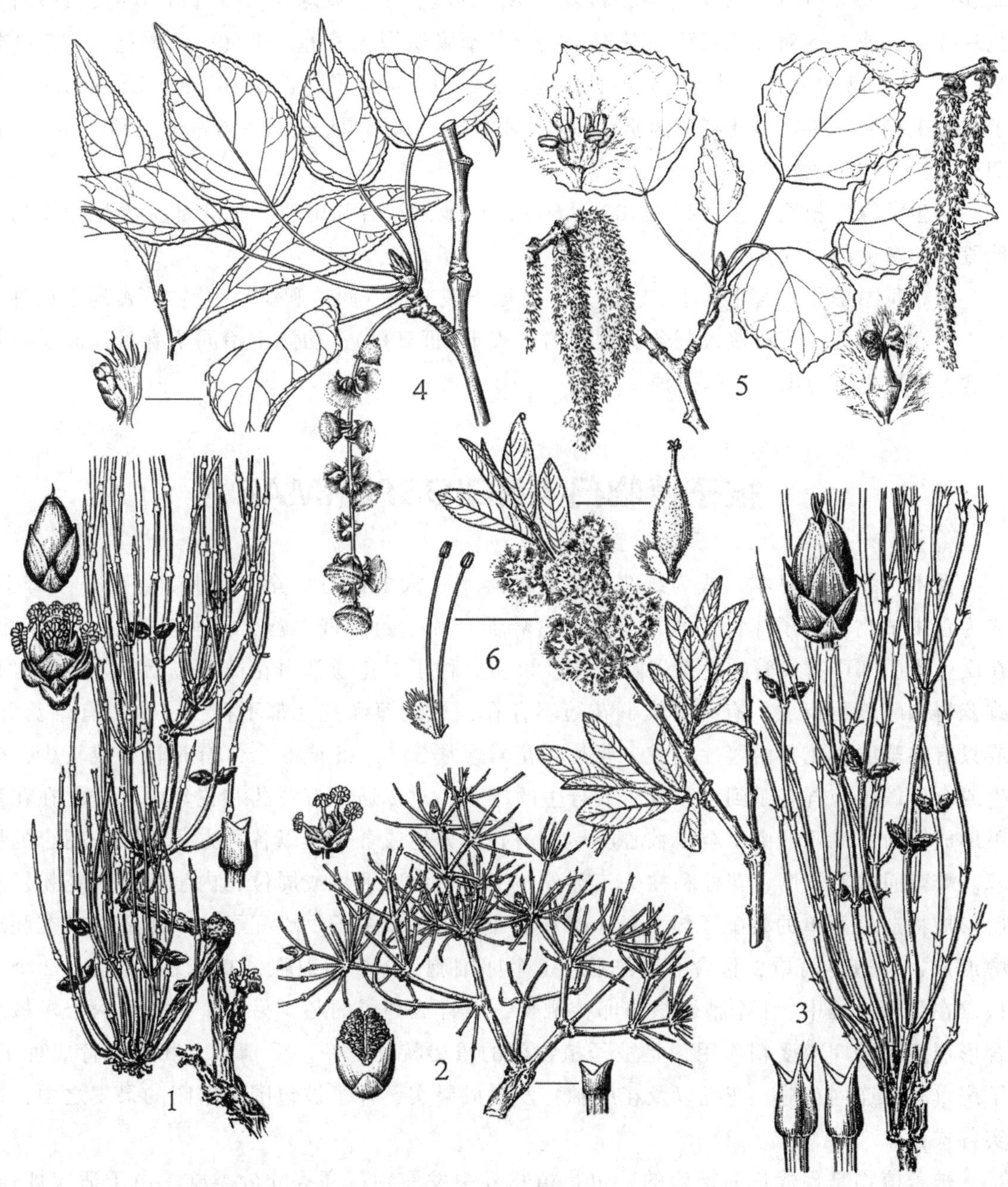

图版 5 **1. 木贼麻黄** Ephedra equisetina Bunge 植株、叶鞘、雄球花、雌球花； **2. 斑子麻黄** E. rhytidosperma Pachom. 植株、叶鞘、雄球花、雌球花； **3. 中麻黄** E. intermedia Schrenk ex Mey. 植株、叶及鞘、雌球花； **4. 青杨** Populus cathayana Rehd. 果枝、萌发枝的叶、雄花； **5. 山杨** P. davidiana Dode 枝与叶、雄花序、雌花序、雌花； **6. 密齿柳** Salix characta Schneid. 果枝、雄花、雌花。（马平绘）

淡褐色，具膜质缘。雄球花常数个（稀 2~3）密集于节上成团状，几无梗，苞片 5~7 对，或 5~7 轮（每轮 3 片）交叉对生，雄蕊 5~8，花丝合生；雌球花 2~3 生于节上，具短梗，苞片 3~5 轮或 3~5 对交叉对生，基部合生，具窄膜质缘，最上一轮（一对）苞片有 2~3 雌花；珠被管螺旋状弯曲。雌球花熟时苞片肉质，红色，卵圆形，长 6~10 mm，径 5~8 mm。种子通常 3（稀 2）粒，包于红色肉质苞片内，不外露，长卵圆形，长 5~6 mm，径约 3 mm。花期 5~6 月，种子成熟 7~8 月。

旱生常绿茎植物。生海拔 1 100~1 600 m 山地干河谷和山麓。见北部荒漠化程度高的地段，如麻黄沟、汝箕沟。

分布我国华北、西北及辽宁、山东，也见于俄罗斯（西伯利亚）、蒙古。古地中海种。

茎和根入药，草质茎入蒙药（蒙药名：查干-哲日根），功能主治同草麻黄；肉质苞片可食；全株也可为固沙造林树种。

被子植物门 ANGIOSPERMAE

乔木、灌木和草本，或为缠绕和攀援的藤本。大多数为自养，有少数寄生、半寄生，或为食虫植物。孢子体世代通常分化成营养器官和生殖器官，营养器官包括根、茎、叶，在次生木质部中有导管，生殖器官是花、果实、种子。花通常由花被（包括花萼和花冠），雄蕊群和雌蕊群组成。有些分类群花冠不存在，或花萼和花冠都不存在，或只有雄蕊群，或只有雌蕊群。花萼由萼片组成，萼片和花瓣通常 3、4、5 或 6 个，有时较多或较少，分生或合生。雄蕊群有 1 到多数分生或合生的雄蕊，雄蕊通常有花药和花丝两部分，在花药里形成花粉；雌蕊群由 1 至多数心皮形成，心皮分生或合生，以各种方式形成一闭合的雌蕊。雌蕊通常有子房、花柱和柱头三部分，子房上位、下位或周位，内生胚珠。花粉发芽后形成构造极简单的雄配子体，具 1 个粉管细胞，2 个精子。雌配子体叫作胚囊，在胚珠中形成，构造也简单，包含 8 个细胞：1 个卵细胞，2 个助细胞，3 个反足细胞，2 个极核。在受精过程中，1 个精子核与卵核融合，发育成种子的胚，另 1 个精子和两个极核融合形成胚乳，叫双受精作用，是被子植物门的重要特征之一。受精后，胚珠发育成种子，子房（有时连同花萼、花托以及花序轴）发育成果实，种子被包围在密闭的果皮之中，果实各式各样。

被子植物是现代最为繁盛的，也是植物界中发展到最高等的分类群。由于适应性强，广泛分布于世界各地区不同生境中。

分科检索表

1. 子叶 2，花通常四至五基数（双子叶植物纲 Dicotyledoneae）
  2. 无花瓣，花萼有或无，或花萼呈花瓣状。
    3. 花单性，雄花排列成柔荑花序。

4. 种子被毛；蒴果 ………………………………………………………………… 十四、杨柳科 Salicaceae
4. 种子无毛；非蒴果。
5. 花萼常 4 裂；聚花果，子房上位，1 室 ……………………………………… 十七、桑科 Moraceae
5. 花萼退化或无；小坚果，子房下位，2 室 …………………………………… 十五、桦木科 Betulaceae
3. 花单性、两性或杂性，但不形成柔荑花序。
6. 子房每室含多数胚珠，心皮离生；蓇葖果 …………………………… 二四、毛茛科 Ranunculaceae
6. 子房每室含 1 至数个胚珠。
7. 聚药雄蕊；雄花成球状头状花序，雌花 2 个同生于具钩刺的总苞中 ……………………………
……………………………………………………………………… 七六、菊科 Compositae（苍耳属）
7. 非聚药雄蕊。
8. 子房下位或半下位；草本；叶轮生 ……………………………… 四九、杉叶藻科 Hippuridaceae
8. 子房上位。
9. 茎具托叶鞘 ……………………………………………………………… 十九、蓼科 Polygonaceae
9. 茎无托叶鞘。
10. 草本。
11. 寄生肉质草本；叶鳞片状互生；花杂性 ………………… 五 O、锁阳科 Cynomoriaceae
11. 非寄生植物；花两性或单性。
12. 无花萼；植株具乳汁；杯状聚伞花序 ………………… 三八、大戟科 Euphorbiaceae
12. 有花萼；植物无乳汁；非杯状聚伞花序。
13. 花萼呈花瓣状。
14. 雄蕊与花萼裂片同数（4~5）；二者不合生。
15. 花排成头状或密穗状；羽状复叶 …… 三 O、蔷薇科 Rosaceae（地榆属）
15. 花单生叶腋，单叶 ……………… 五五、报春花科 Primulaceae（海乳草属）
14. 雄蕊为萼裂片的二倍（8~10），着生在花管筒上；合生 ……………………
…………………………………………………………… 四七、瑞香科 Thymelaeaceae
13. 花萼不呈花瓣状。
16. 花柱 2 或更多。
17. 掌状复叶或单叶掌状脉，有宿存的托叶 … 十七、桑科 Moraceae（律草属）
17. 叶有羽状脉，无托叶。
18. 花有干膜质苞片 ……………………………… 二一、苋科 Amaranthaceae
18. 花无干膜质苞片 ……………………………… 二 O、藜科 Chenopodiaceae
16. 花柱单一。
19. 花两性；雄蕊 2；植物无蛰毛；短角果 ……………………………………
……………………………………… 二七、十字花科 Cruciferae（独行菜属）
19. 花单性；雄蕊（3）4~5；植物有蛰毛；瘦果 … 十八、荨麻科 Urticaceae
10. 木本。
20. 花单性。
21. 聚花果；萼片 4 ……………………………………… 十七、桑科 Moraceae（桑属）
21. 蒴果或核果；萼片 5；雄蕊 5；蒴果 … 三八、大戟科 Euphorbiaceae（一叶萩属）

20. 花两性；雄蕊 4~8；翅果或核果；叶互生 ························ 十六、榆科 Ulmaceae

2. 花有花萼和花冠。

22. 花瓣分离。

23. 雄蕊多数，10 个以上，超过花瓣的 2 倍。

24. 子房下位或半下位。

25. 肉质草本；花萼裂片 2；蒴果 ·· 二二、马齿苋科 Portulacaceae

25. 木本；花萼 5；梨果 ·· 三〇、蔷薇科 Rosaceae

24. 子房上位。

26. 周位花，萼片 4~5，花瓣 4~5，雄蕊多数，三者均着生在花托边缘 ························ ·· 三〇、蔷薇科 Rosaceae

26. 下位花。

27. 心皮离生。

28. 无托叶；种子有胚乳；雄蕊螺状排列于花托上 ············ 二四、毛茛科 Ranunculaceae

28. 常有托叶；种子无胚乳；雄蕊轮状排列于花托的边缘 ········· 三〇、蔷薇科 Rosaceae

27. 心皮合生。

29. 单体雄蕊；花药 1 室 ·· 四四、锦葵科 Malvaceae

29. 非上述情况。

30. 植株无乳汁；萼片 2；花瓣 4 ································ 二六、罂粟科 Papaveraceae

30. 植株具乳汁；萼片 4~5；花瓣 4~5 ························ 三四、蒺藜科 Zygophyllaceae

23. 雄蕊 10 或更少，如多于 10 时，则不超过花瓣的 2 倍。

31. 成熟雄蕊与花瓣同数且对生。

32. 心皮 5~10，分离；草本；聚合瘦果 ························· 三〇、蔷薇科 Rosaceae（地蔷薇属）

32. 心皮合生。

33. 子房 1 室。

34. 具刺灌木；萼片 6；花瓣 6；雄蕊 6，花药瓣裂；心皮 1 ························ ·· 二五、小檗科 Berberidaceae

34. 草本；萼片 2；花瓣 4；雄蕊 4，花药纵裂；心皮 2，合生 ························ ·· 二六、罂粟科 Papaveraceae（角茴香属）

33. 子房 2 至数室。

35. 藤本，有卷须；单叶或复叶 ······································ 四三、葡萄科 Vitaceae

35. 直立灌木或乔木，无卷须，单叶 ······························ 四二、鼠李科 Rhamnaceae

31. 成熟雄蕊与花瓣不同数，或同数与花瓣互生。

36. 子房下位。

37. 伞形花序或复伞形花序；双悬果 ···································· 五一、伞形科 Umbelliferae

37. 非伞形花序； 非双悬果。

38. 草本；萼片 2 或 4；花瓣 2 或 4；雄蕊 2 或 8 ··············· 四八、柳叶菜科 Onagraceae

38. 木本植物；萼片与花瓣均 4 或 5；雄蕊亦 4~5。

39. 子房 2 室，含 1~2 胚珠；核果 ······························· 五二、山茱萸科 Cornaceae

39. 子房 1 室，含多数胚珠；浆果 ·······························二九、虎耳草科 Saxifragaceae

36. 子房上位。

40. 叶片中有透明腺点 …………………………………………………………… 三五、芸香科 Rutaceae

40. 叶片中无透明腺点。

41. 心皮离生，通常 5；肉质草本 ………………………………………… 二八、景天科 Crassulaceae

41. 心皮合生。

42. 心皮 2 至数个。

43. 花冠十字形；四强雄蕊；角果 ………………………… 二七、十字花科 Cruciferae

43. 不为上述情况。

44. 子房 1 室。

45. 特立中央胎座或基生胎座 ……………………… 二三、石竹科 Caryophyllaceae

45. 侧膜胎座。

46. 花辐射对称，无距；种子被毛 ……………… 四五、柽柳科 Tamaricaceae

46. 花两侧对称，有距；种子无毛。

47. 花二基数；雌蕊心皮 2 ………… 二六、罂粟科 Papaveraceae（紫堇属）

47. 花五基数；雌蕊心皮 3 ………………………………… 四六、堇菜科 Violaceae

44. 子房 2 至多室。

48. 花两侧对称；萼片 5；雄蕊 8 ……………………… 三七、远志科 Polygalaceae

48. 花辐射对称。

49. 雄蕊与花瓣不等数，亦非其 2 倍，通常 8 个雄蕊。

50. 叶对生；双翅果 ……………………………………… 四〇、槭树科 Aceraceae

50. 叶互生；蒴果 …………………………………… 四一、无患子科 Sapindaceae

49. 雄蕊与花瓣同数或为其 2 倍。

51. 羽状复叶。

52. 草本；偶数羽状复叶 ……… 三四、蒺藜科 Zygophyllaceae（蒺藜属）

52. 乔木；奇数羽状复叶 ………………………… 三六、苦木科 Simarubaceae

51. 单叶。

53. 木本；种子有红色假种皮 ……………………… 三九、卫矛科 Celastraceae

53. 草本；种子无红色假种皮。

54. 花药顶孔开裂 …………………………… 五三、鹿蹄草科 Pyrolaceae

54. 花药纵裂。

55. 雄蕊花丝基部合生；花柱分离；单叶全缘 ……………………… …………………………………………………… 三三、亚麻科 Linaceae

55. 雄蕊分离；花柱合生或基部合生，叶多裂或少全缘。

56. 蒴果果瓣由基部开裂，每果片具 1 种子 …………………… ……………………………………………… 三二、牻牛儿苗 Geraniaceae

56. 蒴果由腹部开裂，具多数种子 ……………………………… ………………………………………… 二九、虎耳草科 Saxifragaceae

42. 心皮 1，子房 1 室；荚果；蝶形花冠 ……………………………… 三一、豆科 Fabaceae

22. 花瓣合生或基部多少合生。

57. 雄蕊与花冠裂片同数而对生。
58. 花柱 1；果实含数个至多数种子 …………………………………………… 五五、报春花科 **Primulaceae**
58. 花柱 5；果实含 1 种子 …………………………………………………… 五六、白花丹科 **Plumbaginaceae**
57. 雄蕊与花冠裂片同数而互生，或较花冠裂片少而互生。
60. 子房下位。
61. 草质藤本，有卷须；瓠果 ………………………………………………… 七四、葫芦科 **Cucurbitaceae**
61. 茎直立或藤本，无卷须；非瓠果。
62. 头状花序，聚药雄蕊 ……………………………………………………… 七六、菊科 **Compositae**
62. 非头状花序。
63. 雄蕊和花冠裂片同数。
64. 具托叶；叶轮生或对生；草质藤本 ………………………………… 七一、茜草科 **Rubiaceae**
64. 无托叶。
65. 木本；无乳汁；花冠非钟状 …………………………………… 七二、忍冬科 **Caprifoliaceae**
65. 草本；有乳汁；花冠钟状 ……………………………………… 七五、桔梗科 **Campanulaceae**
63. 雄蕊较花冠裂片少；草本 ……………………………………………… 七三、败酱科 **Valerianaceae**
60. 子房上位。
66. 雌蕊有 2 个子房，2 条花柱在顶端合生，柱头 1。
67. 雄蕊分离；花粉粒彼此分离 ……………………………………………… 六〇、夹竹桃科 **Apocynaceae**
67. 雄蕊互相连合；花粉粒常连合成花粉块 ………………………………… 六一、萝藦科 **Asclepiadaceae**
66. 非上述情况。
68. 雄蕊着生在花盘上；花药常顶孔开裂；木本植物 …………………… 五四、杜鹃花科 **Ericaceae**
68. 雄蕊着生在花冠上。
69. 子房 4 深裂；花柱着生在子房基部。
70. 叶对生；花冠两侧对称，唇形 ……………………………………… 六五、唇形科 **Labiatae**
70. 叶互生；花冠辐射对称 ……………………………………………… 六三、紫草科 **Boraginaceae**
69. 子房不深裂；花柱自子房顶端伸出。
71. 花冠辐射对称，不成唇形。
72. 雄蕊 2。
73. 木本 ………………………………………………………………… 五七、木犀科 **Oleaceae**
73. 草本 ……………………………………… 六七、玄参科 **Scrophulariaceae**（婆婆纳属）
72. 雄蕊 4~5。
74. 子房 1 室，侧膜胎座 …………………………………………… 五九、龙胆科 **Gentianaceae**
74. 子房 2 至多室。
75. 无叶寄生草质藤本 ……………………… 六二、旋花科 **Convolvulaceae**（菟丝子属）
75. 自生绿色植物。
76. 雄蕊 4。
77. 草本；叶基生 ……………………………………… 七〇、车前科 **Plantaginaceae**
77. 木本；叶茎生 ……………………………………… 五八、马钱科 **Loganiaceae**
76. 雄蕊 5。

78. 草质藤本，茎缠绕；花冠几无裂片，萼片离生或仅基部合生 ……………………………………………………………………………………… 六二、旋花科 Convolvulaceae

78. 直立草本；花冠具明显裂片；萼片合生。

79. 子房每室 1~2 胚珠；核果状 …………………………………………………………………………… 六三、紫草科 Boraginaceae（砂引草属）

79. 子房每室多数胚珠；浆果或蒴果 ………………… 六六、茄科 Solanaceae

71. 花冠两侧对生，常唇形。

80. 绿色自生植物。

81. 子房每室 1~2 胚珠 ………………………………………… 六四、马鞭草科 Verbenaceae

81. 子房每室有多数或几个胚珠。

82. 种子有翅，无胚乳 ……………………………………… 六八、紫葳科 Bignoniaceae

82. 种子无翅，有胚乳 ……………………………………… 六七、玄参科 Scrophulariaceae

80. 寄生草本；叶退化成鳞片状 ………………………………… 六九、列当科 Orobanchaceae

1. 子叶 1 片；叶通常有平行叶脉；花常三基数（单子叶植物纲 Monocotyledoneae）

83. 无花被。

84. 花包藏在颖片（壳状鳞片）中，由 1 至多花形成小穗。

85. 杆实心，多少呈三棱形；茎生叶成三行排列；叶鞘闭合；瘦果或囊果 …… 八二、莎草科 Cyperaceae

85. 杆中空，圆筒形；茎生叶二行排列；叶鞘常在一侧开裂；颖果 ……… 八一、禾本科 Gramineae

84. 花不包藏在颖片中。

86. 花腋生，不成稠密的花序；柱头 1，斜盾状 --- 七八、眼子菜科 Potamogetonaceae（角果藻属）

86. 花密集成稠密的花序。

87. 花序形如蜡烛状，具多数毛状小苞片，无佛焰苞 ……………………… 七七、香蒲科 Typhaceae

87. 花序不成蜡烛状，无毛状小苞片，具明显佛焰苞 ……………………… 八三、天南星科 Araceae

83. 花有花被。

88. 雌蕊心皮 2 至多数，离生。

89. 花部三基数；花常轮生成总状或圆锥花序 ……………………………… 八〇、泽泻科 Alismataceae

89. 花部四基数；花被片 4，雄蕊 4，心皮 4 ………………………… 七八、眼子菜科 Potamogetonaceae

88. 雌蕊具合生心皮。

90. 子房上位。

91. 花小，花被片绿色；风媒。

92. 穗形总状花序；蒴果自宿存的中轴上裂为 3~6 瓣，每果瓣内仅 1 种子 ……………………………………………………………………………………………… 七九、水麦冬科 Juncaginaceae

92. 圆锥花序，伞房花序或头状花序；蒴果室背开裂，每果瓣内有 3 至多数种子 ……………………………………………………………………………………………… 八四、灯心草科 Juncaceae

91. 花较大，花被有鲜明的色彩；花被分为花萼与花冠；虫媒 …………… 八五、百合科 Liliaceae

90. 子房下位。

93. 花两侧对称；雄蕊 1 或 2，常和花柱合生 ………………………… 八七、兰科 Orchidaceae

93. 花辐射对称；雄蕊 3，不与花柱合生 ……………………………… 八六、鸢尾科 Iridaceae

一四　杨柳科 Salicaceae

落叶乔木或灌木。单叶互生，少对生，具托叶。花单性，雌雄异株，柔荑花序先叶开放或与叶同放，少为后叶开放；无花被，花生于苞片之腋部，具杯状花盘或腺体，稀缺如；雄蕊 2 至多数；雌蕊由 2 心皮合生，子房 1 室，柱头 2~4 裂；胚珠多数，侧膜胎座。蒴果 2~4 裂。种子基部附有由胎座表皮细胞形成的白色丝状长毛，无胚乳或有少量胚乳。

贺兰山有 2 属，11 种。

分属检索表

1. 枝先端具顶芽，芽鳞多数；叶柄常较长；雌雄柔荑花序均下垂；苞片具裂；花具杯状花盘 ……………………………… 1. 杨属 **Populus**

1. 枝先端无顶芽，芽鳞 1；叶柄常较短；雄柔荑花序直立；苞片全缘；无杯状花盘；具 1 至数个腺体 ……………………………… 2. 柳属 **Salix**

1. 杨属 Populus L.

落叶乔木，除胡杨外均具顶芽，芽鳞多数；有长枝及短枝之分；髓心五角状。叶较宽，叶柄较长。柔荑花序下垂，花常先叶开放；苞片不规则缺裂，稀全缘；花具杯状花盘，雄蕊 3 至多数，花药暗红色，稀黄色，花丝分离，花柱短。蒴果 2~4 裂；种子极多数，细小，有绵毛。

贺兰山有 3 种。

分种检索表

1. 叶缘具裂片、缺刻或波状齿；叶通常卵圆形、卵形或近圆形，长宽近相等，先端急尖或短锐尖，基部楔形或近圆形。

  2. 叶缘具疏齿，叶表面绿色，背面灰白色；树皮灰白色 ……………… 1. 阿拉善杨 **P. alaschanica**

  2. 叶缘具较密的齿，叶两面绿色，背面稍淡；树皮淡绿色或淡黄色 ……………… 2. 山杨 **P. davidiana**

1. 叶缘有整齐锯齿；叶狭卵形或卵形，长明显大于宽，先端渐尖，基部圆形或近心形 ……………………………… 3. 青杨 **P. cathayana**

1. 阿拉善杨

Populus alaschanica Kom. in Fedde, Repert. Spec. Nov. Regni Veg. **13**: 233. 1914 et Contr. Inst. Bot. Nat. Acad. Peip. **3**: 238. 1935；中国植物志 **20**（2）: 42. 1984.（待研究种）

乔木。高 6~18 m。树皮灰色，微具白粉；小枝细。叶卵形，长 2~7 cm，宽 1~9 cm，先端渐尖，基部楔形，边缘有锯齿，上面黄绿色，背面叶脉突出，淡白色；光滑；叶柄细。雄花序长约 3 cm；雌花序长 10~17 cm，花稀疏，具短枝，苞片分裂，早落，边缘具长毛，果柄与果序轴具长柔毛（以上描述为原始记载）。

贺兰山是其模式产地，模式标本系俄国人科兹洛夫（K. Kozlov）的亚洲中部探索队队员契图尔津(S. Tchetyrkin) No. 289，1908 年 4 月 4 日采自巴彦浩特附近的渠边和湖旁（应为涝坝旁)。

《亚洲中部植物》（Pl. Asi. Centr. **9**：211. 1989）作山杨 *P. davidiana* 的异名，我们认为不妥。从上述简短描述来看，不可能是山杨，并且山杨从不下山生长在山麓荒漠生境的渠边和涝坝边。柯马洛夫当时发表时，认为是 *P. tremula* L. 与 *P. przewalskii* Maxim. 的杂交种。虽没验正，但也说明与山杨无关。从其简要分类特征看：叶卵形，长 2~7 cm，宽 1~9 cm，叶背面淡灰色；苞片分裂，边缘有长柔毛；果柄与果序轴具长毛。与河北杨 *P. hopeiensis* Hu et Chow（Familiar Frees Hopei 55. 1934）的叶卵形或近圆形，长 3~8 cm，宽 2~7 cm，背面淡绿色（发叶时下面被绒毛)；苞叶掌状分裂，边缘具白色长毛；花序轴被长毛等几个重要分类特征相同或相近。为此，我们认为阿拉善杨 *P. alaschanica* Kom.可能是河北杨 *P. hopeiensis* Hu et Chow 的正确学名。河北杨是 *P. tremula* 与 *P. daviana* 的杂交种 。

中生夏绿阔叶植物。目前仅知产贺兰山西坡巴彦浩特。为当地特有种。

如与河北杨同种，则分布于华北、西北（东部)。华北种。

2. 山杨（图版 5，图 5）火杨

Populus davidiana Dode in Boll. Soc. Nat. Hist. Autunl **8**：189. t. 11（Extr. Monogr. Ined. Populus：31）1905；中国植物志 **20**（2)：11. 图版 2. 图 1~3. 1984；内蒙古植物志（二版）**2**：19. 图版 3. 图 1~5. 1990；宁夏植物志（二版）**上册**：67. 图 32. 2007.

乔木。高达 20 m。树皮光滑，淡绿色或淡灰色，老树基部暗灰色；小枝光滑，赤褐色；叶芽顶生，卵圆形，光滑，微具胶黏，褐色。短枝叶为卵圆形、圆形或三角状圆形，长 3~6 cm，宽 2~6 cm，先端钝尖或短渐尖，基部圆形或截形，边缘具密波状浅齿，初被疏柔毛，后变光滑；萌发枝的叶大；叶柄扁平，长 2~6 cm。雄花序长 5~8 cm，轴疏被柔毛；苞片深裂，褐色，边缘具疏柔毛；雄蕊 5~12；花药带红色；雌花序长 4~7 cm，苞片淡褐色，被长柔毛；花盘杯状，边缘波形；子房圆锥形，柱头 2 裂，每裂又 2 深裂，呈红色，近无柄。蒴果卵状圆锥形，长约 5 mm，有短柄， 2 裂。

中生夏绿阔叶植物。生海拔 1 500~2 600 m 的山地沟谷、阴坡、半阴坡，单独成林或与油松、云杉混交成林。是贺兰山最常见的阔叶树种，东、西坡山体中部各沟均有分布。

分布我国东北、华北、西北、华中及西南（高山地区)，也见于俄罗斯（东西伯利亚、远东)、朝鲜。东亚种。

树皮可入蒙药（蒙药名：奥力牙苏)，能排脓，主治肺脓肿。木材质轻软有弹性，可作造纸原料用材等。此外还是护坡林及水源涵养林树种。

3. 青杨（图版 5，图 4） 河杨、家白杨、大叶白杨

Populus cathayana Rehd. in Journ Arn. Arb. **12**：59. 1931；中国植物志 **20**（2)：31. 图版 7. 图 1~4. 1984；内蒙古植物志（二版）**2**：29. 图版 7. 图 1~3. 1990； 宁夏植物志（二版）**上册**：65. 2007.

乔木。高达 30 m，树冠宽卵形；幼树皮灰绿色，光滑，老树皮暗灰色，具沟裂；枝圆柱形，幼时橄榄绿色，后变橙黄色至灰黄色，无毛；冬芽长圆锥形，无毛，多胶质，紫褐色或黄褐色。长枝叶与短枝叶同形，卵形或狭卵形，长 5~10 cm，宽 3~7 cm，先端渐尖，基部圆形、近心形或宽楔形，边缘具细圆锯齿，上面绿色，下面带白色；叶柄近圆形，长 2~6 cm。萌生枝叶卵状长圆形或宽披针形，叶柄圆柱形，长 1~2 cm。雄花序长 5~6 cm，每花具雄蕊 30~35；雌花序长 4~5 cm，光滑无毛；子房卵圆形，柱头 2~4 裂。果序长 10~15 cm，朔果具短梗或无梗，卵球形，急尖，长 7~9 mm，（2）3~4 瓣裂，先端反曲。花期 4 月，果期 5~6 月。

中生夏绿阔叶植物。生海拔 1 900~2 400 m 的山地沟谷杂木林中。见东坡大水沟桦树泉、汝箕沟；西坡哈拉乌北沟。

分布于我国华北、西北（东部）及内蒙古（阴山）、辽宁、四川。为我国特有。华北种。

木材优良，结构细，供家具、电杆等用。为北方地区造林和城市绿化优良树种。

2. 柳属 Salix L.

乔木或灌木，无顶芽，侧芽外只有一个芽鳞。单叶，常互生，全缘或有腺齿；有托叶或缺。花单性，雌雄异株，柔荑花序，常直立或弯曲，少下垂；每花有一苞片，全缘，常宿存；腺体 1 或 2；雄花有 2 至多数雄蕊，花丝分离、连合或部分连合；雌蕊由 2 心皮组成，子房无柄或有柄，花柱明显或近于无，柱头 1 或 2 裂。蒴果 2 瓣裂。种子极小，有白色丝状长毛。

贺兰山有 8 种（含 1 无正种的变种），1 变种。

以雄株为主的分种检索表

1. 雄蕊 2，完全分离。
  2. 叶卵形、倒卵形、卵状披针形或近于圆形，宽超过 1 cm，边缘有细密腺齿 ······ **1. 密齿柳 S. characta**
  2. 叶长椭圆状披针形，长 1. 5~4. 5 cm，宽 0. 5~1 cm。
    3. 雄花具背腺及腹腺，基部连合成花盘状；生于高山、亚高山地带。
      4. 叶倒卵状宽椭圆形、宽椭圆形或近于圆形，先端钝圆或微尖 ························ **2. 高山柳 S. oritrepha**
      4. 叶椭圆形或倒卵状椭圆形，先端急尖 ··········· **2a. 尖叶高山柳 S. oritrepha** var. **amnematchinensis**
    3. 雄花仅有 1 腹腺；不生于高山、亚高山地带。
      5. 雄花序粗壮，径在 1 cm 以上。
        6. 叶卵形、倒卵圆形、卵状披针形或椭圆形 ······························· **3. 中国黄花柳 S. sinica**
        6. 叶矩圆形、矩圆状披针形 ······································· **4. 皂柳 S. wallichiana**
      5. 雄花序较细，径在 1 cm 以内。
        7. 叶椭圆形至长椭圆形，长 3~6 cm ··································· **5. 崖柳 S. xerophila**
        7. 叶披针形至倒披针形，长 5~10 cm ····························· **6. 狭叶柳 S. rehderiana**

1. 雄蕊 2，全部连合。

8. 幼叶及成熟叶下面被绢毛 ………………………………………………… 8. 乌柳 **S. cheilophila**

8. 幼叶时被绢毛，后渐脱落 …………………………………… 7. 小红柳 **S. microstachya** var. **bordensis**

以雌株为主的分种检索表

1. 子房无毛。

2. 有明显或较明显的子房柄；叶椭圆状披针形或长椭圆形，边缘有细密锯齿，宽 5~10 mm ……………………………………………………………………………… 1. 密齿柳 **S. characta**

2. 子房无柄或近无柄；叶条形或条状披针形，边缘有疏齿或近于全缘。

3. 叶长 1. 5~4. 5 cm，宽 2~5 mm ……………………………… 7. 小红柳 **S. microstachya** var. **bordensis**

3. 叶长 5~10 cm，宽 10~20 mm ………………………………………………… 6. 狭叶柳 **S. rehderiana**

1. 子房有毛。

4. 子房有长柄或较明显的柄。

5. 花序无柄；叶宽 1~2 cm ………………………………………………………… 4. 皂柳 **S. wallichiana**

5. 花序有柄；叶宽 1. 5~3 cm。

6. 成熟叶两面无毛或仅叶脉有疏毛，子房柄较短，长 1. 5 mm ……………… 3. 中国黄花柳 **S. sinica**

6. 叶下面被白色绒毛，子房柄较长，长 5 mm ……………………………………… 5. 崖柳 **S. xerophila**

4. 无子房柄或近无柄。

7. 叶较宽，长比宽大 5 倍以上，生于高山、亚高山地带。

8. 叶倒卵状宽椭圆形或宽椭圆形，先端钝圆或微尖 ………………………… 2. 高山柳 **S. oritrepha**

8. 叶椭圆形或倒卵状椭圆形，先端急尖 ………… 2a. 尖叶高山柳 **S. oritrepha** var. **amnematchinensis**

7. 叶较窄，长比宽大 5 倍以下，叶条形或条状披针形，下面疏被绢毛，不生于高山、亚高山地带 ……………………………………………………………………………… 8. 乌柳 **S. cheilophila**

1. 密齿柳（图版 5，图 6）

Salix characta Schneid. in Sarg. Pl. Wils. **3**：125. 1916；中国植物志 **20**（2）：320. 图版 92. 图 1~5. 1984；内蒙古植物志（二版）**2**：49. 图版 22. 图 1~3. 1990；宁夏植物志（二版）**上册**：78. 2007.

灌木。幼枝被疏柔毛，后渐脱落，2~3 年生枝黄褐色或紫褐色；芽卵形，黄红色，无毛。叶短圆状披针形，长 2.5~4.5 cm，宽 5~10 mm（长枝叶及萌枝叶可长达 7 cm），先端渐尖，基部楔形，边缘向下反卷，有细密锯齿，上面深绿色，下面色淡，两面无毛或仅下面沿中脉具柔毛；叶柄长 2~4 mm，被柔毛。花序长 2~3 cm，有短柄，花序轴被柔毛；雄花有雄蕊 2，离生，花丝无毛；苞片近圆形，褐色，两面被或多或少的柔毛；腺线 1；子房狭卵形，近无毛，有柄，花柱明显，柱头短，矩圆形；苞片卵形，先端尖，被柔毛；腺体 1。蒴果矩圆形，长约 4 mm，有柄。花期 5 月，果期 6~7 月。

中生植物。生海拔 1 600（东坡）~2 100~2 600 m 山地沟谷、林缘和林下。见东坡苏峪口沟、黄旗沟、插旗沟；西坡哈拉乌沟、南寺沟、强岗岭。

分布于我国内蒙古（燕山北部、阴山）、河北、山西、陕西、宁夏（六盘山）、甘肃、青海（祁连山）。为我国特有。华北种。

为水土保持树种。

2. 高山柳（图版 6，图 1）毛蕊杯腺柳

Salix oritrepha Schneid. in Sarg. Pl. Wils. **3**：113. 1916；中国植物志 **20**（2）：225. 图版 62. 图 7~9. 1984. ——*S. cupularis* Rehd. var. *lasiogyne* Rehd. in journ. Arn. **4**：141. 1923；内蒙古植物志（二版）**2**：52. 图版 16. 图 1. 1990；宁夏植物志（二版）**上册**：24. 2007.

直立矮灌木。高 1 m 左右。多分枝，老枝灰褐色或深灰色，幼枝紫红色或紫褐色，光滑无毛；芽矩圆状卵形，长 4~8 mm。叶互生或于短枝上簇生，倒卵状矩圆形、宽椭圆形或卵圆形，长 1~1.5 cm，宽 4~8 mm（萌发枝和长枝上长达 3 cm，宽达 1.5 cm），先端钝圆或微尖，基部圆形，上面绿色，光滑无毛，下面苍白色，被白粉，叶脉网状突出，全缘；叶柄长 5~8 mm，紫色；托叶小，卵圆形。花序长 1~1.5 cm，径 4~6 mm；苞片深褐色，椭圆形，被长柔毛；雄花具 2 雄蕊，分离，花丝中下部具长柔毛；苞片长为花丝的 1/2；腺体背腹各 1，腹腺先端常分裂；雌花序具花序梗，梗长 5~8 mm，其上着生 2~3 小型叶；苞片倒卵圆形，紫褐色，被长柔毛；子房卵形密被绒毛，花柱明显，柱头 2 裂；腺体背腹各 1，腹腺常 2~4 裂，基部连合成杯状，形成假花盘。蒴果长约 4 mm，密被灰白色短绒毛，具短柄。花期 6 月，果期 8~9 月上旬。

寒温型中生植物。生海拔 2 800 ~ 3 300 m 亚高山地带单独或与鬼箭锦鸡儿形成高寒灌丛，也进入云杉林下成为下木。见东、西坡 2 800 m 以上的山坡、山脊平缓处。

分布于我国内蒙古（龙首山）、甘肃（东南部、祁连山）、青海（东部）、四川（西部）、西藏（东部）。为我国特有。贺兰山-唐古特种。

过去文献多把贺兰山 2 800 m 以上亚高山、高山带的该植物定为杯腺柳 *S. cupularis* Rehd，周世权通过野外采集、鉴定于 1984 年在《西北植物研究》（**4**（6）：1~6）确认贺兰山没有正种杯腺柳，只有两个变种，其一是毛蕊杯腺柳 *S. cupularis* Rehd. var. *lasiogyne* Rehd.，与正种不同点为子房被毛，正种无毛。不过，该变种因子房被长柔毛，早在 1916 年即被定成高山柳（山生柳）*S. oritrepha* Schneid.，我们认为子房和蒴果被毛与否，是种的分类特征，故同意《中国植物志》的意见，将其确定为种。

2a. 尖叶高山柳（图版 6，图 1a）阿尼马卿山柳、青山生柳

S. oritrepha Schneid var. **amnematchinensis**（Hao） C. Wang et C. F. Fang 中国植物志 **20**（2）：225. 1984. ——*S. amnematchinensis* Hao in Repert. Sp. Nov. Beih. **93**：74. t. 22：44.（Syn. chin. Slix 73）1936. ——*S. cupularis* Rehd. var. *acutifolia* S. Q. Zhou in Acta Bot. Bor. Occ. Sin. **4**（1）：2. 1984；内古植物志（二版）**2**：52. 图版 16. 图 2. 1990.

本变种与正种的区别为叶椭圆状卵形、椭圆状披针形或椭圆形，叶先端具尖。

分布于我国内蒙古（龙首山）、甘肃（东南部、祁连山）、青海（东部）、四川（西部）、西藏（东部）。为我国特有。贺兰山-唐古特变种。

3. 中国黄花柳（图版6，图2）

Salix sinica（Hao） C. Wang et C. F. Fang，中国植物志 **20**（2）：304. 图版 88.图 3~7. 1984；内蒙古植物志（二版）**2**：57. 图版 20. 图 1. 1990. ——*S. caprea* L. var. *sinica* Hao in Repert. Sp. Nov. Fedde Beih. **93**：91. 1936. ——*S. caprea* auct. non L.：宁夏植物志（二版）**上册**：80. 2007.

灌木或小乔木。高可达 4 m。幼枝灰绿色或红褐色，被柔毛，后脱落；二至三年生枝常较粗壮，黄褐色或黄绿色，光滑无毛；芽卵圆形或卵形，黄褐色，无毛。托叶半卵形，有疏腺齿，常早落；叶多变化，质薄，椭圆形、卵形、卵状披针形或倒卵形，长 3~7 cm，宽 1.5~3 cm，先端短渐尖或急尖，基部钝圆或宽楔形，边缘全缘或有稀疏牙齿，上面深绿色，下面苍白，幼时有柔毛，后脱落；叶柄长 7~12 mm，被毛；花先叶开放，雄花序椭圆形，近无柄，长 2~3 cm，径 1.5~1.8 cm，雄蕊 2，离生，花丝比苞片长约 2 倍；腹腺 1；雌花序长 3~4 cm，果期可达 8 cm；子房卵状圆锥形，长 3.5 mm，被柔毛，有柄，长约为子房的 1/3；苞片椭圆状卵形，先端黑褐色，被长柔毛；蒴果长 6~8 mm，具柔毛。花期 5 月，果期 6 月。

中生植物。生海拔 2 000~2 500 m 沟谷及林缘。见东坡苏峪口沟、黄旗沟、插旗沟；西坡哈拉乌北沟。

分布于我国华北、西北（东部）及内蒙古（大青山、乌拉山）。为我国特有。华北种。

水土保持树种，本种可制农具、小家具。

H. Walker 将秦仁昌 1923 年在贺兰山采的 No. 59. 60. 77，均定为 *S. caprea* L. 。

4. 皂柳（图版6，图3）

Salix wallichiana Anderss. in Journ. Linn. Soc. **4**：50. 1860；中国植物志 **20**（2）：306. 图版 87. 图 1~2. 1984；内蒙古植物志（二版）**2**：59. 图版 21. 图 1~2. 1990； 宁夏植物志（二版）**上册**：79. 图 44. 2007.

灌木或小乔木。高达 7 m。小枝褐色、紫褐色或黄褐色，幼时被柔毛，后脱落；芽矩圆状卵形，褐色，无毛。叶矩圆形、卵状矩圆形或矩圆状披针形，长 3~6 cm，宽 1~2 cm，先端渐尖或急尖，基部楔形至圆形，边缘全缘或有疏锯齿，上面深绿色，下面苍白色，无毛或有短柔毛；叶柄长约 10 mm；托叶肾形，边缘有牙齿。花先叶开放，无柄或几无柄，花序轴密生柔毛；苞片长椭圆形，被柔毛；腹腺 1；雄花序细圆柱形，长 2~5 cm，径约 1 cm，雄蕊 2，离生，花丝无毛或疏具柔毛；雌花序圆柱形，长 2~5 cm，子房狭圆锥形，长 3~4 mm，具短柄，密被毛，花柱短，柱头 2~4 裂。蒴果有疏柔毛或近无毛，长约 9 mm，无柄。花期 4~5 月，果期 5~6 月。

中生植物。生海拔 2 000~2 200 m 山地沟谷、林缘及林下，零星小片出现。见东坡苏峪口沟、黄旗沟、插旗沟；西坡哈拉乌沟、南寺沟。

分布于我国华北、西北（东部）、西南及内蒙古（大青山）、浙江（天目山）、湖北、湖南，也见于印度（北部）、尼泊尔、不丹。东亚（中国–喜马拉雅）种。

《中国植物志》（**20**（2）：190. 1984）和《东北林学院植物研究室丛刊》（9：6. 1980）将贺兰山一标本定为长柄巴柳 *S. etosia* Schneid. f. *longipes* N. Chao et C. F. Fang，模式标本采自四川天山。模式标本没问题，但贺兰山标本与巴柳有一定出入，很像皂柳 *S. wallichiana*，另外，巴柳分布在湖北（西部）、四川、贵州，长江以北没有分布。因此，我们认为可能是皂柳的误定，如需定变型也应该是皂柳的新变型。

5. 崖柳（图版 6，图 4）

Salix xerophila Flod. in Bot. Not. 334. 1930；中国植物志 **20**（2）：297. 图版 85. 图 3. 1984；内蒙古植物志（二版）**2**：61. 图版 21. 图 3~4. 1990；宁夏植物志（二版）**上册**：79. 2007.

灌木，稀呈小乔木状。高可达 6 m。幼枝被短柔毛，后渐脱落；芽褐色，被短柔毛。叶椭圆形、长椭圆形或披针状长椭圆形，长 3~6 cm，宽 1.5~3 cm，先端短尖或急尖，基部钝圆或宽楔形，上面深绿色，疏生短柔毛，下面色淡，被白色绒毛，近于全缘，有时有疏齿；叶柄长 4~10 mm，有毛；托叶小，卵状披针形，常宿存于萌生枝及长枝上。花先叶开放或与叶近同时开放，雄花序长椭圆形，长 1.8~2.5 cm，径约 1 cm，无柄，雄蕊 2，离生，花丝下部有疏长毛或无毛，花药黄色；苞片卵状椭圆形，褐色，先端色暗，两面有长柔毛；腹腺 1；雌花序长 3~4 cm，果期可达 6 cm，有短柄，子房卵状圆锥形，被柔毛，子房柄长可达 5 mm，花柱短，柱头 2 深裂；苞片长椭圆形，被毛；蒴果长 5~8 mm，有柔毛。花期 5 月，果期 6 月。

中生植物。生海拔 1 400（东坡）1 600~2 500 m 沟谷及湿润山坡。见东坡苏峪口沟、小口子、大水沟；西坡北寺沟、皂刺沟、镇木关、强岗岭等。

分布于我国东北、华北及内蒙古，也见于北欧、俄罗斯（西伯利亚、远东）、蒙古、朝鲜。古北极种（由于对该种界定不同，分布区也有较大差异）。

该种的学名，目前比较混乱。《中国植物志》（**20**（2）：297. 1984）用中井猛之进 1936 年在朝鲜定的 *S. floderusii* Nakai，分布区较小，仅产我国东北、华北（北部）、俄罗斯（远东）、朝鲜；《亚洲中部植物》（Pl. Asi. Centr. **9**：32. 1989）用模式产于加拿大的 *S. bebbiana* Sarg.，分布区较大，包括北美、欧亚大陆北部；周以良等（植物分类学报 **12**（1）：17. 1974 和黑龙江树木志 170. 1986）则用模式产于北欧斯堪的纳维亚的 *S. xerophila* Flod.，分布区居中。周以良 1974 年详细讨论过该种的分类问题：*S. bebbiana* 一般认为花丝无毛，子房柄常为腺体 7~10 倍；*S. xerophila* 花丝下部有毛，子房柄为腺体的 5 倍，而实际上柄长可以（4）5~10（15）倍均有。《中国植物志》采用 *S. floderusii* 是将种划分的更细，认为真正的 *S. xerophila* 仅产北欧，*S. bebbiana* 仅产加拿大，此两种中国均不产，只产 *S. floderusii*，花丝无毛，子房柄为腺体长的 5~10 倍。周以良认为花丝下部有毛或无毛是种内差异，我们的标本则更符合 *S. xerophila* 的特点，故仍采用 *S. xerophila* 的种名。

6. 狭叶柳（图版 7，图 1）川滇柳

Salix rehderiana Schneid. in Sarg. Pl. Wils. **3**：66. 1916；中国植物志 **20**（2）：322. 图版 94. 1984；宁夏植物志（二版）**上册**：77. 2007. ——*S. melea* Schneid. 1. c. **3**：176. 1916；贺兰山维管植物：91. 1986.

灌木或小乔木。小枝褐色、暗褐色或紫褐色，无毛或有疏毛；芽卵状长圆形，黄褐色。叶披针形至倒披针形，长 5~10 cm，宽 0.8~1.5 cm，先急尖或短渐尖，基部楔形，边缘近全缘或有腺圆锯齿，上面深绿色，沿中脉具白绒毛，下面浅绿色，被白柔毛或无毛；叶柄长 2~5 mm，具毛；托叶半卵形，边缘有腺齿。雄花序椭圆形，无梗，长 2~3 cm，粗约 10 mm，花序圆柱形，长 1.5~2.5 cm，粗 3~4 mm，雄蕊 2，花丝离生，无毛或基部具疏毛，花药黄色，开裂后，内壁外反，呈紫色；苞片长圆形，具毛；腹腺 1，狭长圆形，长为苞片的 1/3；雌花序圆柱形，长 2~6 cm，粗约 8 mm，有短梗，基部有 2~3 枚小叶；子房长圆状卵形，长 4~6 mm，无柔毛或近无毛，近无柄，花柄与子房近等长，柱头 2，4 裂；苞片长圆形，有毛，褐色，腹腺 1。蒴果淡褐色，有毛。花期 4 月，果期 5~6 月。

中生植物。生海拔 2 800~3 000 m 亚高山沟谷灌丛中。见东、西坡中段山脊附近。

分布于我国宁夏（六盘山）、甘肃、青海、四川（西部）、云南（西北部）、西藏（东部）。为我国特有。青藏高原东缘种。

7. 小红柳（图版 6，图 6）

Salix microstachya Turcz. ex Traut. var. **bordensis**（Nakai） C. F. Fang，中国植物志 **20**（2）：355. 1984；内蒙古植物志（二版）**2**：73. 图版 27. 图 5~6. 1990；宁夏植物志（二版）**上册**：81. 2007. ——*S. bordensis* Nakai in Rep. First Sci. Exp. Mansh. **4**（4）：74. 1936.

灌木。高 1~2 m。小枝红褐色，细长，常弯曲或下垂，幼时被绢毛，后渐脱落。叶条形或条状披针形，长 1.5~4.5 cm，宽 2~5 mm，先端渐尖，基部楔形，边缘全缘具不明显的疏齿，幼时密被绢毛，后渐脱落；叶柄长 1~3 mm；无托叶。花序与叶同时开放，细圆柱形，长 1~2 cm，径 3~4 mm，具短梗，其上着生小叶片，花序轴具柔毛；苞片淡黄褐色或红褐色，倒卵形或卵状椭圆形，先端近于截形，有不规则的牙齿，基部具长柔毛；腺体 1，腹生；雄花有 2 雄蕊，完全合生，花药红色，球形，花丝无毛；子房卵状圆锥形，无毛，花柱明显，柱头 2 裂。蒴果长 3~4 mm，无毛。花期 5 月，果期 6 月。

湿中生植物。生海拔 2 000~2 400 m 沟谷溪边湿地，能形成纯群落。见东坡苏峪口沟、插旗沟；西坡哈拉乌北沟。

分布于我国东北（西部）及内蒙古。为我国特有变种。蒙古种。

H. Walker（1941）、《亚洲中部植物》（Pl. Asi. Centr. **9**：38. 1989）均将该植物定到种。

8. 乌柳（图版 6，图 5）筐柳、沙柳

Salix cheilophila Schneid. in Sarg. Pl. Wils. **3**：69. 1917；中国植物志 **20**（2）：353. 图版

105. 图 1~4. 1984；内蒙古植物志（二版）**2**：71. 图版 27. 图 1~4. 1990；宁夏植物志（二版）**上册**：81. 2007.

灌木，稀成小乔木。高可达 4 m。枝细长，幼时被绢毛，后脱落，一、二年生枝常为紫红色或紫褐色，有光泽；芽具柔毛。叶条形或条状倒披针形，长 2~5 cm，宽 3~7 mm，先端尖或渐尖，基部楔形，边缘常反卷，中上部有细腺齿，下部近于全缘，上面灰绿色，被绢状柔毛，下面灰白色，有明显的绢毛；叶柄长 1~3 mm。花序圆柱形，长 1.5~2.5 cm，粗 3~4 mm，花序轴有柔毛；苞片倒卵状椭圆形，淡褐色或黄褐色，先端钝或微凹，基部具柔毛；雄蕊 2，完全合生，花丝无毛，花药黄色；腹腺 1，狭圆柱形；子房卵形或卵状椭圆形，无柄，密被短柔毛，有时无毛，花柱极短。蒴果长约 3 mm，密被短毛，有时无毛。花期 4~5 月，果期 5~6 月。

湿中生植物。生海拔 2 000~2 300 m 山地沟谷、溪边。见东坡插旗沟；西坡哈拉乌沟。

分布于我国华北、西北（东部）、内蒙古（中、南部）、河南、四川、云南、西藏（东部）。为我国特有。东亚（中国—喜马拉雅）种。

枝条供编织用，并为护提、固沙树种。枝、叶入药，能解表祛风，用于麻疹初期，斑疹天透，皮肤瘙痒及慢性风湿。

一五、桦木科 Betulaceae

落叶乔木或灌木；芽具鳞片。单叶，互生；叶缘常具锯齿，或浅裂；叶脉羽状。花单性，雌雄同株；雄花排成下垂的柔荑花序，花被和苞结合，每苞有雄蕊 2~20，花药 2 室，药室分离或合生，纵裂；雌花排成柔荑状、总状、球穗状或簇生花序，具多数苞鳞，无花被或具花被并与子房贴生；子房下位，2 室，每室 1 胚珠，花柱 2。小坚果具翅或无翅，外被果苞。无胚乳，胚直立，子叶扁平。

贺兰山有 2 属，2 种。

分属检索表

1. 果苞鳞片状，革质，顶部具 3 裂片，每果苞有 3 小坚果，小坚果扁平，具膜质翅柄 ……………………………………………………………………………………………………… 1. 桦木属 **Betula**

1. 果苞囊状，厚纸质，顶端 4 裂，坚果小，每果苞有 2 小坚果，圆球形，无翅 ……………………………………………………………………………………………… 2. 虎榛子属 **Ostryopsis**

1. 桦木属 Betula L.

落叶乔木或灌木。树皮成薄纸质分层剥落或块状剥落，皮孔横扁；冬芽无柄，芽鳞多数。幼枝通常密生隆起的树脂状腺体或腺点。单叶，下面常具腺点。雄花序 2~4 枚簇生于

图版 6　1. 高山柳 Salix oritrepha Schneid. 果枝，1a. 尖叶高山柳 var. amnematchinensis（Hao） C.Wang et C. F. Fang 果枝；**2. 中国黄花柳** S. sinica（Hao） C. Wang et C. F. Fang 果枝；**3. 皂柳** S. wallichiana Anderss. 枝叶、果序；**4. 崖柳** S. xerophila Flod. 果枝、果实；**5. 乌柳** S. cheilophila Schneid. 果枝、雄花序、雄花、雌花；**6. 小红柳** S. microstachya Turcz. ex Traut. var. bordensis（Nakai） C. F. Fang. 果枝、果实。（马平绘）

小枝顶端，雄花3朵，生于苞内，每花具10枚花被和2雄蕊，药室分离，顶端有毛；雌柔荑花序生于小枝顶，雌花3朵生于苞腋，无花被。果苞革质，成熟时脱落，果序轴纤细宿存；小坚果扁平，两侧具或宽或窄的膜质翅，花柱宿存。种子单生，种皮膜质。

贺兰山有1种。

1. 白桦（图版7，图2）

Betula platyphylla Suk. in Trav. Mus. Bot. Acad. Imp. Sci. St.-Petersb. **8**：220. t. 3. 1911；中国植物志 **21**：112. 图版 29. 1979；内蒙古植物志（二版）**2**：81. 图版 30. 1990；宁夏植物志（二版）**上册**：84. 图 47. 2007.

乔木。高10~20（30）m。树皮白色，剥裂，内皮呈赤褐色；小枝红褐色，幼时稍有毛，后无毛，枝灰红褐色，光滑，密生腺体；冬芽卵形，长5~9 mm，具3对芽鳞，鳞片褐色，边缘具纤毛。叶厚纸质，长卵形、菱状卵形或宽卵形，长3~7 cm，宽2.5~5.5 cm，先端渐尖，有时呈短尾状，基部截形、宽楔形，有时微心形，边缘具重齿或单齿，上面绿色，幼时被腺点，后渐脱落，各脉突起，下面无毛，密生腺点，侧脉5~8对；叶柄细，长1.5~2.0 cm，无毛。果序单生，圆柱形，下垂或斜展，长2.5~4 cm，直径5~10 mm；序梗细瘦，下垂，散生黄色树脂状腺体；果苞长3~6（7） mm，背面密被极短柔毛，边缘具短纤毛，基部楔形或宽楔形，上部具3裂片，中裂片三角状卵形，长约1.5（2） mm，宽0.8~1.2 mm，先端短尾状渐尖或钝，侧裂片卵形，长2 mm，宽1.5 mm，平展或下弯。小坚果宽椭圆形，长约2 mm，宽约1.5 mm；背面疏被极短柔毛，膜质翅与小坚果等宽。花期5~6月，果期8~9月。

中生夏绿植物。生海拔1 800~2 300 m山地阴坡或沟谷、杂木林或灌丛中。零星分布，不能成林。见东坡苏峪口磷石矿西沟、小口子、黄旗沟；西坡峡子沟、皂刺沟。

分布于我国东北、华北、西北（东部）及内蒙古、河南、四川、云南、西藏（东南部），也广布于俄罗斯（东西伯利亚、远东）、蒙古（东部）、朝鲜、日本。东古北极种。

木材黄白色，纹理直，结构细，可作胶合板、枕木、矿柱、车辆、建筑等用材。树皮入药，能清热利湿、祛痰止咳、消肿解毒，主治肺炎、痢疾、腹泻、黄疸、肾炎、尿路感染、慢性气管炎、急性扁桃腺炎、牙周炎、乳腺炎、痒疹、烫伤。树皮还能提取桦皮油及栲胶。木材和叶可作黄色染料，树姿优美，树皮洁白，可作庭院绿化树种。

2. 虎榛子属 Ostryopsis Decne.

落叶灌木。单叶互生，边缘具不规则的重齿或浅裂。花单性同株；雄花柔荑花序状，无花被，雄蕊4~8，花丝先端2裂，花药顶端具毛；雌花序甚短，总状，花被与子房贴生；子房下位，2室，每室具1胚株，倒生，花柱2。小坚果被顶端4裂的厚纸质总苞所包，总苞常延伸呈管状。种子1。

贺兰山有 1 种。

1. 虎榛子（图版 7，图 3）

Ostryopsis davidiana Decne. in Bull. Soc. Bot. France **20**：155. 1873；中国植物志 **21**：55. 图版 14：图 1~2. 1979. 内蒙古植物志（二版）**2**：100. 图版 37. 图 7~8. 1990；宁夏植物志（二版）**上册**：88. 图 51，47. 2007. ——*Corylus davidiana* Bail. Hist. Pl. **6**：224. f. 174. 1876.

灌木。高 1~2（3）m，基部多分枝。树皮淡灰色，密生皮孔；小枝褐色，无毛，具条棱，疏生皮孔，间有疏生长柔毛，近基部散生刺毛状腺体；冬芽卵球形，长约 3 mm，芽鳞数枚，红褐色，膜质，成覆瓦状排列，被短柔毛。叶宽卵形、椭圆状卵形，稀卵圆形，长 2~6 cm，宽 1.5~5.0 cm，先端渐尖或锐尖，基部心形，稀为圆形，边缘具粗重锯齿，中部以上有浅裂；上面绿色，被短柔毛，沿脉尤密，下面淡绿色，各脉突起，密被黄褐色腺点，疏被短柔毛，沿脉尤密，脉腋间具簇生的髯毛，侧脉 7~9 对，叶柄长 2~10 cm，密被短柔毛。雌雄同株；雄花序单生叶腋，下垂，矩圆柱形，长 1~2 cm，直径约 4 mm；花序梗极短；苞鳞宽卵形，外面疏被短柔毛，每苞片具 4~6 雄蕊。果序总状，下垂，由 4~10 多枚果组成，着生于小枝顶端；果梗极短；序梗细，长约 2 cm，密被短柔毛，间有疏生长柔毛；果苞厚纸质，长 1~1.5 cm，外具紫红色细条棱，密被短柔毛，上半部延伸呈管状，先端 4 浅裂，裂片披针形，长为果苞 1/4~1/3，边缘密被柔毛，下半部紧包果，成熟后一侧开裂。小坚果卵圆形或近球形，长 5~6 mm，直径 3~5 mm，栗褐色，光亮，疏被短柔毛，具细肋。花期 4~5 月，果期 7~8 月。

中生植物。生海拔 1 800~2 500 m 山地阴坡、半阴坡，单独或与其他灌木形成灌丛，为贺兰山东坡中山带中生灌丛的建群种之一。见东坡苏峪口樱桃沟、黄旗沟、小口子、甘沟、大水沟；西坡峡子沟、皂刺沟等。

分布于我国辽宁、内蒙古、河北、山西、陕西、宁夏、甘肃、四川。为我国特有。华北种。

重要水土保持树种。种子可榨油（含油达 10%），枝条可编织，树皮和叶可提制栲胶。

十六、榆科 Ulmaceae

乔木或灌木，多落叶。芽具鳞片，稀裸露。单叶互生，常二列，基部偏斜或对称；羽状或三出叶脉；托叶常呈膜质，早落。花小，两性、单性或杂性，雌雄同株或异株，单生、簇生或为腋生的聚伞花序；单被花，花萼 4~5 裂，少为 6~9 裂，宿存或脱落；雄蕊常与花萼裂片同数且对生，稀较多，花药 2 室，纵裂；雌蕊由 2 心皮组成；子房上位，通常 1 室，稀 2 室，胚珠 1，花柱 2 裂。翅果、核果或小坚果，顶端常有宿存的花柱。种子无胚乳或极少，胚直立，弯曲或内卷，子叶发芽时出土。

贺兰山有2属，2种。

分属检索表

1. 叶脉羽状；果为周围具翅的翅果 …………………………………………………………………… 1. 榆属 Ulmus
1. 基部叶脉三出，叶基常偏斜；核果，无翅 ………………………………………………………… 2. 朴属 Celtis

1. 榆属 Ulmus L.

乔木，少灌木。单叶互生，二列，多为重锯齿，稀单齿，叶基常偏斜；托叶膜质。花两性，簇生或成短聚伞花序，少散生于当年枝基部；花萼钟形，先端4（~9）裂；雄蕊与花萼裂片同数而对生；雌蕊由2心皮合生。翅果，周围具膜质翅，先端有缺口，基部有宿存的花萼。种子无胚乳。

贺兰山有1种，1变种。

1. 旱榆（图版7，图4） 灰榆

Ulmus glaucescens Franch. Pl. David. **1**：267. t. 8. f. 1. 1884；内蒙古植物志（二版）**2**：113. 图版42. 图1~2. 1990；中国植物志 **22**：361. 1998；宁夏植物志（二版）**上册**：92. 图54. 2007.

小乔木。高3~5 m。树皮淡紫灰色，少裂，近平滑；当年生枝通常为紫褐色或紫色，少为黄褐色，具疏毛，后渐光滑；二年生枝深灰色或灰褐色。叶卵形或菱状卵形，长2~4 cm，宽1~2.5 cm，先端渐尖或骤尖，基部圆形或宽楔形，近于对称或偏斜，无毛，稀下面有短柔毛及上面较粗糙，边缘具钝而整齐的单锯齿；叶柄长4~7 mm，被柔毛。花发自混合芽或花芽，散生于当年枝基部或簇生于去年枝上；花萼钟形，长2~3 mm，先端4浅裂，宿存。翅果宽椭圆形、椭圆形或近圆形，长15~25 mm，宽12~18 mm，种子多位于翅果的中上部，上端接近缺口，缺口处具柔毛，其余光滑，翅近于革质；果梗与宿存花被近等长，被柔毛。花期4月，果熟期5月。2n=28。

旱生植物。生1 300~2 800 m干燥石质阳坡或沟谷，干河床两侧形成疏林。为贺兰山夏绿阔叶树种中分布最广的一种。见东、西坡各山体。

分布于我国内蒙古、河北（张家口）、陕西、山西、宁夏、甘肃、山东。华北种。

为分布区内造林树种。木材坚硬耐用，可制农具和家具。

1a. 毛果旱榆（变种）

Ulmus glaucescens Franch. var. **lasiocarpa** Rehd. in Journ. Arn. Arb. **11**：157. 1930；内蒙古植物志（二版）**2**：113. 1990；中国植物志 **22**：362. 1998；宁夏植物志（二版）**上册**：92. 2007.

本变种与正种的区别在于：变种的翅果两面有长柔毛。

旱生小乔木。生境分布与灰榆同。散见于旱榆中。

分布于内蒙古（西部）、河北（张家口）。阴山西段–贺兰山变种。

贺兰山是该变种模式产地。模式标本系秦仁昌（R. C. Ching）No.160，1923 年 6 月 10~25 日采自贺兰山锡叶沟海拔 2 200~2 400 m 山地。

《亚洲中部植物》（Pl. Asi. Centr. **9**：64. 1989）记载贺兰山尚产大果榆 *U. macrocarpa* Hance，标本是 N. Przewalski 1872 年 5 月 20~6 月 1 日采，无号。我们始终没有采到。

2. 朴属 Celtis L.

乔木或灌木。单叶互生，落叶或常绿，有齿或全缘，基部偏斜，三出脉，有明显的叶柄，托叶通常脱落。花杂性，同株，单生、簇生或成聚伞花序，生于叶腋；萼片 4~6，完全分离或仅基部连合，绿色或紫色；雄蕊与萼片同数。核果卵圆形或近于球形，外果皮肉质，内果皮骨质，光滑或具皱纹。

贺兰山有 1 种。

1. 小叶朴（图版 7，图 5）棒棒木

Celtis bungeana Bl. Mus. Bot. Lugd. –Bat. **2**：71. 1852；内蒙古植物志（二版）**2**：116. 图版 43. 图 4. 1990；中国植物志 **22**：411. 1998；宁夏植物志（二版）**上册**：93. 图 55. 2007.

落叶乔木。高 2~5(10) m。树皮浅灰色，较平滑；小枝褐色，无毛，具散生皮孔。叶质厚，卵形或卵状披针形，长 4~7 cm，宽 2~4 cm，先端渐尖，基部偏斜，中上部边缘具疏齿，很少近于全缘，上面深绿色，有光泽，下面淡绿色，两面无毛；托叶狭长，早落；叶柄长约 5 mm。果单生于叶腋，核果近球形，径 5~7 mm，熟时黑紫色，果核球形光滑，白色；果柄纤细，长 1~2 cm。

喜暖中生植物。生海拔 1 300~1 700 m 山地干燥阳坡岩壁缝和沟坡中，多单株或数株生长在一起。仅见东坡黄旗沟、插旗沟、苏峪口沟、贺兰沟。

分布于内蒙古（大青山）、辽宁、河北、山西、陕西、宁夏（须弥山）、甘肃、山东、江苏、安徽、河南、湖北、四川、云南、西藏（东部），也见于朝鲜。东亚种。

木材色淡，纹理致密，供建筑及各种器具等用；树干、树皮或枝条入药，能止咳、祛痰，主治慢性气管炎。

一七、桑科 Moraceae

常绿或落叶乔木或灌木，有时为藤本，稀为草本，常具白色乳汁。叶互生或对生，边缘全缘、具锯齿或分裂；具托叶，有时宿存。花单性，同株或异株，小，辐射对称，常密集成头状、穗状或柔荑花序，生于花托外部，或在肥大的花托内壁；雄花被片（萼片）2~4

(1~6)，分离，或多少基部联合，雄蕊与花被片同数且对生；雌花被片 4，多少联合；柱头 1~2，子房上位至下位，1~2 室，胚珠倒生或悬垂，稀直立。聚花果或隐花果，果由瘦果或核果组成。种子常具胚乳，胚弯曲，子叶厚，扁平，常不对称。

贺兰山有 3 属，3 种。

分属检索表

1. 乔木或灌木，具乳汁 ………………………………………… 1. 桑属 **Morus**
1. 草本植物，无乳汁。
  2. 缠绕性草本；叶对生，掌状（3）5~7 裂 ………………………… 2. 葎草属 **Humulus**
  2. 直立草本；叶互生或下部叶对生，掌状复叶 ……………………… 3. 大麻属 **Cannabis**

1. 桑属 Morus L.

落叶乔木或灌木。冬芽具 3~6 枚覆瓦状鳞片。单叶，互生，边缘具锯齿、齿牙裂或分裂， 3~5 出脉；托叶小，早落。花单性，同株或异株，花叶同时开放，雌雄花均为穗状花序，有梗，腋生，花被片 4；雄蕊 4，与花被片对生，花丝在芽中内弯；退化雌蕊陀螺形，雌花花被片在果期增大而肉质；子房无柄，1 室，花柱线形，柱头 2 裂。果肉质，由多数瘦果组成，外被肉质花被；种子近球形，种皮膜质，胚乳丰富；子叶矩圆形。

贺兰山有 1 种。

1. 蒙桑（图版 7，图 6）崖桑

Morus mongolica Schneid. in Pl. Wils. **3**：296. 1916；内蒙古植物志（二版）**2**：120. 图版 44. 图 4~5. 1990；中国植物志 **23**（1）：17. 1998.

灌木或小乔木。高 2~3m。树皮灰褐色，呈不规则纵裂；冬芽暗褐色，矩圆状卵形；当年生枝初为暗绿褐色，后变为褐色，光滑；小枝浅红褐色，光滑。单叶互生，卵形或椭圆状卵形，长 4~16 cm，宽 4~9 cm，先端长渐尖或尾状渐尖，基部心形，不裂或 3~5 裂，边缘具粗锯齿，齿端具长 3 mm 的刺尖，上面深绿色，无毛，下面淡绿色，无毛；叶柄长 2~5 cm，无毛；托叶早落。花单性，雌雄异株，腋生下垂的穗状花序；雄花序长约 3 cm，早落，花被片 4，暗黄绿色，雄蕊 4，花丝内曲，开花时直伸，有不育雄蕊；雌花序短，长约 1.5 cm，雌花被片 4，花柱明显，柱头 2 裂。聚花果圆柱形，长 8~10 mm，成熟时红紫色至紫黑色。花期 5 月，果熟期 6~7 月，2n=28。

旱中生植物。生海拔 1 200~1 500 m 干燥石质阳坡崖壁上，单株或数株生长一起。仅见东坡黄旗沟、插旗沟。

分布于我国内蒙古、辽宁、河北、山西、山东、河南、湖北、湖南、四川，也见于朝鲜。东亚种。该属和该种是贺兰山新记录（野生）。

材质坚硬，供制器具等用；根皮、果实入蒙药（蒙药名：蒙古乐-衣拉马），功能补

图版7　1. 狭叶柳 Salix rehderiana Schneid. 果枝、雄花、雌花、苞片；2. 白桦 Betula platyphylla Suk. 果枝、果苞、果实；3. 虎榛子 Ostryopsis davidiana Decne. 果枝、坚果；4. 旱榆 Ulmus glaucescens Franch.果枝、果实；5. 小叶朴 Celtis bungeana Bl. 果枝；6. 蒙桑 Morus mongolica Schneid. 果枝、雌花。（2~6 马平绘；1 引自中国植物志，有改动）

益、清热、主治骨热、血盛症。

2. 葎草属 Humulus L.

一年生或多年生草质藤本。茎粗糙，具倒钩刺。单叶对生，掌状 3~7 裂。花单性异株；雄花成圆锥花序，花被 5 裂，雄蕊 5；雌花 2 朵生于宿存、覆瓦状苞片内，成球果状，每花具 1 膜质，全缘花被抱持着子房；花柱 2；果为一扁平的瘦果。

贺兰山有 1 种。

1. 葎草（图版 8，图 1）

Humulus scandens（Lour.）Merr. in Trans. Amer. Philos. Soc. Philad. **24**（2）：138. 1935；内蒙古植物志（二版）**2**：123. 图版 45. 图 2~5. 1990；中国植物志 **23**（1）：220. 1998；宁夏植物志（二版）**上册**：97. 图 57. 2007. ——*Antidesma scandens* Lour. Fl. Cochinch. 617. 1790.

一年生缠绕草本。茎长达数米，淡黄绿色，较强韧，表面具 6 条纵棱，棱上生倒刺，棱间被短柔毛。叶对生，肾状五角形，直径 7~10 cm，掌状 5~7 深裂，裂片卵形或卵状披针形，先端急尖或渐尖，边缘有粗锯齿，齿缘具刚毛，上面深绿色，下面淡绿色，两面均糙涩，散生刺毛，下面有黄色小腺点；叶柄长 3~15 cm，密被倒刺。花单性，雌雄异株，花序腋生；雄花穗为圆锥花序，长 15~30 cm，具多数小花，花瓣淡黄绿色，萼片及雄蕊各 5，苞片披针形，外侧生有茸毛及细油点；雄蕊花药大，矩圆形，长约 2 mm，花丝短；雌花短穗状，下垂，每 2 朵花外具 1 卵形、有黄色小腺点和白刺毛苞片，花被退化为全缘的膜质片；子房 1，花柱 2，褐红色。果穗团集近球形，被长白毛。瘦果扁球形，长 5 mm，密被绒毛，熟后毛渐落，栗色，坚硬，花期 7~8 月，果期 8~9 月。

中生植物。生山麓沟边和路旁较湿润处，见东坡中部山麓。

分布于除新疆、青海、西藏以外的全国各省区，也见于俄罗斯（远东）、朝鲜、日本。东亚（中国-日本）种。

全草入药，能清热解毒、利尿消肿，主治淋病、小便不利、泄泻、痢疾、肺结核、肺脓疡、痈毒。外用治痔疮、湿疹、荨麻疹、毒蛇咬伤。

3. 大麻属 Cannabis L.

一年生直立草本。茎皮纤维多强韧。单叶互生，掌状分裂；具托叶。花单性，雌雄异株，花序腋生；雄花为圆锥花序，花被 5，雄蕊 5，下垂，2 室，纵裂，无子房；雌花无柄集生或球穗状，具大型苞片，花被 1，与子房紧贴，膜质，全缘；子房无柄，1 室，花柱 2 裂，胚珠单生，悬垂。瘦果，被宿存花被所包；种子具肉质胚乳，胚弯曲或螺旋状内卷。

贺兰山有 1 种。

1. 野大麻（变型）（图版 8，图 2）

Cannabis sativa L. f. **ruderalis**（Janisch.） Chu in 东北草本植物志 **2**：3. 1959；内蒙古植物志（二版）**2**：124. 图版 46. 图 4~5. 1990.—— *C. ruderalis* Janisch. Ucen. Zap. Saratovsk. Gosud. Cernysevskogo Univ. **2**（2）：14. 1924.

一年生草本。高 0. 5~1 m。茎直立，皮层富纤维，被短柔毛。叶互生或下部近对生，掌状复叶，小叶 3~5（7），生茎顶的为单叶，条形至条状披针形，两端渐尖，边缘具粗锯齿，上面深绿色，粗糙，被短硬毛，下面淡绿色，密被灰白色毡毛；叶柄长 2~10 cm，有纵沟，密被短绵毛；托叶侧生，条形。花单性，雌雄异株，花序生于上叶的叶腋；雄花排列成疏散的圆锥花序，淡黄绿色，花被 5，长卵形，背面及边缘均有短毛，无花瓣；雄穗 5，长约 5 mm，花药大，黄色，悬垂，无雌蕊；雌花序短穗状，绿色，每朵花在外具 1 卵形苞片，先端渐尖，内有 1 薄膜状花被，紧包子房，两者背面均有短柔毛，雌蕊 1，子房球形无柄，花柱二歧。瘦果扁卵形，硬质，灰色，基部具关节，难以脱落，表面具棕色大理石状花纹，全被宿存的苞片所包。花期 7~8 月，果期 9~10 月。

中生植物。生海拔 1 100~1 300 m 山口沟谷、河滩上。见东坡黄旗沟、马莲口、小口子、苏峪口沟。本种为栽培植物，但已逸生为野生，当地甚多。

正种是栽培种大麻（线麻）。其不同点：正种植株高大，叶及果实均较大，果实长约 4 mm，径 3 mm，熟后表面光滑具细网纹，基部无关节。

分布于我国东北、华北（北部）及内蒙古、新疆，也见于欧洲（东南部、高加索）、中亚、俄罗斯（西伯利亚、远东）、蒙古、帕米尔、喜马拉雅。古地中海种。

入蒙药（蒙药名：和仁-敖老森-乌日），能通便、杀虫、祛黄水，主治便秘、痛风、游痛症、关节炎、淋巴腺肿、黄水疮。

最近一些文献认为该变型不能成立，与正种无大差别。

一八、荨麻科 Urticaceae

草本或灌木，稀乔木，常具螫毛；钟乳体存在于叶。茎常具坚韧纤维。单叶对生或互生，通常边缘有锯齿或缺刻，稀全缘；有叶柄；具托叶，早落。花单性，稀两性，雌雄同株或异株，小；辐射对称，团伞花序腋生，稀 1，多顶生；雄花被 4~5 裂，绿色；雄蕊与花被裂片同数而对生，花丝在芽时内曲，成熟时将花粉弹出，雌花花被常 5~3，果时常增大；子房上位，1 室，胚株 1，通常基生，直立；花柱单一，柱头头状、画笔状或羽毛状，有时成丝状。瘦果或核果；种子小，常具油质胚乳。

贺兰山有 2 属，3 种。

分属检索表

1. 叶对生，具齿，托叶侧生；植物体上有螯毛 …………………………………………………… 1. 荨麻属 Urtica
1. 叶互生，全缘，植物体上无螯毛，无托叶 ………………………………………………………… 2. 墙草属 Parietaria

1. 荨麻属 Urtica L.

一年生或多年生草本，具螯毛。叶对生，边缘有齿或掌状分裂，具钟乳体，3~5（7）出脉，具柄；托叶侧生、离生或合生。花单性，雌雄同株或异株；团伞花序，穗状、总状或圆锥状；雄花花被 4；雄蕊 4，与花被对生，花蕾时内曲；雌花花被 4，不同形，内面 2 片花后增大，包被子房；子房直立，几无花柱，柱头画笔状；胚珠直生。瘦果小，多少侧扁，卵形或椭圆形，光滑或具疣状突起，包被于宿存花被内。种子直立。

贺兰山有 2 种。

分种检索表

1. 叶片掌状 3 深裂或 3 全裂，裂片再成缺刻状羽状深裂 ………………………… 1. 麻叶荨麻 U. cannabina
1. 叶片不分裂，边缘有锯齿或牙齿；………………………………………………… 2. 贺兰山荨麻 U. helanshanica

1. 麻叶荨麻（图版 8，图 3）

Urtica cannabina L. Sp. Pl. 984. 1753；内蒙古植物志（二版）**2**：127. 图版 47. 图 6~7. 1990；中国植物志 **23**（2）：11. 1995. 宁夏植物志（二版）**上册**：99. 图 58. 2007.

多年生草本。全株被柔毛和螯毛；具匍匐根茎。茎直立，高 100~200 cm，丛生，通常不分枝，具纵棱和槽。叶片轮廓五角形，长 4~13 cm，宽 3.5~12 cm，掌状 3 全裂，裂片再成缺刻状羽状深裂，小裂片边缘具疏生缺刻状锯齿，各裂片顶端小裂片细长，条状披针形，叶片上面深绿色，叶脉凹入，生短毛或近无毛，密生小颗粒状钟乳体，下面淡绿色，叶脉鞘隆起，被短毛和螯毛；叶柄长 1.5~8 cm；托叶披针形或宽条形，离生，长 7~10 mm，花单性，雌雄同株或异株，同株者雄花序生于下方；穗状团伞花序丛生于茎上部叶腋间，长达 12 cm，多分枝；苞膜质，卵圆形；雄花花被 4 深裂，裂片先端尖而略呈盔状，雄蕊 4，花丝扁，长于花被裂片，花药椭圆形，黄色；退化子房杯状；雌花花被 4 中裂，背生 2 枚裂片，花后增大，包着瘦果，侧生 2 枚裂片小，瘦果宽椭圆状卵形或宽卵形，长 1.5~2 mm，稍扁，光滑，具少数褐色斑点。花期 7~8 月，果期 8~9 月。

中生植物。生海拔 1 200~2 300 m 山口、沟谷、居民点附近。为常见杂草之一，东、西坡均有分布。

分布于我国东北、华北、西北，也见于中亚（天山）、俄罗斯（西伯利亚、远东）、蒙古。东古北极种。

全草入药，能祛风、化瘀、解毒、温胃，主治风湿、胃寒、糖尿病、痞症、产后抽风、小儿惊风、荨麻疹，也能解虫蛇咬伤之毒。全草入蒙药（蒙药名：哈拉盖-敖嘎），能除“协日乌素”、解毒、镇“赫依”、温胃、破痞，主治腰腿及关节疼痛、虫咬伤。嫩枝可作蔬菜食用。

2. 贺兰山荨麻（图版 8，图 4）

Urtica helanshanica W. Z. Di et W. B. Liao in Pl. Vasc. Helansan（贺兰山维管植物）：68，327. 图版 6. 1986； 内蒙古植物志（二版）**2**：131. 1990.

多年生草本。高 50~90 cm，全株被白色粗伏毛，节上常有螫毛。茎直立，近四棱形，具纵棱。叶片卵形，稀卵状披针形，长 5~17 cm，宽 2~8 cm，先端尾状渐尖，基部宽楔形至截形，边缘具 8~12 对大型粗牙齿，有时近羽裂，上面密布点状钟乳体，下面沿脉被白色粗伏毛及疏螫毛，主脉 3 条，稍隆起；叶柄长 2~5 cm；托叶三角状披针形或狭长椭圆形，长 4~8 mm。雌雄同株，雄花序圆锥形，成对生茎下部叶腋，雌花序密穗状，成对生于茎上部叶腋；雄花序和雌花序之间叶腋的花序常为雌雄同序；苞片小，宽倒卵形；雄花花被 4 深裂，裂片椭圆形；雄蕊 4，花丝舌状，退化雌蕊半透明杯状；雌花花被 4 深裂，裂片圆形或宽椭圆形，背生 2 枚，花后增大，背面中脉上各具 1 枚螫毛，包被瘦果，侧生 2 枚较小，长为背生的 1/4。瘦果椭圆形，稍扁平，长约 1.2 mm，黄棕色，表面具腺点和颗粒状分泌物。花期 6~7 月，果期 7~8 月。

中生植物。生海拔 1 800~2 200 m 山地沟谷中。较少见，见东坡苏峪口樱桃沟；西坡哈拉乌北沟、叉沟、北寺沟。

贺兰山为该种模式产地。模式标本系西北大学贺兰山采集队（EHNWU）No. 6271，1984 年 7 月 23 日采自苏峪口樱桃沟。

贺兰山特有种。

全草入蒙药（蒙药名：阿拉善乃-哈拉盖）。功能主治同麻叶荨麻。

2. 墙草属 Parietaria L.

一年生或多年生草本，无螫毛。叶互生，小形，全缘，具三出脉，钟乳体点状，有柄；无托叶。花杂性，在叶腋组成团集的聚伞花序；苞片离生或合生；两性花和雄花花被（3）4 深裂，镊合状排到，雄蕊（3）4，着生于花被基部，与花被裂片对生，花丝内折；雌花花被合生筒状，顶端具 4 裂，果期宿存，花后不增大；子房椭圆形，花柱短或无，柱头画笔状，下弯。瘦果果皮壳质，稍扁平，光滑，包于宿存的花被内；种子有丰富的胚乳。

贺兰山有 1 种。

1. 小花墙草（图版 8，图 5）

Parietaria micrantha Ledeb. Icon. Pl. F1. Ross. **1**：7. t. 22. 1829；内蒙古植物志（二版）**2**：134. 图版 49. 图 6~9. 1990；中国植物志 **23**（2）：400. 1995. 宁夏植物志（二版）**上册**：

图版 8 **1. 葎草** Humulus scandens（Lour.） Merr. 果枝、雄花、果实；**2. 野大麻** Cannabis sativa L. f. ruderalis（Janisch.） Chu 雌株部分、果实、雄花；**3. 麻叶荨麻** Urtica cannabina L. 植株一部分；**4. 贺兰山荨麻** U. helanshanica W. Z. Di et W. B. Liao 植株、雄花、具花被的果、果实；**5. 小花墙草** Parietaria micrantha Ledeb. 植株、两性花、果实。（1~2 马平绘；3~5 田虹绘；4 引自模式图）

101. 2007.

一年生草本。全株无螯毛。茎细而柔弱，稍肉质，常卧匍，长 10~30 cm，多分枝，被微柔毛。叶互生，卵形、菱状卵形或宽椭圆形，长 0.5~3 mm，宽 0.3~2 mm，先端钝尖，基部圆形或微心形，有时偏斜，全缘，两面疏被短柔毛，密布细点状钟乳体；叶柄长 2~15 mm，被柔毛。花杂性，在叶腋组成团伞花序，两性花生于花序下部，其余为雌花；花梗短，有毛；苞片狭披针形，与花被近等长，有短毛；两性花花被 4（5）深裂，裂片狭椭圆形，雄蕊 4，与花被裂片对生；雌花花被 4，合生至中部，膜质宿存；子房、花柱极短，柱头较长。瘦果卵形，长约 1 mm，稍扁平，具光泽，成熟后黑色，略长于宿存花被；种子椭圆形，两端尖。花期 7~8 月，果期 8~9 月。2n=16。

耐阴中生植物。生海拔 1 300~1 600 m 沟谷阴坡泉溪边岩石缝中。仅见东坡插旗沟。

分布于我国东北、华北、西北、西南及内蒙古、台湾，也见于俄罗斯（西伯利亚、远东）、朝鲜、日本、蒙古、印度（北部）、不丹、锡金、尼泊尔、伊朗（南部）及东非。泛北极种。

全草入药，有拔脓消肿之效。

一九、蓼科 Polygonaceae

一年生或多年生草本，稀为灌木或乔木。茎直立缠绕或平卧，具节。单叶，互生，稀对生，全缘，稀分裂；托叶膜质，鞘状。花序穗状、总头状或圆锥状；花两性，稀单性异株，辐射对称，花梗具关节，基部具苞片；花被片 3~5，或 6（2 轮），花瓣状，宿存；雄蕊通常 6~9 或更少；花丝离生或基部贴合；花盘环形，有时缺；子房上位，1 室，1 胚珠；花柱 2~3，离生或下部合生。瘦果卵形，具三棱或两突起，部分或全体包于宿存花被内，有时具刺毛或翅。种子具丰富的粉质胚乳，胚直立或弯曲，通常偏于一侧。

贺兰山有 6 属，18 种。

分属检索表

1. 花被片 6。
    2. 瘦果具翅；柱头头状；雄蕊通常 9；内花被片果时不增大 ……………………………… 1. 大黄属 Rheum
    2. 瘦果不具翅；柱头画笔状；雄蕊通常 6；内花被片果时通常增大 ……………………… 2. 酸模属 Rumex
1. 花被 5，稀 4 片（裂）。
    3. 茎缠绕；花被片 2 轮，内轮花被片果时增大或龙骨状突起 ………………………… 3. 何首乌属 Fallopia
    3. 茎直立。
        4. 灌木；花被片 2 轮，果时增大 ……………………………………………………… 4. 木蓼属 Atraphaxis
        4. 草本；花被 1 轮。
            5. 瘦果具 3 棱或双突状，比花被短，稀较长；雄蕊 8，1 轮 ………………………… 5. 蓼属 Polygonum
            5. 瘦果具 3 棱，超出花被 1~2 倍，稀近等长；雄蕊 8，2 轮，外 5，内 3 …… 6. 荞麦属 Fagopyrum

1. 大黄属 Rheum L.

多年生草本。根粗壮，断面多为黄色。根状茎粗短直立，节间短缩；茎直立，中空，节膨大。基生叶成密或疏的莲座状，茎生叶互生；托叶鞘发达；叶片宽大，全缘、皱波或分裂，掌状脉，稀为掌状的羽状脉。花小，白绿色或紫红色，通常成圆锥花序，稀为穗状或圆头状；花在枝上簇生，花梗细弱丝状，具关节；花被片 6，排成 2 轮；雄蕊 9；花柱 3，较短，开展或反曲，柱头多膨大，头状、近盾状或如意状。瘦果 3 棱状，棱缘具翅，宿存花被不增大或稍增大。种子具丰富胚乳，胚直，偏于一侧。

贺兰山有 3 种。

分种检索表

1. 茎具 1~2 片腋部有花枝的叶；植株较高大，高 30~70 cm；叶宽卵形、心状宽卵形或近圆形；果实椭圆形 …………………………………………………………………………………… 1. **总序大黄 R. racemiferum**

1. 茎花葶状，不具叶；植株较矮小。

  2. 叶革质，叶片长、宽近相等，肾圆形至近圆形，掌状脉；果实肾圆形，宽大于长 …………………………………………………………………………………… 2. **矮大黄 R. nanum**

  2. 叶纸质，叶片长明显大于宽，卵形、长卵形，掌状的羽状脉；果实宽椭圆形，长大于宽 …………………………………………………………………………………… 3. **单脉大黄 R. uninerve**

1. 总序大黄（图版 9，图 1）

Rheum racemiferum Maxim. in Bull. Acad. Sci. St.–Petersb. **26**：503. 1880；内蒙古植物志（二版）**2**：149. 图版 55. 1990；中国植物志 **25**（1）：191. 图版 50. 图 5~8. 1998. 宁夏植物志（二版）**上册**：107. 图 63. 2007.

多年生草本。植株高 30~70 cm。根肥厚，伸长，圆锥形。根状茎常剥裂，顶端膨大成椭圆形或近球形，密被黑褐色枯叶柄。茎直立，中空，具细纵沟纹，无毛，不分枝。基生叶大，2~5，叶柄长 4~9 cm，基部稍扩大，紫红色；托叶鞘宽卵形，近膜质，红褐色，不脱落；叶片革质，宽卵形、心状卵形或近圆形，长 5~15 cm，宽 5~13 cm，先端钝圆，基部近心形，边缘具皱波，上面绿色，下面灰绿色，两面无毛，掌状脉 3~5 条，常呈紫红色；中脉特别发达，茎生叶 2~3，腋部具花枝，叶片窄小，柄短。圆锥花序顶生，常一次分枝，花数朵簇生，苞片小，披针形，长约 2 mm，膜质，褐色；花梗纤细，长 3~5 mm，中下部有关节；花较小，白绿色，花被片 6，排成 2 轮，外轮 3 片较小，矩圆状椭圆形，中线呈龙骨状隆起，内轮 3 片较大，宽椭圆形；雄蕊 9；子房椭圆形，花柱极短，柱头扩大呈如意状。瘦果椭圆形，长 12 mm，宽 8.5~9.5 mm，具 3 棱，沿棱生翅，顶端略凹，基部心形，具宿存花被。花期 6~7 月，果期 7~8 月。

中旱生植物。生海拔 1 600（东坡）~1 800~2 600 m 山地岩崖石壁上。东、西坡中段山地极为常见。

贺兰山是该种模式产地。模式标本系俄国人普热瓦尔斯基（N. Przevalski）No. 166，1873 年 6 月 27 日至 7 月 9 日采自贺兰山。

分布内蒙古（西部）、宁夏（罗山）、甘肃（东北部）。东阿拉善种。

2. 矮大黄（图版 9，图 2）

Rheum nanum Siev. ex Pall. in Neueste Nord. Beitr. **7**：264. 1976；内蒙古植物志（二版）**2**：152. 图版 56. 1990；中国植物志 **25**（1）：197. 图版 52. 图 1~4. 1998. 宁夏植物志（二版）**上册**：107. 2007.

多年生草本。高 10~20 cm。根肥厚，直伸，圆锥形，外皮暗褐色，具横皱纹；根颈部密被棕褐色膜质托叶鞘。无茎，由根状茎顶生出 2 个花序枝，不具叶，具纵沟槽，无毛。基生叶 2~4，具短柄，叶片革质，肾圆形至近圆形，先端圆形，基部浅心形，近全缘或不整齐皱波，上面疏生星状瘤，下面沿叶脉疏生乳头状突起和星状瘤，叶脉掌状，基出脉 3~5 条，下面突起。圆锥花序顶生，分枝粗壮，具纵沟槽；苞片小，卵形，长约 1 mm，肉质，褐色；花梗长约 2 mm，基部具关节；花小，黄色，花被片 6，排成 2 轮，外轮 3 片较小，矩圆状披针形，具 1 中脊，果时向下反折，内轮 3 片较大，宽卵形，长 3~4 mm，宽 2.5~3 mm；雄蕊 9，花丝较短；子房三棱形，花柱向下反曲，柱头膨大呈头状。瘦果肾圆形，宽大于长，长 1.1~1.2 cm，宽 1.2~1.4 cm，具 3 棱，沿棱生宽翅，呈红色，顶端圆形或略凹陷，基部浅心形，具宿存花被。花果期 5~6 月。

旱生植物。生北部荒漠化较强的石质山丘上。见东坡龟头沟；汝箕沟；西坡赛乌素。

分布于内蒙古（西部）、甘肃（河西走廊）、新疆（东北部），也见于哈萨克斯坦（东部）、俄罗斯（西伯利亚）、蒙古。戈壁种。

中等牧草，家畜喜食其叶和花序。

3. 单脉大黄（图版 9，图 3）

Rheum uninerve Maxim. in Bull. Acad. Sci. St. –Petersb. **26**：503. 1880；内蒙古植物志（二版）**2**：155. 图版 57. 1990；中国植物志 **25**（1）：197. 图版 52. 图 5~8. 1998；宁夏植物志（二版）：107. 2007.

矮生多年生草本。高 10~20 cm。根肉质，肥厚，圆锥形，稍分枝，褐色，外皮常皱缩。根状茎直伸，黑褐色，顶端膨大，密被黑褐色膜质叶鞘。基生叶 2~4，叶柄长 1.5~4 cm，具细纵沟纹，于中部具关节；托叶鞘贴生于叶柄下部；叶片纸质，卵形或长卵形，长 5~12 cm，宽 3~7.5 cm，先端钝或钝尖，基部宽楔形或略圆形，边缘具弱皱波，两面略粗糙，掌状羽脉，白绿色，中脉粗壮，侧脉明显。窄圆锥花序 1~3，自根状茎顶部生出；花序轴具细纵沟纹，1~2 次分枝，近无毛；苞片小，三角状卵形，黄褐色；花梗纤细，长 4~5 mm，近基部有关节；花小，直径 4~5 mm，2~4 簇生，花被片 6，排成 2 轮，外轮 3 片较小，椭圆形，内轮 3 片较大，宽椭圆形，两者边缘质薄，白色，中心呈淡紫红色，略厚，两者被微毛，花盘肉质，环形，具浅缺刻；雄蕊 9；子房三棱形，花柱向下反曲，柱头头状。瘦果宽椭圆形，长 14~16 mm，宽 13~15 mm，具 3 棱，沿棱生宽翅，翅宽达 5 mm，淡红紫色，顶端微凹，基部心形，具宿存花被。花期 6~7（8）月，果期 8~9 月。

耐盐中旱生植物。生山麓冲刷沟。

分布于内蒙古（中、西部）、甘肃（河西走廊）、青海（东北部）。戈壁种。

中等牧草，家畜喜食其叶和花序。

2. 酸模属 Rumex L.

一年生或多年生草本，稀为灌木。根通常粗壮，有时具根状茎。茎直立，通常具沟纹，分枝或仅上部分枝。叶基生和茎生，全缘或波状；托叶鞘膜质易破裂早落。花序圆锥状，多花簇生成轮；花两性，稀杂性；花梗具关节；花被片 6，2 轮，宿存，外轮 3 片不增大，内轮 3 片，果时增大，全缘、具齿或针刺，背面中脉基部具小瘤，或无瘤；雄蕊 6，排列成 3 对，与外轮花被片对生，花丝短，细弱；子房卵形，具 3 棱，1 室，1 胚珠，花柱 3，柱头画笔状，向外弯曲。瘦果三棱形，包于增大的内轮花被片内。

贺兰山有 2 种。

分种检索表

1. 内轮花被片全部有小疣；叶基部楔形 ………………………………………… 1. 皱叶酸模 **R. crispus**
1. 内花被片仅 1 片上有小疣，其余 2 片无或发育不佳；叶基部圆形或近心形 …… 2. 巴天酸模 **R. patientia**

1. 皱叶酸模（图版 9，图 4）

Rumex crispus L. Sp. Pl. 335. 1753；内蒙古植物志（二版）**2**：162. 图版 61. 图 1~2. 1990；中国植物志 **25**（1）：156. 图版 37. 图 1~2. 1998；宁夏植物志（二版）**上册**：111. 图 66. 2007.

多年生草本。高 50~80 cm。根粗大，黄棕色，味苦。茎直立，不分枝或上部分枝，具浅沟槽。叶柄比叶片稍短，叶片薄纸质，披针形或狭披针形，长 10~25 cm，宽 1.5~4 cm，先端急尖，基部楔形，边缘皱波状；茎生叶渐小，狭披针形，具短柄；托叶鞘膜质，易破裂，淡绿色。花序圆锥状，花两性；花梗细，长 2~5 mm，中部以下具关节；花被片 6，外花被片椭圆形，长约 1 mm，内花被片宽卵形，长 4~5 mm，边缘近全缘，网纹明显，全部具小瘤，小瘤卵形，长 1.5~2 mm；雄蕊 6，花柱 3，柱头画笔状。瘦果椭圆形，具 3 棱，角棱锐，褐色，有光泽，长约 3 mm。花果期 6~9 月。2n=60。

中生植物。生海拔 1 200（东坡）~1 600~2 000 m 山口、沟谷河溪边湿地，能形成小片群落。见东坡苏峪口沟、插旗沟、黄旗沟、大水沟；西坡哈拉乌北沟、北寺沟。

分布于我国东北、华北、西北、西南（东部）及山东、河南、湖北。广布于欧亚及北美大陆温带地区，也见于亚洲、北非，亚热带、热带山区。泛北极种。

根入药，能清热解毒、止血、通便、杀虫，主治鼻出血、功能性子宫出血、血小板减少性紫癜、慢性肝炎、肛门周围炎、大便秘结；外用治外痔、急性乳腺炎、黄水疮、疖肿，皮癣等症。根也入蒙药（蒙药名：衣曼-爱日干纳），能杀“粘”、下泻、消肿、愈伤，主治“粘”疫、丹毒、乳腺炎、腮腺炎、骨折。嫩枝也可作蔬菜。也是中等牧草，小畜喜食其绿叶，亦可作猪饲料。

2. 巴天酸模（图版 10，图 1）

Rumex patientia L. Sp. Pl. 333. 1753；内蒙古植物志（二版）**2**：163. 图版 62. 1990；中国植物志 **25**（1）：155. 1998；宁夏植物志（二版）**上册**：111. 2007.

多年生草本。高 0.8~1.5 m。根肥厚。茎直立，粗壮，不分枝或上部分枝，具纵沟纹，无毛。基生叶与茎下部叶有粗壮的叶柄，腹面具沟，长 4~8 cm，叶片矩圆状披针形或矩圆形，长 15~20 cm，宽 5~7 cm，先端急尖，基部圆形、宽楔或近心形，边缘皱波，两面近无毛；茎上部叶较小，披针形或条状披针形，具短柄；托叶鞘筒状，长 2~4 cm。圆锥花序大型，狭长而紧密，有分枝，无毛；花两性，多数花朵簇状轮生，花梗细，中部以下具关节；花被片 6，2 轮，外花被片矩圆形，全缘，果时外展或微向下反折，内花被片宽心形，果时增大，长约 6 mm，先端钝圆，基部心形，全缘，膜质，棕褐色，有凸起的网纹，只 1 片具小瘤，小瘤长卵形，其余 2 片无小瘤或发育较差。瘦果卵状三棱形，渐尖头，基部圆形，棕褐色，有光泽，长约 3 mm。花期 6 月，果期 7~9 月。2n=60。

中生植物。生海拔 2 200 m 左右山地林缘、沟谷湿地。仅见东坡苏峪口沟。

分布于我国东北、华北、西北及山东、河南、湖北、湖南、四川、西藏，也见于欧洲、中亚、俄罗斯（阿尔泰、远东）、蒙古、帕米尔。古北极种。

根入药，能凉血止血、清热解毒、杀虫，主治功能性子宫出血、吐血、咯血、牙龈出血、胃及十二指肠出血、便血、紫癜、便秘、水肿；外用治疥癣、疮疖、脂溢性皮炎。根也入蒙药（蒙药名：乌和日-爱日干纳），功能主治同皱叶酸模。

3. 何首乌属 Fallopia Adans.

一年生或多年生草本，稀半灌木，茎缠绕。叶互生，卵形或心形，具柄；托叶鞘筒状，顶端截形或偏斜。花序总状或圆锥状，顶生或腋生；花两性，花被 5 深裂，外轮 3 片具翅或龙骨状突起，果时增大；雄蕊通常 8，花丝丝状，花药卵形；子房卵形，具 3 棱，花柱 3，极短，柱头头状。瘦果卵形，具 3 棱，包于宿存花被内。

贺兰山有 2 种。

分种检索表

1. 一年生草本；花序总状，花被片外轮 3 片背部具龙骨状突起，果时稍增大 …… **1. 卷茎蓼 F. convolvulus**

1. 木质藤本；花序圆锥状，花被片外轮 3 片，背部具翅，果时增大 …………………… 2. 木藤蓼 **F. aubertii**

1. 卷茎蓼（图版 9，图 5）荞麦蔓

Fallopia convolvulus（L.）A. Love in Taxon **19**（2）：300. 1970；中国植物志 **25**（1）：97. 图版 23. 图 1~2. 1998. ——*Polygonum convolvulus* L. Sp. Pl. 364. 1753；内蒙古植物志（二版）**2**：216. 图版 89. 图 1~3. 1990.

一年生草本。茎缠绕，细弱，自基部分枝，具不明显的条棱，有小突起，稀平滑，叶有柄，长 1~3 cm，棱上具极小的钩刺；叶片三角状卵形或卵心形，长 1.5~6 cm，宽 1~5 cm，先端渐尖，基部心形，两面无毛，下面沿叶脉和边缘疏生小突起；托叶鞘膜质，长约 3 mm，斜截形，褐色，无缘毛，具乳头状小突起。总状花序，腋生或顶生，苞近膜质，具绿色的脊，含 2~4 花；花梗上端具关节，比花被短；花被果时稍增大，淡绿色，边缘白色，长达 3 mm，5 裂，里面 2 片，宽卵形，外面 3 片，舟状，背部具龙骨状突起；雄蕊 8，比花被短；花柱短，柱头 3，头状。瘦果椭圆形，具 3 棱，两端尖，长约 3 mm，黑色，密被小颗粒，无光泽，包于宿存花被内。花果期 7~8 月。

中生植物。生海拔 1 800~2 300 m 沟谷、灌丛间，也为杂草。见东坡苏峪口沟、黄旗沟、插旗沟；西坡哈拉乌沟、南寺沟、北寺沟。

分布于我国东北、华北、西北、西南及山东、江苏（北部）、安徽、湖北（西部）和台湾，广布于欧亚和北美大陆温带地区，也见于亚洲及北非亚热带地区山区。泛北极种。

2. 木藤蓼（图版 9，图 6）鹿挂面

Fallopia aubertii（L. Henry）Holub in Folia Geobot. Phytotax. **6**：176. 1971；中国植物志 **25**（1）：102. 1998. ——*Polygonum aubertii* L. Henry in Rev. Hort. Paris **79**：82. f. 23，24. 1907；内蒙古植物志（二版）**2**：216. 图版 88. 图 4. 1990；宁夏植物志（二版）**上册**：119. 图 71. 2007.

藤本半灌木。根粗壮，块状肥厚。茎缠绕，长达数米，灰褐色，无毛。叶簇生，稀互生，叶柄长 1~2.5 cm；叶片矩圆状卵形或卵形，长 2~4.5 cm，宽 1~3 cm，先端急尖，基部近心形，两面均无毛；托叶鞘膜质，褐色。花序圆锥状，顶生，少分枝，稀疏；花序梗和花序轴被乳头状小突起；苞膜质，褐色，先端急尖，每苞内含 3~6 花；花梗细，长 3~4 mm，上部具狭翅，下部具关节；花被 5，白色，外轮 3 片，较大，舟形，背部具翅，果时增大，基部下延，内轮 2 片，宽卵形，花被果时呈倒卵形；雄蕊 8，比花被稍短，花丝中下部较宽；花柱 3，柱头头状。瘦果卵形，具 3 棱，长约 3 mm，黑褐色，密被小点，包于花被内。花期 6~7 月。

中生植物。生海拔 1 500~2 200 m 山地沟谷灌丛中。见东坡苏峪口沟、黄旗沟、小口子、贺兰沟；西坡哈拉乌沟、皂刺沟、北寺沟。

分布于我国西北（东部）、西南及山西、河南。为我国特有。东亚（中国-喜马拉

图版 9　**1. 总序大黄** Rheum racemiferum Maxim. 植株、花、雌蕊、果实；**2. 矮大黄** R. nanum Siev. ex Pall. 植株、花、果实；**3. 单脉大黄** R. uninerve Maxim. 植株、根、花、雌蕊、果实；**4. 皱叶酸模** Rumex crispus L. 果序、叶、果实及增大的内花被；**5. 卷茎蓼** Fallopia convolvulus（L.）A. Love 植株、花、带花被的果实、果实；**6. 木藤蓼** F. aubertii（L. Henry）Holub 植株、花。（1~3 张海燕绘；4、6 马平绘；5 仝青绘）

雅）种。

块根入药，能清热解毒、调经止血，主治痢疾、消化不良、胃痛、崩漏、月经不调，外用治疗疮初起、外伤出血。中等牧草，家畜喜食其叶、茎，尤以鹿最喜食。花、茎、叶美观可作观赏植物和绿篱。

4. 木蓼属 Atraphaxis L.

灌木，多分枝，木质枝顶端无叶，呈刺状；叶互生，稀簇生，草质，具短柄；托叶鞘膜质，通常具 2 脉纹，顶端 2 裂。总状花序顶生或侧生；花小，两性，白色或粉红色，1 至数朵簇生于节部托叶鞘状的苞腋内，花被片 5 或 4，花冠状，2 轮，外轮 2 片较小，果时反卷；雄蕊 6 或 8，花丝基部扩大，成钻形，结合成环状；子房具 3 棱或扁平，花柱 2~3，近分离，柱头粗棒状或头状。瘦果三棱形或扁平，包被在增大的花被内。

贺兰山有 1 种。

1. 锐枝木蓼（图版 10，图 2）针枝蓼

Atraphaxis pungens（M. B.） Jaub. et Spach. III. Pl. Orient. **2**：14. 1844；内蒙古植物志（二版）**2**：176. 图版 67. 1990；中国植物志 **25**（1）：137. 1998；宁夏植物志（二版）**上册**：114. 图 68. 2007.

具刺小灌木。高 30~50 cm。树皮灰白色或灰褐色，条状剥落；多分枝，木质枝顶端无叶，呈刺状，当年枝短，白色，无毛，生叶或花，托叶鞘筒状，白色，顶端 2 裂。叶片革质，椭圆形、倒卵形，蓝绿色或灰绿色，长 1.5~2 cm，宽 5~12 mm，先端尖或钝，基部宽楔形或楔形，渐狭或短柄，全缘，常微向下反卷，无毛，上面平滑，下面网脉明显。总状花序短，侧生于当年生枝上，花序短而密集；苞片卵形，膜质，透明；花梗长，中部具关节；花被片 5，淡红色 2 轮，内轮花被片 3，果时增大，圆心形，外轮花被片 2，宽椭圆形，果时向下反折；雄蕊 8；子房倒卵形，柱头 3 裂，近头状。瘦果卵形，长约 2.5 mm，具 3 棱，暗褐色，有光泽，花果期 6~9 月。

旱生植物。生北部荒漠化较强的石质山地。仅见山地北部青年桥南。

分布于内蒙古（中、西部）、甘肃（河西走廊）、青海（柴达木）、新疆（北部、东部），也见于俄罗斯（西西伯利亚、阿尔泰、图瓦）、蒙古（西部、南部）。戈壁种。

可作固沙水保植物，中等牧草，骆驼、羊乐意采食其枝叶。

5. 蓼属 Polygonum L.

一年生或多年生草本，稀灌木。茎直立、平卧或斜升，通常茎节显著膨大。叶互生，多为全缘；叶柄与托叶鞘多少合生；托叶鞘膜质或草质，筒形，先端截形或偏斜；全缘或

分裂。花序穗状、头状或圆锥状腋生或顶生，花两性，稀单性，簇生，花梗短，通常具关节，基部具小苞；苞和小苞膜质；花被 5 或 4 深裂，宿存；花盘腺状，环形或缺少；雄蕊 8 稀 4~7；花柱 2~3，离生或中部以下合生，柱头头状，子房扁平或三棱形。瘦果卵形，具 3 棱或双凸状，包于宿存花被内或微露出花被之外，胚位于一侧，子叶扁平。

贺兰山有 9 种。

分种检索表

1. 花单生或数朵成簇，生于叶腋；托叶鞘 2 裂，后撕裂；下部褐色，上部白色；叶基部具关节；花丝基部扩大；瘦果密被条纹状小点 …………………………………………………… 1.萹蓄 **P. aviculare**
1. 花组成总状、头状或圆锥状花序；托叶鞘不 2 裂，也不撕裂；叶基部无关节；花丝基部不扩大。
  2. 花序为头状；细弱，一年生草本。
    3. 茎叶具倒生的皮刺；头状花序成对，顶生或腋生；花被 5 深裂，雄蕊 8 …… 2. 箭叶蓼 **P. sieboldii**
    3. 茎叶无倒生的皮刺；头状花序单生茎枝顶端或叶腋；花被 4 裂，雄蕊 2~6。
      4. 花序梗被腺毛；叶柄具翅；雄蕊 5~6，花药暗紫色 ………………………… 3. 尼泊尔蓼 **P. nepalense**
      4. 花序梗无腺毛；叶柄无翅；雄蕊（能育）2~5，花药黄色 …………… 4. 柔毛蓼 **P. sparsipilosum**
  2. 花序圆锥状或穗状；多年生草本，花被 5 裂，稀 5~4 裂。
    5. 花序圆锥状或由穗状花序再组成圆锥状；无根状茎或根状茎细长。
      6. 叶基部通常戟形，叶上面无斑，托叶鞘斜形；瘦果黑色 ……………… 5. 西伯利亚蓼 **P. sibiricum**
      6. 叶基部楔形或圆形，叶上面常有新月形斑痕，托叶鞘顶端截形；瘦果褐色 ……………………………………………………………………… 6. 酸模叶蓼 **P. lapathifolium**
    5. 花序穗状，花序不分枝；根状茎粗壮。
      7. 花穗较细，中下部常具珠芽 ……………………………………………… 7. 珠芽蓼 **P. viviparum**
      7. 花穗较宽，中下部无珠芽。
        8. 花序长 4~8 cm，径 0. 8~1.2 cm；基生叶宽披针形或狭卵形，叶柄具下延的翅 ……………………………………………………………… 8. 拳参 **P. bistorta**
        8. 花序长 1. 5~2.5 cm，径 1~1.5 cm；基生叶矩圆形或披针形，叶柄不具翅 ……………………………………………………………… 9. 圆穗蓼 **P. macrophyllum**

1. 萹蓄（图版 11，图 1） 扁竹竹

Polygonum aviculare L. Sp. Pl. 362. 1753；内蒙古植物志（二版）**2**：182. 图版 70. 1990；中国植物志 **25**（1）：7. 图版 2. 图 1~2. 1998；宁夏植物志（二版）**上册**：118. 2007.

一年生草本。高 10~40 cm。茎平卧或斜升，稀直立，由基部分枝，绿色，具纵棱纹，无毛，基部圆柱形，幼枝具棱角。叶具短柄或近无柄；托叶鞘下部褐色，上部白色透明，先端多裂，有不明显的脉纹；叶片椭圆形、狭椭圆形或披针形，长 1~3 cm，宽 5~12 mm，先端钝圆或急尖，基部楔形，全缘，蓝绿色，两面均无毛，下面侧脉明显，叶基部具关节。花单生或数朵簇生于叶腋，遍生于茎上；花梗细而短，顶部有关节；花被 5 深裂，裂片椭圆形，长约 2 mm，绿色，边缘白色或淡红色；雄蕊 8，比花被片短，花丝基部扩展；花柱

3，柱头头状。瘦果卵形，具3棱，长约3 mm，黑褐色，表面由小点组成细条纹，无光泽，微露出于宿存花被之外。花果期6~9月。

中生植物。生2 500 m以下沟谷、溪边、路旁及其居民点附近。东、西坡各沟都有分布。

分布于全国各省，也广布于北半球温带地区。泛北极种。

全草入药（药材名：萹蓄），能清热利尿、祛湿杀虫，主治热淋、黄疸、疥癣湿痒、女子阴痒、阴疮、阴道滴虫。又为优等牧草，羊乐食嫩枝叶，牛、马也食，并为猪的优良饲料。

2. 箭叶蓼（图版11，图5）

Polygonum sieboldii Meisn. in DC. Prodr. **14**：133. 1856；内蒙古植物志（二版）**2**：214. 图版87. 图4~6. 1990；中国植物志 **25**（1）：76. 图版 **17**. 图9~11. 1998；宁夏植物志（二版）**上册**：121. 2007. ——*P. sieboldii* Meisn. var. *pratense* Chang et Li in Fl. Pl. Herb. Chin. Bor. –Or. 2：109. 1959.

一年生草本。茎蔓生或近直立，长达1m，有分枝，具4棱，沿棱具倒生钩刺。叶具短柄，长1~2 cm，柄上具1~4排钩刺，有时近无柄；叶片长卵状披针形，长2~10 cm，宽（0.8）1~2.5 cm，先端锐尖或微钝，基部箭形，具卵状三角形的叶耳，上面无毛或疏生长伏毛，下面沿中脉疏生钩刺；托叶鞘膜质，长5~10 mm，棕色，有明显的纵脉，无毛，开裂。花序头状，成对顶生或腋生，花密集，但数目不多，总花梗无毛；苞长卵形，锐尖；花被5深裂，白色或粉红色；雄蕊8；花柱3。瘦果三棱形，长约3 mm，黑色，包于宿存花被内。2n=40。

中生植物。生1 800~2 400 m山地沟谷溪边湿地上。见东坡大水沟、插旗沟；西坡哈拉乌北沟。

分布于我国东北、华北、西北（东部）、华东、华中及四川、贵州、云南，也见于俄罗斯（远东）、蒙古（东部）、朝鲜、日本。东亚（中国–日本）种。

全草入药，能祛风除湿，清热解毒，治风湿性关节炎。

3. 尼泊尔蓼（图版11，图2） 头序蓼

Polygonum nepalense Meisn. Monogr. Polyg. 84. t. 7. f. 2. 1826； 中国植物志 **25**（1）：61. 图版13. 图1~6. 1998；宁夏植物志（二版）**上册**：126. 图79. 2007. ——*P. alatum* Buch–Ham ex D. Don，Prodr. Fl. Nep. 72. 1825，nom. nud.；内蒙古植物志（二版）**2**：188. 图版72. 1990.

一年生草本。高20~30 cm。茎细弱，直立或平卧，基部多分枝，无毛或在节处疏生腺毛。叶柄在下部的较长，达3 cm，上部的较短或近无柄，抱茎；托叶鞘筒状，淡褐色，先端斜截形，基部被白色刺状毛和腺毛，易破裂；基生叶三角状或卵形，长3~4 cm，宽2~3 cm，先端急尖，基部宽截形或圆形，沿叶柄下延成翅状或耳垂形，边缘微波状，两面无毛或疏

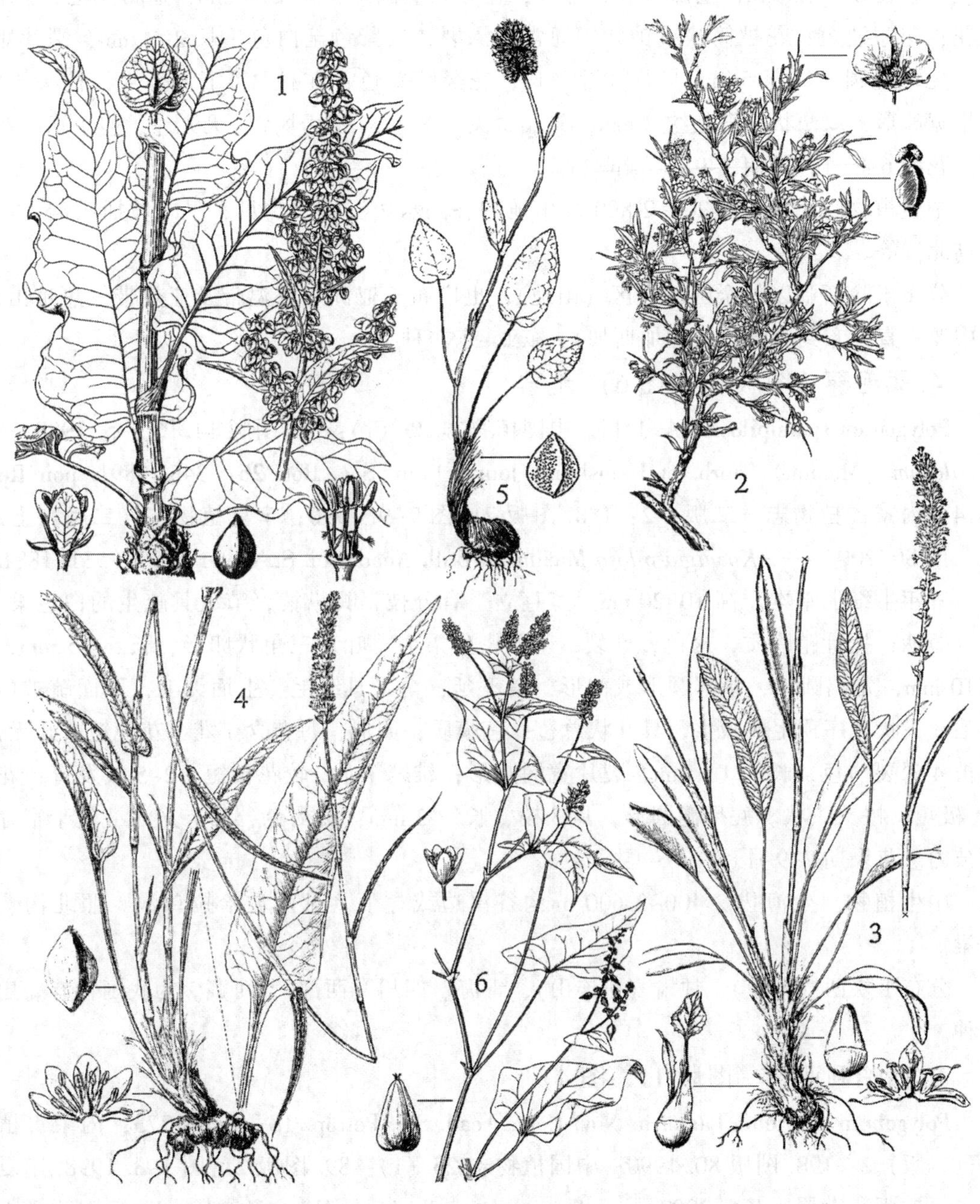

图版 10　**1. 巴天酸模** Rumex patientia L. 植株、花、增大的内花被、果实；**2. 锐枝木蓼** Atraphaxis pungens (M. B.) Jaub. et Spach. 植株（部分）、花、雌蕊；**3. 珠芽蓼** Polygonum viviparum L. 植株、花、珠芽、珠芽发芽状态；**4. 拳参** P. bistorta L. 植株、花、果实；**5. 圆穗蓼** P. macrophyllum D. Don 植株、果实；**6. 苦荞麦** Fagopyrum tataricum（L.）Gaertn. 植株（部分）、花、果实。（1~4 马平绘；6 张克威绘；5 仿中国植物志）

生刺毛，下面密生黄色透明腺点，边缘具细乳头状突起，茎上部叶渐小。头状花序顶生和腋生，直径 0.5~1.5 cm，基部具叶状总苞；苞卵状椭圆形，长 2~3 mm，通常无毛，内含 1 朵花；花序梗短；花被筒状或钟状，通常 4 深裂，淡紫色至白色，长 2~3 mm，裂片矩圆形，先端钝圆；雄蕊 5~6，与花被近等长，花药暗紫色；花柱 2，下部合生，柱头头状。瘦果宽卵形，双凸状，直径约 2 mm，先端微尖，黑色，密生小点，无光泽，包于宿存花被内。花期 6~8 月，果期 7~9 月。2n=24。

中生植物。生海拔 2 200~2 800 m 山地沟谷、水边湿地。少见，见东坡插旗沟；西坡拉乌北沟等。

分布于除新疆以外全国各省区（山地），也广布于亚洲东部温带及亚热带、热带山地、沿中亚一直分布到非洲（马达加斯加）。东亚–东非种。

4. 柔毛蓼（图版 11，图 6） 毛蓼

Polygonum sparsipilosum A. J. Li，中国植物志 **25**（1）：65. 图版 14. 图 3~5. 1988. ——*P. pilosum*（Maxim.） Forb. et Hemsl. in Journ. Linn. Soc. Bot. **26**：345. 1891. non Roxb. 1814；内蒙古植物志（二版）**2**：188. 图版 71. 图 7~9. 1990；宁夏植物志（二版）**上册**：127. 图 80. 2007. ——*Koenigia pilosa* Maxim. in Bull. Acad. Sci. St.–Petersb. **27**：531. 1881.

一年生细弱草本。高 10~20 cm。茎直立，有分枝，具纵棱，节上具疏生的白色柔毛。叶具短柄；托叶鞘膜质，褐色，开裂，基部密生柔毛，叶片三角状卵形，长 5~15 mm，宽 8~10 mm，先端圆钝，基部圆形或截形，稍下延，全缘具缘毛，上面无毛，下面疏被白色柔毛。头状花序顶生或腋生，具叶状总苞；苞膜质；卵形，每苞含 1 花，花梗短或几无梗；花被 4 深裂白色，长约 1.5 mm，裂片宽椭圆形；雄蕊 7~8，较花被短，2~5 枚发育；花柱 3，极短，柱头头状。瘦果椭圆形，具 3 棱，长约 2 mm，黄褐色，稀有光泽，包于宿存的花被内。花果期 7~9 月。

中生植物。生海拔 2 400~2 600 m 沟谷溪边或林下。见西坡哈拉乌沟、照北沟、黄土梁。

分布于陕西（秦岭）、甘肃（祁连山）、青海、四川（西部）、西藏。为我国特有。唐古特种。

5. 西伯利亚蓼（图版 11，图 4）

Polygonum sibiricum Laxm. in Nov. Com. Acad. Sci. Petrop. **18**：531. 1773；内蒙古植物志（二版）**2**：198. 图版 80. 1990；中国植物志 **25**（1）：89. 图版 21. 图 1~3. 1998. 宁夏植物志（二版）**上册**：126. 2007. ——*Aconogonum sibiricum*（Laxm.） Hara Fl. E. Himal. 632. 1966. —— *Knorringia sibirica*（Laxm.）Tzvel. in Nov. Syst. Pl. Vasc. **24**：76. 1987.

多年生草本。高 5~30 cm。根状茎细长。茎斜升或近直立，自基部分枝，无毛；叶柄长 1~1.5 cm，托叶鞘膜质，筒状，上部斜形，无毛易破碎；叶片近肉质，矩圆形、披针形，长 5~13 cm，宽 2~20 mm，先端急尖或钝，基部戟形，向下渐狭而成叶柄，两侧小裂片钝

或稍尖，有时不发育则基部为楔形，全缘，两面无毛，具腺点。顶生圆锥花序，由数个花穗相集而成，花穗细弱，稀疏，花簇着生间断；苞宽漏斗状，无毛，通常每苞含花 4~6 朵；花具短梗，中部以上具关节，花被 5 深裂，黄绿色，裂片近矩圆形，长约 3 mm；雄蕊 7~8，与花被近等长，花丝基部较宽；花柱 3，甚短，柱头头状。瘦果卵形，具 3 棱，棱钝，黑色，有光泽，长 2.5~3 mm，包于宿存花被内或略露出。花期 6~7 月，果期 8~9 月。2n=20。

耐盐中生植物。生山口、山麓河溪边、水库、涝坝、盐渍化土壤上。东、西坡均有分布。

分布于我国东北、华北、西北、华东（北部）、西南及内蒙古、河南、湖北，也见于哈萨克斯坦、俄罗斯（西伯利亚、远东）、蒙古、喜马拉雅山区。东古北极种。

中等牧草，骆驼、羊喜食其嫩枝叶。根入药，治水肿。

6. 酸模叶蓼（图版 11，图 3）大马蓼

Polygonum lapathifolium L. Sp. Pl. 360. 1753；内蒙古植物志（二版）**2**：192. 图版 77. 1990；中国植物志 **25**（1）：23. 1998；宁夏植物志（二版）**上册**：123. 图 75. 2007.

一年生草本。高 30~80 cm。茎直立，有分枝，无毛，通常紫红色，节部膨大。叶柄短，有短粗硬刺毛；托叶鞘筒状，长 1~2 cm，淡褐色，无毛，具多数脉，先端截形，无缘毛或具稀疏缘毛；叶片披针形或矩圆状披针形，长 5~15 cm，宽 0.5~3 cm，先端渐尖，基部楔形，常有 1 个黑褐色新月形斑痕，无毛，下面具腺点，沿主脉有贴生的粗硬伏毛，全缘，叶缘被粗线毛。圆锥花序由数个花穗组成，花穗顶生或腋生，长 4~6 cm，近乎直立，具长梗，密被腺体；苞漏斗状、具稀疏缘毛，内含数花；花被淡红色，长 2~2.5 mm，4（5）深裂，被腺点，外侧 2 枚各具 3 条粗脉；雄蕊通常 6；花柱 2，近基部分离，向外弯曲。瘦果宽卵形，扁平，两面微凹，长 2~3 mm，黑褐色，光亮，包于宿存的花被内。花期 6~8 月，果期 7~10 月。2n=22。

中生植物。生海拔 1 200~1 800 m 山麓沟渠、水库、涝坝边。东、西坡山口、山麓地带常见。

分布于我国南北各省区，广布于欧亚大陆温带地区及亚热带、热带山区。古北极种。

果实作“水红花子”入药。全草入蒙药（蒙药名：乌兰–初麻孜），能利尿、消肿、祛“协日乌素”、止痛、止吐，主治“黄水”病、关节痛、疥癣、脓疱疮。

7. 珠芽蓼（图版 10，图 3） 山谷子

Polygonum viviparum L. Sp. Pl. 360. 1753；内蒙古植物志（二版）**2**：206. 图版 84. 1990；中国植物志 **25**（1）：37. 图版 10. 图 1~2. 1998；宁夏植物志（二版）**上册**：125. 图 77. 2007.

多年生草本。高 10~40 cm。根状茎粗短，肥厚，紫褐色，多须根，上端具残留的老叶。茎直立，不分枝，2~3 枝自根状茎发出，具细条纹。基生叶与茎下部叶具长柄，长 3~

图版 11 1. **萹蓄** Polygonum aviculare L. 植株、花、带花被的果实、果实；2. **尼泊尔蓼** P. nepalense Meisn. 植株、花、带花被的果实、果实；3. **酸模叶蓼** P. lapathifolium L. 植株、花、带花被的果实、果实；4. **西伯利亚蓼** P. sibiricum Laxm. 植株、花、果实；5. **箭叶蓼** P. sieboldii Meisn. 植株、花、果实；6. **柔毛蓼** P. sparsipilosum A. J. Li 植株、花、果实。（1、3~6 马平绘；2 张海燕绘）

10 cm，无翅；托叶稍长，筒状，棕褐色，长 1.5~2 cm，先端斜形，无毛；叶片革质，矩圆形或卵形，长 3~8 cm，宽 0.5~2 cm，先端急尖或渐尖，基部近圆形或楔形，有时微心形，不下延成翅，叶缘稍反卷，具增粗而隆起的脉端，两面无毛或下面有柔毛；茎上部叶无柄，条状披针形，渐小。花序穗状，顶生，圆柱形，花排列紧密，长 3~7.5 cm；下部生珠芽，苞膜质，淡褐色，宽卵形，先端锐尖，开展，每苞生 1~2 朵花；珠芽宽卵形，长约 2.5 mm，宽约 2 mm，褐色，花梗细；花被 5 深裂，白色或粉红色，裂片椭圆形，长 2.5~3 mm；雄蕊通常 8，花丝不等长，花药暗紫色；花柱 3，基部合生，柱头头状。瘦果卵形，具 3 棱，长约 2.5 mm，深褐色，有光泽，包于宿存花被内。花期 6~7 月，果期 7~9 月。2n=88。

寒温型中生植物。生海拔 2 600 m 以上山地林缘、高寒灌丛、草甸中，在嵩草高寒草甸中能成为优势种。见主峰和山脊两侧。

分布于我国东北、华北、西北、西南及河南，也见于欧亚、北美大陆温寒带地区及亚洲、亚热带山地。泛北极种。

根状茎入药，能清热解毒、散瘀止血，主治痢疾、腹泻、肠风下血、白带、崩漏、便血、扁桃体炎、咽喉炎；外用治跌打损伤、痈疖肿毒、外伤出血。根状茎入蒙药（蒙药名：然布）。珠芽及根状茎含淀粉，作食用。中等牧草，青鲜时，羊乐食。

8. 拳参（图版 10，图 4）

Polygonum bistorta L. Sp. Pl. 360. 1753；内蒙古植物志（二版）**2**：208. 图版 85. 1990；中国植物志 **25**（1）：42. 图版 8. 图 1~2. 1998；宁夏植物志（二版）**上册**：125. 图 78. 2007. ——*Bistorta major* S. F. Gray Nat. Arr. Brit. Pl. **2**：267. 1821.

多年生草本。高 30~80 cm。根状茎肥厚，弯曲，外皮黑褐色，多须根，上具残留的老叶；茎直立，不分枝，无毛，通常 2~3 枝自根状茎发出。基生叶具长柄，柄长 8~15 cm；托叶鞘筒状，长 3~6 cm，上部褐色，下部绿色，顶端偏斜，开裂至中部，无缘毛；叶片矩圆状披针形至狭卵形，长 4~18 cm，宽 2~4 cm，先端急尖或渐尖，基部钝圆近心形，沿叶柄下延成翅，边缘通常外卷，两面无毛或下面被短毛；茎生叶较小，条形或狭披针形，无柄。穗状花序，顶生，圆柱状，长 3~9 cm，宽 0.8~1.2 cm，花密集；苞片卵形，淡褐色，膜质，每苞含 3~4 花；花梗纤细，顶端具关节，较苞片长；花被 5 深裂白色或粉红色，裂片椭圆形；雄蕊 8，与花被片近等长；花柱 3。瘦果椭圆形，具 3 棱，长约 3~5 mm，黑色，有光泽，稍露出宿存花被外。花期 6~7 月，果期 8~9 月。2n=24，48。

中生植物。生海拔 2 500 m 以上山地林缘，灌丛及亚高山草甸上。见中段山脊两侧。

分布于我国东北、华北、西北（东部）、华东（北部）、华中（北部），也见于欧亚大陆温带地区。古北极种。

根状茎入药，能清热解毒、凉血止血、镇静收敛，主治肝炎、细菌性痢疾、肠炎、慢性气管炎、痔疮出血、子宫出血；外用治口腔炎、牙龈炎、痈疖肿毒。也作蒙药用（蒙药名：莫和日），能清肺热、解毒、止泻、消肿，主治感冒、肺热、瘟疫、脉热、肠刺痛、关节肿痛。

9. 圆穗蓼（图版 10，图 5）

Polygonum macrophyllum D. Don，Prodr. Fl. Nep. 70. 1825；Pl. Asi. Centr. **9**：117. 1989； 中国植物志 **25**（1）：47. 图版 10. 图 3. 1998.

多年生草本。根状茎粗壮，弯曲；茎直立，高 8~30 cm，不分枝，2~3 茎自根状茎发出。叶柄长 3~8 cm；基生叶片长圆形或披针形，长 3~10 cm，宽 1~2 cm，顶端急尖，基部近心形，上面绿色，下面灰绿色，有时疏生柔毛，边缘增厚，外卷；托叶鞘筒状，膜质，下部绿色，上部褐色，顶端偏斜，开裂，无缘毛；茎生叶较小，狭披针形或线性，叶柄短或近无柄。花序短穗状，顶生，长 1.5~2.5 cm，直径 1~1.5 cm；苞片膜质，卵形，顶端渐尖，长 3~4 mm，每苞内含 2~3 花；花梗细弱，比苞片长；花被 5 深裂，淡红色或白色，裂片椭圆形，长 2.5~3 mm；雄蕊 8，比花被长，花药黑紫色；花柱 3，基部合生，柱头头状。瘦果卵形，具 3 棱，长 2.5~3 mm，黄褐色，有光泽，包于宿存花被内。花期 7~8 月，果期 9~10 月。

寒温型中生多年生草本。生海拔 3 000 m 以上高山、亚高山灌丛草甸中。见主峰附近。

分布于我国西南区，陕西、甘肃、青海，也见于印度（北部)、尼泊尔、不丹。唐古特–喜马拉雅种。

6. 荞麦属 Fagopyrum Gaertn.

一年生或多年生草本。茎直立，具细沟纹，无毛或具短柔毛。叶互生，三角形或箭形，全缘；托叶鞘膜质，偏斜，顶端尖或截形。花两性，花序总状或为伞房状，顶生和腋生；花梗通常具关节；花被 5 深裂，白色或粉红色，果实不增大；雄蕊 8，排列为 2 轮，外轮 5，内轮 3；花柱 3，柱头头状；子房三棱形，花盘腺体状。瘦果三棱形，具尖头，比宿存花被长。胚具发达弯曲的子叶。

贺兰山有 1 种。

1. 苦荞麦（图版 10，图 6）

Fagopyrum tataricum（L.） Gaertn. Fruct. Sem. **2**：182. t. 119. f. 6. 1791；内蒙古植物志（二版）**2**：219. 图版 90. 图 6~10. 1990；中国植物志 **25**（1）：112. 图版 27. 图 1~2. 1998；宁夏植物志（二版）**上册**：128. 2007. ——*Polygonum tataricum* L. Sp. Pl. 364. 1753.

一年生草本。高 30~60 cm。茎直立，分枝，具细沟纹，绿色或微带紫色，一侧具乳头状突起。下部茎生叶具长柄，托叶鞘黄褐色，无毛，叶片宽三角形或三角状戟形，长 2~7 cm，宽 2.5~8 cm，先端渐尖，基部微心形，裂片稍向外开展，尖头，全缘，两面沿叶脉具乳头状突起；上部茎生叶稍小，具短柄。总状花序，顶生和腋生，细长，花疏松；花被 5 深裂白色或淡粉红色，裂片椭圆形，长 1.5~2 mm，疏被柔毛；雄蕊 8，短于花被；花柱 3，短，柱头头状。瘦果长卵形，长 5~7 mm，具 3 棱及 3 纵沟，上端角棱锐利，下端圆钝有时具波状齿，黑褐色，无光泽，比宿存花被长。花果期 6~9 月。2n=16。

中生植物。生海拔 1 200~1 600 m 山口、沟谷。仅见东坡黄旗沟。

分布于我国东北、华北、西北、西南，广布于欧亚及北美温带地区。泛北极种。

果实可食用或作饲料。根及全草入药（同荞麦），能除湿止痛、解毒消肿、健胃，主治跌打损伤、腰腿疼痛、疮痈毒肿。种子入蒙药（蒙药名：萨嘎得），祛“赫依”、消“奇哈”、治伤，主治“奇哈”、疮痈、跌打损伤。

二O 藜科 Chenopodiaceae

一年生、多年生草本，灌木，稀为小乔木，植物体光滑，或被毛，或被粉粒。单叶，互生或对生，扁平或圆柱形。花小，为单被花，两性或单性，有小苞片单生，成聚伞花序或再组成穗状或圆锥花序，花被通常 5 裂，少为 1~4 裂，草质或膜质，果时常增大或具附属物，稀无；雄蕊 1~5，与花被对生，花药 2 室；子房上位由 2~5 心皮结合，1 室，含 1 胚珠；花柱 2（稀 3~5），柱头 2~4。果实为胞果，果皮疏松，膜质或革质，常包被于花被内。种子直立或横生，胚螺旋状或环状，胚乳粉质或缺。

贺兰山有 14 属，35 种。

分属检索表

1. 灌木或半灌木

  2. 枝及叶都对生，枝有关节；叶矩圆形；胞果直立 …………………………………… 1. 假木贼属 **Anabasis**

  2. 枝和叶都互生，枝无关节。

    3. 植物体有毛。

      4. 毛星状；花单性，雄花于枝顶集成穗状花序，雌花生于叶腋；2 苞片侧扁，中下部合生成筒，具 4 束长柔毛 ………………………………………… 2. 驼绒藜属 **Krascheninnikovia**

      4. 毛单一；花两性，腋生；无苞片或具小苞片 ………………………………………… 8. 地肤属 **Kochia**

    3. 植物体无毛，或有糠秕状或乳头状毛。

      5. 叶通常发达，圆柱形、半圆柱形、三角形或锥形；花不嵌入花序轴。

        6. 花通常 3~4 朵聚集成小头状花序；具 2 个苞片，无小苞片 ……………… 6. 合头藜属 **Sympegma**

        6. 花通常单生，排列成穗状花序；具苞片和小苞片 ……………………………… 7. 猪毛菜属 **Salsola**

      5. 叶不发达，鳞片状或圆柱状；花嵌入肉质花序轴内 ………………………… 12. 盐爪爪属 **Kalidium**

1. 一年生或二年生草本。

  7. 叶圆柱状、半圆柱形，或钻形鳞片状。

    8. 花被片背部无附属物，果实本身增厚或延伸，而形成角状突出物 ……………………… 9. 碱蓬属 **Suaeda**

    8. 花被片背部果时具发达的刺状或翅状附属物。

      9. 附属物针刺状，无脉纹 ……………………………………………………………… 10. 雾冰藜属 **Bassia**

9. 附属物翅状，有脉纹。

10. 翅发自花被片的近顶端处；植株被蛛丝状毛 ……………………… 11. 蛛丝蓬属 Micropeplis

10. 翅发自花被片的中部；植株无毛或被柔毛。

11. 花无苞片和小苞片，花被近球状或盘状 ……………………………… 8. 地肤属 Kochia

11. 花具苞片和小苞片，花被圆锥状 …………………………………… 7. 猪毛菜属 Salsola

7. 叶为平面叶。

14. 植物多少被毛。

15. 毛分枝状或星状；胞果直立。

16. 花两性。

17. 胞果背腹微凸，喙与果核近等长；种子与果皮分离 ………………… 4. 沙米属 Agriophyllum

17. 胞果腹面平或微凹，背面凸，喙为果核的 1/5~1/8；种子与果皮贴生 ……………………… …………………………………………………………………………… 5. 虫实属 Corispermum

16. 花单性，雌雄同株；果通常具冠状、三角状或乳头状附属物 ……………… 3. 轴藜属 Axyris

15. 毛不分枝；胞果横生 ……………………………………………………………… 8. 地肤属 Kochia

14. 植物体无毛，或被粉层，稀被腺毛，如被腺毛或短柔毛则植物有强烈香味。

18. 花单性，雌花无花被，子房由苞片所包覆 ………………………………… 13. 滨藜属 Atriplex

18. 花两性，或兼有雌性，有花被，无苞片 ……………………………… 14. 藜属 Chenopodium

1. 假木贼属 Anabasis L.

半灌木。当年生枝有关节。叶对生，肉质，多形，基部合生成鞘状，先端钝或尖。花小，两性，单生或团聚；小苞片 2；花被片 5，膜质，外轮 3，内轮 2；果时外轮以至全部各具 1 翅状附属物，少无附属物；雄蕊 5，着生于短花盘上，花盘杯状，5 裂，裂片（退化雄蕊）与雄蕊相间；子房卵状球形，柱头 2，粗短。胞果藏于花被内或露出，近球形或椭圆形，果实肉质。种子直立，种皮膜质或近革质，无胚乳；胚螺旋形。

贺兰山有 1 种。

1. 短叶假木贼（图版 12，图 1）鸡爪柴

Anabasis brevifolia C. A. Mey. in Ledeb. Ic. Pl. Fl. Ross. **1**：10. t. 39. 1829；中国植物志 **25**（2）：145. 图版 33. 图 1. 1979；内蒙古植物志（二版）**2**：226. 图版 92. 1990.

小半灌木。高 5~15 cm。主根粗壮，黑褐色。由基部主干上分出多数枝条；当年生枝淡绿色，具乳头状突起，节间长 5~20 mm，秋后大部分脱落，老枝灰白色，具裂纹，粗糙。叶半圆柱形，长 3~5 mm，宽 1.5~2 mm，先端具短刺尖，稍弯曲，基部合生成鞘状，腋内生绵毛。花两性，1~3（4）生于叶腋；小苞片 2，舟状，边缘膜质，先端稍肥厚；花被 5，果时外轮 3 花被片自背侧横生翅，翅膜质，扇形或半圆形，边缘有不整齐钝齿，具脉纹，淡黄色、橘红色或紫红色；内轮 2 个花被片生较小的翅。胞果宽卵形或近球形，直径约 2.5 mm，黄褐色，表面密被乳头状突起；种子与果同形。花期 7~8 月，果期 9 月。

超旱生植物。生北部和山前石质、碎石质山丘。见东坡石炭井；西坡巴彦浩特营盘山。

分布于我国内蒙古（中、西部）、宁夏（北部）、甘肃（河西走廊）、青海（柴达木）、新疆（东部、北部），也见于俄罗斯（西伯利亚南部）、哈萨克斯坦（东部）、蒙古。戈壁种。

良等牧草。为荒漠区骆驼的抓膘植物，山羊也采食。

2. 驼绒藜属 **Krascheninnikovia** Gueldenst.（1772）–**Ceratoides** auct. non Gagneb.（1755）–**Eurotia** auct. non Adans.（1763）

半灌木，直立或垫状，全体被星状毛。叶互生，单生或成束，具柄。花单性，雌雄同株；雄花序在枝顶端呈短穗状，无苞片和小苞片；雄花被片 4，膜质，卵形，具星状毛，雄蕊 4，花药矩圆形，花丝条形，伸出花被外；雌花无梗，腋生，具苞片，无花被，由小苞片 2 个合成雌花管，侧扁，先端具 2 个角状或兔耳状裂片，果时管外具 4 束长毛或短毛；子房椭圆形，被星状毛，花柱短，柱头 2。胞果直立，扁平，椭圆形或狭倒卵形，上部被长毛，果皮膜质，与种皮分离。种子直生，与果同形；胚半环形。

1. 驼绒藜（图版 12，图 2）优若藜

Krascheninnikovia ceratoides（L.）Gueldenst in Novi Comm. Acad Sci. Petrop. 16：555. 1772；Fl. Europ. **1**：97. 1964. ——*Axyris ceratoides* L. Sp. Pl. 979. 1753. ——*Krascheninnikovia latens* J. F. Gmel. in Linn. Syst. Nat. 13. ed. 2，**1**：274. 1771. ——*Eurotia ceratoides*（L.）C. A. Mey. in Laded. Fl. Art. **4**：239. 1883. —— *Ceratoides latens*（J. F. Gmel.）Reveal et Holmgren in Taxon **21**（1）：209. 1972；中国植物志 **25**（2）：26. 1979. 内蒙古植物志（二版）**2**：228. 图版 93. 图 1~4. 1990；宁夏植物志（二版）**上册**：133. 图 82. 2007.

半灌木。高 0.2~0.8 m，下部多分枝。叶互生，在老枝上簇生；具短柄；叶片条形、条状披针形，长 1~2 cm，宽 2~5 mm，先端钝或锐尖，基部楔形或圆形，全缘，1 脉，有时近基部有 2 条侧脉，两面均有星状毛。雄花序生于枝顶，达 4 cm，紧密；雌花管椭圆形，长 3~4 mm，密被星状毛，先端裂片角状，为管长的 1/3，叉开，先端锐尖，果时管外具 4 束长毛，其长约与管长相等；胞果椭圆形，被毛。花果期 6~9 月。2n=36。

旱生植物。生海拔 1 700~2 000 m 的山地阳坡与半阳坡。见东坡苏峪口沟、甘沟；西坡峡子沟。

分布于我国内蒙古（中、西部）、宁夏（北部）、甘肃（中、西部）、青海（柴达木、祁连山）、新疆、西藏（中、西部），广布于欧亚、北美大陆干旱区。古地中海种。

为优等牧草，各种家畜四季喜食，而以秋冬为最喜食。粗蛋白质及钙含量较高，尤其冬季，仍含有较多的蛋白质，且地上部分保存良好，这对家畜冬季饲养具有一定意义。花入药，治气管炎、肺结核。

3. 轴藜属 Axyris L.

一年生草本，茎直立或平卧，密被星状毛。叶互生，具柄，叶片扁平，披针形至宽卵形。花单性，雌雄同株，雄花无苞片，数朵簇生于叶腋并于茎、枝上部集成穗状花序，花被裂片 3~5，雄蕊 2~5；雌花着生于上部叶腋，具 2 苞片，无小苞片，花被片 3~4，背部被毛，果时增大，包被果实；子房卵形，背腹压扁，花柱短，柱头 2，丝状。胞果椭圆形、倒卵形或球形，先端通常具附属物，附属物冠状、三角状或乳头状。种子直生，与果同形，胚半环形，胚乳较多。

贺兰山有 2 种。

分种检索表

1. 植株较大，茎直立，分枝斜升；叶椭圆形、卵形或矩圆状披针形，长 1~3.5 cm，具短柄；雄花序穗状；果实顶端的附属物三角状 ………………………………………………… 1. 杂配轴藜 **A. hybrida**

1. 植株矮小，茎枝平卧；叶宽椭圆形或宽卵形或近圆形，长约 1 cm，叶柄明显，与叶片近等长；雄花序头状；果实顶端附属物乳头状 ……………………………………………………………… 2. 平卧轴藜 **A. prostrata**

1. 杂配轴藜（图版 12，图 4）

Axyris hybrida L. Sp. Pl. 980. 1753； 中国植物志 **25**（2）：24. 图版 4. 图 9~11. 1979；内蒙古植物志（二版）**2**：294. 图版 118. 图 8. 1990；宁夏植物志（二版）**上册**：150. 图 98. 2007.

植株高 5~30 cm。茎直立，由基部分枝，枝通常斜升，幼时被星状毛，后期脱落。叶互生具短柄，叶片卵形、椭圆形或矩圆状披针形，长 1~3.5 cm，宽 0.2~1 cm，先端钝或渐尖，具小尖头，基部楔形，全缘，下面叶脉明显，两面密被星状毛。雄花序穗状，花被片 3，膜质，矩圆形，背面密被星状毛，后期脱落，雄蕊 3，伸出花被外；雌花无梗，集生于茎枝下部叶腋，苞片披针形或卵形，背面密被星状毛，花被片 3，膜质，背部密被星状毛。胞果宽椭圆状倒卵形，长 1.5~2 mm，宽约 1.5 mm，侧面具同心圆状皱纹，顶端有 2 个小三角状附属物。花果期 7~8 月。

中生植物。生海拔 1 500（东坡）1 800~2 300 m 山地沟谷、灌丛、林缘。见东坡苏峪口沟、贺兰沟、插旗沟、大水沟等；西坡北寺沟、哈拉乌沟、峡子沟等。

分布于我国华北、西北及内蒙古、河南、云南、西藏，也见于俄罗斯（西伯利亚南部)、哈萨克斯坦（东部)、蒙古。东古北极种。

2. 平卧轴藜（图版 12，图 3）

Axyris prostrata L. Sp. Pl. 980. 1753； 中国植物志 **25**（2）：24. 图版 4. 图 12~14. 1979；内蒙古植物志（二版）**2**：294. 图版 118. 图 9~10. 1990.

植株高 2~8 cm。茎枝平卧或斜升，密被星状毛，后期大部脱落。叶柄与叶片近等长，叶片宽椭圆形、卵圆形或近圆形，长 0.5~1 cm，宽 0.4~0.7 cm，先端圆形，具小尖头，基部急缩并下延至柄，全缘，两面均被星状毛，中脉不明显。雄花序聚集成头状，无苞片和小苞片，花被片 3（5），膜质，倒卵形，背部密被星状毛，后期毛脱落，雄蕊 3（5），与花被片对生，伸出花被外；雌花无梗，着生于苞片柄上，无小苞片，苞片倒卵形，背部密被星状毛，花被片 3，膜质，背部密被星状毛。胞果圆形或倒宽卵形，侧扁，侧面具同心圆状皱纹，顶端附属物 2，小，乳头状，有时不显。花期 7~8 月。

中生植物。生海拔 1 900~2 500 m 林缘、沟谷河滩。见东坡苏峪口沟；西坡哈拉乌北沟。

分布于我国青海、甘肃、新疆、西藏，也见于俄罗斯（西伯利亚）、帕米尔（东部）。西伯利亚–青藏高原种。

该种更耐寒和喜湿润，从不出现在山前和山麓地带。

4. 沙米属 Agriophyllum M. Bieb.

一年生草本，全株无毛或被分枝毛。茎直立，从基部分枝。叶互生，无柄或具柄，全缘，具 3 至多条叶脉。花序穗状，具苞片，无小苞片；花两性，无柄，单生于苞腋；花被片 1~5，分离，膜质，矩圆形或披针形，顶端啮蚀状撕裂；雄蕊 1~5，花丝扁平，花药矩圆形；子房上位卵形，腹背压扁，柱头 2，丝状。果实矩圆形或近圆形，上部边缘具翅或无翅；顶端具果喙，2 叉，叉先端渐尖或具 2 侧尖小齿，果皮与种皮分离。种子直立，扁平，圆形或椭圆形；胚环形，胚乳较丰富。

贺兰山有 1 种。

1. 沙米（图版 15，图 1）灯相子

Agriophyllum squarrosum（L.）Moq. in DC. Prodr. **13**（2）：139. 1849；中国植物志 **25**（2）：48. 图版 13. 图 8. 1979；宁夏植物志（二版）**上册**：151. 图 99. 2007. ——*A. pungens*（Vahl） Link ex A. Dietr. Sp. Pl. 1：124. 1831；内蒙古植物志（二版）**2**：277. 图版 114. 1990. ——*Corispermum squarrosum* L. Sp. Pl. 4. 1753. ——*C. pungens* Vahl，Enum. Pl. **1**：17. 1804.

植株高 15~50 cm，全株被分枝毛，后渐少。茎直立坚硬，浅绿色，具不明显条棱，多分枝，最下部枝条通常对生或轮生，平展，上部互生，斜展。叶互生，无柄，叶片披针形至条形，长 1.3~7 cm，宽 4~10 mm，先端渐尖有小刺尖，基部渐狭，具 3~9 条纵行的脉。花序穗状，紧密，宽卵形或椭圆状，无梗，通常 1（3）个着生叶腋；苞片宽卵形，先端急缩具短刺尖，后期反折；花被片 1~3，膜质；雄蕊（2）3，花丝扁平，锥形，花药宽卵形；子房扁卵形，被毛，柱头 2。胞果圆形或卵圆形，两面扁平，除基部外周围有翅，顶部具果喙，果喙自基部深裂成 2 个条状扁平的小喙，小喙先端外侧各有 1 小齿。种子近圆形，扁平，光滑。花果期 7~10 月。

沙生植物。生山前和北部山口、干河床沙地上。见东坡石炭井横沟；西坡赛乌素。

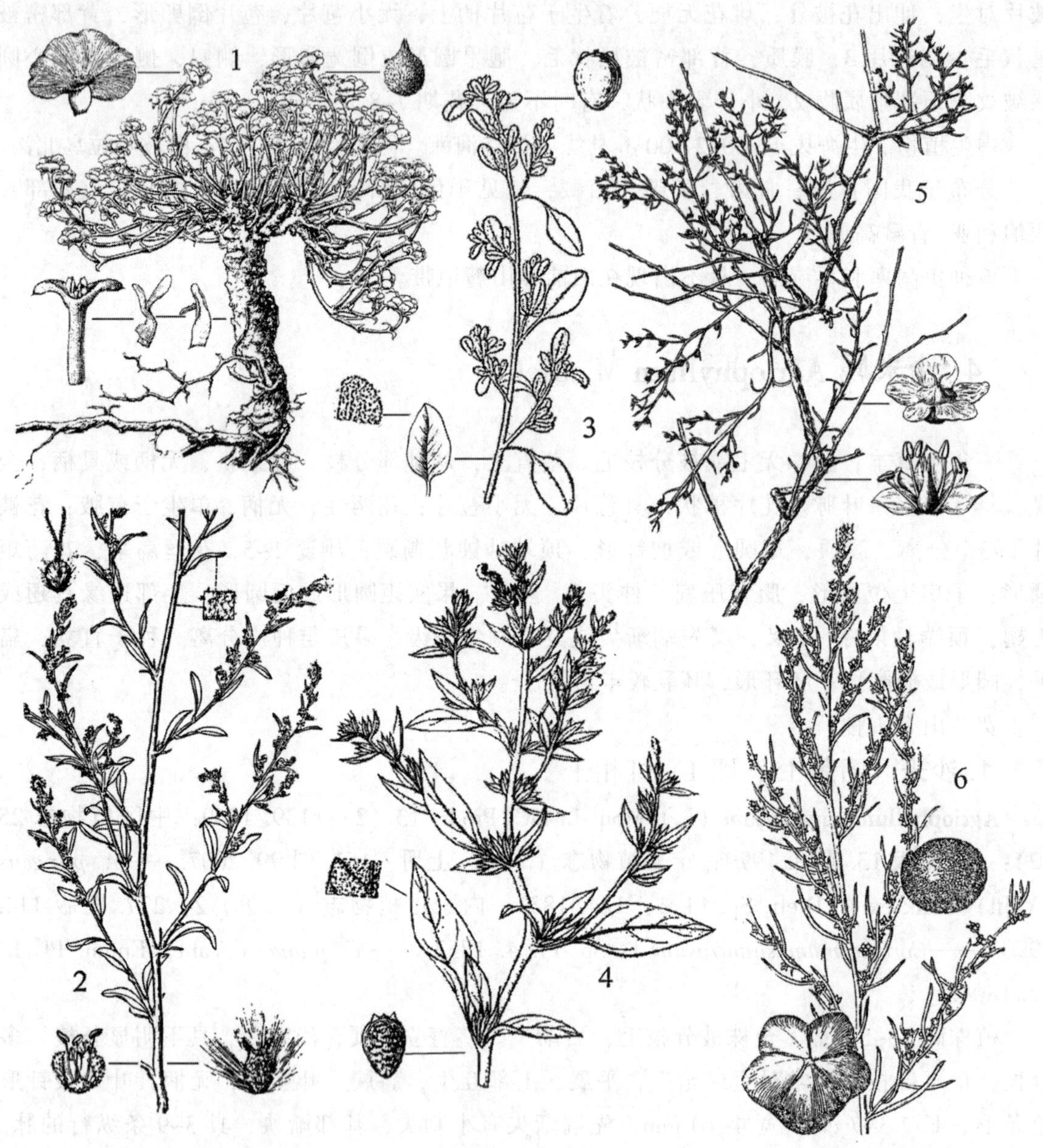

图版 12 1. 短叶假木贼 Anabasis brevifolia C. A. Mey. 植株、叶及节、花被的翅、果实；2. 驼绒藜 Krascheninnikovia ceratoides (L.) Gueldenst 花被、雌花、幼果、雌花管；3. 平卧轴藜 Axyris prostrata L. 果枝、叶、果实；4. 杂配轴藜 A. hybrida L. 枝、叶、果实；5. 合头藜 Sympegma regelii Bunge 植株（部分）、花、果实；6. 碱蓬 Suaeda glauca (Bunge) Bunge 植株、果实、种子。（1 张海燕绘；2、5~6 马平绘；3~4. 仿中国植物志）

分布于我国东北、华北、西北、河南和西藏，也见于欧洲（东南部）、俄罗斯（高加索、西伯利亚）、哈萨克斯坦、蒙古。古地中海种。

为中等牧草，骆驼喜食，羊仅食其幼嫩茎叶，花后迅速粗老多刺，家畜多不食。种子可作精料补饲家畜，或磨粉后煮成糊，作幼畜的代乳品。农牧民常采收其种子为米而食用。还是一种先锋固沙植物。种子亦作蒙药用（蒙药名：曲里赫勒），能发表解热，主治感冒发烧、肾炎。

属名和种名我们采用当地居民使用广泛和古书中记载过的沙米。沙蓬一名是指猪毛菜属的一年生植物。

5. 虫实属 Corispermum L.

一年生草本，全株被星状毛。叶互生，无柄、扁平，全缘，具 1（3）脉。花序穗状，顶生和侧生；花密生或疏离，具苞片，无小苞片，苞片叶状，狭披针至近圆形，具白色膜质边缘，1~3 脉；花两性，无梗，单生；花被片 1~3，不等大，透明膜质，近轴 1，较大，远轴 2，较小；雄蕊 1~3 或 5，花丝条形，花药矩圆形，常伸出；子房上位卵形或椭圆形；花柱短，柱头 2，向外弯曲。果实扁平，矩圆形至圆形，一面凸，一面凹或平，顶端急尖、近圆形或下陷呈缺刻状，基部楔形、近圆形或心形；果核平滑，倒卵形或椭圆形，稀近圆形，具斑点、瘤状或乳头状突起，有光泽或无，被星状毛或无；果喙明显，上部具 2 喙尖；果翅宽或窄或近于无，全缘或啮蚀状，半透明或不透明；果皮与种皮紧贴。种子直立；胚球形，胚乳较丰富。

贺兰山有 2 种。

分种检索表

1. 果实倒卵状矩圆形，长 3~4 mm，宽约 2 mm，密被毛和小瘤；穗状花序圆柱形，疏松细长 ………………………………………………………………………… **1. 瘤果虫实 C. tylocarpum**

1. 果实椭圆形至矩圆状椭圆形，长 1.5~2. 5 mm，宽 1~1.5 mm 无毛，无瘤或仅具少数小瘤；穗状花序圆柱形，稍紧密，稍短 ……………………………………………… **2. 蒙古虫实 C. mongolicum**

1. 瘤果虫实（图版 13，图 1）

Corispermum tylocarpum Hance in Journ. Bot.（London）**6**：47. 1868；内蒙古植物志（二版）**1**：89. 1978. ——*C. rostratum* Bar. et Skv. ex Wang-wei et Fuh 东北草本植物志 **2**：82. 110. 图 80. 1959. ——*C. declinatum* Steph. ex Stev. var. *tylocarpum*（Hance） Tsien et C. G. Ma 中国植物志 **25**（2）：56. 图版 10. 图 3. 1979. 内蒙古植物志（二版）**2**：285. 图版 115. 图 3. 1990.

植株高 20~60 cm。茎直立或斜升，多分枝，具白色或绿色条纹，有时带紫色条纹，被梳毛或无毛。叶条形，长 2~4 cm，宽 2~5 mm，先端锐尖，具小尖头，无毛或近于无毛，1

脉。穗状花序细长，花稀疏或较紧密；苞片较狭，条状披针形至狭卵形，长 4~5 mm，宽 2~3 mm，与果实等宽或稍窄，先端渐尖，具小尖头，1 脉，边缘白色膜质，无毛或具星状毛；花被片 1~3，鳞片状，透明；雄蕊 3~5，伸出于花被外；子房圆形，柱头 2，锥形，外弯。果实椭圆形或倒卵状，长 3~4 mm，宽 1.7~2 mm，背面凸，腹面平或稍凹，密被瘤状或星状毛；无翅或具狭翅，（为果核的 1/10 左右）。花果期 5~9 月。

中生植物。生山麓沙地及沙砾质土壤上。仅见东坡山麓。

分布于我国东北（南部）、华北、西北（东部）及江苏、河南，也见于蒙古（南部）。华北种。

粗等牧草，大小畜多少采食，种子可作饲料。

2. 蒙古虫实（图版 13，图 2）

Corispermum mongolicum Iljin in Bull. Jard. Bot. Princ. URSS **28**：648. 1929；中国植物志 **25**（2）：57. 图版 10. 图 5. 1979；内蒙古植物志（二版）**2**：282. 图版 115. 图 5. 1990；宁夏植物志（二版）**上册**：153. 2007.

植株高 10~30 cm，被星状毛。茎直立，圆柱形，分枝集中于基部，最下部分枝较长，平卧或斜升，上部分枝较短，斜展。叶条形或倒披针形，长 1.5~2.5 cm，宽 0.2~0.5 cm，先端锐尖，具小尖头，基部渐狭，1 脉。穗状花序细长，不紧密，圆柱形，苞片条状披针形至卵形，长 5~20 mm，宽约 2 mm，先端渐尖，基部渐狭，1 脉，被星状毛，具宽的白色膜质边缘，全部包被果实；花被片 1，矩圆形或宽椭圆形，顶端具不规则细齿；雄蕊 1~5，超出花被片。果实宽椭圆形至矩圆状椭圆形，长 1.5~2.25（3）mm（通常 2 mm），宽 1~1.5 mm，顶端近圆形，基部楔形，背部强烈凸起，常具瘤状突起，无毛，腹面凹入，黑褐色至锈褐色，有光泽，果核与果同形；果喙短，喙尖为喙长的 1/2；翅极窄，几近于无翅，浅黄色，全缘。花果期 7~9 月。

中生植物。生山麓草原化荒漠群落中，为伴生种。仅见西坡山前地带。

分布于内蒙古（中、西部）、宁夏（北部）、甘肃（河西走廊）、青海（柴达木）、新疆，也见于俄罗斯（西伯利亚南部）、蒙古。戈壁蒙古种。

中等牧草。

《贺兰山维管植物》（79. 1986）将本种定为中亚虫实 *C. heptapotamicum* Iljin 显然不妥。

6. 合头藜属 Sympegma Bunge

单种属，属特征同种。

1. 合头藜（图版 12，图 5）合头草、黑柴

Sympegma regelii Bunge in Bull. Acad. Sci. St. –Petersb. **25**：371. 1 879；中国植物志 **25**（2）：152. 图版 43. 图 13~14. 1979；内蒙古植物志（二版）**2**：253. 图版 104. 1990；宁夏

植物志（二版）**上册**：140. 图 88. 2007.

小灌木，高 10~50 cm。茎直立，多分枝，老枝灰褐色，有条状裂纹；当年枝灰绿色，被乳突状毛。叶互生，灰绿色，肉质，圆柱形，长 4~10 mm，直径 1~2 mm，先端稍尖，基部缢缩，易断落，被乳突状毛。花两性，常 3~4 朵聚集短枝顶生或小头状花序，具 2 枚以上的苞叶；花被片 5，外轮 3，内轮 2，草质，边缘膜质，果实变坚硬，自顶端背面生翅；翅膜质，宽卵形至近圆形，大小不等，外轮 2 片的翅较大，黄褐色；雄蕊 5，花药矩圆状卵形，顶端有点状附属物；柱头 2，钻形，外弯，有颗粒状突起。胞果扁圆形，淡黄色，果皮膜质，与种子离生。种子直立，直径 1~1.2 mm，胚螺旋形，无胚乳。花果期 7~8 月。

超旱生植物。生北部荒漠化较强的石质低山丘陵上。见东坡石炭井及以北；西坡最北端。

分布于我国内蒙古（西部）、宁夏（北部）、甘肃（河西走廊）、青海（柴达木）、新疆（东部、南部），也见于哈萨克斯坦（东部）、俄罗斯（阿尔泰）、蒙古（西部、南部）。戈壁种。

粗等牧草。骆驼喜食，羊少量采食。

7. 猪毛菜属 Salsola L.

草本、半灌木或灌木。叶互生，稀对生，稀簇生，无柄，圆柱形、半圆柱形，基部扩展，有时下部抱茎，先端常具硬刺尖。花单生或少数簇生，常排列成穗状或圆锥状花序；有苞片及小苞片，花小，两性，辐射对称，花被 5 深裂，裂片矩圆形或披针形，先端钝或尖，透明膜质，内凹，果实背侧中部横生翅状附属物，翅膜质或革质，或不发达而呈突起状，完全包着果实；雄蕊 5，花药矩圆形，顶端常具附属物，子房球形或卵形，柱头 2。胞果球形或卵形，果皮膜质或肉质。种子横生或直立，扁圆形，胚螺旋形，无胚乳。

贺兰山有 4 种。

分种检索表

1. 灌木或半灌木，花药具明显的附属物。

  2. 半灌木，植株密被鳞片状丁字形毛，呈灰绿色；短枝缩短成球状芽；叶锥形或三角形；花药自基部分离至顶部 …………………………………… **1. 珍珠猪毛菜 S. passerina**

  2. 灌木，植株无毛，呈绿色；无球状芽；叶条形或半圆柱形；花药自基部分离至 2/3 …………………………………… **2. 松叶猪毛菜 S. laricifolia**

1. 一年生草本，花药无附属物，或具点状附属物。

  4. 果时花被片背部不生翅，仅生革质突起；苞片和小苞片紧贴花序轴，果时不显著开展 …………………………………… **3. 猪毛菜 S. collina**

  4. 果时花被片背部生大型的翅，淡红色或紫红色；苞片和小苞片果时强烈开展，翅膜质或近革质 …………………………………… **4. 刺沙蓬 S. pestifer**

1. 珍珠猪毛菜（图版 14，图 1） 珍珠柴

Salsola passerina Bunge in Linnaea **17**：4.1843；中国植物志 **25**（2）：166. 图版 37. 图 1~4. 1979；内蒙古植物志（二版）**2**：233. 图版 95. 图 1，2. 1990；宁夏植物志（二版）**上册**：137. 图 86. 2007.

半灌木，有时呈小半灌木状。高 5~20 cm，密被鳞片状丁字形毛，呈灰绿色。根粗壮，木质化，常弯曲，外皮褐色，不规则剥裂。茎弯曲，常劈裂，多分枝，老枝灰褐色，短枝缩成球芽状。叶互生，锥形或三角形，长 2.5~3 mm，宽约 2 mm，肉质，先端急尖，基部扩展，背部隆起。花序穗状生于枝条中上部；苞片卵形、肉质；小苞片宽卵形，长于花被；花被片 5，长卵形，果时自背面中部生翅，翅膜质，黄褐色或淡紫红色，3 翅较大，肾形或宽倒卵形，扇状脉纹，水平开展，边缘有不规则波状圆齿，2 翅较小，倒卵形，全部翅（包括花被）直径 8~10 mm，花被片翅以上部分自中央聚集成圆锥状；雄蕊 5，花药条形，自基部分离至近顶部，附属物披针形；柱头锥形。胞果倒卵形。种子圆形，横生或直立。花果期 7~9 月。

超旱生植物。生山前土质山麓和浅山谷中，为贺兰山草原化荒漠的主要建群种，也进入荒漠草原中。主要分布在西坡山麓地带及山地北部，东坡有零星分布。

分布于我国内蒙古（中、西部）、宁夏（北部）、甘肃（中、西部）、青海（东北部），也见于蒙古（南部）。阿拉善种。

较好的粗等牧草。骆驼喜食，羊青鲜时采食，干时少食，马也食。

2. 松叶猪毛菜（图版 14，图 2）

Salsola laricifolia Turcz. ex Litv. Herb. Fl. Ross. **49**：no. 2443. 1913；中国植物志 **25**（2）：165. 图版 36. 图 1~4. 1979；内蒙古植物志（二版）**2**：235. 图版 96. 图 1~3. 1990；宁夏植物志（二版）**上册**：138. 2007.

小灌木。高 20~50 cm。多分枝，老枝棕褐色或黑褐色，顶端多硬化成刺状；幼枝浅黄白色或灰白色，有光泽，常具纵裂纹。叶互生或簇生，条状半圆形，长 1~1. 5 cm，宽 1~2 mm，肉质，肥厚，先端有短尖，基部扩展，扩展处的上部缢缩，上面有沟槽，下面凸起，黄绿色。花单生于苞腋，在枝顶成为穗状花序；苞片条形；小苞片宽卵形，长于花被；花被片 5，长卵形，稍坚硬，果时自背面侧中下部横生干膜质翅，翅 3 大 2 小，翅红紫色或淡紫褐色，肾形或宽倒卵形，具多数扇状脉纹，水平开展或稍向上弯，顶端边缘有不规则圆齿，全部翅（包括花被）直径 8~14 mm；花被片翅以上部分聚集成圆锥状；雄蕊花药矩圆形，附属物条形，先端锐尖；柱头锥状。胞果倒卵形。种子横生。花期 6~8 月，果期 9~10 月。

超旱生植物。生山地浅山丘和北部荒漠较强的石质低山丘陵，单独或与蒙古扁桃共同组成群落，为贺兰山石质草原化荒漠的建群种之一。东、西坡均有分布，北部成集中分布。

分布于我国内蒙古（西部）、宁夏（北部）、甘肃（河西走廊），也见于蒙古（南部）。东戈壁种。

中等牧草，羊喜食其叶和果实，骆驼乐食其嫩枝和叶。

该植物国内早期均被鉴定为木本猪毛菜 *S. arbuscula* Pall.。

3. 猪毛菜（图版 13，图 3）札蓬棵、沙蓬

Salsola collina Pall. Ill. 34. t. 26. 1803；中国植物志 **25**（2）：176. 图版 39. 图 1~3. 1979；内蒙古植物志（二版）**2**：239. 图版 97. 图 1~4. 1990；宁夏植物志（二版）**上册**：135. 图 83. 2007.

一年生草本。高 20~60（80）cm。茎直立，基部多分枝，开展，茎及枝有淡绿色或紫红色条纹，被稀疏短硬毛或无毛。叶丝状圆柱形，深绿色，有时带红色，肉质，长 2~5 cm，厚 0.5~1 mm，先端具小刺尖，基部稍扩展，下延，被短硬毛。花多数，生于茎及枝上端，排列为细长的穗状花序；苞片卵形，顶端长渐尖，绿色，边缘膜质，背面有白色隆脊，花后变硬；小苞片 2，狭披针形，先端具刺尖，基部具膜质边缘，苞与小苞均贴向花序轴；花被片 5，膜质透明，披针形，直立，长约 2 mm，较短于苞，果时背部生有不等形革质突起，包被果实呈平面或稍呈小圆锥体；雄蕊 5，稍超出花被，花丝基部扩展，花药顶部无附属物；柱头 2 裂，丝形，长为花柱的 1. 5~2 倍。胞果倒卵形，果皮膜质。种子倒卵形，横生或斜生。花期 7~9 月，果期 8~10 月。2n=18。

中生植物。生山麓冲刷沟居民点附近、山口干河床、山地沟谷。东、西坡均有分布。

分布于我国东北、华北、西北（东部）及四川、云南、西藏，广布于欧亚大陆温带地区及亚热带山地。古北极种。

为中等牧草，骆驼喜食，羊青鲜时乐食，牛马稍采食。全草入药，能清热凉血、降血压，主治高血压。

4. 刺沙蓬（图版 13，图 4）

Salsola tragus L. Cent. Pl. **2**：13. 1756. ——*S. australis* R. Br. Drodr. Fl. Nov. Holl. 411. 1810. ——*S. pestifer* A. Nels. in Coulter. et Nels. New Man. Bot. Centr. Rocky Mount. 169. 1909；内蒙古植物志（二版）**2**：245. 图版 99. 图 5~6. 1990. ——*S. ruthenica* Iljin in Weed Pl. URSS **2**：137. f. 127. 1934. nomillegit（不合法名）；中国植物志 **25**（2）：184. 图版 41. 图 12~13. 1979；宁夏植物志（二版）**上册**：136. 图 84. 2007.

一年生草本。高 15~60 cm。茎直立，自基部分枝，坚硬，绿色，具白色或紫红色条纹，无毛或具短硬毛。叶互生，圆柱形，肉质，长 1.5~4 cm，厚 1~2 mm，先端有白色刺尖，基部稍扩展，边缘干膜质，两面苍绿色，无毛或有短硬毛。花单生于苞腋，在茎枝的上端成穗状花序，有时在枝中部 2~3 花并生，苞片狭卵形，先端渐尖，具刺尖，边缘干膜质；小苞片卵形，比苞片短，全缘或具微小锯齿，先端具刺尖，质硬；花被片 5，锥形或长卵形，直立，长约 2 mm，透明膜质，果时于背面中部生 5 个干膜质或近革质翅， 3 个翅较大，肾形或倒卵形，淡紫红色或无毛，具多数脉纹，水平开展，顶端不规则圆齿，另 2 翅较小，匙形，果时翅（包括花被）直径 4~10 mm，花被片翅上端为薄膜质，聚集在中

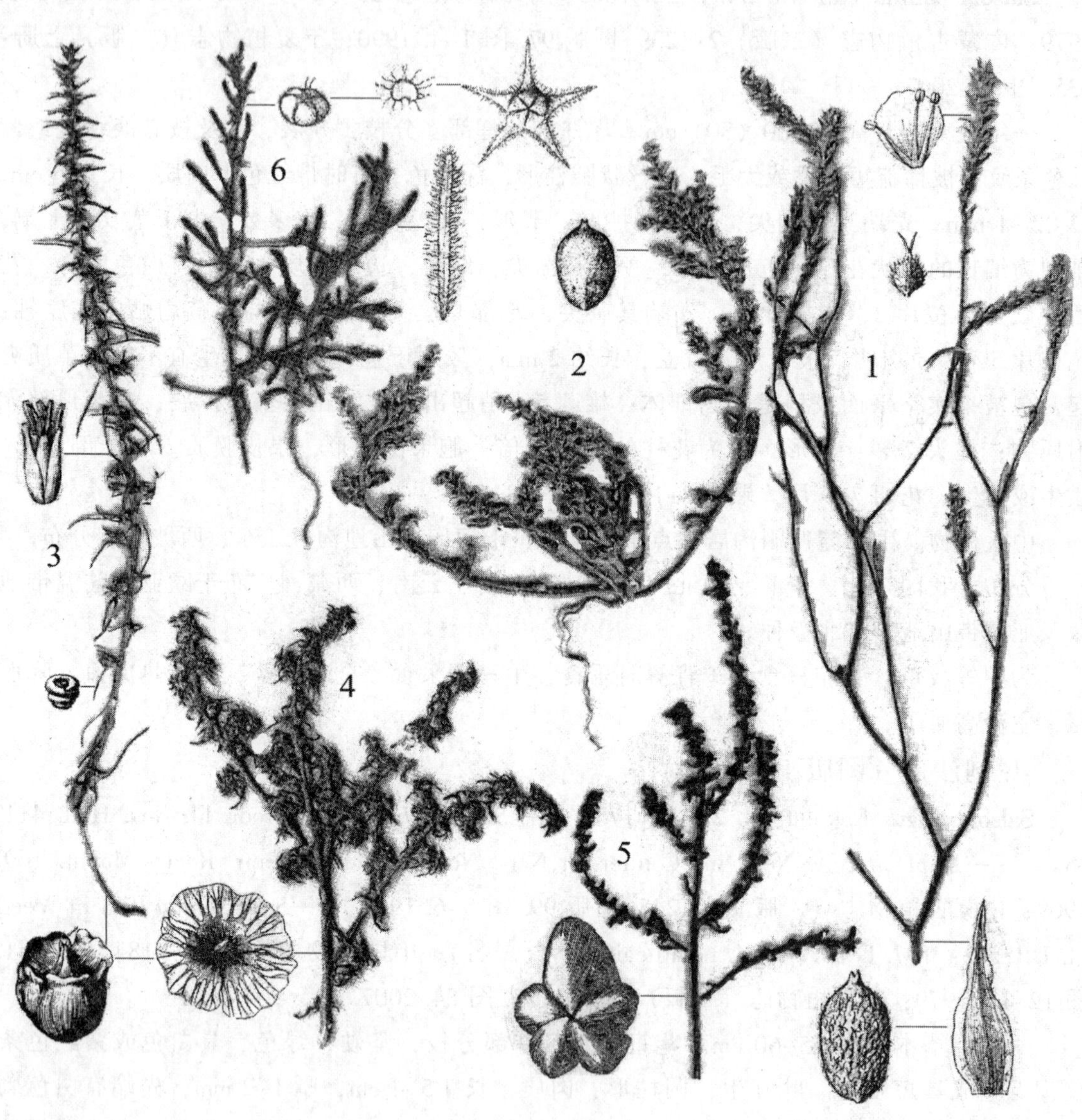

图版 13 1. 瘤果虫实 Corispermum tylocarpum Hance 植株、苞片、花、子房、果实；2. 蒙古虫实 C. mongolicum Iljin 植株、果实；3. 猪毛菜 Salsola collina Pall. 果枝、花、果实、胚；4. 刺沙蓬 S. tragus L. 果枝、果实；5. 角果碱蓬 Suaeda corniculata（C. A. Mey.） Bunge 果枝、果实；6. 雾冰藜 Bassia dasyphylla（Fisch. et Mey.） O. Kuntze 植株、叶及横切面、花、果实。（解剖图 马平、张海燕绘）

央成圆锥状，包围果实；雄蕊 5，花药顶部无附属物；柱头 2 裂，长为花柱的 3~4 倍。胞果倒卵形，果皮膜质。种子横生。花期 7~9 月，果期 9~10 月。2n=36。

中生植物。生山麓冲刷沟、草原化荒漠群落中，也进入开阔山谷。东、西坡均习见。

分布于我国东北、华北、西北及山东、江苏，广布于北半球温带地区。泛北极种。

用途同猪毛菜。

8. 地肤属 **Kochia** Roth

一年生草本或半灌木，被绢状密卷毛或柔毛，稀无毛。茎多分枝，枝细弱。叶互生，无柄。花小，两性或雌性，无梗，单生或簇生于叶腋，于枝上构成间断或密集的穗状花序。花被球形、壶形或杯形，无苞；花被片 5，内曲，果时背部发育成平展的翅或突起；雄蕊 5，伸出于花被外，花丝条形，花药卵形或宽椭圆形；子房宽卵形，柱头 2~3，条形。胞果包于花被内。种子横生，扁圆形；胚环形，胚乳少量，粉质。

贺兰山有 4 种。

分种检索表

1. 小半灌木；叶条形或狭条形 ………………………………………………………… 1. 木地肤 **K. prostrata**
1. 一年生草本。
  2. 叶扁平，果时有 5 个花被片均生翅。
    3. 花下有束状密毛丛 ………………………………………………………… 2. 碱地肤 **K. dinsiflora**
    3. 花下无束状密毛丛 ………………………………………………………… 3. 地肤 **K. scoparia**
  2. 叶半圆柱形状，果时仅 3 个花被片背部生翅，另 2 个花被片常成角刺状突起 ……………………
  ……………………………………………………………………………… 4. 黑翅地肤 **K. melanoptera**

1. 木地肤（图版 14，图 3）伏地肤

Kochia prostrata（L.） Schrad. in Neues Journ. Bot. **3**：85. 1809；中国植物志 **25**（2）：100. 图版 21. 图 9~11. 1979；内蒙古植物志（二版）**2**：247. 图版 101. 1990；宁夏植物志（二版）**上册**：139. 2007. ——*Salsola prostrata* L. Sp. Pl. 222. 1753.

小半灌木。高 10~40 cm。根粗壮，木质。茎基部木质化，浅红色或黄褐色；分枝多而密，于短茎上呈丛生状，长枝斜升，纤细，长达 60 cm，密被白色柔毛，有时上部近无毛。叶于短枝上呈簇生状，叶片条形或狭条形，长 0.5~2 cm，宽 1~1.5 mm，先端锐尖或渐尖，两面被疏或密的柔毛。花单生或 2~3 朵集生于叶腋，于枝上部或枝端组成穗状花序，花两性，无梗，不具苞；花被球形，密被柔毛，5 深裂，密生柔毛，果时变革质，自背部生 5 个干膜质薄翅，翅扇形或倒卵形，顶端边缘有钝齿，基部渐狭，具多数暗褐色、紫红色脉纹，水平开展；雄蕊 5，花丝丝形，花药卵形；花柱短，柱头 2，有羽毛状突起。胞果扁球形，果皮近膜质，紫褐色，完全包在花被中。种子横生，近圆形，黑褐色，直径约1.5 mm。

花果期 6~9 月。2n=18。

旱生植物。生海拔 1 600~1 900 m 山坡荒漠草原中。见东坡苏峪口；西坡哈拉乌沟山前。

分布于我国东北、华北、西北，也广布于欧洲（南部、东南部）、前亚、中亚、俄罗斯(西伯利亚南部、高加索)、蒙古。古地中海种。

为良等牧草，羊和骆驼喜食，马、牛一般采食，结实后则喜食，秋季对羊有抓膘作用。本种可在荒漠草原、荒漠地区用以改良草场。

2. 碱地肤（图版 14，图 5） 秃扫儿

Kochia dinsiflora Turcz. ex Mog. Chenop. Monogr. Enum.：91. 1840. ——*K. sieversiana* auct. non C. A. Mey.：Pl. Asi. Centr. **2**：50. 1966. ——*K. scoparia*（L.） Schrad. var. *sieversiana* auct. non Ulbr. ex Aschcrs et Gracbn.：中国植物志 **25**（2）：102. 1979；内蒙古植物志（二版）**2**：251. 图版 102. 图 5. 1990；宁夏植物志（二版）**上册**：140. 2007.

一年生草本。高 10~30 cm。茎直立，由基部分枝，分枝平卧或斜升，带黄绿色或稍带红色，枝上端密被白色或黄褐色毛，枝下部毛较稀疏，或光滑无毛。下部茎生叶矩圆状倒卵形，或倒披针形，先端尖或稍钝，基部狭窄成柄，上部茎生叶矩圆形、披针形或条形，长 4~5 cm，宽 2~5 mm，先端渐尖，基部渐狭，全缘，扁平，通常质厚，两面有毛，稀无毛，边缘具长缘毛。花无梗，通常 1~2 朵集生于叶腋的束状密毛丛中，于枝上组成较紧密的穗状花序，花序下方的花稀疏，以至间断；花被于果时自背部生 5 个短翅，翅较厚，圆形或椭圆形，顶端边缘有钝齿，并有明显脉纹。胞果扁球形，包于花被内。种子与果同形，径约 1.5 mm，黑色。花期 7~8 月。

耐盐旱中生植物。生山麓盐碱化冲沟、居民点附近。东、西坡均有分布，西坡较多。

分布于我国东北、华北、西北，也见于俄罗斯（西伯利亚、达乌里)、蒙古。古地中海种。

用途同地肤。

3. 地肤（图版 14，图 4）

Kochia scoparia（L.）Schrad. in Neues Journ. **3**：85. 1809；中国植物志 **25**（2）：102. 图版 21. 图 1~5. 1979. 内蒙古植物志（二版）**2**：249. 图版 102. 图 1~4. 1990；宁夏植物志（二版）**上册**：139. 图 87. 2007. ——*Chenopodium scoparium* L. Sp. Pl. 221. 1753.

一年生草本。高 30~100 cm。茎直立，粗壮，具条纹，淡绿色或浅红色，至晚秋变为红色，幼枝有白色柔毛，圆柱形，常自基部分枝，分枝稀疏，多斜升。叶互生无柄，叶片扁平，披针形至条状披针形，长 2~5 cm，宽 3~7 mm，先端渐尖，基部渐狭成柄状，全缘，无毛或被毛，边缘常疏长毛，逐渐脱落，淡绿色或黄绿色，通常具 3 条纵脉。花无梗，通常单生或 2 朵生于叶脉，于枝上部排成稀疏的穗状花序；花两性兼雌性，花被近球形，花被片 5，基部合生，黄绿色，卵形，背部近先端处有绿色隆脊及龙骨状突起，果时龙骨状

突起发育为横生的翅形短翅，膜质，全缘或有钝齿，脉不明显。胞果扁球形，包于花被内。种子与果同形，直径约 2mm，黑色。花期 6~9 月，果期 8~10 月。2n=18。

中生植物。生山麓冲沟、低地、居民点附近，也进入山口河滩地。东、西坡均有分布，东坡较多。

分布于全国（除西藏外）各省区，广布于欧亚大陆及北非地区。古地中海种。

嫩茎叶可供食用。果实及全草入药（果实药材名：地肤子）能清湿热、利尿、祛风止痒，主治尿痛、尿急、小便不利、皮肤瘙痒；外用治皮癣及阴囊湿疹。种子含油量约 15%，供食用及工业用。

4. 黑翅地肤（图版 14，图 6）

Kochia melanoptera Bunge in Act. Hort. Petrop. **6**（2）：417. 1880；中国植物志 **25**（2）：103. 1979；内蒙古植物志（二版）**2**：251. 图版 103. 图 1~2. 1990；宁夏植物志（二版）**上册**：139. 2007.

一年生草本。高 5~25 cm，灰绿色，干后变黑绿色。茎直立，常自基部分枝，枝斜升，具条纹，被白色长毛并混生短柔毛。叶圆柱形或棍棒形，肉质，长 5~20 mm，宽约 1 mm，先端钝，基部渐狭，疏生短柔毛。花两性无梗，通常单生或 2 朵生于叶腋，几遍布全株；花被近球形淡绿色，有短柔毛；雄蕊 5，花药矩圆形，花丝稍长于花被，果时仅 3 个花被片背部横生翅，翅披针形或矩圆形，先端尖，全缘，脉纹明显，黑色或带红紫色，另 2 个花被片无翅，常成垂直的角刺状突起。胞果扁球形，包于花被内。种子卵形，胚乳白色。花果期 7~9 月。

中生植物。生山麓冲刷沟及草原化荒漠群落中。仅见西坡山前地带。

分布于我国内蒙古（西部）、宁夏（北部）、甘肃（中、西部）、青海（柴达木）、新疆，也见于中亚（天山）、蒙古（西部、南部）。戈壁种。

9. 碱蓬属 Suaeda Forsk. ex Scop.

一年生草本或半灌木、灌木。茎直立、斜升或平卧，不分枝或分枝，通常无毛，有时被粉粒。叶互生，肉质，半圆柱形。花小，两性，兼具雌花，花单生或集成团伞花序，具柄或无柄，具苞片及 2 个小苞；花被球形、坛状或圆锥状，5 深裂或浅裂，裂片稍厚或肉质，相等或不相等，果时背部具角状、龙骨状或翅状等突出物，少无突出物；雄蕊 5，花丝短，花药不具附属物；子房卵形、圆形或坛状，柱头 2~5，短。胞果包于花被内，果皮膜质，与种子分离。种子横生、斜生或直立，外种皮脆硬或革质，光滑；无胚乳或甚少，胚平面盘旋状。

贺兰山有 2 种。

分种检索表

1. 团伞花序着生在叶片基部，花被果时增厚通常呈五星状 ………………………………… 1. 碱蓬 S. glauca

1. 团伞花序着生在叶腋或叶腋的短枝上；花被果时增厚通常呈不等大的角状突起 ……………………… ……………………………………………………………………………………… 2. 角果碱蓬 S. corniculata

1. 碱蓬（图版 12，图 6）

Suaeda glauca（Bunge） Bunge in Bull. Acad. Sci. St.-Petersb. **25**：362. 1879；中国植物志 **25**（2）：118. 图版 24. 图 1~2. 1979；内蒙古植物志（二版）**2**：273. 图版 111. 图 7. 1990；宁夏植物志（二版）**上册**：147. 图 94. 2007. —— *Schoberia glauca* Bunge in Mem. Acad. Sci. Petersb. Sav. Etrang. **2**：102. 1833.

一年生草本。高 30~60 cm。茎直立，圆柱形，具条纹，上部多分枝，分枝细长。叶条形，半圆柱状，肉质，灰绿色，长 1.5~3（5） cm，宽 1~1.5 mm，先端钝或稍尖，光滑或被粉粒；茎上部叶渐变短。花两性，兼有雌性，单生或 2~5 朵团集于叶片的基部，或呈团伞状，花梗与叶柄合并成短枝，外观像着生在叶柄上；小苞片短于花被，卵形；花被杯状，雌花花被近球形，裂片 5，矩圆形，向内包卷；果时花被增厚，具隆脊，呈五角星状；雄蕊 5，花药宽卵形，柱头 2，黑褐色，内卷。胞果包在花被内，果皮膜质。种子近圆形，横生或斜生，表面具清晰颗粒状点纹，直径约 2 mm，黑色，稀有光泽。花期 7~8 月，果期 9 月。

盐生植物。生山麓湿润的盐碱洼地上。东、西坡均有分布。

分布于我国东北、华北、西北、华东（北部）及河南，也见于俄罗斯（西伯利亚、远东）、蒙古、朝鲜、日本。东亚（中国–日本）种。

为粗等牧草。骆驼和羊少量采食。良好的油料植物，种子含油率 25%左右，可做肥皂和油漆等，植株还含丰富的碳酸钾，可作多种化工原料。

2. 角果碱蓬（图版 13，图 5）

Suaeda corniculata（C. A. Mey.）Bunge in Bull. Acta Hort. Petrop. **6**（2）：423. 1880；中国植物志 **25**（2）：128. 图版 30. 图 8~10. 1979；内蒙古植物志（二版）**2**：273. 图版 111. 图 7. 1990；宁夏植物志（二版）**上册**：148. 2007. —— *Schoberia corniculata* C. A. Mey. Ledeb. Fl. Alt. 1：399. 1829.

一年生草本。高 10~30 cm，全株深绿色，秋季变紫红色，无毛。茎粗壮，由基部分枝，斜升或平卧，有红色条纹，枝斜升，稍弯曲。叶半圆柱状，肉质长 1~2 cm，宽 0.7~1.5 mm，先端渐尖，基部稍溢缩，无柄，常被粉粒。团伞花序含 3~6 花，腋生或在分枝上成穗状；小苞片短于花被；花两性兼雌性，花被片 5 深裂，裂片不等，先端钝，肉质或稍肉质，向上包卷，包住果实，果实背部增厚呈不等大的角状突起，其中之一伸长成长角状；雄蕊 5，花药极小，近圆形；柱头 2。胞果圆形，稍扁。种子横生或斜生，双凸镜形，直径 1~1.5 mm，黑色或黄褐色，有光泽，具清晰的点纹，花期 8~9 月，果期 9~10 月。

盐生植物。生山麓盐碱低地、水库、涝坝边盐湿地。见西坡麓巴彦浩特。

分布于我国东北、华北、西北，也见于欧洲（东部）、中亚（天山）、俄罗斯（西伯利亚、远东）、蒙古。古地中海种。

用途同碱蓬。

10. 雾冰藜属 **Bassia** Allioni

一年生草本，茎直立或斜升，被长毛。叶互生，无柄，条形，扁平或呈半圆柱形，多少被毛。花两性，单生或团聚于叶腋，无小苞片；花被球状壶形，有毛或无毛，5裂，内卷，果时花被片背部生5个刺状、三角状、钩状或锥状附属物；雄蕊5，花丝条形，花药卵形；子房通常宽卵形，柱头2。胞果包于花被内，卵形，压扁。种子横生，宽卵形或近圆形，种皮膜质；胚环形，有胚乳。

贺兰山有1种。

1. 雾冰藜（图版13，图6）巴西藜、五星蒿

Bassia dasyphylla（Fisch. et Mey.） O. Kuntze，Revis. Gen. Pl. **2**：546. 1891；中国植物志 **25**（2）：106. 图版22. 图1~3. 1979；内蒙古植物志（二版）**2**：295. 图版119. 图1~3. 1990；宁夏植物志（二版）**上册**：157. 图105. 2007. —— *Kochia dasyphylla* Fisch. et Mey. in Schrenk Enum. Pl. **1**：12. 1841.——*Echinopsilon divaricatum* Kar. et Kir. in Bull. Sci. Nat. Mosc. **14**：736. 1841.

一年生草本。高5~30 cm，全株被灰白色长毛。茎直立，具条纹，黄绿色或浅红色，多分枝，开展，后变硬。叶肉质，圆柱状或半圆柱状条形，长0.3~1.5 cm，宽1~5 mm，先端钝，基部渐狭，无柄。花单生或2朵集生于叶腋，仅1花发育；花被筒形，草质，5浅裂，裂齿不内弯，具密毛，果时在花被片背部中部生5个锥状附属物，呈五角星状；雄蕊5，伸出花被外，子房卵形，花柱短，柱头2，稀3。胞果卵形；种子横生，近圆形，压扁，直径1~2 mm，平滑，黑褐色。花果期8~10月。2n=18。

旱生植物。生山麓荒漠草原和草原化荒漠群落中，有时能形成层片。东、西坡均有分布，以西坡为多。

分布于我国东北（西部）、华北（北部）、西北及山东、西藏，也见于哈萨克斯坦（东部）、蒙古、帕米尔。古地中海种。

粗等牧草，驼喜食，羊采食。

11. 蛛丝蓬属 **Micropeplis** Bunge

单种属，属特征同种。

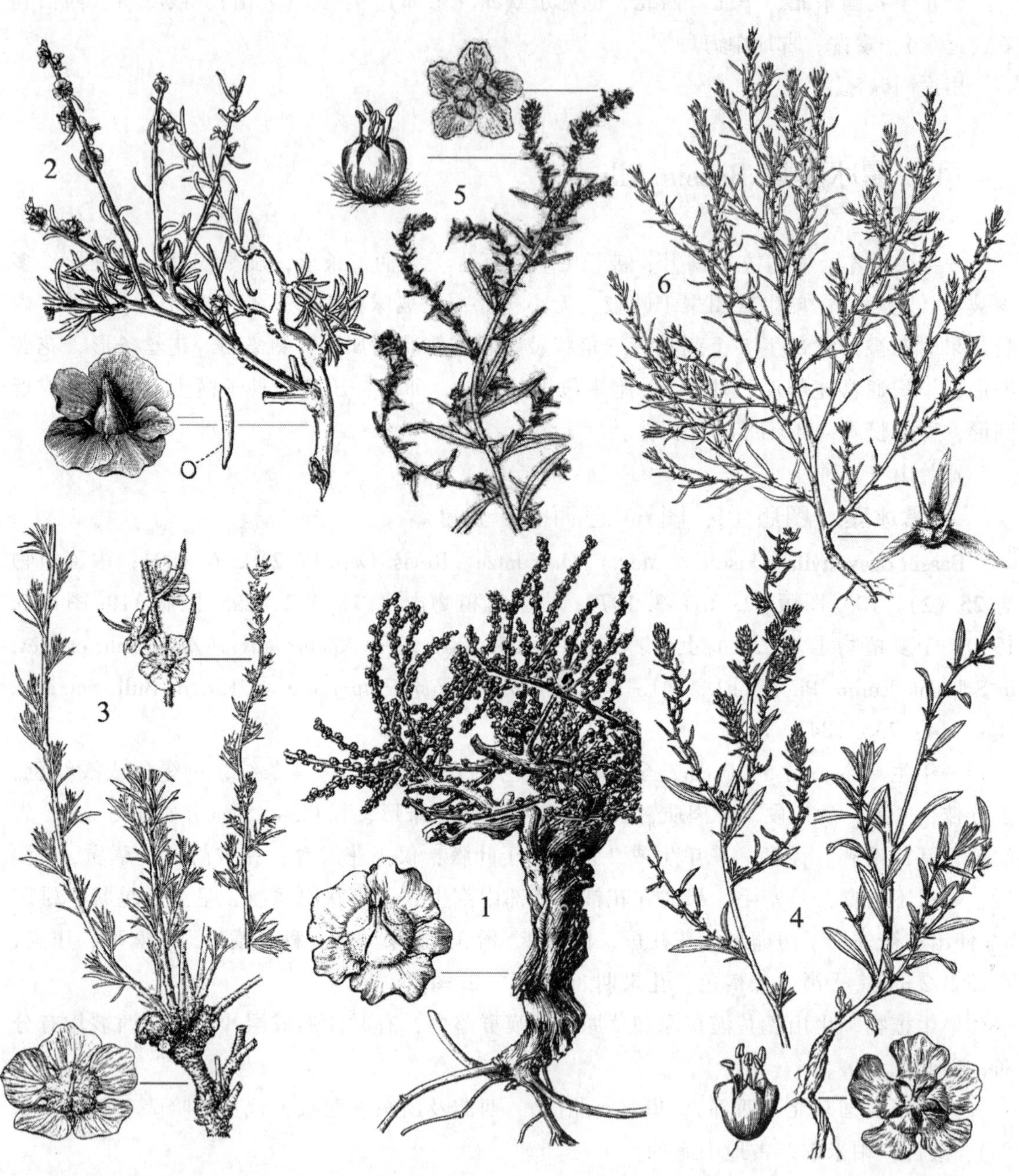

图版 14 1. **珍珠猪毛菜** Salsola passerina Bunge 植株、果实；2. **松叶猪毛菜** S. laricifolia Turcz. ex Litv. 植株、叶、果实；3. **木地肤** Kochia prostrata（L.） Schrad. 植株、果序（部分）、果实；4. **地肤** K. scoparia（L.）Schrad. 植株、花、果实 ；5. **碱地肤** K. dinsiflora Turcz. ex Mog. 植株、花、果实；6. **黑翅地肤** K. melanoptera Bunge 植株、果实。（1 张海燕绘；2~4、6 马平绘；5 仿东北草本植物志）

1. 蛛丝蓬（图版 15，图 5）蛛丝盐生草、白茎盐生草

Micropeplis arachnoidea（Moq.） Bunge，Reliq. Lehmann. 303. 1852；内蒙古植物志（二版）**2**：320. 图版 131. 图 4~5. 1990. ——*Halogeton arachnoideus* Moq. in DC. Prodr. **13**（2）：205. 1849；中国植物志 **25**（2）：154. 图版 34. 图 5~6. 1979.

一年生草本。高 10~40 cm。茎直立，自基部分枝；枝互生，灰白色，秋季变红色，幼时被蛛丝状毛，后期毛脱落。叶互生，肉质，圆柱形，长 3~8（10） mm，宽 1~2 mm，先端钝，有时生小短尖，基部扩大，半抱茎，叶腋有绵毛。花小，杂性，通常 2~3 朵簇生于叶腋；小苞片 2，卵形，背部隆起，边缘膜质；花被片 5，宽披针形，膜质，全缘，背部 1 条粗脉，先端钝或尖，果时自背部的近顶部生翅；翅半圆形，膜质，透明；雄花的花被常缺，雄蕊 5，花药矩圆形；柱头 2，丝形。胞果球形或球状卵形，背腹压扁，果皮膜质，灰褐色。种子横生，圆形，直径 1~1.5 mm；胚平面螺旋状。花果期 7~9 月。

耐盐旱生植物。生山麓、山口干河床、浅山低山丘陵。见东坡甘沟，石炭井；西坡巴彦浩特，峡子沟。

分布于我国内蒙古、山西（北部）、宁夏（北部）、陕西（北部）、甘肃（中、北部）、新疆，也见于中亚（天山）、俄罗斯（西伯利亚南部、阿尔泰）、蒙古。亚洲中部种。

粗等牧草，驼喜食，羊采食。

12. 盐爪爪属 Kalidium Moq.

灌木或半灌木。茎直立或平卧，多分枝，枝无关节。叶互生，肉质，圆柱状或退化，基部下延。穗状花序顶生，肉质，总轴有螺旋排列的穴；花两性，每 1~3 朵花嵌入总轴穴的苞片内，苞片肉质，无小苞片，花被合生至顶部，先端具小齿，上部扁平呈盾状，果时背部无附属物；雄蕊 2，花丝短，花药矩圆形，伸出于花被外；子房卵形，柱头 2，钻状；胞果包于花被内，果皮膜质，密被小乳头状突起。种子直立；胚半环形，胚乳丰富。

贺兰山有 3 种。

分种检索表

1. 叶片不发达，瘤状，先端钝；穗状花序与枝条在外观上区别不明显；每 1 朵花生于 1 个鳞状苞片内 …………………………………………………… 1. 细枝盐爪爪 **K. gracile**

1. 叶片发达或较发达；穗状花序，与枝条在外观上区别明显；每 3 朵花生于 1 个鳞状苞片内。

  2. 叶片柱状，长 4~10 mm，先端钝，穗状花序较粗，直径 3~4 mm ………………… 2. 盐爪爪 **K. foliatum**

  2. 叶片卵状，长 1.5~2.5 mm，先端锐尖，穗状花序稍细，直径 1.5~3 mm ………………………………………………………… 3. 尖叶盐爪爪 **K. cuspidatum**

1. 细枝盐爪爪（图版 15，图 3）绿碱柴

Kalidium gracile Fenzl in Ledeb. Fl. Ross. **3**（2）：769. in adnot. 1851；中国植物志 **25**

(2)：18. 图版 3. 图 8~9. 1979. 内蒙古植物志（二版）**2**：257. 图版 106. 图 7. 1990.

半灌木。高 10~40 cm。茎直立，多分枝；老枝红褐色或灰褐色，小枝纤细，黄褐色。叶不发达，瘤状，肉质，先端钝，基部狭窄，下部黄绿色。花序穗状，生于枝顶，圆柱状，细弱，长 1~3 cm，直径约 1.5 mm；与枝外观上区别不明显；每 1 朵花生于 1 鳞状苞片内。胞果卵形，果皮膜质。种子与果同形，密被乳头状突起。花果期 7~8 月。

盐生植物。生山谷、山麓盐碱洼地。见东坡石炭井；西坡巴彦浩特、古拉本等。

分布于我国内蒙古、宁夏（中、北部）、陕西（北部）、甘肃（中、西部）、青海、新疆，也见于蒙古。亚洲中部种。

粗等牧草，干枯后家畜喜食，青鲜时仅驼食。

2. 盐爪爪（图版 15，图 2）灰碱柴

Kalidium foliatum（Pall.）Moq. in DC. Prodr. 13（2）：147. 1849；中国植物志 **25**（2）：14. 图版 2. 图 1~4. 1979. 内蒙古植物志（二版）**2**：257. 图版 106. 图 1~4. 1990.——*Salicornia foliate* Pall. Reise. **1**：422. 1771. et app. 482.

半灌木。高 20~50 cm。茎直立或斜升，多分枝；枝灰褐色，幼枝稍为草质，带黄白色。叶圆柱形，长 4~10 mm，宽 2~3 mm，先端钝，基部下延，半抱茎，直伸或稍弯。花序穗状，顶生，圆柱状或卵形，长 8~20 mm，直径 3~4 mm；每 3 朵花生于 1 鳞状苞片内。胞果圆形，直径约 1 mm，红褐色。种子与果同形，密被乳头状突起。花果期 7~8 月。

盐生植物。生山麓盐碱洼地。仅见西坡巴彦浩特。

分布于我国内蒙古、天津（沿海）、河北（北部）、宁夏、甘肃、青海、新疆，也见于欧洲（中部、南部）、中亚、俄罗斯（高加索、西伯利亚）、蒙古。古地中海种。

用途同细枝盐爪爪。

3. 尖叶盐爪爪（图版 15，图 4）灰碱柴

Kalidium cuspidatum（Ung. –Sternb.） Grub. in Not Syst. Herb. Inst. Bot. Acad. Sci. URSS **19**：103. 1959；中国植物志 **25**（2）：16. 图版 3. 图 1~2. 1979；内蒙古植物志（二版）**2**：259. 图版. 106 图 5. 1990. ——*K. arabicum*（L.） Moq. var. *cuspidatum* Ung. –Sternb. Versuch Syst. Salicorn. 93. 1866.

半灌木。高 10~30 cm。茎多由基部分枝，枝斜升，老枝灰褐色，幼枝较细弱，黄绿色。叶肉质卵形，灰蓝绿色，长 1.5~2.5 mm，先端锐尖，稍内弯，边缘膜质，基部下延，半抱茎。花序穗状，顶生，圆柱状或卵状，长 5~15 mm，直径 2~3 mm；每 3 朵花生于 1 鳞状苞片内。胞果圆形，直径约 1 mm，果皮膜质。种子与果同形，被乳头状小突起。花果期 7~8 月。

盐生植物。生山麓盐碱洼地、水库、涝坝附近。见东坡石炭井；西坡巴彦浩特等。

分布于我国内蒙古、河北（张北）、陕西（榆林）、宁夏、甘肃、青海（柴达木）、新疆，也见于中亚（天山）、蒙古。亚洲中部种。

用途同细枝盐爪爪。

13. 滨藜属 Atriplex L.

一年生、多年生草本或灌木，常被白粉粒。叶互生，稀对生。团伞花序生于叶腋，于茎枝上形成穗状花序或圆锥状花序，花通常单性，有时两性，雌雄同株或异株；雄花不具苞片，花被片 3~5，无附属物，雄蕊 3~5，花丝分离或下部联合，花药圆形或卵形；雌花有 2 个苞片，果时增大，闭合、分离或下部合生，边缘有牙齿或全缘，表面平滑或有各种突起，不具花被及退化雄蕊，稀有花被；子房卵形或扁球形，花柱丝状，基部合生。果实包于增大的苞内，果皮薄，膜质。种子通常直立；胚环形。

贺兰山有 2 种。

分种检索表

1. 果苞 2 形，一为球形，表面密被瘤状突起，另一扁平，不具瘤状突起；叶下部呈戟形，边缘很少具牙齿
……………………………………………………………………… 1. 中亚滨藜 **A. centralasiafica**

1. 果苞皆同形，表面密被棘状突起；叶下部不呈戟形，边缘具不整齐的波状钝牙齿 ………………………
……………………………………………………………………… 2. 西伯利亚滨藜 **A. sibirica**

1. 中亚滨藜（图版 16，图 1）中亚粉藜、麻落粒

Atriplex centralasiatica Iljin in Acta inst. Bot. Acad. Sci. URSS ser l. **2**：124. 1936；中国植物志 **25**（2）：40. 图版 8. 图 7~9. 1979；内蒙古植物志（二版）**2**：262. 图版 108. 1990

一年生草本。高 20~50 cm。茎直立，钝四棱形，多分枝，枝黄绿色，密被粉粒。叶互生，具短柄或近无柄；叶片卵状、三角形、卵状戟形或菱状卵形，长 2~5 cm，宽 1~3 cm，先端钝或短尖，基部宽楔形，边缘有少数疏牙齿，近基部 1 对齿较大成裂片状，或仅具 1 对浅裂片，余皆全缘，上面灰绿色，稍有粉粒，下面密被粉粒，灰白色。花单性，雌雄同株，集成团伞花序生于叶腋，枝端形成间断的穗状花序；雄花花被 5 深裂，雄蕊 5；雌花无花被，有 2 个苞片，苞片菱形或近圆形，有时 3 裂，边缘合生，仅先端稍离或合生，果时膨大，包住果实，长 4~8 mm，宽 4~10 mm，苞柄长 1~3 mm，在同一株上可见二种形状，一种膨大成球形，背部密被瘤状突起，上部边缘草质，有牙齿，另一种略扁平，不具瘤状突起，边缘具牙齿，基部楔形。胞果宽卵形或圆形，果皮膜质。种子扁平，直径 2~3 mm，棕色，有光泽。花果期 7~8 月。

耐盐中生植物。生山口、山麓冲刷沟和盐化低地。东、西坡均有分布。

分布于我国内蒙古、吉林（西部）、辽宁（西部）、河北、山西、陕西、宁夏、甘肃、青海、新疆、西藏，也见于苏俄罗斯（西伯利亚南部）、蒙古。亚洲中部种。

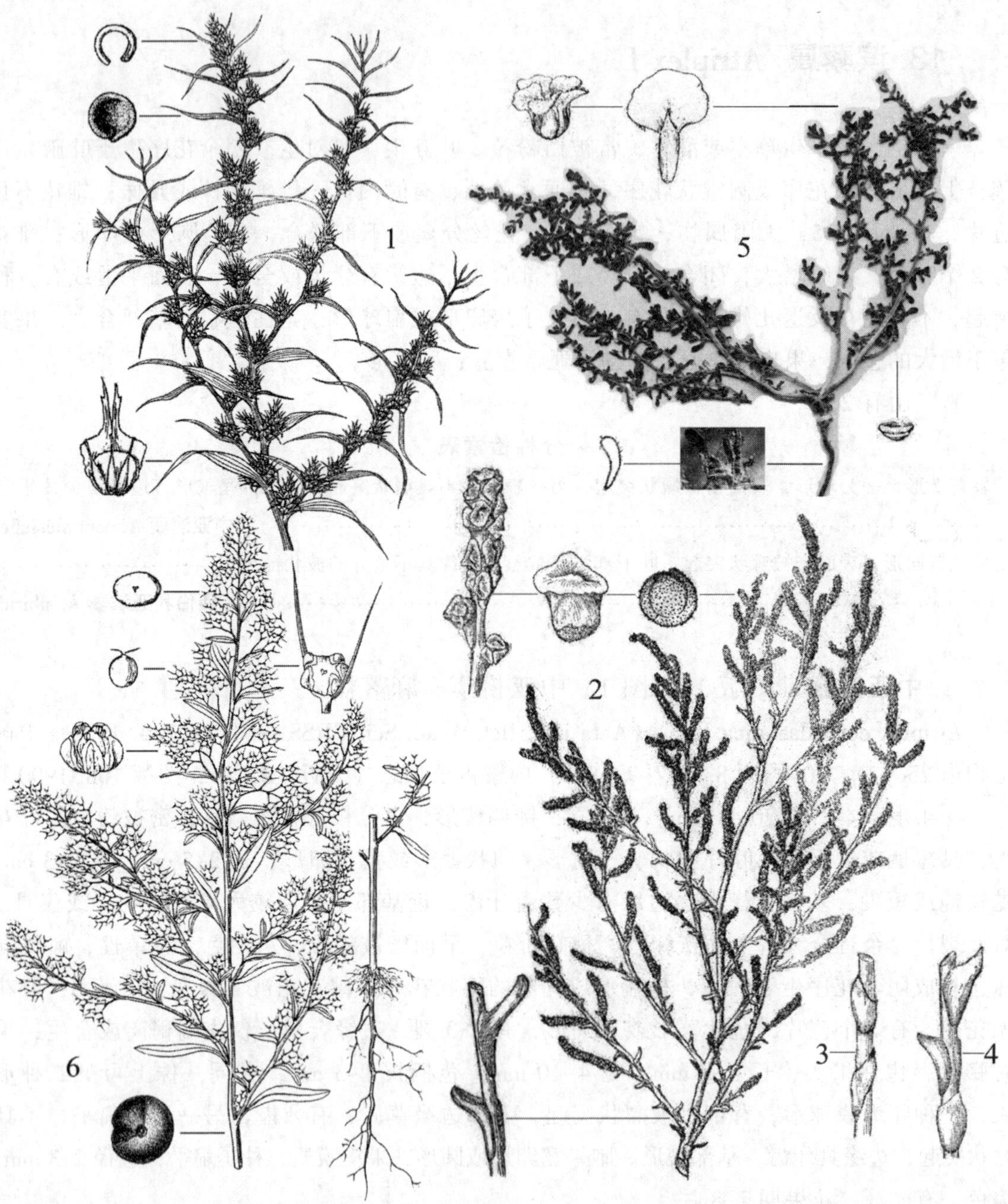

图版 15 **1. 沙米** Agriophyllum squarrosum（L.）Moq. 植株上部、果实、种子、胚；**2. 盐爪爪** Kalidium foliatum（Pall.）Moq. 植株、枝叶、花穗、果实、种子；**3. 细枝盐爪爪** K. gracile Fenzl 枝叶放大； **4. 尖叶盐爪爪** K. cuspidatum（Ung. –Sternb.）Grub. 枝叶放大；**5. 蛛丝蓬** Micropeplis arachnoidea（Moq.）Bunge 植株、叶、蛛丝、花被、胚；**6. 刺藜** Chenopodium aristatum L. 植株、花、雌蕊、带刺状枝的果实、种子。（马平、田虹、张克威绘）

2. 西伯利亚滨藜（图版 16，图 2）刺果粉藜、落粒

Atriplex sibirica L. Sp. Pl. ed. 2. 1493. 1763；中国植物志 **25**（2）：39. 图版 8. 图 6. 1979；内蒙古植物志（二版）**2**：266. 图版 110. 1990.

一年生草本。高 20~50 cm。茎直立，钝四棱形，由基部分枝，被粉粒；枝斜升，有条纹。叶互生，具短柄；叶片卵状三角形，菱状卵形或宽三角形，长 3~5 cm，宽 1.5~3（5）cm，先端微钝，基部宽楔形，边缘具不整齐的疏齿，中部 1 对齿较大成裂片状，上面绿色，稍有白粉，下面密被粉粒，灰白色。花单性，雌雄同株，团伞花序生于叶腋，或于茎上部构成穗状；雄花花被 5 深裂，雄蕊 5，花丝基部联合，生花托上；雌花无花被，2 个苞片合生，成扁筒形，仅顶端分离，果时膨大，木质，宽卵形或近圆形，两面凸，成球状，长 5~6 mm 宽约 6 mm，顶端具牙齿，基部楔形，有短柄，柄长 1~2 mm，表面被白粉，生多数棘状突起。胞果卵形或近圆形，果皮膜质，贴附种子。种子直立，圆形，两面凸，稍呈扁球形，直径 2~2.5 mm，红褐色或淡黄褐色，有光泽。花期 7~8 月，果期 8~9 月。

盐生中生植物。生山麓冲刷沟和盐化低地上。东、西坡均有分布。

分布于我国东北（西部）、华北、西北，也见于中亚（天山、帕米尔）、俄罗斯（西伯利亚）、蒙古。古地中海种。

粗等牧草，干后羊、骆驼、牛采食，青鲜时家畜不食，也作猪饲料。果实入药，能清肝明目、祛风活血、消肿，主治头痛、皮肤瘙痒、乳汁不通。

14. 藜属 Chenopodium L.

一年生或多年生草本，稀为半灌木，全体被粉粒或腺毛，稀无毛。叶互生，有柄，叶片扁平，具不整齐牙齿，或浅裂，少全缘。花小，两性或兼雌性，无苞片或小苞片，簇生团伞花序排成穗状、圆锥状或复二歧聚伞状；花被 5，稀 3~4 裂，绿色，背面中央略肥厚或具隆脊，果时包围果外，稀开展；雄蕊 5，与花被裂片对生；子房球形，顶基扁；花柱短，柱头 2~5，分离，条形。胞果，扁球形、双凸形或卵形，果皮薄膜质，不开裂。种子横生，少直立，种皮壳质，平滑或具点洼沟纹；胚环形或马蹄铁形，胚乳丰富，粉质。

贺兰山有 10 种（含 1 无正种的亚种），1 变种。

分种检索表

1. 花单生，成两歧式聚伞花序。
  2. 植物体具腺体，有强烈香气；叶矩圆形，羽状浅裂至深裂，花序不具针刺状的不育枝 …………………………………………………………… 1. 菊叶香藜 C. foetidum
  2. 植物体不具腺毛，无香气；叶条形或条状披针形，全缘；花序分枝末端有针刺状不育枝 …………………………………………………………… 2. 刺藜 C. aristatum
1. 花多少集合成花簇，成穗状或圆锥花序。
  3. 花被裂片 3~4，稀为 5，叶下面密被粉粒，灰白色，中脉黄绿色，种子横生，直生或斜生 …………

………………………………………………………………………………… 3. 灰绿藜 **C. glaucum**

3. 花被裂片 5，茎通常直生，种子横生（东亚市藜例外）。

4. 果皮具蜂窝状网纹。

5. 叶宽卵形或卵状三角形，掌状或羽状浅裂；种子直径 2~3 mm ……………… 4. 杂配藜 **C. hybridum**

5. 叶长卵形或矩圆形，三裂状；种子直径约 1 mm ………………………… 5. 小藜 **C. serotinum**

4. 果皮不具蜂窝状网纹。

6. 花序轴密生圆柱状毛刺，叶缘具明显半透明环边 …………………… 6. 尖头叶藜 **C. acuminatum**

6. 花序轴无上述毛，叶缘不具半透明环边。

7. 叶三浅裂，近基部有 1 对浅裂片，中裂片全缘或稍具齿。

8. 叶长 0.5~1.5 cm；种子表面近光滑或稍有沟纹 ………………………… 7. 小白藜 **C. iljinii**

8. 叶长 1.5~3 cm；种子表面具蜂窝状洼点 …………………………… 8. 平卧藜 **C. prostratum**

7. 叶不为三浅裂，边缘具不整齐的锯齿。

9. 植物体无粉粒；花序分枝直立；种子表面具不清晰的点纹 ……………………………………
……………………………………………………… 9. 东亚市藜 **C. urbicum** subsp. **sinicum**

9. 植物体被粉粒；花序分枝开展；种子表面具浅沟纹 …………………………… 10. 藜 **C. album**

1. 菊叶香藜（图版 17，图 1）菊叶刺藜

Chenopodium foetidum Schrad. Magaz. Ges. Naturf. Freunde Berl. 79. 1808；中国植物志 **25**（2）：80. 图版 15. 图 1~3. 1979；内蒙古植物志（二版）**2**：302. 图版 120. 图 4. 图版 121. 1990；宁夏植物志（二版）**上册**：160. 图 107. 2007. ——*Teloxys foetida* Kitag. in Rep. First Sci. Exped. Manch. Sect. **4**（4）：80. 1936.

一年生草本。高 20~60 cm，有强烈香气，全体具黄色颗粒状腺体及具节短柔毛。茎直立，分枝，有绿色、老时紫红色纵条。叶具柄，长 0.5~1.5 cm；叶片矩圆形，长 2~5 cm，宽 1~3 cm，羽状浅裂至深裂，先端钝，基部楔形，裂片边缘有时具微小缺刻或牙齿，上面深绿色，下面浅绿色，两面有短柔毛和棕黄色腺点；上部或茎顶的叶较小，浅裂至不分裂。花多数，单生于小枝的腋内或末端，组成复二歧式聚伞花序，再集成大型圆锥花序；花两性，花被 5 深裂，裂片卵状披针形，长 0.3~0.5 mm，背部稍具隆脊，绿色，被黄色腺点及刺状突起，边缘膜质，白色；雄蕊 5，不外露；胞果扁圆形，不全包于花被内。种子横生，双凸形，边缘钝，直径 0.5~1 mm，种皮硬壳质，黑色或红褐色，有光泽；胚半环形。花期 7~9 月，果期 9~10 月。2n=18。

中生植物。生海拔 1 400（东坡）~1 700（2 000）m 的沟谷、干河床、居民点附近。见东坡苏峪口沟、小口子、甘沟、黄旗沟、大水沟等；西坡哈拉乌北沟、峡子沟等。

分布于我国辽宁、内蒙古、河北、山西、甘肃、青海、新疆（南部）、四川、云南、西藏，也见于欧洲（南部、东部）、中亚（天山）、俄罗斯（高加索）、喜马拉雅、北非。古地中海种。

据报道，全草可入药，主治喘息、炎症、痉挛、偏头痛等。

2. 刺藜（图版 15，图 6）野鸡冠子花、刺穗藜

Chenopodium aristatum L. Sp. Pl. 221. 1753；中国植物志 **25**（2）：79. 图版 15. 图 6~7. 1979；内蒙古植物志（二版）**2**：302. 图版 120. 图 8. 图版 122. 1990；宁夏植物志（二版）**上册**：160. 图 106. 2007. ——*Teloxys aristata* Mog. in Ann. Sci. Nat. ser. 2. **1**：289. t. 10. f. a. 1834.

一年生草本。高 10~25 cm，无粉，秋后变红。茎直立，圆柱形，稍有棱，具色条，无毛或疏生毛，多分枝，开展。叶条形或披针形，长 1~5 cm，宽 3~8 mm，先端锐尖，基部渐狭成短柄，全缘，两面无毛，中脉明显。复二歧聚伞花序，顶生或腋生，分枝多且密，不育枝先端具针刺，花两性，小型，近无梗，生于育枝腋内；花被 5 深裂，裂片矩圆形，长 0.5 mm，先端钝或尖，背部绿色，稍具隆脊，边缘膜质白色或带粉红色，内曲；雄蕊 5，不外露。胞果圆形，顶生，果皮膜质，与种子贴生。种子横生，扁圆形，黑褐色，有光泽，直径约 0.5 mm；胚环形。花果期 8~10 月。2n=18。

中生植物。生海拔 1 300（东坡）~1 600（2 200）m 沟谷干河床，山麓冲刷沟。东、西坡均常见。也逸为农田杂草。

分布于我国东北、华北、西北及内蒙古、山东、河南、四川，也见于中亚（天山）、俄罗斯（高加索、西伯利亚、远东）、蒙古、朝鲜、日本。古北极种。

粗等牧草，夏季家畜稍采食。全草入药，能祛风止痒，主治皮肤瘙痒、荨麻疹。

2a. 无刺刺藜（变种）

Chenopodium aristatum L. var. **inerme** W. Z. Di in Pl. Vasc. Helanshan（贺兰山维管植物）81，326. 1986；内蒙古植物志（二版）**2**：205. 1990.

本变种与正种的区别在于花序末端无不育枝发育的针刺。

贺兰山为该变种模式产地。模式标本系西北大学贺兰山采集队（EHNWU）No. 5321，1983 年 8 月 3 日采于贺兰山东坡拜寺沟海拔 1 370 m 处。

贺兰山特有变种。

其他同正种。

3. 灰绿藜（图版 16，图 3）

Chenopodium glaucum L. Sp. Pl. 220. 1753；中国植物志 **25**（2）：84. 图版 19. 图 11~13. 1979；内蒙古植物志（二版）**2**：305. 图版 120. 图 6. 图版 1~3. 1990；宁夏植物志（二版）**上册**：161. 2007.

一年生草本。高 15~30 cm。茎由基部分枝，斜升或平卧，有沟槽及红色或黄绿色条纹，无毛。叶有短柄，柄长 3~10 mm，叶片稍厚，带肉质，矩圆状卵形至披针形或条形，长 2~4 cm，宽 5~15 mm，先端钝或锐尖，基部渐狭，成楔形，边缘具波状牙齿，上面深绿色，无粉，下面灰绿色或淡紫红色，密被粉粒，中脉明显黄绿色，花两性兼雌性，花序穗状或复穗状，顶生或腋生；花被 3~4 深裂，花序顶端为 5 裂，裂片狭矩圆形，先端钝，内

曲，背部明显绿色，边缘白色膜质，无毛；雄蕊通常3~4，稀5，花丝较短；柱头2，甚短。胞果顶端露出花被，果皮膜质。种子横生，稀直立，扁球形，直径约1 mm，暗褐色，边缘钝，有光泽。花期6~9月，果期8~10月。2n=18。

盐生植物。生山麓边缘盐化低地。仅见东坡山麓。

分布于我国东北、华北、西北及山东、江苏、浙江、河南、湖北、湖南，广布于南北半球温带地区。南北温带种。

为中等牧草。骆驼喜食，也作猪饲料。

4. 杂配藜（图版16，图4）大叶藜

Chenopodium hybridum L. Sp. Pl. 219. 1753；中国植物志 **25**（2）：94. 图版19. 图5~7. 1979；内蒙古植物志（二版）**2**：311. 图版120. 图7. 图版127. 1990；宁夏植物志（二版）**上册**：162. 图108. 2007.

一年生草本。高40~90 cm。茎直立，粗壮，具5棱，无毛，无粉粒或稍具粉粒，基部通常不分枝，枝细长，斜伸。叶具长柄，长2~7 cm；叶片质薄，宽卵形或卵状三角形，长5~9 cm，宽4~6.5 cm，先端锐尖或短渐尖，基部圆形、截形或微心形，边缘掌状或羽状浅裂，裂片2~4对，两面无毛，下面叶脉凸起，黄绿色。花序圆锥状，较疏散，顶生或腋生；花两性兼雌性；花被裂片5，披针形或卵形，先端钝，基部合生，边缘膜质，背部具肥厚纵隆脊，腹面凹，包被果实。胞果双凸镜形，果皮膜质，具蜂窝状网纹，与种子贴生。种子横生，与胞果同形，径2~3 mm，黑色，无光泽，表面具圆形深洼，或呈凹凸不平；胚环形。花期8~9月，果期9~10月。2n=18。

中生植物。生海拔1 500（东坡）1 800~2 300 m山地沟谷、灌丛、林缘。见东坡苏峪口沟、贺兰沟、插旗沟、大水沟等；西坡北寺沟、哈拉乌沟、峡子沟等。

分布于我国东北、华北、西北及浙江、云南、西藏，广布于欧洲、北美大陆温带地区及亚热带山地。泛北极种。

全草入药，能调经、止血，主治月经不调、功能性子宫出血、吐血、衄血、咯血、尿血。嫩枝叶可做猪饲料。

5. 小藜（图版17，图4）

Chenopodium serotinum L. Cent. Pl. 2：12. 1756；中国植物志 **25**（2）：96. 图版19. 图8~10. 1979； 内蒙古植物志（二版）**2**：314. 图版120. 图5. 图版128. 1990；宁夏植物志（二版）**上册**：162. 2007.

一年生草本。高20~50 cm。茎直立，有条棱，疏被白粉，渐变光滑，不分枝或多分枝。叶具长柄，长1~3 cm；叶片长卵形或矩圆形，长2.5~5 cm，宽1~3 cm，先端钝，基部楔形，边缘有不整齐波状牙齿；下部叶3裂，近基部有2个较大的裂片，椭圆形或三角形，中裂片较长，两侧边缘近平行，具波状齿或全缘；上部叶渐小，矩圆形，有齿或近全缘；叶两面疏被白粉。花两性，数花团集，顶生，圆锥花序；花被5裂，裂片宽卵形，先

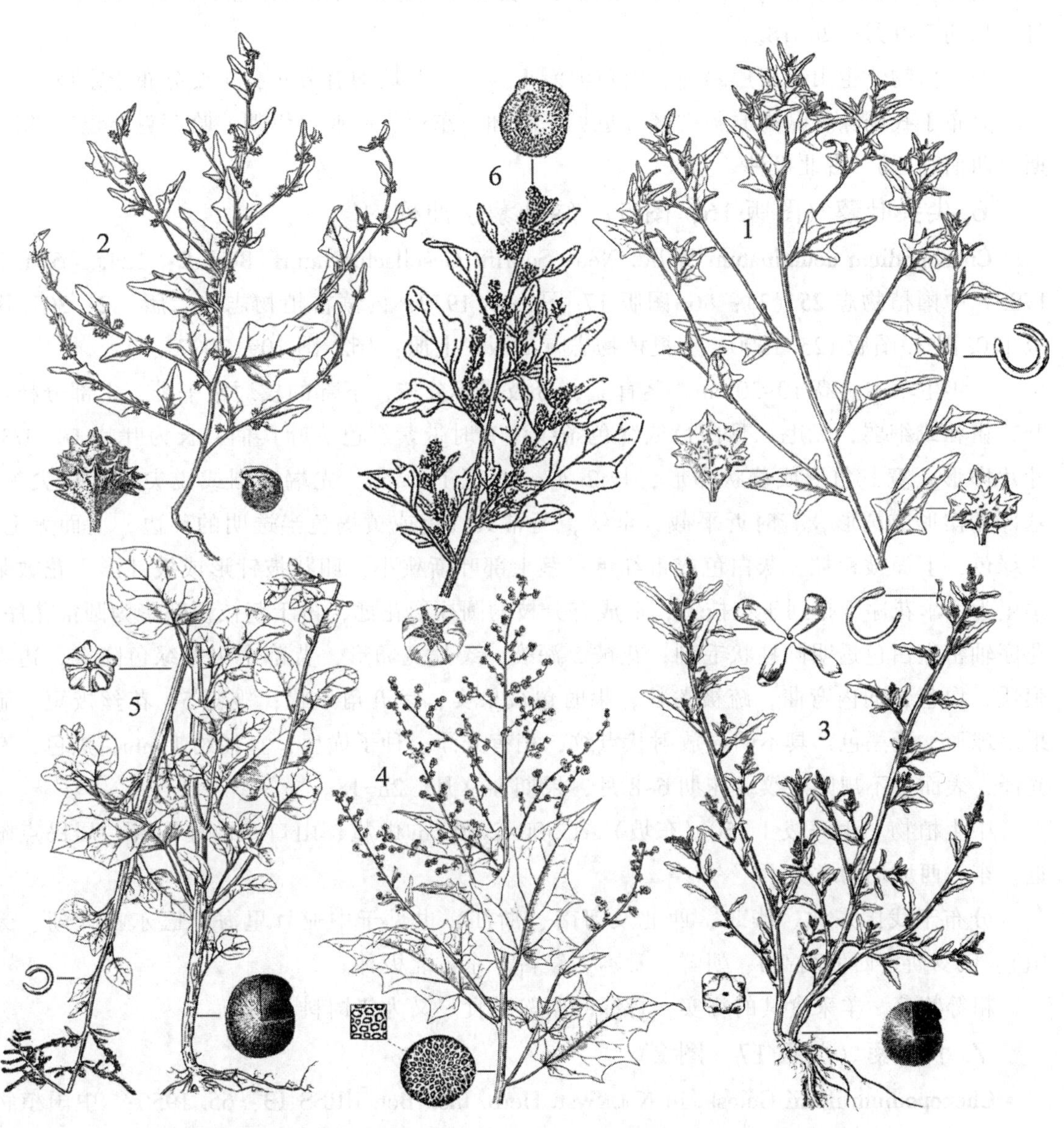

图版 16 **1. 中亚滨藜** Atriplex centralasiatica Iljin 植株一部分、具棘的苞、无棘的苞、胚；**2. 西伯利亚滨藜** A. sibirica L. 植株、苞、果实；**3. 灰绿藜** Chenopodium glaucum L. 植株、花、果实、胚；**4. 杂配藜** Ch. hybridum L. 植株上部、带花被的果、果实；**5. 尖头叶藜** Ch. acuminatum Willd. 植株、带花果实、果实、胚；**6. 平卧藜** Ch. prostratum Bunge 植株上部、果实。（1~2 张海燕绘；3~5 田虹绘；6 仿中国植物志）

端钝，淡绿色，边缘白色，微龙骨状突起，向内弯曲，被粉粒；雄蕊 5，和花被片对生，向外伸出花被；柱头 2，条形。胞果包于花被内，果皮膜质，具蜂窝状网纹。种子横生，双凸镜形，直径约 1 mm，黑色，边缘有棱，表面有清晰的六角形细洼；胚环形。花期 6~7 月，果期 7~9 月。2n=18。

中生植物。生山麓田边路旁、山口河滩上。东、西坡均有分布，主要分布于东坡。

分布于我国除青藏高原各省区，也见于欧洲、东亚、中亚（伊朗、哈萨克斯坦）、俄罗斯（西伯利亚）。古北极种。

6. 尖头叶藜（图版 16，图 5） 绿珠藜、油杓杓

Chenopodium acuminatum Willd. Neue Schrift. Gesellsch. Naturf. Berl. **2**：124. t. 5. f. 2. 1799；中国植物志 **25**（2）：86. 图版 17. 图 1~4. 1979；内蒙古植物志（二版）**2**：307. 图版 120. 图 3. 图版 125. 1990；宁夏植物志（二版）**上册**：162. 图 109. 2007.

一年生草本。高 10~30 cm。茎直立，分枝或不分枝，下部的枝通常平卧，上部分枝斜升，粗壮或细弱，无毛，具白色或绿色条纹，有时带紫红色。叶具柄，长为叶片 1/2~1/3；叶片卵形、宽三角形或菱状卵形，长 2~4 cm，宽 1~3 cm，先端钝圆或锐尖，具短尖头，基部宽楔形或圆形，有时近平截，全缘，通常具红色或黄褐色半透明的环边，上面无毛，淡绿色，下面被粉粒，灰白色或带红色；茎上部叶渐狭小，卵状披针形或披针形。花数朵集生为团伞花序，排列于花枝上，形成有分枝的圆柱形花穗，再于茎枝顶部聚为圆锥花序；花序轴密生白色透明圆柱状毛刺；花被 5 深裂，裂片宽卵形，背部中央具绿色隆脊，边缘膜质，白色，向内弯曲，疏被粉粒，果时包被果实，呈五角星状；雄蕊 5，花丝极短。胞果扁球形，近黑色，具不明显放射状点纹，稍有光泽。种子横生，直径约 1 mm，黑色，有光泽，表面有不规则点纹。花期 6~8 月，果期 8~9 月。2n=18。

中生植物。生海拔 1 150（东坡）~1 500~2 300 m 山麓、山口、山地沟谷、居民点附近。东、西坡均为常见。

分布于我国东北、华北、西北及河南、浙江，也见于中亚（里海、巴尔喀什湖、天山）、俄罗斯（西伯利亚）、朝鲜、日本、蒙古。东古北极种。

粗等牧草。羊采食其的籽实，青绿时骆驼稍食。又为猪饲料。

7. 小白藜（图版 17，图 2）

Chenopodium iljinii Golosk. in Not. Syst. Herb. Inst. Bot. URSS **13**：65. 1950； 中国植物志 **25**（2）：92. 图版 1. 图 8~9. 1979；内蒙古植物志（二版）**2**：307. 图版 120. 图 9. 图版 124. 1990；宁夏植物志（二版）**上册**：163. 图 110. 2007.

一年生草本。高 10~25 cm。茎平卧或斜升，有时无主茎，多分枝，枝细长，无尾，具条纹，黄绿色，老时变紫红色或灰白色，密被白色粉粒。叶具短柄，柄长 2~8 mm；叶片三角状卵形或卵状戟形，近基部具 1 对浅钝侧裂片，长 5~12 mm，宽 4~8 mm，先端钝或锐尖，基部宽楔形，上面光滑或疏被白色粉粒，下面密被粉粒，灰绿色，上部叶较小，卵

形或矩圆形。花少数集成近球形团伞花序，腋生或顶生，组成端穗状或疏散的圆锥花序；花被5裂，裂片宽卵形或椭圆形，被粉粒，背部中央绿色，较厚，呈龙骨状凸起，边缘膜质，先端钝或微尖；雄蕊5，超出花被；柱头2。胞果深棕褐色，果皮薄，初期被小泡状突起。种子横生，凸镜形，顶茎扁，直径约0.8 mm，边缘具钝棱，黑色，有光泽，表面有不明显放射状沟纹；胚环形。花果期7~8月。

盐生旱中生植物。生山麓盐碱地及草原化荒漠群落中，也进入山地开阔沟谷。东、西坡均有分布。

分布于我国内蒙古（西部）、宁夏、甘肃、青海、新疆、四川（西北部），也见于中亚(天山)、俄罗斯（西伯利亚南部）、蒙古（西部）。亚洲中部种。

8. 平卧藜（图版16，图6）

Chenopodium prostratum Bunge in Acta Hort. Petrop. **10**（2）：594. 1889；中国植物志 **25**（2）：90. 图版20. 图3~4. 1979；宁夏植物志（二版）**上册**：161. 2007.

一年生草本。高10~25 cm。茎平卧或斜升，多分枝，有钝棱，具绿色色条。叶柄长1~3 cm，细瘦；叶片卵形至宽卵形，通常3浅裂，长1~2 cm，宽8~15 mm，先端钝或急尖，有短尖头，侧裂片位于叶片中部，或稍下，钝而全缘，具明显基分三出脉，基部宽楔形，中裂片全缘，很少微有圆齿，上面灰绿色，无粉或稍有粉粒，下面苍白色，有密粉粒。花数个簇生，于小分枝上排列成短于叶的腋生圆锥状花序；花被片通常为5，较少为4，卵形，先端钝，背面微具纵隆脊，边缘膜质，黄色，果时通常闭合；雄蕊与花被同数，花药超出花被；柱头2（3），丝形。胞果扁球形，果皮膜质，黄褐色，与种子贴生。种子横生，双凸镜形，直径1~1.2 mm，黑色，稍有光泽，表面具蜂窝状细洼。花果期7~8月。

中生植物。生海拔1 400~1 950 m山地沟谷、居民点附近。仅见东坡苏峪口沟。

分布于我国内蒙古（中、西部)、河北（北部)、甘肃、青海（西部)、新疆、四川（西北部)、西藏，也见于俄罗斯（西伯利亚南部)、蒙古。亚洲中部种。

青鲜时为猪饲料。

9. 东亚市藜（亚种）（图版17，图3）

Chenopodium urbicum L. subsp. **sinicum** Kung et G. L. Chu in Acta Phytotax. Sin. **16**：121. 1978； 中国植物志 **25**（2）：93. 图版16. 图1~3. 1979；内蒙古植物志（二版）**2**：311. 图版120. 图10. 图版126. 1990；宁夏植物志（二版）**上册**：163. 2007.

一年生草本。高30~80 cm。茎粗壮，直立，淡绿色，具条棱，无粉，无毛，不分枝或上部分枝。叶具长柄，长2~4 cm，叶片菱形或菱状卵形，长5~12 cm，宽4~9 cm，先端锐尖，基部宽楔形，边缘有不整齐的粗大锯齿，有时仅近基部生1对较大裂片，裂片自基部分生3条明显的叶脉，两面绿色，无毛；上部叶较狭，锯齿较小。花序圆锥状，顶生或腋生，花两性兼有雌性；花被3~5裂，花被片狭倒卵形，先端钝圆，基部合生，背部稍肥厚，黄绿色，边缘膜质淡黄色，果时通常开展；雄蕊5，不超出花被；柱头2，较短。胞果

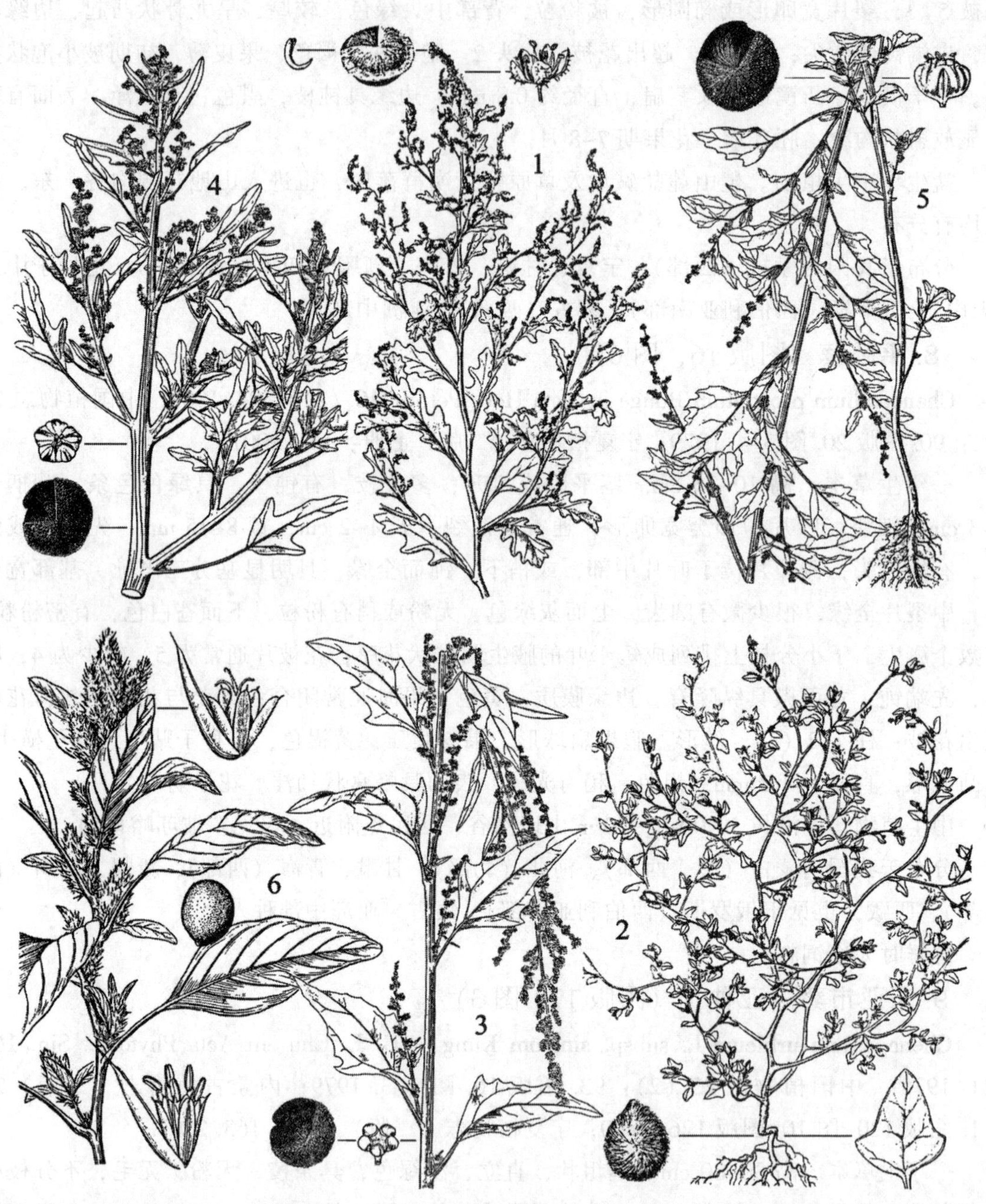

图版 17 1. **菊叶香藜** Chenopodium foetidum Schrad. 植株、花、果实、胚；2. **小白藜** Ch. iljinii Golosk. 植株、叶、果实；3. **东亚市藜** Ch. urbicum L. subsp. sinicum Kung et G. L. Chu 植株上部、花、果实；4. **小藜** Ch. serotinum L. 植株上部、花 5. **藜** Ch. album L. 植株、花、果实；6. **反枝苋** Amaranthus retroflexus L. 植株、雄花、雌花、种子。（1~2、6 马平绘；3~5 田虹绘）

小，双凸镜形，果皮薄，黑褐色，表面有颗粒状突起。种子横生，稀直立，直径 0.5~0.7 mm，红褐色，边缘锐，有清晰的点纹。花期 8~9 月，果期 9~10 月。2n=18，36。

中生植物。生海拔 1 600~2 300 m 山地沟谷、路旁、居民点附近。见东坡苏峪口沟、汝箕沟；西坡哈拉乌沟。

分布于我国东北、华北及内蒙古、陕西、宁夏、山东、江苏，目前尚无国外分布报道，为市藜的地理分布亚种。

本亚种与正种的区别在于：叶菱形至菱状卵形，近基部的 1 对锯齿较大呈裂片状；花序以顶生穗状圆锥花序为主；花被裂片 3~5，狭卵形；种子横生、斜生及直立，直径 0.5~0.7 mm，边缘锐，表面点纹清晰。

饲料用途同藜。

10. 藜（图版 17，图 5）白藜、灰菜

Chenopodium album L. Sp. Pl. 219. 1753；中国植物志 **25**（2）：98. 图版 19. 图 1~4. 1979；内蒙古植物志（二版）**2**：314. 图版 120. 图 1； 图版 129. 1990；宁夏植物志（二版）**上册**：164. 2007.

一年生草本。高 30~120 cm。茎直立，粗壮，圆柱形，具条棱，有红色或紫色的条纹，嫩时被白色粉粒；多分枝，枝斜升或开展。叶具长柄；叶片菱状卵形至卵状三角形，有时上部的叶呈狭卵形或披针形，长 3~6 cm，宽 2~5 cm，先端钝或尖，基部楔形，边缘具不整齐的波状牙齿，或缺刻，稀近全缘，上面深绿色，无粉，下面灰白色或淡紫色，密被粉粒。花两性，每 8~15 朵花或更多聚成团伞花簇，花簇排成腋生或顶生的圆锥花序；花被裂片 5，宽卵形至椭圆形，被粉粒，背部中央具纵隆脊，边缘膜质，先端钝或微凹；雄蕊 5，伸出花被外，花柱短，柱头 2。胞果椭圆形或近圆形稍扁，果皮薄，和种子紧贴。种子横生，双凸镜形，直径 1~1.3 mm，光亮，近黑色，表面有不明显的沟纹及点洼；胚环形。花期 8~9 月，果期 9~10 月。2n=18，36，54。

中生植物。生海拔 1 150（东坡）~1 500~2 300 m 山麓、山口、沟谷、居民点附近。东、西坡均有分布。

分布于全国各省（区），也广布于世界各国。世界种。

粗等牧草。为猪的饲料，终年可利用，生饲或煮后喂，牛亦乐食，骆驼、羊利用较差，干枯后也食。全草及果实入药，能止痢、止痒，主治痢疾腹泻、皮肤湿毒搔痒。

二一、苋科 Amaranthaceae

一年生或多年生草本，稀灌木。茎直立或平卧。单叶，互生或对生，有柄，全缘或具不明显锯齿，无托叶。花小，两性，稀为单性或杂性，簇生于叶腋成穗状或圆锥状花序，有时为头状；苞片 1，小苞片 2，干膜质；花被片 3~5，刚硬或干膜质状，雄蕊 3~5，与花

被片对生，花丝离生或合生成杯状或管状，有或无退化雄蕊；胚珠1至多数，子房上位，1室，心皮2~3，合生，柱头短或长，柱头头状或2~3裂。果实为胞果，稀为浆果或小坚果，包于花被内或附于花被上。种子直立，两面凸形，有光泽，种皮脆硬；胚环状或马蹄铁形，胚乳粉质。

贺兰山有1属，1种。

1. 苋属 Amaranthus L.

一年生草本。叶互生，有柄。花小，单性，雌雄同株或异株，或为杂性；花簇生于叶腋或顶生，再集合成直立或下垂的圆锥状穗状花序；花被片5，稀4，膜质宿存；雄蕊5或1~4，离生；子房卵形，花柱短或缺，柱头2~3，钻形或条形，胚珠1，直立。胞果侧扁，盖裂或不裂。种子球形，双凸镜状，光亮，平滑，胚环状。

贺兰山有1种。

1. 反枝苋（图版17，图6）西风谷、野苋

Amaranthus retroflexus L. Sp. Pl. 991. 1753；中国植物志 **25**（2）：208. 图版46. 图4~6. 1979；内蒙古植物志（二版）**2**：322. 图版132. 图1~4. 1990；宁夏植物志（二版）**上册**：167. 图113. 2007.

植株高20~80 cm。茎直立，粗壮，分枝或不分枝，淡绿色，有时具淡紫色条纹，略有钝棱，密被短柔毛。叶柄长3~5 cm，有短柔毛，叶片椭圆状卵形或菱状卵形，长5~10 cm，宽2~5 cm，先端锐尖或微缺，具小刺芒，基部楔形，边缘呈波状，上面绿色，无毛，下面灰绿色，边缘和脉上有细毛，叶脉隆起。顶生及腋生圆锥花序，由多数穗状花序组成，顶生花穗较侧生者长；穗轴有毛，苞片及小苞片锥状，长4~6 mm，远较花被长1~2倍，先端针芒状，背部具隆脊，边缘透明膜质；花杂性，绿白色；花被片5，矩圆形或倒披针形，长约2 mm，先端锐尖或微凹，具小芒尖，透明膜质，有绿色隆起的中肋；雄蕊5，长于花被。胞果扁卵形，环裂。种子扁球形，直径约1 mm余，黑色有光泽。花期7~8月，果期8~9月。2n=34。

中生植物。生山麓、山口、沟谷及居民点附近。东、西坡均有分布。

分布于我国东北、华北、西北及河南。产于热带美洲，现广布于世界各地。世界种。

嫩茎叶可食；为良好的养猪养鸡饲料；植株可做绿肥。全草入药，能清热解毒、利尿止痛、止痢，主治痈肿疮毒、便秘、下痢。

二二、马齿苋科 Portulacaceae

肉质草本，稀半灌木。单叶互生或对生，全缘；托叶干膜质，有时呈毛状或缺。花两

性，辐射对称，成多种花序；萼片常 2，离生或基部与子房合生；花瓣常 4~5，稀为多数，离生或基部稍连合；雄蕊和花瓣同数而对生，着生花瓣与花盘上；子房上位或下位，少半下位，1 室。特立中央胎座或基生胎座，胚珠多数，半倒生，花柱单生，柱头 2~9。蒴果膜质，盖裂或 2~3 瓣裂，稀不开裂，种子多数，稀为 2，有粉质胚乳。

贺兰山有 1 属。

1. 马齿苋属 Portulaca L.

一年生或多年生肉质草本，平卧地面。单叶互生或近对生，扁平或圆柱形，花单生或簇生于枝顶，具数枚叶状总苞。萼片 2，下部与子房合生；花瓣 4~6，离生或下部连合；雄蕊 4 至多数；子房半下位，1 室，含多数胚珠。蒴果，盖裂，种子肾形或圆形，扁平，具疣状突起，光亮。

贺兰山有 1 种。

1. 马齿苋（图版 18，图 1）马齿草、马苋菜、胖娃娃菜

Portulaca olcracea L. Sp. Pl. 445. 1753；内蒙古植物志（二版）**2**：327. 图版 134A. 1990；中国植物志 **26**：37. 1996；宁夏植物志（二版）**上册**：174. 图 116. 2007.

一年生肉质草本，全株光滑无毛。茎平卧或斜升，长 10~25 cm，多分枝，淡绿色或红紫色。叶柄短粗，叶扁平，肥厚肉质，倒卵状或匙形，长 6~20 mm，宽 4~10 mm，先端圆钝，平截或微凹，基部宽楔形，全缘，中脉微隆起。花小，无枝，3~5 朵簇生于枝顶，直径 4~5 mm，苞片 2~6，叶状，近轮生；萼片 2，对生，盔形，左右压扁，长约 4 mm，先端急尖，背部具龙骨状隆脊；花瓣 5，黄色，倒卵形或倒心形，顶端微凹，较萼片长；雄蕊通常 8，稀多数，长约 12 mm，花药黄色；雌蕊 1，子房半下位，1 室，花柱比雄蕊稍长，柱头 4~6 裂，条形。蒴果卵球形，长约 5 mm，盖裂，细小。种子多数，黑色，有光泽，扁球性，具小疣状凸起。花期 7~8 月，果期 8~10 月。2n=54。

中生植物。生山麓、山口等水分条件较好地段。东、西坡均有分布，东坡更为常见。

分布于我国南北各省区，也广布全世界温带和热带地区。泛热带种。

全草入药，能清热利湿、凉血解毒、利尿，主治细菌性痢疾、急性胃肠炎、急性乳腺炎、痔疮出血、尿血、赤白带下、蛇虫咬伤、疔疮肿毒、急性湿疹、过敏性皮炎、尿道炎。可作土农药，用来杀虫、防治植物病害。嫩茎叶可作蔬菜，也可作饲料。

二三、石竹科 Caryophyllaceae

草本，少半灌木。茎节部常膨大，具关节。单叶对生，全缘，基部常多少合生，托叶膜质或缺。花常两性，稀单性，辐射对称，集成聚伞花序或聚伞圆锥花序，稀单生，有时

为头状，具闭锁受精的花；萼片5（4），宿存，离生或合生；花瓣5（4），稀无花瓣，瓣片全缘或分裂；雄蕊10，2轮，稀5或2；雌蕊由2~5心皮合生，子房上位，3室，或基部1室，上部3~5室，特立中央胎座或基生胎座，花柱2~5条，胚珠1至多数。蒴果顶部瓣裂或齿裂，裂齿数与花柱同数或为其2倍，很少为瘦果或浆果。种子弯生，多数或少数，凹陷处通常有种脐，表面具颗粒状、线状或疣状凸起，胚环形或半圆形，围在胚乳外。

贺兰山有11属，27种。

分属检索表

1. 叶有膜质托叶，一年生或二年生小草本；花瓣5；蒴果 ………………………… 1. 牛漆姑草属 Spergularia
1. 无托叶。
  2. 萼片离生，稀基部合生；花瓣近无爪，稀无花瓣；雄蕊常周位生，稀下位生。
    3. 花二型，茎上部的花受精后不结实，茎下部的闭锁花无花瓣能结实；植株具块根 ………………………………………………………………………………… 2. 孩儿参属 Pseudostellcria
    3. 花不为二型；植株无块根。
      4. 蒴果瓣先端2裂。
        5. 花瓣先端全缘或近于全缘；种子周边有小瘤状突起，种脐无种阜 ………… 3. 蚤缀属 Arenaria
        5. 花瓣先端深2裂至浅2裂，稀多数或无花瓣。
          6. 花柱5，稀3~4，蒴果常10齿裂 ……………………………………………… 4. 卷耳属 Cerastium
          6. 花柱3，稀2，蒴果4~6瓣裂 ……………………………………………………… 5. 繁缕属 Stellaria
      4. 蒴果瓣先端不2裂；花柱2（3）；蒴果有种子1~2粒 ……………………… 6. 薄蒴草属 Lepyrodiclis
  2. 萼片合生；花瓣常有爪；雄蕊下位生。
    7. 花萼外有明显的肋棱；蒴果为1室或不完全的2~3室。
      8. 蒴果基部1室，果裂齿为10，花柱为5 ………………………………… 7. 女娄菜属 Melandrium
      8. 蒴果基部数室，果裂齿6，花柱3~5 ……………………………………………… 8. 麦瓶草属 Silene
    7. 花萼外无肋棱；蒴果为1室。
      9. 花萼上脉与脉间呈膜质，下面无苞片 ……………………………………… 9. 丝石竹属 Gypsophila
      9. 花萼全部草质。
        10. 花萼管状或钟状，无角棱；花萼下有苞片 ……………………………… 10. 石竹属 Dianthus
        10. 花萼基部膨大，先端狭窄，具五角棱；花萼下无苞片 ………………… 11. 王不留行属 Vaccaria

1. 牛漆姑草属 Spergularia（Pers.）J. et C . Presl 拟漆姑属

矮小草本。叶条形，常簇生于叶腋而似轮生；托叶小，膜质。花腋生或单歧聚伞花序；萼片5；花瓣5，花白色或粉红色，全缘，稀无花瓣；雄蕊10或较少；雌蕊3心皮合生，子房1室，含多数胚珠，花柱3。蒴果3瓣裂。种子多数，细小，扁平，边缘具翅或无翅。

贺兰山有1种。

1. 牛漆姑草（图版 18，图 2）拟漆姑

Spergularia salina J. et C. Presl，Fl. Cechica 95. 1819；内蒙古植物志（二版）**2**：330. 图版 134B. 图 6~10. 1990；中国植物志 **26**：59. 1996；宁夏植物志（二版）**上册**：176. 图 117. 2007. ——*S. marina*（L.） Griseb. Spicil. Fl. Rumel. **1**：213. 1843. ——*Arenaria rubra* L. var. *marina* L. Sp. Pl. 423. 1753.

一年生草本。高 5~20 cm。主根短，侧根多数，呈须状，淡褐黄色。茎铺散，丛生多分枝，具节，下部平卧，无毛，上部稍直立，密被柔毛。叶稍肉质，条形，长 5~25 mm，宽 1~1.5 mm，先端钝，且突尖，基部渐狭，全缘，近无毛，有时顶部叶稍被腺毛；托叶膜质，三角形，长 1.5~2 mm，基部合生。总状聚伞花序生枝顶端；花梗长 1~2 mm，被腺柔毛；萼片卵状披针形，长约 3 mm，宽约 1.6 mm，先端钝，背部被腺柔毛，具白色宽膜质边缘；花瓣淡粉紫色或白色，短圆形，长约 2 mm；雄蕊 5，子房卵形，稍扁；花柱 3。蒴果卵形，长约 4 mm，先端锐尖，3 瓣裂。种子近卵形，长 0.5~0.7 mm，褐色，稍扁，多数无翅，只基部少数周边具宽膜质翅。花期 6~7 月，果期 7~9 月。2n=18，36。

盐中生植物。生海拔 2 000 m 以下沟谷、盐化的水边湿地。见东坡大水沟；西坡哈拉乌北沟。

分布于我国东北、华北、西北及内蒙古、山东、江苏、河南、四川、云南，广布于欧亚、北美、南美、温带地区。南北温带种。

2. 孩儿参属 Pseudostellaria Pax 假繁缕属

多年生草本，具纺锤形或球形块根。茎直立或斜升，有时匍匐。叶对生，卵状披针形至条状披针形，具明显中脉。花两型，茎顶端的花较大，常不结实，萼片 4~5，花瓣 4~5，比萼片大，先端全缘或凹缺，雄蕊 8~10；花柱 3；茎下部的花小，为闭锁花，结实；萼片 4~5，花瓣无或小，雄蕊 10 或无，花柱 1~2，子房含多数胚珠。蒴果稍肉质，2~3 瓣裂。种子具瘤状突起或平滑。

贺兰山有 4 种。

分种检索表

1. 种子表面乳突先端具刚毛或锚状刚毛。
  2. 种子表面乳突先端具细刚毛；叶片两面被毛或近无毛，中上部叶卵形或长卵形，具长柄，柄长 3~10 mm；花基数 4，花柱 2 ………………………………………………… 1. 贺兰山孩儿参 **P. helanshanensis**
  2. 种子表面被锚状刚毛；叶片两面无毛，中上部叶披针形、倒披针形或狭长圆形，具短柄，花基数 4~5，花柱 2~3 ………………………………………………………………… 2. 石孩儿参 **P. rupestris**
1. 种子表面乳突先端无刚毛。
  3. 植株高 15~20 cm；花瓣顶端 2 裂；果期茎顶两对叶接近成轮生状，叶片较大，长 2~4 cm，宽 1~1.5 cm ………………………………………………………………… 3. 孩儿参 **P. heterophylla**

3. 植株高 5~10 cm；花瓣全缘；果期茎顶两对叶远离不成轮生状，也不增大，叶片较小，长 6~20 mm，宽 4~7 mm ………………………………………………………………………… 4. 矮小孩儿参 **P. heterantha**

1. 贺兰山孩儿参（图版 18，图 3）

Pseudostellaria helanshanensis W. Z. Di et Y. Ren，植物分类学报 **25**（6）：478. 图 1; 1987；内蒙古植物志（二版）**2**：335. 图版 135. 图 4~6. 1990.

多年生草本。高 5~10 cm。块根单生或数个簇生，狭纺锤形，长约 1 cm。茎纤细，近四棱形，被 2 列柔毛，分枝。下部叶狭椭圆形，长 15~25 mm，宽 4~6 mm，先端锐尖，基部渐狭成柄，两面被毛或近无毛；中上部叶卵形或宽卵形，长 1~2.5 cm，宽 6~15 mm，顶端 4 枚近轮生，先端急尖，基部楔形或宽楔形，边缘粗糙，无纤毛；叶柄长 3~10 mm，疏被柔毛。开花受精花单生枝端，不育；花梗细长，疏被柔毛；萼片 4，狭椭圆形，长约 3 mm，宽约 1.5 mm，背面中脉疏被柔毛，边缘狭膜质，有时疏被毛；花瓣 4，白色；雄蕊 8，子房卵形，花柱 2；闭花受精花单生叶腋，可育；花梗纤细，长 5~20 mm，疏被柔毛；萼片同形，窄小，无花瓣；雄蕊 2。蒴果近球形，长约 4 mm，4 瓣裂，具数粒种子。种子近肾圆形，长约 1.5 mm，深棕色，表面具乳突，突起顶端具短细刚毛。花期 6~7 月。果期 7~8 月。

耐阴中生植物。生海拔 2 800~3 000 m 云杉林下及沟谷水边湿地。见贺兰山主峰下，西侧水磨沟。

贺兰山为该种模式产地。模式标本系任毅（Y. Ren）No. 0051，1985 年 8 月 22 日采自内蒙古贺兰山水磨沟海拔 2 850 m 水沟边。

分布于陕西（太白山）、河南（罗浮山）。为贺兰山–太白山–罗浮山种。

根入药，功效同孩儿参。

2. 石孩儿参（图版 18，图 5）

Pseudostellaria rupestris（Turcz.） Pax in Engl. et Prantl，Nat. Pflanzenfam. ed. 2. Aufl. **16c**：318. 1934；内蒙古植物志（二版）**2**：335. 图版 135. 图 7~8. 1990；中国植物志 **26**：72. 图版 14. 图 7~8. 1996. ——*Krascheninnikovia rupestris* Turcz. in Fl. Baic. - Dahur. **1**：238. 1842. —— *Pseudostellar terminalis* W. Z. Di et Y. Ren，西北大学学报 **17**（2）：42. 图 1. 1987.

多年生草本。高约 10 cm。地下茎横走，节部生块根，块根纺锤形，单生或 2~3 个，长约 10 mm。茎斜升，细弱，单一或上部分枝，无毛或被 1 列短毛。叶披针形、倒披针形或狭矩圆形，长 1~3 cm，宽 3~8 mm，两面无毛，或边缘被缘毛，先端急尖，基部渐狭成柄。开放花顶生，不育；花梗纤细，长 1.5~2.5 cm，被 1 列短毛；萼片 4~5，矩圆状披针形，长约 4 mm，宽约 1 mm，边缘狭膜质，无毛或沿脉被疏毛；花瓣 4~5，白色，椭圆形，比萼片长 1/3 左右，全缘或先端微凹，基部渐狭成爪；雄蕊 8~10，与花瓣近等长；子房卵形，花柱（2）3。闭锁花小，生于腋生分枝的顶端，可育；萼片4，狭卵形，长约2 mm，宽约1 mm；花瓣无；雄蕊2；子房卵形，花柱2。蒴果卵圆形，长约4 mm，直径约3 mm，2或3瓣裂。种子卵圆形，长约1.5 mm，表面被锚状刚毛，锚状钩刺1~4个。花期6~7月，果期7~8月。

耐阴中生植物。生海拔2 700~3 400 m云杉林下、林缘及沟谷水边。仅见西坡哈拉乌北沟、水磨沟。

分布于吉林（长白山）、青海（东北部），也见于俄罗斯（西伯利亚、远东）、蒙古、日本。东古北极种。

块根亦可入药，功效同孩儿参。

3. 孩儿参（图版18，图4）太子参、异叶假繁缕

Pseudostellaria heterophylla（Miq.）Pax in Engl. et Prantl，Nat. Pflanzenfam. 2. Aufl. **16c**：318. 1934；内蒙古植物志（二版）**2**：335. 图版136. 图3~4. 1990；中国植物志 **26**：67. 图版14. 图3~4. 1996. ——*Krascheninnikovia heterophylla* Miq. in Ann. MUS. Bot. Lugd- Batav. **3**：187. 1867.

多年生草本。高15~20 cm。块根纺锤形，具须根，淡灰黄色。茎直立，纤细，柔弱，通常单生，具2行纵向短柔毛。茎中下部叶倒披针形，长2~3 cm，宽2~6 mm，茎顶端2对，花期披针形，花后渐增大成宽卵形，成轮状平展，先端渐尖，基部宽楔形或渐狭，全缘，两面无毛，叶柄长1~3 mm。普通花，顶生或腋生1~3朵，花梗纤细，被柔毛；萼片5，狭披针形，长约5 mm，先端渐尖，背面疏被柔毛，边缘宽膜质；花瓣5，矩圆形或倒卵形，长约7 mm，顶端2裂，基部渐狭成短爪；雄蕊10，短于花被；子房卵形，花柱3；闭锁受精，花具短梗，生茎下部叶腋，萼片4，疏生多细胞毛，无花瓣。蒴果卵球形，含几粒种子；顶端3齿裂或不裂。种子肾形，长约1.5 mm，黑褐色，有乳突。花期5~7月，果期7~8月。

耐阴中生植物。生海拔2 300~2 500 m山地草甸或林下。仅见西坡哈拉乌北沟。

分布于我国东北（南部）、华北、华东、华中及内蒙古、四川，也见于朝鲜、日本。东亚（中国—日本）种。

块根入药（药材名：太子参），能益气生津、健脾，主治肺虚咳嗽、心悸、口渴、脾虚泄泻、食欲不振、肝炎、神经衰弱、小儿病后体弱无力、自汗、盗汗。本种可引种推广。

4. 矮小孩儿参（图版18，图6）假繁缕、异花孩儿参

Pseudostellaria heterantha（Maxim.）Pax in Engl. et Prantl，Nat. Pflanzenfam. ed 2. Aufl. **16c**：318. 1934；中国植物志 **26**：72. 1996. ——*P. maximowicziana*（Franch. et Sav.）Pax in Engl. et Prantl，Nat. Pflanzenfam. ed 2. **16c**：318. 1934；内蒙古植物志（二版）2：338. 图版136. 图5，6. 1990；中国植物志 **26**：73. 1996.——*Krascheninnikovia heterantha* Maxim. in Bull. Acad. Sci. St.-Petersb. **18**：376. 1873. ——*K. maximowicziana* Franch. et Sav. Enum. Pl.

Japon. **2**：297. 1876-79.

多年生草本。高 5~10 cm。块根纺锤形，单生，有多数分枝细根。茎单一，直立，具 2 列柔毛，中部有分枝。中部以下叶披针形或卵状披针形，长 10~25 mm，宽 6~10 mm，两面无毛，先端渐尖，基部渐狭成短柄，柄上被柔毛。普通花单生，顶生或腋生；花梗细长，长约 3 cm，被一列柔毛；萼片披针形，长 3~4 mm，绿色，边缘膜质，背面被柔毛；花瓣 5，白色，矩圆状披针形，长 5~6 mm，全缘，先端钝或急尖；雄蕊 10，比花瓣稍短，花药紫色；子房卵形，花柱 2~3。闭锁受精花生于茎下部叶腋，稍小；花梗短，有毛，萼片 4，披针形，长 2~3 mm。蒴果略长于萼。种子肾形、稍扁，表面具乳突。花期 5~6 月，果期 6~7 月。

耐阴中生植物。生海拔 2 300 m 左右山地林下或灌丛中。仅见西坡哈拉乌北沟。

分布于河北、陕西、青海、安徽、河南、四川、云南、西藏（东部），也见于俄罗斯(远东)、日本。东亚（中国-日本）种。

块根亦可入药，功效同孩儿参。

P. heterantha 与 *P. maximowicziana* 没有多大差别，《中国植物志》虽按两种处理，但特征相同，仅指出一个花瓣倒卵形，为萼片长的 1.5 倍，一个倒披针形，长于萼片，相差甚微，而实际没有区别。

3. 蚤缀属 Arenaria L.

一年生或多年生草本。茎直立，多丛生。单叶对生，全缘；无托叶。花单生或多数，常为顶生聚伞花序；萼片 5，稀 4；花瓣 5，稀 4，白色，全缘或微凹；雄蕊 10，稀 8，较少，着生于环状花盘上；子房 1 室，多数胚珠，花柱 3，稀 2。蒴果卵形，短于宿存萼，稀等长或较长，裂瓣为花柱同数或 2 倍。种子肾形或近圆卵形，侧扁，具瘤状突起或平滑，无种阜。

贺兰山有 2 种。

分种检索表

1. 植株垫状；基部木质化；叶顶端刺状，线状钻形，长 0.5~1.5 cm …………………… 1. 高山蚤缀 **A. meyeri**
1. 植株密丛状；仅根部木质化；叶顶端不为刺状，线形，长 1~4 cm ………………… 2. 美丽蚤缀 **A. formosa**

1. 高山蚤缀（图版 19，图 4）麦氏蚤缀、点地梅蚤缀

Arenaria meyeri Fenzl in Ledeb. Fl. Ross. **1**：368. 1842；内蒙古植物志（二版）**2**：339. 图版 137. 图 5~6. 1990. ——*A. androsacea* Grub. in Not. Syst. Herb. Inst. Acad. Sci. URSS **17**：12. 1955；中国植物志 **26**：183. 1996.

多年生草本。高 3~7 cm，垫状。直根，粗壮，径达 1 cm，黄褐色，顶端具多数木质

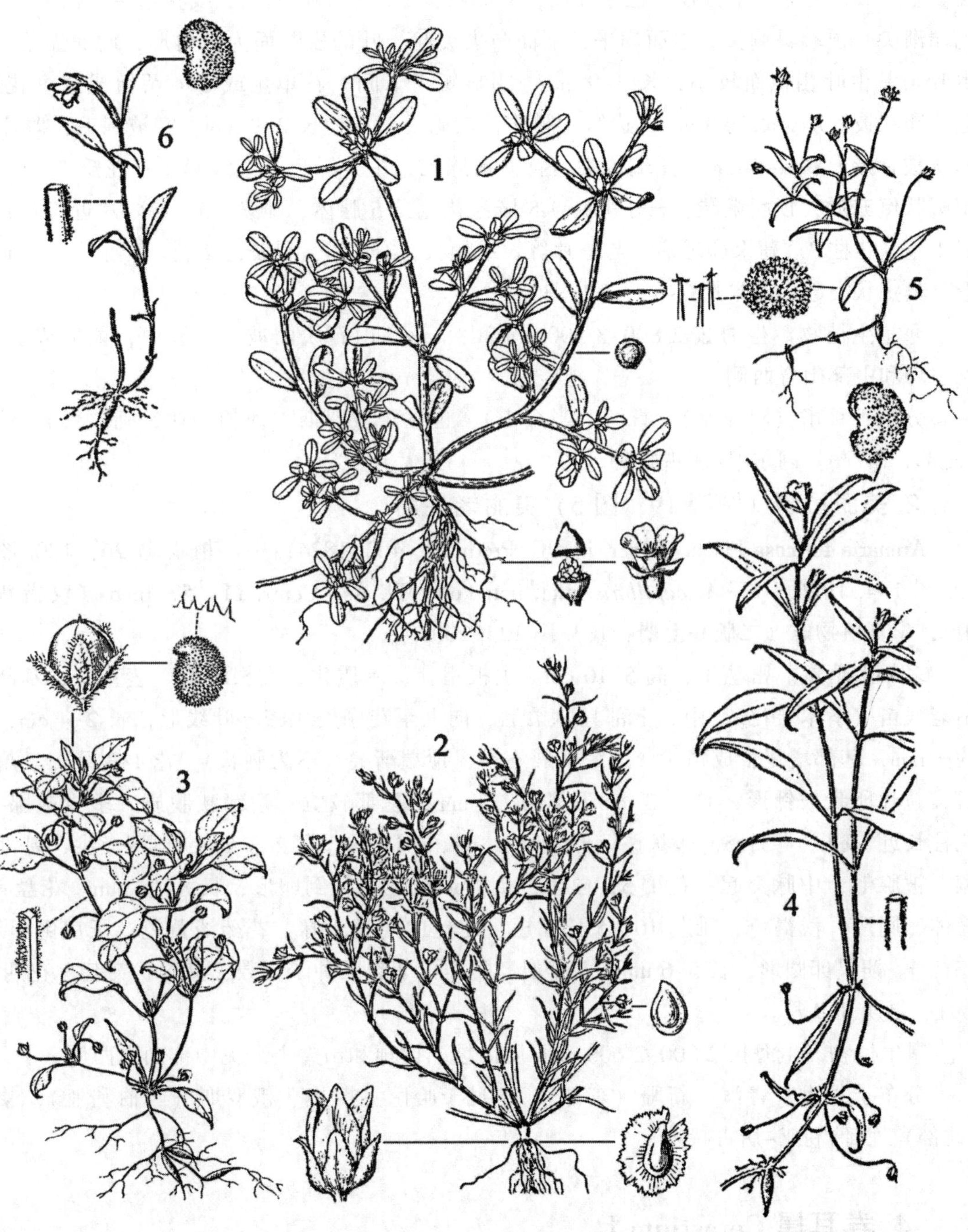

图版 18　1. 马齿苋 Portulaca olcracea L. 植株、花、蒴果（盖裂）、种子；2. 牛漆姑草 Spergularia salina J. et C. Presl 植株、花、具翅种子、无翅种子；3. 贺兰山孩儿参 Pseudostellaria helanshanensis W. Z. Di et Y. Ren 植株、果实、种子；4. 孩儿参 P. heterophylla（Miq.）Pax 植株、种子；5. 石孩儿参 P. rupestris（Turcz.）Pax 植株、种子；6. 矮小孩儿参 P. heterantha（Maxim.）Pax 植株、种子。（马平绘）

枝。茎多数，直立，不分枝或花序分枝，上部被腺毛。基生叶丛生，线状钻性，长 1~2 cm，先端渐尖，顶端具刺尖，上面扁平，下面中央突起，叶的横断面为三角形，两面无毛；茎生叶与基生叶相似而较小，长 3~9 mm，明显短于节间。花单生或 2~4 朵组成聚伞花序；苞片卵状披针形，长约 3 mm，边缘宽膜质，被腺毛；花梗长 2~9 mm，密被腺毛；萼片 5，卵状披针形，长 4~5 mm，先端锐尖，背面被腺毛，中央绿色，边缘膜质；花瓣 5，白色，矩圆状倒卵形，顶端微缺，长于萼片 1.5 倍；花盘具 5 腺体；雄蕊 10，与萼片近等长；子房 1 室，花柱 3。蒴果卵球形，与萼片等长或稍长，3 瓣裂，裂瓣再 2 裂。种子多数，近卵形，具疣状突起。花果期 7~8 月。2n=30。

寒旱生植物。生海拔 2 800~3 500 m 高山、亚高山石质山坡和石缝中，能形成层片。见主峰和中部山脊西侧。

分布于甘肃（阿克塞）、青海（当金山），也见于俄罗斯（西伯利亚、阿尔泰）、蒙古（北部、西部）。阿尔泰–唐古特种。

2. 美丽蚤缀（图版 19，图 5）美丽老牛筋

Arenaria formosa Fisch. ex Ser. in DC. Prodr. 1：402. 1824；中国植物志 **26**：180. 图版 39. 图 1~4. 1996. —— *A. capillaris* auct. non Poir：Pl. Asi. Centr. **11**：57. p. p.（仅指贺兰山）；宁夏植物志（二版）**上册**：183. 图 123. 2007.

多年生草本。密丛生，高 5~10 cm。主根粗壮，木质化，支根纤细。茎直立，基部具枯老残苗（不木质化），中、上部具脉柔毛，向上至花序处尤密。叶线形，长 2~4 cm，宽约 1 mm，基部增宽合成鞘状，边缘平展不卷，顶端渐尖（不为刺状）。花 1~3 朵，呈聚伞状；苞片卵状披针形，长 2~3 mm，宽约 1.5 mm，基部较宽，边缘狭膜质，多少被腺毛；花柱长近 1 cm；萼片 5，卵状披针形至卵形，长 5~6 mm，宽 2~3 mm，顶端极尖，基部较宽，被腺毛，中脉突起；花瓣 5，白色，倒卵形至矩圆状倒卵形，长 8~10 mm。花盘具 5 腺体，圆形，浅褐色；雄蕊 10，5 长 5 短，花丝中间具 1 脉，花药淡黄色；子房倒卵形，花柱 3。蒴果卵圆形，长 5~6 mm，3 瓣裂，裂瓣再 2 裂。种子多数，具瘤状突起。花期 6~7 月，果期 8~9 月。

旱生植物。生海拔 2 200~2 600 m 石质山坡、山顶和山脊上。见中部山脊两侧。

分布于甘肃、青海、新疆（东部），也见于哈萨克斯坦、俄罗斯（西伯利亚）、蒙古（北部）。西伯利亚–唐古特种。

4. 卷耳属 Cerastium L.

一年生或多年生草本，被柔毛或腺毛，叶对生，卵形、长椭圆形至披针形。二歧聚伞花序顶生；萼片 5，稀生，离生；花瓣 5，稀 4，白色，顶端 2 裂，稀全缘或微缺；雄蕊 10，稀 5；子房 1 室，具多数胚珠；花柱 5，稀 3，与萼片对生。朔果圆柱形，伸出宿存花

萼外，顶端裂齿数为花柱数的 2 倍。种子多数，稍扁，常具瘤状突起。

贺兰山有 3 种。

分种检索表

1. 花瓣等于或短于萼片；多年生或一、二年生草本 …………………………… 1. 簇生卷耳 C. vulgatum
1. 花瓣明显长于萼片，最长为萼的 1 倍以上；多年生草本。
  2. 植株矮小，密丛生，高 5~12 cm；须根，无根茎；花瓣长为萼的 1.2~1.5 倍 ··· 2. 小卷耳 C. pusillum
  2. 植株略高大，疏丛生，高 10~30 cm；直根，具根茎；花瓣长为萼的 1.5~2 倍 ······ 3. 卷耳 C. arvense

1. 簇生卷耳（图版 19，图 1）

Cerastium vulgatum L. Fl. suec. ed. **2**：158. 1755 et Sp. Pl. ed. **2**：627. 1764； Pl. Asi. Centr. **11**：46. 1994. —— *C. caespitosam* Gilib. Fl. Lithuan **2**：159. 1781， ——*C. triviale* Link Enum Pl. Hort. Berol. **1**：433. 1821. ——*C. fontanum* Baumg. subsp. *triviale*（Link） Jalas in Ann. Soc. Zool. -Bot. Fenn. Vanamo **18**：63. 1936；中国植物志 **26**：86. 图版 20. 图 1~6. 1996.

多年生草本，有时为一年生或二年生，高 15~30 cm。茎近直立，单一或簇生，具纵向沟棱，密被白色短柔毛，上部常混生腺毛。叶无柄，卵形或卵状披针形，长 1~3 cm，宽 3~10 mm，先端急尖，基部渐狭，全缘，两面密被柔毛，下面中脉稍凸起。二歧聚伞花序顶生；苞片叶状，卵状披针形；花序轴与花梗密生长腺毛，花梗长 5~10 mm，花后达 20 mm，下垂；萼片 5，矩圆状披针形，长 5~6 mm，背面密生腺毛，边缘膜质；花瓣 5，白色，倒卵状矩圆形，比萼片稍短，先端 2 浅裂，无毛；雄蕊 10；子房宽卵形；花柱 5。蒴果圆柱形，长约 10 mm，为宿存萼的 2 倍，膜质，有光泽，10 齿裂。种子卵球形，长约 0.8 mm，棕色，表面具小瘤状突起。花期 6~7 月，果期 7~8 月。

中生植物。生海拔 2 000~2 500 m 山地沟谷，河边湿地。见东坡苏峪口沟、黄旗沟；西坡哈拉乌北沟。

分布于内蒙古、河北、山西、甘肃、青海、新疆、河南、江苏、浙江、安徽、福建、湖北、湖南、四川、云南，也广布于北半球温寒带及亚热带、热带山地。泛北极种。

过去一些文献将该种具腺毛的类群定名为腺毛簇生卷耳 *C. caespitosum* Gilib. var. *glandulosun* Wirtgen，Fl. Preuss. Reinl.（315. 1870），《亚洲中部植物》及《中国植物志》均没涉及该变种。我们认为原本该种就有腺毛（像形态描述中记载那样），这一变种仍是晚出异名；如果正种确实无腺毛或腺毛很少，需成立一个变种，那么也应将变种学名改为 *C. vulgatum* L. var. *glandulosum*（Wirtgen） Mihi（Comb nov.）。

2. 小卷耳（图版 19，图 2）山卷耳

Cerastium pusillum Ser. in DC. Prodr. **1**：418. 1824；中国植物志 **26**：90. 图版 22. 图 1~6. 1996.

多年生草本。高 5~12 cm。须根纤细。茎丛生，直立，密被柔毛。茎下部叶较小，匙状，顶端钝，基部渐狭成短柄状，被长柔毛；茎上部叶稍大，长圆形至卵状椭圆形，长 5~15 mm，宽 3~7 mm，顶端钝，基部钝圆或楔形，两面均密被白色柔毛，边缘具缘毛，下面中脉明显。聚伞花序顶生，具 2~7 朵花；苞片草质；花梗细，长 5~8 mm，密被腺毛，花后常弯垂；萼片 5，披针状矩圆形，长 5~6 mm，下面密被柔毛，顶端两侧宽膜质，有时带紫色；花瓣 5，白色，距圆形，为萼片长的 1.2~1.5 倍，基部稍狭，顶端 2 裂至 1/4，花柱 5，线形。蒴果圆柱形，10 齿裂。种子褐色，扁圆形，具疣状凸起。花期 7~8 月，果期 8~9 月。

中生植物。生海拔 2 800~3 200 m 亚高山灌丛草甸中。见主峰及中部山脊。

分布于甘肃（祁连山）、青海、新疆（天山）、云南（维西），也见于俄罗斯（西伯利亚）、蒙古。西伯利亚—亚洲中部高山种。

《内蒙古植物志》（二版）（**2**：375. 图版 150. 图 6~8. 1990）所描述和绘图标本系错误鉴定。其根系特点、植株高度，茎丛生状况都应是卷耳 *C. arvense* L.。

3. 卷耳（图版 19，图 3）

Cerastium arvense L. Sp. Pl. 438. 1753；内蒙古植物志（二版）**2**：371. 图版 150. 图 1~3. 1990；Pl. Asi. Centr. **11**：41. 1994； 宁夏植物志（二版）**上册**：181. 图 121. 2007.

多年生草本。高 10~30 cm。根状茎细长，淡黄白色，节部有鳞叶与须根。茎直立，疏丛生，密生短柔毛，上部混生腺毛。叶条状披针形或矩圆状披针形，长 1~2.5 cm，宽 2~5 mm，先端急尖，基部楔形抱茎，两面被柔毛，有时混生腺毛。二歧聚伞花序顶生，具 3~7 花；苞片叶状，卵状披针形，密被腺毛；花梗和总花轴密被腺毛，花梗长 6~10 mm，花后延长达 20 mm，上部常下垂；萼片 5，披针形，长 5~6 mm，先端稍尖，边缘膜质，背面密被腺毛；花瓣 5，白色，倒卵形，为萼片长的 1~1.5 倍，顶端 2 裂；达 1/3，雄蕊 10，比花瓣短；子房宽卵形，花柱 5。蒴果圆柱形，长约 1 cm，长于宿存萼 1/3，10 齿裂，麦秆黄色，有光泽。种子圆肾形，稍扁，褐色，表面被小瘤状突起。花期 5~7 月，果期 7~8 月。2n=36，38。

中生植物。生海拔 2 000~2 500 m 山地沟谷、河边湿地。见东坡苏峪口沟、黄旗沟；西坡哈拉乌沟、水磨沟、南寺沟、雪岭子等。

分布于我国华北、西北及内蒙古、四川（西北部），也广布欧亚、北美大陆温寒带地区。泛北极种。

5. 繁缕属 Stellaria L.

一年生或多年生草本。茎铺散、簇生或斜升。叶对生，多形，常全缘。顶生聚伞花序，稀单生叶腋；萼片 5，稀 4，宿存；花瓣 5，稀 4，白色，先端 2 深裂，稀多裂或微凹，有

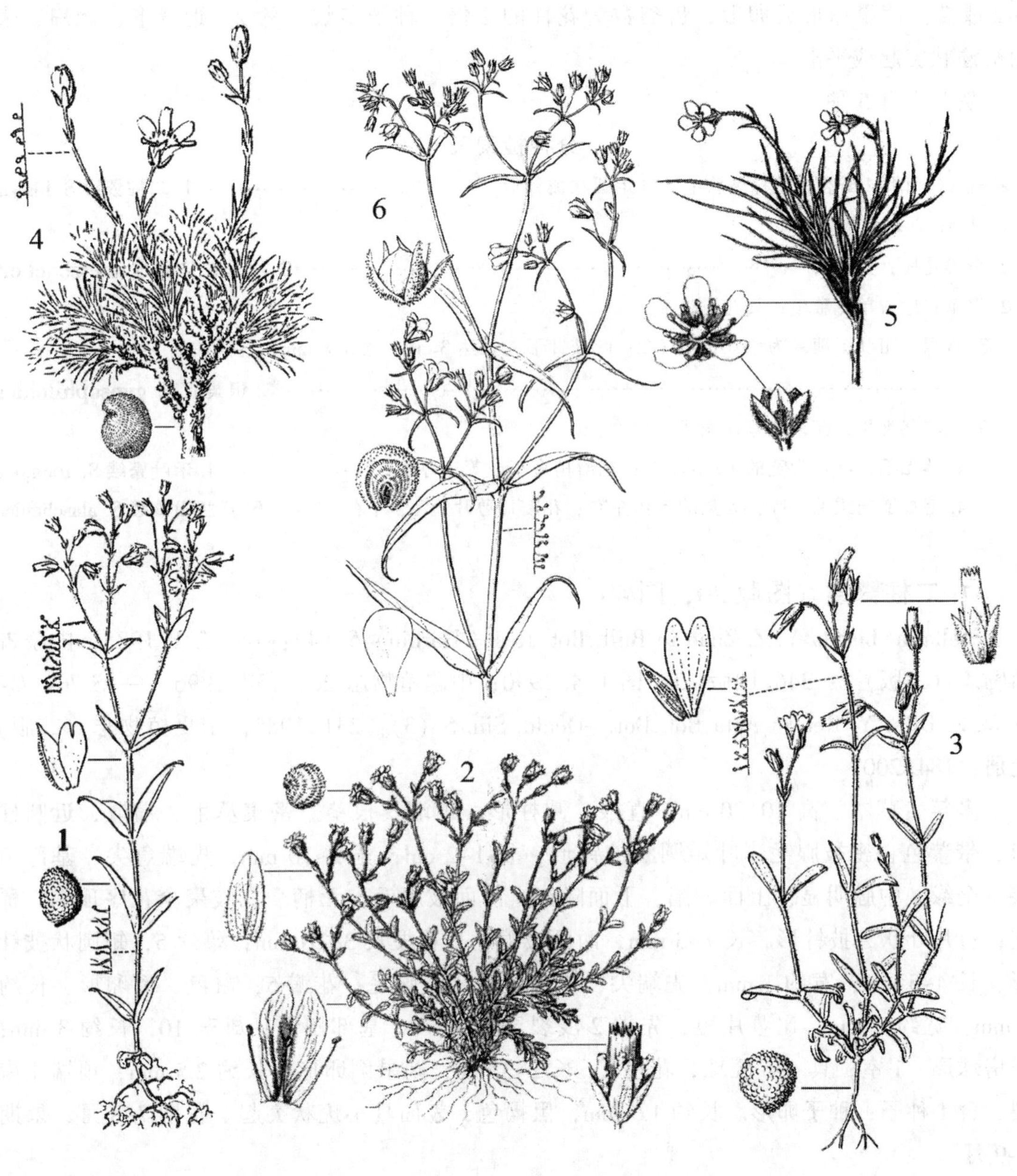

图版 19　**1. 簇生卷耳** Cerastium vulgatum L. 植株、萼片与花瓣、种子；**2. 小卷耳** C. pusillum Ser. 植株、萼片、花瓣、果实、种子；**3. 卷耳** C. arvense L. 植株、萼片与花瓣、果实、种子；**4. 高山蚤缀** Arenaria meyeri Fenzl 植株、种子；**5. 美丽蚤缀** A. formosa Fisch. ex Ser. 植株、萼、花；**6. 薄蒴草** Lepyrodiclis holosteoides（C. A. Mey.）Fisch. et Mey. 植株、花瓣、果实、种子。（1、3~4 马平绘；2、5 引自中国植物志稍作修改）

时无花瓣；雄蕊10，有时较少（8或2~5）；子房1室；花柱3，很少2或4，胚珠多数，1~2成熟。蒴果球形或卵形，齿裂数为花柱的2倍。种子多数，稀2。近肾形，微扁，表面被瘤状突起或平滑。

贺兰山有5种。

分种检索表

1. 花柱2；蒴果4瓣裂，植株被腺毛；叶矩圆状披针形 ……………………………… **1. 二柱繁缕 S. bistyla**

1. 花柱3；蒴果6瓣裂。

  2. 伞形花序；无花瓣 ……………………………………………………………… **2. 小伞花繁缕 S. merzbacheri**

  2. 聚伞花序或单花腋生；具花瓣。

    3. 直根，粗壮；蒴果为萼片长的1/2；叶披针形，长达3 cm，宽3~8 mm；茎圆柱形 ………………………………………………………………………………… **3. 银柴胡 S. gypsophiloides**

    3. 根状茎细长；蒴果比萼片长或近相等。

      4. 茎无毛；叶长为宽的10倍左右；花瓣稍短于或等于萼片 ………………… **4. 禾叶繁缕 S. graminea**

      4. 茎被逆向柔毛；叶长为宽的5倍左右；花瓣比萼片短1/3左右 …… **5. 贺兰山繁缕 S. alaschanica**

1. 二柱繁缕（图版20，图4）

Stellaria bistyla Y. Z. Zhao in Bull. Bot. Res.（Harbin）**5**（4）：142. f. 1. 1985；内蒙古植物志（二版）**2**：346. 图版139. 图1~4. 1990；中国植物志**26**：157. 1996. ——*S. bistylata* W. Z. Di et Y. Ren in Acta Bot. Bor. -Occid. Sin. **5**（3）：231. 1985；宁夏植物志（二版）**上册**：184. 2007.

多年生草本。高10~30 cm。直根，圆柱形，顶端具根茎。密集丛生，铺散，近圆柱形，带紫色，密被腺毛。叶矩圆状披针形，长1~2 cm，宽2~10 mm，先端急尖，基部渐狭，全缘，中脉明显，上面下陷，下面隆起，两面被腺毛，无柄。二歧聚伞花序顶生，稀疏；苞片叶状，披针形，长1~3 mm，两面被腺毛；花梗长3~20 mm；萼片5，矩圆状披针形，长4~5 mm，宽约1 mm，先端尖，边缘膜质，被腺毛；花瓣5，白色，倒卵形，长约3 mm，宽约2 mm，比萼片短，先端2浅裂至1/3~1/4，基部楔形；雄蕊10，长约3 mm；子房球形，1室，具4~5胚珠，花柱2，长2~3 mm，蒴果倒卵形，长约2.5 mm，顶端4齿裂，含1种子；种子卵形。长约1.5 mm，黑褐色，表面具小疣状突起。花期7~8月；果期8~9月。

旱中生植物。生海拔2 000~2 800 m的沟谷石缝中或云杉林缘。见东坡苏峪口沟、小口子、黄旗沟、贺兰沟；西坡哈拉乌北沟、岔沟等。

贺兰山为其模式产地。模式标本系马毓泉（Y. C. Ma）No. 131，1963年7月27日采自贺兰山岔沟海拔2 600 m岩石缝中。

为贺兰山特有种。

2. 小伞花繁缕（图版 20，图 2）

Stellaria merzbacheri Ju. Kozhevn. in Novit. Syst. Pl. vasc. **20**：105. 1983；Pl. Asi. Centr. **11**：34. 1994 . ——*S. parvi-umbellata* Y. Z. Zhao in Act. Sci. Nat. Univ. Intramongol . **20**（2）：226. fig. l. 1989；内蒙古植物志（二版）**2**：352. 图版 141. 图 1~5. 1990；中国植物志 **26**：144. 1996. syn. nov. ——*S. umberllata* auct. non Turcz. : Z. Y. Zhao in Bull. Bot. Res.（Harbin）**5**（4）：144. 1985；宁夏植物志（二版）**上册**：185. 2007.（仅贺兰山）

多年生草本。高 5~8 cm。根状茎细，具密被鳞片和须根，茎单一，被柔毛。叶无柄，卵状披针形或卵圆形，长 5~11 mm，宽 2~4 mm，先端渐尖，基部合生，抱茎，下部边缘具缘毛，两面无毛，中脉明显凸起。聚伞花序伞形，顶生，基部具 2 苞片；花梗纤细，长短不一，长 3~25 mm，无毛，基部有 2 枚白色膜质卵状椭圆形小苞片；苞片卵形，白色，膜质；花梗纤细，长短不一，长 3~25 mm，无毛，茎部有 2 枚膜质卵状椭圆形小苞片；萼片 5，卵状披针形，长 2.5~3 mm，先端渐尖，边缘膜质，背面具 3 脉，无毛；无花瓣；雄蕊 10，短于萼片；子房卵圆形，花柱 3。蒴果矩圆状卵形，长约 3.5 mm，稍长于宿存萼，先端 6 瓣裂。种子椭圆形，黑褐色，长约 0.7 mm，宽约 0.3 mm，压扁，表面微具皱纹。花果期 6~7 月。

湿中生植物。生海拔 2 900 m 左右山地沟谷溪边湿地。仅见西坡黄土梁。

分布于陕西（太白山）、甘肃（祁连山）、青海（东北部）、新疆（天山）。青藏高原外缘山地种。

S. merzbacheri Ju. Kozhevn. 与 *S. parvi-umbellata* Y. Z. Zhao 特征相同。后者应为晚出异名，《内蒙古植物志》和《中国植物志》均没收或没有注意到这个模式采自中国新疆天山特格达山的种（Regel s. n. 26–29Vlll 1908，Type LE）。

3. 银柴胡（图版 20，图 3）沙地繁缕

Stellaria gypsophiloides Fenzl in Ledeb. Fl. Ross. **1**：380. 1842；内蒙古植物志（二版）**2**：356. 图版 144. 图 1~2. 1990.——*S. dichotoma* L. var. *lanceolata* Bunge Fl. Alt. Suppl. 34. 1836；内蒙古植物志（二版）**2**：358. 图版 144. 图 5. 1990；中国植物志 **26**：120. 1996. 宁夏植物志（二版）**上册**：189. 2007.

多年生草本。全株呈球形，高 15~30 cm。主根粗壮，圆柱形，直径约 1 cm，灰黄褐色。茎多数丛生，由基部开始多次二歧式分枝，被短柔毛，节部膨大。叶无柄，披针形或矩圆状披针形，长 5~25 mm，宽 2~5 mm，先端渐尖，基部圆形或近心形，稍抱茎，全缘，两面被柔毛，有时近无毛，下面主脉隆起。二歧聚伞花序顶生，具多数花；苞片和叶同形而较小，长 3~8 mm；花梗纤细，长 8~16 mm；萼片矩圆状披针形，长 3.5~5 mm，宽约 1.5 mm，先端钝或尖，膜质边缘稍内卷，背面被短柔毛，有时近无毛；花瓣白色，近椭圆形，长 4 mm，2 裂至中部，具爪；雄蕊 10，5 长，5 短，基部稍合生；子房宽倒卵形，花柱 3。蒴果宽椭圆形，长约 3 mm，直径约 2 mm，全部包藏在宿存花萼内，6 裂齿，含种子 1，稀 2~3；果

梗下垂，长达 25 mm。种子宽卵形，长 1.8~2.0 mm。褐黑色，表面具小瘤状突起。花果期 6~8 月。

旱生植物。生海拔 1 400~2 100 m 山口，浅山丘的宽谷河滩上。见东坡大水沟、石炭井；西坡哈拉乌沟。

分布于内蒙古、陕西（北部）、宁夏（北部）、甘肃（中北部），也见于蒙古。蒙古种。

该种应独立成种，它与叉歧繁缕 *S. dichotoma* L. 不仅在叶、苞片、萼片的形状、长度不同外，还基本上不具腺毛。

根供药用，为中药"银柴胡"的正品，能清热凉血，主治阴虚潮热、久疟、小儿疳热。

4. 贺兰山繁缕（图版 20，图 1）

Stellaria alaschanica Y. Z. Zhao in Acta Sci. Nat. Univ. Intramongol. **13**（3）：283，284（Pl）. 1982；内蒙古植物志（二版）**2**：364. 图版 146. 图 7~8. 1990；中国植物志 **26**：142. 1996.

多年生草本。高 5~15 cm。茎细弱，多分枝，弯曲，密集丛生，四棱形，被倒生柔毛，叶腋常生不育的短枝。叶条形或披针状条形，长 5~20 mm，宽 1~2.5 mm，先端渐尖，基部渐狭，边缘具缘毛，下面中脉凸起。聚伞花序顶生，通常有花 1~3 朵；苞片卵状披针形，长 1.5~3 mm，边缘宽膜质，中部绿色；花梗纤细，长 7~15 mm，无毛；萼片 5，卵状披针形，长约 3 mm，宽约 1.2 mm，先端渐尖，边缘膜质，无毛，中脉明显；花瓣 5，白色，长约 2 mm，短于萼片 1/3，2 深裂达基部，裂片矩圆状条形，先端稍钝，基部渐狭；雄蕊 10，略长于花瓣；花柱 3，长约 1 mm。蒴果矩圆状卵形，长约 4 mm，比宿存萼长 1 倍，成熟时黄绿色。种子多数，宽卵形或近圆形，微扁，长 0.5~0.8 mm，棕褐色，近平滑。花期 7 月，果期 8 月。

旱中生植物。生海拔 2 500~3 100 m 山地云杉林下和石质山坡及灌丛下。见主峰下和中段山脊。

贺兰山是其模式产地。模式标本系马毓泉（Y. C. Ma）No. 140，1962 年 8 月 10 日采自贺兰山 2 500 m 青海云杉林下。

分布于甘肃（祁连山）、青海（东北部、祁连山）。国外尚无报道。贺兰山–唐古特种。

5. 禾叶繁缕（图版 20，图 5）

Stellaria graminea L. Sp. Pl. 422. 1753；内蒙古植物志（二版）**2**：368. 图版 148. 图 4~6. 1990；中国植物志 **26**：129. 图版 28. 图 5~8. 1996.

多年生草本。高 10~30 cm，全株无毛。茎细弱，丛生，近直立，具 4 棱。叶无柄，条形或披针状条形，长 1.5~4 cm，宽 1~3 mm，先端尖，基部渐狭，中脉 1 条，下面隆起，边缘近基部有疏缘毛，中脉不明显，下部叶腋具不育枝。聚伞花序顶生或腋生，分枝，有时具少数花；苞片披针形，长约 2 cm，膜质，边缘膜质，中脉明显；花梗纤细，长 1~2.5 cm；萼片狭披针形，长约 4 mm，具 3 脉，绿色，有光泽，先端渐尖；花瓣 2~5，白色，稍短于萼片，2 深裂；雄蕊 10；子房卵状圆形，花柱 3。蒴果卵状短圆形，明显长于宿存萼，6 瓣裂。种子扁圆形，栗褐色，具粒状钝突起。花期 5~6 月，果期 8~9 月。2n=26，52。

中生植物。生海拔 2 400 m 左右云杉林下或山地草甸。仅见西坡哈拉乌沟。

分布于我国华北、西北（东部）及湖北、四川、云南、西藏，广布于欧亚、北美大陆温寒地带和亚洲热带、亚热带较高山地。泛北极种。

6. 薄蒴草属 Lepyrodiclis Fenzl

一年生草本。茎铺散，分枝。叶对生，条形或披针形，具 1 条中脉；无托叶。圆锥状聚伞花序，疏松；花两性，小型萼片 5，稀 6；花瓣 5，先端深凹或全缘；雄蕊 10，稀 12~14；花柱 2，稀 3；胚珠通常 4~6。蒴果扁球形，2~3 瓣裂几达基部；具种子 1~2。种子小，种皮厚，表面具突起。

贺兰山有 1 种。

1. 薄蒴草（图版 19，图 6）

Lepyrodiclis holosteoides（C. A. Mey.）Fisch. et Mey. in Schrenk，Enum. Pl. Nov. **1**：93. 1841. in nora；内蒙古植物志（二版）**2**：376. 图版 152. 图 1~4. 1990；中国植物志 **26**：264. 图版 63. 图 1~5. 1996；宁夏植物志（二版）**上册**：179. 图 119. 2007. ——*Gouffeia holosteoides* C. A. Mey. Verz. pflanzen. cauc. 217. 1831.

一年生草本。高 30~60 cm，全株被腺毛。根纤细。茎多分枝，具纵条纹，嫩枝被毛。叶条形、条状披针形或披针形，长 2~7 cm，宽 3~6 mm，先端急尖，基部渐狭稍抱茎，上面被柔毛，具 1 条中脉，下面突起。聚伞圆锥花序顶生或腋生；花梗细长，密被腺毛；萼片 5，条状披针形或矩圆状披针形，长 4~5 mm，宽约 1 mm，先端急尖，边缘狭膜质，背面疏被腺毛；花瓣 5，白色，倒卵形，长约 6 mm，花期花瓣比花萼长，先端全缘或微凹，基部楔形；雄蕊 10，花丝基部加宽；子房卵形，花柱 2，线形。蒴果卵形，径约 3 mm，比宿存萼片短，薄膜质，2 瓣裂。种子扁，肾圆形，常 2 粒，红褐色，表面具突起。花期 6~7 月，果期 7~8 月。

中生植物。生海拔 1 800~2 000 m 山地沟谷溪水边。仅见西坡南寺沟、雪岭子沟。

分布于我国内蒙古（龙首山）、宁夏（六盘山）、陕西、甘肃、青海、新疆、四川、西藏，也见于前亚、中亚，俄罗斯（高加索、西伯利亚）、蒙古、克什米尔、印度（西北部）、尼泊尔。亚洲干旱区山地种。

全草入药，可利肺、托疮，治肺病及疽疔疮。

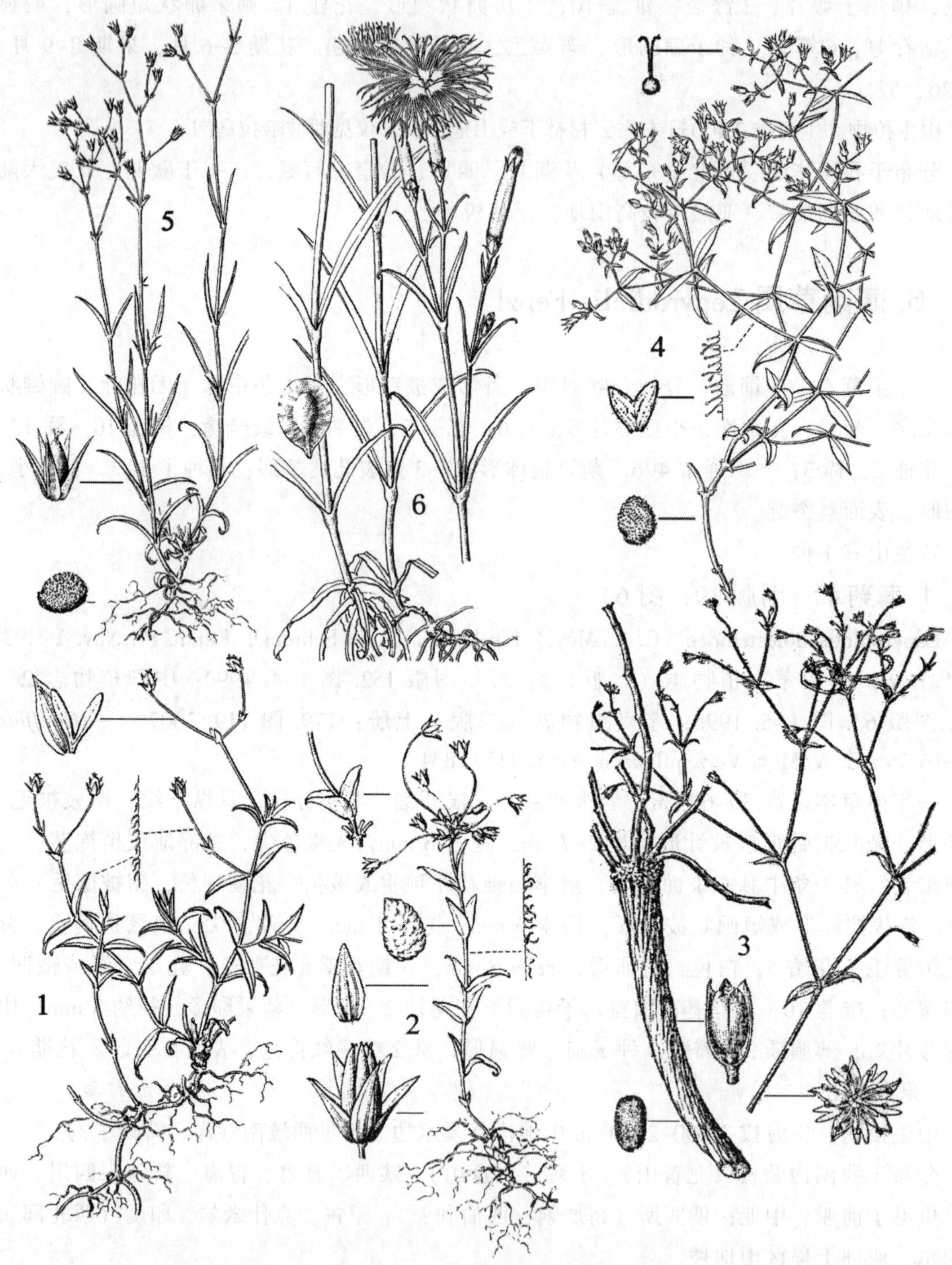

图版 20　1. 贺兰山繁缕 Stellaria alaschanica Y. Z. Zhao 植株、花瓣与萼片；2. 小伞花繁缕 S. merzbacheri Ju. Kozhevn. 植株、小苞片、萼片、果实、种子；3. 银柴胡 S. gypsophiloides Fenzl 根、植株（部分）、花、果实、种子；4. 二柱繁缕 S. bistyla Y. Z. Zhao 植株、花瓣、雌蕊、种子；5. 禾叶繁缕 S. graminea L. 植株、果实、种子；6. 瞿麦 Dianthus superbus L. 植株、种子。（1~2、4~6 马平绘；3 张海燕绘）

7. 女娄菜属 Melandrium Roehl.

一年生或多年生草本，常被柔毛或腺毛。茎单一或丛生，直立。聚伞或聚伞圆锥花序，有时单生；花两性，少单性，同株或稀异株；萼 5，筒状钟形，具 5 齿，具 10 条纵脉，脉端 2 叉分，花后常膨大；花瓣 5，具 2 裂的瓣片，具长爪，瓣片与爪间具 2 鳞片；雄蕊 10；子房 1 室，花柱 3 或 5。蒴果 1 室，具多数种子，10 或 6 齿裂。种子肾形或圆肾形，表面有小瘤状突起或翅。

《中国植物志》26 卷已将该属并入麦瓶草属 *Silene* L.，我们认为仍单分属为好。

贺兰山有 4 种。

分种检索表

1. 花瓣 2 裂。
  2. 花瓣比花萼短，内藏；萼脉黑紫色；种子表面近平滑，脊具翅。
    3. 植株矮小，高 5~20 cm，基生叶莲座状，茎生叶少或无，花茎单生，种翅平滑 ……………………………………………………………………………… 1. 耳瓣女娄菜 **M. auritipetalum**
    3. 植株较高，高 20~40 cm，基生叶花期枯萎，茎生叶发达，花成聚伞花序，种翅具瘤状突起 ……………………………………………………………………………… 2. 瘤翅女娄菜 **M. verrucosi-alatum**
  2. 花瓣与花萼近等长或稍长；萼脉绿色；种子表面具瘤状突起，无翅 ……………………………………………………………………………… 3. 女娄菜 **M. apricum**
1. 花瓣 4 裂，每裂片再 2 裂或不裂；花萼筒状，长约 10 mm；植株被腺毛 ……………………………………………………………………………… 4. 贺兰山女娄菜 **M. alaschanicum**

1. 耳瓣女娄菜（图版 21，图 1）

Melandrium auritipetalum Y. Z. Zhao et Ma f. in Acta phytotax. Sin. **27**（3）：225. 1989；内蒙古植物志（二版）**2**：385. 图版 155. 图 1~3. 1990.

多年生草本。高 5~20 cm。直根粗壮。茎直立，不分枝，数个丛生，密被倒生短柔毛。基生叶具长柄，矩圆状披针形或匙形，长 2~4 cm，宽 4~7 mm，先端钝或尖，基部渐狭，上面疏被短柔毛，下面中脉被短柔毛，边缘具缘毛；茎生叶无柄，1~2 对，条状披针形，长 2~6 cm，宽 2~5 mm。花单生茎顶，俯垂；苞片叶状，条状披针形；花梗长 3~25 mm，密被短柔毛；花萼膨大成囊状钟形，长 12~15 mm，直径 8~10 mm，外面具 10 条深紫褐色纵脉，有分枝，成网状；沿脉被倒生短柔毛，先端 5 钝裂，萼齿三角状宽卵形，边缘具纤毛；花瓣 5，瓣片紫色，先端 2 中裂，副花冠 2 鳞片，瓣爪楔形，耳卵形，下部近无毛；子房矩圆形，花柱 5。蒴果矩圆状卵形，长约 15 mm，与萼相等或稍长，顶端 10 齿裂。种子圆肾形，红棕色，表面近平滑，边缘具翅。花期 7 月，果期 7~8 月。

中生植物。生 2 800~3 400 m 亚高山高寒灌丛、草甸中。见主峰下。

贺兰山是其模式产地。模式标本系马毓泉（Y. C. Ma）No. 135，1963 年 8 月 10 日采自贺兰山 2 800~3 000 m 山地。

贺兰山特有种。

本种与分布在我国华北、西南地区的喜马拉雅女娄菜 *M. himalayense*（Rohrb） Y. Z. Zhao（=中国植物志 *Silene himalayensis*（Rohrb） Matfumdar） 十分相近，可能是这个广布种在贺兰山的特化。

2. 瘤翅女娄菜（图版 21，图 2）

Melandrium verrucosi-alatum Y. Z. Zhao et Ma f. in Acta Phytotax. Sin. **27**（3）：227. 1989；内蒙古植物志（二版）**2**：386. 图版 155. 图 4~6. 1990.

多年生草本。高 20~40 cm。直根粗壮。茎直立，密被倒生短柔毛。茎生叶 3~4 对，上部叶无柄，下部叶具长柄，矩圆状披针形或条状披针形，长 3~6 cm，宽 5~10 mm，先端尖，基部渐狭，上面近无毛或疏被短柔毛，下面中脉上被短柔毛，边缘具缘毛。花 2~4 朵或单生，着生于茎枝顶端；花梗长 1~6 cm，密被短柔毛；花萼钟形，长 9~11 mm，直径 5~7 mm，外面具 10 条紫褐色纵脉，沿脉被短柔毛，先端 5 钝裂；花瓣 5，瓣片紫色，先端 2 中裂，瓣爪白色，楔形，耳椭圆形，向前方突出，爪基部密被柔毛，副花冠小，为 2 鳞片；雄蕊 10，花丝基部密被柔毛；子房矩圆形，花柱 5。蒴果矩圆形，比萼稍长，长约 13 mm，顶端 10 齿裂。种子肾形，褐色，表面突起条纹状，边缘具宽翅，翅上具瘤状突起。花期 7 月，果期 7~8 月。

中生植物。生海拔 2 300~2 700 m 山地沟谷、林缘。见西坡哈拉乌北沟。

贺兰山是其模式产地。模式标本系雷喜亭 No. 121，1984 年 7 月 2 日采自贺兰山。

贺兰山特有种。

3. 女娄菜（图版 21，图 3）桃色女娄菜

Melandrium apricum（Turcz. ex Fisch. et Mey.）Rohrb. Monogr. Silene 231. 1868；内蒙古植物志（二版）**2**：388. 图版 156. 图 4~5. 1990；Pl. Asi. Centr. **11**：86. 1994；宁夏植物志（二版）**上册**：194. 图 131. 2007. ——*Silene aprica* Turcz. ex Fisch. et Mey. in Ind. 1. Sem. Hort. Petrop. 38. 1835；中国植物志 **26**：341. 1996.

一年生或二年生草本。高 10~40 cm，全株密被短柔毛。茎直立，基部分枝或不分枝。叶条状披针形或披针形，长 2~5 cm，宽 2~8 mm，先端急尖，基部渐狭，全缘，中脉明显；下部叶具柄，上部叶无柄。聚伞圆锥花序顶生和腋生；苞片披针形或条形，先端长渐尖，紧贴花梗；花梗直立，长短不一；萼筒椭圆形，长 6~8 mm，革质，密被短柔毛，稀被腺毛，具 10 条绿色纵脉，果期膨大呈卵形，长达 10 mm，顶端 5 裂，裂片披针状三角状，边缘膜质具缘毛；花瓣白色或粉红色，与萼近等长或稍长，瓣片倒卵形，先端浅 2 裂，基部渐狭成长爪，副花冠舌状；雄蕊不外露，花丝基部被毛；花柱 3，基部具毛。蒴果卵形，长 8~9 mm，具短柄，顶端 6 齿裂，与宿存花萼近等长。种子圆肾形，黑褐色，表面被钝的小瘤状突起。花期 5~7 月，果期 7~8 月

旱中生植物。生海拔 1 800~2 400 m 山地沟谷。见东坡苏峪口沟、黄旗沟；西坡哈拉

乌北沟、南寺雪岭子沟。

分布于我国东北、华北、西北、西南、华东，也见于俄罗斯（西伯利亚、远东）、蒙古、朝鲜、日本。东古北极种。

全草入药，能下乳、利尿、清热、凉血，也作蒙药用。

4. 贺兰山女娄菜（图版 21，图 4）贺兰山蝇子草

Melandrium alaschanicum（Maxim.）Y. Z. Zhao in Acta Sci. Nat. Univ. Intramongol **16**（4）：588. 1985；内蒙古植物志（二版）**2**：392. 图版 158. 图 4~6. 1990；宁夏植物志（二版）**上册**：194. 2007. ——*Lychnis alaschanica* Maxim. in Bull. Acad. Sci. St. –Petersb. **26**：427. 1880. ——*Silene alaschanica*（Maxim.）Bocquet in Candollea **22**：15. 1967；中国植物志 **26**：330. 1996.

多年生草本。高 30~50 cm，全株密被腺毛。茎直立，单一或数枝丛生，不分支。基生叶匙状披针形或倒披针形，长 2~7 cm，宽 3~12 mm，先端钝尖或急，基部渐狭成短柄，两面和边缘被腺毛；上部茎生叶披针形，比基生叶小，全缘，无柄。花于茎上部腋生，成稀疏的聚伞状总状花序，花梗长 1.5 cm 左右，密被腺毛，苞片狭披针形，革质；花萼筒状钟形，长约 10 mm，宽约 4 mm，密被腺毛，纵脉略绿色，被短腺毛；萼齿 5，裂片卵形，先端钝圆，边缘宽膜质，稍带紫色，长 1.5~1.8 cm，果期膨大；花瓣 4 或 5，淡紫色，2 裂；瓣爪与雄蕊基部具柔毛（两侧耳小型片状；副花冠椭圆形，具缺刻）；花柱 5；雌雄蕊柄极短。蒴果卵球形，比宿存萼稍短，10 齿裂。种子肾形，长约 1.5 mm，表面具成行的疣状突起。花期 7 月，果期 8 月。

中生植物。生 2 000 m 左右的山地沟谷河溪边湿地上，较少见。见东坡大水沟；西坡哈拉乌沟。

贺兰山是该种模式产地。模式标本系俄国人普热瓦尔斯基（N. Przewalski）s. n.， 1873 年 7 月 10 日采自贺兰山。

贺兰山特有种。

8. 麦瓶草属 Silene L.

一、二年生或多年生草本，稀半灌木。叶对生，近无柄；无托叶。花聚伞或圆锥花序，花两性，花萼合生，具 5 齿，钟形或圆筒形，具 10 至多条纵脉，通常脉纹连结成网，花瓣 5，白色，粉红色或淡黄绿色，瓣片开展，常 2 裂，下部具长爪，花冠喉部常具 2 鳞片状的副花冠；雄蕊 10，2 轮，外轮 5 较长，内轮 5 与瓣爪合生；子房基部 3~5 室，花柱 3，稀 5，胚珠多数；雌雄蕊柄较长。蒴果基部 3~5 室，上部 1 室，顶端 6 齿裂。种子肾形，表面具小瘤状突起。

贺兰山有 3 种。

分种检索表

1. 花萼密被柔毛；根茎细长 …………………………………………………………… 1. 毛萼麦瓶草 S. repens

1. 花萼无毛；直根，无根茎。

2. 花萼短圆筒形，长 10 mm 以下，直径 2~4 mm；花瓣 2 中裂（裂至 1/2）…………………………………… 2. 旱麦瓶草 S. jenisseensis

2. 花萼棍棒形，长 14~17 mm，直径 3~5 mm；花瓣 2 深裂（裂至 2/3）…………………………………… 3. 宁夏麦瓶草 S. ningxiaensis

1. 毛萼麦瓶草（图版 22，图 1）蔓麦瓶草

Silene repens Patr. in Pers. Syn. Pl. **1**：500. 1805；内蒙古植物志（二版）**2**：396. 图版 160. 图 1~4. 1990；中国植物志 **26**：291. 图版 72. 图 1~5. 1996；宁夏植物志（二版）**上册**：192. 图 131. 2007.

多年生草本。高 15~50 cm，全株被短毛。根茎细长，匍匐。茎疏丛生，直立或斜升，有分枝。叶条状披针形、披针形或倒披针形，长 2~5 cm，宽 2~10 mm，先端尖，基部渐狭，全缘，两面被短柔毛，基部边缘具缘毛，中脉明显。聚伞状圆锥花序生于茎顶；苞片叶状，披针形，花梗长 3~6 mm；萼筒形，长 12~14 mm，直径 3~5 mm，具 10 条纵脉，带紫色，密被柔毛，萼齿宽卵形，先端钝，边缘膜质，具缘毛，花瓣白色，淡黄白色或淡绿白色，瓣片开展，顶端 2 深裂，基部具长爪，副花冠鳞片状；雄蕊 10，花丝无毛；子房矩圆形，无毛，花柱 3；雌雄蕊柄被短柔毛。蒴果卵形，长 5~7 mm，比宿存花萼短。种子圆肾形，长约 1 mm，黑褐色，表面被条形细突起。花果期 6~9 月。2n=24。

中生植物。生海拔 1 800~2 900 m 山地沟谷、草甸及林缘，为习见种。东、西坡均有分布。

分布于我国东北、华北、西北及四川、西藏，也见于欧洲、中亚（天山）、西伯利亚、远东、日本、朝鲜、蒙古。古北极种。

2. 旱麦瓶草（图版 22，图 2） 麦瓶草、山蚂蚱草

Silene jenisseensis Willd. Enum. Pl. Hort. Bero1. 154. 1809；内蒙古植物志（二版）**2**：401. 图版 162. 图 1~4. 1990；中国植物志 **26**：303. 1996；宁夏植物志（二版）**上册**：190. 图 129. 2007.

多年生草本。高 20~50 cm。直根粗长，黄褐色。茎丛生，直立或近直立，无毛，基部常包被不育茎和枯黄色残叶。基生叶簇生，叶片披针状条形，长 3~5 cm，宽 1~3 mm，先端长渐尖，基部渐狭成长柄，两面无毛，边缘近基部具缘毛，中脉明显，茎生叶少数，与基生叶相似但较小。聚伞状圆锥花序顶生或腋生，具花 10 余朵；花梗长 3~6 mm，果期延长；苞片卵形，先端渐尖，边缘宽膜质，具缘毛，基部合生；花萼短筒状，长 8~9 mm，无毛，具 10 绿色纵脉，先端脉网结，脉间膜质，萼齿三角状卵形，边缘宽膜质，无毛；花瓣白色，长约 12 mm，开展，2 中裂，裂片矩圆形，爪条形，副花冠细小，椭圆形，鳞片状；雄蕊 5 长，5 短；花柱 3；雌雄蕊柄被短柔毛。蒴果卵形，长约 6 mm，比宿存

图版 21　1. 耳瓣女娄菜 Melandrium auritipetalum Y. Z. Zhao　et Ma f. 植株、花瓣、种子；2. 瘤翅女娄菜 M. verrucosi-alatum Y. Z. Zhao 植株、花瓣、种子；3. 女娄菜 M. apricum（Turcz. ex Fisch. et Mey.） Rohrb. 植株、花瓣；4. 贺兰山女娄菜 M. alaschanicum（Maxim.） Y. Z. Zhao 植株、花瓣、种子；5. 头花丝石竹 Gypsophila capituliflora Rupr. 植株、叶；6. 细叶丝石竹 G. licentiana. Hand.-Mazz. 植株、果实、种子。（马平绘）

花萼短，6齿裂。种子肾形，长约1 mm，灰褐色，被条状细突起。花期6~8月，果期7~8月。2n=24。

旱生植物。生海拔1 800~2 500 m干燥阳坡或石质山坡、沟谷石砾地，少见。见东坡苏峪口、甘沟、黄旗沟；西坡峡子沟。

分布于我国东北、华北及宁夏（中、南部）、甘肃（中部）、青海（东北部），也见于俄罗斯（西伯利亚、远东）、蒙古、朝鲜。东古北极种。

国外一些文献（如Pl. Asi. Centr. **11**：81. 1994；P. K. Chowdhuri in Not. Bot. Gard. Edinb. **22**：236. 1957）将该种学名定为*S. tenuis* Willd.（Enu. Pl. Hort. Berol. 474. 1809）经《中国植物志》26卷该属作者考证"*S. tenuis* Willd.究竟是何种植物仍在存疑"，故仍有*S. jenisseensis* Willd.。

3. 宁夏麦瓶草（图版22，图3）宁夏蝇子草

Silene ningxiaensis C. L. Tang in Acta Bot. Yunnan. **2**（4）：431. 图3. 1980；内蒙古植物志（二版）**2**：397. 图版160. 图7~10. 1990；中国植物志**26**：289. 图版71. 图7~8. 1996；宁夏植物志（二版）**上册**：191. 2007.

多年生草本。高20~45 cm。直根，粗壮，稍木质。茎疏丛生，直立，纤细，不分枝或下部分枝，上部和中部无毛，基部被粗短毛。基生叶簇生，条形，长3~5 cm，宽1~3 mm，先端渐尖，基部渐狭成柄状，两面无毛，基部边缘具缘毛；茎生叶同形，较小。花序总状，具2~5（10）花；花梗不等长，比花萼短或近等长，无毛；苞片卵状披针形，先端长渐尖，边缘下部具缘毛；花萼筒状棍棒形，长14~17 cm，宽2. 5 mm，无毛，开花后上部膨大，果时紧贴果实，具10条紫色纵脉，萼齿三角形，顶端急尖或钝，边缘近膜质，具缘毛；雌雄蕊柄无毛，长5~6 mm；花瓣白色或淡紫色，瓣爪稍外露，狭楔形，无耳，长约2 cm，2深裂达2/3，裂片矩圆形，副花冠乳头状；雄蕊外露，花丝无毛；花柱3，外露。蒴果卵形，长约8 mm，比宿存萼短，顶端6齿裂。种子三角状肾形，长约1 mm，灰褐色，表面具条形低突起，脊部具浅槽。花果期7~8月。

旱生植物。生海拔1 800~2 800 m山地林缘、灌丛或石质山坡。东、西坡均有分布。

贺兰山是该种模式产地。模式标本系夏纬英（W. Y. Hsia）No. 3925，1932年8月28日采自原宁夏（内蒙古）贺兰山。

分布于宁夏（中部山地）、甘肃（祁连山）。贺兰山-祁连山种。

9. 丝石竹属 Gypsophila L. 霞草属、石头花属

多年生或一年生草本。茎常丛生，多分枝，无毛或被腺毛。叶条形、披针形或矩圆形。花小，白色或粉红色，多数组成松散或密集的聚伞花序，有时成头状；苞片膜质或叶状；花萼通常钟形，5齿裂，5条纵脉，脉间膜质，花瓣5，白色或粉红色，顶端圆、平截或微

凹，基部渐狭，楔形；雄蕊 10；子房 1 室，有多数胚珠；花柱 2。蒴果球形或宽卵形，4 瓣裂，裂达中部或中部以下。种子圆肾形，两侧压扁，表面有小突起。

贺兰山有 2 种。

分种检索表

1. 叶丛垫状；叶三棱状条形，宽 0. 5~1 mm，花序紧实成头状 ………………… **1. 头花丝石竹 G. capituliflora**

1. 叶丛不呈垫状；叶条形，宽 1~3 mm，花序聚伞状 ……………………………… **2. 细叶丝石竹 G. licentiana**

1. 头花丝石竹（图版 21，图 5）准格尔丝石竹、头状石头花

Gypsophila capituliflora Rupr. in Osten-Sacken et Ruprecht. Sertum Tianschanicum 40. 1869；内蒙古植物志（二版）**2**：406. 图版 164. 图 1~2. 1990；中国植物志 **26**：440. 图版 114. 图 14~18. 1996. ——*G. dshungarica* Czerniak. in Not. Syst. Herb. Hort. Bot. Petrop. **3**：130. 1922.

多年生草本，基部具致密的叶丛，垫状，全株光滑无毛，高 10~30 cm。直根，粗壮。茎多数，不分枝或少分枝，叶近三棱状条形，近肉质，长 1~2 cm，宽 0. 5~1 mm，先端尖，具 1 条中脉，于背面突起。花多数，密集成头状聚伞花序；苞片膜质，卵状披针形，先端渐尖；花梗长 1~2 mm；花萼钟形，长 3~5 mm，具 5 条紫色纵脉，萼齿裂至中裂，三角形，长约 1. 5 mm，先端尖，边缘膜质；花瓣淡紫色或粉白色，长约 7 mm，倒披针形，先端微凹，基部楔形；雄蕊与花瓣等长或稍短；花柱 2。蒴果矩圆形，与宿存萼近等长。种子球形，暗紫色，具扁平小瘤。花期 7~9 月，果期 9 月。

旱生植物。生海拔 1 200（东坡）~1 800~2 500 m 石质山坡。见东坡苏峪口沟、黄旗沟、汝箕沟；西坡哈拉乌北沟、叉沟、强岗岭、南寺沟等。

分布于我国内蒙古、宁夏、甘肃、新疆，也见于中亚（天山）阿富汗、蒙古（阿尔泰、戈壁阿尔泰）。亚洲中部种。

2. 细叶丝石竹（图版 21，图 6）细叶石头花、尖叶石头花

Gypsophila licentiana Hand.-Mazz. in Oesterr. Bot. Zeitschr. **82**：245. 1933；内蒙古植物志（二版）**2**：406. 图版 164. 图 3~5. 1990；中国植物志 **26**：440. 图版 114. 图 9~13. 1996；宁夏植物志（二版）**上册**：198. 2007. ——*G. acutifolia* auct. non Fisch. ex Spreng：中国高等植物图鉴补编 **1**：336. 1982.

多年生草本。高 25~50 cm，全株光滑无毛。直根，粗壮。茎细，多数，上部多分枝。叶条形，长 1~3 cm，宽 1~2 mm，先端具骨质尖，基部渐狭，边缘粗糙，基部联合成短鞘，具一条中脉，下面突起。花多数，密集成紧密的聚伞花序；花梗长 2~3 mm，苞片卵状披针形，膜质，先端渐尖；花萼狭钟形，长 3~4 mm，具 5 条深紫色的纵脉，脉间膜质，齿裂达中部，齿卵状三角形，先端尖，边缘宽膜质；花瓣白色或淡粉色，长为萼的 2 倍，倒披针形，先端微凹，基部楔形；雄蕊稍短于花瓣；花柱 2。蒴果卵形，长与宿存花萼近相

等或稍短，4 瓣裂。种子黑色，圆肾形，表面具疣状突起。花期 7~9 月，果期 9 月。

旱生植物。生海拔 1 400~2 300 m 石质山坡、沟谷斜坡、林缘石质地。仅见东坡苏峪口沟、黄旗沟、插旗沟。

分布于我国内蒙古（南部）、河北、山西、陕西（北部）、宁夏、甘肃、青海、山东、河南、四川。为我国特有。华北种。

10. 石竹属 Dianthus L.

多年生植物，稀一年生。根粗壮。茎多丛生，圆柱形，有关节，节部膨大，叶条形或披针形，脉平行，基部微合生。花淡红色、红色、紫色或白色，单生或成聚伞花序，围以总苞；萼下苞片 1~4 对，鳞片状或叶状；萼圆筒形，5 齿裂，具多条纵脉；花瓣 5，具长爪，瓣片上缘具牙齿或成流苏状细裂，稀全缘；雄蕊 10；子房 1 室，花柱 2 条；具长雌雄蕊柄。蒴果圆筒形或卵形，顶端 4 齿裂或瓣裂。种子多数，近圆形或盾形，黑色，表面被细突起。

贺兰山有 1 种。

1. 瞿麦（图版 20，图 6）洛阳花

Dianthus superbus L. Fl. Suec. ed. **2**：146. 1755；内蒙古植物志（二版）**2**：410. 图版 165. 图 1~2. 1990；中国植物志 **26**：424. 图版 111. 图 1~5. 1996；宁夏植物志（二版）**上册**：197. 图 136. 2007.

多年生草本。高 30~50 cm。茎丛生，直立，无毛，上部稍分枝。叶条状披针形或条形，长 3~8 cm，宽 3~6 mm，先端渐尖，基部成短鞘状围抱节上，具缘，中脉在下面凸起。聚伞花序顶生，花少数，稀单生，苞片 4~6，倒卵形，长 6~10 mm，宽 4~5 mm，先端骤凸；萼圆筒形，长 2.5~3 cm，直径约 4 mm，常带紫色，具多数纵脉，萼齿 5，披针形，长 4~5 mm，先端渐尖；花瓣 5，淡紫红色，稀白色，长 4~5 cm，瓣片边缘成流苏状细裂，基部有须毛，喉部具丝毛状鳞片。蒴果圆筒形，包于宿存萼内，与萼等长或稍长。种子扁卵形，长约 2 mm，黑色，有光泽，边缘具翅。花果期 7~9 月。

中生植物。生海拔 1 900~2 800 m 山地沟谷、林缘、灌丛下。东、西坡中段均有分布。

分布于我国东北、华北、西北、华东（中、北部）及河南、湖北、四川、贵州，也见于欧洲（中、北部）、中亚（天山）、俄罗斯（高加索、西伯利亚、远东）、蒙古、日本、朝鲜。古北极种。

地上部分入药（药材名：瞿麦），能清湿热、利小便、活血通经，主治膀胱炎、尿道炎、泌尿系统结石、妇女经闭、外阴糜烂、皮肤湿疮。亦入蒙药（蒙药名：高要–巴沙嘎），能凉血、止刺痛、解毒，主治血热、血刺痛、肝热、痧症、产褥热。还可作观赏植物。

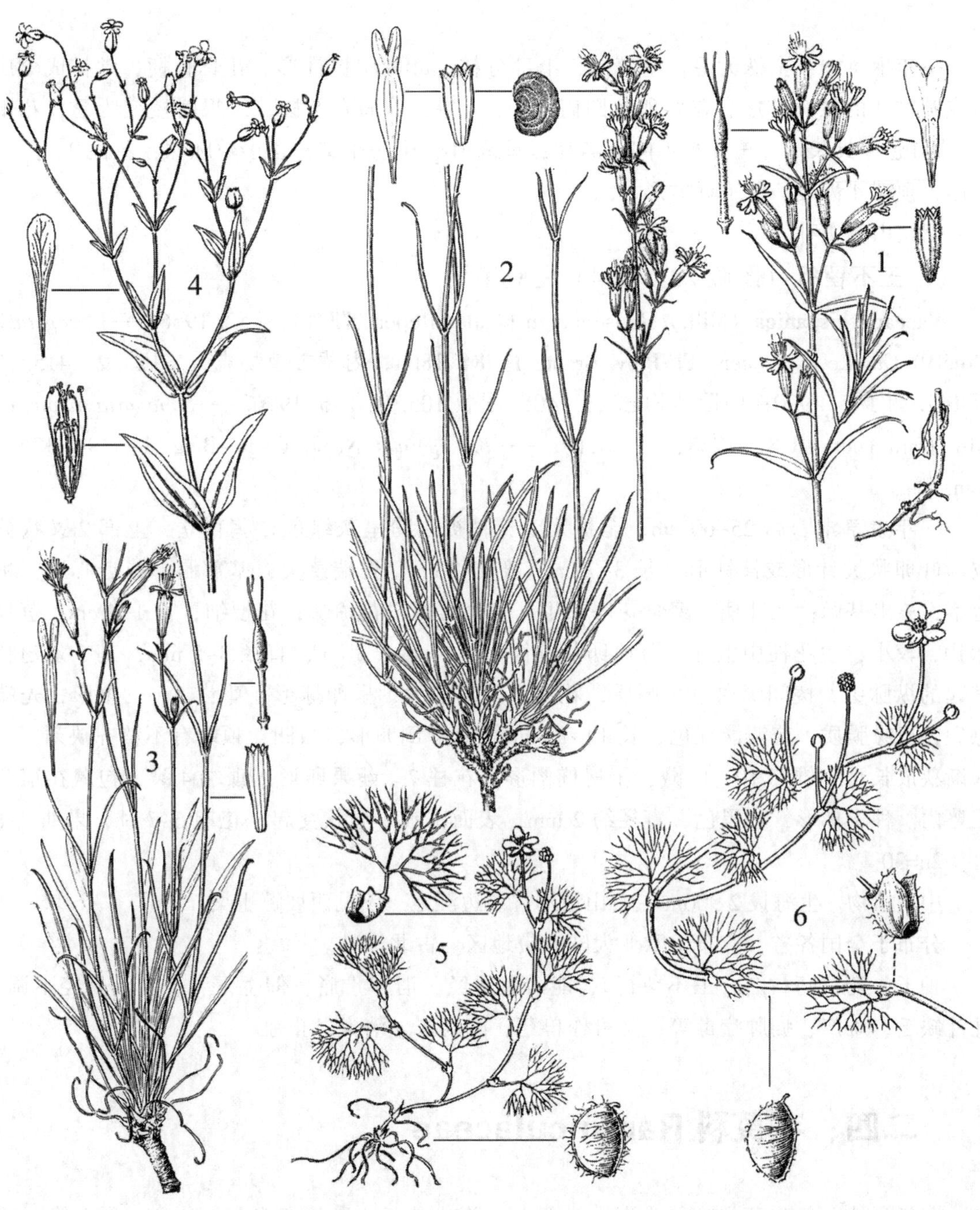

图版 22 1. **毛萼麦瓶草** Silene repens Patr. 植株、花萼、花瓣、子房；2. **旱麦瓶草** S. jenisseensis Willd. 植株、花萼、花瓣、种子；3. **宁夏麦瓶草** S. ningxiaensis C. L. Tang 植株、花萼、花瓣、子房；4. **王不留行** Vaccaria hispanica（Mill.） Rouschert 植株、花瓣、雄蕊与雌蕊；5. **小水毛茛** Batrachium eradicatum（Laest.） Fries 植株、瘦果；6. **毛柄水毛茛** B. trichophyllum（Chaix） Bossche. 植株、瘦果。（马平绘）

11. 王不留行属 Vaccaria Medic

一年生草本，全株无毛。茎直立，上部分枝。叶卵状披针形。花具长梗，常排成伞房状或圆锥状的聚伞花序；花萼卵状圆筒形，5 齿裂，外面有 5 棱，结果时棱变为翅；花瓣 5，浅红色，具长爪，瓣片与爪间无鳞片；雄蕊 10；子房 1 室，含多数胚珠，花柱 2。蒴果卵形，顶端 4 齿裂。种子近球形。

贺兰山有 1 种。

1. 王不留行（图版 22，图 4）麦蓝菜

Vaccaria hispanica（Mill.）Rouschert in Feddes Repert. **73**（1）：52. 1966——*V. segetalis*（Neck.）Garcke in Aschers. Fl. Prov. Brand. **1**：84. 1864；内蒙古植物志（二版）**2**：415. 图版 167. 图 1~3. 1990；中国植物志 **26**：405. 图版 105. 图 1~6. 1996.——*Saponaria hispanica* Mill. Gard Dict. ed 8，1768，in erratis. ——*S. segetalis* Neck. Gallo-Belg. **1**：194. 1768，nom. illeg.

一年生草本。高 25~60 cm，全株无毛，稍被白粉呈灰绿色。茎直立，上部 2 叉状分枝。叶卵状披针形或披针形，长 3~7 cm，宽 1~2 cm，先端急尖，基部圆形或近心形，稍抱茎，三出基脉；无叶柄。聚伞花序顶生，呈伞房状，花稀疏；花梗细，长 1~4 cm；苞片叶状，较小，生花梗中上部；萼筒卵状圆筒形，长 1~1. 3 cm，直径 3~5 mm，具 5 条翅状突起的纵脉棱，棱间绿白色，膜质，花后中下部膨大，呈卵球形，萼齿 5，三角形，先端急尖，边缘膜质；花瓣淡红色，长 14~17 mm，瓣片倒卵形，微凹，顶端有不整齐缺刻，下部渐狭成长爪；雄蕊 10，内藏；子房椭圆形，花柱 2。蒴果卵形，顶端 4 裂，包藏在宿存花萼内。种子球形，红黑色，直径约 2 mm，表面密被小瘤状突起。花期 6~7 月，果期 7~8 月。2n=30。

中生植物。生海拔 2 900m 左右山地沟谷溪边湿地。仅见西坡黄土梁。

分布于全国各省，广布于欧亚大陆温带地区。古北极种。

种子入药（药材名：王不留行），能活血通经、消肿止痛、催生下乳，主治月经不调、乳汁缺乏、难产、痈肿疔毒等；又可作兽药，能利尿、消炎、止血。

二四、毛茛科 Ranunculaceae

多年生或一年生草本，稀为灌木或藤本。单叶或复叶，分裂或羽状分裂，稀全缘，通常无托叶。花单生或组成聚伞花序或总状花序；两性，稀单性，辐射对称或两侧对称；萼片通常 5 至 10 数个，绿色，或呈花瓣状，黄色、白色、蓝色；花瓣与萼片同数，黄色或白色，有时无花瓣，有的具距，基部常具蜜腺；雄蕊多数，稀少数，离生，花药 2 室，基底着生，纵裂，退化雄蕊有时存在；心皮 1 至多数，螺旋状排列；每心皮的胚珠 1 至多数，

倒生，花柱和柱头通常单一。蓇葖果或瘦果，稀为浆果，常具宿存的花柱。种子具丰富的胚乳和很小的胚。

贺兰山有 12 属，36 种。

分属检索表

1. 花辐射对称。
  2. 叶互生或基生；直立草本。
    3. 果实为蓇葖果或浆果，子房具数颗至多数胚珠。
      4. 花瓣无距。
        5. 心皮 1，浆果，常呈总状花序 …………………………………………………… 1. 类叶升麻属 Actaea
        5. 心皮 5 至多数，蓇葖果。
          6. 心皮多数，单歧伞花序，一年生草本 ………………………………………… 2. 蓝堇草属 Leptopyrum
          6. 心皮 5，花单生，多年生草本 …………………………………………… 3. 拟耧斗菜属 Paraquilegia
      4. 花瓣有长距，有退化雄蕊 ……………………………………………………………… 4. 耧斗菜属 Aquilegia
    3. 果实为瘦果，子房具 1 颗胚珠。
      7. 萼片花瓣状，通常紫红色或白色，无花瓣。
        8. 花下有总苞。
          9. 果实成熟时花柱不伸长成羽毛状；总苞片基部离生 ………………………… 5. 银莲花属 Anemone
          9. 果实成熟时花柱伸长成羽毛状；总苞片基部合生 …………………………… 6 白头翁属 Pulsatilla
        8. 花下无总苞；花小，圆锥或聚伞花序 ………………………………………… 7. 唐松草属 Thalictrum
      7. 萼片绿色，有花瓣。
        10. 水生植物；沉水中叶丝状细裂；花白色；果有横皱褶 ……………………… 8. 水毛茛属 Batrachium
        10. 陆生植物；叶不细裂；花黄色；果无横皱褶
          11. 果有纵肋 ………………………………………………………………………… 9. 水葫芦苗属 Halerpestes
          11. 果平滑或有瘤状突起 …………………………………………………………… 10. 毛茛属 Ranunculus
  2. 叶对生；攀援藤本或草本；瘦果成熟时具伸长的羽毛状花柱 ……………………… 11. 铁线莲属 Clematis
1. 花两侧对称，上萼片有长距 …………………………………………………………………… 12. 翠雀花属 Delphinium

1. 类叶升麻属 Actaea L.

多年生草本。叶互生，二至三回三出羽状复叶，有长柄。总状花序，花小，辐射对称，白色；萼片 4（3~5），花瓣状；早落；花瓣 1~6，稀无，小形，匙状，有长爪；雄蕊多数，花药卵圆形，黄白色；心皮 1，子房 1 室。浆果，黑色或红色，多汁。种子多数，卵形，具 3 棱，干后表面稍粗糙。

贺兰山有 1 种。

1. 类叶升麻（图版 23，图 1）

Actaea asiatica Hara in Journ. Jap. Bot. **15**：313. 1939；中国植物志 **27**：103. 图版 21.

1979；内蒙古植物志（二版）**2**：436. 图版 175. 图 1~5. 1990；宁夏植物志（二版）**上册**：220. 图 157. 2007.

多年生草本。高 40~70 cm。根状茎粗壮，暗褐色。茎直立，平滑无毛，仅上部近花序处被短柔毛。叶大，三回三出羽状复叶；顶生小叶倒卵形，长 4~7 cm，宽 2.5~5 cm，基部宽楔形至楔形，中部 3 浅裂，边缘具不整齐的锐齿；侧生小叶矩圆形、倒卵形或披针形，长 2~7 cm，宽 1.5~3 cm，基部歪楔形，先端渐尖，边缘具不整齐的锐齿，上面绿色，无毛，下面灰绿色，沿脉疏被毛；叶柄长 8~10 cm。总状花序长约 4 cm；花序轴与花梗被短柔毛；花梗果期开展或稍弯曲；花小，白色；萼片 4，椭圆形，长约 3.5 mm，宽约 2.5 mm，早落；花瓣 6，匙形，长 1.5~2.5 mm，宽约 0.7 mm，脱落；雄蕊多数，花丝丝状；雌蕊 1，柱头膨大成圆盘状。浆果近球形，径 4~6 mm，紫黑色。花期 6 月，果期 7~9 月。2n=16，32。

耐阴中生植物。生海拔 2 500 m 左右林缘或林间空地。见东坡苏峪口沟兔儿坑；西坡哈拉乌北沟边渠子。

分布于我国东北、华北、西北、西南，也见于俄罗斯（远东）、朝鲜、日本。东亚（中国—日本）种。

根茎入药，有清热解毒的效用；全草也药用，治气喘、甲状腺肿、疟疾等。对不宜手术的胃癌，用叶和果有治愈病例，也可用于妇女病，催吐剂及缓泻剂。

《亚洲中部植物》（Pl. Asi. Centr. 12：23. 2001）学名用 *A. acuminota* Wall. ex Royle。

2. 蓝堇草属 Leptopyrum Reichb.

单种属。属特征同种。

1. 蓝堇草（图版 25，图 1）

Leptopyrum fumarioides（L.）Reichb. Consp. 192. 1828；中国植物志 **27**：472. 图版 110. 图 6~11. 1979；内蒙古植物志（二版）**2**：446. 图版 180. 1990；宁夏植物志（二版）**上册**：280. 图 145. 2007. ——*Isopyrum fumarioides* L. Sp. Pl. 557. 1753.

一年生草本。高 5~20 cm，全株无毛，呈灰绿色。根细直，黄褐色。茎直立或斜升，基部分枝。基生叶丛生，1~2 回三出复叶，具长柄，卵形或三角状卵形，小叶 3 全裂，裂片又 2~3 浅裂，末回裂片狭倒卵形，长 1~2 mm，全缘具 1~2 圆齿，先端钝圆；茎下部叶互生，具柄，叶柄基部加宽成鞘，叶鞘上侧具 2 个条形叶耳；茎上部叶对生，具短柄，几乎全部加宽成鞘。单歧聚伞花序具 2 至数花；苞片叶状；花梗近丝状，长 2~4 cm；萼片 5，花瓣状，淡黄色，卵形，长约 4 mm，宽 1.5~2 mm，先端尖；花瓣 4~5，漏斗状，长约 1 mm，与萼片互生，比萼片显著短，2 唇形，下唇比上唇显著短，微缺，上唇全缘；雄蕊 10~15，花丝丝状，花药近球形；心皮 5~20，无毛。蓇葖果条状矩圆形，多至 8~12，长达

1 cm，宽约 2 mm，顶端有直伸的果喙。种子暗褐色，卵圆形，长约 0.6 mm，表面密被小瘤状突起。花期 6 月，果期 6~7 月。2n=14。

中生植物。生浅山区山口、沟谷水边。仅见西坡哈拉乌北沟。

分布于我国东北、华北、西北，也广布于欧亚及北美大陆温寒地区。泛北极种

全草入药，可治心血管疾病，有时用于治疗胃肠道疾病和伤寒。

3. 拟耧斗菜属 **Paraquilegia** Drumm. et Hutch.

多年生草本。根状茎粗壮。叶全部基生，2~3 回三出复叶，具长柄，枯叶柄残基密集呈丛状，质较坚硬。花单生于花葶顶端，直立；苞片对生或偶互生；萼片 5，花瓣状，淡紫色或白色；花瓣 5，小，黄色，顶端凹，基部浅囊状；雄蕊多数；心皮 5~8；胚珠多数。蓇葖果直立或稍展开，顶端具细喙。种子一侧生狭翼，光滑或具小突起。

贺兰山有 1 种。

1. 乳突拟耧斗菜（图版 23，图 3）宿萼假耧斗菜

Paraquilegia anemonoides（Willd.） Engl. ex Ulbr. in Rep. Sp. Nov. Beih. **12**：369. 1922；中国植物志 **27**：483. 1979；内蒙古植物志（二版）**2**：443. 图版 179. 1990；宁夏植物志（二版）**上册**：211. 图 147. 2007. ——*Aquilegia anemonoides* Willd. Ges. Naturf. Frcunde Berl. Mag. **5**：401. t. 9. f. 6. 1811.

多年生草本。高 5~10 cm，根状茎粗壮，上部分枝，生出数丛枝条，宿存多数枯叶柄残基。叶全部基生，为二回三出复叶，小叶楔状宽倒卵形，长 5~10 mm，宽 6~12 mm，顶端 3 浅裂或具 3 个粗圆齿，上面绿色，下面淡绿色，两面无毛，叶柄长 1.5~6 cm，无毛。花葶 1 至数个，高出叶；苞片 2，生于花下，披针形，长 5~9 mm，基部扩展成白色膜质鞘，抱葶；萼片 5，浅蓝色或浅堇色，宽椭圆形至卵形，长 13~20 mm，宽 8~12 mm，顶端钝；花瓣 5，倒卵形，长约 5 mm，基部囊状，顶端 2 浅裂；花药椭圆形，花丝长 3~8 mm；心皮通常 5，无毛。蓇葖果直立，长 7~9 mm，宽约 3 mm，具长 2 mm 向外弯曲的细喙，表面具突起的横脉。种子卵状长椭圆形，长 1.5~2 mm，表面密被乳突状疣状突起。花期 7~8 月，果期 8~9 月。

耐寒中生植物。生海拔 2 800~3 400 m 的山地岩石缝和灌丛下。见主峰下。

分布于我国甘肃（祁连山）、青海（东北部、祁连山）、新疆（天山）、西藏（西南部），也见于中亚（天山）、帕米尔、俄罗斯（阿尔泰、萨彦岭）、蒙古（蒙古阿尔泰）。亚洲中部山地种。

4. 耧斗菜属 Aquilegia L.

多年生草本。基生叶为1~2回三出复叶，具长柄，叶柄基部具鞘；茎生叶似基生叶，较小，互生，中央小叶3深裂，侧生小叶2深裂。单歧或二歧聚伞花序；花辐射对称；萼片5，花瓣状，紫色、黄绿色或白色；花瓣5，与萼片同色或异色，瓣片基部延长成距，位于萼片间；雄蕊多数，内轮者常退化为假雄蕊，鳞片状，白色，膜质，无花药；心皮5（3~15），分离，有胚珠多数，花柱宿存长约为子房一半。蓇葖果成熟时通常直立，相互靠近。种子多数，细小，常为黑色。

贺兰山有1种。

1. 耧斗菜（图版23，图2）

Aguilegia viridiflora Pall. in Nov. Acta Acad. Petrop. **2**：260. t. 11. f. 1. 1779；中国植物志 **27**：496. 图版 118. 图 5~8. 1979；内蒙古植物志（二版）**2**：439. 图版 176. 图 3~5. 1990；宁夏植物志（二版）**上册**：209. 2007.

多年生草本。高20~40 cm。根粗大，圆柱形，黑褐色。茎直立，上部分枝，被短柔毛和腺毛。基生叶多数，柄基部加宽，二回三出复叶；小叶具柄，被柔毛，卵形或三角形，长1.5~3 cm，3深裂，先端具2~3个圆齿，上面绿色，无毛，下面灰绿色带黄色，被短柔毛；茎生叶少数，与基生叶同形，较小，具柄或无柄。单歧聚伞花序；花梗被腺毛；花黄绿色，有时带紫色，径约2.5 cm；萼片5，卵形至卵状披针形，长1.2~1.5 cm，宽5~8 mm，比花瓣稍短，里面无毛，外面疏被毛；花瓣5，长约1.4 cm，上部宽达1.5 cm，先端圆，无毛，距细长，长约1.5 cm，直伸或稍弯；雄蕊多数，比花瓣长，花丝丝状，花药黄色；退化雄蕊白色膜质，条状披针形，心皮5（4~6），密被腺毛和柔毛，花柱细丝状，显著超出花的其他部分。蓇葖果直立，长约2 cm，相互靠近，宿存花柱细长，与果近等长，稍弯曲。种子狭卵形，长约2 mm，黑色，有光泽，三棱状，其中有1棱较宽，种皮具点状皱纹。花期5~6月，果期7月。

石中生植物。生海拔1 500（东坡）~2 000~2 500m山地沟岩壁石缝中。见东坡苏峪口沟、小口子、黄旗沟、大水沟等；西坡哈拉乌沟、古拉本沟、南寺沟。

分布于我国东北、华北、西北、华东（北部），也见于俄罗斯（东西伯利亚、远东）、蒙古（东部、北部）。东古北极种。

全草入药。能调经止血、清热解毒，主治月经不调、功能性子宫出血、痢疾、腹痛；也作蒙药用（蒙药名：乌日乐其–额布斯），能调经、治伤、燥“协日乌素”、止痛，主治阴道疾病、死胎、胎衣不下、金伤、骨折。

5. 银莲花属 Anemone L.

多年生草本。叶基生，单叶或复叶，掌状 3 分裂或为三出复叶，具长柄，柄基宽展。花葶直立，总苞似基生叶，3~4 片；花单生或聚伞花序、伞形花序；无花瓣；萼片长 4~6，稀至 20，花瓣状，白色或粉红色，覆瓦状排列；雄蕊多数，花丝扁平；心皮数个至多数，每心皮有 1 粒胚珠。聚合果近球形，瘦果成熟时花柱不延长，直立或呈钩状。

贺兰山有 3 种（含 1 无正种亚种）。

分种检索表

1. 叶裂片先端圆钝，半圆形；萼片 6，稀 5 或 7 ································ 1. 阿拉善银莲花 **A. alaschanica**

1. 叶裂片先端尖，三角形；萼片 5，稀 6。

  2. 叶侧裂片与中裂片相近或略小；伞房花序 1~5 花；瘦果扁平，无毛 ········· 2. 展毛银莲花 **A. demissa**

  2. 叶侧裂片比中裂片小得多；花序单花；瘦果卵球形，密被柔毛 ··· 3. 疏齿银莲花 **A. obtusiloba** subsp. **ovalifolia**

1. 阿拉善银莲花（图版 23，图 6） 卵裂银莲花

Anemone alaschanica（Schpicz.） Borod.-Grabovsk. Pl. Asi. Centr. **12**：61. t. 5. pl. 1. 2001. ——*A. narcissiflora* L. var. *alaschanica* Schipcz. in Acta Hort. Bot. Univ. Jurjev. **13**（2）：100. 1912. ——*A. narcissiflora* auct. non Maxim.：Enum. Pl. Mong. **1**：9. 1889. p. p. ——*A. sibirica* auct. non L.：Grub. Key. Vasc. Pl. Mongol. 111. 1982；内蒙古植物志（二版）**2**：468. 图版 189. 图 4~5，1990. ——*A. narcissiflora* L. var. *sibirica*（L.）Tamura in Acta Phytotax. **17**：115. 1958；中国植物志 **28**：48. 1980. p. p.

多年生草本。高 10~30 cm，植株基部密被枯叶柄纤维。根状茎粗壮，暗褐色。基生叶多数，有长柄，柄长 10~20 cm，下部加宽或具明显的膜质鞘，密被白色开展的长柔毛；叶片轮廓宽卵形，基部心形，长 3~5 cm，宽 4~6 cm，3 全裂，中央裂片宽卵形，无柄，3 浅裂，上面疏被长柔毛，下面被长柔毛，侧裂片与中裂片同形或 2~3 浅裂，略小；叶片之间相互靠合较紧，且多重叠。伞房花序具 2~4 个，伞幅被白色长柔毛；总苞片 3，无柄，2~3 深裂，裂片椭圆状披针形，长 1.5~3 cm，裂片先端有的具齿；花梗长 1~4 cm，自总苞中抽出，疏被白色开展的长柔毛；萼片 6，稀 5 或 7，白色，外面带紫色，椭圆状倒卵形或倒卵形，长 1.5~2 cm，宽 6~12 mm；雄蕊长 4~5 mm，花丝条形；心皮无毛。瘦果倒卵圆形或近圆形，长约 6 mm，宽约 5 mm，平滑无毛，先端的喙弯曲，喙长约 1.8 mm。花期 5~7 月，果期 8 月。2n=14，16。

中生植物。生海拔 2 000~2 800 m 山地沟谷、岩壁和阴坡石缝中。见东坡苏峪口沟、贺兰沟、大水沟、插旗沟；西坡哈拉乌沟、水磨沟。

贺兰山是其模式产地。模式标本系俄国人契图尔津（S. Tchetyrkin）No. 68（Lectotype LE），1908 年 4 月 30 日采自贺兰山祖布尔干高洛（哈拉乌沟）。

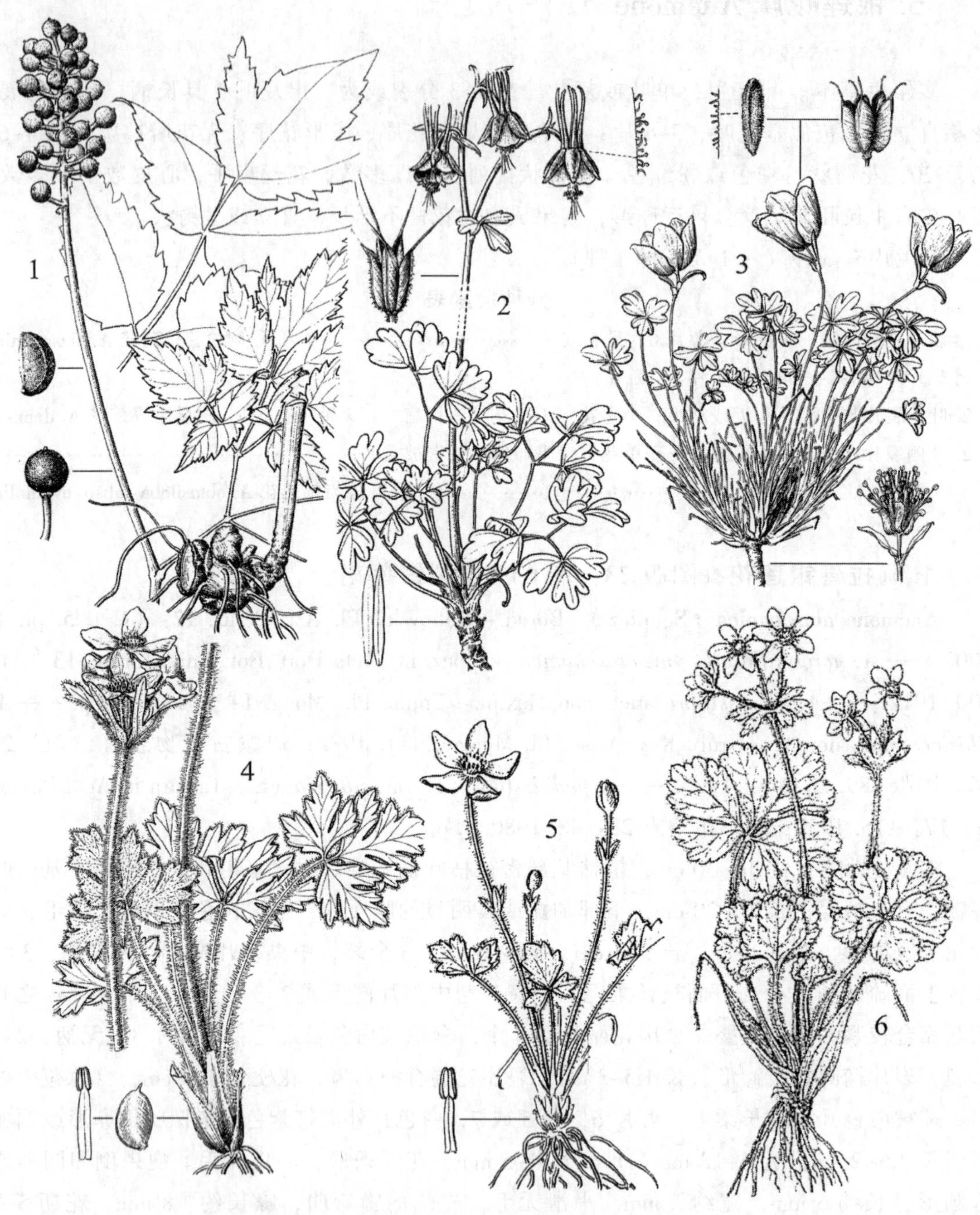

图版 23　1. 类叶升麻 Actaea asiatica Hara 果序、根叶、果实、种子；2. 耧斗菜 Aquilegia viridiflora Pall.植株、退化雄蕊、果实；3. 乳突拟耧斗菜 Paraquilegia anemonoides（Willd.）Engl. ex Ulbr. 植株、花、果实、种子；4. 展毛银莲花 Anemone demissa Hook. f. et Thoms. 植株、雄蕊、瘦果；5. 疏齿银莲花 A. obtusiloba D. Don subsp. ovalifolia Briihl 植株、雄蕊；6. 阿拉善银莲花 A. alaschanica（Schpicz.）Borod.-Grabovsk. 植株。（1~5 马平绘；6 引自 Pl. Asi. Centr. 12）

贺兰山特有种。

2. 展毛银莲花（图版 23，图 4）

Anemone demissa Hook. f. et Thoms. Fl. Ind. **1**：23. 1855；中国植物志 **28**：48. 图版 14. 图 4~6. 1980；内蒙古植物志（二版）**2**：467. 图版 189. 图 1~3. 1990；宁夏植物志（二版）**上册**：238. 2007.

多年生草本。高 20~40 cm，全株被或疏或密的长柔毛，植株基部具枯叶柄纤维。基生叶具长柄，长 9~15（20）cm；叶片卵形，长 2.5~4 cm，宽 3~5 cm，基部心形，3 全裂，中裂片菱状宽卵形，基部宽楔形，缩成短柄，柄长 3~5 mm，3 深裂，侧全裂片较小，近无柄，卵形，不等 3 深裂，末回裂片卵形，先端尖。花葶 1~2（3），苞片 3，无柄，长1~2 cm，3 深裂，裂片椭圆状披针形；伞幅 1~5，长 1~5 cm；萼片 5，稀 6，白色或背面带紫色，倒卵形或椭圆状倒卵形，长 1~1.8 cm，宽 0.5~1.2 cm，外面疏被长柔毛；雄蕊长 2.5~5 mm，花丝条形；心皮无毛。瘦果椭圆形或倒卵形，长 5~7 mm，宽约 5 mm。花期 6~7 月。2n=14。

中生植物。生海拔 3 000~3 400 m 的亚高山石缝中。见主峰下和山脊两侧。

分布于甘肃（西南部）、青海、四川（西部）、西藏（东部、南部），也见于喜马拉雅山南坡的不丹、锡金、尼泊尔。青藏高原东、南部种。

牧民用花果治疗牲畜疥癣。

3. 疏齿银莲花（亚种）（图版 23，图 5）

Anemone obtusiloba D. Don subsp. **ovalifolia** Briihl in Ann. Bot. Gard. Calc. **5**：78. t. 106B，f. 23. 27~30. 1896；中国植物志 **28**：36. 图版 9. 图 1~3. 1980；内蒙古植物志（二版）**2**：467. 图版 188. 图 1~2. 1990.

多年生草本。高 3.5~15 cm，稀高达 30 cm。根状茎长达 2 cm，具多数须根。基生叶具长柄，叶片卵形，长 1~2 cm，基部心形，3 全裂，中裂片 3 裂，疏生圆齿，先端尖，侧全裂片较小，比中全裂片短 1 倍左右，3 浅裂，裂片全缘或有 1~2 齿，两面通常多少被短柔毛。花葶直立，高 10（20） cm，被开展的柔毛；花序有 1 花；总苞 3，倒卵形，3 浅裂，或卵状矩圆形，不分裂，全缘或有 1~3 齿；萼片 5，白色，背面淡蓝色；心皮多数，子房密被白色柔毛，稀无毛。瘦果狭卵形，密被柔毛。花期 6~7 月。2n=14，16。

中生植物。生海拔 2 800 m 左右山地岩石缝及灌丛中。仅见西坡哈拉乌北沟主峰下。

分布于河北（小五台山）、山西（五台山）、陕西（秦岭）、宁夏（六盘山、南华山）、甘肃、青海、新疆（昆仑山）、西藏、四川（西部）、云南（西北部）。青藏高原种。

地下部分、叶、花、果实入药，主治病愈后体温不足、沸病、关节积黄水、黄水疮、慢性气管炎；全草入药，有止血功能。

6. 白头翁属 Pulsatilla Adans.

多年生草本，常被长柔毛。叶基生，有长柄，单叶分裂或复叶。花葶直立，单一，总苞叶着生于花序中部，集成轮状，基部合生。花单生于花葶顶端；萼片6，花瓣状，覆瓦状排列；雄蕊多数，比萼片短；心皮多数，密集成头状，每心皮具1胚珠。瘦果小，顶端具羽毛状宿存花柱。

贺兰山有1种。

1. 细叶白头翁（图版25，图2）毛姑朵花

Pulsatilla turczaninovii Kryl. et Serg. in Animadv. Syst. ex Herb. Univ. Tomsk. n. 5~6：1. 1830；中国植物志 **28**：69. 图版19. 图11. 1980；内蒙古植物志（二版）**2**：477. 图版193. 图1~3. 1990；宁夏植物志（二版）**上册**：240. 2007.

多年生草本。高10~30 cm。根粗壮，直伸，暗褐色，上部包被纤维状的枯叶柄残留。基生叶多数，叶柄长达14 cm，被白色柔毛；叶片卵形，长4~14 cm，宽2~7 cm，2~3回羽状分裂，一回羽片对生或近对生，中下部裂片具柄，顶部裂片无柄，裂片再深裂，二回裂片分裂，最终裂片条形，宽1~2 mm，全缘或具2~3个牙齿，叶两面无毛或沿叶脉稍被长柔毛。总苞叶掌状深裂，全缘或2~3分裂，里面无毛，外面被长柔毛，基部合生呈筒状；花葶被白色柔毛；花向上开展；萼片6，蓝紫色或蓝紫红色，长椭圆形，长2.5~4 cm，宽约1.5 cm，外面密被伏毛；雄蕊多数，比萼片短约一半。瘦果狭卵形，宿存花柱长3~6 cm，弯曲，密被白色羽毛。花果期5~6月。2n=16。

中旱生植物。生海拔2 000 m左右山地半阳坡草原及灌丛中。见东坡苏峪口沟、大水沟；西坡峡子沟。

分布于我国东北、华北（北部）及内蒙古、宁夏（罗山），也见于俄罗斯（西伯利亚、远东）、蒙古。达乌里–蒙古种。

《亚洲中部植物》（Pl. Asi. Centr. 12：68. 2001）将贺兰山该植物定为*P. bungana* C. A. Mey.，该种模式采自俄罗斯阿尔泰山。一般记载产俄罗斯西伯利亚及蒙古北部，我国没有分布。《中国植物志》28卷也没提及该种。

根入药（药材名：白头翁），能清热解毒、凉血止痢、消炎退肿，主治细菌性痢疾、阿米巴痢疾、鼻衄、痔疮出血、湿热带下、淋巴结核、疮疡；也作蒙药用（蒙药名：伊日贵）。

早春为羊采食。中等牧草。

7. 唐松草属 Thalictrum L.

多年生草本。叶互生或对生，三出复叶或三出多回羽状复叶。花两性或单性，排列成

圆锥花序或总状花序；萼片 4~5，花瓣状；无花瓣；雄蕊多数，通常比萼片长，稀较短；心皮数个至多数，离生，1 室，每室具 1 粒胚珠。瘦果有梗或无梗，常具宿存花柱，有时膨大或有翼，果皮通常具纵肋或脉纹，稀不明显或无。

贺兰山有 6 种。

分种检索表

1. 总状花序；叶均基生，二回羽状三出复叶；苞片小，卵形；花梗向下弯曲；心皮无柄 ………………………………………………………………………………………………… 1. 高山唐松草 **T. alpinum**

1. 聚伞花序或圆锥花序。

  2. 小叶不分裂，全缘，脉不明显 ……………………………………………………… 2. 细唐松草 **T. tenue**

  2. 小叶先端通常 2~3 浅裂，脉在下面隆起。

    3. 植株具短腺毛；小叶卵形、宽倒卵形或近圆形，长 2~10 mm，背面密被短腺毛 ……………………………………………………………………………………… 3. 香唐松草 **T. foetidum**

    3. 植株平滑无毛。

      4. 茎生叶向上直展，与茎紧贴；花序狭塔形，分枝向上直展；瘦果椭圆形或狭卵形，长约 2 mm ……………………………………………………………………………… 4. 箭头唐松草 **T. simplex**

      4. 茎生叶和花序分枝都斜展；花序塔形；瘦果狭椭圆球形，长 2~3 mm。

        5. 小叶较小，长 0. 5~1.2 cm，宽 0.3~1 cm，背面无白粉，脉不明显隆起，脉网不明显 ……………………………………………………………………… 5. 欧亚唐松草 **T. minus**

        5. 小叶较大，长宽 1. 5~4 cm，背面有白粉，粉绿色，脉隆起，脉网明显 …………………………………………………………………… 6. 东亚唐松草 **T. thunbergii**

1. 高山唐松草（图版 24，图 3）

Thalictrum alpinum L. Sp. Pl. 545. 1753；中国植物志 **27**：589. 图版 121. 图 21；图版 119. 120. 图 28. 1979；内蒙古植物志（二版）**2**：449. 图版 181. 图 1~3. 1990.

多年生草本。高 10 cm 左右，全株无毛。须根多数，簇生。叶基生，二回羽状三出复叶，长 1.5~3 cm，小叶薄革质，具短柄或无柄，圆状倒卵形或倒卵形，长和宽均为 2~3 mm，基部圆形或宽楔形，3 浅裂，浅裂片全缘，上面脉凹陷，下面脉凸出；叶柄长 1~2 cm。花葶 1~2，高 5~8 cm，不分枝；总状花序，长 2~4 cm；苞片狭卵形，长 2~3 mm，基部抱茎；花梗向下弯曲，长 3~5 mm；萼片 4，脱落，椭圆形，长约 2 mm；雄蕊 7~10，长约 4 mm，花药狭距圆形，长约 1.5 mm，顶端具短尖头，花丝丝状；心皮 3~5，柱头箭头状，与子房等长。瘦果歪椭圆形，无柄，稍扁，具 8 条纵肋，长约 2 mm。花果期 7~8 月。2n=14。

中生植物。生海拔 3 000 m 以上的高寒草甸、灌丛下。见主峰下及山脊两侧。

分布于河北（小五台山）、四川（西南部）、云南（西北部）、西藏、新疆（天山、阿尔泰、昆仑山），也见于北半球温寒带及高山地区。北极–高山种。

2. 细唐松草（图版 24，图 4）

Thalictrum tenue Franch. in Nouv. Arch. Mus. Hist. Nat. Paris，ser. 2，**5**：168. 1883；中国植物志 **27**：575. 图版 140. 图 9~13. 1979；内蒙古植物志（二版）**2**：455. 图版 184. 图 5~6. 1990；宁夏植物志（二版）**上册**：215. 2008.

多年生草本。高 25~70 cm，无毛，被白粉。茎直立，多分枝。茎下部叶及中部叶为 2~4 回羽状复叶，具长柄，柄长 1.5~6 cm；小叶具短柄，柄长 1~3 mm，基部扩大成鞘，小叶椭圆形或卵形，长 3~10 mm，宽 2~6 mm，全缘，先端圆钝，具短尖，基部圆形或楔形，上面蓝绿色，下面灰白绿色，脉不明显；茎上部叶无柄，变小。聚伞花序生茎枝顶端，有时再组成圆锥状，花梗长 0.7~3 cm；萼片 4，黄绿色，椭圆形或倒卵形，长 2~3 mm，早落；无花瓣；雄蕊多数，长约 7 mm，花丝丝形，花药黄色，条形；心皮 4~6，柱头狭三角形，具翅。瘦果扁，斜倒卵形，长约 6 mm，沿腹缝和背缝生狭翅，两侧各生 3 条纵棱。花期 6~8 月，果期 8~9 月。

旱生植物。生海拔 1 300（东坡）~1 800~2 000 m 浅山区石质阴坡或石缝中。见东坡苏峪口沟、黄旗沟、贺兰沟、小口子、拜寺沟；西坡峡子沟等。

分布于内蒙古（中、西部）、河北、山西（北部）、陕西（北部）、甘肃（中部）。为我国特有种。黄土高原种。

3. 香唐松草（图版 24，图 1） 腺毛唐松草

Thalictrum foetidum L. Sp. Pl. 545. 1753；中国植物志 **27**：580. 图版 119，120. 图 26；图版 147. 图 4~5. 1979；内蒙古植物志（二版）**2**：457. 图版 184. 图 3，4. 1990；宁夏植物志（二版）**上册**：216. 图 152. 2007.

多年生草本。高 20~50 cm。根茎较粗，具多数须根。茎具纵槽，基部近无毛，上部被短腺毛，上部分枝，分枝细，常带紫红色。叶 3~4 回三出羽状复叶，密被短腺毛或短柔毛，基部叶具较长的柄，柄长达 4 cm，上部叶柄较短，叶柄基部两侧加宽，呈膜质鞘状；复叶宽三角形，长约 10 cm；小叶具短柄，卵形或近圆形，长 2~10 mm，宽 2~9 mm，基部微心形或圆楔形，3 浅裂，裂片全缘或具 2~3 个钝齿，上面绿色，下面灰绿色，被毛，下面较密，叶脉明显。圆锥花序疏松，被短腺毛；花小，下垂；花梗细，长 0.5~1.2 cm；萼片 5，淡黄绿色，稍带暗紫色，卵形，长约 3 mm，宽约 1.5 mm；无花瓣；雄蕊多数，比萼片长 1.5~2 倍，花药黄色，条形，长 1.5~3 mm，具短尖；心皮 4~9，子房无柄，柱头长三角形，具翅。瘦果扁，卵形或倒卵形，长 2~5 mm，具 8 条纵肋，被短腺毛，果喙长约 1 mm，微弯。花期 6~7 月，果期 8~9 月。2n=14。

中生植物。生海拔 1 400（东坡）~1 800~2 300 m 的山地沟谷或阴坡上。见东坡苏峪口沟、大水沟、黄旗沟、小口子；西坡哈拉乌沟、峡子沟、皂刺沟等。

分布于我国华北、西北及内蒙古、四川（西部）、西藏，也见于欧洲、中亚、俄罗斯（高加索、西伯利亚、远东）、蒙古、日本、帕米尔。古北极种。

4. 箭头唐松草（图版 24，图 2）

Thalictrum simplex L. Mant. **1**：78. 1767；中国植物志 **27**：584. 1979；内蒙古植物志（二版）**2**：458. 图版 185. 图 1. 1990.

多年生草本。高 50~100 cm，全株无毛。茎直立，通常不分枝，具纵条棱。基生叶 2~3 回三出羽状复叶，叶柄长 3~7 cm，基部加宽，半抱茎；下部和中部茎生叶为二回三出羽状复叶，具柄或无柄，向上伸展，叶柄两侧具棕褐色膜质鞘；茎上部叶为 1 回三出羽状复叶；小叶楔形或倒卵形，长 1~3 cm，宽 0.5~2.5 cm，基部楔形或近圆形，先端通具 3 个大裂片，裂片全缘或有齿，叶质厚，边缘稍反卷，上面深绿色，下面灰绿色，叶脉隆起。圆锥花序生于茎顶，分枝靠拢，向上直展；花多数，花梗长 2~3 mm，花直径约 6 mm；萼片 4，淡黄绿色，卵形或椭圆形，长 2~3 mm，边缘膜质；无花瓣；雄蕊 10~15，花丝丝状，花药黄色，长约 2 mm，比花丝粗，先端具短尖；心皮 4~9，柱头箭头状，宿存。瘦果狭卵形，长 2~3 mm，具 8~9 条纵肋棱；果梗长约 1 cm。花期 6~7 月，果期 7~8 月。

湿中生植物。生海拔 1 900~2 200 m 山地沟谷、水边湿地。见东坡苏裕口沟、小口子；西坡哈拉乌北沟。

分布于我国华北、东北、西北及内蒙古、湖北、四川，也见于欧洲、中亚、俄罗斯（高加索、西伯利亚、远东）、蒙古、朝鲜、日本。古北极种。

在贺兰山该植物叶小，基部楔形，裂片狭三角形，先端急尖；花梗较短，长 2~5 mm。多被定为短梗变种 var. *brepipes* Hara.，我们没有划分变种。

全草入药，能清热、利尿，主治黄疸、腹水、小便不利；外用治眼结膜炎。

5. 欧亚唐松草（图版 24，图 5） 小唐松草

Thalictrum minus L. Sp. Pl. 546. 1753；中国植物志 **27**：583. 1979；内蒙古植物志（二版）**2**：460. 图版 186. 图 1~2. 1990.

多年生草本。高 40~80（90）cm，全株无毛。茎直立，具纵棱，中部有分枝。复叶长达 8~20 cm，下部叶为 3~4 回三出羽状复叶，有柄，基部有狭鞘；上部叶为 2~3 回三出羽状复叶，有短柄或无柄，小叶纸质或薄革质，楔状倒卵形、宽倒卵形或狭菱形，长 0.5~1.2 cm，宽 0.3~2 cm，基部楔形至圆形，先端 3 浅裂或有疏牙齿，上面绿色，下面浅绿色，脉不明显隆起。圆锥花序长达 30 cm；花梗长 3~8 mm；萼片 4，淡黄绿色，外面带紫色，狭椭圆形，长约 3.5 mm，宽约 1.5 mm，边缘膜质；无花瓣；雄蕊多数，长约 7 mm，花药条形，顶端具短尖头，花丝丝状；心皮 3~5，无柄，柱头三角状箭头形。瘦果狭椭圆球形，稍扁，长约 3 mm，有 8 条纵棱。花期 7~8 月，果期 8~9 月。2n=28，42。

中生植物。生海拔 1 700~2 300 m 山地阴坡林缘成灌丛中。见东坡苏峪口沟、黄旗沟、大水沟、甘沟；西坡哈拉乌沟、南寺沟、峡子沟。

分布于我国内蒙古（大兴安岭、阴山）、黑龙江、吉林（西部）、新疆（北部、天山）、西藏（西南部）、甘肃（祁连山）、青海（东北部），也见于欧洲、中亚、俄罗斯（高加索、

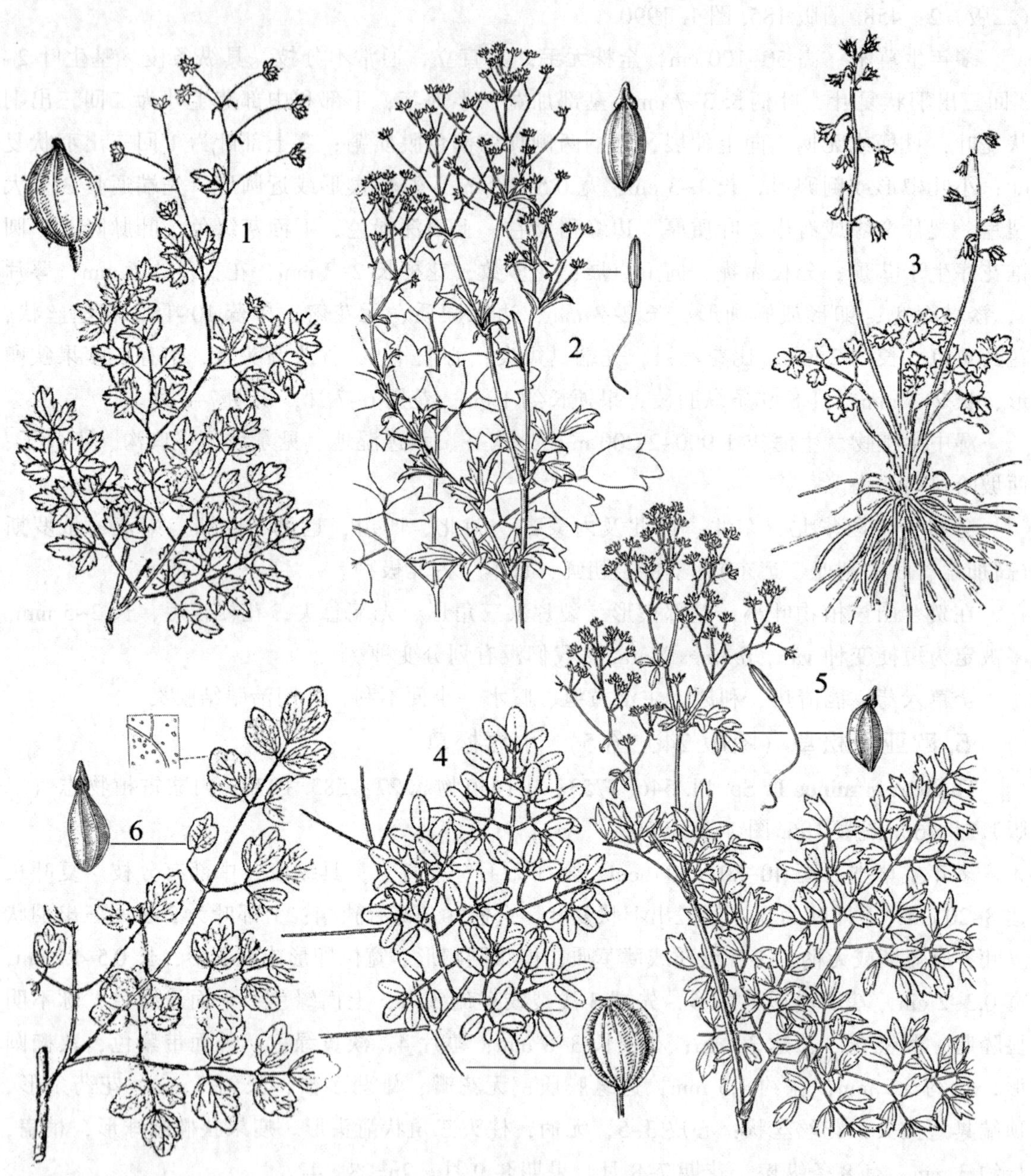

图版 24　1. **香唐松草** Thalictrum foetidum L. 植株、果实；2. **箭头唐松草** Th. simplex L.植株、雄蕊、果实；3. **高山唐松草** Th. alpinum L. 植株；4. **细唐松草** Th. tenue Franch. 果实；5. **欧亚唐松草** Th. minus L. 植株、雄蕊、果实；6. **东亚唐松草** Th. thunbergii DC. 叶、果实。（1 仝青绘，孙玉荣修图；2~5 马平绘；6 田虹绘，孙玉荣修图）

西伯利亚、远东)、蒙古(北部、西部)。欧洲—西伯利亚种。

根入药，能清热燥湿、凉血解毒，主治渗出性皮炎、痢疾、肠炎、口舌生疮、结膜炎、扁桃体炎；也作蒙药用。

6. 东亚唐松草（图版 24，图 6）小果白蓬草

Thalictrum thunbergii DC. Syst. **1**：183. 1818；东北草本植物志 **3**：215. 图版 95. 图 5~7. 1975. ——*Th. minus* L. var. *hypodeucum*（Sieb. et Zucc.）Miq. in Ann. Mus. Bot. Lugd. -Bot. **3**：9. 1867；中国植物志 **27**：584. 图版 149. 图 5~9. 1979； 内蒙古植物志（二版）**2**：462. 图版 186. 图 3~5. 1990；宁夏植物志（二版）**上册**：217. 图 155. 2007. ——*Th. hypodeucum* Sieb. et Zucc. in Abh. Akad. Muench. **4**：178. 1845.

多年生草本。根茎粗壮，灰褐色，须根多。茎直立，有纵沟，高 1~1.5m。叶为 3~4 回三出羽状复叶，小叶宽倒卵形、倒卵形或近圆形，长 1.5~2 cm，宽 1~2.5 cm，基部心形或宽楔形，先端 3 浅裂，有的裂片再 3 浅裂，裂片顶端有短尖头，下面脉隆起，叶表面暗绿色，叶下面苍白绿色。大型圆锥花序，花小，直径约 6 mm；萼片 4，黄色，狭卵形，长约 3 mm；雄蕊多数长约 5 mm，花丝丝状，花药心形；心皮 2~4，柱头箭头状，有黄色乳头状突起。瘦果小，纺锤形，略弯曲，长 2~3 mm，表面有皱纹，果喙椭圆形，先端弯曲。花期 7~8 月，果期 9 月。

中生植物。生海拔 1 700~2 300 m 山地阴坡林缘灌丛中。见东坡苏峪口沟、黄旗沟、大水沟、甘沟，西坡哈拉乌沟、南寺沟、峡子沟。

分布于我国东北、华北、西北（西部）、华东（北部）、华中及内蒙古（南部）、四川、贵州、广东（北部）。也见于朝鲜、日本、东亚（中国-日本）种。

根入药，功效与欧亚唐松草同。

东亚唐松草作为独立种应该被确认。它无论在形态上和分布上都和欧亚唐松草 *Th. minus* L. 有明显区别，后者植株较低，小叶较小，叶裂较少，脉不明显，而花、果都相对较小，模式产在北欧，是中温型的森林-森林草原种，区系成分是欧洲-西伯利亚种；而东亚唐松草模式产日本，是暖温型的森林种，区系成分是典型的东亚（中国—日本）种。

8. 水毛茛属 Batrachium J. F. Gray

多年生水生草本。茎细长、柔弱，沉于水中，分枝。叶互生，具柄或无柄，沉水叶细裂成毛发状，浮水叶裂片较宽。花单生，与叶对生，花梗较粗；萼片 5，绿色；花瓣 5，白色或基部黄色，稀完全黄色，爪部具蜜槽；雄蕊多数；心皮多数，螺旋状着生于花托上。聚合瘦果圆球形；瘦果扁卵球形，果皮具横皱纹。

贺兰山有 2 种。

分种检索表

1. 花小，直径 6~8 mm；叶柄 5~15 mm，基部鞘无毛；茎短缩，长不足 1 cm ··· 1. 小水毛茛 **B. eradicatum**

1. 花大，直径 12~15 mm；叶柄短，鞘状，长 2. 5 mm，鞘被硬毛；茎长达 30 cm ·· 2.毛柄水毛茛 **B. trichophyllum**

1. 小水毛茛（图版 22，图 5）

Batrachium eradicatum（Laest.） Fries in Bot. Notis. 114. 1843；中国植物志 **28**：344. 图 l06. 图 3~4. 1980；内蒙古植物志（二版）**2**：482. 图版 195.图 3~4. 1990. ——*Ranunculus aquatilis* L. var. *eradicatus* Laest. in Nouv. Acta Upr. **11**：242. 1839.

多年生水生草本。茎长不过 10 cm，节间短，长 0.5~1 cm，无毛。叶有柄，长 5~15 mm，基部鞘状，无毛；叶片扇形，长约 1 cm，无毛，末回裂片丝形，长约 2 mm，在水外叉开。花直径 6~8 mm；花梗长 1~2 cm；萼片 5，卵形，长约 2 mm，边缘膜质；花瓣 5，白色，下部黄色，狭倒卵形，长 3~4 mm，基部具爪，蜜槽点状；雄蕊 8~10；花托被有短毛。聚合果球形，直径约 3 mm；瘦果倒卵球形，稍扁，长约 1 mm，有横皱纹，沿背棱有毛，喙短稍弯。花果期 6~8 月。2n=32。

水生植物。生山麓水库和涝坝中。仅见西坡巴彦浩特。

分布于黑龙江、新疆（北部），也见于北半球温带水域中。泛北极种。

2. 毛柄水毛茛（图版 22，图 6） 梅花藻

Batrachium trichophyllum（Chaix） Bossche. Prodr. Fl. Bat. 7. 1850；中国植物志 **28**：342. 1980；内蒙古植物志（二版）**2**：486. 图版 196. 图 3~4. 1990. ——*Ranunculus trichophyllus* Chaix ex Vill. Aist. Pl. Dauph. **1**:335. 1786 ——*R. flaccidus* Pers. in Usteri，Ann. Bot. **14**: 39. 1795.

多年生水生草本。茎长 30 cm 以上，分枝，无毛或节上被疏毛。叶具短柄，长约 2.5 mm，鞘状，被硬毛；叶片近半圆形，长 1~2 cm，3~4 回 2~3 裂，小裂片丝形，毛发状，在水外稍收拢。花梗长 2~3.5 cm，无毛；花径约 1.5 cm；萼片 5，卵状椭圆形，长约 3 mm，边缘膜质，反折，早落，无毛；花瓣 5，白色，下部黄色，倒卵形，长 6~7 mm，基部具短爪；雄蕊约 15；花托有毛，心皮多数。聚合果近球形，直径约 4 mm；瘦果椭圆形，长约 1 mm，有横皱纹，被短毛，具短喙。花果期 6~8 月。2n=32，48。

水生植物。生海拔 1 500 m 左右宽谷河溪湾缓水处。仅见东坡插旗沟。

分布于内蒙古、黑龙江、辽宁、河北、山西、青海、新疆、宁夏、江苏、安徽，也见于北半球温带地区水域中。泛北极种。

9. 水葫芦苗属 Halerpestes Greene

多年生小草本，茎匍匐。叶基生，具长柄，基部鞘状， 3 或 5 浅裂或中裂。花单生或

少数组成聚伞花序；萼片 5，常早落；花瓣 5~10，黄色，狭倒卵形或狭椭圆形，具爪，基部具蜜槽；雄蕊多数；心皮多数，生于隆起的花托上，花柱长或短，胚珠 1，着生在子房基部。聚合果椭圆形或球形；瘦果扁，具脉状纵肋。

贺兰山有 2 种。

分种检索表

1. 花小，直径约 7 mm；花瓣 5；聚合果长约 6 mm；叶片近圆形，长 0. 4~1. 5 cm …………………………………………………………………………………………………… 1. 水葫芦苗 **H. sarmentosa**

1. 花较大，直径约 2 cm；花瓣 6~9；聚合果长约 1 cm；叶片卵状梯形，长 1. 2~4 cm …………………………………………………………………………………………………… 2. 黄戴戴 **H. salsuginosa**

1. 水葫芦苗（图版 25，图 3） 圆叶碱毛茛

Halerpestes sarmentosa（Adams）Kom. & Aliss. Key Pl. Far. East Reg. URSS **1**：550. 1931；王文采，植物研究 **6**（1）：36. 1986；内蒙古植物志（二版）**2**：487. 图版 197. 图 1~2. 1990. ——*H. cymbalaria* auct. non（Pursh） Greene：中国植物志 **28**：335. 图版 105. 图 4~7. 1980；宁夏植物志（二版）**上册**：228. 2007.

多年生草本。高 3~12 cm。具细长的匍匐茎，节上生新植株，无毛。叶基生，具长柄，柄长 1~10 cm，无毛或近无毛，基部加宽成鞘状；叶片圆卵形或圆肾形，长 0.4~1.5 cm，宽度稍大于长度，基部微心形或截形，叶缘 3 或 5 浅裂，有时 3 中裂，无毛，基出脉 3 条。花葶 1~4，由基部抽出，直立，近无毛；苞片条形；花直径约 4 mm；萼片 5，淡绿色，宽椭圆形，长约 3.5 mm，无毛；花瓣 5，黄色，狭椭圆形，长约 3 mm，宽约 1.5 mm，基部具爪，蜜槽位于爪的上部；花托圆柱形，被短毛。聚合果卵球形，长约 6 mm；瘦果狭倒卵形，长约 1.5 mm，两面扁，稍臌凸，具明显的纵肋，顶端具短喙。花期 5~7 月，果期 6~8 月。

轻度耐盐中生植物。生沟谷河溪边湿草甸。见西坡哈拉乌沟。

分布于我国东北、华北、西北及内蒙古、四川、西藏。也见于俄罗斯（西伯利亚、远东）、蒙古、朝鲜、日本、喜马拉雅山区。东古北极种。

全草入药，能利水消肿、祛风除湿，主治关节炎、各种水肿。

2. 黄戴戴（图版 25，图 4） 金戴戴、长叶碱毛茛

Halerpestes salsuginosa（Pall. ex Georgi） Greene in Pittonia **4**：208. 1990；Pl. Asi. Centr. **12**： 91. 2001. ——*Ranunculus salsuginosus* Pall. ex Georgi，Bemerk. Reise Russ. Reich. **1**：222. 1775. ——*R. ruthenicus* Jacq. Enum. Hort. Vindob. **3**：19. 1776. ——*Halerperstes ruthennica*（Jacq.） Ovcz. in Fl. URSS **7**： 331. 1937；中国植物志 **28**：336. 图版 105. 图 1~3. 1980；内蒙古植物志（二版）**2**：489. 图版 197. 图 3~4. 1990；宁夏植物志（二版）**上册**： 228. 2007.

多年生草本。高 10~25 cm。具细长的匍匐茎，长达 30 cm 以上。叶基生，具长柄，柄长 2~14 cm，基部加宽成鞘，无毛或近无毛；叶片宽梯形或卵状梯形，长 1~3 cm，宽 0.7~

2 cm，基部宽楔形、圆形或微心形，全缘，先端具 3（稀 5）个圆齿，中央牙齿较大，两面无毛，近革质。花葶较粗而直，疏被柔毛，具 1~3（4）花，花直径约 2 cm；苞片条形，基部加宽，膜质，抱茎；萼片 5，淡绿色，膜质，卵形，长约 7 mm，外面有毛；花瓣 6~9，黄色，具光泽，狭倒卵形，长约 10 mm，基部狭窄，具短爪，有蜜槽，先端钝圆；花托圆柱形，被柔毛。聚合瘦果卵球形，长约 1 cm；瘦果扁，斜倒卵形，长约 3 mm，具纵肋，先端有微弯的短喙。花期 5~6 月，果期 7~8 月。2n=48。

轻度耐盐中生植物。生沟谷河溪边湿草甸。见西坡哈拉乌沟。

分布于我国东北、华北、西北，也见于俄罗斯（西伯利亚）、蒙古。东古北极种。

蒙医用此草治咽喉炎。也作水葫芦苗入药。

H. Walker（1941）将秦仁昌采自哈拉乌沟的 118 号标本定为 *Rannunculus plantaginifolius* Murr. 已作晚出异名。

10. 毛茛属 Ranunculus L.

多年生或一年生草本。茎直立、斜升或具匍匐茎。叶基生或茎生，单叶，三出或羽状复叶，有时全缘或具牙齿，叶柄基部具膜质鞘。花单生或单歧聚伞花序，具苞叶；花被 2 层，萼片 5，稀 3~4，绿色；花瓣 5（6~10），黄色，下部成短爪，基部具蜜槽；雄蕊多数，较花瓣短；心皮多数，着生于花托上，花柱短，胚珠 1 粒。聚合果球形或矩圆形，瘦果两侧面多少臌凸，或扁平，沿缝线有边缘或翅，平滑或有瘤状突起，无肋或明显横皱，具果喙。

贺兰山有 7 种。

分种检索表

1. 一年生草本，茎叶被开展的淡黄色糙毛，聚合瘦果长 1. 5~2 cm …………………… 1. 回回蒜 **R. chinensis**

1. 多年生草本，茎叶不被糙毛，聚合瘦果长不足 1 cm。

  2. 基生叶条形、狭矩圆形，全缘；全株密生棉毛，呈灰白色 ……………… 2. 棉毛茛 **R. membranaceus**

  2. 基生叶圆形、圆卵形、椭圆形或肾圆形，分裂或具齿；植株无毛或被柔毛，不呈灰白色。

    3. 基生叶不分裂，边缘具 6~10 个粗浅圆齿；茎叶无毛或近无毛 …………… 3. 圆叶毛茛 **R. indivisus**

    3. 基生叶 3 全裂、3 深裂或掌状、羽状分裂；茎叶疏或密被柔毛。

      4. 基生叶侧裂片 3~4 对，呈栉齿状。

        5. 子房和瘦果被细毛；2~3 花组成简单聚伞花序；基生叶深裂，基部心形 ……………………………………………………………………………… 4. 掌裂毛茛 R. rigescens

        5. 子房和瘦果无毛；单花，顶生；基生叶多浅裂，基部圆形或宽楔形 ……………………………………………………………………………… 5. 栉齿毛茛 **R. pectinatilobus**

      4. 基生叶侧裂片不呈栉齿状，3 深裂或 3 全裂

        6. 基生叶中裂片条形或狭长圆形，不分裂，叶基部宽楔形；单花 ……………………………

图版 25 **1. 蓝堇草** Leptopyrum fumarioides（L.） Reichb. 植株、花、果实；**2. 细叶白头翁** Pulsatilla turczaninovii Kryl. et Serg. 植株、果实；**3. 水葫芦苗** Halerpestes sarmentosa（Adams）Kom. & Aliss. 植株、果实；**4. 黄戴戴** H. salsuginosa（Pall. ex Georgi） Greene 植株、果实；**5. 栉齿毛茛** Ranunculus pectinatilobus W. T. Wang 植株、果实；**6. 圆叶毛茛** R. indivisus（Maxim.） Hand. -Mazz. 植株、果实、花瓣。（1 王惠敏绘，孙玉荣修图；2~5 马平绘；6 引自中国植物志）

…………………………………………………………………… 6. 叉裂毛茛 **R. furcatifidus**

6. 基生叶中裂片 1~2 回细裂，末四裂片披针状条形，叶基部浅心形；2~3 花组成简单的单岐聚伞花序 …………………………………………… 7. 高原毛茛 **R. tanguticus**

1. 回回蒜（图版 26，图 1）

Ranunculus chinensis Bunge Enum. Pl. China. Bor. 3. 1832；中国植物志 **28**：327. 图版 102. 图 4~6. 1980.；内蒙古植物志（二版）**2**：513. 图版 208. 图 1~2. 1990；宁夏植物志（二版）**上册**：231. 2007.

一年生草本。高 15~40 cm。须根细长。茎直立，中空，单一或分枝，密被开展的淡黄色长糙毛。叶为三出复叶，具长柄，长 5~10 cm，被长糙毛；复叶宽卵形，长 2~7 cm，宽 2.5~8 cm，中央小叶具长柄，两侧小叶柄稍短，3 深裂或全裂，裂片基部楔形，上部具不规则的粗齿；茎上部叶渐小，叶柄渐短至无柄；叶两面被糙毛。花 1~2 朵生于茎枝顶端；花梗被糙毛，长 1.5~3 cm；花径约 1 cm；萼片 5，黄绿色，狭卵形，长约 4 mm，向下反卷，外面被糙毛；花瓣 5，黄色，倒卵圆形，比萼稍长，基部具蜜槽；花托在果期伸长，圆柱形或长椭圆形，长达 1 cm，密被短毛。聚合果椭圆形，长约 1.5~3 cm，径约 7 mm；瘦果卵状椭圆形，长约 2.5 mm，两面扁，无毛，边缘具棱线，喙短，点状。花期 5~8 月，果期 6~9 月。

湿中生植物。生山麓地带泉溪、涝坝边缘；零星生长。产东坡苏峪口沟、汝箕沟、贺兰沟；西坡巴彦浩特。（依据标本：王朝品 No. 392. 1960.10.16）

分布于我国东北、华北、西北、华东、西南，也见于中亚（天山）、俄罗斯（西伯利亚、远东）、蒙古、朝鲜、日本、印度（北部）、尼泊尔。东亚种。

全草入药，有毒，能消炎退肿、平喘、截疟，外用治肝炎、哮喘、疟疾、角膜云翳及牛皮癣。

2. 棉毛茛（图版 26，图 2）贺兰山毛茛

Ranunculus membranaceus Royle，Ill. Bot. Himal. Mount. 53. 1839；中国植物志 **28**：269. 图 36. 1980；贺兰山维管植物 108. 1986；宁夏植物志（二版）**上册**：230. 图 165. 2007. ——*R. alaschanenicus* Y. Z. Zhao in Bull. Bot. Res.（Harbin）**9**（1）：64. pl. 1. fig. 1. 1989；内蒙古植物志（二版）**2**：493. 图版 199. 图 1~3. 1990.

多年生草本。高 10~12 cm。全株密被白色棉状柔毛，呈灰白色。须根数条，簇生。茎直立，单一。基生叶数枚，狭长圆形或条形，长 1.5~3 cm，宽约 3 mm，先端尖钝，基部楔形，全缘，上面无毛，具 3~5 脉，下面被白色棉状柔毛，叶柄长 1.5~5 cm，基部扩大成膜质长鞘，鞘白色而有光泽，长 1~2 cm，相互紧抱，老后撕裂成纤维状，残存；茎生叶无柄，3~5 深裂，裂片条形，长 1~2 cm，宽约 1 mm，上面无毛，下面密被白色棉状柔毛。花单生茎顶，直径约 8 mm；花梗长 1~1.5 cm，被棉状柔毛；萼片 5，卵状椭圆形，长约 3 mm，

背部带紫色，密被柔毛；花瓣 5，黄色，狭倒卵形，长约 4 mm，宽约 1.5 mm，具脉纹，基部渐狭成爪；雄蕊长约 2.5 mm；花托圆柱形，长约 4 mm，无毛；子房无毛。聚合果长圆形，长约 5 mm；瘦果卵形，稍扁，长约 1.5 mm，无毛，背腹有纵肋，喙长约 0.5 mm，稍弯曲。花期 7 月，果期 8 月。

中生植物。生海拔 3 000 m 以上的高山、亚高山草甸、灌丛及流石坡石缝中。见主峰下及山脊处。

分布于宁夏（月亮山）、甘肃、青海、四川、西藏，也见于印度（北部）、尼泊尔、巴基斯坦（北部）、克什米尔。青藏高原种。

对贺兰山该植物的分类处理，不同学者存在分歧。赵一之早在 1981 年既定为棉毛茛 *R. membranaceus* Royle，但在 1989 年认为茎生叶有 5 裂，植株被毛较薄，基生叶具长柄，有别棉毛茛而定新种贺兰山毛茛 *R. alaschanensis*。王文采先生 1995 年在《中国毛茛属修订》（Bull. Bot. Res. Harbin 15（2），15（3））一文中认为仍属棉毛茛范畴，但认为应作柔毛棉毛茛变种 *R. membranaceus* var. *pubescens*（W. T. Wang） W. T. Wang，符合赵一之提出的被毛不同的意见。《亚洲中部植物》（Pl. Asi. Centr. 12：110. 2001）也认为是棉毛茛。异名贺兰山毛茛的模式标本系内蒙古大学生物系 4 年级 No. 144，1962 年 07 月 03 日，采自贺兰山西坡哈拉乌沟。

3. 圆叶毛茛（图版 25，图 6）

Ranunculus indivisus（Maxim.） Hand. -Mazz. in Acta Hort. Gothob. **13**：145. 1939；中国植物志 **28**：272. 图版 86. 图 3~5. 1980；Pl. Asi. Centr. **12**：107. 2001.——*R. affinis* R. Br. var. *indivisus* Maxim. Fl. Tang. ut 14. 1889.

多年生草本。高 20~30 cm。须根较多，茎直立或斜升，有分枝，常无毛。基生叶圆形至宽卵形，长 1~3 cm，宽与长近相等，基部狭心形至圆形，边缘有 6~10 个粗浅圆齿；叶柄长 3~6 cm，无毛，基部叶鞘膜质，老后撕裂成纤维状残存，茎上部叶无柄，有膜质宽鞘抱茎，不裂，或 3 深裂，中裂片较大，披针形，无毛或疏生柔毛。花单生茎枝顶端，直径 1~1.5 cm；花梗长 2~9 cm，贴生柔毛；萼片椭圆形，长约 4 mm，背面密生柔毛；花瓣 5，倒卵形，长 5~7 mm，基部有细爪，蜜槽点状；雄蕊多数，长约 2.5 mm；花托圆柱形，长 5~7 mm，生细柔毛。聚合果长圆形，稍扁，长约 2 mm，被细柔毛，有纵肋，喙长约 0.5 mm，直伸或稍弯。花果期 7~8 月。

中生植物，生海拔 2 400 m 左右的沟谷石缝中。仅见西坡哈拉乌北沟。

分布于山西（交城）、青海（东北部）、四川（西北部）、西藏（北部）。现知为我国特有。唐古特种。

4. 掌裂毛茛（图版 26，图 4）

Ranunculus rigescens Turcz. ex Ovcz. in Fl. URSS **7**：387. 1937；中国植物志 **28**：285. 图 92. 图 2~4. 1980；内蒙古植物志（二版）**2**：498. 图版 201. 图 1~3. 1990.

多年生草本。高 10~15 cm。须根细长，束状，淡褐色。茎直立或斜升，自下部分枝，基部残存枯叶柄，无毛或被细柔毛。基生叶多数，叶柄长 2~4 cm，疏被细柔毛，叶片圆肾形或近圆形，长 1~2 cm，宽 1.5 cm，5~11 深裂，侧裂片有 3~4 对，栉齿状排列，裂片倒披针形，全缘或具牙齿状缺刻，叶基部浅心形，两面疏被细柔毛。茎生叶 3~5 全裂，无柄，基部加宽成鞘状，裂片条形至披针状条形，长 1.5~3 cm，宽约 1.5 mm，疏被细柔毛。花生于枝顶端，径 1~1.5 cm；花梗密被长细柔毛；萼片 5，宽卵形，长约 4 mm，边缘膜质，外面带紫色，密被细柔毛；花瓣 5，黄色，宽倒卵形，长约 7 mm，基部楔形，渐狭，先端钝圆或凹缺；花托矩圆形，长约 6 mm，宽约 3 mm，密被短毛。聚合果近球形，径约 7 mm；瘦果倒卵状椭圆形，径约 1.5 mm，两面臌凸，密被细毛或近无毛，果喙直或稍弯曲。花期 5~6 月，果期 7 月。

中生植物。生海拔 2 000~2 600 m 山地沟谷河溪边。仅见东坡插旗沟；西坡哈拉乌北沟、水磨沟。

分布于黑龙江（北部）、内蒙古（大兴安岭、阴山）、新疆（阿尔泰山），也见于俄罗斯（西伯利亚、远东）、蒙古。达乌里-蒙古种。

《亚洲中部植物》（Pl. Asi. Centr. **12**：110. 2001.）将该植物鉴定为 *R. pedatifidus* Smith（in Rees, Cyclop. 29. no 72. 1814），认为 *R. rigescens* Turcz. ex Ovcz. 是裸名 nom. nud. Descr. ross.（仅有俄文描述），而 *R. pedatifidus* 基生叶有 7~10 个掌状深裂，花较大，直径约 2.5 cm，特征不符。尚需进行新命名和重新描述。

5. 栉齿毛茛（图版 25，图 5）

Ranunculus pectinatilobus W. T. Wang in Bull. Bot. Res.（Harbin）**15**（3）：1. 1995. ——*R. popovii* auct. non Ovcz.：Y. Z. Zhao in Bull. Bot. Res.（Harbin）**9**（1）：66. 1989；内蒙古植物志（二版）**2**：495. 图版 198. 图 4~6. 1990.

多年生草本。高 5~15 cm。根状茎短，簇生多数须根。茎单一或分枝，密被白色柔毛，基部残存枯叶柄。叶基生，叶柄长 2~7 cm，被白色柔毛，叶片圆卵形、宽卵形或椭圆形，长 0.5~2 cm，宽 0.4~2.2 cm，具多裂，侧裂片 4 对栉齿状排列，叶片基部圆形或宽楔形，上面无毛，下面密被白色柔毛；茎生叶 3~5 全裂，裂片条状披针形，长 1~3 cm，宽 1~2 mm，上面无毛，下面密被白色柔毛。花单生于顶端，径 1.3~1.7 cm；花梗长 1~2 cm，与最上部叶邻近，果期伸长，密被柔毛；萼片 5，椭圆状卵形，长 4~5 mm，密被柔毛，边缘膜质；花瓣 5，倒卵形，长 6~9 mm，黄色，具细脉纹，基部成短爪；花托长圆形，被短毛。聚合果卵球形或长圆状卵球形，长 5~8 mm，径 4~5 mm；瘦果卵球形，长 1 mm，稍扁，具纵肋，无毛，喙（宿存花柱）长约 0.5 mm，直伸或稍弯。花期 6~7 月，果期 7~ 8 月。

中生植物。生海拔 2 400~2 800 m 山地草甸中。仅见西坡哈拉乌北沟、水磨沟。

贺兰山特有种。

模式标本系何业祺 No. 2809（holotypus. PE），1959 年 6 月 1 日采自哈拉乌沟

2 050 m 山谷溪边。

6. 叉裂毛茛（图版 26，图 3）

Ranunculus furcatifidus W. T. Wang in Acta Phytotax. Sin. **32**（5）：478. f. 5. 1994. ——*R. brotherusii* auct. non Freyn.：内蒙古植物志（二版）**2**：496. 图版 200. 图 1~2. 1990.

多年生草本。高 10~20 cm。须根簇生，上部稍粗。茎直立，单一或分枝，密被白色柔毛。基生叶多数，叶片圆肾形，长 4~20 mm，宽 6~30 mm，3 深裂或全裂，中深裂片长圆形或条形，全缘或有 1~2 小裂片，侧深裂片披针形或斜楔形，全缘或有 2~3 小裂片，叶基部宽楔形，两面被白色伏毛，下面毛较密；基生叶无柄，3~5 深裂，深裂片再不等 2~3 深裂，末回裂片条形。花单生于枝顶端，直径 0.7~1 cm；花梗长 1~3 cm，果期伸长达 6 cm，密贴伏短毛；萼片卵状椭圆形，长 3~4 mm，背部黄褐色，密被柔毛；花瓣 5，矩圆状倒卵形，长 5~6 mm，黄色，具脉纹，基部渐狭成爪，蜜腺槽点状；雄蕊多数；花托柱状圆锥形，长达 6 mm，被短毛。聚合果长圆状卵圆形，长 4~7 mm；瘦果倒卵圆形，两侧稍扁，长约 1 mm，无毛，喙直，长约 0.4 mm。花果期 7~8 月。2n=32。

中生植物。生海拔 2 800~3 400 m 亚高山灌丛、草甸中，为重要伴生种。见主峰及山脊两侧。

分布于河北（小五台山）、青海（东北部）、新疆（天山、阿尔泰山）、四川（甘孜）、西藏（南部）。青藏高原及外缘山地种。

王文采先生在“中国毛茛属修订”一文中指出《内蒙古植物志》（二版）的鸟足毛茛 *R. brotherusii* 的一部分，特别是附图（图版 200. 图 1~2）是叉裂毛茛，还举出 2 号标本：即内蒙古大学生物系四年级 62~164a 号和雷喜亭的 840365 号是该种。但也认为贺兰山有真正的鸟足毛茛，指出的标本是马毓泉的 111 号（63-07-25），该标本过去被肖培根（1967-12-11）、赵一之定过深齿毛茛 *R. pulchellus* var. *stracheyanus*（Maxim.）Hand. -Mazz. 也包括上面提到的 62-164a。后来赵一之在《贺兰山维管植物志要》中都并入鸟足毛茛。现在这一堆非常相似的标本中，我们还划不出二个种来（叶的分裂确实有些差别，但不明显，并有过渡），暂时先按靠近的叉裂毛茛 *R. furcatifidus* W. T. Wang 来定。H. Walker（1941）将秦仁昌 No. 94 采水磨沟标本均定为美丽毛茛 *R. pulchellus* C. A. Mey.。

7. 高原毛茛（图版 26，图 5）

Ranunculus tanguticus（Maxim.） Ovcz. in Fl. URSS **7**：393. 1937；中国植物志 **28**：295. 图版 92. 图 1~2. 1980；内蒙古植物志（二版）**2**：500. 图版 202. 图 1~2. 1990. ——*R. affinis* R. Br. var. *tanguticus* Maxim. Fl. Tangut. 14. 1889.

多年生草本。高 10~30 cm。须根多数，基部增粗呈纺锤形。茎直立或斜升，多分枝，被白色柔毛。基生叶数枚，具长柄，柄长达 7 cm，被白色柔毛；叶片圆肾形或倒卵形，长和宽 1~2 cm，3 全裂，小叶片 2 回全裂、深裂或中裂，末回裂片披针形或条形，宽 1~3 mm，顶端稍尖，两面无毛或下面被白色柔毛；茎生叶 3~5 全裂，裂片又 2~4 深裂或不裂，末回裂片条形，宽约 1 mm，基部具被白色柔毛的膜质宽鞘。2~3 花于茎顶或分枝顶端组成简单的单岐聚伞花序，直径 8~12 mm；花梗被白色短柔毛，果期伸长；萼片 5，椭圆形，长 3~4 mm，外面被白色柔毛；花瓣 5，倒卵圆形，长 5~6 mm，基部有狭长爪，蜜槽点状；花托圆柱形，长 5~7 mm，较平滑，常生细毛。聚合果长圆形，长 6~8 mm；瘦果卵球形，稍扁，长约 1.3 mm，无毛，喙伸直或稍弯，长 0.5~1 mm。花果期 6~8 月。

中生植物。生海拔 2 400~2 600 m 山地草甸及沟谷溪边。仅见西坡哈拉乌北沟。

分布于山西（五台山）、陕西（太白山）、宁夏（南华山）、甘肃（西南部）、青海（东北部）、西藏，也见于蒙古、尼泊尔、锡金。青藏高原及外缘山地种。

全草入蒙药（蒙药名：塔格音-好乐得存-其其格），有毒，能破痞、肋温、祛腐、消肿、燥、"希日乌素"，治心口痞、肝痞、虫痞、食积、结喉、乳痈、疮疡、寒"希日乌素"症、水肿、偏头痛。

11. 铁线莲属 Clematis L.

多年生草本或灌木。茎攀援或直立。叶对生，有柄，单叶、羽状复叶或三出复叶，末回裂片或小叶具牙齿或全缘。聚伞花序、圆锥花序或花单生；萼片 4~8，白色、淡黄色、黄色或蓝色；无花瓣或外轮雄蕊变态为花瓣状，白色或与萼片同色；雄蕊多数，花丝常加宽，被毛或无毛，花药侧生或内向生；心皮多数。瘦果多数，集成头状，先端具羽毛状宿存花柱，内含 1 粒种子。

贺兰山有 9 种。

分种检索表

1. 直立灌木；萼片黄色，叶缘具齿或羽状分裂 ………………………………… **1. 灌木铁线莲 C. fruticosa**

1. 攀援藤本。

  2. 雄蕊无毛；萼片开展，不呈钟状；圆锥花序；小叶边缘具缺刻状牙齿，先端尾状或渐尖 ……………………………………………………………………… **2. 短尾铁线莲 C. brevicaudata**

  2. 雄蕊有毛；萼片直立或斜向上展，呈钟状；单花腋生或聚伞花序。

    3. 具退化雄蕊，花瓣状。

      4. 退化雄蕊匙状条形，长约为萼片的 1/2.

        5. 花黄白色；小叶边缘具整齐的锯齿；宿存花柱长 3~3.5cm ……… **3. 西伯利亚铁线莲 C. sibirica**

        5. 花蓝紫色；小叶边缘具不整齐粗齿；宿存花柱长 4~4. 5 cm ……… **4. 半钟铁线莲 C. ochotensis**

      4. 退化雄蕊花瓣状，条状披针形至披针形，长与萼片近等长或稍短 ……………………………………………………………………… **5. 长瓣铁线莲 C. macropetala**

    3. 无退化雄蕊。

      6. 叶三至四回羽状分裂，裂片细裂，宽 0. 5~2 mm ……………………… **6. 芹叶铁线莲 C. aethusifolia**

      6. 一至二回羽状复叶，小叶全缘或有锯齿，宽达 10~15 mm。

图版 26　1. 回回蒜 Ranunculus chinensis Bunge 植株、果实；2. 棉毛茛 R. membranaceus Royle 植株、叶、果实；3. 叉裂毛茛 R. furcatifidus W. T. Wang 植株、果实；4. 掌裂毛茛 R. rigescens Turcz. ex Ovcz. 植株、叶、果实；5. 高原毛茛 R. tanguticus (Maxim.) Ovcz. 植株、果实；6. 短尾铁线莲 Clematis brevicaudata DC. 植株、雄蕊、果实。（1 田虹绘，孙玉荣修；2~6 马平绘）

7. 小叶全缘或有少数齿，宽达 10 mm ………………………………………… 7. **黄花铁线莲 C. intricata**

7. 小叶或裂片有锯齿，宽达 15 mm。

8. 木质藤本；叶灰绿色，两面被毛；小叶先端尖 ………………… 8. **甘青铁线莲 C. tangutica**

8. 草质藤本；叶鲜绿色，两面无毛；小叶先端钝圆 ……………… 9. **甘川铁线莲 C. akebioides**

1. 灌木铁线莲（图版 27，图 1）

Clematis fruticosa Turcz. in Bull. Soc. Nat. Mosc. **5**：180. 1832；中国植物志 **28**：148. 图版 43. 图 1~6. 1980；内蒙古植物志（二版）**2**：517. 图版 209. 图 1~3. 1990；宁夏植物志（二版）**上册**：246. 图 177 . 2007.

直立小灌木。高 0.3~1 m。茎枝具棱，紫褐色，疏被毛。单叶对生，具短柄，柄长 0.5~1 cm；叶片狭三角状披针形，长 2~3.5 cm，宽 0.8~1.4 cm，边缘疏生牙齿，下部常羽状深裂，两面近无毛或微有柔毛，绿色，下面叶脉隆起。聚伞花序顶生或腋生，长 2~4 cm，具 1~3 花；花梗长 1~2.5 cm，被短毛，近中部有 1 对苞片，披针形；花萼宽钟形，黄色，萼片 4，狭卵形，长 1.3~2.2 cm，宽 5~10 mm，顶端渐尖，边缘密生白色短柔毛；无花瓣；雄蕊多数，无毛，花药黄色，花丝披针形，心皮多数，密被长绢毛，花柱弯曲，圆柱状。瘦果近卵形，扁，长约 4 mm，紫褐色，密生柔毛，羽毛状花柱长约 2.5 cm。

中旱生植物。生海拔 1 200~（东坡）~1 600~2 000 m 山地半阳坡、半阴坡，有时能成为建群植物。见东坡汝箕沟、龟头沟、大水沟、甘沟；西坡峡子沟、皂刺沟。

分布于内蒙古（中西部）、河北、山西、陕西、宁夏、甘肃，也见于蒙古（中南部）。华北种。粗等牧草仅驼采食。

2. 短尾铁线莲（图版 26，图 6）

Clematis brevicaudata DC. Syst. **1**：138. 1818；中国植物志 **28**：188. 图 26. 1980；内蒙古植物志（二版）**2**：522. 图版 211. 图 1~3. 1990；宁夏植物志（二版）**上册**: 247. 2007.

多年生草质藤本。枝条暗褐色，疏生短毛，具明显的细棱。叶对生，1~2 回羽状复叶，长达 18 cm；叶柄长 2~5 cm，被柔毛；小叶卵形至披针形，长 1.5~6 cm，先端尾状渐尖，基部圆形，边缘疏生粗锯齿，有时 3 裂，两面疏生短柔毛，近无毛。圆锥状聚伞花序腋生或顶生，长 4~11 cm，较叶短；总花梗长 1.5~4.5 cm，小花梗长 1~2 cm，均被短毛，中下部有一对小苞片，苞片披针形，被短毛；花直径 1~1.5 cm；萼片 4，展开，白色或带淡黄色，狭倒卵形，长约 6 mm，两面均被短绢状柔毛，里面较稀疏，外面沿边缘密生短毛；无花瓣；雄蕊多数，与萼片近相等，无毛，花药黄色，比花丝短，花丝扁平；心皮多数，花柱被长绢毛，瘦果卵形，长约 2 mm，稍扁，浅褐色，被短柔毛，宿存羽毛状花柱长达 2.8 cm，末端具加粗稍弯曲的柱头。花期 8~9 月，果期 9~10 月。

中生植物。生海拔 1 800（东坡）~2 000~2 400 m 山地沟谷灌丛中，在秋季结果期能形成季相，白色瘦果上的羽毛使灌从变成白色十分醒目。东、西坡均为常见，东坡苏峪口沟最为普遍。

分布于我国东北、华北、西北（东部）及内蒙古、四川（西部）、西藏（东部），也见于俄罗斯（远东）、蒙古、朝鲜、日本。东亚（中国–日本）种。

根及茎入药，有小毒，能利尿消肿，主治浮肿、小便不利、尿血；也作为药用（蒙药名：奥日牙木格）。治肝热、肺热、肠刺痛、热泻。

3. 西伯利亚铁线莲（图版 27，图 2）

Clematis sibirica Mill. Gard. Dict. ed. **8**：12. 1768；W. T. Wang in Acta Phytotax. Sin. **36**（2）：171. 1998. ——*Atragene sibirica* L. Sp. Pl. 543. 1753. nom. Ambig. ——*Clematis sibirica*（L.） Mill. l. c. 中国植物志 **28**：135. 图版 40. 1980；内蒙古植物志（二版）**2**：524. 图版 211. 图 5~8. 1990. ——*Atragene seciiosa* Weinm. in Bull. Soc. Natur. Mosc. **23**：538. 1850；Pl. Asi. Centr. **12**：88. 2001.

多年生木质藤本。直根，棕黄色。茎攀援，长达 3 m，光滑无毛，关节粗大，老枝表皮剥裂。二回三出复叶，小叶 9，狭卵形或卵状披针形，长 1.5~5 cm，宽 5~20 mm，中小叶较大，基部圆形或圆状楔形，侧生小叶基部偏斜，先端长渐尖，边缘具锯齿状牙齿，两面近无毛或疏被柔毛。单花，钟状，腋生，下垂；花梗长 3~10 cm；萼片 4，淡黄色至白色，椭圆形或狭卵形，长 3~4 cm，宽 1~2 cm，质薄，脉纹明显，里面无毛，外面疏被短柔毛；退化雄蕊条状匙形，顶端钝圆，花瓣状，长为萼片之半，被柔毛，雄蕊多数，外列者较长，花丝扁平，中部加宽，两端渐狭，被短柔毛，花药黄色，矩圆形，药隔被短柔毛。瘦果倒卵形，长约 4 mm，宽约 2~ 2.5 mm，疏被毛，宿存花柱长 3~3.5 cm，被棕黄色羽毛。花期 6~7 月，果期 7~8 月。

中生植物。生海拔 2 000~2 300 m 云杉林下和沟谷灌丛中。仅见西坡哈拉乌北沟。

分布于黑龙江、吉林、内蒙古（大兴安岭）、新疆（阿尔泰山、天山北部），也见于欧洲（东部）、中亚（天山）、俄罗斯（西伯利亚、远东）、蒙古（北部）。东欧—西伯利亚种。

4. 半钟铁线莲（图版 27，图 3）

Clematis ochotensis（Pall.） Poir. Encycl. Meth Suppl. **2**：298. 1812；中国植物志 **28**：137. 图 13. 1980；——*Atragene ochotensis* Pall. Fl. Ross. **1**：69. 1784. ——*Clematis sibirica*（L.）Mill var. *ochotensis*（Pall.） S. H. Li et Y. H. Huang，东北北草本植物志 **3**：179. 1975；内蒙古植物志（二版）**2**：524. 1990.

多年生木质藤本。茎圆柱形，光滑无毛，淡棕色至紫褐色，芽明显，长约 5 mm，被柔毛。1~2 回三出复叶；小叶片 3~9 枚，窄卵形至卵形，长 3~5 cm，宽 1~2.5 cm，顶端钝尖，基部楔形至圆形，全缘，上部边缘有粗锯齿，侧生的小叶常偏斜，两面疏被柔毛，小叶柄短，叶柄长 3~6 cm，基部常卷曲。花单生于当年生枝顶，钟状，直径 3~3.5 cm；萼片 4 枚，淡蓝色，狭卵形，长 2~4 cm，宽 1~2 cm，近于无毛，背面边缘密被绢毛，退化雄蕊呈匙状条形，长约为萼片之半或更短，顶端圆形，被绢毛；雄蕊短于退化雄蕊，花丝线形，中部较宽，药隔被毛；心皮多数，被柔毛。瘦果倒卵形，长约 3 mm，棕红色，微被淡黄色羽毛，宿存花柱长 4~4.5 cm。花期 5~6 月。果期 7~8 月。

中生植物。分布、生境与西伯利亚铁线莲 *Clematis sibirica* 同。

分布于黑龙江（东部）、吉林（东部）、内蒙古（大兴安岭南部、燕山北部）、河北（燕山）、山西，也见于俄罗斯（远东）、朝鲜、日本。东北–华北种。

5. 长瓣铁线莲（图版 27，图 4） 大萼铁线莲、大瓣铁线莲

Clematis macropetala Ledeb. Ic. Pl. Ross 1：5. t. 2. 1829；中国植物志 **28**：138. 图 14. 1980；内蒙古植物志（二版）**2**：525 . 图版 212. 图 1~3. 1990；宁夏植物志（二版）**上册**：242. 图 174. 2007. ——*Atragene macropetala*（Ledeb.） C. A. Mey. in Ledeb. Fl. Alt. **2**：376. 1830；Pl. Asi. Centr. **12**：88. 2001.

多年生木质藤本。茎枝具 6 条细棱，幼枝被毛或近无毛，老枝无毛。叶对生，为二回三出复叶，长达 15 cm；小叶具柄，狭卵形，长 1.8~4.8 cm，宽 1~3 cm，先端渐尖，基部楔形至圆形，3 裂或不裂，边缘具不整齐的粗牙齿或缺刻状牙齿，上面近无毛，下面疏被柔毛；叶柄长 3.5~7 cm，稍被柔毛。花单一，顶生，具长梗，梗长 7~12 cm，有细棱，顶端常下弯；花萼钟形，蓝色或蓝紫色，径达 6~8（10） cm；萼片 4，狭卵形，长 3~4.5 cm，宽 1~1.8 cm，先端渐尖，两面被短柔毛；无花瓣；退化雄蕊多数，花瓣状，披针形，外轮者与萼片同色，近等长、稍短或稍长，背面密被舒展柔毛，有时先端残留有发育不完全的花药，内轮者渐短，被柔毛；雄蕊多数，花丝匙状条形，为萼片的 1/2 或稍长，边缘生长柔毛，花药条形；心皮多数，被柔毛。瘦果卵形，歪斜，稍扁，长 4~4.5 mm，宽 2.5~3.5 mm，被灰白色长柔毛，羽毛状宿存花柱长 4~4.5 cm，下弯。花期 6~7，果期 8~9 月。2n=16。

中生植物。生海拔 1 400（东坡）~2 000~2 600 m 山地沟谷灌丛、林缘、林中。见东坡苏峪口沟、黄旗沟；贺兰沟、大水沟、插旗沟；西坡哈拉乌沟、南寺沟、强岗岭等。

分布于我国东北、华北、西北及内蒙古（大兴安岭、阴山），也见于俄罗斯（西伯利亚、远东）、日本。东亚（中国—日本）种。

花大而美丽，可供观赏，全草作蒙药用（蒙药名：啥日牙芒），效用同芹叶铁线莲。

5a. 白花长瓣铁线莲

Clematis macropetala Ledeb. var. **albiflora**（Maxim.） Hand.-Mazz. in Acta Hort. Gothob. **13**：197. 1939. 中国植物志 **28**: 139. 1980. 内蒙古植物志（二版）**2**： 527. — *Atragene dianae* Serov. Pl. Asi. Centr. 12: 87. 2001.

本种与正种的区别是：花白色至淡黄色。

产西坡湿润沟谷中。生境用途同正种。贺兰山是该变种模式产地，模式标本系俄国人普热瓦尔斯基（N. Przewalski） s. n.（type LE），1873 年 6 月 28 日至 7 月 10 日采。

贺兰山特有变种。

6. 芹叶铁线莲（图版 28，图 1） 断肠草

Clematis acethusifolia Turcz. in Bull. Soc. Nat. Mosc. **5**：181. 1832；中国植物志 **28**：

115. 图 10. 1980； 内蒙古植物志（二版）**2**：528. 图版 213. 图 1~3. 1990；宁夏植物志（二版）**上册**：243. 2007.

多年生草质藤本。根细长，茎枝纤细，多分枝，具细纵棱，棕褐色，表皮易剥离。叶对生，3~4 回羽状细裂，长 7~14 cm；羽片 3~5 对，长 1~5 cm，末回裂片条形，宽 0.5~2 mm，两面稍有毛；叶柄长约 2 cm，疏被柔毛。聚伞花序顶生或腋生，具 1~3 花；花序梗细长，长达 6 cm，疏被柔毛，顶端下弯；苞片叶状；花钟形，淡黄色，萼片 4，狭卵形，长 1~1.8 cm，有三条明显的脉纹，背面疏被柔毛，沿边缘密生短柔毛，里面无毛，先端稍向外反卷；无花瓣；雄蕊多数，长约为萼片之半，花丝条状披针形，基部加宽，疏被毛，花药无毛，长椭圆形，长约为花丝的 1/3；心皮多数，被柔毛。瘦果倒卵形，扁，红棕色，长约 3 mm，宿存羽毛状宿存花柱长约 1.6 cm。花期 7~8 月，果期 8~9 月。2n=16。

中生植物。生海拔 1 700~2 500 m 山坡灌丛、林缘及沟谷两侧。见东坡苏峪口沟、黄旗沟、插旗沟、小口子；西坡哈拉乌沟、锡叶沟、南寺沟、峡子沟。

分布于我国华北、西北（东部）及内蒙古，也见于俄罗斯（西伯利亚、远东）、蒙古。西伯利亚-蒙古种。

全草入药，有毒，能祛风除湿、活血止痛，主治风湿性腰腿疼痛，多作外洗药；也作蒙药用，能消食、健胃、散结，主治消化不良、肠痛，外用除疮、排脓。

7. 黄花铁线莲（图版 28，图 2）狗豆蔓、萝萝蔓

Clematis intricata Bunge in Mem. Acad. Sci. St. –Petersb. Sav. Etr. **2**：75. 1833；中国植物志 **28**：142. 图 15. 1980；内蒙古植物志（二版）**2**：531. 图版 214. 图 3~5. 1990；宁夏植物志（二版）**上册**：244. 2007.

多年生草质藤本。茎攀援，多分枝，具细棱，近无毛。叶对生，灰绿色，1~2 回羽状复叶，长达 15 cm；小叶具柄，2~3 全裂、深裂或浅裂，中间裂片、条状披针形或披针形，长 1~4 cm，宽 1~10 mm，较侧生裂片长，不分裂或下部具 2~3 浅裂，先端渐尖，基部楔形，边缘疏生牙齿或全缘，上面无毛，下面疏被柔毛。聚伞花序腋生，通常具 2~3 花；花梗长约 3 cm，疏被柔毛，中间花枝无苞叶，侧生者花梗下部具 2 枚对生的苞叶，苞叶全缘或 2~3 浅裂至全裂；花萼钟形，黄色，萼片 4，狭卵形，长 1.2~2 cm，宽 4~7 mm，先端尖，两面无毛，仅下面边缘生短柔毛；雄蕊多数，长为萼片之半，花丝条状披针形，被柔毛，花药椭圆形，黄色，无毛。瘦果多数，卵形，扁平，长约 2.5 毫米，沿边缘增厚，被柔毛，羽毛状宿存花柱长达 5 cm。花期 7~8 月，果期 8 月。

旱生植物。生海拔 1 150~2 000 m 山地沟谷、河滩及居民点附近。见东坡苏峪口沟、黄旗沟等；西坡北寺沟、南寺沟。

分布于内蒙古、辽宁、河北、山西、陕西、宁夏、甘肃、青海，也见于蒙古（南部）。华北-南蒙古种。

全草入药，有小毒，能祛风湿，主治慢性风湿性关节炎、关节痛，多作外用；此外民

间把全草捣烂加白矾涂患处可治牛皮癣；也作蒙药用，效用同芹叶铁线莲。

8. 甘青铁线莲（图版 27，图 5）

Clematis tangutica（Maxim.） Korsh. in Bull. Acad. Sci. St. –Petersb. ser. 5. **9**：399. 1898. 中国植物志 **28**：144. 图 17. 1980. 内蒙古植物志（二版）**2**：533. 图版 215. 图 1~3. 1990；宁夏植物志（二版）**上册**：243. 图 175. 2007. ——*C. orientalis* L. var. *tangutica* Maxim. Fl. Tangut. **1**：3. 1889.

多年生木质藤本。主根粗壮，木质，剥裂。茎长达 4 m，老茎木质，具纵棱，幼时被长柔毛，后脱落。一回羽状复叶，灰绿色，有 3~7 小叶，下部 3 浅裂、深裂，侧生裂片小，中裂片较大，卵状披针形或披针形，长 1.5~3 cm，宽 0.5~1.5 mm，基部楔形，先端渐尖或急尖，边缘有不整齐的锯齿；两面疏被柔毛。聚伞花序顶生或腋生，具 1~3 花，两侧花常不发育而成单花；花梗粗壮，长 4~20 cm，被柔毛；萼片 4，黄色，斜上展，狭卵形或椭圆状矩圆形，长 2~3 cm，外面边缘内卷，顶端渐尖或急尖，里面无毛或近无毛，外面边缘密被白色绒毛；花丝条形，被开展的长柔毛，花药无毛；子房密被柔毛。瘦果倒卵形，长约 4 mm，被长柔毛，宿存花柱长达 4~5 cm，羽毛白色。花期 6~8 月，果期 7~9 月。2n=16。

中生植物。生海拔 1 200~2 600 m 河滩砾石堆及山脚下。仅见东坡苏峪口沟。

分布于内蒙古（龙首山、马鬃山）、陕西、宁夏（六盘山、南华山、香山）、甘肃、青海、新疆、四川（西部）、西藏（东部、北部），也见于中亚（天山）、蒙古（南部、西部）。青藏高原及外缘山地种。

全草入药，能健胃、消食，治消化不良、恶心，并有排脓、除疮、消痞块等作用。

9. 甘川铁线莲（图版 27，图 6）

Clematis akebioides（Maxim.） Hort. et Veitch. Hardy Pl. West China 9. 1912；中国植物志 **28**：145. 图版 42. 1980； 内蒙古植物志（二版）**2**：533. 图版 215. 图 4~6. 1990. ——*C. orientallis* L. var. *akebioides* Maxim. in Acta Hort. Petrop. **11**：6. 1890.

藤本。茎具纵棱，无毛。一回羽状复叶，鲜绿色，小叶 5~7，下部常 2~3 浅裂或深裂，侧裂片小，中裂片较大，宽椭圆形、椭圆形或矩圆形，长 1~3 cm，宽 0.5~1.5 mm，顶端钝或圆形，具小尖头，基部圆楔形或圆形，边缘具不规则的浅锯齿，两面光滑无毛。花单生，腋生，花梗纤细，长 5~10 cm；苞片叶状；花萼钟状，黄绿色，萼片 4，斜上展，椭圆状卵形，长 1.5~2 cm，宽 7~10 mm，顶端锐尖或成小尖头，两面无毛，外面边缘被短毛；花丝条形，被柔毛，花药无毛。瘦果倒卵形，长约 3 mm，被柔毛，宿存花柱被长柔毛。花期 7~8 月，果期 9~10 月。

中生植物。生于 2 000~2 300 m 山谷、溪水边，零星分布。仅产西坡。

分布于甘肃（南部）、青海（东部）、四川（西部）、云南（西北部）、西藏（东部）。为我国特有，青藏高原东缘种。

图版 27 1. 灌木铁线莲 Clematis fruticosa Turcz. 植株、雄蕊、果实；2. 西伯利亚铁线莲 C. sibirica（L.）Mill. 植株、退化雄蕊、雄蕊、果实；3. 半钟铁线莲 C. ochotensis（Pall.） Poir. 植株；4. 长瓣铁线莲 C. macropetala Ledeb. 植株、雄蕊、果实；5. 甘青铁线莲 C. tangutica（Maxim.） Korsh. 植株、雄蕊、果实；6. 甘川铁线莲 C. akebioides（Maxim.） Hort. et Veitch. 植株、雄蕊、果实。（1~2、4~6 马平绘； 3 引自河北植物志）

12. 翠雀花属 Delphinium L.

多年生或一年生草本。茎直立。叶基生或茎生，掌状分裂。总状花序伞房状或单花，花梗有 2 小苞片；花左右对称，萼片 5，花瓣状，蓝色、紫色、粉红色或白色；上萼片基部延长成距；花瓣 2，无爪，有距，距伸入萼距中；退化雄蕊 2，瓣片中间通常被 1 簇黄色髯毛，有时无毛，基部具爪；雄蕊多数，花丝条状披针形，有 1 纵脉；心皮 3~5，分离。蓇葖果含多数种子；种皮常具膜质翅。

贺兰山有 2 种。

分种检索表

1. 退化雄蕊黑褐色，萼蓝白色或蓝紫色；茎和花序被反曲的短柔毛；茎生叶小裂片宽 2~5 mm …………………………………………………………………………………………… 1. 白蓝翠雀 **D. albocoerulum**

1. 退化雄蕊蓝色，萼蓝色；茎和花序被开展的长柔毛；茎生叶小裂片宽 1~3 mm …………………………………………………………………………………………… 2. 软毛翠雀 **D. mollipilum**

1. 白蓝翠雀（图版 28，图 3）

Delphinium albocoeruleum Maxim. in Bull. Acad. Sci. St.–Petersb. **23**：307. 1877；宁夏植物志（二版）**上册**：224. 图 160. 2007. ——*D. przewalskii* Huth in Bot. Jahrb. **20**：407. 1895. ——*D. albocoeruleum* Maxim. var. *przewalskii*（Huth）W. T. Wang. 中国植物志 **27**：381. 图版 84. 图 15~16. 图版 87. 1979；内蒙古植物志（二版）**2**：539. 图版 218. 图 1~2. 1990. ——*D. albocoeruleum* Maxim. var. *lativlobum* Y. Z. Zhao in Acta Sci. Natur. Univ. Intramong. **19**（4）：676. 1988.

多年生草本。高 10~60 cm。茎直立，具纵棱，密被反曲的白色短柔毛。基生叶 3 中裂，开花时枯萎；茎生叶具长柄，柄长 3~15 cm，3 深裂至全裂，叶片五角形，长 2~4 cm，宽 3~8 cm，一回裂片茎下部者浅裂，上部者通常一至二回深裂，小裂片狭卵形、披针形或条形，宽 2~5 mm，先端渐尖或长渐尖，常有 1~2 小齿，两面被短柔毛，上面深绿色，下面灰绿色。伞房花序有 2~7 花，稀 1 花；苞片小叶状，条形；花梗长 3~5 cm，密被反曲的短柔毛；小苞片与花靠近或生花梗顶部处，匙形条形，长 5~15 mm；萼片 5，蓝紫色或蓝白色，上萼片圆卵形，长 2~2.5 cm，外面被短柔毛，距长 1.8~2.5 cm，末端下弯；花瓣无毛；退化雄蕊黑褐色，瓣片 2 浅裂，腹面有黄色髯毛；花丝疏被短毛；心皮 3，子房密被短柔毛。蓇葖果长约 1.4 cm。种子四面体形，长约 1.5 mm，有鳞状横翅。花期 7~8 月，果期 9 月。

中生植物。生海拔 1 800（东坡）~2 300~2 800 m 林缘、林下及灌丛中。见东坡苏峪口沟、大水沟、黄旗沟、拜寺沟、小口子；西坡哈拉乌沟、南寺沟、雪岭子沟。

分布于甘肃（祁连山）、青海（东北部）、西藏（北部）。为我国特有，贺兰山—唐古特种。

全草入药，可治肠炎。

2. 软毛翠雀（图版 28，图 4）

Delphinium mollipilum W. T. Wang in Acta Bot. Sin. **10**：268. 1962；中国植物志 **27**：457. 图版 l06. 图 9~10. 1979；内蒙古植物志（二版）**2**：545. 图版 221. 图 6~7. 1990.

多年生草本。高 15~45 cm。茎直立，疏被开展或向下斜展的白色长柔毛，茎生叶具长柄，上部花序具分枝。基生叶具长柄，3 全裂，全裂片 3 浅裂或具齿，裂片宽，花期枯；茎生叶具柄，柄长 1.5~12 cm，被开展的白色长柔毛，叶片五角形，长 1.5~3.5 cm，宽 3~6 cm，3 全裂，全裂片 1~3 回细裂，小裂片条形，宽 1~3 mm，上面被短柔毛或近无毛，下面被开展的长柔毛。伞房花序有 1~3 花，基部苞片叶状，上部苞片 3 全裂或不裂，条形；花序轴和花梗被开展的白色柔毛或黄色腺毛；花梗长 3~8 cm；小苞片着生于花梗中上部，条形，长 4~6 mm，宽约 0.5 mm，萼片蓝色或蓝紫色，矩圆状倒卵形，长 1~1.5 cm，外面疏被短柔毛，距钻形，长 1.8~2 cm，基部粗约 2 mm，直伸或稍上弯；花瓣无毛，顶端微凹；退化雄蕊蓝色，瓣状圆倒卵形，顶端微 2 裂，腹面有黄色髯毛，爪比瓣片短；雄蕊无毛；心皮 3，子房疏被短柔毛。蓇葖果长约 2. 5 cm，疏被短柔毛。花期 7~8 月，果期 9 月。

中生植物。生海拔 1 300（东坡）2 000~2 500 m 山地林缘、灌丛及草甸，在较高海拔处也生于干燥山坡。东、西坡均常见。

《贺兰山维管植物》将其定名为翠雀 *D. grandiflorum* Linn. ，两种外形很相似。但软毛翠雀花序近伞房状（非总状），果疏被短毛（非密被短毛），花序轴和花梗除开展、被白色柔毛外，还被黄色腺毛（非无腺毛）。

贺兰山可能是其模式产地。模式标本系黄河考察队（Yellow River Exped）No. 8926 (Type PE)，1956 年 9 月 24 日采自甘肃贺岗山。1956 年宁夏尚属甘肃省，贺岗山可能系贺岚山之误。

贺兰山特有种。

二五、小檗科 Berberidaceae

灌木或多年生草本。叶互生或基生，稀对生，单叶、掌状、羽状或三出复叶，有或无托叶。花两性，整齐，单生、簇生或成聚伞、总状或伞形圆锥花序；萼片与花瓣通常 4~6 数，覆瓦状排列，离生，2~3 轮，萼片与花瓣同数或为其 2~3 倍，花瓣常变为蜜腺；雄蕊与花瓣同数或为其 2 倍而对生，花药 2 室，基底着生，直裂或 2 瓣状开裂；心皮单一，子房上位，1 室；胚珠数个或多数；花柱常较短或不存在。果为浆果或蒴果。种子具小的胚和丰富的肉质胚乳。

贺兰山有 1 属，3 种。

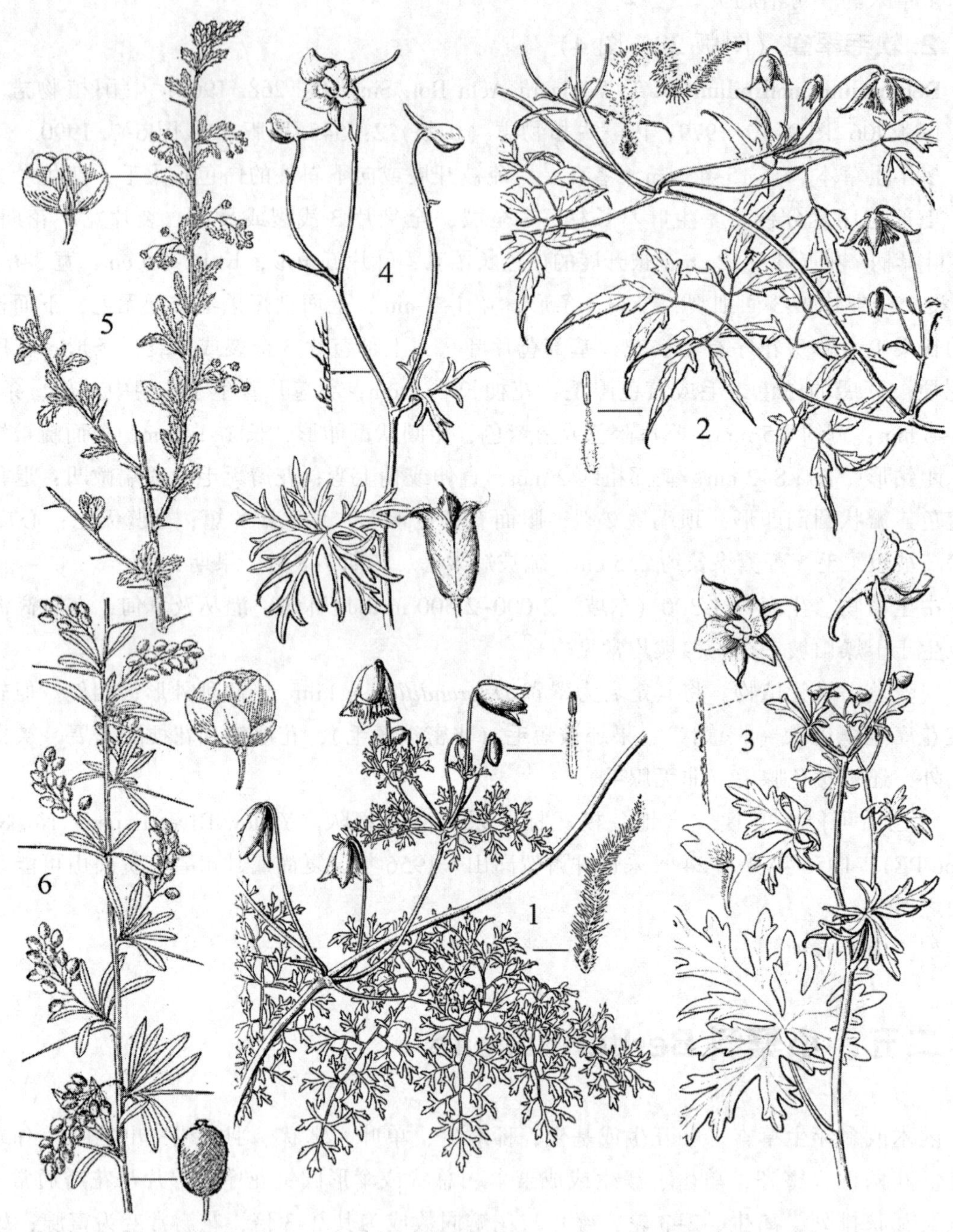

图版 28 1. **芹叶铁线莲** Clematis acethusifolia Turcz. 植株、雄蕊、果实；2. **黄花铁线莲** C. intricata Bunge 植株、雄蕊、果实；3. **白蓝翠雀** Delphinium albocoeruleum Maxim. 植株、退化雄蕊；4. **软毛翠雀** D. mollipilum W. T. Wang 植株、果实；5. **置疑小檗** Berberis dubia Schneid. 花枝、花；6. **鄂尔多斯小檗** B. caroli Schneid. 果枝、花、果。（1~4 马平绘；5、6 引自中国沙漠植物志）

1. 小檗属 Berberis L.

落叶或常绿灌木，稀小乔木，枝通常具刺；树皮常呈灰色，老枝色淡或深暗，内皮层和木质部均为黄色。单叶常簇生于短枝，叶片与叶柄连接处常有关节。花黄色，单生、簇生或成总状伞形、圆锥花序，花梗基部常具苞片；萼片6~9，花瓣状，2~3轮，下有2~4片小苞片；花瓣6，基部有2腺体；雄蕊6。浆果红色或黑蓝色，含1至多数种子。

贺兰山小檗属的分类一直各家说法不一，存在的问题较多。据文献记载，贺兰山有该属植物8种之多。H. Walker（1941）记载2种：*B. boschaii* Schneid.、*B. purdomii* Schneid.；赵一之的《贺兰山植物区系考察报告》（1981油印稿）、《贺兰山西坡维管植物志要》（1987）均记载2种：*B. caroli* Schneid.、*B. sibirica* Pall.；狄维忠的《贺兰山维管植物》（1986）记载5种：*B. sibirica* Pall.、*B. circumserrata* Schneid.、*B. dubia* Schneid.、*B. caroli* Schneid.、*B. dictyoneura* Schneid.；《内蒙古植物志》（二版）（1991）记载2种，同赵一之；《亚洲中部植物》（2001）记载2种：*B. dubia* Schneid.、*B. purdomii* Schneid.；《宁夏植物志》（二版）（2007）记载5种：*B. circumserrata* Schneid.、*B. dubia* Schneid.、*B. caroli* Schneid.，*B. sibirica* Pall.、*B. vernae* Schneid.。标本上鉴定名有：*B. poiretii* Schneid.，*B. diaohana* Maxim.、*B. bracteata* Ahrendt. 等。经认真比对，我们认为贺兰山仅有3种。

分种检索表

1. 单花，稀2；茎刺3~7分叉；叶缘具刺齿 ………………………………………… 1. 西伯利亚小檗 **B. sibirica**
1. 花多数，簇生或呈总状花序；茎刺1或3分叉；叶全缘或具细刺齿
   2. 总状花序具9~15花，下垂；茎刺常达1~3 cm，叶全缘或具少细刺齿 …… 2. 鄂尔多斯小檗 **B. caroli**
   2. 花簇生，少总状，具5~10花；茎刺长0.7~2 cm；叶缘具多数（8~14）细齿 ··· 3. 置疑小檗 **B. dubia**

1. 西伯利亚小檗（图版29，图1）刺小檗

Berberis sibirica Pall. in Reise Prov. Russ. Anh. 737. 1773；内蒙古植物志（二版）**2**：579. 图版236. 图10. 1990；中国植物志 **29**：90. 图版16. 图9~14. 2001；宁夏植物志（二版）**上册**：255. 2007.

落叶灌木。高0.5~1 cm。老枝暗灰色，表面具纵条裂，幼枝红褐色，具条棱，被微毛，茎刺3~5~7分叉，细弱，长3~10 mm。叶倒卵形、倒披针形或倒卵状矩圆形，长1~2.5 cm，宽5~8 mm，先端钝圆，基部渐狭成柄，边缘具4~7直刺状牙齿，两面均为黄绿色，网脉明显，叶柄长3~5 mm。花单生，淡黄色，花梗长7~12 mm；萼片2轮，外轮萼片矩圆状卵形，长约4 mm，内轮萼片倒卵形，长约4.5 mm；与花萼近等长，顶端微缺，基部具2分离腺体；雄蕊长约2.5 mm，药隔先端平；胚珠5~8。浆果倒卵形，鲜红色，长7~9 mm，直径6~7 mm，顶端无宿存花柱。花期5~6月，果期9月。

旱中生植物。生海拔 1 600（东坡）~1 800~2 000 m 山地半阳、半阴坡及沟谷中。见东坡苏峪口沟、黄旗沟、甘沟、汝箕沟；西坡少见。

分布于我国东北、华北及内蒙古、新疆，也见于俄罗斯（西伯利亚）、蒙古。东古北极种。

根皮和茎皮入蒙药（蒙药名：乌日格图-希日毛都）。有清热、解毒、止泻、止血、明目之功效，主治痛风、麻风、皮肤瘙痒、毒热。

2. 鄂尔多斯小檗（图版 28，图 6）

Berberis caroli Schneid. in Bull. Herb. Boiss. 2 ser. **5**：816. 1905；Pl. Asi. Centr. **12**：141. 2001. ——*B. vernae* auct. non Schneid.：秦岭植物志 **1**（2）：319. 图 237. 1974；内蒙古植物志（二版）**2**：581. 图版 236. 图 8. 1990；宁夏植物志（二版）**上册**：259. 2007；中国沙漠植物志 **1**：516. 图版 190. 图 1~3. 1985.

落叶灌木。高 1~1.5 m。老枝暗灰色，表面具纵条裂，散生黑色皮孔，幼枝灰黄色，后期变紫红色，无毛，具条棱。叶刺坚硬，单一，黄色，长 1~3 cm；叶 2~8 片簇生于刺腋，常为倒披针形或匙状披针形，长 1~4 cm，宽 0.3~1 cm，先端钝，具小尖头，基部渐狭成柄，全缘，无毛，无白粉。花聚集成总状花序，长 1~4 cm，有花 8~15 朵；花黄色，直径 3~4 mm，花梗长 3~4 mm；苞片披针形，稍短或等于花梗；小苞片常红色，长约 1 mm；萼片倒卵形或卵形，先端钝，外轮的长约 1.5 mm，内轮的长约 2.5 mm；花瓣椭圆状倒卵形，与内轮萼片近等长，先端稍锐尖；雄蕊长约 1.5 mm。浆果卵球形，淡红色，长 4~5 mm；柱头宿存。花期 5~6 月，果期 8~9 月。

旱中生植物。生海拔 1 300（东波）~1 800~2 000 m 浅山区和宽阔山谷和山坡。东、西坡均有少量分布。

分布于内蒙古（中、西部）、宁夏、甘肃、青海。为我国特有。黄土高原种。

根皮和根可入药，功能同西伯利亚小檗。根皮和茎皮入蒙药（蒙药名：哈拉巴拉-希日毛都）。功能同西伯利亚小檗。根皮和根也作黄色染料。

该种正如《内蒙古植物志》所言，由于原始文献及过去资料对该种描述甚为简短，加之未见到模式标本，我国学者一直对其把握不准。《中国植物志》29 卷根本没收此种，其他志书也都根据自己的理解定为他种。2001 年出版的《亚洲中部植物》（Pl. Asi. Centr. **12**：140~141. 图版Ⅷ，图 1）解决了这个问题。检索表明确指出该种叶全缘，花聚成总状花序，具花 8~15，果实具宿存花柱，并附有图。因为模式标本（N. Potain sn. 9 Ⅷ 1884.）采内蒙古鄂尔多斯东部乌兰莫林（Ulan-Muling），圣彼得堡俄罗斯卡马洛夫植物研究所保存着其主模式（Holotypus LE.），所附之图具权威性。其图与我国各志所附的匙叶小檗 *B. vernae* Schneid. 的附图完全一致，即我国学者一直把鄂尔多斯小檗 *B. caroli* Schneid. 当成匙叶小檗，而真正的匙叶小檗叶全缘或具少数细齿，宽 4~8 mm，具 15~35 花，果实柱头不宿存。另外，对该种也不能采取回避办法，因为模式产在内蒙古，并且是 C. K. Schneider 较早发表的种（1905）。这个种不解决，必然会影响其他种的鉴定，下面我们将在内蒙古、宁夏分布与其相近的种制检索如下：

1. 茎刺粗壮，单一，通常长 3~4 cm；浆果 4~5 mm。

  2. 总状花序具 9~15 花；果实具宿存花柱 ………………………………………… 1. 鄂尔多斯小檗 **B. caroli**

  2. 总状花序具 15~35 花；果实不具宿存花柱 …………………………………………… 2. 匙叶小檗 **B. vernae**

1. 茎刺不粗壮，无或单一，有时 3 分叉，长 0. 4~0. 9 cm；浆果长 9 mm …………… 3. 细叶小檗 **B. poiretii**

《中国植物志》（**29**：160. 2001）写细叶小檗与匙叶小檗十分近似，唯一不同在于细叶小檗花瓣先端锐裂，后者花瓣全缘。我们认为其差别主要在刺和花朵数。

3. 置疑小檗（图版 28，图 5）

Berberis dubia Schneid. in Bull. Herb. Boiss. 2 ser. **5**：663. 1905；中国植物志 **29**：191. 2001；Pl. Asi. Centr. **12**：143. 2001. ——*B. caroli* auct. non Schneid.：中国沙漠植物志 **1**：516. 图版 190. 图 4~5. 1985；内蒙古植物志（二版）**2**：582. 图版 236. 图 9. 1990；宁夏植物志（二版）**上册**：253. 图 182. 2007.

落叶灌木。高 1~3 m。幼枝紫红色，有光泽，具明显条棱，老枝灰黑色，稍具条棱和黑色疣点，节间长 1~2 cm；茎刺 1~3 分叉，长 7~15（20） mm，与枝同色。叶狭倒卵形，长 1.5~3 cm，宽 0.5~1.8 cm，先端渐尖，基部渐狭成短柄，上面深绿色，下面黄色，边缘具向前伸的 6~14 细齿，细弱，网脉明显，无毛，无白粉。花 5~10 朵簇生或成短总状花序，长 1~3 cm；花梗长 3~6 mm；小苞片披针形，急尖，长 1.5 mm；萼片 2 轮，外轮长约 2.5 mm，宽倒卵形；内轮长 4.5 mm，花瓣椭圆形，长约 3.5 mm，比内轮萼片短；雄蕊长约 2.5 mm；胚珠 2。浆果倒卵状椭圆形，红色，长约 7 mm，宿存，花柱缺，不被白粉。花期 5 月，果期 8~9 月。

中生植物。生海拔 1 500（东坡）~2 000~2 600 m 山地沟谷、半阴坡、阴坡，与其他中生灌木组成灌丛群落，为贺兰山小檗属最习见之种。见东坡苏峪口沟、黄旗沟、插旗沟；西坡哈拉乌沟、水磨沟、峡子沟、北寺沟、南寺沟等。

贺兰山是其模式产地之一。模式标本系俄国人普热瓦尔斯基（N. Przewalski）s. n. (Syntype LE)，1873 年 7 月 2 日至 14 日采自贺兰山。

分布于内蒙古（西部）、甘肃、青海。为我国特有，贺兰山–唐古特种。

用途同西伯利亚小檗。

该种曾被误定过许多名称。

二六、罂粟科 Papaveraceae

一年生或多年生草本，稀木本，常含乳汁或有色汁液。单叶互生，稀对生或轮生，全缘或分裂，无托叶。花两性，辐射对称或两侧对称，单生、总状花序或聚伞花序；萼片2，稀3，有时很大，包被花蕾，有时很小，呈鳞片状；花瓣4~6，稀较多，有时外侧花瓣较大，1片，基部有距，或2片基部成囊；雄蕊多数或4，离生，少6，合成2束，花药纵裂；子房上位，由2至数个心皮合成1室，花柱长、短或无，柱头2裂或盘状或多角形，胚珠1至多数，生于侧膜胎座上。蒴果，有时角状，瓣裂或孔裂，稀不开裂。种子小，具油质胚乳。

贺兰山有3属，5种。

分属检索表

1. 植物体有乳汁；雄蕊多数；花辐射对称；蒴果长角果状 ………………………… 1. 白屈菜属 Chelidonium
1. 植物体无乳汁；雄蕊4或6。
  2. 雄蕊4，分离；花辐射对称，无距 ………………………………………………… 2. 角茴香属 Hypecoum
  2. 雄蕊6，合成2束；花两侧对称，外轮花瓣仅1片，基部呈距 …………………… 3. 紫堇属 Corydalis

1. 白屈菜属 Chelidonium L.

草本，含黄红色乳汁。叶互生，一至二回羽状分裂。伞形花序顶生；花梗具小苞片；萼片2，早落；花瓣4，黄色；雄蕊多数，花丝细长；子房圆柱形，1室，由2心皮合生，侧膜胎座，含多数胚珠；花柱短，柱头2，浅裂。蒴果条状圆柱形，自基部向上2瓣裂。种子小，多数，有光泽，具网状或鸡冠状突起，种脐附近有种阜。

贺兰山有1种。

1. 白屈菜（图版29，图3）山黄连

Chelidonium majus L. Sp. Pl. 505. 1753；内蒙古植物志（二版）**2**：588. 图版139. 1990；中国植物志**32**：74. 1999；宁夏植物志（二版）**上册**：265. 2007.

多年生草本。高30~50 cm。主根粗壮，圆锥形，暗褐色，具多数细支根。茎直立，多分枝，具纵沟棱，被短柔毛或无毛。叶椭圆形或卵形，长5~15 cm，宽4~8 cm，具长柄，单数羽状全裂，侧裂片4~6对，裂片卵形至披针形，先端钝形，边缘具不整齐的缺刻和圆齿，上面绿色，无毛，下面被白粉和短柔毛。伞形花序顶生和腋生，具3~7花；花梗纤细，长5~8 mm；萼片2，椭圆形，早落；花瓣4，黄色，倒卵形，长7~9 mm，先端圆形或微凹；雄蕊多数，黄色；子房圆柱形，花柱短，柱头头状，先端2浅裂。蒴果细圆柱形，长2.5~4 cm，直立，种子间稍收缩，无毛。种子多数，卵形，长约1 mm，黑褐色，表面具网纹和鸡冠状突起。花期5~6月，果期6~7月。

中生植物。生海拔 1 300~1 800 m 的山地沟谷干河床上。见东坡苏峪口沟、黄旗沟、甘沟；西坡峡子沟。

分布于我国东北、华北、西北、华东及河南、江西、四川，也见于俄罗斯（西伯利亚、远东）、蒙古、朝鲜、日本。东古北极种。

全草入药，有毒，能清热解毒、止痛、止咳，主治胃炎、胃溃疡、腹痛、肠炎、痢疾、黄疸、慢性支气管炎、百日咳，外用治水田皮炎、毒虫咬伤。全草也入蒙药（蒙药名：希古得日格纳），能清热、解毒、燥脓、治伤，主治瘟疫热、结喉、发症、麻疹、肠刺痛、金伤、火眼。

2. 角茴香属 Hypecoum L.

一年生草本，常带粉绿色，无毛。叶基生，具长柄，数回深裂，裂片条形。花黄色、白色或淡紫色；萼片 2，较小；花瓣 4，外面 2 片平，较大，先端钝或微凹，内面 2 片先端 3 裂；雄蕊 4，离生，与花瓣对生，花丝多少具翅，基部具腺体；雌蕊由 2 心皮合生，子房 1 室，胚珠多数，柱头 2 个，长条形。蒴果长角果状，有横隔，熟时 2 瓣裂。种子椭圆形，黑褐色。

贺兰山有 1 种。

1. 角茴香（图版 29，图 2）

Hypecoum crectum L. Sp. Pl. 124. 1753；内蒙古植物志（二版）**2**：592. 图版 241. 图 1~8. 1990；中国植物志 **32**：81. 1999；宁夏植物志（二版）**上册**：269. 图 197. 2007.

一年生低矮草本，高 10~30 cm，全株被白粉，呈灰蓝色。基生叶呈莲座状，椭圆形或倒披针形，长 2~9 cm，宽 5~15 mm，2~3 回羽状全裂，1 回裂片 2~6 对，2 回全裂片 1~4 对，最终小裂片细条形或丝形，先端尖；叶柄长 2~2.5 cm。花葶 1 至多条，直立或斜升，二岐聚伞花序；苞片叶状细裂；花淡黄色；萼片 2，与花瓣同色，卵状披针形，边缘膜质，长约 3 mm，宽约 1 mm；花瓣 4，外面 2 瓣较大，倒三角形，顶端有圆裂片，3 浅裂，内面 2 瓣较小，倒卵状楔形，中部以上 3 深裂，中裂片长矩圆形，稍大；雄蕊 4，长约 8 mm，花丝下半部连合成狭翅；雌蕊 1，子房长圆柱形，长约 8 mm，柱头 2 深裂，长约 1 mm，胚珠多数。蒴果长角果状，长 3~6 cm，种子间有横隔，2 瓣开裂。种子黑色，有明显的十字形突起。2n=16。

中生植物。生山地 2 900 m 左右山顶湿地。仅见西坡高山气象站。

分布于我国东北（西部）、华北、西北及河南、湖北、西藏（西部），也见于俄罗斯（西伯利亚）、蒙古。亚洲中部种。

根及全草入药，能泻火、解热、镇咳，主治气管炎、咳嗽、感冒发烧、菌痢。全草入蒙药（蒙药名：嘎伦-塔巴格），能杀“粘”清热、解毒，主治流感、瘟疫、黄疸、结喉、麻疹、毒热。

3. 紫堇属 Corydalis Vent.

一、二年生或多年生草本，地下茎球状、块状或短缩。叶基生或茎生，二回羽状全裂或复叶。花两性，两侧对称，淡紫色，紫红色或黄色，组成总状花序；具苞片；萼片 2，鳞片状，早落；花瓣 4，2 轮，外轮上方 1 片基部有距，内轮 2 片先端稍合生；雄蕊 6，成 2 束；子房 1 室，由 2 心皮合生，侧膜胎座，2 至多数胚珠，花柱细长，柱头 2 裂。蒴果 2 瓣裂。种子细小，黑色，有光泽，有时具种阜。

贺兰山有 3 种。

分种检索表

1. 植物具块茎；花蓝色；叶三出羽状复叶 ………………………………… **1. 贺兰山延胡索 C. alaschanica**
1. 植物具直根，无块茎；花黄色或肉红紫色；叶 2~3 回羽状浅裂至深裂。
  2. 花黄色；蒴果直立，不成念珠状；叶 2~3 回羽状全裂 ………………………… **2. 灰绿黄堇 C. adunca**
  2. 花黄色或肉红紫色；蒴果成念珠状；叶 2 回羽状浅裂至深裂 ……………… **3. 蛇果黄堇 C. ophiocarpa**

1. 贺兰山延胡索（图版 29，图 4）贺兰山稀花紫堇

Corydalis alaschanica（Maxim.）Peshkova in Bot. Zhurn. 75：86 1990；中国植物志 **32**：446. 图版 111. 图 8~10. 1999；宁夏植物志（二版）**上册**：271. 图 199. 2007. —— *C. pauciflora*（Steph.） Pers. var. *alaschanica* Maxim. Enum. Fl. Mongol. 37. 1889； 内蒙古植物志（二版）**2**：599. 图版 244. 图 1~2. 1990. ——*C. pauciflora*（Steph.） Pers. var. *holanschanica* Fedde in Fedde Repert. Spec. Nov. Regni Veg. **22**：221. 1926.

多年生草本。高 10~25 cm。块茎粗壮，圆锥形，肉质，黄褐色。茎柔软，直立，茎部有时分枝，无毛，具少量褐色膜质叶鞘。叶基生，具长柄，叶柄基部扩大呈鞘状，三出羽状复叶，叶柄长 5~8 cm；叶片三角状卵形，长和宽均为 2~5 cm，顶生小叶具柄，侧生小叶具短柄或无柄，小叶片倒阔卵形，长 1~2 cm，3 深裂，基部楔形，顶端钝圆，无毛。总状花序顶生，花稀疏，苞片卵形，长 3~5 mm，全缘；花蓝色，长 2~2.5 cm，花梗长 5~10 mm，纤细，萼小，早落，外轮上面花瓣长约 18 mm，距长约 12 mm，圆筒形，下面花瓣近匙形，长约 10 mm，内轮花瓣 2，顶端合生，倒卵形，长约 5 mm，子房卵状圆柱形，无毛。蒴果长椭圆形，长约 0.8~1.2 cm，茎 3~4 mm，下垂，花柱宿存。花期 5~6 月。2n=16。

中生植物。生海拔 2 500~2 800 m 山地冲沟、林下或石缝阴湿处。见东坡贺兰沟、黄旗沟；西坡哈拉乌北沟、水磨沟。

贺兰山是其模式产地。模式标本系俄国人普热瓦尔斯基（N. Przewalski）s. n.（Holotype LE)，1873 年采自贺兰山西坡中部湿润石质峡谷中。

贺兰山特有种。

2. 灰绿黄堇（图版 29，图 5）

Corydalis adunca Maxim. in Bull. Acad. Sci. St. –Petersb. **24**：29. 1878；内蒙古植物志（二版）**2**：601. 图版 244. 图 3~4. 1990；中国植物志 **32**：405. 1999. ——*C. albicauulis* Franch. Pl. David. **1**：30. t. 8. 1884.

多年生草本。高 20~40 cm；全株被白粉，呈灰绿色。直根粗壮，直径 0.5~1 cm，暗褐色。茎直立，基部多分枝，丛生，具纵条棱。叶具长叶柄，叶片披针形或卵状披针形，长 3~8 cm，宽 1.5~3 cm，2~3 回羽状全裂，一回全裂片 2~5 对，远离，卵形，具柄，二回小裂片披针形或矩圆形，先端圆钝，末回小裂片矩圆形或匙形，先端钝。总状花序顶生或上部叶腋生；苞片条形，长 3~8 mm；花梗纤细，长 6~10 mm；萼片三角状卵形，长约 2 mm；花瓣黄色，上面花瓣连距长约 15 mm，具小突尖，距长 3~4 mm，稍内弯，下面花瓣长约 10 mm，先端具小突尖，内面 2 花瓣具细长爪，顶端靠合；子房条形，长约 5 mm，花柱长约 4 mm，上部弯曲，柱头膨大，有几个鸡冠状突起。蒴果条形，长 1.5~2.5 cm，宽 2~3 mm，直立，宿存花柱长约 3 mm。种子扁球形，平滑，亮黑色。花果期 5~8 月。

旱生植物。生海拔 1 400（东坡）~1 700~2 300 m 浅山区的石质山坡岩壁石缝中。东、西坡均有较多分布。

分布于内蒙古（西部）、陕西（北部）、宁夏（六盘山）、甘肃、青海、四川（西部）、云南（西北部）、西藏（东部）。目前已知为我国特有。东亚（中国–喜马拉雅）种。

全草入藏药，有止血退热的功能。

3. 蛇果黄堇（图版 29，图 6）

Corydalis ophiocarpa Hook. f. et Thoms Fl. Ind. **1**：259. 1855；内蒙古植物志（二版）**2**：605. 图版 246. 图 4~5. 1990；中国植物志 **32**：429. 1999.

多年生草本。高 20~40 cm，全株无毛。茎直立，分枝，具紫色棱翅。基生叶花期枯萎；茎生叶长达 20 cm，下部具长柄，叶片狭卵形，长达 14 cm，二回羽状全裂，一回裂片约 5 对，具短柄，狭卵形，二回裂片羽状浅裂至深裂。总状花序顶生或腋生，长达 20 余 cm，花多，较密集；苞片钻形，长 2~5 mm；花梗长 1~4 mm；萼片三角形，长渐尖，边缘具小齿；花瓣淡黄色，上面花瓣长 0.8~1.1 cm，距长 3~4 mm，内面花瓣上部红紫色；柱头马鞍形。蒴果条形，串珠状，波状弯曲，长 1.5~2.5 cm。种子黑色，有光泽，径约 1 mm。花果期 5~7 月。2n=12，16。

中旱生植物。生海拔 1 600（东坡）~1 800~2 000 m 山地沟谷、崖壁和石质山坡上。见东坡大水沟；西坡哈拉乌沟、古拉本。

分布于北京（百花山）、宁夏（六盘山）、陕西、甘肃、青海、河南、安徽、江西、湖北、湖北、四川、云南、西藏、台湾，也见于锡金、日本。东亚种。

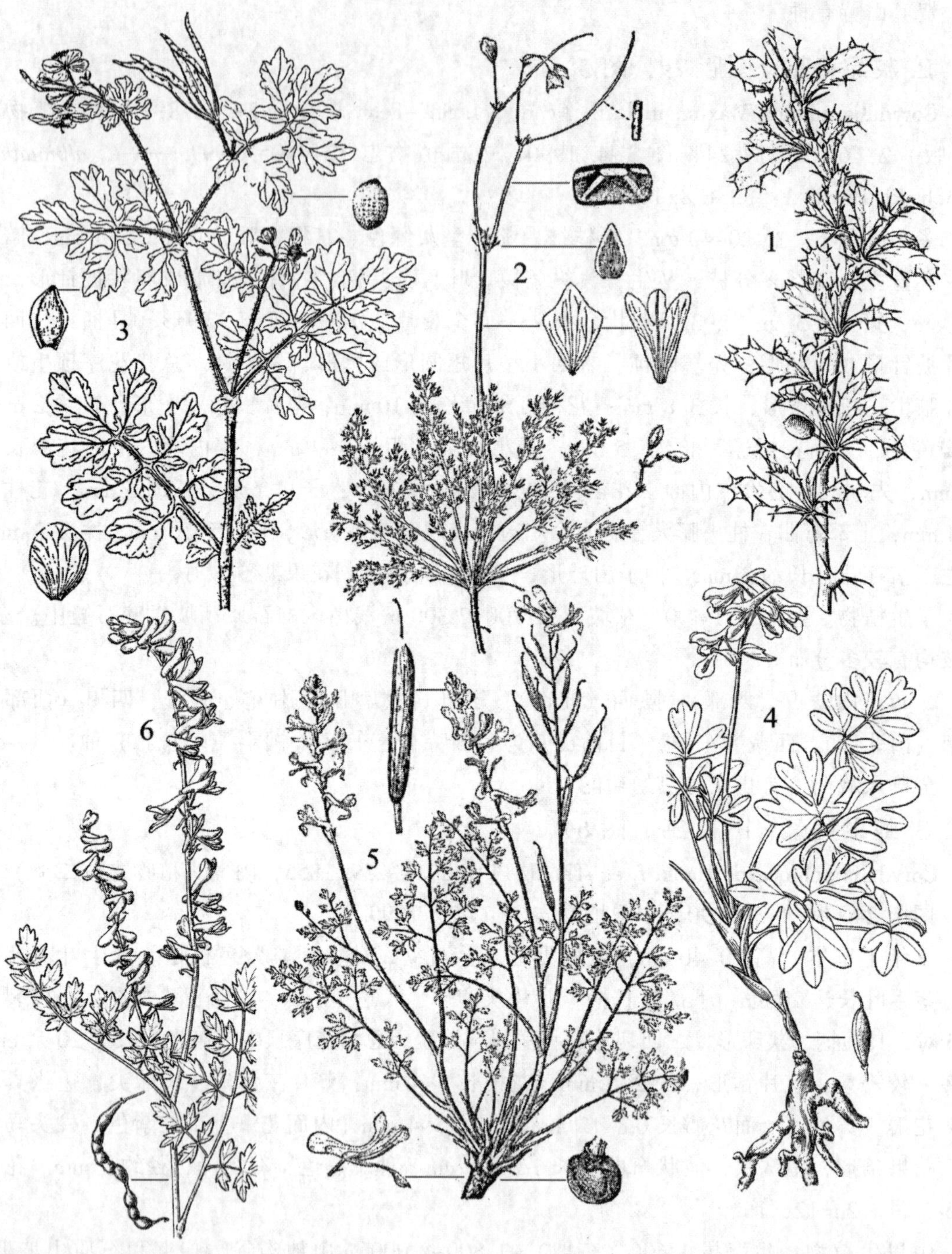

图版 29　1. 西伯利亚小檗 Berberis sibirica Pall. 果枝；2. 角茴香 Hypecoum crectum L. 植株、萼、内外花瓣、种子；3. 白屈菜 Chelidonium majus L. 植株、萼、花瓣、种子；4. 贺兰山延胡索 Corydalis alaschanica（Maxim.）Peshkova 植株、果实；5. 灰绿黄堇 C. adunca Maxim. 植株、花、果实、种子；6. 蛇果黄堇 C. ophiocarpa Hook. f. et Thoms 植株、果实。（1、4、6 马平绘；2 邱晴绘；3、5 田虹绘）

二七、十字花科 Cruciferae

一、二或多年生草本，少半灌木，全株无毛或有单毛、丁字毛、分枝毛、星状毛等。基生叶莲座状，茎生叶互生，无托叶，全缘或羽状分裂。花两性，两侧对称，总状花序；萼片 4，2 轮，直立或开展，有时基部成囊状；花瓣 4，十字形，稀无花瓣；雄蕊 6，2 短，4 长（称四强雄蕊），稀 1~2 或多数，花丝分离，有时长雄蕊花丝成对合生，花丝基部常有各式蜜腺；雌蕊 1，由 2 心皮合生，子房上位，侧膜胎座，通常由假隔膜分成 2 室，稀 1 室，每室有胚珠 1 至多数，排成 1~2 行；花柱短或无，柱头单一或 2 裂。果实为长角果（长约为宽的 4 倍以上）或短角果（长为宽的 1~4 倍以下），成熟时开裂或不开裂，先端具喙（宿存花柱）。种子无胚乳；子叶与胚根排列位置常有 3 类：（1）子叶缘倚（胚根位于 2 片子叶的边缘）；（2）子叶背倚（胚根位于 2 片子叶中的 1 片的背面）；（3）子叶对褶（胚根位于 2 对褶子叶的中间）。

贺兰山有 15 属，22 种。

分属检索表

1. 短角果。
  2. 植株无毛或有单毛。
    3. 花黄色；果矩圆形，椭圆形或个别成球形；叶羽状分裂 ………………………… **1. 蔊菜属 Rorippa**
    3. 花白色。
      4. 单叶，全缘或具齿，稀羽状分裂；短角果近圆形、卵形、心形或倒卵状楔形，周围具翅或顶端稍有翅。
        5. 花瓣比萼片大；雄蕊 6；短角果周围有翅，每室有几个至多数种子 ……… **2. 遏蓝菜属 Thlaspi**
        5. 花瓣比萼片小或无花瓣；雄蕊 2~4，稀 6；短角果顶端稍有翅，每室有 1~2 种子 …………… ……………………………………………………………………………… **3. 独行菜属 Lepidium**
      4. 叶羽状全裂或深裂；果披针状椭圆形，无翅 ……………………………… **4. 阴山荠属 Yinshania**
  2. 植株有分枝毛或星状毛或有时混生单毛。
    6. 花黄色；短角果卵形、椭圆形或披针形，扁平 ………………………………… **5. 葶苈属 Draba**
    6. 花白色；短角果椭圆状卵形、膨胀 ……………………………………… **6. 燥原荠属 Ptilotrichum**
1. 长角果。
  7. 长角果成熟时不开裂或横向断裂，圆柱状，而于种子间缢缩。
    8. 长角果念珠状；成熟时横裂为含 2 粒种子的节，喙长 1 cm 以上 …………… **7. 离子芥属 Chorispora**
    8. 长角果种子间稍缢缩，成熟时不开裂，喙短于 1 mm ……………………… **8. 爪花芥属 Oreoloma**
  7. 长角果成熟时开裂。
    9. 植株无毛或有单毛，有时杂有腺毛。
      10. 花黄色；长角果细长，长 6~8 cm，宽约 0.7 mm，果瓣有 3 脉；植株常有单毛 ………………… …………………………………………………………………………… **9. 大蒜芥属 Sisymbrium**
      10. 花紫色、淡红色或白色。

11. 长雄蕊成对合生 …………………………………………………………… 10. 花旗竿属 Dontostemon

11. 长雄蕊离生 ……………………………………………………………… 11. 异蕊芥属 Dimorphostemon

9. 植株有分枝毛、星状毛，有时杂有单毛和腺毛。

12. 叶二回至三回羽状分裂；花小，黄色 ……………………………………… 12. 播娘蒿属 Descurainia

12. 叶不分裂。

13. 花黄色或橙色 ……………………………………………………………… 13. 糖芥属 Erysimum

13. 花白色、淡紫色，或淡红色。

14. 长角果条形，常成串珠状；植株灰绿色，被分枝毛或单毛 ……… 14. 串珠芥属 Neotorularia

14. 长角果不成串珠状；植株绿色，被稀疏星状毛与 2 叉状毛 ………………… 15. 南芥属 Arabis

1. 蔊菜属 Rorippa Scop.

一、二年生或多年生草本，无毛或有单毛。茎直立或匍匐，不分枝或多分枝。叶羽状分裂、全裂或全缘，具齿或无齿。萼片开展，基部不成囊状；花瓣黄色，近倒卵形，与萼片近等长，雄蕊 6，花丝无齿，基部具蜜腺，侧蜜腺合生成大环状，向内微缺，向外稍敞开，中蜜腺狭小凸起，与侧蜜腺分离或合生。短角果，开裂，圆柱形、椭圆形、球形或条形。种子多数，每室 2 行；子叶缘倚。

贺兰山有 1 种。

1. 风花菜（图版 30，图 1） 沼生蔊菜

Rorippa islandica（Oed.） Borbas，Balat. Tav. **2**：392. 1900；中国植物志 **33**：309. 图版 86. 图 1~4. 1987；内蒙古植物志（二版）**2**：624. 图版 255. 1990；宁夏植物志（二版）**上册**：282. 2007. ——*Sisymbrium islandicum* Oed. Fl. Dan. **3**：7. t. 409. 1761.

二年生或多年生草本。高 10~60 cm，无毛。茎直立或斜升，多分枝，有时带紫色。基生叶和茎下部叶具长柄，大头羽状深裂，长 5~10 cm，顶生裂片较大，卵形，侧裂片较小，3~6 对，边缘有粗钝齿；茎生叶有短柄，向上渐小，羽状深裂或具齿，总状花序顶生，花小，直径约 2 mm；花梗纤细，长 1~2 mm，果期伸长；萼片直立，淡黄绿色，矩圆形，长 1.5~2 mm，花瓣黄色，倒卵形，与萼片近等长。短角果稍弯曲，柱状矩圆形，长 4~6 mm，宽约 2 mm；果梗长 4~6 mm，果瓣幼时光滑，果熟时具细脉纹，喙长 0.5~1 mm。种子近卵形，长约 0.5 mm。花果期 6~8 月。2n=16，32。

湿中生植物。生海拔 1 400~2 000 m 山地沟谷溪边湿地。见东坡大水沟、苏峪口沟、插旗沟、小口子；西坡哈拉乌北沟。

分布于我国东北、华北、西北、华东、西南，广布于北半球温带地区。泛北极种。

嫩苗可作猪、鸡饲料。

2. 遏蓝菜属 Thlaspi L.

一、二年生或多年生草本，无毛。基生叶常莲座状，具柄；茎生叶基部箭形，抱茎，无柄，全缘或具齿。萼片斜开展，基部不成囊状；花瓣白色，少淡紫色，有爪；雄蕊分离，花丝无齿；侧蜜腺新月形，向长雄蕊方向延伸，形成小凸起。短角果圆形、矩圆形、倒卵形或倒心形，侧扁，有翅，顶端凹缺，假隔膜窄，2 室，每室有种子 2~8；子叶缘倚。

贺兰山有 1 种。

1. 遏蓝菜（图版 30，图 4） 菥蓂

Thlaspi arvense L. Sp. Pl . 646. 1753；中国植物志 **33**：80. 图版 17. 图 1~4. 1987；内蒙古植物志（二版）**2**：626. 图版 256. 图 1~7. 1990；宁夏植物志（二版）**上册**：282. 2007.

一年生草本。高 15~40 cm，全株无毛。茎直立，不分枝或稍分枝，具棱纹。基生叶早枯萎，倒卵状矩圆形，具长柄；茎生叶倒披针形或矩圆形，长 3~5 cm，宽 5~10 mm，先端圆钝，基部箭形，抱茎，全缘或边缘具疏齿。总状花序顶生或腋生，有时成圆锥花序；花梗纤细，长 2~5 mm；萼片近椭圆形，长 2~3 cm，宽 1.2~1.5 mm，具膜质边缘，外萼片先端尖，内萼片先端钝；花瓣白色，瓣片矩圆形，长约 3 mm，宽约 1 mm，下部渐狭成爪。短角果圆卵形或倒宽卵形，长 8~16 mm，扁平，周围有宽翅，顶端深凹缺，开裂，每室有种子 2~8 粒。种子卵形，长约 1.5 mm，扁平，棕褐色，表面有颗粒状环纹。花果期 5~7 月。

中生植物。生海拔 1 500m 或 2 000 m 左右山麓和山地沟谷草甸。见东坡中部山麓；西坡哈拉乌北沟。

分布几遍我国各省区，也广布于欧洲、亚洲及非洲北部。泛北极种。

全草和种子入药，全草能和中开胃、清热解毒，主治消化不良、子宫出血、疖疮痈肿；种子（约材名：菥蓂子）能清肝明目、强筋骨，主治风湿性关节痛、目赤肿痛。种子入蒙药（蒙药名：恒日格–额布斯），功效与中药近同。嫩株可代蔬菜食用。

3. 独行菜属 Lepidium L.

一年生、二年生或多年生草本，无毛。叶多为单叶，羽裂或全缘。萼片直立，基部不成囊状；花瓣白色，或无花瓣；雄蕊 2~4，稀 6。蜜腺 4~6，小瘤状或丝状，中蜜腺有时缺。短角果圆形、卵形或心脏形，两侧压扁或膨胀；果瓣舟形，无翅或顶端有狭翅。种子每室仅 1 粒，下垂；子叶背倚，稀缘倚。

贺兰山有 3 种。

分种检索表

1. 一、二年生草本；植株被头状腺毛；叶窄，宽不足 1 cm，全缘或下部叶具 1 回羽裂。

  2. 无花瓣，雄蕊 6；叶全缘；短角果先端无窄边 ························ **1. 阿拉善独行菜 L. alashanicum**

2. 有花瓣；雄蕊 2~4；叶具一回羽状浅裂至深裂；短角果先端具明显窄边 ……………………………………………………………………………………………… 2. 独行菜 **L. apetalum**

1. 多年生草本；无毛或疏被柔毛；叶宽 3~5 cm，边缘具粗牙齿 ……………… 3. 宽叶独行菜 **L. latifolium**

1. 阿拉善独行菜（图版 31，图 2）

Lepidium alashanicum H. L. Yang in Acta Phytotax. Sin. **19**（2）：241. fig. 2. 1981；中国植物志 **33**：57. 1987； 内蒙古植物志（二版）**2**：635. 图 260. 图 1~4. 1990.

一年生或二年生草本。高 4~15 cm。茎直立或外倾，多分枝，被疏生头状或棒状腺毛。基生叶条形，长 1~3.5 cm，宽约 2 mm，全缘，上面疏生腺毛，下面无毛，具短柄；茎生叶与基生叶相似但较短，无柄。总状花序顶生，长约 5 cm，果期延伸；花小，径 2~3 mm，萼片椭圆形，长约 1.5 mm，背面疏生柔毛；无花瓣；雄蕊 6。短角果近卵形，长约 3 mm，宽约 2 mm，稍扁平，一面稍凸，有 1 中脉，先端无狭边；果梗长约 3 mm，被棒状腺毛。种子短圆形，长约 1.5 mm，子叶背倚。花果期 6~8 月。

旱中生植物。生浅山区低山丘陵、山口、宽谷的河滩与路旁。仅见西坡哈拉乌沟、北寺沟、宗别立。

贺兰山是其模式产地。模式标本系张强、陈必寿（Q. Zhang et B. S. Chen）No. 0174（type LZD），1964 年 7 月 4 日采于贺兰山西坡宗别立附近。

分布于内蒙古（西部）、宁夏（北部）、甘肃（河西走廊）。阿拉善特有种。

2. 独行菜（图版 31，图 1）腺茎独行菜、麻辣根、辣麻麻

Lepidium apetalum Willd. Sp. Pl. **3**：438. 1800；中国植物志 **33**：57. 1987. 内蒙古植物志（二版）**2**：632. 图版 259. 1990；宁夏植物志（二版）**上册**：283. 2007.

一年生或二年生草本。高 5~30 cm。茎直立或斜升，多分枝，被头状（后期发育成棒状）毛。基生叶莲座状，狭匙形，羽状浅裂或深裂，长 2~4 cm，宽 5~10 mm，叶柄长 1~2 cm，无毛或边缘和叶柄被腺毛和柔毛；茎生叶狭披针形至条形，长 1.5~3.5 cm，宽 1~5 mm，基部稍成箭状，无柄，有疏齿或全缘，边缘具腺毛。总状花序顶生，果后延伸；花小；花梗丝状，长约 1 mm，被棒状毛；萼片舟状，椭圆形，长 0.5~0.7 mm，无毛或被柔毛，具膜质边缘；花瓣白色，匙形，长约 0.3 mm；有时退化成丝状或无花瓣；雄蕊 2~4，位于子房两侧，伸出萼片外；短角果近圆形，扁平，长约 3 mm，无毛，顶端微凹，具明显的窄边，2 室，每室含种子 1 粒。种子近椭圆形，长约 1 mm，棕色，具密而细的纵条纹；子叶背倚。花果期 5~7 月。

旱中生多年生杂草。生山麓冲沟、盐化滩地、浅山区山口和居民点附近。东、西坡山麓均有分布。为习见杂草。

分布于我国东北、华北、西北、西南及江苏、浙江、安徽，广布于欧亚大陆温带地区。古北极种。

全草及种子入药，全草能清热利尿、通淋，主治肠炎腹泻、小便不利、血淋、水肿等。

种子（药材名：葶苈子）能祛痰定喘、泻肺利水，主治肺痈、喘咳痰多、胸胁满闷、水肿、小便不利等。种子也入蒙药（蒙药名：汉毕勒），能清热、解毒、止咳、化痰、平喘，主治毒热、气血相讧、咳嗽气喘、血热。

3. 宽叶独行菜（图版 31，图 3） 羊辣辣

Lepidium latifolium L. Sp. Pl. 644. 1753；中国植物志 **33**：51. 图版 10. 图 5~7. 1987；内蒙古植物志（二版）**2**：632. 图版 258. 图 1~11. 1990；宁夏植物志（二版）**上册**：285. 图 210. 2007.

多年生草本。高 20~80 cm，具粗长的根茎。茎直立，上部多分枝，无毛或疏被柔毛。基生叶和茎下叶具叶柄，矩圆形或卵状披针形，长 4~7 cm，宽 2~3.5 cm，先端圆钝，基部渐狭，边缘有粗锯齿，两面无毛或被短柔毛；茎上部叶无柄，披针形或条状披针形，长 2~5 cm，宽 0.5~2 cm，先端具短尖或钝，边缘有不明显的疏齿或全缘，两面被短柔毛。总状花序顶生，呈圆锥状；萼片开展，宽卵形，长约 1.2 mm，宽 0.7~1 mm，背部被柔毛，后无毛，具白色膜质边缘；花瓣白色，倒卵形，长 2~3 mm；雄蕊 6；子房有毛。短角果圆形或卵形，长 2~3 mm，扁平，被短柔毛稀近无毛，顶端有宿存短柱头呈极短的喙。种子近椭圆形，长约 1 mm，稍扁，褐色。花期 6~7 月，果期 8~9 月。2n=24。

耐盐中生多年生杂草。生山麓冲沟、盐碱地和居民点附近。东、西坡山麓均有分布，为习见杂草。

分布于我国东北、华北、西北、西藏，也见于欧亚大陆及亚洲北部。东古北极种。

全草入药，能清热燥湿，主治菌痢、肠炎。一些地方（甘肃、陕西）将其种子作“葶苈子”入药。

4. 阴山荠属 Yinshania Ma et Y. Z. Zhao

一年生草本，植株常被单毛、分枝毛或无毛。茎直立，多分枝。叶羽状全裂或深裂，具短柄。萼片开展，矩圆状椭圆形，基部不成囊状；花瓣白色或淡红色，倒卵形，基部收缩成短爪，雄蕊 6；侧蜜腺位于短雄蕊基部两侧，三角状卵形，无中蜜腺。短角果披针状椭圆形，果瓣稍突起，开裂，表面密被小泡状突起；种子每室 1 行，扁卵球形，表面具细网状纹饰，有或无黏性物质，子叶缘倚或背倚。

贺兰山有 1 种。

1. 阴山荠（图版 30，图 2）

Yinshania acutangula（O. E. Schulz） Y. H. Zhang in Acta Phytotax. Sin. **25**（3）：217. 1987；内蒙古植物志（二版）**2**：637. 图版 261. 1990. ——*Cochlearia acutangula* O. E. Schulz in Notizbl. Bot. Gart. Berlin **10**：554. 1929. ——*Yinshania albiflora* Ma et Y. Z. Zhao in Acta Phytotax. Sin. **17**（3）：1979；中国植物志 **33**：451. 1987.

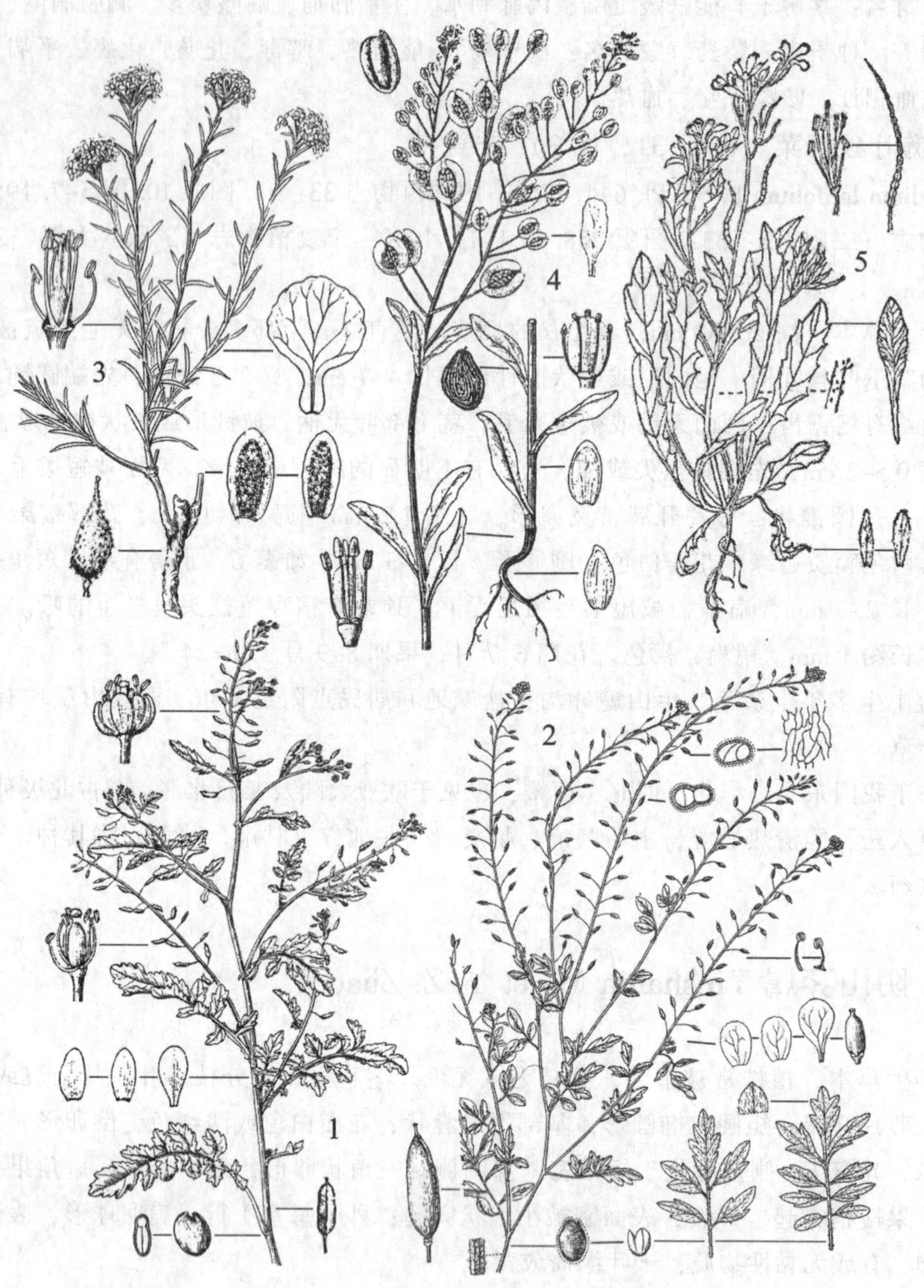

图版 30 1. **风花菜** Rorippa islandica (Oed.) Borbas 植株、花、雄蕊与雌蕊、萼片、花瓣、果实、种子及横切面；2. **阴山荠** Yinshania acutangula (O. E. Schulz) Y. H. Zhang 植株、叶、萼片、花瓣、雄蕊、子房、果实、种子及横切面；3. **薄叶燥原荠** Ptilotrichum tenuifolium (Steph.) C. A. Mey. 植株、萼片、花瓣、雄蕊与雌蕊、果实；4. **遏蓝菜** Thlaspi arvense L. 植株、萼片、花瓣、雄蕊与雌蕊、种子；5. **离子芥** Chorispora tenella (Pall.) DC. 植株、萼片、花瓣、雄蕊与雌蕊、果实。（1~2 张海燕绘;3 马平绘；4 田虹绘；5 引自中国沙漠植物志）

一年生草本。高 30~50 cm，全株被单毛或近无毛。茎直立，多分枝，具纵棱。叶片卵形、矩圆形或宽卵形，长 1~3.5 cm，宽 7~20 mm，羽状全裂或深裂，侧裂片 1~4 对，裂片倒卵状披针形、椭圆形或矩圆形，长 4~15 mm，宽 2~8 mm，全缘、具粗牙齿或具缺刻状浅裂；叶柄长 3~15 mm。总状花序具多花；花梗长 3~4 mm，丝状；萼片矩圆状椭圆形，长约 1.5 mm，宽约 1 mm，顶端圆形，具微齿；花瓣白色，蕾期为玫瑰色，倒卵形，长约 2 mm，宽约 1 mm，顶端圆形，基部楔形成短爪；雄蕊 6，短雄蕊斜升，长雄蕊长约 1.5 mm；子房常被单毛，含胚珠 10 至多个。花柱短，柱头压扁头状。短角果披针状椭圆形，长 3~4 mm，宽 0.8~1.2 mm，被单毛或近无毛；隔膜无脉，果梗丝状，长 4~6 mm，近水平展开或稍向上；宿存花柱长 0.3 mm。种子每室 1 行，卵形，长约 0.8 mm，宽约 0.5 mm，棕褐色。花果期 7~9 月。2n=14。

中生植物。生海拔 1 300~1 600 m 山地沟谷溪边和灌丛中。仅见东坡小口子、贺兰沟、大水沟。

分布于内蒙古（阴山、阿尔巴斯山）、河北（武安）、陕西、甘肃（榆中）。为我国特有。华北种。

5. 葶苈属 Draba L.

一、二年生或多年生草本，被单毛、分枝毛或星状毛。叶为单叶，基生叶莲座状，茎生叶常无柄。总状花序顶生或腋生，萼片基部不成囊状；花瓣白色或黄色，先端全缘或微缺，具短爪；侧蜜腺成对，常连合，马蹄形，向内敞开，中蜜腺缺或念珠状与侧蜜腺连合。短角果卵形、椭圆形或披针形，直立或弯曲，开裂，果瓣扁平或膨胀；每室种子 2 行，多数。种子卵形，稍扁；子叶缘倚。

贺兰山有 3 种（含 1 个不含正种的变种）。

分种检索表

1. 一、二年生草本；果瓣具网状脉纹；总状花序果时延伸，疏松 …………………………………… 1. 光果葶苈 **D. nemorosa** var. **leiocarpa**

1. 多年生草本；果瓣无网状脉纹；总状花序果时仍紧实呈头状。

  2. 花黄色；花葶无叶；短角果膨胀，不扭转 ………………………… 2. 喜山葶苈 **D. oreadas**

  2. 花白色；花葶具叶；短角果扁平，扭转 ………………………… 3. 蒙古葶苈 **D. mongolica**

1. 光果葶苈（变种）（图版 31，图 4）

Draba nemorosa L. var. **leiocarpa** Lindbl. in Linnaea **13**：33. 1839；中国植物志 **33**：175. 1987；内蒙古植物志（二版）**2**：641. 图版 263. 图 7. 1990.

一年生草本。高 10~20 cm。茎直立，不分枝或分枝，下部被单毛、叉状分枝毛和星状毛，上部近无毛。基生叶莲座状，花后常枯萎，矩圆状倒卵形、矩圆形，长 1~2 cm，宽

4~6 mm，先端稍钝，边缘具疏齿或近全缘，近无柄；茎生叶较基生叶小，矩圆形或披针形，先端尖或稍钝，基部楔形，无柄，两面被单毛、分枝毛和星状毛。总状花序顶生或腋生，在开花时伞房状，结果时极延长；花梗丝状，长4~6 mm，直立开展；萼片近矩圆形，长约1. 5 mm，背面被毛；花瓣黄色，近矩圆形，长约2 mm，顶端微凹。短角果矩圆形，长6~8 mm，光滑无毛，果瓣具网状脉纹；果梗纤细，长10~15 mm，斜展。种子细小，椭圆形，长约0.6 mm，淡棕褐色，表面有颗粒状花纹。花果期6~8月。

中生植物。生2 000~2 800 m山地沟谷、溪边湿地、灌丛及林缘。东、西坡均有分布，为习见种。

分布于我国东北、华北、西北。也见于欧亚大陆中西部温带地区。古北极（变）种。

与正种同，种子入药，能清热祛痰、定喘、利尿；种子含油量约26%，油供工业用。

正种与其差别为果实密被短柔毛。

2. 喜山葶苈（图版31，图5）

Draba oreades Schrenk in Fisch. et Mey. Enum. Pl. Nov. **2**：56. 1842；中国植物志 **33**：136. 图版32. 图1~7. 1987；内蒙古植物志（二版）**2**：641. 图版264. 图1~3. 1990；宁夏植物志（二版）**上册**：286. 图211. 2007.

多年生矮小草本，高3~8 cm。根状茎多分枝。叶基生成莲座状，倒披针形，长8~20 mm，宽2~5 mm，先端锐尖或渐钝，基部楔形，全缘，两面被单毛或叉状毛。花葶被长单毛、叉状毛和分枝毛；花鲜黄色，直径3~4 mm，6~15朵组成头状总状花序；萼片长卵形，长约2 mm，背面被单毛或叉状毛，边缘膜质；花瓣卵形，长4~5 mm。短角果卵形，长5~8 mm，宽3~4 mm，先端锐尖，宿存花柱长约0.5 mm，基部圆形且膨胀，光滑无毛，果瓣不平，果梗斜上，长3~5 mm。种子棕褐色，卵圆形，扁平，长约1 mm。花果期6~8月。

耐寒中生植物。生海拔3 000 m以上高寒灌丛、草甸和岩石缝中，为重要伴生种，能形成层片。见主峰下和山脊两侧。

分布于我国陕西（太白山）、甘肃（西南部、祁连山）、青海、四川（西部）、云南（西北部）、西藏，也见于俄罗斯（西伯利亚、阿尔泰）、蒙古（西部、北部）、锡金、克什米尔。西伯利亚—青藏高原种。

3. 蒙古葶苈（图版31，图6）

Draba mongolica Turcz. Fl. Baical. -Dah. **1**：138. 1842；中国植物志 **33**：167. 1987；内蒙古植物志（二版）**2**：463. 图版264. 图6，7. 1990.

多年生丛生草本。高5~15 cm。根茎多分枝，茎斜升，单一或少分枝，密被星状毛和叉状毛。基部包被残叶纤维，基生叶披针形或矩圆形，花期常枯萎；茎生叶矩圆状卵形，长5~12 mm，宽2~5 mm，先端锐尖，基部渐缩成柄，全缘或边缘具疏齿，两面密被星状毛或分枝毛。总状花序顶生，有花10余朵，密集成头状或伞房状；花梗长1~2 mm；萼片椭圆形或卵形，长1.5~2 mm，背面生单毛或叉状毛，边缘膜质；花瓣白色，矩圆状倒卵形，长 3~4 mm，宽约 1.5 mm。短角果狭披针形，长 6~10 mm，宽 1.5~3 mm，扁平，扭转，无毛，果梗长 2~5 mm，种子椭圆形，长约 1 mm，棕色，扁平，花果期 6~8 月。

中生植物。生海拔 2 200~3 000 m 山地沟谷溪边和山顶高山草甸或石逢中。见主峰下和哈拉乌北沟。

分布于内蒙古、黑龙江，河北（雾灵山、小五台山）、山西（五台山）、新疆（阿尔泰山），也见于俄罗斯（贝加尔地区）、蒙古（北部、西部）。蒙古种。

《中国植物志》33 卷葶苈属将本种与苞序葶苈 *Draba ladyginii* Pohle 有所混淆，检索差别不明显，并错误地将苞序葶苈的模式产地写为“采自东西伯利亚”，将其在我国的分布写为“内蒙古、河北、山西、湖北、宁夏、甘肃、青海、四川、云南、西藏”。实际该种模式是俄国人拉迪京（B. V. Ladygin）1901 年 8 月 8 日 No. 38（B）（Lectotypus LE）采自我国青海柴达木的都兰，海拔 11 000 英尺的云杉林缘腐殖土上。原合模式包括俄国人波塔宁（G. Potanin）1893 年 7 月 16 日采自四川康定（打箭炉）。苞序葶苈是青藏高原种，蒙古高原没有分布（蒙古国无分布），俄罗斯西伯利亚也无分布。内蒙古、河北、山西记载的植物应是蒙古葶苈。下面我们将两个种的分类特征检索如下：

1. 果实在果序上排列紧密，呈伞房状，花序下无苞叶或有时具 1~2 个叶状苞片；短角果卵形或狭状披针形，长 5~10 mm，宽 1. 5~3 mm，扭转，果梗长 25 mm ………………… 1. **蒙古葶苈 D. mongolica**
1. 果实在果序上排列松散，总状，花序下部多数花具叶状苞片；短角果条形或条状披针形，长 7~12 mm，宽 1~1. 2 mm，直立，通常不扭转，果梗长 6~8 mm …………………………………………………………………………………… 2. **苞序葶苈 D. ladyginii**

6. 燥原荠属 Ptilotrichum C. A. Mey.

半灌木或多年生草本，全株被星状毛。茎多分枝。叶无柄，全缘，常较小。萼片直立，基部不呈囊状；花瓣白色或淡紫色，瓣片常圆形，具爪；雄蕊离生，花丝无齿或无翅；子房无柄，花柱短，柱头稍 2 裂。侧蜜腺大，三角形，向外延伸与渐尖，无中蜜腺。短角果为双凸透镜状圆形或宽卵形，每室有种子 1~2 粒。种子扁平，常近圆形；子叶缘倚。

贺兰山有 1 种。

1. 薄叶燥原荠（图版 30，图 3）

Ptilotrichum tenuifolium（Steph. ex Wild.） C. A. Mey. in Ledeb. Fl. Alt. **3**：67. 1831；内蒙古植物志（二版）**2**：650. 图版 267. 图 1~6. 1990；——*Alyssum tenuifolium* Steph. ex Willd. Sp. Pl. **3**：460. 1800.

多年生草本。高 10~30 cm，全株密被星状毛。主根圆柱形，深入地下，根皮褐色。茎常自基部多分枝，近地面茎常木质化，分枝直立或斜升。叶条形，长 10~20 mm，宽 1~1.5 mm，先端尖，基部渐狭，全缘，两面被星状毛，灰绿色，无柄。伞房花序生枝顶，果期延长；

萼片矩圆形，长约 3 mm；膜质边缘；花瓣白色，长 3.5~4.5 mm，瓣片近圆形，基部具爪。短角果椭圆形或卵形，长 3~5 mm，宽 2~3 mm，被星状毛，先端宿存，花柱长 1~2 mm；果梗斜上，长 2~3 mm。种子长卵形，长约 2 mm，褐红色。花果期 6~9 月。2n=92。

旱生植物。生海拔 1 400~1 800 m 山麓和浅山区低山丘陵的山坡上，是山地典型草原、荒漠草原群落的伴生种。东、西坡均有分布。

分布于我国东北、华北、西北，也见于俄罗斯（西伯利亚）、蒙古。亚洲中部种。

7. 离子芥属 Chorispora R. Br. ex DC.

一年生或多年生草本，被单毛和腺毛。叶羽裂或有齿。萼片直立，内萼片稍成囊状；花瓣矩圆形，黄色、紫色或深红色；花丝分离，无翅，有蜜腺。长角果成熟后横断裂为若干含有 2 粒种子的节而脱落，带有喙的胎座框宿存。种子扁平，具边，子叶缘倚。

贺兰山有 1 种

1. 离子芥（图版 30，图 5）

Chorispora tenella（Pall.）DC. Syst. **2**：435. 1821；中国植物志 **33**：348. 图版 102. 图 9~10. 1987. —— *Raphanus tenellus* Pall. Reise. **3**：741. 1776.

一年生草本。高 5~30 cm，茎单一或分枝，具稀疏的腺毛和单毛。基生叶和下部叶矩圆形，有波状齿、羽状浅裂或全缘，先端钝或锐尖，基部渐窄，有柄；上部叶无柄，披针形，有疏牙齿或全缘。总状花序顶生，果期延伸；萼片紫色，有腺毛；花瓣紫色，条形，长约 7 mm，宽 1~2 mm；花梗长 4~5 mm。长角果串珠状，弯曲成镰形，有疏生腺毛，长 2~3.5 cm，喙长 1 cm 以上，果末端与喙间无明显界限，成熟时横断为含 2 粒种子的节。种子椭圆形，压扁，长约 1.5 mm，宽约 1 mm，子叶缘倚。花果期 4~5 月。

中生植物。生山麓冲沟湿润处及农田。仅见东坡。

分布于辽宁、河北、山西、河南、陕西、宁夏、甘肃、青海、新疆，也见于欧洲（东南部）、中亚（巴基斯坦、阿富汗、天山）、俄罗斯（西伯利亚）、蒙古。古北极种。

8. 爪花芥属 Oreoloma Botsch. 棒果芥属

多年生或二年生草本，密被星状毛，成毡毛状，有时混生腺毛和硬单毛。叶全缘或羽状分裂。萼片靠合，直立，内萼片基部成囊状；花瓣红紫色、紫色，具长爪；长雄蕊的花丝成对合生；花柱短；柱头 2 裂。短雄蕊基部周围具环状、四角形的蜜腺，它向长雄蕊方向延伸成大凸起。长角果坚硬、木质化、圆柱形，不开裂，密被毛，每室种子多数，1~2 行；子叶背倚。

贺兰山有 1 种。

1. 紫爪花芥（图版 32，图 1） 紫花棒果芥

Oreoloma matthioloides（Franch.） Botsch. in Bot. Zhurn. **65**：462. 1980；中国高等植物 **5**：511. 图版 806. 图 1~8. 2003. ——*Dontostemon matthioloides* Franch. Pl. David. **1**： 35. t. 9. 1884. ——*Sterigmostcmum matthioloides*（Franch.） Botsch. in Bot. Zhurn. **44**：1487. 1959；中国植物志 **33**：372. 图版 108. 图 1~3. 1987；内蒙古植物志（二版）**2**：651. 图版 268. 1990；宁夏植物志（二版）**上册**：289. 图 214. 2007.

多年生草本。高 15~35 cm，全株密被星状毛与混生腺毛，呈灰绿色。茎直立，有分枝。基生叶呈莲座状，条状披针形，长 8~13 cm，宽 15~20 cm，羽状分裂，顶生裂片披针形，侧生裂片 4~7 对，矩圆形或卵形，先端钝，全缘，叶柄长 1~2 cm；茎生叶较小，长 1.5~4 cm，宽 0.5~1.5 cm，羽状裂、波状齿或近全缘，侧裂片 2~4 对，裂片矩圆形、披针形至条形。萼片直立，靠合，条状矩圆形，长约 9 mm，内萼片基部成囊状、条状矩圆形，具白色膜质边缘；花瓣淡紫色或淡红色，长度比萼片超出近一倍，瓣片开展，倒卵形，爪与萼片近等长，长角果圆柱形，稍缢缩，长 1.5~3 cm，密被星状毛与腺毛，不开裂，花柱长 1~3 mm，柱头稍 2 裂，喙状；果梗短粗，平展。种子 1 行，近椭圆形。花果期 6~9 月。

旱生植物。生海拔 1 400~1 900 m 山麓的冲沟和沙砾地上。见东坡贺兰沟、苏峪口沟；西坡哈拉乌沟、水磨沟。

分布于内蒙古（西部）、甘肃（河西走廊）、青海（柴达木）、新疆（北部）。戈壁—蒙古种。

9. 大蒜芥属 Sisymbrium L.

一、二年生或多年生草本，无毛或被单毛。叶大头羽裂或全裂，稀全缘。萼片直立，外萼片矩圆形，顶部兜状，内萼片常较宽，基部不成囊状；花瓣矩圆形或宽倒卵形，黄色或白色，具爪；花丝向基部变宽，无齿，侧蜜腺环形或多角形，中蜜腺念珠状，与侧蜜腺连合。子房无柄，柱头头状或微 2 裂。长角果细长条形，直立或稍弯曲，开裂，果瓣膨胀，具 3 脉，中脉明显，宿存花柱短。种子 1 行，多数，矩圆形或椭圆形；子叶背倚。

贺兰山有 1 种。

1. 垂果大蒜芥（图版 32，图 2）

Sisymbrium heteromallum C. A. Mey. in Ledeb. Fl. Alt. **3**：132. 1831；中国植物志 **33**：411. 图版 18. 图 1~7. 1987；内蒙古植物志（二版）**2**：663. 图版 272. 1990；宁夏植物志（二版）**上册**：299. 图 218. 2007.

一年生或二年生草本。高 30~80 cm。茎直立，无毛或基部被单硬毛，不分枝或上部分枝。基生叶和茎下部叶矩圆形或矩圆状披针形，长 4~12 cm，宽 1~4 cm，大头羽状深裂，顶生裂片较宽大，侧生裂片 2~5 对，裂片披针形、矩圆形，先端锐尖，全缘或具疏齿，两

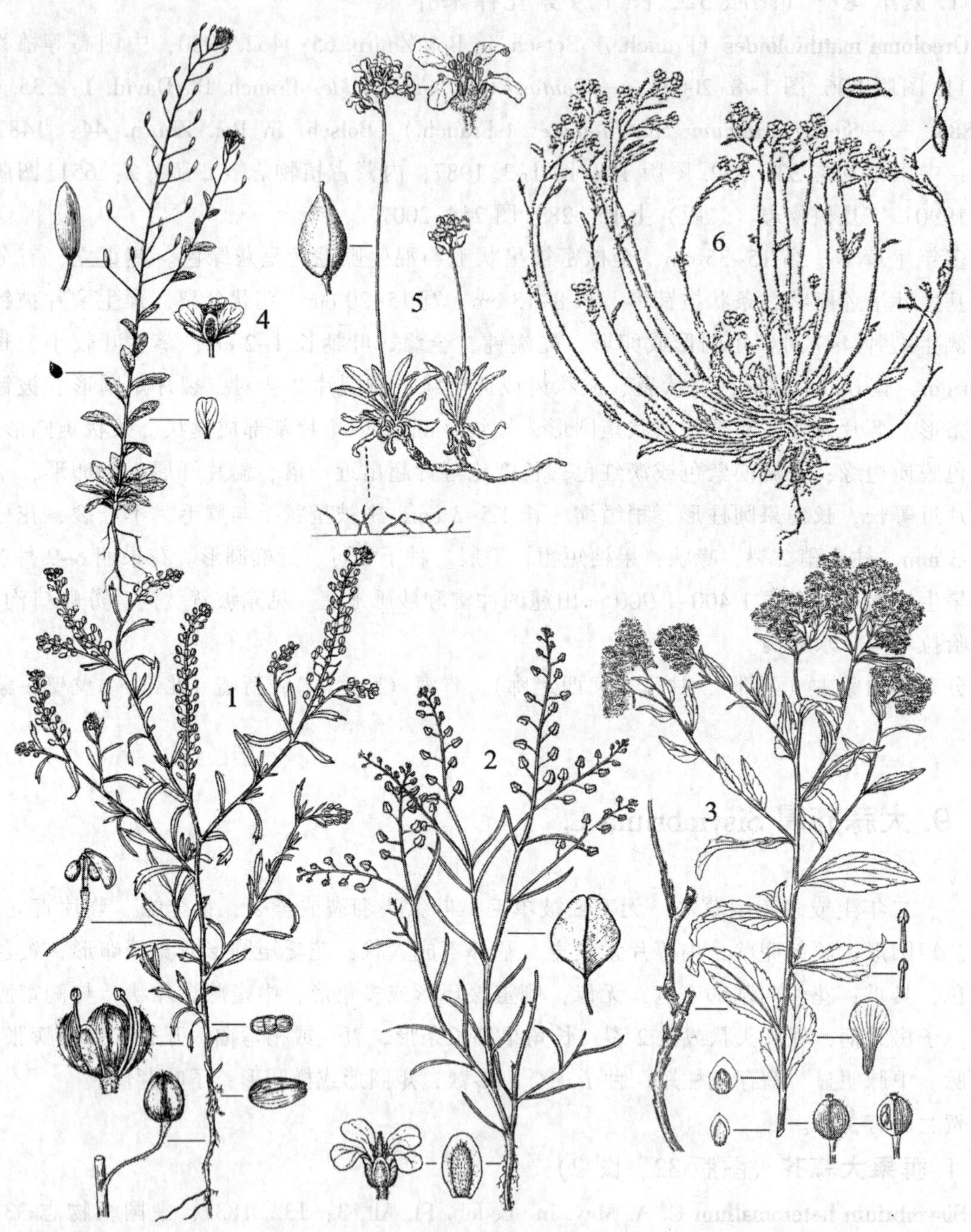

图版 31　1. 独行菜 Lepidium apetalum Willd. 植株、花、果实及开裂、种子及横切面；2. 阿拉善独行菜 L. alashanicum H. L. Yang 植株、花、花瓣、果实；3. 宽叶独行菜 L. latifolium L. 花枝、根茎、萼片、花瓣、雄蕊、果实；4. 光果葶苈 Draba nemorosa L. var. leiocarpa Lindbl. 植株、花、花瓣、果实、种子；5. 喜山葶苈 D. oreades Schrenk 植株、花、果实；6. 蒙古葶苈 D. mongolica Turcz. 植株、果实、种子。（1 仝青绘；2 田虹绘；3 王惠敏绘，孙玉荣修图；4 张克威绘；5 马平绘；6.引自蒙古维管植物检索表）

面无毛；叶柄长 1~2.5 cm；茎上部叶羽状浅裂或不裂，披针形或条形。总状花序果时延长；花梗纤细，长 5~10 mm，上举；萼片近直立，矩圆形或宽条形，长约 3 mm；花瓣淡黄色，矩圆状倒披针形，长约 4 mm，先端圆形，具爪。长角果纤细，细长圆柱形，长 5~7 cm，径 0.8 mm，无毛，向下弧状弯曲，宿存花柱极短，柱头压扁头状；果瓣膜质，具 3 脉；果梗纤细，长 5~15 mm。种子 1 行，多数，矩圆形，长约 1 mm，棕色，具颗粒状纹。花果期 6~9 月。

中生植物。生海拔 1 300~2 200 m 山地沟谷，干河床及灌丛中。见东坡大水沟、苏峪口沟、小口子、黄旗沟、甘沟；西坡哈拉乌北沟、北寺沟、南寺沟、乱柴沟等。

分布于我国华北、西北及内蒙古、辽宁、四川、云南，也见于俄罗斯（西伯利亚）、蒙古。东古北极种。

种子可作辛辣调味品（代芥末用）。

10. 花旗竿属 Dontostemon Andrz. ex Ledeb.

一、二年生或多年生草本，植株被单毛或腺毛。茎直立，有分枝。单叶全缘、具齿或羽裂。总状花序无苞片；萼片直立，外萼片基部有时稍呈囊状；花瓣淡紫色或白色，顶部圆形或微凹，基部具爪；长雄蕊花丝成对合生，短雄蕊分离；基部具半圆形蜜腺。花柱短，柱头头状或微 2 裂，长角果细长圆柱形，稍具 4 棱，每室种子 1 行，种子近椭圆形，褐色；子叶背倚、缘倚或斜缘倚。

贺兰山有 2 种。

分种检索表

1. 花瓣较小，长 2~3 mm，条状披针形，顶端圆形，白色或浅粉色 ………… 1. **小花花旗竿 D. micranthus**
1. 花瓣较大，长 4~6 mm，近匙形，顶端凹陷，淡紫色 ……………………… 2. **多年生花旗竿 D. perennia**

1. 小花花旗竿（图版 32，图 4）

Dontostemon micranthus C. A. Mey. in Ledeb. Fl. Alt. **3**：120. 1831；中国植物志 **33**：318. 图版 89. 图 9~16. 1987；内蒙古植物志（二版）**2**：671. 图版 277. 1990；宁夏植物志（二版）**上册**：298. 2007.

一、二年生草本。高 20~40 cm，植株被卷曲柔毛和白色单毛。茎直立，单一或上部分枝。叶条形，长 1~4 cm，宽 1~2 mm，顶端钝，基部渐狭，全缘，两面疏被毛，边缘与中脉常被硬单毛。总状花序，果期长 10~20 cm；花小，直径 2~3 mm，花梗纤细，长 5~10 mm；萼片稍开展，矩圆形，长约 3 mm，宽 0.8~1 mm，具白色膜质边缘，背部稍被硬单毛；花瓣淡紫色或白色，近匙形，长 3~4 mm，宽约 1 mm，顶端圆形，基部渐狭成爪；短雄蕊长约 3 mm，花药矩圆形，长雄蕊长约 3.5 mm。长角果细长圆柱形，长 2~4 cm，宽约 1 mm，无毛，果梗斜上开展，劲直或弯曲，宿存花柱极短，柱头头状。种子淡棕色，矩圆形，长约0.5 mm，表面细网状；子叶背倚。花果期6~8月。

中生植物。生海拔1 200~1 800 m浅山沟谷、溪水边湿地。仅见东坡苏峪口沟、小口子、大水沟、甘沟。

分布于我国东北、华北及内蒙古、陕西（北部）、青海。也见于俄罗斯（西伯利亚、贝加尔）、蒙古（北部、东部）。达乌里-蒙古种。

2. 多年生花旗竿（图版32，图5）

Dontostemon perennis C. A. Mey. in Ledeb. Fl. Alt. **3**：121. 1831；中国植物志**33**：318. 图版90. 图1~7. 1987. ——*D. eglandulosus*（DC.）auct. non Ledeb.：Fl. Ross. **1**：175. 1842；内蒙古植物志（二版）**2**：674. 图版278. 1990. —— *Synstemon linearifolia* Z. X. An in Bull. Bot. Res.（Harbin）**1**（1~2）：101. 1981；中国植物志**33**：436. 1987.

一、二年生或多年生草本，植株被卷曲柔毛和硬单毛。茎直立，高10~25 cm，多分枝。叶条形，长1~4 cm，宽1~2 mm，先端钝，基部渐狭，全缘，两面被卷曲柔毛和硬单毛。总状花序结果时延长，长5~10（12） cm；花直径4~6 mm；萼片稍开展，长约3 mm，具白色膜质边缘，背面有疏硬单毛；花瓣淡紫色，近匙形，长4~6 mm，宽约3 mm，顶端微凹，下部具长爪；短雄蕊长约2.5 mm；长雄蕊长约4 mm，花丝成对联合。长角果长1~2.5 cm，略扁，被微毛或腺毛，稍弧曲或近直立，宿存花柱极短，柱头稍膨大。种子扁，淡棕黄色，椭圆形，长约1 mm；子叶斜缘倚。花果期6~9月。

旱生植物。生浅山区的宽阔山谷和石质山坡上。见东坡甘沟、黄旗沟；西坡峡子沟。

分布于我国东北、华北北部及内蒙古，也见于俄罗斯（西伯利亚、贝加尔）、蒙古。达乌里-蒙古种。

11. 异蕊芥属 Dimorphostemon Kitag.

一或二年生草本，被单毛或腺体。茎单一或多分枝。叶羽状分裂。萼片直立或稍开展，内萼片基部稍囊状；花瓣倒卵形，具爪，白色或淡玫瑰色；雄蕊离生，长雄蕊的花丝两侧具宽翅，其腹面有或无翅，常有齿；短雄蕊不加宽，两侧各具1新月形的侧蜜腺联合呈环状，无中蜜腺。长角果狭圆柱形，开裂，果瓣凸起，具单脉。种子1行，上部有狭翅或无翅；子叶缘倚。

贺兰山有1种。

1. 异蕊芥（图版33，图2）

Dimorphostemon pinnatus（Pers.） Kitag. Neo-Lineam. Fl. Mansh. 332. 1979；中国植物志**33**：323. 图版92. 图1~9. 1987；内蒙古植物志**2**：685. 图版283. 1990. —— *Hesperis pinnata* Pers. Syn. Pl. **2**：203. 1807. ——*Sisymbrium pectinata* DC. Syst. **2**：485. 1821.

二年生草本。高 10~40 cm。茎直立，单一，上部分枝，被黄色或黑紫色腺毛。叶倒披针形或狭椭圆形，长 1~4 cm，宽 3~10 mm，顶端稍钝，基部楔形，羽状分裂，侧裂片 1~4 对，裂片条状披针形，两面被腺毛，有时疏生单硬毛。总状花序果时延长；萼片卵圆形，长约 2.5 mm，宽 1.5 mm，外萼片基部囊状，内萼片上部兜状；花瓣白色或粉红色，楔状倒卵形，长约 6 mm，宽约 4 mm，顶端微凹，基部具爪；长雄蕊花丝具翅，上部向内突出呈囊状；短雄蕊基部具半圆形蜜腺。长角果圆柱形，长 2~3 cm，被腺毛，具明显中脉与细网脉，宿存短花柱长 0.5~0.8 mm，柱头稍 2 裂。种子矩圆形，长约 1.5 mm，棕色，稍扁平，顶部窄边。花果期 6~8 月。

中生植物。生海拔 2 700~3 000 m 的山坡。见东坡苏峪口沟；西坡高山气象站、黄土梁。

分布于河北、山西、四川，也见于俄罗斯（东西伯利亚）、蒙古（东部、北部）。东北—华北种。

《中国高等植物》（**5**：493. 2003）依据 Al-Shehbaz et H. Ohba（in Novon **10**：96. 2000）的意见将异蕊芥 *Dimorphostemon* 归入花旗竿属，组成羽裂花旗竿 *Dontostemon pinnatifidus*（Willd.） Al-Shehhaz et H. Ohba。我们认为异蕊芥立属的条件要比爪花芥属 *Oreoloma* 明显得多，故我们仍采用异蕊芥属。

12. 播娘蒿属 **Descurainia** Webb. et Berth.

一、二年生草本，被分枝毛、星状毛或混生单毛。茎直立或斜升，有分枝。叶 2~3 回羽状全裂，具柄或近无柄。萼片直立，基部不成囊状；花瓣黄色，有时淡紫色，通常与萼片近等长，具爪。雄蕊伸出花冠，花丝基部宽，无齿，具蜜腺。蜜腺细念珠状，侧蜜腺半环状或环状，与中蜜腺相连。长角果条形，开裂，果瓣具 1 明显中脉和网结状细侧脉。种子 1 行，有时 2 列，子叶背倚。

贺兰山有 1 种。

1. 播娘蒿（图版 33，图 1）

Descurainia sophia（L.） Webb. ex Prantl in Engl. et Prantl，Nat. Pflanzenfam. **3**（2）：192. 1891；中国植物志 **33**：448. 1987；内蒙古植物志（二版）**2**：693. 图版 284. 图 5~9. 1990. ——*Sisymbrium sophia* L. Sp. Pl. 659. 1753.

一年生草本。高 20~60 cm，全株密被灰色分枝毛。茎直立，上部分枝，具纵棱槽，叶矩圆形或矩圆状披针形，长 3~5（7） cm，宽 1~2（4） cm，2~3 回羽状全裂，最终裂片条形，长 2~5 mm，宽 1~1.5 mm，先端钝，全缘；茎下部有叶柄，向上叶柄逐渐缩短或近无柄。总状花序顶生，具多数花；花梗纤细，长 4~7 mm；萼片条状矩圆形，先端钝，长约 2 mm，边缘膜质，背面有分枝细柔毛；花瓣黄色，匙形，与萼片近等长；雄蕊比花瓣长。长角果狭条形，长 2~3 cm，宽约 1 mm，直立或弯曲，淡黄绿色，无毛，喙极短，果梗向上倾斜。

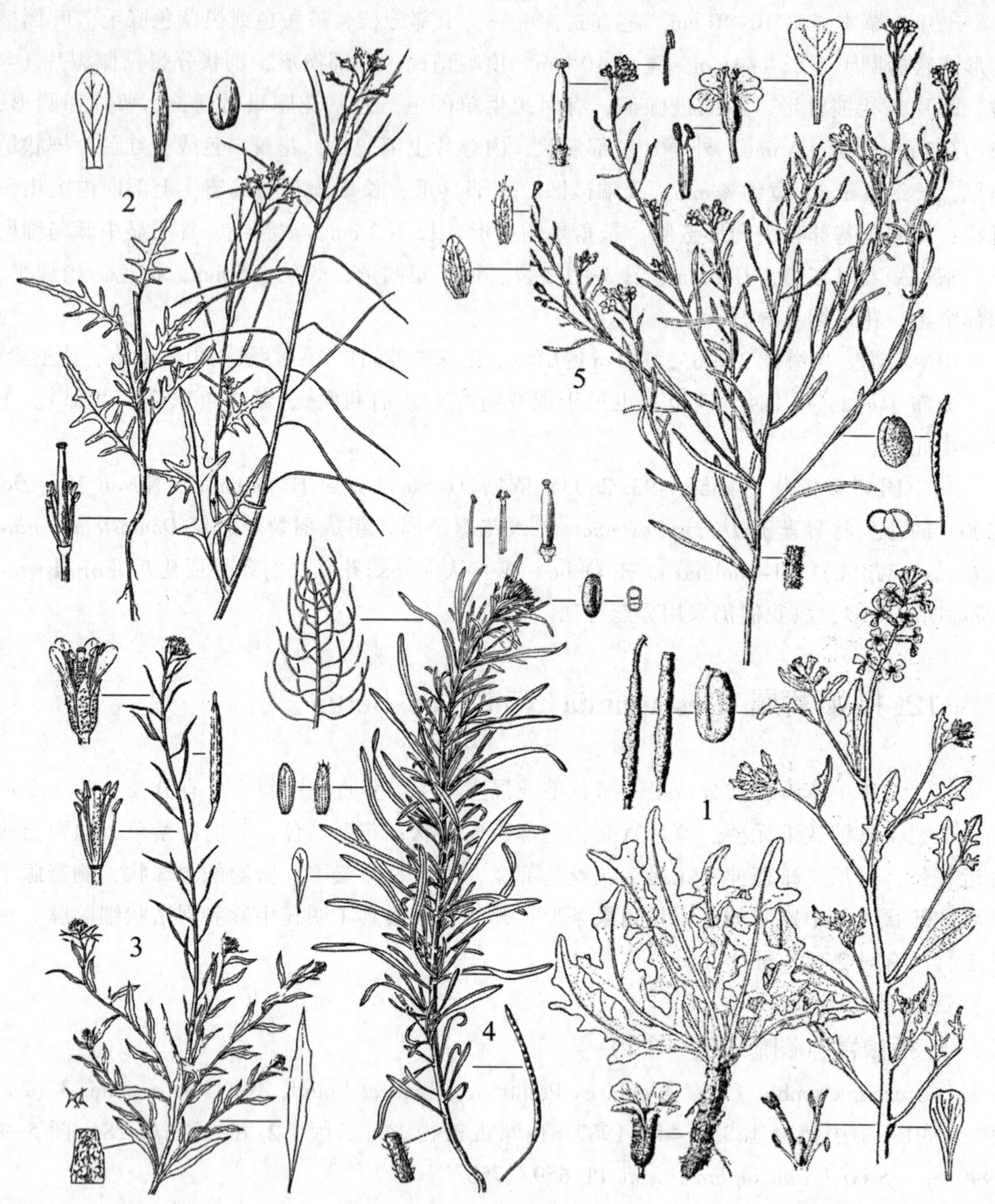

图版 32　1. 紫爪花芥 Oreoloma matthioloides（Franch.）Botsch. 植株、花、花瓣、雄蕊、雌蕊、果实与种子；**2. 垂果大蒜芥** Sisymbrium heteromallum C. A. Mey. 植株、萼片、花瓣、雄蕊与雌蕊、种子；**3. 小花糖芥** Erysimum cheiranthoides L. 植株上部、叶、花、雄蕊与雌蕊、果实、种子、胚；**4. 小花花旗竿** Dontostemon micranthus C. A. Mey. 植株、果序、萼片、花瓣、雄蕊、雌蕊、果实、种子及横切面；**5. 多年生花旗竿** D. perennis C. A. Mey. 植株、花、萼片、花瓣、雄蕊、雌蕊、果实、种子及横切面。（1 邱晴绘，孙玉荣修图；2 邱晴绘；3 王惠敏绘；4~5 张海燕绘）

种子 1 行，黄棕色，矩圆形，长约 1 mm，宽约 0.5 mm，稍扁，表面有细网纹；子叶背倚。花果期 6~9 月。2n=28。

中生植物。生海拔 1 200~1 500 m 山口及山麓冲沟或居民点附近。仅见东坡山麓地带。

分布于我国东北、西北、华北、西南，也见于欧亚及北美大陆和非洲北部。泛北极种。

种子入药（药材名：葶苈子），能行气、利尿消肿、止咳平喘、祛痰，主治喘咳痰多、胸肋满闷、水肿、小便不利。种子也入蒙药（蒙药名：汉毕勒），功效与中药同。全草可制农药，对于棉蚜、青菜虫等有杀死作用。种子含油量约 40%，可供制肥皂和油漆用，也可食用。

13. 糖芥属 Erysimum L.

一年、二年或多年生草本，被丁字毛或星状毛。叶长椭圆形、披针形或条形，全缘或波状齿。花黄色、橙黄色或紫色，极少白色；萼片直立，有时基部囊状；花瓣有长爪；侧蜜腺围绕短雄蕊的基部，向外开展，中蜜腺位于长雄蕊的外面。长角果条形，四棱或圆柱状，果瓣具明显中脉，每室种子 1 行，顶端有宿存的花柱和柱头；子叶背倚或缘倚。

贺兰山有 1 种。

1. 小花糖芥（图版 32，图 3）

Erysimum cheiranthoides L. Sp. Pl. 661. 1753；中国植物志 **33**：387. 图版 112. 图 5~8. 1987；内蒙古植物志（二版）**2**：698. 图版 290. 1990；宁夏植物志（二版）**上册**：300. 图 220. 2007.

一年生草本。高 30~50 cm。茎直立，有时上部分枝，密被丁字毛。叶披针形至条形，长 2~5 cm，宽 4~8 mm，先端渐尖，基部渐狭，全缘或疏生不明显齿，中脉在下面明显隆起，两面密生叉状分枝毛，总状花序顶生；萼片披针形或条形，长 2~3 mm，宽约 1 mm，背面生分枝毛；内萼片基部稍呈囊状，外萼片顶端兜状；花瓣黄色或淡黄色，近匙形，长 3~5 mm，先端近圆形，基部渐狭成爪。长角果条形，长 2~4 cm，宽 1~1.5 mm，通常向上斜伸，果瓣生短分枝毛，中央具 1 条主脉，具枝粗为果实的 1/3。种子宽卵形，长约 1 mm，棕褐色；子叶背倚。花果期 7~8 月。2n=16。

中生植物。生海拔 1 800~2 300 m 山地沟谷溪边湿地或阴坡石缝中。见东坡大水沟、插旗沟；西坡哈拉乌北沟、水磨沟。

分布于我国东北、华北、西北、华东（北部）、华中及云南，也见于北半球温带地区及非洲北部。泛北极种。

全草入药，能强心利尿、健脾和胃、消食，主治心悸、浮肿、消化不良。种子入蒙药（蒙药名：乌兰-高恩淘格），能清热、解毒、止咳、化痰，平喘，主治毒热、咳嗽气喘、血热。

14. 串珠芥属 Neotorularia Hedge et J. Leonard

一、二年生或多年生草本，被分枝毛或单毛，稀被丁字毛。茎分枝。叶羽裂，具齿或全缘。总状花序常具苞片；萼片直立，基部不成囊状；花瓣白色、玫瑰色或紫色，匙形或倒卵形，花丝无齿。侧蜜腺位于短雄蕊的外侧方，半球形或半卵球形，常离生，稀基部合生，无中蜜腺。长角果条形、圆柱形，直立、弯曲或扭曲，成串珠状缢缩，果瓣具1条中脉，果棱较果实粗或细，花柱短，柱头扁头状，近2裂。每室种子1行；子叶背倚。

贺兰山有1种。

1. 串珠芥（图版33，图6） 蚓果芥

Neotorularia humilis（C. A. Mey.） Hedge et J. Leonard in Bull. Jard. Bot. Nat. Belg. 56：394. 1986；内蒙古植物志（二版）**2**：698. 图版291. 图1~6. 1990. ——*Sisymbrium humilis* C. A. Mey. in Ledeb. Ic. Pl. Ross. **2**：16. t. 147. 1830. ——*Torularia humilis*（C. A. Mey.） O. E. Schulz in Engl. Pflanzenr. **86**（4. 105）：223. 1924；中国植物志**33**：426. 图版123. 图1~10. 1987；宁夏植物志（二版）**上册**：301. 图220.

多年生草本。高5~20 cm。直根圆柱形。茎自基部多分枝，直立或斜升，稍纤细，被弯曲分枝毛或直毛。基生叶倒披针形或倒卵圆形，长5~15 mm，宽3~5 mm，顶端圆钝，基部楔形，全缘或稍具疏齿，具柄，花时早枯；茎下部叶矩圆形或匙形，全缘浅波状或具疏齿，短柄；茎上部叶条形，全缘或具疏齿，无柄，全部叶均被分枝白毛或单毛。总状花序，花时伞房状，后伸长；花梗纤细，长2~3 mm；萼片矩圆形，长约2.5 mm，宽约1 mm，背面被分支状毛，边缘膜质，外萼片较窄，内萼片顶部稍兜状；花瓣白色或淡紫红色，倒卵形，长4~6 mm，宽2~3 mm，先端截形或微凹，基部渐成爪。长角果条形筒状，长1~2 cm，宽约1 mm，直立、稍弯或扭曲，常呈串珠状，密被分枝状毛，果瓣具1中脉。种子每室1行，矩圆形，长约1 mm，棕色，花果期5~9月。2n=28，56。

旱中生植物。生山麓冲沟和浅山区宽谷干河、河滩及山坡上。见东坡大水沟、甘沟、苏峪口沟、插旗沟、汝箕沟；西坡哈拉乌沟、水磨沟、古拉本、峡子沟等。

分布于我国华北、西北及内蒙古、山东、河南、四川、云南（西北部），也见于中亚（阿富汗、巴基斯坦、天山）、俄罗斯（西伯利亚）、蒙古、朝鲜、印度（北部）、不丹、尼泊尔、克什米尔及北美。中亚-北美种。

15. 南芥属 Arabis L.

一年、二年或多年生草本，稀半灌木，被星状毛，分枝毛，有时杂有单毛，茎单一或上部分枝。基生叶有柄，全缘或有齿；茎生叶基部常抱茎。总状花序，有时呈圆锥状，萼片直立，内萼片基部稍呈囊状；花瓣白色、粉红色或淡紫色，具爪；雄蕊分离，花丝无齿。

蜜腺合生，环围在雄蕊基部，中蜜腺有时齿状。长角果条形，开裂，扁平，果瓣具不明显中脉。种子每室 1 行，近椭圆形，扁平，有狭翅或无翅；子叶缘倚。

贺兰山有 3 种。

分种检索表

1. 一年生或二年生直立草本，高 20~80 cm；植株被星状毛，混生单毛。
  2. 长角果向下弯垂；茎生叶质较厚，先端长渐尖，较大，长 3~9 cm，宽 0. 5~3 cm ………………………………………………………………………… 1. 垂果南芥 **A. pendula**
  2. 长角果向上直立，贴近于果轴；茎生叶质较薄，先端常钝圆，较小，长 1.5~4.5 cm，宽 3~13 mm ………………………………………………………… 2. 硬毛南芥 **A. hirsuta**
1. 多年生矮小草本，高 5~15 cm；植株近无毛，仅叶缘具睫毛，无星状毛或分枝毛 ………………………………………………………………………… 3. 贺兰山南芥 **A. alaschanica**

1. 垂果南芥（图版 33，图 5）粉绿垂果南芥

Arabis pendula L. Sp. Pl. 665. 1753；中国高等植物 **5**：472. 图 754. 2003；宁夏植物志（二版）**上册**：303. 图 224. 2007. ——*A. pendula* L. var. *hypoglauea* Franch. Pl. David. 33. 1884； 中国植物志 **33**：267. 1987；内蒙古植物志（二版）**2**：705. 图版 293. 1990.

二年生草本。高 20~80 cm，全株被硬单毛，有时混生短星状毛。茎直立，不分枝或上部稍分枝，基生叶花期后枯萎，茎生叶披针形或矩圆状披针形，长 3~9 cm，宽 0.5~3 cm，先端渐尖，基部耳状抱茎，边缘具疏齿或近全缘，生三叉丁字毛和星状毛，混生硬单毛。总状花序顶生或腋生，具花 10 余朵；萼片矩圆形，长约 3 mm，具白色膜质边缘，背面被短星状毛，初单毛；花瓣白色，倒披针形，长约 3.5 mm。长角果，长条形，长 5~9 cm，宽约 2 mm，扁平，下垂，果瓣具不明显中脉，种子每室 2 行；果梗长 1~3 cm。种子近椭圆形，长约 1.2 mm，扁平，棕色，具狭翅，表面细网状。花果期 6~9 月。

中生植物。生 2 000~2 500 m 山地沟谷、灌丛中或阴坡石缝中。见东坡苏峪口沟、黄旗沟、小口子；西坡哈拉乌沟、照北沟、黄土梁等。

分布于我国东北、华北、西北、西南及山东、河南、湖北（西部），也见于欧洲、中亚、俄罗斯（西伯利亚、远东）、蒙古、朝鲜、日本。古北极种。

果实入药，能清热解毒、消肿，主治疮瘢中毒。

2. 硬毛南芥（图版 33，图 3） 毛南芥

Arabis hirsuta（L.）Scop. Fl. Carniol. ed. 2，**2**：30. 1772；中国植物志 **33**：276. 图版 77. 图 1~5. 1987；内蒙古植物志（二版）**2**：705. 图版 294. 图 1~8. 1990. ——*Turritis hirsuta* L. Sp. Pl. 666. 1753.

一年生草本。高 20~60 cm。茎直立，不分枝或上部稍分枝，密生分枝毛并混生少量单毛。基生叶具柄，倒披针形，长 2~4（7） cm，宽 6~15 mm，先端圆形，基部渐狭成柄，全缘或疏齿，两面被分枝毛，下面较密，灰绿色；叶柄长约 2 cm；茎生叶较小，无柄，倒

披针形至披针形，先端常圆钝，基部平截或微心形，稍抱茎，边缘具疏齿。总状花序顶生或腋生，花多数；花梗长 2~5 mm；萼片披针形，长约 3 mm，宽约 1 mm，无毛，顶端有时具睫毛，基部稍囊状；花瓣白色，近匙形，长 4~5 mm，基部具爪。长角果条形、扁平，向上直立，贴紧于果轴，长 3~7 cm，宽 1~1.5 mm；果梗劲直，长 1~1.5 cm。种子每室 1 行，黄棕色，长 1~1.5 mm，扁平，边缘具狭翅，表面细网状。花果期 6~8 月。2n=32。

中生植物。生海拔 2 000~2 500 m 山地沟谷湿地边缘。见东坡插旗沟、大水沟；西坡哈拉乌北沟、北寺沟、南寺沟、黄土梁、皂刺沟等。

分布于我国东北、华北、西北、华东（北部）及河南、湖北、四川、贵州（西部）、云南，也见于欧亚和北美大陆温（寒）带地区，泛北极种。

3. 贺兰山南芥（图版 33，图 4）阿拉善南芥

Arabis alaschanica Maxim. in Bull. Acad. Sci. St. -Petersb. **26**：421. 1880；中国植物志 **33**：261. 1987；内蒙古植物志（二版）**2**：708. 图版 294. 图 9~13. 1990；宁夏植物志（二版）**上册**：302. 图 222. 2007. ——*A. holanshanica* Y. C. Lan et T. Y. Cheo in Bull. Bot. Lab. North-East. Forest. Inst.（东北林学院植物研究室汇刊）**6**：81. 1980.

多年生矮小草本，高 5~15 cm；直根圆柱状，淡褐色，顶端包被多数枯残叶柄。叶于基部丛生，莲座状，肉质，倒披针形至倒卵形，长 1~3 cm，宽 5~8 mm，顶端钝或锐尖，基部渐狭，边缘具疏齿，两面无毛，边缘具睫毛，叶柄具狭翅。花葶数个具 4~8 花，下部花具叶状苞片，萼片矩圆形，长约 3 mm，边缘具睫毛，具白色膜质边缘；花瓣白色或淡紫色，近匙形，长约 5 mm，下部具爪。长角果条形，长 2~4 cm，宽 1~1.5 mm，斜展，扁平，无毛，宿存花柱长 1~2 mm，果瓣扁平，稍弯曲；果梗劲直，较粗壮，长约 5 mm。种子每室 1 行，矩圆形，长约 2 mm，棕褐色，具狭翅。花果期 6~8 月。

中生植物。生海拔 1 900~2 800 m 云杉林下阴湿的岩石缝中。见东坡苏峪口沟、黄旗沟、插旗沟、大水沟；西坡哈拉乌沟、北寺沟、南寺沟、黄土梁、皂刺沟等。

贺兰山为其模式产地。模式标本系俄国人普热瓦尔斯基（N. Przewalski）No. 102 (Lectotype LE)，1873 年 6 月 20 日至 7 月 2 日采自贺兰山西坡中部居民点附近。

分布于我国内蒙古（阴山）、山西（北部）、甘肃、青海（东部）、四川（西北部）。为我国特有。贺兰山-唐古特种。

二八、景天科 Crassulaceae

草本，少数为半灌木，通常肉质。单叶，奇数羽状复叶，互生、对生或轮生，无托叶。花序聚伞状，有时穗状、总状、圆锥状或单生；花两性或单性为雌雄异株，辐射对称；萼片 4~5，稀 6~8；花瓣与萼片同数或无；雄蕊同数或为花瓣的 2 倍，1 轮或 2 轮；雌蕊具与花瓣同数的心皮，心皮基部常具腺体，胚珠少数至多数，子房上位。蓇葖果，稀为蒴果。

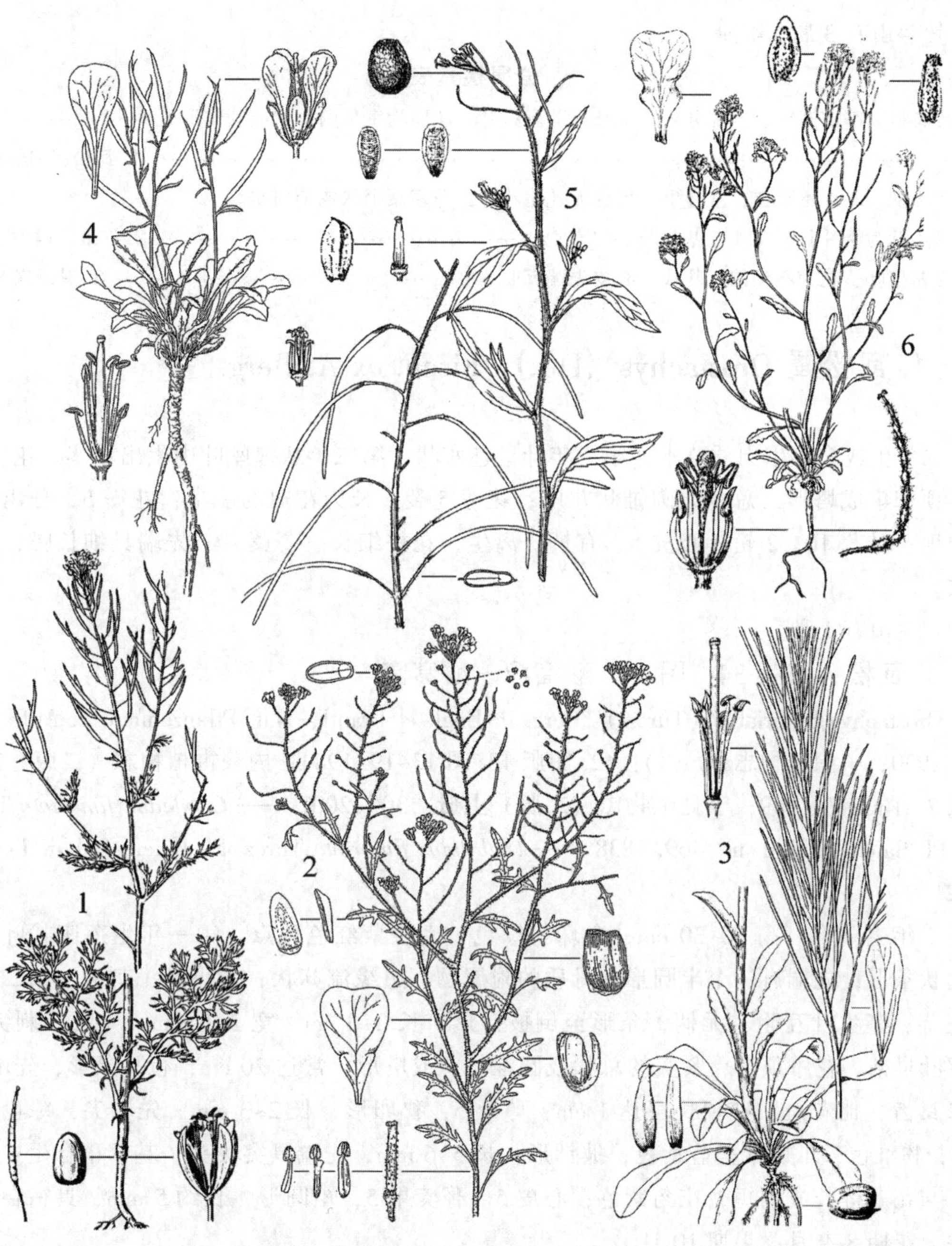

图版 33 1. 播娘蒿 Descurainia sophia（L.） Webb. ex Prantl 植株、花、果、种子；2. 异蕊芥 Dimorphostemon pinnatus（Pers.） Kitag. 植株、萼片、花瓣、雄蕊、子房、果、种子、胚；3. 硬毛南芥 Arabis hirsuta（L.）Scop. 植株、花、萼片、花瓣、种子；4. 贺兰山南芥 A. alaschanica Maxim. 植株、花、花瓣、雄蕊与子房；5. 垂果南芥 A. pendula L. 植株、花、萼片、花瓣、子房、种子及横切面；6. 串珠芥 Neotorularia humilis（C. A. Mey.） Hedge et J. Leonard 植株、花、萼片、花瓣、果实。（2、5 仝青绘；1、3~4、6 马平绘）

种子小，胚乳不发达或无胚乳。

贺兰山有3属，4种。

分属检索表

1. 心皮具柄或基部渐狭，全部分离；植株有莲座状叶；花序为密集的总状或圆锥形 ………………………………………………………………………………………… 1. 瓦松属 **Orostachys**

1. 心皮无柄，基部不渐狭，常合生；植株无莲座状叶；花序聚伞状或伞房状。

  2. 基生叶为鳞片状；花4~5基数，心皮直立 ……………………………… 2. 红景天属 **Rhodiola**

  2. 无基生叶，花为不等的五基数，心皮先端反曲 ……………………………… 3. 景天属 **Sedum**

1. 瓦松属 Orostachys（DC.） Fisch. ex A. Berg.

二年生或多年生肉质草本。第一年叶呈莲座状，第二年从莲座叶中生出花茎。花多数，在茎顶密集成塔形，总状或圆锥状花序；花萼5裂，长为花冠的一半；花瓣5，分离或基部合生；雄蕊10，2轮；心皮5，有柄，离生，花柱细长。蓇葖果，先端具细长喙；种子多数。

贺兰山有1种。

1. 瓦松（图版34，图1） 酸溜溜、酸窝窝

Orostachys fimbriatus（Turcz.） Berg. in Engl. et Prantl，Nat. Pflanzenfam. 2. Aufl. **18a**：464. 1930；中国植物志 **34**（1）：42. 图版13. 图13~19. 1984；内蒙古植物志（二版）**3**：5. 图版2. 图4~7. 1989；宁夏植物志（二版）**上册**：306. 2007. ——*Cotyledon fimbriata* Turcz. Cat. Pl. Baic. - Dahur. no. 469. 1838. ——*Umbilicus fimbriata* Turcz. Fl. Baic. –Dahur. **1**：432. 1842.

二年生草本。高10~30 cm，全珠粉绿色，密生紫红色斑点。第一年生莲座状叶短，叶匙状条形，先端有一个半圆形软骨质的附属物，边缘流苏状，中央具1刺尖，第二年抽出花茎；茎生叶互生，无柄，条形至倒披针形，长2~3 cm，宽3~5 mm，先端具刺尖头，基部叶早枯。花序顶生，紧实的总状或圆锥状，或塔形，常达20 cm，苞片条形，先端尖，边缘具齿，比花短，花梗长可达1 cm；萼片5，狭卵形，长2~3 mm，先端尖，绿色；花瓣5，粉红色，干后常呈蓝紫色，披针形，长5~6 mm，先端具突尖头，基部稍合生；雄蕊10，与花瓣等长或稍短，花药紫色；心皮5。蓇葖果5，矩圆形，长约5 mm，具宿存的细花柱。花期8~9月，果期10月。

旱生植物。生海拔1 350~2 300 m沟谷河滩砾石地及石质山坡。见东坡苏峪口沟、黄旗沟、插旗沟、小口子、大水沟；西坡哈拉乌沟、水磨沟、香池子沟、南寺沟等。

分布于我国东北、华北、西北（东部）、华东（北部）、华中（北部），也见于俄罗斯（西伯利亚）、蒙古、朝鲜、日本。东古北极种。

全草入药，能活血，止血、敛疮。内服治痢疾，便血、子宫出血；鲜品捣烂或焙干研

末外敷，可治疮口久不愈合，煎汤含漱，治齿龈肿痛。据记载本品有毒，应慎用。又可作农药，加水煮成原液再加水稀释喷射，能杀棉蚜、粘虫、菜蚜等。也是多汁牧草，羊采食后可减少饮水。

2. 红景天属 Rhodiola L.

多年生草本或半灌木。具肥厚、肉质的根状茎，或木质化、粗壮、通常分枝的主干，主干常残存老枝。当年生枝基部常具模质的鳞片状叶，叶互生，扁平或近圆柱状。花序顶生，通常为伞房状或总状。花单性，雌雄异株，稀两性或杂性，通常 4~5 基数；萼片宿存；花瓣很小；雌花无退化雄蕊，雄花有退化心皮。蓇葖果直立，具短喙或缺。种子多数，细小。

贺兰山有 1 种。

1.小丛红景天（图版 34，图 2）香景天、凤尾草

Rhodiola dumulosa（Franch.） S. H. Fu in Acta Phytotax Sin. add. **1**：119. 1965；中国植物志 **34**（1）：170. 1984； 内蒙古植物志（二版）**3**：12. 图版 5. 图 1~6. 1989；宁夏植物志（二版）**上册**：308. 图 227. 2007. ——*Sedum dumulosa* Franch. in Nuov. Arch. Mus. Hist. Nat. Paris **2**（6）：9. 1883.

多年生草本。高 5~15 cm，全体无毛。主轴粗壮，多分枝，稍木质化，地上部分常有残存的老枝。一年生花枝簇生于主轴顶端，直立或斜升，基部常为褐色鳞片状叶所包。叶互生，条形，长 7~12 mm，宽 1~2 mm，先端锐尖，全缘，无柄，绿色。花序顶生，聚伞状，具花 4~7；花具短梗，萼片 5，条状披针形，长 4~5 mm，先端具长尖头；花瓣 5，黄白色或淡红色，披针形，长 8~11 mm，近直立，上部向外弯曲，先端具长尖头；雄蕊 10，2 轮，内轮着生在花瓣中部以下，外轮着生在子房基部，较花瓣短，花药褐色，鳞片扁长；心皮 5，卵状矩圆形，长 6~9 mm，顶端渐尖成花柱。蓇葖果直立，上部开展呈星芒状。种子少数，狭倒卵形，褐色。花期 7~8 月，果期 9~10 月。

旱中生植物。生海拔 2 300~3 100 m 山地山顶和岩石缝中。见东坡苏峪口沟、黄旗沟、插旗沟、小口子；西坡哈拉乌沟、水磨沟、南寺沟等。

分布于我国华北、西北（东部）及湖北、四川。为我国特有。华北种。

全草入药，能养心安神、滋阴补肾、清热明目，主治虚损、劳伤及妇女月经不调。

3. 景天属 Sedum L.

一年、二年或多年生肉质草本，叶对生、互生或轮生，全缘或有齿，通常无柄。花序顶生，聚伞状或伞房状。花两性，不等 5 基数；萼片 5，花瓣与萼片同数；雄蕊通常 10，2

轮，下生鳞片蜜腺5；心皮通常5，分离或在基部合生，花柱短。蓇葖果，含1至多数种子。种子光滑或具乳突。

贺兰山有2种，1变种。

分种检索表

1. 二年生草本；花有梗；萼片基部有合生距；种子具小乳头状突起 ………………………………………………………………………………… 1. 阔叶景天 **S. roborowskii**

1. 多年生草本；花近无梗；萼片不等大，基部无钝距；种子光滑具狭翅 ……………… 2. 费菜 **S. aizoon**

1. 阔叶景天（图版34，图3） 草原景天

Sedum roborowskii Maxim. in Bull. Acad. Sci. St. –Petrsb. **29**：154. 1883；中国植物志 **34**（1）：101. 图版23. 图18–24. 1984； 内蒙古植物志（二版）**3**：15. 图版6. 图1~4. 1989.

二年生草本。全株无毛，高2.5~15 cm。根纤维状。花茎近直立，基部分枝。叶互生，矩圆形，长5~12 mm，宽2~5 mm，先端钝，基部有钝距。花序近蝎尾状聚伞花序，疏生多数花，苞片叶状，针形；花为不等5基数；花梗长达3.5 mm；萼片矩圆形或矩圆状卵形，不等长，长3~5 mm，先端钝，基部有钝距；花瓣淡黄色，卵状披针形，长3.5~4 mm，先端钝，离生；雄蕊10，2轮，鳞片条状长方形，长0.6~0.9 mm，先端微缺；心皮矩圆形，长约6 mm，先端突狭为长0.5~0.7 mm的花柱，基部微合生，含胚珠12~15。蓇葖果稍开展。种子长约0.7 mm，有小乳头状突起。花期8~9月。果期9月。

旱中生植物。生海拔1 900~2 600 m山地林缘岩石缝中，常成小片分布。仅见西坡南寺沟牦牛淌、哈拉乌北沟、叉沟。

分布于我国甘肃、青海、西藏，也见于尼泊尔。青藏高原种。

2. 费菜（图版34，图4） 土三七、景天三七

Sedum aizoon L. Sp. Pl. 430. 1753；中国植物志 **34**（1）：128. 图版29. 图1~5. 1984；内蒙古植物志（二版）**3**：17. 图版7. 图1~4. 1989；宁夏植物志（二版）**上册**：309. 图228. 2007。

多年生草本。高20~40 cm，全体无毛。根茎近木质，块状，通常抽出1~3条茎，茎直立，不分枝，基部通常带紫褐色。叶互生，宽卵形、椭圆形、披针形或倒披针形，长2.5~5 cm，宽0.7~2 cm，先端钝尖，基部楔形，边缘上部有不整齐的锯齿，下部近全缘，几无柄。伞房状聚伞花序顶生，分枝平展，花较密，无花梗；萼片条形至披针形，不等长，长3~5 mm，先端钝；花瓣黄色，矩圆状披针形，长约6 mm，先端具短尖，雄蕊均较花瓣短，鳞片横长方形，或半圆形；心皮略开展，基部合生。蓇葖果成星芒状排列，具直喙，含种子8~10颗，种子矩圆形，光滑，边缘具狭翅。花期6~8月，果期8~10月。2n=48，56。

旱生植物。生1 700~2 500 m石质山坡、沟谷崖壁或石缝中。东、西坡均有分布。

分布于我国东北、华北、西北至长江流域，也见于俄罗斯（西伯利亚、远东）、朝鲜、

日本、蒙古。东古北极种。

根含鞣质，可提制栲胶。根及全草入药，能散瘀止血，安神镇痛，主治血小板减少性紫癜、衄血、吐血、咯血、便血、齿龈出血、子宫出血、心悸、烦躁、失眠，外用治跌打损伤、外伤出血、烧烫伤、疮疖痈肿等症。

2a. 乳毛费菜（变种）

Sedum aizoon L. var. **scabrum** Maxim. in Bull. Acad. Sci. St. –Petersb. **29**：144. 1883；中国植物志 **34**（1）：130. 图版 29. 图 1~5. 1984；内蒙古植物志（二版）**3**：18. 1989.

本变种与正种的区别在于：茎、叶及花序上有乳头状微毛，花果期与正种相同。生境、分布及用途同正种。贺兰山主要是该变种，数量较正种多。

旱生植物。生 1 700~2 500 m 石质山坡、沟谷崖壁或石缝中。东、西坡均有分布。

贺兰山是该变种模式产地。模式标本系俄国人普热瓦尔斯基（N. Przewalski）s. n.(Type LE)，1873 年 6 月 21 日至 7 月 3 日 采自贺兰山西坡中部石质山坡。

二九、虎耳草科 Saxifragaceae

草本、灌木或小乔木。单叶，有时为复叶，互生或对生，常无托叶。花两性，成聚伞状、总状、伞房状或圆锥状花序，稀单生，辐射对称；萼片、花瓣均 4~5，雄蕊 5~10 或多数，花丝分离，花药 2 室，直裂；子房上位至周位，1~5 室，胚珠多数，心皮合生或离生，花柱离生。蒴果或浆果。种子小，常有翅。

贺兰山有 2 属，4 种。

分属检索表

1. 多年生草本；花瓣 5，雄蕊 10，子房 2 室；蒴果 ………………………………… 1. 虎耳草属 **Saxifraga**
1. 灌木；花瓣 5，雄蕊 5，子房 1 室；浆果 ………………………………………………… 2. 茶藨属 **Ribes**

1. 虎耳草属 Saxifraga L.

多年生草本，少一、二年生草本。叶常基生，茎生叶互生，有长叶柄，无叶鞘。聚伞花序，有时单生；萼筒与子房合生或分离，花两性，萼片与花瓣各 5；雄蕊 10；心皮 2，基部合生或大部分合生，花柱 2，子房 2 室，由 2 心皮组成，中轴胎座，蒴果，顶端 2 喙状，熟时腹裂，有多数种子。

贺兰山有 2 种。

分种检索表

1. 叶肾形，掌状浅裂或具大钝齿，上部叶腋具珠芽；花白色 ……………………… 1. 鳞茎虎耳草 **S. cernua**
1. 叶条状披针形，全缘，上部叶腋无珠芽；花黄色 ………………………… 2. 爪瓣虎耳草 **S. unguiculata**

1. 鳞茎虎耳草（图版34，图5） 珠芽虎耳草、点头虎耳草

Saxifraga cernua L. Sp. Pl. 403. 1753；内蒙古植物志（二版）**3**：30. 图版 12. 图 1~3. 1989；中国植物志 **34**（2）：77. 图版 16. 图 8~16. 1992；宁夏植物志（二版）**上册**：314. 图 231. 2007. —— *S. cernua* L. f. *bulbillosa* Engl. et Irmsch. in Engl. Pflanzenr. 67，69（Ⅳ. 117）：274. 1919.

多年生草本。高 10~20 cm。具鳞茎，全株被腺毛或柔毛。茎直立，不分枝。单叶互生，基生叶与茎下部叶有长叶柄，柄长 1.5~2.5 cm，叶片肾形，长 5~12 mm，宽 8~16 mm，先端圆形，基部心形，边缘浅裂或有大钝齿，齿尖常有小尖头；茎中部叶有短柄，叶片与基生叶相似但较小；茎上部叶柄极短，叶片卵形，掌状 3~5 浅裂，顶生叶披针形或条形，无柄；叶腋间常有珠芽，珠芽长约 1 mm，有几个鳞片，鳞片近卵形，顶端有小尖头，肉质，紫色。花常单生枝顶，具短梗，萼片披针状卵形，长约 2 mm，宽约 1 mm，顶端钝，外面密被腺毛；花瓣白色，比萼片稍短，矩圆形，长约 1.6 mm，宽约 0.8 mm，顶端微凹，具 3 脉；雄蕊 10，5 长，5 短，比花瓣短 1/3、1/2；子房上位，2 室，花柱 2。花果期 7~8 月。

耐寒中生植物。生海拔 3 000 m 以上山地岩石缝中。见主峰下及山脊两侧。

分布于我国东北、华北、西北、西南（东部），也见于欧洲、中亚、俄罗斯（西伯利亚、远东）、蒙古、日本、北美。泛北极种。

2. 爪瓣虎耳草（图版34，图6）

Saxifraga unguiculata Engl. in Bull. Acad. Sci. St. –Petersb. **29**：118. 1883；内蒙古植物志（二版）**3**：28. 图版 11. 图 4~6. 1989；中国植物志 **34**（2）：176. 1992.

多年生草本。丛生，高 3~10 cm。茎基部分枝，具不育叶丛，茎纤细，斜升，下部无毛，中部以上有腺毛。基生叶多数，密集，呈莲座状，匙状倒披针形，长 4~7 mm，宽 1.5~2.5 mm，先端圆钝，两面通常无毛，边缘多少具睫毛，茎生叶条状倒披针形，长 3~7 mm，宽 1~2 mm，稍肉质，先端钝，基部渐狭，两面无毛，边缘有腺毛，无柄。聚伞花序有 1~3 朵花，花梗细长，有腺毛；萼片 5，卵形，长约 2.5 mm，先直立，后反曲，被腺毛；花瓣 5，黄色，狭卵形或矩圆形，长 5~7 mm，基部有爪；雄蕊 10，长约 4 mm，子房半下位，近卵形，长约 3 mm；花柱长 0.5~1 mm。花果期 7~9 月。

耐寒中生植物。生海拔 2 800~3 500 m 高寒灌丛、草甸中，能形成层片。见主峰下及山脊两侧。

分布于我国甘肃、青海、四川（西部）、西藏。为我国特有。青藏高原种。

全草入药，能清肝胆之热，健胃补脾，治肝炎、胆囊炎、流行性性感冒。

图版 34　1. 瓦松 Orostachys fimbriatus（Turcz.） Berger 植株、叶、花及花纵面；**2. 小丛红景天** Rhodiola dumulosa（Franch.） S. H. Fu 植株、萼片、花瓣；**3. 阔叶景天** Sedum roborowskii Maxim. 植株、叶、花萼、花瓣；**4. 费菜** S. aizoon L. 植株、萼片、花冠、果实；**5. 鳞茎虎耳草** Saxifraga cernua L. 植株、珠芽、花、花瓣；**6. 爪瓣虎耳草** S. unguiculata Engl. 植株、叶、果实。（1~4、6 马平绘；5 张海燕绘）

2. 茶藨属 Ribes L.

灌木，枝有刺或无刺。单叶互生，有柄，常掌状分裂，无托叶。花两性或单性雌雄异株，总状花序或单生，萼筒钟形，管状或碟状，与子房合生，萼片、花瓣、雄蕊各5，稀4；萼片直立或反折，花瓣常较萼片小；子房下位，1室，有多数胚珠。浆果，含多数种子。

贺兰山有2种，1变种。

分种检索表

1. 枝有刺，花单性，雌雄异株，淡绿黄色或淡黄色；萼筒浅碟状 ……………… 1. 小叶茶藨 **R. pulchellum**
1. 枝无刺，花两性，淡紫红色；萼筒钟状筒形 ……………………………………… 2. 糖茶藨 **R. emodense**

1. 小叶茶藨（图版35，图1） 美丽茶藨、酸麻子、碟花茶藨子

Ribes pulchellum Turcz. in Bull. Soc. Nat. Mosc. **5**：191. 1832；中国植物志 **35**（1）：358. 1995；内蒙古植物志（二版）**3**：40. 图版16. 图1~4. 1989；宁夏植物志（二版）**上册**：318. 图237. 2007. ——*R. diacanthum* auct. non Pall.：宁夏植物志（二版）**上册**：318. 图236. 2007.

灌木，高1~2 m。当年生小枝红褐色，密生短柔毛，节上有皮刺1对；老枝灰褐色，稍纵向剥裂，无刺。叶宽卵形，长与宽约1~2 cm，有时达3 cm，掌状3深裂，少5深裂，先端尖，边缘有粗锯齿，基部近截形或近圆形，两面有短柔毛，掌状三至五出脉；叶柄长5~15 mm，有短毛。花单性，雌雄异株，总状花序生于短枝上，总花梗、花梗和苞片有短柔毛与腺毛；花淡绿黄色或淡黄色，萼筒浅碟形；萼片5，宽卵形，长1.5 mm；花瓣5，鳞片状，长约0.5 mm；雄蕊5，与萼片对生；子房下位，近球形，柱头2裂。浆果，红色，近球形，径4~8 mm。花期5~6月，果期8~9月。

中生植物。生海拔1 500（东坡）~2 000~2 600 m山地沟谷、半阴坡，和其他中生灌木组成灌丛。见东坡苏峪口沟、黄旗沟、贺兰沟、小口子、镇木沟、甘沟、大水沟、汝箕沟；西坡哈拉乌沟、水磨沟、南寺沟、北寺沟、峡子沟等。

分布于我国东北、华北、西北，也见于俄罗斯（西伯利亚）、蒙古（东部、北部）。西伯利亚–蒙古种。

观赏灌木。浆果可食。

2. 糖茶藨（图版35，图2）

Ribes himalense Royle ex Decne in Jacquam. Voy. Inde **4**（Bot.）：66. tab. 77. 1844 —— *R. emodense* Rehd. in Journ. Arn. Arb. 5：161. 1924； 内蒙古植物志（二版）**3**：42. 图版15. 图1~3. 1989；宁夏植物志（二版）**上册**：320. 2007.

灌木，高1~2 m。当年生枝暗紫色或黑紫色，无刺，无毛；二至三年生枝灰褐色，稍剥裂，芽小，卵圆，有几片紫褐色鳞片。叶卵圆形，长与宽均为3~8 cm，掌状3~5浅裂至

中裂，裂片卵状三角形，先端锐尖，顶生裂片稍大，边缘有不整齐的重锯齿；基部心形，上面绿色，有腺毛（嫩叶极明显），混生疏柔毛；下面灰绿色，疏生或密生柔毛，沿叶脉有腺毛；叶柄长 2~5 cm，有腺毛和疏柔毛。总状花序长 5~8 cm，总花梗密生长柔毛，有花10 余朵；苞片卵圆形，长 1~2 mm，花梗与苞片近相等；花两性，淡紫红色，长 5~6 mm，径 2~3 mm；萼筒钟形，萼片 5，直立，近矩圆形，长 2.5 mm，边缘具有睫毛；花瓣比萼裂片短一半；雄蕊与花瓣近等长，花丝丝状，花药白色；子房下位，椭圆形，长约 2 mm，花柱长 2.5 mm，柱头 2 裂。浆果红色，熟后变黑紫色，球形，径 6~7 mm。花期 5~6 月，果期 8~9 月。

中生植物。生海拔 2 000~2 700 m 山地云杉林林缘、林下及沟谷灌丛中。见东坡苏峪口沟、黄旗沟、插旗沟、贺兰沟；西坡哈拉乌沟、水磨沟、南寺沟、北寺沟、强岗梁等。

分布于我国青藏高原东缘（四川、湖北、云南）及喜马拉雅山区，也见于尼泊尔、锡金、不丹。喜马拉雅种。

2a. 瘤糖茶藨（变种）

Ribes himalense Royle ex Decne var. **verruculosum**（Rehd.）L. T. Lu，中国植物志 **35**（1）：306. 1995. ——*R. emodense* Rehd. var. *verruculosum* Rehd. in Journ. Arn. Arb. **5**：162. 1924. ——*R. kansuense* Hao in Fedde，Repert. Sp. Nov. **40**：213. 1936. “Kansuensis” syn. nov.

该变种与正种区别在于：叶较小，叶下面脉上和叶柄具显著的瘤状突起或混有短腺毛；总状花序较小，长 2.5~5 cm；花近无梗；果红色。

中生植物。生海拔 2 000~2 700 m 山地云杉林林缘、林下及沟谷灌丛中。见东坡苏峪口沟、黄旗沟、插旗沟、贺兰沟；西坡哈拉乌沟、水磨沟、南寺沟、北寺沟、强岗梁等。

贺兰山主要是该变种。分布于我国华北、西北（东部）、西南（东部）。东亚（中国—喜马拉雅）变种。

观赏灌木。浆果可食。

三O、蔷薇科 Rosaceae

草本、灌木或乔木，有刺或无刺。单叶或复叶，互生，稀对生，具叶柄，常有托叶。花两性，稀单性，整齐，常辐射对称，单生，簇生，或呈总状圆锥、伞形或伞房花序；周位花或上位花；花托（或称萼筒）边缘着生萼片、花瓣和雄蕊；萼片和花瓣常 4~5，稀无花瓣，雄蕊 5 至多数，稀 3~1；子房上位或下位，每室含 1 至多数胚球；心皮 1 至多数，离生或合生，有时与花托（萼筒）合生；花柱分离或合生，顶生、侧生或基生；蓇葖果、瘦果、梨果或核果。种子通常无胚乳。

贺兰山有 13 属，46 种。

分属检索表

1. 果实为开裂的蓇葖果；心皮 3~5，离生；无托叶（1. 绣线菊亚科 Spiraoideae）；灌木；花两性；单叶 ……………………………………………………………………………………………… **1. 绣线菊属 Spiraea**

1. 果实不开裂；全有托叶。
  2. 子房下位，稀半下位；心皮 2~5，多数与杯状花托内壁连合；梨果（Ⅱ. 苹果亚科 Maloieae）。
    3. 心皮在成熟时变为坚硬骨质，果实内含 1~5 小核。
      4. 叶片全缘，枝条无刺 ………………………………………………………… **2. 栒子属 Cotoneaster**
      4. 叶缘有锯齿或裂片，枝条常有刺 ………………………………………………… **3. 山楂属 Crataegus**
    3. 心皮在成熟时变为革质或纸质，梨果 1~5 室，每室有 1 或几个种子；花柱基部合生；果肉内无石细胞 ……………………………………………………………………………………… **4. 苹果属 Malus**
  2. 子房上位。
    5. 心皮多数，稀 1~2；瘦果；复叶，稀单叶（Ⅲ蔷薇亚科 Rosoideae）。
      6. 瘦果着生在杯状或壶状花托内。
        7. 心皮多数；花瓣 5；花托在果成熟时肉质，有色泽；灌木，枝有皮刺；花单生或数朵簇生 ……………………………………………………………………………………… **5. 蔷薇属 Rosa**
        7. 心皮 1；无花瓣；花萼 4，花瓣状，紫色或白色；花柱在果时干燥；多年生草本；紧密的穗状花序 ………………………………………………………………………… **6. 地榆属 Sanguisorba**
      6. 瘦果或小核果着生在扁平或隆起的花托上。
        8. 小核果相互愈合成聚合果；心皮各有胚珠 2；茎常有刺 …………………… **7. 悬钩子属 Rubus**
        8. 瘦果，相互分离；心皮各有胚珠 1。
          9. 有副萼。
            10. 雄蕊、雌蕊均多数。
              11. 花瓣黄色或白色，先端圆钝或微缺，较萼片长或近等长。
                12. 灌木；羽状复叶叶柄顶端具关节；小叶全缘 ………… **8. 金露梅属 Pentaphylloideg**
                12. 草本；羽状复叶顶端无关节；小叶具齿 ……………………… **9. 委陵菜属 Potentilla**
              11. 花瓣紫色或白色，先端渐尖或圆形，较萼片短 …………… **10. 沼委陵菜属 Comarum**
            10. 雄蕊 4、5 或 10，雌蕊 4~5，小叶 3~5 ………………………… **11. 山莓草属 Sibbaldia**
          9. 无副萼；小叶通常 3，羽状或掌状深裂，裂片常条形 ……… **12. 地蔷薇属 Chamaerhodos**
    5. 心皮 1；核果；单叶（Ⅳ李亚科 Prunoideae）；灌木或乔木，枝条的髓部坚实；花柱顶生；胚珠下垂 ……………………………………………………………………………………… **13. 李属 Prunus**

（一）绣线菊亚科 Spiraeoideae

1.绣线菊属 Spiraea L.

灌木。芽小，有鳞片 2~8。单叶互生，边缘有锯齿，有时分裂，稀全缘；无托叶。伞形花序、伞房花序或圆锥花序；花两性，稀杂性；萼筒浅钟状，萼片 5；花瓣 5，白色或粉红色；雄蕊多数，着生在萼片和花盘之间；雌蕊通常 5，心皮离生。蓇葖果开裂，内有矩圆形细小种子。

贺兰山有 4 种。

分种检索表

1. 伞形花序无总梗；冬芽具数个外露鳞片；叶片扇形，先端常 3~5 裂，花或果枝上的叶为倒披针形或狭倒卵形，叶片两面均被短柔毛 …………………………………………………… **1. 耧斗叶绣线菊 S. aquilegifolia**

1. 伞房花序有总花梗；冬芽具 2 个外露鳞片；叶片全缘或中部以上有锯齿。
   2. 叶片长，中部以上具锯齿；雄蕊长于花瓣；宿存萼片果期反折 ……………… **2. 曲萼绣线菊 S. flexuosa**
   2. 叶片全缘或不育枝上叶先端具 3~5 锯齿；雄蕊与花瓣约等长；宿存萼片直立。
      3. 小枝不左右折曲，小枝、叶柄及冬芽无毛 ………………………………… **3. 蒙古绣线菊 S. mongolica**
      3. 小枝左右折曲，小枝、叶柄及冬芽密被短柔毛 ………………………… **4. 折枝绣线菊 S. tometunlosa**

1. 耧斗叶绣线菊（图版 35，图 4）

Spiraea aquilegifolia Pall. Reise Russ. Reich. **3**：734. t. 8. f. 3. 1776；中国植物志 **36**：66. 1974；内蒙古植物志（二版）**3**：56. 图版 23. 图 1~3. 1989；宁夏植物志（二版）**上册**：235. 图 254. 2007.

灌木。高 50~60 cm。枝条繁多、细瘦，小枝褐色或灰色，有条裂或片状剥落；嫩枝有短柔毛，老时近无毛；芽小，卵形，褐色，有几个褐色鳞片，被柔毛。花枝上的叶为倒披针形或倒卵形，长 5~12 mm，宽 2~5 mm，全缘或先端 3 浅裂，基部楔形；不孕枝上的叶为扇形，长 6~15 mm，宽 7~18 mm，有时长与宽近相等，先端 3~5 浅圆裂，基部楔形，上面绿色，无毛或疏被短柔毛，下面灰绿色，密被短柔毛；叶柄短或近于无柄。伞形花序无总花梗，有花 3~7 朵，基部有数片簇生的小叶，全缘，被短柔毛；花梗长 4~7 mm，无毛或稀被柔毛；花直径 5~6 mm；萼片三角形，里面疏被短柔毛；花瓣近圆形，白色，长与宽近相等，各约 2 mm，雄蕊 20，与花瓣近等长；花盘环状，呈 10 深裂，子房被稍短柔毛，花柱短于雄蕊。蓇葖果上半部或腹缝线生短柔毛，花萼宿存，直立。花期 5~6 月，果期 7~8 月。

旱中生植物。生海拔 1 500~1 900 m 浅山沟谷、石质山坡。见东坡苏峪口沟，插旗沟、甘沟；西坡峡子沟、皂刺沟等。

分布于我国黑龙江、内蒙古、山西、宁夏、陕西、甘肃，也见于俄罗斯（达乌里）、蒙古。达乌里-华北种。

可作水土保持植物。

本种与海拉尔绣线菊 *S. hailarensis* Liou 相近似，二者容易混淆，根据观察，后者伞房花序有长短不等的总花梗；不孕枝上叶通常不为扇形；主要分布于内蒙古东部海拉尔一带。有的文献记载贺兰山的海拉尔绣线菊可能是本种之误。

2. 曲萼绣线菊（图版 35，图 6）

Spiraea flexuosa Fisch. ex Cambess. in Ann. Sci. Nat. **1**：365. t. 26. 1824；中国植物志 **36**：54. 1974；内蒙古植物志（二版）**3**：60. 图版 24. 图 4~6. 1989.

灌木。高 1~1.5 m。小枝细瘦，稍屈曲，黄褐色至紫褐色，幼时有棱角，无毛；冬芽长卵形，先端渐尖，具 2 枚外露鳞片。叶长椭圆形至卵形，长 2~3 cm，宽 1~2 cm，先端锐尖，基部楔形或圆形，先端或中部以上边缘有单锯齿，上面无毛，下面疏被短柔毛，具白霜；柄长 2~4 mm，无毛。伞房花序有总花梗，无毛，有花 10 朵左右，花梗长 5~10 mm；苞片椭圆披针形，无毛；花直径 5~8 mm；花萼外面无毛，萼筒钟状；萼片近三角形，先端急尖，里面短柔毛；花瓣近圆形，先端钝，长 3~4 mm，宽与长近相等，白色，雄蕊 20 左右，稍长于花瓣；花盘环形，有 10 个裂片；子房具短柔毛，花柱短于雄蕊。蓇葖果直立，被短柔毛，花柱直立，顶生，萼片反折。花期 5~6 月，果期 8~9 月。

中生植物。生海拔 2 100 m 左右云杉林下或山地阴坡。仅见西坡镇木关沟、峡子沟。

分布于我国东北及内蒙古、山西、陕西、新疆，也见于俄罗斯（西伯利亚）、蒙古、朝鲜、日本。东古北极种。

可作观赏绿化树种，也是蜜源植物。

赵一之在《植物研究》（Bull. Bot. Res. Harbin **20**（4）：362. 2000）发表一新种：阿拉善绣线菊 *Spiraea alaschanica* Y. Z. Zhao et T. J. Wang，其形态特点与曲萼绣线菊有多处相似，唯新种雄蕊明显比花瓣短，子房无毛不同。模式标本是宁夏农学院 60009（Holotype NXHC），1960 年 5 月 23 日采自贺兰山（无具体地点）。我们尚未见到，故暂记载于此。

3. 蒙古绣线菊（图版 35，图 5）

Spiraea mongolica（Maxim.）Maxim. in Bull. Acad. Sci. St. -Petersb. **27**：467. 1881；中国植物志 **36**：56. 图版 71. 图 13~18. 1974；内蒙古植物志（二版）**3**：61. 图版 24. 图 7~8. 1989；宁夏植物志（二版）**上册**：332. 图 249. 2007. ——*S. crenifolia* C. A. Mey. var. *mongolica* Maxim. in Acta Hort. Petrp. **6**（1）：181. 1879.

灌木。高 1~2 m。幼枝淡褐色，具棱，无毛；老枝紫褐色或暗灰色，皮条状剥落；芽圆锥形，先端渐尖，有 2 褐色外露鳞片，无毛。叶片长椭圆形或椭圆状倒披针形，长 5~15 mm，宽 2~7 mm，通常不孕枝上叶较大而花果枝上叶较小，先端圆钝，有时有小尖头，基部楔形，全缘，稀先端 2~3 裂，两面无毛；叶柄极短，长 1~2 mm。伞房花序有总花梗，具花 10~17 朵；花梗长 3~10 mm，无毛；花直径 6~7 mm；萼片近三角形，外面无毛，里面密被短柔毛；花瓣近圆形，长与宽近相等，均为 3 mm，白色；雄蕊 19~23，约与花瓣等长；花盘环状，呈 10 个大小不等深裂；子房被短柔毛，花柱短于雄蕊。蓇葖果被短柔毛，萼片宿存，直立。花期 6~7 月，果期 8~9 月。

旱中生植物。生海拔 1 500（东坡）~1 900~2 600 m 山地沟谷、阴坡、半阴坡，为贺兰山习见灌木。东、西坡均有分布。

贺兰山是其模式产地之一。合模式系俄国人普热瓦尔斯基（N. Przewalski）No. 95 (Syntype LE)，1873 年 6 月 18 日至 30 日 采自贺兰山西坡中部。

分布于我国华北（西部）、西北（东部）及河南、四川、西藏。为我国特有，东亚（中国—喜马拉雅）种。

花入蒙药（蒙药名：塔比勒干纳），能治伤、生津，主治金伤、“黄水”病。

过去一些文献记载贺兰山有高山绣线菊 *S. alpina* Pall. 或金丝桃叶绣线菊 *S. hypericifolia* L.（如秦仁昌 1923 年采自水磨沟的 No. 96 号），均与蒙古绣线菊相近。但前者叶线状披针形至长倒卵形，全缘，伞形花序（伞形总状花序），总花梗短或近无，蓇葖果无毛（或仅腹缝线具毛）可以区别，分布于青藏高原东南缘；后者叶长圆状倒卵形至倒卵状披针形，全缘（或不育枝上叶先端有 2–3 钝锯齿），伞形花序无总花梗，蓇葖果无毛，分布在我国新疆以西（中亚、欧洲）。

4. 折枝绣线菊（图版 35，图 3） 迥折绣线菊

Spiraea tomentulosa（Yu） Y. Z. Zhao in Acta Sci. Nat. Univ. Intramong **18**（2）：289. 1987. ——*S. mongolica* Maxim. var. *tomentulosa* Yu in Acta Phytotax. Sin. **8**：216. 1963；中国植物志 **36**：58. 1974；内蒙古植物志（二版）**3**：63. 1989.——*S. tomentulosa*（Yu）Hsu 中国滩羊区植物志 **2**：285. 1993；宁夏植物志（二版）**上册**：335. 图 253. 2007. ——*S. ningshiaensis* Yu et Lu in Acta Phytotax. Sin. **13**（1）：100. t. 9. f. 3. 1975.

灌木。高 1~2 m。幼枝黄褐色，疏被短柔毛；小枝暗红褐色，呈明显的“之”字形弯曲，具显著棱角，被短柔毛，老时近无毛；冬芽小，卵形，具数个鳞片，密被短柔毛。叶片宽卵形、宽椭圆形，椭圆形至倒卵状椭圆形，长 5~14 mm，宽 3~8 mm，先端圆，基部楔形至近圆形，全缘，幼时下面被短柔毛，老时常有浅齿，两面无毛；叶柄长 1~2 mm，无毛。伞形总状花序生侧枝顶端，具花 8~15 朵，花梗长 5~8 mm，与总花梗均无毛；萼筒钟形，无毛，萼裂片三角形，先端急尖，外面无毛，里面密被短柔毛；花瓣肾形，长约 3 mm，宽约 3.5 mm，先端微凹，白色；雄蕊约 20 个，长约 1.5 mm；花盘圆环形，被长柔毛，边缘具腺体；子房无毛；花柱较雄蕊短。蓇葖果无毛或仅腹缝线上被短柔毛，宿存萼片直立，花期 5~6 月，果期 6~7 月。

旱生植物。生海拔 1 600~2 300 m 山地沟谷、石质山坡、山脊，在干旱的石质阳坡进入灰榆疏林下。见东坡苏峪口沟、插旗沟、黄旗沟；西坡北寺沟、哈拉乌沟、南寺沟、峡子沟等。

分布于我国甘肃（祁连山）、西藏（米林、昌都）。贺兰山–青藏高原东缘种。

异名模式系黄河调查队 1956 年 9 月 20 日 No. 7989（Typus PE），采自贺兰山苏峪口附近，海拔 1700 m。

《宁夏植物志》（二版）（**上册**：330. 图 247）中的乌拉绣线菊 *S. uratensis* Franch. 从其描述，特别是附图，可以看出不是该种，而应是折枝绣线菊。

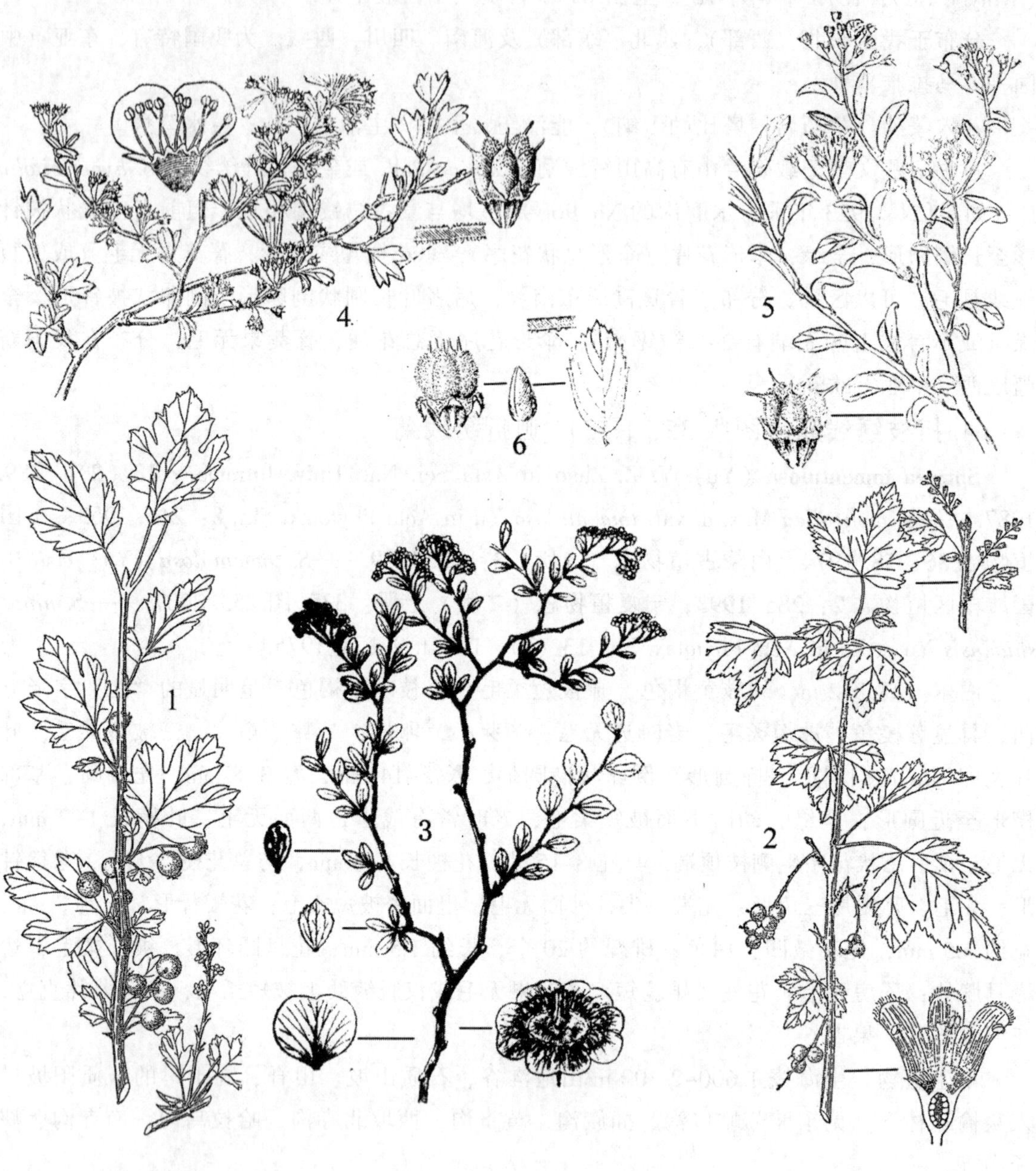

图版 35 1. 小叶茶藨 Ribes pulchellum Turcz. 果枝、花枝； 2. 糖茶藨 R. himalense Royle ex Decne 果枝、花枝、花；3. 折枝绣线菊 Spiraea tomentulosa（Yu） Y. Z. Zhao 植株上部、叶、花、花瓣；4. 耧斗叶绣线菊 S. aquilegifolia Pall. 果枝、花枝、果； 5. 蒙古绣线菊 S. mongolica（Maxim.）Maxim. 果枝、花；6. 曲萼绣线菊 S. flexuosa Fisch. ex Cambess. 叶、冬芽、果实。（1~2、4~6 马平等绘；3 引自宁夏植物志（第二版））

（二）苹果亚科 Maloideae

2. 栒子属 Cotoneaster B. Ehrhart

落叶或常绿灌木，稀乔木；冬芽小，有数鳞片。单叶互生，全缘。托叶小，早落。花两性，数朵成聚伞花序或单生，生于叶腋，或生于短歧顶端；萼筒钟状、筒状倒圆锥形，萼片 5；花瓣 5，白色或粉红色，直立或开展；雄蕊约 20；花柱 2~5，离生；心皮背面与萼筒连合，腹面分离，每心皮有 2 胚珠，子房下位。梨果，红色或黑色，花萼宿存，内有 2~5 小核。

贺兰山有 9 种。

分种检索表

果检索表

1. 果黑色
  2. 果 2~3 核，无毛，有腊粉；叶上面疏被短柔毛，下面密被灰色柔毛 ……………………………………………………………………………………………… 4. 黑果栒子 C. melanocarpus
  2. 果 2 核，疏被长柔毛；叶上面疏被长柔毛，下面密被稍密的长柔毛 ………… 3. 灰栒子 C. acutifolius
1. 果红色或紫红色。
  3. 果（花）多数，多达 9~10（12）枚（朵）。
    4. 叶较大，长达 4（5） cm，宽 3 cm；果近球形。
      5. 叶下面无毛；花梗、萼筒无毛 ……………………………………………… 1. 水栒子 C. multiflorus
      5. 叶下面有短柔毛；花梗、萼筒被稀疏短柔毛 ……………………… 2. 毛叶水栒子 C. submultiflorus
    4. 叶小，长 1~2（2.5） cm，宽 0.6~2.5 cm；果卵形，有径 5~6 mm ……………… 5. 西北栒子 C. zabelii
  3. 果（花）少数，2~5（7）枚（朵）。
    6. 果 1~2 核；叶较小，长 10~2.5 cm，宽 0.8~1.5 cm，上面无毛，下面被白色或灰白色柔毛。
      7. 果 1~2 核，疏被毛；叶下面被灰白色绒毛 ……………………………… 7. 准噶尔栒子 C. soongoricus
      7. 果 2 核，无毛或稍被毛；叶下面被白色绒毛
        8. 果较小，直径 5 mm，红色，稍被柔毛；花梗稍被柔毛 ………………… 6. 细枝栒子 C. tenuipes
        8. 果较大，直径 6~7 mm，红色至紫红色，无毛；花梗密被柔毛 …… 8. 蒙古栒子 C. mongolicus
    6. 果 2~4 核；叶较大，长达 4 cm，宽达 3 cm，上面疏被柔毛，下面被白色绒毛 ………………………………………………………………………………………… 9. 全缘栒子 C. integerrimus

花枝检索表

1. 花白色，开花时平展。
  2. 花多数，多达 9（10）朵。
    3. 叶无毛，花梗、花萼筒无毛 ……………………………………………………… 1. 水栒子 C. multiflorus
    3. 叶下面被短柔毛，花梗、花萼筒被疏柔毛 ………………………………… 2. 毛叶水栒子 C. submultiflorus

2. 花少数，2~4（5）朵，叶下面密被灰白色绒毛 ………………………………… 7. 准噶尔栒子 C. soongoricus

1. 花粉色，开花时直立。

4. 花多数，3（4）~9（12）朵。

5. 花小，径 5~6 mm；叶较小，先端尖，长 1~2 cm，宽 0.6~1.5 cm ……………… 5. 西北栒子 C. zabelii

5. 花较大，径 8~9 mm；叶大型，长 3~4 cm，宽 1.5~3 cm ………………… 4. 黑果栒子 C. melanocarpus

4. 花少数，2~5 朵。

6. 叶较大，长达 4（5） cm，宽 1.5~3（3.5） cm，上面疏被柔毛，下面被长柔毛或绒毛。

7. 萼筒外被柔毛，叶下面灰绿色，被长柔毛 ……………………………………… 3. 灰栒子 C. acutifolius

7. 萼筒外无毛，叶下面灰白色，密被白色绒毛 ……………………………… 9. 全缘栒子 C. integerrimus

6. 叶较小，长达 1~2（2.5） cm，宽 0.5~1.5 cm，上面无毛或微被毛，下面密被白色绒毛。

8. 花较大，直径 8~9 mm；萼筒内及萼齿被微毛；花梗密被毛 ………… 8. 蒙古栒子 C. mongolicus

8. 花较小，直径 5~6 mm；萼筒内外无毛；花梗稍被毛 ……………………… 6. 细枝栒子 C. tenuipes

1. 水栒子（图版 36，图 4）多花栒子

Cotoneaster multiflorus Bunge in Ledeb. Fl. Alt. **2**：220. 1830；中国植物志 **36**：131. 图版 21. 图 1~3. 1974；内蒙古植物志（二版）**3**：70. 图版 28. 1989；宁夏植物志（二版）**上册**：341. 图 258. 2007.

落叶灌木。高达 2~5 m。老枝，嫩枝紫色或紫褐色，被短柔毛，灰褐色，无毛。叶片卵形，宽卵形或卵状椭圆形，长 2~4.5 cm，宽 1.2~3 cm，先端圆钝，或有短尖头，稀锐尖，基部宽楔形，上面绿色，无毛，下面淡绿色，幼时稍被绒毛，后脱落；叶柄长 3~10 mm，被柔毛；托叶披针形，紫褐色，被毛，早落。腋生聚伞花序，疏松，有花 5~10 朵，总花梗与花梗无毛；花梗长 4~8 mm；苞片条形，稍被毛，早落；花直径 8~12 mm，内外均无毛，萼筒钟状，萼片三角形，仅先端边缘稍被毛；花瓣近圆形，白色，开展，长宽近相等，约 4 mm，基部有白色柔毛；雄蕊 20，稍短于花瓣；花柱 2，比雄蕊短；子房顶端有柔毛。果实近球形或宽卵形，直径 8 mm，鲜红色，有 1 小核。花期 6 月，果熟期 9 月。2n=68。

中生植物。生海拔 1 800~2 500 m 山地沟谷、阴坡。见东坡插旗沟、黄旗沟；西坡南寺沟、哈拉乌沟。

分布于我国东北（西部）、华北、西北、西南及内蒙古、河南，也见于俄罗斯（高加索、西伯利亚）、中亚东部。东古北极种。

2. 毛叶水栒子（图版 36，图 5）

Cotoneaster submultiflorus M. Pop. in Bull. Soc. Nat. Moscou. n. ser. **44**（3）：126. 1935；中国植物志 **36**：132. 1974； 内蒙古植物志（二版）**3**：71. 图版 28. 图 4. 1989；宁夏植物志（二版）**上册**：342. 图 259. 2007.

落叶灌木。高 1.5~3 m。小枝棕褐色或灰褐色，幼时密被柔毛，后脱落近无毛。叶片卵形、菱状卵形或椭圆形，长 2~4 cm，宽 1~2 cm，先端急尖或圆钝，基部宽楔形，全缘，

上面无毛或稍被毛，下面浅绿色，被柔毛，无白霜；叶柄褐色，长 3~6 mm，疏被柔毛；托叶披针形，被柔毛，早落。聚伞花序，花 3~9 朵；苞片条形，紫棕色，被毛；花梗长 4~8 mm，被毛；花直径 9~11mm；萼片三角形，先端急尖、被白色柔毛；花瓣白色，平展，卵形，长 4~5 mm，先端圆，雄蕊 15~20，短于花瓣；花柱 2 条，比雄蕊短；子房顶端有白色柔毛。果实近球形，稍长，红色，无毛，直径 6~8 mm，有 1 小核。花期 5~6 月，果期 8~9 月。

中生植物。生海拔 2 000~2 300 m 山地沟谷和阴坡石缝中。见东坡苏峪口沟、插旗沟、小口子；西坡哈拉乌沟等。

分布于我国西北及内蒙古、山西。也见于俄罗斯（阿尔泰）、蒙古（阿尔泰）。亚洲中部种。

3. 灰栒子（图版 36，图 1）尖叶栒子

Cotoneaster acutifolius Turcz. in Bull. Soc. Nat. Mosc. **5**：190. 1832；中国植物志 **36**：144. 图版 20. 图 6~9. 1974；内蒙古植物志（二版）**3**：75. 图版 30. 图 4~5. 1989.

落叶灌木。高约 2 m。小枝棕褐色或紫褐色，老枝灰黑色，嫩枝被长柔毛，后脱落无毛。叶片卵形，稀长椭圆形，长 2~5 cm，宽 1.2~2.5 cm，先端锐尖或渐尖，基部宽楔形或圆形，上面绿色，疏被长柔毛，下面淡绿色，被长柔毛，幼时较密，逐渐脱落变稀疏；叶柄长 2~5 mm，被柔毛；托叶线状披针形，紫色，疏被毛。聚伞花序，有花 2~5 朵；花梗长 2~4 mm，被柔毛，花直径约 7 mm；萼筒外面被柔毛，萼片三角形，边缘有白色柔毛；花瓣直立，近圆形，粉红色，长 3~4 mm，宽 3~3.5 mm，基部有短爪；雄蕊 15~20，花丝下部加宽呈披针形，与花瓣近等长或稍短；花柱 2（3），短于雄蕊，子房先端被柔毛。果实椭圆形或倒卵形，暗紫红色，直径 6~8 mm，内有 2 小核。花期 5~6 月，果期 7~8 月。2n=34，68。

旱中生植物。生海拔 1 600~2 600 m 的山地半阴坡、阴坡和沟谷。见东坡黄旗沟、小口子、大水沟、甘沟；西坡强岗岭、皂刺沟、峡子沟等。

分布于我国河北、山西、内蒙古、陕西、甘肃、宁夏、青海、河南、湖北、西藏。为我国特有（过去文献记载蒙古有分布，实查无）。东亚（中国—喜马拉雅）种。

观赏绿化树种。可作苹果砧木。果实入蒙药（蒙药名：牙日钙），能出“黄水”，主治关节积“黄水”。

H. Walker 将秦仁昌 1923 年的 No. 1037 标本定为密毛变种 var. *villosulus* Rehd. & Wils.。

4. 黑果栒子（图版 36，图 6）黑果栒子木

Cotoneaster melanocarpus Lodd. Bot. Cab. **16**：t. 1531. 1828；中国植物志 **36**：156. 1974；内蒙古植物志（二版）**3**：75. 图版 30. 图 1~3. 1989；宁夏植物志（二版）**上册**：345. 图 262. 2007. ——*C. melanocarpus* Fisch. ex Blylt. Emnum. Pl. Christian：22. 1844.

落叶灌木。高达 2 m。枝紫褐色、褐色、或棕褐色，嫩枝密被柔毛，后脱落至无毛。

叶片卵形、宽卵形或椭圆形，长 2~4 cm，宽 1~2.8 cm，先端圆钝，稀微凹，基部圆形或宽楔形，全缘，上面疏被短柔毛，下面密被白色绒毛；叶柄长 2~5 mm，密被柔毛；托叶披针形，被毛。聚伞花序，有花 3~10 朵；总花梗和花梗有毛，下垂，花梗长 3~10 mm，苞片条状披针形，被毛；花直径 6~7 mm；萼片卵状三角形，无毛或先端边缘稍被毛；花瓣近圆形，直立，粉红色，长与宽近相等，均为 3 mm；雄蕊约 20，与花瓣近等长或稍短；花柱 2~3，比雄蕊短，子房顶端被柔毛。果实近球形，直径 7~9 mm，蓝黑色或黑色，被蜡粉，有 2~3 小核。花期 6~7 月，果期 8~9 月。2n=68。

中生植物。生海拔 2 000~2 600 m 山地阴坡、半阴坡林下、林缘和山谷灌丛中。见东坡苏峪口沟、黄旗沟、大水沟、插旗沟；西坡哈拉乌沟、水磨沟、北寺沟、镇木关沟、南寺沟、强岗岭等。

分布于我国东北、华北、西北，也见于欧洲（东部）、中亚、俄罗斯（西伯利亚）、蒙古。古北极种。

观赏绿化树种，可作苹果砧木。

贺兰山该种植物曾被误定为藏边栒子 *C. affinis* L.，但后者花多数，15 朵以上，成复伞花序，下面被黄色绒毛，老时无毛或少量绒毛，可区别。

5. 西北栒子（图版 37，图 1）土兰条

Cotoneaster zabelii Schneid. Ill. Handb. **1**：479. f. 420 f–h. 422 i–k. 1906 & in Fedde., Repert. Sp. Nov. **3**：220. 1906；中国植物志 **36**：149. 图版 23. 图 9~12. 1976；宁夏植物志（二版）**上册**：346. 图 265. 2007.

落叶灌木。高达 2 m；枝条细瘦开张，小枝红褐色，幼时密被黄色柔毛，老枝暗褐色，无毛。叶片椭圆形至卵形，长 1~2 cm，宽 0.8~1.5 cm，先端多数圆钝，稀微缺，基部圆形，全缘，上面疏被柔毛，下面密被灰色或黄色柔毛；叶柄长 1~2 mm，被柔毛；托叶披针形，有毛，后多脱落。花 3~13 朵呈聚伞花序，总花梗和花梗均被柔毛，花梗长 2~4 mm；萼筒钟状，外面密被绒毛，萼片三角形，外面被绒毛，内面几无毛或边缘有少量绒毛；花瓣浅红色直立，倒卵形或近圆形，长 2~3 mm，先端圆钝；雄蕊 18~20，较花瓣短；花柱 2，离生，短于雄蕊，子房先端具柔毛。果实倒卵形，直径 7~8 mm，鲜红色，具 2 小核。花期 5~6 月，果期 8~9 月。

中生植物。生海拔 1 900~2 500 m 山地阴坡、半阴坡林缘，也进入沟谷。见东坡苏峪口沟、贺兰沟、黄旗沟、插旗沟；西坡哈拉乌沟、北寺沟、南寺沟、皂刺沟等。

分布于我国华北、西北（东部）、华中及山东。为我国特有。华北种。

观赏绿化树种。

本种与全缘叶栒子 *C. integerrimus* Medic. 相近，但后者叶上面和萼筒外均无毛，果实较小，可以区别。

6. 细枝栒子（图版 37，图 2） 细梗栒子

Cotoneaster tenuipes Rehd. & Wils. in Sarg. Pl. Wils. **1**：171. 1912；中国植物志 **36**：150. 1974；宁夏植物志（二版）**上册**：344. 2007.

落叶灌木。高 1~2 m。小枝细瘦，褐红色，幼时被灰黄色平贴柔毛，不久即脱落，老枝无毛。叶片卵形至狭卵状椭圆形，长 1.5~2.5（3）cm，宽 1.2~2 cm，先端急尖或稍钝，基部宽楔形，全缘，上面幼时疏被柔毛，老时近无毛，下面被灰白色平贴绒毛，叶脉稍突起；叶柄长 3~5 mm，被柔毛；托叶披针形，微具柔毛，脱落或部分宿存。花 2~4 朵成聚伞花序，总花梗和花梗密生柔毛；苞片线状披针形；花梗细弱，长 1~3 mm；萼筒钟型，外面被柔毛，里面无毛，边缘具毛，花瓣近圆形，长 3~4 mm，先端圆钝，基部具爪；雄蕊约 15，比花瓣短；花柱 2，离生，短于雄蕊，子房先端稍被长柔毛。果实卵形，黑色，有 1~2 小核。花期 5~6 月，果期 7~9 月。

中生植物。生海拔 1 600~2 000 m 山地阴坡、半阴坡，常与其他中生灌木组成灌丛。见东坡苏峪口沟、黄旗沟、插旗沟；西坡峡子沟等。

分布于我国甘肃、青海、四川、云南、西藏。为我国特有。青藏高原（东缘）种。

本种与西北栒子 *C. zabelii* 相近，区别在后者有花 3~10 余朵，果实倒卵形，鲜红色，与灰栒子 *C. acutifolius* 区别在后者叶和果较大，果暗紫红色，有 2 小核。

7. 准噶尔栒子（图版 36，图 3）

Cotoneaster soongoricus（Regel & Herd.） M. Pop. in Bull. Soc. Nat. Mosc. n. ser. **44**：128. 1935；中国植物志 **36**：135. 1974； 内蒙古植物志（二版）**3**：73. 图版 29. 图 8~9. 1989；宁夏植物志（二版）**上册**：342. 图 259. 2007. ——*C. nummularia* Fisch. var. *soongoricum* Regel & Herd. in Bull. Soc. Nat. Mosc. **39**（2）：59. 1866. ——*C. racemiflora*（Dest.）K. Koch var. *soongorica*（Regel & Herd.） Schneid. Ill. Handb. Laubh. **1**：754. f. 424 i. 1906.

落叶灌木。高 1~2 m。嫩枝紫褐色，密被灰色短柔毛，后渐脱落，老枝灰褐色。叶片卵形，椭圆形，长 1.0~2.5 cm，宽 0.8~1.5 cm，先端圆钝或急尖，具小尖头，基部宽楔形或圆形，上面被柔毛或稀疏无毛，叶脉常下陷，下面密被绒毛；叶柄长 2~4 mm，被绒毛；托叶披针形，棕褐色，被毛。聚伞花序，有花 3~5 朵；花梗长 2~5 mm，被毛；花直径8 mm，萼筒外面被绒毛；萼片三角形，外面有绒毛，里面近无毛；花瓣近圆形，开展，白色，先端圆钝，基部有短爪，里面近基部有白色柔毛；雄蕊 18~20，稍短于花瓣；花柱 2，稍短于雄蕊；子房顶端密被白色柔毛。果实卵形至椭圆形，红色，被疏柔毛，有 1~2 小核。花期 6~7 月，果期 8~9 月。

旱中生植物。生海拔 1 600~2 300 m 山地沟谷和山坡，为山地灌丛的重要成分。见东坡苏峪口沟、贺兰沟、大水沟、插旗沟；西坡北寺沟、南寺沟、哈拉乌沟、水磨沟、皂刺沟等。

分布于我国内蒙古（西部）、青海、新疆（天山南部）、甘肃、宁夏、四川（西北部），

也见于哈萨克斯坦。亚洲中部种。

本种欧美学者过去多将其定为分布于南欧和西亚的总花栒子木 *C. racemiflora* 的变种，但后者叶多近圆形、倒卵形，先端圆钝，具小尖头，有时微缺，稀急尖，下面密被白色绒毛，可区别。H. Walker 将秦仁昌 1923 采自北寺沟 No. 106，南寺沟 No. 153，水磨沟的 No. 168 的标本均定为 *C. racemiflora*（Dest.） K. Koch.。

8. 蒙古栒子（图版 36，图 2）

Cotoneaster mongolicus Pojark. in Not. Syst. Herb. Inst. Bot. URSS **17**：196. 1955；中国植物志 **36**：133. 1974；内蒙古植物志（二版）**3**：71. 图版 29. 图 1~7. 1989.

落叶灌木。高 1.5~2 m。小枝紫褐色、棕褐色或暗红棕色，幼时被白色柔毛，老时脱落无毛。叶片卵形、椭圆形或长椭圆形，长 1~2.5 cm，宽 0.8~1.5 cm，先端圆钝或锐尖，基部圆形或宽楔形，稍偏斜，上面绿色，无毛或微被毛，下面淡绿色，密被灰白色绒毛，老时稍稀疏，沿叶脉稍密；叶柄长 2~4 mm，被柔毛；托叶披针形，紫褐色，被毛。腋生聚伞花序，有花 2~5 朵，花梗长 2~3 mm，密被毛；花直径 8~10 mm；萼筒外面无毛，萼片三角形，先端微被毛；花瓣近圆形，白色，开展，长 3~4 mm，边缘有时凹缺，基部常无爪；雄蕊 15~20，短于花瓣，花丝下部加宽；花柱 2，稍短于雄蕊，子房顶端被柔毛。果实倒卵形，长约 7 mm，紫红色，无毛，稍被蜡粉或无，有 2 小核。花期 6~7 月，果期 8~9 月。

中生植物。生海拔 1 500~2 500 m 山地沟谷灌丛中。见东坡黄旗沟；西坡水磨沟、皂刺沟、峡子沟等。

分布于我国内蒙古，也见于俄罗斯（西伯利亚南部）、蒙古。蒙古种。

9. 全缘栒子（图版 42，图 1）

Cotoneaster integerrimus Medic. Gesch. Bot. 85. 1793；中国植物志 **36**：147. 1974；内蒙古植物志（二版）**3**：73. 1989；宁夏植物志（二版）**上册**：345. 2007.

落叶灌木，高达 1.5 m。小枝棕褐色或灰褐色，嫩枝密被灰白色绒毛，后渐脱落；老枝无毛。叶椭圆形或宽卵形，长 2~4 cm，宽 1.5~3 cm，先端圆钝或微凹，基部圆形，全缘，上面绿色被稀疏柔毛，下面灰绿色密被白色绒毛；叶柄长 2~4 mm，被毛；托叶披针形，被绒毛。聚伞花序，有花 2~5 朵；花梗长 2~5 mm，被毛；花直径 8 mm；萼片卵状三角形，内外两面无毛；花瓣直立，近圆形，长与宽近相等，约 3 mm，粉红色；雄蕊 15~20，与花瓣近等长；花柱 2，短于雄蕊，子房顶端密被毛。果实近圆球形，直径约 6 mm，红色，无毛，有 2~4 小核。花期 6~7 月，果期 7~9 月。2n=34，51，68。

中生植物。生海拔 2 000~2 200 m 山地沟谷杂木林下，伴生树种。产东坡苏峪口沟。

分布我国东北（大兴安岭）、内蒙古（大青山）、河北（北部山地）、新疆（北部），也见于俄罗斯、朝鲜及欧洲。古北极种。

苹果砧木，观赏树种。

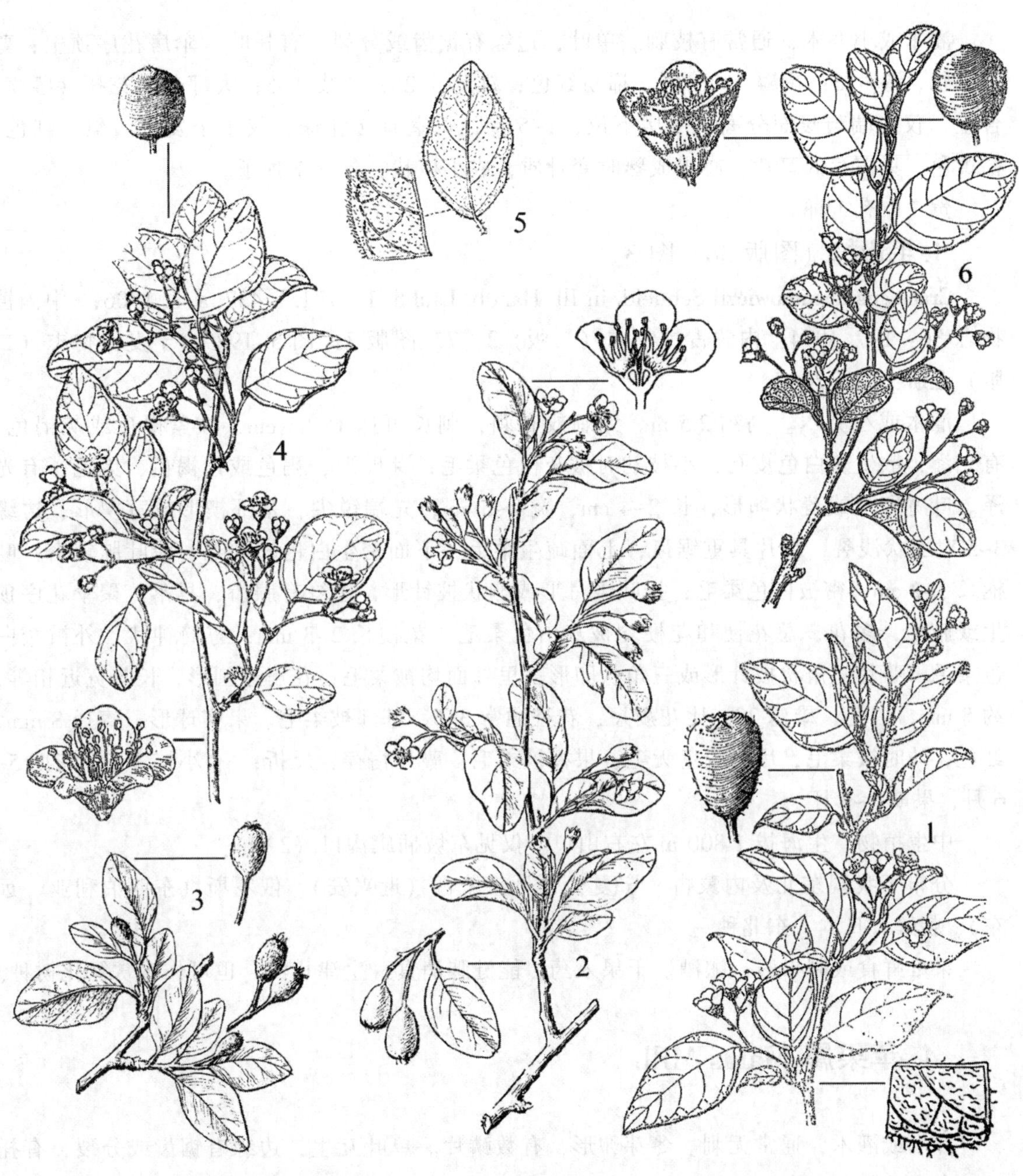

图版 36 **1. 灰栒子** Cotoneaster acutifolius Turcz. 花枝、果；**2. 蒙古栒子** C. mongolicus Pojark. 花枝、果枝、花；**3. 准噶尔栒子** C. soongoricus（Regel & Herd.）M. Pop. 果枝、果；**4. 水栒子** C. multiflorus Bunge 花枝、花、果；**5. 毛叶水栒子** C. submultiflorus M. Pop. 叶；**6. 黑果栒子** C. melanocarpus Lodd. 花枝、花、果。（1、4~6 马平绘；2~3 张海燕绘）

3. 山楂属 Crataegus L.

灌木或小乔木，通常有枝刺。单叶，边缘有锯齿或分裂，有托叶。伞房花序顶生；萼筒钟状，萼片 5；花瓣 5，白色，稀粉红色；雄蕊 5~25；心皮 1~5；大部分与花托（萼筒）合生，仅先端与腹面分离；子房下位，1~5 室，每室有 2 胚珠，仅 1 个发育。梨果红色，稀黄色，具宿存的萼片，心皮成熟时变骨质，成小核状，各含 1 种子。

贺兰山有 1 种。

1. 毛山楂（图版 38，图 3）

Crataegus maximowiczii Schneid. in Ill. Handb. Laubh. **1**：771. f. 437. a. b. 1906； 中国植物志 **36**：197. 1974；内蒙古植物志（二版）**3**：77. 图版 31. 图 5. 1989；宁夏植物志（二版）**上册**：348. 2007.

灌木或小乔木。高约 2.5 m。无刺或有刺，刺长可达 1~2.5 cm，枝紫褐色或灰褐色，有光泽，散生灰白色皮孔，小枝幼时被灰白色柔毛；芽卵形，褐色或紫褐色，无毛，有光泽。叶宽卵形或菱状卵形，长 2~4 cm，宽 2~5 cm，先端锐尖，基部楔形或宽楔形，边缘 3~5 对羽状浅裂，裂片具重锯齿，上面疏生柔毛，下面密生白色长柔毛，沿叶脉较密；叶柄长 1~2 cm，密被白色柔毛；托叶半月形或卵状披针形，边缘有腺齿，早落。聚伞花序顶生或腋生，多花，总花梗和花梗均被灰白色柔毛，花梗长 2~3 mm；萼筒钟状，外被灰白色柔毛，萼片三角状披针形或三角状卵形，里外面均被柔毛；花瓣近圆形，长与宽近相等，约 5 mm，白色；雄蕊 20，比花瓣短；花柱通常 3~5，基部被柔毛。果实球形，直径 8 mm，红色，幼时被柔毛，后渐脱落无毛；果梗被柔毛；萼片宿存，反折； 有小核 3~5。花期 5~6 月，果期 8~9 月。

中生植物。生海拔 1 800 m 左右山口。仅见东坡插旗沟口（2 株）。

分布于我国东北及内蒙古、宁夏，也见于蒙古（近兴安）、俄罗斯（东西伯利亚、远东）、朝鲜、日本。东北种。

果可鲜食或制果酱、酿酒。干果入药，能健脾消食，生津止渴。也可作观赏绿化树种。

4. 苹果属 Malus Mill.

乔木或灌木，通常无刺。冬芽卵形，有数鳞片。单叶互生，边缘有锯齿或分裂，有托叶。伞形总状花序常生于短枝顶端；花两性；萼筒钟形，萼片 5；花瓣 5，白色、淡红色或鲜红色；雄蕊多数，花药黄色；子房下位，3~5 室；花柱 3~5，基部合生。梨果，通常无石细胞，子房壁软骨质，萼片宿存或脱落。

贺兰山有 1 种。

1. 花叶海棠（图版 38，图 2）花叶杜梨

Malus transitoria（Batal.）Schneid. Ill. Hanbb. **1**：726. 1906 et Fedde. Repert. Sp. Nov. **3**：178. 1906；中国植物志 **36**：393. 图版 52. 图 9~11. 1974；内蒙古植物志（二版）**3**：95. 图版 39. 1989；宁夏植物志（二版）**上册**：360. 图 273. 2007. ——*Pyrus transitoria* Batal. in Acta Hort. Petrop. **13**：95. 1893.

灌木或小乔木。高 2~5 m。嫩枝被绒毛，老枝紫褐色或暗紫色，无毛；芽卵形，先端钝，有几个鳞片，被绒毛。叶片卵形或宽卵形，长 2~5 cm，宽 1.5~4 cm，先端锐尖或稍钝，基部宽楔形或圆形；边缘有不整齐细锯齿，3~5 深裂，裂片椭圆形或披针状卵形，上面被短柔毛或近无毛，下面被密或疏柔毛；叶柄长 1~3 cm，被绒毛；托叶卵状披针形，先端锐尖，被绒毛。花序近伞形，花 3~6，花梗长 13~18 cm，被绒毛；条状披针形，早落；花直径 1~1.5 cm；萼筒钟形，花萼密被绒毛，萼片三角状卵形，先端钝或稍尖，两面均密被绒毛；花瓣白色，近圆形，长约 8 mm，先端圆形，基部有短爪；雄蕊 20~25，长短不齐，比花瓣短；花柱 3~5，无毛。梨果近球形，直径 6~8 mm，萼洼下陷，萼片脱落，果梗细长，长 1.5~2 cm，疏被绒毛，果后脱落。花期 6 月，果期 8~9 月。2n=34，68。

中生植物。生海拔 2 000 m 左右山地沟谷，混生于灌丛或杂木林中，少见。见东坡插旗沟；西坡北寺沟。

分布于我国内蒙古（西南部）、陕西、宁夏、甘肃、四川。为我国特有。黄土高原种。

观赏绿化树种。可作苹果砧木，也作茶的代用品。贺兰山已数量很少，建议作保护植物。

（三）蔷薇亚科 Rosoideae

5. 蔷薇属 Rosa L.

有刺灌木。茎直立或攀援。单数羽状复叶，互生；托叶与叶柄合生。花两性单生，整齐，或组成伞房花序、圆锥花序，花托坛状，稀杯状，萼片 5；花瓣 5，有时重瓣；雄蕊多数；心皮多数，子房包于萼筒（花托）里，成熟时萼筒变为肉质浆果状——蔷薇果，里面有少数或多数瘦果。

贺兰山有 4 种。

分种检索表

1. 花黄色，直径 3~4 cm，枝具皮刺但无针刺；小叶片较小，长 6~15 mm ……… **1. 单瓣黄刺玫 R. xanthina**
1. 花玫瑰色或淡红色；枝有皮刺，有的还有针刺；小叶片较大，长 10~50 mm。
  2. 蔷薇果有腺状刚毛，椭圆形；小叶下面被短柔毛；皮刺稀疏，直立 ………………… **2. 美蔷薇 R. bella**
  2. 蔷薇果无毛。

3. 小叶片较小，长 1. 5~2 cm，宽 0. 7~1. 5 cm，边缘有细锐锯齿，下面有粒状腺点；蔷薇果近球形或宽卵形，无颈部；枝有皮刺，但无针刺；皮刺稀疏，弯曲 ………………… **3. 山刺玫 R. davurica**

3. 小叶片较大，长 2~5 cm，宽 1~3 cm，边缘有锯齿，下面无或有粒状腺点；蔷薇果椭圆形、长椭圆形或梨形，常有明显颈部，枝有皮刺、针刺；刺稠密、直伸 ……………………… **4. 刺蔷薇 R. acicularis**

1. 单瓣黄刺玫（变型）（图版 37，图 4）马茹茹、野生黄刺玫

Rosa xanthina Lindl. f. **normalis** Rehd. et Wils. in Sarg. Pl. Wils. **2**：342. 1915. p. p. quoad. syn. Franch.；中国植物志 **37**：378. 1985；内蒙古植物志（二版）**3**：98. 图版 40. 图 5~7. 1989.

直立灌木。高 1~2 m。树皮深褐色，小枝紫褐色，分枝稠密，散生皮刺，无针刺，无毛；皮刺长 7~12 mm。奇数羽状复叶，小叶 7~13，小叶片近圆形或倒卵形，长 6~15 mm，宽 4~12 mm，先端圆钝，基部圆形或宽楔形，边缘有锯齿，上面绿色，无毛，下面淡绿色，沿脉有柔毛，主脉明显隆起；叶轴与叶柄有稀疏小皮刺和疏柔毛；托叶小，下部和叶柄合生，先端条状披针形，边缘有腺毛。花单生，黄色，直径 3~5 cm；萼片披针形，先端渐尖，全缘，花后反折；花单瓣，宽倒卵形，先端微凹。蔷薇果红黄色，近球形，直径 1 cm，先端有宿存反折的萼片。花期 5~6 月，果期 7~8 月。

本变型为栽培种黄刺玫（正种）*R. xanthina* Lindl. 的原始种，栽培种花为重瓣。学名显得不妥，但按国际命名法规，重要观赏、栽培植物可保留已用学名。过去一些文献，如《六盘山、贺兰山木本植物图鉴》等记载，贺兰山上产黄蔷薇 *R. hugonis* Hemsl.，而无野生黄刺玫。黄蔷薇小枝除皮刺，还具针刺，小叶两面无毛，与贺兰山植物不符，显然是黄刺玫之误，贺兰山不产黄蔷薇。

中生植物。生海拔 1 600（东坡）~2 000~2 500 m 山地沟谷，石质阳坡、半阳坡，单独或与其它灌木形成灌丛，为习见灌木。东、西坡均有较多分布。

分布于我国东北、华北、西北（东部）及山东、内蒙古。为我国特有。华北种。

观赏绿化树种，已引入栽培。花、果入药，功能主治同美蔷薇。

2. 美蔷薇（图版 37，图 5）油瓶瓶

Rosa bella Rehd. et Wils. in Sarg. Pl. Wils. **2**：341. 1915；中国植物志 **37**：407. 1985；内蒙古植物志（二版）**3**：100. 图版 41. 图 1~2. 1989.

直立灌木。高 1~2 m。小枝常带紫色，平滑无毛，着生稀疏直伸的皮刺。老枝密被针刺。单数羽状复叶，有小叶 7~9，稀 5，复叶长 4~10 cm；小叶片椭圆形或卵形，长 1~3 cm，宽 0.8~2.0 cm，先端稍锐尖或稍钝，基部近圆形，边缘有圆齿状单锯齿，齿尖有短小尖头，上面绿色，下面淡绿色，沿主脉疏被短柔毛或腺毛；叶轴与小叶柄被短柔毛，疏生小皮刺；托叶下部与叶柄合生，先端卵形，边缘具腺齿，无毛。花单生或 2~3 朵簇生，直径 4~5 cm，花梗、萼筒与萼片密被腺毛；萼片披针形，先端长尾尖，并稍宽大呈叶状，全缘；花瓣粉红色，宽倒卵形，长约 2 cm，先端微凹，芳香。蔷薇果椭圆状卵球形，径约 1 cm，鲜红色

先端收缩成颈部，并有直立的宿存萼片，密被腺毛。花期 6~7 月，果期 8~9 月。

喜暖中生植物。生海拔 2 000 m 左右山地沟谷灌丛中，较少见。仅见西坡皂刺沟。

分布于我国河北、山西、内蒙古（中、南部）、河南、陕西、宁夏、甘肃，为我国特有。华北种。

花可提取芳香油，作玫瑰酱和调味品。观赏植物。花、果入药，花能理气、活血、调经、健脾，主治消化不良、气滞腹痛、月经不调；果能养血活血，主治脉管炎、高血压、头晕。

3. 山刺玫（图版 37，图 3）刺玫果、刺蔷薇

Rosa davurica Pall. Fl. Ross. 1，**2**：61. 1788；中国植物志 **37**：402. 图版 62. 图 1~3. 1985；内蒙古植物志（二版）**3**：100. 图版 41. 图 3. 1989；宁夏植物志（二版）**上册**：365. 2007.

落叶灌木。高 1~2 m，多分枝。枝通常暗紫色，无毛，在叶柄基部有向下弯曲的成对的皮刺。奇数羽状复叶，小叶（5）7~9，小叶片矩圆形或长椭圆形，1~2.5 cm，宽 0.7~1.5 cm，先端锐尖或稍钝，基部近圆形，边缘有细锐锯齿，近基部全缘，上面绿色，近无毛，下面灰绿色，被短柔毛和腺点；叶柄和叶轴被短柔毛、腺点和小皮刺；托叶大部分和叶柄合生，被短柔毛和腺点。花常单生，有时 2~3 朵簇生，直径 3~4 cm；萼片披针形，长 1.5 cm，先端长尾尖并稍宽，边缘具腺齿，下面被短柔毛及腺毛；花瓣紫红色，宽倒卵形，先端微凹。蔷薇果近球形或卵形，直径 1~1.5 cm，红色，平滑无毛，顶端有直立宿存的萼片。花期 6~7 月，果期 8~9 月。2n=14。

中生植物。生海拔 2 200~2 500 m 的山地林缘，为林缘灌丛的伴生种。不进入林下，零星分布。产东坡苏峪口沟；西坡哈拉乌北沟。

分布于我国东北、华北，也见于俄罗斯（东西伯利亚、远东）、蒙古（东部、北部）、朝鲜（北部）。达乌里-蒙古种。

蔷薇果含多种维生素，可食用，制果酱与酿酒；花味清香，可制成玫瑰酱，取香精。花、果入药，功能主治同美蔷薇；根能止咳祛痰、止痢、止血，主治慢性气管炎、肠炎、细菌性痢疾、功能性子宫出血、跌打损伤。

4. 刺蔷薇（图版 37，图 6）大叶蔷薇

Rosa acicularis Lindl. Ros. Monogr. 44. 1820；中国植物志 **37**：403. 图版 62. 图 4~5. 1985；内蒙古植物志（二版）**3**：102. 图版 41. 图 4. 1989；宁夏植物志（二版）**上册**：365. 图 277. 2007.

灌木。高 1~2.5 m，多分枝。枝红褐色，皮刺直伸，长 1.5~4（7） mm，常密生针刺。奇数羽状复叶，通常有 5~7 小叶，小叶片椭圆形、矩圆形或卵状椭圆形，长 2~5 cm，宽 1~3 cm，先端锐尖，基部近圆形，边缘有单锯齿，稀重锯齿，近基部常全缘，上面暗绿色，无毛，下面淡绿色，多少具柔毛，沿中脉较密，稀有腺点，小叶柄极短；叶轴细长，无毛

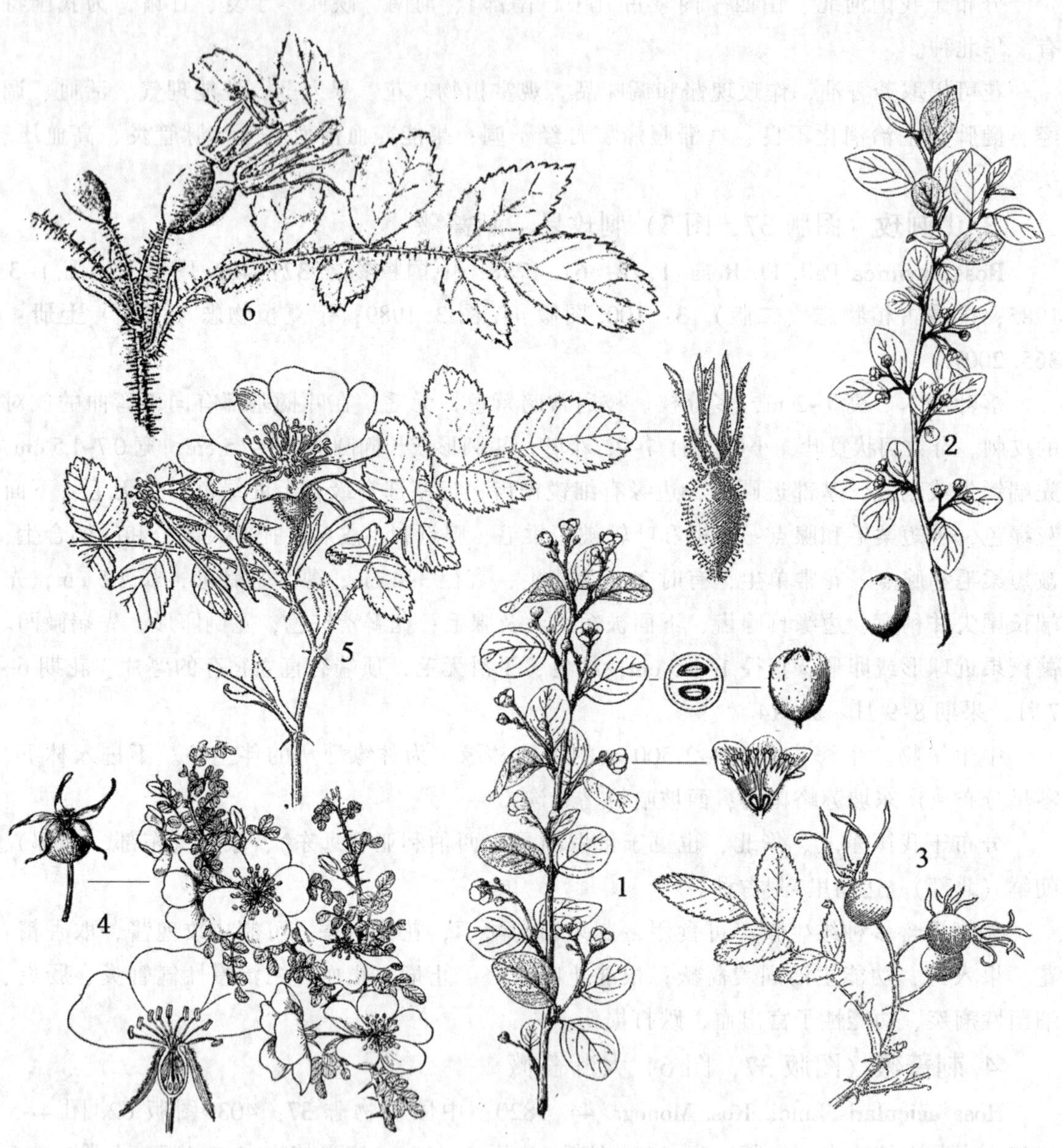

图版 37 **1. 西北栒子** Cotoneaster zabelii Schneid. 花枝、花、果； **2. 细枝栒子** C. tenuipes Rehd. & Wils. 花枝、果； **3. 山刺玫** Rosa davurica Pall. 果枝； **4. 单瓣黄刺梅** R. xanthina Lindl. f. normalis Rehd. et Wils. 花枝、花、果； **5. 美蔷薇** R. bella Rehd. et Wils. 花枝、果； **6. 刺蔷薇** R. acicularis Lindl. 果枝。（3~6 马平绘；1 仿中国植物志；2 仿西藏植物志）

或具柔毛，常具腺毛或稀疏小皮刺；托叶条形，大部与叶柄合生，边缘有腺齿和柔毛。花单生叶腋，直径约 4 cm，花梗细长，长 2~3 cm；萼片披针形先端长尾尖，并稍宽大呈叶状，外面常有腺毛和柔毛，里面密被绒毛；直径 3~5 cm；花瓣宽倒卵形，粉红色。蔷薇果椭圆形、长椭圆形或梨形，长 1.5~2 cm，红色，有明显颈部，光滑无毛。花期 6~7 月，果期 8~9 月。2n=14，28，56。

耐寒中生植物。生海拔 2 500~2 900 m 云杉林下、林缘，为少有的下木，也见沟谷溪边。见东坡苏峪口沟、贺兰沟、黄旗沟、小口子；西坡哈拉乌沟、南寺冰沟、雪岭子、水磨沟。

分布于我国东北、华北、西北，也常见于北欧、中亚、俄罗斯（西伯利亚、远东）、蒙古、朝鲜、日本、北美。泛北极种。

可作观赏植物。果可食。

6. 地榆属 Sanguisorba L.

多年生草本，根粗壮，纺锤形，圆柱形。奇数羽状复叶，基生和茎生，有托叶。花两性，密集成穗状或头状花序；萼筒喉部缢缩，萼片 4（7），花瓣状；无花瓣；雄蕊 4；心皮 1，稀 2；花柱顶生，柱头扩大成画笔状，胚珠 1，下垂。瘦果小，包藏在宿存的萼筒中。种子 1。

贺兰山有 1 种。

1. 高山地榆（图版 38，图 1）

Sanguisorba alpina Bunge in Ledeb. Fl. Alt. **1**：142. 1829；中国植物志 **37**：471. 图版 77. 图 4~5. 1985. 内蒙古植物志（二版）**3**：107. 图版 44. 图 6~8. 1989；宁夏植物志（二版）**上册**：371. 图 283. 2007. ——*S. sitchensis* auct. non C. A. Mey.：贺兰山维管植物：135. 1986.

多年生草本。高 30~80 cm，全株无毛或几无毛。根粗壮，圆柱形。茎常分枝。奇数羽状复叶，有小叶 9~19，连叶柄长 10~25 cm；小叶片椭圆形或长椭圆形，长 1.5~7 cm，宽 1~4 cm，先端圆钝，基部截形至微心形，边缘有缺刻状尖锯齿，两面绿色无毛；小叶柄短；托叶膜质，黄褐色；茎上叶比基生叶小，小叶数向上逐渐减少，近无柄，托叶草质，绿色，卵形或弯弓半圆形。穗状花序顶生，圆柱形或椭圆形，长 1~5 cm，粗大，下垂，花由下向上逐渐开放；每花有苞片 2，卵状披针形，密被柔毛；萼片白色，或微带淡红色，卵形；雄蕊比萼片长 2~3 倍，花丝从下部开始微扩大至中部，到顶端渐狭，显著比花药窄，子房近卵形；花柱细长；柱头膨大，呈画笔状。瘦果宽卵形，具纵脊棱。花期 7~8 月，果期 8~9 月。2n=28。

中生植物。生海拔 2 000~2 800 m 山地沟谷溪水边、山地草甸和亚高山灌丛中，能形成以其为主的草甸，但面积不大。见东坡苏峪口沟、贺兰沟、黄旗沟；西坡哈拉乌沟、北寺沟、南寺雪岭子沟、照北沟等。

分布于我国宁夏、甘肃、青海、新疆，也见于中亚（哈萨克斯坦）、俄罗斯（西伯利亚，阿尔泰山），蒙古（北部、西部）、朝鲜（北部）。东古北极种。

该种与大白花地榆 *S. sitchensis* C. A. Mey. 是近似种，但后者基生小叶基部明显心形，花柱细长圆柱形，长比宽达 5~10 倍，苞片短，与萼片近等长，狭条形，无毛或有稀疏睫毛，花丝仅从中部开始显著扩大，可以区别。《贺兰山维管植物》认为二者之间特征相互参差，很难区别，怀疑能否作为两个独立种。即使按其所说，我们认为种名也应用高山地榆 *S. alpina* Bunge（1829 年），大白花地榆 *S. sitchensis* C. A. Mey.（in Trautv. et C. A. Mey. Fl. Ochot. 34. 1856）是晚出异名。其实两者是可以区别的。

7. 悬钩子属 Rubus L.

灌木或草本。茎攀援、直立或匍匐，常具皮刺。叶互生，羽状或掌状复叶，边缘有锯齿或分裂；托叶与叶柄合生。花两性，稀单生，伞房状花序；萼片 5，果时宿存；花瓣 5，白色或淡红色；雄蕊多数，心皮多数或几个，分离，着生在凸起的花托上。聚合果，通常多汁，红色、黄色或红色。

贺兰山有 2 种。

分种检索表

1\. 花白色，花枝和总花梗被柔毛，腺毛及密的针刺；小叶 3，不孕枝上 3~5；果被柔毛 ………………………………………………………………………………………… 1. 库页悬钩子 **R. sachalinensis**

1\. 花粉红色，花枝和总花梗密被柔毛、腺毛、刺毛，无针刺；小叶 3，不孕枝也为 3；果无毛 ………………………………………………………………………………………… 2. 多腺悬钩子 **R. phoenicolasius**

1. 库页悬钩子（图版 38，图 4）

Rubus sachalinensis Levl in Fedde. Repert. Sp. Nov. **6**：332. 1909 et in Bull Acad. Geog. Bot. **20**：134. 1909；中国植物志 **37**：59. 1985；内蒙古植物志（二版）**3**：119. 图版 47. 图 1~4，1989；宁夏植物志（二版）**上册**：375. 2007.

灌木，高 40~120 cm。茎直立，被卷曲柔毛和皮刺。羽状三出复叶，不孕枝有时具 5 小叶，互生，长 5~15 cm，叶柄长 2~8 cm，被卷曲柔毛与稀疏直刺，有时混生腺毛；顶生小叶较两侧小叶大，小叶片卵形、宽卵形或披针状卵形，长 3~8 cm，宽 1.5~5 cm，先端渐尖，基部圆形或近心形，边缘有粗锯齿，或缺刻状锯齿，齿尖有尖刺，上面绿色，被短柔毛或近无毛，下面被白色毡毛，沿脉常有小刺，顶生小叶具长柄，侧生小叶无柄；托叶锥形，长 3~5 mm，被卷曲柔毛，或疏腺毛。伞房状花序，顶生或腋生，有花 5~9 朵；花梗纤细，长约 1~3 cm，被卷曲柔毛、腺毛和刺；花直径约 2 cm，花萼外面窄，被卷曲柔毛、腺毛和刺，萼筒碟状，萼片披针形，长约 10 mm，顶端具长尾尖，里面被绒毛；花瓣白色，倒披针形，长约 8 mm；雌蕊多数，彼此分离，着生在中央球状花托上，花柱近顶生。聚合果卵球形有多数红色小核果，具绒毛。核具皱纹。花期 6~7 月，果期 8~9 月。

中生植物。生海拔 2 000~2 500 m 山地沟谷、阴坡山脚下、灌丛、林缘。见东坡苏峪口沟、插旗沟；西坡哈拉乌北沟、水磨沟，南寺雪岭子沟。

分布于我国东北、河北、内蒙古、甘肃、青海、新疆（北部），也见于欧洲（东部）、俄罗斯（西伯利亚、远东）、蒙古、朝鲜、日本。古北极种。

果实甜，可食用，也可制果酱。果代“覆盆子”入药；茎枝能祛风湿，主治风湿性腰腿痛。

2. 多腺悬钩子（图版 38，图 5）

Rubus phoenicolasius Maxim. in Bull. Acad. Sci. St. -Petersb. **17**：160. 1872；中国植物志 **37**：66. 1985；宁夏植物志（二版）**上册**：377. 图 289. 2007.

灌木。高 1~2 m。枝初直立后蔓生，密生刺毛、腺毛和皮刺。羽状 3 出复叶，长 4~10 cm；小叶 3 枚，叶柄长 3~6 cm，叶柄、小叶柄均被柔毛、红褐色刺毛、腺毛和稀疏皮刺；顶生小叶具长柄，卵形或宽卵形，长 3~7 cm，宽 2~4 cm，顶端极尖至渐尖，基部圆形，边缘具缺刻状粗锯齿，上面疏被柔毛，下面密被灰白色绒毛，沿脉有稀疏小针刺；侧生小叶斜卵形，近无柄，较小；托叶线性，具柔毛或腺毛。花少数，成短总状花序，顶生或腋生；总花梗、花梗、苞片及花萼密被柔毛、刺毛和腺毛；花梗长 1~2 cm；苞片披针形；萼片披针形，顶端尾尖，长约 1.5 cm，直立；花瓣直立，卵状匙形，粉红色，长 5~7 mm，基部具爪；雄蕊稍短于花柱；子房具柔毛。果实半球形，直径约 1 cm，红色，无毛；核有明显纹穴。花期 5~6 月，果期 7~8 月。

耐阴中生植物。生海拔 2 600~2 900 m 云杉林下，林缘。较少见，仅见西坡哈拉乌北沟主峰下。

分布于我国山西、陕西、宁夏、甘肃、青海、四川及山东、河南，也见于欧洲、朝鲜、日本、北美。泛北极种。

果微酸可食；根、叶入药，可解毒，作强壮剂。

8. 金露梅属 Pentaphylloides Duchan.（1755）–Dasiphora Rydb.（1898）

灌木或小灌木。茎直立或短缩，多分枝。羽状复叶，小叶片全缘，与叶柄结合处有关节。花两性；单生或数朵着生枝顶，组成简单的伞房花序；萼筒半球形，萼片 5，副萼 5，与萼片互生；花瓣 5，黄色或白色；雄蕊通常 20，花药 2 室；雌蕊多数，分离，花柱或近

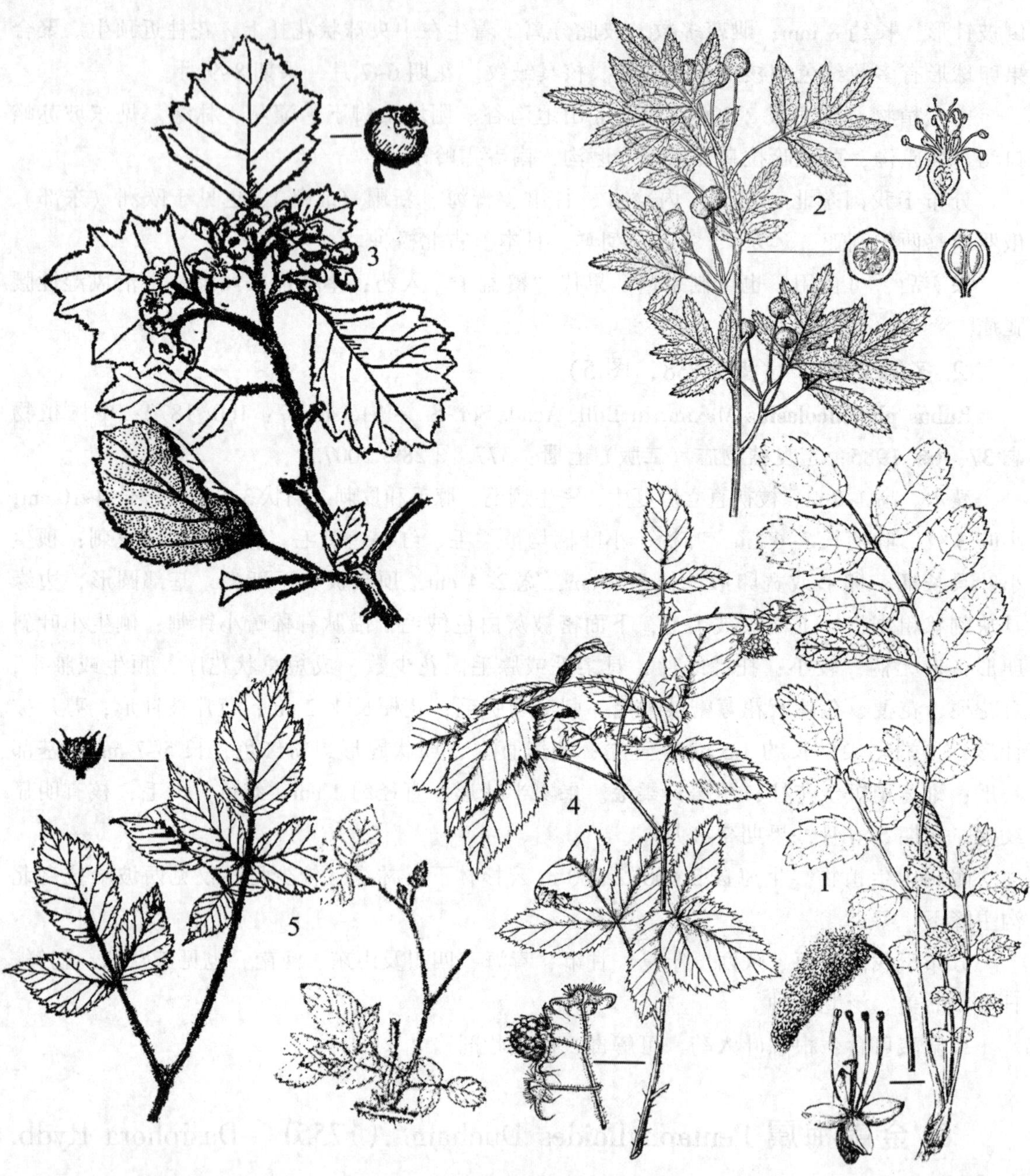

图版 38 1. 高山地榆 Sanguisorba alpina Bunge 植株部分、花序、花；2. 花叶海棠 Malus transitoria (Batal.) Schneid. 果枝、花、果；3. 毛山楂 Crataegus maximowiczii Schneid. 花枝、果；4. 库页悬钩子 Rubus sachalinensis Levl 植株上部、果枝；5. 多腺悬钩子 R. phoenicolasius Maxim. 花枝、分枝刺毛和皮刺、果。(1 田虹绘；2、4 马平绘；3、5 仿中国高等植物图鉴)

基生，上粗下细，棍棒状，在柱头下缢缩；子房被毛，每心皮具1胚珠。瘦果多数，着生在干燥的花托上，具宿存萼片。

《中国植物志》（**37**：244）和《内蒙古植物志》二版（**3**：126）均将该属作委陵菜属 *Potentilla* L. 的异名。但按《中国植物志》分属标准，一些大属如李属 *Prunus* L.，划的极细。而委陵菜属则又采用广义大属概念。为此，我们认为该属应独立出来，正确属名为 *Pentaphylloides* Ducham.（1755）。

贺兰山有3种，1变种。

分种检索表

1. 羽状复叶具小叶（3）5~7；花黄色。
  2. 小叶通常5，稀3，呈羽状排列，长0.5~1 cm，宽达1 cm，边缘平展或稍反卷；花柱直径1.5~3 cm ………………………………………………………………………… 1. 金露梅 **P. fruticosa**
  2. 小叶通常5~7，常近似掌状，长0.5~1 cm，宽不过0.5 cm，边缘强烈反卷；花柱直径1~1.2 cm ……………………………………………………………………………… 2. 小叶金露梅 **P. parvifolia**
1. 羽状复叶具小叶3~5；花白色，直径2~2. 5 cm ……………………………… 3. 银露梅 **P. glabra**

1. 金露梅（图版39，图1）金老梅

Pentaphylloides fruticosa（L.）O. Schwarz. Mitt. Thuring. Bot. Ges. **1**：105. 1949. ——*Dasiphora fruticosa*（L.）Rydb. Monogr. N. Am. Potent. 188. 1898. ——*Potentilla fruticosa* L. Sp. Pl. 495. 1753；中国植物志 **37**：244. 图版 36. 1~2. 1985. 内蒙古植物志（二版）**3**：126. 图 50. 图 1~2. 1989；宁夏植物志（二版）**上册**：385. 2007.

灌木。高50~150 cm，多分枝。树皮灰褐色，纵向剥落，小枝红褐色或灰褐色，幼枝被绢状长柔毛。奇数羽状复叶，小叶5，少3，上面一对小叶基部下延与叶轴汇合，小叶片通常矩圆形，少矩圆状倒卵形或倒披针形，长8~20 mm，宽4~8 mm，先端微凸，基部楔形，全缘，边缘反卷，上面被密或疏的绢毛，下面沿中脉被绢毛或近无毛；叶柄长约1 cm，被柔毛；托叶膜质，卵状披针形，先端渐尖，基部和叶枕合生。花单生叶腋或数朵成伞状花序，直径1.5~2.5 cm；花梗与花萼均被绢毛；萼片卵圆形，先端渐尖，果期萼片增大；副萼片条状披针形，几与萼片等长，花瓣黄色，宽倒卵形至圆形，比萼片长1倍；子房近卵形，长约1 mm，密被绢毛；花柱近基生，长约2 mm，棒形，基部稍细，顶端缢缩，柱头扩大；花托扁球形，密生绢状柔毛。瘦果近卵形，褐棕色，长1. 5 mm，外被柔毛。花期6~8月，果期8~10月。2n=14，28，42。

中生植物。生海拔2 200~2 500 m沟谷。见西坡水磨沟等。

分布于我国东北、华北、西北及四川、云南、西藏，也广泛分布于北半球温带山区。泛北极种。

庭院观赏灌木。嫩叶可代茶叶用。花、叶入药，能健脾化湿、清暑、调经，主治消化不良、中暑、月经不调。中等牧草。为羊和骆驼喜食，牛和马不喜食。

据 H. Walker（1994）记载有金露梅 *Potentilla fruticosa* L.（= *D. fruticosa*（L.）Rydb. = *Pentaphylloides fruticosa*（L.）O. Schwarz），秦仁昌 No. 154，No. 1146，但我们尚未采到该种标本。

2. 小叶金露梅（图版 39，图 2）小叶金老梅

Pentaphylloides parvifolia（Fisch. ex Hehm.） Sojak. Folia Geobot. Phytotax（Praha）. 4. **2**：208. 1969. ——*Potentilla parvifolia* Fisch. ex Lehm. Nov. Stirp. Pug. **3**：6. 1831；中国植物志 **37**：249. 图版 36. 图 7~10. 1985；内蒙古植物志（二版）**3**：128. 图 50. 图 8. 1989；宁夏植物志（二版）**上册**：385. 图 295. 2007. ——*Dasiphorc parvifolia*（Fisch.） Juzep in Fl. URSS 10：71. 1941.

灌木。高 40~100 cm，多分枝。树皮灰褐色，条状剥裂；小枝灰褐色，被绢毛或柔毛。奇数羽状复叶，长 5~15（20） mm，小叶 5~7，下部 2 对常密集呈掌状或轮生排列，小叶片条状披针形或条形，长 5~10 mm，宽 1~3 mm，先端渐尖，基部楔形，全缘，边缘强烈反卷，两面密被绢毛，银灰绿色，顶生 3 小叶基部常下延与叶轴汇合；托叶膜质，淡棕色，披针形，长约 5 mm，先端尖或钝，基部与叶枕合生并抱茎。花单生叶腋或数朵成伞房状花序，直径 10~15 mm，花萼与花梗均被绢毛；萼片卵形，比副萼片稍长或等长，先端渐尖；副萼片条状披针形，长约 5 mm，先端渐尖；外面被绢状柔毛；花瓣黄色，宽倒卵形，长与宽各约 1 cm；子房近卵形，被绢毛；花柱近基生，棍棒状，向下渐细，长约 2 mm；柱头扩大。瘦果近卵形，褐棕色，外面被绢毛。花期 6~8 月。果期 8~10 月。2n=14。

生态幅度很广的旱中生植物。生海拔 1 500（东坡）~1 700~2 900 m 浅山区的砾石质山坡，中山带的山顶、石质阳坡、沟谷，亚高山带的各种坡向。是贺兰山分布最广的灌木，单独组成群落或成为灰榆、杜松疏林、高寒灌丛的伴生种和优势种。

3. 银露梅（图版 39，图 3）银老梅

Pentaphylloides davurica（Nestl.） Z. Y. Chu Comb. nov. ——*Potentilla davurica* Nestl. Mongr. Potent. 31. f. 1. 1816；黑龙江树木志：287. 图版 78. 图 1~3. 1986. ——*P. glabrata* Willd. ex Schlecht. in Mag. Ges. Maturf. Fr. Berl. **7**：285. 1816. ——*P. glabra* Lodd. Bot. Cab. **10**：914. 1824；中国植物志 **37**：247. 1985；内蒙古植物志（二版）**3**：128. 1989；宁夏植物志（二版）**上册**：384. 2007. ——*P. fruticosa* L. var. *mongolica* Maxim. in Mél. Biol. **9**：158. 1873. ——*P. fruticosa* L. var. *tangutica* Wolf in Bibl. Bot. **71**：57. 1908. ——*Dasiphora davurica*（Nestl.） Kom. et Klob.-Alis. Key Pl. Far. East. Reg. URSS **2**：641. 1932. ——*D. glabra*（Lodd.）Y. Z. Zhao，大青山植物检索表（quoad nomen）——*Pentaphylloides dahuria*（Nesfl.） Ikonn. non. Nestl.

小灌木，高 50~100 cm，多分枝。树皮灰褐色，纵条裂；少数棕褐色，被疏柔毛。奇数羽状复叶，长 8~20 mm；小叶 5，稀 3，近革质，椭圆形、矩圆卵形或倒披针形，长 5~10 mm，宽 3~5 mm，先端圆钝，具短尖头，基部楔形或近圆形，全缘，边缘向下反卷，上

面暗绿色，有光泽，下面淡绿色，中脉明显隆起，侧脉不明显，两面无毛；托叶膜质，淡黄棕色，披针形，长约 4 mm，先端渐尖，基部与叶枕合生，抱茎。花常单生叶腋或 2 朵成伞房状花序，直径 2~2.5 cm；花梗纤细，长 1~1.5 cm，疏生柔毛，萼筒钟状，外被柔毛；副萼片披针形，长约 3 mm，先端惭尖，萼片卵形，长约 5 mm，先端渐尖；被疏柔毛，里面密被短柔毛；花瓣白色，宽倒卵形，全缘，长近 10 mm，几为萼的 2 倍，花柱近基生，棒状，基部较细，柱头头状，子房密被长柔毛。瘦果被毛。花期 6~8 月，果期 8~9 月。

耐寒中生植物。生海拔 2 500~2 900 m 山地阴坡、半阴坡和湿润的山坡，为高寒灌丛的伴生种，在裸岩和云杉疏林间常形成灌丛。见东坡苏峪口沟、贺兰沟、黄旗沟、小口子；西坡哈拉乌沟、水磨沟、雪岭子沟、南寺沟。

分布于我国华北、西北（东部）及黑龙江（大兴安岭）、内蒙古、安徽、湖北、四川、云南及西藏等，也见于俄罗斯（东西伯利亚、远东）、朝鲜（北部）。东亚（中国—喜马拉雅）种。模式标本采自俄罗斯贝加尔湖以东的达乌里地区。

该种学名较为混乱，多数著作没有引证较早发表的有效学名。如 C. G. Nestler 1816 年发表的 *Potentilla davurica* Nestl.，而一直沿用晚出异名 *P. glabra* Lodd.（1824）。在移植到 *Pentaphylloides* 时，日本学者 Ikonn 也没有真正采用 Nestler 的 *P. davurica*，而可能是 N. C. Seringe 的 *P. fruticos* L. var.（β.） *dahurica* Ser.（in DC. Prodr. **2**：579. 1825）。

花、叶入药，功能主治同金露梅。

3a. 白毛银露梅（变种）（图版 39，图 3a）华西银露梅、华西银老梅

Pentaphylloides davurica（Nestl）. Z. Y. Chu var. **mandshurica**（Maxim.） Z. Y. Chu Comb. nov. ——*Potentilla fruticosa* L. var. *mandshurica* Maxim in Bull. Acad. Sci. St. -Petersb. **19**：164. 1873；（Mél. Biol. 9：158. 1873）. —— *Potentilla glabra* Lodd. var. *mandshurica*（Maxim.）Th. Wolf in Bibl. Bot. **71**：61. 1908 et var. *mandshurica*（Maxim.） Hand. -Mazz. in Acta Hort. Gothob. **13**：297. 1939；中国植物志 **37**：249. 1985；内蒙古植物志（二版）**3**：129. 1989；宁夏植物志（二版）**上册**：385. 2007. ——*Pentaphylloides mandshurica*（Maxim.）Sojak in Preslia **42**：78. 1970.

本变种与正种的不同点主要在于，小叶上面多少伏生绢毛，下面密生白色绢毛或绒毛。花果期 6~9 月。

分布生境同正种，在贺兰山该变种较正种分布和数量均多。

分布于我国东北、华北、西北（东部）及四川、云南、西藏，也见于俄罗斯（乌苏里）、朝鲜（北部）。中亚（中国—喜马拉雅）变种。

嫩叶晒干后可代茶叶，花、叶入药同金露梅。

9. 委陵菜属 Potentilla L.

多年生草本，稀为一年草本。奇数羽状或掌状复叶；托叶和叶柄合生。花两性，黄色少白色，单生或伞房状聚伞花序；萼筒（花托）碟状，萼片5，副萼片5；花瓣5，与副萼片对生；雄蕊多数；雌蕊多数着生在具长柔毛的花托上；子房1室，生1胚珠；花柱顶生或侧生，有棒状、枝状、针状脱落。瘦果小，无毛，稀有毛，表面常有皱纹，多数着生在干燥的花托上，萼片宿存。种子1粒，种皮膜质。

贺兰山有13种，3变种。

分种检索表

1. 掌状复叶。
  2. 小叶边缘中部以上有齿，两面密被星状毛 ………………………………… 1. **星毛委陵菜 P. acaulis**
  2. 小叶边缘全有齿，两面无星状毛，下面密被白色毡毛 ……………………… 2. **雪白委陵菜 P. nivea**
1. 羽状复叶。
  3. 花单生；植株具长匍匐茎；叶下面密被绢毛 ……………………………… 3. **鹅绒委陵菜 P. anserina**
  3. 花数朵至多朵组成聚伞花序；茎直立、斜升或斜倚，无匍匐茎。
    4. 小叶两面均为绿色。
      5. 小叶先端常2裂 ……………………………………………………………… 4. **二裂委陵菜 P. bifurca**
      5. 小叶先端不2裂。
        6. 一年生草本，花单生叶腋；花瓣与萼片等长或稍短；茎从基部分枝，斜升或横卧，花小，直径5~6 mm ……………………………………………………………… 5. **铺地委陵菜 P. supina**
        6. 多年生草本，聚伞花序生于枝顶；花瓣比萼片长，茎直立，花较大，直径15~20 mm，分枝较少 ……………………………………………………………… 6. **腺毛委陵菜 P. 1ongifolia**
    4. 小叶上面绿色，下面密被白色绢毛或毡帽呈灰白色。
      7. 花茎和叶柄覆盖一层相互交织的白色毡毛。
        8. 小叶近革质，上面稍被柔毛，黑绿色；茎生叶甚少，不发达 ……… 9. **西山委陵菜 P. sischanensis**
        8. 小叶革质，上面被茸毛，灰绿色；茎生叶与基生叶近同 …………… 8. **茸毛委陵菜 P. strigosa**
      7. 花茎和叶柄覆被柔毛，绢毛，不被毡毛。
        9. 小叶下面密被毡毛。
          10. 小叶下面毡毛被密生的绢毛所覆盖；小叶3~6对，叶缘深裂 …… 10. **绢毛委陵菜 P. sericea**
          10. 小叶下面毡毛不具绢毛；小叶2~3对，叶缘具齿 ……………… 7. **华西委陵菜 P. potaninii**
        9. 小叶下面仅被绢毛。
          11. 花较大，直径12~15 mm，萼片花后增大直立，副萼片长于萼片或近等长。
            12. 小叶片分裂较深，几达中脉，裂片条形至条状披针形，花茎被短柔毛或绢状疏柔毛，稀无毛 …………………………………………………………… 11. **多裂委陵菜 P. multifida**
            12. 小叶片分裂较浅，裂片三角状披针形或条状矩圆形，花茎密被开展长柔毛和短柔毛 ……………………………………………………………… 12. **大萼委陵菜 P. conferta**
          11. 花较小，直径8~12 mm；萼片花后不增大，副萼片细小，短于萼片，基生叶有小叶7~15，

小叶裂片矩圆状条形；花茎被白色长柔毛或短柔毛 ……… 13. 多茎委陵菜 P. multicaulis

1. 星毛委陵菜（图版 39，图 5）无茎委陵菜

Potentilla acaulis L. Sp. Pl. 500. 1753； 中国植物志 **37**：325 . 图版 50. 图 4~6. 1985；内蒙古植物志（二版）**3**：132. 图版 51. 图 4~6. 1989. —— *P. subacaulis* L. Syst. Nat. ed. **10**：1065. 1758.

多年生草本。高 2~6（10）cm，全株被白色星状毡毛，呈灰绿色。根状茎木质化，横走，棕褐色，被伏毛，节部常可生出新株。茎短缩，近无茎，自基部分枝，纤细，斜倚。掌状三出复叶，叶柄纤细，小叶倒卵形，长 6~12 mm，宽 3~5 mm，先端圆形，基部楔形，边缘中部以上有钝齿，中部以下全缘，两面均密被星状毛与毡毛，灰绿色；托叶草质，与叶柄合生，顶端 2~3 裂，基部抱茎。聚伞花序，有花 2~5 朵，稀单花，直径 1~1.5 cm，花萼外面被星状毛与毡毛，副萼片条形，先端钝，长约 3.5 mm，萼片卵状披针形，先端渐尖，长约 4 mm；花瓣黄色，宽倒卵形，长约 6 mm，先端圆形或微凹；花托密被长柔毛；子房椭圆形，无毛，花柱近顶生。瘦果近椭圆形，褐色，多皱，无毛。花期 5~6 月，果期 7~8 月。

旱生植物。生海拔 2 000 m 左右山地沟谷的干燥坡地。见东坡苏峪口沟兔儿坑；西坡哈拉乌沟、镇木关沟、峡子沟等。

分布于我国东北（西部）、华北（北部）、西北，也见于哈萨克斯坦、俄罗斯（西伯利亚、贝加尔、远东）、蒙古。哈萨克斯坦–蒙古种。

H. Walker 将秦仁昌 1923 年采自西坡镇木关（Chen Mu Kuan）No. 166 标本定为 *P. subacaulis* L.

为中等牧草。羊冬、春季喜食，马稍食，牛、骆驼不食。

2. 雪白委陵菜（图版 40，图 4）

Potentilla nivea L. Sp. Pl. 499. 1753；中国植物志 **37**：296. 1985；内蒙古植物志（二版）**3**：133. 图版 52. 图 1~2. 1989；宁夏植物志（二版）**上册**：386. 图 296. 2007.

多年生草本。高 5~15 cm。茎基部包被褐色老叶残余，茎斜升，不分枝，带淡红紫色，被蛛丝状毛。掌状三出复叶，基生叶的叶柄长 2~7 cm，被蛛丝状毛；小叶近无柄，卵形或椭圆形，长 10~25 mm，宽 8~13（15） mm，先端圆形，基部宽楔形或歪楔形，边缘有圆钝锯齿，上面绿色，伏生柔毛，下面被雪白色毡毛，茎叶 1~2，小叶较小；托叶膜质，披针形，先端渐尖或尾尖，下面被毡毛或长柔毛；茎生叶 1~2 与基生叶相似，但较小，叶柄较短，托叶草质，卵状披针形或披针形，先端渐尖，下面被毡毛。聚伞花序生于茎顶，少花，花梗长 1~2 cm，花直径约 12 mm；花萼被绢状短柔毛，萼片三角状卵形，长约 3.5 mm；副萼片条状披针形，长 3 mm，花瓣黄色，倒心形，长约 5 mm；子房近椭圆形，无毛；花柱顶生，基部渐粗；有乳头，柱头扩大；花托被柔毛；瘦果光滑。花期 7~

8月，果期 8~9 月。

耐寒中生植物。生海拔 2 800~3 500 m 山地高寒灌丛、高寒草甸中，为伴生种。见主峰下和山脊两侧。

分布于我国吉林（长白山）、山西（五台山）、内蒙古（大兴安岭）、新疆（阿尔泰山、天山），也见于北欧、俄罗斯（西伯利亚）、蒙古（阿尔泰山、杭爱山、肯特山）、朝鲜、日本、北美。北极高山种。

3. 鹅绒委陵菜（图版 39，图 6）河篦梳、蕨麻

Potentilla anserina L. Sp. Pl. 495. 1753；中国植物志 **37**：275. 1985；内蒙古植物志（二版）**3**：137. 图版 54. 图 1~3. 1989；宁夏植物志（二版）**上册**：390. 图 299. 2007.

多年生匍匐草本。根木质，圆柱形，黑褐色；根状茎粗短，包被棕褐色托叶。茎匍匐，纤细，有时长达 80 cm，节上生不定根和新株，节间长 5~15 cm。基生叶多数，为间断的奇数羽状复叶，长 5~15 cm，有小叶 11~25，小叶间夹有极小的附片，小叶无柄，矩圆形、椭圆形或倒卵形，长 1~3 cm，宽 5~10 mm，基部宽楔形，边缘有缺刻状锐锯齿，上面无毛或被疏柔毛，下面密被绢毛状毡毛；附片披针形或卵形，长仅 1~4 mm；托叶膜质，黄棕色，与叶柄合生。花单生于叶腋间，直径 1.5~2 cm，花梗纤细，长 2~8 cm，被柔毛；萼片卵形，与副萼片等长或较短，先端锐尖；花萼被绢状长柔毛，副萼片矩圆形，长 5~6 mm，先端 2~3 裂或不分裂；花瓣黄色，倒卵形，先端圆形，长约 10 mm；花柱侧生，小枝状，长约 2 mm；柱头稍扩大；花托内部被柔毛。瘦果近肾形，稍扁，褐色，表面微有皱纹。花果期 5~9 月。2n=28，42。

耐盐中生植物。生山麓盐湿地、山口、山谷泉溪边上，能形成小片群落。见东、西坡山麓，为习见植物。

分布于我国东北、华北、西北、西南（西部）。本种广布于北半球温带、拉丁美洲（智利）和大洋洲（新西兰及塔斯马尼亚岛）。南北温带种。

在青藏高原高寒地区，本种的块根肥大，称“蕨麻”、“人参果”，含丰富淀粉，供食用，在本区产者，块根发育不大，不能食用。

根及全草入药，能凉血止血、解毒止痢、祛风湿，主治各种出血、细菌性痢疾、风湿性关节炎等。嫩茎叶作野菜或为家禽饲料，又为蜜源植物。

4. 二裂委陵菜（图版 39，图 4）叉叶委陵菜

Potentilla bifurca L. Sp. Pl. 497. 1753；中国植物志 **37**：250. 图版 37. 图 1~2. 1985；内蒙古植物志（二版）**3**：137. 图版 54. 图 4~5. 1989；宁夏植物志（二版）**上册**：389. 2007. ——*P. bifurca* L. var. *humilior* Rupr. et Osten-Sacken，Sert. Tianschan 45. 1868；中国植物志 **37**：251. 1985. 宁夏植物志（二版）**上册**：389. 2007.

多年生草本。高 5~20 cm，全株被稀疏或稠密的伏柔毛。根状茎稍木质化，棕褐色，多分枝，纵横地下。茎直立或斜升，自基部分枝。奇数羽状复叶，有小叶 7~15 对，最上

部 1~2 对，顶生 3 小叶，常基部下延与叶柄汇合，连叶柄长 3~8 cm；小叶片无柄，条状椭圆形或倒卵状椭圆形，长 0.5~1.5 cm，宽 4~8 mm，先端钝或锐尖，部分小叶先端 2 裂，顶生小叶常 2~3 裂，基部楔形，全缘，两面有疏或密的伏柔毛；托叶膜质或草质，披针形或条形，先端渐尖，基部与叶柄合生。聚伞花序生于茎顶部，花梗纤细，长 1~2 cm，花直径 7~10 mm，花萼密被柔毛，萼片卵圆形，副萼片条状椭圆形，长 4~5 cm；花瓣宽卵形或近圆形，子房近椭圆形，无毛，花柱侧生，棍棒状，向两端渐细，柱头膨大，头状；花托有密柔毛。瘦果近椭圆形，褐色，花果期 5~8 月。2n=56。

生态幅度广的中旱生植物。生山麓冲沟、滩地、居民点附近、也近入宽阔山谷干燥地、路边、河滩地。为东、西坡习见植物。

分布于我国东北、华北、西北及四川、西藏。也广布于欧、亚温带地区及喜马拉雅山区。古北极种。

在植物体基部有时由幼芽簇生形成红紫色的垫状丛，称“地红花”，可入药。能止血，主治功能性子宫出血，产房出血过多。中等牧草，羊喜食，牛、马少食。

4a. 高二裂委陵菜（变种）

Potentilla bifurca L. var. **maior** Ledeb. Fl. Ross. **2**：43. 1843；中国植物志 **37**：251. 1985；内蒙古植物志（二版）**3**：139. 1989.

本变种与正种区别在于：植株较高大，可达 30 cm，叶柄、花茎下部伏生柔毛或光滑无毛，小叶片长椭圆形或条形；花较大，直径 12~15 mm。

分布于我国东北、华北、西北。广布欧亚温带地区。古北极（变种）。

5. 铺地委陵菜（图版 40，图 3）朝天委陵菜、伏委陵菜

Potentilla supina L. Sp. Pl. 497. 1753；中国植物志 **37**：316. 1985；内蒙古植物志（二版）**3**：139. 图版 55. 图 1~4. 1989；宁夏植物志（二版）**上册**：390. 图 300. 2007. ——*P. paradoxa* Nutt. ex Torr. et Gray, Fl. N. Am. **1**：437，1840.

一年生草本。茎斜倚、平卧或近直立，基部叉状分枝长 20~30 cm，茎、叶柄和花梗都疏被柔毛，后脱落近无毛。奇数羽状复叶，基生叶和茎下部叶有长柄，连叶柄长达 4~5 cm；小叶 5~11，无柄，矩圆形或椭圆形，长 5~15 mm，宽 3~8 mm，先端圆钝，基部楔形，边缘缺刻状，具圆齿，两面绿色，被疏柔毛，顶端 3 小叶，基部常下延与叶柄汇合，托叶膜质，披针形，先端渐尖，被疏柔毛；茎生叶与下部叶相似，但叶柄较短与小叶较少，托叶草质，卵形，基部与叶柄合生，全缘或有牙齿。花单生于茎顶部或叶腋内，排列成伞房状聚伞花序；花梗纤细，长 5~10 mm，花直径 6~8 mm；花萼疏被柔毛，萼片三角状卵形，先端尖，比副萼片稍长或等长，副萼片披针形，先端锐尖，长约 4 mm；花瓣黄色，倒卵形，先端微凹，比萼片稍短或近等长；花柱近顶生，基部乳头状膨大，柱头扩大；花托有柔毛。瘦果褐色，扁卵形，表面有皱纹，直径约 0.6 mm。花果期 5~9 月。2n=28，42。

耐盐中生植物。生山麓、山口、沟谷，冲沟、河滩地、低洼地、居民点等附近。东\

图版 39 1. **金露梅** Pentaphylloides fruticosa（L.）O. Schwarz. 植株、瘦果； 2. **小叶金露梅** P. parvifolia（Fisch. ex Hehm.） Sojak. 花枝； 3. **银露梅** P. davurica（Nestl.） Z. Y. Chu 植株、叶、花背面； 3a. **白毛银露梅** P. davurica（Nestl.） Z. Y. Chu var. mandshurica（Maxim.） Z. Y. Chu 叶； 4. **二裂委陵菜** Potentilla bifurca L. 植株、果；5. **星毛委陵菜** P. acaulis L. 植株、花背面、星状毛；6. **鹅绒委陵菜** P. anserina L. 植株、花背面。（马平等绘）

西坡均有分布，为习见植物。

分布于我国长江以北广大地区，广布于欧亚和北美。泛北极种。

6. 腺毛委陵菜（图版 41，图 2）粘委陵菜

Potentilla longifolia Willd. ex Schlecht. in Mag. Ges. Naturf. Fr. Berl. **7**：287. 1816；中国植物志 **37**：310. 1985；内蒙古植物志（二版）**3**：143. 图版 57. 1989. ——*P. viscosa* Donn ex Lehm. Revis. Potent. 57. 1856.

多年生草本。高 20~60 cm。直根，粗壮，圆柱形，黑褐色；根茎多头，包被棕褐色叶柄残余与托叶。茎丛生，直立或斜升；茎、叶柄、总花梗和花梗被长柔毛、短柔毛和腺毛。奇数羽状复叶，基生叶和茎下部叶长 10~25 cm，有小叶 9~11，顶生小叶最大，基部下延与叶柄汇合；小叶片无柄，长椭圆形或倒披针形，长 1~5 cm，宽 5~15 mm，先端钝，基部楔形，有时下延，边缘有缺刻状锯齿，上面绿色，被疏柔毛或脱落无毛，下面淡绿色，密被短柔毛和腺毛，沿脉疏生长柔毛；托叶膜质，褐色，茎上叶叶柄较短，小叶数较少，托叶草质。伞房状聚伞花序紧密，花梗长 5~10 mm，花直径 15~20 mm；花萼密被短柔毛和腺毛，花后增大，萼片卵形，长 5~6 mm，比副萼片稍短或近等长；副萼片披针形，先端渐尖；花瓣黄色，宽倒卵形，长约 8 mm，先端微凹；子房卵形，无毛；花柱顶生，基部具乳头膨大，柱头不扩大，花托被柔毛。瘦果褐色，卵形，径约 1 mm，光滑。花期 7~8 月，果期 8~9 月。

旱中生植物。生海拔 2 300~2 600 m 山地草原。见东坡苏峪口沟头道松。

分布于我国东北、华北、西北及山东、四川、西藏，也见俄罗斯（西伯利亚、远东）、蒙古（北部、东部）、朝鲜。东古北极种。

7. 华西委陵菜（图版 42，图 2）

Potentilla potaninii Wolf in Bibl. Bot. **71**：166. 1908. p. p. ；中国植物志 **37**：292. 图版 44. 图 1~4. 1985；内蒙古植物志（二版）**3**：147. 图版 58. 图 3~4. 1989.

多年生草本。高 10~30 cm。根木质，黑褐色。茎丛生，直立或斜升，被曲柔毛，基部包被棕褐色残留的叶柄与托叶。奇数羽状复叶，基生叶有长叶柄，有小叶 5~7 对，小叶片倒卵形或倒卵状椭圆形，长 5~15 mm，宽 3~10 mm，先端圆钝稀锐尖，基部楔形或歪楔形，边缘有矩圆状、缺刻状锯齿，上面绿色，疏生柔毛，下面灰白色，密被白色毡毛，沿脉有长柔毛；茎生叶较小，有短柄，常有 3 小叶，托叶叶状，卵状披针形。聚伞花序顶生，花数朵，花梗长 1~2 cm，被绒毛；花黄色，直径 10~13 mm；萼片卵状披针形，先端渐尖，副萼片长椭圆形与萼片近等长，花萼外面被绒毛及长柔毛；花瓣宽倒卵形，先端截形或微凹，明显比萼片长。瘦果扁卵球形或肾形。花果期 6~8 月。

中旱生植物。生海拔 2 200~2 400 m 山坡，零星出现。产西坡哈拉乌沟黄土梁。

分布内蒙古（龙首山）、甘肃和青海（祁连山）、四川（西部）、云南（西北部）、西藏（波密）。中国—喜马拉雅种。

8. 茸毛委陵菜（图版 42，图 3）灰白委陵菜

Potentilla strigosa Pall. ex Pursh，Fl. Am. Sept. **1**：356. 1814；中国植物志 **37**：290. 1985；内蒙古植物志（二版）**3**：155. 图版 62. 图 1~2. 1989.

多年生草本。高 15~45 cm，全株密被短茸毛。直根粗壮，根状茎多头，被残叶柄。茎直立或稍斜升，茸毛上有时混生长柔毛。奇数羽状复叶，基生叶和茎下部叶具长柄，连叶柄长 4~12 cm，小叶 7~9，长矩圆形或矩圆状倒披针形，长 0.5~3 cm，宽 0.5~1 cm，羽状中裂或浅裂，裂片披针形或狭矩圆形，上面淡灰绿色，下面灰白色，被毡毛；茎上部叶与基生叶相似，但较少，叶柄较短；基生叶托叶膜质，下半部与叶柄合生，分离部分常条裂；茎生叶托叶草质，边缘常有牙齿状分裂。伞房状聚伞花序紧密，花梗长 5~10 mm；花直径 8~10 mm；花萼被茸毛，副萼片条形或条状披针形，长约 4 mm，萼片卵状披针形，长约 5 mm，果期增大；花瓣黄色，宽倒卵形或近圆形，长约 5 mm；花柱近顶生。瘦果椭圆状肾形，长约 1 mm，棕褐色，表面有皱纹。花果期 6~9 月。2n=28。

旱生植物。生海拔 1 800 m 左右干燥石质阳坡。仅见西坡南寺沟。

分布内蒙古（中、东部）、新疆（北部），也见于俄罗斯（西伯利亚、远东）、蒙古（中、北部山地）。东古北极种。

9. 西山委陵菜（图版 40，图 5）

Potentilla sischanensis Bunge ex Lehm. Nov. Stirp. Pugill. **9**：3. 1851；中国植物志 **37**：286. 1985；内蒙古植物志（二版）**3**：153. 图版 62. 图 3. 1989；宁夏植物志（二版）**上册**：393. 图 304. 2007. ——*P. sischanensis* Bunge ex Lehm. var. *peterae*（Hand. -Mazz.）Yu et Li；中国植物志 **37**：287. 1985；内蒙古植物志（二版）**3**：155. 1989；宁夏植物志（二版）**上册**：393. 2007. ——*P. peterae* Hand. -Mazz. in Acta Hort. Gothob. **13**：317. 1939.（Syn. nov.）

多年生草本。高 7~20 cm，全株除叶上面和花瓣外全都覆盖一层白色毡毛。根圆柱状，粗壮，黑褐色；根状茎多头，包被多数残留的老叶柄。茎丛生，直立或斜升。单数羽状复叶，多基生，基生叶有长柄，连叶柄长 6~15 cm，有小叶 7~13；小叶无柄，羽状深裂或浅裂，顶生 3 小叶较大，有裂片 5~13，两侧者较小，有裂片 3~5，裂片矩圆形、三角状卵形，长 2~15 mm，宽 1~4 mm，先端稍钝，全缘，边缘向下反卷，上面绿色，被疏长柔毛，下面白色，密被毡毛；托叶膜质，与叶柄基部合生，密被绢毛；茎生叶不发达，无柄，2~3 片，3~5 裂，有小叶 1~3。聚伞花序，有少数花，稀疏，花直径约 l cm；花萼被毡毛，萼片卵状长 4~5 mm，副萼片披针形，先端稍钝，比萼片稍短；花瓣黄色，宽倒卵形，长 4~5 mm，先端微凹；子房肾形，无毛；花柱近顶生；基部稍膨大，柱头稍扩大；花托半球形，密生长柔毛。瘦果卵圆形，有皱纹。花果期 5~8 月。

中生植物。生海拔 1 700~2 600 m 山地沟谷、山地灌丛、草甸、林缘，为贺兰山习见植物。东、西坡中段山地沟谷均有分布。

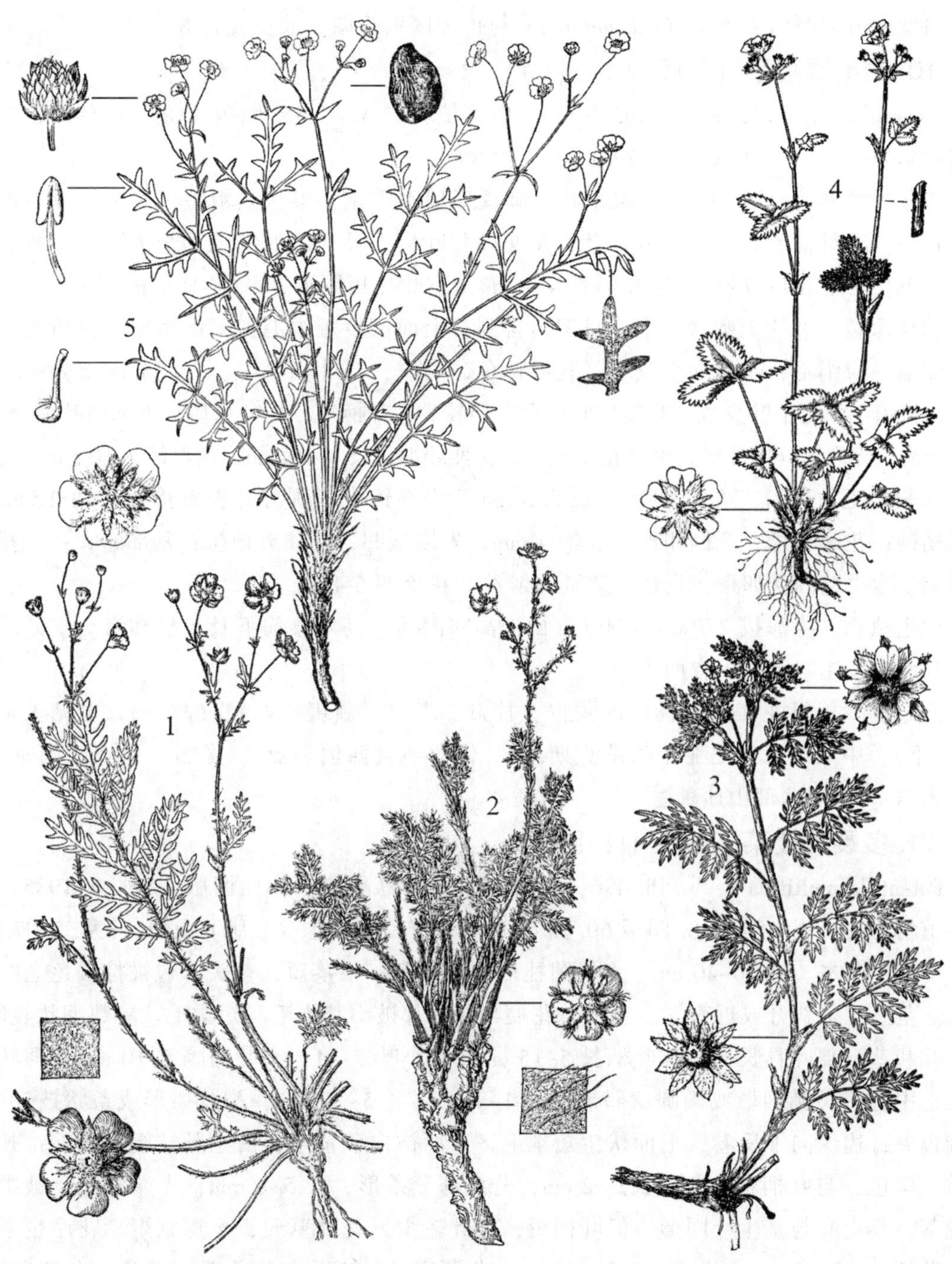

图版 40　1. 多茎委陵菜 Potentilla multicaulis Bunge 植株、花背面、叶下毛；**2. 绢毛委陵菜** P. sericea L. 植株、花背面、叶下毛；**3. 铺地委陵菜** P. supina L. 植株、花背面、花正面；**4. 雪白委陵菜** P. nivea L. 植株、花背面；**5. 西山委陵菜** P. sischanensis Bunge ex Lehm. 植株、花背面、花托及聚合瘦果、雄蕊、雌蕊、果。（马平等绘）

分布于我国华北、西北（东部）及内蒙古（大青山）。为我国特有。华北种。

原变种齿裂西山委陵菜（var. *peterae*）与正种区别甚微。故在此合并。

10. 绢毛委陵菜（图版 40，图 2）

Potentilla sericea L. Sp. Pl. 495. 1753；中国植物志 **37**：285. 图版 43. 图 7. 1985；内蒙古植物志（二版）**3**：148. 图版 59. 图 1~3. 1989.

多年生草本。高 5~20 cm。根粗壮，圆柱形稍木质化，根状茎粗短，多头，包被褐色残余托叶。茎纤细，直立或上升。茎、总花梗与叶柄都具开展的绢毛和长柔毛。奇数羽状复叶，基生叶有小叶 7~13，连叶柄长 4~8 cm，小叶片矩圆形，长 5~15 mm，宽 3~8 mm，边缘羽状深裂，裂片矩圆状条形，呈篦齿排列，上面伏生短绢毛，下面密被白色毡毛，毡毛上覆盖一层绢毛，边缘向下反卷；托叶棕色，膜质，与叶柄合生，先端分离部分披针状条形，被绢毛；茎生叶少数，与基生叶同形，但较少；叶柄短，托叶草质，下部与叶柄合生，上部分离，分离部分披针形。聚伞花序疏散，花梗纤细，长 8~15 mm；花直径 7~10 mm；花萼被绢状长柔毛，萼片三角状卵形，长约 3 mm，先端锐尖，副萼片披针形，长约 2.5 mm，先端稍钝；花瓣黄色，宽倒卵形，长约 4 mm，先端微凹；花柱近顶生；基部膨大；花托被长柔毛。瘦果椭圆状卵形，褐色，表面有皱纹。花果期 6~8 月。

中生植物。生海拔 2 700~ 3 000 m 山地高寒灌丛、高寒草甸下及云杉林缘。仅见西坡哈拉乌北沟及主峰下或山脊两侧。

分布于我国黑龙江、吉林、内蒙古、甘肃、青海、新疆、西藏（西部），也见于东欧（高加索）、中亚（亚美尼亚至哈萨克斯坦）、俄罗斯（西伯利亚）、蒙古、南亚（阿富汗、克什米尔）。亚洲西部山地种。

11. 多裂委陵菜（图版 41，图 3）

Potentilla multifida L. Sp. Pl. 496；1753；中国植物志 **37**：281. 图版 43. 图 6. 1985；内蒙古植物志（二版）**3**：148. 图版 60. 图 4. 1989；宁夏植物志（二版）**上册**：394. 2007.

多年生草本。高 20~40 cm。直根圆柱形，紫褐色；根茎短，多头，包被棕褐色老叶柄残余。茎丛生、斜升或近直立。茎、总花梗与花梗都被绢状柔毛和短柔毛。单数羽状复叶，基生叶和茎下部叶具长柄，连叶柄长 5~15 cm，有小叶 7~11，小叶间隔 5~10 mm，羽状深裂几达中脉，长椭圆形或椭圆状卵形，长 1~4 cm，宽 5~20 mm，裂片条形或条状披针形，先端锐尖，边缘向下反卷，上面伏生短柔毛，下面被白色毡毛，沿主脉被绢状柔毛；托叶膜质，棕色，与叶柄合生部分长达 2 cm，分离部分条形，长 5~8 mm，先端渐尖，被柔毛或脱落；茎生叶与基生叶同形，但叶柄短，小叶较少，托叶草质，伞房状聚伞花序生于茎顶，花梗长 15~20 mm；花直径 10~12 mm；花萼密被长柔毛与短柔毛，萼片三角状卵形，长约 4 mm，先端渐尖，副萼片条状披针形，长 2~3 mm，先端稍钝，花萼各部果期增大；花瓣黄色，宽倒卵形，长约 6 mm；花柱近顶生，基部乳头状增粗，柱头稍扩大。瘦果椭圆形，褐色，平滑或稍具皱纹。花果期 7~9 月。

中生植物。生海拔 1 700~2 600 m 山地沟谷泉溪边及灌丛、林缘。见东坡苏峪口沟、小口子、黄旗沟；西坡哈拉乌北沟、水磨沟、北寺沟、南寺沟等。

分布于我国东北、华北 、西北、西南（西部），广布于北半球温带地区。泛北极种。

全草入药，有止血、杀虫、祛湿热的作用。

11a. 掌叶多裂委陵菜（变种）

Potentilla multifida L. var. **ornithopoda**（Tausch） Wolf in Bibl. Bot. **71**：156. 1908；中国植物志 **37**：281. 1985；内蒙古植物志 **3**：150. 1989；宁夏植物志（二版）**上册**：394. 图 305. 2007. ——*P. ornithopoda* Tausch， Hort. Canal. tab. 10. 1823.

本变种与正种的区别在于：奇数羽状复叶，有小叶 5，小叶排列紧密，似掌状复叶。由于该变种分类特征稳定。一些学者（如 Hilbig W. Schamsran，1980）认为应独立成种，称鸟足委陵菜，为多裂委陵菜 *P. multifida* L. 的近缘种。分布于我国黑龙江、内蒙古、河北、陕西、甘肃、青海、及西藏，也见于俄罗斯（西伯利亚、远东）、蒙古。

中生植物。生境及分布与正种近同。

11b. 矮生多裂委陵菜（变种）

P. multifida L. var. **nubigena** Wolf in Bibl. Bot. **71**：155. 1908；中国植物志 **37**：281. 1985；内蒙古植物志 **3**：150. 1989；宁夏植物志（二版）**上册**：394. 2007.

本变种与正种区别在于：植株极矮小，花茎斜倚接近地面；花较小；基生叶有小叶 5，连叶柄长 3~4 cm，小叶裂片条形。花果期 6~8 月。

中生植物。生海拔 2 500~3 100 m 山地沟谷、林缘、灌丛下。仅见西坡哈拉乌北沟主峰（鄂博梁）下、高山气象站。

分布于我国河北、甘肃、青海、新疆、西藏，也见于中亚（山地）、俄罗斯（西伯利亚南部）。

12. 大萼委陵菜（图版 41，图 1）白毛委陵菜

Potentilla conferta Bunge in Ledeb. Fl. Alt. **2**：240. 1830；中国植物志 **37**：289. 1985；内蒙古植物志 **3**：150. 图版 60. 图 1~3. 1989；宁夏植物志（二版）**上册**：396. 2007.

多年生草本。高 20~45 cm。直根圆柱形，粗壮；根茎短，包被褐色残叶柄与托叶。茎直立，斜升或斜倚。茎、叶柄、总花梗密被开展的白色长柔毛和短柔毛。奇数羽状复叶，基生叶和茎下部叶有长柄，有小叶 7~13，小叶长椭圆形或椭圆形，长 1~5 cm，宽 7~18 mm，中裂或深裂，裂片三角状矩圆形、三角状披针形或条状矩圆形，上面绿色，被短柔毛或近无毛，下面被灰白色毡毛，沿脉被绢状长柔毛；茎上部叶与下部者同形，但小叶较少，叶柄较短；基生叶托叶膜质，外面被柔毛，有时脱落；茎生叶托叶草质，边缘常有牙齿状分裂。伞房状聚伞花序紧密，花梗长 5~10 mm，密生长柔毛；花直径 12~15 mm，花萼密生短柔毛和疏生长柔毛，长约 3 mm，果期增大，长约 6 mm；萼片卵状披针形，副萼片条状披针形，与萼片等长，果期也同样增大；花瓣倒卵形，长约 5 mm，先端微凹；花

图版 41　1. 大萼委陵菜 Potentilla conferta Bunge 植株、花萼、果；2. 腺毛委陵菜 P. longifolia Willd. ex Schlecht 植株下部、花枝、果枝、花、萼及膨大后花萼、果；3. 多裂委陵菜 P. multifida L. 植株、花、萼；4. 西北沼委陵菜 Comarum salesovianum（Steph.）Asch. et Gr. 花枝、果；5. 伏毛山莓草 Sibbaldia adpressa Bunge 植株、花、叶。（1~3、5 马平绘；4 田虹绘）

柱近顶生，基部膨大，柱头稍扩大。瘦果卵状肾形，长约 1 mm，表面有皱纹。花期 6~7 月，果期 7~8 月。2n=56。

中生植物。生海拔 1 900~2 900 m 山地沟谷，灌丛下或草甸边缘。见东坡苏峪口沟、黄旗沟、插旗沟；西坡哈拉乌沟、南寺沟等。

分布于我国黑龙江、内蒙古、河北、陕西、甘肃、新疆、四川、云南、西藏，也见于中亚（哈萨克斯坦）、俄罗斯（西伯利亚）、蒙古。东古北极种。

13. 多茎委陵菜（图版 40，图 1）

Potentilla multicaulis Bunge in Mem. Acad. Sci. St. –Petersb. **2**：99. 1833；中国植物志 **37**：282. 1985；内蒙古植物志（二版）**3**：151. 图版 59. 图 4~6. 1989；宁夏植物志（二版）**上册**：394. 图 306. 2007.

多年生草本。高 10~25 cm。根圆柱形。茎丛生，斜倚或斜升，常带暗紫红色，密被短和长柔毛，基部包被残余的老叶柄和托叶。奇数羽状复叶，基生叶多数，丛生，有小叶 7~15；小叶矩圆形，长 1~3 cm，宽 5~10 mm，基部楔形，边缘羽状深裂，裂片呈篦齿状，矩圆状条形，先端锐尖或钝，边缘不反卷，稀稍反卷，上面绿色，被短柔毛，下面密被白色毡毛，沿脉有稀疏长柔毛；叶柄带暗紫红色，密被短柔毛和长柔毛；托叶膜质，大部分和叶柄合生，被长柔毛；茎生叶与基生叶同形，但小叶较少，叶柄较短，托叶草质，近缺刻状。聚伞花序花疏松，花梗纤细，长约 1 cm，被短柔毛；花直径约 1 cm，花萼密被短柔毛，萼片三角状卵形，长约 3.5 mm，先端尖；副萼片条状披针形，长约 2.5 mm；花瓣黄色，宽倒卵形，先端微凹；花柱近顶生，圆柱形，基部膨大。瘦果椭圆状肾形，长约 1.2 mm，有皱纹。花果期 6~8 月。

中旱生植物。生海拔 1 300（东坡）~1 900~2 300 m 山地沟谷砾石地、干燥地，也偶见山麓冲沟。见东坡大水沟、苏峪口沟、甘沟；西坡哈拉乌沟、南寺沟、古拉本沟。

分布于我国华北、西北（东部）及辽宁、内蒙古（南部）、河南、四川、西藏。过去一些文献记载原苏联、蒙古有分布，经查实无。可能为我国特有。东亚（中国–喜马拉雅）种。

10. 沼委陵菜属 Comarum L.

多年生草本或半灌木。奇数羽状复叶。聚伞花序顶生；花两性，花萼 2 轮，萼片和副萼片各 5，宿存；花瓣 5，红色、紫色或白色；雄蕊多数，花丝宿存，心皮多数，花柱侧生，花柱果期半球形，海绵状。瘦果。

贺兰山 1 种。

1. 西北沼委陵菜（图版 41，图 4）

Comarum salesovianum（Steph.） Asch. et Gr. Syn. **6**：663. 1904；中国植物志 **37**：334. 图版 51. 图 3~4. 1985；内蒙古植物志（二版）**3**：157. 图版 63. 图 4~5. 1989；宁夏植物志

（二版）**上册**：396. 图 308. 2007. ——*Potentilla salesoviana* Steph. in Mem. Soc. Nat. Mosc. **2**：6. pl. 3. 1808.

半灌木。高 50~150 cm。幼茎、叶下面、总花梗、花梗及花萼都有粉质蜡层和柔毛。茎直立，茎部分枝。奇数羽状复叶，连叶柄长 4~9 cm，小叶片 7~11，矩圆状披针形或倒披针形，长 15~30 mm，宽 4~12 mm，先端锐尖，基部宽楔形，边缘有尖锐锯齿，上面灰绿色，下面银灰色，有粉质层及伏生柔毛；托叶膜质，大部与叶柄合生，先端长尾尖。聚伞花序顶生或腋生，有花 2~10 朵；花梗长 1~2 cm；苞片条状披针形，花直径 2.5~3 cm；萼片三角状卵形，长 12~15 mm，先端尾尖，副萼片条状披针形，比萼片短；花瓣白色或淡红色，倒卵形，10~15 mm，先端圆形，基部有短爪；雄蕊约 20 枚，淡黄色，比花瓣短。瘦果多数，矩圆状卵形，长约 2 mm，有长柔毛，包在花柱和宿存的萼片内。花果期 5~9 月。2n=28。

中生植物。生 2 100~2 300 m 山地沟谷砾石地上，局部形成灌丛。见东坡大水沟、镇木关沟、贺兰沟；西坡哈拉乌北沟等。

分布于我国内蒙古（龙首山）、甘肃、青海、新疆。过去记载西藏有分布，但《西藏植物志》无记载。也见于俄罗斯（西伯利亚）、蒙古（西部）、哈萨克斯坦、印度（西北喜马拉雅山区）。亚洲中部山地种。

H. Walker 将秦仁昌 1923 年在贺兰山采的 No. 1134 标本仍定为 *Potenilla salesoviana* Steph.。

11. 山莓草属 Sibbaldia L. ——Sibbaldianthe Tuz.

多年生草本。羽状复叶，有小叶 3~5，全缘或顶端有齿，具托叶。花两性，单生或少数花组成聚伞花序；萼筒碟形或碗形，萼片 5 或 4，副萼片 5 或 4；花瓣 5 或 4，白色或黄色；雄蕊 10 或 8，有时 5 或 4；雌蕊 4（5）~10，彼此离生；花柱侧生或顶生。瘦果少数，着生在干燥突起的花托上，花萼宿存。

贺兰山有 1 种。

1. 伏毛山莓草（图版 41，图 5）

Sibbaldia adpressa Bunge in Ledeb. Fl. Alt. **1**：428. 1829；中国植物志 **37**：341. 图版 53. 图 1. 1985；内蒙古植物志（二版）**3**：159. 图版 64. 图 1~3. 1989；宁夏植物志（二版）**上册**：381. 图 293. 2007. ——*Sibbaldianthe adpressa*（Bunge） Juz. Fl. URSS **10**：230. 1941.

多年生矮小草本。高 2~5 cm。根圆柱形，黑褐色，稍木质化；根茎细长，有分枝，黑褐色，节上生根。花茎丛生，矮小，疏被绢状糙毛。茎生叶为奇数羽状复叶，有小叶 5 或 3，连叶柄长 2~4 cm，柄疏被绢毛，顶生 3 小叶，常基部下延与叶柄合生，小叶倒披针形或倒卵状矩圆形，顶端常有 2~3 齿，基部楔形，全缘；侧生小叶披针形或矩圆状披针形，先端锐尖，基部楔形，全缘，边缘稍反卷，上面疏被柔毛，稀近无毛，下面被绢状糙毛；托叶膜质，棕黄色，披针形，茎生叶与基生叶相似，托叶草质，绿色，披针形。聚伞花序具花数朵或单花，花五基数，稀四基数，直径 5~7 mm；花萼被绢毛，萼片三角状卵形，具膜质边缘；副萼片披针形，长约 2.5 mm，先端锐尖或钝；花瓣黄色或白色，宽倒卵形，与萼片近等长或较短；雄蕊 10，雌蕊约 10，子房卵形，无毛，花柱侧生；花托被柔毛，瘦果近卵形，表面有脉纹。花果期 5~7 月。

旱生植物。生海拔 1 800~2 300 m 山口、沟谷干燥地、中山石质山坡。东、西坡多有分布，为习见植物。

分布于我国内蒙古、河北、山西（北部）、甘肃、青海、新疆（天山）、西藏，也见于俄罗斯（西伯利亚）、蒙古、朝鲜。亚洲中部种。

12. 地蔷薇属 Chamaerhodos Bunge

多年生草本，少一、二年生草本或垫状半灌木。单叶互生，一至多回三出或羽状分裂，托叶不明显，膜质，与叶柄合生。聚伞花序；花小，两性；萼筒倒圆锥状或钟状；无副萼片，萼片 5；花瓣 5，白色或淡红色，与萼片等长或稍长；雄蕊 5，与花瓣对生，花药椭圆形或近圆形；花盘边缘被长毛；雌蕊 5、10 或更多，着生在凸起的花托上；花柱基生，脱落。瘦果无毛，数个包藏在宿存花萼内。

贺兰山有 2 种。

分种检索表

1. 一、二年生草本；茎单一；小裂片狭条形；基生叶果期凋落 ························ 1. 地蔷薇 **Ch. erecta**
1. 多年生草本；茎多分簇丛生；小裂片条状倒披针形或条形；基生叶果期不凋落 ·· 2. 砂生地蔷薇 **Ch. sabulosa**

1. 地蔷薇（图版 43，图 5）直立地蔷薇

Chamaerhodos erecta（L.） Bunge in Ledeb. Fl. Alt. **1**：430. 1829；中国植物志 **37**：346. 图版 54：1~4. 1985；内蒙古植物志（二版）**3**：162. 图版 65. 图 1~3. 1989；宁夏植物志（二版）**上册**：382. 图 294. 2007. ——*Sibbaldia erecta* L. Sp. Pl. 284. 1753.

一、二年生草本。高 15~50 cm。根长圆锥形。茎单生，稀丛生，直立，上部分枝，密生腺毛和短柔毛。基生叶密生，莲座状，三回三出羽状全裂，长 1~2.5 cm，宽 1~3 cm，小裂片狭条形，长 1~3 mm，宽 1 mm，先端钝，全缘，两面绿色，疏生伏柔毛，结果时枯萎，叶状柄长 1~2.5 cm；茎生叶与基生叶相似，但柄较短，茎上部的近无柄；托叶 3 至多裂，基部与叶柄合生。聚伞花序顶生，多花，常形成圆锥花序；苞片常 3 条裂；花梗纤细，长1~6 mm，密被短柔毛与长柄腺毛；花小，直径 2~3 mm；花萼密被短柔毛与腺毛，萼筒倒圆锥形，萼卵形或长三角形，与萼筒等长，花瓣粉红色，倒卵状匙形，长 2.5~3 mm，比

图版 42　**1. 全缘栒子** Cotoneaster integerrimus Medic.果枝；**2. 华西委陵菜** Potentilla potaninii Wolf 植株；**3. 茸毛委陵菜** P. strigosa Pall. ex Pursh 植株、种子；**4. 黄毛棘豆** Oxytropis ochrantha Turcz. 植株、小叶、花的解剖；**5. 尖叶胡枝子** Lespedeza hedysaroides（Pall.）Kitag. 植株、小叶、花、果。（马平等绘）

萼片长；雄蕊生于花瓣基部；雌蕊约 10，离生；花柱基生；子房卵形，无毛；花盘边缘和花托被长柔毛。瘦果近卵形，淡褐色，平滑。花果期 7~9 月。2n=14。

中旱生植物。生海拔 1 800~2 300 m 沟谷干河滩及石质山坡上。见东坡苏峪口沟、黄旗沟、插旗沟、大水沟；西坡哈拉乌沟、北寺沟、香池子沟、峡子沟等。

分布于我国东北、华北、西北及内蒙古、河南，也见于俄罗斯（西伯利亚、远东）、蒙古、朝鲜。东古北极种。

全草入药，能祛风湿，主治风湿性关节炎。

2. 砂生地蔷薇（图版 43，图 6）

Chamaerhodos sabulosa Bunge in Ledeb. Fl. Alt. **1**：432. 1829；中国植物志 **37**：349. 图版 54. 图 11. 1985；内蒙古植物志（二版）**3**：162. 图版 66. 图 8~10. 1989.

多年生草本。高 5~10（18） cm。直根圆锥形，褐色。茎多数，丛生，斜伸或近直立，被腺毛和短柔毛，基部被老叶柄的残余。基生叶二回三裂，长 1~3 cm，小裂片条状倒披针形或条形，长 1~2 mm，先端钝，全缘，两面密被绢状长柔毛、腺毛及短柔毛，果期不凋萎，叶柄长 10~20 mm，被绢状长柔毛和腺毛；茎生叶与基生叶同形，但柄较短，裂片较少。聚伞花序顶生，疏松；花梗纤细，长 3~8 mm，被长柔毛和短腺毛；萼筒倒圆锥形，萼片三角状卵形，长约 2 mm，先端锐尖，外面都被长柔毛和短腺毛；花瓣淡红色或白色，倒披针形，长约 2 mm，宽约 0.5 mm，先端圆形，基部宽楔形；雄蕊长约 0.7 mm，雌蕊 6~10，离生；子房卵形，花柱基生；花盘边缘密生一圈长柔毛。瘦果狭卵形，长 1~1.5 mm，褐色，无毛。花期 6~7 月，果期 8~9 月。2n=14。

旱生植物。生浅山区和北部荒漠化较强的山丘、干河床、沙砾地。仅见西坡。

分布于我国内蒙古（西部）、甘肃（河西走廊）、青海（东部）、新疆（北部）、西藏（西部），也见于俄罗斯（西伯利亚、阿尔泰）、蒙古。亚洲中部种。

（四） 李亚科 Prunoideae

13. 李属 Prunus L.

乔木或灌木。枝无枝刺或稀有枝刺。单叶互生，边缘有锯齿，通常在叶片基部或叶柄上有腺体；托叶小，多早落。花两性，单生、簇生，少总状花序或伞房状花序，与叶同时或先于叶开放；苞片早落或宿存；萼筒杯状、钟状或筒状，萼片 5；花瓣 5，白色、粉红色或红色；雄蕊多数，着生于萼筒边缘；雄蕊 1，子房上位，有 2 胚珠，花柱顶生，柱头头状或扁平。核果，果肉肉质，少干燥，果核平滑、具沟槽或皱纹，内含单种子。

分类学家对李属的分类范围有两种不同意见。从 C. Linnaeus（1753）、A. De Candolle（1825）、G. Bentham 和 J. D. Hookey（1865）、A. Engler（1891）、A. Rehder.

(1926)、B. Komarov（1941）到 J. H. Hutchinson（1964）等，有的坚持广义李属 *Prunnus*，把桃 *Amygdalus*、杏 *Armeniaca*、樱 *Cerasus*、稠李 *Padus*、桂樱 *Laurocerasus*、臭樱 *Maddenia* 作亚属或组处理；有的则将其均作为独立属；有的只承认 3 属等。200 多年来，分而复合，合而复分。《中国植物志》则采用 7 个独立属的观点。从现代生物学观点及类群的系统发育来看，大部分属趋向独立为属。桃属、杏属、樱属、稠李属和桂樱属是核果类发育从高级至原始阶段的排序。由于本书是地方志，所含种类很少，参照一些地方志（如《内蒙古植物志》、《西藏植物志》、《中国沙漠植物志》等）的编写方法，我们仍采用广义的李属。

贺兰山有 4 种，1 变种。

分种检索表

1. 果实表面被绒毛或毡毛、柔毛；果肉薄，干燥。
  2. 核光滑；灌木或小乔木，无枝状刺；叶先端长尾尖 ………………………………… **1. 山杏 P. sibirica**
  2. 核表面有浅沟；灌木，具枝状刺；叶先端钝圆 ……………………………… **2. 蒙古扁桃 P. mongolica**

1. 果实表面光滑无毛；果肉多汁。
  3. 花多数，组成总状花序；果黑色；叶质厚，表面无皱，边缘具尖细齿，两面无毛 ……………………………………………………………………………………………… **3. 稠李 P. padus**
  3. 花单生或两朵并生；果红色（稀白色）；叶质薄，表面多皱，边缘具不整齐的锯齿，叶下面被毡毛 ……………………………………………………………………………… **4. 毛樱桃 P. tomentosa**

1. 山杏（图版 43，图 1）西伯利亚杏

Prunus sibirica L. Sp. Pl. 474. 1753；内蒙古植物志（二版）**3**：173. 图版 70. 图 1~3. 1989. ——*Armeniaca sibirica*（L.） Lam. Encycl. Meth. Bot. **1**：3. 1783；中国植物志 **38**：37. 图版 4. 图 4~5. 1986；宁夏植物志（二版）**上册**：403. 2007.

灌木或小乔木。高 1~2（4）m。小枝灰褐色或淡红褐色，无毛。叶片宽卵形或近圆形，长 3~7 cm，宽 3~5 cm，先端长尾尖，尾部长达 2.5 cm，基部圆形或近心形，边缘有细锯齿，两面无毛或仅下面脉腋间具短柔毛；叶柄长 2~3 cm，有或无小腺体。花单生，近无梗，先叶开放，直径 1.5~2 cm；萼筒钟状，被短柔毛或无毛，萼片矩圆状椭圆形，先端钝，花后反折；花瓣白色或粉红色，宽倒卵形，先端圆形，基部有短爪；雄蕊多数，长短不一，比花瓣短；子房椭圆形，被短柔毛；花柱顶生，与雄蕊近等长。果实近球形，直径 1.5~2.5 cm，两侧稍扁，黄色，带红晕，被短柔毛，果梗极短；果肉较薄而干燥，离核，成熟时腹缝开裂；核扁球形，直径约 2 cm，厚约 1 cm，表面平滑，腹棱增厚有纵沟，沟的边缘形成 2 条平行的锐棱，背棱翅状突出，边缘锐利如刀刃。花期 5 月，果期 7~8 月。

中生植物。生海拔 1 800~2 300 m 山地较陡的石质山坡、山脊上。见东坡苏峪口沟、黄旗沟、小口子、贺兰沟；西坡哈拉乌沟。东坡为常见，西坡少见。

分布于我国东北、华北及山东，也见于俄罗斯（东西伯利亚、远东）、蒙古（东部、北部），东北-华北种。

嫁接杏树的良好砧木，又为培育适应性强的杏树亲本。核仁入药，为“苦杏仁”，能祛痰、止咳、定喘；杏仁出油率70%~80%，能制杏仁油，杏仁露等。还是绿化水保树种和蜜源植物。

2. 蒙古扁桃（图版43，图2）山樱桃

Prunus mongolica Maxim. in Bull. Soc. Nat. Mosc. **45**：16. 1879；内蒙古植物志（二版）**3**：180. 图版 73. 图 5 b. 1989. ——*Amygdalus mongolica*（Maxim.）Ricker in Proc. Biol. soc. Wash. **30**：17. 1917；中国植物志 **38**：16. 1986；宁夏植物志（二版）**上册**：399. 2007.

灌木。高1~1.5 m。多分枝，树皮暗红紫色，常有光泽；枝条成近直角方向开展，小枝顶端成长枝刺；嫩枝常带红色，被短柔毛。叶多簇生于短枝上或于长枝上互生，革质，倒卵形、椭圆形或近圆形，长5~15 mm，宽4~9 mm，先端圆钝，有时有小尖头，基部近楔形，边缘有浅钝锯齿，两面光滑无毛，下面中脉明显隆起；叶柄长1~5 mm，无毛；托叶条状披针形，长1~1.5 mm，无毛，早落。花单生短枝上，花梗极短；萼筒宽钟状，长约3 mm；无毛；萼片矩圆形，与萼筒近等长，先端有小尖头，无毛；花瓣淡红色，倒卵形，长约6 mm；雄蕊多数，长短不一；子房椭圆形，密被短毛，花柱细长，被短柔毛。核果宽卵形，稍扁，长12~15 mm，直径约10 mm，顶端尖，被毡毛；果肉薄，干燥，离核；果核扁宽卵形，长8~12 mm，有浅沟；核仁扁宽卵形，淡褐棕色。花期5月，果期8月。2n=16。

强旱生植物。生海拔1 300（东坡）~1 800~2 300 m石质低山丘陵、山地沟谷、干燥阳坡。单独或与松叶猪毛菜组成旱生灌丛或草原化荒漠群落，成为建群种。也沿沟谷和干燥阳坡进入其他灌丛和灰榆疏林下，成为伴生种。东、西坡，南、北两端都有广泛分布。

分布于我国内蒙古（西部）、宁夏（中、北部）、甘肃（河西走廊）、也见于蒙古（南部）。阿拉善种。国家三级重点保护植物。

种仁可代“郁李”入药。可作观赏、水保、固沙植物。

3. 稠李（图版43，图3）臭李子

Prunus padus L. Sp. Pl. 473. 1753；内蒙古植物志（二版）**3**：169. 图版 68. 1989. ——*Padus racemosa*（Lam.）Gilib. Pl. Rar. Comm. Lithuan 74. 310（in Linnaeus. Syst. Pl. Eur. 1）. 1785；中国植物志 **38**：96. 1986；宁夏植物志（二版）**上册**：408. 2007.（var. *pubscans*）——*Prunus racemosa* Lam. Fl. Franc. **3**：107. 1778.

小乔木。高5~8 m。树皮黑褐色，小枝棕褐色，无毛或被稀疏短柔毛；腋芽单生。单叶互生，叶片椭圆形、宽卵形或倒卵形，长3~8 cm，宽1.5~4 cm，先端锐尖或渐尖，基部宽楔形或圆形，边缘有尖锐细锯齿，上面绿色，无毛，下面淡绿色，无毛，有时被短柔毛，

老叶仅脉腋有短柔毛；叶柄长 6~15 mm，上端有 2 腺体；托叶条状披针形或条形，与叶柄近等长，边缘有腺齿或细锯齿，花后脱落。总状花序疏松下垂，连总花梗长 8~12 cm，花梗纤细，长 1~1.5 cm；萼筒杯状，外面无毛，里面有短柔毛，萼片卵圆形，长约 2 mm，边缘有细齿，两面均无毛，花后反折；花瓣白色，宽倒卵形，长约 6 mm；雄蕊多数，比花瓣短一半；花柱顶生，子房椭圆形，无毛。核果近球形，直径 7~9 mm，黑色，光滑；核表面有弯曲沟槽。花期 5~6 月，果期 8~9 月。2n=32。

中生植物。生海拔 2 000~2 200 m 山地沟谷。仅见东坡贺兰沟贵房子一带，仅有数株。

分布于我国东北、华北、西北及山东，也见于欧洲、俄罗斯（西伯利亚、远东）、蒙古、朝鲜、日本。古北极种。

观赏树种和蜜源植物。果实可生食与酿酒。花果入药，有镇咳之效。木材可供建筑、家具等用材。树皮可提取拷胶，染料。

莱格尔 E. Regel（in Fl. Ajan 79. 1858）根据叶下面密被短柔毛而建立变种毛稠李 var. *pubescens* Regel. 后，《苏联植物志》（10：578. 1941.）提升为种 *Padus asiatic* Kom.，1979 年北川政夫在《新满洲植物考》降为变型，我们观察大量标本后认为毛的有无与疏密不稳定，变异较大，不必成立变种。

4. 毛樱桃（图版 43，图 4）山樱桃

Prunus tomentosa Thunb. Fl. Jap. 203. 1784；内蒙古植物志（二版）**3**：178. 图版 71. 图 4~5. 1989. ——*Cerasus tomentosa*（Thunb.）Wall. Cat. no. 715. 1829；中国植物志 **38**：86. 图版 15. 图 1~2. 1986；宁夏植物志（二版）**上册**：407. 2007.

灌木。高 2~3 m。树皮片状剥裂，嫩枝密被短柔毛，腋芽常 3 个并生，中间是叶芽，两侧是花芽。单叶互生或簇生于短枝上，倒卵形至椭圆形，长 3~5 cm，宽 1.0~2.5 cm，先端渐尖或稍尾尖状，基部宽楔形，边缘有不整齐锯齿，上面绿色，有皱纹，被短柔毛，下面灰绿色，被绒毛；叶柄长 2~4 mm，被短柔毛；托叶条状披针形，长 2~4 mm，条状分裂，边缘有腺锯齿。花单生或 2 朵并生，与叶同时开放，直径 1.5~2 cm，花梗甚短，被短柔毛；花萼被短柔毛，萼筒钟形，长 4~5 mm，萼片三角卵状，长 2~3 mm，边缘有细锯齿；花瓣白色或粉红色，宽倒卵形，长 6~8 mm，先端圆形，基部有爪；雄蕊短于花瓣；子房密被短柔毛。果近球形，直径约 1 cm，红色，核近球形，稍扁，直径约 5 mm，顶端有小尖头，表面棱脊两侧各有一条纵沟外，无棱纹。花期 5 月，果期 7~8 月。2n=16。

中生植物。生海拔 1 800~2 300 m 山地较阴湿的沟谷，能形成小片的毛樱桃灌丛。见东坡苏峪口沟（特别是樱桃谷）、黄旗沟、插旗沟、镇木关沟、甘沟等；西坡哈拉乌沟、皂刺沟等。

分布于我国东北（西部）、华北、西北（东部）西南及山东，也见于俄罗斯（远东）、朝鲜、日本。东亚种。

观赏、绿化树种。果实味酸甜，可食用。种仁油可制肥皂与润滑油。

图版 43　1. 山杏 Prunus sibirica L. 果枝、花枝、花、果核；2. 蒙古扁桃 P. mongolica Maxim. 果枝、花、果核；3. 稠李 P. padus L. 花枝、果枝、果核；4. 毛樱桃 P. tomentosa Thunb. 果枝、果核；5. 地蔷薇 Chamaerhodos erecta（L.）Bunge 植株、花、果；6. 砂生地蔷薇 Ch. sabulosa Bunge 植株、叶、花、果。(马平等绘)

4a. 白果毛樱桃（变种）

Prunus tomentosa Thumb. var. **leueocarpa** Rehd. in Sched（T. T. Yu）；贺兰山维管植物 141. 1986.

本变种与正种区别是：核果白色。

产东坡苏峪口沟樱桃谷。生境、用途同正种。

贺兰山特有变种。

三一、豆科 Fabaceae（Leguminosae）

草本、灌木或乔木。叶羽状、掌状复叶或单叶，互生，有时对生或轮生；托叶 2，有时退化为针刺状；有时叶轴顶端有卷须。花组成总状、圆锥状、穗状或头状花序，稀单生；花通常两侧对称，两性，少有辐射对称或杂性，萼片 5，合生或分离，常不相等，有时为二唇形；花瓣 5，通常分离且不相等；雄蕊 10，稀为 5 数或多数，花丝连合成单体、二体或分离，花药同型或不同型，2 室，通常纵缝裂开，子房为单心皮，边缘胎座，含 1 至多数胚珠，花柱通常下弯，柱头顶生或侧生。果为荚果，沿二缝线裂开或有时不裂开，1 室，有时由于缝线伸入纵隔为 2 室或不完全 2 室，或在种子之间缢缩成节荚，或节荚退化而仅具 1 节 1 颗种子。种子通常无胚乳。

贺兰山仅有一个亚科。

蝶形花亚科 Papilionatae

花冠蝶形，上面 1 瓣在最外面，通常较大，称旗瓣；两侧的两瓣平行相对，称翼瓣；里面的两瓣下缘合生而成龙骨瓣；雄蕊 10，合生成单体或两体（9 与 1），或有时一部分或全部分离。

贺兰山有 17 属，60 种。

分属检索表

1. 雄蕊 10，分离或仅基部合生。
  2. 羽状复叶；花萼通常具 5 齿，荚果在种子间缢缩而呈串珠状（Ⅰ. 槐族 Sophoreae）……………………………………………………………………………… 1. 槐属 **Sophora**
  2. 叶为掌状三出复叶；花萼通常具 5 裂，荚果扁平在种子间不缢缩（Ⅱ. 野决明族 Podalyrieae）。
    3. 常绿灌木，托叶贴生于叶柄上 ……………………………… 2. 沙冬青属 **Ammopiptanthus**
    3. 草本植物，托叶分离 ……………………………………………… 3. 野决明属 **Thermopsis**
1. 雄蕊 10，9 个合生、1 个分离成二体。
  4. 荚果于种子间横裂或紧缩成 2 至数节，或退化仅 1 节，节荚不开裂，具网状纹。

5. 荚果具 2 至数节；叶片为奇数羽状复叶 ………………………………………… 4. 岩黄芪属 Hedysarum

5. 荚果仅具 1 节；叶为三出复叶，托叶细小，呈锥形而脱落 ………………… 5. 胡枝子属 Lespedeza

4. 荚果不在种子间缢缩为荚节，荚节为 2 瓣裂或不裂。

6. 叶为三出复叶。

7. 小叶边缘具锯齿；托叶与叶柄连合；多年生或二年生植物，茎直立或平卧，但不缠绕。

8. 荚果卷曲成马蹄铁形、环形或螺旋形，少为镰形或矩圆形；花序总状或近头状，花密集；荚果具 1 至多粒种子 ……………………………………………………………………… 6. 苜蓿属 Medicago

8. 荚果直，有时稍弯；总状花序细长，花稍稀疏；荚果具 1~2 粒种子 …… 7. 草木樨属 Melilotus

7. 小叶全缘；托叶与叶柄离生；一年生植物，茎缠绕 …………………………… 8. 大豆属 Glycine

6. 叶为羽状复叶

9. 小叶 5，叶轴基部 2 小叶似托叶，顶端 3 小叶掌状；花单生或 1~2（3）朵呈伞房状 ………… ………………………………………………………………………………………… 9. 百脉根属 Lotus

9. 叶为（3）4 至多数小叶所组成的复叶。

10. 偶数羽状复叶

11. 草本叶轴顶端多半具卷须或少数变成刚毛状；花萼不倾斜而与花梗成一直线；花柱为圆柱形，上部四周或在顶端外面有一丛髯毛 ………………………………… 10. 野豌豆属 Vicia

11. 灌木；叶轴无卷须，顶端异化成刺状；花萼倾斜，与花梗不成直线；花柱上部光滑无毛 ………………………………………………………………………… 11. 锦鸡儿属 Caragana

10. 奇数羽状复叶

12. 旗瓣较宽而开展，常向后翻，花柱的后方具纵列的须毛 ……… 12. 苦马豆属 Sphaerophysa

12. 旗瓣较狭窄，直立或开展，花柱通常光滑无毛。

13. 花药不等大，通常其中 5 个较小，植株常有腺毛或腺点，荚果具刺或具瘤状突起或光滑 ………………………………………………………………………… 13. 甘草属 Glycyrrhiza

13. 花药同型；荚果通常无刺或瘤状突起。

14. 花单生或少数（2~8 朵）排列成伞形或总状花序

15. 花 2~8 朵排列成伞形，总花梗自基生叶间抽出；龙骨瓣长度约为翼瓣之半以下；多年生近无茎草本 ………………………………………… 14. 米口袋属 Gueldenstaedtia

15. 花单生或 2~3 朵排列成总状或伞形，总花梗自叶腋抽出；龙骨瓣与翼瓣等长或稍短；垫状半灌木 ……………………………………………… 15. 雀儿豆属 Chesneya

14. 花多数，呈总状、穗状或头状花序，稀 1 至数花。

16. 龙骨瓣先端具喙 ……………………………………………… 17. 棘豆属 Oxytropis

16. 龙骨瓣先端不具喙 …………………………………………… 16. 黄芪属 Astragalus

1. 槐属 Sophora L.

乔木、灌木、半灌木或多年生草本。奇数羽状复叶，托叶小。总状花序顶生或腋生，有时呈圆锥花序；萼 5，短齿不整齐；旗瓣圆形至卵形，龙骨瓣与翼瓣相似，无皱褶；雄蕊 10，离生或基部稍联合；子房具短柄。荚果有梗，圆柱形，含种子少至多数，种子间缢缩，呈念珠状，不开裂，或后期开裂。

贺兰山有 1 种

1. 苦豆子（图版 44，图 2）苦甘草、苦豆根

Sophora alopecuroides L. Sp. Pl. 373. 1753；内蒙古植物志（二版）**3**：185. 图版 74. 图 1~6. 1989；中国植物志 **40**：80. 1994；宁夏植物志（二版）**上册**：413. 图 317. 2007.

多年生草本。高 30~60 cm，全体呈灰绿色。主根粗壮，根状茎发达，横走，质坚硬，外皮红褐色而有光泽。直立茎，从基部或从茎节上生出，茎不分枝或上部分枝，枝条和叶轴密生灰色绢毛。奇数羽状复叶，长 5~18 cm，托叶小，钻形；小叶 11~25，卵状披针形、矩圆形，长 1.5~3 cm，宽 7~10 mm，先端锐尖或钝，基部近圆形，全缘，两面密生平伏绢毛。总状花序顶生，长 10~15 cm；花多数，密生，花梗较花萼短；苞片条形，较花梗长；萼钟状筒形，长 5~8 mm，密生绢毛，齿三角形；花冠白黄色，长 18~20 mm；旗瓣矩圆形，长约 18 mm，基部渐狭成爪；翼瓣矩圆形，比旗瓣稍短，有耳和爪；龙骨瓣与翼瓣等长；雄蕊 10，离生；子房密被绢毛。荚果念珠状，长 5~10 cm，具长果颈，密生短绢毛，含种子 3 至多颗；种子宽卵形，长 4~5 mm，淡褐色。花期 5~6 月，果期 6~8 月。2n=36。

生态幅度很宽的旱生植物。生山麓冲沟和覆沙地。在西坡极为常见。

分布于我国西北及山西（南部）、内蒙古（西部）、河南（黄河沿岸）、西藏（北部），也见于欧洲（南部）、高加索、西亚（土耳其）、中亚（伊朗、哈萨克斯坦、土库曼）、南亚（巴基斯坦、克什米尔）、俄罗斯、蒙古（南部、西部）。古地中海种。

有毒植物，青鲜状态家畜完全不食，干枯后，羊及骆驼少食。根入药，能清热解毒，主治痢疾、湿疹、压痛、咳嗽等症状。根也入蒙药（药名：胡兰-布雅），能化热、调元、燥“黄化”、表疹，主治瘟病、感冒发烧、发热、痛风、风湿性关节炎。

2. 沙冬青属 Ammopiptanthus Cheng f.

常绿灌木，枝开展。叶革质，密被银白色柔毛，三出复叶有时单生，小叶卵形或宽椭圆形，托叶小，三角形或条形，自身不结合，贴生于叶柄上。总状花序，花互生；苞片小，萼筒钟状；萼齿 5，其中 2 齿结合，三角形，先端稍钝；花冠黄色，旗瓣与翼瓣近等长，龙骨瓣背部分离；雄蕊 10，分离。荚果扁平，有长果颈，具喙。种子有小附属物。

贺兰山有 1 种。

1. 沙冬青（图版 44，图 1）蒙古黄花木

Ammopiptanthus mongolicus（Maxim. ex Kom.） Cheng f. in Journ. Bot. URSS **44**（10）：1382. 1959；内蒙古植物志（二版）**3**：188. 图版 75. 图 1~6. 1989；中国植物志 **42**（2）：395. 图版 102. 图 1~9. 1998；宁夏植物志（二版）**上册**：415. 图 319. 2007. ——*Piptanthus* *mongolicus* Maxim. ex Kom. in Journ. Bot. URSS **18**：56. 1933.

常绿灌木。高 1~2 m，多叉状分枝。树皮黄色，枝粗壮，灰黄色或黄绿色，幼枝密被灰白色柔毛。托叶小，三角形或三角状披针形，与叶柄连合而抱茎；叶为掌状三出复叶，少有单叶，叶柄长 5~10 mm，密被银白色柔毛；小叶菱状椭圆形或卵形，长 2~3.8 cm，宽 6~20 mm，先端锐尖或钝，基部楔形，全缘，两面密被银灰色绒毛。总状花序顶生，具花 8~10 朵；苞片卵形，长 5~6 mm，有白色柔毛；花梗长约 1 cm，近无毛，中部具 2 个小苞片；萼钟状，稍革质，长约 7 mm，密被短柔毛，萼齿宽三角形，上方 2 齿合成一较大的齿；花冠黄色，长约 2 cm，旗瓣倒卵形，边缘反折，顶端微凹，基部渐狭成短爪，翼瓣及龙骨瓣比旗瓣短，翼瓣近卵形，上部一侧稍内弯，爪长约为瓣片的 1/2，耳短而圆，长约 2 mm，子房披针形，有柄，无毛。荚果扁平，矩圆形，长 5~8 cm，宽 1.5~2 cm，无毛，顶端锐尖，基部具果颈，含种子 2~5 颗。种子圆肾形，直茎约 7 mm。花期 4~5 月，果期 5~6 月。

强旱植物。生北部和西坡荒漠化强的石质低山丘陵，也生沙砾质和沙质山麓地带。能形成群落类型，也进入干旱灰榆疏林下部成为下木。见东坡汝箕沟以北山地沟谷；西坡古拉本东北部和峡子沟以南低山带。

分布于我国内蒙古（西部）、宁夏（北部）、甘肃（民勤），也见于蒙古（南部阿拉善）。阿拉善种。

有毒植物，羊偶尔食其花，采食过多可致死。可作固沙观赏植物。枝、叶入药，能祛风、活血、止痛，外用主治冻疮、慢性风湿性关节炎。国家重点三级保护植物。

3. 野决明属 Thermopsis R. Br. 黄华属

多年生草本。茎直立。叶为掌状复叶，具 3 小叶；托叶离生，通常发达。花大，黄色，轮生或互生，排列成顶生的总状花序，萼筒钟状，上面 2 萼齿稍合生；花瓣均具长爪；雄蕊 10，分离，仅基部合生；子房条形，胚珠多数。荚果扁平，条形或矩圆形，种子多数。

贺兰山有 1 种。

1. 披针叶黄华（图版 44，图 3）

Thermopsis lanceolata R. Br. in Ait. Hort. Kew. ed. 2. **3**：3. 1811；内蒙古植物志（二版）**3**：190. 图版 76. 1989；中国植物志 **42**（2）：402，1998；宁夏植物志（二版）**上册**：416. 图 320. 2007.

多年生草本。高 10~30 cm，全株被黄白色长柔毛。茎直立，单一或分枝，基部具厚膜质鞘。掌状三出复叶，具小叶 3，有短小叶柄；托叶 2，卵状披针形，叶状，先端锐尖，基部稍连合，长 1.5~2.5 cm，宽 4~7 mm，被长柔毛；小叶倒披针形、长椭圆形或狭卵形，长 1~3 cm，宽 0.6~1 cm，先端锐尖或钝，基部渐狭，全缘，上面疏被平伏柔毛或无毛，下面密生平伏长柔毛。总状花序顶生，苞片 3 个轮生，狭卵形，叶状，基部连合；花黄色，每

2~3 朵轮生，长约 2.5 cm；萼筒钟形，长约 1.5 cm，密生平伏长柔毛，萼齿披针形，长 5~8 mm，上面 2 齿稍合生；旗瓣近圆形，基部渐狭成爪，翼瓣与龙骨瓣比旗瓣短，有耳和爪，子房条形，密被毛，具短柄。荚果扁，条状矩圆形，长 3~8 cm，宽 6~10 mm，顶端具喙，密生短柔毛，有种子 5~10 颗；种子近肾形，黑褐色，有光泽。花期 5~7 月，果期 7~10 月。2n=18。

中旱生植物。生山麓冲沟及宽阔山谷河滩地、山坡脚下。见东坡苏峪口沟、拜寺沟、黄旗沟、插旗沟、大水沟等；西坡哈拉乌沟、北寺沟、南寺沟、峡子沟等。

分布于我国华北、西北及西藏，也见于中亚（哈萨克斯坦、土库曼斯坦、乌兹别克斯坦、吉尔吉斯斯坦、塔吉克斯坦）、俄罗斯（西伯利亚）、蒙古。东古北极种。

俄罗斯学者契夫拉诺娃（Z. Czefranova 1954，1976）将本种划分出一些新种。涉及到贺兰山分布的种有青海黄华 *T. przewalskii* Czefr.（in Bot. Mat. Herb. Bot. Inst. Acad. Sci. URSS **16**：210. 1954），《亚洲中部植物》（Pl. Asi. Centr. **8**：16. 1988）、《中国植物志》（**42**（2）：403. 图版 104. 图 8. 1998）均收集该种，发表时依据贺兰山的标本有：贺兰山（Alascha Mt.， 22 Ⅵ. 1872；同地 4. Ⅶ. 1872. Przewalski）、贺兰山（Alascha Mt.，巴彦浩特. 6 Ⅵ. 1908，Tchetykin；巴彦浩特西南麓 30 公里Ⅵ. 1957–M. Petrov）。还有蒙古黄华 *T. mongolica* Czefr.（l.c. **16**： 213. 1954），《亚洲中部植物》（Pl. Asi. Centr. **8**：15. 1988）、《中国植物志》（**42**（2）：406. 1998）也收录了该种，发表时依据的贺兰山标本有：贺兰山西麓（巴彦浩特）覆沙地 30 Ⅵ. 1909；巴彦浩特 2 Ⅷ 1958，M. Petrov。

下面参照《中国植物志》收录 3 个种的分种依据：

1. 小叶披针形或长圆形，长为宽的 4.5 倍以下；翼瓣和龙骨瓣等宽或窄。
  2. 小叶长达 7.5 cm；荚果缝线通直 ………………………………………… **1. 披针叶黄华 T. lanceolata**
  2. 小叶长在 4 cm 以内；荚果缝线在种子间溢缩 ……………………………… **2. 青海黄华 T. przewalskii**
1. 小叶狭椭圆形或线形，长为宽的 5 倍以上；翼瓣比龙骨瓣窄；荚果在种子处稍隆起，种子位于中间；小叶上面有毛，下面密被开展柔毛 ……………………………………………… **3.蒙古黄华 T. mongolica**

贺兰山的该种标本与华北及内蒙古中东部地区的标本相比，植株较小，叶片也小，被毛较多，荚果较小，种子处略显突出，种子间有溢缩，但个体之间差异不大，即很难划分成独立的种，至少在贺兰山地区如此（可能在青海、新疆可区别）。故我们仍应用广义的披针叶黄华。

全草入药，能祛痰，镇咳，主治痰喘咳嗽。叶花可杀蛆。

4. 岩黄芪属 Hedysarum L.

多年生草本，稀为半灌木或小灌木。茎直立或斜升，有分枝，有时茎不发达。单数羽状复叶；托叶 2，干膜质。总状花序腋生或顶生，多花，苞片 2，干膜质，萼筒基部具 2 小苞片，萼齿常不等长；花通常紫红色、淡黄色或白色，旗瓣比龙骨瓣稍长或稍短，龙骨瓣通常较翼瓣长或长 2~4 倍，少有较短者；雄蕊 10，成 2 体；花柱长丝状，常屈曲。荚果有 1~6 荚节，不开裂，荚节扁平或两面凸，表面具网状脉，有时具纹刺或瘤状凸起，有时边缘具齿或翅。

贺兰山有 3 种（含 1 无正种的变种）。

分种检索表

1. 花淡黄色，小叶 9~25，卵形，下萼齿长为上萼齿的 2 倍 ………………………………………………………… 1. 宽叶多序岩黄芪 **H. polybotrys** var. **alaschanicum**

1. 花红色，红紫色或蓝紫色；下萼齿与上萼齿近相等或稍长。

2. 茎短缩，总花梗花葶状；小叶 7~15，下面密被贴伏柔毛；花 10~16 朵，红色或红紫色 ……………………………………………… 2. 贺兰山岩黄芪 **H. petrovii**

2. 有明显地上茎，总花梗不为花葶状；小叶 9~21，两面无毛或近无毛，花 20~30 朵，蓝紫色或红紫色 ………………………………………… 3. 山岩黄芪 **H. alpinum**

1. 宽叶多序岩黄芪（变种）（图版 44，图 5）红芪

Hedysarum polybotrys Hand. -Mazz. var. **alaschanicum**（B. Fedtsch.） H. C. Fu et Z. Y. Chu，内蒙古植物志（二版）**3**：341. 图版 132. 图 7~12. 1989；中国植物志 **42**（2）：188. 1998；宁夏植物志（二版）**上册**：484. 图 378. 2007. ——*H. semenovii* Rgl. et Herb. var. *alaschanicum* B. Fedtsch. in Acta Hort. Petrop. **19**：250. 1902. ——*H. polybotrys* Hand. -Mazz. var. *latifolium* L. Z. Shue 植物研究 **5**（3）：133. 1985. ——*H. przewalskii* Yakovl. Pl. Asi. Centr. **8a**：61. t. 4. f. 2. 1988.

多年生草本。高 40~60（80） cm。根粗长，圆柱形，少分枝，直径 0.5~2 cm，外皮棕黄色或棕红色。茎直立，坚硬，稍分枝。奇数羽状复叶，长 5~15 cm，具小叶 9~19；托叶披针形，基部彼此合生成鞘状，膜质，褐色；小叶卵形或椭圆形，长 15~30 mm，宽 5~15 mm，先端圆形或钝，基部宽楔形，上面绿色，无毛，下面淡绿色，中脉上有长柔毛，小叶柄甚短。总状花序腋生，较叶明显长，果期长可达 25 cm，有花 20~25 朵，花梗纤细，长 2~3 mm，被长柔毛；苞片锥形，长 1~1.5 mm，膜质，褐色；小苞片极小；花淡黄色，长 14~16 mm；萼筒斜钟状，长约 3 mm，萼齿三角状钻形，最下面的 7 枚萼齿较其余的萼齿长 1 倍；旗瓣倒卵形，顶端微凹，翼瓣矩圆形，与旗瓣等长，耳条形，与爪等长，龙骨瓣较旗瓣及翼瓣长，顶端斜截形，基部有爪及短耳；子房被毛。荚果有 3~5 荚节，扁平，表面有稀疏网纹，边缘有狭翅，疏被短柔毛。花期 7~8 月，果期 8~9 月。

中生植物。生海拔 1 800（东坡）~2 000~2 500 m 山地石质山坡、沟谷、灌丛、林缘或山地草甸中。见东坡苏峪口沟、五道塘；西坡哈拉乌沟、北寺沟、南寺沟、峡子沟。

贺兰山是其模式产地。模式标本系俄国人普热瓦尔斯基（N. Przewalski）No. 137（Type LE），1873 年 6 月 23 日至 7 月 5 日采自贺兰山中部高山带湿润处。《中国植物志》

把模式产地误写为宁夏固原。

分布于河北（小五台山）、山西（北部）、内蒙古（阴山）、宁夏（罗山、南华山）、甘肃（祁连山东部），为我国特有。华北种。

2. 贺兰山岩黄芪（图版 44，图 4）

Hedysarum petrovii Yakovl. in Novit. Syst. Pl. Vasc. **19**：116. 1982； 内蒙古植物志（二版）**3**：341. 图版 132. 图 1~6. 1989；中国植物志 **42**（2）：210. 图版 55. 图 1~7. 1998；宁夏植物志（二版）**上册**：485. 2007. ——*H. pumilum*（Ledeb.） B. Fedtsch. var. *patulum* B. Fedtsch. in Acta Hort. Petrop. **19**：311. 1902. p. p.，quoad Pl. alaschanicae. ——*H. liupanshanicum* L. Z. Shue，植物研究 **5**（3）：135. 图 4. 1985. ——*H. alaschanicum* Y. Z. Zhao，内蒙古大学学报 **17**（2）：347. 图 1. 1986.

多年生草本。高 8~20 cm。根粗壮，暗褐色。茎多数，短缩，长 1~2 cm，全体密被开展与贴伏的柔毛。奇数羽状复叶，长 4~10 cm，具小叶 7~15；托叶卵状披针形，膜质，长 3~5 mm，中部以上与叶柄连合；小叶椭圆形长或卵形，长 5~10 mm，宽 3~5 mm，先端钝，基部圆形，上面近无毛或疏被长柔毛，密被腺点，下面密被贴伏的长柔毛。总状花序腋生，似花葶状，较叶长，有花 10~20 朵，密集；苞片披针形，长 2~3 mm，淡褐色，被长柔毛；花红色或红紫色，萼筒钟状，长 8~12 mm，密被白色柔毛，萼齿钻形，长为萼筒的 3 倍以上；旗瓣倒卵形，长 12~18 mm，顶端微凹，基部渐狭成短爪；翼瓣矩圆形，长不足旗瓣 1/2；龙骨瓣与旗瓣近等长或稍短，子房被毛。荚果有 2~4 荚节，荚节圆形，稍凸起，密被白色柔毛和皮刺。花期 6~7 月，果期 7 月。

旱生植物。生海拔 1 800~2 300 m 浅山带石质山坡、沟谷沙砾地。东、西坡均有分布，以西坡数量更多。

贺兰山是其模式产地。模式标本系俄国治沙专家彼得洛夫（M. P. Petrov）无号（Type LE），1958 年 6 月 10 日采自贺兰山西坡南部巴彦浩特至银川约 50 km 处的石质山坡上。

分布于我国陕西、宁夏（六盘山）、甘肃，为我国特有。黄土高原种。该植物过去被误定为短翼岩黄芪 *H. brachypterum* Bunge。

高等牧草，各种家畜喜食。

《中国植物志》描述该种小叶 7~11，但所附图的小叶数为 15，图和描述不符。

3. 山岩黄芪（图版 44，图 6）

Hedysarum alpinum L. Sp. Pl. 750. 1753； 内蒙古植物志（二版）**3**：342. 图版 133. 图 1989；中国植物志 **42**（2）：192. 1998.

多年生草本。高 40~100 cm。根直下，粗壮，暗褐色。茎直立，具棱沟，无毛。奇数羽状复叶，小叶 9~21；托叶三角状披针形，合生至上部，膜质，褐色；小叶卵状矩圆形或狭椭圆形，长 15~30 mm，宽 4~8 mm，先端钝，基部圆形或宽楔形，上面无毛，下面疏生短柔毛或无毛，脉密而明显。总状花序腋生，显著比叶长，花多数，20~30 朵；花便长 2~

图版 44 **1. 沙冬青** Ammopiptanthus mongolicus（Maxim. ex Kom.） Cheng f. 植株、花萼、旗瓣、翼瓣、龙骨瓣、种子；**2. 苦豆子** Sophora alopecuroides L. 植株、花萼、旗瓣、翼瓣、龙骨瓣、荚果；**3. 披针叶黄华** Thermopsis lanceolata R. Br. 植株、花萼、旗瓣、翼瓣、龙骨瓣、荚果；**4. 贺兰山岩黄芪** Hedysarum petrovii Yakovl. 植株、花萼、旗瓣、翼瓣、龙骨瓣、荚果；**5. 宽叶多序岩岩黄芪** H. polybotrys Hand.-Mazz. var. alaschanicum（B. Fedtsch.） H. C. Fu et Z. Y. Chu 植株、花萼、旗瓣、翼瓣、龙骨瓣、荚果；**6. 山岩黄芪** H. alpinum L. 植株、花萼、旗瓣、翼瓣、龙骨瓣、种子。（马平等绘）

4 mm；苞片条形，长约 2 mm，膜质，褐色；花蓝紫色，长 13~17 mm，稍下垂；萼短钟状，长 3~4 mm，被短柔毛，萼齿 5，三角状钻形，下萼齿稍长；旗瓣长倒卵形，顶端微凹，无爪，翼瓣比旗瓣稍短或近等长，宽不及旗瓣的 1/2，龙骨瓣比旗瓣及翼瓣显著长；子房无毛。荚果有荚节 2~3（4），荚节近扁平，椭圆形至狭倒卵形，具网状脉纹，无毛。花期 7 月，果期 8 月。2n=14。

中生植物。生山地溪边及山麓泉水附近，零星分布。仅产西坡哈拉乌北沟和巴彦浩特(依据标本：雷喜亭等 1984 年 8 月 7 日采自巴彦浩特. No. 840771)。

分布于我国东北及内蒙古（大青山、苏木山)、新疆（阿尔泰山)，也见于北欧、俄罗斯（西伯利亚、远东)、蒙古、朝鲜、日本、北美。泛北极种。

中等牧草，也可作绿肥或观赏植物。

5. 胡枝子属 Lespedeza Michx.

灌木或半灌木。羽状三出复叶，小叶全缘；托叶钻状或刺芒状，早落。花小，通常多数，成腋生或顶生总状或头状花序。花有 2 型，一种有花冠，结实或不结实；另一种无花冠，结实。花梗无关节；花萼钟状，5 齿裂，有时上方 2 齿合生成 4 齿裂；花瓣具爪，有时无花瓣；雄蕊 10，两体；子房有 1 胚珠。荚果短，卵形或椭圆形，常有网脉，不开裂。种子 1 粒。

贺兰山有 3 种，1 变种。

分种检索表

1. 花黄白色；小叶先端钝或尖，但不微凹，长为宽的 2 倍以上。
    2. 萼齿先端刺芒状，萼与花冠近等长；小叶长为宽的 2~3 倍 ……………… **1. 达乌里胡枝子 L. davurica**
    2. 萼齿披针形，先端渐尖，萼不及花冠的 1/2；小叶长为宽的 4~5 倍 …………………………………………………………………………………………………… **2. 尖叶胡枝子 L. hedysaroides**
1. 花紫红色；小叶先端常微凹，长略大于宽，但绝不超过其 1 倍 …………… **3. 多花胡枝子 L. floribunda**

1. 达乌里胡枝子（图版 45，图 2)

Lespedeza davurica（Laxm.） Schindl. in Fedde， Repert. Sp. Nov. **22**：274. 1926；内蒙古植物志（二版）**3**：351. 图版 137. 图 1~8. 1989；中国植物志 **41**：151. 1995；宁夏植物志（二版）**上册**：491. 图 387. 2007. ——*Trifolium* davuricum Laxm. in Nov. Comm. Acad. Sci. Petrop. 560. t. 30. 1771.

半灌木。高 20~50 cm。茎数个簇生，稀单一，通常稍斜升。老枝黄褐色或赤褐色，有短柔毛，嫩枝绿褐色，有细棱和短柔毛。羽状三出复叶，互生；托叶 2，刺芒状，长 2~6 mm；叶轴长 5~15 mm，有毛；小叶披针状矩圆形，长 0.5~2 cm，宽 5~8 mm，先端圆钝，有短刺尖，基部圆形，全缘，上面绿毛，无毛或具贴伏柔毛，下面灰绿色，伏生柔毛。总状花序腋生，较叶短或等长；总花梗有毛；小苞片条形，长 2~5 mm，有毛；萼筒杯状，萼齿披针状钻形，先端刺芒状，几与花冠等长；花冠黄白色至黄色，长约 1 cm，旗瓣椭圆形，中央常稍带紫色，下部有短爪，翼瓣矩圆形，先端钝，较短，龙骨瓣长于翼瓣，均短于旗瓣；子房条形，有毛。荚果小，包于宿存萼内，倒卵形，长 3~4 mm，宽约 2~3 mm，顶端有宿存花柱，两面凸出，被贴伏柔毛。花期 7~8 月，果期 8~10 月。2n=36。

中旱生植物。生海拔 1 500~2 000 m 石质山坡，沟谷河滩地及灌丛下。见东坡苏峪口沟、大水沟、小口子、插旗沟；西坡峡子沟等。

分布于我国东北、华北、西北（东部）、华中、西南（西部），也见于俄罗斯（西伯利亚、远东）、蒙古、朝鲜、日本。东亚种。

1a. 牛枝子（变种）（图版 45，图 3）

Lespedeza davurica（Laxm.） Schindl. var. **potaninii**（V. Vass.） Liou f. 中国沙漠植物志 **2**：443. 1987；内蒙古植物志（二版）**3**：352. 图版 137. 图 9~15. 1989. ——*L. potaninii* V. Vass. in Not. Syst. Herb. Inst. Bot. URSS **9**：202. 1946；中国植物志 **41**：153. 1995. ——*L. davurica*（Laxm.）Schindl. var. *potaninii*（V. Vass.）Yakovl. Pl. Asi. Centr. **8a**：101. 1988.

本变种与正种的区别在于：总状花序比叶长，小叶矩圆形或倒卵状矩圆形，茎斜卧或伏生，花数和叶量较少，全株被毛，较密。

旱生植物。生山麓冲沟，沙砾地及覆沙地。见东坡苏峪口沟、黄旗沟、大水沟、龟头沟；西坡中、南部山麓。

分布于我国内蒙古（西部）、青海（东部）。为正种的旱生变种，贺兰山该变种分布和数量较正种多。

2. 尖叶胡枝子（图版 42，图 5）尖叶铁扫帚

Lespedeza hedysaroides（Pall.） Kitag. Lineam. Fl. Mansh. 288. 1939；内蒙古植物志（二版）**3**：355. 图版 139. 图 1~9. 1989；宁夏植物志（二版）**上册**：492. 2000. ——*Trifolium hedysaroides* Pall. Reise **3**：751. 1776.

半灌木。高 30~50 cm。分枝多成帚状，小枝灰绿色或黄绿色，基部褐色，具细棱，被白色平伏柔毛。羽状三出复叶；托叶刺芒状，有毛；叶轴甚短，长 2~4 mm；顶生小叶较大，条状矩圆形或矩圆状倒披针形，长 1~3 cm，宽 2~7 mm，先端有短刺尖，基部楔形，上面灰绿色，近无毛，下面灰色，密被平伏柔毛，侧生小叶较小。总状花序腋生，具 2~5 朵花，总花梗较叶长，细弱，有毛；花梗甚短，长约 3 mm；小苞片条状披针形，长约 1.5 mm，与萼筒近等长并贴生；花萼杯状，长 5~6 mm，密被柔毛，萼片披针形，较萼筒长，花后有明显的 3 脉；花冠白色，有紫斑，长 8 mm，旗瓣近椭圆形，基部有短爪，翼瓣矩圆形，较旗瓣稍短，爪长约 2 mm，龙骨瓣与旗瓣近等长，顶端钝，爪长为瓣片的 1/2；子房有毛，无瓣花簇生于叶腋。荚果宽椭圆形或倒卵形，长约 3 mm，宽约 2 mm，顶端有宿存花

柱，被毛。花期 8~9 月，果期 9~10 月。2n=20。

中旱生植物。生山地沟谷灌丛中，仅见东坡小口子。

分布我国东北、华北，也见于俄罗斯（东西伯利亚、远东）、朝鲜、日本。东亚（中国—日本）种。

牧草、水土保持植物。

《中国植物志》（**41**：158. 1995）将尖叶胡枝子 *Lespedeza hedysaroides*（Pall.）Kitag. 作阴山胡枝子 *Lespedeza inschanica*（Maxim.） Schindl. 的异名，但前者的基名为 1776 年，后者的基名 *Lespedeza jurcea* Pers. var. *inschanica* Maxim.（in Act. hort. Petrep. 2：371. 1873），如两者归并，也应用前者。

3. 多花胡枝子（图版 45，图 1）

Lespedeza floribunda Bunge，Pl. Mongh. –Chin. 13. 1835；中国植物志 **41**：148. 1995；内蒙古植物志（二版）**3**：351. 图版 136. 图 10~19. 1989；宁夏植物志（二版）**上册**：490. 图 385. 2007.

半灌木。高 30~50 cm，茎下部分枝，枝略斜升。枝灰褐色，有细棱，密被白色柔毛。羽状三出复叶；托叶 2，刺芒状；叶轴长 3~15 mm，被毛；顶生小叶较大，纸质，倒卵形或倒卵状矩圆形，长 8~15 mm，宽 4~8 mm，先端微凹，有短刺尖，基部宽楔形，上面微被短柔毛或近无毛，下面密被白色柔毛；侧生小叶较小，具短柄。总状花序腋生，茎枝上部多数叶腋具花序，每花序具花数朵；总花梗较叶长，长 1.5~2.5 cm，被毛；小苞片卵状披针形，长约 1 mm，贴生萼筒，赤褐色，被毛；萼筒杯状，长约 5 mm，密生绢毛，萼齿披针形，较萼筒长；花冠紫红色，旗瓣椭圆形，长约 8 mm，先端圆形，基部有短爪，翼瓣略短，条状矩圆形，基部有爪及耳，龙骨瓣长于旗瓣，子房被毛。荚果卵形，长 5~7 mm，宽约 3 mm，顶端尖，有网状脉纹，密被柔毛。花期 6~9 月，果期 9~10 月。2n=22。

旱中生植物。生海拔 2 000 m 左右石质山坡。仅见东坡黄旗沟、小口子、大水沟。

分布于我国东北（南部）、华北、西北（东部）及四川、云南，也见于日本。东亚种。

可用作水土保持植物，也可作绿肥和牧草。

6. 苜蓿属 Medicago L.

多年生或一年生草本。茎直立、斜升或平卧。羽状三出复叶；托叶与叶柄合生；小叶边缘上部有锯齿。总状花序密集成头状，腋生；花黄色或紫色，花萼钟状，有毛，萼齿 5，近相等；雄蕊 10，成 9 与 1 的两体。荚果螺旋状，环状弯曲镰刀状或矩圆形，不开裂，光滑或有刺毛，有种子 1 至数颗。

贺兰山有 4 种。

分种检索表

1. 荚果扁平，矩圆形或椭圆形 ………………………………………………………… 1. 花苜蓿 **M. ruthenica**
1. 荚果卷曲成马蹄铁形、环形、螺旋形或肾形。
  2. 荚果螺旋状卷曲 1~2.5 圈，花紫色 ………………………………………………… 2. 紫花苜蓿 **M. sativa**
  2. 荚果马蹄形或肾形，弯曲不超过 1 圈，花黄色或黄白色。
    3. 一年生植物，荚果肾形，弯曲长 2~3 mm，含种子 1 颗；小叶宽倒卵形、倒卵形至菱形 …………………………………………………………………………………… 3. 天蓝苜蓿 **M. lupulina**
    3. 多年生植物，荚果马蹄形，长 7~10 mm，含种子 2~4 颗；小叶矩圆形、倒卵形或披针形 ………………………………………………………………………………… 4. 阿拉善苜蓿 **M. alaschanica**

1. 花苜蓿（图版 45，图 6）扁蓿豆、野苜蓿

Medicago ruthenica（L.）Trautv. in Bull. Acad. Sci. Petersb. **8**：270. 1841；中国植物志 **42**（2）：318. 图版 82. 图 1~9. 1995. —— *Melilotoides ruthenica*（L.）Sojak in Acta Muss. Nat. Pragae B.（1~2）38： 104. 1982；内蒙古植物志（二版）**3**：194. 图版 77. 图 6~10. 1989；宁夏植物志（二版）**上册**：424. 图 329. 2007. —— *Trigonella ruthenica* L. Sp. Pl. 776. 1753.

多年生草本。高 20~60 cm。主根圆锥形，粗壮。茎斜升、近乎卧或直立，多分枝，茎、枝常四棱形，疏生短毛。羽状三出复叶；托叶披针状锥形或披针形，顶端渐尖，基部具牙齿或裂片，被毛；叶矩圆状倒披针形、矩圆状楔形或条状楔形，下部小叶常为倒卵状楔形或倒卵形，长 5~20（25） mm，宽 3~7 mm，先端钝或微凹，有小尖头，基部楔形，边缘具锯齿，上面近无毛，下面疏生伏毛，叶脉明显。总状花序腋生，稀疏，具 4~12 朵，总花梗超出叶；苞片细小，锥形；花梗长 2~3 mm，有毛；萼筒钟状，长 2~3 mm，密被伏毛，萼齿披针形，与萼筒近等长；花黄色，带深紫色，长 5~6 mm；旗瓣狭倒卵形，顶端微凹；翼瓣矩圆形，短于旗瓣，基部具爪和耳；龙骨瓣短于翼瓣；荚果扁平，矩圆形或椭圆形，长 8~14 mm，宽 3~5 mm，网纹明显，先端有短喙，含种子 2~4 颗；种子矩圆状椭圆形，长 2 mm，淡黄褐色。花期 7~8 月，果期 8~9 月。2n=16。

中旱生植物。生海拔 1 500–2 000 m 山地沟谷、溪水边和灌丛下。见东坡苏峪口沟、黄旗沟；西坡南寺沟、镇木关沟等。

分布于我国东北、华北、西北（东部）及山东、四川，也见于俄罗斯（西伯利亚、远东）蒙古、朝鲜。东古北极种。

优等牧草，营养价值高，适口性好，各种家畜喜食。已引种驯化，推广种植。又为水土保持和蜜源植物。

2. 紫花苜蓿（图版 45，图 4）紫苜蓿、苜蓿

Medicago sativa L. Sp. Pl. 778. 1753； 内蒙古植物志（二版）**3**：196. 图版 78. 图 1~5. 1989；中国植物志 **42**（2）：323. 图版 83. 图 5~9. 1995；宁夏植物志（二版）**上册**：418.

图 322. 2007.

多年生草本。高 30~100 cm。根系发达，主根粗壮。茎直立或有时斜升，多分枝，无毛或微被柔毛。羽状三出复叶，顶生小叶较大；托叶卵状披针形，基部全缘或稍具 1~2 小齿；小叶长卵形或倒卵形，长（5）7~25 mm，宽 3.5~10 mm，先端钝圆，具小刺尖，基部楔形，叶缘 1/3 以上具锯齿，上面无毛，下面疏生柔毛。短总状花序腋生，具花 5~20 余朵，通常密集，总花梗超出叶，有毛；花紫色，花梗短，有毛；苞片小，条状锥形；萼钟形，长 3~5 mm，被毛，萼齿锥形，比萼筒长；旗瓣倒卵形，长 5.5~8.5 mm，先端微凹，翼瓣比旗瓣短，基部具耳及爪，龙骨瓣比翼瓣稍短；子房条形，具柔毛，花柱稍向内弯，柱头头状。荚果螺旋形，通常卷曲 2~4 圈，密生伏毛，含种子 10 余颗；种子小，肾形，黄褐色。花期 6~7 月，果期 7~8 月。

旱中生植物。生海拔 1 300（东坡）~1 900~2 300 m 山地沟谷中，为逸生植物。见东坡苏峪口沟、黄旗沟；西坡哈拉乌北沟、北寺沟等。

为栽培的优良牧草，原产于亚洲西南部的高原地区，在我国栽培已有 2000 年历史。由于其适应能力很强，在贺兰山东、西坡的一些沟谷、河床及路边有不少逸生的紫花苜蓿，故将其收入。

全草入药，能开胃、利尿、排石，主治黄胆、浮肿、尿路结石。并为蜜源植物，或用以改良土壤及作物育肥。

3. 天蓝苜蓿（图版 45，图 5）

Medicago lupulina L. Sp. Pl. 779. 1753；内蒙古植物志（二版）**3**：198. 图版 78. 图 6. 1989；中国植物志 **42**（2）：314. 图版 80. 1~3. 1995；宁夏植物志（二版）**上册**：419. 图 324. 2007.

一年生或二年生草本。高 10~30 cm。全株被柔毛或腺毛，主根浅，须根发达。茎斜倚或斜升，细弱。羽状三出复叶，叶柄有毛；托叶卵状披针形，先端渐尖，基部边缘常有牙齿，下部与叶柄合生；小叶倒卵形或倒心形，长 7~18 mm，宽 4~14 mm，先端截平或微凹，基部楔形，边缘上部具尖齿，两面被毛。花 8~15 朵密集成头状花序，生于总花梗顶端，总花梗长 2~3 cm，超出叶，有毛；花小，黄色；花梗短，有毛；苞片极小，刺毛状；萼钟状，密被毛，萼齿条状披针形，比萼筒长；旗瓣近圆形，顶端微凹，翼瓣显著比旗瓣短，翼瓣与龙骨瓣近等长；子房椭圆形，被毛，花柱弯曲，柱头头状。荚果肾形，长 2~3 mm，成熟时黑色，表面具圆心弧形脉纹，被稀疏毛，含种子 1 颗。种子小，黄褐色。花期 7~8 月，果期 8~9 月。2n=16。

中生植物。生海拔 1 400~2 000 m 山地沟谷、溪水边。见东坡苏峪口沟、拜寺沟、黄旗沟，西坡哈拉乌北沟等。

分布于我国南北各省区，广布于欧亚大陆。古北极种。

为优等牧草，营养价值高，适口性好，各种家畜四季均喜食。亦可作水土保持及绿肥植物。全草入药，能舒筋活络、利尿。主治坐骨神经痛、风湿骨筋痛、黄疸性肝炎、白血病。

4. 阿拉善苜蓿

Medicago alaschanica V. Vass. in Not. Syst. Herb. Inst. Bot. URSS. **12**：113. 1950；Yakovl. in Pl. As：Centr. **8a**：92. 1988；内蒙古植物志（二版）**3**：199. 1989.

多年生草本。株高在 50 cm 以上。根系发达，主根粗壮。茎直立或斜升，多分枝，疏被短柔毛或近无毛。羽状三出复叶，顶生小叶较大；托叶卵状披针形，长 5~8 mm，先端呈锥状，全缘或稍有粗锯齿，下部与叶柄合生；小叶矩圆状倒卵形、楔形或稀倒披针形，长 10~20 mm、宽 4~10 mm，先端圆或截平，基部楔形，叶缘上部有锯齿，上面无毛或近无毛，下面密生短柔毛。总状花序腋生，花多而密集，具花 10~25（35）朵，总花梗长于叶，疏生短柔毛；花梗长 2~5 mm。苞片小，锥形；萼筒钟状，密被长柔毛；萼齿狭三角形，先端锥状，比萼筒长或近等长；花冠白色、淡黄色、稀黄色，长 6~9 mm；旗瓣倒卵形，或近圆形，翼瓣短于旗瓣，龙骨瓣等长或稍短于翼瓣。子房条形，稍弯曲，花柱向内弯曲，柱头头状。荚果稍扁，马蹄形至卷曲 1 圈的环形，直径 4 mm，密被柔毛；含种子 2~4 粒。花果期 5~7 月。

耐盐旱中生植物。生山麓泉水、涝坝水边。仅见西坡巴彦浩特。由于城市建设和土地开垦，该种可能已灭绝。

为贺兰山特有种。巴彦浩特是其模式产地，模式标本系俄国人契图尔津（S. Tchetyrkin）No. 213（Type LE） 1908 年 5 月 29 日采自定远营（巴彦浩特）。

《中国植物志》（**42**（2）：325. 1995） 在杂交苜蓿 *M. varia* Martyn（Fl. Rustica 3：87. 1792） 的论述中指出：Vassilcenko 发表的 *M. alaschnica* 系产自于我国内蒙古一带，模式标本未见，据描述和模式产地标本来看，可能是个杂交类型的种。我们认为这种可能性不大，一是阿拉善苜蓿原模式产地贺兰山西坡山麓的巴彦浩特，由于多年的环境变化，特别是城镇的扩建，该植物可能已经灭绝，我们经数十年的寻找均未找到，所以不存在模式产地的植物标本。二是怀疑其为杂交种，其种源应该是紫花苜蓿×黄花苜蓿 *M. falcata* L.，但当地没有野生的黄花苜蓿，杂交的可能性不大。内蒙古大学标本馆借阅了俄罗斯圣彼得堡柯马洛夫植物研究所（亚洲中部植物标本室）的副模式标本：契图尔津（S. Tchetyrkin）No. 213（Isotype LE），经鉴定应是一个独立种。故我们仍收之。

7. 草木樨属 **Melilotus** Adoms.

一或二年生草本。主根直。茎直立，多分枝。羽状三出复叶；托叶小，通常具齿，基

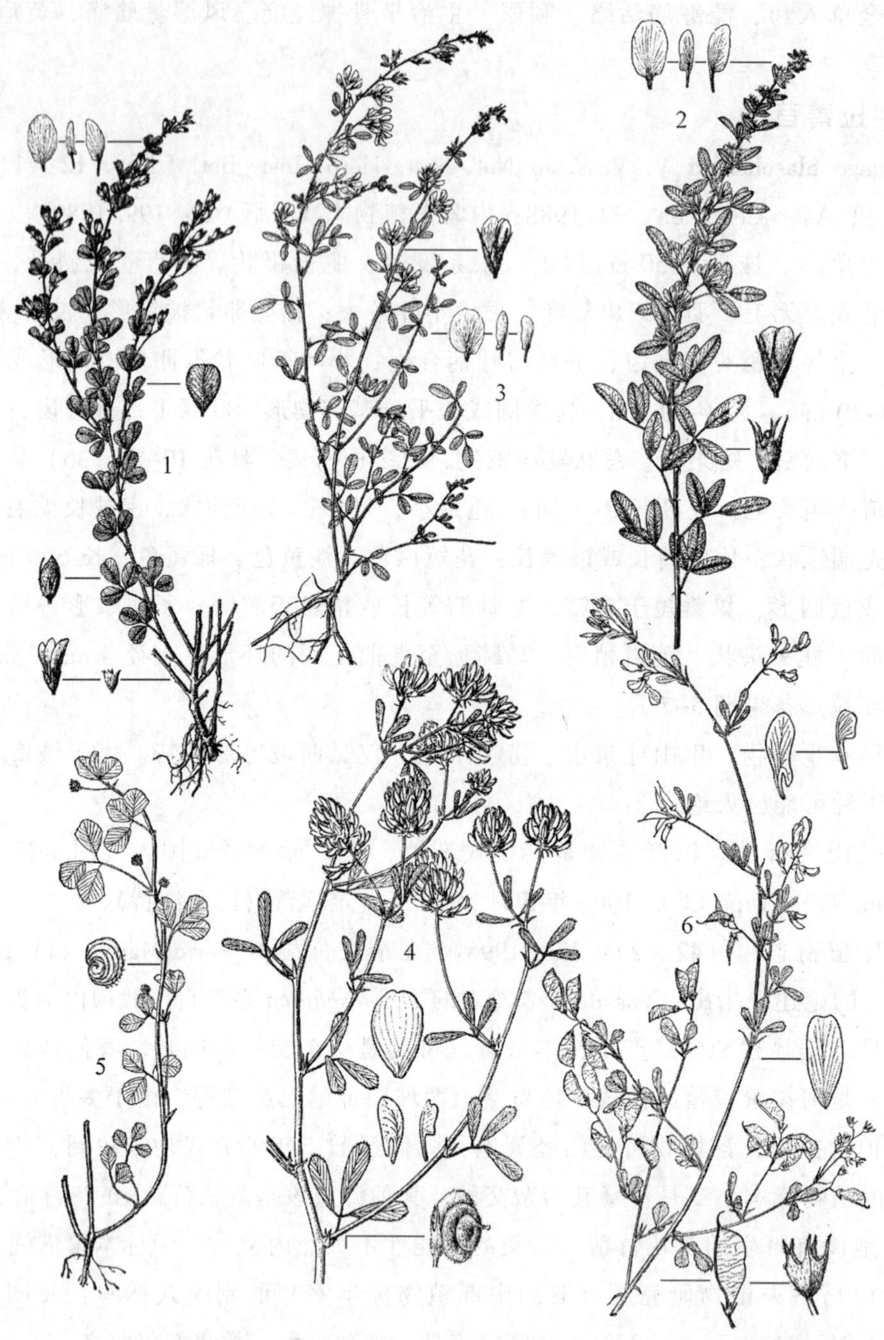

图版 45　1. 多花胡枝子 Lespedeza floribunda Bunge 植株、小叶、花、花萼、旗瓣、翼瓣、龙骨瓣、荚果；2. 达乌里胡枝子 L. davurica (Laxm.) Schindl. 枝条、花、旗瓣、翼瓣、龙骨瓣、荚果；3. 牛枝子 L. davurica (Laxm.) Schindl. var. potaninii (V. Vass.) Liou f. 植株、花、旗瓣、翼瓣、龙骨瓣；4. 紫花苜蓿 Medicago sativa L. 植株、旗瓣、翼瓣、龙骨瓣、荚果；5. 天蓝苜蓿 M. lupulina L. 植株、荚果；6. 花苜蓿 M. ruthenica (L.) Trautv. 植株、花萼、旗瓣、翼瓣、龙骨瓣、荚果。（马平等绘）

部与叶柄合生；小叶边缘具齿。总状花序细长，腋生；花小，多花；萼钟形，萼齿 5，近等长；花冠黄色、白色或淡紫色，旗瓣矩圆形或倒卵形，无爪；雄蕊 10，成 9 与 1 的两体；花柱细长，先端上弯，果实宿存。荚果小，膨胀，卵形、球形或矩圆形，不开裂，表面具网状或波状脉纹，含 1~2 粒种子。

贺兰山有 1 种。

1. 细齿草木樨（图版 46，图 1）

Melilotus dentatus（Wald. et Kit.） Pers. Syn. Pl. **2**：348. 1807；内蒙古植物志（二版）**3**：201. 图版 79. 图 6~7. 1989；中国植物志 **42**（2）：301. 图版 77. 图 7~8. 1995； 宁夏植物志（二版）**上册**：421. 图 325. 2007. —— *Trifolium dentatum* Wald. et Kit. Pl. Rar. Hung **1**：41. 1802.

二年生草本。高 20~50 cm。茎直立；有分枝，无毛。羽状三出复叶；托叶披针形，先端长渐尖，基部半戟形，具 2~3 齿；小叶倒卵状矩圆形，长 15~30 mm，宽 4~10 mm，先端圆且细尖，基部圆形，边缘具密的细尖齿，上面无毛，下面沿脉稍被细毛，顶生小叶稍大，具叶。总状花序细长，腋生，苞片刺毛状，花多而密；花黄色，长 3~4 mm；萼筒钟状，长 2 mm，萼齿三角形，稍短于萼筒；旗瓣椭圆形，先端圆或微凹，翼瓣比旗瓣稍短，龙骨瓣比翼瓣稍短或近等长；子房条状矩圆形，无毛，花柱细长。荚果卵形或近球形，长 3~4 mm，表面具网纹，成熟时黑褐色，含种子 1~2 颗。种子圆形，稍扁，腹缝增厚。花期 6~8 月，果期 7~9 月。2n=16。

中生植物。生海拔 1 300~2 000 m 山地沟谷、溪水边及灌丛中。见东坡苏峪口沟、黄旗沟、插旗沟、龟头沟；西坡峡子沟、范家营子。

产我国东北、华北、西北及山东，也见于欧亚、中亚、俄罗斯（西伯利亚远东）、蒙古。古北极种。

优良牧草，幼嫩时各种家畜喜食，花后质地变硬，含强烈“香豆素”气味，适口性降低。还是绿肥、水保、蜜源植物。全草入药，能芳香化浊、截疾，活暑湿、口臭、头胀、头痛、痢疾；也入蒙药（蒙药名：呼庆黑），能清热、解毒、活毒热、除热。

8. 大豆属 Glycine L.

一年生草本。茎缠绕、平卧或半直立。羽状复叶具小叶 3，稀 5~7；托叶小，与叶柄离生。总状花序腋生；苞小，具刚毛；萼钟状，有毛，上 2 萼齿多少合生；花冠白色或淡红紫色；旗瓣大，翼瓣微贴生于龙骨瓣上；雄蕊 10，合生成单体或为 9 与 1 两体；子房近无柄，花柱无毛。荚果扁，或略凸，2 瓣裂，种子间通常缢缩。种子无种阜。

贺兰山有 1 种。

1. 野大豆（图版 46，图 3）

Glycine soja Sieb. et Zucc. in Abh. Akad. Muench. **4**（2）：119. 1843； 内蒙古植物志（二版）**3**：388. 图版 148. 图 12~15. 1989；中国植物志 **41**：236. 1995；宁夏植物志（二版）**上册**：425. 图 330. 2007.

一年生草本。茎缠绕，细弱，被黄色长硬毛。叶为羽状三出复叶；托叶卵状披针形，有毛；小叶薄纸质，卵形、卵状椭圆形或卵状披针形，长 1~5（6） cm，宽 1~2.5 cm，先端尖锐至钝圆，基部近圆形，全缘，两面有硬长毛。总状花序腋生，苞片披针形，花萼钟筒状，密生长毛，萼齿披针形，先端渐尖，与萼筒近等长；花冠淡紫红色，长 4~5 mm，旗瓣近圆形，顶端微凹，基部具短爪，翼瓣歪倒卵形，有耳，龙骨瓣较旗瓣及翼瓣短小；子房有毛。荚果狭矩圆形，稍弯，两侧稍扁，长 15~23 mm，宽 4~5 mm，被黄褐色长硬毛，种子间缢缩，含种子 2~4 颗。种子椭圆形，稍扁，长 2.5~4 mm，黑色。果期 8 月。2n=40。

中生植物。生宽阔山谷溪水边。仅见东坡汝箕沟（数量极少）。

分布于我国东北、华北、华东、中南及陕西、宁夏、甘肃，也见于俄罗斯（远东）、朝鲜、日本。东亚（中国-日本）种。

优良牧草，青鲜时各种家畜均喜食。全草及种子入药，有补气血、强壮、利尿、平肝敛汗作用。是栽培大豆培养抗病、抗逆性的重要种质资源。国家三级重点保护珍稀物种。

9. 百脉根属 Lotus L.

一年或多年生草本。羽状复叶具小叶 5，其中 2 小叶生于叶柄基部类似托叶，但不贴生，其余 3 小叶生于叶柄顶端。花单生或为伞形花序，萼筒钟状，萼齿相等或下端稍长；花冠淡红色、黄色或白色；旗瓣宽，有爪，翼瓣矩圆形，龙骨瓣具喙，弯曲；雄蕊 10，成 9 与 1 两体，花丝顶端膨大；子房无柄，有多数胚珠，花柱长而弯折，无毛。荚果圆柱形，开裂；种子多数。

贺兰山有 1 种。

1. 细叶百脉根（图版 46，图 4）

Lotus tenuis Wald. et Kit. ex Willd. Enum. Pl. Hort. Bot. Reg. Berol. **2**：797. 1809；中国植物志 **42**（2）：225. 图版 59. 图 2. 1995. ——*L. corniculatus* L. var. *tenuifolius* L. Sp. Pl. 776. 1753. ——*L. tenuifolius*（L.） C. Presl. in Reliquae Prag. 46. 1822. nom. illegit. non. Burm. f. 1768. ——*L. krylovii* Schischk. et Serg. in Animadv. Syst. Herb. Univ. Tomsk. **7**：5. 1932；Pl. Asi. Centr. **8a**：67. 1988；内蒙古植物志（二版）**3**：206. 图版 81. 1989；宁夏植物志（二版）**上册**：417. 图 321. 2007.（Syn. nov.）

多年生草本。高 10~30 cm。茎多斜升，枝细弱，无毛或疏被柔毛，具纵条棱。羽状复叶，具小叶 5，其中 3 小叶生于叶柄顶端，其余的 2 小叶生于叶柄基部；小叶披针形、倒披针形或倒卵形，长 5~15 mm，宽 2~3 mm，具短尖头，两面无毛或疏生柔毛，基部的 2 叶较小。花 1~3 朵，生于细长的总花梗上，排列成伞形花序，具叶状总苞；萼筒钟状，长约 4 mm，被短柔毛，萼齿条状披针形，与萼筒近等长，外面被长硬毛；花冠黄色，带红脉纹，长 7~8 mm；旗瓣近圆形，基部有爪，翼瓣与龙骨瓣近等长，倒卵形，基部具爪及耳，龙骨瓣弯曲，顶端具喙；子房无毛。荚果圆柱形，长 1.5~3 cm，宽 2~3 mm，顶端具小尖刺，具网纹。花果期 7~8 月。

中旱生植物。生山麓盐湿地和水塘、涝坝边。见东坡汝箕沟；西坡巴彦浩特。

分布于我国西北各省区，也见于欧洲南部、东部及俄罗斯（西伯利亚）、蒙古。古北极种。

良等牧草，全草入药，可清热解毒。

10. 野豌豆属 Vicia L.

一年生或多年生草本。茎攀援、直立或匍匐。双数羽状复叶，叶轴末端常成卷须；托叶通常为半箭头形。总状花序腋生，或仅具 1~3 朵花；萼筒钟状，下萼齿较上萼齿长；旗瓣宽，顶端微凹，比翼瓣及龙骨瓣长，龙骨瓣仅中部连生，通常比翼瓣短；雄蕊 10，成 9 与 1 两体，雄蕊筒的顶端倾斜；花柱圆柱形，顶端周围有毛或于顶端具一束髯毛。荚果通常稍扁，含数颗种子。

贺兰山有 1 种。

1. 肋脉野豌豆（图版 46，图 2）

Vicia costata Ledeb. Fl. Alt. **3**：346. 1831； 内蒙古植物志（二版）**3**：364. 图版 141. 图 6~10. 1989；中国植物志 **42**（2）：254. 图版 68. 图 19~27. 1995；宁夏植物志（二版）**上册**：431. 图 333. 2007. ——*V. sinkiangensis* H. W. Kung in Contr. Inst. Bot. Nat. Acad. Peip. **3**：392. 1935.

多年生草本。高 20~60 cm。茎攀援或近直立，多分枝，具棱，疏生柔毛或无毛。偶数羽状复叶，具小叶 6~16，叶轴末端卷须分枝；托叶半矩圆状箭头形，长 3~5.5 mm，脉纹突出；小叶椭圆形或矩圆状披针形，灰绿色，长 7~18 mm，宽 2~5 mm，先端钝或锐尖，具小齿尖，基部圆形或宽楔形，叶脉突出，上面无毛，下面被疏柔毛。总状花序腋生，具 3~10 朵花，排列于一侧，超出于叶，微下垂；花萼钟状，被疏柔毛或近无毛，上萼齿短，三角形，中萼齿长，披针形；花冠淡黄色或白色，长约 16 mm，旗瓣倒卵圆形，先端凹，中部缢缩，翼瓣与旗瓣近等长，龙骨瓣略短；子房条状，无毛，花柱急弯，上部周围被毛，柱头头状。荚果扁平，条状矩圆形，两头尖，长 2~2.5 cm，宽 5~7 cm，含种子 2~4 颗。种子近扁圆形，黑色。花期 6~8 月，果期 7~9 月。2n=12。

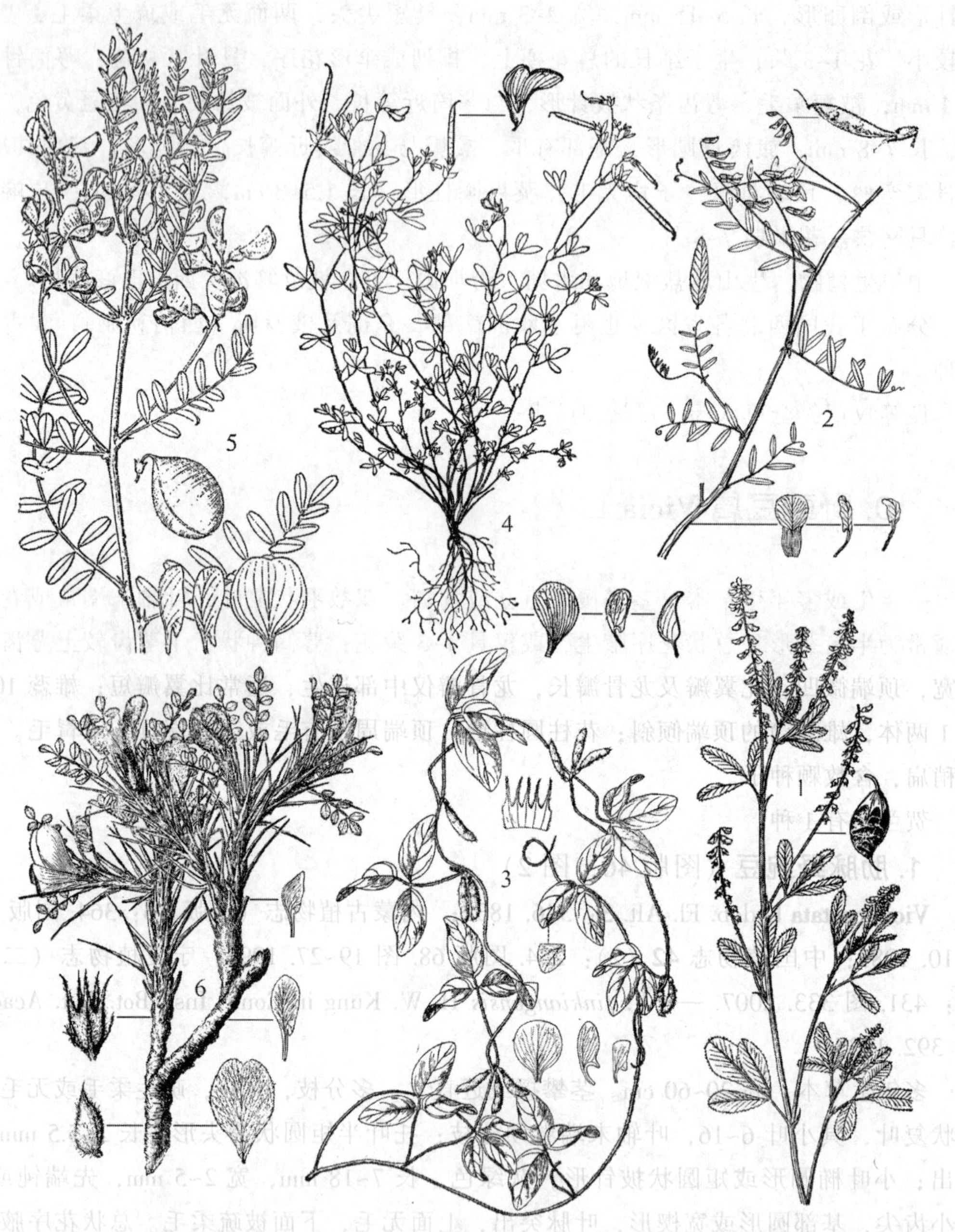

图版46 **1. 细齿草木樨** Melilotus dentatus (Wald. et Kit.) Pers. 植株、荚果；**2. 肋脉野豌豆** Vicia costata Ledeb. 花枝、小叶、旗瓣、翼瓣、龙骨瓣、荚果；**3. 野大豆** Glycine soja Sieb. et Zucc. 植株、花萼、旗瓣、翼瓣、龙骨瓣；**4. 细叶百脉根** Lotus tenuis Wald. et. Kit. ex Willd. 植株、花、旗瓣、翼瓣、龙骨瓣；**5. 苦马豆** Sphaerophysa salsula (Pall.) DC. 植株、旗瓣、翼瓣、龙骨瓣、荚果；**6. 大花雀儿豆** Chesneya grubovii (Ulzij.) Z. Y. Chu et C. Z. Liang 植株、花萼、旗瓣、翼瓣、龙骨瓣、荚果。（马平等绘）

中旱生植物。生海拔 1 300（东坡）~1 800~2 000 m 山地沟谷河滩砾石地及灌丛下。见东坡黄旗沟、苏峪口沟、大水沟、榆树沟；西坡峡子沟、强岗岭沟等。

分布于我国内蒙古（西部）、甘肃（祁连山）、青海（东部）、新疆（北部）、西藏（西、北部），也见于俄罗斯（阿尔泰）、蒙古（西部、北部）。亚洲中部种。

优等牧草，引入栽培。

11. 锦鸡儿属 Caragana Fabr.

落叶灌木。偶数羽状复叶或假掌状复叶，叶轴脱落或宿存并硬化成针刺状；托叶宿存并硬化成针刺；小叶 2~10 对，全缘，草质或近革质，先端具小花。花单生或簇生，花梗有关节；萼筒状或钟状，基部偏斜，成浅囊状或成囊状凸起，萼齿 5，大小相等；花冠黄色，少红紫色或带红色，旗瓣直立，向外反卷，翼瓣及龙骨瓣有长爪及短耳；雄蕊 10，9 与 1 两体；子房近于无柄，胚珠多数。荚果圆筒形或披针形，扁平，顶端尖。种子偏斜，椭圆形或球形。

贺兰山有 8 种，3 变种。

分种检索表

1. 小叶 4，全部假掌状排列。
  2. 叶在短枝上者具明显叶轴。
    3. 花梗、花萼筒、荚果无毛 ………………………………………… 1. 甘蒙锦鸡儿 **C. opulens**
    3. 花梗、花萼筒、荚果密被柔毛 ……………………………………… 2. 白毛锦鸡儿 **C. licentiana**
  2. 叶在短枝上者常无叶轴，小叶呈簇生状。
    4. 花较大，长 20~25 mm，旗瓣常带紫红色，花梗粗短，长 2~3 mm；荚果近纺锤形；小叶披针形 ………………………………………… 3. 短脚锦鸡儿 **C. brachypoda**
    4. 花较小，长 10~22 mm，旗瓣不带红紫色，花梗细长，长 5~18 mm；荚果圆筒形；小叶条状披针形或条形 ………………………………………… 4. 狭叶锦鸡儿 **C. stenophylla**
1. 小叶 6 至多数，羽状排列。
  5. 叶轴全部宿存并硬化成针刺状；花近无梗或中部以下具关节。
    6. 叶轴硬化的针刺长达 5~7 cm；花淡红色或粉白色 ……………… 5. 鬼箭锦鸡儿 **C. jubata**
    6. 叶轴硬化的针刺长达 1~3 cm；花黄色。
      7. 小叶 3~4 枚，条形；翼瓣的耳短 ……………………………… 6. 卷叶锦鸡儿 **C. ordosica**
      7. 小叶 3~5 枚，宽倒卵形、倒卵形或倒披针形；翼瓣的耳长 …… 7. 荒漠锦鸡儿 **C. roborovskyi**
  5. 叶轴全部脱落而不硬化成针刺状；花更长 1~2 cm，中部以上具关节；小叶 6~10 对，倒披针形或矩圆状披针形 ………………………………………… 8. 柠条锦鸡儿 **C. korshinskii**

1. 甘蒙锦鸡儿（图版 47，图 2）

Caragana opulens Kom. in Acta Hort. Petrop. **29**（2）：209. 1909；中国主要植物图说

(豆科)：328. 图 320. 1955；西藏植物志 **2**：780. 1985；内蒙古植物志（二版）**3**：223. 图版 88. 图 10~14. 1989.

直立灌木。高 40~80 cm。树皮灰褐色，有光泽；小枝细长，带灰白色，有条棱；长枝上的托叶硬化成针刺状，长 2~3 mm；短枝上的托叶脱落；叶轴短，长 3~4.5 mm，在长枝上硬化成针刺状，直伸或稍弯。小叶 4，假掌状，倒卵状披针形，长 3~10 mm，宽 1~4 mm，先端圆形，有刺尖，基部渐狭，绿色，上面无毛或近无毛，下面疏生短柔毛。花单生，花梗长约 15 mm，无毛，中部以上具关节；花萼钟状筒形，基部显著偏斜呈囊状凸起，长 8~10 mm，无毛，萼齿三角形，长约 1 mm，有缘毛；花冠黄色，有时略带红色，长 20~25 mm，顶端微凹，基部渐狭成爪，翼瓣长椭圆形，基部具爪及距状尖耳，龙骨瓣稍钝，基部具爪及齿状耳；子房筒状，无毛。荚果圆筒形，无毛，褐色，长 2.5~4 cm，宽约 4 mm，顶端尖。花期 5~6 月，果期 6~7 月。2n=16，32。

喜暖中旱生植物。生海拔 1 700~2 100 m 石质、碎石质阳坡，局部地段能形成群落。见东坡苏峪口沟、甘沟、黄旗沟；西坡峡子沟、皂刺沟、锡叶沟等。

分布于我国山西、内蒙古（阴山及其以南）、陕西、宁夏、甘肃、青海（南部）、四川（西部）、西藏（东部），为我国特有种。东亚（中国–喜马拉雅）种。

1a. 毛叶甘蒙锦鸡儿（变种）

Caragana opulens Kom. var. **trichophylla** Z. H. Gao et S. C. Zhang in Bull. Bot. Res. (Harbin) **9**(3)：63. 1989.

该变种与正种的区别在于：叶两面被柔毛。在贺兰山植株可高达 2 m。

旱中生灌木。生海拔 2 000~2 200 m 左右的山地石质阳坡，能形成局部优势，仅见东坡苏峪口沟。

2. 白毛锦鸡儿（图版 47，图 3）

Caragana licentiana Hand. –Mazz. in Oesterr. Bot. Zeitschr. **82**：249. 1933；中国植物志 **42**(1)：61. 图版 17. 图 8~14. 1993。

灌木。高 40~50 cm。树皮绿褐色或红褐色，稍有光泽，小枝密被白色柔毛。托叶披针形，长 2~7 mm，硬化成针刺，密被灰白色柔毛；叶轴短，长 2~3 mm，硬化成针刺，宿存；小叶 4，假掌状；楔倒卵形或倒披针形；长 5~12 mm，宽 2~4 mm，先端圆形，具刺尖，基部楔形，两面密被短柔毛。花单生或并生，花梗长 6~20 mm，关节在近顶部，被白色短绒毛；萼筒管状，长 7~10 mm，宽 4~5 mm，基部偏斜，被短柔毛；花冠黄色，长 20~22 mm，旗瓣宽倒卵形或近圆形，先端微凹，基部渐狭成爪，翼瓣的爪与瓣片近等长，耳长约 2 mm，齿状，龙骨瓣的爪较瓣片稍长，耳齿状；子房密被白色柔毛。荚果圆筒形，长 2.5~3.5 cm，宽约 3 mm，被白色柔毛。花期 5~6 月，果期 7~8 月。

旱生植物。生海拔 1 500 m 左右浅山区石质山坡。仅见东坡苏峪口沟。

分布于我国甘肃（兰州、定西、永登），为我国特有种。西黄土高原种。

3. 短脚锦鸡儿（图版 48，图 1）

Caragana brachypoda Pojark. in Not. Syst. Herb. Inst. Bot. Acad. Sci. URSS **13**：135. 1950；内蒙古植物志（二版）**3**：216. 图版 85. 1989；中国植物志 **42**（1）：57. 图版 16. 图 15~21. 1993；宁夏植物志（二版）**上册**：445. 2007.

矮灌木。高 15~25 cm。枝条短而密集并多针刺。树皮黄褐色，剥裂，有光泽，小枝有条棱、褐色或黄褐色。长枝上的托叶硬化成针刺状，长 2~4 mm；长枝上叶轴硬化成针刺状，长 4~12 mm，稍弯曲，短枝上叶无叶轴；小叶 4，假掌状、倒披针形，长 3~8 mm，宽 1~2 mm，先端锐尖，有刺尖，基部渐狭，淡绿色，两面有短柔毛。花单生；花梗粗短，长 2~5 mm，近中部以下具关节，有毛；花萼筒状，基部斜，稍成浅囊状，长 9~11 mm，宽约 4 mm，红紫色或带黄褐色，被粉霜或疏生短毛；萼齿卵状三角形或三角形，长约 2 mm，有刺尖；花冠黄色，常带红紫色，长 20~25 mm，旗瓣倒卵形，中部黄绿色，顶端微凹，基部渐狭成爪，翼瓣与旗瓣等长，顶端斜截形，有与瓣片近等长的爪及短耳，龙骨瓣与翼瓣等长，具长爪及短耳；子房无毛。荚果近纺锤形，长 22~27 mm，宽 5 mm，基部狭长，顶端渐尖，无毛。花期 4~5 月，果期 6 月。2n= 32。

强旱生植物。生山麓地带覆沙质的草原化荒漠中，常成小片分布。见东坡苏峪口沟；西坡山麓较为常见。

分布于我国内蒙古（西部）、宁夏（北部）、甘肃（河西走廊东部），也见于蒙古（南部）。东戈壁种。

良等牧草，小畜喜食。固沙和水土保持植物。

4. 狭叶锦鸡儿（图版 47，图 4）红柠条、红刺

Caragana stenophylla Pojark. in Fl. URSS. **11**：397. 344. 1945；内蒙古植物志（二版）**3**：220. 图版 86. 图 6~12. 1989；中国植物志 **42**（1）：56. 图版 14. 图 8~14. 1993；宁夏植物志（二版）**上册**：446. 2007.

矮灌木。高 20~50 cm。树皮灰绿色、灰黄色或黄褐色，有光泽；小枝纤细，具条棱，幼时疏生柔毛。长枝上的托叶硬化成针刺状，长 3 mm；叶轴在长枝上硬化成针刺状，长达 7 mm，直伸或稍弯曲，短枝上叶无叶轴；小叶 4，假掌状，条状倒披针形或条形，长 4~12 mm，宽 1~2 mm，先端有刺尖，基部渐狭，绿色，两面近无毛。花单生；花梗较叶短，长 5~10 mm，有毛，中下部有关节。花萼钟状筒形，基部稍偏斜，长 5~6 mm，无毛或近无毛，萼齿三角形，有针尖，长为萼筒的 1/4，有缘毛；花冠黄色，长 14~17（20） mm，旗瓣圆形或宽倒卵形，有短爪，翼瓣上部较宽，瓣片约为爪长的 1.5 倍，耳矩圆形，龙骨瓣比翼瓣稍短，具较长的爪，耳短而钝；子房无毛。荚果圆筒形，长 20~25 mm，宽 2~3 mm。花期 5~9 月，果期 6~10 月。2n=32。

旱生植物。生 1 500（东坡）~1 200~2 300 m 山地石质山坡、沟谷、灌丛下及石缝中。见东坡苏峪口沟、黄旗沟、插旗沟、拜寺沟、大水沟、汝箕沟；西坡哈拉乌沟、水磨沟、

北寺沟、南寺沟、峡子沟。

分布于我国华北（北部、西部）、西北及内蒙古，也见于俄罗斯（外贝加尔）、蒙古。亚洲中部种。

良等饲用灌木，小畜喜食。固沙和水土保持植物。

5. 鬼箭锦鸡儿（图版48，图2） 鬼见愁

Caragana jubata（Pall.） Poir. in Lam. Encycl. Meth. Suppl. **2**：89. 1811；内蒙古植物志（二版）**3**：225. 图版 89. 图 1~5. 中国植物志 **42**（1）：28. 图版 7. 图 1~5. 1993；宁夏植物志（二版）**上册**：446. 图 364. 2007. ——*Robinia jubata* Pall. Nov. Act. Acad. Petersb. **10**：370. 1797.

灌木。高（0.5）1~2 m。茎直立或横卧，基部多分枝。树皮灰绿色、灰色或黑色。羽状复叶，有小叶 4~6 对；托叶纸质，与叶柄基部连合，先端刚毛状，不硬化成针刺，叶轴宿存，硬化成针刺，细瘦，幼时密被长柔毛，长 5~7 cm，小叶长椭圆形，长 10~15 mm，宽 4~5 mm，先端钝或尖，具刺尖，基部圆形，两面密被长柔毛。花单生，花梗短，基部具关节；苞片条形；花萼钟状筒形，长 14~17 mm，密被长柔毛，萼齿披针形，长 5~7 mm；花冠粉白色或淡红色，长 27~32 mm，旗瓣宽倒卵形，基部渐狭成爪，翼瓣矩圆形，上端稍宽，耳与爪近等长或稍短，龙骨瓣先端平而稍凹，爪与瓣片近等长，耳短，三角形；子房密被长柔毛。荚果圆筒形，长约 3 cm，宽约 6 mm，先端渐尖，密被长柔毛。花期 6~7 月，果期 8~9 月。2n=16。

耐寒旱中生灌木。生海拔 2 700~3 400 m 亚高山、高山地带的乱石坡，单独或与高山柳形成高寒灌丛。也进入云杉林下形成林下层，组成云杉–鬼箭锦鸡儿林，成为亚优势种。主峰和山脊两侧均有分布。

分布于我国华北（2 500 m 以上山地）、西北及四川（松潘）、西藏，也见于俄罗斯（西伯利亚、远东）、蒙古（肯特山、杭爱山、阿尔泰山）、喜马拉雅山南坡（尼泊尔、锡金、不丹）。亚洲高山种。

花及茎均可入药，能接筋续断、祛风除湿、活血通络、消肿止痛，主治跌打损伤、风湿、筋骨疼痛、月经不调、乳房发炎。

5a. 双耳鬼箭锦鸡儿（变种）

Caragana jubata（Pall.） Poir. var. **biaurita** Liou f. in Acta Phytotax. Sin. **22**（3）：214. 1984；内蒙古植物志（二版）**3**：225. 图版 89. 图 6. 1989；中国植物志 **42**（1）：28. 图版 8. 图 1. 1993；宁夏植物志（二版）**上册**：447. 2007.

本变种与正种的区别在于：翼瓣具 2 耳，上耳线形，长 2~6 mm。

分布、生境与产地同正种。分布于河北、新疆。

5b. 弯耳鬼箭锦鸡儿（变种）

Caragana jubata（Pall.） Poir. var. **recurva** Liou f. in Acta Phytotax. Sin. **22**（3）：214.

1984；中国植物志 **42**（1）：29. 图版 7. 图 6~11. 1993；宁夏植物志（二版）**上册**：447. 2007.

本变种与正种的区别在于：花冠紫红色，长约 2.5 cm，翼瓣耳生瓣柄（爪）上。

6. 卷叶锦鸡儿（图版 48，图 3）垫状锦鸡儿

Caragana ordosica Y. Z. Zhao， Z. Y. Zhu et L. Q. Zhao in Bull. Bot. Res.（Harbi）**25**（4）：387. fig. 1. 2005. ——*C. tibetica* auct. non Kom.：内蒙古植物志（二版）**3**：227. 图版 91. 图 1~6. 1989；中国植物志 **42**（1）：32. 1999；宁夏植物志（二版）**上册**：448. 2007.

丛生矮灌木。高 15~30 cm。树皮灰黄色，多撕裂；枝条短而密，灰色，密被长柔毛。羽状复叶，小叶 3~4 对；托叶卵形，先端渐尖，膜质，红褐色，密被长柔毛；叶轴全部硬化成针刺状，长 2~3 厘米，灰褐色，近无毛，或被长柔毛；小叶狭条形，内卷成管状，横切面呈“O”形，长 6~15 mm，宽 0.5~1 mm，先端尖且具刺尖，密生长柔毛。花单生，几无梗，长约 25~30 mm；花萼筒状，基部偏斜，长 10~15 mm，宽约 5 mm，密生长柔毛，萼齿狭三角形，渐尖，长约 3 mm；花冠黄色，旗瓣椭圆状倒卵形，顶端微凹，基部渐狭成爪，翼瓣瓣片与爪近等长，耳钝圆，长 5 mm，龙骨瓣的爪较瓣片长，耳短，齿状；子房密生柔毛。荚果椭圆形，里外面密被长柔毛。花期 5~7 月。2n=16。

旱生植物。生 1 500（东坡）~1 200~2 300 m 山地石质山坡、沟谷、灌丛下及石缝中。见东坡苏峪口沟、黄旗沟、插旗沟、拜寺沟、大水沟、汝箕沟；西坡哈拉乌沟、水磨沟、北寺沟、南寺沟、峡子沟等。

分布于我国内蒙古（西部）、宁夏（中、西部）、甘肃（东部），也见于蒙古（中南缘）。西鄂尔多斯-东阿拉善种。

中等饲用灌木，小畜喜食其花、叶。

本种与青藏高原分布 *C. tibetica* Kom. 虽相近，但明显不同，后者小叶平展或对折，横切面不呈筒状“O”形，萼筒 14 mm，翼瓣耳短，长 3 mm。

7. 荒漠锦鸡儿（图版 48，图 4）洛氏锦鸡儿

Caragana roborovskyi Kom. in Acta Hort. Petrop. **29**（2）：280. 1909；内蒙古植物志（二版）**3**：230. 图版 91. 图 7~11. 1989；中国植物志 **42**（1）：36. 图版 9. 图 13~19. 1993. 宁夏植物志（二版）**上册**：448. 2007.

灌木。高 30~70 cm。树皮黄褐色，略有光泽，条状剥裂；嫩枝具条棱，密被白色柔毛。羽状复叶，具小叶 3~5 对；托叶狭三角形，长约 5 mm，边缘膜质，先端具刺尖，密被柔毛；小叶宽倒卵形或矩圆形，长 5~8 mm，宽 3~5 mm，先端圆形，有刺尖，基部楔形，密被白色长柔毛，下面叶脉明显。花单生，长约 30 mm；花梗极短，长 3~5 mm，近基部有关节，密被长柔毛；花萼筒状，长约 10 mm，宽约 5 mm，密被长柔毛，萼齿狭三角形，长约 3 mm；花冠黄色，全部被短柔毛，旗瓣倒宽卵形，长 23~27 mm，顶端圆，基部具短爪，翼瓣长椭圆形，爪长约为瓣片的 1/2，耳条形，较爪稍短，龙骨瓣顶端尖，向内

弯曲，爪与瓣片近等长，耳圆钝；子房密被柔毛。荚果圆筒形，长 25~30 mm，被白色长绒毛，顶端具尖头。花期 5~6 月，果期 6~7 月。2n=16。

强旱生植物。生浅山区、山缘及山麓的冲刷沟、干河床、石质山坡，沿水线常呈条带状分布。东、西均有分布，为习见植物。

分布于我国内蒙古（西部）、宁夏（北部）、甘肃（河西走廊、祁连山）、青海（东北部）、新疆（天山、东疆），也见于中亚（天山）。南戈壁种。

叶有较浓的甜味。

8. 柠条锦鸡儿（图版 48，图 5）柠条、白柠条

Caragana korshinskii Kom. in Acta Hort. Petrop. **29**（2）：309. 1909；内蒙古植物志（二版）**3**：235. 图版 93. 图 6~10. 1989；中国植物志 **42**（1）：49. 图版 13. 图 2~8. 1993；宁夏植物志（二版）**上册**：449. 2007.

灌木，有时呈小乔木状。高 1~3 m。树皮金黄色，有光泽；嫩枝具条棱，密被白色柔毛。羽状复叶，小叶 6~8 对；长枝上的托叶硬化成针刺状，长 5~7 mm，有毛；叶轴长 3~5 cm，脱落，倒披针形或狭矩圆形，长 7~10 mm，宽 2~6 mm，先端有锐尖，两面密生绢毛。花单生，长约 25 毫；花梗长 12~25 mm，密被柔毛，中部以上有关节；花萼钟状或筒状钟形，长 8~10 mm，宽 4~6 mm，密被短柔毛，萼齿三角形或狭三角形，长约 2 mm；花冠黄色，旗瓣宽卵形，顶端圆，基部有短爪，翼瓣爪长为瓣片的 1/2，耳短，牙齿状，龙骨瓣，爪长与瓣片近等，耳极短；子房无毛。荚果披针形，略扁，革质，长 20~35 mm，宽 6~7 mm，深红褐色，顶端短渐尖，近无毛。花期 5~6 月，果期 6~7 月。2n=16。

强旱生植物。生北部荒漠化较强的低山丘陵覆沙山坡及河床内，仅见北部山地龟头沟。

分布于我国内蒙古（西部）、宁夏（北部）、甘肃（河西走廊），也见于蒙古（南部）。阿拉善种。

优良固沙和水土保持植物。

12. 苦马豆属 Sphaerophysa DC.

草本或半灌木。单数羽状复叶，小叶多数。总状花序腋生，花红色；花萼 5 齿裂；旗瓣开展成反卷，翼瓣较龙骨瓣短；雄蕊 10，常成 9 与 1 两体；子房有柄，花柱内弯，内侧有纵列须毛，胚珠多数。荚果宽卵形或矩圆形，膨胀，1 室。

贺兰山有 1 种。

1. 苦马豆（图版 46，图 5）羊卵蛋、羊尿泡

Sphaerophysa salsula（Pall.） DC. Prodr. **2**：271. 1825； 内蒙古植物志（二版）**3**：213. 图版 84. 图 1~5. 1989；中国植物志 **42**（1）：7. 图版 2. 图 8~14. 1993； 宁夏植物志（二版）**上册**：441. 图 342. 2007. ——*Phaca salsula* Pall. Itin. **3**：216. 245. app. 747. 1776. ——

Swainsona salsula（Pall.）Taub. in Engl. et Prantl Nat. Pflanzenfam. **3**：281. 1894.

多年生草本。高 20~60 cm。茎直立，分枝开展，全株被灰白色短伏毛。单数羽状复叶，小叶 13~21；托叶条状披针形，长约 3 mm，有毛；小叶倒卵形或倒卵状椭圆形，长 5~15 mm，宽 3~6 mm，先端圆钝或微凹，具短刺尖，基部宽楔形或近圆形，疏被毛，上面毛较少或近无毛，下面被白色短伏毛；小叶柄极短。总状花序腋生，比叶长；总花梗有毛；花梗长 3~4 mm；苞片披针形，长约 1 mm；花萼杯状，长 4~5 mm，有白色短柔毛，萼齿三角形；花冠红色，长 12~13 mm，旗瓣圆形，向外翻卷，顶端微凹，基都有短爪，翼瓣比旗瓣稍短，顶端圆，基部有爪及耳，龙骨瓣比翼瓣稍长；子房条状矩圆形，有柄，被柔毛，花柱弯曲，内侧具纵列须毛。荚果卵圆形或矩圆形，膜质，膀胱状，长 1.5~3 cm，直径 1.5~2 cm，果颈长约 1 cm；种子肾形，褐色。花期 6~7 月，果期 7~8 月。2n=16。

耐盐中生植物。生山麓盐碱地和宽阔山谷、山口盐湿河滩地上。见东坡苏峪口沟、贺兰沟、汝箕沟；西坡北寺沟、巴彦浩特等。

分布于我国东北、华北、西北，也见于欧洲（东南部高加索）、中亚（哈萨克斯坦）、俄罗斯（西西伯利亚、阿尔泰）、蒙古。东古北极种。

全草入药，能利尿，止血，主治肾炎，肝硬化腹水，慢性肝炎浮肿，产后出血。

13. 甘草属 Glycyrrhiza L.

多年生草本，具粗的根茎及根，通常有刺状腺体及鳞片状腺点。叶为单数羽状复叶，托叶 2 宿存，花序总状，腋生；苞叶早落；花萼钟状，萼齿 5，上部 2 齿部分连合，花冠淡蓝紫色或白色、黄色等，雄蕊 10，成 9 与 1 两体，花丝长短交错，花药 2 型，大小不等，药室顶端连合。荚果卵形、圆形、矩圆形或条形等，有时弯曲成镰刀形或环形，具刺状或瘤状腺体或硬刺。种子肾形。

贺兰山有 1 种。

1. 甘草（图版 47，图 1）甜草

Glycyrrhiza uralensis Fisch. in DC. Prodr. **2**：248. 1825； 内蒙古植物志（二版）**3**：246. 图版 98. 图 1~6. 1989；中国植物志 **42**（2）：169. 图版 44. 图 1~4. 1995；宁夏植物志（二版）**上册**：451. 图 350. 2007.

多年生草本。高 30~70 cm。具粗壮的根茎，四周生地下匍匐枝，主根圆柱形，粗长，根皮褐色，有纵皱及沟纹，里面呈淡黄色，有甜味。茎直立，多分枝，密被白色短毛及鳞片状腺点或刺毛状腺体。单数羽状复叶，具小叶 7~17；托叶小，长三角状披针形，早落；小叶卵形，倒卵形或近圆形，长 1~3.5 cm，宽 0.8~2.5 cm，先端钝，具短尖头，基部圆形，全缘，两面密被短毛及黄褐色腺点。总状花序腋生，且多花，密集，长 5~12 cm；花梗甚短；苞片条状披针形，长 3~4 mm，褐色，膜质；花萼筒状，密被短毛及腺点，长约 7 mm，

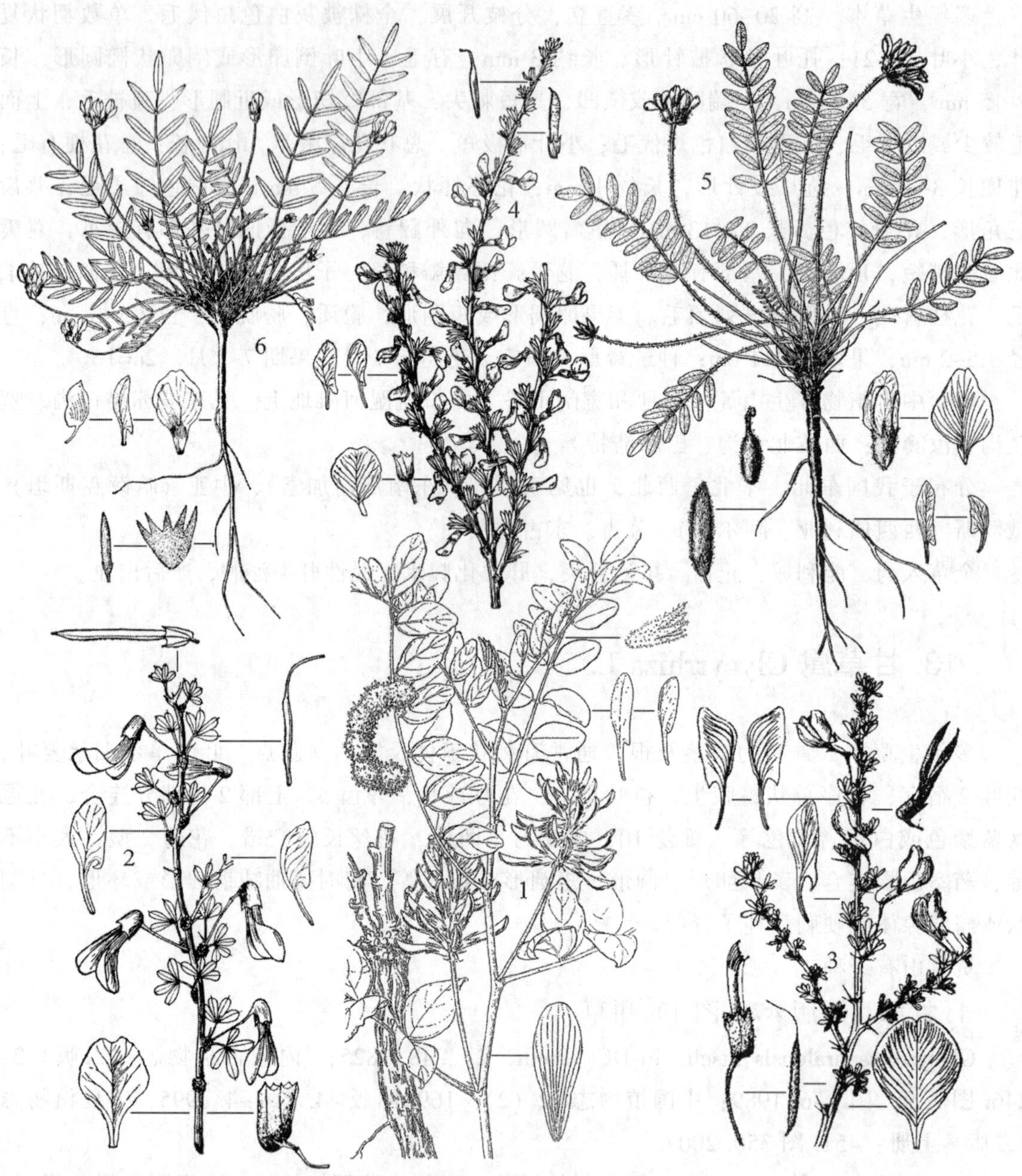

图版 47　1. 甘草 Glycyrrhiza uralensis Fisch. 植株、根茎、花萼、旗瓣、翼瓣、龙骨瓣、荚果；2. 甘蒙锦鸡儿 Caragana opulens Kom. 植株、花萼、旗瓣、翼瓣、龙骨瓣、子房、荚果；3. 白毛锦鸡儿 C. licentiana Hand. -Mazz. 植株、花萼、旗瓣、翼瓣、龙骨瓣、子房、荚果；4. 狭叶锦鸡儿 C. stenophylla Pojark. 植株、花萼、旗瓣、翼瓣、龙骨瓣、子房、荚果；5. 米口袋 Gueldenstaedtia multiflora Bunge 植株、花萼、旗瓣、翼瓣、龙骨瓣、子房、荚果；6. 狭叶米口袋 G. stenophylla Bunge 植株、花萼、旗瓣、翼瓣、龙骨瓣、荚果。（1~2、4~6 马平等绘；3 仿中国植物志）

基部扁平呈浅囊状，萼齿 5，与萼筒近等长，上部萼齿大，部分联合；花冠淡蓝紫色或紫红色，长 14~16 mm，旗瓣矩圆形，顶端钝圆，基部具短爪，翼瓣比旗瓣短，而比龙骨瓣长，均具长爪；雄蕊长短不一；子房具刺毛状腺体。荚果弯曲成镰刀形或环状，密被瘤状突起及褐色刺毛状腺体。种子 2~8 颗，圆形或肾形，黑色，光滑。花期 6~7 月，果期 7~9 月。

中旱生植物。生山麓地带的冲沟内。见东、西坡山麓。

分布于我国东北（西部）、华北、西北及山东，也见于中亚（天山、哈萨克斯坦）、俄罗斯（乌拉尔、西伯利亚）、蒙古。古地中海种。

根入药，能清热解毒、润肺止咳、调和诸药等，主治咽喉肿痛、咳嗽、脾胃虚弱、胃及十二指肠溃疡、肝炎、癔病、痈疖肿毒、药物及食物中毒等证。可作啤酒的泡沫剂或酱油，蜜饯果品等香料剂。又为中等牧草，干后家畜采食，亦可刈割制成干草，冬季补喂幼畜。

14. 米口袋属 Gueldenstaedtia Fisch.

多年生草本。主根粗壮。茎短缩或无茎。托叶贴生于叶柄或分离；叶为奇数羽状复叶，集生于短茎上端，形成莲座叶丛。总花梗自叶丛间抽出，顶端集生 2~8 朵花，排列成伞形，稀单花；花蓝紫色或黄色；花萼钟状，具 5 齿，萼齿不相等；旗瓣圆形，龙骨瓣显著短小，约为旗瓣的 1/3~1/2；雄蕊 10，成 9 与 1 两体；子房无柄，花柱上端卷曲，胚珠多数。荚果圆筒状，无假隔膜，1 室。种子肾形，具凹点或平滑。

贺兰山有 2 种。

分种检索表

1. 小叶果期矩圆形或披针形；花紫色，花数达 6（8）朵，花长 12~14 mm，旗瓣卵形 …………………… 1. 米口袋 **G. multiflora**

1. 小叶果期条形；花粉红色，花数不超过 3（4）朵，花长 6~8 mm，旗瓣圆形 …………………… 2. 狭叶米口袋 **G. stenophylla**

1. 米口袋（图版 47，图 5）紫花地丁

Gueldenstaedtia multiflora Bunge in Mem. Acad. Sci. St.-Petersb. Sav. Etrang. **2**：98. 1833；内蒙古植物志（二版）**3**：242. 图版 97. 图 8~12. 1989. ——*G. verna*（Georgi） Boriss. subsp. *multiflora*（Bunge） Tsui， 中国植物志 **42**（2）：150. 图版 39. 图 1~6. 1995. ——*Amblytropis multiflora*（Bunge） Kitag. in Rep. First Sci. Exped. Manch. sect. **4**（4）：87. 1936. ——*G. verna* auct. non（Georgi） Boiss.：宁夏植物志（二版）**上册**：482. 2007.

多年生草本。高 4~10 cm。全株被白色长柔毛，果后毛渐稀少，主根圆锥形，粗壮。

茎短缩，自根颈上发出。叶为奇数羽状复叶，具小叶9~21；托叶三角形，基部合生，外面被长柔毛；小叶椭圆形、矩圆形至披针形，长（5）10~15 mm，宽5~8 mm，先端钝或尖，具小尖头，基部圆形，全缘，两面密被长柔毛，有时上面近无毛。总花梗数个，与叶等长，伞形花序，有花（2）4~8；花梗极短或近无梗；苞片三角状线形，为萼筒1/2；花萼钟状，长6~8 mm，密被长柔毛，萼齿不等长，上2萼齿较大，与萼筒等长，下3萼齿较小；花冠紫黑色；旗瓣倒卵形，长12~14 mm，顶端微凹，基部渐狭成爪，翼瓣斜卵形，长约10 mm，具短爪，龙骨瓣长约6 mm；子房密被长柔毛。荚果圆筒状，长1.7~2.2 cm，直径3~4 mm，1室，被长柔毛；种子三角状肾形，直径1.8 mm，具凹窝。花期5月，果期6~7月。

旱生植物。生山麓冲沟及沙砾地。见东、西坡山麓。

分布于我国东北（中、南部）、华北、西北（东部）、华东（北部）。为我国特有种。华北种。

良好牧草，小畜喜食，全草入药，能清热解毒，主治痈疽、疔毒、痢疾、腹泻、黄胆、目赤、喉痛、蛇毒、咳嗽。

《亚洲中部植物》（Pl. Asi. Centr. **8a**：45. 1988）将该种并入少花米口袋 *G. verna*.（Georgi） Boriss，《中国植物志》（**42**（2）：150. 1995）将其降为少花米口袋的亚种 subsp. *multiflora*（Bunge） Tsui，我们认为该种与少花米口袋是两个独立的种，其主要区别是：少花米口袋 *G. verna* 被毛较少，为疏柔毛；小叶较少，7~19；花较少，2~4，花冠紫红色；分布于我国黑龙江、内蒙古东北部和新疆北部，主要分布区在俄罗斯（西伯利亚、阿尔泰）、蒙古（肯特山、阿尔泰）；模式采自俄罗斯东西伯利亚的贝加尔地区，区系地理成分是西伯利亚-蒙古种。米口袋 *G. multiflora* 被毛较多，为长柔毛；小叶较多，9~21；花较多，2~6（8），花冠紫黑色；分布在我国东北南部、华北、西北东部、华东北部，区系地理成分为东亚区系的华北种。

2. 狭叶米口袋（图版47，图6）

Gueldenstaedtia stenophylla Bunge in Men. Acad. Sci. St. –Petersd. Sav. Etrang. **2**：98. 1883；内蒙古植物志（二版）**3**：245. 图版97. 图1~6. 1989；中国植物志 **42**（2）：156. 图版40. 图25~31. 1995；宁夏植物志（二版）**上册**：481. 图376. 2007. ——*Amblytropis stenophylla*（Bunge） Kitag. in Rep. First Sci. Exped. Manch. Sect. **4**（4）：26. 87. 1936.

多年生草本。高5~15 cm，全株有长柔毛。主根圆柱状，较细长。茎短缩，在根颈上丛生，短茎上有宿存的托叶。单数羽状复叶，具小叶7~19；托叶三角形，基部合生，外面被长柔毛；小叶片卵形至条形，春季小叶近卵形，夏秋季小叶变窄，成条状，长2~35 mm，宽1~6 mm，先端急尖，具小尖头，两面被疏柔毛，花期毛较密，果期毛少或近无毛。总花梗数个，各具2~3（4） 朵花，成伞形花序；花梗极短或无梗；苞片及小苞片披针形；花萼钟形，长4~5 mm，密被长柔毛，上2萼齿较大；花冠粉红色，旗瓣近圆形，长6~8 mm，顶端微凹，基部渐狭成爪，翼瓣狭楔形，具斜截头，比旗瓣短，长约7 mm，龙骨瓣长约

4.5 mm。荚果圆筒形，长 14~18 mm，被灰白色长柔毛。种子肾形，直径 1.5 mm，具凹点。花期 5 月，果期 5~7 月。2n=14。

旱生植物。生山麓洪积扇缘草原化荒漠群落中，为伴生种。仅见东坡。

分布于我国华北、西北（东部）、华东及内蒙古、河南、湖北、四川、云南、广西，也见于蒙古（近兴安）、朝鲜（北部）。东亚种。

用途同米口袋。

15. 雀儿豆属 Chesneya Lindl ex Endl.

半灌木（或描述成多年生草本，根木质，茎基部通常木质），茎短缩或呈无茎状，单数羽状复叶，稀 3 小叶，叶轴宿存；小叶全缘；托叶草质，下部与叶柄基部贴生宿存，花单生于叶腋，稀 1~4 朵组成总状花序，花梗上部具关节，关节处着生 1 枚苞片；花萼基部具 2 枚小苞片；花萼筒状，基部微呈囊状，一侧膨大，萼齿 5，上部 2 齿不同程度联合，下部 3 齿分离；花冠紫红色或黄色，旗瓣近圆形或长圆形，背面密被短柔毛，较翼瓣与龙骨瓣略长；雄蕊 2 体，花药同型；子房无柄；柱头头状顶生。荚果矩圆形至线形，1 室；种子肾形。

贺兰山有 1 种。

1. 大花雀儿豆（图版 46，图 6）红花雀儿豆、红花海绵豆。

Chesneya grubovii (Ulzij.) Z. Y. Chu et C. Z. Liang comb. nov.——*Oxytropis grubovii* Ulzij. in Journ. Bot. URSS **56** (8): 1149. 1971. ——*Chesneya macruntha* Cheng f. ex H. C. Fu. Fl. Intramong. **3**: 291. 180. 图版 91. 图 1~6. 1977；中国植物志 **42** (1): 76. 图版 20. 图 10~17. 1993. ——*Spongiocarpella grubovii* (Ulzij.) Yakovl. in Journ. Bot. URSS **72** (2): 258. 1987；内蒙古植物志（二版）**3**: 240. 图版 96. 图 1~7，1989.

垫状半灌木。高 10~15 cm。茎缩短，丛生。单数羽状复叶，具小叶 7~9；托叶卵形，近膜质，密被白色长柔毛，与叶柄基部连合，宿存；叶轴长 2.5~3 cm，密被长柔毛，宿存并硬化成针刺状；小叶椭圆形或倒卵形，长 4~6 mm，宽约 3 mm，先端锐尖，具刺尖，基部楔形，两面被白色绢质柔毛。花单生于叶腋，花梗极短，苞片条形，长 7~9 mm，密被长柔毛；花冠紫红色；花萼钟状筒形，长 1.2 cm，密被长柔毛，基部偏斜成囊状，萼齿条形，与萼筒近等长，长约 6 mm；旗瓣倒卵形，长约 2.5 cm，顶端微凹，基部渐狭，背面密被短柔毛，翼瓣较旗瓣短，基部有爪及短耳，爪长为瓣片的 1/2，龙骨瓣比翼瓣短，爪长为瓣片的 2/3；子房密被长柔毛。荚果长椭圆形，长 12~13 mm，宽 4~5 mm，革质，具短喙，密被长柔毛。花期 6~7 月，果期 8~9 月。

强旱生植物。生石质低山坡上，稀见。仅见西坡峡子沟口、南寺沟口等。

分布于我国内蒙古（西部），也见于蒙古（南缘）。戈壁–蒙古种。

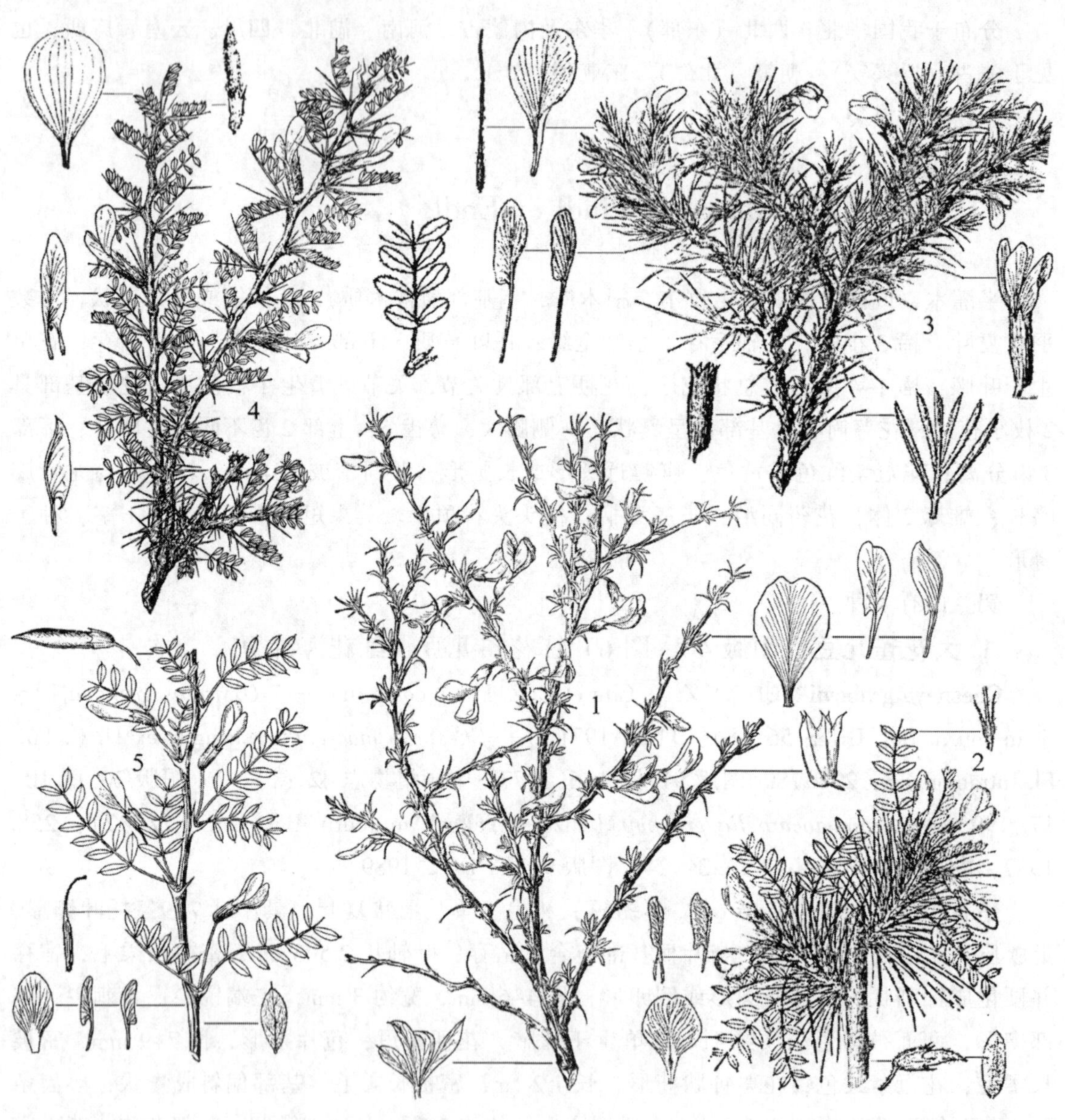

图版 48　1. 短脚锦鸡儿 Caragana brachypoda Pojark. 植株、叶、花萼、旗瓣、翼瓣、龙骨瓣；2. 鬼箭锦鸡儿 C. jubata（Pall.）Poir. 花枝、小叶、花萼、旗瓣、翼瓣、龙骨瓣、荚果；3. 卷叶锦鸡儿 C. ordosica Y. Z. Zhao，Z. Y. Zhu et L. Q. Zhao 植株、小叶、花、花萼、旗瓣、翼瓣、龙骨瓣、子房；4. 荒漠锦鸡儿 C. roborovskyi Kom. 植株、叶、旗瓣、翼瓣、龙骨瓣、荚果；5. 柠条锦鸡儿 C. korshinskii Kom. 植株、小叶、旗瓣、翼瓣、龙骨瓣、子房、荚果。（1、3~5 马平等绘；2 仿中国植物志）

雅克夫列夫（Yakovlev）1987 年发表的新属海绵豆属 *Spongiocarpella* Yakovl. et Ulzij. 经研究后与雀儿豆属 *Chesneya* Lindl ex Endl.（特别经剥离出旱雀豆属 *Chesiniella* Boriss. 后）基本特征相同，只是雅氏强调的荚果果皮内部海绵质，雀儿豆属没有提及，但这一特征只有大花雀儿豆 *Ch. grubovii* 有所表现外，而其他种：*Spongiocarpella potaninii*、*S. nibigena* 及 *S. spinosa* 均不具备这一特征，因此，我们认为海绵豆属不能成立，仍采用雀儿豆属 *Chesneya*，将 *Spongiocarpella* 作为异名。

16. 黄芪属 Astragalus L.

多年生或一年生草本、半灌木或小灌木。植株通常被单毛或丁字毛，稀无毛。茎发达或短缩。单数羽状复叶或稀为单叶；托叶离生或与叶柄合生。总状花序密集成头状或穗状，花蓝色、黄色、白色等多色；苞片小，膜质；萼筒钟状或筒状，有时萼筒果时膨胀呈囊状，萼齿 5，包被或不包被荚果；花瓣近等长或翼瓣及龙骨瓣较短；雄蕊 10，两体；子房无柄或有柄，胚株多数，柱头头状。荚果椭圆形、矩圆形、卵形，圆筒形等，膜质或革质，有时为软骨质，由腹缝线或背缝线隔膜深入将荚果分隔为 2 室或不完全 2 室，少为 1 室。

贺兰山有 19 种，其中有 2 不含正种的变种。

分种检索表

1. 植株被单毛。

  2. 荚果大，长 3~6 cm，披针状矩圆形，两侧扁，下垂，具长果颈，表面无毛；植物高大粗壮，高达 1 m …… **1. 粗壮黄芪 A. hoantchy**

  2. 荚果小，长小于 1 cm，卵球形、近球形、椭圆形或矩圆形；植物低矮，或细瘦。

  3. 小叶 3~7，植株细瘦，直立，高 40 cm 以上，总状花序细长，花稀疏 …… **2. 草木樨状黄芪 A. melilotoides**

  3. 小叶 7 枚以上，植株平卧、斜升或近直立，高 30 cm 以下；总状花序短而紧实。

    4. 花黄白色或黄色。

      5. 茎近直立或斜升；翼瓣顶端全缘；子房和荚果密被黑色或白色柔毛 …… **3. 马衔山黄芪 A. mahoschanicus**

      5. 茎平卧或斜升；翼瓣顶端 2 裂；子房和荚果无毛或近无毛 …… **4. 秦氏黄芪 A. chingiana**

    4. 花蓝紫色或天蓝色

      6. 植株高 10~30 cm，萼齿狭披针形、狭三角形或近锥形，长为萼筒的 1/2 或稍长；荚果子房柄稍长于萼筒 …… **5. 皱黄芪 A. tataricus**

      6. 植株高 5~10 cm，萼齿狭三角形或三角形，长为萼筒的 1/4，荚果子房柄短于萼筒 …… **6. 阿拉善黄芪 A. alaschanus**

1. 植株被丁字毛。

7. 萼筒在花后不膨胀，也不包被荚果。

8. 地上茎发达。

9. 荚果条形，圆筒形或棍棒形，长 1. 5~3 cm。

10. 荚果具明显的果柄，果柄较萼长 …………………………………………………… 7. 灰叶黄芪 **A. discolor**

10. 荚果无明显果柄。

11. 荚果棍棒形，背缝线下陷，长约 3 cm；旗瓣宽椭圆形，长 12~15 mm，萼齿三角形，长为萼筒的 1/4~1/5 ……………………………… 8. 毛果莲山黄芪 **A. leansanicus** var. **lasiocarpus**

11. 荚果斜圆筒形，背缝线不下陷，长 1.5 cm；旗瓣倒卵状矩圆形，长 15~18 mm，萼齿丝状，长为萼筒的一半 ………………… 9. 长齿狭荚黄芪 **A. stenoceras** var. **longidentatus**

9. 荚果矩圆形、卵形或倒卵形。

12. 荚果具明显果颈，果颈较萼筒短；植株较低矮，茎多平卧，高 5~20 cm；花红紫色 ……………………………………………………………………………………………… 10. 多枝黄芪 **A. polycladus**

12. 荚果无明显果颈。

13. 植株无毛或近无毛，仅叶下面萼筒和荚果被丁字毛，绿色，花较大，长 11~15 mm，小叶 7~23，总状花序较叶长或近相等 ……………………………………… 11. 斜茎黄芪 **A. adsurgens**

13. 植株密被丁字毛，灰绿色，花较小，长 8~11 mm，小叶 11~15，总状花序较叶短 ……………………………………………………………………………………… 12. 变异黄芪 **A. variabilis**

8. 无地上茎或茎短缩，无总花梗或有极短总花梗，花密集于叶丛基部类似根生。

14. 花白色或淡黄色；荚果长圆状卵形或卵形。

15. 小叶 3~7；龙骨瓣约比翼瓣短 1. 5 倍 ……………………………… 13. 短龙骨黄芪 **A. parvicarinatus**

15. 小叶（5）9~35；龙骨瓣约比翼瓣稍短。

16. 花白色或稍带黄色；荚果卵形，长 4~5 mm，幼果被毛，后渐脱落，包被在宿存萼筒内，小叶上面无毛 ……………………………………………………………………… 15. 白花黄芪 **A. galactites**

16. 花淡黄色；荚果矩圆状卵形，长 10~15 mm，密被白色长柔毛，露出萼外，小叶两面被毛 ………………………………………………………………………… 14. 卵果黄芪 **A. grubovii**

14. 花粉白色，如白色则龙骨瓣淡紫色；荚果近球形或卵球形，长 4~7 mm，密被白色柔毛 ……………………………………………………………………………………… 16. 圆果黄芪 **A. junatovii**

7. 萼筒在花后膨胀，包被荚果。

17. 花紫红色、淡红色、淡紫色，如淡黄色，则龙骨瓣紫色，如黄白色则带红晕；植株较低矮，高 3~15 cm，总花梗卧伏。

18. 花紫红色、淡红色或黄白色带红晕；植丛较大，丛径 10~30 cm；总花梗超出叶长 1 倍以上 ……………………………………………………………………… 18. 拟边塞黄芪 **A. ochris**

18. 花淡紫色，如黄色则龙骨瓣紫色；植株矮小，丛径 5~10 cm，高 3~10 cm，总花梗短于叶或近等长 ………………………………………………………………………… 17. 淡黄芪 **A. dilutus**

17. 花黄色；植株较高，10~30 cm，总花梗通常直立或斜升，等于、稍长于或短于叶 ……………………………………………………………………………………… 19. 胀萼黄芪 **A. ellipsoideus**

1. 粗壮黄芪（图版 49，图 1）乌拉特黄芪、贺兰山黄芪

Astragalus hoantchy Franch. in Nouv. Arch. Mus. Hist. Nat. Paris **5**：236. 1883 et Pl. David. **1**：86. 1884；内蒙古植物志（二版）**3**：266. 图版 103. 图 14~18. 1989；中国植物志 **42**（1）：83. 图版 21. 图 1~8. 1993；宁夏植物志（二版）**上册**：472. 图 366. 2007.

多年生草本。高 0.5~1 m。茎直立，多分枝，具条棱，无毛或被极疏白色长柔毛。单数羽状复叶，具小叶 9~25；托叶卵状三角形，膜质，长 7~10 mm，与叶柄分离，先端尖，有毛，叶柄疏生白色长柔毛；小叶宽卵形或近圆形，长 5~20 mm，宽 4~15 mm，先端微凹或截形，有小尖头，基部宽楔形或圆形，两面中脉上疏生白色或黑色长柔毛，小叶柄长 1~2 mm。总状花序腋生，疏生花 12~15，总花梗长 10~20 cm；花紫红色或紫色，长 25~30 mm，花梗长 6~8 mm；苞片披针形，膜质，有毛；花萼钟形，长 9~12 mm，果时基部一侧膨大成囊状，疏生黑色或白色长柔毛，上萼齿 2，较短，近三角形，下萼齿 3，较长，披针形；旗瓣宽卵形，长 25~28 mm，顶端微凹，基部渐狭成爪，翼瓣矩圆形，爪等于瓣片长度的 1/2，翼瓣和龙骨瓣均较旗瓣稍短；子房无毛，有子房柄，柄长 7~10 mm，柱头具簇毛。荚果下垂，两侧扁平，矩圆形，顶端渐狭，果颈长 15~20 cm，无毛，有网纹，长 5~6 cm，宽约 1 cm；种子肾形，长 5~6 mm，黑褐色，有光泽，具凹窝。花期 6 月，果期 7 月。2n=16。

旱中生植物。生海拔 1 600（东坡）~2 000~2 500 m 山地沟谷、溪边、灌丛下或林缘。见东坡苏峪口沟、黄旗沟、贺兰沟、插旗沟、大水沟等；西坡水磨沟、哈拉乌沟等。

分布于我国山西、内蒙古（西部）、甘肃（中部）、青海（东部）。阴山-贺兰山-东祁连山种。

根可代黄芪入药。

2. 草木樨状黄芪（图版 49，图 3）层头

Astragalus melilotoides Pall. Itin. **3**：app. 718. 1776；内蒙古植物志（二版）**3**：261. 图版 101. 图 2~7. 1989；中国植物志 **42**（1）：168. 图版 43. 图 1~11. 1993；宁夏植物志（二版）**上册**：474. 图 367. 2007.

多年生草本。高 40~100 cm。根深长。茎多数，直立，开展，多分枝，有条棱，初疏被柔毛。单数羽状复叶，小叶 3~7；托叶三角形至披针形，基部连合，叶柄有短柔毛；小叶矩圆形或条状矩圆形，长 5~15 mm，宽 1.5~3 mm，先端钝、截形或微凹，基部楔形。总状花序生上部叶腋，比叶显著长；花小，长约 5 mm，多数，疏生；苞片锥形，比花梗短；花萼钟状，疏生短柔毛，萼齿三角形，比萼筒显著短；花冠粉红色或白色，旗瓣近圆形或宽椭圆形，顶端微凹，基部具短爪，翼瓣比旗瓣稍短，顶端成不等的 2 裂，基部具耳和爪，龙骨瓣比翼瓣短；子房无柄，无毛。荚果倒卵球形或椭圆形，长 2.5~3.5 mm，顶端微凹，具短喙，表面有横纹，无毛，背部具稍深的沟，2 室。花期 7~8 月，果期 8~9 月。2n=32。

中旱生植物。生海拔 1 700（东坡）2 000~2 300 m 山地沟谷沙砾地、干燥地及灌丛下。东、西坡都有分布，较常见。

分布于我国长江以北各省，也见于俄罗斯（西伯利亚）、蒙古。东古北极种。

良等牧草。全草入药，治风湿。

3. 马衔山黄芪（图版 49，图 5）

Astragalus mahoschanicus Hand. -Mazz. in Oesterr. Bot. Zeitschr. **82**：247. 1933；内蒙古植物志（二版）**3**：263. 图版 102. 图 1~5. 1989；中国植物志 **42**（1）：157. 图版 40. 图 1~11. 1993.

多年生草本。高 15~30 cm，全株有贴伏的短柔毛。茎细弱，有分枝。单数羽状复叶，具小叶 10~19；托叶三角形，与叶柄离生，长约 3 mm；小叶椭圆形、卵形或矩圆状披针形，长 3~15 mm，宽 2~10 mm，先端钝或稍尖，基部近圆形，上面无毛，下面被贴伏的白色短柔毛。短总状花序腋生，多花而紧密，长 1~3 cm，总花梗长 3~5 cm，苞片披针形，长 1.5~2 mm；花萼钟状，长 2.5~3 mm，萼齿短，长约 1 mm，被贴伏的黑色短柔毛；花白色，旗瓣倒卵形，长 7~8 mm，顶端凹，基部渐狭成爪，翼瓣较龙骨瓣长，有爪；子房密被白色和黑色的柔毛，具短柄。荚果近球形，直径约 3 mm，被柔毛。花果期 6~8 月。2n=6。

中生植物。生海拔 2 000~2 600 m 山地沟谷、灌丛中、林缘或石缝中。见东坡苏峪口沟、黄旗沟、贺兰沟；西坡哈拉乌北沟等。

分布于我国甘肃青海、四川（西北部）。为我国特有种。贺兰山–唐古特种。

4. 秦氏黄芪（图版 49，图 4）鄂尔多斯黄芪

Astragalus chingianus Pet. -Stib. in Acta Hort. Gothob. **1**：36. 1937. 38；内蒙古植物志 **3**：260. 图版 99. 图 8~12. 1989.——*A. alaschanus* auct. non Bunge ex Maxim.：中国植物志 **42**（1）：164. 图版 40. 1993.

多年生草本。高 3~20 cm。茎细弱，直立斜升，被白色短毛，基部具膜质托叶残余，被白色短毛。单数羽状复叶，长 2~5 cm，具小叶 9~17；托叶卵形，长 2~3 mm，基部稍连合；小叶椭圆形或倒卵形，长 4~10 mm，宽 3~8 mm，先端圆形或微凹，基部宽楔形或圆形，上面无毛，下面被白色短柔毛。总状花序顶生或腋生，具花 10~20 朵，紧密呈头状；总花梗比叶长或近等长，密被白色平伏的短毛，在上端混生黑色短柔毛；苞片披针形或卵形，长约 2 mm，膜质，先端尖，有毛；花萼钟状，长 3~4 mm，密被黑色毛，萼齿不等长，上 2 齿较短，狭三角形，长 0.5~0.7 mm，下 3 齿较长，条状披针形，长约 1 mm；花冠淡黄绿色，干后龙骨瓣多呈蓝紫色，旗瓣宽倒卵形，长 6~8 mm，顶端凹，基部渐狭成爪，翼瓣与旗瓣等长或稍短，矩圆形，顶端 2 裂，基部有短爪和耳，龙骨瓣较短，长 4~5 mm；子房无柄无毛。荚果近球形，直径 5 mm。花期 6~7 月。

中旱生植物。生海拔 2 000~2 500 m 山地沟谷，灌丛下及林缘，也生石质山坡。见西坡北寺沟、水磨沟、哈拉乌沟、南寺沟。

分布于我国内蒙古（西部阿尔巴斯山）。贺兰山–阿尔巴斯山种。

贺兰山是其模式产地。模式标本系秦仁昌 No. 1048（Type）1923 年采自贺兰山山地。

本种与阿拉善黄芪 *Astragalus alaschanus* Bunge ex Maxim. 并不相同，主要区别是：本种植物不呈垫状，花淡黄色，龙骨瓣干后呈蓝色，翼瓣顶端 2 裂，子房无毛，荚果近球形。

5. 皱黄芪（图版 49，图 2）鞑靼黄芪、小果黄芪

Astragalus zacharensis Bunge in Mem. Acad. Sci. St.-Petersb. **11**（16）：23. 1868 & 1c. **15**（1）：67. 1869；Pl. Asi. Centr. **8c**：32. 2000. ——*A. tataricus* Franch. in Nouv. Arch. Mus. Paris **5**：239. 1883；内蒙古植物志（二版）**3**：265. 图版 102. 图 6~10. 1989；中国植物志 **42**（1）：183. 图版 47. 图 1~8. 1993；宁夏植物志（二版）**上册**：478. 图 373. 2007.

多年生草本。高 10~30 cm，被白色贴伏毛。根粗壮，直伸。茎多数，细弱，斜升或平伏，基部分歧，形成密丛。单数羽状复叶，具小叶 13~21；托叶三角形至三角状披针形，长 2~3 mm，先端尖，与叶柄离生，表面及边缘有毛；小叶披针形至矩圆形，长 2~8 mm，宽 2~4 mm，先端钝或微凹，基部宽楔形，两面疏生白色贴伏柔毛。短总状花序腋生，花 5~12 朵集生于总花梗顶端，紧密成头状，总花梗比叶长；苞片披针形，与花梗近等长，有黑色睫毛；花萼钟状，长约 3 mm，被黑色及白色贴伏柔毛，萼齿狭披针形，长较萼筒短；花冠淡蓝紫色或天蓝色，旗瓣宽椭圆形，长 6~8 mm，顶端凹，基部有短爪，翼瓣瓣片狭窄，与龙骨瓣近等长，均较旗瓣短；子房具柄，有毛。荚果卵形或近椭圆形，微膨胀，长 3~6 mm，顶端有短喙，果颈与萼近等长，密被白色短柔毛。花期 6~7 月，果期 7~8 月。2n=16。

中旱生植物。生海拔 1 700（东坡）~2 000~2 900 m 山地沟谷、灌丛间、林缘和亚高山草甸，见东坡苏峪口沟兔儿坑、黄旗沟、小口子；西坡哈拉乌沟、水磨沟、南寺沟雪岭子等。

分布于我国辽宁、内蒙古、河北、山东、宁夏。为我国特有。华北种。

6. 阿拉善黄芪（图版 49，图 6）

Astragalus alaschanus Bunge ex Maxim. in Bull. Acad. Sci. St.-Petersb. **24**：31. 1877；Pl. Asi. Centr. **8c**：38. 2000. ——*A. chingianus* auct. non Pet. -Stib.：宁夏植物志（二版）**上册**：476. 图 370. 2007.

多年生矮小垫状草本。高 3~10 cm。主根圆柱形，根状茎横走，茎细弱，斜升或平卧，密被白色贴伏的短柔毛。单数羽状复叶，长 2~4 cm，具小叶 7~17；托叶卵状三角形，长 2~3 mm，有毛，先端渐尖，基部与托叶稍连合；小叶卵圆形、倒卵圆形，长 2~5 mm，宽 1~2 mm，先端钝或稍尖，基部宽楔形或圆形，两面被白色贴伏的短柔毛。总状花序腋生，具花 10~12 朵，排列疏松或稍紧实，总花梗比叶短或近等长，密被白色贴伏的短柔毛，上端混生黑色短柔毛；苞片卵状披针形，长约 1.5 mm，膜质，先端尖，有毛；花萼斜钟状，长约 3 mm，被白色和黑色的贴伏短柔毛，萼齿不等长，长 0.5~0.7 mm，上萼齿 2，较短，狭三角形，下萼齿 3，较长，披针形，为萼筒的 1/4~1/3；花冠长 5~6 mm，白蓝紫色，旗瓣长圆状倒卵形，长约 5 mm，顶端凹，翼瓣与旗瓣近等长，矩圆形，顶端全缘，基部具短

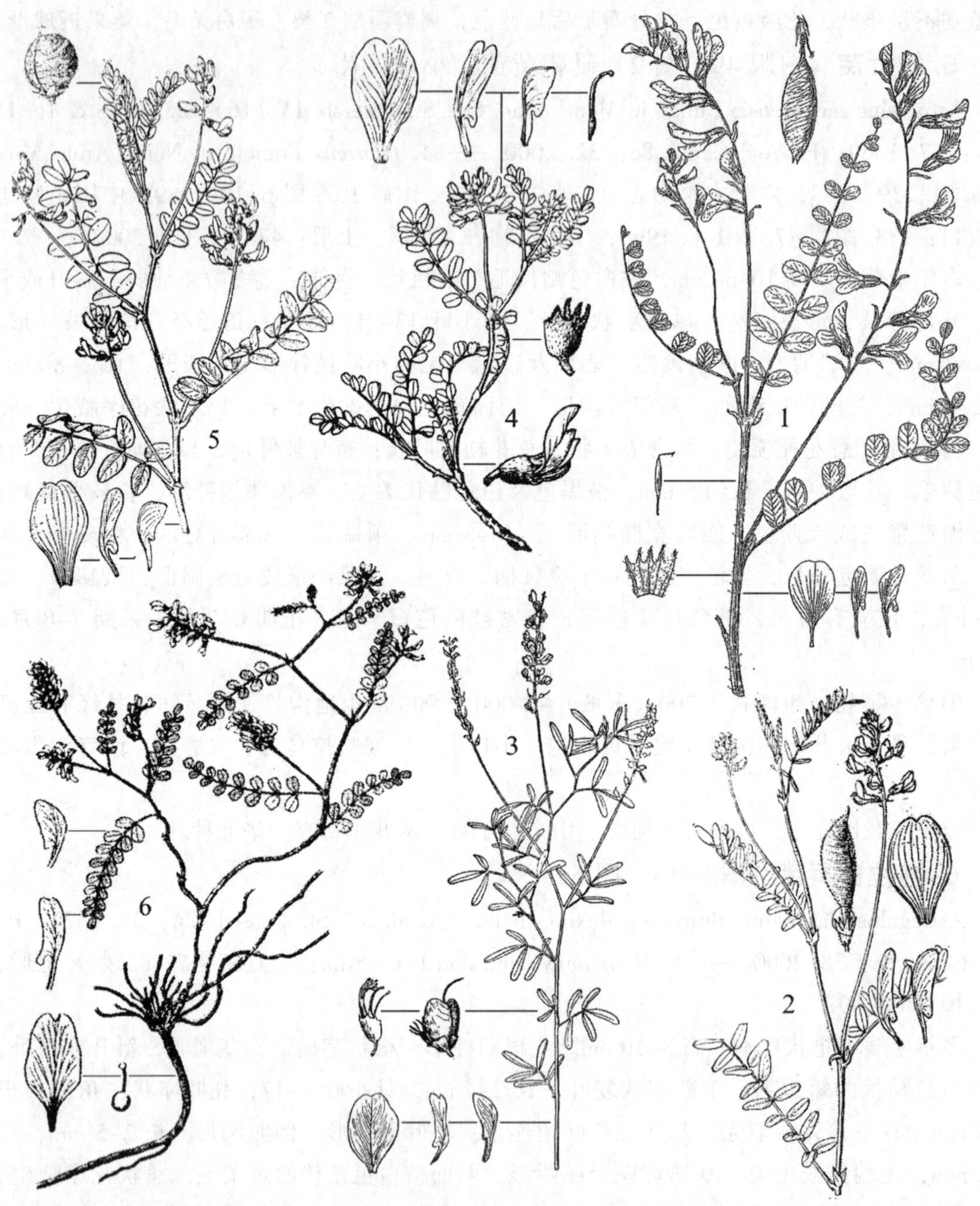

图版 49　1. **粗壮黄芪** Astragalus hoantchy Franch. 花枝、花萼、旗瓣、翼瓣、龙骨瓣、荚果；2. **皱黄芪** A. zacharensis Bunge 花枝、旗瓣、翼瓣、龙骨瓣、荚果；3. **草木樨状黄芪** A. melilotoides Pall. 花枝、花萼、旗瓣、翼瓣、龙骨瓣、荚果；4. **秦氏黄芪** A. chingianus Pet. -Stib. 植株、花、花萼、旗瓣、翼瓣、龙骨瓣、荚果、子房；5. **马衔山黄芪** A. mahoschanicus Hand. -Mazz. 植株、旗瓣、翼瓣、龙骨瓣、荚果；6. **阿拉善黄芪** A. alaschanus Bunge ex Maxim. 植株、旗瓣、翼瓣、龙骨瓣、子房。（马平等绘；6 引自宁夏植物志，略有修改）

爪和耳，龙骨瓣与翼瓣近等长；子房有短柄，被毛。荚果近球形，稍被黑色短毛。花期 6~7 月。

中生植物。生海拔 2 400~2 800 m 山地沟谷、林缘及溪水边。见东坡苏峪口沟；西坡水磨沟、哈拉乌沟。

贺兰山是其模式产地。模式标本系俄国人 N. 普热瓦尔斯基（N. Przewalski） No. 135 (Holotype LE)，1873 年 6 月 20 日至 7 月 10 日采自阿拉善山（贺兰山）。

贺兰山特有种。

7. 灰叶黄芪（图版 50，图 2）

Astragalus discolor Bunge ex Maxim. in Bull. Acad. Sci. St. –Petersb. **24**：33. 1877；内蒙古植物志（二版）**3**：276. 图版 107. 图 1~5. 1989；中国植物志 **42**（1）：260. 图版 62. 图 1~8. 1993；宁夏植物志（二版）**上册**：470. 2007. ——*A. ulaschanensis* Franch. in Nouv. Arch. Mus. Paris ser. 2. **5**：239. 1883.

多年生草本。高 30~50 mm；植株各部被丁字毛，呈灰绿色。主根直伸，根颈部数茎发出；茎直立或斜升，上部分枝，具条棱。单数羽状复叶，小叶 9~25；托叶三角形，先端尖，离生；小叶矩圆形或狭矩圆形，长 4~13 mm，宽 1~4 mm，先端钝或微凹，基部楔形，上面绿色，下面灰绿色，两面被白色贴伏的丁字毛，下面较密。总状花序生于枝上部叶腋，具花 8~15 朵，疏散；小苞片卵形；花梗短，长约 1 mm；花萼筒状钟形，长 4~5 mm，萼齿三角形，长小于 1 mm，两者外面有黑色和白色的贴伏毛；花冠蓝紫色，旗瓣倒卵形，长 12~14 mm，顶端微凹，基部渐狭，翼瓣矩圆形，较旗瓣稍短，顶端成不均等的 2 裂，龙骨瓣较翼瓣短；子房具柄，被毛。荚果条状矩圆形，稍弯，侧扁，长 17~30 cm，果颈显著较萼长，顶端有短喙，被黑色和白色混生的贴伏毛。花期 7~8 月，果期（7）8~9 月。2n=16。

旱生植物。生海拔 1 600（东坡）~2 000~2 300 m 山地沟谷和石质山坡。见东坡苏峪口沟、黄旗沟、插旗沟；西坡北寺沟、哈拉乌沟、南寺沟。

贺兰山是其模式产地。模式标本系俄国人普热瓦尔斯基（N. Przewalski） No. 167 (Holotype)，1873 年 6 月 30 日至 7 月 12 日采自贺兰山山地边缘。

分布于我国河北、山西、内蒙古、陕西、甘肃（东部）。为我国特有。华北种。

8. 毛果莲山黄芪（图版 50，图 4）

Astragalus leansanicus Ulbr. var. **pilocarpus** Z. Y. Chu et C. Z. Liang，var. nov. in Addenda.

多年生草本。高 20~40 cm。茎丛生，多分枝，有角棱，疏被白色丁字毛。单数羽状复叶，小叶 9~17；托叶披针形至三角形，长约 1 mm；叶柄长 0.5~1 cm；小叶椭圆形、矩圆形或狭披针形，长 5~10 mm，宽 1~3 mm，先端钝或锐尖，基部钝或楔形，两面被白色贴伏的丁字毛。总状花序腋生；具花 6~15 朵；总花梗长于叶，疏被白色丁字毛；苞片卵形，长约 1 mm，膜质，被白色毛；花萼管状，长 6~9 mm，萼齿狭三角形，长 1~2.5 mm，被黑色或白色毛；花冠红色或蓝紫色，旗瓣匙形，长 12~17 mm，先端微凹，基部渐狭，爪不明显，翼瓣较旗瓣短，瓣片矩圆形，稍长于爪，龙骨瓣较翼瓣短，瓣片先端稍尖，稍短于爪；子房疏被毛，柄长 0.5 mm。荚果棍棒状，长 2~3 cm，粗 2~3 mm，直或稍弯，先端渐尖，背部具沟槽，腹部龙骨状，密被短丁字毛。

旱生植物。生宽阔干河床，溪水边和沙砾地。仅见东坡大水沟。

该变种与正种区别在于：小叶两面被毛，子房具短柄，柄长 0.5 mm，荚果密被毛，而正种小叶上面无毛或疏被毛，下面疏被毛，子房无柄，或近无柄，荚果无毛或疏被毛。

可能为贺兰山特有变种。

9. 长齿狭荚黄芪（图版 50，图 6）

Astragalus stenoceras C. A. Mey. var. **longidentatus** S. B. Ho in Bull. Bot. Res.（Harbin）**3**（1）：64. f. 17. 1983；内蒙古植物志（二版）**3**：278. 图版 107. 图 11~15. 1989；中国植物志 **42**（1）：312. 1993.

多年生草本。高约 15 cm。主枝短缩，暗褐色，枝细弱，密被贴伏的丁字毛，呈灰绿色。单数羽状复叶，具小叶 11~15（21）；托叶分离，卵状披针形，长 1.5~2 mm，被贴伏的丁字毛，混以黑色毛；叶长 2~5 cm，叶柄短于叶轴，被贴伏白色丁字毛，小叶长椭圆形或近披针形，长 4~7 mm，宽 1~1.5 mm，先端渐尖或锐尖，基部宽楔形，两面密被贴伏的丁字毛。短总花梗长于叶 1.5~2 倍，很少近相等，被贴伏的丁字毛；短总状花序近伞房状，长 2~2.5 cm，有 4~10 朵花，淡紫色，苞片披针形，长约 4 mm，较花梗长约 1 倍，疏被白色和黑色丁字毛；萼筒管状，长 6~8 mm，密被贴伏的白色和黑色丁字毛，齿丝状，长 3~4 mm；旗瓣长 20~24 mm，瓣片矩圆状倒卵形，顶端稍凹，中下部渐狭，爪短而宽，翼瓣长 17~22 mm，瓣片矩圆形，顶端凹入或近全缘，龙骨瓣长 16~20 mm，瓣片倒卵形，爪长于瓣片或与之近等长。荚果条形，长约 1.5 cm，直或稍弯，革质，密被平伏的白色和黑色丁字毛，不完全 2 室。花期 5~6 月。

旱生植物。生海拔 1 900 m 左右山缘、石质山坡。仅见西坡哈拉乌沟口、峡子沟沟口。

分布于我国甘肃。

10. 多枝黄芪（图版 50，图 5）

Astragalus polycladus Bur. et Franch. in Journ. de Bot. **5**：23. 1891；中国植物志 **42**（1）：185. 图版 47. 图 9~16. 1993；内蒙古植物志（二版）**3**：265. 图版 102. 图 11~15. 1989；宁夏植物志（二版）**上册**：479. 图 374. 2007. ——*A. alaschanus* auct. non Bunge ex Maxim.: in Bull. Acad. Sci. St.-Petersb. **24**：31. 1878.

多年生草本。高 5~20 cm。根粗壮。茎多数，纤细，平卧或上升，丛生，被灰白色贴伏毛，有时混有黑色毛。奇数羽状复叶，具 11~23 片小叶，长 2~6 cm；叶柄长 0.5~1 cm，向上逐渐变短；托叶披针形，长 2~4 mm，离生；小叶披针形或近卵形，长 2~7 mm，宽 1~4 mm，先端钝尖，基部宽楔形，两面被白色贴伏毛，下面较密，具短柄。总状花序生茎上部，腋生，10 余花，密集呈头状；总花梗较叶长；苞片膜质，线形，长约 2 mm，被贴伏白色或黑色毛；花梗极短；花萼钟状，长约 3 mm，被白色或混有黑色贴伏短毛，萼齿线形，与萼筒近等长；花冠青紫色，旗瓣倒卵形，长 7~8 mm，先端微凹，基部渐狭成短爪，翼瓣与旗瓣近等长或稍短，具短耳，爪长约 3 mm，龙骨瓣较翼瓣短，瓣片半圆形；子房线形，具短柄，被毛。荚果长圆形，微弯曲，长 5~7 mm，先端尖，被白色或混有黑色贴伏柔毛，1 室，果颈较宿萼短。花期 7~8 月，果期 9 月。

中旱生植物。生海拔 1 900~2 200 m 山前沟谷、干河床，零星少见。产东坡黄渠沟；西坡哈拉乌沟口。

《亚洲中部植物》（Pl. Asi. Centr. **8c**：34. 2000）将 N. Przewalski 1873 年 7 月 10 日在贺兰山采的 No. 177 标本定为丛生黄芪 *A. confertus* Benth. ex Bunge，该种与多枝黄芪是相近种，但丛生黄芪植株较粗壮，根木质，常形成密丛，与我们标本相差较远。不过《西藏植物志》（Fl. Xizan. **2**：840）在讨论丛生黄芪时提到："本种与产自四川西部、云南西北部以及甘肃、青海的多枝黄芪 *A. polycladus* Bur. et Franch. 不易区分，后者似乎是较多的平卧分枝。我们认为这两个种可能是一个种，充其量也只能是不同的地理亚种"。如按《西藏植物志》的意见，种名应该用丛生黄芪 *A. confertus* Benth. ex Bunge 或 *A. confertus* subsp. *polycladus*（Bur. et Franch.） P. C. Li et Ni ex Z. Y. Chu。《内蒙古植物志》的阿拉善黄芪 *Astragalas alaschanus* Bunge ex Maxim. 从其附图中的荚果矩圆形，稍弯曲，描述中高度也增加至 15 cm，显然也是多枝黄芪。

产四川、云南、西藏、青海、甘肃及新疆西部。模式标本采自四川康定。华北高山-唐古特种。

11. 斜茎黄芪（图版 50，图 1）直立黄芪、马拌肠

Astragalus adsurgens Pall. Sp. Astrag. 40. t. 31. 1800；内蒙古植物志（二版）**3**：280. 图版 109. 图 1~6. 1989；中国植物志 **42**（1）：271，图版 67. 图 1~8. 1993；宁夏植物志（二版）**上册**：471. 图 263. 2007.

多年生草本。高 20~60 cm。根较粗壮，暗褐色。茎数个至多数丛生，斜升或直立，稍有毛或近无毛。单数羽状复叶，具小叶 9~23；托叶三角形，渐尖，基部稍连合或有时分离，长 3~5 mm；小叶卵状椭圆形、椭圆形或矩圆形，长 10~25 mm，宽 2~8 mm，先端钝或圆，基部圆形或近圆形，上面无毛或近无毛，下面有白色丁字毛，圆柱状。总状花序于茎上部腋生，花多数，密集；总花梗比叶长或近相等，花梗极短；苞片狭披针形至三角形；花萼筒状钟形，长 5~6 mm，被黑褐色或白色丁字毛或两者混生，萼齿狭披针状，约为萼筒的 1/3，花冠蓝紫色、红紫色，稀近白色；旗瓣倒卵圆形，长约 15 mm，顶端深凹，基部渐狭，翼瓣比旗翼短，比龙骨瓣长；子房密被毛；有极短的柄。荚果圆筒形，长 7~15 mm，稍侧扁，背部凹入成沟，顶端具下弯的短喙，被黑色，褐色或白色的混生毛，假 2 室。花期 7~8（9）月，果期 8~10 月。

中旱生植物。生海拔 1 500 m 左右山地沟谷、林缘。仅见东坡苏峪口沟、黄旗沟。

分布于我国东北、华北、西北、西南，也见于俄罗斯（西伯利亚、远东）、蒙古、朝鲜、日本、和北美（温带地区）。东亚–北美种。

优良牧草，各种家畜喜食，能刈割干草，引入栽培可改良天然牧场，又可作为绿肥。种子可作“沙苑子”入药。

12. 变异黄芪（图版 50，图 3）

Astragalus variabilis Bunge ex Maxim. in Bull. Acad. Sci. St.–Petersb. **24**：33. 1878；内蒙古植物志（二版）**3**：281. 图版 109. 图 7~12. 1989；中国植物志 **42**（1）：261. 图版 62. 图 17~24. 1993；宁夏植物志（二版）**上册**：471. 图 364. 2007.

多年生草本。高 15~20 cm。植株被灰白色丁字毛，呈灰绿色。主根伸长，黄褐色。茎丛生，较细，直立，分枝。单数羽状复叶，具小叶 11~19；托叶小，三角形或卵状三角形，离生；小叶矩圆形、倒卵状矩圆形或条状矩圆形，长 3~10 mm，宽 1~3 mm，先端钝圆或微凹，基部宽楔形或圆形，上面绿色，疏被白色的丁字毛，下面灰绿色，毛较密。总花梗较叶短，有毛；短总状花序腋生，具 7~9 花，紧密；花梗短，长约 1 mm，有毛；苞片披针形，长约 1 mm，疏被黑毛；花萼钟状筒形，长 5~6 mm，萼齿条状锥形，长 1~2 mm，均被黑白色混生的丁字毛；花冠长 8~11 mm，淡紫红色或淡蓝紫色，旗瓣倒卵状矩圆形，长约 10 mm，顶端微凹，基部渐狭，翼瓣与旗瓣等长，龙骨瓣较短，两者有爪及耳；子房有毛。荚果条状矩圆形，稍弯，两侧扁，长 10~15 mm，先端锐尖，有短喙，密被白色贴伏的丁字毛，假 2 室。花期 5~6 月，果期 6~8 月。

强旱生植物。生浅山区和山麓干河床、河滩沙砾地。仅见西坡峡子沟山麓、干河床及沟口。

分布于我国内蒙古（西部）、宁夏（北部）、甘肃（河西走廊）、青海（柴达木）、新疆（南部），也见于蒙古（南部）。戈壁种。

有毒植物，青鲜时家畜采食，开花时毒性最强。解毒方法是灌酸奶和醋。

13. 短龙骨黄芪（图版 52，图 6）

Astragalus parvicarinatus S. B. Ho，Bull. Bot. Res.（Harbin） **3**（1）：55. f. 10. 1983；内蒙古植物志（二版）**3**：285. 图版 110. 图 7~11. 1993；宁夏植物志（二版）**上册**：467. 2007.

多年生矮小草本。高 5~10 cm。根粗壮，褐色。茎极短缩，叶、花密集于地表，呈小丛状。单数羽状复叶，具小叶 3~7；托叶狭卵形，长 1~3 mm，下部 1/2 与叶柄合生，被白色长柔毛；小叶矩圆形或椭圆形，长 4~7 mm，宽 2~3 mm，先端钝，基部宽楔形，两面密被白色平伏的丁字毛。花由基部腋生，无总花梗，白色或黄白色；苞片狭卵形，较花萼稍短，被长柔毛；花萼筒状，长 8~10 mm，外面密被白色开展的长柔毛，萼齿丝状，长 3~4 mm；旗瓣倒披针形，长 16~23 mm，宽 5~10 mm，先端微凹，基部渐狭成爪，翼瓣较旗瓣稍短，瓣片条状矩圆形，顶端微凹，爪丝状，长为瓣片的 1/2；龙骨瓣短；翼瓣较之长 1.5 倍，瓣

图版 50 1. **斜茎黄芪** Astragalus adsurgens Pall. 植株、萼、旗瓣、翼瓣、龙骨瓣、荚果；2. **灰叶黄芪** A. discolor Bunge ex Maxim. 花枝、旗瓣、翼瓣、龙骨瓣、具萼荚果；3. **变异黄芪** A. variabilis Bunge ex Maxim. 植株、萼、旗瓣、翼瓣、龙骨瓣、荚果；4. **毛果莲山黄芪** A. leansanicus Ulbr. var. pilocarpus Z. Y. Chu et C. Z. Liang 花枝、旗瓣、翼瓣、龙骨瓣、荚果；5. **多枝黄芪** A. polycladus Bur. et Franch. 花枝、旗瓣、翼瓣、龙骨瓣、荚果；6. **长齿狭荚黄芪** A. stenoceras C. A. Mey. var. longidentatus S. B. Ho 花枝、旗瓣、翼瓣、龙骨瓣、具萼荚果。（马平等绘）

片半圆形，爪与瓣片近等长；子房有柄，被白色柔毛。荚果矩圆形，先端锐尖，被白色贴伏丁字毛。花期5月，果期6月。

旱生植物。生山麓荒漠化草原和草原化荒漠群落中。仅见西坡中、南部山麓。

贺兰山山麓是其模式产地。模式标本系何业祺（Y. C. Ho）No. 2551，1959年5月31日采自贺兰山西坡巴彦浩特附近。

分布于我国内蒙古（阿拉善、西鄂尔多斯）、宁夏（北部）。东阿拉善种。

14. 卵果黄芪（图版51，图3）新巴黄芪、拟糙叶黄芪

Astragalus grubovii Sancz. in Journ. Bot. URSS **59**（3）：367. 1974；内蒙古植物志（二版）**3**：289. 图版112. 图7~12. 1989；宁夏植物志（二版）**上册**：468. 2007. ——*A. hsinbaticus* P. Y. Fu et Y. A. Chen in Fl. Pl. Herb. Chinae Bor. -Or. **5**：175，103. 1976；中国植物志 **42**（1）：297. 图版74. 图1~4. 1993；Pl. Asi. Centr. **8c**：131. 2000.

多年生草本。高5~15 cm。全株灰绿色，密被开展的丁字毛。根粗壮，直伸，褐色。无地上茎或茎短缩于地表，与叶、花呈密丛状。单数羽状复叶，具小叶13~29，长4~20 cm；托叶披针形，长7~15 mm，膜质，长渐尖，基部与叶柄连合，密被长柔毛；小叶椭圆形或倒卵形，长7~10（15），宽（2）3~7 mm，先端锐尖或圆钝，基部楔形或近圆形，两面密被开展的长毛。花序无梗，腋生，具花5~8，密集于叶丛基部；苞片披针形，长5~6 mm，膜质，被开展的白毛；花萼筒形，长10~15 mm，密被开展的白色长柔毛，萼齿条形，长为萼筒的1/4；花冠淡黄色；旗瓣矩圆状倒卵形，长20~24 mm，宽6~9 mm，先端圆或微凹，中部缢缩，基部渐狭成短爪，翼瓣长18~20 mm，瓣片狭矩圆形，基部具长爪及耳，爪与瓣片近相等，龙骨瓣长15~17 mm，先端钝，爪较瓣片长1倍。子房密被白色长柔毛。荚果矩圆状卵形，长10~15 mm，稍膨胀，喙长（2）3~6 mm，密被白色长柔毛，假2室。花期5~6月，果期6~7月。2n=48。

旱生植物。生山麓草原化荒漠群落中，伴生种。仅见西坡中部山麓。

分布于内蒙古，也见于蒙古（南部）。蒙古种。

良等牧草。

15. 白花黄芪（图版51，图1）乳白花黄芪

Astragalus galactites Pall. Sp. Astrag. 85. t. 69. 1800；内蒙古植物志（二版）**3**：287. 图版112. 图1~6. 1989；中国植物志 **42**（1）：298. 图版76. 图10~16. 1993. ——*A. scaberrmus* auct. non Bunge：宁夏植物志（二版）**上册**：469. 2007.

多年生草本。高5~10 cm。无地上茎或茎极短缩，呈密丛状。单数羽状复叶，具小叶9~21；托叶下部与叶柄合生，上部卵状三角形，膜质，密被长毛；小叶矩圆形至斜矩圆形，长5~12 mm，宽1.5~3 mm，先端稍尖或钝，基部圆形或楔形，上面无毛，下面被白色贴伏毛。花序近无梗，腋生，常每叶2花，密集于叶丛基部；苞片披针形或线状披针形，长5~9 mm，被白色长毛；花萼筒状钟形，长8~12 mm，萼齿披针状条形或近锥形，为萼

筒的 1/2 至近等长，密被白色长柔毛；花白色或稍带黄色，旗瓣菱状矩圆形，长 20~28 mm，顶端微凹，中部稍缢缩，中下部渐狭成爪，两侧呈耳状，翼瓣长 18~26 mm，爪为瓣片的 2 倍，龙骨瓣长 17~20 mm，爪为瓣片的 1.5 倍；子房有毛，花柱细长。荚果小，卵形，长 4~5 mm，先端具喙，常包于萼内，幼果密被白毛，后渐脱落。花期 5 月，果期 6~7 月。

旱生植物。生海拔 1 900~2 200 m 山地草原群落中，为伴生种，见东坡苏峪口；西坡哈拉乌沟口。该种在草原化荒漠群落中被圆果黄芪所代替。

产于我国东北（西部）、及内蒙古，也见于俄罗斯（东西伯利亚，外贝加尔）、蒙古。达乌里-蒙古种。

《宁夏植物志》（二版）中的糙叶黄芪 *A. scabervmus* Bunge 无地上茎与花冠乳白色等特征，明显是白花黄芪 *A. galactites* Pall.

中等牧草，小畜春季喜食。

16. 圆果黄芪（图版 51，图 2）

Astragalus junatovii Sancz. in Journ. Bot. URSS. **59**（3）：368. 1974；内蒙古植物志（二版）**3**：285. 图版 110. 图 12~17. 1989；Pl. Asi. Centr. **8c**：127. 2000.

多年生草本。高 5~10 cm。地上部分无茎或具极短缩的茎，叶密集于地表呈小丛状。奇数羽状复叶，具小叶（5）7~11（15），叶长（2）3~10（15）cm，叶柄与叶轴近等长，密被平伏的丁字毛；托叶长 4~12 mm，下部与叶柄连合，离生部分披针形，密被白色硬毛；小叶椭圆形或披针形，长 8~16 mm，宽 2~4 mm，先端稍锐尖，两面密被贴伏的白色毛，呈灰绿色。短总状花序，无梗，每腋生花 2~4 朵；苞片披针状条形或条形，长 2~3 mm，先端渐尖，被半开展的长毛；花萼筒状，长 8~14 mm，萼齿条状钻形，长 2~3 mm，密被开展白色长柔毛；花冠粉白色，如白色则龙骨瓣淡紫色；旗瓣长 18~22（24）mm，瓣片矩圆状倒卵形，顶端圆形或微凹，中部稍缢缩，中下部渐狭成爪，翼瓣长 16~20（22）mm，瓣片矩圆状条形，具爪及短耳，龙骨瓣长 13~17 mm，瓣片矩圆状卵形，具爪及小耳。荚果近球形或卵状球形，长 3~7 mm，宽 3~5 mm，顶端具短喙，被白色柔毛，2 室，种子圆肾形，橙黄色。花期 5 月，果期 6~7 月。2n=16。

强旱生植物，生山麓草原化荒漠群落及覆沙地上，伴生种，局部成小群落。产西坡山麓地带。

分布于我国内蒙古（西鄂尔多斯至阿拉善），也见于蒙古（中南部）。东阿拉善种。

过去一直将该地区的植物定为白花黄芪 *A. galactites* Pall.，其实它是白花黄芪在蒙古高原荒漠区的替代种。

17. 淡黄芪（图版 51，图 5）

Astragalus dilutus Bunge in Del. Sem. Hort. Dorpat. 7. 1840；内蒙古植物志（二版）**3**：293. 1989. p. p.；中国植物志 **42**（1）：342. 图版 91. 图 15~21. 1993；宁夏植物志（二版）**上册**：469. 2007.

多年生矮小草本，高 3~10 cm。根较粗壮，多分歧，暗褐色，根颈部有残存的枯叶柄。无地上茎。叶基生，成密丛状，丛径 5~10 cm，全株密被白色丁字毛；奇数羽状复叶，具小叶 9~13；托叶卵状披针形，长 3~4 mm，下部连合，被白色粗毛；小叶椭圆形或倒卵形，长 5~12 mm，宽 3~5 mm，先端稍尖，基部楔形，两面密被白色丁字毛。近头状总状花序，具花 4~6 朵，总花梗比叶短或近等长，密被白毛；苞片卵状披针形，长 3~3.5 mm，有毛；花萼初为筒状，长 9~10 cm，果期为矩圆状卵形，长 10~15 mm，被黑色和白色丁字毛，萼齿条状锥形，长 3~4 mm；花淡紫色，如淡黄色则龙骨瓣花淡紫色，旗瓣矩圆状卵形，长 17~20 mm，顶端圆形或微凹，基部渐狭成爪，翼瓣较旗瓣短，龙骨瓣又较翼瓣短，两者均具爪和耳。荚果卵形或矩圆状披针形，长 8~9 mm，宽 3~3.5 mm，密被开展的白色长柔毛，包藏膨大的萼内。花期 6~7 月，果期 7~8 月。

旱生植物。生北部荒漠化较强的石质低山丘陵，见西坡北部的山缘地带。

分布于我国内蒙古（阿尔巴斯山）、宁夏（石嘴山）、新疆（北部），也见于中亚（天山）、俄罗斯（西伯利亚、阿尔泰）、蒙古（西部、南部）。戈壁（山地）种。

《内蒙古植物志》（一、二版）均描述该种花淡黄色或淡紫色，加之小叶数扩大至 15，显然有一部分花淡黄色（没提龙骨瓣紫色）的其他种包括在该种内。《亚洲中部植物》(Pl. Asi. Centr. **8c**：149. 2000) 也只承认《内蒙古植物志》该种的一部分，而在 p152 中，认为是胀萼黄芪 *A. ellipsoideus* Ledeb. (*A. dilutus* auct. non Bunge)，但是在胀萼黄芪的分布中却没有贺兰山；p145 又认为《内蒙古植物志》的胀萼黄芪是拟边塞黄芪 *Astragalus ochrias* Bunge，后面的观点比较混乱。

18. 拟边塞黄芪（图版 51，图 4）

Astragalus ochrias Bunge in Bull. Acad. Sci. St. -Petersb. **24**：33. 1877；Pl. Asi. Centr. **8c**：145. 2000. ——*A. arkalycensis* auct. non Bunge：内蒙古植物志（二版）**3**：297. 图版 117. 图 1~5. 1989；中国植物志 **42** (1)：343. 图版 91. 图 8~14. 1993. p. p.（内蒙古、宁夏部分）

多年生草本。高 5~15 cm。具短缩而分枝的地下茎，地上部分无茎。叶基生，形成较大的密丛，被白色平伏丁字毛，呈灰绿色；单数羽状复叶，具小叶 9~19；托叶卵形，长 6~8 mm，基部与叶柄离生，密被白色丁字毛；叶长 3~5 cm，叶柄与叶轴等长或近等长；小叶矩圆形或椭圆形，长 5~10 mm，宽 3~5 mm，先端锐尖或钝，基部宽楔形，两面密被平伏的白色丁字毛。总花梗粗壮，较叶长 1~2 倍，长 10~25 cm，平卧或斜卧，被白色毛；短总状花序圆头形或卵圆形，长 2~4 cm，花密集；苞片条状披针形，长 4~5 mm，被白色或黑色毛；花萼筒形，长约 12 mm，果时膨胀，呈卵形，长 11~15 mm，密被开展的白色长柔毛，萼齿丝状条形，长 2~4 mm，常密被黑色毛；花冠紫红色，有时黄色，但具红色红晕；旗瓣长 17~20 mm，瓣片矩圆状倒披针形，先端微凹，下部渐狭，翼瓣长 16~18 mm，瓣片矩圆形，爪较瓣片长，龙骨瓣与翼瓣近等长，瓣片近矩圆形，爪较之长，两者均具耳。

荚果矩圆形，长 7~8 mm，宽 3~4 mm，1 室，无柄，密被开展的长柔毛。花期 5~6 月，果期 6~7 月。

旱生植物。生海拔 1 300（东坡）~1 900~2 200 m 浅山和山缘的石质山坡和宽阔山谷的干燥阳坡。东、西均有广泛分布。

分布于我国内蒙古（阴山西部，模式产地乌拉山）。贺兰山–乌拉山特有种。

《亚洲中部植物》8c 记载也分布于新疆天山，但仅说其小叶数和被毛以及旗瓣大小都有差异，是否是该种尚待确定。

该种过去被定为边塞黄芪 *A. arkalycensis* Bunge，其植株外形相近，特别是总花梗都为叶长的 1.5~2 倍，极易混淆。花色明显不同，为淡黄白色，被毛多为贴伏毛，花萼、萼齿被白色和混有黑色毛。

19. 胀萼黄芪（图版 51，图 6）

Astragalus ellipsoideus Ledeb. Fl. Alt. **3**：319. 1831；贺兰山维管植物：154. 1986；中国植物志 **42**（1）：340. 图版 91. 图 1~7. 1993；宁夏植物志（二版）**上册**：466. 2007. ——*A. kurtschumensi* auct. non Bunge：内蒙古植物志（二版）**3**：299. 图版 115. 图 11~15. 1989. ——*A. dilutus* auct. non Bunge：内蒙古植物志（二版）**3**：293. 1989. p. p.（指花黄色）

多年生草本。高 10~30 cm。根粗壮、褐色、木质化。茎短缩，近无地上茎。叶基生，与花葶形成密丛，奇数羽状复叶，具小叶 9~21，长 7~15 cm；叶柄与叶轴等长或短 1/2；托叶下部与叶柄联合，上部披针形，密被白色丁字毛；小叶椭圆形或倒卵形，长 5~10 mm，宽 3~5 mm，先端锐尖或钝，基部宽斜形，两面密被白色贴伏丁字毛。总状花序卵圆形，具多花；长 2~5 cm；总花梗较直立或斜升，较叶短或等长；苞片条状披针形，被白色、有时混有黑色的缘毛；花萼筒状，长约 10 mm，果期膨大，长 12~16 mm，萼齿条状钻形，为萼筒的 1/3~1/2，被白色、有时混有黑色的长柔毛；花冠黄色，旗瓣矩圆状倒卵形，长 20~25 mm，先端微凹，中部微缢缩，爪不明显，翼瓣较旗瓣短，瓣片矩圆形，先端有时微凹，龙骨瓣较翼瓣短，爪长于瓣片。荚果卵状长圆形，长 12~15 mm，宽约 4 mm，革质，密被白色开展毛。花期 5~6 月，果期 6~7 月。

旱生植物。生海拔 1 900 m 左右石质山坡。仅见西坡哈拉乌沟口。

分布于我国内蒙古（西部）、宁夏（石嘴山、青铜峡）、甘肃（河西走廊）、青海（海西）、新疆，也见于中亚（天山、哈萨克斯坦）、俄罗斯（西伯利亚、阿尔泰）、蒙古（西部、南部）。哈萨克斯坦–戈壁种。

《内蒙古植物志》在贺兰山没收胀萼黄芪，而收了库尔楚黄芪 *A. kurtschumensis* Bunge，后者高度仅 5 cm，小叶数多达 30 以上（《内蒙古植物志》写 25），萼被贴伏的丁字毛等与我们看到的标本不同，故定胀萼黄芪。

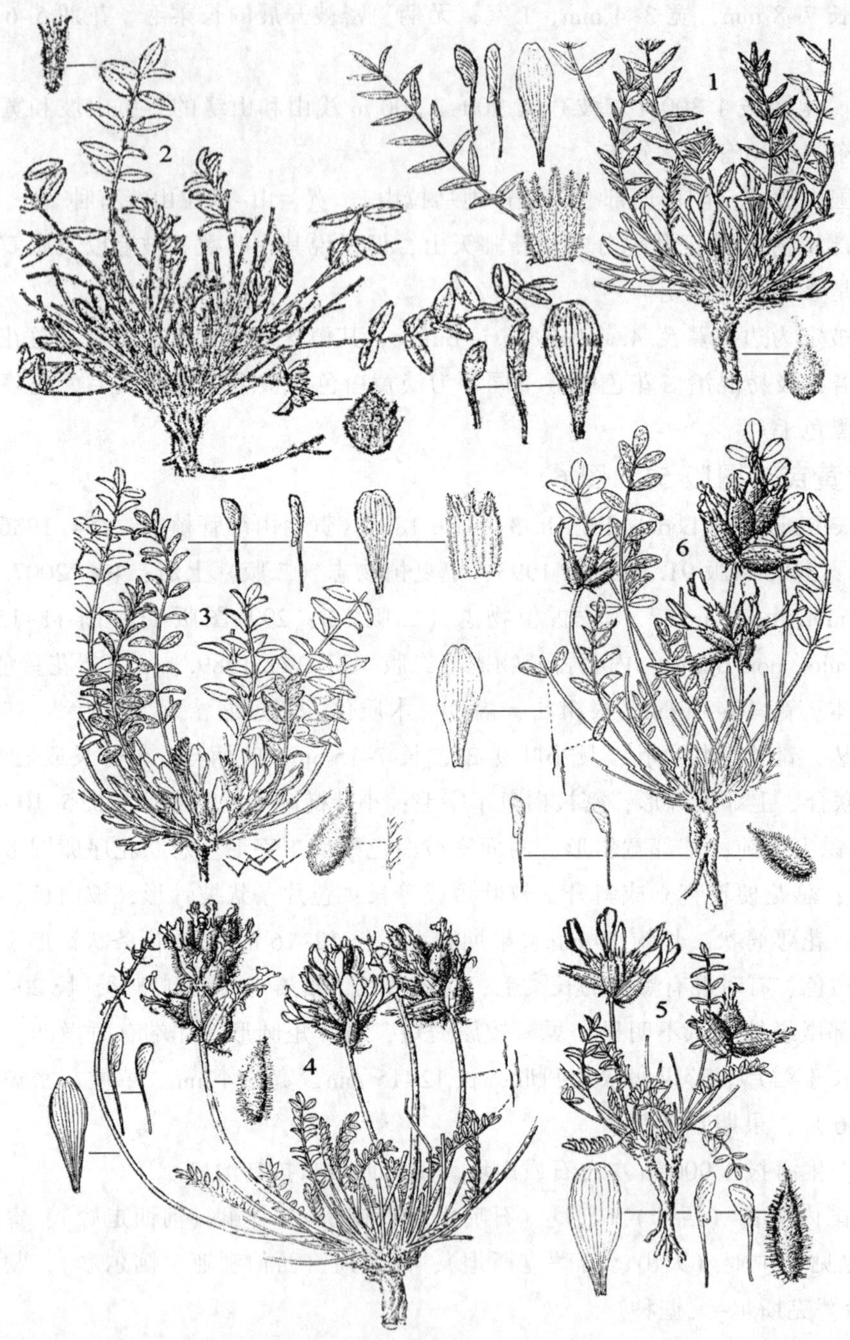

图版 51　1. 白花黄芪 Astragalus galactites Pall. 植株、萼、旗瓣、翼瓣、龙骨瓣、荚果；2. 圆果黄芪 A. junatovii Sancz. 植株、萼、旗瓣、翼瓣、龙骨瓣、荚果；　3. 卵果黄芪 A. grubovii Sancz. 植株、萼、旗瓣、翼瓣、龙骨瓣、荚果；4. 拟边塞黄芪 A. ochrias Bunge 植株、旗瓣、翼瓣、龙骨瓣、荚果；5. 淡黄芪 A. dilutus Bunge 植株、旗瓣、翼瓣、龙骨瓣、荚果；6. 胀萼黄芪 A. ellipsoideus Ledeb. 植株、旗瓣、翼瓣、龙骨瓣、荚果。（马平绘）

17. 棘豆属 Oxytropis DC.

多年生草本、半灌木或灌木。单数羽状复叶或具轮生小叶；托叶合生或分离。花序总状，穗状或密集成头状；萼钟形成筒状，5 齿裂；花冠紫色、蓝紫色、白色或黄色等，龙骨瓣先端具尖喙；雄蕊 10，成 9 与 1 两体，花药同形；子房具多数胚珠，花柱向内弯曲。荚果矩圆形、卵球形或条状矩圆形，通常膨胀，膜质或革质，伸出萼外或藏于萼内，果瓣 2，腹缝线通常具沟，向内延伸成隔膜，1 室或不完全 2 室，沿腹缝线开裂，稀不裂。

贺兰山有 11 种。

分种检索表

1. 半灌木；叶轴常为针刺状，宿存。
   2. 偶数羽状复叶，小叶 2~4 对，条形或披针形，先端具刺尖；荚果矩圆形 ………………………………………… 1. 刺叶柄棘豆 **O. aciphylla**
   2. 奇数羽状复叶，小叶 2~13，卵形或矩圆形，先端无刺；荚果卵球形 ………………………………………… 2. 胶黄芪状棘豆 **O. tragacanthoides**
1. 多年生草本；叶轴不为针刺状，脱落。
   3. 小叶 1，椭圆形或椭圆状披针形，叶轴长于小叶；荚果卵球形 ……… 3. 单小叶棘豆 **O. monophylla**
   3. 小叶多数。
      4. 小叶对生。
         5. 茎短缩或近无茎。
            6. 花黄色；植株呈密丛垫状，高 5~10 cm；小叶 7~19，卵形或椭圆状卵形，长 2~3 mm，宽约 1 mm ………………………………………… 4. 贺兰山棘豆 **O. holanshanensis**
            6. 花蓝紫色、紫色、天蓝色或白色；植株不呈密丛垫状，高 10 cm 以上。
               7. 花较大，长 20~35 mm，苞片卵形至卵状披针形，长约 10 mm，宽约 5 mm ………………………………………… 5. 宽苞棘豆 **O. latibracteata**
               7. 花较小，长 12 mm 以下，苞片条形或披针形，长 2~5 mm，宽 1~2 mm。
                  8. 小叶 11~25；花紫色或白色，长 8~10 mm；荚果下垂 ……… 6. 米尔克棘豆 **O. merkensis**
                  8. 小叶 25~41；花紫红或紫色，长 10~12 mm；荚果直立 ……… 7. 紫花棘豆 **O. subfalcata**
         5. 茎明显，发达。
            9. 茎伸长，匍匐，多分枝；小叶 11~19，披针形或卵状披针形，疏离；荚果卵状矩圆形，长 10~20 mm，果茎长不明显 ………………………………………… 8. 小花棘豆 **O. glabra**
            9. 茎较短，有时较长，斜升，少分枝；小叶 25~39，卵状披针形，密集；荚果矩圆形，长 12~16 mm，果茎长 2~4 mm ………………………………………… 9. 急弯棘豆 **O. deflera**
      4. 小叶轮生或有时对生。
         10. 花黄色，稍大，旗瓣长 16~22 mm；小叶（3）4 叶轮生或有时对生，有 6~9 轮（对）………………………………………… 10. 黄毛棘豆 **O. ochrantha**
         10. 花粉红色或带紫红色，稍小，旗瓣长 8~10 mm；小叶 4~6 叶轮生，有 6~12 轮 ………………………………………… 11. 砂珍棘豆 **O. racemosa**

1. 刺叶柄棘豆（图版 52，图 1）猫头刺

Oxytropis aciphylla Ledeb. Fl. Alt. **3**：279. 1831；内蒙古植物志（二版）**3**：303. 图版 118. 图 1~6. 1989；中国植物志 **42**（2）：9. 图版 3. 图 1~11. 1998；宁夏植物志（二版）**上册**：454. 图 352. 2007.

矮半灌木。高 10~15 cm。根粗壮，发达。茎多分枝，呈球状株丛。叶轴宿存，木质化，呈硬刺状，长 2~5 cm，下部粗壮，先端尖锐，老时淡黄色或黄褐色，嫩时灰绿色，密生平伏柔毛。双数羽状复叶，有小叶 2~3 对；托叶膜质，下部与叶柄连合，先端平截或尖，后撕裂，边缘有白色长毛；小叶条形，长 5~15 mm，宽 1~2 mm，先端渐尖，有刺尖，基部楔形，边缘通常内卷，两面密生银灰色伏柔毛。总状花序腋生，具 1~2 花；总花梗长 3~8 mm，密生伏柔毛；苞片膜质，小，披针状钻形；花萼筒状，长 8~12 mm，宽约 3 mm，花后稍膨胀，密生长柔毛；萼齿锥状，长约 3 mm；花冠蓝紫色、红紫色，稀白色，旗瓣倒卵形，长 14~24 mm，顶端钝，基部渐狭成爪，翼瓣短于旗瓣，龙骨瓣较翼瓣稍短，顶端喙长 1~1.5 mm；子房圆柱形，花柱先端弯曲，无毛。荚果矩圆形，硬革质，长 1~1.8 cm，宽 4~5 mm，背缝线深陷，隔膜发达，密生白色贴伏柔毛。花期 5~6 月，果期 6~7 月。

强旱生植物。生北部荒漠化较强的石质、覆沙质低山丘陵和沟谷，沿干燥阳坡可上升至海拔 2 300 m 的山地，能形成局部建群的草原化荒漠群落。东、西坡均极常见。

分布于我国河北、内蒙古（西部）、陕西（北部）、宁夏（中部、北部）、甘肃（中、西部）、青海（中、东部）、新疆（东部、北部），也见于俄罗斯（西伯利亚、阿尔泰）、蒙古（西部、南部）。亚洲中部种。

中粗等牧草。其茎叶捣碎煮汁可治脓疮。

2. 胶黄芪状棘豆（图版 52，图 2）

Oxytropis tragacanthoides Fisch. in DC. Prodr. **2**：280. 1925；内蒙古植物志（二版）**3**：304. 图版 118. 图 2~11. 1989；中国植物志 **42**（2）：12. 图版 3. 图 12~22. 1998.

矮半灌木，高 5~20 cm，呈半球状株丛。根粗壮，暗褐色。一年枝短缩，长 0.5~1.5 cm，老枝粗壮，密被针刺状宿存的叶轴。单数羽状复叶，具小叶 7~13；托叶膜质，疏被白毛，具明显脉，下部合生，上部分离，三角状，被缘毛；叶轴初密被白平伏的柔毛，叶落后变成无毛的扁粗刺；小叶卵形至矩圆形，长 5~10 mm，宽 2~4 mm，先端钝，无小刺尖，两面密被白色绢毛。总状花序具 2~5 花，总花梗短于叶，密被绢毛；苞片条状披针形，长 3~4 mm，被绢毛；花萼管状，长 10~14 mm，宽约 4 mm，密被白色和黑色长柔毛，萼齿条状钻形，长约 3 mm；花冠紫红色，旗瓣倒卵形，长 20~23 mm，先端圆或微凹；翼瓣长 18~20 mm，上部较宽，先端斜截形或凹陷，龙骨瓣长约 6 mm，喙长 2 mm。荚果球状卵形，长 20~25 mm，宽 10~12 mm，近无果柄，膨胀成膀胱状，被白色和褐色柔毛。花期 5~6 月，果期 7~8 月。2n= 32。

旱生植物。生海拔 1 800~2 200m 山脊和石质干燥山坡。见东坡汝箕沟；西坡峡子沟。

分布于我国甘肃（河西走廊）、青海（东部及柴达木）、新疆（阿尔泰），也见于哈萨克斯坦（东北部）、俄罗斯（西伯利亚、阿尔泰）、蒙古（西部）。阿尔泰–西戈壁种。

3. 单小叶棘豆（图版 53，图 3）内蒙古棘豆

Oxytropis monophylla Grub. in Journ. Bot. URSS **63**（3）：364. 1978；Pl. Asi. Centr. **8b**：54. 1998；宁夏植物志（二版）**上册**：454. 2007. ——*O. neimongolica* C. W. Chang et Y. Z. Zhao，Acta Phytotax. Sin. **19**（4）：523. 图 1. 1981； 内蒙古植物志（二版）**3**：304. 图版 118. 图 12~16. 1989；中国植物志 **42**（2）：119. 图版 31. 图 21~27. 1998.

多年生矮小草本。高 3~7 cm。主根伸直，黄褐色。茎短缩。叶具 1 小叶；托叶卵形，膜质，与叶柄基部贴生较高，长约 4 mm，上部分离，先端尖，被白色长柔毛；叶柄长 2~5 cm，密被贴伏白色绢状柔毛，宿存；小叶近革质，椭圆形或披针状椭圆形，长 10~30 mm，宽 3~8 mm，先端锐尖，基部楔形，边缘加厚，上面被贴伏的白色疏柔毛或无毛，绿色，下面密被白色长柔毛，灰绿色，易脱落。花葶较叶短，长 1~2 cm，密被长柔毛，具 1~2（4）花；花梗长约 3 mm，密被长柔毛；苞片条形，长约 3 mm，密被长柔毛；花萼筒状，长 8~14 mm，宽约 4 mm，密被白色长柔毛，并混生黑色短毛，萼齿三角状钻形，长约 2 mm；花冠淡黄色，干后污白色，龙骨瓣堇色，旗瓣匙形或近匙形，长 18~20 mm，常反折，先端近圆形，微凹或 2 浅裂，基部渐狭成爪，翼瓣长约 16 mm，矩圆形，爪长约 9 mm，具短耳，龙骨瓣长约 14 mm，上部蓝紫色，先端具长约 0.5 mm 短喙；子房被毛。荚果卵球形，膜质，长 15~20 mm，宽约 10 mm，膨胀，先端尖，具喙，密被白色长柔毛，近不完全 2 室。种子圆肾形，长约 1.5 mm，褐色。花期 5 月，果期 6 月。

旱生植物。生山缘石质低山丘陵、沙砾地，是山地荒漠草原和旱生灌丛的伴生种。见东坡甘沟；西坡哈拉乌沟、香池子沟、峡子沟。

分布于我国内蒙古（中北部、鄂尔多斯阿尔巴斯山），也见于蒙古（东戈壁、戈壁阿尔泰）。东戈壁种。

4. 贺兰山棘豆（图版 52，图 3）

Oxytropis holanshanensis H. C. Fu in Acta Phytotax. Sin. **20**（3）：313. 图 2. 1982； 内蒙古植物志（二版）**3**：318. 图版 123. 图 13~19. 1989；中国植物志 **42**（2）：61. 图版 18. 图 8~16. 1998；宁夏植物志（二版）**上册**：458. 2007. ——*O. imbricata auct.* non Kom.：Pl. Asi. Centr. **8b**：27. 1998.

多年生草本。高 5~10 cm。主根粗壮，木质化，向下直伸，深褐色，茎短缩，多分歧，形成垫状密丛，枝周围具多数褐色枯托叶。单数羽状复叶，长 5~10 mm，具小叶 7~19；轴密被长伏毛；托叶卵形，膜质，先端尖，密被长伏毛，与叶柄基部连合，宿存；小叶卵形或椭圆状卵形，长 2~3 mm，宽约 1 mm，先端锐尖，基部近圆形，两面密被长伏毛，呈灰白色，常反折。花常 10~15 朵排列成密集的短总状花序；总花梗纤细，长 2~8 cm，密被长

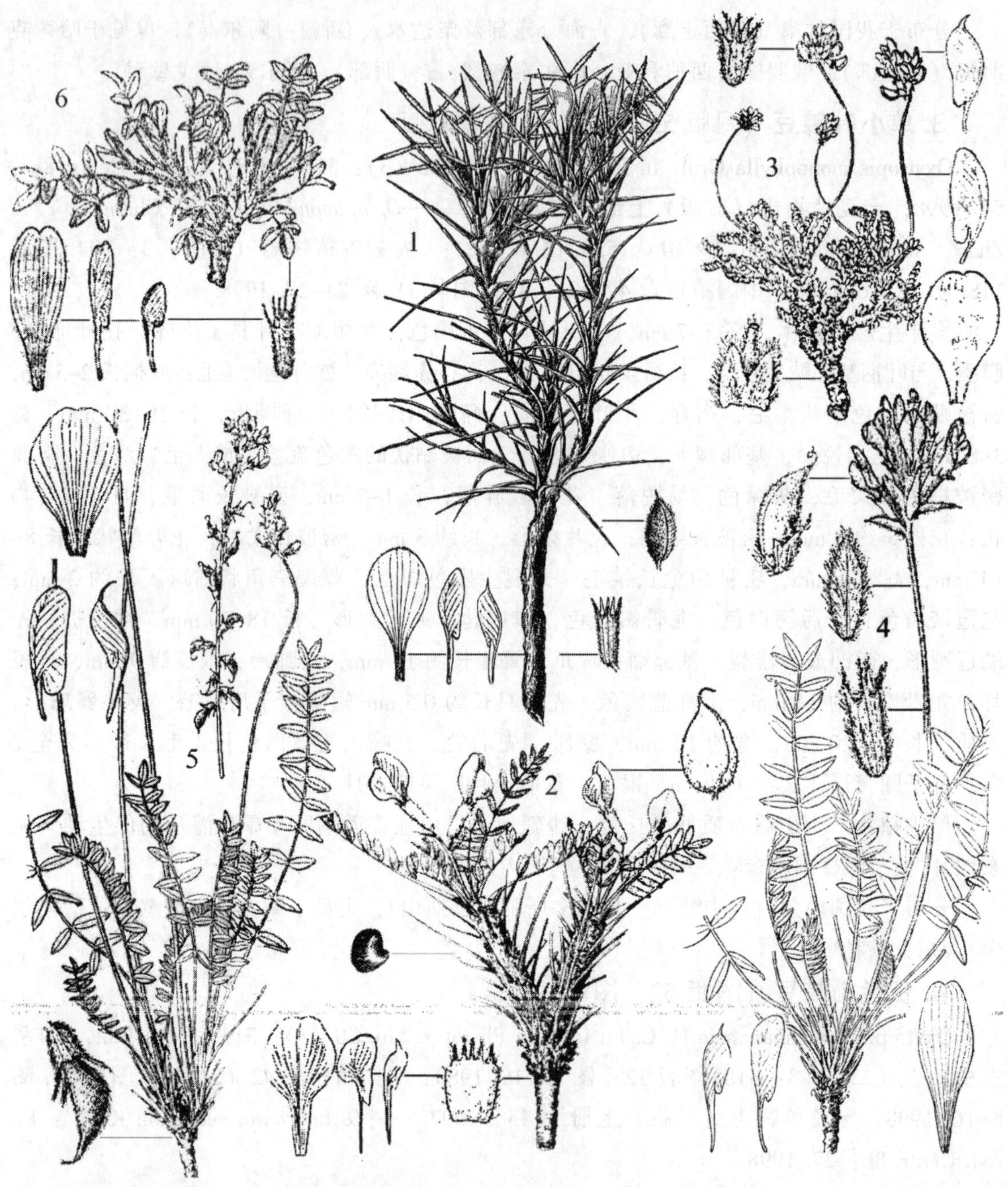

图版 52　1. **刺叶柄棘豆** Oxytropis aciphylla Ledeb. 植株、萼、旗瓣、翼瓣、龙骨瓣、荚果；2. **胶黄芪状棘豆** O. tragacanthoides Fisch. 植株、萼、旗瓣、翼瓣、龙骨瓣、荚果、种子；3. **贺兰山棘豆** O. holanshanensis H. C. Fu 植株、萼、旗瓣、翼瓣、龙骨瓣；4. **宽苞棘豆** O. latibracteata Jurtz. 植株、小叶、萼、旗瓣、翼瓣、龙骨瓣、荚果；5. **米尔克棘豆** O. merkensis Bunge 植株、旗瓣、翼瓣、龙骨瓣、荚果；6. **短龙骨黄芪** Astragalus parvicarinatus S. B. Ho 植株、萼、旗瓣、翼瓣、龙骨瓣。（1、3~6 马平等绘；2 仿中国植物志）

伏毛；苞片条状披针形，长约 1 mm，先端尖，两面被长伏毛，花梗极短，长 0.5 mm；花萼钟状，长 2.5~3 mm，外面密被白色和黑色长伏毛；萼齿条形，长约 1 mm；花冠淡黄色，旗瓣倒卵形，长约 7 mm，宽约 4.5 mm，先端圆形，微凹，基部渐狭成爪，翼瓣比旗瓣短，长约 5 mm；顶端微缺，爪长约 2 mm，耳长约 1 mm，龙骨瓣稍比翼瓣长，长约 6 mm，喙长约 1 mm；子房有毛，花柱弯曲，具子房柄。荚果球状卵形，长约 4 mm，宽约 3 mm，稍被柔毛。花期 7~8 月。

旱生植物。生海拔 2 000~2 400 m 山地石质山坡，为山地杂类草原的伴生种。见东坡苏峪口沟；西坡南寺沟、范家营等。

贺兰山是其模式产地。模式标本系叶友谦（Y. C. Ye 可能是何业祺 Y. C. Ho）No. 321（Holotype HIMC），1961 年 7 月 26 日采自贺兰山南寺。

为贺兰山特有种。

《亚洲中部植物》（Pl. Asi. Centr. **8b**：27. 1998）将本种作密花棘豆 *O. imbricata* Kom. 的异名。但后者花红紫色，干后黄色（原描述）；花序果期延伸，花很稀疏；小叶 14~27（31）；植株高 10~15 cm，明显不同。但应该承认两者有一定相似性，野外植物观察花为淡黄色，没见花红紫色者。

5. 宽苞棘豆（图版 52，图 4）

Oxytropis latibracteata Jurtz. in Not. Syst. Herb. Inst. Bot. USSR **19**：269. 1959；内蒙古植物志（二版）**3**：324. 图版 126. 图 1~7. 1989；Pl. Asi. Centr. **8b**：44. 1998；中国植物志 **42**（2）：86. 图版 24. 图 13~23. 1998；宁夏植物志（二版）**上册**：460. 图 357. 2007. ——*O. strobilacea* Bunge in Mem. Acad. Sci. St. –Petersb. **22**（1）：103. 1874. p.p.（Pl. Chin.）

多年生草本。高 5~15 cm。主根粗壮，棕褐色。茎短缩或近无茎，多少分枝，枝周围具多数褐色枯托叶，形成密丛。单数羽状复叶，具小叶 13（15）~ 23，长 10~15 cm，叶轴及叶柄密被贴伏或开展的绢毛；托叶膜质，卵形或宽披针形，与叶柄基部连合，密被长柔毛；小叶卵形至披针形，长 6~15 mm，宽 3~5 mm，先端渐尖，基部圆形，两面密被贴伏的绢毛。总状花序近头状，长 2~3 cm，具 5~9 朵花，总花梗较叶长或与之近等长，密被短柔毛，上部混生黑色短毛；苞片卵形，两端尖，较萼短，稀近等长，密被绢毛；花萼筒状，长 9~12 mm，宽 3~4 mm，密被黑白混生短毛，萼齿三角形，长约 2.5 mm；花冠蓝紫色、紫红色或天蓝色，旗瓣长 20~23 mm，瓣片长椭圆形，先端微凹，中部以下渐狭，翼瓣长约 18 mm，瓣片矩圆状倒卵形，先端钝和微凹，爪与瓣片近等长，龙骨瓣长约 16 mm，爪较瓣片长 1.5~2 倍，喙长约 2 mm。荚果卵状矩圆形，革质，长 1.5~2 cm，宽约 6 mm，先端具短喙，密被黑色和白色短柔毛。花期 6~7 月。2n=16。

耐寒旱中生植物。生海拔 2 600~3 400 m 山地及亚高山，高山草甸及灌丛中或林缘石质山坡。见东坡苏峪口沟；西坡哈拉乌沟、南寺沟、高山气象站。

分布于我国宁夏（罗山）、甘肃（甘南、祁连山）、青海（东、北部）、四川（西北部），为我国特有。唐古特种。

《亚洲中部植物》（Pl. Asi. Centr. **8b**：42. 1998）将契图尔津（Tchetyrkin）1908 年 4 月 29 日采自贺兰山的一号标本定为高山棘豆 *O. alpina* Bunge，我们认为仍是宽苞棘豆。《贺兰山维管植物》（157. 1986）将其定为 *O. grandiflora*（Pall.） DC.。

全草入蒙药（蒙药名：查干—萨日得马），能利尿、清肺，主治水肿、肺热咳嗽、尿闭。

6. 米尔克棘豆（图版 52，图 5）

Oxytropis merkensis Bunge in Bull. Soc. Nat. Mosc. **39**（2）：65. 1866；内蒙古植物志（二版）**3**：324. 图版 126. 图 8~12. 1989；中国植物志 **42**（2）：74. 图版 22. 图 22. 1998.

多年生草本。高 15~30 cm。主根较粗壮，淡褐色。无茎或茎短缩，有少数分枝，枝周围密被多数枯叶柄及托叶，全株密被灰色短柔毛，呈灰绿色。单数羽状复叶，具小叶 11~25，长 5~15 cm；托叶中下部与叶柄连合，分离部分披针状钻形，密被平伏的白色柔毛；叶柄短于叶轴，小叶披针形、卵状披针形或短圆形，长 5~10 mm，宽 2~4 mm，先端尖，基部宽楔形，两面密被疏平伏的柔毛。总状花序具多花，疏散， 果期伸长达 10~12 cm；总花梗纤细，长于叶 1~2 倍，被平伏的短柔毛；苞片钳形，长 1~2 mm；花萼钟状，长 4~5 mm，被贴伏白色和黑色短柔毛，萼齿钻形，长约 2 mm；花冠紫色或白色，旗瓣长 7~10 mm，瓣片宽倒卵形，先端微凹，翼瓣与旗瓣等长或稍短，龙骨瓣等长于或长于翼瓣，先端具暗紫色斑，喙长 1.5~2 mm。荚果卵状矩圆形，长 5~12 mm，宽 4~5 mm，顶端具短喙，密被平伏的短柔毛，果梗短于萼。花期 6~7 月。

旱生植物。生海拔 1 900~2 200 m 低山丘陵的石质阳坡。仅见西坡峡子沟。

分布于我国内蒙古（龙首山）、宁夏（南华山）、甘肃（南部、祁连山）、青海（东北部）、新疆（北部、天山），也见于中亚（天山）、帕米尔。亚洲中部山地种。

我国学者与俄罗斯学者对该种的界定有不同的见解。《亚洲中部植物》（Pl. Asi. Centr. **8b**：30. 27. 1998）认为该种只分布于新疆天山以北地区，将中国青海、甘肃、内蒙古地区的标本均定为密花棘豆 *A. imbricata* Kom.。《宁夏植物志》（二版）（**上册**：459）描述该种花冠为黄色。

7. 紫花棘豆（图版 53，图 2）

Oxytropis subfalcata Hance in Journ. Linn. Soc. Bot. **13**：78. 1873；中国植物志 **42**（2）：63. 图版 19. 图 1~10. 1998. ——*O. coerulea*（Pall.） DC. subsp. *sublfalcata*（Hance） Cheng f. ex. H. C. Fu in Fl. Intramong. **3**：230. 291. 图版 115. 图 9~16. 1977.

多年生草本。高 20~30 cm。主根粗壮，暗褐色。无地上茎或茎短缩，常于地表分歧，形成密丛。单数羽状复叶，具小叶 21~33，长 15~20 cm；托叶披针形，先端渐尖，膜质，中部以下与叶柄连合，被毛；叶轴细弱，疏被长柔毛；小叶矩圆状披针形或卵形，长 5~15 mm，宽 2~5 mm，先端锐尖或钝，基部圆形，两面疏被贴伏柔毛。总状花序长 8~10 cm，多花，疏生；花梗细弱，比叶长，疏被贴伏的白色柔毛；苞片条形，长约 3 mm，较花梗长；花萼钟状，长约 4 mm，被白色与黑色短毛；萼齿披针形，长约 2 mm；花冠红紫色或蓝紫色，长 10~12 mm，旗瓣长 9~10 mm，瓣片卵圆形，顶端圆，具短爪，翼瓣比旗瓣稍短，龙骨瓣稍短于翼瓣，喙长 2.5~3 mm。荚果矩圆状卵形，革质，长 12~18 mm，宽 4~5 mm，膨胀，先端具喙，疏被白色或黑色短柔毛，1 室，果梗长约 1 mm。花期 6~7 月，果期 7~8 月。2n=16。

中生植物。生海拔 1 800~2 000 m 的山地林缘或灌丛下。仅见东坡黄旗沟、苏峪口沟。

分布于我国华北、西北（东部）及内蒙古（大青山、苏木山）、河南（嵩山）。为我国特有。华北种。

8. 小花棘豆（图版 53，图 1）醉马草

Oxytropis glabra（Lam.） DC. Astrag. 35. 1802；内蒙古植物志（二版）**3**：330. 图版 128. 图 13~19. 1989；中国植物志 **42**（2）：26. 1998；宁夏植物志（二版）**上册**：461. 图 359. 2007. ——*Astragalus glaber* Lam. Encycl. **1**：525. 1783.

多年生草本。高 10~30 cm。茎伸长，匍匐，上部斜升，多分枝，疏被柔毛。单数羽状复叶，具小叶 11~19，长 5~10 cm，托叶披针状卵形或卵形，长 5~10 mm，草质，疏被柔毛，分离或基部连合；小叶披针形或卵状披针形，长（5）10~25 mm，宽 3~7 mm，先端尖或钝，基部圆形，上面无毛，下面疏被伏柔毛。总状花序腋生，花稀疏；总花梗较叶长，被短柔毛；苞片狭披针形，长约 2 mm，疏被柔毛；花梗长约 1 mm；花小，长 6~8 mm；花萼钟状，长 4~5 mm，被贴伏的白色柔毛，萼齿披针状钻形，长 1.5~2 mm；花冠淡蓝紫色，旗瓣宽倒卵形，长 7~8 mm，先端微凹，翼瓣稍短于旗瓣，龙骨瓣稍短于翼瓣，喙长 0.3~0.5mm；子房被毛。荚果长椭圆形，长 10~20 mm，宽 3~5 mm，下垂，膨胀，背部圆，腹缝线稍凹，喙长 1~1.5 mm，被贴伏的短柔毛。花期 6~7 月，果期 7~8 月。2n=16。

耐盐中生植物。生山麓盐碱化低地上。见东坡龟头沟；西坡巴彦浩特附近。

分布于我国西北及内蒙古（西部）、山西（西北部）、西藏，见于俄罗斯（西伯利亚）、蒙古、巴基斯坦、克什米尔。古地中海种。

有毒植物。含强烈的溶血活性的蛋白质毒素，家畜大量采食后，能引起慢性中毒，出现消瘦、腹胀、体温增高、双目失明、口吐白沫，最后死亡。中毒初期用更换饲草、草地可以缓解。

9. 急弯棘豆（图版 53，图 5）

Oxtropis deflexa（Pall.） DC. in Astrag. 77. 1802；内蒙古植物志（二版）**3**：331. 图版 128. 图 7~12. 1989；中国植物志 **42**（2）：29. 图版 9. 图 12~17. 1998；宁夏植物志（二版）**上册**：462. 2007. ——*Astragalus deflexus* Pall. in Acta Acad. Sci. Petrop. 2. 268. 1779.

多年生草本。高 10~20 cm。全株被开展的黄色柔毛，呈黄绿色。茎直立。单数羽状复

叶，具小叶 25~51，长 5~15 cm；托叶披针形，长渐尖，分离，基部与叶柄连合，密被长柔毛；叶柄比叶轴长；小叶卵状披针形，5~15 mm，宽 2~5 mm，先端尖，基部圆形，两面被半开展的柔毛，下部叶向下弯垂。总状花序密生多花，长 2~3 cm，以后延伸，总花梗长 5~20 cm，与叶等长或较之稍长；苞片条形，膜质，与萼筒近等长；花小，下垂；花萼钟状，长约 6 mm，被白色或黑色柔毛，萼齿条形，长约 2. 5 mm；花冠淡蓝紫色，旗瓣卵形，长约 8 mm；先端微凹，翼瓣与旗瓣等长，龙骨瓣较翼瓣稍短，喙长约 1 mm。荚果矩圆状卵形，长 12~18 mm，果梗长 2~4 mm，被黑色与白色短柔毛。花期 6~7 月，果期 7~8 月。2n=16。

旱中生植物。生海拔 2 500~2 800 m 山地沟谷、溪水边和林缘石质山坡。见东坡苏峪口沟；西坡哈拉乌北沟、南寺雪岭子。

分布于我国山西（五台山）、甘肃（祁连山）、青海（东北部）新疆（阿尔泰）、四川（西北部）、西藏（北部），也见于俄罗斯（西伯利亚、贝加尔、远东）、蒙古（北部、阿尔泰）。东古北极种。

据有的资料记载也是有毒植物，家畜采食后也会引起中毒。

10. 黄毛棘豆（图版 42，图 4） 黄穗棘豆

Oxytropis ochrantha Turcz. in Bull. Soc. Nat. Mosc. **5**：188. 1832；内蒙古植物志（二版）**3**：307. 图版 119. 图 1~8. 1989；中国植物志 **42**（2）：124. 1998.

多年生草本。高 10~30 cm。茎极短缩，茎、叶密生黄色长柔毛。羽状复叶，长 8~20 cm；托叶膜质，中下部与叶柄贴生，分离部分披针形；小叶 8~9 对，（3）4 枚轮生或对生，卵形、披针形、条形或矩圆形，长 6~25 mm，宽 3~10 mm，先端锐尖或渐尖，基部圆形，幼叶密生白色或黄色长柔毛。花多数，组成密集的圆柱状总状花序；总苞圆柱形与叶等长，苞片披针形，较萼长，被密毛；花萼筒状，硬膜质，长约 10 mm，萼齿披针状线形，与筒部近等长，密生黄色长柔毛；花冠白色或黄色，旗瓣椭圆形，长 16~22 mm，顶端圆形，基部渐狭成爪，翼瓣与龙骨瓣较旗瓣短，龙骨瓣顶端具喙，喙长约 1.5 mm；子房密生黄色长柔毛。荚果膜质，卵形，膨胀，长 15~18 mm，宽约 7 mm，1 室，密生黄色长柔毛。花期 6~7 月，果期 7~8 月。2n=16。

中旱生植物。生山地沟谷林缘。仅见东坡大口子沟（转角楼下）。

分布于内蒙古（中、南部）、河北、山西、陕西（中、北部）、宁夏（六盘山）、甘肃（中、东部）、四川（西北部）和西藏（东部），一些资料写蒙古有分布，经查实没有。东亚（华北–西南）种。

11. 砂珍棘豆（图版 53，图 4）

Oxytropis racemosa Turcz. in Bull. Soc. Nat. Mosc. **5**：187. 1832；中国植物志 **42**（2）：图 137. 图版 36. 图 1~9. 1998. ——*O. gracilima* Bunge in Linnaea **17**：5. 1843（in noto）；内蒙古植物志（二版）**3**：309. 图版 120. 图 1~5. 1989；Pl. Asi. Centr. **8b**：65. 1998；宁夏植

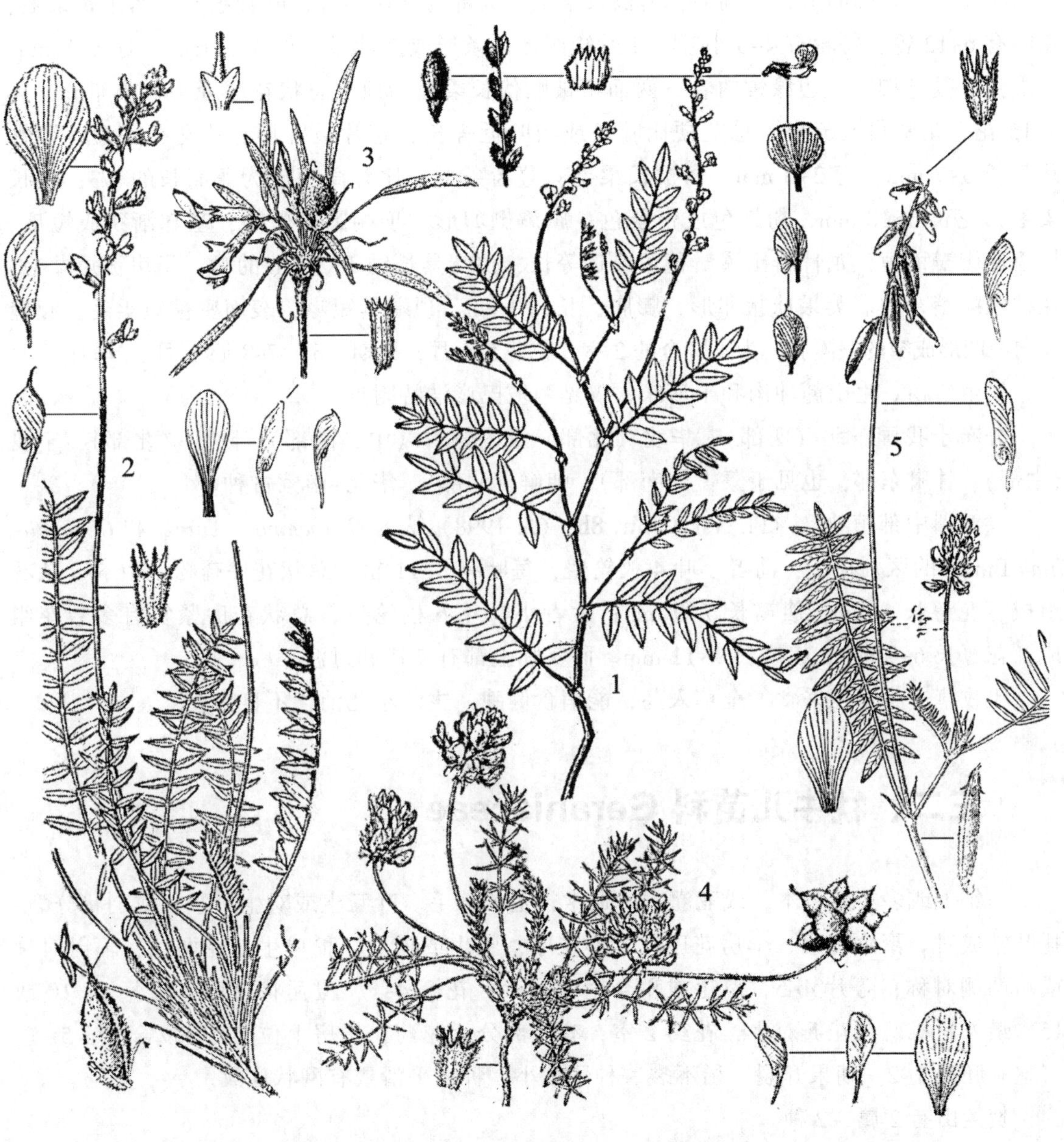

图版 53　1. 小花棘豆 Oxytropis glabra（Lam.） DC. 植株、花萼、旗瓣、翼瓣、龙骨瓣、荚果；2. 紫花棘豆 O. subfalcata Hance 植株、萼、旗瓣、翼瓣、龙骨瓣、荚果；3. 单小叶棘豆 O. monophylla Grub. 植株、托叶、萼、旗瓣、翼瓣、龙骨瓣；4. 砂珍棘豆 O. racemosa Turcz. 植株、萼、旗瓣、翼瓣、龙骨瓣；5. 急弯棘豆 O. deflexa（Pall.） DC. 植株、萼、旗瓣、翼瓣、龙骨瓣、荚果。（马平等绘）

物志（二版）**上册**：45. 2007. ——*O. psammocharis* Hance in Journ. Linn. Soc. Bot. **13**：78. 1873.

多年生草本。高 5~15 cm。根圆柱形，伸长，黄褐色。茎短缩或几乎无茎，多头。轮生羽状复叶；托叶卵形，先端尖，密被长柔毛，大部与叶柄连合；叶轴细弱，密生长柔毛，每叶有 6~12 轮，每轮有 4~6 小叶；小叶矩圆形、条形或披针形，长 3~10 mm，宽 1~2 mm，先端尖，基部楔形，边缘常内卷，两面密被贴伏长柔毛。顶生总状花序近头状或卵形，具 5~15 花，花密集或疏松，总花梗比叶长或与叶近等长；苞片披针形，比花萼稍短；萼钟状，长 5~7 mm，宽 2~3 mm，密被长柔毛，萼齿条形，比萼筒短或为萼筒长的 1/3；被长柔毛；花长 6~10 mm，粉红色或带紫色；旗瓣倒卵形，顶端圆或微凹，基部渐狭成短爪，翼瓣比旗瓣稍短，龙骨瓣比翼瓣稍短或近等长，顶端具长约 1~2 mm 的喙；子房被短柔毛，花柱顶端稍弯曲。荚果球状卵形，膨胀，长约 1 cm，顶端具短喙，表面密被短柔毛，腹缝线向内凹形成窄的假隔膜，为不完全的 2 室。花期 5~6 月，果期（6）7~8（9）月。2n=16。

旱生植物。生山麓冲沟和干河床。仅见西坡巴彦浩特附近。

分布于我国东北（西部）、华北（北部）及内蒙古（中、南部）、陕西（北部）、宁夏（中部）、甘肃东部，也见于蒙古（南部）、朝鲜（北部）。华北–南蒙古种。

《亚洲中部植物》（Pl. Asi. Centr. **8b**：65. 1998）认为 *O. racemosa* Turcz. 和 *O. gracillima* Bunge 的区别在于：前者小叶 4 枚轮生，每叶有 8~11 轮，总状花序疏松，由 5~9 朵花组成，花萼长 5 mm，旗瓣长 7~9 mm；后者小叶 4~6 枚轮生，总状花序紧实有多数花组成，花萼长 6~7 mm，旗瓣长 9~11 mm。而实际上都有交错和过渡。

粗牧草，小畜稍采食。全草入药，能消食健脾，主治小儿消化不良。

三二、牻牛儿苗科 Geraniaceae

一年生或多年生草本，或亚灌木。通常被毛或腺毛。叶互生或对生，掌状或羽状分裂；托叶常成对。聚伞花序、伞房花序或伞形花序，腋生或顶生，稀单生；花两性，辐射对称或略两侧对称；萼片 4~5，离生或稍合生，宿存；花瓣 4~5，覆瓦状排列；雄蕊 5、10 或 15，最外轮雄蕊与花瓣对生，花药 2 室，有时部分无花药；子房上位，5 心皮合生，5 室，每室有胚珠 1~2。蒴果开裂，稀不裂。种子细小，种皮平滑或有网状底纹。

贺兰山有 2 属，2 种。

分属检索表

1. 雄蕊 10，外轮 5 枚无花药；蒴果成熟时 5 果瓣由下而上呈螺旋状卷曲 ………… **1. 牻牛儿苗属 Erodium**

1. 雄蕊 10，通常全部有花药；蒴果成熟时 5 果瓣通常由下而上呈匙状反卷，而不作螺旋状卷曲 ……… ………………………………………………………… **2. 老鹳草属 Geranium**

1. 牻牛儿苗属 Erodium L’Herit.

草本。叶对生，羽状深裂，具托叶。花整齐，排列成疏伞形花序，具总花梗；萼片 5，花瓣 5，与腺体互生；雄蕊 10，2 轮，雄蕊与萼片对生，退化雄蕊为鳞片状与花瓣对生；子房 5 室，每室含胚珠 2，花柱 5。蒴果，成熟时果瓣与中轴分离，由下而上呈螺旋状卷曲，果瓣内面有毛。种子无胚乳。

贺兰山有 1 种。

1. 牻牛儿苗（图版 54，图 1）

Erodium stephanianum Willd. Sp. Pl. **3**：625. 1880；内蒙古植物志（二版）**3**：398. 图版 153. 图 1~2. 1989；中国植物志 **43**（1）：22. 1998；宁夏植物志（二版）**上册**：496. 图 391. 2007.

一年生或二年生草本。高 10~40 cm。茎平铺地面或稍斜升，多分枝，被柔毛。叶对生，卵形或矩圆状三角形，长 6~7 cm，宽 3~5 cm，二回羽状深裂，一回羽片 3~7 对，基部下延至中脉；小羽片条形，全缘或具 1~3 粗齿，两面均被疏柔毛；叶柄长 4~7 cm，被长柔毛或近无毛；托叶条状披针形，边缘膜质，被柔毛。伞形花序腋生，通常有 2~5 花，总花梗长 5~15 cm；萼片矩圆形或近椭圆形，长 5~8 mm，花后增大，具多数脉及长硬毛，先端具长芒；花瓣淡紫色或蓝紫色，倒卵形，长约 7 mm，基部具白毛；子房被灰色长硬毛。蒴果长 3~4 cm，顶端有长喙，成熟时 5 个果瓣与中轴分离，喙部呈螺旋状卷曲。花期 5~6 月，果期 7~8 月。2n=16。

旱中生植物。生海拔 1 400~2 000 m 宽阔山谷溪水边、干河床石砾地。东、西坡均有分布，为习见植物。

分布于我国黄河以北各省区，也见于中亚、俄罗斯（西伯利亚、远东）、蒙古、朝鲜、尼泊尔、克什米尔、阿富汗。古地中海种。

全草入药，能祛风湿、活血通络、止泻痢，主治风寒湿痹、筋骨疼痛、肌肉麻木、肠炎痢疾。

2. 老鹳草属 Geranium L.

多年生草本。叶对生或互生，掌状分裂；托叶 2 或 4。花单生或成聚伞花序；花辐射对称；萼片 5；花瓣 5，覆瓦状排列；蜜腺 5，与花瓣互生；雄蕊 10，通常全部具花药；花丝基部扩大，离生或基部稍合生，子房 5 室，花柱上部分枝 5。蒴果，顶端有喙，每果瓣具 1 种子，成熟时由下而上反卷开裂，但不作螺旋状卷曲，果瓣宿存于花柱上。

贺兰山有 1 种。

1. 鼠掌老鹳草（图版 54，图 2） 鼠掌草

Geranium sibiricum L. Sp. Pl. 683. 1753；内蒙古植物志（二版）**3**：407. 图版 156. 图 1. 1989；中国植物志 **43**（1）：33. 1998；宁夏植物志（二版）**上册**：497. 2007.

多年生草本。高 20~70 cm。根圆锥形，直伸。茎细长，伏卧或上部斜升，多分枝，被倒生短毛。叶对生，基生叶及下部茎生叶有长柄，上部叶具短柄，被倒生毛，肾状五角形，长 2~5 cm，宽 3~6 cm，掌状 5 深裂，基部宽心形，裂片倒卵形或狭倒卵形，羽状分裂或齿状深缺刻；上部叶 3 深裂；两面疏被伏毛，沿脉毛较密。花单生叶腋，花梗被倒生柔毛，近中部具 2 条披针形苞片，果期向侧方弯曲；萼片长卵形，具 3~5 脉，沿脉有疏柔毛，长约 4~6 mm，顶端具芒，边缘膜质；花瓣淡红色或近于白色，长近于萼片，基部微有毛；花丝基部具缘毛；花柱合生部分极短，花柱分枝长约 1 mm。蒴果长 1.5~2 cm，其中喙长 1.2~1.5 cm，被柔毛。种子具细网状隆起。花期 6~8 月，果期 8~9 月。2n=28。

中生植物。生海拔 1 300（东坡）~1 700~2 200 m 山地河谷溪边、灌丛下及林缘。见东坡苏峪口沟、黄旗沟、拜寺沟、大水沟；西坡哈拉乌沟、北寺沟、南寺沟、峡子沟、镇木关沟等。

分布于长江以北各省区，也见于欧亚大陆温、寒地区。古北极种。

全草入药。蒙药名：米格曼森法。能明目、活血调经，主治结膜炎、月经不调、白带。

三三、亚麻科 Linaceae

草本或灌木。单叶互生，稀对生，全缘；常有托叶。花两性，辐射对称，呈二岐或单岐状，聚伞花序；萼片 5 或 4，离生或基部合生，覆瓦状排列，宿存；花瓣与萼片同数，常具冠状爪，早落；雄蕊 5 或 10，与花瓣互生，发育雄蕊呈 1 轮，有时另外一轮退化；雌蕊由 2~3 或 5 心皮合生；子房上位，3~5 室，每室有 1~2 胚珠，常有假隔膜。蒴果或核果。种子胚直立，有或无胚乳。

贺兰山有 1 属，1 种。

1. 亚麻属 Linum L.

多年生或一年生草本。茎直立，无毛。叶互生，稀对生；条形或披针形，无柄。单岐聚伞花序；萼片 5；花瓣 5，分离或爪部合生；雄蕊 5，花丝基部合生，或具 5 退化雄蕊，与花柱同长或异长；花柱 5，分离或合生至顶部。蒴果 5 室，每室又为假隔膜隔开，具种子 10 粒。

贺兰山有 1 种。

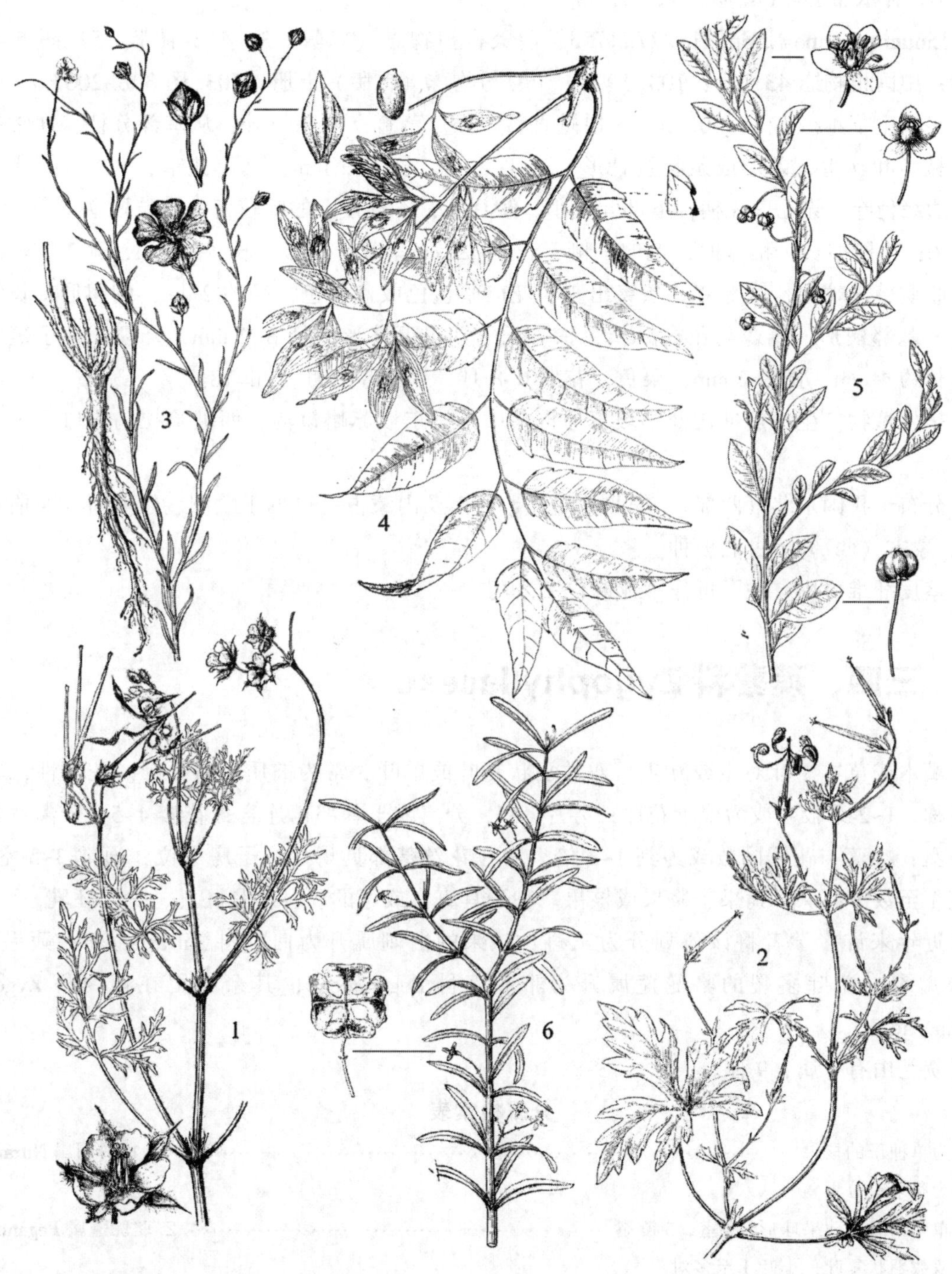

图版 54　**1. 牻牛儿苗** Erodium stephanianum Willd. 植株上部、花；**2. 鼠掌老鹳草** Geranium sibiricum L. 植株上部；**3. 宿根亚麻** Linum perenne L. 植株上部、根及植株下部、花、果；**4. 臭椿** Ailanthus altissima (Mill.) Swingle 果枝；**5. 一叶荻** Flueggea suffruticosa (Pall.) Baill. 果枝（雌株）、雄花、雌花、果；**6. 矮卫矛** Euonymus nanus Bieb. 花枝、果（1~2 马平绘；5 张海燕绘；3~4、6 田虹绘）。

1. 宿根亚麻（图版 54，图 3）

Linum perenne L. Sp. Pl. 277. 1753；内蒙古植物志（二版）**3**：412. 图版 157. 图 5~6. 1989；中国植物志 **43**（1）：103. 1998；宁夏植物志（二版）**上册**：503. 图 398. 2007.

多年生草本。高 20~50 cm。主根垂直，粗壮。茎直立或稍斜升，从基部分枝，通常有不育枝。叶互生，条形或条状披针形，长 1~2 cm，宽 1~2 mm，基部狭窄，先端尖，具 1 脉，边缘稍卷，无毛，无柄；下部叶较小，鳞片状，不育枝上的叶较密。单歧聚伞花序，具花 3~6；花梗细长，稍弯曲，偏向一侧，长 1~2.5 cm，萼片卵形，长 3~5 mm，宽 2~3 mm，边缘膜质，先端尖，基部有 5 条突出脉；花瓣暗蓝色或蓝紫色，径约 2 cm，倒卵形，长约 1 cm，基部楔形；雄蕊与花柱异长，稀等长。蒴果近球形，径 6~7 mm，开裂。种子矩圆形，长约 4 mm，宽约 2 mm，栗色。花期 6~8 月，果期 8~9 月。2n=18。

旱生植物。生山麓冲沟及山坡草原群落中。见东坡苏峪口沟；西坡哈拉乌沟口、水磨沟口。

分布于我国东北（西部）、华北、西北、西南及内蒙古，也见于欧洲、俄罗斯（西伯利亚）、蒙古（西部）。古北极种。

茎皮纤维可用。种子可作“亚麻仁”入药。

三四、蒺藜科 Zygophyllaceae

灌木或草本。叶对生或互生，双数羽状复叶或单叶，常为肉质；有托叶。花两性，辐射对称，1~2 朵腋生或为聚伞花序；萼片 4~5，分离或于基部稍连合；花瓣 4~5，分离；常具花盘；雄蕊与花瓣同数或为其 1~3 倍，常在花丝基部具鳞片；子房上位，通常 3~5 室，每室 1 至数个胚珠。蒴果、浆果或核果。种子具直立或弯的胚，多具胚乳，少无胚乳。

近年来许多学者将该科划分为三科：核果的白刺属升为白刺科 Nitrariaceae；蒴果 3 室 3 瓣裂、单叶多裂的骆驼蓬属升为骆驼蓬科 Peganaceae；其余的留在蒺藜科 Zygophyllaceae。

贺兰山有 6 属，9 种。

分属检索表

1. 果为单种子的核果 ………………………………………… 1. 白刺属 **Nitraria**
1. 果为蒴果或分果。
  2. 单叶条裂；蒴果球形，3 室，3 瓣裂 ………………………… 2. 骆驼蓬属 **Peganum**
  2. 双数羽状复叶，小叶 1 至多对。
    3. 灌木；花 4 基数。
      4. 分果，具 4 深裂的分果瓣，小枝先端不为刺状 ………………… 3. 四合木属 **Tetraena**
      4. 蒴果，具 3 翅，小枝先端刺状 ………………………………… 4. 霸王属 **Sarcozygium**
    3. 草本；花 5 基数。

5. 分果，具 5 个不分开的果瓣，针刺状；小叶多对，非肉质 ························ 5. 蒺藜属 **Tribulus**

5. 蒴果，具 5 棱或翅；小叶 1~5 对，肉质 ··· 6. 驼蹄瓣属 **Zygophyllum**

1. 白刺属 Nitraria L.

灌木，枝通常具刺。叶肉质，条形至倒卵形，全缘或顶端具齿裂；有托叶。顶生单歧聚伞花序，花小，白色或带黄色；萼片 5，基部连合，宿存；花瓣 5，雄蕊 10~15，子房上位。浆果状核果，含 1 种子。

贺兰山有 2 种。

分种检索表

1. 果小，长 6~8 mm，熟时暗红色，果汁蓝紫色；嫩枝上叶多为 4~6 个簇生，倒披针形 ·· 1. 小果白刺 **N. sibirica**

1.果较大，长 8 mm 以上，熟时深红色，果汁玫瑰色；嫩枝上叶多为 2~3 个簇生，宽倒披针形或长椭圆状匙形 ·· 2. 白刺 **N. tangutorum**

1. 小果白刺（图版 55，图 1） 西伯利亚白刺

Nitraria sibirica Pall. Fl. Ross. **1**：8. 1784；内蒙古植物志（二版）**3**：415. 图版 158. 图 1~3. 1989；中国植物志 **43**（1）：120. 1998；宁夏植物志（二版）**上册**：505. 2007.

灌木。高 0.5~1 m。多分枝，弯曲或直立，有时横卧，小枝灰白色，尖端刺状。叶肉质，在嫩枝上多为 4~6 个簇生，倒卵状匙形，长 0.6~1.5 cm，宽 2~5 mm，全缘，顶端圆钝，具小突尖，基部窄楔形，无毛或嫩时被柔毛；无柄。顶生单歧聚伞花序；萼片 5，绿色，三角形；花瓣 5，白色，矩圆形；雄蕊 10~15；子房 3 室。浆果状核果，熟时近球形或椭圆形，长 6~8 mm，深紫红色，果汁暗蓝紫色，味咸甜；果核卵形，先端尖，长约 4~5 mm。花期 5~6 月，果期 7~8 月。2n=24，60。

耐盐旱生植物。生山麓低平盐碱地上。仅见西坡巴彦浩特、呼吉尔图。

分布于我国东北（西部及沿海）、华北（北部及沿海），也见于俄罗斯（西伯利亚）、蒙古。古地中海种。

重要的固沙植物，能积沙而形成白刺沙堆，固沙能力较强。果实味酸甜，可食。果实入药，能健脾胃、滋补强壮、调经活血，主治身体瘦弱、气血两亏、脾胃不良、月经不调、腰腿疼痛等。果实也作蒙药用（蒙药名，哈日莫格），能健脾胃、助消化，安神解表、下乳，主治脾胃虚弱、消化不良、神经衰弱、感冒。

2. 白刺（图版 55，图 2） 唐古特白刺、酸胖

Nitraria tangutorum Bobr. in Sovetsk. Bot. **14**（1）：1946；内蒙古植物志（二版）**3**：415. 图版 158. 图 4~5. 1989；中国植物志 **43**（1）：122. 1998；宁夏植物志（二版）**上册**：505. 图 399. 2007.

灌木。高 1~2 m，枝开展或平卧，斜上。小枝灰白色，先端刺状。叶肉质，长 2~3 个簇生，宽倒披针形或长椭圆状匙形，长 1.8~2.5 cm，宽 3~6 mm，顶端常圆钝，很少锐尖，全缘。单岐聚伞花序顶生，花黄白色，具短梗。浆果状核果，卵形或椭圆形，熟时深红色，果汁玫瑰色，长 0.8~1.2 cm；果核长卵形，长 5~8 mm，先端渐尖。花期 5~6 月，果期 7~8 月。

旱生植物。生山麓及北部荒漠化较强的山丘下部覆沙地、干河床、盐碱沙地。见东坡石炭井、龟头沟；西坡山麓。

分布于我国内蒙古（西部）、陕西（北部）、宁夏（中北部）、甘肃（河西走廊）、青海（柴达木及东部）、新疆（南部）、西藏（东北部）。戈壁种。

用途同小果白刺。其药用、食用价值和固沙作用均较小果白刺强。

2. 骆驼蓬属 Peganum L.

多年生草本。叶互生，分裂，裂片条形；托叶刺毛状，与叶对生。花单生；萼片 5，常分裂成条形的裂片，果期宿存；花瓣 5，分离；雄蕊 15，花丝基部增宽；雌蕊由 3（4）心皮组成，子房 3（4）室，花柱上部三棱状。蒴果 3 室，种子多数。

贺兰山有 3 种。

分种检索表

1. 植株较大，高 30~80 cm，无根茎；无毛或仅嫩时被毛。
   2. 植株无毛；叶全裂为 3~5 条形或条状披针形裂片，裂片宽 1.5~3 mm；萼片分裂成条状裂片，有时仅顶端分裂；植株直立或开展 …………………………………………………… 1. 骆驼蓬 **P. harmala**
   2. 植株仅嫩茎、叶有毛；叶二至三回深裂，裂片较窄，宽 1~1.5 mm，萼片 3~5 深裂；植株平卧 ……… ………………………………………………………………………… 2. 多裂骆驼蓬 **P. multisecta**
1. 植株矮小，高 10~25 cm，具发达的根状茎；被密短硬毛，叶二至三回深裂 …………………………… ………………………………………………………………………… 3. 匍根骆驼蓬 **P. nigellastrum**

1. 骆驼蓬（图版 56，图 1）

Peganum harmala L. Sp. Pl. 444. 1753；内蒙古植物志（二版）**3**：418. 图版 159. 图 1~3. 1989；中国植物志 **43**（1）：123. 1998.

多年生草本。无毛。根多数，直伸。茎高 20~50 cm，直立或开展，基部多分枝。叶互生，卵形，全裂为 3~5 条形或条状披针形裂片，长 1~3.5 cm，宽 1.5~3 mm。花单生枝顶，与叶对生；萼片 5，稍长于花瓣，裂片条形，长 1.5~2 cm，有时仅顶端分裂；花瓣黄白色，倒卵状矩圆形，长 1.5~2 cm，宽 6~9 mm；雄蕊 15，短于花瓣，花丝近基部增宽；子房 3 室，花柱 3。蒴果近球形。种子三棱形，黑褐色，被小疣状突起。花期 5~6 月，果期 7~9 月。2n=48。

旱生多年生草本。生浅山区山口、山麓冲沟。仅见西坡北寺沟、南寺沟。

分布于内蒙古（西部）、甘肃（河西走廊）、新疆，也见于地中海沿岸、中亚、俄罗斯（西伯利亚）、蒙古。古地中海种。

种子可作红色染料，榨油可供轻工业用。全草入药治关节炎、也可作杀虫剂。

2. 多裂骆驼蓬（图版 56，图 2）

Peganum multisecta（Maxim.） Bobr. in Schischk. et Bobr. Fl. URSS. **14**：149. 1949；中国植物志 **43**（1）：125. 1998. ——*P. harmala* L. var. *multisecta* Maxim. in Fl. Tangut. **1**：103. 1889；内蒙古植物志（二版）**3**：418. 图版 159. 图 4. 1989；宁夏植物志（二版）**上册**：506. 400. 2007.

多年生草本。高 30~60 cm，嫩时被毛，后无毛。根粗壮，直伸。茎平卧，自基部多分枝。叶互生，2~3 回深裂，基部裂片与叶轴近垂直，小裂片长 6~12 mm，宽 1~1.5 mm。花单生于枝顶；萼片 3~5 深裂；花瓣黄色，倒卵状矩圆形，长 1~1.5 cm，宽 5~6 mm；雄蕊 15，短于花瓣，花丝基部增宽。蒴果近球形，顶端压扁。种子略呈三棱形，长 2~3 mm，黑褐色，被小疣状突起。花期 5~7 月，果期 7~9 月。2n=48。

旱生植物。生浅山区山口、山麓冲沟、居民点附近、路边。东、西坡山麓均有分布。

分布于我国内蒙古（西部）、陕西（北部）、宁夏（中、西部）、甘肃（中、西部）、青海（东北部），为我国特有。南戈壁种。

用途同骆驼蓬。

3. 匍根骆驼蓬（图版 56，图 3） 骆驼蒿

Peganum nigellastrum Bunge in Mem. Acad. Sci. St. –Petersb. **2**：87. 1835；内蒙古植物志（二版）**3**：429. 图版 159. 图 5~6. 1989；中国植物志 **43**（1）：125. 1998；宁夏植物志（二版）**上册**：507. 图 401. 2007.

多年生草本。高 10~20 cm，全株密生短硬毛。具发达的横走根茎，根蘖性极强，常多数植株连接一起。茎有棱，多分枝。叶二回或三回羽状全裂，裂片细条形，长约 1 cm，宽不到 1 mm。花单生枝顶或叶腋；萼片稍长于花瓣，5~7 裂，裂片针状条形；花瓣白色，常带淡红色色条，倒披针形，长 1~1.5 cm，雄蕊 15，花丝基部增宽；子房 3 室。蒴果近球形，黄褐色。种子纺锤形，黑褐色，有小疣状突起。花期 5~7 月，果期 7~9 月。2n= 24。

旱生植物。生山地沟谷居民点、畜圈附近、山麓路边、冲沟内。东、西坡均有分布，为习见植物。

分布于河北（北部）、内蒙古（中、西部）、陕西（北部）、宁夏、甘肃（中部），也见于俄罗斯（西伯利亚南部）、蒙古（西部、南部）。古地中海种。

全草有毒。全草和种子入药，有祛湿解毒、活血止痛、宣肺止咳，主治关节炎、月经不调、支气管炎、头痛；种子能活筋骨、祛风湿，主治咳嗽气喘、小便不利、慢性瘫痪及筋骨疼痛。

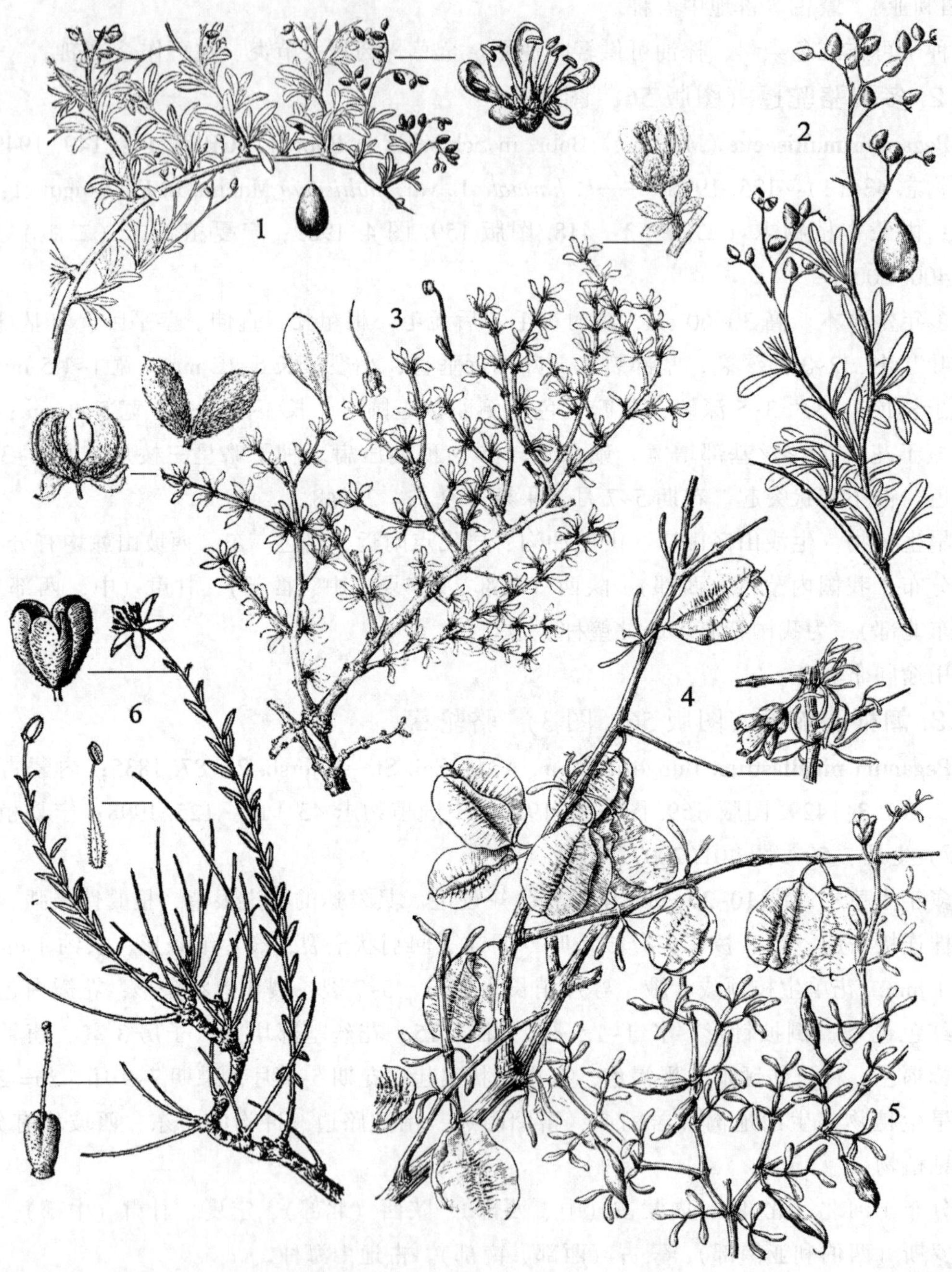

图版 55　1. 小果白刺 Nitraria sibirica Pall. 果枝、花果；2. 白刺 N. tangutorum Bobr. 果枝、果；3. 四合木 Tetraena mongolica Maxim. 植株、复叶、花、花瓣、雄蕊、雌蕊、果；4. 霸王 Sarcozygium xanthoxylon Bunge 果枝、花枝；5. 驼蹄瓣 Zygophyllum mucronatum Maxim. 果枝；6. 针枝芸香 Haplophyllum tragacanthoides Diels 植株、雌蕊、雄蕊、果。（1~2、6 马平绘；3 田虹绘；4~5 张海燕绘）。

3. 四合木属 Tetraena Maxim.

单属种，属特点同种。

1. 四合木（图版 55，图 3）

Tetraena mongolica Maxim. Enum. Fl. Mongol. 129. 1889；内蒙古植物志（二版）**3**：429. 图版 163. 图 1~6. 1989。

落叶小灌木。高 30~70 cm。茎由基部多分枝；老枝红褐色，稍有光泽，小枝灰黄色，密被白色叉状毛，节甚明显。双数羽状复叶，对生或簇生于短枝上，托叶膜质；小叶 2 枚，肉质，倒披针形，长 3~8 mm，宽 1~3 mm，顶端圆钝，具突尖，基部楔形，全缘，两面密被叉状毛，无柄。花 1~2 朵着生于短枝上；萼片 4，卵形，长约 3 mm，宽约 2.5 mm，被叉状毛，宿存；花瓣 4，淡黄色或白色，椭圆形，基部较狭具爪，长约 4 mm，宽约 2 mm；雄蕊 8，2 轮，外轮 4 个较短，内轮 4 个较长，花丝近基部有白色薄膜状附属物，具花盘；子房上位，4 深裂，4 室，花柱单一，丝状。分果具 4 果瓣，长卵形或新月形，长 5~6 mm，宽 3~4 mm，被叉状毛。种子镰状披针形，表面密被褐色颗粒。花期 4~5 月，果期 6~7 月。2n=28。

强旱生肉质矮灌木。生北部边缘荒漠化较强的石质丘陵及覆沙、沙砾质山麓平原。见东坡落石滩；西坡楚洛温格其太以北。

分布于内蒙古（鄂尔多斯西北部）、宁夏（石嘴山）。为西鄂尔多斯特有种。

粗劣牧草，被骆驼采食。枝含油脂，极易燃烧，群众称“油柴”，为优良燃料。有防风固沙作用。分布区狭小，为古老残遗植物，列为国家二级重点保护植物。

4. 霸王属 Sarcozygium Bunge

单种属。属特征同种。

1. 霸王（图版 55，图 4）

Sarcozygium xanthoxylon Bunge in Linnaea **17**：7. 1843；中国植物志 **43**（1）：139. 1998. —— *Zygophyllum xanthoxylon*（Bunge） Maxim. Enum. Pl. Mongol. 124. 1889；内蒙古植物志（二版）**3**：421. 图版 160. 图 1~2. 1989；宁夏植物志（二版）**上册**：508. 图 402. 2007. ——*Z. kaschgaricum* Bor. Fl. URSS **14**：728. 187. 1949. ——*Z. ferganensis*（Drob） Bor. Fl. URSS **14**：184. 1949.

灌木。高 70~150 cm。枝开展，弯曲，皮淡灰色，木质部黄色，小枝先端刺状。叶在老枝上簇生，在嫩枝上对生；叶柄长 0.8~2.5 cm，小叶 2 枚，椭圆状条形或长匙形，长 0.8~2.5（4.5） cm，宽 3~5 mm，先端钝，基部渐狭。花 1~2 朵，着生于老枝叶腋；萼片 4，倒卵形，绿色，边缘膜质，长 4~7 mm；花瓣 4，淡黄白色，倒卵形或近圆形，长 7~11 mm，顶端圆，基部渐狭成爪；雄蕊 8，长于花瓣，褐色，鳞片倒披针形，顶端浅裂，长约为花丝长度的 2/5。蒴果宽椭圆形或近圆形，不开裂，长 1.8~3.5 cm，宽 1.7~3.2 cm，通常具 3 宽翅，翅宽 5~9 mm，子房具 3 室，每室 1 种子。种子肾形，黑褐色。花期 5~6 月，果期 6~7 月。2n=22。

强旱生肉质叶植物。生北部荒漠化较强的石质低山丘陵和西坡山麓地带草原化荒漠群落中。见东坡石炭井、汝箕沟、龟头沟；西坡山麓。

分布于内蒙古（西部）、宁夏（北部）、甘肃（河西走廊）、青海（柴达木）、新疆（东部、南部），也见于中亚（天山费尔干纳）俄罗斯（西伯利亚南部）。戈壁种。

粗等牧草。固沙植物。

5. 蒺藜属 Tribulus L.

草本。偶数羽状复叶。花单生叶腋；萼片和花瓣均 5，花盘环状，10 裂；雄蕊 10，两轮，外轮 5 个稍长，与花瓣对生，内轮 5 个基部有腺体；子房 4~5 心皮组成，每 1 心皮内有胚珠 1~5。果由数个不开裂的果瓣组成，有针刺。

贺兰山有 1 种。

1. 蒺藜（图版 56，图 4）

Tribulus terrestris L. Sp. Pl. 387. 1753；内蒙古植物志（二版）**3**：428. 图版 163. 图 7~8. 1989；中国植物志 **43**（1）：142. 1998；宁夏植物志（二版）**上册**：509. 图 403. 2007.

一年生草本。茎由基部分枝，平卧，深绿色到淡褐色，长可达 1 m，全株被绢状柔毛。双数羽状复叶，长 1.5~5 cm；小叶 5~7 对，矩圆形，长 6~15 mm，宽 2~5 mm，顶端锐尖或钝，基部稍偏斜，全缘，上面深绿色，较平滑，下面色略淡，被毛较密。花单生于叶腋；萼片卵状披针形；花瓣黄色，倒卵形，长约 7 mm；雄蕊 10，生花盘基部，有鳞片状腺体；子房卵形，有浅槽，突起面被长毛，花柱单一，短而膨大，柱头 5，下延。果由 5 个分果瓣组成，每果瓣具长短棘刺各 1 对，背面有短硬毛及瘤状突起。花果期 5~9 月，2n=12，24，36，48。

旱中生植物。生山麓冲沟、路旁和居民点附近。东、西坡均有少量分布，东坡较多。

分布于我国各省区，也广布于亚、非、美，全球温热带地区。泛热带种。

青鲜时可作饲草。果实入药（药材名：蒺藜），能平肝明目、散风行血，主治头痛、皮肤瘙痒，目赤肿痛，乳汁不通等。果实也作蒙药用（蒙药名：伊曼-章古），能补肾助阳、利尿消肿，主治阳痿肾寒，淋病、小便不利。

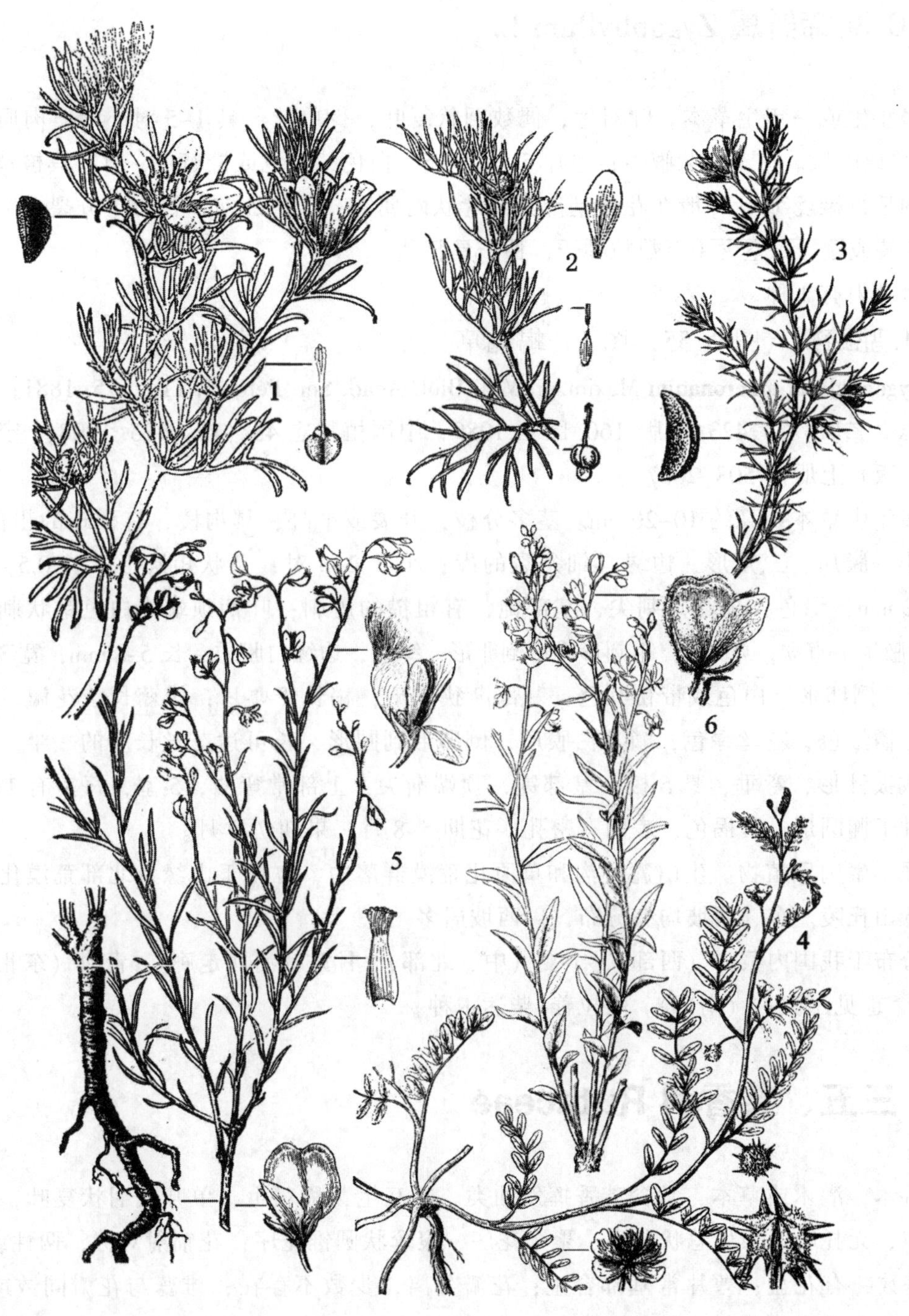

图版 56 **1. 骆驼蓬** Peganum harmala L. 花枝、雌蕊、种子；**2. 多裂骆驼蓬** P. multisecta (Maxim.) Bobr. 果枝、花瓣、雄蕊、雌蕊；**3. 匍根骆驼蓬** P. nigellastrum Bunge 花枝、种子；**4. 蒺藜** Tribulus terrestris L. 植株、花、果；**5. 远志** Polygala tenuifolia Willd. 植株、根、花、雄蕊、果；**6. 卵叶远志** P. sibirica L. 植株、果。（1、5~6 马平绘；2~4 田虹绘）

6. 驼蹄瓣属 Zygophyllum L.

多年生或一年生草本。叶对生，偶数羽状复叶，少单叶，具1~5对小叶，肉质；托叶2，草质或膜质。花1~2朵腋生；萼片5；花瓣5，白色，黄色或橙黄色，有时具橙黄色或橙红色的爪；雄蕊10，一般在花丝基部具鳞片状附属物；子房5室，柱头不分裂。蒴果，通常具5棱或翅，每室含1至数粒种子，种子具胚乳。

贺兰山有1种。

1. 驼蹄瓣（图版55，图5）蝎虎草

Zygophyllum mucronatum Maxim. in Mel. Biol. Acad. Sci. Petersb. **11**：175. 1881；内蒙古植物志（二版）**3**：423. 图版160. 图4. 1989；中国植物志 **43**（1）：135. 1998； 宁夏植物志（二版）**上册**：508. 2007.

多年生草本。高约10~20 cm。茎多分枝，开展或平卧，具沟棱，有稀疏的粗糙皮刺。托叶小，膜质，三角形，边缘具细条裂的齿；小叶2~3对，条状矩圆形，长0.5~1.5 cm，宽约2 mm，绿色；顶端具刺尖，基部钝，有粗糙的皮刺；叶柄顶端为白色锥状刺尖。花1~2朵腋生，直立；萼片5，矩圆形或窄倒卵形，绿色，边缘白膜质，长5~8 mm，宽3~4 mm；花瓣5，倒卵形，白色或带粉红色，基部渐狭成爪，稍长于萼片；雄蕊长于花瓣，花药矩圆形，橘红色，花丝绿色，鳞片白膜质，倒卵形到圆形，长可达花丝长度的一半。蒴果圆柱形或披针形，弯垂，具5棱，基部钝，顶端渐尖，上部常弯曲，5室，每室有1~4粒种子。种子椭圆形，黄褐色，表面有密孔。花期5~8月，果期7~9月。

强旱生肉质植物。生山麓冲沟和草原化荒漠群落中，也见于山缘及北部荒漠化较强的石质低山丘陵。东、西坡均有分布，以西坡居多。

分布于我国内蒙古（西部）、宁夏（中、北部）、甘肃（河西走廊）、青海（东北部及柴达木），也见于蒙古（南部）。阿拉善-柴达木种。

三五、芸香科 Rutaceae

乔木，灌木或草本，常含芳香挥发油类。叶互生，稀对生，单叶或羽状复叶，通常有透腺点，无托叶。顶生总状花序、聚伞花序、聚伞状圆锥花序；花辐射对称，两性或单性，4~5基数，有花盘；萼片常基部合生；花瓣分离，少数不存在；雄蕊与花瓣同数或2倍，着生于花盘的基部，花丝分离；子房上位，心皮（2）4~5，合生或分离，（2）4~5室，每室常有2胚珠，花柱分离或合生。果为蒴果、蓇葖果、翅果或柑果。

贺兰山有1属，1种。

1. 拟芸香属 Haplophyllum Juss.

多年生草本或矮小灌木。单叶。伞房状聚伞花序或单花顶生，花两性，黄色，5 数；萼细小，5 深裂或浅裂；花瓣离生，全缘，边缘薄膜质；雄蕊 8~10，着生于子房基部，花丝中部以下通常增宽而扁平，被缘毛，离生或基部稍连合，花药椭圆形，药隔先端通常有 1 透明的腺点；子房 2~5 室，胚珠每室 2 至数粒，花柱细长，柱头头状。蒴果，成熟时顶裂、中裂或不裂。种子肾形或马蹄形，种皮常有皱纹，具油质的胚乳。

贺兰山有 1 种。

1. 针枝芸香（图版 55，图 6）

Haplophyllum tragacanthoides Diels in Notizbl. Bot. Gart. Berlin **9**：1028. 1926；内蒙古植物志（二版）**3**：434. 图版 165. 图 8. 1989；中国植物志 **43**（2）：87. 1997；宁夏植物志（二版）**上册**：514. 图 416. 2007.

小半灌木。高 5~15 cm。根粗壮，褐色。茎基下部粗大，分枝，木质，黑褐色，密丛状，宿存多数针刺状的灰褐色老枝；当年生枝淡灰绿色，密被短柔毛，直立，不分枝。叶矩圆状披针形或狭椭圆状，长 3~6 mm，宽 1~2 mm，先端锐尖或钝，基部渐狭，边缘具细钝锯齿，两面灰绿色，厚纸质，具腺点。无柄。花单生于枝顶；萼 5 深裂，裂片卵形至宽卵形，长约 1 mm，被缘毛；花瓣深黄色，狭矩圆形，长 7~9 mm，宽 3~4 mm，具透明腺点，雄蕊长约 6 mm，花丝下部增宽，具毛；子房扁球形，4~5 室。蒴果顶部开裂，直径约 4 mm，表面密具凹陷的腺点。种子肾形，表面有皱纹，长约 2 mm。花期 5~6 月，果期 7~8 月。

旱生植物。生海拔 1 400（东坡）~1 700~2 300 m 浅山和山缘地区的低山丘陵，沿干燥石质山坡可上升至 2 500 m 山脊，在山缘地带能形成局部优势的小群落。见东坡苏峪口沟、黄旗沟、甘沟、大水沟、汝箕沟；西坡哈拉乌沟、北寺沟、古拉本、南寺沟、峡子沟。贺兰山是其模式产地。模式标本系秦仁昌 No. 10~23（Type），1923 年 5 月采自北寺沟海拔 1 370~2 400 m 石质山坡。

分布于内蒙古（西部）、宁夏（北部）、甘肃（中北部）。为我国特有。西鄂尔多斯-东阿拉善种。

中等牧草，水土保持植物。内蒙古自治区区级重点保护植物。

三六、苦木科 Simarubaceae

乔木或灌木，树皮带苦味。叶互生，羽状复叶，稀单叶。聚伞花序，花杂性或两性，辐射对称，排成圆锥花序、聚伞花序或穗状花序；萼片 3~5，部分合生；花瓣 3~5，稀缺；具花盘，雄蕊常为花瓣的 2 倍或同数；子房上位，通常为花盘所围绕，2~5 室，每室具 1

胚珠，花柱 1~5，分离或多少合生，柱头头状。核果、浆果或翅果。种子有薄胚乳或无胚乳。

贺兰山有 1 属，1 种。

1. 臭椿属 Ailanthus Desf.

落叶乔木，无顶芽。奇数羽状复叶，互生；小叶 13~41，基部两侧各有 1~4 粗齿，齿背面具腺体。大型圆锥花序顶生，花小，绿色，单性或杂性，雌雄同株或异株；萼片、花瓣通常为 5（6）数；雄蕊 10，着生于 10 裂花盘的基部；心皮 5~6，基部合生或分离。翅果，长椭圆形，1~6 着生于 1 个果柄上。每个翅果中部具 1 种子。种子扁平；胚乳薄。

贺兰山有 1 种。

1. 臭椿（图版 54，图 4）

Ailanthus altissima（Mill.） Swingle in Journ. Wash. Acad. Sci. **6**：495. 1916；内蒙古植物志（二版）**3**：436. 图版 167. 1989；中国植物志 **43**（3）：4. 1997；宁夏植物志（二版）**上册**：516. 图 408. 2007.——*Toxicodendron altissima* Mill. Gard. Dict. ed. 8. no. 10. 1768.

乔木。高达 10 m。树皮平滑，具灰色直浅裂纹，嫩枝赤褐色，粗壮，被柔毛。单数羽状复叶，长 30~70 cm，小叶 13~25，有短柄，近对生或对生，卵状披针形，长 7~12 cm，宽 2~4 cm，先端长渐尖，基部截形或圆形，常不对称，边缘波状，近基部有 1~2 对，先端具腺体的粗齿，常挥发恶臭味，上面绿色，下面淡绿色，被白粉或柔毛。花小，白绿色，杂性，同株或异株，花序直立，长 10~25 cm。翅果扁平，长椭圆形，长 3~5 cm，宽 0.8~1.2 cm；初时黄绿稍带红色，熟时褐黄色。花期 6 月，果期 9~10 月。2n=64。

喜暖中生植物。生山缘石质山坡，沟谷阳坡一侧。仅见东坡黄旗沟、拜寺沟、小口子。贺兰山东坡的臭椿一部分是沟口村落寺庙人工栽培的，但也有一部分生在离村舍较远的石质阳坡石崖上，与蒙桑、文冠果混生在一起，应是自然野生的。

分布于全国各省区，也见于朝鲜、日本。东亚（中国-日本）种。

速生和抗逆性强。为北方庭院、行道绿化的主要树种。木材可建筑、制家具。根皮和果实入药，根（药材名：椿皮），能清热燥湿，涩肠止血，主治泄泻、久痢、肠风下血、遗精、白浊、崩漏带下；果实（药材名：凤眼草）能清热利尿、止痛、止血，主治胃痛、便血、尿血。

三七、远志科 Polygalaceae

草本、灌木或小乔木，有时蔓生。单叶互生、对生或轮生，全缘，通常无托叶。总状、穗状、或圆锥花序，顶生或腋生，花两性，两侧对称，有苞片；萼片 5，不等长，内面两片大，成花瓣状，花瓣 5，通常 3 枚发育，不等大，中央 1 枚常为龙骨状，顶端有流苏状附属物，上方 2 片若存在则狭小如鳞片；雄蕊 4~8，花丝基部合生成鞘，子房上位，常 2 室，每室具倒生下垂的胚珠。果为蒴果、坚果或核果。种子常被毛，有种阜及胚乳，胚直立。

贺兰山有 1 属，2 种。

1. 远志属 Polygala L.

草本，稀半灌木。叶互生，稀轮生，无托叶。总状花序、穗状花序，腋生或顶生；萼片 5，宿存；花瓣 3，不等大，基部与雄蕊鞘相连，中央 1 片为龙骨状，先端背部有流苏状附属物，基部具爪；雄蕊 8，花丝下部合生成鞘；子房 2 室，每室具 1 倒生胚珠。蒴果 2 室，两侧压扁，具狭翅。室背开裂；种子 2 粒，有毛或有假种皮。

贺兰山有 2 种。

分种检索表

1. 叶条形至狭条形；花小，直径 3~4 mm，龙骨状花瓣流苏状附属物较小，长 2~3 mm；蒴果光滑无毛 ………………………………………………………………………………………… 1. 远志 **P. tenuifolia**

1. 叶卵状披针形；花稍大，直径 4~5 mm，龙骨状花瓣流苏状附属物较大，长 4~5 mm；蒴果有短缘毛 ………………………………………………………………………………… 2. 卵叶远志 **P. sibirica**

1. 远志（图版 56，图 5）

Polygala tenuifolia Willd. Sp. Pl. **3**：879. 1800； 内蒙古植物志（二版）**3**：438. 图版 168. 图 1~5. 1989；中国植物志 **43**（3）：181. 1997；宁夏植物志（二版）**上册**：517. 图 409. 2007.

多年生草本。高 10~30 cm。根肥厚，圆柱形，直径约 2~8 mm，长达 10 cm，外皮浅黄色。茎多数，较细，直立或斜升。叶近无柄，条形至条状披针形，长 1~3 cm，宽 1~2 mm，先端渐尖，基部渐窄，两面近无毛。总状花序顶生或腋生，常偏于 1 侧，长 2~10 cm，苞片 3，披针形，易脱落；花梗长 4~6 mm，萼片 5，外侧 3 片小，披针形，长约 3 mm，内侧 2 片大，呈花瓣状，倒卵形，长约 6 mm，背面近中脉有宽的绿条纹，具长约 1 mm 的爪；花瓣 3，淡蓝紫色，两侧花瓣长倒卵形，长 3~4 mm，中央龙骨状花瓣长 5~6 mm，背部顶端具流苏状附属物，长约 2 mm；子房扁平，倒卵形，2 室，花柱条形，下弯，柱头 2 裂。蒴果扁圆形，长 4~6 mm，先端微凹，边缘有狭翅，无毛。种子 2，椭圆形，长约 2 mm，棕黑色，被白色毛。花期 7~8 月，果期 8~9 月。

旱生植物。生海拔 1 300（东坡）~1 800~2 000 m 山缘低山丘陵和山脚坡麓地带。见东坡苏峪口沟、黄旗沟、插旗沟、甘沟；西坡哈拉乌沟、峡子沟、古拉本。

分布于我国东北、华北、西北、华中及四川，也见于俄罗斯（亚洲中部）、蒙古、朝鲜。东古北极种。

根入药（药材名：远志），能益智安神、开郁豁痰、消痈肿，主治惊悸健忘、失眠多梦、咳嗽多痰、支气管炎、痈疽疮肿。也作蒙药用（蒙药名：吉都亨其其格），能化痰止咳，主治支气管炎、咳嗽多痰等。

2. 卵叶远志（图版 56，图 6） 西伯利亚远志

Polygala sibirica L. Sp. Pl. 702. 1753；内蒙古植物志（二版）**3**：439. 图版 168. 图 6~7. 1989；中国植物志 **43**（3）：193. 1997；宁夏植物志（二版）**上册**：518. 图 410. 2007.

多年生草本。高 10~30 cm，全株被短柔毛。根粗壮，圆柱形。茎直立或斜升，丛生。叶近无柄，茎下部叶小，卵圆形，上部的叶大，狭卵状披针形，长 1~2.5 cm，宽 0.5~1 cm，先端钝，有短尖头，基部楔形，被短柔毛。总状花序腋生或假顶生，长 2~9 cm；花淡蓝色，生于一侧，花梗长 3~6 mm；小苞片 3，易脱落；萼片 5，宿存，外侧 3 枚小，内侧 2 枚大，花瓣状，倒卵形，绿色，长 6~9 mm，顶端有紫色的短突尖，背面被短柔毛；花瓣 3，近下部合生，与花丝鞘贴生，其中侧瓣 2，长倒卵形，长 5~6 mm，基部内被短柔毛，龙骨瓣比侧瓣长，具长 4~5 mm 的流苏状附属物；子房扁，倒卵形，2 室，花柱稍扁，细长。蒴果扁，倒心形，长约 5 mm，顶端凹陷，周围具狭翅和缘毛。种子长卵形，扁平，长约 2 mm，黄棕色，密被柔毛，种阜明显。花期 6~7 月，果期 8~9 月。

中旱生植物。生海拔 1 500（东坡）~2 000~2 300 m 山地石质山坡、沟谷河滩上。见东坡苏峪口沟、黄旗沟、小口子；西坡哈拉乌沟、水磨沟、南寺沟等。

分布于我国除华东南部以外的大部分省区，也见于俄罗斯（西伯利亚、远东）、蒙古、朝鲜、日本。东古北极种。

用途同远志。

三八、大戟科 Euphorbiaceae

草本、灌木或乔木，通常含有白色乳汁。单叶，稀为复叶，互生，稀对生，常具托叶。花单性，雌雄同株或异株，组成杯状聚伞花序或穗状、总状及圆锥花序，亦有几花簇生或单生于叶腋；萼片（1）2~5 或缺，花瓣无或合生，花盘存在或退化为腺体；雄花的雄蕊 1 至多数，花丝分离或合生，花药 2（3~4）室，具花盘；雌花具花盘和 1 雌蕊，子房上位，多为 3 室，有时 1 至多室，每室含 1~2 粒胚珠，中轴胎座，花柱分离或连合；花盘环状、杯状、腺状或无花盘。蒴果稀浆果或核果。种子常具种阜，胚乳丰富，肉质。

贺兰山有 2 属，6 种。

分属检索表

1. 灌木；植株体内无乳汁；花不组成杯状聚伞花序，单一或数朵簇生于叶腋 ……… 1. 一叶萩属 **Flueggea**

1. 多年生草本；植株体内含乳汁；花为杯状聚伞花序，总苞似萼，先端分裂 ……… 2. 大戟属 **Euphorbia**

1. 一叶萩属 Flueggea Willd. 叶底珠属

落叶灌木。单叶互生，全缘或具细齿，通常2裂，粗看似羽状复叶，有托叶。花单性，常簇生叶腋，成聚伞或密伞花序，雌雄同株或异株，萼片5；无花瓣；雄花无梗或具短梗；雄蕊5~（6），具退化子房，2~3裂，腺体5，与萼互生；雌花有明显的花梗，子房3室，每室有2胚珠；花柱3。蒴果近球形，熟时3裂。种子无种阜。胚直立。

贺兰山有1种。

1. 一叶萩（图版54，图5）叶底珠

Flueggea suffruticosa（Pall.） Baill. Etud. Gen. Euphorb. 502. 1858；中国植物志 **44**（1）：69. 1994；宁夏植物志（二版）**上册**：524. 图 417. 2007. ——*Phatrnaceum suffruticosum* Pall. Reise Vers. Russ. Reich. **3**：716. 1776. ——*Securinega suffruticosa*（Pall.）Rehd. in Journ. Arn. Arb. **13**：388. 1932；内蒙古植物志（二版）**3**：441. 图版 169. 1989.

灌木。高1~2 m。分枝细密，当年枝黄绿色，老枝灰褐色或紫褐色，无毛。叶椭圆形或矩圆形，稀近圆形，长1.5~3（5） cm，宽1~2 cm，先端钝或短尖，基部楔形，全缘或具细齿，两面无毛；托叶小，长约1 mm，脱落；叶柄短，长3~5 mm。花单性，雌雄异株；雄花常数朵簇生叶腋，花梗长2~3 mm；萼片5，矩圆形，无花瓣，雄蕊5，超出花萼或与萼近等长，退化子房先端3裂，腺体5；雌花单一或数花簇生，子房圆球形，花柱很短，柱头向上膨大，先端具凹缺。蒴果扁球形，果梗长0.5~1 cm，径约5 mm，淡黄褐色，表面有细网纹，具3条浅沟，含种子6枚。种子紫褐色，长约2 mm，稍具光泽。花期6~7月，果期8~9月。

喜暖中生植物。生海拔1 700~1 900 m山地沟谷或阳坡灌丛和杂木林中。仅见东坡黄旗沟、苏峪口沟、插旗沟、大水沟等。

分布于我国东北、华北、华东及河南、陕西、四川，也见于俄罗斯（西伯利亚、远东）、蒙古（东部）、朝鲜、日本。东亚（中国–日本）种。

叶、花和果入药，有毒，有祛风活血、补肾强筋，主治面神经麻痹、小儿麻痹后遗症、神经衰弱，嗜睡及阳痿。

H. Walker 将秦仁昌采自贺兰山南寺沟 No. 151 标本鉴定为 *Securinega ramiflora*（Ait.）Muell. Arg. 该学名已作该种的异名。

2. 大戟属 Euphorbia L.

一年或多年生草本，稀为灌木，内含乳汁。单叶，互生或对生，有时轮生，全缘或具齿；无或有托叶。花单性，雌雄同株，由多数雄花及1雌花组成杯状聚伞花序，腋生或顶生；外围总苞似萼，杯状、钟状或倒圆锥状，4~5（6~8）裂，腺体4~5或较少，与裂片互生；雄花具1雄蕊，花药常为球形，花丝与花梗均具关节，具鳞片状小苞片；雌花生于总苞的中央，花枝下有时具数枚鳞片状小苞片，子房常伸出总苞外，3室，每室1胚珠，具长柄，表面具瘤状突起或光滑，熟时3瓣裂。种子小，有时具种阜。

贺兰山有5种，1变种。

分种检索表

1. 茎直立，叶互生，基部不偏斜。
  2. 腺体通常为红色，具齿。
    3. 腺体顶端具不整齐短牙齿；茎叶（非萌生枝叶）椭圆形；中脉具侧脉2~3对；植株高15~25 cm ………………………………………………………………………… 1. 刘氏大戟 **E. Lioui**
    3. 腺体顶端弯凹，内具锯状齿；叶条形或线状披针形，仅具1中脉，无侧脉；植株高小于10 cm ………………………………………………………………………… 2. 红腺大戟 **E. ordosinensis**
  2. 腺体通常为黄色，无齿。
    4. 腺体肾形或半圆形，两端无角状突起；植株高度不超过20 cm，茎生叶不超过2 cm，苞叶卵形或矩圆状披针形 ………………………………………… 3. 沙生大戟 **E. kozlovii**
    4. 腺体新月形，两端有角状突起；植株高达40 cm以上，叶和苞叶条形或条状披针形 ………………………………………………………………………… 4. 乳浆大戟 **E. esula**
1. 茎平卧，叶对生，基部偏斜 ………………………………………… 5. 地锦 **E. humifusa**

1. 刘氏大戟（图版57，图1）

Euphorbia lioui C. Y. Wu et J. S. Ma in Acta Bot. Yunnan. **14**（4）：371. f. 1. 1992；中国植物志 **44**（3）：116. 图版37. 图1~4. 1997.

多年生草本。根细柱状，长6~15 cm，直径2~6 mm，黄褐色。茎直立，中部以上多分枝，高约15 cm，直径2~4 mm；不育枝常自基部发出，高约10 cm。叶互生，线形至倒卵状披针形，长2~6 cm，宽3~7 mm，先端尖或渐尖，基部渐狭或平截，无柄；总苞叶4~5枚，卵状披针形，长2~3 cm，宽6~9 mm，先端尖或渐尖，基部平截或渐狭，无柄；伞幅4~5枚，卵圆形或近三角状卵形，长8~12 cm，宽8~10（12） mm，先端钝或具短尖，基部平截或微凹。花序单生于二歧分枝的顶端，基部无柄；总苞杯状，高与直径均3 mm，边缘4裂，裂片半圆形，截形或微凹，内侧具少许柔毛；腺体4，边缘齿状分裂（国产大戟属唯一的特征），褐色；雄花数枚，伸出总苞之外；雌花1枚，子房柄长3~4 mm；子房光滑无毛；花柱3，中部以下合生；柱头2深裂。

旱中生植物。生山麓微盐化的湿润地上，也生于居民点附近。仅见西坡巴彦浩特。

巴彦浩特是其模式产地。模式标本系刘瑛心与杨喜林等（发表时误写成刘焕心）（Y. S. Liou and H. L. Yang） No. 70005（Type LZDI），1979 年采自内蒙古巴彦浩特招待所。

为贺兰山（西坡山麓）特有种。1998 年在巴彦浩特尚能采集到标本。近年因城市扩建，城镇院内清除杂草，已见不到该植物。

2. 红腺大戟（新种）（图版 57，图 2）

Euphorbia ordosinensis Z. Y. Chu et W. Wang，sp. nov. in Addenda.

矮小多年生草本。高 5~10 cm。根圆柱形，长约 5 cm，直径 2~3 mm，黄褐色。茎直立，单一，无毛。单叶互生，无柄，线形或线状披针形，长 0.5~2.5 cm，宽 2~4 mm，顶端渐尖，边缘全缘，无毛，仅一脉。杯状聚伞花序，顶生，具短柄；苞叶 3~4 枚，近轮生，与下部叶同形，略长；伞梗 3~4 个，长约 2 cm；小苞叶 2 个，对生，三角状卵形，长和宽 4~8 mm，顶端尖或略钝，基部近平截，具 1 主脉，无侧脉，光滑无毛；总苞钟状，长 1.5 mm，直径 2 mm，顶端 4（5）裂，外面光滑，内具疏柔毛，腺体 4，肾形或近圆形，顶端弯缺下凹，弯缺处具蚀状齿，红棕色；雄花少数 3~6 枚，无苞片；花药丁字型着生，高出总苞；雌花 1 枚，子房长球形，长 2 mm，直径 1.2 mm，光滑，具柄，柄长 3 mm；花柱 3， 2/3 分离，柱头二叉裂，裂片稍高，果实未见。

旱生植物。生北部荒漠化较强石质低山丘陵和浅山丘石质山坡、石缝中。见东坡甘沟，大水沟；西坡北部山坡。

分布于内蒙古阿尔巴斯山。为阿尔巴斯-贺兰山特有种。

本种与刘氏大戟 *E. lioui* C. Y. Wu & J. S. Ma 相近，但腺体 4，肾形或近圆形，顶端弯缺下凹，弯缺内具蚀状齿，红棕色；植株矮小，茎单一，叶和苞片均为线形或线状披针形，具一脉而不同。

3. 沙生大戟（拟）（图版 57，图 3）

Euphorbia kozlovii Prokh. in Bull. Acad. Sci. URSS. ser. Ⅵ. **20**：1370. 1383. in Clovi. 1926； 内蒙古植物志（二版）**3**：449. 图版 174. 图 1~2. 1989；中国植物志 **44**（3）：92. 1997； 宁夏植物志（二版）**上册**：521. 图 413. 2007.

多年生草本。高 15~20 cm。茎直立，基部分枝，无毛，具纵沟。叶卵圆形或狭卵形，长 0.5~1.5 cm，宽 0.3~1 cm，不育枝的叶常为条形或条状披针形，长 1~1.5 cm，宽 2~4 mm，先端钝，边缘全缘或具稀疏锯齿，基部圆形，无毛；无柄。聚伞花序顶生，苞叶 3~5 轮生，卵圆形或矩圆状披针形，长 1.5~2.5 cm，宽 0.6~1 cm，其上抽出 3~5 伞梗，各有 2~3 苞叶，与下面苞叶同形但略小，每伞梗再抽出 2~3 小伞梗，各具一对小苞叶，卵形、矩圆状卵形或披针状矩圆形，长 1~1.5 cm，宽 0.4~1 cm，其上具 1~3 杯状聚伞花序；总苞钟形，径约 3 mm，内部具毛，先端 4~5 浅裂；腺体 4~5，肾形或半圆形，长约 1.5 mm，黄色或黄褐色；花柱极短，柱头 3 裂，先端稍膨大。蒴果卵状矩圆形，平滑，无毛。种子平滑，种阜圆锥形。花期 6~8 月。

旱生植物。生北麓沙地及干河床。零星分布。

分布于我国内蒙古（西部）、宁夏（中部）、甘肃（东部），也见于蒙古（中、南部）。阿拉善种。

阿拉善是该种模式产地。

3a. 狭叶沙生大戟（变种）

Euphorbia kozlovii Prokh. var. **angustifolia** S. Q. Zhou Fl. Intranong **4**：207. 1979. et ed. 2. **3**：449. 1989；宁夏植物志（二版）**上册**：522. 2007.

本变种与正种的区别在于：叶、苞叶及小苞叶均为条形或条状披针形。

《贺兰山维管植物》173 页记载大水沟河谷沙砾地上有分布。我们没有采集到标本。也可能是红腺大戟之误。

4. 乳浆大戟（图版 57，图 4） 猫眼草

Euphorbia esula L. Sp. Pl. 461. 1753；内蒙古植物志（二版）**3**：447. 图版 172. 1989；中国植物志 44（3）：125. 1997. 宁夏植物志（二版）**上册**：522. 图 415. 2007. ——*E. lunulata* Bunge，Enum. Pl. Chin. Bor. 59. 1833.

多年生草本。高可达 50 cm。根细长，褐色。茎直立，单一或分枝，光滑无毛，具纵沟。叶条形、条状披针形或倒披针状条形，长 1~4 cm，宽 2~4 mm，先端渐尖或稍钝，基部钝圆或渐狭，边缘全缘，两面无毛；无柄；有时具不孕枝，其上的叶较密而小。总花序顶生，具 3~10 伞梗（有时由茎上部叶腋抽出单梗），基部有 3~7 轮生苞叶，苞叶条形、披针形、卵状披针形或卵状三角形，长 1~3 cm，宽（1）2~10 mm，先端渐尖或钝，基部钝圆或微心形，少有基部两侧各具 1 小裂片（似叶耳）者，每伞梗顶端常具 1~2 次叉状分出的小伞梗，小伞梗基部具 1 对苞片，三角状宽卵形、肾状半圆形或半圆形，长 0.5~1 cm，宽 0.8~1.5 cm；杯状总苞长 2~8 mm，外面光滑无毛，先端 4 裂；腺体 4，与裂片相间排列，新月形，两端有短角，黄褐色或深褐色；子房卵圆形，3 室，花柱 3，先端 2 浅裂。蒴果扁圆球形，具 3 沟，无毛，无瘤状突起。种子卵形，长约 2 mm。花期 5~7 月，果期 7~8 月。2n=60。

旱生植物。生海拔 1 500（东坡）~2 000~2 300 m 山地沟谷及山坡。见东坡苏峪口沟、黄旗沟、插旗沟、小口子；西坡哈拉乌北沟、南寺沟等。

分布于除海南、云南、贵州、西藏以外的我国南北各省区。广布于欧、亚及北美温带地区。泛北极种。

全株入药，有毒，能利尿消肿，拔毒止痒。主治四肢浮肿、小便不利、疟疾；外用治颈淋巴结结核、疮癣搔痒等；全草也作蒙药用，能破瘀、排脓、利胆、催吐，主治肠胃湿热、黄疸，外用治疥癣痈疮。

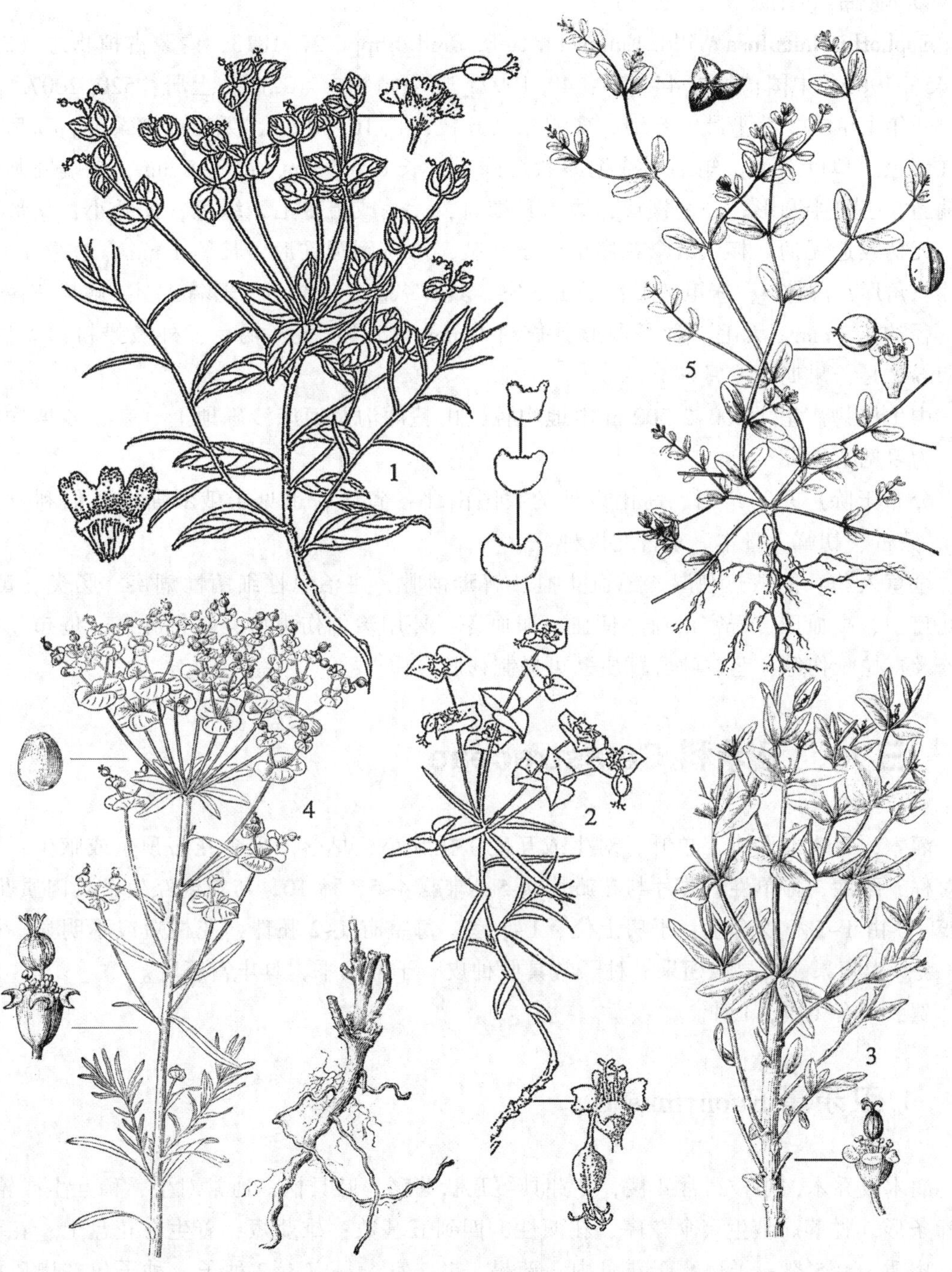

图版 57　1. 刘氏大戟 Euphorbia lioui C. Y. Wu　et J. S. Ma 植株、杯状花序、腺体；2. 红腺大戟 E. ordosinensis　Z. Y. Chu　et　W. Wang 植株、杯状花序、腺体；3. 沙生大戟 E. kozlovii Prokh. 植株、杯状花序；4. 乳浆大戟 E. esula L. 植株、根、杯状花序、种子；5. 地锦 E. humifusa Willd. 植株、杯状花序、果实、种子。（3~4.张海燕绘；2 马平绘；5 田虹绘；1.引自中国植物志）

5. 地锦（图版 57，图 5）

Euphorbia humifusa Willd. Enum. Pl. Hert. Bred. Suppl. 27. 1813；内蒙古植物志（二版）**3**：455. 1989；中国植物志 **44**（3）：49. 1997；宁夏植物志（二版）**上册**：520. 2007.

一年生草本。茎平卧，纤细，多假二叉分枝，长 10~30 cm，无毛或被柔毛，秋后茎叶呈红紫色。单叶对生，矩圆形或倒卵状矩圆形，长 0.5~1 cm，宽 3~5 mm，先端钝圆，基部偏斜，一侧半圆形，一侧楔形，边缘具细齿，无毛或疏生毛，绿色；托叶小，钻形，细裂；无柄或近无柄。杯状聚伞花序单生于叶腋，总苞倒圆锥形，长约 1 mm，边缘 4 浅裂，裂片三角形；腺体 4，横矩圆形；子房 3 室，具 3 纵沟，花柱 3，先端 2 裂。蒴果三棱状球形，径约 1.5 mm，无毛。种子卵形，长约 1 mm，略具三棱，褐色，外被蜡粉，无种阜。花期 6~7 月，果期 8~9 月。

中生植物。生 1 500~2 300 m 山地沟谷，山麓冲沟及河床沙砾地上。东、西坡均有分布，为习见植物。

分布于除广东、广西、海南以外的我国南北各省区，也见于俄罗斯（西伯利亚、远东）、蒙古、朝鲜、日本。东古北极种。

全草入药，能清热利湿、凉血止血、解毒消肿，主治急性细菌性痢疾、肠炎、黄疸、小儿疳积、高血压、子宫出血、便血、尿血等；外用治创伤出血、跌打肿痛，疮疖、皮肤湿疹及毒蛇咬伤等；茎、叶含鞣质，可提制栲胶。

三九、卫矛科 Celastraceae

灌木，乔木或藤本。单叶，对生或互生；托叶小，早落。聚伞花序顶生或腋生；花辐射对称，两性，稀单性；萼片与花瓣均 4~5；雄蕊 4~5，稀 10，与花瓣互生；具肉质花盘；雌蕊 1，由 1~5 心皮合生，子房上位，1~5 室，每室有 1~2 胚珠，花柱短或不明显，柱头 2~5 裂。为蒴果、浆果或翅果。种子常具假种皮。子叶扁平，具丰富胚乳。

贺兰山有 1 属，1 种。

1. 卫矛属 Euonymus L.

灌木或乔木，小枝通常 4 棱，冬芽具覆瓦状芽鳞。叶具柄，通常对生，稀互生或轮生；托叶条形，脱落。腋生聚伞花序，花两性，四到五基数；雄蕊短，着生在花盘上；花盘扁平，肉质，4~5 裂；子房藏于花盘内。蒴果，4~5 室，每室 1~2 种子，种子包在肉质橘红色或橙黄色的假种皮内。

贺兰山有 1 种。

1. 矮卫矛（图版 54，图 6） 土沉香

Euonymus nanus Bieb. Fl. Taur. -Cauc. **3**：160. 1819；内蒙古植物志（二版）**3**：465.

图版 179. 图 4~5. 1989； 中国植物志 **45**（3）：44. 1999；宁夏植物志（二版）**上册**：532. 433. 2007.

小灌木，高 30~100 cm。枝柔弱，稍下垂，绿色，光滑，具条棱。叶互生、对生或 3（4）叶轮生，条形或条状矩圆形，长 1~4 cm，宽 1~3 mm，先端锐尖具 1 小尖头，边缘全缘或疏生小齿，常反卷；无柄。聚伞花序腋生，具 1~3 花；总花梗纤细，长 1~2 cm，顶端有淡红色的总苞片，花梗长 0.5~1 cm，近基部具小苞片；花径约 5 mm，紫褐色，4 基数。蒴果近球形，具 4 钝翅，熟时紫红色，径约 1 cm，4 瓣开裂，每室有 1 到几粒种子，棕褐色，基部为橘红色假种皮所包围。花期 6 月，果期 8 月。

中生植物。生海拔 1 700（东坡）~2 000~2 300 m 山坡沟谷、阴坡或林缘、林下。见东坡苏峪口沟、黄旗沟、小口子；西坡哈拉乌沟、皂刺沟、高山气象站等。

分布于内蒙古、山西、陕西、宁夏、甘肃，也见于俄罗斯（高加索）。区系地理成分不详。

四 O、槭树科 Aceraceae

落叶乔木或灌木，稀常绿。叶对生，单叶或复叶，单叶不裂、掌状分裂，3 裂、三出复叶或羽状复叶；无托叶。圆锥、总状或伞房花序，顶生或腋生；花单性或两性共存，雌雄同株或异株；萼片和花瓣各为 4~5，稀 6~8，少数无花瓣；花盘环状，扁平或分裂，少数无花盘；雄蕊 4~10，通常 8，着生于花盘内侧或外侧；雌蕊 1，子房上位，2 室，中轴胎座，每室 2 胚珠，花柱 2，常基部合生。翅果，裂成 2 个单翅的小坚果，种子 1 个。种皮膜质，无胚乳；子叶折叠或旋卷。

贺兰山有 1 属，1 种。

1. 槭树属 Acer L.

乔木，稀灌木。冬芽被多数覆瓦状排列或 2 个对生的鳞片。单叶常掌状分裂或具 3~7 小叶的羽状复叶；叶柄基部膨大，叶痕留在枝上。翅果扁平或突起，翅在小坚果的一端。两翅开张角度各异。

贺兰山有 1 种，2 变种。

1. 细裂槭（图版 58，图 1）

Acer stenolobum Rehd. in Journ. Arn. Arb. **3**：216. 1922；中国植物志 **46**：176. 1981；内蒙古植物志（二版）**3**：471. 图版 184. 图 1. 1989；宁夏植物志（二版）**上册**：545. 图 438. 2007. ——*A. pilosum* var. *stenolobum*（Rehd.）Fang，植物分类学报 **11**：163. 1966.

落叶小乔木。高 3~5 m。当年生枝淡紫绿色，多年生枝淡褐色。叶近革质，长 3~5 cm，宽 3~6 cm，基部近截形、阔楔形，3 深裂，裂片长圆状披针形，宽 7~15 mm，先端渐尖，全缘或具粗锯齿，上面绿色，无毛，下面淡绿色，除脉腋具丛毛外，其他处无毛，主脉 3 条，在下面尤明显；叶柄长 3~6 cm，淡紫色，无毛。伞房花序无毛，生于短枝顶端；花淡绿色，杂性，雄花与两性花同株；萼片 5，卵形，边缘有纤毛；花瓣 5，矩圆形，与萼片近等长或略短；雄蕊 5，生于花盘内侧的裂缝间，雄花的花丝较萼片长约 2 倍，两性花的花丝与萼片近等长，花药卵圆形；两性花，子房疏被柔毛，花柱 2 裂，柱头反卷；雌花的雄蕊不发育。翅果幼时淡绿色，熟后淡黄色，小坚果凸起，卵圆形或球形，径约 6 mm，被短柔毛，翅长 2~2.5 cm，两果开展角度为钝角。花期 6~7 月，果期 9~10 月。

中生植物。生海拔 1 700~2 000 m 山地沟谷、阴坡，杂生于其他灌木、小乔木中。见东坡小口子、黄旗沟、甘沟；西坡峡子沟。

分布于我国山西、陕西、宁夏、甘肃。黄土高原种。

可作水土保持及园林绿化树种。

1a. 大叶细裂槭（变种）（图版 58，图 2）

Acer stenolobum Rehd. var. **megalophyllum** Fang et Wu in Acta Phytotax. Sin. **17**（1）：77. 1979；中国植物志 **46**：177. 1981；内蒙古植物志（二版）**3**：471. 图版 184. 图 2. 1989；宁夏植物志（二版）**上册**：545. 2007.

本变种与正种的主要区别在于：本变种叶较大，长 7~8 cm，宽 10~12 cm，叶的裂片宽 1.5~1.8 cm；翅果较大，长 2.5~2.8 cm，翅开展成锐角或近于直角。

见东坡甘沟、镇木关沟；西坡峡子沟。

为贺兰山特有变种。

生境和用途同正种。

贺兰山是其模式产地。模式标本系马毓泉 No. 23，1963 年 8 月 7 日 采自贺兰山峡子沟 2 200m 山地。

1b. 毛细裂槭（变种）

Acer stenolobum Rehd. var. **pubescens**. W. Z. Di，Pl. Vasc. Helanshan. 175. f. 33. f. 9~10. 1986.

本变种与正种的区别在于：当年枝、叶柄及叶背面密被黄褐色绒毛；两果翅近于平行或成钝角开展。

见东坡甘沟、镇木关沟。

贺兰山特有变种。

生境和用途同正种。

贺兰山是其模式产地。模式标本系西北大学贺兰山采集队 No. 3158，1983 年 8 月 17 日 采自贺兰山冰沟。

四一、无患子科 Sapindaceae

乔木或灌木，稀草本。叶互生，羽状或掌状复叶，无托叶。总状花序、圆锥花序或伞房花序，花小，单性，稀两性或杂性；萼片 4~5；花瓣 4~5，有时缺，其内侧基部常被毛或具鳞片；花盘肉质，位于雄蕊的外方；雄蕊 5 或 10，排成 2 轮，稀较少或多数，基部多少连合，雌蕊由 2~4 心皮组成，上位子房，3 室，每室常 1~2 胚珠，或更多，柱头 1 或 2~4 裂。果为蒴果、浆果或核果，1~4 室，每室具种子 1 至数粒。种子无胚乳，子叶肥厚。

贺兰山有 1 属，1 种。

1. 文冠果属 Xanthoceras Bunge

单种属，属特征与种同。

1. 文冠果（图版 59，图 1）木瓜

Xanthoceras sorbifolia Bunge，Enum. Pl. China. Bor. Coll. 11. 1833；中国植物志 **47**（1）：72. 图版 26. 1985；内蒙古植物志（二版）**3**：473. 图版 185. 1989；宁夏植物志（二版）**上册**：441. 图 442. 2007.

灌木或小乔木。高 2~5 m。树皮灰褐色。小枝粗壮，紫褐色，具条棱，光滑或有短柔毛。单数羽状复叶；具小叶 9~19，互生，无柄，小叶窄椭圆形至披针形，长 2~6 cm，宽 1~1.5 cm，先端渐尖，基部渐狭，边缘具锐锯齿，无毛。总状花序，顶生，长 15~25 cm；花梗纤细，长 1~2 cm；基部具 3 苞片，苞片卵形，全缘被毛；萼片 5；花瓣 5，白色，内侧基部有由黄变紫红的斑纹；花盘 5 裂，裂片背面有 1 角状橙色的附属体，长为雄蕊之半；雄蕊 8，长为花瓣之半；子房矩圆形，被毛，具短而粗的花柱。蒴果 3~4 室，每室具种子 1~8 粒，3 瓣裂。种子球形，黑褐色；径约 1~1.5 cm，种脐白色，种仁（种皮内有一棕色膜包着的）乳白色。花期 4~5 月，果期 7~8 月。2n=20。

生态幅度很广的中生植物。生海拔 1 500（东坡）~2 000 m 沟谷石质阳坡或崖峰中，多零星生长。见东坡黄旗沟、拜寺沟、大水沟、插旗沟、汝箕沟；西坡北寺沟等。

分布于我国辽宁（南部）、内蒙古、河北、山西、陕西、宁夏、甘肃以东、青海、河南、江苏（北部）。

一些文献记载，东北有分布，实为栽培。记载蒙古有（查无）、朝鲜（栽培）。为我国特有。华北种。

油料树种，种子含油 30.8%，种仁含油 56.36%~70.0%。可食用和工业用外，油渣含丰富的蛋白质和淀粉，可供提取蛋白质或氨基酸，也可作精饲料。木材坚硬致密，花纹美观，抗腐性强，可作器具和家具。又为荒山固坡和园林绿化树种。茎枝作蒙药用（蒙药名：西拉森登），能消肿止痛，敛干黄水，主治风湿性关节炎、皮肤风湿、风湿内热。

四二、鼠李科 Rhamnaceae

乔木或灌木，稀草本，常具刺。单叶互生，或近对生，叶脉成羽状脉或 3~5 基出脉；托叶小，早落。花小，整齐，两性或单性，稀杂性，雌雄异株，排成聚伞花序、圆锥花序，少单生，或数朵簇生；萼片 4~5，呈镊合状排列，与花瓣互生；花瓣 4~5，有时缺；雄蕊 4~5，与花瓣对生，花盘全缘或具圆齿或浅裂，花柱 2~4，多少连合；子房上位或下位，2 或 3（4）室，每室具 1 倒生的胚珠。核果（浆果状）或蒴果；种子具宽扁子叶和小胚根，胚乳少或无。

贺兰山有 2 属，4 种。

分属检索表

1. 果为肉质核果，具 1 核；托叶为针刺；叶为基部三出脉 ………………………………… 1. 枣属 **Zizyphus**
1. 果为浆质核果，具 2~4 核；托叶不为针刺；枝端为针刺；叶具羽状脉 ……………… 2. 鼠李属 **Rhamnus**

1. 枣属 Zizyphus Mill.

灌木或乔木。冬芽小，具 2 至数个鳞片。单叶互生，具短柄，基部 3~5 脉，全缘或有锯齿；托叶常呈针刺状。腋生总状聚伞花序，花小，两性，黄色；萼片、花瓣和雄蕊均为 5，稀无花瓣；子房上位，藏于花盘内，2 室，每室 1 胚株，花柱 2 裂。核果肉质，球形或长椭圆形。

贺兰山有 1 种。

1. 酸枣（图版 58，图 3）棘（诗经）

Zizyphus jujuba Mill. var. **spinosa**（Bunge） Hu ex H. F. Chow，Fam. Trees Hopei 307. f. 118. 1934；中国植物志 **48**（1）：135. 图版 36. 图 5~7. 1982；内蒙古植物志（二版）**3**：479. 图版 188. 图 1~4. 1989；宁夏植物志（二版）**上册**：553. 2007. ——*Z. vulgaris* Lam. var. *spinosa* Bunge in Mem. Acad. Sci. –Petersb. **2**: 88. 1833

灌木或小乔木。高 1~4 m。当年枝淡黄色，具柔毛，老枝弯曲呈“之”字形，紫褐色，无毛，有细长的刺，刺有两种：一种是狭长刺，有时可达 3 cm，另一种刺成弯钩状。单叶互生，长椭圆状卵形至卵状披针形，长 1~4（5） cm，先端钝或微尖，基部偏斜，有三出脉，边缘有钝锯齿，齿端具腺点，上面暗绿色，无毛，下面浅绿色，沿脉有柔毛；叶柄长 1~5 mm，具柔毛。花黄绿色，2~3 朵簇生于叶腋，花梗短；花萼 5 裂；花瓣 5；雄蕊 5，与花瓣对生，比花瓣稍长；具明显花盘。肉质核果暗红色，卵形至长圆形，长 0.7~1.5 cm，具短梗；含种子 1 粒，核顶端钝。花期 5~6 月，果熟期 9~10 月。2n=24。

旱中生多刺植物。生山麓洪积扇冲沟和宽阔山谷石质阳坡或坡脚下。东、西坡均有分布，在东坡山麓能形成酸枣灌丛。

分布于我国华北、西北（东部）、华东（北部）及辽宁、内蒙古。华北种。

种子及树皮、根皮入药，种子（药材名：酸枣仁）能宁心安神，敛汗，主治虚烦不眠、惊悸、健忘、体虚多汗等；树皮，根皮能收敛止血，主治便血、烧烫伤、月经不调、崩漏、白带、遗精、淋浊、高血压等；良好水土保持树种和蜜源植物。

2. 鼠李属 Rhamnus L.

灌木或乔木，常具枝刺。冬芽具鳞片或裸露。单叶互生或对生，叶脉羽状，边缘具锯齿或全缘，托叶小。花小，黄绿色，两性或单性，雌雄异株，稀杂性，单生或腋生成簇，排成聚伞或聚伞状的圆锥花序或总状花序，花 4~5 基数，花瓣有时缺；子房上位，2~4 室；花柱常不分裂；果为浆果状核果，有核 2~4 个，每核有 1 种子。

贺兰山有 3 种。

分种检索表

1. 枝和叶互生或近互生，叶窄，条状披针形或条形，长 3~8 cm ………………… 1. 柳叶鼠李 **Rh. erythroxylon**
1. 枝和叶对生或近对生，叶宽，椭圆形、披针形或倒卵形，长 1~4 cm。
   2. 种沟开口为种子长的 4/5；叶纸质，仅下面脉腋处具簇生柔毛，两面无毛 ………………………………………………………………………………………… 2. 小叶鼠李 **Rh. parvifolia**
   2. 种沟开口为种子长的 1/2；叶革质，两面有毛，沿脉尤密 …………… 3. 毛脉鼠李 **Rh. maximowicziang**

1. 柳叶鼠李（图版 58，图 4）黑格兰、纤木鼠李

Rhamnus erythroxylon Pall. Reise Russ. Reich. **3**：app. 722. 1776；中国植物志 **48**（1）：69. 1982；内蒙古植物志（二版）**3**：489. 图版 191. 图 1~2. 1989.

灌木，高达 2 m，多分枝。幼枝红褐色，初有稀柔毛，小枝互生，先端具针刺，老枝为灰褐色，光滑。单叶在长枝上互生或近互生，在短枝上簇生，条状披针形，长 2~9 cm，宽 0.3~1.0 cm，先端渐尖，基部楔形，边缘具疏细圆齿，齿端具黑色腺点，上面绿色，有毛，下面淡绿色，具细柔毛；中脉显著隆起，侧脉 4~5 对；叶柄长 5~15 mm，具微毛。花单性，黄绿色，雌雄异株， 10~20 朵生于短枝叶腋上；萼片 4；花瓣 4；雄花雄蕊 4；雌花退化雄蕊 4，极小；子房 2~3 室。核果球形，熟时黑褐色，径约 4~6 mm，果梗长 0.4~0.8（1.0） cm，内具 2 核，有时为 3 核。种子倒卵形，背面有沟，种沟开口占种子长的 5/6。

旱中生植物。生海拔 1 600~2 100 m 山地沟谷或阴坡灌丛中。数量较少，见东坡甘沟；西坡峡子沟等。

分布于华北、西北（东部）及内蒙古，也见于俄罗斯（西伯利亚）、蒙古。东古北极种。

水土保持植物。叶入药，能消食健胃、清热去火，主治消化不良、腹泻。

2. 小叶鼠李（图版 58，图 5）

Rhamnus parvifolia Bunge，Enum Pl. China Bor. 14. 1833；中国植物志 **48**（1）：57.

1982；内蒙古植物志（二版）**3**：486. 图版 191. 图 4~6. 1989；宁夏植物志（二版）**上册**：554. 图 444. 2007.

灌木。高 1~2 m。树皮灰色，片状剥落。小枝对生或近对生，灰褐色，初疏被毛，后无毛；老枝黑褐色，末端为针刺。单叶簇生于短枝或在长枝上近对生，叶菱状卵圆形或倒卵形，长 1~3（4） cm，宽 0.8~ 1.5（2.5） cm，先端钝尖，基部楔形，边缘具细钝锯齿，齿端具黑色腺点，上面暗绿色，被疏短柔毛或无毛，下面淡绿色，光滑，仅在脉腋窝孔具簇生柔毛的腺窝，侧脉 2~3 对，显著，成平行的弧状弯曲；叶柄长 0.5~1.0 cm，上面有槽，稍有毛。花小，单性，雌雄异株，黄绿色，1~3 朵簇生于叶腋，花梗细，长 0.5 cm；雄花萼片 4，三角形，较花瓣长；花瓣 4；雄蕊 4，与萼片互生；雌花无花瓣，退化雄蕊丝状，子房 2 室。核果球形，成熟时黑色，具 2 核，每核各具 1 种子。种子侧扁，栗褐色，种沟开口占种子长的 4/5。花期 5~6 月，果期 7~9 月。

喜暖旱中生植物。生海拔 1 300~1 800 m 山地沟谷、石质山坡。仅见东坡苏峪口沟、甘沟。

分布于我国东北（南部）、华北、西北（东部）及山东、河南，也见于俄罗斯（东西伯利亚）、蒙古、朝鲜。东北–华北种。

果实入药，能清热泻下、消瘰疬，主治腹满便秘、疥癣瘰疬；又为水土保持和绿化树种。

3. 毛脉鼠李（图版 58，图 6）钝叶鼠李

Rhamnus maximowicziana J. Vass. in Not. Syst. Inst. Bot. Acad. Sci. URSS **8**：126. f. 3a–c. 1940；中国植物志 **48**（1）：50. 图版 14. 图 3~4. 1982；内蒙古植物志（二版）**3**：490. 图版 192. 图 1~3. 1989；宁夏植物志（二版）**上册**：555. 图 445. 2007.

灌木。高 1~2 m。当年生枝细长，灰紫色，具柔毛；二年生枝粗壮，紫褐色，光滑，枝端具针刺。叶在长枝上对生或近对生，在短枝上簇生，椭圆形、倒卵形或宽卵形，长 1.5~2.5 cm，宽 0.5~1.3 cm，先端钝或短尖，基部宽楔形或少数近圆形，边缘具疏细圆齿，幼时有毛，后光滑，上面绿色，被柔毛，沿脉尤密，下面淡绿色，侧脉隆起，具柔毛，侧脉 2~3 对；叶柄 0.6~1.5 cm，具柔毛。花单性，黄绿色，数朵簇生于短枝；萼筒钟形，长 2 mm，萼片 4，直立，长卵状披针形，长 3 mm，先端渐尖；雄花雄蕊 4，花丝长约 1 mm；花药长 1.5 mm，无花瓣，具退化雄蕊；雌花无花瓣，花柱 2 裂，子房扁球形。核果扁球形，具 2 种子。种子倒卵形，长 4 mm，褐色，种沟开口占全种子长的 1/2，开口的顶部倒心形。

旱中生植物。生海拔 1 600（东坡）~1 900~2 300 m 山地沟谷，阴坡、半阴坡林缘及灌丛中，与其他灌木一起组成山地中生灌丛，是贺兰山鼠李属分布最多的一种。东、西坡均有分布，为习见灌木。

分布于我国河北（北部）、山西（西部）、内蒙古（西部）、陕西（北部）、甘肃（中部），也见于蒙古（南部）。华北–南蒙古种。

图版 58　1. 细裂槭 Acer stenolobum Rehd.果枝；2. 大叶细裂槭 A. stenolobum Rehd. var. megalophyllum Fang et Wu 果枝；3. 酸枣 Zizyphus jujuba Mill. var. spinosa（Bunge） Hu ex H. F. Chow 花枝、花、果、果核；4. 柳叶鼠李 Rhamnus erythroxylon Pall. 果枝、种子；5. 小叶鼠李 Rh. parvifolia Bunge 果枝、叶脉腺窝、花、种子；6. 毛脉鼠李 Rh. maximowicziana J. Vass. 果枝、叶下半部、叶柄被毛、种子。（马平绘）

四三、葡萄科 Vitaceae

藤本或草本。常依卷须攀援，茎节常膨大或具关节。单叶或复叶，互生，托叶贴生于叶柄。聚伞状、伞房状或圆锥花序，腋生或顶生，与叶对生，或着生于节上；花小，两性或单性，辐射对称，萼片4~5，稀3~7；花瓣与萼片同数，分离或上部结合成帽状，早落；雄蕊4~5，与花瓣对生；花盘环状或分裂；雌蕊2~8心皮组成，子房上位，2~8室，每室具1~2胚株；花柱1，柱头盘状或头状。浆果。种子坚硬，具直胚与丰富胚乳。

贺兰山有1属，1种。

1. 蛇葡萄属 Ampelopsis Michx.（白蔹属）

藤本，卷须分叉。树皮具皮孔，髓部白色，冬芽小，具数芽鳞。复叶互生，具长柄。二歧聚伞花序，与叶对生或顶生；花小，两性，绿色，五基数，少四基数，萼齿不明显；花瓣开展与离生；雄蕊比花瓣短；花盘隆起，与子房贴生；子房2室。浆果较小，具1~4种子。

贺兰山有1种。

1. 乌头叶蛇葡萄（图版59，图2）草白蔹

Ampelopsis aconitifolia Bunge，Enum. Pl. China Bor. 12. 1833；内蒙古植物志（二版）**3**：496. 图版195，图1~3. 1989；中国植物志**48**（2）：45. 1998；宁夏植物志（二版）**上册**：560. 图450. 2007.

木质藤本。长达7 m。老枝皮暗灰褐色，具纵条棱与皮孔；幼枝稍带红紫色，具条棱；卷须与叶对生，具2分叉。掌状复叶，具3~5小叶，叶柄长2~5 cm；小叶披针形或菱状披针形，长3~7 cm，宽1~2 cm，羽状深裂，裂片全缘或具粗牙齿，先端锐尖，基部楔形，上面绿色无毛，下面淡绿色，有时沿脉被柔毛。二歧聚伞花序具多数花，与叶对生，具细长总花梗；花萼不分裂；花瓣5，绿黄色，椭圆状卵形；雄蕊5，较花瓣短；花盘浅盘状。浆果近球形，直径约6 mm，熟时橙黄色，具斑点，含种子1~2粒。花期6~7月，果期8~9月。2n=40。

中生植物。生山口干河床石砾地或村舍附近，也进入宽阔山谷河溪两侧。见东坡插旗沟；西坡北寺沟。

分布于我国华北、西北（东部）及内蒙古、山东、河南、湖北。为我国特有。华北种。

根皮入药，能散瘀消肿、祛腐生肌、接骨止痛，主治骨折、跌打损伤、痈肿、风湿关节痛。

H. Walker 将秦仁昌采自贺兰山北寺沟的No. 190. 定为 *A. japonica*（Thunb.） Makino，可能是本种。

四四、锦葵科 Malvaceae

草本，灌木或小乔木，常有星状毛。单叶互生，通常分裂，具掌状叶脉；托叶 2；早落。花两性，辐射对称，单生、簇生或成叶腋聚伞花序；总苞状的小苞片 3~15，亦称付萼，位于萼的基部，萼片 5，基部合生；花瓣 5，旋转状排列，近基部与雄蕊管基部贴生；雄蕊多数，花丝合成筒状，称单体雄蕊，花药一室，花粉粒有刺；雌蕊由 2 至多心皮组成，子房上位，2 至多室，每室 1 至多数倒生胚珠。蒴果或分果，有时为浆果。种子肾形或倒卵形，含少量胚乳，胚常弯曲。

贺兰山有 2 属，2 种。

分属检索表

1. 蒴果，室背开裂；子房每室含 3 至多数胚珠；苞片 5 枚以上 ………………………… 1. 木槿属 **Hibiscus**
1. 分果；子房每室含 1 胚珠；苞片 3 ……………………………………………………… 2. 锦葵属 **Malva**

1. 木槿属 Hibiscus L.

草本，灌木稀小乔木。单叶，互生，不分裂或掌状分裂。花两性，单生于叶腋；苞片 5 至多数，花萼 5 裂，宿存；花瓣 5，多种颜色，基部与雄蕊筒合生；雄蕊多数，花丝合生成筒，筒顶截形或 5 齿裂；子房上位，5 室，每室具 3 至多数胚珠。蒴果，成熟后分裂成 5 瓣，室背开裂。种子肾形，被毛或腺状突起。

贺兰山 1 种。

1. 野西瓜苗（图版 59，图 4）和尚头、香铃杠

Hibiscus trionum L. Sp. Pl. 697. 1753；中国植物志 **49**（2）：86. 1984；内蒙古植物志（二版）**3**：503. 图版 198. 1989；宁夏植物志（二版）**上册**：565. 图 453. 2007.

一年生草本。高 10~30 cm。茎斜升或平卧，具白色星状毛和短柔毛。叶近圆形或宽卵形，长 3~8 cm，宽 2~7 cm，掌状 3 全裂；裂片长卵形或披针形，基部一边有一枚较大的小裂片，先端钝，基部楔形，边缘具不规则的羽缺裂，上面近无毛，下面被星状毛；叶柄长 2~5 cm，被星状毛。花单生于叶腋，花柄长 1~5 cm；苞片 11~13，条形，长约 1 cm，基部合生，边缘具长硬毛；花萼钟形，膜质，基部合生，先端 5 裂，裂片三角形，淡绿色，有紫色脉纹，密生长硬毛；花瓣 5，淡黄色，基部紫红色，倒卵形，长 1~2.5 cm；雄蕊筒紫色，无毛；子房 5 室，胚珠多数；花柱顶端 5 裂。蒴果圆球形，被长硬毛，花萼宿存；种子肾形，表面具粗糙的小突起。花期 6~9 月，果期 7~10 月。2n=28，56。

中生杂草。生海拔 1 200~1 400 m 山麓冲沟沙砾地和村舍附近。见东坡苏峪口沟、插旗沟、汝箕沟；西坡巴彦浩特等。

分布于全国各省区，也见于欧洲、非洲大陆。旧大陆种。

全草及种子入药。全草能清热解毒，祛风除湿、止咳、利尿，主治急性关节炎、感冒、咳嗽、肠炎、痢疾；外用治烧、烫伤、疮毒。种子能润肺止咳、补肾，主治肺结核咳嗽、肾虚头晕、耳鸣耳聋。

2. 锦葵属 Malva L.

一、二年或多年生草本。单叶，互生，常掌状浅裂，边缘具钝圆齿。花单生或数朵簇生于叶腋，有梗或无梗；苞片 2~3，萼 5 裂；花瓣 5，顶端凹入，粉红或白色；雄蕊多数，合生成管状；子房多室，每室 1 胚珠，花柱多分枝，柱头条形。分果圆盘状，每果瓣内含 1 种子。种子肾形。

贺兰山有 1 种。

1. 野葵（图版 59，图 3）菟葵、冬苋菜

Malva verticillata L. Sp. Pl. 689. 1753；中国植物志 **49**（2）：7. 图版 1. 图 5~6. 1984；内蒙古植物志（二版）**3**：506. 图版 199. 图 1~2. 1989；宁夏植物志（二版）**上册**：567. 图 455. 2007.

一年生草本。高 20~60 cm。茎直立，被星状毛。叶圆形或肾形，长 3~8 cm，宽 3~11 cm，掌状 5~7 浅裂，裂片三角形，先端圆钝，基部心形，边缘具圆钝齿，两面疏被星状毛；叶柄长 2~9 cm，被星状毛。花多数，近无梗，簇生于叶腋；苞片 3，条状披针形，长 3~5 mm，被长硬毛；萼 5 裂，裂片卵状三角形，长宽约相等，密被星状毛，边缘密生长硬毛；花瓣淡红色，倒卵形，顶端微凹；雄蕊筒上部具倒生毛，雌蕊 10~12 心皮，10~12 室，每室 1 胚珠。分果果瓣背面近平滑，侧面具网纹，花萼宿存。种子肾形，褐色。花期 7~9 月，果期 8~10 月。2n=84。

中生杂草。生山麓居民点附近，田间、路边。仅见东坡中部。

分布于我国各省区，也见于欧亚温热带地区。泛热带种。

种子作“冬葵子”入药，能利尿、下乳、通便。果实作蒙药用（蒙药名，萨嘎日木克-扎木巴），能利尿通淋、清热消肿、止渴，主治尿闭、淋病、水肿、口褐、肾热、膀胱热。

四五、柽柳科 Tamaricaceae

灌木或小乔木。单叶互生，常为鳞片状、圆柱状或条形；无柄；无托叶。花两性，辐射对称，多集生为总状花序或再组成圆锥花序，少单生；萼片 4~5；花瓣 4~5；雄蕊与花瓣互生，同数或为其 2 倍，少多数，花丝离生或部分联合；子房上位，1 室或不完全的 3~4 室，含胚珠 2 至多数，生于基生的侧膜胎座上，花柱 3~5。果为蒴果；种子全体或仅顶端被毛，有胚乳或无。

图版 59 1. 文冠果 Xanthoceras sorbifolia Bunge 果枝、花、雄蕊及附属体、雌蕊、种子；2. 乌头叶蛇葡萄 Ampelopsis aconitifolia Bunge 果序与叶、花、花盘；3. 野葵 Malva verticillata L. 植株、花；4. 野西瓜苗 Hibiscus trionum L. 植株上部；5. 河柏 Myricaria bracteata Royle 花果枝、花、苞片、种子；6. 宽叶水柏枝 M. platyphylla Maxim. 花枝、花、苞片。（1 马平绘；2~4 张海燕；5~6 田虹绘）

贺兰山有 3 属，5 种。

分属检索表

1. 总状花序或再组成圆锥花序；花瓣内无附属物；种子仅顶端被毛。
  2. 雄蕊 4~5，花丝离生；雌蕊具短花柱；种子被无柄的毛簇 ………………………… 1. 柽柳属 **Tamarix**
  2. 雄蕊 10，花丝部分合生；雌蕊无花柱；种子被有柄的毛簇 ……………………… 2. 水柏枝属 **Myricaria**
1. 花单生；花瓣内有 2 枚鳞片状附属物；种子全体被毛 …………………………………… 3. 红沙属 **Reaumuria**

1. 柽柳属 Tamarix L.

灌木或小乔木，枝细长。叶小，鳞片状。多花密集成总状花序或再组成顶生圆锥花序，花小，两性，具短梗；苞片 1；萼片 4~5；花瓣 4~5，瓣内无鳞片；花盘多型，4~5 裂，或裂片再 2 裂；雄蕊 4~5，离生，着生在花盘裂片间；雌蕊由 3 心皮合生而成，子房上位，1 室，位于花盘之上，花柱 3，棍棒状。蒴果，圆锥形，3~5 裂；种子多数，芒柱基部被簇毛。

贺兰山有 1 种。

1. 红柳（图版 60，图 3）多枝柽柳

Tamarix ramosissima Ledeb. Fl. Alt. **1**：424. 1829；内蒙古植物志（二版）**3**：522. 图版 207. 图 1~6. 1989；中国植物志 **50**（2）：159. 图版 42. 图 1~5. 1990；宁夏植物志（二版）**上册**：579. 2007.

灌木或小乔木。通常高 2~3 m，多分枝；二年生枝紫红色或红棕色。叶披针形或三角状卵形，长 0.5~2 mm，几乎贴于茎上。春季总状花序侧生于去年枝上，长 2~7 cm，多簇生；夏秋季总状花序生当年枝上，长 2~5 cm，宽 3~5 mm，组成顶生大型圆锥花序；苞片条状披针形或条形，膜质，内弯；花梗长于花萼；萼片 5，卵形，渐尖或微钝，边缘膜质，长约 1 mm；花瓣 5，倒卵圆形，长 1.5~1.8 mm，粉红色或紫红色，互相靠合成环状，宿存；花盘 5 裂，每裂先端钝或微凹；雄蕊 5，着生于花盘裂片间，等长或稍超出于花冠，花药顶端钝或突尖，花柱 3，棒匙形。蒴果长圆锥形，长 3~4 mm，熟时 3 裂。种子多数，顶端簇生毛。花期 5~8 月，果期 6~9 月。2n=24。

盐中生植物。生山麓盐碱地上。仅见东坡大武口。

分布于我国东北（西部）、华北、西北，也广布于欧亚大陆干旱、半干旱区及沿海。古地中海种。

优良固沙植物，枝茎可编织；嫩枝和叶入药，同柽柳（药材名：西河柳），能疏风、解毒、透疹，主治麻疹不透、感冒、风湿关节痛、小便不利；外用治风湿瘙痒。嫩枝入蒙药（蒙药名：苏海），能解毒、清热、清“黄水”、透疹。

2. 水柏枝属 Myricaria Desv.

灌木或半灌木。单叶，互生，鳞片状，无托叶和叶柄，全缘，常密生。总状花序顶生或侧生；花两性，辐射对称，粉红色、淡紫色或紫色；苞片具膜质边缘，花梗短；萼片 5；花瓣 5；雄蕊 10，5 长 5 短，花丝下部连合；子房上位，1 室，柱头头状，3 浅裂。蒴果，3 瓣裂，含种子多数。种子具有柄的白色簇毛。

贺兰山有 2 种。

分种检索表

1. 叶小，长 1~4 mm，条形，苞片先端有尾状长尖 ……………………………………… 1. 河柏 **M. bracteata**
1. 叶较大，长 5~12 mm，卵形，心形或宽披针形，苞片先端长渐尖，不呈尾状 …… 2. 宽叶水柏枝 **M. platyphylla**

1. 河柏（图版 59，图 5）宽苞水柏枝

Myricaria bracteata Royle，Illustr. Bot. Himal. 214. pl. 44. f. 2. 1839；中国植物志 **50**（2）：174. 图版 47. 图 10~13. 1990；宁夏植物志（二版）**上册**：582. 2007. ——*M. alopecuroides* Schrenk in Fisch. et Mey. Enum. Pl. **1**：65. 1841；内蒙古植物志（二版）**3**：529. 图版 210. 图 1~5. 1989.

灌木。高 0.5~2 m。老枝紫褐色，幼嫩枝黄绿色。叶小，条形，披针形或卵状披针形，长 1~5 mm，基部扩展。总状花序密集成圆穗状，顶生，长 5~20 cm，径约 1.5 cm；苞片宽卵形或长卵形，长 5~8 mm，先端有尾状长尖，边缘膜质，具圆齿；花梗长约 1 mm；萼片 5，披针形或矩圆形，长 4~5 mm，边缘膜质；花瓣 5，倒卵形，长约 5 mm，粉红色；雄蕊 10，花丝中下部合生；子房圆锥形，无花柱。蒴果狭圆锥形，长近 1 cm。种子顶端具有柄的簇生毛。花期 6~7 月，果期 7~8 月。

旱中生植物。生海拔 1 500~1 700 m 宽阔山谷河床沙地。仅见东坡大水沟。

分布于我国华北、西北及西藏、四川，也见于中亚（伊朗至哈萨克斯坦）、南亚（印度巴基斯坦）、蒙古。古地中海种。

嫩枝条入药，能补阳发散、解毒透疹，主治麻疹不透，风湿性关节炎、皮肤搔痒，血热酒毒。嫩枝叶也作蒙药用（蒙药名：澳恩布），能清热解毒、发表透疹，主治感冒、上呼吸道感染、麻疹不透、蝎毒。

2. 宽叶水柏枝（图版 59，图 6）喇嘛棍

Myricaria platyphylla Maxim. in Bull. Acad. Sci. St. –Petersb. **27**：425. 1882；内蒙古植物志（二版）**3**：529. 图版 210. 图 6~8. 1989；中国植物志 **50**（2）：170. 图版 46. 图 5. 1990；宁夏植物志（二版）**上册**：581. 2007.

灌木。高 1.5~2 m。直立，多分枝，老枝红褐色或灰绿色，幼枝浅黄白色。叶疏生，

卵形，心形或宽披针形，较大，长 7~12 mm，宽 3~8 mm，基部最宽可达 10 mm，先端渐尖，基部圆形或宽楔形，全缘，无柄，不抱茎，常由叶腋生出小枝，小枝上叶形较小。总状花序侧生于去年枝上，长 6~10 cm；苞片宽卵形，长 6~8 mm，先端长渐尖，淡绿色，中部有宽膜质边缘宿存；萼片 5，披针形，长约 4 mm，边缘狭膜质；花瓣 5，粉红色，倒卵形，长约 6 mm，先端钝圆，基部狭窄宿存；雄蕊 10，花丝合生至中部以上，蒴果 4 棱状圆锥形，长 8~10 mm。种子具有柄的白色簇毛。花期 4 月下旬至 5 月中旬，果期 5~6 月。

盐中生植物。生山麓盐碱地，仅见西坡山麓。

贺兰山西坡山麓是其模式产地。模式标本系俄国人普热瓦尔斯基（N. Przewalski）无号（Holotype LE），1872 年 6 月 11 日至 23 日采自贺兰山南部湿润盐沙地。

分布于我国内蒙古（西部）、山西（北部）、宁夏（中北部）。鄂尔多斯-东阿拉善种。

嫩枝干后入药，能发表透疹。固沙植物。

3. 红沙属 Reaumuria L. 枇杷柴属

灌木或半灌木。叶肉质，圆柱形或狭条形，互生或丛生，无柄。花单生于主枝、短缩侧枝枝端或叶腋；花两性，基部常托以 2 至多枚苞片；萼片 5，分离或基部连合；花瓣 5，花瓣内侧有 2 鳞片状附属物；雄蕊 5~15，分离或基部合生成 5 束；雌蕊 1，花柱 3~5，子房1室，椭圆形或卵圆形，具不完全的隔膜，胚珠 2~5 颗。蒴果矩圆状卵形，3 或 5 瓣裂。种子被褐色长柔毛。

贺兰山有 2 种。

分种检索表

1. 叶较短，长 1~5 mm；花无梗；花萼合生；花瓣粉红色 ………………………… 1. 红沙 **R. soongorica**

1. 叶长 5~15 mm；花梗长 8~10 mm；花萼片分离；花瓣淡白色 …………………… 2. 长叶红沙 **R. trigyna**

1. 红沙（图版 60，图 2）枇杷柴

Reaumuria soongorica（Pall.） Maxim. Fl. Tangut. **1**：97. 1889 et Pl. Mong. **1**：107. 1889；内蒙古植物志（二版）**3**：520. 图版 206. 图 1~6. 1989；中国植物志 50（2）：143. 图版 39. 图 12~17. 1990；宁夏植物志（二版）**上册**：575. 图 460. 2007. ——*Tamarix soongorica* Pall. in Nov. Acta Petrop. **10**：374. 1797. ——*Hololachne soongorica*（Pall.） Ehrenb. in Linnaea **2**：273. 1827.

小灌木。高 10~30 cm。多分枝，老枝灰棕色，幼枝淡黄色。叶浅灰绿色，肉质，圆柱形，顶部稍粗圆钝，常 3~6 叶簇生，长 1~5 mm，宽约 1 mm。花单生叶腋，在小枝上集为稀疏的穗状花序，近无梗；苞片 3，披针形，长 0.5~0.7 mm，比萼短 1/3~1/2，萼钟形，下部合生，上部 5 裂，裂片三角形，锐尖，边缘膜质；花瓣 5，开张，粉红色或淡紫色，

矩圆形，长约 3 mm，宽约 2 mm，内侧具两个矩圆形的鳞片；雄蕊 6~8，少有更多者，离生，花丝基部变宽，与花瓣近等长，子房椭圆形，花柱 3。蒴果纺锤形，长约 5 mm，径约 2 mm，光滑，3 棱，3 瓣裂。种子 3~4，矩圆形，长 3~4 mm，全体被淡褐色毛。花期 7~8 月，果期 8~9 月。

强旱生植物。生山麓砾石质、沙砾质地或盐化洪积扇上，形成草原化荒漠群落。东、西坡山麓均有分布。为最重要的荒漠建群植物。

分布于我国西北及内蒙古，也见于哈萨克斯坦（东部）、俄罗斯（西西伯利亚）、蒙古。准格尔–戈壁种。

枝、叶入药，主治湿疹、皮炎。荒漠区的主要粗等牧草，羊和骆驼均采食。

2. 长叶红沙（图版 60，图 1）黄花枇杷柴

Reaumuria trigyna Maxim. in Bull. Acad. Sci. St. –Petersb. **27**：425. 1882；内蒙古植物志（二版）**3**：520. 图版 206. 图 7~9. 1989；中国植物志 **50**（2）：144. 图版 39. 图 1~6. 1990；宁夏植物志（二版）**上册**：576. 2007.

小灌木。高 15~30 cm。多分枝，老枝灰色或灰黄色，树皮条状剥裂，当年枝由老枝顶部发出，较细，淡绿色。叶肉质，圆柱形，长 5~15 mm，向顶部稍增粗，微弯曲，常 2~5 个簇生。花单生当年生枝上部叶腋，径 5~7 mm；花梗纤细，长 8~10 mm；苞片宽卵形，先端短突尖，基部扩展，覆瓦状排列在花萼的基部；萼片 5，离生，与苞片同形；花瓣 5，透明白色，矩圆状倒卵形，长约 5 mm，内侧具 2 鳞片；雄蕊 15，子房卵圆形，花柱常 3。蒴果矩圆形，长达 1 cm，光滑，3 瓣开裂。花期 5~6 月，果期 8~9 月。

强旱生植物。生北部荒漠化较强的低山丘陵、山前洪积扇、干河床。东、西坡北部（东坡大武口以北、西坡古拉本以北）均有分布。

分布于我国内蒙古（西部）、宁夏（中北部）。为我国特有种。西鄂尔多斯–东阿拉善种。

四六、堇菜科 Violaceae

多年生草本，灌木，稀一、二年生草本或乔木。单叶，通常互生，稀对生，具柄，全缘，有锯齿或分裂；托叶叶状。花两性或单性，稀杂性，辐射对称或两侧对称，单生或成穗状、总状圆锥花序；小苞片 2；萼片 5，宿存，覆瓦状排列；花瓣 5，常不等大，下一枚较大，基部具距，覆瓦状或旋转状排列；雄蕊 5，花药直立，围绕子房排成一环，药隔伸长至药室顶部形成膜状附属物，花丝短或无；子房上位，无柄，1 室，心皮 3 个（稀 2~6）合生，侧膜胎座，花柱单一，稀分裂，柱头形状多变，胚珠一至多数。果为蒴果或浆果。种子有时具翅，肉质胚乳，胚直立。

贺兰山 1 属，7 种。

图版 60 1. **长叶红沙** Reaumuria trigyna Maxim. 植株、花、果；2. **红沙** R. soongorica (Pall.) Maxim. 植株、花、萼、果；3. **红柳** Tamarix ramosissima Ledeb. 花枝、花、花盘、果；4. **草瑞香** Diarthron linifolium Turcz. 植株、花萼、雄蕊、果；5. **狼毒** Stellera chamaejasme L. 花枝、根、花、萼、雄蕊、雌蕊、果、种子；6. **双花堇菜** Viola biflora L. 植株、雌蕊。（田虹绘）

1. 堇菜属 Viola L.

多年生草本，稀为一、二年生草本，具根茎，地上茎有或无，有时有匍匐枝。单叶互生或基生，全缘，具齿或分裂；托叶与叶柄合生或离生。花梗腋生，单花，稀为 2 花；花 2 型，春季生的，有花瓣，夏季开花的，无花瓣，为闭花，但能结实；具 2 小苞片；萼片 5，基部延伸成附属物；花瓣 5，异形，下瓣较大，基部具距；雄蕊 5，花丝短而宽，花药环生于雌蕊周围，药隔顶端延伸成为膜质附属体，花丝极短，下方 2 枚有蜜腺的距，伸入下瓣距中；子房 3 心皮，宽侧膜胎座，胚珠多数，花柱上端较粗，稍膝曲，柱头先端圆钝，有时浅裂，前端具喙。蒴果 3 瓣裂，果瓣舟形，具硬龙骨，成熟时沿缝线开裂弹出种子。种子倒卵形，种皮坚硬，平滑，有或无斑纹。

贺兰山有 7 种。

分种检索表

1. 具地上茎，托叶离生；花淡黄色或黄色；叶肾形，少近圆形，托叶全缘 ………… **1. 双花堇菜 V. biflora**
1. 无地上茎，托叶多少与叶柄合生；花堇色、淡堇色、红紫色或白色。
  2. 叶深裂或全裂，或不整齐的缺刻状中裂至浅裂。
    3. 叶掌状 3~5 全裂或深裂，或再裂，或近于羽状深裂。
      4. 最终裂片条形；一回裂片无短柄；花淡紫堇色 ……………………………… **2. 裂叶堇菜 V. dissecta**
      4. 最终裂片卵状披针形，一回裂片具短柄；花白色稀淡紫堇色 …… **3. 南山堇菜 V. chaerophylloides**
    3. 叶具极不规则的浅裂至中裂，甚至深裂，总体为羽状裂 …………………… **4. 菊叶堇菜 V. takahashii**
  2. 叶不裂，边缘具浅圆齿。
    5. 叶较狭，三角状卵形、矩圆状卵形、卵状披针形或狭卵形，通常基部楔形、宽楔形或截形，长为宽的 1. 5~2 倍，子房无毛，幼果无毛。
      6. 叶较窄，矩圆形、矩圆状披针形或狭卵状披针形，基部楔形 ………… **5. 紫花地丁 V. philippica**
      6. 叶较宽，具缘状卵形、矩圆状披针形或狭卵状披针形，基部楔形 …… **6. 早开堇菜 V. prionantha**
    5. 叶较宽，卵形或卵圆形，基部浅心形或心形，长大于宽，但不超过其 1 倍，子房密被毛；蒴果幼时被毛 ……………………………………………………………………… **7. 白果堇菜 V. phalacrocarpa**

1. 双花堇菜（图版 60，图 6）

Viola biflora L. Sp. Pl. 936. 1753；内蒙古植物志（二版）**3**：535. 图版 212. 图 1~2. 1989；中国植物志 **51**：118. 图版 22. 图 14~17. 1993；宁夏植物志（二版）**上册**：586. 2007.

多年生草本。高 10~20 cm，根茎细，斜升或匍匐，具结节，生细的根。地上茎纤弱，直立或上升，不分枝，无毛。托叶卵形或卵状披针形，长 3~5 mm，先端锐尖或稍尖，全缘，与叶柄分离；叶柄细，长 4~8 cm，无毛；叶片肾形，少近圆形，长 1~2 cm，宽 1~3.5 cm，先端圆形，基部心形或深心形，边缘具钝齿，两面散生细毛，或仅一面及脉上有毛，或无毛。花 1~2 朵，生于茎上部叶腋，花梗细，长 2~5 cm；苞片钻形，甚小，长约 1 mm，生于花梗上部，果期常脱落；萼片披针形，先端稍钝，无毛或边缘具缘毛，基部附属物不明显；花瓣淡黄色或黄色，具紫色脉纹，矩圆状倒卵形，侧瓣无须毛，下瓣连距长约 1 cm，距短，长 2.5~3 mm；子房无毛，花柱直立，基部较细，上半部深裂。蒴果矩圆状卵形，长 4~7 mm，无毛。花果期 5~9 月。2n=12，24。

中生植物。生海拔 2 000~2 600 m 山地云杉林下、山地沟谷溪水边或石缝中。见东坡苏峪口沟、插旗沟、黄旗沟、大水沟；西坡哈拉乌北沟、南寺沟、北寺沟、黄土梁等。

分布于我国东北、华北、西北、中南、西南及山东、台湾，广布于北半球温寒带地带及亚热带、热带高山地区。泛北极种。

全草民间入药，可治疗跌打损伤。

2. 裂叶堇菜（图版 61，图 1）

Viola dissecta Ledeb. Fl. Alt. **1**：255. 1829；内蒙古植物志（二版）**3**：540. 图版 214. 图 2~3. 1989；中国植物志 **51**：80. 图版 17. 图 11~16. 1991；宁夏植物志（二版）**上册**：586. 图 467. 2007.

多年生草本。无地上茎，高 5~10 cm。根茎短，黄白色。托叶披针形，约 2/3 与叶柄合生，边缘疏具细齿，花期叶柄近无翅，长 3~6 cm，通常无毛，果期叶柄长约 10 cm，具窄翅，无毛；叶片的轮廓呈圆形或肾状圆形，掌状 3 全裂或深裂，中裂片 3~5 深裂，有时近羽状，末回裂片条形，全缘或有 1~2 齿，两面通常无毛，下面脉突出明显。花梗通常比叶长，疏生短毛或无毛，果期通常不超出叶；苞片 2，条形，长 4~10 mm，生于花梗中部以下；萼片卵形或披针形，先端渐尖，具 3 脉，边缘膜质，通常于下部具短毛，基部附属物小，全缘或具 1~2 缺刻；花冠淡紫色或紫色，上瓣倒卵形，长 1~1.5 cm，向上反曲，侧瓣长 1.1~1.7 cm，里面有须毛，下瓣连距长 1.5~2.3 cm，距筒形，长 5~7 mm，直或微弯，末端钝；子房无毛；花柱基部细，柱头前端具短喙，两侧具稍宽的边缘。蒴果矩圆形或椭圆形，长 10~15 mm，无毛。花果期 5~9 月。2n=24。

中生植物。生海拔 1 400（东坡）~1 900~2 200 m 山地阴坡石缝、沟谷阴坡山脚。见东坡苏峪口沟、黄旗沟、贺兰沟、插旗沟、小口子；西坡哈拉乌沟、水磨沟、北寺沟、南寺沟。

分布于我国东北（中、南部）、华北、西北（东部）及新疆（北部）、内蒙古（南部），也见于俄罗斯（西伯利亚、远东）、蒙古、朝鲜。东古北极种。

全草入药，能清热解毒、消痈肿，主治无名肿毒、疮疖、麻疹热毒。

3. 南山堇菜（图版 61，图 2）

Viola chaerophylloides（Regel） W. Beck. in Bull. Herb. Boiss. ser. **2**（2）：856. 1902；中国植物志 **51**：83. 图版 17. 图 6~10. 1991；宁夏植物志（二版）**上册**：587. 2007. ——*V. pinnaca* L. var. *chaerophylloides* Regel，PL. Radd. **1**：222. 1861.

多年生草本。高 5~20 cm。根状茎短粗，直伸，黄白色。无地上茎。叶基生，3 全裂，1 回裂片具短柄，中裂片 3 深裂，侧裂片 2 深裂，最终裂片卵状披针形、披针形，边缘具不整齐的缺刻状齿或浅裂，两面无毛或沿脉有短毛；叶柄在花期长 3~8 cm；托叶膜质，中部与叶柄合生，披针形，全缘或边缘具疏细齿。花枝与叶等长或稍长，中下部有 2 枚小苞片；萼片长圆状卵形或狭卵形，基部附属物明显，长 4~6 mm；花冠白色或具紫色条纹，花瓣宽倒卵形，侧瓣里面基部有细须毛，下瓣距长 5~7 mm；子房无毛，柱头具明显的短喙，喙端具圆形柱头孔。蒴果长椭圆状，长 1~1.6 cm，无毛，花果期 4~8 月。2n=24。

中生植物。生海拔 1 700~2 000 m 山地林缘、阴坡石缝中。仅见东坡苏峪口沟、小口子。

分布于我国东北、华北、西北（东部）、华东（北部）及河南、湖北、四川（北部），也见于俄罗斯（远东）、朝鲜、日本。东亚（中国—日本）种。

4. 菊叶堇菜（图版 61，图 5）

Viola takahashii（Nakai） Taken. 采集与饲养：**24**（4）：40. f. 2. 1962.（= *Viola albida* Palib. × *Viola chaerophylloides*（Regel） W. Beck）；中国植物志 **51**：77. 1991；宁夏植物志（二版）**上册**：587. 2007. ——*V. albida* Palib. var. *takahashii* Nakai in Bot. Mag. Tokyo **36**：84. 1922.

多年生草本。高 5~15 cm。根状茎短而较粗，生有数条淡黄色的细根。叶基生，叶片卵形至矩圆状卵形，长 3~5 cm，宽 1.5~3 cm，基部浅心形，叶缘具不规则的浅裂、中裂至深裂，总体为羽状裂，侧裂片较短，中裂片较长，最终裂片呈披针形，两面无毛或仅叶脉上疏被柔毛；叶柄比叶片短，托叶近中部处与叶柄合生，离生部分披针形，边缘具细齿。花梗与叶近等长，中部以下有 2 线状小苞片；萼片矩圆状披针形，基部附属物长约 3~6 mm，末端具不整齐牙齿，边缘膜质，3 脉；花冠较大，径达 2 cm，白色，上瓣倒卵形，侧瓣里面基部疏被须毛，下瓣基部具囊状距，长约 6 mm，先端圆钝；子房无毛，花柱基部较细，柱头先端具短喙，顶面微凹。花期 5~7 月。

旱中生植物。生山口河床沙砾地、灌丛下。仅见东坡甘沟、拜寺沟。

分布于我国东北，也见于朝鲜。东北种。

贺兰山该植物叶裂变化较大，从浅裂、中裂至深裂，虽大体呈羽状分裂，但裂的极不规则。按《中国植物志》记载“叶缘变化幅度较大，通常呈不整齐的稀疏浅裂或 3~5 中裂……”暂定为此种。

5. 紫花地丁（图版 61，图 3）

Viola philippica Cav.，Icons. et Descr. Pl. Hisp. **6**：19. 1801；中国植物志 **51**：63. 图版 12. 图 4~6. 1991；宁夏植物志（二版）**上册**：589. 2007. ——*V. yedoensis* Makino in Bot. Mag. Tokyo **26**：148. 1912；内蒙古植物志（二版）**3**：546. 图版 216. 图 1. 1989.

多年生草本。花期高 3~10 cm，果期高可达 15 cm。根茎较短，垂直，主根较粗，淡黄褐色，直伸。无地上茎，叶基生，托叶膜质，1/2以上与叶柄合生，分离部分条状或条状披针形，边缘具疏细齿，无毛；叶柄上部具窄翅，被短柔毛或无毛，长1.5~5 cm，果期可达15 cm；叶片矩圆形、矩圆状披针形或卵状披针形，长1~3 cm，宽0.5~1 cm，先端钝，基部截形或楔形，边缘具浅圆齿，两面散生或密生短柔毛，或仅脉上有毛或无毛，果期叶大。花梗超出叶或略等于叶，被短毛或无毛，苞片生于花梗中部；萼片卵状披针形，基部附属物短，长1~1.5 mm，末端圆形或截形，无毛或有短毛；花瓣紫堇色或紫色，上瓣倒卵形或矩圆状倒卵形，侧瓣无须毛或稍有须毛，下瓣连距长15~18 mm，距细，长4~7 mm，末端稍细；子房无毛，花柱棍棒状，柱头三角形，两侧及后方有隆起薄边，前方具短喙。蒴果椭圆形，长6~10 mm，无毛。花果期4~9月。2n=24。

中生植物。生海拔1 200~2 200 m浅山区山沟、路旁，零星分布。仅见东坡苏峪口沟、拜寺沟、小口子等。

分布于我国东北、华北、西北（除青海）、华东、华中、中南（东部）及广西，也见于俄罗斯（远东）、朝鲜、日本。东亚（中国–日本）种。

全草入药（药材名：紫花地丁），能清热解毒、凉血消肿；主治痈疽发背、疔疮瘰疬、无名肿毒、丹毒、乳腺炎、口赤肿痛、咽炎、黄疸型肝炎、肠炎、毒蛇咬伤等。

6. 早开堇菜（图版61，图4）早花地丁

Viola prionantha Bunge in Mem. Acad. Sci. St. –Petersb. Sav. Etrang. **2**：82. 1833；内蒙古植物志（二版）**3**：551. 图版216. 图2~4. 1989；中国植物志 **51**：61. 图版12. 图1~3. 1993；宁夏植物志（二版）**上册**：588. 图469. 2007.

多年生草本。花期高4~10 cm，果期可达15 cm。根茎短粗，根细长，黄白色，通常向下伸展，无地上茎，叶基生多数。托叶淡绿色至苍白色，大部与叶柄合生，分离部分呈条状披针形或披针形，边缘疏具细齿；叶柄有翅，长4~8 cm，果期可达10 cm，无毛；叶片矩圆状卵形或卵形，长2~5 cm，宽0.8~2.0 cm，先端钝或稍尖，基部截形，宽楔形或近心形，边缘具钝锯齿，两面被柔毛或近于无毛，果期叶大，三角状卵形或长三角形，长达6~8 cm，宽达2~4 cm，先端尖或稍钝，基部微心形，无毛或稍有毛。花梗1至多数，花期超出于叶；苞片生于花梗的近中部，萼片披针形或卵状披针形，先端尖，具膜质窄边，基部附属器长1~2 mm，末端具不整齐的牙齿或全缘，有纤毛或无毛；花冠紫堇色或淡紫色，上瓣倒卵形，侧瓣圆状倒卵形，里面基部有须毛或近于无毛，下瓣具距，距长6~7 mm，直伸，末端圆并微向上弯；子房无毛，花柱棍棒状，柱头顶部平，两侧及后方有狭膜边，前方短喙不明显。蒴果长椭圆形，长6~12 mm，无毛。花果期4月（中旬）~9月。2n=48。

中生植物。生海拔1 300（东坡）~1 900~2 200 m沟谷灌丛下，阴坡溪水边或石缝中。见东坡苏峪口沟、拜寺沟、黄旗沟；西坡哈拉乌沟、南寺沟、峡子沟等。

分布于我国东北、华北、西北（东部）、华东（北部）及河南、云南，也见于俄罗斯（远东）、朝鲜。东亚种。全草入药功能同紫花地丁。

该种在贺兰山分布范围和数量均超过紫花地丁。过去一些资料如《贺兰山维管植物》将贺兰山该类型植物均定为紫花地丁 *V. yedoensis* Makino（= *V. philippica* Cav.），经我们野外观察，大部分均是早开堇菜 *V. prionantha* Bunge，仅在东坡一些浅山沟谷中有少量紫花地丁。H. Walker 将秦仁昌在哈拉乌沟采的 No. 66 号标本定为早开堇菜 *V. prionantha* Bunge 是正确的。

7. 白果堇菜（图版 61，图 6）茜堇菜

Viola phalacrocarpa Maxim. in Mem. Biol. **9**：726. 1876. et Bull. Acad. Sci. St. -Petersb. 23. 318. 1877；内蒙古植物志 **4**：117. 图版 56. 1979；中国植物志 **51**：56. 图版 11. 图 7~15. 1991；宁夏植物志（二版）**上册**：589. 2007. ——*V. yezoensis* auct. non Maxim.：内蒙古植物志（二版）**3**：554. 图版 218. 图 4~6. 1989.

多年生草本。高 5~16 cm，根茎短粗，生 2 至数条根，白色或淡黄褐色。无地上茎，叶基生，托叶 1/2 以上与叶柄合生，分离部分条状披针形或狭披针形，先端长渐尖，边缘具稀疏细齿；叶柄长 4~9 cm，果期可达 13 cm，上部具稍宽的翅，幼时被短毛；叶片卵形或卵圆形，长 1.5~4 cm，宽 1~2.5 cm，果期叶较大，长可达 9 cm，宽可达 5 cm，先端钝，基部心形或深心形，边缘具钝齿，两面散生或密生短柔毛。花梗细弱，超出于叶或与叶近等长，被短柔毛；苞片生于花梗的中部；萼片披针形或卵状披针形，基部附属物长 1~2 mm，末端圆或截形，通常具不整齐的牙齿，密生或疏生短柔毛；花瓣堇色，具深紫色脉纹，上瓣倒卵形，侧瓣短圆状宽卵形，里面基部有明显的长须毛，下瓣的中下部带白色，瓣片连距长 1.6~2.2 cm，距长 6~9 mm，末端微向上弯或直；子房被毛，花柱基部膝曲，向上部渐粗，柱头顶面略平，两侧具增厚边缘，前方具粗短喙。蒴果椭圆形，长 6~10 mm，有短柔毛，后渐变稀疏。花果期 4~9 月。

分布于我国东北、华北、西北（东部除青海）、中南及山东、四川，也见于俄罗斯（远东）、朝鲜、日本。东亚（中国-日本）种。

中生植物。生海拔 2 300~2 600 m 山地沟谷和山脊灌丛下。仅见西坡哈拉乌北沟、南寺沟、水磨沟。

《内蒙古植物志》（二版）（**3**：554）将贺兰山的该种植物定名为阴地堇菜 *V. yezoensis* 显然不妥，子房被毛、花瓣堇色是白果堇菜的重要特征，而阴地堇菜子房无毛、花瓣白色而不同。该书写的分布区也是白果堇菜，阴地堇菜在我国仅分布在辽宁、河北、山东。

四七、瑞香科 Thymelaeaceae

灌木或草本，稀乔木，常绿或落叶，具韧皮纤维，单叶互生，全缘，无托叶。头状、总状或穗状花序，顶生或腋生，稀单生；花两性、稀单性，辐射对称；花被筒呈花冠状，

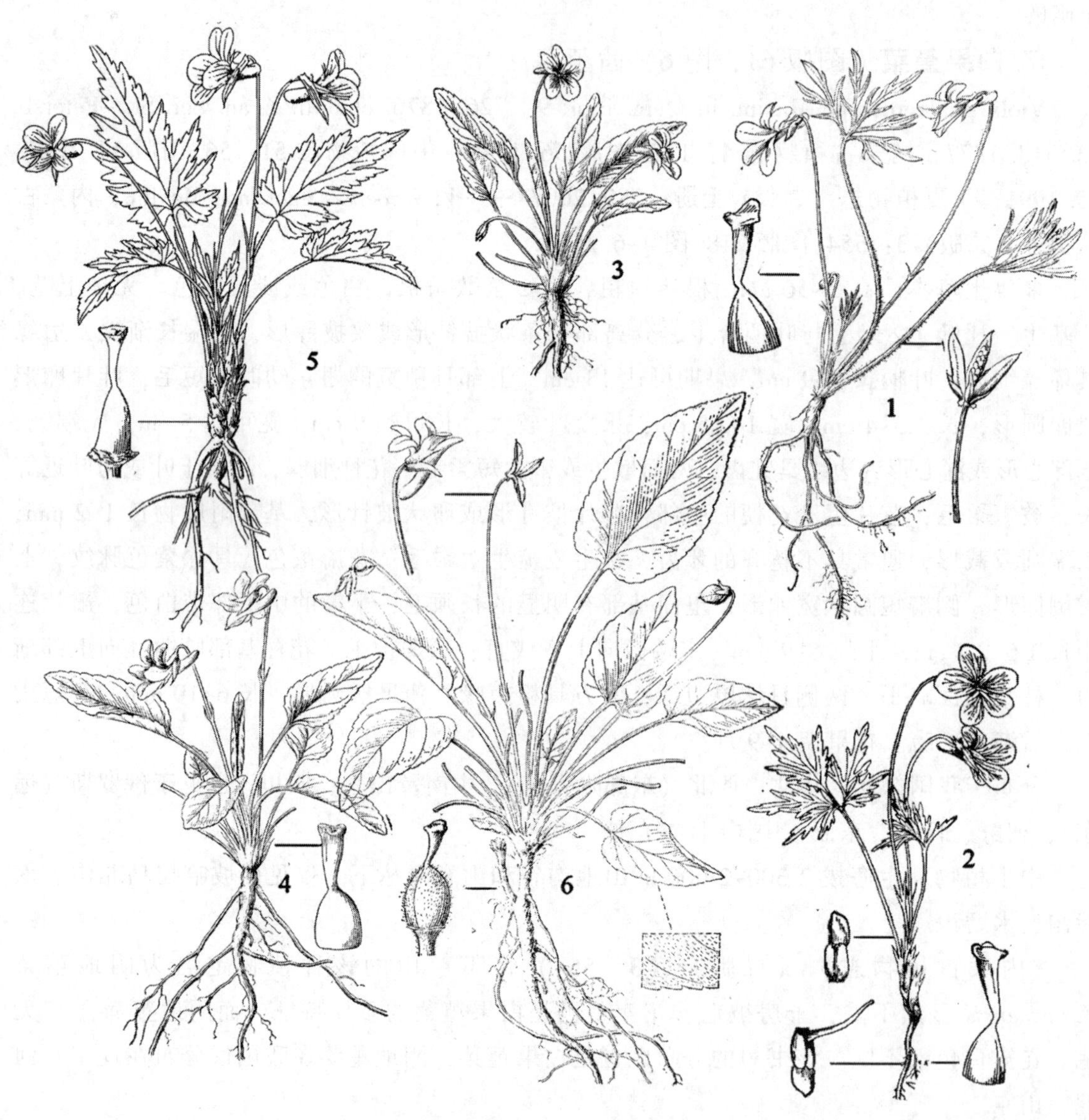

图版 61　1. 裂叶堇菜 Viola dissecta L. 植株、雌蕊、果；2. 南山堇菜 V. chaerophylloides（Regel） W. Beck. 植株、雄蕊、雌蕊；3. 紫花地丁 V. philippica Cav.植株；4. 早开堇菜 V. prionantha Bunge 植株、雌蕊；5. 菊叶堇菜 V. takahashii（Nakai） Taken. 植株、雌蕊；6. 白果堇菜 V. phalacrocarpa Maxim. 植株、花、雌蕊。（1、3~4、6 张海燕绘；2 引自中国植物志；5 仿东北草本植物志）

长或短，4~5 裂；无花瓣；雄蕊与花被片同数或 2 倍，花盘成鳞片状；子房上位，1 室，每室有 1 下垂胚珠；花柱短，柱头头状。果为核果、浆果或坚果，少蒴果。

贺兰山有 2 属，2 种。

分属检索表

1. 一年生草本；根纤细肉质；叶条形；穗状花序；花较小，黄绿色；柱头棒状 …… 1. 草瑞香属 Diarthron

1. 多年生草本；根粗大纤维质；叶矩圆状披针形；头状花序；花较大，紫红色；柱头头状 ……………………………………………………………………………………………… 2. 狼毒属 Stellera

1. 草瑞香属（粟麻属）Diarthron Turcz.

一年生草本。单叶互生，条形。总状花序顶生，无苞片；花两性，小型，花被筒纤细或壶状，在子房上方收缩，裂片 4，平展；无花瓣，雄蕊 4~8，1~2 轮，无花盘；子房近无柄，1 室，柱头短棒状，胚珠 1 颗。坚果，包于膜质花被筒基部。

贺兰山有 1 种。

1. 草瑞香（图版 60，图 4）粟麻

Diarthron linifolium Turcz. in Bull. Soc. Nat. Mosc. **5**：204. 1832；内蒙古植物志（二版）**3**：555. 图版 219. 图 1~4. 1989；中国植物志 **52**（1）：395. 1999.

一年生草本。植株高 15~30 cm，全珠光滑无毛。根纤细，肉质。茎直立，细瘦，具多数分枝，基部带紫色。叶披针形或线状披针形，长 1~2 cm，宽 l~3 mm，先端钝或稍尖，基部渐狭，楔形，全缘，边缘稍反卷，主脉在背部隆起，并有极稀疏毛，有短柄或无柄。总状花序顶生，花梗极短，花被管长 4~5 mm，下半部膨大部分浅绿色，上半部收缩部分绿色，裂片紫红色，矩圆状披针形，长 0.5~1 mm；雄蕊 4，1 轮，着生于花被筒中上部，花丝极短，花药矩圆形；子房扁，长卵形，1 室，黄色，无毛，花柱细侧生，上部弯曲，长约 1 mm，柱头稍膨大。小坚果长梨形，长约 2 mm，黑色，为残存的花被筒所包藏。花期 7~8 月。

中生植物。1 500~2 200 m 山地、山口沟谷河滩地、坡脚及灌丛下。东、西坡浅山区均有分布，唯数量稀少。

分布于我国东北、华北及内蒙古，也见于俄罗斯（远东）、蒙古（东、北部）、朝鲜。东古北极种。

2. 狼毒属 Stellera L.

多年生草本或灌木。单叶互生，全缘，无柄。头状花序或穗状花序顶生，花两性，辐射对称，花被筒圆筒状，在子房上部环裂，裂片 4（5）；雄蕊 8~10，2 轮，着生于花被筒内，花丝短，下位花盘线性或披针形，子房无柄，1 室，胚珠 1 颗，花柱短，柱头头状。

果为坚果，包藏于宿存的花被筒基部。

贺兰山有 1 种。

1. 狼毒（图版 60，图 5）断肠草

Stellera chamaejasme L. Sp. Pl. 559. 1753；内蒙古植物志（二版）**3**：556. 图版 219. 图 5~7. 1989；中国植物志 **52**（1）：397. 1999；宁夏植物志（二版）**上册**：593. 2007.

多年生草本。高 15~30 cm。根粗大，纤维质，外皮棕褐色。茎丛生，直立，不分枝，光滑无毛。叶较密生，椭圆状披针形，长 1~2 cm，宽 3~5 mm，先端渐尖，基部钝圆或楔形，无毛。头状花序顶生，花被筒细瘦，长 8~12 mm，宽约 2 mm，下部常为紫色，具明显纵纹，顶端 6 裂，裂片卵形，长约 3 mm，具紫红色网纹；雄蕊 10，2 轮，着生于花被筒喉部与中上部，花丝极短；子房椭圆形，1 室，上部被淡黄色细毛；花柱极短，近头状，子房基部一侧有长约 1 mm 矩圆形蜜腺。果卵形，长 4 mm，棕色，上半部被细毛，果皮膜质，为花被筒所包藏。花期 6~7 月。

旱生植物。生山麓洪积扇冲沟内。仅见东坡北端石嘴山的落石滩。

分布于我国东北、华北、西北（东部）西南及河南，也见于俄罗斯（西伯利亚、远东）、蒙古、朝鲜、印度（北部）。达乌里–中国–喜马拉雅种。

根入药，有大毒，能散结、逐水、止痛、杀虫，主治水气肿胀、淋巴结核、骨结核；外用治疥癣、瘙痒、顽固性皮炎、杀蝇、灭蛆。根也作蒙药用（蒙药名：达伦图茹），能杀虫、逐泻、消“奇哈”、止腐消肿，主治各种“奇哈”症、疖痛。

四八、柳叶菜科 Onagraceae

一或多年生草本或半灌木，稀灌木或乔木。单叶对生或互生，稀轮生；托叶小，早落或无。总状花序、穗状花序或近伞房状花序，稀单生于叶腋；托杯与子房合生，常延伸至子房之上；萼片（2）4~5；花瓣（2~）4，有时更多或缺；雄蕊与花瓣同数，或为萼片的 2 倍，1~2 轮，花药 2 室，纵裂；子房下位或半下位，（1~2~）4（~5）室，中轴胎座，花柱细长，柱头头状或 4 裂。蒴果、浆果或坚果。种子小，有时具簇毛，无内胚乳。

贺兰山有 2 属，3 种。

分属检索表

1. 花近两侧对称，雄蕊 8，排成 1 轮，下垂 …………………………………… 1. 柳兰属 **Chamaenerion**
1. 花辐射对称，雄蕊 8，排成 2 轮，直立 …………………………………… 2. 柳叶菜属 **Epilobium**

1. 柳兰属 Chamaenerion Seguier

多年生草本或半灌木。叶互生或对生，全缘或具齿。总状花序顶生；托杯与子房合生，

不延伸至子房之上，花稍两侧对称，萼片 4，生于花盘边缘；花瓣 4；雄蕊 8，不等长，4 枚较长，成一轮排列；子房下位，棒状，4 室，花柱基部弯曲，柱头 4 裂。蒴果圆柱形，成熟时 4 裂，种子多数，顶端具簇毛。

贺兰山有 1 种。

1. 柳兰（图版 62，图 1）

Chamaenerion angustifolium（L.） Scop. Fl. Carn. ed. **2**：271. 1772. ——*Epilobium angustifolium* L. Sp. Pl. 347. 1753；内蒙古植物志（二版）**3**：570. 图版 223. 图 1~3. 1989； 中国植物志 **53**（2）：132. 2000. 宁夏植物志（二版）**下册**：4. 图 2. 2007.

多年生草本。高 0.5~1 m。根粗壮，棕褐色。具粗根茎。茎直立，光滑无毛。叶互生，披针形，长 5~15 cm，宽 0.8~1.5 cm，全缘或具稀疏腺齿，上面绿色，下面灰绿色，两面近无毛，或中脉稍被毛，具短柄。总状花序顶生，长 20~25 cm，花序轴幼嫩时密被短柔毛，老时渐稀；苞片狭条形，长 1~2 cm，被毛或无毛；花梗长 0.5~1.5 cm，被短柔毛；花萼紫红色，裂片条状披针形，长 1~1.5 cm，宽约 2 mm，外面被短柔毛；花瓣倒卵形，紫红色，长 1.5~2 cm，先端钝圆或微凹，基部具短爪；雄蕊 8，花丝 4 枚较长，基部加宽，具短柔毛，花药矩圆形，长约 3 mm；子房下位，棒状，被毛，花柱比花丝长。蒴果圆柱状、略四棱形，长 6~10 cm，具长柄，皆被密毛；种子先端具一簇长约 2 mm 白色簇毛。花期 7~8 月，果期 8~9 月。2n=36。

中生多年生草本。生海拔 2 200~2 800 m 山地草甸、林缘、林下，在溪水边有时成小片群落。见东坡苏峪口沟、贺兰沟、插旗沟、黄旗沟、小口子；西坡哈拉乌沟、南寺沟等。

分布于我国东北、华北、西北、西南。广布于北半球温寒带地区及亚热带山地。泛北极种。

全草或根状茎入药，有小毒，能调经活血、消肿止痛，主治月经不调、骨折、关节扭伤。

2. 柳叶菜属 Epilobium L.

多年生草本或半灌木。茎直立或匍匐状。叶对生，全缘或具齿。总状、穗状或伞房状花序。萼筒管状，4 深裂，花瓣 4，倒卵形或倒心形，先端 2 裂；雄蕊 8，排列成 2 轮，4 枚较长，花盘具 4 圆齿；子房下位，4 室，胚珠多数，柱头棍棒状、头状或 4 浅裂，花柱细，基部具蜜腺。蒴果长而狭，圆柱形，室背开裂成 4 瓣，各瓣反折，中轴 4 棱形。种子多数，顶端具簇毛。

贺兰山有 2 种。

分种检索表

1. 茎少分枝，基部具匍匐枝，均匀被曲柔毛；叶全缘，先端渐尖；种子长约 2 mm ……………………………………………………………………………………………… 1. 沼生柳叶菜 **E. palustre**

1. 茎丛生多分枝，下部无毛，上部疏被短曲毛；叶边缘具不规则的锯齿；种子长约 1mm ……… 2. 细籽柳叶菜 **E. minutiflorum**

1. 沼生柳叶菜（图版 62，图 3）

Epilobium palustre L. Sp. Pl. 348. 1753；内蒙古植物志（二版）**3**：574. 图版 226. 图 5~8. 1989；中国植物志 **53**（2）：123. 2000.

多年生草本。高 20~50 cm。根状茎发达，具鳞片和匍匐枝，茎直立，单一或分枝，均匀被曲柔毛，无棱线。叶对生，狭披针形或条形，长 2~5 cm，宽 3~10 mm，先端渐尖，基部楔形或宽楔形，两面疏被曲短毛，全缘，边缘反卷，具短柄。花单生于茎上部叶腋，或呈近伞房状花序；苞片叶状；花萼裂片狭卵形，长约 3 mm，外被短柔毛；花瓣紫红色或粉红色，长约 5 mm，顶端 2 浅裂；花药椭圆形，长约 0.5 mm；子房圆柱形，被白色弯曲短毛，柱头棒状。蒴果长 4~7 cm，被弯曲短毛，果梗长 1~2 cm。种子倒披针形，暗棕色，长约 2 mm，簇毛淡棕色或乳白色。花期 6~7 月，果期 8~9 月。2n=36。

湿生植物。生海拔 1 800~2 600 m 山地沟谷溪水边或湿地。仅见西坡北寺沟、黄土梁。

分布于我国东北、华北、西北、西南，广布于北半球温寒地区。泛北极种。

带根全草入药，能清热消炎、调经止痛，活血、去腐生肌，主治咽喉肿痛、牙痛、目赤肿痛、月经不调、白带过多、跌打损伤、疔疮痈肿、外伤等。

2. 细籽柳叶菜（图版 62，图 2）异肿柳叶菜

Epilobium minutiflorum Hausskn. in Oestrr. Bot. Zeitschr. **29**：55. 1879；内蒙古植物志（二版）**3**：575. 图版 226. 图 1~2. 1989；中国植物志 **53**（2）：127. 图版 25. 图 8~10. 2000；宁夏植物志（二版）**下册**：5. 图 3. 2007. ——*E. propinquum* Hausskn. Monogr. Gatt. Epilob. 213. 1884. ——*E. cephalosiigma* auct. non Hausskn.：内蒙古植物志 **4**：135. 图版 62. 图 1~2. 1979.

多年生草本。高 25~80 cm。茎直立，多分枝，下部无毛，上部被稀疏弯曲短毛。叶披针形或矩圆状披针形，长 3~6 cm，宽 7~12 mm，先端渐尖，基部楔形，边缘具不规则的锯齿，两面被稀疏细曲毛，脉上尤明显，叶近无柄。花单生茎上部叶腋；花萼长 3 mm，被白色毛，裂片披针形，长约 2 mm；花瓣白色至粉红色，倒卵形，长 3~4 mm，顶端深裂；花药椭圆形，长约 1 mm；子房密被白色短毛，柱头棍棒状。蒴果长 4~6 cm，被稀疏白色弯曲短毛；果柄长 5~14 mm；被白色弯曲短毛。种子棕褐色，倒圆锥形，顶端圆，有短喙，基部渐狭，有乳突，长约 1 mm；簇毛白色。花果期 7~8 月。2n=36。

湿生植物。生山口或山麓溪水边和低洼湿地。见东坡插旗沟、大水沟；西坡哈拉乌北沟、南寺沟、巴彦浩特等。

分布于我国东北（中、南部）、华北、西北（除青海）、华东（北部）及湖北、四川、西藏，也见于俄罗斯（高加索）、蒙古（西部）、小亚细亚、伊朗、阿富汗、克什米尔、印

度（北部）。亚洲温带种。

四九、杉叶藻科 Hippuridaceae

多年生草本。具粗壮匍匐根茎。茎直立，不分枝，节部增粗。叶条形或矩圆形，6~12枚轮生。花小，无柄，单生于叶腋，两性，稀单性；萼筒浅杯形，全缘，无萼齿；无花瓣；雄蕊1；子房下位，1室，1胚株。核果椭圆形，平滑，不开裂，内具1种子；种子短圆柱形，胚乳少。

贺兰山有1属，1种。

1. 杉叶藻属 Hippuris L.

属特征同科。

贺兰山有1种。

1. 杉叶藻（图版62，图4）

Hippuris vulgaris L. Sp. Pl. 4. 1753； 内蒙古植物志（二版）**3**：581. 图版229. 图7~9. 1989；中国植物志**53**（2）：145. 2000；宁夏植物志（二版）**下册**：9. 图6. 2007.

多年生草本。高15~60 cm。全株光滑无毛，根状茎匍匐，节上生不定根。茎圆柱形，直立，不分枝，有节。叶轮生，6~12片一轮，条形，长6~13 mm，宽约1 mm，全缘，无叶柄，茎下部叶较短小。花小，两性，稀单性，无梗，单生于叶腋；萼筒浅杯形，无萼齿，包围着雄蕊和花柱下部；无花瓣；雄蕊1，生于子房上，略偏一侧；花药椭圆形，底生；子房下位，椭圆形，长约1 mm，花柱丝状，稍长于花丝。核果浅紫色椭圆形，长1.5 mm，平滑，无毛。花期6月，果期7月。2n=32。

沼、水生植物。生于山麓涝坝泥塘浅水中，小片集群分布，有时形成小群落。仅产西坡山麓巴彦浩特附近。

分布于我国东北、华北、西北、西南，也见于欧、亚、北美大陆温寒带地区。泛北极种。

全草入药，能镇咳、疏肝、凉血止血、养阴生津、透骨蒸，主治烦渴、结核咳嗽、劳热骨蒸、肠胃炎等。全草也作蒙药用（蒙药名：当布嘎日），功能主治同上。

五O、锁阳科 Cynomoriaceae

肉质寄生草本，无叶绿素。根茎初时球形，后变圆柱形，具瘤状吸收根。茎圆柱形，肉质。叶退化成鳞片状。花杂性，极小，多数雄花、雌花与两性花密生成顶生的肉穗状花序；花被片1~6，雄花具1雄蕊和1蜜腺，雌花具1雌蕊，花柱1，子房下位，1室，具1

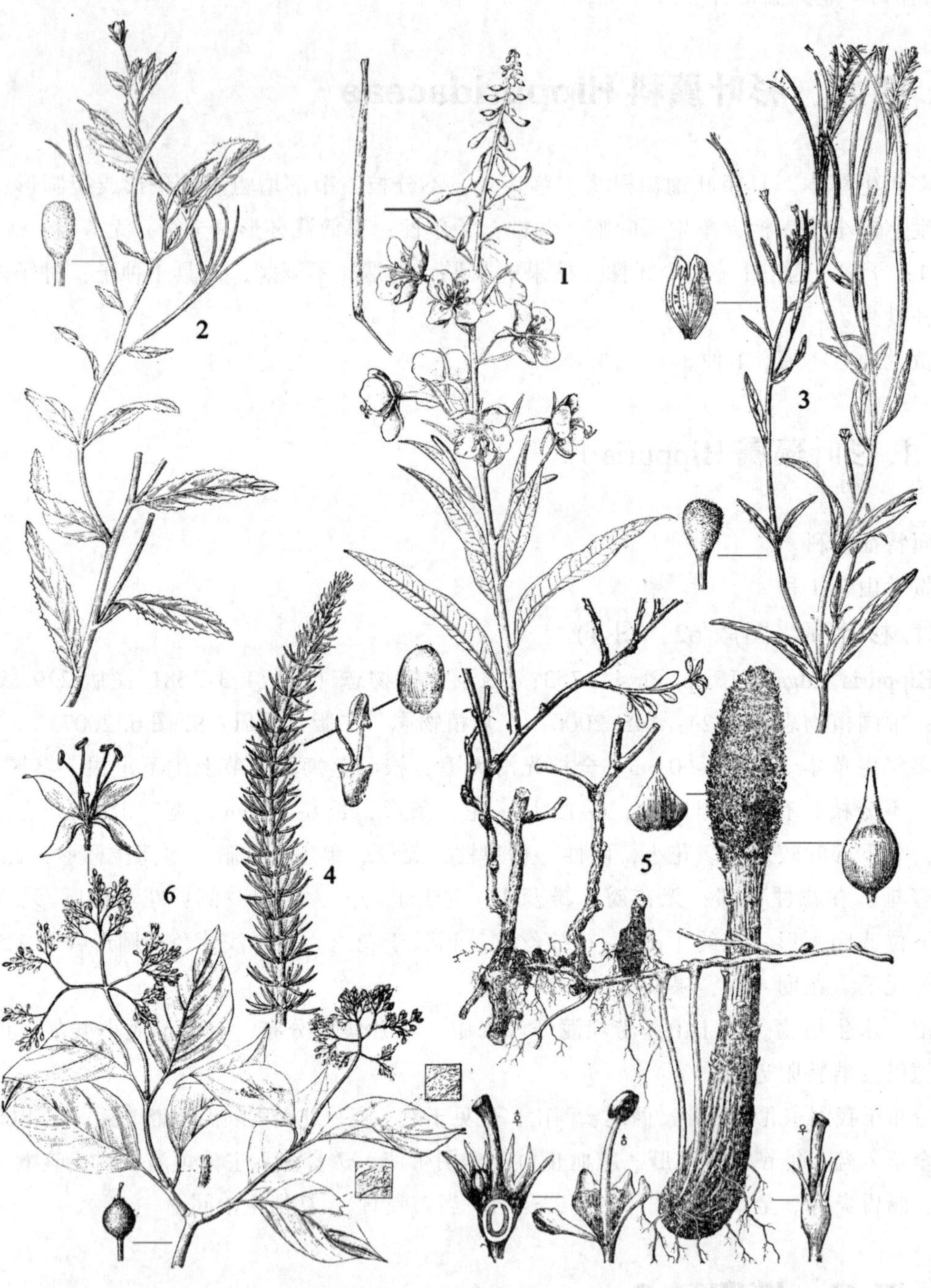

图版 62　1. 柳兰 Chamaenerion angustifolium（L.）Scop. 花枝、果；2. 细籽柳叶菜 Epilobium minutiflorum Hausskn. 果枝、柱头；3. 沼生柳叶菜 E. palustre L. 果枝、柱头、花瓣、种子；4. 杉叶藻 Hippuris vulgaris L. 植株上部、花、果实；5. 锁阳 Cynomorium songaricum Rupr. 植株、寄生、叶、雄花、雌花、两性花、果实；6. 沙梾 Cornus bretschneideri L. Henry 花枝、花果。（1、4~6 马平绘；2~3 张海燕绘）

顶生下垂的胚珠，两性花花被 1~5，具雄蕊和雌蕊各 1。小坚果，果皮革质，与种子贴生，具宿存花被与花柱；种子具胚乳。

单属科，贺兰山有 1 种。

1. 锁阳属 Cynomorium L.

属特征同科。

贺兰山有 1 种。

1. 锁阳（图版 62，图 5）

Cynomorium songaricum Rupr. in Mem. Acad. Sci. St. –Peterb. ser. 7. **14**（14）：73. 1869；内蒙古植物志（二版）**3**：583. 图版 230. 1989；中国植物志 **53**（2）：152. 2000；宁夏植物志（二版）**下册**：10. 图 7. 2007.

多年生肉质寄生草本。无叶绿素。高 15~60 cm，大部埋于沙中。寄主根上着生锁阳芽体，近球形，直径 6~15 mm。茎圆柱状，直立，棕褐色，直径 1.5~6 cm，具细小须根，茎基部增粗、膨大，大部埋于沙中，出露在地表仅数厘米；茎着生鳞片状叶，卵状三角形，长 0.5~1.2 cm，宽 0.5~1.5 cm，先端尖，呈螺旋状排列，向上渐稀疏。肉穗状花序，棒状，长 5~16 cm，直径 2~6 cm，着生非常密集的小花；小苞片线形叶状；雄花、雌花和两性花相伴杂生，有香气；雄花花被片 3~4，倒披针形或匙形，长约 3.5 mm，下部白色，上部紫红色，顶端具 4~5 钝牙齿，鲜黄色，半抱花丝，雄蕊 1，花丝粗，深红色，长 4~6 mm，花药深紫红色，椭圆形；雌花长约 3 mm，花被片 5~6，条状披针形，长约 1.5 mm，花柱棒状，长约 2 mm，上部紫红色，柱头平截；子房下位，内含下垂胚珠 1；两性花少见，长 4~5 mm，花被片狭披针形，雄蕊 1，雌蕊情况同雌花。小坚果，球形，径 1~1.5 mm，果皮白色，外面被乳突。种子近球形，深红色，径约 1 mm，种皮坚硬而厚。花期 5~7 月，果期 6~7 月。

寄生多年生肉质植物。生北部荒漠化较强的低山丘陵和山麓盐碱地白刺群落中。见东坡石炭井以北；西坡山麓巴彦浩特、呼吉尔图等。

分布于我国西北，也见于俄罗斯（西伯利亚南部）、蒙古。古地中海种。

未出土的全草入药，能补肾、助阳、益精、润肠，主治阳痿遗精，腰膝酸软、肠燥便秘。也作蒙药用（蒙药名：乌兰高腰），能止泻健胃，主治肠热、胃炎、消化不良。

五一、伞形科 Umbelliferae（Apiaceae）

一年生至多年生草本，常有芳香气味。根通常直伸，肉质，圆锥形、圆柱形至纺锤形，稀成束。茎直立或斜升，通常具纵沟纹，成熟期其髓部常萎缩或死亡，致使空心。叶互生，通常为羽状复叶，稀单叶；叶柄基部具鞘；通常无托叶；叶片或小叶通常掌状或羽状分裂。

复伞形花序或伞形花序顶生和腋生，稀头状花序；伞形花序基部具总苞片，全缘、齿裂至羽裂，有时早落；小伞形花序基部具小总苞片，全缘至羽裂；花小，两性或杂性；萼筒与子房合生，萼齿5或无；花瓣5，先端钝，渐尖、尾状或丝状，或内折成小舌片，基部有时变狭成爪或内弯成囊；雄蕊5，与花瓣互生；雌蕊1，子房下位，由2心皮合成，2室，稀1室，中轴胎座，每室具1悬垂倒生胚珠，花柱2，基部膨大成垫状至圆锥状的花柱基。双悬果，成熟后两果瓣分离，以心皮柄并悬在果柄顶端，果瓣背腹压扁、两侧压扁或圆柱形，具5主棱（背棱1，中棱2，侧棱2），有时槽棱部发育为次棱，稀主棱与次棱均发育(9~11条)，棱槽与合生面内通常具1至数个油管；每果瓣内种子1枚。胚乳腹面平直，凸出或凹陷，胚小。

贺兰山有10属，13种。

分属检索表

1. 单叶，全缘，具平行脉或弧形脉 ………………………………………… 1. 柴胡属 Bupleurum
1. 复叶或叶羽裂，具网状脉。
  2. 花序边缘的花瓣增大成辐射瓣。
    3. 茎下部节生根，具长根状茎；叶二回羽状全裂，最终裂片卵形至卵状披针形，宽1~2.5 cm ……………………………………………………………… 2. 水芹属 Oenanthe
    3. 茎下部与关节被开展的长柔毛，无根茎；叶三至四回羽状全裂，最终裂片条形至条状披针形，宽1~2 mm ………………………………………… 3. 迷果芹属 Sphallerocarpus
  2. 花瓣等形，无辐射瓣。
    4. 花黄色；果矩圆形，背腹压扁，长10~13 mm …………………………… 4. 阿魏属 Ferula
    4. 花白色、淡红色或淡绿色；果实较小，长不足10 mm。
      5. 子房和果实被短硬毛或细乳头状毛。
        6. 子房和果实被细乳头状毛；小苞片基部合生 ……………………… 5. 西风芹属 Seseli
        6. 子房和果实被短硬毛；小苞片离生 ………………………………… 6. 岩风属 Libanotis
      5. 子房和果实均无毛。
        7. 果实两侧压扁，椭圆形，果棱等形，钝；叶二回至三回羽状全裂，最终裂片条形或狭条形 ………………………………………………………… 7. 葛缕子属 Carum
        7. 果实多少背腹压扁。
          8. 果实的背棱、中棱和侧棱均发达具翅。
            9. 花柱较花柱基长2~3倍，果棱翅木栓质 …………………………… 8. 蛇床属 Cnidium
            9. 花柱较花柱基稍长，果棱翅非木栓质 ……………………………… 9. 藁本属 Ligusticum
          8. 果实的侧棱比背棱和中棱发达，且成宽翅；果成熟时2个分生果在合生面靠合紧密 ……………………………………………………………… 10. 前胡属 Peucedanum

1. 柴胡属 Bupleurum L.

多年生草本，全株无毛。茎直立，单生或丛生。单叶，全缘，叶脉平行或弧形。复伞形花序顶生或腋生；总苞片叶状，不等形；小总苞片数片；萼齿不明显；花瓣常黄色，矩圆形至圆形，顶端具内卷的小舌片；花柱基扁盘形。果卵状矩圆形至椭圆状矩圆形，两侧压扁，果棱凸起，等形，棱槽宽；每棱槽中具油管 2~5 条，常 3 条，合生面具 2~6 条，常 4 条，有时果熟时油管消失；胚乳腹面平坦或稍凹；心皮柄 2 裂达基部。

贺兰山有 3 种（含 1 无正种的变种）。

分种检索表

1. 小总苞片宽大，花瓣状，黄绿色或黄色，4~7 脉，叶宽 5~9 mm ………………………………………………………………………………………… 1. 小叶黑柴胡 **B. smithii** var. **parvifolium**

1. 小总苞片小而窄，非花瓣状，绿色，3~5 脉；叶宽 2~5 mm。
   2. 植株较矮小，丛生，高 2~20 cm；茎基部无毛刷状叶鞘残余 ………………… 2. 短茎柴胡 **B. pusillum**
   2. 植株高大，通常高 20 cm 以上；茎基部具毛刷状叶鞘残余 ……………… 3. 红柴胡 **B. scorzonerifolium**

1. 小叶黑柴胡（图版 63，图 1）

Bupleurum smithii Wolff var. **parvifolium** Shan et Y. Li in Acta Phytotax. Sin. **12**（3）：273. 1974； 中国植物志 **55**（1）：232. 图版 123. 1979；宁夏植物志（二版）**下册**：34. 2007. ——*B. sibiricum* auct. non Vest.：内蒙古植物志（二版）**3**：605. 1989（guoad call. Helangsha）；Pl. Asi. Centr. **10**：36. 1994.（guoad call. Helangshan）

多年生草本。常丛生，高 15~30 cm。根圆柱形，黑褐色，分枝。茎少分枝，基部具褐色鳞片状残存叶鞘。叶革质，狭矩圆形至矩圆状披针形，长 4~7 cm，宽 4~9 mm，先端急尖或钝，基部渐狭，7~9 脉；基生叶具长 2~3 cm 柄，茎生叶下部具柄，以上渐无柄，抱茎。复伞房花序；总苞片 1~2 或无，卵形至矩圆形，长 6~8 mm，先端急尖或钝，基部具短柄，7 脉；伞幅 4~7，长 1~3 cm，小伞形花序直径约 1 cm，具多花；小总苞片 5~9，黄绿色，卵圆形至矩圆形，长 3~4 mm，宽 2~2.5 mm，先端具短尖，4~7 脉，与小伞形花序相等或稍长；花梗长 1 mm；花瓣黄色，花柱基扁盘形。幼果黄褐色，卵球形，长 1 mm，棱狭翅状，每棱槽油管 3，合生面 3~4。花果期 7~9 月。

中生植物。生海拔 2 600~2 800 m 亚高山灌丛和草甸中，也生于裸岩石缝中。见主峰下及山脊两侧。

分布于我国宁夏、甘肃、青海。为我国特有。贺兰山-唐古特变种。

正种植株高 30~80 cm，叶长 10~25 cm，宽 10~20 mm；伞幅 6~9（14），小总苞片 6~10，卵形至阔卵形，长 6~10 mm，宽 3~5 mm，具 5~7 脉，长为小伞形花序的 1.5~2 倍。

《内蒙古植物志》（二版）与《亚洲中部植物》10 卷均将本种定为兴安柴胡 *B. sibiricum* Vest.，但后者叶片、总苞片和小总苞片较长而狭，先端渐尖；根红棕色；植株高 30~70 cm 而不同，尽管他们叶的宽度、小苞片的数目和茎基部均被鳞片状残存叶鞘等特征相似。

2. 短茎柴胡（图版 63，图 2）

Bupleurum pusillum Krylov in Acta Hort. Petrop. **21**：18. 1903；中国植物志 **55**（1）：256. 图版 137. 1979；贺兰山维管植物：188. 1986； 内蒙古植物志（二版）3：608. 图版 239. 图 5~8. 1989； 宁夏植物志（二版）**下册** ：34. 图 24. 2007. ——*B. bicaule* Helm. var. *pusillum*（Krylov） Gubanov in Fl. Eastern Khangai：143. 1983.

多年生矮小草本，高 2~10 cm。根圆柱形，黑褐色，少分枝。茎丛生，分枝曲折。基生叶簇生，条形或狭倒披针形，长 2~6 cm，宽 2~4 mm，3~5 脉，先端锐尖，边缘干燥时常内卷；茎生叶较少，披针形或狭卵形，长 1~3 cm，宽约 3 mm，7~9 脉，先端锐尖，无柄，抱茎。复伞形花序顶生，直径 1~2 cm，伞辐 3~6，花序梗长 1~3 cm；总苞片 1~4 或无，卵状披针形，长 4~6 mm，宽 1~2 mm；小总苞片 5~7，绿色，卵形， 长 4~5 mm，宽 1.0~2 mm，略长于小伞形花序，3 脉；小伞形花序花 7~15，花梗约 1 mm；花黄色。果卵圆状椭圆形，长 3.5~4 mm，宽 1.8~2.5 mm，每棱槽油管 3 条，合生面 4 条。花期 6~7 月，果期 8~9 月。2n=12。

中旱生植物。生海拔 2 000~2 500 m 山地石质山坡，山脊石缝中。见东坡苏峪口沟；西坡南寺沟，牦牛淌、哈拉乌北沟、叉沟等。

分布于我国内蒙古西部，宁夏、甘肃、青海东部、新疆北部，也见于俄罗斯西伯利亚、阿尔泰、蒙古。亚洲中部种。

《亚洲中部植物》（Pl. Asi. Centr. **10**：30. 1994）将其收作 *B. bicaule* Helm.的异名。

3. 红柴胡（图版 63，图 3）狭叶柴胡

Bupleurum scorzonerifolium Willd. Enum. Pl. Hort. Berol. 300. 1809；中国植物志 **55**（1）：267. 图版 145. 1979；内蒙古植物志（二版）**3**：610. 图版 240. 图 1~4. 1989；宁夏植物志（二版）**下册**：35. 2007.

植株高 20~50 cm。主根长圆锥形，红褐色，上部具横皱纹，包被毛刷状叶鞘残留纤维。茎通常单一，直立，稍呈“之”字形弯曲，具纵细棱。基生叶与茎下部叶具长柄，叶片条形或披针状条形，长 5~10 cm，宽 3~5 mm，先端长渐尖，基部渐狭，具脉 5~7 条；茎中部与上部叶与基生叶相似，但无柄。复伞形花序顶生和腋生，直径 2~3 cm；伞辐 4（6）~8，长 1~2 cm，纤细；总苞片无或 1~5，不等大，披针形、条形或鳞片状，小伞形花序直径 3~5 mm，具花 8~12 朵；花梗长 0.6~2.5 mm，不等长，小总苞片 5，披针形，长 2~3 mm，先端渐尖，常具 3 脉；花瓣黄色。果近椭圆形，长 2.5~3 mm，果棱钝，每棱槽中常具油管 3 条，合生面常 4 条。花期 7~8 月，果期 8~9 月。2n=12，16。

旱生植物。生海拔 1 600（东坡）~1 900~2 300 m 石质、砾石质坡地。见东坡苏峪口沟、贺兰沟、小口子、黄旗沟；西坡南寺沟、哈拉乌沟等。

分布于我国东北、华北及内蒙古、宁夏、陕西、甘肃、山东、江苏、安徽、广西，也见于俄罗斯（西伯利亚、远东）、蒙古、朝鲜、日本。东古北极种。

根及茎入药，能解表和里、升阳、疏肝解郁，主治感冒、寒热往来、胸满、肋痛、疟疾、肝炎、胆道感染、胆囊炎、月经不调、子宫下垂、脱肛。也作蒙药用（蒙药名：希拉子拉），能清肺止咳，治肺热咳嗽、慢性气管炎。

《贺兰山西坡维管束植物志要》（内蒙古大学学报自然科学版 **18**（2）：294. 1987）中将该植物定为北柴胡 *B. chinense* DC，无论从叶宽、茎的曲折程度及根的颜色，都与后者相差太远。

2. 水芹属 Oenanthe L.

二年生或多年生草本。叶一至三回羽状分裂。复伞形花序；总苞片少数或无，小总苞片多数；萼齿披针形；花瓣白色，先端有内折的小舌片；小伞形花序外缘花的花瓣较大，为辐射瓣，花柱基平压或圆锥形。双悬果圆卵形至矩圆形，果棱圆钝，果壁肥厚，2 个分生果侧棱常相连，每棱槽下有油管 1 条，合生面有 2 条。

贺兰山有 1 种。

1. 水芹（图版 63，图 4）野芹菜

Oenanthe javanica（Bl.） DC. Predr. **4**：138. 1830；中国植物志 **55**（2）：202. 图版 81. 图 1~4. 1985；内蒙古植物志（二版）**3**：626. 1989；宁夏植物志（二版）**下册**：29. 图 20. 2007.

多年生草本。高 20~60 cm，全株无毛。根状茎匍匐，中空，节部有横隔，多数须根。茎直立，圆柱形，有纵条纹，少分枝。基生叶与下部叶有长柄，基部有叶鞘，上部叶柄渐短，下部成叶鞘；叶片三角形或三角状卵形，一至二回羽状全裂，最终裂片卵形、菱形或披针形，长 1.5~5 cm，宽 1~2 cm，先端渐尖，基部宽楔形，边缘有不整齐锯齿，两面无毛。复伞形花序顶生，总花梗长 2~6 cm；无总苞片；伞幅 6~10，不等长；小总苞片 3~8，条形；小伞形花序有多花，花梗长 2~4 mm；萼齿卵状披针形；花瓣白色，倒卵形，长约 1 mm，先端有反折小舌片；花柱基圆锥形。双悬果矩圆形或椭圆形，长约 3 mm，果棱圆钝隆起，果皮厚，木栓质，分果横断面五边状半圆形，各棱槽下有 1 条油管，合生面内 2 条。2n=22。

湿生植物。生山麓、塘坝、水库、渠溪水边。见东坡拜寺沟；西坡巴彦浩特等。

分布于我国各省区。也产于欧亚热带及温带地区。泛热带种。

嫩茎叶可食用。全草入药，能清热利尿、止血、降血压，主治感冒发热、呕吐腹泻、尿路感染、崩漏、白带、高血压。

图版63　1. **小叶黑柴胡** Bupleurum smithii Wolff var. parvifolium Shan et Y. Li 植株、小伞形花序、小总苞片、花；2. **短茎柴胡** B. pusillum Krylov 植株、花、果；3. **红柴胡** B. scorzonerifolium Willd. 植株、花、果；4. **水芹** Oenanthe javanica（Bl.）DC. 植株、花、果、分生果横断面；5. **迷果芹** Sphallerocarpus gracilis（Bess.）K. -Pol. 植株（根、茎基部、花枝）花、果、分生果横切面；6. **沙茴香** Ferula bungeana Kitag. 植株、花、果、分生果横切面。（2、6马平绘；3张海燕绘；5田虹绘；1、4引自中国植物志）

3. 迷果芹属 Sphallerocarpus Bess. ex DC.

单种属，属特征同种。

1. 迷果芹（图版 63，图 5）

Sphallerocarpus gracilis（Bess.） K. –Pol. in Bull. Soc. Nat. Mosc. N. S. **29**：202. 1915；中国植物志 **55**（1）：72. 图版 32. 1979；内蒙古植物志（二版）**3**：594. 图版 233. 1989；宁夏植物志（二版）**下册**：31. 图 21. 2007. ——*Chaerophyllum gracile* Bess. ex Trevir in Acta Acad. Carol. Nat. Curios. **13**（1）：172. 1826.

一年生或二年生草本。高 20~80 cm。茎直立，多分枝，具纵细棱，被开展的长柔毛，茎下部与节部毛较密。基生叶花时早枯，茎下部叶具长柄，叶鞘三角形，抱茎，茎中部或上部叶的叶柄部分成叶鞘，被长柔毛；叶片三角状卵形，三至四回羽状全裂，一、二回羽片 3~4 对，具柄，卵状披针形，最终裂片条形或披针状条形，长 2~10 mm，宽 1~2 mm，先端尖，两面无毛或近无毛，上部叶渐小并简化。复伞形花序顶生或腋生，直径 2.5~5 cm，果期为 7~9 cm；伞辐 5~9，不等长，长 5~20 mm，无毛；通常无苞片；小伞形花序具花 12~20 朵，花梗不等长，长 1~4 mm，无毛；小总苞片通常 5，椭圆状卵形或披针形，长 2~3 mm，顶端尖，边缘具毛，宽膜质，果期向下反折；主伞的花两性，侧伞的花雄性；萼齿三角形；花瓣白色，倒心形，长约 1.5 mm，先端具内卷小舌片，外缘花的外侧花瓣增大，呈辐射瓣；花柱基短圆锥形。双悬果矩圆状椭圆形，长 4~5 mm，黑色，两侧压扁；分生果横切面圆状五角形，果棱隆起，狭窄，棱槽宽，每棱槽中具油管 2~4 条，合生面具 4~6 条。

中生植物。生海拔 1 200（东坡）~1 700~2 600m 山麓村舍附近、山地沟谷、溪水边、草甸上。见东坡苏峪口沟、贺兰沟、黄旗沟、马连口、汝箕沟；西坡北寺沟、哈拉乌沟、杨家塘沟、巴彦浩特等。

分布于我国东北、华北、西北，也见于俄罗斯（西伯利亚、远东）、蒙古、朝鲜。东古北极种。

4. 阿魏属 Ferula L.

多年生草本，无毛或被毛，常灰蓝色。叶为二至数回羽状全裂。复伞形花序；总苞片和小苞片多数，少数无；花杂性；萼齿明显或无，花瓣黄色，宽椭圆形或披针形，先端常内折成小舌片；花柱基扁圆锥形，边缘波状。果椭圆形、矩圆形或卵形，背腹极压扁，背棱与中棱线状，稍隆起，侧陵宽翅状，每棱槽油管 1 至数条，合生面 2 至多条，有时果熟时油管消失；果成熟时，分生果在合生面靠合较紧密；胚乳腹面平坦；心皮柄 2 裂达基部。

贺兰山有 1 种。

1. 沙茴香（图版 63，图 6）硬阿魏

Ferula bungeana Kitag. in Journ. Jap. Bot. **31**：304. 1956；中国植物志 **55**（3）：102. 图版 44. 图 1~5. 1992；内蒙古植物志（二版）**3**：653. 图版 261. 图 1~5. 1989；宁夏植物志（二版）**下册**：47. 图 33. 2007. ——*Peucedanum rigidum* Bunge in Mem. Sav. Etrang. Petersb. **2**：106. 1835. —— *Ferula borealis* Kung 中国高等植物图鉴 **2**：1093. 图 3916. 1972.

多年生草本。高 30~50 cm。直根圆柱形，直伸地下，淡棕黄色。根颈顶部包被纤维状老叶残基。茎直立，具多数开展的分枝，表面具纵细棱，圆柱形，节间实心。基生叶多数，莲座状丛生，具长叶柄与叶鞘，鞘条形，黄色；叶片三角状卵形，长 10~20 cm，宽略短于长，质厚，坚硬，三至四回羽状全裂，一回羽片 4~5 对，二回羽片 2~4 对，均具柄，远离，三回羽片羽状深裂，侧裂片常互生，远离，最终裂片倒卵形或楔形，长与宽均为 1~2 mm，上半部具（2）3 个三角状牙齿；茎中部叶 2~3 片，较小与简化；顶生叶极简化，有时只剩叶鞘。复伞形花序多数，生于茎枝顶部，常成层轮状排列，直径花期 4~10 cm，果期可达 20 cm；伞辐 4~15，花期长 2~6 cm；总苞片 1~4，无毛，条状锥形；小伞形花序具花 5~12 朵，花梗长 5~15 mm；小总苞片 3~5，条状披针形，长 1.5~3 mm；萼齿卵形；花瓣黄色。果矩圆形，背腹压扁，长 10~13 mm，果棱突起，每棱槽中具油管 1 条，合生面 2 条。花期 6~7 月，果期 7~8 月。

旱生植物。生海拔 1 500~1 800m 山坡草地、干河床。东、西坡均有少量分布。

分布于我国东北（西部、南部）、华北、西北（东部）及河南，也见于蒙古。亚洲中部种。

全草入药，能清热解毒、消肿止痛、抗结核，主治骨结核、淋巴结核、脓肠、扁桃体炎，肋神经痛。

5. 西风芹属 Seseli L. 邪蒿属

多年生草本，根圆锥形，根茎木质化。叶为一至数回羽状全裂或分裂。总苞片少数或无，小总苞片少数至多数，基部合生；萼齿短而稍厚，宿存；花瓣白色或淡黄色，倒心形或卵状心形，具内折小舌片；花柱基圆锥形或垫状；花柱细长或短，通常下弯。双悬果卵形或矩圆形，稍两侧压扁，横断面近五边形，无毛，粗糙或被毛；果棱凸起，钝，相等或侧棱稍宽；每棱槽中具油管 1（2~4）条，合生面具 2（4~8）条，胚乳腹面平坦，心皮柄 2 裂达基部。

贺兰山有 1 种。

1. 内蒙西风芹（图版 64，图 1） 内蒙古邪蒿

Seseli intramongolicum Y. C. Ma Fl. Intramong. **4**：207. 171. 1979 et 内蒙古植物志（二版）**3**：626. 图版 247. 1989；中国植物志 **55**（2）：183. 图版 74. 图 9~11. 1985；宁夏植物

志（二版）**下册**：28. 图 19. 2007.

多年生草本。高 10~40 cm。直根圆柱形，棕褐色。根颈短，被多数枝叶柄纤维。茎直立，常二叉状多次分枝，灰蓝绿色，具细纵棱，无毛。基生叶多数，具长柄，基部具叶鞘，鞘卵形；叶片卵形或卵状披针形，二回羽状全裂，长 2~6 cm，宽 1~3 cm；一回羽片 3~5 对，具柄；二回羽片无柄，羽状全裂或深裂；最终裂片条形，长 3~15 mm，宽 0.5~1 mm，有小突尖头，边缘反折，无毛；茎生叶较小与极简化，无柄，仅有叶鞘。复伞形花序直径 1~3 cm；伞辐 2~5，呈棱角状突起，无毛；无总苞片；小伞形花序具花 7~15 朵，花梗被稀疏乳头状毛；小总苞片 7~10，下半部合生，卵状披针形，边缘膜质，无毛；萼齿细小，三角形；花瓣白色，中脉黄棕色，倒卵圆形，长约 0.7 mm，顶端具内曲长方形小舌片；子房密被乳头状毛；花柱基扁圆锥形，基底呈皱波状。果矩圆形，横断面五角状近圆形，长 3~3.5 mm，密被乳头状毛，果棱条状突起，每棱槽中油管 1 条，合生面 2 条。花期 7~8 月，果期 8~9 月。

旱生植物。生海拔 1 300（东坡）~1 700~2 700 m 山地石质干燥山坡、崖石缝中。东、西坡均有分布，为习见植物。

分布于我国内蒙古（西部）、阴山（西部）。贺兰山-阴山西段分布。

6. 岩风属 Libanotis Hill 香芹属

多年生大型草本。叶为一至数回羽状全裂。总苞片少数至多数或无；小总苞片通常多数，全缘，离生；萼齿披针状锥形或条形，膜质，早落；花瓣白色，稀淡红色，无毛或背面被毛，具内折小舌片；花柱基短圆锥形。双悬果卵形或椭圆形，被毛，背腹稍压扁；分生果横切面呈五角形，果棱隆起，每棱槽中具油管 1 条，少数 2~3 条，合生面具 2~4 条，稀 6~8 条；胚乳腹面平直或稍凹入；心皮柄 2 裂达基部。

贺兰山有 1 种。

1. 香芹（图版 64，图 2）

Libanotis seseloides（Fisch. et Mey. ex Turcz.）Turcz. in Bull. Soc. Nat. Mosocu **17**（4）：725. 1844；中国植物志 **55**（2）：175. 1985；内蒙古植物志（二版）**3**：623. 图版 246. 图 1~6. 1989. —— *Ligusticum seseloides* Fisch. et Mey. ex Turcz. in Bull. Soc. Nat. Moscou **11**：530. 1838. Pl. Asi. Centr. **10**：92. 1994.

多年生草本。高 40~90 cm。根直生，圆柱形，淡褐黄色；根颈短，粗壮，有环纹，包被多数残叶基纤维。茎直立，单一或 2~3，上部分枝，具纵深槽及锐棱，节间实心，被短硬毛或无毛。基生叶和茎下部叶具长柄，基部具叶鞘，柄具纵细棱，常被短硬毛；叶片长椭圆形或卵状披针形，三回羽状全裂，长 7~18 cm，宽 4~10 cm，一回羽片卵状披针形，5~7 对，无柄，二回羽片卵状披针形，2~4 对，无柄，最终裂片条形或条状披针形，长 3~

10 mm，宽 1~2.5 mm，先端尖或稍钝，具小突尖，边缘向下稍反折，无毛；茎中部与上部叶较小与简化，叶柄大部分成叶鞘。花序与萼齿、花瓣以及子房均被短硬毛；复伞形花序直径 3~6 cm，伞辐 15~25，总苞片通常无，稀 1~5，狭条状钻形，小伞形花序具花 15~30 朵；小总苞片 10 余片，条形或条状钻形，先端长渐尖；萼齿狭三角形，花瓣白色，顶端具内折小舌片。果卵形，长 2~2.5 mm，被短硬毛，果棱等形稍凸起，钝，每棱槽中有油管 3 条，合生面 6 条。花期 7~9 月，果期 9~10 月。2n=22。

中生植物。生海拔 2 000~2 300 m 山地沟谷、林缘。见东坡，西坡哈拉乌沟。

分布于我国东北及内蒙古（东部）、山东、河南、江苏，也见于欧洲俄罗斯（东西伯利亚、远东）、蒙古（东部、北部）、朝鲜。古北极种。

7. 葛缕子属 Carum L. 贳蒿属

二年生或多年生草本。叶为二至三回羽状全裂。复伞形花序顶生；总苞片 1 至数片或无；小总苞片多数或无；花两性或杂性；萼齿不明显或极小；花瓣白色或粉红色，倒卵形，顶端具内折小舌片；花柱基垫状或短圆锥形。果椭圆形或矩圆状椭圆形，两侧压扁，果棱等形，凸起，钝，棱槽宽，每棱槽中具油管 1 条，合生面 2 条，胚乳腹面平直或略凸，心皮柄 2 裂至基部。

贺兰山有 1 种。

1. 葛缕子（图版 64，图 5）贳蒿、野胡萝卜

Carum carvi L. Sp. Pl. 263. 1753；中国植物志 **55**（2）：25. 图版 8. 图 7~8. 1985；内蒙古植物志（二版）**3**：616. 图版 244. 图 1~3. 1989；宁夏植物志（二版）**下册**：38. 2007.

二年生或多年生草本。全株无毛，高 20~60 cm。根圆锥形，肉质，褐黄色。茎直立，具纵细棱，上部分枝。基生叶和茎下部叶具长柄，基部具长三角形宽膜质的叶鞘；叶片条状矩圆形，二至三回羽状全裂，长 5~8 cm，宽 1.5~3.5 cm；一回羽片卵形或卵状披针形，5~7 对，无柄；二回羽片卵形至披针形，1~3 对，羽状全裂至深裂；最终裂片条形，长 1~3 mm，宽 0.5~1 mm；中部和上部茎生叶变小和简化，叶柄成叶鞘，具白色或深淡红色的宽膜质的边缘。复伞形花序直径 3~6 cm；伞辐 4~10，不等长，长 1~4 cm；无总苞片；小伞形花序；具花 10 余朵，花梗不等长，长 1~3 mm；无小总苞片；萼齿短小，先端钝；花瓣白色或粉红色，倒卵形。果椭圆形，长约 3 mm，果棱明显，每棱槽具油管 1 条，合生面两条。花期 6~8 月，果期 8~9 月。

中生植物。生海拔 1 900~2 500 m 山地沟谷溪水边或湿地上，能形成小片集群。见东坡苏峪口沟、贺兰沟、大水沟；西坡哈拉乌北沟、北寺沟、照北沟等。

分布于我国东北、华北、西北及四川（西部）、西藏，也广布于欧、亚、北美及北非。泛北极种。

果实含芳香油（黄蒿油），可用作食品、牙膏和洁口剂的香料。全草及根入药，能健胃、祛风、理气，主治胃病、腹痛、小肠疝气。

8. 蛇床属 Cnidium Cuss.

一年生或多年生草本。叶二至数回羽状复叶。总苞 1 至多数或无，条形；小总苞片多数；萼齿小或不明显；花瓣白色稀淡红色，倒心形或宽倒心形，先端具内卷的小舌片，花柱基圆锥形，短圆锥形或垫状；花柱于果期延长，比花柱基长数倍。果椭圆形、矩圆形或卵圆形，稍背腹压扁，具 5 条木栓化翅的果棱，分生果横断面近五角形，每棱槽具油管 1 条，合生面具 2 条；胚乳腹面近平直；心皮柄 2 裂达基部。

贺兰山有 1 种。

1. 碱蛇床（图版 64，图 3）

Cnidium salinum Turcz. in Bull. Soc. Nat. Mosc. **17**：733. 1844；中国植物志 **55**（2）：223. 图版 91. 图 1~5. 1985；内蒙古植物志（二版）**3**：631. 图版 250. 图 1~4. 1989；宁夏植物志（二版）**下册**：44. 2007.

多年生草本。高 20~50 cm。主根圆锥形，褐色，具支根。茎直立，上部稍分枝，具纵陵，无毛，节部膨大，基部常带红紫色。基生叶和茎下部叶具长柄与叶鞘；叶片卵形或三角状卵形，二至三回羽状全裂；一回羽片近卵形，3~4 对，具柄；二回羽片披针状卵形，2~3 对，无柄；最终裂片条形，长 3~20 mm，宽 1~2 mm，顶端锐尖，蓝绿色，无毛，下面中脉隆起；中、上部叶较小与简化，叶柄成叶鞘，一或二回羽状全裂。复伞形花序，直径花时 3~5 cm，果时 6~8 cm；伞辐 8~15，长 2~3 cm，具纵棱，被短硬毛；总苞片通常无，稀具 1~2，条状锥形，与伞辐近等长；小伞形花序具花 15~20 朵，花梗长 1.5~3 mm，具纵棱，内侧被微短硬毛；小总苞片 4~6，条状锥形，比花梗长；萼齿不明显；花瓣白色，宽卵形，长约 1 mm，先端具内折小舌片；花柱基平垫状。双悬果近椭圆形或卵形，长约 3 mm，宽约 1.5 mm，主棱 5，扩大成翅，每棱槽有油管 1，合生面 2。花期 8 月，果期 9 月。

耐盐中生植物。生海拔 1 400（东坡）~2 000~2 300 m 山地沟谷溪边、湿地上。见东坡黄旗沟、小口子、拜寺沟、插旗沟；西坡哈拉乌北沟等。

分布于我国内蒙古、宁夏、甘肃、青海（《中国植物志》记载的黑龙江部分现属于内蒙古），也见于俄罗斯（东西伯利亚、贝加尔）、蒙古。亚洲中部种。

9. 藁本属 Ligusticum L.

多年生草本，全株无毛，根较发达，黑褐色，分枝，具强烈香气。叶一至数回羽状全裂或复叶。复伞形花序顶生或侧生；总苞片少数或无；小总苞片多数；萼齿短或不明显；

图版 64 **1. 内蒙西风芹** Seseli intramongolicum Y. C. Ma 植株（营养体花期丛）、小伞形花序、花、果、分生果横切面；**2. 香芹** Libanotis seseloides（Fisch. et Mey.ex Turcz.） Turcz. 根、花序、花、果、分生果横切面；**3. 碱蛇床** Cnidium salinum Turcz. 植株下部、花、果、分生果横切面；**4. 岩茴香** Ligusticum tachiroei（Franch. et Sav.） Hiroe et Constance 植株、花、果、分生果横切面；**5. 葛缕子** Carum carvi L. 植株、小伞形花序、花；**6. 镰叶前胡** Peucedanum falcaria Turcz. 植株、花瓣、果、分生果横切面；**7. 华北前胡** P. harry-smithii Fedde ex Wolff 叶、果、分生果横切面。（1、3~5 张海燕绘；2 马平绘；7 田虹绘；6 引自中国植物志）

花瓣白色或紫色，倒卵形或倒心形，先端具内折小舌片；花柱基短圆锥形。双悬果椭圆形或矩圆形，无毛；分生果横断面近五角形，背腹压扁，果棱突起至狭翅状；每棱槽中具油管 1~4 条，合生面 6~8 条；胚乳腹面平直或微凹，心皮柄 2 裂。

贺兰山有 1 种。

1. 岩茴香（图版 64，图 4） 细叶藁本

Ligusticum tachiroei（Franch. et Sav.） Hiroe et Constance, Umbell. Jap. 74. fig. 38. 1958；中国植物志 **55**（2）：242，图版 99. 图 1~5. 1985；内蒙古植物志（二版）**3**：635. 图版 250. 图 5~9. 1989；宁夏植物志（二版）**下册**：42. 图 30. 2007. ——*Seseli tachiroei* Franch. et Sav. Emum. Pl. Jap. **2**：373. 1876. ——*Tilingia tachiroei*（Franch. et Sav.） Kitag. in Bot. Mag. Tokyo **51**：656. 1937；Pl. Asi. Centr. **10**：97. 1994.

多年生草本。高 25~50 cm。根圆柱形，淡褐黄色，根颈短粗，顶端包被残叶基。茎直立，单一，有时上部稍分枝，具细纵棱，基部有时带紫色，无毛，基生叶具长柄与叶鞘，叶鞘边缘宽膜质，抱茎，叶片卵状三角形，三回羽状全裂，长 6~10 cm；一回羽片卵形至披针形，4~5 对，具柄，二回羽片 2~4 对，无柄；最终裂片丝状条形，长 3~10 mm，宽 0.3~1 mm，先端锐尖或钝，具小突尖；茎生叶与基生叶相似，但较小与简化，叶柄渐缩短，上部叶只有叶鞘与少数狭裂片。复伞形花序，直径花时 1.5~3 cm，果时达 5 cm；伞辐 5~10，长 5~15 mm，总苞片 2~4 片，条形，边缘膜质；小伞形花序具花 10 余朵，小总苞片 5~8 片，条形，边缘膜质；萼齿钻形；花瓣白色，花柱基圆锥形。果卵状矩圆形，长 4 mm，宽约 1 .5 mm，主棱突出，稍呈狭翅状。花期 7~8 月，果期 8~9 月。

中生多年生草本。生海拔 2 000~3 200 m 山地沟谷或山脚石缝中。见东坡苏峪口沟、黄旗沟、大水沟；西坡哈拉乌北沟。

分布于东北（中、南部）、华北及浙江、安徽、河南、宁夏（六盘山），也见于俄罗斯（远东）日本、朝鲜。东亚（中国-日本）种。

10. 前胡属 Peucedanum L.

多年生草本。根圆柱形或圆锥形，根颈短粗，常留有残存叶鞘纤维。茎直立，上部叉状分枝。叶一至数回三出全裂或羽状全裂。萼齿短或不明显；花瓣白色，淡绿色或紫色，先端具内折小舌片，花柱基短圆锥形。果宽或狭的椭圆形，背部压扁，背棱与中棱丝状突起，侧棱翅状，合生面紧密锲合，棱槽中具油管 1 至数条，胚乳腹面平直稍凹入，心皮柄 2 裂达基部。

贺兰山有 2 种。

分种检索表

1. 伞幅内侧被短硬毛；果实密被短硬毛；叶二至三回羽状全裂，末回裂羽片卵形至菱形 …………………

………………………………………………………………………… 1. 华北前胡 **P. harry-smithii**

1. 伞幅光滑无毛；果无毛；叶一回羽状全裂，末回裂羽片条形至条状披针形 …… 2. 镰叶前胡 **P. falcaria**

1. 华北前胡（图版 64，图 7） 毛白花前胡

Peucedanum harry-smithii Fedde ex Wolff in Fedde. Repert. Sp. Nov. 247. 1933；中国植物志 **55**（3）：162. 图版 72. 1992. ——*P. praeruptorum* Dunn subsp. *hirsutiusculum* Y. C. Ma Fl. Intramongol. **4**：198. 208. 1979 et 内蒙古植物志（二版）**3**：659. 图版 264. 1989.

多年生草本。高 40~100 cm。主根圆锥形，黑褐色，具支根，根颈粗壮，上存留多数枯鞘纤维。茎圆柱形，径 0.5~1 cm，上部分枝，具细条纹突起形成的浅沟，髓部充实，被白色绒毛。基生叶花期枯萎；茎下部叶具长柄，柄基部具卵状披针形叶鞘，外侧被绒毛，边缘膜质；叶片广三角状卵形，二至三回羽状全裂，长 10~25 cm，第一回羽片有柄，末回裂片为卵形至卵状披针形，基部截形至楔形，边缘 1~3 钝齿或锐齿，长 5~20 mm，宽 4~15 mm，上面主脉突起，疏生短毛，下面脉显著突起，密生短硬毛；茎生叶向上逐渐简化，叶鞘较宽，裂片更加狭窄。复伞形花序顶侧生，通常分枝较多，花序直径 4~8 cm，果期达 10 cm，通常无总苞片；伞辐 10~20，长 1~3 cm，不等长，内侧被微短硬毛，伞形花序有花 12~20，花柄粗壮，不等长，有短毛；小总苞片 6~10 余，披针形，先端长渐尖，边缘宽膜质，比花柄短；萼齿狭三角形；花瓣倒卵形，白色，外侧有白色稍长毛。果实卵状椭圆形，长 4~5 mm，宽 3~4 mm，密被短硬毛，背棱线形突起，侧棱呈翅，槽内油管 3~4 条，合生面油管 6~8 条。花期 8~9 月，果期 9~10 月。

中生植物。生海拔 2 200~2 500 m 山谷溪边，零星分布。仅产西坡南寺雪岭子沟牦牛淌。

分布于内蒙古（阴山）、河北（燕山）、山西（太行山、吕梁山）、河南（嵩山）、陕西、宁夏（六盘山）、甘肃（文县）、四川（北部）。为我国特有，华北种。

2. 镰叶前胡（图版 64，图 6）

Peucedanum falcaria Turcz. in Bull. Soc. Nat. Mosc. **5**：192. 1832. 中国植物志 **55**（3）：159. 图版 70. 1992； Pl. Asi. Centr. **10**：64. 1994.

多年生草本。高 40~60 cm，全株光滑。根颈短，残留有短小枯鞘纤维。根细长，圆锥形，黄褐色。茎直立，单一，有细条纹。基生叶少数，有短柄，基部具披针形叶鞘；叶片长卵形或椭圆形，一至二回羽状全裂，末回羽片 5~10 片，条状披针形或镰刀状弯曲，淡灰绿色，长 1~3.5 cm，宽 1~3 mm；茎生叶少数，较小，简化，无柄，叶鞘披针形，边缘膜质，抱茎。复伞形花序顶生和腋生，直径 3~6 cm，总苞片无或 1~3 片，锥形；伞辐 7~12，不等长；小伞形花序有花 15~20，花柄不等长；小总苞片 10~13 余，披针状条形，不等长，边缘宽膜质，比花梗短；萼齿狭三角状披针形；花瓣宽卵形，先端微凹，有内折的小舌片，长约 1.5 mm；花柱基圆锥形，暗紫红色，花柱延长，弯曲。果实倒卵形或广椭圆

形，先端较宽，长 5~6 mm，宽 4 mm，果棱丝状突起，侧棱翅状，宽约 1 mm；每棱槽具油管 3，合生面油管 4~6。花期 7 月，果期 8 月。

中生植物，生山麓泉边，涝坝岸边盐渍地上，零星分布。仅产西坡巴彦浩特。

产新疆（东部)，也见于俄罗斯（西伯利亚）、蒙古。亚洲中部种。

过去因果实发育不全，曾被误定为狭叶泽芹 *Sium auave* Walt. var. *angstifolium* Kom.（王朝品，1962）。两者叶形相似，但后者羽片边缘具锯齿，果棱等形，肥厚，均呈钝翅状，而本种叶羽片全缘，果背部压扁，侧枝翅状，翅宽约 1 mm。为贺兰山和内蒙古新记录种。《亚洲中部植物》（Pl. Asi. Centr. **10**：64）记载 N. Przewalski 1880 年 8 月 17 日在贺兰山也采集到该种。

五二、山茱萸科 Cornaceae

乔木或灌木，稀草本。单叶对生或互生，全缘，稀具齿牙或裂片，无托叶。花两性，稀单性，辐射对称；萼片 4，稀 5，小或缺；花瓣 4，稀 5 或缺，常为镊合状排列；雄蕊与花瓣同数且互生，着生于花盘边缘；子房下位，常为 2（1~3）室，稀 4~10 室，每室有 1 或 2 胚珠；花柱常 1，柱头头状或分裂，具上位花盘。果实常为核果，少浆果，有种子 1~3 粒。种子含胚乳，种皮膜质。

贺兰山有 1 属，1 种。

1. 梾木属 Cornus L. –Swida Opiz

多木本。冬芽细长，具 2 镊合状鳞片。叶对生，稀互生，有柄，全缘，常贴生柔毛。花小，两性，4 数，顶生聚伞或头状花序，基部有花瓣状苞片；萼筒杯形，钟形或球形，具细齿；花瓣卵形或椭圆形；雄蕊 4，花药长椭圆形；花柱单生，条形或圆柱形；子房下位，2 室。果实为核果，先端宿存萼及花柱，有骨质或硬壳质的核，核 2 室，有 2 种子。种子有大型的胚，胚直生或稍弯曲。

贺兰山有 1 种。

1. 沙梾（图版 62，图 6）毛山茱萸

Cornus bretschneideri L. Henry in Le Jardin **13**：309. f. 154. 1899. ——*Swida bretschneideri*（L. Henry） Sojak in Hort. Bot. Univ. Caro1. Prag. 10. 1960；中国植物志 **56**：51. 图版 18. 图 5~10. 1991.

落叶灌木。高 2~3 m。树皮红褐色，小枝紫红色或暗紫色，被短柔毛。叶对生，椭圆形或卵形，长 3~7 cm，宽 2~3 cm，先端渐尖，基部圆形或楔形，上面暗绿色，被弯曲短柔毛，叶脉下陷，脉上有毛，弧形侧脉 5~6 对，下面灰白色，密被短毛，主、侧脉凸起，

脉上被短柔毛；叶柄长 0.8~1.5 cm，被柔毛。顶生圆锥状聚伞花序，花序轴和花梗疏被柔毛；萼筒球形，萼齿三角形，密被柔毛；花瓣 4，白色，卵状披针形，长约 3 mm，宽约 2 mm，外面密被短毛；雄蕊 4，花丝长 3.5~4 mm，比花瓣长约 1/3，具花盘，子房位于花盘下方，花柱圆柱形，长约 2 mm，柱头头状，疏被毛。核果球形，蓝黑色，径约 4~5 mm，被短毛，核球状卵形，具条纹，稍具棱角。花期 5~6 月，果熟期 9 月。2n=22。

中生夏绿灌木。生海拔 1 800~1 900 m 山地沟谷灌丛和杂木林内。仅见东坡小口子。

分布我国东北、西北（东部）及辽宁。为我国特有，华北种。

庭院绿化树种。

该种、属、科均为贺兰山新记录。

五三、鹿蹄草科 Pyrolaceae

多年生草本，具细长的匍匐根状茎，或为多年生腐生肉质草本。单叶，互生，对生或轮生，有时基部簇生，全缘或有锯齿，常绿或落叶，无托叶。花两性，辐射对称，单生或成总状花序或伞房花序，常具鳞片状苞片；萼 5 深裂；花瓣 5，少 3~4，分离；雄蕊 10，少 6~8，花药顶孔开裂或纵缝开裂；雌蕊由 4~5 心皮合生，子房上位，不完全的 4~5 室，胚珠多数，肉质中轴胎座，花柱单一，柱头浅裂。蒴果扁球形，稀浆果；种子多数，细小。

贺兰山有 3 属，3 种。

分属检索表

1. 总状花序，花瓣不水平开展，成钟状；蒴果的裂缝边缘内有密蛛网状毛。
  2. 花序无乳突；花药顶部裂孔有 2 短管；子房基部不具花盘；花粉为四分体型 …… **1. 鹿蹄草属 Pyrola**
  2. 花序有细乳头状突起；花药顶部裂孔不呈管状；子房基部具花盘，10 浅裂；花粉单一型 ………… **2. 单侧花属 Orthilia**
1. 花单生于花葶顶端；花瓣水平开展；蒴果的裂缝边缘内无蛛网状密毛 …………… **3. 独丽花属 Moneses**

1. 鹿蹄草属 Pyrola L.

多年生常绿草本。根状茎细长横走。叶基生。总状花序，着生于花葶顶部；花下具苞片；花萼裂片 5，宿存；花瓣 5，早脱落；雄蕊 10，花药顶端孔裂，有 2 短管，花粉为四分体型；子房基部无花盘，花柱单生，柱头 5 浅裂。蒴果扁球形，5 瓣裂，裂缝边缘内有密蛛网状毛。

贺兰山有 1 种。

1. 鹿蹄草（图版 65，图 1）鹿含草、圆叶鹿蹄草

Pyrola rotundifolia L. Sp. Pl. 396. 1753；中国植物志 **56**：187. 1990；内蒙古植物志（二版）**4**：10. 图版 1. 图 1~2. 1993；宁夏植物志（二版）**下册**：52. 图 35. 2007.

多年生常绿草本。高 20~30 cm，全株无毛。根状茎细长横走。叶于植株基部簇生，3~6 片，卵形、宽卵形或近圆形，长 2~4 cm，宽 1.5~3.0 cm，先端圆形或钝，基部宽楔形至近圆形，边缘全缘或具疏圆齿，上面暗绿色，下面带紫红色，两脉清晰；叶柄长 2~6 cm。花葶圆柱形，具 1~2 膜质苞片；总状花序，有花 7~10 朵；花具短梗，小苞片披针形，膜质，长等于或稍长于花梗；萼 5 深裂，裂片披针形，长 4~5 mm，宽约 2 mm，先端渐尖，常反折；花冠直径 15~18 mm，白色或稍带蔷薇色，有香味，花瓣倒卵形或宽倒卵形，先端钝圆，内卷，长 5~7 mm，宽 3~4 mm；雄蕊内藏或与花瓣近等长，花药黄色，椭圆形，花丝条状钻形；花柱长 7.5~10 mm，基部下弯，上部上弯，顶端加粗，柱头头状。蒴果，直径 7~8 mm，种子细小。花期 6~7 月，果期 8~9 月。2n= 32（46）。

耐阴中生植物。生海拔 2 500~2 800 m 云杉林下潮湿苔藓层或石缝中。仅见西坡哈拉乌北沟、水磨沟、南寺雪岭子沟。

H. Walker 将秦仁昌（R. C. Ching）No.78 采自哈拉乌沟的标本定为变种 *P. rotundifolia* var. *chinensis* Andros. 。

分布于我国东北、华北、西北、华东（北部）、华中及江西、四川、云南、西藏，也见于北欧、中亚、俄罗斯（西伯利亚）、蒙古（北部）朝鲜、日本、北美。泛北极种。

全草入药，能祛风除湿、强筋骨、止血、清热、消炎，主治风湿疼痛、肾虚腰痛、肺结核、咯血、衄血、慢性菌痢、急性扁桃体炎、上呼吸道感染等，外用治外伤出血。

2. 单侧花属 Orthilia Rafin.

多年生常绿草本。叶在茎下部两层轮生。总状花序花常偏向一侧，生于花葶顶部，具细的乳头突起；花绿白色；花萼裂片 5；花瓣 5；雄蕊 10，花药顶孔不呈管状，花粉粒单一型；子房基部有花盘，具 10 个小齿；花柱单生，柱头 5 浅裂。蒴果瓣裂，裂缝边缘内有密蛛网状毛。

贺兰山 1 种

1. 钝叶单侧花（图版 65，图 2）

Orthilia obtusata（Turcz.）Hara in Journ. Jap. Bot. **20**：328. 1944；中国植物志 **56**：196. 1990. ——*Pyrola secunda* L. var. *obtusata* Turcz. in Bull. Soc. Nat. Mosc. **21**（4）：507. 1848. ——*Orthilia secunda*（L.） House var. *obtusafa*（Turcz.） House in Amer. Midl. Nat. **7**：134. 1921；内蒙古植物志（二版）**4**：14. 图版 2. 图 4~7. 1993.

多年生常绿草本。高 10~15 cm。根状茎细长而分枝。叶在茎下部有 1~2 轮，每轮 3~4 枚，宽卵形或圆形，长 1.5~3.0 cm，宽 1~2 cm，先端钝圆，基部宽楔形或近圆形，边缘具圆齿，上面暗绿色，下面灰绿色，无毛。花葶细长，具细的乳头状突起，有 3~4 个鳞状苞片，卵状披针形，长约 3 mm；总状花序有花 3~10 朵，偏向一侧；小苞片短小，长约 2 mm；

花梗比花短；萼裂片宽三角形，长约 1 mm，边缘具小齿；花冠淡绿白色，直径约 5 mm，近钟形，花瓣矩圆形，长约 3 mm，宽约 2 mm，边缘具小齿；雄蕊略长于花冠，花药矩圆形，具细小疣，成熟时顶端 2 孔裂，花丝丝形，基部略加宽，花柱直立，超出花冠，柱头盘状，5 浅裂。蒴果扁球形，直径约 5 mm。花期 7 月，果期 8 月。2n=38。

耐阴中生植物。生海拔 2 500~2 800 m 云杉林下潮湿苔藓层上。仅见西坡哈拉乌北沟、南寺雪岭子。

分布于我国东北、华北、西北，也见于北欧、俄罗斯（西伯利亚）、蒙古。古北极种。

3. 独丽花属 Moneses Salisb.

单种属，属特征同种。

1. 独丽花（图版 65，图 3）

Moneses uniflora（L.） A. Gray, Man. Bot. N. U. St. ed. 1. 273. 1848；中国植物志 **56**：194. 图版 69. 图 1~5. 1990；内蒙古植物志（二版）**4**：14. 图版 2. 图 8~9. 1993；宁夏植物志（二版）**下册**：53. 2007. ——*Pyrola uniflora* L. Sp. Pl. 397. 1753. Ledeb. Fl. Ross **2**：931. 1846.

多年生常绿小草本。高 5~12 cm。根状茎细长横走。叶于茎基部对生，卵圆形或近圆形，长 8~15 mm，宽 6~13 mm，先端圆钝，基部宽楔状，边缘具细锯齿，叶柄与叶片近等长或短。花葶细长，上部具细的乳头状突起；花单一，着生于花葶顶部，外倾；具 1 苞片，卵状披针形，长约 3 mm，边缘具睫毛；花梗果期伸长且下弯，长达 1.5 cm；花萼裂片状椭圆形，长约 2.5 mm，先端圆钝，边缘具睫毛；花冠白色，直径约 18 mm，花瓣平展，卵圆形，长约 8 mm，宽约 6 mm，边缘具微齿；雄蕊花丝细长，基部略宽，花药直立，顶端有 2 个管状顶孔；花柱直立，5 裂，裂片矩圆形，先端尖或钝。蒴果下垂，近圆球形，直径约 5 mm，花柱宿存。花期 7 月，果期 8 月。2n=26。

耐阴中生植物。生海拔 2 500~2 800 m 云杉林下的潮湿腐殖土上。见东坡苏峪口沟；西坡哈拉乌北沟、南寺雪岭子沟；主峰下及山脊两侧。

分布于我国东北、华北（西部）西部及四川、云南，常见于北半球温寒带地区。泛北极种。

五四、杜鹃花科 Ericaceae

灌木或小乔木，多常绿，少半常绿或落叶。单叶，多革质，少纸质，互生，少对生和轮生，全缘，少有细锯齿；无托叶。花两性，单生或为总状、伞形及圆锥花序，顶生或腋生，有苞片；花萼 4~5 裂，宿存；花冠辐射或稍两侧对称，合瓣，常呈坛状、钟状、漏斗状和高脚碟状，4~5 裂，裂片常覆瓦状排列；雄蕊与花冠裂片同数或为其 2 倍，着生于花盘的基部，花药常顶孔开裂；子房上位或下位，2~5 室，每室有胚珠 1 至多粒，花柱和柱头单一。蒴果，少浆果或核果。种子小，具丰富的胚乳。

贺兰山有 2 属，2 种。

分属检索表

1. 子房上位；落叶矮半灌木；茎枝下有残留的叶柄和枯叶，叶草质，叶面无光泽，长 1~1.5 cm，簇生于枝顶 ………………………………………………………………………………………… 1. 天栌属 **Arctous**

1. 子房下位；常绿弱小灌木；茎枝无残存枯叶和叶柄，叶革质，上面有光泽，长、宽不足 0.5 cm，地上茎极短 ………………………………………………………………………………… 2. 越橘属 **Vaccinium**

1. 天栌属 Arctous Neid.　北极果属

落叶半灌木，多分枝；冬芽外具芽鳞。叶互生或簇生于枝顶，不脱落而枯死。花 2~5 朵顶生，组成短总状花序或簇生；花萼小，4~5 裂，宿存；花冠坛状，先端 4~5 浅裂；雄蕊 8~10，比花冠短，花药背部有二突起；子房上位，4~5 室，每室具 1 胚珠。浆果，熟时黑色或红色。

贺兰山有 1 种。

1. 天栌（图版 65，图 4）红北极果、当年枯

Arctous ruber（Rehd. et Wils.） Nakai，Jap. Trees and Shrubs ed. 1. 156. 1922；中国植物志 **57**（3）：74. 1991；内蒙古植物志（二版）**4**：25. 图版 7. 图 1~2. 1993. ——*A.alpinus*（L.）Niedenzu var. *ruber* Rehd. et Wils. in Sargent，Pl. Wils. **1**：556. 1931.

矮小落叶灌木。茎匍匐于地面，高约 10 cm 左右。枝黄褐色或紫褐色，茎下部有残留叶柄或枯叶。叶簇生于枝顶，倒披针形或狭倒卵形，长 2~4 cm，宽 0.8~1.5 mm，先端钝圆，基部楔形，边缘有细密钝齿，中下部有缘毛，上面深绿色，下面苍白色，均无毛，网脉明显。花 2~3 朵，组成短总状花序；苞片披针形，有睫毛；花萼小，5 裂；花冠坛状，淡黄绿色，长 4~5 mm，先端 5 裂；雄蕊 10，花丝具柔毛，花药背部具 2 小凸起；花柱短于花冠，长于雄蕊。浆果鲜红色，球形，径 6~10 mm。花期 7 月，果期 8 月。

耐寒中生植物。生海拔 3 000 m 左右亚高山灌丛中。仅见主峰和西坡哈拉乌北沟、水磨沟。

分布于我国吉林、甘肃、四川，也见于俄罗斯（西伯利亚、远东）、朝鲜、北美。北极-高山种。

果可食用。

2. 越橘属 Vaccinium L.

常绿或落叶灌木。叶互生、对生或轮生，全缘或有锯齿。花白色或紫红色，短总状花

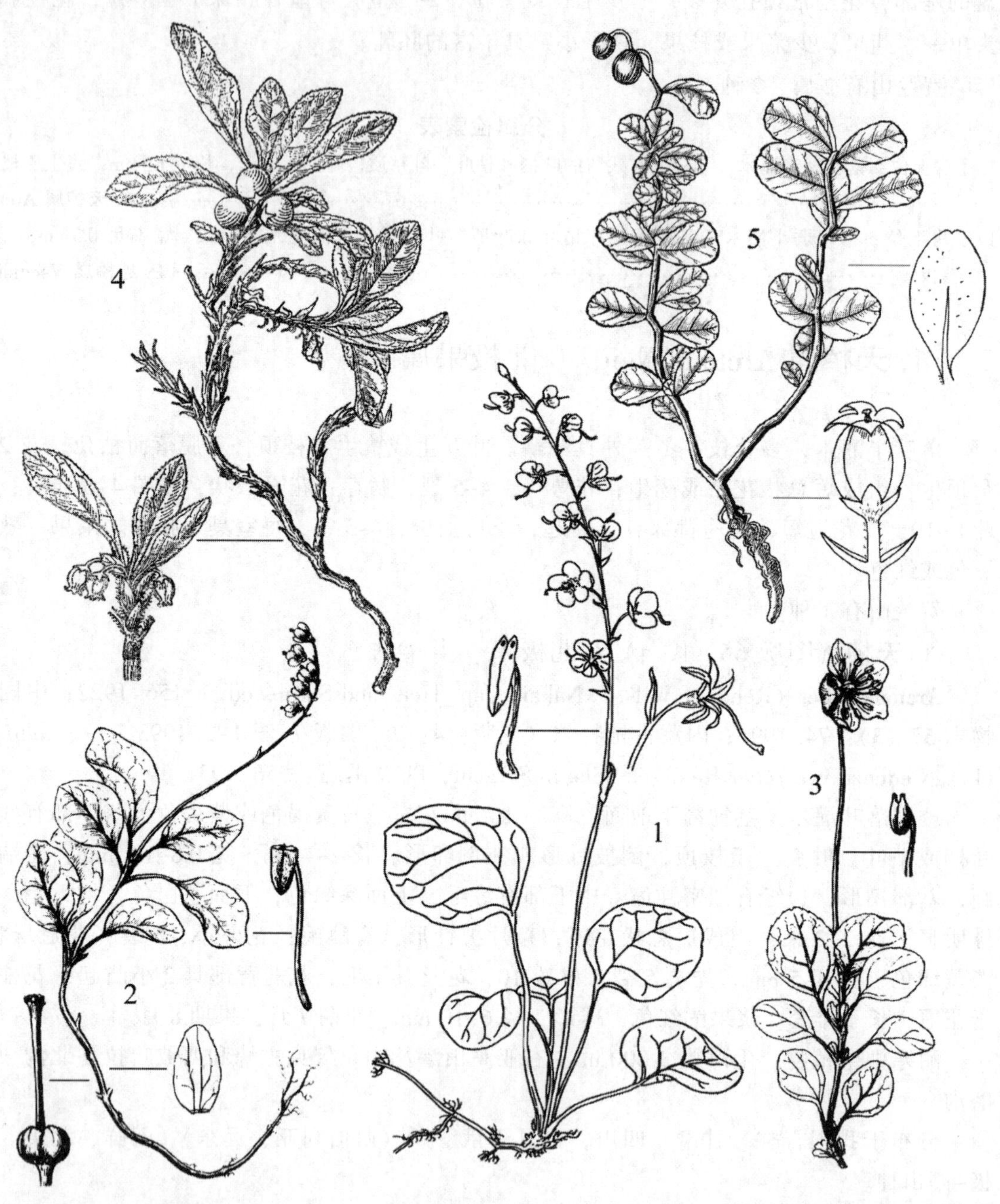

图版 65 1. **鹿蹄草** Pyrola rotundifolia L. 植株、花；2. **钝叶单侧花** Orthilia obtusata（Turcz.）Hara 植株、花瓣、雄蕊、雌蕊及花盘；3. **独丽花** Moneses uniflora（L.） A. Gray 植株、雄蕊；4. **天栌** Arctous ruber（Rehd. et Wils.） Nakai 果枝、花枝；5. **贺兰山越橘** Vaccinium yitis-idaea L. var. alaschanicum Z. Y. Chu et C. Z. Liang 植株花序花。（1~3 田虹绘；4 张燕绘；5. 付晓玥绘）

序，稀单生，花梗中间具关节；苞片脱落或宿存；萼4~5裂；雄蕊8~10，内藏，花药有时背部具芒刺，顶孔开裂；子房下位，4~5室，稀8~10室，花柱丝状。浆果，顶端冠以宿存的萼齿。种子多数。

贺兰山有1种。

1. 贺兰山越橘（图版65，图5）

Vaccinium yitis-idaea L. var. **alaschanicum** Z. Y. Chu et C. Z. Liang，sp. nov. in Addenda.

常绿矮小灌木。地下茎匍匐，地上小枝细，高约2~5 cm，灰褐色，被短柔毛。叶互生，革质，椭圆形或倒卵形，长5~10 mm，宽4~8 mm，先端钝圆或微凹，基部宽楔形，边缘有细睫毛，中上部有微波状锯齿或近全缘，反卷，上面深绿色，有光泽，下面淡绿色，具散生腺点；有短的叶柄。花1~4朵组成短总状花序，生于去年枝顶，花轴及花梗上被红棕色腺毛；小苞片2个，狭卵形；花萼短钟状，先端4裂；花冠钟状，白色，径3~4 mm (4裂)；雄蕊8，内藏，花丝有毛；子房下位，花柱超出花冠之外。浆果球形，径4~5 mm，橘红色，具宿存花萼。花期6~7月，果熟期8月。

该变种与正种的区别：植株矮小，细弱，花梗与花轴上是红棕色腺毛，小苞片狭卵形，边缘具细齿，宿存，花冠壶形；而正种，花梗与花轴被细毛，小苞片卵形，早落；花冠钟形。

另外，越橘有一矮小变种：var. *minus*（Lodd.） Schneid.（Ill. Hardb. Laubh. 2：559. 1911. ——*V. vitis - idaea* L. var. *pumilum* Horn），其特点除植株矮小，叶椭圆形至圆形，有花1~4朵外，其他与正种完全相同，与贺兰山越橘明显不同。

中生植物。生海拔2 400~2 500 m云杉林下。仅见西坡烂柴沟。

模式标本是阿拉善盟贺兰山自然保护区管理局徐建国采。为贺兰山特有变种。

五五、报春花科 Primulaceae

一年生或多年生草本，稀小灌木。单叶，叶全部基生，互生、对生或轮生，全缘或浅裂，常有腺点或粉状物；无托叶。花两性，辐射对称，单生或组成伞形花序、圆锥花序或总状花序，具苞片；萼5裂，稀4~9裂，宿存；花冠管状、辐状或高脚碟状，5裂，稀4~9裂，有时无花冠；雄蕊着生于花冠筒上，与花冠裂片同数且对生，稀具退化雄蕊，花药2室，纵裂，花丝分离或基部连合成筒；子房上位，稀半下位，1室，特立中央胎座，胚珠多数，花柱单一，通常异长，柱头常为头状。蒴果，种子多数；种子小，有棱角，胚小，有丰富的胚乳。

贺兰山有4属，11种。

分属检索表

1. 叶通常全部基生，莲座状；花在花葶顶端组成伞形花序或单生；具明显花冠 。

  2. 雄蕊生于花冠筒之周围，花药钝形、圆形或心形。

3. 花冠筒长于裂片和花萼；花冠喉部不紧缩 …………………………………………… 1. 报春花属 Primula

3. 花冠筒短于裂片和花萼；花冠喉部紧缩 …………………………………………… 2. 点地梅属 Androsace

2. 雄蕊生于花冠筒基部，花药渐尖 ………………………………………………………… 3. 假报春属 Cortusa

1. 叶全部茎生；花单生于叶腋；花冠不存在；花萼花冠状，粉白色至蔷薇色；叶肉质 …………………………………………………………………………………… 4. 海乳草属 Glaux

1. 报春花属 Primula L.

多年生草本。叶基生，莲座状，有柄或无柄，全缘或浅裂。花在花葶顶端组成伞形或层叠式伞形花序；苞片多数，狭窄，花萼管状、钟状或漏斗状，5 裂；花冠通常紫红色，白色，或黄色，漏斗状或高脚碟状，长于花萼，裂片 5，全缘或 2 裂；花冠喉部常有附属体，雄蕊 5，着生于花冠筒喉部或中部，花丝极短，花药钝形。蒴果近球形或圆柱形，5~10 瓣裂。种子多数，盾状着生。

贺兰山有 4 种。

分种检索表

1. 苞片基部稍膨胀呈浅囊状或下延成耳状附属物；叶近全缘或具牙齿。

2. 叶倒卵状矩圆形、近匙形或矩圆状披针形，无柄或基部渐狭下延成翅状柄；苞片基部呈浅囊状。

3. 叶全缘或具疏钝齿；花萼裂片通常绿色；苞片果期不反折 ………………… 1. 粉报春 P. farinosa

3. 叶缘具不整齐尖细齿；花萼裂片暗紫色；苞片果期反折 …………………… 2. 冷地报春 P. algida

2. 叶通常近圆形、圆状卵形至椭圆形，具明显叶柄；苞片基部有耳状附属物 ……… 3. 伞报春 P. nutans

1. 苞片基部无浅囊或耳状附属物；叶缘浅裂；叶片卵形、卵状矩圆形至矩圆形，基部心形或圆形 ………………………………………………………………………………… 4. 翠南报春 P. sieboldii

1. 粉报春（图版 66，图 1）黄报春

Primula farinosa L. Sp. Pl. **1**：143. 1753；中国植物志 **59**（2）：192. 1990；内蒙古植物志（二版）**4**：31. 图版 9. 图 1~4. 1993；宁夏植物志（二版）**下册**：57. 图 99. 2007.

多年生草本。根状茎短，须根。叶倒卵状矩圆形或匙形，长 2~5 cm，宽 4~12 mm，无毛，先端钝或锐尖，基部渐狭，下延成柄或无柄，边缘具稀疏钝齿或近全缘，叶下面有时有粉状物。花葶高 5~15 cm，较纤细，无毛，或近顶部有短毛；伞形花序一轮，有花 3 至 10 余朵；苞片狭披针形，先端尖，基部膨大，呈浅囊状；花梗长 3~10 mm，花后果梗长达 2.5 cm，花萼绿色，钟形，长 4~7 mm，里面常有粉状物，萼齿矩圆形或狭三角形，长约 2.5 mm，边缘有短腺毛；花冠淡紫红色，喉部黄色，高脚碟状，径约 8~10 mm，花冠筒长 7~8 mm，花冠裂片楔状倒心形，长 4~5 mm，顶端 2 深裂；雄蕊 5，着生花冠喉部稍下，花丝极短；子房卵圆形，长柱花花柱长约 3 mm，短柱花花柱长约 1.2 mm，柱头头状。蒴果圆柱形，长 7~8 mm，径约 2 mm，棕色。种子多数，细小，褐色，多面体形；种皮有细

小凹穴。花期 5~6 月，果期 7~8 月。2n=18，36。

中生植物。生海拔 2 300~2 500 m 山地河谷溪边和山地草甸。仅见西坡哈拉乌北沟。

分布于我国东北、华北（西北部）及甘肃、新疆、西藏，也见于欧洲、俄罗斯（西伯利亚）、蒙古、朝鲜、日本。古北极种。

2. 冷地报春（图版 66，图 4）

Primula algida Adam. in Weber u. Mohr. Naturk. **1**：46. 1805；中国植物志 **59**（2）：190. 图版 38. 图 8~12. 1992；内蒙古植物志（二版）**4**：33. 图版 9. 图 5~6. 1993.

多年生草本。根状茎短，须根。叶倒卵状矩圆形、近匙形或矩圆状披针形，长 2.5~4.5 cm（连叶柄），宽 0.6~1.5 mm，先端钝或急尖，基部渐狭下延成柄或无柄，边缘具不整齐尖细齿，上面无毛，近顶部被淡黄色薄粉层。花葶高 5~12 cm，直径 1.5~2.5 mm，无毛，近顶部被淡黄色薄粉层；伞形花序 1 轮，含花 4~12 朵；苞片多数，狭披针形，常有紫色细条，先端尖，基部浅囊不明显，果期反折；花柄短，或近无柄；花萼钟形，长约 7 mm，具粉状物，裂片披针形，长约 3 mm，暗紫色；花冠紫红色，高脚碟状，径约 10 mm，喉部黄色，花冠筒长约 8 mm，裂片倒心形，长约 4 mm，先端深 2 裂，子房倒卵圆形，花柱长为花筒的 1/3（短柱花），或 2/3（长柱花），蒴果矩圆形，与花萼近等长。花期 6~7 月。2n=18，36。

耐寒中生植物。生海拔 2 700~3 000 m 亚高山草甸中。仅见主峰附近和西坡哈拉乌北沟。

分布于我国吉林，也见于高加索、中亚、俄罗斯（西伯利亚）、蒙古。东古北极种。

3. 伞报春（图版 66，图 2） 天山报春

Primula nutans Georgi，Bemerkk. Reise **1**：200. 1775；中国植物志 **59**（2）：221. 图版 10. 图 1~3. 1990；内蒙古植物志（二版）**4**：34. 图版 10. 图 1~3. 1993；宁夏植物志（二版）**下册**：56. 图 37. 2007. ——*P. sibirica* Jacq. Misc. Austr. **1**：161. 1778；内蒙古植物志 **5**：25. 图版 16. 图 1~3. 1980.

多年生草本。全株不被粉状物，具多数须根。叶质薄，具明显叶柄，叶片椭圆形，卵状椭圆形，长 0.6~1.8 cm，宽 0.5~1.2 cm，先端钝圆，基部圆形或宽楔形，全缘或微有浅齿，两面无毛；叶柄细弱，长 0.6~2.0 cm。花葶高 15~25 cm，纤细，花后伸长；伞形花序 1 轮，具 2~5 朵花；苞片矩圆状倒卵形，长 5~6 mm，先端渐尖，边缘密生短腺毛和黑色小腺点，基部有耳状附属物；花梗不等长，长 1.5~2.5 cm；花萼筒状钟形，长 6~9 mm，裂片矩圆状卵形，顶端钝尖，边缘具短腺毛；花冠淡紫红色，高脚碟状，径 10~12 mm，花冠筒细长，长 10~12 mm，喉部具小突起，花冠裂片倒心形，长 5 mm，顶端深 2 裂；子房椭圆形，长 2.5 mm，长柱花花柱长约 10 mm。蒴果圆柱形，稍长于花萼。花期 5~7 月。

中生植物。生于溪边草甸，零星分布。见东坡黄渠沟、大水沟。

分布于我国东北（北部）、华北（北部）、西北及四川，也见欧洲、俄罗斯（西伯利亚、

图版 66　1. **粉报春** Primula farinosa L. 植株、花萼、花、果实；2. **伞报春** P. nutans Georgi 植株、花萼、花冠；3. **翠南报春** P. sieboldii E. Morren 植株、花萼、花冠、蒴果、种子；4. **冷地报春** P. algida Adam. 植株、花萼；5. **海乳草** Glaux maritima L. 植株、花、雄蕊与雌蕊；6. **大苞点地梅** Androsace maxima L. 植株、蒴果。（1~4 田虹绘；5~6 马平绘）

远东)、蒙古、北美(北部)。泛北极种。

4. 翠南报春(图版 66，图 3)樱草

Primula sieboldii E. Morren in Belg. Hort. **23**：97. t. 6. 1873；中国植物志 **59**(2)：33. 图版 6. 图 4~7. 1990；内蒙古植物志(二版)**4**：34. 图版 10. 图 4~9. 1993；宁夏植物志(二版)**下册**：55. 2007. ——*P. patens* Turcz. in Bull. Soc. Nat. Mosc. **11**：99. 1838. nom. nud.

多年生草本。根状茎短，偏斜生长，被膜质残存叶柄，具多数细根。基生叶 3~8 片，叶质薄，卵形或卵状矩圆形，长 3~8 cm，宽 1.5~5 cm，先端钝圆，基部心形至圆形，两面被贴伏的多细胞长柔毛，边缘具不整齐的圆缺刻及钝齿；叶柄与叶片近等长或为其 2~3(4)倍，纤细，具狭翅及密生浅棕色长柔毛。花葶高 15~30 cm，疏被柔毛；伞形花序 1 轮，有花 2~9 朵；苞片条状披针形，先端尖，短于花梗；花梗长 1.5~3.5 cm，被短腺毛；花萼长 6~8 mm，钟形，果期开展为漏斗状，近中裂，裂片三角状披针形，被短腺毛；花冠紫红色至淡红色，稀白色，高脚碟状，冠檐直径 14~18(22) mm，裂片倒心形，长 5~8 mm，顶端深 2 裂；花冠筒长 8~10 mm，喉部有环状突起或无突起；雄蕊 5，着生在花冠筒喉部；短柱花花柱长 2.3 mm，长柱花花柱长 7 mm，子房球形，蒴果圆柱状，长 8~10 mm，径 4~5 mm，种子多数，棕色，细小，不整齐多面体，种皮具蜂窝状凹眼呈网纹状。花期 5~6 月，果期 7 月。2n=24，36。

中生植物。生海拔 1 350~2 600 m 山地沟谷、阴坡林缘、灌丛下，是当地报春花属分布最多一种。见东坡苏峪口沟、黄旗沟、插旗沟、小口子；西坡哈拉乌沟、北寺沟、南寺沟、水磨沟等。

分布于我国东北、华北(北部)，也见于俄罗斯(西伯利亚，远东)、朝鲜、日本。东北种。

2. 点地梅属 Androsace L.

多年生或一年生矮小草本。叶全部基生呈莲座状，极少茎生。花小，苞片多数，花萼宿存，钟状至杯状，5 裂；花冠白色或淡红色，漏斗状或坛状，花冠筒短，喉部常紧缩有杯状或鳞状突起，花冠裂片 5，雄蕊着生于花冠筒的周围，花丝极短，花药钝形；子房上位，胚珠半倒生，花柱短，不超出花冠筒，柱头头状或稍膨大。蒴果卵形或近球形，顶端 5 瓣裂。种子少数，背腹压扁，有角棱，种皮光滑，有时具蜂窝状凹眼。

贺兰山有 5 种。

分种检索表

1. 一年生，无根状茎、匍匐茎或分枝，植株一般单生；叶缘具齿。
   2. 苞片细小，条状披针形；花梗长于苞片 5 倍以上；植株被叉状毛 ……… **1. 北点地梅 A. septentrionalis**
   2. 苞片较大，椭圆形或矩圆状卵形；花梗长于苞片 1~3 倍；植株被糙毛或脉毛 ………………………

…………………………………………………………………………… 2. 大苞点地梅 **A. maxima**

1. 多年生，有根状茎、匍匐茎或分枝，由少数或多数莲座丛形成疏丛、密丛或垫状；叶全缘。
   3. 植株为疏丛或密丛；地上分枝草质；伞形花序通常有花 4 朵以上。
      4. 花葶明显，高约 2~8（12） cm，花淡紫红色 …………………………… 3. 西藏点地梅 **A. mariae**
      4. 花葶不明显，高仅（2）4~10 mm，藏于叶丛中，花白色或带粉红色 --- 4. 长叶点地梅 **A. longifolia**
   3. 垫状植物；主根及地上分枝的下部木质化；伞形花序有花 1~2 朵，花葶极短，或无花葶 …………
   ………………………………………………………………………… 5. 阿拉善点地梅 **A. alashanica**

1. 北点地梅（图版 67，图 3）雪山点地梅

Androsace septentrionalis L. Sp. Pl. 142. 1753；中国植物志 **59**（1）：164. 1989；内蒙古植物志（二版）**4**：42. 图版 13. 图 3~6. 1993；宁夏植物志（二版）**下册**：59. 图 41. 2007.

一年生草本。直根系，主根细长，支根较少。叶基生，莲座状，倒披针形或狭菱形，长 1~3 cm，宽 3~8 mm，先端渐尖，基部渐狭。无柄或下延呈翅状柄，中部以上叶缘具稀疏锯齿或近全缘，上面及边缘被短毛及分叉毛，下面近无毛。花葶 1 至多数，直立，高 10~30 cm，黄绿色，下部呈紫红色，花葶与花梗都被分叉毛和短腺毛；伞形花序具多数花，苞片细小，钻形，长约 2 mm；花梗细，不等长，长 2~7 cm；萼钟形，果期稍增大，长 3~9 mm，中脉隆起，裂片狭三角形，质厚，长约 1 mm，先端急尖；花冠白色，坛状，径 3~3.5 mm，花冠筒长约 1.5 mm，喉部紧缩，有与花冠裂片对生的 5 凸起，裂片倒卵状矩圆形，长约 1.2 mm，宽 0.6 mm，先端近全缘；子房倒圆锥形，柱头头状。蒴果倒卵状球形。顶端 5 瓣裂。种子多数，棕褐色，种皮粗糙，具蜂窝状凹眼。花期 5~6 月，果期 7 月。2n=20。

旱中生植物。生海拔 1 900~2 500 m 山地沟谷河滩地、山地林缘、灌丛下。见东坡苏峪口沟、黄旗沟；西坡哈拉乌北沟、水磨沟、北寺沟、南寺沟、镇木关沟、照北沟等。

分布于我国东北（西部）、华北、西北。广布于东欧、亚洲、北美温带及寒带地区。泛北极种。

全草作蒙药用（蒙药名：叶拉莫唐），能消肿愈创、解毒，主治疖痈、创伤、热性黄水病。

2. 大苞点地梅（图版 66，图 6）

Androsace maxima L. Sp. Pl. 141. 1753；中国植物志 **59**（1）：165. 1989；内蒙古植物志（二版）**4**：43. 图版 14. 图 1~2. 1993；宁夏植物志（二版）**下册**：60. 2007. ——*A. engleri* auct. non Kauth：内蒙古植物志 **5**：33. 图版 14. 图 1~2. 1980.

一年生草本。主根细长，具少数支根。叶莲座状，基生，叶片狭倒卵形、倒披针形，长 5~15 mm，宽 1~5 mm，先端锐尖或稍钝，基部渐狭，无明显叶柄，中上部边缘有小牙齿，质地较厚，两面近于无毛或疏被柔毛。花葶 2~4 自叶丛中抽出，高 2~7 mm，被白色卷曲柔毛和短腺毛；伞形花序多花，被小柔毛和腺毛；苞片大，椭圆形或倒卵状，长圆形，

长 5~7 mm，宽 1~2.5 mm，花梗直立，长 1~1.5 cm，花萼杯状，长 3~4 mm，果时增大，长可达 9 mm，裂达全长的 2/5，裂片三角状披针形，先端渐尖，质地稍厚，老时黄褐色；花冠白色或淡粉红色，直径 3~4 mm，筒部长约为花萼的 2/3，裂片长圆形，长 1~1.8 mm，先端钝圆。蒴果近球形，与宿存的花萼等长或稍短，花果期 5~8 月。2n=40，60。

旱中生植物。生海拔 1 500（东坡）~1 900~2 200 m 山地沟谷河滩及砾石质山坡。见东坡苏峪口沟、甘沟；西坡哈拉乌北沟、水磨沟、香池子沟等。

分布于我国华北（西部）、西北。广布于欧亚大陆温暖地区及北非。古地中海种。

3. 西藏点地梅（图版 67，图 2）

Androsace mariae Kanitz in Wiss. Erg. R. Szechenyi Ostas. **2**：714. 1891；中国植物志 **59**（1）：193. 图版 51. 图 1~4. 1989；宁夏植物志（二版）**下册**：61. 2007. ——*A. mariae* Kanitz var. *tibetica*（Maxim.）Hand. -Mazz. in Acta Hort. Gothob. **2**：114. 1926；内蒙古植物志（二版）**4**：45. 图版 15. 图 1~4. 1993. ——*A. sempervivoides* Jacquem. ex Duby var. *tibetica* Maxim. in Bull. Acad. Sci. St. -Petersb. **32**：502. 1888.

多年生草本。主根暗褐色，具多数支根。匍匐茎纵横蔓延，莲座丛常集生成疏丛或密丛，基部有宿存老叶，新枝红褐色，长 1~3 cm，顶端束生新叶。叶灰蓝绿色，矩圆形、匙形或倒披针形，长 1~3 cm，宽 2~4（5） mm，先端急尖或渐尖，有软骨质锐尖头，基部渐狭或下延成柄状，两面无毛或被短柔毛，边缘软骨质，具白色缘毛。花葶 1~2 枚，直立，高 2~8 cm，与苞片花萼同，被柔毛和短腺毛；伞形花序有花（2）4~10 朵；苞片披针形至条形，长 3~5 mm，花梗直立或略弯曲，长 5~8 mm，果期可延伸至 1.2 cm；花萼钟状，长约 3 mm，5 中裂，裂片三角形；花冠粉红色，径 5~8 mm，喉部黄色，有绛红色环状凸起，花冠裂片宽倒卵形，边缘略呈波状。蒴果倒卵形，稍长于花萼。花期 5~6 月，果期 6~7 月。

旱中生植物。生海拔 1 800~2 800 m 山地林缘灌丛下和阴湿石质山坡，见东坡苏峪口沟、黄旗沟、小口子；西坡哈拉乌沟、水磨沟、北寺沟、南寺沟等。

分布于我国西北（东部）及四川（西部）、西藏（东部）。为我国特有。青藏高原-唐古特种。

全草作蒙药用（蒙药名：嘎地格），能利尿、消肿，主治热性水肿、肾炎、淋病。

4. 长叶点地梅（图版 67，图 4）矮葶点地梅

Androsace longifolia Turcz. in Bull. Soc. Nat. Mosc. **5**：202. 1832；中国植物志 **59**（1）：196. 1989；内蒙古植物志（二版）**4**：45. 图版 15. 图 5~9. 1993；宁夏植物志（二版）**下册**：61. 2007.

多年生矮小草本。植株高 2~5 cm。主根暗褐色，具向上并被有棕褐色鳞片的根状茎，叶、苞片及萼裂片边缘均具软骨质与缘毛。莲座丛单个或数个丛生。叶灰蓝绿色，条形或近披针形，扁平，长约 1~3 cm，宽 1~2 mm，先端尖，并延伸成小尖头。花葶 1 枚，极短，

长不足 1 cm，藏于叶丛中；苞片条形，长约 0.8 mm，伞形花序有花 5~8 朵；花梗长约 1 cm，密被柔毛及腺体；花萼钟状，长 4~5 mm，近中裂，裂片三角状披针形，先端锐尖，被疏短柔毛及缘毛；花冠白色或带粉红色，径约 5~7 mm，筒短于花萼，喉部紫红色，裂片倒卵状椭圆形，先端近全缘；子房倒圆锥形，花柱长约 1 mm，柱头稍膨大。蒴果近球形，与宿存花萼近等长，棕色，5 瓣裂。种子 5~10，近椭圆形，压扁，腹面有棱；种皮具蜂窝状凹眼。花期 5 月，果期 6~8 月。

中生植物。生 2 700 m 左右石质山坡。见西坡高山气象站。

分布于我国黑龙江、内蒙古、山西。为我国特有。华北–南蒙古种。

在贺兰山西坡高山气象站西部 2 700 m 左右石质山坡采到的标本，植株高仅 2~3 cm，莲座叶形成小丝，叶无软骨质边缘和尖头，萼和花葶具疏长柔毛，花葶极短，有 2~3 朵花，花冠粉红色，颇像秦巴点地梅 *A. laxa* C. M. Hu et Y. C. Yang，因标本少，暂定长叶点地梅。

5. 阿拉善点地梅（图版 67，图 5）

Androsace alashanica Maxim. in Bull. Acad. Sci. St. –Petersb. **32**：503. 1888；中国植物志 **59**（1）：197. 1989；内蒙古植物志（二版）**4**：47.图版 14. 图 5~6. 1993；宁夏植物志（二版）**下册**：60. 图 42. 2007.

多年生垫状植物。呈小半灌木状，高 2~5 cm。直根粗壮，暗褐色，木质，直径达 6 mm。地上茎多次叉状分枝，直径约 3~6 mm。老叶基部宿存，暗棕褐色，鳞片状覆盖于分枝上；当年新叶丛生于分枝顶端，灰绿色，革质，条状披针形，长 5~10 mm，宽 1~2 mm，先端渐尖，具软骨质尖头和边缘，疏具短腺毛，下延部分较上部更宽，两面无毛或稍被短腺毛。每一莲座丛有 1 花葶，含花 1~2 朵，花葶极短，或无花葶；苞片 2（3）枚，条形或条状披针形，先端渐尖，与萼裂片均具软骨质边缘及缘毛，花萼倒圆锥状，长 3.0~3.5 mm，疏被柔毛，5 中裂，裂片三角形，先端渐尖；花冠白色，径约 7 mm，筒部与花萼近等长，喉部收缩，有短管状凸起，裂片倒卵形，全缘，先端微波状；子房卵圆形，花柱长 1.5 mm，柱头稍膨大。蒴果近球形，短于萼，长 3 mm，径约 2 mm。种子大，1 枚，红棕色，近矩圆形，长 2.3 mm，宽 1.3 mm，种皮密被蜂窝状凹眼。花期 6 月，果期 6~8 月。

旱生植物。生海拔 1 900~2 500 m 山地石质山坡和岩石缝中，在石质山地草原中，有时能形成层片。东、西坡中部均有分布，为习见植物。

贺兰山是其模式产地。模式标本系俄国人普热瓦尔斯基（N. Przewalski） No. 94 (Holotype)，1873 年 6 月 18 日至 30 日采自贺兰山石质山坡。

分布于我国青海、甘肃、宁夏。为我国特有。贺兰山–祁连山种。

图版 67 1. **假报春** Cortusa matthiolii L. 植株、花冠、蒴果；2. **西藏点地梅** Androsace mariae Kanitz 植株、叶、花、花冠；3. **北点地梅** A. septentrionalis L. 植株、花萼、花冠；4. **长叶点地梅** A. longifolia Turcz. 植株、叶、花序、花冠、蒴果；5. **阿拉善点地梅** A. alashanica Maxim. 植株、叶、花。（1、5 马平绘；2、4 张海燕绘；3 田虹绘）

3. 假报春属 Cortusa L.

多年生草本，通常被毛。叶基生，具长叶柄，叶片心状圆形，掌状中裂或深裂，裂片有粗齿及缺刻。伞形花序生于花葶顶端，花梗不等长，具苞片；花萼钟状，宿存，中裂至深裂，裂片 5，披针形；花冠紫红色，筒短，喉部无附属物，裂片 5；雄蕊 5，着生于花冠筒基部，花丝短，下部连合成膜质短筒，花药顶端渐尖；子房上位，卵形，花柱丝状，柱头小，无毛。蒴果卵形，5 瓣裂，种子多数。

贺兰山有 1 种。

1. 假报春（图版 67，图 1）

Cortusa matthiolii L. Sp. Pl. 144. 1753；中国植物志 **59**（1）：138. 1989；内蒙古植物志（二版）**4**：48. 图版 16. 图 1~4. 1993；宁夏植物志（二版）**下册**：54. 图 36. 2007. ——*C. sibirica* Andrz. ex Besser in Beibl. lz. Flora. **17**：22. 1834.

多年生草本。植株高 20~30 cm。叶质薄，心状圆形，长 3.5~7.5 cm，宽 4~8 cm，基部深心形，掌状浅裂，裂片具钝圆或稍尖的牙齿，两面被稀疏短毛，有时下面被白色柔毛；叶柄长 6.5~15 cm，两侧具膜质狭翅，被长毛。花葶直立，高出口 1 倍，疏被长柔毛；伞形花序具花 6~11 朵，侧偏排列，花梗柔弱不等长；苞片数枚，狭楔形，上缘有缺刻及尖齿；花萼钟状，5 深裂，萼筒长约 1.5~2 mm，裂片披针形，先端有矩圆状深齿，长 2.5~3.2 mm；花冠漏斗状钟形，紫红色，长约 1 cm，裂片矩圆形，分裂略超过中部；雄蕊着生花冠基部，花药矩圆形，长约 3.5 mm，先端具尖头，花丝长约 2.2 mm；子房卵形，花柱长约 8 mm，伸出于花冠筒外。蒴果椭圆形，长于宿存花萼，光滑。种子 10 余枚，不整齐多面体，背腹稍压扁，棕褐色，表面具点状皱纹。花期 6~7 月，果期 8 月。

耐阴中生植物。生海拔 2 000~2 700 m 山地林缘、沟谷阴坡脚下。仅见西坡北寺沟后山、哈拉乌北沟。

分布于我国东北（大兴安岭）、新疆（天山），也见于欧洲至西伯利亚。欧洲—西伯利亚种。

4. 海乳草属 Glaux L.

单种属，属特征同种。

1. 海乳草（图版 66，图 5）

Glaux maritima L. Sp. Pl. 207. 1753；中国植物志 **59**（1）：134. 图版 35. 图 5~6. 1989；内蒙古植物志（二版）**4**：50. 图版 17. 图 1~3. 1993；宁夏植物志（二版）**下册**：62. 2007.

多年生稍肉质小草本。高 4~10（20） cm，无毛。根常数条束生，肉质，有少数细支根，根状茎横走，节上生卵状膜质鳞片。茎直立或斜升，通常单一或下部分枝。基部茎节明显，节上有 3~4 对淡褐色鳞片。叶密集，交互对生，近互生；叶片条形、矩圆状披针形至卵状披针形，长 4~1 2 mm，宽 1.5~3.5 mm，先端稍尖，基部楔形，全缘，近无柄。花小，单生于叶腋，直径约 5 mm；花梗长约 1 mm，或近无梗；花萼钟状，白色至蔷薇色，花冠状 5 裂近中部，裂片卵形至矩圆状卵形，长约 2.0 mm，宽 1.5~2 mm，全缘；雄蕊 5，与萼近等长，花丝基部宽扁，花药心形，背部着生；子房卵球形，长 1.3 mm，花柱细长，长 2.5 mm。蒴果近球形，长 2 mm，径 2.5 mm，顶端 5 瓣裂。种子棕褐色，近椭圆形，背面宽平，腹面凸出，有 2~4 条棱，种皮具网纹。花期 6 月，果期 7~8 月。2n=30。

耐盐中生植物。生山麓盐湿地和山地沟谷溪边盐湿地。东、西坡均有分布，为习见植物。

分布于我国东北、华北、西北及山东、四川、西藏。广布于北半球温带地区。泛北极种。

五六、白花丹科（蓝雪科）Plumbaginaceae

草本、小灌木或半灌木。单叶，互生或基生、无托叶。花两性，辐射对称，通常（1）2~5 朵集为一簇状小聚伞花序，常偏于穗轴一侧排列成穗状，再组成聚伞圆锥花序或头状团伞花序；小穗基部具苞片（在补血草族称外苞片）1，花萼 5 裂，具 5~10 脉，干膜质，宿存；花冠通常合瓣，筒状，或深裂达基部，裂片 5，旋转排列；雄蕊 5，与花冠裂片对生；雌蕊 5，心皮合生，子房上位，1 室，1 胚珠，基生，花柱 5，离生或合生，柱头 5，扁头状或圆柱状。蒴果包藏于宿存萼内，5 瓣裂或不裂。种子 1，具薄层粉质胚乳。

贺兰山有 2 属，4 种。

分属检索表

1. 花柱 5，柱头圆柱形；萼裂片无具柄的腺体；多年生草本 ………………………… 1. 补血草属 Limonium
1. 花柱 1，柱头指状；萼裂片有具柄的腺体；一年生草本 ………………………… 2. 鸡娃草属 Plumbagella

1. 补血草属 Limonium Mill.

多年生草本，稀一年生或半灌木。叶基生，呈莲座状，有时互生或簇集于枝端。2 至多个小穗着生于分枝的上部和顶端，排列成伞房状或圆锥状，花序轴 1 至数枚，直立，常作数回分枝；小穗含 1 至多数花，外苞片显然短于第一内苞片，有较狭的膜质边缘，或几乎全为膜质；第一内苞片有宽膜质边缘，包裹花的大部或局部。花萼漏斗状或倒圆锥状，干膜质，有 5 脉；萼檐具颜色，5 裂，有时具间生小裂片，或齿；花冠裂片 5，基部合生，下部边缘密接成筒，上端分离，花后卷缩于萼内；雄蕊 5；花柱 5，分离，柱头丝状圆柱形或圆柱形。蒴果倒卵圆形，包藏于萼筒内。

贺兰山有 3 种。

分种检索表

1. 花萼与花冠均为黄色 ………………………………………………………………… 1. 黄花补血草 **L. aureum**
1. 花萼紫红色、粉红色、淡蓝紫色或白色。
  2. 茎基部有许多白色膜质鳞片；叶窄小；茎枝纤细，均匀；根皮破裂成棕色纤维；萼淡蓝紫色 ………………………………………………………………… 2. 细枝补血草 **L. tenellum**
  2. 茎基部无白色膜质鳞片；叶较宽大，茎枝较粗壮；根皮不破裂成棕色纤维；萼紫红色，粉红色，或白，色花冠黄色 ……………………………………………………… 3. 二色补血草 **L. bicolor**

1. 黄花补血草（图版 68，图 3）金匙叶草

Limonium aureum（L.） Hill. ex O. Kuntze Rev. Gen. Pl. **2**：395. 1891；中国植物志 **60**（1)：37. 图版 6. 图 1~4. 1987. 内蒙古植物志（二版）**4**：58. 图版 20. 图 1. 1993；宁夏植物志（二版）**下册**：64. 图 44. 2007. ——*Statice aurea* L. Sp. Pl. 276. 1753；

多年生草本。高 5~25 cm，除萼外全株无毛。直根，皮红褐色至黄褐色。茎基部增大变为多头，常被有残存叶柄和红褐色芽鳞。叶基生，灰绿色，花期枯萎，矩圆状匙形至倒披针形，长 1~4 cm，宽 5~5（10） mm，顶端钝圆并有短凸尖，基部下延为扁平的叶柄。花序为伞房状圆锥花序，花序轴 1 至多数，自下部作数回叉状分枝，常呈“之”形曲折，具多数不育枝，密被疣状突起或有时仅嫩枝具疣，小穗 2~3 花，由 3~5（7）个小穗组成，穗状花序位于上部枝端；外苞片宽卵形，长约 1.5~2 mm，顶端钝，边缘膜质；第一内苞片倒宽卵圆形，长约 4~5.5 mm，具宽膜质边缘，先端 2 裂，其余苞片较小；萼金黄色漏斗状，长 5~7 mm，萼筒密被细硬毛，5 裂，裂片近正三角形，脉伸出裂片顶端成一芒尖，沿脉常疏被微柔毛；花冠橙黄色，常超出花萼；蒴果倒卵状矩圆形，长约 2 mm，具 5 棱，包于萼内。花期 6~8 月，果期 7~8 月。

盐生植物。生山麓和北部荒漠较强山丘中的盐碱地。见东坡石炭井、龟头沟；西坡巴彦浩特。

分布于我国华北（北部）、西北及内蒙古（大兴安岭以西）、四川（北部）、西藏（北部），也见于俄罗斯（西伯利亚）、蒙古。 亚洲中部种。

花入药，能止痛、消炎、补血，主治各种炎症，内服治神经痛、月经少、耳鸣、脓肿，外用治疮疖痈肿。

2. 细枝补血草（图版 68，图 2）纤叶匙叶草、纤叶矶松

Limonium tenellum（Turcz.） O. Kuntze， Rev. Gen. Pl. **2**：396. 1891；中国植物志 **60**（1)：35. 1987；内蒙古植物志（二版）**4**：60. 图版 20. 图 5~6. 1993；宁夏植物志（二版）**下册**：65. 图 45. 2007. ——*Statice tenella* Turcz. in Bull. Soc. Nat. Moscou **5**：203. 1832.

多年生草本。高 10~30 cm，全株除萼及第一内苞片外均无毛。根粗壮，根皮开裂，内层纤维状，常扭转。茎基部木质，肥大而多头，常被残余叶柄基部及白色膜质鳞片；叶基

生，小而质厚，矩圆状匙形或条状倒披针形，长 5~15 mm，宽 1~3 mm，先端钝圆或锐尖，具短尖，基部渐狭成柄。花序轴多数，纤细，自下部作数回分枝，具多数不育枝；小穗含 2~3（4）花，（1）2~4（5）个小穗在小枝顶部组成穗状花序，整个植株花序伞房状；外苞片宽卵形，长 2~3 mm，先端钝，边缘膜质，第一内苞片与外苞片相似；萼淡紫色，漏斗状，长约 9 mm，萼筒长 3~4 mm，沿脉密被细硬毛，5 裂三角形，先端锐尖，边缘具不整齐细齿，脉伸出裂片顶端成一短芒尖，有间生的小裂片；花冠淡紫红色，长 5~7 mm，子房倒卵圆形，具棱，顶端细缩。花期 6~7 月，果期 7~8（9）月。

旱生植物。生山麓荒漠草原和草原化荒漠的砾石质或盐生生境，为群落的伴生种。东、西坡均有分布，东坡山麓更为常见。

分布内蒙古（西部）、宁夏（北部）、甘肃（河西走廊东部），也见于蒙古（中南部）。戈壁-蒙古种。

3. 二色补血草（图版 68，图 1）苍蝇架、落蝇子花

Limonium bicolor（Bunge） O. Kuntze，Rev. Gen. Pl. **2**：395. 1851；中国植物志 **60**（1）：31. 图版 5. 图 4. 1987；内蒙古植物志（二版）**4**：61. 图版 21. 图 1~4. 1993. —— *Statice bicolor* Bunge in Mem. Sav. Etrang. Acad. Sci. St. –Petersb. **2**：129. 1833.

多年生草本。高 20~50 cm，全株除萼外均无毛。直根，根皮红褐色至黑褐色。茎基部较粗，茎直上，单一或 2~3 个。基生叶匙形、倒披针状、匙形至矩圆状匙形，长 1.5~5 cm（连下延的叶柄），宽 0.5~2 cm，先端钝，有时具短尖，基部渐狭下延成扁平的叶柄，全缘。花序轴 1~5 个，有棱或沟，少圆柱状，自中下部作数回分枝，最终小枝常为二棱形，不育枝少；花 2~4 朵集成小穗，3~5（10）个小穗组成穗状花序，再在分枝的顶端组成圆锥花序；外苞片矩圆状宽卵形，长 2.5~3.5 mm，边缘膜质，第一内苞片与外苞片相似，长 6~6.5 mm，宽膜质边缘，草质部分无毛，紫红色、栗褐色或绿色；萼紫红或粉红色，少白色，漏斗状，长 6~7 mm，萼筒长 3~4 mm，沿脉密被细硬毛，约为花萼的一半，基部偏斜，5 裂，裂片宽短三角形，先端钝圆，有叶脉伸出裂片成一易落的软尖，间生小裂片明显，花冠黄色，裂片 5，先端微凹，中脉有时紫红色。花期 5~7 月，果期 6~8 月。2n=24。

旱生植物。生海拔 1 500（东坡）~1 900~2 200 m 山地沟谷、灌丛中。见东坡苏峪口沟、贺兰沟、黄旗沟、插旗沟；西坡哈拉乌沟、南寺沟、北寺沟。

分布于东北、华北、黄河流域诸省及江苏，也见于俄罗斯（西伯利亚、远东）、蒙古（北部）。东古北极种。

带根全草入药，能活血、止血、温中健脾、滋补强壮，主治月经不调、功能性子宫出血、痔疮出血、胃溃疡、诸虚体弱。也可作观赏植物。

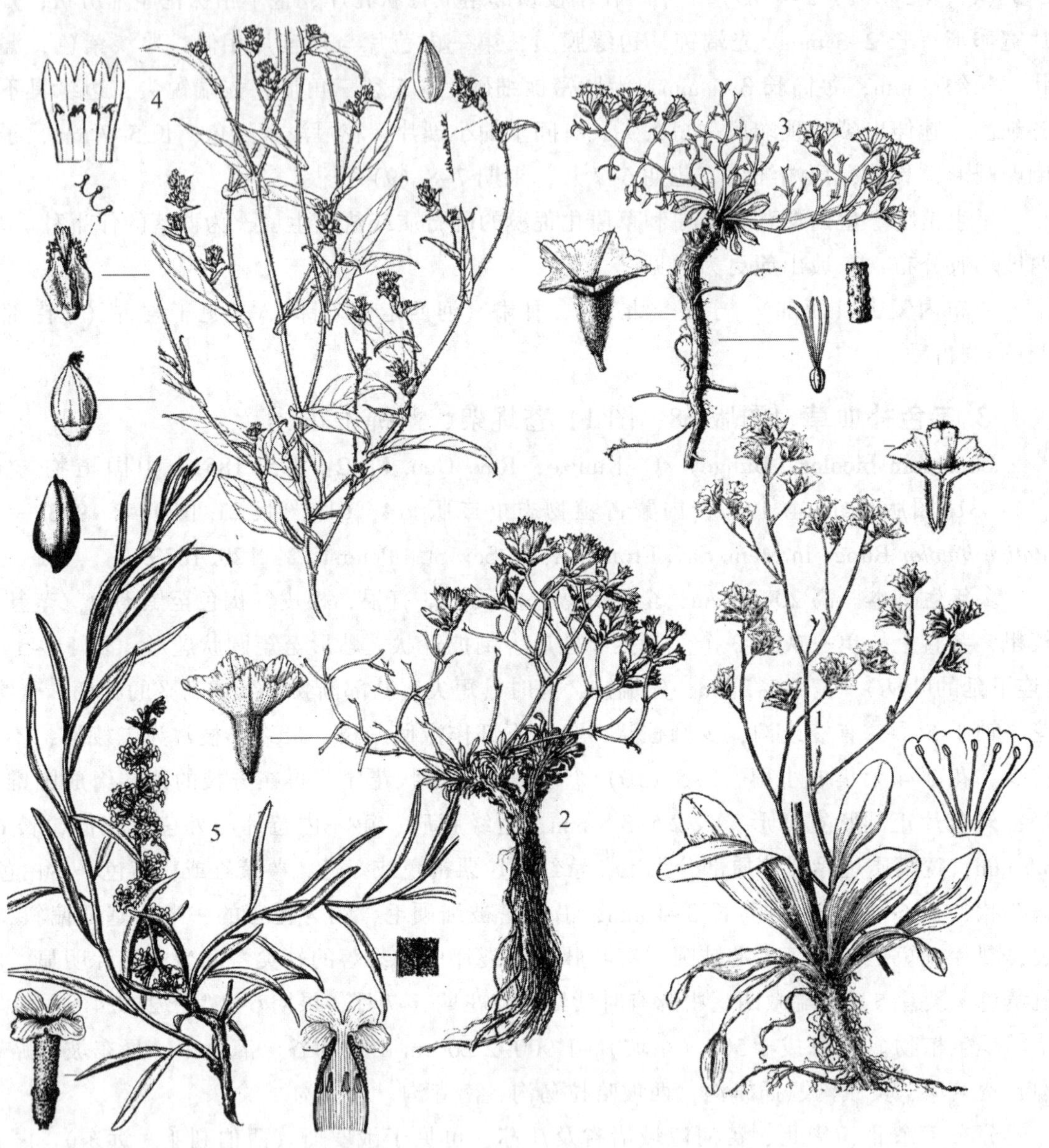

图版 68 **1. 二色补血草** Limonium bicolor（Bunge） O. Kuntze 植株、花、花冠；**2. 细枝补血草** L. tenellum（Turcz.） O. Kuntze 植株、花萼；**3. 黄花补血草** L. aureum（L.） Hill. ex O. Kuntze 植株、花萼、雌蕊；**4. 鸡娃草** Plumbagella micrantha（Ledeb.） Spach 植株、花及花冠展开、蒴果；**5. 互叶醉鱼草** Buddleja alternifolia Maxim. 花枝、花、花冠、果。（1 田虹绘；2~3 张海燕绘；4~5 马平绘）

2. 鸡娃草属 Plumbagella Spach

单种属，属特征同种。

1. 鸡娃草（图版 68，图 4）小蓝雪花

Plumbagella micrantha（Ledeb.） Spach，Hist. Nat. Veg. Phan. **10**：333. 1831；中国植物志 **60**（1）：9. 图版 1. 图 7~8. 1987；内蒙古植物志（二版）**4**：63. 图版 22. 1993；宁夏植物志（二版）**下册**：66. 图 46. 2007. ——*Plumbago micrantha* Ledeb. Fl. Alt. **1**：171. 1829. ——*Plumbago spinosa* Hao in Feddes Repert. Sp. Nov. **36**：222. 1936.

一年生草本。高 20~40 cm。茎直立，单生，多分枝，具纵棱，沿棱有小皮刺，通常紫红色。叶披针形、倒卵状披针形或狭卵形，长 2~5 cm，宽 5~1 5 mm，先端锐尖至渐尖，基部有耳，抱茎而沿棱下延，上面深绿色，叶脉紫红色，下面淡绿色，具腺点，边缘有细小皮刺；茎下部叶的基部无耳而渐狭下延呈叶柄状。短穗状花序长 6~15 mm，含 4~10 小穗；穗轴密被褐色多细胞腺毛；小穗含 2~3 花；苞片 1，叶状，宽卵形，长 3~5 mm；小苞片2，膜质，矩圆状披针形，长 2~3 mm；花小，具短梗；花萼长约 4 mm，筒部有 5 棱角，5 裂，裂片狭长三角形，长约 2 mm，边缘具腺毛，结果时萼增大而变坚硬；花冠淡蓝紫色，狭钟状，长约 5 mm，先端 5 裂，裂片卵状三角形；雄蕊 5，长为花冠筒的一半，花丝贴生于花冠筒；子房上位，卵形，花柱 1，柱头 5，伸长，指状，内侧有钉状腺质突起。蒴果褐色，尖卵形，有 5 条纵纹。种子尖卵形，棕色。花期 7~8 月，果期 8~9 月。2n=12。

中生植物。生海拔 2 200~2 500 m 山地沟谷溪水边。仅见西坡哈拉乌北沟。

分布于我国甘肃、青海、新疆、四川、西藏，也见于俄罗斯（阿尔泰、西伯利亚）、蒙古（北部）。亚洲中部（山地）种。

全草入药，有杀虫、解毒作用，外用可治疗各种皮肤癣。

五七、木犀科 Oleaceae

直立灌木或乔木，少藤本。单叶或复叶，对生，少互生；无托叶。花辐射对称，两性或单性，常多花组成顶生或腋生的圆锥花序、聚伞花序或簇生，稀单生；萼多 4 裂，稀 5~15 裂或先端平截；花冠合瓣，少离瓣，漏斗状或高脚碟状，4~6 裂，有时无花冠；雄蕊 2，稀 3~5；子房上位，2 室，每室有胚珠 1~3 粒，花柱单一或缺。果为蒴果、翅果、核果及浆果。

贺兰山有 1 属，2 种。

1. 丁香属 Syringa L.

落叶灌木或小乔木，腋芽卵形，顶芽常缺。单叶，稀单数羽状复叶，对生，全缘，有柄。顶生或侧生的圆锥花序；萼小，钟形，先端4齿裂，有时近截形；花两性花冠辐状、漏斗状或高脚碟状，先端4裂，裂片开展；雄蕊2，藏于花冠筒内或伸出；子房2室，花柱2裂，高不超过雄蕊。蒴果长椭圆形，果皮革质，室背开裂，每室有2具翅的种子。

贺兰山有2种。1变种。

分种检索表

1. 单叶宽卵形或肾形，宽常超过长；圆锥花序发自枝条的侧芽；花紫红色（或白色）………………………………………………………………………………………… 1. 紫丁香 **S. oblata**

1. 单数羽状复叶，小叶5~7，矩圆形或矩圆状卵形，长大于宽；圆锥花序发自去年枝的叶腋；花白色或淡蔷薇色 ………………………………………………… 2. 羽叶丁香 **S. pinnatifolia**

1. 紫丁香（图版69，图1）丁香、华北紫丁香

Syringa oblata Lindl. Gard. Chron. 868. 1859；中国植物志 **61**：73. 图版 20. 图 1~2. 1992；内蒙古植物志（二版）**4**：73. 图版 27. 图 3~4. 1993；宁夏植物志（二版）**下册**：73. 图 51. 2007.

灌木或小乔木。高1~4 m。枝粗壮，光滑无毛，当年枝灰色，二年枝黄褐色或灰褐色，有散生皮孔。单叶对生，宽卵形或肾形，宽常超过长，长3~8 cm，宽3~10 cm，先端渐尖，基部心形或截形，边缘全缘，两面无毛；叶柄长1~2 cm。圆锥花序出自枝条先端的侧芽，长8~20 cm；萼钟状，长1~2 mm，先端有4小齿，无毛；花冠紫红色，高脚碟状，花冠筒长约1 cm，径约1.5 mm，先端4裂，裂片开展，矩圆形，长约0.5 cm；雄蕊2，着生于花冠筒的中部或中上部。蒴果矩圆形，稍扁，长1~1.5 cm，先端尖，2瓣开裂，具宿存花萼。花期4~5月。2n=46。

中生植物。生海拔1 550（东坡）~1 900~2 300 m山地沟谷和半阴坡上。能形成以其为主的中生灌丛。见东坡苏峪口沟、贺兰沟、小口子、黄旗沟；西坡哈拉乌沟、北寺沟、水磨沟、南寺沟等。

分布于我国东北（中、南、部）华北及山东、陕西、宁夏、甘肃、四川，也见于朝鲜。华北种。

花可提制芳香油；嫩叶可代茶用；并供观赏。

1a. 白花丁香（变种）

Syringa oblata Lindl. var. **alba** Hort. ex Rehd. in Bailey Cycl. Amer. Hort. **4**：1763. 1902；中国植物志 **61**：73. 1992. ——*S. oblata* Lindl. var. *affinis*（L. Henry）Lingelsh. in Engl. Pflanzenr. **72**（IV，243）：88. 1920；内蒙古植物志（二版）**4**：73. 1993.

本变种与正种的主要区别为：花白色；叶稍小，下面和幼枝常被短柔毛。

为一栽培变种。秦仁昌 No. 9 .1923 年 5 月曾在贺兰山（He lan shan）西坡水磨沟（Shui Mo Gou）采到过白花变种，我们始终没找到，仅暂记于此。

2. 羽叶丁香（图版 69，图 2）贺兰山丁香

Syringa pinnatifolia Hemsl. in Gard. Chron. ser. 3. **39**：68. 1906；中国植物志 **61**：79. 图版 21. 图 4~5. 1992；宁夏植物志（二版）**下册**：71. 2007. ——*S. pinnatifolia* Hemsl. var. *alashanensis* Ma et S. Q. Zhou，内蒙古植物志 **5**：412. 1980；（二版）**4**：76. 1993.

落叶灌木。高 1.5~3 m。树皮薄纸质片状剥裂，内皮紫褐色，小枝灰褐色，老枝黑褐色。单数羽状复叶，长 3~6 cm，小叶 5~7（9），矩圆形或矩圆状卵形，稀倒卵形或狭卵形，长 0.8~2 cm，宽 0.5~1 cm，先端通常钝圆，具 1 小刺尖，稀渐尖，基部多偏斜，宽楔形或近圆形，一侧下延，全缘，两面光滑无毛；近无柄。花序侧生，出自去年枝的叶腋，长 2~5（7）cm，光滑无毛，花萼钟形，长 1.5~2 mm，先端具不规则浅齿；花冠淡蔷薇色或白色，4 裂，裂片卵圆形，先端稍钝，花冠筒细长，长约 1 cm；雄蕊 2，着生在花冠筒喉部。蒴果披针状矩圆形，先端尖，长 1~1.5 cm。上部具灰白色斑点。花期 5 月，果期 6 月。

喜暖中生植物。生海拔 1 700~2 100 m 山地沟谷和土质阴坡、半阴坡，与其他灌木一起形成中生灌丛。见东坡甘沟、榆树沟；西坡峡子沟等。

贺兰山是其变种模式产地。模式标本系马毓泉（C. Y. Ma）No. 275（holotype HIMC），1963 年 8 月 7 日采自贺兰山峡子沟。但经多数专家研究认为变异仍在种的范围内，故不单设变种。

分布于我国陕西、宁夏、甘肃、青海、四川、西藏（南部）。为我国特有。东亚（中国–喜马拉雅）种。

根入蒙药（蒙药名：山沉香），能清热、镇静，主治心热、头晕、失眠。

五八、马钱科 Loganiaceae

灌木或乔木，稀草本。单叶对生，少互生及轮生，全缘或有齿；托叶极退化。花两性，辐射对称，聚伞花序，圆锥花序及穗状花序；花萼（2）4~5 裂；花冠合瓣，先端 4~5 裂；雄蕊 4~5，与花冠裂片互生；雌蕊含 2~5 合生心皮，子房上位，通常 2 室，胚珠多数，很少 1 粒，花柱单一或 2~4 裂。蒴果，稀浆果或核果。种子含胚乳，有时具翅。

贺兰山有 1 属，1 种。

1. 醉鱼草属 Buddleja L.

灌木，常被星状毛或腺毛；冬芽先端尖，外面常具 2 芽鳞。单叶对生，稀互生，具短柄。花萼钟形，4 裂；花冠筒状、钟状或高脚碟状，先端 4 裂；雄蕊 4；柱头 2 裂。蒴果室

图版 69　**1. 紫丁香** Syringa oblata Lindl. 果枝、花冠展开；**2. 羽叶丁香** S. pinnatifolia Hemsl. 果枝；**3. 秦艽** Gentiana macrophylla Pall. 植株、花冠展开、蒴果、种子；**4. 达乌里龙胆** G. dahurica Fisch. 植株、花冠展开、花萼、蒴果、种子；**5. 假水生龙胆** G. pseudoaquatica Kusnez. 植株、花、雌蕊、种子；**6. 鳞叶龙胆** G. squarrosa Ledeb. 植株、花、雌蕊、种子。（1、5~6 张海燕绘；2~4 马平绘）

间 2 瓣裂，花萼宿存，花冠有时宿存。种子小，多数。

贺兰山有 1 种。

1. 互叶醉鱼草（图版 68，图 5）白箕稍

Buddleja alternifolia Maxim. in Bull. Acad. Sci. St. –Petersb. **26**：494. 1880；内蒙古植物志（二版）**4**：77. 图版 28. 图 1~4. 1993.

灌木，高 1~2 m。自基部多分枝，枝幼时灰绿色，被较密的星状毛，后渐脱落，老枝褐黄色。单叶互生，披针形或条状披针形，长 3~6 cm，宽 4~6 mm，先端渐尖或钝，基部楔形，全缘，上面暗绿色，具稀疏的星状毛，下面灰白色密被柔毛及星状毛；具短柄或近无柄。花多出自去年生枝上，多花密集簇生球状，成圆锥状花序；花萼筒状，稍具 4 棱，外面密被灰白色柔毛，长约 4 mm，先端 4 齿裂；花冠紫堇色，筒部长约 6 mm，径约 1 mm，外面疏被星状毛或近于光滑，先端 4 裂，裂片卵形或宽椭圆形，长约 2 mm；雄蕊 4，着生于花冠筒中部；子房上位，光滑。蒴果矩圆状卵形，长约 4 mm，深褐色。种子多数，有短翅。花期 5~6 月。2n=38。

喜暖中生植物。生海拔 1 300~2 300 m 阳坡坡脚下和沟口沙砾地，在局部地段形成小片群落。见东坡苏峪口沟、插旗沟；西坡锡叶沟（秦仁昌 No. 185）。

分布于我国内蒙古（西南部）山西、河南陕西、宁夏、甘肃、青海。为我国特有。黄土高原种。

花美丽，芳香，栽培作观赏植物。亦可用花提取芳香油。

五九、龙胆科 Gentianaceae

多年生或一年生草本，常有苦味。叶对生或轮生，稀互生，全缘，基部常合生抱茎，无托叶。花两性，辐射对称，常组成聚伞花序或单花；花萼合生，具 4~5 裂片，宿存；花冠合瓣，钟状或筒状，具 4~5 裂片，裂片间有时具褶，花冠管内有时具腺洼或蜜腺，稀基部具距；雄蕊 4~5，着生在花冠上或喉部，与裂片互生；雌蕊 1，由 2 心皮合生，子房上位，1 室。侧膜胎座，具多数胚珠。蒴果室间开裂；种子小，具丰富的胚乳。

贺兰山有 9 属，16 种。

分属检索表

1. 茎缠绕；花四基数，花冠裂片间无褶 ························ 1. 翼萼蔓属 Pterygocalyx
1. 茎直立或斜升。
  2. 花药在开裂后卷旋，花冠管细长；一年生草本 ························ 2. 百金花属 Centaurium
  2. 花药在开裂后不卷旋。
    3. 花冠裂片间有褶；蜜腺轮状着生在子房基部 ························ 3. 龙胆属 Gentiana
    3. 花冠裂片间无褶；蜜腺轮状着生在花冠基部且与雄蕊互生。
      4. 花冠管基部有小腺体，无腺窝或无花距。

5. 花四基数；萼裂片有薄膜质边缘，1 对较宽而短与 1 对较狭而长的裂片相间；种子常有小瘤状凸起 …………………………………………………………………………… 4. 扁蕾属 **Gentianopsis**

5. 花四或五基数；萼裂片无膜质边缘，种子常光滑。

6. 花梗明显地短于它所对的节间；花冠喉部无流苏状毛 ……………… 5. 假龙胆属 **Gentianella**

6. 花梗通常长于它所对的节间；花冠喉部具流苏状副冠或毛 ………… 6. 喉毛花属 **Comastoma**

4. 花冠基部有明显的腺窝

7. 花冠辐状，无花距。

8. 茎二岐分枝；花冠基部具 2 个腺窝，腺窝外鳞片圆形，背部有角状突起；花丝基部具流苏状毛；花同型 ……………………………………………………………… 7. 腺鳞草属 **Anogallidium**

8. 茎基部具多数纤细小枝；花冠基部具 2 个不明显沟状腺窝或无；花丝基部具 1 个小鳞片；花异形，茎上的花比基部的花大 2~3 倍 …………………………………………… 8. 獐牙菜属 **Swertia**

7. 花冠钟状，基部有 4 花距，呈锚状 ……………………………………………… 9. 花锚属 **Halenia**

1. 翼萼蔓属 Pterygocalyx Maxim.

单种属，属特征同种。

1. 翼萼蔓（图版 70，图 1）翼萼蔓龙胆

Pterygocalyx volubilis Maxim. Prim. Fl. Amur. 198. et 274. t. 9. 1858；中国植物志 **62**：311. 1988；内蒙古植物志（二版）**4**：80. 图版 29. 图 5~8. 1993. ——*Craufwrdia pterygocalyx* Hemsl. in Journ. Linn. Soc. Bot. **26**：123. 1890.

一年生草本。茎缠绕，纤细，具纵条棱，无毛，上部分枝。叶质薄，披针形或条状披针形，长 2~5 cm，宽 5~15 mm，先端渐尖或尾尖，基部渐狭，全缘，三出脉；具短叶柄。花顶生或腋生，单生或数朵簇生；花具短梗；花萼钟形，膜质，具 4 条翼翅，向前引伸为 4 裂片，裂片披针形，长 4~6 mm；花冠管状钟形，长 2~2.5 cm，蓝色，具 4 裂片，裂片近椭圆形，长 4~7 mm；雄蕊 4，着生在花冠管的中部，花丝丝状，长约 5 mm；子房椭圆形，压扁，具短柄；花柱短；柱头 2 裂，裂片圆片形，先端鸡冠状。蒴果椭圆形，压扁，长约 15 mm，包藏在宿存花冠内。种子椭圆形，褐色，长约 1 mm，边缘具宽翅，表面具网纹。花果期 8~9 月。

中生植物。生海拔 2 000~2 300 m 阴坡灌丛中。见东坡甘沟、小口子；西坡南寺沟等。

分布于我国东北、华北及陕西、青海、河南、湖北、四川、云南、西藏（南部），也见于俄罗斯（远东、萨哈林）、朝鲜、日本。东亚（中国–日本）种。

2. 百金花属 Centaurium Hill（埃蕾属 Erythraea Renealm. ex Borck.）

一年生草本。茎纤细。聚伞花序；花五（稀四）基数；花萼筒状，具棱，裂片狭披针

形；花冠漏斗状，有细长的筒与展开的裂片，裂片披针形至椭圆形；雄蕊着生于花冠喉部；花丝短；花药矩圆形，开裂后螺旋状卷旋。子房半 2 室，花柱细长，线形，柱头 2 裂，裂片膨大，圆形。蒴果矩圆形。种子极小，多数，近球形，表面具蜂窝状网隙。

贺兰山有 1 种。

1. 百金花（图版 70，图 2） 麦氏埃蕾

Centaurium pulchellum（Swartz）Druce，Fl. Oxf. 342. 1897；中国植物志 **62**：10. 1988. ——*Gentiana pulchella* Swartz in Vet. Acad. Handl. 85. t. 3. f. 8. 9. 1783. ——*Centaurium meyeri*（Bunge）Druce in Rap. Bot. Exch. Cl. Brit. Is. **4**：613. 1917；内蒙古植物志（二版）**4**：80. 图版 29. 图 1~4. 1993. ——*C. pulchellum*（Swartz）Druce var. *altaicum* Kitag. et Hara in Journ. Jap. Bot. **13**：26. 1937；中国植物志 **62**：12. 图版 **2**：图 1~5. 1988；宁夏植物志（二版）**下册**：80. 图 55. 2007.

一年生草本。高 10~25 cm。根纤细，圆柱状，淡褐黄色。茎纤细，直立，分枝，具 4 条纵棱，光滑无毛。叶对生，叶中下部椭圆形，长 8~18 mm，宽 3~6 mm，先端钝，基部宽楔形，全缘，三出脉，两面平滑无毛；上部叶披针形，长 6~13 mm，宽 2~4 mm，先端急尖，具小尖头，1~3 脉；无叶柄。疏散的二歧聚伞花序；花长 10~15 mm，具细短梗，梗长 2~5 mm；花萼筒状，筒长约 4 mm，直径 1~1.5 mm，具 5 裂片，裂片狭条形，长 3~4 mm，先端渐尖；花冠近高脚碟状，筒部长约 8 mm，白色或淡红色，顶端具 5 裂片，裂片矩圆形，长约 4 mm。蒴果狭矩圆形，长 6~8 mm。种子近球形，直径 0.2~0.3 mm，棕褐色，表面具皱纹。花果期 7~8 月。

湿中生植物。生海拔 1 500~2 000 m 山地沟谷溪边湿地、山麓涝坝边。见东坡苏峪口沟、黄旗沟、大水沟；西坡哈拉乌北沟、巴彦浩特。

分布于我国东北、华北、西北及华东和华南（沿海），也见于欧洲、中亚、南亚、俄罗斯（西伯利亚）、蒙古（西南部）。古北极种。

带花的全草蒙医作为一种“地格达（地丁）”入药，能清热、消炎、退黄，主治胆囊炎、头痛、发烧、牙痛、扁桃腺炎。

《中国植物志》62 卷将我国分布的该种划分成两个变种。认为原变种 var. *pulchellum* 仅见于新疆，分布于欧洲、亚洲西部、印度和埃及；阿尔泰变种 var. *altaicum* 分布于我国东北、华北、西北，其差别是后者花具明显花梗，花萼裂片钻形，中脉突起呈脊状，我们认为二者没有明显差别，分布区也重叠，故仍采用一个正种。

3. 龙胆属 Gentiana L.

一年生或多年生草本。茎直立或斜升，四棱形。叶对生，无柄。聚伞花序或单花，顶生或腋生，花无梗或具梗；花两性，4~5 数，花萼筒状至钟状，5 浅裂；花冠筒形、钟形

或漏斗形，常5浅裂，裂片间具褶；雄蕊5，着生在花冠筒上，与裂片互生，花丝基部略增宽并向下延成翅，花药背生；子房一室，基部具蜜腺。花柱短。蒴果2裂，无柄，包藏在宿存花冠内，或具长梗伸出花冠外。种子小，甚多，表面具多数纹饰。

贺兰山有4种。

分种检索表

1. 一年生矮小草本。
   2. 萼裂片卵形，顶端反折 ………………………………………………… 1. 鳞叶龙胆 **G. squarrosa**
   2. 萼裂片披针形，顶端直立 ………………………………………… 2. 假水生龙胆 **G. pseudoaquatica**
1. 多年生草本。
   3. 花萼多全缘或一侧稍开裂，裂片条状；聚伞花序具少数花，疏松，不成头状 ……………………………………………………………………… 3. 达乌里龙胆 **G. dahurica**
   3. 花萼一侧开裂，具萼齿；聚伞花序具多数花，簇生成头状 ………………… 4. 秦艽 **G. macrophylla**

1. 鳞叶龙胆（图版69，图6） 小龙胆、石龙胆

Gentiana squarrosa Ledeb. in Mem. Acad. Petersb. **5**：527. 1812；中国植物志 **62**：197. 图版32. 图1~4. 1988；内蒙古植物志（二版）**4**：84. 图版30. 图1~6. 1993；宁夏植物志（二版）**下册**：81. 2007.

一年生草本。高2~7 cm。茎纤细，近四棱形，从基部开始多分枝，密被乳突。叶边缘软骨质，稍粗糙或被乳突，先端反卷，具芒刺；基生叶较大，卵形或卵圆形，长5~8 mm，宽3~6 mm；茎生叶较小，倒卵形至倒披针形，长2~4 mm，宽1~1.5 mm，对生叶基部合生成筒，抱茎。花单顶生；花萼筒状钟形，长约5 mm，裂片卵形，先端反折，具芒刺，边缘软骨质，粗糙；花冠筒状钟形，长7~9 mm，蓝色，裂片卵形，长约2 mm，宽约1.5 mm，先端锐尖，褶三角形，长约1 mm，顶端有齿或无。蒴果倒卵状矩圆形，长约5 mm，淡黄褐色，2瓣裂，果柄在果期延长，通常伸出宿存花冠外；种子多数，扁椭圆形，长约0.5 mm，宽约0.3 mm，棕褐色，表面具光亮细网纹。花果期6~8月。2n=20，36。

中生植物。生海拔1 900~2 600m山地草甸、林缘、沟谷。见东坡苏峪口沟、黄旗沟、大水沟；西坡哈拉乌北沟、南寺沟、北寺沟。

分布于我国东北、华北、西北、西南（除西藏），也见于中亚、俄罗斯（西伯利亚、远东）、蒙古、朝鲜、日本。东古北极种。

全草入药，能清热利湿、解毒消痈，主治咽喉肿痛、阑尾炎、白带、尿血，外用治疮疡肿毒、淋巴结核。

2. 假水生龙胆（图版69，图5）

Gentiana pseudoaquatica Kusnez. in Acta Hort. Petrop. **13**：63. 1893；中国植物志 **62**：221. 图版35. 图9~10. 1988；内蒙古植物志（二版）**4**：84. 图版30. 图7~11. 1993；宁夏植物志（二版）**下册**：82. 图56. 2007.

一年生草本。高 3~6 cm。茎纤细，四棱形，但基部多分枝，被乳突。叶边缘软骨质，稍粗糙，先端稍反卷，具芒刺，下面中脉软骨质；基生叶较大，卵形或圆形，长 5~12 mm，宽 4~7 mm；茎生叶较小，近卵形，长 3~7 mm，宽 2~5 mm，对生叶基部合生成筒，抱茎；无叶柄。花单生枝顶；花萼具 5 条软骨质凸起，筒状钟形，长 5~7 mm，裂片直立，披针形，长约 2 mm，边缘软骨质，稍粗糙；花冠蓝色筒状钟形，长 7~12 mm，裂片卵圆形，长约 2 mm，先端锐尖，褶近卵形，长约 1.5 mm。蒴果倒卵状椭圆形，长约 5 mm，顶端具翅，淡黄褐色，具长柄，外露。种子多数，褐色椭圆形，表面具细网纹。花果期 6~9 月。

中生植物。生海拔 2 700~3 000 m 亚高山地带的灌丛下和山脊石缝中，仅见主峰及山脊一带。

分布于我国东北、华北、西北及四川、西藏（东部），也见于俄罗斯（西伯利亚）、蒙古（北部），朝鲜、印度、克什米尔。东古北极种。

3. 达乌里龙胆（图版 69，图 4） 小秦艽

Gentiana dahurica Fisch. in Mem. Soc. Nat. Mosc . **3**：63. 1812；中国植物志 **62**：64. 1988；内蒙古植物志（二版）**4**：86. 图版 31. 1993；宁夏植物志（二版）**下册**：84. 2007. ——*G. gracilipes* Turrill in Curtis´s Bot. Mag. **141**：pl. 8630. 1915；Pl. Asi. Centr. **16**：54. 2002.

多年生草本。高 10~25 cm。直根圆柱形，稍斜伸后垂直，深入地下，有时稍分枝，黄褐色。茎数个斜升，基部为纤维状的残叶基所包围。基生叶较大，莲座丛生，条状披针形，长达 5~15 cm，宽达 1~1.5 cm，先端锐尖，全缘，平滑无毛，3~5 出脉，主脉在下面明显凸起；茎生叶较小，2~3 对，条状披针形或条形，长 3~7 cm，宽 4~8 mm，1~3 出脉。聚伞花序顶生或腋生；花萼筒状钟形，筒部膜质，不裂，有时 1 侧纵裂，裂片狭条形，不等长；花冠蓝色筒状钟形，长 3.5~4.5 cm，裂片展开，卵圆形，先端尖，褶三角形，对称，比裂片短一半。蒴果条状倒披针形，长 2.5~3 cm，稍扁，无柄，包藏在宿存花冠内；种子多数，椭圆形，长 l~1.5 mm，淡褐色，有光泽，表面具细网纹。花果期 7~9 月。2n=26。

中旱生植物。生海拔 2 000~2 700 m 山地林缘灌、丛下及草原中，也生于山地沟谷和山地草甸。见东坡苏峪口沟、贺兰沟、黄旗沟、插旗沟、甘沟；西波哈拉乌沟、水磨沟、北寺沟、南寺沟等。

分布于我国东北、华北、西北及四川（北部），也见于俄罗斯（西伯利亚、远东）、蒙古（北部）。达乌里-蒙古种。

根入药（药材名：秦艽），能祛风湿、退虚热、止痛，主治风湿性关节炎、低热、小儿疳积发热。花入蒙药（蒙药名：呼和棒仗），能清肺、止咳、解毒，主治肺热咳嗽、支气管炎、天花、咽喉肿痛。

《亚洲中部植物》（Pl. Asi. Centr. **16**：54. 2002）将贺兰山产的该种定名为 *G. gracilipes* Turrill，认为该种独立存在，与 *G. dahurica* 的主要区别是：根（状茎）垂直下伸，

子房具短柄，非根（状茎）斜伸，子房无柄。我们认为贺兰山植物属后者，且两者区别不大。

4. 秦艽（图版 69，图 3）大叶龙胆、萝卜艽

Gentiana macrophylla Pall. Fl. Ross. **1**（2）：216. 1789；中国植物志 **62**：73. 图版 10. 图 5~7. 1988；内蒙古植物志（二版）**4**：86. 图版 32. 1993；宁夏植物志（二版）**下册**：82. 2007.

多年生草本。高 30~50 cm。根粗壮，稍呈圆锥形，黄棕色。茎单一，斜升或直立，圆柱形，基部被纤维状残叶基所包裹。莲座丛生叶较大，披针形或狭椭圆形，长 10~20 cm，宽 1~3 cm，先端钝尖，全缘，平滑无毛，5~7 脉，主脉在下面明显凸起；茎生叶较小，3~5 对，披针形，长 3~9 cm，宽 1~2 cm，3~5 脉。聚伞花序由多数花簇生枝顶成头状或腋生作轮状；花萼筒状膜质，1 侧裂开，长 3~9 mm，具萼齿 3~5；花冠蓝色或蓝紫色筒状钟形，长 16~27 mm，裂片直立，卵圆形；褶常三角形，比裂片短一半。蒴果长椭圆形，长 15~20 mm，近无柄，包藏在宿存花冠内。种子矩圆形，长 1~1.3 mm，棕色，具光泽，表面具细网纹。花果期 7~10 月。2n=26，42。

中生植物。生海拔 2 300~2 500 m 山地沟谷、林缘草甸。见东坡苏峪口沟；西坡哈拉乌沟。甚少见。

分布于我国东北、华北、西北，也见于俄罗斯（西伯利亚、远东）、蒙古（北部）。东古北极种。

根入药（药材名：秦艽），功能主治同达乌里龙胆。花入蒙药（蒙药名：呼和基力吉），能清热、消炎，主治热性黄水病、炭疽、扁桃腺炎。

《亚洲中部植物》（Pl. Asi. Centr. **16**：57. 2002）将贺兰山的标本定为黄管秦艽 *G. officinalis* H. Smith 显然不妥，该种花冠黄绿色，集中分布在青藏高原的东缘，而贺兰山的植物花为蓝色或蓝紫色。

4. 扁蕾属 Gentianopsis Ma

一年生或二年生草本。茎直立，近四棱形。叶对生，常无柄。花具长梗，单生于枝顶或叶腋；花蕾椭圆形，稍扁，具四棱；花四基数，花萼钟状筒形；裂片 2 对，内对较宽而短，外对较狭而长，边缘膜质，裂片间基部具三角形萼内膜；花冠筒状钟形，基部具 4 腺体且与雄蕊互生，裂片卵圆形、椭圆形或矩圆形；雄蕊着生于花冠管的中部，子房具柄，柱头 2 裂，裂片半圆形。蒴果具柄，2 瓣开裂。种子小，多数，表面具小瘤状凸起。

贺兰山有 2 种（含 1 无正种的变种）。

分种检索表

1. 花萼与冠筒近等长，裂片极不等长，内对裂片披针形；茎生叶狭披针形，先端渐尖 ……………………

……………………………………………………………………………………………… 1. 扁蕾 **G. barbataa**

1. 花萼为花冠的一半，裂片近等长，内对裂片卵形；茎生叶卵状三角形，先端圆形 ……………………

……………………………………………………………………… 2. 卵叶扁蕾 **G. paludosa** var. **ovato -deltoidea**

1. 扁蕾（图版 71，图 1） 剪割龙胆

Gentianopsis barbata（Froel.） Ma in Acta Phytotax. Sin **1**（1）: 8. 1951；中国植物志 **62**：299. 图版 45. 图 6~9. 1988；内蒙古植物志（二版）**4**：91. 图版 35. 图 1~5. 1993；宁夏植物志（二版）**下册**：85. 图 59. 2007. ——*Gentiana barbata* Froel. Gentian. Diss. 114. 1796.

一年生草本。高 20~50 cm。根细长圆锥形，稍分枝。茎直立具 4 纵棱，光滑无毛，上部有分枝，节部膨大。叶对生，条状披针形，长 2~6 cm，宽 4~8 mm，先端渐尖，茎下部 2 对生叶几相连，全缘，下部 1 条主脉明显凸起；基生叶匙形或条状倒披针形，长 1~2 cm，宽 2~5 mm，早枯落。单花生于分枝的顶端，直立，花梗长 5~12 cm；花萼筒状钟形，具 4 棱，萼筒长 12~20 mm，内对萼裂片披针形，先端尾尖，与萼筒近等长，外对萼裂片条状披针形，比内对裂片长；花冠筒状钟形蓝色或淡蓝色，全长 3~5 cm，裂片矩圆形，两旁边缘剪割状，无褶；蜜腺 4，着生于花冠管近基部，近球形而下垂，蒴果狭矩圆形，长 2~3 cm，具柄，2 瓣裂。种子椭圆形，长约 1 mm，褐色，密被小瘤状突起。花果期 7~9 月。

中生植物。生海拔 2 000~2 300 m 山地沟谷、河溪边及灌丛下。见东坡苏峪口沟（兔儿坑）、黄旗沟；西坡哈拉乌北沟。

分布于我国东北、华北、西北、西南，也见于北极、欧洲、中亚、俄罗斯（西伯利亚、远东）、蒙古（北部）、喜马拉雅。古北极种。

全草入蒙药（蒙药名：特木日–地格达），能清热、利胆、退黄、主治肝炎、胆囊炎、头痛、发烧。

2. 卵叶扁蕾（图版 71，图 2）

Gentianopsis paludosa（Hook. f.） Ma var. **ovato–deltoidea**（Burk.） Ma ex T. N. Ho，高原生物学集刊 **1**：42. 1992；中国植物志 **62**：297. 1988. ——*Gentiana detonsa* var. *ovato–deltoidea* Burk. in Journ. Asiat. Soc. Bengal n. ser. **2**：319. 1906. ——*Gentianopsis barbafa* var. *ovato–deltoidea*（Burk.） Ma，内蒙古植物志 **5**：80. 1980. et 二版 **4**：92. 图版 35. 图 6. 1993.

一年生草本。高 20~40 cm。茎单一或少数，直立，基部分枝或不分枝。叶对生，基生叶匙形，长 1~3 cm，宽 3~10 mm，先端钝圆，基部渐狭成柄，全缘，边缘具乳突，茎生叶卵状三角形，长 3~5 cm，宽 1~2 cm，无柄。花单生茎枝顶端；花梗直立，长 8~20 cm；花萼筒状，为花冠的一半，裂片近等长，外对狭三角形，内对卵形；花冠宽筒形，蓝色或下部白色上部蓝紫色，全长 2~4 cm，裂片宽矩圆形，两旁边缘剪割状，无褶；密腺 4，着生

在花管筒基部近球形，下垂；蒴果具长柄，椭圆形，与花冠等长，2 瓣裂。种子矩圆形或近球形，黑褐色。花期 6~8 月，果期 7~9 月。

耐寒中生植物。生海拔 2 800~3 400 m 高山、亚高山灌丛、草甸中及山脊石缝中。仅见主峰下及山脊两侧。

分布于我国华北、西北、（东部）及四川、云南、湖北（西部），也见于喜马拉雅山南坡。东亚（中国–喜马拉雅）种。

正种的特点是茎生叶矩圆形或椭圆状披针形。

5. 假龙胆属 Gentianella Moench

一年生草本。茎单一或有分枝。叶对生。单花或聚伞花序，顶生或腋生；花 4~5 基数；花梗明显地短于它所对的节间；花萼筒短或极短，具 4~5 裂片；花冠筒状或漏斗状，4~5 浅裂或深裂，裂片间无褶；雄蕊着生花冠筒上；花冠筒上着生小腺体，有花柱，柱头小二裂。蒴果顶端开裂。种子多数，近平滑。

贺兰山有 1 种，

1. 黑边假龙胆（图版 71，图 3）

Gentianella azurea（Bunge）Holub in Folia Geobot. Phytotax.（Praha）**2**：116. 1967；中国植物志 **62**：317. 图版 51. 图 10~12. 1988. ——*Gentiana azurea* Bunge in Mem. Soc. Nat. Mosc. **7**：230. 1829.

一年生草本。高 2~15 cm。茎直立，常紫红色，有条棱，从基部分枝，枝开展。基生叶早落；茎生叶无柄，矩圆形或矩圆状披针形，长 3~20 mm，宽 2~7 mm，先端钝，局部稍合生，下面中脉较明显。聚伞花序顶生和腋生，花梗紫红色，不等长；花 5 数，直径约 5 mm；花萼长 4~8 mm，深裂，萼筒短，长仅 1.5 mm，裂片卵圆形或披针形，宽 1~2 mm，先端钝或尖，边缘及背面中脉黑色；花冠蓝色，漏斗状，长 8~15 mm，中裂，裂片矩圆形，长 3~4 mm，花冠筒基部具 10 小腺体；雄蕊着生于冠筒中部，花丝线形，花药蓝色，矩圆形，子房无柄，与花柱界限不明显，柱头小。蒴果先端稍外露。种子褐色，矩圆形，表面具极细网纹。花果期 7~9 月。

耐寒中生植物。生海拔 2 800~3 400 m 高山、亚高山灌丛、草甸中。仅见主峰下。

分布于我国青藏高原及外缘山地（西北东部、云南、四川、西藏、新疆)，也见于俄罗斯（西伯利亚、阿尔泰)、蒙古（北部）不丹、帕米尔。东古北极种。

6. 喉毛花属 Comastoma Toyokuni　喉花草属

一年生或多年生草本。叶对生。花 4~5 数，或聚伞花序，单生枝顶；花梗极长；花萼

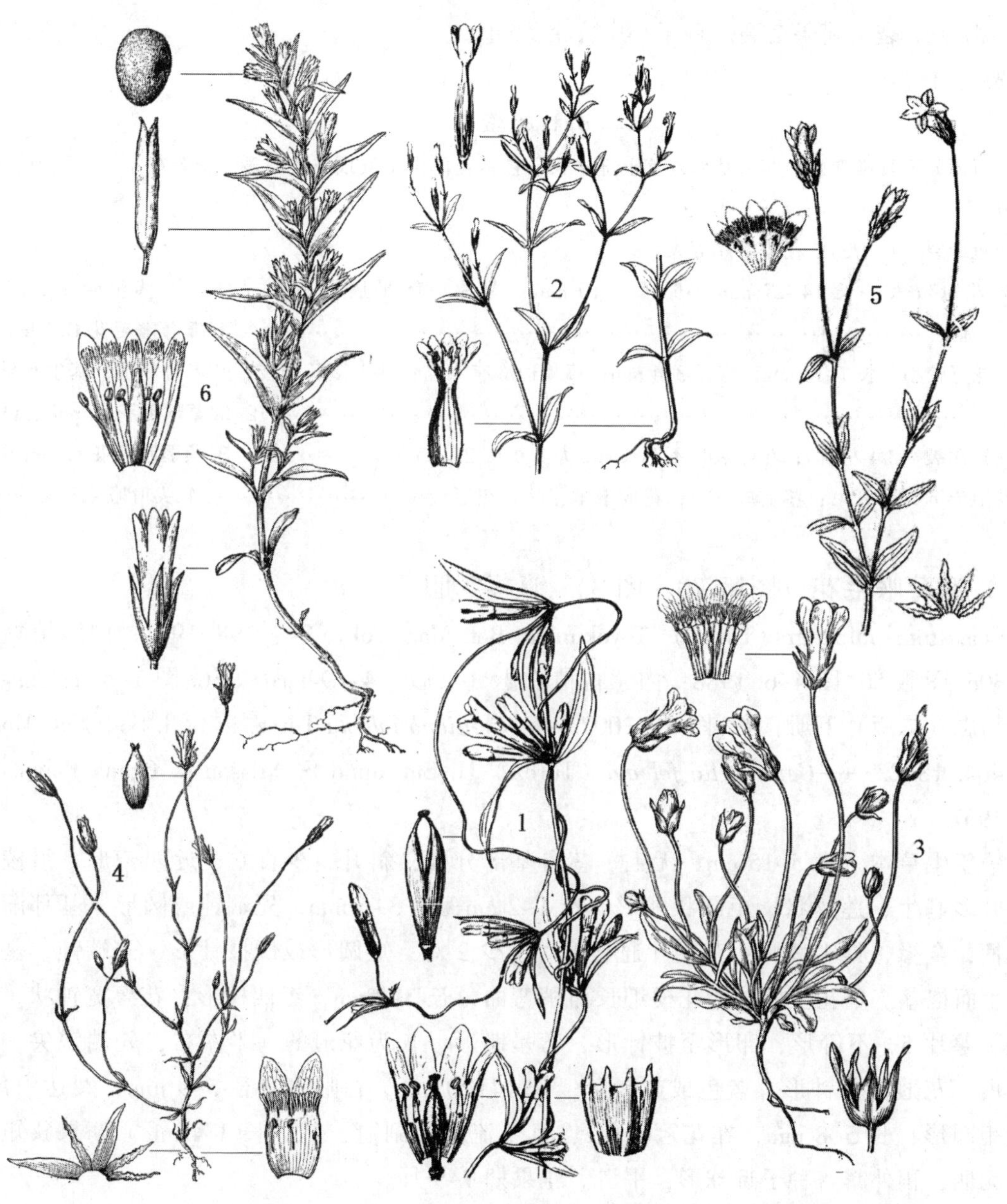

图版 70　**1. 翼萼蔓** Pterygocalyx volubilis Maxim.花枝、花萼、花冠、蒴果；**2. 百金花** Centaurium pulchellum (Swartz) Druce 植株、花冠及展开；**3. 镰萼喉毛花** Comastoma falcatum (Turcz.) Toyokuni 植株、花萼、花冠；**4. 柔弱喉毛花** C. tenellum (Rottb.) Toyokuni. 植株、花萼、花冠；**5. 皱萼喉毛花** C. polycladum (Diels et Gilg) T. H. Ho 植株上部、花萼、花冠；**6. 尖叶喉毛花** C. acuta (Michx.) Y. Z. Zhao et X. Zhang 植株、具萼的花、花冠、蒴果、种子。(1~2、4 马平绘；3、6. 张海燕绘；5 仿中国植物志)

深裂，萼管短；花冠钟形或筒形高脚碟形，4~5 裂，裂片基部（花冠喉部）具白色流苏状副冠，流苏有或无维管束，无褶，花冠近基部具小腺体 8~10；雄蕊着生花管筒上；雌蕊花柱短，柱头 2 裂。蒴果 2 裂。种子小，光滑无翅。

贺兰山有 4 种。

分种检索表

1. 副花冠流苏不具维管束；茎由基部或茎上部多长分枝；花单生于枝顶或不明显的聚伞花序；花冠中裂或深裂。
  2. 花冠中裂（近 1/2）；花萼裂片等大。
    3. 花冠较大，长 14~27 mm，直径约 10 mm；萼片边缘平展；茎基部分枝，茎生叶少，叶多基生 …………………………………………………………………… **1. 镰萼喉毛花 C. falcatum**
    3. 花冠较小，长 7~14 mm，直径 3~4 mm；萼片边缘有皱缩；茎上多长分枝，叶多为基生，基生叶早落 …………………………………………………………………… **2. 皱萼喉毛花 C. polycladum**
  2. 花冠深裂（3/4 左右）；花萼裂片不等长（2 大 2 小或 2 大 3 小）………… **3. 柔弱喉毛花 C. tenellum**
1. 副花冠流苏具维管束；茎上短分枝；花成聚伞花序，花冠浅裂 ……………… **4 .尖叶喉毛花 C. acuta**

1. 镰萼喉毛花（图版 70，图 3） 镰萼龙胆

Comastoma falcatum（Turcz.） Toyokuni in Bot. Mag. Tokyo **74**：198. 1961；中国植物志 **62**：306. 图版 50. 图 4~6. 1988；内蒙古植物志（二版）**4**：94. 图版 36. 图 1~4. 1993；宁夏植物志（二版）**下册**：87. 图 61. 2007. ——*Gentiana falcata* Turcz. in Bull. Soc. Nat. Mosc. **15**：404. 1842. ——*Gentianella falcata*（Turcz.） H. Sm. apud S. Nilsson in Grana Palyn. **7**：144. 1967.

一年生草本。高 5~15 cm，无毛。茎自基部分枝，斜升，少直立，近四棱形，沿棱具翅，叶多基生，莲座状，矩圆状匙形，长 1~2 cm，宽 3~6 mm，先端钝或圆形，基部渐狭成短柄，全缘，具 1~3 脉；茎生叶通常 1 对，少 2 对，矩圆形或倒披针形，先端钝，基部稍合生而抱茎。单花生枝顶，花梗细长而稍弯曲，长 3~8 cm，近四棱形；花萼宽钟状，深绿色，萼片 5，不等形，卵形至披针形，弯呈镰形，长为花冠的一半左右，先端锐尖，边缘平展；花冠筒状钟形，蓝色或蓝紫色，长 14~20 mm，在喉管直径 5~9 mm，裂达中部，裂片矩圆形，长 5~8 mm，在花冠喉部具 10 个流苏状副冠，流苏长 3~4 mm。蒴果狭矩圆形，无柄，稍外露。种子近球形，平滑。花果期 7~9 月。

耐寒中生植物。生海拔 2 600~3 400 m 亚高山、高山地带的林缘、灌丛下或石质山坡。见东坡苏峪口沟、贺兰沟；西坡哈拉乌北沟、黄土梁、高山气象站等。

分布于我国青藏高原及华北和西北（较高山地），也见于中亚（天山）、俄罗斯（西伯利亚、阿尔泰）、蒙古（北部）、印度和尼泊尔（喜马拉雅山南坡）、克什米尔。西伯利亚-青藏高原种。

2. 皱萼喉毛花（图版 70，图 5）

Comastoma polycladum（Diels et Gilg） T. N. Ho，高原生物学集刊 **1**：39. 1982；中国植物志 **62**：309. 图版 50. 图 11~13. 1988；内蒙古植物志（二版）**4**：97. 图版 37. 1993；宁夏植物志（二版）**下册**：98. 2007. ——*Gentiana polyclada* Diels et Gilg in Futterer. Durch. Asien **3**：16. 1906. ——*G. limprichtii* Grüning in Fedde. Rep. Sp. Nov. **12**：308. 1913. ——*Comastoma limprichtii*（Grüning）Toyokuni in Bot. Mag. Tokyo **74**：198. 1961.

一年生草本。高 8~30 cm，无毛。茎自基部分枝，近四棱形，沿棱稍粗糙，分枝多而细长。基生叶花期凋落，椭圆状披针形至椭圆形，长 6~12 mm，宽 2–3 mm，先端钝，基部楔形，边缘外卷与皱缩，具 1 脉；无柄。单花，顶生，花梗细长，长 4~10 cm；萼片 5，披针状，先端渐尖，长 6~10 mm，边缘皱缩与黑紫色；花冠筒状蓝色，长 10~14 mm，5 中裂，裂片矩圆状，先端钝，长 5~7 mm，花冠筒长 5~7 mm，喉部具 1 圈白色流苏副冠，流苏长约 2.5 mm；雄蕊 5，内藏，着生在花冠管中部。蒴果狭椭圆形，长约 1.5 mm。种子矩圆形，黄褐色，表面光滑。花期 8 月。

中生植物。生海拔 2 400~2 600 m 石质山坡及岩石缝中。仅见西坡哈拉乌北沟；南寺牦牛淌。

分布于我国山西（五台山）、宁夏、甘肃、青海。为我国特有。华北高山–唐古特种。

3. 柔弱喉毛花（图版 70，图 4）

Comastoma tenellum（Rottb.）Toyokuni in Bot. Mag. Tokyo **74**：198. 1961；《中国植物志》**62**：309. 1988. ——*Gentiana tenella* Rottb. in Acta Hafn. **10**：436. 1770. ——*Gentianell tenella*（Rottb.） Boern. Fl. Deut. Volk. 542. 1912.

一年生草本。高 5~10 cm。主根纤细。茎从基部多分枝，分枝纤细，斜升。基生叶少，匙状矩圆形，长 5~8 mm，宽 2~3 mm，先端钝圆或全缘，基部楔形，茎生叶无柄、矩圆形或卵状矩圆形，长 4~10 mm，宽 2~4 mm，先端急尖，全缘，基部狭缩。花 5（4）数，单生枝顶；花梗长达 8 cm；花萼深裂，裂片不整齐，2 大 3 小或 2 大 2 小，大者卵形，长 6~7 mm，宽 2.5~3 mm，先端尖或稍钝，全缘，小者狭披针形，短而窄，先端急尖；花冠淡蓝色，筒形，长 7~11 mm，直径 3 mm，浅裂，裂片 5（4），矩圆形，长 2~3 mm，先端稍钝，呈覆瓦状排列，喉部具 1 圈白色副冠，流苏 10（8），长约 1.5 mm，雄蕊 5，着生于冠筒中下部；子房狭卵形，长约 7 mm，先端渐狭，无明显的花柱，柱头 2 裂，裂片长圆形。蒴果狭花冠，先端 2 裂。种子多数，球形，表面光滑，边缘有乳突。花果期 6~8 月。2n=10。

耐寒中生植物。生海拔 2 500~3 500 m 亚高山、高山灌丛、草甸。见主峰附近，西坡哈拉乌沟黄土梁、南寺冰沟、高山气象站等。

分布于我国甘肃、青海、新疆、西藏，也见于欧洲、中亚（天山）、俄罗斯（西伯利亚）、蒙古（西部，北部）、北美、北极（格陵兰）。北极–高山种。

4. 尖叶喉毛花（图版 70，图 6） 尖叶假龙胆、苦龙胆

Comastoma acuta（Michx.） Y. Z. Zhao et X. Zhang in For. Stud. China **9**（2）：149. 2007. ——*Gentiana acuta* Michx. Fl. Bor. Amer. **1**：177. 1803. ——*Gentianella acuta*（Michx.） Hulten in Mem. Soc. Fauna. Fl. Fenn. **25**：76. 1950；中国植物志 **62**：318. 1 988. 内蒙古植物志（二版）**4**：95. 图版 36. 图 5~10. 1993；宁夏植物志（二版）**下册**：88. 2007.

一年生草本。高 20~30 cm，全株无毛。茎直立，单一，四棱形，上部具短分枝。基生叶早落，披针形，长 1~3 cm，宽 3~8 mm，先端尖，全缘，基部近圆形，不连合，3~5 脉；无柄。聚伞花序顶生或腋生；花梗长 2~8 mm；花萼浅钟形，长 1~2 mm，裂片条形或条状披针形，长 4~6 mm，先端渐尖；花冠蓝色，筒状钟形，长 10~12 mm，筒长 6~8 mm，裂片矩圆形，长约 3.5 mm，喉部具 6~7 条流苏，流苏柔毛状，内有维管束，长 1.5~2.5 mm；雄蕊着生于花冠筒中部，花药蓝色，子房条状矩圆形，无柄，无花柱，不明显，柱头 2 裂。蒴果长矩圆形，长约 1 cm，无柄，稍外露。种子多数，褐色，球形，直径约 0.5 mm，表面细网状。花果期 7~9 月。

中生植物。生海拔 1 800（东坡）~2 000~2 600 m 山地沟谷、林缘、灌丛中。见东坡苏峪口沟、小口子；西坡哈拉乌北沟、水磨沟等。

分布于我国东北、华北及陕西、新疆（北部），也见于俄罗斯（东西伯利亚、远东）、蒙古（北部）、北美。东亚–北美种。

鄂温克族猎民用此草治疗心绞痛有明显的效果。

喉毛花属（Comastoma）单独立属的一个明显、重要的性状特征是花冠喉部具流苏状副花冠。而该种原在假龙胆属（Gentianella）中，是唯一一个在花冠喉部具流苏状副花冠的类群，只不过流苏体是具维管束的。赵一之（Y. Z. Zhao）等在 2007 年提出将该种移入喉毛花属，这样使喉毛花属显得完整，也使得假龙胆属特征更加明显突出，即花冠裂片基部、花冠筒喉部光裸，再不用加一句“稀具有维管束的柔毛状流苏”。

7. 腺鳞草属 Anagallidium Griseb.

单种属，属特征同种。

1. 腺鳞草（图版 71，图 5） 歧伞獐牙菜、歧伞当药

Anagallidium dichotomum（L.） Griseb. Gen. Sp. Gent. 312. 1838. ——*Swertia dichotoma* L. Sp. Pl. 227. 1753；中国植物志 **62**：404. 1988；内蒙古植物志（二版）**4**：101. 图版 38. 图 1~5. 1993；宁夏植物志（二版）**下册**：90. 2007.

一年生草本。高 5~15 cm，全株无毛。茎纤弱，斜升，四棱形，沿棱具狭翅，自基部二歧式分枝。基部叶匙形，长 8~15 mm，宽 5~8 mm，先端圆钝，全缘，基部渐狭成叶柄，具（3）5 脉；茎生叶卵形或卵状披针形，长 5~20 mm，宽 4~10 mm，先端急尖，茎部近圆

形或宽楔形，具（1）3 脉，无柄或具短柄。聚伞花序，顶生或腋生；花梗细长，弯垂不等长；花 4 基数，萼裂片宽卵形或卵形，长约 3 mm，宽约 2 mm，先端渐尖，具 1~3 脉；花冠白色或淡绿色，筒部长约 1 mm，裂片卵形，长 5~7 mm，宽 3~4 mm，先端圆钝，花后增大，宿存，裂片中具 2 个腺，腺圆形，黄色，外缘具鳞片，鳞片半圆形，背部中央具角状突起；花丝线状，基部两侧具流苏状长柔毛，花药蓝色；子房具短柄，椭圆状卵形；花柱短，柱头小，2 裂。蒴果卵圆形，长约 5 mm，淡黄褐色，含种子 1 0 余颗。种子宽卵形或近球形，径约 1 mm，淡黄色，平滑。花果期 7~9 月。

中生植物。生海拔 2 000~2 300 m 山地沟谷滩地、灌丛下和阴坡山脚下。见东坡苏峪口沟、黄旗沟、小口子、插旗沟；西坡哈拉乌沟、北寺沟、水磨沟、南寺沟等。

分布于我国东北、华北、西北及四川（北部）、湖北（西部），也见于哈萨克斯坦（巴尔喀什湖、斋桑）、俄罗斯（西伯利亚）、蒙古（北部）、日本。东古北极种。

8. 獐牙菜属 Swertia L.

一年生或多年生草本。茎直立。叶对生，稀互生。聚伞花序或单花，顶生或腋生；花 4~5 基数辐状；花萼深裂近基部，萼筒短，裂片条形、披针形或卵形；花冠深裂近基部，花冠筒短，具 4~5 裂片，裂片基部具 1~2 腺窝，腺窝边缘具流苏状毛、指状鳞片或裸露；雄蕊着生在花冠筒基部；子房 1 室，花柱短，柱头 2，片状。蒴果包在宿存花被内，卵圆形或矩圆形，2 瓣开裂，无柄。种子皱状突起或具翅，表面近平滑。

贺兰山有 1 种。

1. 四数獐牙菜（图版 71，图 4）小獐牙菜、二型腺鳞草

Swertia tetraptera Maxim. in Mem. Biol. Acad. Sci. St. –Petersb. **11**：269. 1881；中国植物志 **62**：405. 图版 66. 图 1~7. 1988. ——*S. dimorpha* Batal. in Acad. Hort. Petrop. **13**：379. 1894. ——*S. pusilla* Diels in Notizbl. Bot. Gart. Berlin **11**：215. 1931. ——*Anagalidium dimorpha*（Botal.）Ma，植物分类学报 **14**（2）：65. 1976.

一年生草本。高 5~20 cm。主根直伸，褐色。茎直立，四棱形，棱上具翅，从基部分枝，分枝多，长短不一，纤细，铺散或斜升，主茎直立，上部分枝近等长。基生叶（花期枯萎）与茎下部叶具长柄，矩圆形或椭圆形，长 1~2.5 cm，宽 0.7~1.5 cm，先端钝，基部渐狭成柄，3 脉，叶柄长 1~3 cm；茎中上部叶无柄，较大，卵状披针形，长 1.5~4 cm，先端急尖，基部近圆形，半抱茎，叶脉 3~5 条，分枝的叶较小。聚伞花序圆锥状，多花，稀单花顶生；花梗细长，长 1~4 cm；花 4 数，异形，主茎上面的花比基部分枝上的花大 2~3 倍；大花的花萼叶状，裂片披针形或卵状披针形，长 5~7 mm，先端急尖，基部稍狭缩，具 3 脉；花冠黄绿色，有时带蓝紫色，开展，异花传粉，裂片卵形，长 8~10 mm，先端钝，齿蚀状，下部具 2 个腺窝，沟状，仅内侧边缘具短流苏；花丝扁平，基部略扩大，花

药黄色；子房披针形，花柱明显，柱头裂片半圆形；蒴果卵状矩圆形，长约 10 mm；种子矩圆形，长约 1.2 mm，表面光滑；小花的花萼裂片宽卵形，长 2~4 mm，先端钝，具小尖头；花冠黄绿色。常闭合，闭花授粉，裂片卵形，长 2~4 mm，先端钝圆，齿蚀状，腺窝常不明显。蒴果卵圆形，长 4~5 mm。种子小，长不足 1 mm。花果期 5~7 月。

耐寒中生植物。海拔 2 400~2 600 m 山地沟谷下和阴湿处。仅见西坡哈拉乌沟、水磨沟。

分布于我国青藏高原及东北部外缘山地，见青海、甘肃、四川西部、西藏。青藏高原种。

异名小獐牙菜 *S. pusilla* Diels 的模式标本（typus）是秦仁昌 No. 70，1923 年 5 月采自贺兰山哈拉乌沟（Ha La Hu Kou）。

9. 花锚属 Halenia Borkh.

一年生草本。茎直立。单叶对生。聚伞花序腋生或顶生；花萼 4 数深裂，几乎达基部，萼筒短；花冠钟状，稀腋生近辐状，裂片直立，裂片基部具蜜腺的距；雄蕊着生在花冠管的上部，花药丁字形着生，卵圆形，子房 1 室，花柱短或缺，柱头 2 裂。蒴果椭圆形，室间开裂；种子多数，近球形，近平滑。

贺兰山有 1 种。

1. 椭圆叶花锚（图版 71，图 6）

Halenia elliptica D. Don in London Edinb. Philos. Mag. Journ. Sci. **8**：77. 1836；中国植物志 **62**：291. 图版 48. 图 3~6. 1988；内蒙古植物志（二版）**4**：106. 图版 42. 图 6~10. 1993.

一年生草本。高 15~30 cm。茎直立，多单一，上部分枝，四棱形，沿棱具狭翅，节间比叶长数倍。基生叶花时早枯落，茎生叶椭圆形或卵形，长 1~3 cm，宽 5~12 mm，先端钝或锐尖，全缘，基部圆形或宽楔形，具 5 脉，无柄。聚伞花序顶生或腋生；花梗纤细，长短不一，长 0.5~1 cm，果期延长达 3 cm；花 4 数，萼裂片椭圆形或卵形，长 2~4 mm，先端锐尖，具 3 脉；花冠蓝色或蓝紫色，长 4~5 mm，钟状，裂达 2/3 处，裂片椭圆形，先端尖，基部具平展的长距，较花冠长。蒴果卵形，长 8~10 mm，淡棕褐色。种子矩圆形，长 1.5~2 mm，棕褐色。花果期 7~9 月。

中生植物。生海拔 1 600~2 100 m 山地沟谷河滩地及灌丛下。仅见东坡苏峪口沟、甘沟。

分布于我国华北、西北、西南及辽宁、湖北、湖南，也见于喜马拉雅山南坡（尼泊尔、锡金、不丹、印度）、天山北坡。东亚（中国–喜马拉雅）种。

全草入药，能清热利湿，平肝利胆，主治急性黄胆性肝炎、胆囊炎、胃炎、头晕头痛、牙痛。

图版 71　**1. 扁蕾** Gentianopsis barbata (Froel.) Ma 植株、花萼、花冠、雌蕊、种子；**2. 卵叶扁蕾** G.paludosa (Hook. f.) Ma var. ovato-deltoidea (Burk.) Ma ex T. N. Ho 叶；**3. 黑边假龙胆** Gentianella azurea (Bunge) Holub 植株、花萼、花冠；**4. 四数獐牙菜** Swertia tetraptera Maxim. 植株、花冠、腺窝、裂片；**5. 腺鳞草** Anagallidium dichotomum (L.) Griseb. 植株、花冠、雌蕊、蒴果、种子；**6. 椭圆叶花锚** Halenia elliptica D. Don 花枝、花、蒴果、种子。（1~2、5~6 马平绘；3~4 仿中国植物志）

六 O、夹竹桃科 Apocynaceae

草本、灌木或乔木，具乳汁或水液。单叶，对生或轮生，稀互生，全缘；无托叶。花两性，辐射对称，单花或成聚伞花序，顶生或腋生；花萼（4）5 裂；花冠合瓣，5 裂，花冠喉部常有副花冠或鳞片；雄蕊 5，着生于花冠上，雌蕊常由 2 离生或合生心皮组成，子房上位，稀半下位，花柱 1 或基部裂开，柱头头状、环状或棍棒状，先端常 2 裂，胚珠 1 至多个；花盘环状、杯状或舌状。果为蓇葖果，少为浆果、核果及蒴果。种子通常一端被毛。

贺兰山有 1 属，1 种。

1. 罗布麻属 Apocynum L.

直立草本或半灌木，枝、叶常对生。聚伞花序顶生或腋生；花小，萼 5 裂；花冠钟状，5 裂，副花冠鳞片状；雄蕊 5，着生于花冠管基部，花丝极短，内藏，花药箭头状，基部具耳；雌蕊 1，柱头基部盘状二裂；子房半下位，心皮 2，分离。蓇葖果 2，细弱。种子多数，顶端具簇生白色种毛。

贺兰山有 1 种。

1. 罗布麻（图版 72，图 1）

Apocynum venetum L. Sp. Pl. 213. 1753；中国植物志 **63**：157. 图版 52. 1977；内蒙古植物志（二版）**4**：112. 图版 45. 图 1~6.

直立半灌木或草本。高 1~3 m，具乳汁。枝条圆筒形，对生或互生，光滑无毛，紫红色或淡红色。单叶对生，分枝处常为互生，椭圆状披针形至矩圆状卵形，长 1~5 cm，宽 0.5~1.5 cm，先端钝，中脉延长成短尖头，基部圆形，边缘具细齿，两面无毛；叶柄长 3~6 mm，具腺体，老时脱落。聚伞花序多生于枝顶，花梗长约 4 mm，被短柔毛；花萼 5 深裂，裂片边缘膜质，被柔毛；花冠紫红色或粉红色，钟形，花冠筒长 6~8 mm，径 2~4 mm，裂片较筒稍短，裂片具 3 条紫红色的脉纹，花冠里面基部具副花冠及环状肉质花盘；雄蕊 5，着生于花冠筒基部，与副花冠裂片互生，花药箭头形，藏于喉内；雌蕊长 2~2.5 mm，花柱短，柱头 2 裂。蓇葖果 2，平行或叉生，柱状圆筒形，长 8~15 cm，径 2~4 mm。种子多数，卵状矩圆形，顶端有一簇长 1.5~2.5 cm 的白色绢毛。花期 6~7 月，果期 8 月。

耐盐旱生植物。生北部荒漠化较强的山谷盐碱地。仅见石炭井附近。

分布于我国东北（西南部）、华北（西北部）、西北、华东（北部）及河南，也见于欧洲（南部），前亚、中亚、俄罗斯（西伯利亚、远东）。古地中海种。

茎皮纤维柔韧，细长，富有光泽，并耐腐耐磨，为纺织及高级用纸的原料；叶入药（药材名：罗布麻叶），能清热利水、平肝安神，主治高血压、头晕、心悸、失眠；嫩叶蒸炒后可代茶用；本种还是良好的蜜源植物。

六一、萝藦科 Asclepiadaceae

草本、藤本或灌木，有乳汁。叶对生，或轮生，全缘，无托叶。聚伞花序通常呈伞状，有时呈伞房状或总状；花两性，辐射对称，5 基数；花冠合瓣，辐状、坛状，通常有副花冠 5 片，离生或合生，着生于花冠或雄蕊基部；雄蕊 5，与雌蕊粘生成中心柱，称合蕊柱；花药连生成环而贴生于柱头；花丝合生成筒包围雌蕊，称合蕊冠，稀花丝离生；花粉粒粘合成花粉块或四合花粉，雌蕊 1，子房上位，由 2 离生心皮组成，花柱 2；合生胚珠多数。蓇葖果 2 个，有时只 1 个发育。种子顶端具种缨；胚直立，子叶扁平。

贺兰山有 1 属，5 种。

1. 鹅绒藤属 Cynanchum L.

灌木或多年生草本。茎直立或缠绕。叶对生，稀轮生。聚伞花序多数呈伞状；花萼 5 深裂，基部里面通常有小腺体；花冠辐状，5 深裂；副花冠膜质或肉质，5 裂或杯状或筒状，其顶端具各式浅裂或锯齿，在裂片里面有时具小舌状片；花粉块每药室 1 个，下垂，柱头基部膨大，五角形，顶端全缘或 2 裂。蓇葖果 2 个或其中 1 个不发育，呈单个，矩圆形或披针形。种子顶端具种缨。

贺兰山有 5 种。

分种检索表

1. 根须状；叶近革质，无毛，狭椭圆形；花冠黑紫色或红紫色 …………………… 1. 牛心朴子 C. komarovii
1. 根非须状；叶纸质，被毛，戟形，心形或条形；花冠白色，淡绿色，粉红色，内部淡紫色。
  2. 花红色，内部淡紫色 ………………………………………………………… 2. 戟叶鹅绒藤 C. sibircum
  2. 花白色或绿白色。
    3. 叶条形；副花冠单轮 …………………………………………………………… 3. 地梢瓜 C. thesioides
    3. 叶心形或戟形；副花冠双轮。
      4. 叶三角状心形；副花冠上端裂成 10 条丝状体；无块根，主根圆柱形 …… 4. 鹅绒藤 C. chinense
      4. 叶戟形；副花冠 5 深裂，裂片披针形，里面中间有舌状片；植株具块根 …… 5. 白首乌 C. bungei

1. 牛心朴子（图版 72，图 4） 老瓜头

Cynanchum komarovii Al. Iljiniski in Acta Hort. Petrop. **34**：54. 1920；中国植物志 **63**：353. 图版 126. 1977. 内蒙古植物志（二版）**4**：122. 图版 49. 图 1~11. 1993；宁夏植物志（二版）**下册**：99. 2007. ——*Vincetoxicum mongolicum* Maxim. in Bull. Acad Sci. St. –Petersb. **23**：356. 1877.

多年生草本。高 30~50 cm。根须状，黄色。茎自基部丛生，直立，不分枝或上部稍分枝，圆柱形，具纵细棱，基部常带红紫色。叶带革质，无毛，对生，狭尖椭圆形，长 3~5（7） cm，宽 4~14 mm，先端锐尖或渐尖，全缘，基部楔形，主脉在下面明显隆起；具短柄。伞状聚伞花序腋生，着花 10 余朵；总花梗长 4~8 mm；花萼 5 深裂，裂片近卵形，先端锐尖，无毛；花冠黑紫色或红紫色，辐状，5 深裂，裂片卵形，长 2~3 mm；副花冠黑紫色，肉质，5 深裂，裂片椭圆形，背部龙骨状突起，与合蕊柱等长；花粉块每药室 1 个，椭圆形，蓇葖单生，纺锤状，长 5~7 cm，直径约 1 cm，先端长渐尖。种子椭圆形或矩圆形，长 7~9 mm，扁平，棕褐色；种缨白色，绢状，长 1.5~2 cm。花期 6~7 月，果期 8~9 月。2n=14。

旱生植物。生山麓冲沟及覆沙地段，也偶见北部荒漠化较强的干河床两侧。见东坡石炭井；西坡巴彦浩特以南山麓。

贺兰山西坡山麓是该种合模式产地。

分布于山西、内蒙古（西部）、宁夏、陕西、甘肃、青海。为我国特有。黄土高原种。

可作绿肥和杀虫剂。

2. 戟叶鹅绒藤（图版 72，图 2） 羊角条子

Cynanchum sibiricum Willd. in Ges. Naturf. Fr. Neue. Schr. 124. 1799. —— *C. cathayense* Tsiang et Zhang in Acta Phytotax. Sin. **12**：110. t. 24. 1974；中国植物志 **63**：379. 图版 137. 1977；内蒙古植物志（二版）**4**：126. 图版 51. 1993；宁夏植物志（二版）**下册**：98. 图 66. 2007.（Syn. nov.）——*C. acutum* L. subsp. *sibiricum*（Willd.） K. H. Rech. in Fl. Iranica **73**：9. 1970.

草质藤本。根木质，灰黄色，根粗壮，圆柱形。茎缠绕，下部多分枝，被短柔毛，节部较密，具纵细棱。叶对生，纸质，矩圆状戟形或心状戟形，长 2~6 cm，宽 1~4 cm，先端渐尖或锐尖，基部心状戟形，两耳近圆形，平行或叉开，上面灰绿色，下面浅灰绿色，基生 5~7 脉在下面隆起，两面被短柔毛；叶柄长 1~4 cm，被短柔毛。聚伞花序伞房状，腋生，着花数朵至 10 余朵；总花梗长 3~5 cm，花梗纤细，长短不一；苞片条状披针形，长 1~2 mm，总花梗、花梗、苞片、花萼均被短柔毛；萼裂片卵状披针形，长约 1.5 mm，先端渐尖；花冠淡红色，内部淡紫色，裂片矩圆形或狭卵形，长约 4 mm，宽约 2 mm，先端钝；副花冠杯状，具纵皱褶，顶部 5 浅裂，每裂片 3 裂，中央小裂片锐尖或尾尖，比合蕊柱长。蓇葖果常单生，披针形或条形，长 6.5~10 cm，直径约 1 cm，表面被柔毛。种子矩圆状，长约 5~7 mm，宽约 2 mm，种缨白色绢状，长约 2 cm。花期 6~7 月，果期 8~10 月。

盐生中生植物，生于山麓盐碱化的芨芨草滩内，零星分布。采集于西坡巴彦浩特南 10 km 的一个芨芨草碱滩内。

分布于我国西北及内蒙古（西部），也见于中亚（东部）、俄罗斯（西西伯利亚、南部）蒙古（西南部）。亚洲中部（荒漠）种。

该种是亚洲中部荒漠广布种，在我国荒漠区分布很广，从内蒙古西部阿拉善经河西走廊、柴达木一直分布到新疆塔里木、准噶尔，并延伸到中亚荒漠东部的土库曼。我国境内的该种一直被定为羊角条子（*C. cathayense* Tsiang et Zhang），蒋英先生发表新种时并没与戟叶鹅绒藤作比较，而是与他的另一新种帕米尔鹅绒藤（*C. pamirense* Tsiang et Zhang）作比较，认为相近（植物分类学报 **12**：110. 1974），而后者现知是个裸名（nom. nud.），后来1977年的《中国植物志》63卷也没提到该种。而我国的戟叶鹅绒藤（*C. sibiricum* Willd.）几乎没有分布。在 *C. sibiricum* 的名下，只有一张采自内蒙古阿拉善（N. Przewalski s. n. 1872~1973年采）的标本照片和另一个李安仁与朱家冉5543号，1958年5月4日采自新疆吐鲁番的标本。之所以如此，是蒋先生在分组时就把两个种分在两个不同组内。前者分在青羊参组内（Sect. Cyathella），后者分在鹅绒藤组内（Sect. Cynanchum），两组主要区别是：青羊参组副花冠单轮；鹅绒藤组副花冠双轮。其实羊角条子（*C. cathayense*）的特征正是戟叶鹅绒藤（*S. sibiricum*）的特征。同时，蒋先生发表新种时也特别强调"本种副花冠的各部分与 Maximovicz 的图 12（Bull. Acad. Sci. St.-Petersb. **23**：374. 1877）完全相同"。而在 *C. sibiricum* 的异名中包括了 Maximovicz 定的 *C. acutum* L. *B. longifolium* Ledeb.（即上面提到的附图的种，in Bull. Acad. Sci. St. -Peterb. **23**：372. 1877）。既然将 Maximovicz 定的种已作异名，和 Maximovicz 完全相同种：*C. cathayense*，只能是 *C. sibiricum* 的异名。

3. 地梢瓜（图版 72，图 5）地瓜瓢、沙奶奶

Cynanchum thesioides（Freyn） K. Schum. in Engl. et Prantl，Nat. Pflanzenfam. **4**（2）：252. 1895；中国植物志 **63**：367. 图版. 133. 1977；内蒙古植物志（二版）**4**：126. 图版 52. 图 1~11. 1993；宁夏植物志（二版）**下册**：99. 图 68. 2007. —— *Vincetaxicum thesioides* Freyn in Oest. Bot. Zeitschr. **40**：124. 1890. —— *Cynanchum thesioides*（Freyn） K. Schum. var. *australe*（Maxim.） Fsiang et P. T. Li in Acta Phytotax. Sin. **12**：101. 1974.

多年生草本。高 10~25 cm。根具横行绳状的支根。茎自基部多分枝，圆柱形，密被短硬毛。叶对生，条形，长 2~4 cm，宽 2~3 mm，先端尖，全缘，基部楔形，中脉明显隆起，两面被短硬毛，边缘常反卷；近无柄。伞形聚伞花序腋生，着花 3~7 朵，总花梗长 2~3（5） mm，花梗长短不一；花萼 5 深裂，裂片披针形，外面被短硬毛，花冠白绿色，辐状，5 深裂，裂片矩圆状披针形，长 3~3.5 mm，外面有时被短硬毛；副花冠杯状，5 深裂，裂片长三角形，长约 1.2 mm，与合蕊柱近等长；花粉块矩圆形，下垂。蓇葖果单生，纺锤形，长 4~6 cm，直径 1.5~2 cm，先端渐尖，表面具纵细纹；种子矩圆形，扁平，长 6~8 mm，宽 4~5 mm，棕色，顶端种缨白色，绢状，长 1.5~2 cm。花期 6~7 月，果期 7~8 月。

旱生植物。生山麓和浅山区坡地地表覆沙地段和冲沟内。仅见东坡。

分布于我国东北、华北、西北及江苏，也见于俄罗斯（西伯利亚）、蒙古（北部、东部）朝鲜。亚洲温带种。

带果实的全草入药，能益气、通乳、清热降火、消炎止痛、生津止渴，主治乳汁不通、

气血两虚、咽喉疼痛；外用治瘊子。种子作蒙药用（蒙药名：脱莫根一呼呼一都格木宁），主治功用同连翘。全株含橡胶 1.5%，树脂 3.6%，可作工业原料；幼果可食。

4. 鹅绒藤（图版 72，图 3）

Cynanchum chinense R. Br. in Men. Wern. Soc. **1**：44. 1810；中国植物志 **63**：314. 图版 109. 图 1~9. 1977；内蒙古植物志（二版）**4**：128. 图版 53. 图 1~9. 1993；宁夏植物志（二版）**下册**：97. 2007.

多年生草本。根圆柱形，直径 5~8 mm，灰黄色。茎缠绕，多分枝，稍具纵棱，被短柔毛。叶对生，纸质，宽三角状心形，长 3~7 cm，宽 3~6 cm，先端锐尖，基部心形，全缘，上面绿色，下面灰绿色，两面被短柔毛；叶柄长 2~4 cm，被短柔毛。聚伞花序腋生，多花，总花梗长 3~5 cm；花萼 5 深裂，裂片披针形，长约 1.5 mm，先端锐尖，外面被短柔毛；花冠辐状，白色，裂片披针形，长 4~5 mm，宽约 1.5 mm，先端钝；副花冠杯状，膜质，外轮 5 浅裂，裂片三角形，裂片间具 1 条弯曲的丝状体，内轮具 5 短丝状体，花粉块，椭圆形，下垂；柱头近五角形，稍突起，顶端 2 裂。蓇葖果 1 个发育，少双生，圆柱形，长 8~12 cm，直径 5–7 mm，顶端长，渐尖，平滑无毛。种子矩圆形，压扁，长约 5 mm，黄棕色，种缨长约 3 cm，白色绢状。花期 6~7 月，果期 8~9 月。

中生植物。生山麓居民点附近，山地沟谷、沙砾地及灌丛中。见东坡苏峪口沟、黄旗沟、大水沟、贺兰沟、拜寺沟、小口子；西坡巴彦浩特。

分布于我国华北、西北（东部）及辽宁、河南、江苏、浙江。为我国特有。华北种。

根及茎的乳汁入药，根能祛风解毒、健胃止痛，主治小儿食积；茎乳汁外敷，治性疣赘。

5. 白首乌（图版 72，图 6）

Cynanchum bungei Decne. in DC. Prodr. **8**：549. 1844；中国植物志 **63**：322. 图版 114. 图 8~13. 1977；内蒙古植物志（二版）**4**：128. 图版 53. 图 10~14. 1993；宁夏植物志（二版）**下册**：97. 2007.

多年生草本。块根肉质肥厚，圆柱形，直径 10~15 mm，褐色。茎缠绕，纤细而韧，无毛。叶对生，纸质，戟形，长 3~8 cm，宽 2~6 cm，先端渐尖，基部心形，全缘，两侧裂片近圆形，上面绿色，下面淡绿色，被短硬毛；叶柄长 1~3 cm，顶端具腺体。伞状聚伞花序，腋生，多花；总花梗长 2~3.5 cm，具极小的苞片；花梗丝状，长 1.5~2 cm；花萼裂片披针形，长约 2 mm，先端尖；花冠白色或淡绿色，裂片披针形，长约 5 mm，宽约 2.5 mm，向下反折；副花冠淡黄色，肉质，5 深裂，裂片披针形，长约 3 mm，内面中间有舌片；花粉块椭圆形，下垂。蓇葖果单生或双生，狭披针形，顶部长渐尖，长 8~10 cm，直径约 1 cm，淡褐色，表面纵细纹。种子倒卵形，扁平，长约 9 mm，暗褐色，顶端种缨白色，绢状，长 2~4 mm。花期 6~7 月，果期 8~9 月。

中生植物。生山麓冲沟、居民点附近，也生宽阔山谷河滩地和灌丛中。见东坡苏峪口

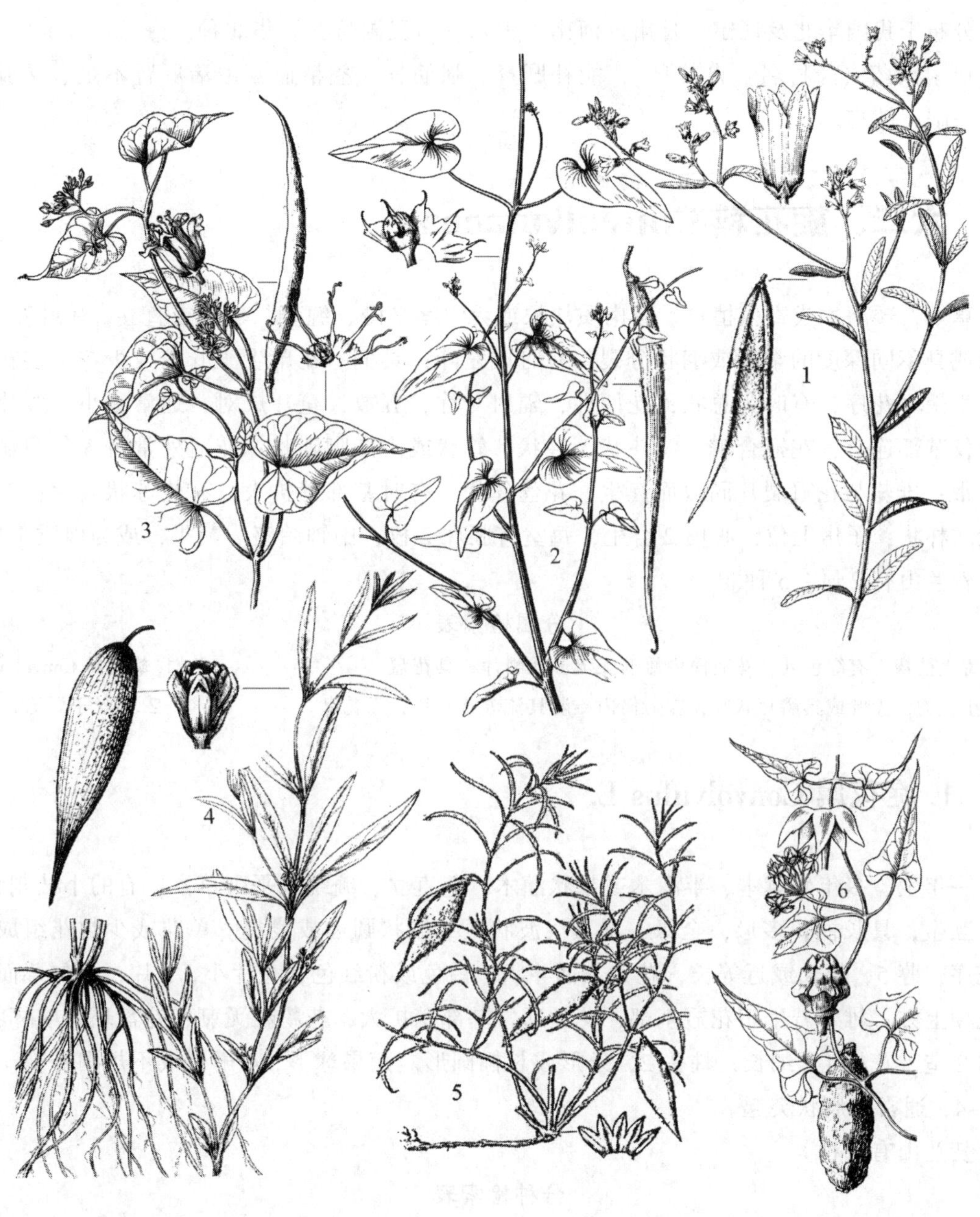

图版 72 **1. 罗布麻** Apocynum venetum L. 花枝、花、蓇葖果；**2. 戟叶鹅绒藤** Cynanchum sibiricum Willd. 花枝、副花冠展开、蓇葖果；**3. 鹅绒藤** C. chinense R. Br. 花枝、副花冠与合蕊柱、蓇葖果；**4. 牛心朴子** C. komarovii Al. Iljiniski 花枝、根、副花冠与合蕊柱、蓇葖果；**5. 地梢瓜** C. thesioides（Freyn） K. Schum. 植株、副花冠展开；**6. 白首乌** C. bungei Decne. 花枝、块根。（1、5 马平绘；2、4 田虹绘；3、6 张海燕）

沟、甘沟、大水沟、插旗沟；西坡峡子沟。

分布于我国华北及辽宁、甘肃、河南、山东。为我国特有。华北种。

块根入药（药材名：自首乌），能补肝肾、强筋骨、益精血，主治肝肾不足、腰膝酸软、失眠、健忘。

六二、旋花科 Convolvulaceae

草本，矮灌木或寄生植物。具肉质块根或无。茎平卧、缠绕、攀援或直立。单叶互生，全缘或具不同深度的掌状或羽状分裂，有时成复叶；具柄。花单生于叶腋或少花至多花组成腋生聚伞花序，有时为总状；花两性，辐射对称，五数；苞片成对，通常很小，萼片分离或仅基部连合；花冠合瓣，漏斗状、钟状、管状或为高脚碟状；花冠外常有5条明显的瓣中带；雄蕊与花冠裂片同数而互生，花丝丝状，有时基部稍扩大，有流苏状鳞片；花盘环状或杯状；子房上位，心皮2合生，每室有胚珠2枚，中轴胎座。蒴果，或为肉质浆果。

贺兰山有2属，5种。

分属检索表

1. 非寄生植物，有绿色叶；花冠筒内雄蕊无流苏状鳞片，具花盘 ························ **1. 旋花属 Convolvulus**
1. 寄生植物，无叶或具鳞片状叶；花冠筒内雄蕊具流苏状鳞片，无花盘 ················ **2. 菟丝子属 Cuscuta**

1. 旋花属 Convolvulus L.

一年生、多年生草本、半灌木或垫状灌木，茎直立、缠绕或平卧草本，有的小枝刺状。单叶互生，具长柄，多形，全缘，稀具浅波状至皱波状圆齿或浅裂。单花或少数花组成聚伞花序，萼5，等长或近等长，花大，漏斗状，白色或粉红色；苞片小，2片，不包萼而位于花梗上方；雄蕊着生于花冠基部，花丝通常基部稍扩大；花粉粒无刺；花盘环状或杯状；子房2室，花柱1，细长，柱头2，条形或长椭圆形。蒴果球形，4瓣裂或不规则开裂。种子1~4，通常具瘤状突起。

贺兰山有3种。

分种检索表

1. 植株为坚硬多分枝的垫状灌木，小枝末端具刺；萼片被密毛，花2~5朵密集生于枝端，外萼片与内萼片片近于等大 ························ **1. 刺旋花 C. tragacanthoides**
1. 草本植物，茎缠绕、平卧或直立，小枝末端无刺。
   2. 缠绕草本，茎、叶无毛或被疏柔毛；叶卵状矩圆形至椭圆形，叶基心形或箭形，具柄；花冠长15~20 mm ························ **2. 田旋花 C. arvensis**
   2. 直立矮小草本，茎、叶、萼片均密被贴生银色绢毛；叶条形或狭披针形，基部狭，无柄；花冠长9~15 mm ························ **3. 银灰旋花 C. ammannii**

1. 刺旋花（图版 73，图 1）

Convolvulus tragacanthoides Turcz. in Bull. Soc. Nat. Moscou **5**：201. 1832；中国植物志 **64**（1）：55. 1979；内蒙古植物志（二版）**4**：137. 图版 56. 图 3. 1993；宁夏植物志（二版）**下册**：107.图 73. 2007.

矮灌木。高 5~15 cm，全株被有银灰色绢毛。茎密集分枝，铺散呈垫状，小枝坚硬，具刺；节间短。叶互生，狭倒披针状条形，长 0.5~2.5 cm；宽 0.5~1.5 mm，先端圆形，基部渐狭；无柄。花 2~3 朵集生于枝端或单生，花梗短；萼片卵圆形，外萼片稍区别于内萼片，长 5~7 mm，顶端具小尖凸，外被棕黄色毛；花冠漏斗状，长 1.2~2.2 cm，粉红色，瓣中带密生毛，顶端 5 浅裂；雄蕊 5，不等长，长为花冠的二分之一，基部扩大，无毛；子房有毛，2 室，柱头 2 裂，裂片狭长。蒴果近球形，有毛。种子卵圆形，无毛。花期 5~7 月，果期 7~9 月。

旱生植物。生浅山区石质阳坡，常形成小片优势群落，也见洪积扇多石或岩石出露地方。见东坡汝箕沟以南；西坡古拉本以南地段。

该种易与灌木旋花 *C. fruticosus* Pall. 混淆，但后者花单生，多生长在短枝上，植株较高，20~50 cm，植丛不呈垫状。

分布于我国华北（北部）、西北（东北）、内蒙古（西南部）、四川（西北部），也见于蒙古（南部的阿拉善戈壁）。华北种。

2. 田旋花（图版 73，图 3） 箭叶旋花、中国旋花

Convolvulus arvensis L. Sp. Pl. 153. 1753；中国植物志 **64**（1）：58. 1979；内蒙古植物志（二版）**4**：136. 图版 56. 图 1. 1993；宁夏植物志（二版）**下册**：108. 图 74. 2007. —— *C. chinensis* Ker-Gawl. in Bot. Reg. t. 322. 1878.

蔓生多年生草本。具横走根状茎。茎缠绕，有时相互缠结成密丝状，有条纹或棱角，无毛或上部疏被柔毛。叶卵状矩圆形至披针形，长 2~5 cm，宽 0.3~2.5 cm，先端钝圆，具小尖头，基部戟形，心形或箭形；叶柄长 1~2 cm。花序腋生，有 1~3 花；花梗细弱；苞片 2，条形，长约 3 mm；萼片有毛，稍不等，外萼片稍短，具短缘毛，内萼片稍长，具小短尖头，边缘膜质；花冠宽漏斗状，直径 18~30 mm，白色或粉红色，或白色具红色、白色的瓣中带，5 浅裂；雄蕊花丝基部扩大，具小鳞毛；子房有毛。蒴果卵状球形或圆锥形，无毛。花期 5~8 月，果期 6~9 月。2n=48，50。

中生植物。生山麓冲沟和农田、居民点附近，也进入山谷河滩地。东、西坡均有分布，多为农田杂草。

全国广为分布，也见于世界各地。世界种。

全草、花和根入药，能活血调经、止痒、祛风；全草主治神经性皮炎；花主治牙痛；根主治风湿性关节痛。各种牲畜均喜食，鲜时绵羊、骆驼采食差，农户除草时将其收集喂兔，干时各种家畜采食。

3. 银灰旋花（图版 73，图 2）阿氏旋花

Convolvulus ammannii Desr. in Lam. Encycl. **3**：549. 1789；中国植物志 **64**（1）：56. 1979；内蒙古植物志（二版）**4**：136. 图版 56. 图 2. 1993；宁夏植物志（二版）**下册**：109. 图 75. 2007.

多年生矮小草本植物。全株密生银灰色绢毛。茎少数或多数，平卧或上升，高 2~11.5 cm。叶互生，条形或狭披针形，长 6~22（60） mm，宽 1~2.5（6） mm，先端锐尖，基部狭；无柄。花小，单生枝端，具细花梗；萼片 5，长 3~6 mm，不等大，外萼片矩圆形或矩圆状椭圆形，内萼片较宽，卵圆形，顶端具尾尖，密被贴生银色毛；花冠小，直径 8~20 mm，白色、淡玫瑰色或白色带紫红色条纹，外被毛；雄蕊 5，基部稍扩大；子房无毛或上半部被毛，2 室，柱头 2，条形。蒴果球形，2 裂。种子卵圆形，淡褐红色，光滑。花期 7~9 月，果期 9~10 月。

旱生植物。生山麓荒漠草原和草原化荒漠中，也进入浅山区干燥山坡，在退化的荒漠草原中数量更多。东、西坡均有分布，为习见植物。

分布于东北、华北、西北，也见于中亚（东部、哈萨克斯坦）、俄罗斯（西伯利亚南部）、蒙古、朝鲜。哈萨克斯坦–蒙古种。

全草入药，能解表、止咳，主治感冒、咳嗽。中等牧草，小牲畜在新鲜状态时喜食，干枯时乐食。

2. 菟丝子属 Cuscuta L.

一年生寄生草本。茎丝状，缠绕，黄色、棕色或橘红色，光滑无毛。叶退化成小鳞片。花小，黄色、淡红色或白色，聚成无柄的小花束；苞片小，或无；花 4~5 数；萼片近等大，基部多少连合；花冠钟状或壶状，5 浅裂；雄蕊 5，着生于花冠喉部或花冠裂片相邻处，花丝短，在花冠管基部雄蕊下方具边缘流苏状的鳞片；子房 2 室，花柱 2，完全分离或多少连合，柱头头状或条状伸长。蒴果球形或卵形。种子 1~4，无毛。

贺兰山有 2 种。

分种检索表

1. 柱头头状，不伸长 ………………………………………………………… **1. 菟丝子 C. chinensis**
1. 柱头伸长，条形棒状 ……………………………………………………… **2. 大菟丝子 C. europaea**

1. 菟丝子（图版 73，图 4） 豆寄生、金丝藤

Cuscuta chinensis Lam. Encycl. **2**：229. 1786；中国植物志 **64**（1）：145. 图版 31. 图 4~7. 1979；内蒙古植物志（二版）**4**：143. 图版 58. 图 1~5. 1993；宁夏植物志（二版）**下册**：103. 图 70. 2007.

一年生寄生草本。茎细，缠绕，黄色，无叶。花多数，簇生；苞片 2，与小苞片均呈鳞片状；花萼杯状，中部以下连合，长约 2 mm，先端 5 裂，裂片卵圆形或矩圆形；花冠白色，壶状或钟状，长为花萼的 2 倍，先端 5 裂，裂片向外反曲，宿存；雄蕊花丝短，鳞片近矩圆形，边缘流苏状；子房近球形，花柱直立，柱头头状，宿存。蒴果近球形，稍扁，成熟时被宿存花冠全部包住，长约 3 mm，盖裂。种子 2~4，淡褐色，表面粗糙。花期 7~8 月，果期 8~10 月。

寄生植物。寄生于豆科和蒿属植物上。仅见东坡山麓和山沟中。

广布于全国，也见于中亚、伊朗、阿富汗、俄罗斯、朝鲜、日本，南至斯里兰卡、马达加斯加、澳大利亚。热带亚洲–热带非洲种。

种子入药（药材名：菟丝子)，能补阳肝肾、益精明目、安胎，主治腰膝酸软、阳痿、遗精、头晕、目眩、视力减退、胎动不安。蒙医也用（蒙药名：希拉一乌日阳古)，能清热、解毒、止咳，主治肺炎、肝炎、中毒性发烧。

2. 大菟丝子（图版 73，图 5）欧洲菟丝子

Cuscuta europaea L. Sp. Pl. 124. 1753；中国植物志 **64**（1）：151. 图版 31. 图 1~3. 1979；内蒙古植物志（二版）**4**：143. 图版 58. 图 11~12. 1993；宁夏植物志（二版）**下册**：102. 2007.

一年生寄生草本。茎纤细，毛发状，直径不超过 1 mm，淡黄色或淡红色，缠绕，无叶。花序侧生，花梗近无；苞片矩圆形，顶端尖；花萼杯状，4~5 裂，裂片卵状矩圆形，先端尖；花冠淡红色，壶形，裂片矩圆形或卵形，通常向外反折，宿存；雄蕊的花丝与花药近等长，着生于花冠凹缺下部；鳞片倒卵圆形，顶端 2 裂或不分裂，边缘流苏状；花柱叉分，柱头条形棒状。蒴果球形，成熟时稍扁，径约 3 mm。种子淡褐色，表面粗糙。花期 7~8 月，果期 8~9 月。

寄生植物。寄生于多种草本植物上。东、西坡均有少量分布。

分布于我国南北各省区，也见于欧洲大陆，非洲北部，南北美洲。世界种。

种子入药，功效与菟丝子同。

六三、紫草科 Boraginaceae

草本、稀灌木或乔木。单叶互生，稀对生或轮生，常全缘；无托叶。花两性，辐射对称，组成二岐或单蝎尾状聚伞花序，稀总状花序，单生或腋生；花萼 5 裂，稀具 6~8 齿或

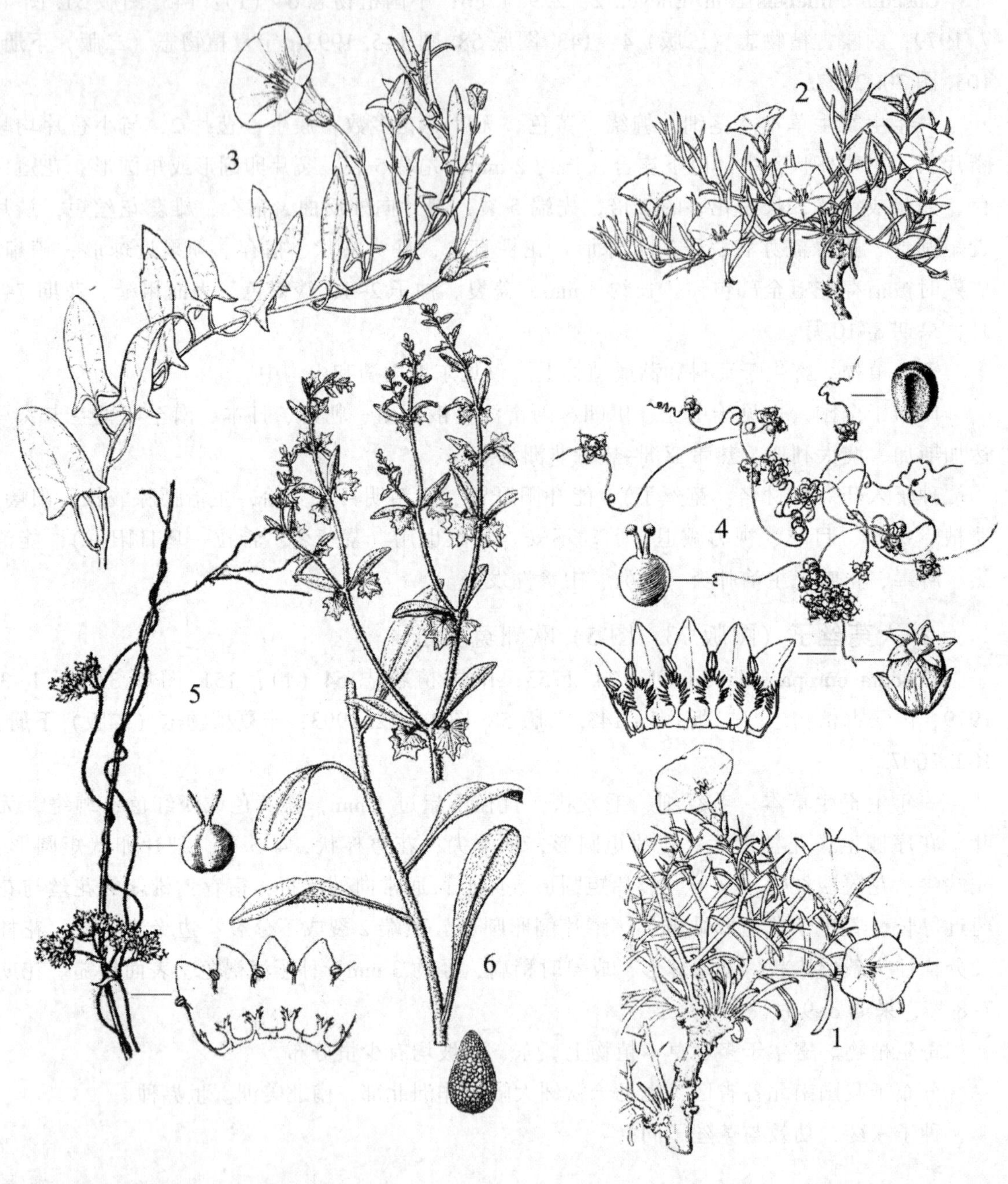

图版 73　1. **刺旋花** Convolvulus tragacanthoides Turcz. 植株；2. **银灰旋花** C. ammannii Desr. 植株；3. **田旋花** C. arvensis L. 植株；4. **菟丝子** Cuscuta chinensis Lam. 植株、花、雌蕊、蒴果、种子；5. **大菟丝子** C.europaea L. 植株、花、雌蕊；6. **糙草** Asperugo procumbens L. 植株上部、中部、果实。（马平绘）

裂片，在果期常宿存；花冠 5 裂，辐状，管状或漏斗状，喉部常具 5 附属物；雄蕊 5，着生于花冠筒上；子房上位，由 2 心皮组成，常 4 裂，每 1 心皮有胚珠 2 颗；花柱着生子房基部或顶生，长或短；柱头头状或 2 裂。果常为 4 个小坚果，稀为核果；种子直立或偏斜，胚直或弯曲，通常无胚乳。

贺兰山有 10 属，13 种。

分属检索表

1. 子房不分裂，花柱顶生，花柱基部膨大成环，果实具肉质或木栓质 …………… 1. 紫丹属 Tournefortia
1. 子房 4 裂，花柱生于子房裂片间的基部，子房裂片发育成小坚果。
  2. 花冠喉部或筒部无附属物。
    3. 雄蕊螺旋状排列；小坚果有柄；花柱 2 裂 ………………………………………… 3. 紫筒草属 Stenosolenium
    3. 雄蕊轮生，生于一平面上；小坚果无柄，花柱 2 或 4 裂 ………………………… 2. 软紫草属 Arnebia
  2. 花冠喉部或筒部有 5 个向内凸出的附属物。
    4. 花萼裂片不等大，结果时增大，呈蚌壳状，边缘有不整齐的齿 ………………… 4. 糙草属 Asperugo
    4. 花萼裂片近等大，不呈蚌壳状，边缘无齿。
      5. 小坚果着生面内凹，周围有环状凸起；花冠筒弯曲，具 5 附属物位于喉部，明显；花萼 5 裂近基部 ……………………………………………………………………………………… 5. 牛舌草属 Anchusa
      5. 小坚果着生面不内凹，无环状凸起；花冠筒直。
        6. 小坚果有锚状刺。
          7. 雌蕊基锥状，等于或长于小坚果 ……………………………………………… 6. 鹤虱属 Lappula
          7. 雌蕊基金字塔形，短于数倍小坚果。
            8. 花萼在结果时直立；小坚果具较短的锚状刺，陀螺状，常有短毛，有时稍背腹扁，此时背面周围有翅 ……………………………………………………………… 7. 齿缘草属 Eritrichium
            8. 花萼在结果时反折；小坚果具较长的錨状刺，四面体形 …………… 8. 假鹤虱属 Hackelia
        6. 小坚果无锚状刺。
          9. 小坚果肾形，密生小瘤状凸起，腹面中部有凹陷，着生面位于基部 ……………………………………………………………………………… 9. 斑种草属 Bothriospermum
          9. 小坚果四面体形，无瘤状凸起，腹面扁，但无凹陷，着生面位于果的腹面基部之上 ……………………………………………………………………………… 10. 附地菜属 Trigonotis

1. 紫丹属 Tournefortia L.　砂引草属

木本或草本。叶互生，全缘。花小，多数，由密集顶生成伞状花序，无苞片，2 叉分枝；花萼 4~5 深裂；花冠白色或淡紫色，钟状或筒形，裂片 4~5，钝；雄蕊5（4），着生于花冠筒上，内藏花丝极短；子房 4 室，每室 1 胚珠，花柱短，柱头单一或微二裂，基部肉质，膨胀的环状体。果成熟时干燥，中果皮肉质或木栓质，内果皮分为 2 部，通常分裂成具 1 或 2 种子的分核，果小，稍核状。

贺兰山有 1 种。

1. 砂引草（图版 74，图 3） 紫丹草

Tournefortia sibirica L. var. **angustior**（DC.）G. L. Chu et M. G. Gilbert. High. Pl. China（中国高等植物）**9**：290. 1999. ——*T. arguzia* Roem. et Schul. var. *angustior* DC. Prodr. 9：514. 1845. ——*Messerschmidia sibirica* L. var. *angustior*（DC.）W. T. Wang，中国植物志 **64**（2）：34. 1990；内蒙古植物志（二版）**4**：150. 图版 60. 图 1~4. 1993；宁夏植物志（二版）**下册**：112. 图 77. 2007. ——*M. sibirica* L. subsp. *angustior*（DC.） Kitag. in Rep. First Sci. Exped. Manch. Sect. **4**：91. 1935.

多年生草本。具细长的根状茎。茎高 8~25 cm，密被长柔毛，常自基部分枝。叶披针形或条状倒披针形，长 0.6~2.0 cm，宽 1~2.5 mm，先端尖，基部渐狭，两面被密伏生的长柔毛；无柄或近无柄。伞房状聚伞花序顶生，花密集，花序基部具 1 条形苞片；花萼 5 深裂，裂片披针形，长 2~2.5 mm，密被白柔毛；花冠白色，漏斗状，花冠筒 5 裂，裂片卵圆形，长 4 mm，外被柔毛；雄蕊 5，内藏，着生于花冠筒近中部或以下，花药箭形，花丝短，子房不裂，柱头长 0.8 mm，浅 2 裂，其下具膨大环状物，花柱较粗，长 1 mm。果矩圆状球形，长 0.7 mm，宽 0.5 mm，先端平截，具纵棱，被密短柔毛。花期 5~6 月，果期 7 月。

中旱生植物。生山麓洪积扇冲沟、覆沙地。仅见西坡山麓。

分布于我国东北（西部）、华北、西北（东部）及山东、河南，也见于俄罗斯（西伯利亚）、蒙古。

良好的固沙植物，花可提取香料。

2. 软紫草属 Arnebia Forsk.

一年生或多年生草本，全株被糙硬毛，根常含紫色物质。叶互生。单歧聚伞花序；花近无梗，黄色、蓝色、蓝紫色、红色或粉红色；花萼 5 裂，裂片条形，果期不增大或稍增大；花冠筒细，长于萼片，喉部无附属物，裂片 5，钝头，开展；花柱长；雄蕊 5，生于喉部以下，轮生一个平面上；花药小，矩圆形，钝；子房深 4 裂，花柱短，2 裂，柱头小，头状。小坚果 4，卵状矩圆形，着生面平，具短尖，具瘤状突起。

贺兰山有 2 种。

分种检索表

1. 花冠黄色；花 2~3（5）朵疏生；苞片垫状矩圆形，或条状披针形；小坚果卵形，长 2.5 mm ……………………………………………………………………………… 1. 黄花软紫草 **A. guttata**
1. 花冠蓝紫色、红色或粉红色，花 2~5 朵疏生一侧；苞片条形；小坚果卵状三角形，长 2.2 mm ……………………………………………………………………………… 2. 灰毛软紫草 **A. fimbriata**

1. 黄花软紫草（图版 74，图 1） 黄花假紫草、疏花软紫草

Arnebia guttata Bunge, Ind. Sem. Hort. Dorpat. 7. 1840；中国植物志 **64**（2）：42. 1989；内蒙古植物志（二版）**4**：155. 图版 62. 图 1~3. 1993；宁夏植物志（二版）**下册**：114. 2007. ——*A. szechenyi* Kanitz. Pl. Exped. Szechenyi in Asi. Centr. Coll. 42. 1891；中国植物志 **64**（2）：40. 图版 5. 图 10~12. 1989；内蒙古植物志（二版）**4**：155. 图版 62，图 4. 1993；宁夏植物志（二版）**下册**：115. 图 78. 2007.（Syn. nov.）

多年生草本。根细长，含紫色物质。茎高 8~20 cm，从基部分枝，被长硬毛或短伏毛，混有短柔毛。茎下部叶窄，倒披针形或长匙形，长 1~3 cm，宽 3~10 mm，先端钝或尖，基部渐狭；上部叶矩圆形或条状披针形，长 1.5~3.0 cm，宽（3）5~10 mm，先端尖，底部渐狭下延，两面密被长硬毛并混生短伏毛。镰状聚伞花序长约 2~5（8） cm，密集，总花梗、苞片与花萼都被密硬毛；苞片条状披针形，长约 1 cm，宽约 1.5 mm；花萼 5 深裂，裂片条形，长 6~10（15） mm，宽约 1 mm；花冠黄色，筒形，被密短柔毛，檐长 1 cm；花柱异长，雄蕊生于花冠筒中部（长柱花）或花冠筒喉部（短柱花），顶部 2 裂，柱头头状。小坚果 4，三角状卵形，长约 2.5~3 mm，有小瘤状突起，着生面位于果基部。花期 6~7 月，果期 8~9 月。

旱生植物。生北部荒漠化较强的低山丘陵坡地，也偶见南部浅山区干燥石质山坡。见东坡石炭井以北；西坡古拉本以北和白石头沟。

分布于我国西北及河北（北部）、西藏，也见于中亚（东部）、南亚（阿富汗、巴基斯坦）印尼（西北部）、俄罗斯（西伯利亚）、蒙古。古地中海种。

根入药，为内蒙古习用紫草，能清热凉血、消肿解毒、透疹、润燥通便。也作蒙药用（蒙药名：巴力木格），功能主治同紫草。

经野外多年考察，疏花软紫草 *A. szechenyi* 与 *A. guttata* 没有明显差别，至于被毛、叶型的变化及花的疏密都没有严格界限，甚至连分布区生境都重叠和难以区分，故我们将两种归并。疏花软紫草 *A. szechenyi* 为晚出异名。

2. 灰毛软紫草（图版 74，图 2）灰毛假紫草

Arnebia fimbriata Maxim. in Bull. Acad. Sci. St. -Petersb. **27**：507. 1881；中国植物志 **64**（2）：43. 1989. 内蒙古植物志（二版）**4**：157. 图版 62. 图 5. 1993；宁夏植物志（二版）**下册**：114. 2007.

多年生草本。高 10~18 cm，全株被密灰白色长硬毛。直根粗壮，直径达 1 cm，暗褐色。茎多条，自基部生出，上部稍分枝。叶条状、矩圆状或窄披针形，长 0.7~2.0 cm，宽 2~5 mm，花数朵组成镰状聚伞花序；苞片条形；花萼长 8~10 mm，裂片 5，钻形；花冠蓝紫色、红色或粉色，外被短柔毛，5 裂，钝圆，裂片边缘具不规则小齿，花冠筒长约 15 mm，檐部直径 8~13 mm；雄蕊 5，花药矩圆形，花丝极短，在短柱花着生于花冠筒喉部，在长柱花生于花冠筒中部或以上；子房 4 裂，花柱丝状，短，花柱稍超过花冠筒中部，长花柱稍伸

出花冠筒的喉部之外，柱头头状，2裂。小坚果4，卵状三角形，长2.2 mm，有不规则的小瘤状凸起。花期5~6月。

旱生植物。生山麓砾石质、覆沙冲积坡上。见东坡甘沟、榆树沟；西坡峡子沟。

分布于我国西北（东部）及内蒙古（西部），也见于蒙古（南部）。戈壁种。

3. 紫筒草属 Stenosolenium Turcz.

多年生草本，全株被硬毛；根具紫色物质。叶互生。花序顶生，具苞片；花萼5深裂；花冠筒细长，紫色、青紫色或白色，高脚碟状，里面基部具毛环；冠檐5裂，裂片圆形，钝，稍开展；雄蕊5，内藏；着生花冠筒中上部，呈螺旋状排列，柱头2，头状。小坚果，卵球状三角形，背部凸起，腹部具龙骨，具光泽，具不规则小瘤状凸起，着生面周围具膜质缘。

贺兰山有1种。

1. 紫筒草（图版74，图4）

Stenosolenium saxatile（Pall.）Turcz. in Bull. Soc. Natur. Moscou **13**：253. 1840；中国植物志 **64**（2）：44. 1989；内蒙古植物志（第二版）**4**：152. 图版60. 图5~7. 1993；宁夏植物志（第二版）**下册**：113. 2007. —— *Anchusa saxatile* Pall. Reise **2**：371. 1818.

多年生草本。根细长，有紫红色物质。茎高6~20 cm，多分枝，直立或斜升，被密开展的长硬毛并混生短伏毛，较开展。基生叶和下部叶倒披针状条形，近上部叶为披针状条形，长1.5~4.0 cm，宽2~6 mm，两面密生硬毛。顶生总状花序，逐渐延长，长3~12 cm，密生糙毛；苞片叶状；花具短梗；花萼5深裂，裂片钻形，长约6 mm；花冠紫色、青紫色或白色，筒细，长约6~9 mm，通常稍弯曲，基部有具毛的环，裂片5，圆钝，比花冠筒短的多，檐部直径5~7 mm；子房4裂，花柱顶部二裂，柱头2，头状。小坚果4，三角状卵形，长约2 mm，着生面在基部，具短柄。花期5~6月，果期6~8月。

旱生植物。生山麓洪积扇的沙砾地上。仅见东坡山麓。

分布于我国东北、华北、西北（东部），也见于俄罗斯（西伯利亚）、蒙古。亚洲中部种。

全草入药，能祛风除湿，主治小关节痛疼。根作蒙药（蒙药名：敏吉尔-扫日），功能主治同紫草。

4. 糙草属 Asperugo L.

单种属，属特征同种。

1. 糙草（图版73，图6）

Asperugo procumbens L. Sp. Pl. 138. 1753；中国植物志 **64**（2）：213. 1989；内蒙古植

物志（二版）**4**：160. 图版 61. 图 5~7. 1993；宁夏植物志（二版）**下册**：115. 图 2007.

一年生草本。茎蔓生，淡褐色，长达 80 cm，中空，具 4~6 纵棱，沿棱具短倒钩刺，自下部分枝。茎下部叶互生，具柄，矩圆形，长 4~8 cm，宽 0.8~1.5 cm，先端微尖或钝，基部渐狭下延，两面被硬毛；茎上部叶较小，近对生，无柄，狭矩圆形，先端尖，基部楔形，两面被短刚毛。花小，单生叶腋，具短梗；花萼长约 1.5 mm，5 深裂，裂片条状披针形，略等大，果期 2 裂片增大，长达 1 cm，左右压扁，壳状，边缘略呈蚌状，具不规则大牙齿，具明显脉纹，被伏细刚毛；花冠紫色，漏斗状，深裂，裂片钝圆，长约 0.8 mm，筒长约 1 mm，喉部具 5 半圆形的凸起体。小坚果 4，狭卵形，侧扁。具小瘤状凸起，长 3 mm，生于圆锥状雌蕊基突体上，着生面圆形。花期 5 月，果期 8 月。

旱中生植物。生山口和浅山区山谷干河床内。仅见西坡北寺沟、水磨沟。

分布于我国华北（西北部）、西北及四川（西部）、西藏（东北部），也见于欧洲、亚洲（西部）、非洲（北部）。古地中海种。

5. 牛舌草属 Anchusa L.（狼紫草属 Lycopsis L.）

一、二年或多年生草本，具硬毛。叶互生。花小，蓝色、紫色或白色。镰状聚伞花序顶生，圆锥状或总状排列，具苞片；花萼 5 中裂或深裂，果期稍增大；花冠漏斗状，筒部直或弯曲，喉部附属物发达，具毛或乳突，比花萼稍长，檐部裂片 5，覆瓦状排列，钝，开展；雄蕊 5，内藏，花药长圆形，钝，花丝短；子房 4 裂，花柱丝状，柱头头状不裂或二裂。小坚果 4，直立，具皱纹；着生面在果的近下部，周围具环，脐部突起。

贺兰山有 1 种。

1. 狼紫草

Anchusa ovata Lehm. Pl. Asperif. **1**：222. 1818；High. China **9**：300. 1999. ——*Lycopsis orientalis* L. Sp. Pl. 199. 1753；中国植物志 **64**（2）：69. 图版 8. 图 1~4. 1989；内蒙古植物志（二版）**4**：160. 图版 64. 图 1~5. 1993；宁夏植物志（二版）**下册**：116. 图 2007.

一年生草本。高 15~40 cm。常自基部分枝，被开展的疏片硬毛。基生叶匙形或倒披针形，长 3.5~10 cm，宽 1~3 cm，基部渐狭下延，边缘具微波状小牙齿，两面被疏硬毛，具长柄；茎上部叶渐小，基部偏斜，稍半抱茎。花序顶生，长达 26 cm，具苞片，苞片比叶小，卵形至条状披针形，花梗长约 2 mm，果期伸长 1.5 cm；花萼 5 深裂，裂片狭披针形，果期增大，星状开展，被疏刚毛；花冠蓝紫色稀白色，5 裂，裂片宽圆形，长约 1 mm，宽约 1.8 mm，开展，筒长约 6 mm，中部以下弯曲，喉部有 5 瘤状或鳞片状附属物；花柱长约 2 mm，柱头球状。小坚果 4，肾形，长约 4 mm，宽约 2 mm，具网状皱纹和小瘤点；着生面碟状，边缘无齿。

中生植物。生山麓冲沟、居民点附近。东、西坡山麓均有分布。

产我国华北、西北及河南、西藏，也见于欧洲（南部）、中亚、俄罗斯（西伯利亚）、蒙古（西部）。古地中海种。

6. 鹤虱属 Lappula Moench

一年生，稀二或多年生草本。叶互生，狭窄。花小，无柄或具柄，镰状聚伞花序，花后伸长，具苞片；花萼5深裂，裂片卵形或狭窄，在花期后增大；花冠蓝色或白色，钟状至高脚蝶状，喉部具5梯形附属物，筒部短，檐部5裂，钝；雄蕊5，内藏；花丝极短，花药钝形，雌蕊基窄圆锥体形；花柱超出或等于小坚果，柱头头状。小坚果4，直立，同型或异型，平滑或有小瘤体，有时在腹面顶部分离，背部边缘有1~2（3）锚状刺。种子直立。

贺兰山有2种。

分种检索表

1. 小坚果背部边缘具1行锚状刺，每侧10~12个刺，基部3~4对，刺长1~1. 5 mm ……………………………………………………………………………………………………… 1. 卵盘鹤虱 L. redowskii
1. 小坚果背部边缘具2行锚状刺，内行刺每侧6~8个，外行刺稍短 …………………… 2. 鹤虱 L. myosotis

1. 卵盘鹤虱（图版74，图5）小粘染子

Lappula redowskii（Horn.） Greene in Pittonia **2**：182. 1891；中国植物志 **64**（2）：186. 图版34. 图19~21. 1989；内蒙古植物志（二版）**4**：165. 图版65. 图4. 1993；宁夏植物志（二版）**下册**：122. 图2007. ——*Myosotis redowskil* Horn. Hort. Hafn. **1**：174. 1813. ——*Echinospermum redowskii* Leh. Fl. Asparif **2**：127. 1818. ——*Lappula intermedia*（Ledeb.） M. Pop. in Fl. URSS **19**：440. 1953.

一年生草本。高10~30（40） cm，茎直立，单生，上部分枝，全株密被白色糙毛。茎下部叶条状倒披针形，长2~4 cm，宽3~4 mm，先端圆钝，基部渐狭，两面有具基盘的长硬毛，具柄；茎上部叶狭披针形或条形，向上渐小；无柄。花序顶生，花期长2~5 cm，果期伸长达10 cm；苞片狭披针形，在果期伸长；花具短梗，果期伸长达3 mm；花萼5裂至基部，裂片条形，长3 mm，果期增大；花冠蓝色，钟状，长3 mm，5裂，较花萼稍长，筒部短，长约1 mm，喉部具5附属物；子房4裂，花柱长0.5 mm，柱头头状。小坚果4，三角状卵形，长2~3 mm，背面具小瘤状突起，边缘具1行锚状刺，每侧10~12个，长短不等，基部3~4对较长，长1~1.5 mm，彼此分离，腹面具龙骨状突起，两侧皱褶。花果期5~8月。

中旱生植物。生山麓冲沟、山口河滩沙砾地、干燥山坡。仅见东坡山麓与大水沟。

分布于我国华北（西北部）、西北及四川（西北部）、西藏，也见于欧洲（中、南部）。地中海沿岸、中亚（伊朗）、俄罗斯（西伯利亚）、蒙古。古地中海种。

果实有的地方代鹤虱用，能驱虫、止痒，主治蛔虫病、绕虫病、虫积腹痛。蒙药也用

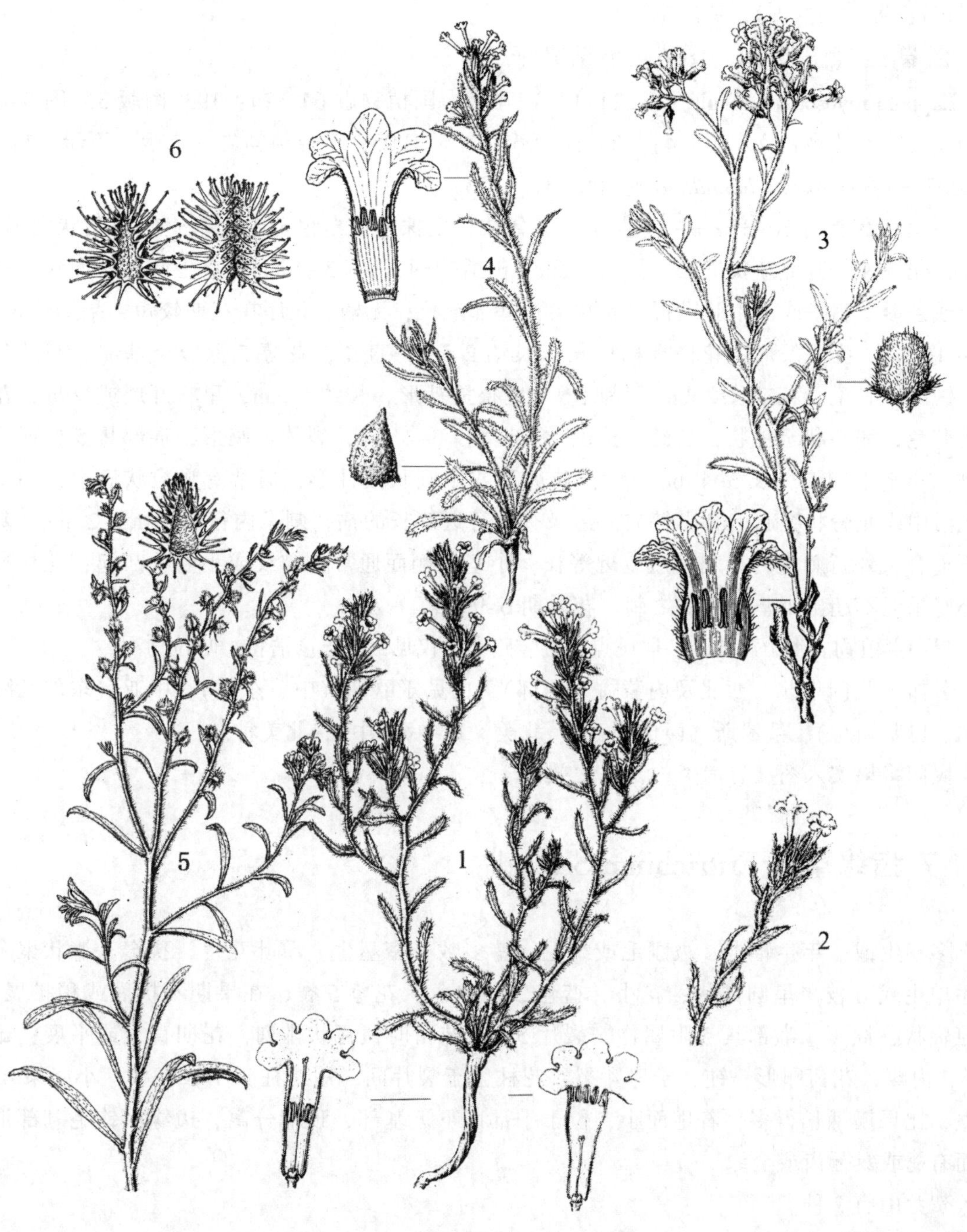

图版 74 1. **黄花软紫草** Arnebia guttata Bunge 植株、花（长柱与短柱）；2. **灰毛软紫草** A. fimbriata Maxim. 植株上部；3. **砂引草** Tournefortia sibirica L. var. angustior（DC.）G. L. Chu et M. G. Gilbert. 植株、花、果实；4. **紫筒草** Stenosolenium saxatile（Pall.）Turcz. 植株、花、果实；5. **卵盘鹤虱** Lappula redowskii（Horn.） Greene 植株、果实；6. **鹤虱** L. myosotis V. Wolf. 果实（正面与侧面）。（马平绘）

(蒙药名：囊给—章古)，功能主治相同。

2. 鹤虱（图版 74，图 6）小粘染子

Lappula myosotis V. Wolf. Gen. Pl. 17. 1776；中国植物志 **64**（2）：193. 图版 36. 图 5~8. 1989；内蒙古植物志（二版）**4**：166. 图版 65. 图 5. 1993；宁夏植物志（二版）**下册**：122. 图 2007. —— *Myosotis lappula* L. Sp Pl. 131. 1753.

一生草本。高 20~35 cm，茎直立，多分枝，全株密被白色糙毛。基生叶矩圆状匙形，全缘，先端钝，基部渐狭下延，长达 7 cm（包括叶柄），宽 3~9 mm；茎生叶较短而狭，披针形或条形，扁平或沿中肋纵折，先端尖，基部渐狭；无柄。花序在花期较短，果期伸长，长 8~15 cm；苞片条形；花梗果期伸长，长约 2 mm，直立；花萼 5 深裂至基部，裂片条形，锐尖，有毛，花期长 2 mm，果期增大呈狭披针形，长约 5 mm，星状开展或反折；花冠浅蓝色，漏斗状至钟状，长约 4 mm，檐部直径 3~4 mm，裂片矩圆形，喉部具 5 梯形附属物。小坚果卵形，长 3~4 mm，背面狭卵形或矩圆状披针形，通常有颗粒状瘤突，稀平滑或沿中线龙骨状突起上有小棘突，边缘有 2 行近等长的锚状刺，内行刺长 1.5~2 mm，基部不连合，外行刺较内行刺稍短或近等长，小坚果侧面通常具皱纹或小瘤状凸起；花柱高出小坚果但不超出小坚果上方之刺。花果期 6~9 月。

旱中生植物。生山麓冲沟、居民点附近、路旁。仅见西坡巴彦浩特、哈拉乌沟。

分布于我国华北、西北及内蒙古（西部），也见于欧洲（中、东部）、中亚（东部及阿富汗、巴基斯坦）、俄罗斯（西伯利亚）、北美。地中海-中亚-北美种。

民间将果实入药，有消炎、杀虫之效。

7. 齿缘草属 Eritrichium Schrad.

多年生或一年生草本，被刚毛或绢毛。茎多数，密丛生。单叶互生，狭窄。镰状聚伞花序单生或分枝，呈圆锥状；花小，蓝色，稀白色；花萼 5 裂，在果期不扩展或稍扩展；花冠辐状，筒短，喉部具 5 附属物，裂片 5，在花蕾时覆瓦状排列，花期直立或平展；雄蕊 5，内藏；花药卵形，钝，子房 4 裂，花柱生于裂片间，短，柱头小，头状。小坚果 4，直立，比果瓣柄长得多，着生面小，位于中部以下近基部，顶部分离，边缘因钩毛基部汇合而有翅或具牙齿或全缘。

贺兰山有 2 种。

分种检索表

1. 茎生叶倒披针形或披针形，宽（3）4~8 mm；小坚果腹背上光滑，边缘具三角形小齿，齿端无锚状刺 ………………………………………………………………………… 1. 石生齿缘草 **E. rupestre**

1. 茎生叶倒披针状条形或条形，宽 2~5 mm；小坚果腹背上具皱棱及短硬毛，边缘具三角状小齿，长者齿端有锚状刺 ………………………………………………………… 2. 北齿缘草 **E. borealisinense**

1. 石生齿缘草（图版 75，图 1） 蓝梅

Eritrichium rupestre（Pall.） Bunge，Suppl. Fl. Alt. 14. 1836；中国植物志 **64**（2）：149. 1989； 内蒙古植物志（二版）**4**：170. 图版 66. 图 1~4. 1993；宁夏植物志（二版）**下册**：124. 图 82. 2007. ——*Myosotis rupestre* Pall. It. **3**：app.：716. 1776.

多年生草本。高 10~18（25） cm，全株密被灰白色绢毛，茎数条，基部有短分枝和基生叶片及宿存的枯叶，密丛状，上部不分枝或近顶部分枝。基生叶狭匙形或匙状倒披针形，长 3~5 cm，宽 2~5 mm，先端锐尖或钝圆，基部渐狭成柄；茎生叶狭倒披针形至条形，长 1~1.5（2） cm，宽 2~4 mm，无柄。花序顶生，长 1~2 cm，花后延长，可达 5（6） cm，分枝 2~3（4）个，分枝有花数至 10 余朵，生苞腋外；苞片条状披针形，花梗长 3~5 mm，短毛，花萼，裂片，条形或披针状，长约 3 mm，花期直立，果期斜伸；花冠蓝色，辐状，裂片矩圆形或近圆形，檐部直径 6~8 mm，喉部附属物半月形或矮梯形，伸出喉部，生短曲柔毛，中下部有 1 乳突；花药矩圆形，小坚果陀螺形，长约 2 mm，宽约 1 mm，具瘤突和毛，背面平或微凸，着生面宽卵形，位于基部，边缘有三角形小齿，齿端无锚状刺，少有小齿退化或变长。花果期 7~8 月。

中旱生植物。生海拔 2 000~2 500 m 石质山坡，为山地草原重要伴生种，局部地段能形成层片。见东坡苏峪口沟、贺兰沟、黄旗沟、大水沟、汝箕沟；西坡哈拉乌沟、南寺沟、北寺沟、峡子沟等。

分布于我国华北、西北（东部），也见于俄罗斯（西伯利亚）、蒙古。

带花全草入药，蒙药用（蒙药名：额布斯-德瓦），能清温解热，治发烧、流感、瘟疫。

2. 北齿缘草（图版 75，图 2） 大叶蓝梅

Eritrichium borealisinense Kitag. Journ. Jap. Bot. **38**（10）：301. t. 1. 1963 et in Neo-lineam. Fl. Mansh. 531. 1979；中国植物志 **64**（2）：147. 1989；内蒙古植物志（二版）**4**：172. 图版 66. 图 5~8. 1993；宁夏植物志（二版）**下册**：124. 图 2007.

多年生草本。高 15~40 cm，全株密被灰白色绢毛。根粗壮，径达 1 cm。茎数条，常密集成丛，较粗壮，不分枝或顶端分枝。基生叶倒披针形，长 3~6（8） cm，宽（3） 4~8 mm，先端锐尖，基部楔形，具长柄；茎生叶狭倒披针形或披针形，长 1.5~3 cm，宽（3） 4~8 mm，无柄。花序分枝 3 或 3（4）个，每花序分枝具数至 10 余朵花，花序长 1~2 cm，花后延伸，至果期长 2~5（10） cm，生苞腋外；苞片条状披针形，长 3~5 mm；花梗长 2~5（7） mm，生白伏毛；花萼裂片矩圆状披针形，长 3.5 mm，先端渐尖，果期斜展；花冠蓝色，辐状，裂片倒卵形或近圆形，长 3~3.5 mm，附属物半月形至矮梯形，伸出喉外。小坚果近陀螺状，长约 2 mm，背面卵形，微凸，密被小瘤突和刚毛，中肋明显；腹面皱棱粗糙，具龙骨突起，着生面三角形，位于腹面中、下部；边缘有三角形锚状刺，刺具微毛。花果期 7~9 月。

中旱生植物。生海拔 1 800~2 500 m 石质山坡，为山地草原伴生种。见东坡苏峪口沟、

黄旗沟；西坡哈拉乌北沟、北寺沟。

分布于我国东北（南部）、华北。为我国特有。华北种。

8. 假鹤虱属 Hackelia Opiz

一年生稀为多年生草本。叶狭窄，互生。顶生镰状聚伞花序总状排列，具苞片，花小，具花梗，果期平展或向下弯曲；花萼 5 裂，裂片宽或狭窄，花期直立，果期平展或多反折；花冠蓝色，漏斗状，喉部具 5 附属物，裂片 5，钝、开展；雄蕊 5，着生于花冠筒部，内藏，花丝短，花药钝形；雌蕊基宽金字塔形，比坚果短几倍，柱头扁球形或头状。小坚果 4，平滑或有毛，或有小瘤状凸起，背面沿边缘生锚状刺，刺基部分生或合生，腹面具龙骨状凸起，有毛或小瘤状凸起，着生面位于果的中部或中部以下。

贺兰山有 1 种。

1. 反折假鹤虱（图版 75，图 3）

Hackelia deflexa（Wahl.） Opiz in Bercht. Fl. Boehm. **2**（2）：146. 1839. ——*Myosotis deflexa* Wahl. in Svensk. Vet. Acad. Handl. Stockholm. **31**：113. 1918. ——*Enitrichium deflexum*（Wahl.） Lian et J. Q. Wang in Bull. But. Lab. N. E. Forest. Inst.（Harbin） **9**：45. 1980；中国植物志 **64**（2）：139. 1989；内蒙古植物志（二版）**4**：174. 图版 67. 图 1~3. 1993；宁夏植物志（二版）**下册**：124. 图 2007.

一年生草本。高 20~40 cm。茎直立，单一，常自中部以上分枝，密被弯曲柔毛。基生叶匙形，倒披针形，长 1.5~3.0 cm，宽 0.5~1.0 cm，先端钝圆，基部渐狭成长柄，两面被开展的糙伏毛；茎上部叶条状披针形、狭披针形，长 2.5~6.0 cm，宽 0.5~1.0 cm，无柄。花序顶生，花期延伸成总状，花偏一侧，仅基部有几个苞片，苞片叶状；花梗长约 5 mm；花萼裂片卵形，长约 1~1.5 mm，果期向外反折；花冠蓝色，辐状，裂片近圆形，近 2 倍于萼长，筒部长 1.2~2 mm，喉部具近梯形的附属物；子房 4 裂，花柱短，柱头扁球形。小坚果 4，背腹二面体型，长 3 mm，边缘的锚状刺长 0.9 mm，基部连生，成翅，背面微凸，腹面龙骨状突起，两面均具小瘤状突起及微硬毛，着生面卵形，位于中部。花果期 6~8 月。

中旱生植物。生海拔 1 400~2 000 m 山地沟谷、沙砾地、石质阴坡灌丛中。仅见东坡苏峪口沟、大水沟。

分布于我国东北、华北及新疆。广布于北半球温带地区。泛北极种。

9. 斑种草属 Bothriospermum Bunge

一、二年生草本，被糙伏毛或具基盘的硬毛。叶互生。花小，蓝色或白色，腋生，具花梗，排列成具苞片的镰状聚伞花序，花萼深 5 裂，裂片狭，在果期不增大或有时稍增大；

花冠筒短，喉部具 5 个鳞片状附属物，花冠裂片 5，圆钝，雄蕊 5，内藏；花丝极短，花药卵形，钝；子房 4 裂，花柱短，柱头头状。小坚果 4，椭圆形，无棱，背面具瘤状突起，腹面近中部有长圆形的环状凹陷，光滑，边缘增厚突起，果瓣柄矩圆形。

贺兰山有 1 种。

1. 狭苞斑种草（图版 75，图 4）细叠子草

Bothriospermum kusnezowii Bunge in Del. Sem. Hort. Dorp. **1840**：7. 1840；中国植物志 **64**（2）：216. 1989；内蒙古植物志（二版）**4**：176. 图版 68. 图 1~4. 1993；宁夏植物志（二版）**下册**：129. 2007.

一年生草本。茎数条，全株均密被长硬毛，高 13~35 cm，斜升，自基部分枝。基生叶莲座状倒披针形或匙形，长 3~7 cm，宽 4~8 cm，先端钝或微尖，基部渐狭下延成长柄，边缘有波状小齿；茎生叶无柄，渐小。花序长 5~15 cm，果期延长达 45 cm；叶状苞片，条形或披针状条形，长 1.5~3.5 cm，宽 3~7 mm，先端尖，无柄；花梗长 1~2.5 mm，果后伸长；花萼裂片长约 4 mm，狭披针形，果期内弯；花冠蓝色，花冠筒短，喉部具 5 梯形附属物，裂片 5，钝，开展；雌蕊基较平。小坚果肾形，长约 2.2 mm，着生面在果最下部，密生瘤状突起，腹面环形凹陷圆形，增厚的边缘全缘。花期 5 月，果期 8 月。

旱中生植物。生海拔 1 800~2 200 m 山地沟谷、河滩地及石质山坡。见东坡苏峪口沟、贺兰沟；西坡北寺沟。

分布于我国东北、华北、西北（东部），也见于俄罗斯（远东）。华北-东北种。

10. 附地菜属 Trigonotis Stev.

多年生或一、二年生草本，纤弱或铺散，多少被毛。单叶互生，卵形或披针形。镰状聚伞花序，单一或二岐分枝，具多数腋生的花梗，无苞片或下部的花梗有苞片；花萼 5 裂或 5 深裂，果期不扩大或稍扩大；花冠小，蓝色或白色，短于花萼，喉部附属物 5，半月形或梯形，裂片 5，钝头，开展；雄蕊 5，内藏，花药矩圆形，钝；子房深 4 裂，花柱丝状，不伸长，柱头头状。小坚果 4，4 面体的有 4 个锐边，平滑无毛，有光泽，着生面小，基生，无柄或具短柄。

贺兰山有 1 种。

1. 附地菜（图版 75，图 5）

Trigonotis peduncularis（Trev.） Benth. ex Baker et Moore in Journ. Linn. Soc. **17**：384. 1879；中国植物志 **64**（2）：104 1989； 内蒙古植物志（二版）**4**：178. 图版 69. 1993. ——*Myosotis peduncularis* Trev. in Ges. Naturf. Fr. Ber. Mag. **7**：147. Pl. 2. f. 6–9. 1813.

一年生草本。高 8~20 cm。茎多条丛生，稀单一，密集，铺散，被短糙伏毛。基生叶呈莲座状，匙形至倒卵状椭圆形，长 1~3.5 cm，先端钝圆，基部渐狭成长柄，两面被糙伏

毛；茎上叶椭圆形，无柄或具短柄。花序生枝顶，幼时卷曲，后渐延长，长 5~16 cm，仅在基部具 2~3 个叶状苞片；花梗短，花后延长，长 3~5 mm；花萼裂片卵形，长 1~2 mm，先端渐尖；花冠蓝色或粉色，筒部甚短，檐部直径 1.5~2 mm，裂片钝，平展，喉部 5 附属物，白色或带黄色；小坚果四面体型，具 3 锐棱，长约 0.8 mm，有短毛或平滑无毛，具短柄，柄长约 1 mm。

中生植物。生海拔 2 200~2 700 m 山地沟谷、溪边和山地草甸中。仅见西坡哈拉乌北沟、水磨沟、照北沟。

分布于我国东北及内蒙古、宁夏、甘肃、新疆、西藏、云南、广西、江西、福建，也见于欧洲（东部）、中亚、俄罗斯（西伯利亚、远东）、蒙古、朝鲜、日本。古北极种。

全草入药，能清热、消炎、止痛、止痢，主治热毒疮疡、赤白痢疾、跌打损伤。

六四、马鞭草科 Verbenaceae

草本、灌木或乔木。单叶或复叶，对生，少轮生及互生；无托叶。花两性，两侧对称，常偏斜或成唇形，少辐射对称，常多花组成聚伞花序、穗状花序，再由聚伞花序组成圆锥状、伞房状或头状；萼杯状、钟状或角状，通常 4~5 裂，多宿存；花冠合生，通常 4~5 裂，略呈 2 唇形，全缘或下唇中裂片流苏状；雄蕊 4，二强，少为 2 或 5~6 枚，着生于花冠筒上部或基部；花盘小，不显著；雌蕊常由 2 心皮组成，4 室，少 2~10 室，每室有 1~2 胚珠；子房上位，柱头分裂或不裂。核果或蒴果，熟时分裂为数个小坚果。

贺兰山有 2 属，2 种。

分属检索表

1. 单叶；聚伞花序顶生或腋生；果为蒴果，熟时裂为 4 个小坚果 ………………………… **1. 莸属 Caryopteris**
1. 掌状复叶；圆锥花序顶生；果为核果 ……………………………………………………………… **2. 牡荆属 Vitex**

1. 莸属 Caryopteris Bunge

灌木或半灌木。茎直立，单叶对生，全缘或有锯齿，通常具腺点；有短柄。花两性，聚伞花序腋生或顶生；萼钟状，5 深裂；花冠两侧对称，檐部 5 裂或 4 裂，其中下方一片较大，全缘或先端撕裂，上方 4 裂或 3 裂较小，近相等；雄蕊 4，二强，伸出于花冠外；子房上位，花柱细长，柱头 2 裂；子房不完全 4 室，每室 1 胚珠。蒴果球形，熟时裂成 4 个小坚果。

贺兰山有 1 种。

1. 蒙古莸（图版 75，图 7）白蒿

Caryopteris mongholica Bunge in Pl. Mongh. China 28. 1835；中国植物志 **65**（1）：196.

图 10. 1982；内蒙古植物志（二版）**4**：186. 图版 71. 图 4~6. 1993；宁夏植物志（二版）**下册**：131. 图 2007.

小灌木。高 15~40 cm，老枝灰褐色，有纵裂纹，幼枝常为紫褐色，初时密被灰白色柔毛，后渐脱落。单叶对生，披针形、条状披针形或条形，长 1.5~6 cm，宽 3~10 mm，先端渐尖或钝，基部楔形，全缘，上面淡绿色，下面灰色，均被较密的短柔毛；具短柄。聚伞花序顶生或腋生；花萼钟状，先端 5 裂，长约 3 mm，外被短柔毛，果熟时可增至 1 cm 长，宿存；花冠蓝紫色，筒状，外被短柔毛，长 6~8 mm，先端 5 裂，其中 1 裂片较大，顶端撕裂，其余裂片先端钝圆或微尖；雄蕊 4，二强，长约为花冠的 2 倍；花柱细长，柱头 2 裂。果实球形，成熟时裂为 4 个小坚果。小坚果矩圆状扁三棱形，边缘具窄翅，褐色，长 4~6 mm，宽约 3 mm。花期 7~8 月，果熟期 8~9 月。

旱生植物。生海拔 1 300（东坡）~1 900~2 400 m 山地干燥石质阳坡和山麓砾石质坡地。见东坡苏峪口沟、贺兰沟、插旗沟、黄旗沟、拜寺沟；西坡哈拉乌沟、水磨沟、古拉本、峡子沟、北寺沟、南寺沟等。

分布于蒙古高原及南缘。我国内蒙古、河北（北部）、山西（北部）、陕西（北部）、宁夏、甘肃，也见于蒙古。蒙古种。

花、叶、枝可作蒙药（蒙药名：依曼额布热），能祛寒、燥湿、健胃、壮身、止咳，主治消化不良、胃下垂、慢性气管炎及浮肿等；叶及花可提取芳香油；还可作护坡树种。

2. 牡荆属 Vitex L. 荆条属

灌木或小乔木。叶通常掌状复叶，稀单叶，对生。花小，两性，蓝紫色、蓝色、黄色或白色，常组成圆锥花序或聚伞花序，顶生或腋生；萼钟状，具 5 齿或平截；花冠漏斗形，具 5 个不等形的裂片，常呈二唇形，上唇 2 裂，下唇 3 裂，下唇中裂片常较大；雄蕊 4，二强，常伸出于花冠外；子房 2~4 室，4 胚珠，花柱先端 2 裂。核果球形或倒卵形，包藏在宿存花萼内。种子无胚乳。

贺兰山有 1 不含正种的变种。

1. 荆条（变种）（图版 75，图 6）

Vitex negundo L. var. **heterophylla**（Franch.） Rehd. in Journ. Arn. Arbor. **28**：258. 1947. 中国植物志 **65**（1）：145 图 73. 1982；内蒙古植物志（二版）**4**：185. 图版 71. 图 1~3. 1993；宁夏植物志（二版）**下册**：132. 图 2007. ——*V. incisa* L. var. *heterephylla* Franch. in Nouv. Arch. Mus. Paris ser. 2. **6**：112. 1883. ——*V. chinensis* Mill. Gard. Dict. ed. 8. No. 5. 1768.

灌木。高 1~2 m，幼枝四方形，老枝圆筒形，幼时有短绒毛。叶对生，掌状复叶，小叶 5，有时 3，矩圆状卵形至披针形，长 3~7 cm，宽 1~2.5 cm，先端渐尖，基部楔形，边缘有缺刻

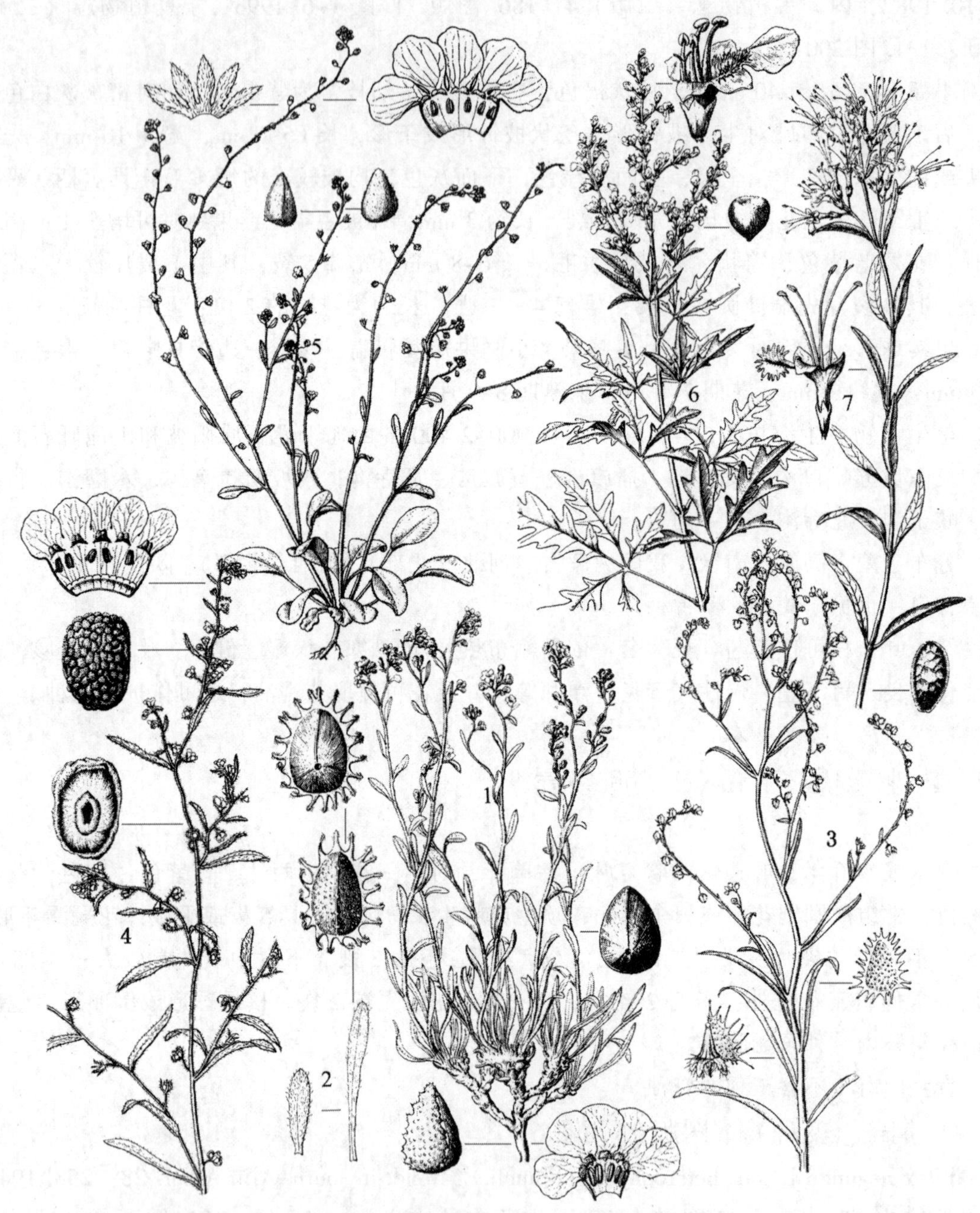

图版 75 **1. 石生齿缘草** Eritrichium rupestre (Pall.) Bunge 植株、花冠、果实（腹面及背面）；**2. 北齿缘草** E. borealisinense Kitag. 基生叶、茎生叶、果实（腹面及背面）；**3. 反折假鹤虱** Hackelia deflexa (Wahl.) Opiz 植株上部、果实（腹面及背面）；**4. 狭苞斑种草** Bothriospermum kusnezowii Bunge 植株、花冠、果实（腹面及背面）；**5. 附地菜** Trigonotis peduncularis (Trev.) Benth. ex Baker et Moore 植株、花萼、花冠、果实（腹面及背面）；**6. 荆条** Vitex negundo L. var. heterophylla (Franch.) Rehd. 花枝、花、果实；**7. 蒙古莸** Caryopteris mongholica Bunge 植株、花冠、果实。（马平绘）

状锯齿，浅裂以至羽状深裂，上面绿色，光滑，下面灰色，具白色细绒毛；叶柄长 1.5~5 cm。圆锥花序顶生，长 8~18 cm，花小，蓝紫色，具短梗；花萼钟状，长约 1.5 mm，先端具 5 齿，外被绒毛；花冠二唇形，长 8~10 mm，里面喉部具短毛；雄蕊 4，二强，伸出花冠；子房上位，4 室，柱头顶端 2 裂。核果，直径 3~4 mm，包于宿存花萼内。花期 7~8 月，果熟 9 月。

喜暖中生植物。生山麓冲沟内。仅见东坡中部山麓。稀见。

分布于我国东北（南部）、华北、西北（东部）、华东（北部）、华中（北部）及四川，也见于日本。东亚（中国–日本）种。

根、茎、叶、果实有的地区代黄荆入药，能清热、止咳、化痰；枝条可编筐、篓等，并为蜜源植物，亦为水土保持树种。

六五、唇形科 Labiatae

草本、半灌木或灌木，植体常含芳香油。茎枝常四棱形。叶对生或轮生，无托叶。聚伞花序通常着生在对生叶的叶腋内成轮伞花序，再组成总状、穗状或圆锥状花序，极少单花；花两性，两侧对称，二唇形；花萼合生，宿存，5 裂或二唇形（3:2 或 1:4 式）；花冠合生，具 4~5 裂，成各式二唇形（通常 2:3 或稀 4:1 式），稀单唇；雄蕊 4，二强，稀 2，着生在花冠上，花药 2 室，纵裂，稀贯通为 1 室或退化为半药；花盘下位，肉质；雌蕊 1，由 2 心皮合生，子房上位，4 全裂或 4 浅裂至 4 深裂，4 室，每室具 1 胚珠；花柱生于子房基部，稀高于基部；柱头 2 裂。果为 4 个小坚果，包在宿存花萼内。种子具薄种皮，缺胚乳或含少量胚乳。

贺兰山有 13 属，18 种。

分属检索表

1. 叶掌状分裂或羽状分裂。
    2. 花冠小，长在 10 mm 以下。
        3. 轮伞花序。
            4. 小苞片针刺状；花冠上唇全缘；雄蕊内藏 ………………………………… **1. 夏至草属 Lagopsis**
            4. 小苞片卵状披针形或条形；花冠上唇 2 裂；雄蕊外露 ……………… **2. 裂叶荆芥属 Schizonepeta**
        3. 聚伞花序；雄蕊仅前对能育，后对退化 ………………………………… **3. 水棘针属 Amethystea**
    2. 花冠大，长在 20 mm 以上。
        5. 叶掌状分裂，草质，叶裂片先端无刺尖。
            6. 花粉红色或紫红色；植株不被白色绒毛，绿色 ………………………… **4. 益母草属 Leonurus**
            6. 花白色或淡黄色；植株密被白色绒毛，灰白色 ……………………… **5. 白龙昌菜属 Panzeria**
        5. 叶羽状分裂，革质，叶裂片先端具刺尖 ……………………………………… **6. 兔唇花属 Lagochilus**
1. 叶全缘或具齿。
    7. 花萼上裂片背部通常有鳞片状小盾 ……………………………………… **7. 黄芩属 Scutellaria**

7. 花萼上裂片背部无鳞片状小盾。
8. 萼齿5，近相等。
9. 小苞片通常圆形、倒卵形或宽卵形，稀披针形或条状披针形；花药球形，药室顶端贯通为一体 ………………………………………………………………………………………… 8. 香薷属 **Elshoitzia**
9. 小苞片披针形至条形。
10. 花冠上唇呈盔状，边缘流苏状，里面被髯毛；萼齿圆形，先端具刺尖 ··· 9. 糙苏属 **Phlomis**
10. 花冠上唇直伸，不呈盔状，里面通常具毛环；萼齿三角形，先端无刺尖 ··· 10 薄荷属 **Mentha**
8. 萼齿5，呈二唇形。
11. 花冠长10 mm以上，明显呈二唇形，茎直立，多年生草本。
12. 小苞片倒卵形，常具锐齿或刺；萼齿间具瘤状胼胝体 …………… 11. 青兰属 **Dracocephalum**
12. 小苞片条形或钻形；萼齿间具瘤状胼胝体 ……………………………… 12. 荆芥属 **Nepeta**
11. 花冠长10 mm以下，近辐射对称，茎匍匐或斜升，小半灌木 …………… 13. 百里香属 **Thymus**

1. 夏至草属 Lagopsis Bunge ex Benth.

多年生草本。叶对生，掌状浅裂或深裂。轮伞花序腋生；小苞片针刺状；花萼筒状或筒状钟形，具5脉，5齿，齿通常不等长，2齿较长；花冠白色、黄色至褐紫色，二唇形，上唇直伸，全缘或间有微缺，下唇3裂，展开；雄蕊4，前对较长，内藏，花丝短小，花药2室，叉开，花盘平顶；花柱着生子房裂隙底部，柱头2浅裂。小坚果卵圆状三棱形，光滑，具鳞粃或细网纹。

贺兰山有1种。

1. 夏至草（图版76，图3）

Lagopsis supina（Steph.） Ik. –Gal. ex Knorr. in Fl. URSS **20**：250. 1954；中国植物志 **65**（2）：256. 1977；内蒙古植物志（二版）**4**：203. 图版78. 图6~10. 1993；宁夏植物志（二版）**下册**：141. 2007. ——*Leonurus supinus* Steph. ex Willd. Sp. Pl. **3**：116. 1800.

多年生草本。高15~30 cm。茎直上或斜升，常自基部分枝，密被短柔毛。叶半圆形或近圆形，掌状3浅裂或3深裂，裂片具疏圆齿，两面密被短柔毛；叶柄明显，长1~2 cm，密被柔毛。轮伞花序具疏花，直径约1 cm；小苞片刺状，长3 mm，密被短柔毛；花萼筒状钟形，长4~5 mm，外面密被短柔毛，里面上部具贴生微柔毛，齿5，不等大，三角形，先端具刺尖，边缘具纤毛；花冠白色，稍伸出于萼筒，长约6 mm，外面密被长柔毛，上唇尤密，里面与花丝基部被微柔毛，冠筒基部靠上处内缢，上唇矩圆形，全缘，下唇开展，中裂片较宽，侧裂片较小；雄蕊着生于管筒内缢处，不伸出，前对较长；花柱先端2浅裂，内藏。小坚果长卵状三棱形，长约1.5 mm，褐色，有鳞粃。

旱中生植物。生山地宽阔河谷河漫滩，形成小片集群。见东坡苏峪口沟、大水沟；西坡北寺沟、峡子沟。

分布于我国东北、华北、西北、华东、华中及四川、贵州、云南，也见于俄罗斯（东西伯利亚、远东)、蒙古(东北部)、朝鲜。东亚种。

全草入药，能养血调经，主治贫血性头晕、半身不遂、月经不调。也作蒙药用(蒙药名：查干西莫体格)，能消炎利尿，主治沙眼、结膜炎、遗尿。

2. 裂叶荆芥属 Schizonepeta Briq.

多年生或一年生草本。叶分裂。轮伞花序组成顶生穗状花序；花萼具 15 脉；5 齿近相等或二唇形；花冠紫色或蓝紫色略超出萼，二唇形，上唇直立，先端 2 裂，下唇平伸，3 深裂；雄蕊 4，后对上升至上唇片之下或超出，前对向前直伸，短于后对，药室初平行后水平叉开；花盘 4 浅裂。小坚果平滑，无毛。

贺兰山有 2 种。

分种检索表

1. 叶一回羽状分裂；植株单一或少分枝；花冠长 6~7 mm ……………………………… **1. 多裂叶荆芥 S. multifida**
1. 叶一至二回羽状深裂；植株自基部分出数个主茎；花冠长约 5 mm ………………… **2. 小裂叶荆芥 S. annua**

1. 多裂叶荆芥（图版 76，图 2）

Schizonepeta multifida（L.） Briq. in Engl. et Prantl，Nat. Pflanzenfam. **4**（3a）：235. 1895；中国植物志 **65**（2）：266. 1977；内蒙古植物志（二版）**4**：207. 图版 80. 图 5~9. 1993；宁夏植物志（二版）**下册**：146. 2007. ——*Nepta multifida* L. Sp. Pl. 572. 1753.

多年生草本。高 30~50 cm。主根粗壮，暗褐色。茎坚硬，被多节长柔毛，单一，有时上部侧枝发育，并有花序。叶卵形，一回羽状深裂或全裂，有时浅裂至近全缘，长 2~3 cm，宽 1.6~2.1 cm，上部叶 3~5 裂，裂片条状披针形，全缘或具疏齿，上面疏被柔毛，下面沿叶脉及边缘被柔毛和腺点；叶柄长 1~1.5 cm，向上变短至无柄。多数轮伞花序组成的顶生穗状花序，连续或下部间断；苞叶与叶相同，深裂或全缘，向上渐变小，呈紫色，被微柔毛，苞片卵状披针形，呈紫色，比花短；花萼紫色，长 4 mm，外面被短柔毛，萼齿 5，三角形，长约 1 mm，边缘被微柔毛；花冠蓝紫色，长 5~7 mm，冠筒和冠檐外面被柔毛，下唇中裂片大，肾形；前对雄蕊较上唇短，后对略超出上唇；花柱伸出花冠，柱头顶端 2 等裂。小坚果扁，倒卵状矩圆形，腹面略具棱，长 1.2 mm，褐色，平滑。

中旱生植物。生于海拔 2 000~2 300 m 较湿润山坡，为山地草原的伴生种，零星分布。见东坡汝箕沟、大水沟。

分布于我国河北、山西、陕西、甘肃等省；也见于俄罗斯(西伯利亚、远东)、蒙古。东古北极种。

2. 小裂叶荆芥（图版 76，图 1）细裂叶荆芥

Schizonepeta annua（Pall.） Schischk. in Sched. Herb. Fl. Ross. **10**（64）：72. 1936；中

国植物志 **65**（2）：270. 1977；内蒙古植物志（二版） **4**：209. 图版 81. 1993. ——*Nepeta annua* Pall. in Acta Acad. Sci. Petrop. **2**：263. 1783. ——*Schizonepeta deserticoia* H. C. Fu et Ninbu，内蒙古植物志 **5**：412. 图 77. 1980.

一年生草本。高约 10~30 cm。由基部分出主茎数条，斜升或直立，基部近圆柱形，上部四棱形，带紫色，被柔毛。叶二回羽状深裂，长 1~2.5 cm，宽 0.8~2 cm，裂片条形或矩圆状卵形，全缘或具 1~2 齿，先端钝或圆形，两面被白色柔毛和黄色树脂腺点；下部叶柄超过叶片，上部叶柄较短。花序为多数轮伞花序组成的顶生穗状花序，被白色疏短柔毛，长（1）2~l2 cm，径 5~10 mm，生于主茎上的较长，生于侧枝上的较短；位于穗状花序上部的轮伞花序连续，下部的间断，每轮具 2~6 花，苞片叶状，深裂或全缘，下部的较大，上部的变小；小苞片条状钻形，小；花梗长 1~3 mm；花萼筒状钟形，长 4~5 mm，外面密被疏柔毛及黄色树脂腺点，里面疏被短柔毛，萼齿 5，三角状披针形，先端具芒尖，上唇 3 齿长，下唇 2 齿较小；花冠蓝紫色，长约 6 mm，外面被具节的长柔毛，冠檐二唇形，上唇先端浅 2 圆裂，下唇 3 裂，中裂片较大，先端微凹，边缘具浅齿缺，侧裂片较小；雄蕊 4，后对较长，矩超出花冠，花药蓝色；花柱先端相等 2 浅裂。小坚果矩圆状三棱形，长 1.7~2 mm，黑褐色，顶端圆形，基部楔形。花果期 7~9 月。

中旱生植物。生海拔 1 300~1 900 m 宽阔山谷干河床、沙砾地，能成小片集群。见东坡汝箕沟、拜寺沟、大水沟、石炭井；西坡古拉本、胡鲁斯太。

分布于内蒙古（西部）、新疆（东部），也见于俄罗斯（西西伯利亚南部）、蒙古（西部、南部）。亚洲中部荒漠山地种。

3. 水棘针属 Amethystea L.

单种属，属特征同种。

1. 水棘针（图版 77，图 5）

Amethystea caerulea L. Sp. Pl. 21 1753；中国植物志 **65**（2）：93. 1977；内蒙古植物志（二版）**4**：194. 图版 73. 图 5~7. 1993；宁夏植物志（二版）**下册**：136. 2007.

一年生草本。高 l5~40 cm。茎多分枝，带紫色，被疏柔毛或近无毛，以节上较密。叶对生，三角形或近卵形，3 全裂，稀 5 裂或不裂；裂片披针形，边缘具粗锯齿或重锯齿，中裂片较宽大，长 2~4.5 cm，宽 5~15 mm，两侧裂片较窄小，先端钝尖，基部渐狭，上面被短柔毛，下面沿叶脉疏生短柔毛；叶柄长 3~20 mm，疏被柔毛。花序由松散具长梗的聚伞花序组成圆锥花序；苞叶与茎生叶同形，向上渐小；小苞片条形，长约 1 mm；花梗与花序轴被疏腺毛及短柔毛。花萼钟状，连齿长约 4 mm，具 10 脉，其中 5 中肋显著，齿 5，近整齐，窄三角形，与萼筒等长；花冠略长于花萼，蓝色或蓝紫色，冠檐二唇形，上唇 2 裂，卵形，下唇 3 裂，中裂片较大，近圆形；雄蕊 4，前对能育，着生于下唇基部，花时自上唇裂片间伸出，后对为退化雄蕊，微小或近无；花柱略超出雄蕊，先端不相等 2 浅裂。小坚果倒卵状三棱形，长约 1.5 mm，腹面果脐为果长 1/2 以上。

中旱生植物。生山麓冲沟、宽阔山谷河滩地上。仅见东坡山麓及大水沟。

分布于我国东北、华北、西北及山东、安徽、河南、湖北，也见于中亚、俄罗斯（西伯利亚、远东）、蒙古、朝鲜、日本。东古北极种。

4. 益母草属 Leonurus L.

一、二年生或多年生草本。茎直立。叶近掌状分裂。轮伞花序，腋生，多花密集，排列成穗状；苞片针刺状；花萼倒圆锥形或筒状钟形，5 脉，齿 5，近等大，不明显 2 唇形，下唇前 2 齿较长，靠合，上唇 3 齿直立；花冠粉红色至淡紫色，冠筒稍超出花萼，里面有毛环；冠檐 2 唇形，上唇矩圆形或倒卵形，全缘，下唇伸展，3 裂；雄蕊 4，前对较长，花药 2 室，室平行；花柱先端相等 2 裂。小坚果扁三棱形，顶端截平，基部楔形。

贺兰山有 2 种。

分种检索表

1. 叶裂片较宽，通常宽在 3 mm 以上，花冠长 1~1.2 cm，下唇与上唇等长 ………… 1. **益母草 L. japonicus**
1. 叶裂片狭窄，宽 1~3 mm；花冠长 1.8~2 cm，下唇比上唇短 1/4 ……………… 2. **细叶益母草 L. sibiricus**

1. 益母草（图版 76，图 5）

Leonurus japonicus Houtt. Nat. Hist. Pl. **9**：366. 1778；内蒙古植物志（二版）**4**：230. 图版 90. 图 6~10. 1993；宁夏植物志（二版）**下册**：161. 2007. ——*L. artemisia*（Lour.）S. Y. Hu，Journ. Chin. Univ. Hongk. **2**（2）：381. 1974；中国植物志 **65**（2）：508. 1977. ——*Stachys artemisia* Lour. Fl. Cochinch. **2**：365. 1790.

一年生或二年生草本。高 30~80 cm。茎直立，钝四棱形，微具槽，有倒向糙伏毛，棱上尤密，基部近于无毛，分枝。叶形变化较大，茎下部叶轮廓为卵形，基部宽楔形，掌状 3 裂，裂片矩圆状卵形，长 2.6~6 cm，宽 5~12 mm，叶柄长 2~3 cm；中部叶轮廓为菱形，基部狭楔形，掌状 3 半裂或 3 深裂，裂片矩圆状披针形；花序上部的苞叶成条形或条状披针形，长 2~7 cm，宽 2~8 mm，全缘或具稀少缺刻。轮伞花序腋生，多花密集，轮廓为圆球形，径 2 cm，多数远离而组成长穗状花序；小苞片刺状，比萼筒短；无花梗；花萼管状钟形，长 4~8 mm，外面贴生微柔毛，里面在离基部 1/3 处以上被微柔毛，齿 5，前 2 齿靠合，较长，后 3 齿等长，较短；花冠粉红至淡紫红色，长 7~10 mm，伸出于萼筒部分的外面被柔毛，冠檐二唇形，上唇直伸，下唇与上唇等长，3 裂；雄蕊 4，前对较长，花丝丝状；花柱丝状，无毛。小坚果矩圆状三棱形，长 2.5 mm。花期 6~9 月，果期 9~10 月。

中生植物。生山麓冲沟、居民点附近。仅见东坡山麓。

分布于我国南北各省，也见于俄罗斯（远东）、朝鲜、日本，热带亚洲、热带非洲、南北美洲。泛热带种。

2. 细叶益母草（图版 76，图 4） 益母蒿、龙昌菜

Leonurus sibiricus L. Sp. Pl. 584. 1753；中国植物志 **65**（2）：511. 1977；内蒙古植物志（二版）**4**：231. 图版 91. 图 1~5. 1993；宁夏植物志（二版）**上册**：162：2007.

一年生或二年生草本。高 30~75 cm。茎钝四棱形，有短而贴生的糙伏毛，分枝或不分枝。叶形从下到上变化较大，下部叶早落；中部叶轮廓为卵形，长 2.5~9 cm，宽 3~4 cm，叶柄长 1.5~2 cm，掌状 3 全裂，裂片上再羽状分裂（多 3 裂），小裂片条形，宽 1~3 mm；最上部的苞叶近于菱形，3 全裂，细裂片条形，宽 1~2 mm。轮伞花序腋生，多花，轮廓圆球形，径 2~4 cm，向顶逐渐密集组成长穗状；小苞片刺状，向下反折；无花梗；花萼管状钟形，长 6~10 mm，外面在中部被疏柔毛，里面无毛，齿 5，前 2 齿长，稍开张，后 3 齿短；花冠粉红色，长 1.8~2 cm，冠檐二唇形，上唇矩圆形，直伸，全缘，外面密被长柔毛，里面无毛，下唇比上唇短，外面密被长柔毛，里面无毛，3 裂；雄蕊 4，前对较长，花丝丝状；花柱丝状，先端 2 浅裂。小坚果矩圆状三棱形，长 2.5 mm，褐色。花期 7~9 月，果期 9 月。2n=18。

旱中生植物。生山麓冲沟，居民点附近，也进入宽阔山谷沙砾地。见东坡苏峪口沟、黄旗沟、甘沟；西坡北寺沟、峡子沟、巴彦浩特。

分布于我国东北（西部）、华北、西北（东部）及内蒙古，也见于俄罗斯（西伯利亚）、蒙古（东部、北部）。亚洲中部种。

全草入药（药材名：益母草），能活血调经、利尿消肿，主治月经不调、痛经、闭经、恶不尽、急性肾炎水肿。也作蒙药用（蒙药名：都日本-吉额布苏-乌布其干）能活血调经、利尿、降血压，主治高血压、肾炎、月经不调、火眼。果实入药（药材名：茺蔚子），能活血、清肝明目，主治月经不调、痛经、目赤肿痛、结膜炎、前房出血、头晕胀痛。

5. 白龙昌菜属 Panzeria Moench 脓疮草属

多年生草本。叶掌状分裂，具长柄。轮伞花序，多花，腋生，组成穗状花序；苞片针刺状，比萼筒短；花萼筒状钟形，具 10 脉，萼齿 5，先端具刺状尖头，前 2 齿较长；花冠二唇形，上唇盔状，外面密被柔毛，下唇直伸，3 裂；雄蕊 4，上升至冠筒之外，前对稍长，花药卵圆形，2 室，横列；花柱丝状，花盘平顶。小坚果卵状三棱形，顶端圆形。种子直生。

贺兰山有 1 种。

1. 白龙昌菜（图版 76，图 6） 脓疮草

Panzeria lanata（L.） Bunge in Ledeb. Fl. Alt. **2**：410. 1830. ——*Ballota lanata* L. Sp. Pl.

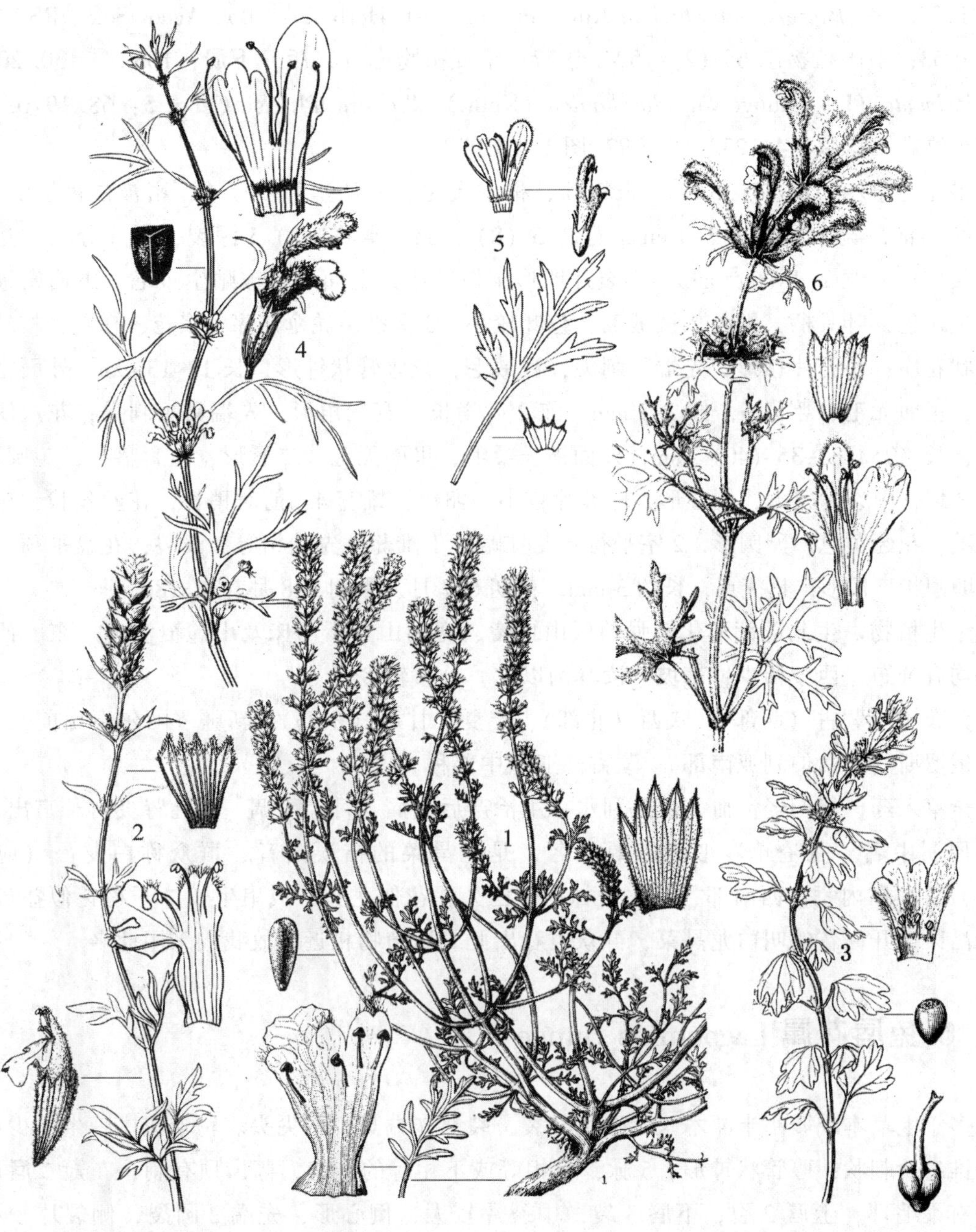

图版 76　1. 小裂叶荆芥 Schizonepeta annua（Pall.） Schischk. 植株、叶、萼、花、果；2. 多裂叶荆芥 S. multifida（L.） Briq. 植株上部、花及展开花、萼；3. 夏至草 Lagopsis supina（Steph.） Ik. -Gal. ex Knorr. 植株上部、花、雌蕊、果；4. 细叶益母草 Leonurus sibiricus L. 花枝、花及展开花、果；5. 益母草 L.japonicus Houtt. 叶、花及展开花、萼；6. 白龙昌菜 Panzeria lanata（L.） Bunge 花枝、萼、花。（1 张海燕绘；2、4、5 田虹绘；3、6 马平绘）

582. 1753. ——*Panzeria alaschanica* Kupr. in Not. Syst. Herb. Inst. Bot. Acad. Sci. URSS **15**: 364. 1953；中国植物志 **65**（2）：524. 1977；宁夏植物志（二版）**下册**：163. 图 130. 2007. ——*P. lanata*（L.）Bunge var. *alaschanica*（Kupr.）Tschern. Pl. Asi. Centr. **5**：68. 1970；内蒙古植物志（二版）**4**：233. 图版 92. 图 1~4. 1993.

多年生草本。高 15~35 cm。根粗壮，稍木质化。茎从基部多分枝，密被白色短绒毛。茎生叶早枯，宽卵形，长 2~4 cm，宽 3~5（8） mm，掌状（3）5 深裂，裂片分裂常达基部，狭楔形，宽 2~4（6） mm，小裂片卵形至披针形，上面均密被贴生短毛，下面密被绒毛，呈灰色，叶具柄，细长，被绒毛；苞叶较小，3 深裂。轮伞花序，多花，在茎、枝端组成穗状花序；小苞片钻形，先端具刺尖，被绒毛；花萼管状钟形，长 12~15 mm，外面密被绒毛，里面无毛，萼齿 5，长 2~3 mm，前 2 齿稍长，宽三角形，先端具短刺尖；花冠淡黄白色，长（25）33~35（40） mm，外面被长柔毛，里面无毛，二唇形，上唇盔状，矩圆形，下唇 3 裂，中裂片较大，倒心形，侧裂片较小，卵形；雄蕊 4，前对稍长，花丝丝状，略被微柔毛，花药黄色，卵圆形，2 室平行；花柱略短于雄蕊，先端相等 2 浅裂；花盘平顶。小坚果卵圆状三棱形，具疣点，长约 3 mm。花期 6~7 月，果期 7~8 月。2n=18。

旱生植物。生北部荒漠化较强的低山丘陵、宽阔山谷干河床及山麓覆沙地。东、西坡北部均有分布，西坡稀少，东坡（汝箕沟以北）分布较多。

分布于内蒙古（西部）、陕西（北部）、宁夏、甘肃（东部）、新疆（阿尔泰山前），也见于俄罗斯（西西伯利亚南部）、蒙古。亚洲中部种。

全草入药，能调经活血、清热利水，主治产后腹痛、月经不调、急性肾炎、子宫出血。

原属中名“脓疮草”似无来源之名，是龙昌菜的错误谐音，群众称白龙昌（应为“串”）菜，在内蒙古西南部、陕北榆林一带已久，花似龙头，成串生长，开粉花似益母草为龙昌菜，开白花的叫白龙昌菜，群众也看出此二属植物相近。故我们采用此名。

6. 兔唇花属 Lagochilus Bunge

多年生草本或矮小半灌木。叶羽状分裂，裂片先端具刺状尖头。轮伞花序腋生，少花；苞片锥尖，刺状；萼管状钟形，5 脉，有相等或不相等的 5 齿，萼齿顶有刺；花冠二唇形，里面有柔毛环，上唇 2 裂，下唇 3 裂，中裂片较大，倒心形，先端 2 圆裂，侧裂片较小；雄蕊 4，花丝有毛，花药 2 室，室平行或略叉开。小坚果三角形，顶端截平或圆形。

贺兰山有 1 种，1 变种。

1. 兔唇花（图版 77，图 4）冬青叶兔唇花

Lagochilus ilicifolius Bunge in Benth. Labiat. Gen. et Sp. 641. 1834；中国植物志 **65**（2）：532. 图版 102. 1977；内蒙古植物志（二版）**4**：235. 图版 92. 图 5~8. 1993；宁夏植物志（二版）**下册**：160. 2007

多年生植物，高 7~13 cm。根木质。茎分枝，直立或斜升，基部木质化，密被短柔毛，混生疏长柔毛。叶楔状菱形，革质，灰绿色，长 10~15 mm，宽 5~10 mm，先端具 5~7 齿裂，齿端具短芒状刺尖，基部楔形，两面无毛；无柄。轮伞花序具 2~4 花，着生在茎上部叶腋内；花基部两侧具 2 苞片，苞片针状，长 8–10 mm，无毛；花萼管状钟形，长 13~15 mm，宽约 5 mm，革质，无毛，5 齿，齿不等长，矩圆状披针形，长 5~6 mm，先端有刺尖；花冠淡黄色，外面密被短柔毛，里面无毛，长 2.5~2.8 cm，上唇直立，2 裂，边缘具长柔毛，下唇 3 裂，中裂片大，倒心形，侧裂片小，窄卵形；雄蕊着生于冠筒，花丝扁平，前对长，下部被柔毛；花柱近方柱形。小坚果狭三棱形，长约 5 mm，顶端截平。花期 6~8 月，果期 9~10 月。

强旱生植物。生山麓荒漠草原及干燥石质山坡，为荒漠草原重要伴生种。东、西坡均有分布，为习见植物。

分布于内蒙古（西部)、陕西（北部)、宁夏（中北部)、甘肃（中东部，也见于俄罗斯(西伯利亚南部)、蒙古。戈壁蒙古种。

1a.毛兔唇花（变种） 毛萼兔唇花

Lagochilus ilicifolius Bunge var. **tomentosus** W. Z. Di et Y. Z. Wang in Pl. Vasc. Helansh.（贺兰山维管植物）327. 1986.

该变种与正种不同处在于：花萼筒上部疏生长柔毛。

生境与正种同，但甚少见。仅见东坡苏峪口沟。

贺兰山特有变种。

贺兰山是该变种模式产地。模式标本系李延峙（Li Yan–Shi）No. 3106（Type WNU），1983 年 8 月 5 日采自贺兰山苏峪口沟海拔 1 500 m 处。

7. 黄芩属 Scutellaria L.

草本或半灌木。花腋生、对生，组成顶生或侧生总状或穗状花序；花萼钟状，二唇形，唇片短、宽，全缘，上裂片背上具鳞片状盾片或囊状突起，上唇通常早落，下唇宿存；花冠筒伸出于萼筒，背面近直立，基部膝曲呈囊状，冠檐二唇形，上唇盔状，下唇常 3 裂，中裂片宽大；雄蕊 4，前两个较长，延伸至上唇片之下，花药退化为 1 室，后对花药具 2 室，药室裂口具髯毛；子房 4 裂，花柱着生于子房基部，柱头先端 2 浅裂。小坚果扁球形或卵圆形，背面具瘤，果脐小，高度不超过果轴的一半。

贺兰山有 1 种。

1. 甘肃黄芩（图版 77，图 1）阿拉善黄芩

Scutellaria rehderiana Diels in Notizbl. Bot. Berlin **10**：889. 1930；中国植物志 **65**（2）：199. 1977；宁夏植物志（二版）**下册**：139. 2007. ——*S. alaschanica* Tschern in Nov. Syst.

Pl. Vasc. Acad. Sci. URSS **1965**：220. 1965；内蒙古植物志（二版）**4**：197. 图版 1~5. 1993. ——*S. kansuensis* Hand. –Mass. in Acta Hort. Gothob. **9**：76. 1934.

多年生草本。高 20~35 cm。主根木质，圆柱形，直径达 2 cm。茎弧曲上升，被下曲的短柔毛，有时混生腺毛。叶片草质，卵形、卵状披针形或披针形，长 1~3 cm，宽 5~11 mm，先端圆钝，基部宽楔形至圆形，全缘，或下部每侧有 2~5 个不规则的浅牙齿，两面被短毛或被短柔毛，下面几无腺点；叶柄长 1~4 mm。花序总状顶生，长 3~10 cm，花序轴密被腺毛；小苞片条形，长约 1 mm；花梗长约 2 mm，被腺毛；花萼开花时长约 3 mm，盾片高约 1 mm，被腺毛；花冠淡紫色或紫蓝色，长约 2.5 cm，外面被腺毛；冠筒近基部膝曲，上唇盔状，先端微缺，里面基部被腺毛，下唇 3 裂，中裂片较大，近圆形，顶端微缺，侧裂片三角状卵形；花丝下部被疏柔毛；子房 4 裂，花盘肥厚，平顶。小坚果卵球形，黑色，具小瘤状突起。花期 6~8 月。

旱生植物。生海拔 1 200（东坡）~1 700~2 200 m 山地沟谷石沙砾地，石质山坡及山麓冲沟内。见东坡甘沟、榆树沟、苏峪口沟、大水沟；西坡峡子沟、南寺沟、哈拉乌沟。

分布于我国山西、内蒙古（西部）、陕西、甘肃。为我国特有。黄土高原（山地）种。

根也可作黄芩入药。部分（药材名：紫苏）功能主治同紫苏叶，但发散力稍缓。种子可榨油，供食用或工业用。

阿拉善黄芩 *S. alaschanica* 发表新种时并没与其相似的甘肃黄芩 *S. rehderiana* 作比较，《亚洲中部植物》5 卷黄芩属中也没有说甘肃黄芩，显然是俄国学者忽略了甘肃黄芩，实际二者几乎完全相同，阿拉善黄芩应是晚出异名。

8. 香薷属 Elsholtzia Willd.

草本、半灌木或灌木。叶缘具齿。轮伞花序组成穗状花序，圆柱形或偏向于一侧；花萼钟形或筒形，萼齿 5，近等长或前 2 齿较长，果时稍膨大；花冠小，近二唇形，上唇直立、下唇开展，3 裂，中裂片常较大、全缘；雄蕊 4，前对常较长，通常伸出花冠，花药球形，2 室，顶端贯通为 1 室；花柱先端 2 裂，花盘前方呈指状膨大。小坚果卵圆形或矩圆形，无毛，具小瘤或光滑。种子直生。

贺兰山有 2 种（含 1 无正种的变种）。

分种检索表

1. 穗状花序圆柱形，多花密集，密被紫色串珠长柔毛；叶条状披针形或披针形 ………………………………………………………… 1. 细穗香薷 **E. densa** var. **ianthina**
1. 穗状花序偏于一侧，多花，被柔毛或缘毛；叶卵形或椭圆状披针形 …………………… 2. 香薷 **E. ciliata**

1. 细穗香薷（变种）（图版 77，图 3）

Elsholtzia densa Benth. var. **ianthina**（Maxim. et Kanitz） C. Y. Wu et S. C. Huang，植物分类学报 **12**（3）：344. 1974；中国植物志 **66**：332. 1977；内蒙古植物志（二版）**4**：248. 图版 97. 图 6~9. 1993；宁夏植物志（二版）**下册**：143. 2007. ——*Dysophylla* inthina Maxim. et Kanitz，A. Novenyt. Gyiitesek Grof. Szecheni 46. 1877~1880.

一年生草本。高 20~80 cm。侧根密集。茎直立，自基部多分枝，被短柔毛。叶条状披针形或披针形，长 2~6 cm，宽 5~15 mm，先端渐尖，基部楔形，边缘具锯齿，两面被短柔毛，叶具柄，长 3~15 mm。轮伞花序，具多花，密集成圆柱形的穗状花序，长 2~6 cm，宽约 0.7 mm，苞片、花萼、花冠外面及边缘密被紫色串珠状长柔毛；苞片倒卵形，顶端钝；花萼宽钟状，长约 1.5 mm，萼齿 5，近三角形，前 2 齿较短，果时花萼膨大，近球形，长 4 mm，宽达 3 mm；花冠淡紫色，长约 2.5 mm，二唇形，上唇先端微缺，下唇 3 裂，中裂片较侧裂片短，里面有毛环；雄蕊 4，前对较长，微露出，花药近圆形；花柱微伸出。小坚果卵球形，长约 2 mm，褐色，被极细微柔毛。花果期 7~10 月。

中生植物。生海拔 1 500（东坡）~2 100~2 600 m 山地沟谷、河溪边、沙砾地、灌丛中。见东坡苏峪口沟、大水沟、插旗沟；西坡哈拉乌北沟、南寺沟、北寺沟等。

分布于我国东北（南部）、华北、西北（东部）及四川。为我国特有。华北种。

药用同香薷。

2. 香薷（图版 77，图 2）山苏子

Elsholtzia ciliata（Thunb.） Hyland. in Bot. Not. **1941**：129. 1941；中国植物志 **66**：346. 1977；内蒙古植物志（二版）**4**：249. 图版 98. 图 1~5. 1993；宁夏植物志（二版）**下册**：142. 图 92. 2007. ——*Sideritis ciliata* Thunb. Pl. Jap. 245. 1784.

多年生草本。高 30~40 cm。主根细圆锥形，侧根密集。茎中下部以上分枝，被疏柔毛。叶卵形或椭圆状披针形，长 2~6 cm，宽 1~2.5 cm，先端渐尖，基部楔形，边缘具钝锯齿，上面被疏柔毛，下面沿脉疏被柔毛和腺点，柄长 0.5~1.5 cm。轮伞花序，多花，组成偏向一侧的穗状花序，长 2~5 cm；苞片卵圆形，长宽约 4 mm，先端具芒尖，上面被腺点，下面无毛；花萼钟状，长约 2.0 mm，外面被柔毛，萼齿 5，三角形，前 2 齿较长，具芒尖和缘毛；花冠淡紫色，长约 4 mm，外面被柔毛及腺点，二唇形，上唇直立，先端微缺，下唇开展，3 裂，中裂片半圆形，侧裂片较短；雄蕊 4，前对较长，外伸，花药黑紫色；子房全 4 裂，花柱内藏。小坚果矩圆形，长约 1 mm，棕黄色，光滑。花果期 7~10 月。2n=16，18。

中生植物。生山麓村舍附近。仅见东坡山麓。

分布于我国各省区（青海、新疆除外），也广布于俄罗斯（西伯利亚、远东）、印度、中南半岛、日本、朝鲜、蒙古。东古北极种。

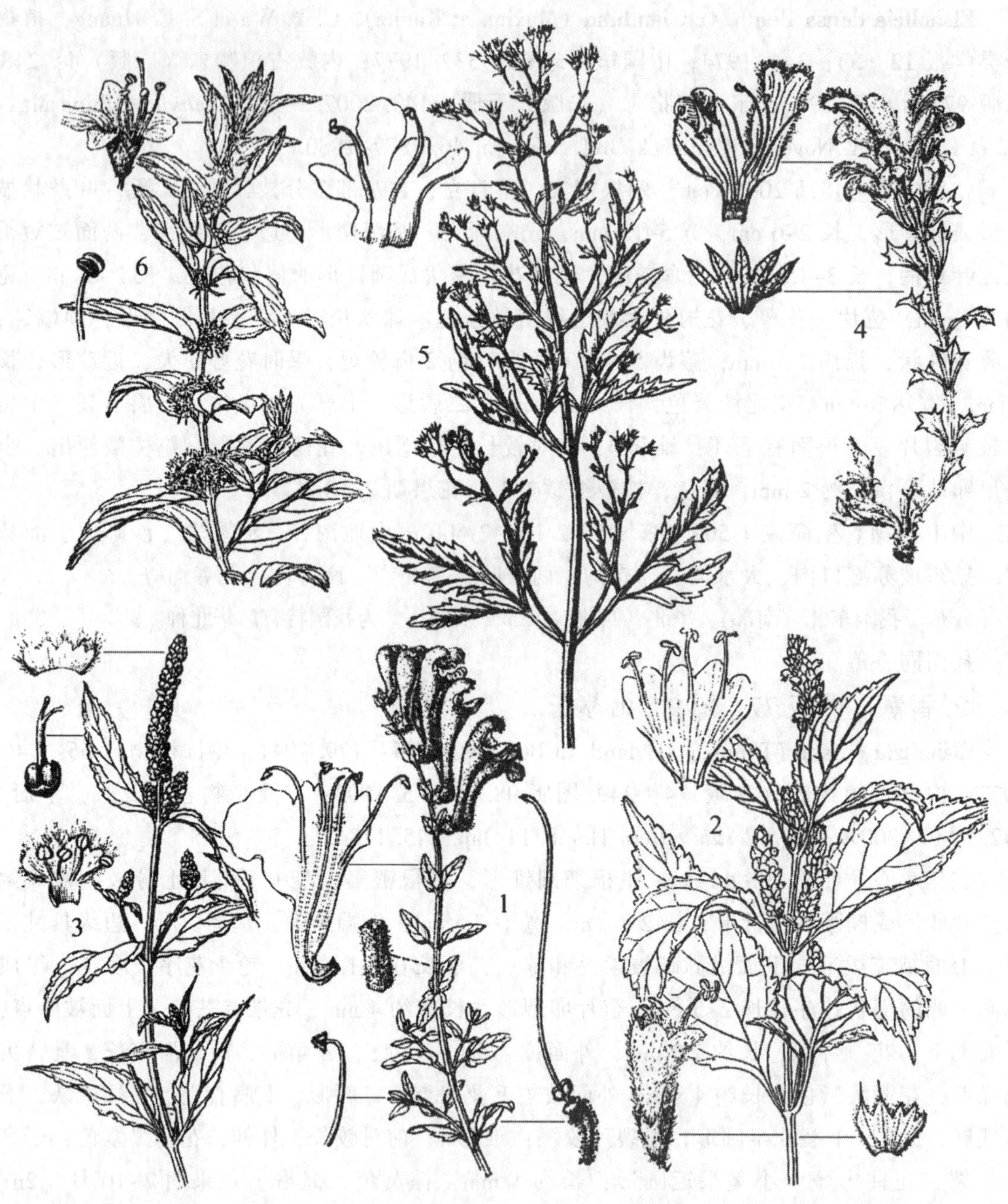

图版 77　1. **甘肃黄芩** Scutellaria rehderiana Diels 植株上部、花冠、雄蕊、雌蕊；2. **香薷** Elsholtzia ciliata (Thunb.) Hyland. 植株上部、花、萼、花冠；3. **细穗香薷** E. densa Benth. var. ianthina (Maxim. et Kanitz) C. Y. Wu et S. C. Huang 植株上部、萼、花冠、雌蕊及花盘；4. **兔唇花** Lagochilus ilicifolius Bunge 植株、萼、花冠；5. **水棘针** Amethystea caerulea L. 植株上部、花冠；6. **薄荷** Mentha arvensis L. 植株上部、花、雄蕊。（1、5 张海燕绘；2~4、6 马平绘）

9. 糙苏属 Phlomis L.

多年生草本。叶常具皱纹。轮伞花序腋生，常多花密集；花萼筒状或筒状钟形，5~10 脉，喉部不倾斜，具相等 5 齿；花冠二唇形，里面多具毛环，上唇直伸或盔状，全缘或流苏状小齿，被绒毛或长柔毛，下唇平展，3 圆裂；雄蕊 4，二强，前对较长，上升至上唇下，后对花丝基部通常突出成附属器，花药卵形，2 室；子房全 4 裂，花柱先端不等 2 裂；花盘近全缘。小坚果无毛或顶端被毛。种子直生。

贺兰山有 1 种。

1. 尖齿糙苏（图版 78，图 5）

Phlomis dentosa Franch. Pl. David. **1**：243. 1884；中国植物志 **65**（2）：446. 1977；内蒙古植物志（二版）**4**：225. 图版 88. 图 6~11. 1993；宁夏植物志（二版）**下册**：156. 图 99. 2007.

多年生草本。高 20~40 cm。根粗壮。茎直立，多分枝，茎被具节刚毛，被星状毛。叶三角形或三角状卵形，长 4~10 cm，宽 2~6 cm，先端圆或钝，基部心形，边缘具不整齐的圆齿，上面被单毛和星状毛，下面密被柔毛和星状柔毛，叶脉隆起；基生叶具长柄，柄长 4~7 cm，茎生叶具短柄。轮伞花序，具多花；苞片针刺状，长 8~12 mm，密被星状柔毛及星状毛；花萼筒状钟形，长约 10 mm，外面密被星状毛，脉上被长硬毛，萼齿 5，相等，齿长约 1 mm，顶端具长 3~5 mm 的钻状刺尖；花冠粉红色，长约 1.6 cm，冠筒里面近喉部被短柔毛，有间断的毛环，二唇形，上唇盔状，外面密被长柔毛，边缘具流苏状小齿，下唇 3 圆裂，中裂片宽倒卵形，较大，侧裂片卵形，较小，外面密被长柔毛；雄蕊 4，露出，花丝被毛，后对基部具距状附属器；花柱先端不等 2 裂。小坚果顶端无毛。花期 6~8 月，果期 8~9 月。

旱中生植物。生海拔 1 400~2 200 m 山地沟谷、山麓冲沟、路旁。见东坡苏峪口沟、黄旗沟、插旗沟；西坡华溪沟。

分布于我国华北（北部）、西北（东部）。为我国特有种。华北（西部）种。

10. 薄荷属 Mentha L.

多年生或一年生草本，有香气。叶缘具牙齿、锯齿或圆齿。轮伞花序，密集呈球形，腋生或排成穗状花序；花小，两性或单性，异株或同株；花萼钟形，10~13 脉，5 齿；花冠钟形，近辐射对称，4 裂，上裂片大都稍宽、全缘、先端浅裂，另 3 裂片等大，全缘；雄蕊 4，全部发育，近等大，直立，通常伸出花冠，花药 2 室，室平行；花柱伸出，顶端 2 浅裂。小坚果卵形平滑或有网状突起。

贺兰山有 1 种。

1. 薄荷（图版 77，图 6）

Mentha arvensis L. Sp. Pl. 577. 1753. ——*M. haplocalyx* Briq. in Bull. Soc. Bot. Geneve **5**：39. 1889；中国植物志 **66**：262. 图版 60. 1977；内蒙古植物志（二版）**4**：242. 图版 95. 图 1~6. 1993；宁夏植物志（二版）**下册**：167. 图 105. 2007.

多年生草本。高 30~60 cm。具长根状茎，茎直立，四棱形，分枝或不分枝，被疏或密的短柔毛。叶矩圆形、椭圆形或卵形，长 2~9 cm，宽 1~3.5 cm，先端渐尖或锐尖，基部楔形，边缘具锯齿；叶柄长 2~15 mm，被短柔毛。轮伞花序腋生，球形，茎 1~1.5 cm，梗极短；苞片条形；花萼筒状钟形，长约 3 mm，萼齿狭三角状钻形；花冠淡紫色，长 4~5 mm，外面被短柔毛，冠檐 4 裂，上裂片先端 2 裂，较大，其余 3 裂片等大，矩圆形，先端钝；雄蕊 4，前对较长，伸出花冠，或与花冠近等长；花柱略长于雄蕊，先端 2 浅裂。小坚果卵形，黄褐色。花期 7~8 月，果期 9 月。2n=72。

湿中生植物。生山口、山麓溪水边及水渠上。仅见东坡苏峪口沟、插旗沟、贺兰沟。

分布于我国各省区，也广布于俄罗斯（西伯利亚、远东）、日本、朝鲜。东亚（中国–日本）种。

地上部分入药，能祛风热、醒头目，主治热感冒、头痛、目赤、咽喉肿痛、口舌生疮、牙痛、荨麻疹、风疹、麻疹初起。

秦仁昌 1923 年采集的 No. 1099 标本被定为 *M. arvensis* L.，可能是变种。

11. 青兰属 Dracocephalum L.

多年生草本，稀一年生或小半灌木。轮伞花序密集呈头状、穗状或稀疏排列；花萼筒形或钟状筒形，直或稍弯，具 15 脉，萼齿 5，有时呈二唇形，齿间具瘤状的胼胝体；花冠筒下部细，从中部以上渐宽，冠檐二唇形，上唇直或微弯，顶端 2 裂或微凹，下唇 3 裂，中裂片最大；雄蕊 4，后对较长，与花冠等长或稍伸出，花药无毛或稀被毛，近 180°叉开，药隔常突出成附属器而使花药侧生；子房 4 裂，花柱细长，柱头 2 等裂。小坚果矩圆形，光滑。

贺兰山有 3 种。

分种检索表

1. 草本；叶较大，长 1.5~5 cm，边缘具牙齿或圆齿。
   2. 一年生草本；叶披针形，边缘具不规则的牙齿，基部圆形或楔形；花淡蓝色或紫蓝色 ………………………………………………………………………… 1. 香青兰 **D. moldavica**
   2. 多年生草本；叶卵形，边缘具浅圆齿，基部心形；花淡黄色或白色 ………………………………………………………………………… 2. 白花枝子花 **D. heterophyllum**
1. 小半灌木；叶较大，长 5~10 cm，全缘或中部叶具 1~3 小齿；花淡紫色 …… 3. 灌木青兰 **D. fruticolosum**

1. 香青兰（图版 78，图 3）

Dracocephalum moldavica L. Sp. Pl. 595. 1753；中国植物志 **65**（2）：361. 1977；内蒙古植物志（二版）**4**：217. 图版 84. 图 1~6. 1993；宁夏植物志（二版）**下册**：149. 2007.

一年生草本。高 15~40 cm。茎直立，常在中部以下对生分枝，被短柔毛，钝四棱形。叶披针形至条状披针形，先端钝，长 1.5~4 cm，宽 0.5~1 cm，基部圆形或宽楔形，边缘具疏齿，有时基部牙齿齿尖常具长刺，两面均被短毛及黄色腺点。轮伞花序生于茎或枝上部，每节通常具 4 花；苞片狭椭圆形，疏被短柔毛，每侧具 2~5 齿，齿尖具长 2.5~3.5 mm 的长刺；花萼长约 1 cm，密被短柔毛和金黄色腺点，常带紫色，2 唇形，上唇 3 裂 1/4~1/3，齿近等大，先端锐尖成短刺，下唇 2 裂至基部，先端具短刺；花冠淡蓝紫色至蓝紫色，长约 2~2.5 cm，喉部以上开展，外面密被白色短柔毛，冠檐二唇形，上唇二浅裂或微凹，下唇 3 裂，中裂片 2 裂；雄蕊微伸出，花丝无毛，花药平叉开；花柱无毛，先端 2 等裂。小坚果长 2.5~3 mm，三棱状矩圆形，顶端平截。花果期 6~9 月，2n=10。

中生植物。生于山地沟谷和山麓的村舍、路旁，零星分布。产东坡小口子；西坡巴彦浩特。

分布于我国东北、华北、西北及河南，也见于俄罗斯（西伯利亚）、蒙古。东古北极种。

全株含芳香油，可作香料植物。地上部分作蒙药用（蒙药名：昂凯鲁莫勒一比日羊古），能泻肝火、清胃热、止血，主治黄疸、吐血、衄血、胃炎、头痛、咽痛。

2. 白花枝子花（图版 78，图 2）

Dracocephalum heterophyllum Benth. Labiat. Gen. et Sp. 738. 1836；中国植物志 **65**（2）：358. 1977；内蒙古植物志（二版）**4**：217. 图版 84. 图 7~10. 1993；宁夏植物志（二版）**下册**：148. 2007.

多年生草本。高 10~25 cm。根粗壮。茎自基部分枝，倾卧或有时近平铺，四棱形，密被倒向短柔毛。下部叶宽卵形至长卵形，长 1.5~3.5 cm，宽 0.7~2 cm，先端钝或圆形，基部心形或截平，边缘具圆齿，两面疏被微柔毛，下面被腺点，叶柄长 2~4 cm；茎上部叶与茎下部叶同形，边缘具浅圆齿或尖锯齿，叶柄变短，锯齿齿尖常具刺。轮伞花序于茎顶成穗状，长 3~8 cm；苞片倒卵形或披针形，长 10~15 mm，被短柔毛，边缘具小齿，齿尖具 2~4 mm 的刺，边缘具缘毛；花具短梗；花萼二唇形，长约 15 mm，外面疏被短柔毛，边缘具短睫毛，上唇 3 裂至 1/3 或 1/4，几等大，卵形，先端具短刺，下唇 2 裂至 2/3，披针形，先端具刺；花冠白色或淡黄色，长 2~2.5 cm，外面密被短柔毛，二唇形；上唇直伸先端二浅裂，下唇较上唇短，3 裂；雄蕊无毛。花期 7~8 月。

中旱生植物。生海拔 2 100~3 000 m 石质山坡草甸、灌丛和林缘及山地沟谷河滩地上，在 2 500 m 左右山地灌丛中数量甚多，为重要伴生种。见东坡苏峪口沟、黄旗沟、贺兰沟、大水沟；西坡哈拉乌沟、南寺沟、高山气象站等。

分布于我国西北及内蒙古（西部）、山西（西北部）、四川（北部），也见于中亚（东部天山)、蒙古。为青藏高原种。

全草入药，能止咳、清肝火、散郁结，主治支气管炎、高血压、甲状腺肿大、淋巴结结核、淋巴结炎。

3. 灌木青兰（图版 78，图 1）沙地青兰、线叶青兰

Dracocephalum fruticulosum Steph. ex Willd. Sp. Pl. **3**：152. 1800；Pl. Asi. Centr. **5**：43. 1970；Fl. China **17**：128. 1994. ——*D. psammophlum* C. Y. Wu et W. T. Wang；中国植物志 **65**（2）：363，592. 1977；Fl. China **17**：128. 1994. ——*D. fruticulosum* subsp. *psammophilum*（C. Y. Wu et W. T. Wang） H. C. Fu et Sh. Chen，Fl. Intramong. **5**：195. 1980. et ed. 2. 4：221. t. 86. 1993. 宁夏植物志（二版）**下册**：150. 2007. ——*D. linearifolium* C. H. Hu in Journ. Nanjing Univ. **1**：122. pl. 1~2. 1984.

小半灌木。高可达 20 cm。根粗壮。树皮灰褐色，不整齐剥裂，小枝近圆柱形或呈不明显的四棱形，略带紫色，密被倒向白色短毛。叶片椭圆形、卵状椭圆形或条形，先端钝或圆，基部宽楔形或圆形，长 5~10 mm，宽 1~3 mm，全缘或每侧边缘具 1~3 齿、小牙齿或锯齿，两面密被短毛及腺点；近花序处的叶变小，苞片状，柄极短。轮伞花序生于茎顶，多少密集；花具短梗；苞片长椭圆形，长 3~8 mm，边缘具刺齿，密被微毛及腺点，边缘具短睫毛；萼钟状管形，长 10~12 mm，外面密被微毛及腺点，里面疏被微毛，萼齿近相等或上唇齿稍宽，下唇稍窄，齿长 2.5~4 mm，披针状三角形、三角形，先端锐尖，筒长约 8 mm，干时紫色；花冠淡紫色，长 15~20 mm，外面密被短柔毛，冠筒里面中下部具白色短柔毛，冠檐二唇形，上唇先端 2 浅裂，下唇中裂片较宽，2 浅裂，侧裂片最小；雄蕊稍伸出，花丝被疏毛，花药深紫色。花期 8 月，果期 9 月。

旱生植物。生海拔 1 500（东坡）~1 800~2 100 m 浅山区、山麓干燥石质山坡。见东坡甘沟；西坡峡子沟。

分布于我国内蒙古（桌子山）、宁夏（罗山），也见于俄罗斯（西伯利亚）、蒙古。蒙古种。

该植物在贺兰山形态上有一定变异，目前已知就有两新种发表：沙地青蓝 *D. psammophilum*（模式标本系南京大学生物系 1956 年 6 月采自贺兰山、沙漠）另一个是线叶青兰 *D. linearifolium*（模式标本系宁夏农业厅综合勘察队 No. 79451，1979 年 6 月采自贺兰山）。经过比较后我们认为仍属灌木青兰 *D. fruticulosum* 种的范围。后者虽模式产地在俄罗斯西伯利亚，但主要分布在蒙古国（除东蒙古、近兴安、肯特山、库苏古泊、准格尔戈壁、外阿尔泰戈壁以外）。贺兰山是该种分布的南缘，模式产地刚好在其分布区的北缘，二者定会有些小的差异。英文版的《中国植物志》（Flora of China，1994）认为贺兰山有两种小灌木状的青兰，即灌木青兰 *D. fruticulosum* 和沙地青兰 *D. psammophilum*，线叶青兰作为灌木青兰的异名。两种青兰的检索差异是：灌木青兰叶全缘，条形，长 5~7 mm，宽 0.8~1.2 mm，具 2~3 个锯齿，齿和顶端的刺长 3 mm，萼齿二唇形，上齿较宽，下齿较窄，苞片具 2~3 个锯

齿；沙地青兰叶具锯齿或牙齿，萼片不明显二唇形，五齿近相等，叶椭圆形至卵状椭圆形，长 5~6 mm，宽 2~3 mm，具 1~3 个小齿，苞片有刺齿。其实差别只是叶的宽度，其他只是观察和描述上的不同。

12. 荆芥属 Nepeta L.

一年生或多年生草本，稀半灌木。轮伞花序或聚伞花序。花萼筒状，具 15 脉，有不等形 5 齿，二唇形；花冠筒长于萼，冠檐二唇形，上唇直立，2 裂或微缺。下唇 3 裂，中裂片大；雄蕊 4，伸出花冠，平行，沿花冠上唇上升，后对较长，药室 2，椭圆状，通常水平叉开；花盘裂片与子房裂片互生，花柱细长，着生于子房基部，柱头近相等二裂。小坚果平滑或具突起。

贺兰山有 1 种。

1. 大花荆芥（图版 78，图 4）

Nepeta sibirica L. Sp. Pl. 572. 1753；中国植物志 **65**（2）：286. 1977；内蒙古植物志（二版）**4**：211. 图版 72. 图 1~4. 1993；宁夏植物志（二版）**下册**：152. 2007.

多年生草本。高 30~60 cm。茎多数，直立或斜升，被微柔毛，老时脱落。叶披针、矩圆状或三角状披针形，长 3~8 cm，宽 1~2 cm，先端渐尖，基部截形或浅心形，边缘具锯齿，两面疏被短柔毛，下面密被黄色腺点；叶柄长 5~15 mm，下部较长，向上变短。轮伞花序疏松排列于茎顶部，长 4~13 cm，下部者具明显的总花梗，上部者渐短；苞叶线状披针形，向上变小，披针形；苞片钻形，长约 1 mm，被微柔毛；花萼长 9~10 mm，外面被腺毛及腺点，喉部极斜，上唇 3 裂，达 1/2，裂片三角形，下唇 2 裂至基部，披针形；花冠淡蓝紫色，长约 2.5 cm，外面被短柔毛，冠筒直立，冠檐二唇形，上唇二裂，裂片椭圆形，下唇 3 裂，中裂片肾形，先端深弯缺，侧裂片矩圆形；后对雄蕊略长于上唇。小坚果倒卵形，腹部略具棱，长 2.3 mm，光滑，褐色。花期 8~9 月。

中生植物。生海拔 1 600（东坡）~2 000~2 500 m 山地沟谷、林缘、灌丛中，在一些地段能形成小片群落。见东坡苏峪口沟、贺兰沟、小口子、黄旗沟、插旗沟；西坡哈拉乌沟、水磨沟、北寺沟、南寺沟、高山气象站等。

分布于我国内蒙古（西部）、宁夏、甘肃、青海，也见于俄罗斯（西伯利亚、阿尔泰）、蒙古（西部）。西伯利亚-亚洲中部种。

秦仁昌 1923 年采自西坡水磨沟的标本 No. 384 被定为 *Draecocephalum sibiricum* L. 是大花荆芥 *Nepeta sibirica* L. 的异名。

地上部分可提取香料。

13. 百里香属 Thymus L.

小半灌木。叶小，多全缘，或有小齿；苞片小。轮伞花序紧密排成头状或疏松地排成穗状花序；有花梗；苞片小；花萼钟形或管形，具10~13脉，二唇形，上唇3裂，下唇2裂，里面喉部被白色毛环；花冠近于辐射对称，上唇直伸，微凹，下唇开展，3裂，裂片近相等或中裂片较大；雄蕊4，伸出花冠筒，前对较长，花药2室，药室平行或叉开；花盘平顶。小坚果卵球形，光滑。种子直生。

贺兰山有1种（为无正种的变种）。

1. 百里香（变种）（图版78，图6）地椒

Thymus serpyllum L. var. **mongolicus** Ronn. in Notizbl. Bot. Gart. Berl. **10**：890. 1930；内蒙古植物志（二版）**4**：241. 图版94. 图6~11. 1993. ——*Th. mongolicus* Ronn. in Acta Hort. Gothob. **9**：99. 1934；中国植物志**66**：256. 图版59. 图8~13. 1977；宁夏植物志（二版）**下册**：166. 2007.

小半灌木。茎木质化，多分枝，匍匐或斜升，常形成密丛。花枝高2~10 cm，密被倒向短柔毛，不育枝从茎的末端或基部生出。叶椭圆形，长3~8 mm，宽2~4 mm，先端钝或尖，基部楔形或渐狭，叶脉3对，在下面明显凸起，两面无毛，被腺点，基部边缘具睫毛；叶柄短，长1~2 mm。轮伞花序密集成头状；花梗短，长约1.5 mm，总花梗及花序轴密被短柔毛；花萼钟形，长4~5 mm，外面被腺点，里面在齿上被短柔毛，上唇与下唇近等长，长2~2.5 mm，上唇齿三角形，下唇齿披针状锥形，边缘具硬毛；花冠紫红色，长6~7 mm，外被短柔毛，里面在喉部具2列毛茸，冠筒向上渐宽大，冠檐近辐射对称，上唇直伸，先端微凹，下唇中裂片较大；雄蕊4，前对较长，花药2室；子房无毛，花柱细长，先端等2浅裂。小坚果倒卵球形，无毛。花期6~7月，果期7~9月。

正种与其区别是：茎、枝较细长，叶披针形。

中旱生植物。生海拔2 000~2 600 m石质山坡，为山地草原的重要伴生种。见东坡苏峪口沟、贺兰沟、黄旗沟；西坡哈拉乌沟、南寺沟、北寺沟、高山气象站。

分布于我国内蒙古（西部）、河北（北部）、山西（北部）、陕西（北部）、宁夏、甘肃（中部）、青海（北部）。也见于蒙古、哈萨克斯坦。蒙古种。

全草入药（药材名：地椒），有小毒，能祛风解表，行气止痛，主治感冒、头痛、牙痛、遍身疼痛、腹胀冷痛；外用防腐杀虫。是一种芳香油植物，可提取芳柠醇、龙脑香，供香料。还是中等饲用植物。

图版 78 1. **灌木青兰** Dracocephalum fruticulosum Steph. ex Willd. 植株、叶片、苞片、花冠、萼片；2. **白花枝子花** D. heterophyllum Benth. 植株上部、苞片、萼片、花冠；3. **香青兰** D. moldavica L. 植株上部、苞片、花冠；4. **大花荆芥** Nepeta sibirica L. 植株上部、萼片、花冠；5. **尖齿糙苏** Phlomis dentosa Franch. 植株上部、花、萼；6. **百里香** Thymus serpyllum L. var. mongolicus Ronn. 植株、叶、花及花冠、萼。（1、4~5 马平绘；2~3 田虹绘；6 张海燕绘）

六六、茄科 Solanaceae

草本，灌木或小乔木，直立，匍匐或攀援状，有时具皮刺，稀具棘刺。单叶全缘，不分裂或分裂，或羽状复叶；无托叶。花单生或为蝎尾式、伞房式、总状式、圆锥式聚伞花序；花两性，稀杂性，通常五基数；花萼宿存，果时增大或不增大；花冠具短筒或长筒，辐状、漏斗状、钟状、壶状或高脚碟状，冠檐5裂；雄蕊插生于花冠筒上，与花冠裂片同数而互生，同形或异形；子房上位，通常由2心皮组生，2室或不完全4室，稀3~5室，胚珠多数或极稀少数至1枚。果为浆果或蒴果。种子圆盘形或肾形，胚乳丰富，胚直或弯曲成钩状、环状或螺旋状。

贺兰山有4属，6种。

分属检索表

1. 多棘刺灌木；花冠漏斗状 ······ **1. 枸杞属 Lycium**
1. 草本或半灌木，常无棘刺，花冠钟状、辐状或漏斗状。
   2. 浆果；花冠辐状，花白色或淡紫色 ······ **2. 茄属 Solanum**
   2. 蒴果；花冠通常具长筒，花黄色，绿色、带紫色网纹。
      3. 花冠钟状；蒴果盖裂，顶端有刚硬的针刺 ······ **3. 天仙子属 Hyoscyaruns**
      3. 花冠长筒状漏斗形；蒴果4瓣裂，通常具刺 ······ **4. 曼陀罗属 Datura**

1. 枸杞属 Lycium L.

灌木，有刺或稀无刺。单叶互生或数枚于短枝上簇生。花1至数朵腋生或簇生于短的侧枝上；花萼钟状，2~3~5齿裂；花冠漏斗状，檐部5裂，稀4裂，裂片具耳或无；雄蕊5，花丝基部常有毛。浆果，果皮肉质。种子多数，胚半环形。

贺兰山有2种。

分种检索表

1. 果实成熟后紫黑色；叶条形、条状披针形或条状倒披针形；花冠筒部长于其裂片2~3倍 ······ **1. 黑果枸杞 L. ruthenicum**
1. 果熟后红色或橙黄色；叶卵形、卵状菱形、长椭圆形或卵状披针形；花冠筒长与其裂片近等长 ······ **2. 枸杞 L. chinensis**

1. 黑果枸杞（图版79，图2）

Lycium ruthenicum Murr. in Comment. Soc. Sc. Gotting **2**：9. 1780；中国植物志 **67**（1）：10. 1978；内蒙古植物志（二版）**4**：256. 图版100. 图3~4. 1993；宁夏植物志（二版）**下册**：169. 图106. 2007.

多棘刺灌木。高20~60 cm。多分枝；分枝斜升或横卧于地面，白色或灰白色，常成之字形曲折，小枝顶端渐尖成棘刺状，节间短，节上有刺，长 0.3~2.0 cm。叶 2~6 枚簇生于短枝上，幼枝上则为单叶互生，肥厚肉质，条形、条状披针形或条状倒披针形，长 0.5~2（3） cm，宽 2~7 mm，先端钝圆，基部渐狭，两侧有时稍向下卷；近无柄。花 1~2 朵生于短枝上；花梗细，长 0.5~1 cm；花萼狭钟状，不规则 2~4 浅裂，裂片膜质，边缘有疏缘毛；花冠漏斗状，浅紫色，长约 1.2 cm，筒部向上稍扩大，檐部 5 浅裂，裂片矩圆状卵形，长为筒部的 1/2~1/3，无缘毛；雄蕊稍伸出花冠，花丝近基部有疏绒毛，花柱与雄蕊近等长。浆果紫黑色，球形；顶端稍凹陷。花期 6~7 月，果期 8~9 月。2n=24。

盐生植物。生山麓与北部山谷盐碱地。见东坡石炭井；西坡巴彦浩特。

分布于我国西北及内蒙古（西部）、西藏（西北部），也见于欧洲（东、南部）、中亚。古地中海种。

2. 枸杞（图版 79，图 1）枸杞子

Lycium chinensis Mill. Gard. Diot ed. 8，no 5. 1768；中国植物志 **67**（1）：15. 图版 3. 图 1~4. 1978；内蒙古植物志（二版）**4**：257. 图版 100. 图 7. 1993；宁夏植物志（二版）**下册**：171. 图 106. 2007.

灌木。高达 1 m 余，多分枝，枝细，常弯曲下垂，具棘刺。淡灰色，有纵条纹。单叶互生或于枝下部数叶簇生，卵状至卵状披针形或长椭圆形，长 1.5~3.5（5） cm，宽 5~10（15） mm，先端锐尖，基部楔形，全缘，两面均无毛；叶柄长 2~10 mm。花在长枝上 1~2 腋生，在短枝上 1~4 朵与叶簇生，花梗细，长 5~15 mm；花萼钟状，长 3~4 mm，3~5 裂，裂片多少有缘毛；花冠漏斗状，紫色，5 深裂，裂片卵形，与管部几等长或稍长，边缘具缘毛，基部耳显著；雄蕊花丝长短不一，稍短于花冠，花丝基部密生一圈白色绒毛。浆果卵形或矩圆形，深红色或橘红色。花期 7~8 月，果期 8~10 月。

中生植物。生山麓冲沟和山口、宽阔山谷坡脚下。见东坡山麓；西坡北寺沟、峡子沟。

分布于我国东北、华北、西北（东部）、华东、华中、华南、西南，也见于朝鲜、日本，欧洲和世界一些地区有栽培。东亚种。

果实入药（药材名：枸杞子）。能滋补肝肾、益精明目，主治目昏、眩晕、耳鸣、腰膝酸软、糖尿病；蒙医也用（蒙药名：旁米巴勒），能活血、散瘀，主治乳腺炎、血痞、心热、阵热、血盛症。根皮入药（药材名：地骨皮），能清虚热、凉血，主治阴虚潮热、盗汗、心烦、口渴、咳嗽、咯血。其品质不如栽培的宁夏枸杞 *Lycium barbarum* L.

2. 茄属 Solanum L.

草本或木本，有时为藤本，具刺或无，无毛或被单毛、星状毛。单叶或为羽状复叶。单花腋生或顶生、侧生的聚伞花序；萼通常 4~5 齿裂；花冠辐状或浅钟状，白色、黄色、蓝色或紫色，5 浅裂；雄蕊 5，花药靠合成一圆柱状，顶孔开裂；子房 2 室，胚珠多数。

浆果。

贺兰山有 2 种。

分种检索表

1. 叶通常 5~7 羽状深裂，裂片多披针形；花蓝紫色，果熟时红色 ………………… 1. 青杞 S. septemlobum
1. 叶全缘或具波状浅齿；花白色，果熟时黑色 …………………………………………… 2. 龙葵 S. nigrum

1. 青杞（图版 79，图 4）

Solanum septemlobum Bunge in Mem. Acad. Sci. St. –Petersb. Sav. Etrang. **2**：122. 1833；中国植物志 **67**（1）：90. 图版 23. 图 4~6. 1978；内蒙古植物志（二版）**4**：263. 图版 102. 图 4. 1993；宁夏植物志（二版）**下册**：173. 2007.

多年生草本。高 20~50 cm。茎直立，有棱，多分枝，被白色弯曲的短柔毛至近无毛。叶卵形，长 3~7 cm，宽 1.5~5 cm，通常不整齐羽状 7 深裂，裂片宽条形或披针形，两面疏被短柔毛，沿叶及边缘较密；叶柄长 1~2 cm，被短柔毛。二歧聚伞花序顶生或腋外生，总花梗长 1~2 cm；花梗纤细，长 5~10 mm；花萼杯状，直径约 2 mm，外面被疏柔毛，裂片三角形，花冠蓝紫色，辐状，直径约 1 cm，5 深裂，裂片矩圆形；子房卵形。浆果近球状，直径约 8 mm，熟时红色。种子扁圆形。花期 7~8 月，果期 8~9 月。

中生植物。生山麓冲沟、村舍附近，也进入宽阔山谷沟边。东、西坡均有零星分布。

分布于我国东北、华北、西北、华东（北部）及河南、四川，也见于俄罗斯（西伯利亚、远东）、蒙古（东部、北部）。东亚种。

地上部分药用，可清热解毒，主治咽喉肿痛。

2. 龙葵（图版 79，图 3）天茄子

Solanum nigrum L. Sp. Pl. 186. 1753；中国植物志 **67**（1）：76. 图版 19. 图 1~6. 1978；内蒙古植物志（二版）**4**：262. 图版 102. 图 1~3. 1993；宁夏植物志（二版）**下册**：172. 图 108. 2007.

一年生草本。高 0.2~1 m。茎直立，多分枝。叶卵形，长 2.5~10 cm，宽 1.5~5 cm，先端渐尖，基部下延至叶柄边缘，有不规则的波状粗齿或全缘，两面光滑或有疏短柔毛；叶柄长 1~4 cm。花序短蝎尾状，腋外生，下垂，有花 4~10 朵，总花梗长 1~2.5 cm；花梗长约 5 mm；花萼杯状，直径 1.5~2 mm；花冠白色，辐状，裂片卵状三角形，长约 3 mm；子房卵形，花柱中部以下有白色绒毛。浆果球形，直径约 8 mm，熟时黑色。种子近卵形，压扁状。花期 7~9 月，果期 8~9 月。

中生植物。生山麓路旁、冲沟和村舍附近，也少量进入宽阔山谷河滩地。东、西坡均有分布，以东坡为多。

分布于全国各地；也广布于世界温、热带地区。泛热带种。

全草药用，能清热解毒、利尿、止血、止咳，主治疔疮肿毒、气管炎、癌肿、膀胱炎、

小便不利、痢疾、咽喉肿痛。

3. 天仙子属 Hyoscyamus L.

一、二年生或多年生草本，通常全株被毛。叶互生，有粗齿或羽状分裂，稀全缘。花腋生，在茎顶形成一具叶的密集的总状花序；萼 5 齿裂，果时扩大但不成囊状；花冠漏斗状，5 裂，裂片大小不等。雄蕊 5；子房 2 室，胚珠多数。蒴果自中部稍上处盖裂。

贺兰山有 1 种。

1. 天仙子（图版 79，图 5）

Hyoscyamus niger L. Sp. Pl. 179. 1753；中国植物志 **67**（1）：31. 图版 6. 图 6~7. 1978；内蒙古植物志（二版）**4**：260. 图版 101. 图 1~4. 1993；宁夏植物志（二版）**下册**：176. 图 109. 2007. ——*H. bohemicus* F. W. Schmidt. Fl. Boem. **3**：31. 1794.

二年生草本。高 30~80 cm。全株密生黏性腺毛及柔毛，有臭气，粗壮。根肉质。基生叶呈莲座状；茎生叶互生，长卵形或三角状卵形，长 3~12 cm，宽 1~6 cm，先端渐尖，基部宽楔形，无柄而半抱茎，或为楔形向下变窄呈长柄状，边缘羽状深裂或浅裂，裂片呈三角状。花单生于叶腋，在茎顶聚集成蝎尾式总状花序，偏于一侧；花萼筒状钟形，果时增大成壶状，密被细腺毛及长柔毛，长约 1.5~2 cm，裂片大小不等，先端锐尖具小芒尖；花冠钟状，土黄色，有紫色网纹，先端 5 浅裂。蒴果卵球状，直径 1.2 cm 左右，藏于宿萼内。种子小，扁平，淡黄棕色，具小疣状突起。花期 6~8 月，果期 8~10 月。

中生植物。生山麓冲沟、洼地和村舍附近。东、西坡均有分布，但东坡数量较多。

分布于我国东北、华北、西北、西南，也见于欧洲、中亚、南亚、俄罗斯（西伯利亚)、蒙古（东部、北部)。地中海—西亚—中亚种。

种子入药（药材名：莨菪子，也称天仙子)，能解痉、止痛、安神，主治胃痉挛、喘咳、癫狂。莨菪子也作蒙药用（蒙药名：莨菪)，疗效相同。莨菪叶可作提制莨菪碱的原料。种子油供制肥皂、油漆。

4. 曼陀罗属 Datura L.

粗壮草本，稀木本。叶大，单叶互生。花单生于叶腋内；萼长筒状，5 浅裂；花冠长漏斗状，5 浅裂；雄蕊 5；雌蕊 1，子房 2 室或假 4 室，柱头浅裂或近头状。蒴果革质，4 瓣裂或不整齐裂开，常具针刺。种子多数，肾形或近圆形。

贺兰山有 1 种。

1. 曼陀罗（图版 79，图 6）

Datura stramonium L. Sp. Pl. 179. 1753；中国植物志 **67**（1）：144. 图版 38. 图 1~2.

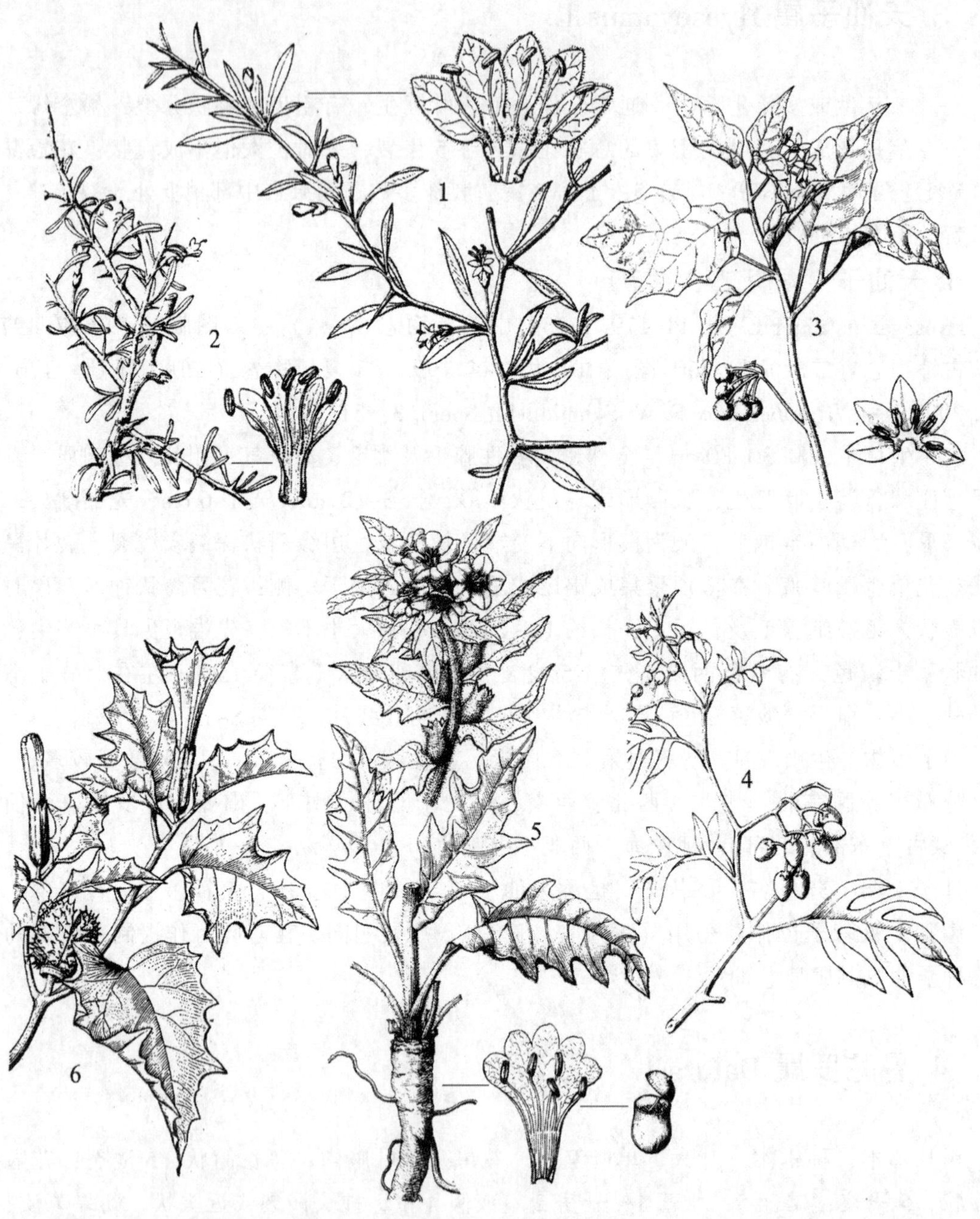

图版 79　1. **枸杞** Lycium Chinensis Mill. 花枝、花冠；2. **黑果枸杞** L. ruthenicum Murr. 花枝、花冠；3. **龙葵** Solanum nigrum L. 花果枝、花冠；4. **青杞** S. septemlobum Bunge 果枝；5. **天仙子** Hyoscyamus niger L.植株（下部、上部）、花冠、果实；6. **曼陀罗** Datura stramonium L. 花果枝。（张海燕绘）

1978；内蒙古植物志（二版）**4**：265. 图版 103. 图 1~2. 1993；宁夏植物志（二版）**下册**：178. 2007.

一年生草本。高 0.5~2 m。茎直立粗壮，平滑，上部二歧分枝，下部木质化。单叶互生，宽卵形，长 8~12 cm，宽 4~10 cm，先端渐尖，基部偏楔形，边缘有不规则波状浅裂，裂片先端尖，边缘有时具波状齿，两面脉上及边缘疏生短柔毛；叶柄长 3~5 cm。花单生于茎枝分叉处或叶腋，直立具短柄；花萼筒状，有 5 棱角，长 4~5 cm；花冠漏斗状，长 6~10 cm，直径 4~5 cm，花冠筒具 5 棱，下部淡绿色，上部白色或紫色，5 浅裂，裂片具短尖头；雄蕊内藏，花丝下部贴生花冠筒上；雌蕊与雄蕊等长或稍长，子房卵形，不完全 4 室，柱头头状而扁。蒴果卵形，长 3~4.5 cm，表面具坚硬针刺，成熟时 4 瓣裂，基部具宿存萼，反卷。种子近卵圆形，稍扁。花期 7~9 月，果期 8~10 月。

中生植物。生山麓洼地、村舍附近，也进入宽阔山谷干河床内。东坡分布较多，西坡仅见巴彦浩特。

分布于我国南北各省区，广布于全世界温带、热带地区。泛热带种。

花入药，能平喘镇咳、麻醉、止痛，主治哮喘咳嗽、胃病，种子也可入药。

六七、玄参科 Scrophulariaceae

草本，少灌木和乔木。叶多对生，少互生或轮生，无托叶。花序总状、穗状或聚伞状，常组成圆锥状花序；花两性；花萼 4~5，分离或合生；花冠合生，裂片 4~5，通常 2 唇形或多少不等；雄蕊通常 4，二强，少 2 或 5，着生于花冠筒上，有些属有退化雄蕊 1~2，花药 2 室，分离或顶端汇合，或仅 1 室；子房上位，无柄，2 室，中轴胎坐，胚珠多数，极少数个；花盘存在或退化。蒴果 2 瓣裂，少顶端孔裂，极少为不开裂的浆果，常有宿存的花柱。种子多数，少仅数个，具胚乳，胚直或稍弯曲。

贺兰山有 8 属，16 种。

分属检索表

1. 雄蕊 4；花冠裂片 5，常呈二唇状。
 2. 花冠筒膨大成壶状或几成球状；花黄绿色、褐色或紫褐色 ……………………… **1. 玄参属 Scrophularia**
 2. 花冠筒不膨大成壶状或球状。
  3. 花冠上唇或上面 2 裂片不向前弓曲成盔状。
   4. 花冠大而呈喇叭状，长超过 3 cm，上、下唇近等长；植株被腺毛，茎单一或基部少数分枝；叶卵形至椭圆形，常基生，呈莲座状 ……………………………………… **2. 地黄属 Rehmannia**
   4. 花冠小而明显呈唇形，长 1~2 cm，上唇短；植株无腺毛；茎多回分枝，呈扫帚状；叶条形，叶量极少，基部叶鳞片状 ……………………………………………………………… **3. 野胡麻属 Dodartia**
  3. 花冠上唇多少呈盔状。
   5. 花萼下无小苞片；茎基部无鳞片状叶；叶具齿或分裂。

6. 花萼等 4 裂。

7. 苞片常比叶大，近于圆形，花冠上唇边缘向外翻卷；穗状花序 ······ 4. 小米草属 **Euphrasia**

7. 苞片比叶小，狭长形，花冠上唇边缘不外卷；总状花序 ················· 5. 疗齿草属 **Odontites**

6. 花萼 5 裂，常在前方深裂，具 2~5 齿，花冠上唇常延长成喙 ············ 6. 马先蒿属 **Pedicularis**

5. 花萼下有 1 对小苞片；茎基部生鳞片状叶；叶全缘 ······························ 7. 芯芭属 **Cymbaria**

1. 雄蕊 2，花萼 4 裂，花冠 4 裂片近辐射对称 ··· 8. 婆婆纳属 **Veronica**

1. 玄参属 Scrophularia L.

一年生、二年或多年生草本。叶对生，上部叶有时互生，有锯齿或羽裂。聚伞花序顶生成圆锥状；花小，绿紫色、深紫色、黄色或淡黄绿色，有时褐色；花萼 5 深裂；花冠筒膨大成壶状或几成球形，花 2 唇形，上唇 2 裂较长，下唇 3 裂较短，下唇中裂片最小；雄蕊 4，二强，退化雄蕊贴生花冠筒上，位于上唇的下方而呈鳞片状，有时甚小或缺；花柱细长，柱头短 2 裂；花盘位于子房周围。蒴果卵形、球形或卵状圆锥形，具短尖或喙，室间开裂。种子多数，卵形，表面粗糙。

贺兰山有 2 种。

分种检索表

1. 叶脉不网结；茎多条丛生，基部木质化；花红色或紫红色，花萼与花冠外无毛或被微毛；蒴果近球形 ·· 1. 砾玄参 **S. incisa**

1. 叶脉明显网结；茎单一或少数，基部不木质化；花黄绿色；花萼及花冠外面被短腺毛；蒴果尖卵形 ·· 2. 贺兰玄参 **S. alaschanica**

1. 砾玄参（图版 80，图 2）

Scrophularia incisa Weinm. Enum. Pl. Hort. Dorpat. 136. 1810；中国植物志 **67**（2）：53. 图 18. 1979；内蒙古植物志（二版）**4**：270. 图版 104. 图 1~2. 1993；宁夏植物志（二版）**下册**：181. 2007. ——*S. canescens* Bongad var. *glabrata* Franch. Pl. David. **1**：221. 1884.

多年生草本。高 20~50 cm，全体被短腺毛。根粗壮，木质，紫褐色。茎直立或斜升，多数丛生，被短腺毛或无毛。叶对生，矩圆形或椭圆形，长 1~5 cm，宽 0.3~1.5 cm，先端尖或钝，边缘浅齿或浅裂，基部楔形，下延成柄状，柄短，叶脉不网结。聚伞圆锥花序顶生，狭长，小聚伞有花 1~7 朵；花萼 5 深裂，长约 1.5 mm，裂片卵圆形，具膜质狭边；花冠玫瑰红色至深紫色，长约 5 mm，花冠筒膨大成球状，长约为花冠之半，上唇 2 裂，裂片顶端圆形，边缘波状，比上唇长，下唇 3 裂，裂片顶端平截；雄蕊与花冠近等长，花丝密被短腺毛，花药紫色，退化雄蕊条状矩圆形；花柱细，柱头头状，微 2 裂。蒴果近球形，径约 5 mm，无毛，顶端具短喙。种子多数；狭卵形，长约 1.5 mm，黑褐色，表面粗糙，具小突起。花期 6~7 月，果期 7 月。

旱生多年生植物。生北部荒漠化较强的低山丘陵间河床和沙质地。仅见东坡石炭井一带。

分布于我国西北（东部）、内蒙古（西部），也见于中亚（东部）、俄罗斯（西伯利亚）、蒙古。亚洲中部种。

全草蒙药用（蒙药名：依尔欣巴），能透疹、清热，主治麻疹、天花、水痘、猩红热。

2. 贺兰玄参（图版 80，图 3）

Scrophularia alaschanica Batal. Acta Hort. Petrop. **13**：380. 1894；中国植物志 **67**（2）：76. 图版 4. 图 1~4. 1979；内蒙古植物志（二版）**4**：272. 图版 104. 图 3~6. 1993；宁夏植物志（二版）**下册**：181. 图 110. 2007.

多年生草本。高 20~60 cm，被短腺毛。根不膨大，略粗壮，灰褐色。茎直立，四棱形，中空。叶对生，质薄，椭圆状卵形或卵形，长 2~8 cm，宽 1~4 cm，先端钝尖或锐尖，基部楔形或截形，边缘具不规则的重锯齿或粗齿，上面绿色，下面灰绿色，叶脉隆起，两面无毛；叶柄长 1~3 cm，向上渐短，略有微翅。聚伞花序近头状顶生，或 2~5 节对生。花序短，果期伸长；花梗短，长达 5 mm；苞片条形，长 3~10 mm；花萼 5 深裂，长 3~4 mm，裂片宽矩圆形，先端圆；花冠黄色，长约 1~1.5 cm，上唇明显长于下唇，2 裂，裂片近圆形，下唇中裂片小、卵状三角形，侧裂片宽大，边缘波状；雄蕊内藏，退化雄蕊短匙形。蒴果卵形，长约 7 mm，顶端具尖喙，近无毛。种子多数，卵形，黑褐色，表面粗糙，有小突起。花期 6~7 月，果期 7 月。

中生植物。生于海拔 1 700（东坡）~2 000~2 500 m 沟谷阴湿处及山地草甸中。见东坡苏峪口沟、贺兰沟；西坡哈拉乌沟、北寺沟、岔沟等。

贺兰山是其模式产地。模式标本系俄国人普热瓦尔斯基（N. Przewalski） No. 131 (Holotype)，1873 年 6 月 23 日采自贺兰山中部沟谷。

仅见贺兰山和内蒙古西部的乌拉山。贺兰山-阴山西段种。

2. 地黄属 Rehmannia Libosch. ex Fisch. et Mey.

多年生草本，植株被长柔毛和腺毛。具根茎。花单生叶腋，成顶生总状花序；花萼坛状或钟状，5 齿裂，不等长，通常后方 1 枚长；花冠稍向内曲，筒部一侧稍膨大，上、下唇近等长，上唇 2 裂，下唇 3 裂，基部有 2 纵皱褶；雄蕊 4，二强，花丝弓曲，基部常有毛；子房 2 室，花后渐变 1 室。蒴果卵形，室背开裂。种子多数，表面具蜂窝状网眼。

内蒙古有 1 种。

1. 地黄（图版 80，图 1）

Rehmannia glutinosa（Gaert.） Libosch. ex Fisch. et Mey. Ind. Sem. Hort. Petrop. **1**：36. 1835；中国植物志 **67**（2）：214. 图 59. 1979；内蒙古植物志（二版）**4**：287. 图版 110. 图 3~5. 1993；宁夏植物志（二版）**下册**：182. 2007. ——*Digitalis glutinosa* Gaertn. in Nov.

Comm. Acad. Petrop. **14**（2）：544. t. 20. 1770.

多年生草本。高 10~30 cm，全株密被白色或淡紫褐色长柔毛及腺毛。根状茎先直下后横走，稍肉质，弯曲，径达 7 mm。茎单一或基部分生数枝，紫红色。叶通常基生，呈莲座状，倒卵形至长椭圆形，长 2~10 cm，宽 1~3 cm，先端钝，基部渐狭成长叶柄，边缘具不整齐的钝齿至牙齿，叶面多皱，上面绿色，下面通常淡紫色，被白色长柔毛和腺毛。总状花序顶生，花梗长 0.5~2 cm；苞片叶状，较小；花萼钟状或坛状，长约 1 cm，萼齿 5，卵状披针形、卵状三角形，长 3~5 mm，花冠筒状，微弯，长 3~4 cm，外面紫红色，内里黄色有紫斑，被长柔毛，顶部 2 唇形，上唇 2 裂反折，下唇 3 裂片伸直，顶端钝或微凹；雄蕊着生于花冠筒近基部；花柱细长，柱头 2 裂，裂片扇状。蒴果卵形，长约 1.5 cm，宽约 1 cm，先端具喙。种子多数，卵形，长约 1 mm，黑褐色，表面具蜂窝状网眼。花期 5~6 月，果期 7 月。

旱中生植物。生海拔 1 600~2 000 m 沟谷河滩地。见东坡苏峪口沟；西坡锡叶沟。

分布于我国华北、西北（东部）及辽宁、山东、江苏、河南、湖北。为我国特有。华北种。

根状茎入药，鲜地黄能清热、生津、凉血，生地黄能清热、生津、润燥、凉血、止血，熟地黄能滋阴补肾、补血调经。

3. 野胡麻属 Dodartia L.

单种属，属特征同种。

1. 野胡麻（图版 80，图 4）多德草、紫花草、紫花秧

Dodartia orientalis L. Sp. Pl. 633. 1753；中国植物志 **67**（2）：198. 图 52. 1979；内蒙古植物志（二版）**4**：281. 图版 109. 图 4~8. 1993；宁夏植物志（二版）**下册**：183. 图 111. 2007.

多年生草本。高 15~40 cm，根粗壮，少须根。茎丛生，具多回细长分枝，下部枝对生，上部枝互生，全株呈扫帚状，近基部被黄色鳞片，疏被柔毛。叶稀疏，下部对生，上部互生，无柄，条形或宽条形，长 0.5~4 cm，宽 l~3 mm，全缘或具疏齿。花数稀疏，总状花序顶生，苞片小，长于花梗；花梗极短，长 0.5~1 mm；花萼钟状，宿存，长约 4 mm，萼齿 5，宽三角形，无毛；花冠紫色或暗紫红色，长 1~2.5 cm，管部长筒形，冠檐 2 唇形，上唇短而直立，2 浅裂，下唇 3 裂，2~3 倍长于上唇，宽倒卵形，中裂片舌状，喉部有两条纵皱褶；雄蕊 4，二强，着生于花冠中上部；子房 2 室，柱头头状，2 浅裂。蒴果近球形，直径 4~5 mm，顶端具短喙，室间开裂。种子卵形，略带三棱形，长约 0.6 mm，暗褐色，表面具颗粒状纹理。花期 5~7 月，果期 8~9 月。

图版 80 1. 地黄 Rehmannia glutinosa（Gaert.） Libosch. ex Fisch. et Mey. 植株、花冠、种子； 2. 砾玄参 Scrophularia incisa Weinm. 植株；3. 贺兰玄参 S. alaschanica Batal. 植株上部、花；4. 野胡麻 Dodartia orientalis L. 植株上部、花、果、种子；5. 蒙古芯芭 Cymbaria mongolica Maxim. 植株、花；6. 角蒿 Incarvillea sinensis Lam. 植株、萼、花。（1~3、6 马平；4 田虹绘；5 引自中国沙漠植物志）

旱生植物。生北部荒漠化较强的低山丘陵石质山坡。仅见东坡石炭井附近。

分布于我国西北、内蒙古（西部）、四川（北部），也见欧洲（东南部、高加索）、中亚、俄罗斯（西伯利亚）、蒙古。古地中海种。

全草入药，能清热解毒，祛风止痒，主治上呼吸道感染、气管炎、皮肤搔痒、荨麻疹、湿疹。

4. 小米草属 Euphrasia L.

一年生或多年生草本。叶小，对生，通常茎下部的较小，向上逐渐增大，过渡为苞叶，基部楔形，边缘具尖齿或缺刻。穗状花序顶生；苞叶叶状；花萼筒状或狭钟状，4 裂，前后两裂较深，裂片钝头或锐尖头；花冠 2 唇形，上唇直立，2 浅裂，边缘外卷，下唇伸展，3 裂，裂片顶端又 2 浅裂或凹缺；雄蕊 4，二强，药室基部具矩或小尖头。蒴果长矩圆形或倒卵形，扁平，疏被硬毛或刚毛，室背开裂。种子多数，具多数纵翅。

贺兰山有 1 种。

1. 小米草（图版 81，图 6）

Euphrasia pectinata Ten. Fl. Nap. 1，Prodr.：36. 1811；中国植物志 **67**（2）：374. 图 100. 1979； 内蒙古植物志（二版）**4**：311. 图版 123. 图 1~5. 1993；宁夏植物志（二版）**下册**：186. 图 113. 2007. ——*E. tatarica* Fisch. ex Spereng. Syst. Veg. **2**：777. 1825.

一年生草本。茎直立，高 8~20 cm，常单一，有时中下部分枝，暗紫色、褐色或绿色，被白色柔毛。叶对生，卵形或宽卵形，长 5~15 mm，宽 3~8 mm，先端尖或钝，基部楔形，边缘具 2~5 对尖牙齿，两面被短硬毛，无柄。穗状花序顶生；苞叶叶状；花萼筒状，4 裂，裂片三角状披针形，被短硬毛；花冠 2 唇形，淡紫色或白色，筒长 5~8 mm，上唇直立，2 浅裂，裂片又微 2 裂，下唇开展，3 裂，裂片又叉状浅裂，被白色柔毛；雄蕊花药裂口具白色须毛，药室下面延长成芒矩。蒴果卵状矩圆形，长约 5 mm，被柔毛，顶端微凹，每侧面中央具 1 纵沟。种子狭卵形，长约 1 mm，淡棕色，其上具 10 余条纵向窄翅。花期 7~8 月，果期 9 月。

中生植物。生海拔 2 000~2 800 m 山地阴坡草甸、林缘、沟谷、溪水边，在局部地段数量较高。见东坡苏峪口沟、黄旗沟；西坡哈拉乌沟、水磨沟。

分布于我国东北、华北、西北，也见于俄罗斯（西伯利亚、远东）、蒙古、朝鲜、日本。古北极种。

5. 疗齿草属 Odontites Ludwig

一年生草本。茎直立，稍分枝。叶对生，边缘具锯齿。总状花序顶生；花梗极短；花萼钟状，4 等裂；花冠 2 唇形，上唇直立，略呈盔状，顶部微凹或 2 浅裂，下唇 3 裂；雄蕊 4，二强，药室略叉开，基部突尖，柱头头状。蒴果矩圆形，略扁，室背开裂。种子多数，有纵翅。

贺兰山有 1 种。

1. 疗齿草（图版 82，图 6）

Odontites serotina（Lam.） Dum. Fl. Belg. 32. 1827；中国植物志 **67**（2）：390. 图版 45. 图 9~12. 1979；内蒙古植物志（二版）**4**：314. 图版 124. 图 5~9. 1993；宁夏植物志（二版）**下册**：186. 2007. ——*Euphrasia serotina* Lam. Fl. Fr. 2：350. 1778.

一年生草本。高 10~40 cm，全株被白色倒生细硬毛。茎上部四棱形，常中上部分枝。叶对生，有时上部互生，无柄，披针形至条状披针形，长 1~3 cm，宽达 5 mm，先端渐尖，边缘疏生锯齿。总状花序顶生；苞叶叶状；花梗极短，长 1~2 mm；花萼钟状，长 4~8 mm，4 裂，裂片狭三角形，长 2~3 mm，被细硬毛；花冠紫红色，长 8~10 mm，被白色柔毛，上唇直立，略呈盔状，先端微凹或 2 浅裂，下唇开展，3 裂，裂片倒卵形，中裂片先端微凹，侧裂片全缘；雄蕊与上唇略等长，花药箭形，药室下面延成突尖。蒴果矩圆形，长 5~7 mm，略扁，顶端微凹，扁侧面各有 1 条纵沟，被细硬毛。种子多数，卵形，长约 1.5 mm，褐色，有数条纵的狭翅。花期 7~8 月，果期 8~9 月。

中生植物。生海拔 1 800~2 200 m 山地沟谷溪水边、河漫地。见东坡大水沟、汝箕沟、插旗沟；西坡哈拉乌北沟、水磨沟、南寺沟等。

分布于我国西北、华北、东北（西北部），也见于欧洲、中亚、俄罗斯（西伯利亚、远东）、蒙古。古北极种。

地上部分作蒙药用（蒙药名：巴西嘎），有小毒，能清热燥湿，凉血止痛，主治肝火头痛、肝胆瘀热、淤血作痛。

6. 马先蒿属 Pedicularis L.

多年生或一年生草本。叶互生、对生或轮生，边缘具齿或羽状分裂。总状或穗状花序顶生；花萼筒状钟形或多少坛状，具纵脉纹，不等的 4~5 齿裂，稀 2 浅裂；花冠筒圆筒形，花冠 2 唇形，上唇盔状，顶端成圆形，先端伸出成喙，稀无喙或具小齿，下唇伸展 3 裂；雄蕊 4，二强，内藏，花丝被毛或其中 1 对被毛；子房 2 室，有胚珠 4 至多数，花柱细长，柱头头状。蒴果近卵形，常具喙，室背开裂。种子具网纹或蜂窝状孔纹。

贺兰山有 5 种。

分种检索表

1. 叶互生，稀部分对生。

2. 花冠上唇先端钩状或镰状弯曲，先端具一对小齿；花黄色具绛红色脉纹；叶羽状全列，裂

片篦齿状条形 ………………………………………………………………… 1. 红纹马先蒿 P. striata

2. 花冠上唇先端狭缩成喙，喙为象鼻状或呈 S 形；白色或玫瑰色；叶裂片非篦齿状，卵形、矩圆形、披针形。

3. 上唇喙长 10 mm，向上方卷曲；花玫瑰色，叶羽状全裂 ………………… 2. 藓生马先蒿 P. muscicola

3. 上唇盔端为短喙，长 1~2 mm，弓曲，不仅向上方卷曲，花白色，叶羽状深裂 ……………………
………………………………………………………………………………… 3. 粗野马先蒿 P. rudis

1. 叶轮生。

4. 花紫色或紫红色；盔端不伸长为喙，仅微具凸尖；叶一回羽状全裂或深裂 ………………………
………………………………………………………………………………… 4. 三叶马先蒿 P. ternata

4. 花黄色；盔端伸长为喙，喙下弯，叶二回羽状全裂 ………………… 5. 阿拉善马先蒿 P. alaschanica

1. 红纹马先蒿（图版 81，图 4）细叶马先蒿

Pedicularis striata Pall. Reise **3**：737. t. R. f. 2c. 1776；中国植物志 **68**：64. 图版 8. 图 9~12. 1963；内蒙古植物志（二版）**4**：323. 图版 127. 图 5~6. 1993；宁夏植物志（二版）**下册**：189. 2007.

多年生草本。干后不变黑，高 20~80 cm。根粗壮，多枝根。茎直立，单出或基部数枝，密被短卷毛。基生叶丛生具长柄，开花时枯落，茎生叶互生，向上柄渐短；叶片披针形，长 3~14 cm，宽 2~4 cm，羽状全裂或深裂，叶轴有翅，裂片条形，边缘具浅齿，上面近无毛，下面无毛。花序穗状，长 6~22 cm，轴密被短毛；苞片披针形，下部多少叶状，上部全缘，无毛；花萼钟状，长 10~13 mm，薄革质，疏被毛或近无毛，萼齿 5，不等大，后方 1 枚较短，侧生者两两结合成端有 2 裂的大齿，缘具卷毛；花冠黄色，具绛红色脉纹，长 25~33 mm，盔镰状弯曲，端部下缘具 2 齿，下唇 3 浅裂，稍短于盔，侧裂片斜肾形，中裂片肾形，叠置于侧裂片之下；花丝 1 对被毛。蒴果卵圆形，具短凸尖，长 9~15 mm，宽 4~6 mm，约含种子 10 粒。种子矩圆形，长约 2 mm，扁平，具网状纹，灰黑褐色。花期 6~7 月。

中生植物。生海拔 2 000~2 500 m 山地沟谷、石质山坡脚下。见东坡苏峪口沟、黄旗沟；西坡哈拉乌沟、水磨沟。

分布于我国西北、华北、东北的西北部，也见于俄罗斯（西伯利亚、远东）、蒙古。东古北极种。

全草作蒙药用（蒙药名：芦格鲁色日步），能利水涩精，主治水肿、遗精、耳鸣、口干舌燥、痈肿等。

2. 藓生马先蒿（图版 81，图 1）

Pedicularis muscicola Maxim. in Bull. Acad. Sci. St. –Petersb. **24**：54. 1877. et **32**：535. f. 13. 1888；中国植物志 **68**：104. 图版 18. 图 3~4. 1963；内蒙古植物志（二版）**4**：330. 图版 129. 图 4~6. 1993；宁夏植物志（二版）**下册**：191. 2007.

多年生草本。干后多少变黑，高达 25 cm。根圆锥状有分枝。茎丛生，弯曲斜升，被毛。叶互生，具柄，柄长达 2 cm，近光滑或疏被毛；叶片椭圆形至披针形，长达 5 cm，宽达 2 cm，羽状全裂，裂片互生或对生，每边 6~10 枚，卵形至披针形，缘具锐重锯齿，齿端有突尖，两面近光滑。花腋生，梗长达 10~15 mm，疏被柔毛；花萼圆筒状，长达 13 mm，被柔毛，萼齿 5，基部三角形，中部渐窄，全缘，顶端变宽呈卵形，具锯齿；花冠玫瑰色，管部细长，长 3~6 cm，径 1~1.5 mm，被柔毛，盔基部即向左方扭折使其顶部向下，前端渐细为卷曲或 S 形的长喙，喙反向上方卷曲，长 10 mm 或更多，下唇宽大，宽达 2 cm，中裂较小，矩圆形；花丝无毛，花柱稍伸出喙端。蒴果卵圆形，为宿存花萼包被，长约 8 mm。种子新月形，长 3.5 mm，棕褐色，表面具网状纹。花期 6~7 月，果期 8 月。

耐阴中生植物。生海拔 2 000~2 700 m 山地阴坡云杉林下、沟谷阴坡脚下、阴湿石质山坡石缝中，为云杉-苔藓林内伴生植物。见东坡苏峪口沟、黄旗沟、插旗沟；西坡哈拉乌沟、水磨沟、南寺沟。

贺兰山是其模式产地。模式标本系俄国人普热瓦尔斯基（N. Przewalski） No. 108 (Lectotype)，1873 年 6 月 20 日至 7 月 12 日采自贺兰山林下苔藓中。

分布于我国西北（东部）及山西、湖北。为我国特有。贺兰山-唐古特种。

根入药，能生津安神、强心，主治气血虚损、虚痨多汗、虚脱衰竭。全草可作蒙药用(蒙药名：和布特-浩民额布日)，能清热，解毒，主治肉食中毒，急性胃肠炎。

3. 粗野马先蒿（图版 81，图 3）

Pedicularis rudis Maxim. in Bull. Acad. Sci. St. -Petersb. **24**：67. 1877. et **32**：568. f. 67. 1888；中国植物志 **68**：43. 图版 4. 图 4~6. 1963；内蒙古植物志（二版）**4**：326. 图版 128. 图 3~4. 1993；宁夏植物志（二版）**下册**：189. 2007.

多年生草本，干后多少变黑，高 30~60 cm。根状茎粗壮，密生须根。茎直立，上部分枝，中空，圆形，被柔毛。无基生叶，茎生叶互生，披针状条形，长 3~12 cm，宽 0.5~2 cm，羽状深裂，裂片多达 24 对，矩圆形至披针形，边缘有重锯齿，两面均有毛，无叶柄，抱茎。花序长穗状，被腺毛；苞片下部者叶状，具浅裂，上部者渐变全缘，卵形，略长于萼；花萼狭钟形，长约 6 mm，被白色腺毛，萼齿 5，近相等，卵形，边缘具锯齿；花冠白色，长约 20 mm，盔上部紫红色，弓曲，向前面成舟形，额部黄色，端稍上仰而成一小凸喙，下缘有须毛，背部毛较密，下唇 3 裂片卵状椭圆形，有睫毛；花丝无毛；花柱不伸出喙端。蒴果宽卵形，略侧扁，长约 13 mm，前端刺尖状。种子肾状椭圆形，有明显的网纹，长约 2.5 mm。花期 7~8 月，果期 8~9 月。

中生植物。生海拔 2 100~2 500 m 山地沟谷草甸、林缘及林下。见东坡苏峪口沟、贺兰沟；西坡哈拉乌北沟、水磨沟、大柳门沟。

贺兰山是其模式产地。模式标本系俄国人普热瓦尔斯基（N. Przewalski） No. 186 (Lectotype)，1873 年 6 月 30 日至 7 月 12 日采自贺兰山中部峡谷。

分布于我国甘肃、青海、四川北部，为我国特有。贺兰山–唐古特种。

4. 三叶马先蒿（图版 81，图 5）

Pedicularis ternata Maxim. in Bull. Acad. Sci. St.–Petersb. **24**：64. 1877. et **32**：592. f. 108. 1888；中国植物志 **68**：298. 1963；内蒙古植物志（二版）**4**：330. 图版 131. 图 1~2. 1993.

多年生草本。干后稍变黑，高 25~50 cm。根肉质，粗壮，有分枝，根颈端常有隔年枯茎宿存成丛状。茎常多条，直立，基部有卵形至披针形鳞片脱落的疤痕，中下部光滑，上部被细柔毛。基生叶多数，具长柄，长达 5 cm，无毛；叶片披针形，长达 6 cm，宽达 1.5 cm，羽状全裂或深裂，叶轴具翅，裂片多对，缘具锐锯齿，两面无毛；茎生叶通常 2 轮，每轮 3~4 枚，柄短，叶形与基生叶相似。花序顶生，排列极疏，1~4 轮，每轮有花 2 朵；苞片基部宽，全缘，中部以上变狭呈条形，边缘具锯齿，被白色棉毛；花萼矩圆状筒形，密被白色棉毛，萼齿 5，后方 1 枚狭三角形，其他 4 枚基部三角形，上方条形，先端锐尖；花冠深堇色至紫红色，长约 18 mm，在果期仍宿存，筒长于萼，向前膝曲，使盔平而向前，额圆钝，下缘端略尖突，下唇 3 裂，侧裂片斜卵形，中裂片卵形；花丝无毛；花柱端 2 浅裂。蒴果扁卵形，略伸出宿存膨大的花萼，端具歪的刺尖。种子卵形，长约 3 mm，种皮淡黄白色，表面具蜂窝状孔纹。花期 7 月，果期 8 月。

耐寒中生植物。生海拔 2 700~3 000 m 亚高山林下、灌丛中。仅见主峰下及山脊两侧。

贺兰山是其模式产地。模式标本系俄国人普热瓦尔斯基（N. Przewalski） No. 172 (Holotype)，1873 年 6 月 28 日至 7 月 10 日采自贺兰山中部林间湿润地。

分布于我国甘肃和青海（祁连山），为我国特有。贺兰山–唐古特种。

5. 阿拉善马先蒿（图版 81，图 2）

Pedicularis alaschanica Maxim. in Bull. Acad. Sci. St.–Petersb. **24**：59. 1877. et **32**：578. 1888；中国植物志 **68**：211. 图版 48. 图 6~9. 1963； 内蒙古植物志（二版）**4**：334. 图版 132. 图 1~3. 1993；宁夏植物志（二版）**下册**：193. 图 117. 2007.

多年生草本。干后稍变黑色，高 10~20 cm。直根，有时分枝。茎自基部多分枝，上部不分枝，斜升，中空，微有 4 棱，密被锈色柔毛。基生叶早枯，茎生叶下部对生，上部 3~4 轮生，叶柄长 1~2 cm；叶片披针状矩圆形至卵状矩圆形，长 2~3 cm，宽 1.0~1.5 cm，羽状全裂，裂片条形，边缘具细锯齿，两面近光滑。穗状花序顶生；苞片叶状，边缘及脉上具卷曲长柔毛；花萼筒状钟形，长约 1 cm，具 10 脉，无网脉，沿脉被卷曲长柔毛，萼齿 5，后方 1 枚较短，三角形，全缘，其余 4 枚为三角状披针形，具齿；花冠黄色，长 16~20 cm，筒中上部稍向前膝屈，下唇与盔等长，3 浅裂，中裂片甚小，盔稍镰状弓曲，额端渐细成下弯的喙，喙长 2~3 mm；花丝 1 对有长柔毛。蒴果卵形，长约 9 mm，先端突尖。种子狭卵形，长约 3 mm，具蜂窝状孔纹，淡黄褐色。花期 7~8 月，果期 8~9 月。

中生植物。生海拔 2 000~2 500 m 山地阴坡云杉林缘、灌丛下沟谷河滩地。见东坡苏峪口沟兔儿坑、五道塘；西坡哈拉乌北沟、南寺沟、水磨沟、高山气象站等。

贺兰山是其模式产地。模式标本系俄国人普热瓦尔斯基（N. Przewalski） No. 106 (Syntype LE）1873 年 6 月 30 日至 7 月 12 日采自贺兰山山地中部。

分布于我国甘肃和青海（祁连山）。为我国特有。贺兰山–唐古特种。

7. 芯芭属 Cymbaria L.

多年生草本，被白色绢毛或短柔毛。根茎伸长，具节。茎丛生，基部与根茎被鳞片，斜升或直立。叶无柄，对生，全缘。总状花序，于茎上部腋生，每茎 1~4 朵，具短花梗；小苞片 2；萼管筒状，萼齿 5，近于等长，齿间常有 1~3 小齿；花冠大，黄色，喉部扩大，2 唇形，上唇直立， 2 裂，下唇 3 裂，开展；雄蕊 4，二强，前方的 1 对较长；花药背着，药室下端渐细，具小尖头；子房有 2 裂的胎座，胚珠每室多数。蒴果长卵形。种子扁平或稍呈带三棱状，周围有狭翅。

贺兰山有 1 种。

1. 蒙古芯芭（图版 80，图 5）光药大黄花

Cymbaria mongolica Maxim. in Mem. Acad. Sci. St. –Petersb. ser. 7. **29**：66. t. 4. f. 11~20. 1881；中国植物志 **68**：391. 图版 93. 图 1~4. 1963；内蒙古植物志（二版）**4**：338. 图版 133. 图 6. 1993.

多年生草本。株高 5~15 cm，密被柔毛，呈灰绿色。根茎垂直向下，顶端常多头。茎数条，丛生，斜升。叶对生，或在茎上部近互生，矩圆状披针形至条状披针形，长 1~2 cm，宽 1~4 mm，全缘。总状花序，顶生，小苞片长 1~1.5 cm，全缘或有 1~2 小齿；萼筒长约 7 mm，有 11 条脉纹，萼齿 5，条形或钻状条形，长为萼筒的 2~3 倍，齿间具 1~2（3）长短不等的条状小齿；花冠黄色，长 25~35 mm，2 唇形，上唇略呈盔状，下唇 3 裂近于相等，倒卵形，外面被短细毛；花丝着生于花冠筒内近基处，花丝基部被柔毛，花药外露，顶部无毛或偶有少量长柔毛，倒卵形；子房卵形，花柱细长。蒴果，长卵圆形，长约 10 mm。种子长卵形，扁平，长约 4 mm，周围有狭翅，有密的小网纹。花期 5~8 月。

旱生植物。生山缘、山麓干燥石质山坡、丘陵坡脚下，为荒漠草原群落的伴生种，有时在局部地段也形成小群聚。见东坡甘沟、榆林沟及山麓；西坡峡子沟、水磨沟、皂刺沟、哈拉乌沟等沟口。

贺兰山是其模式产地。模式标本系俄国人普热瓦尔斯基（N. Przewalski） No. 159 (Holotype， LE)，1873 年 6 月 20 日至 7 月 9 日采自贺兰山山地陡崖及山坡。

分布于我国华北（西部、北部）、西北（东部）。为我国特有。黄土高原种。

全草入药，能祛风湿、利尿、止血，主治风湿性关节炎、外伤出血、肾炎水肿等。

图版 81　1. 藓生马先蒿 Pedicularis muscicola Maxim. 植株、花萼、花；2. 阿拉善马先蒿 P. alaschanica Maxim. 植株、花萼、花；3. 粗野马先蒿　P. rudis Maxim. 植株、花；4. 红纹马先蒿 P. striata Pall. 植株、花；5. 三叶马先蒿 P. ternate Maxim. 植株上部、花；6. 小米草 Euphrasia pectinata Ten. 植株、花、果。(马平绘)

8. 婆婆纳属 Veronica L.

多年生或一、二年生草本。叶对生，少互生或轮生。总状花序穗状，顶生或腋生，具苞片；花萼 4 深裂，如 5 裂，则后 1 枚很小；花冠近辐状，4 裂，不等大，后方 1 枚大而宽，前方 1 枚小而窄，有时稍 2 唇形，筒部短，占全长的 1/2 以下；雄蕊 2，伸出花冠；柱头头状。蒴果扁平，具 2 纵沟，顶端微凹。种子每室 1 至多数。

贺兰山有 4 种，1 亚种。

分种检索表

1. 总状花序顶生，密集多花，呈长穗状；一年生草本，不具根状茎；茎铺散分枝；叶心形至卵形，基部浅心形或截形；花淡紫色，蓝色或粉色 ………………………………………… 1. 婆婆纳 **V. didyma**

1. 总状花序侧生于叶腋；通常为多年生草本，具根状茎；茎多单一，上部分枝或不分枝。

  2. 陆生草本；花序生于茎顶叶腋而呈假顶生；植株被柔毛；蒴果侧扁。

    3. 子房及蒴果明显被长柔毛；花柱长约 2 mm ………………………… 2. 长果婆婆纳 **V. ciliata**

    3. 子房及蒴果无毛或稀疏被柔毛；花柱长约 1 mm ………………………… 3. 光果婆婆纳 **V. rockii**

  2. 水生或沼生草本；花序明显腋生；植株无毛或被腺毛；蒴果稍扁。

    4. 蒴果宽椭圆形；花萼裂片比果略短；花序轴、花萼密被腺毛；叶较狭，条状披针形 ……………………………………………… 4a. 长果水苦荬 **V. anagallis-aguatica** subsp. **anagalloides**

    4. 蒴果近圆形或卵圆形；花萼裂片比果略长或近相等；花序轴、花萼无毛或有疏腺毛；叶较宽，椭圆形、长卵形或针形 ………………………………………… 4. 北水苦荬 **V. anagallis-aquatica**

1. 婆婆纳（图版 82，图 1）

Veronica didyma Tenore Fl. Napol. Prodr. 6. 1811；中国植物志 **67**（2）：284. 图 76. 1979；内蒙古植物志（二版）**4**：298. 图版 118. 1993.

一年生草本。茎铺散，多分枝，高 10~20 cm，多少被长柔毛。叶对生，心形至卵形，长 5~10 mm，宽 6~7 mm，先端钝圆，基部浅心形或截形，边缘具钝齿，两面被长柔毛，叶柄长 3~6 mm。总状花序长；苞片互生，叶状，有时下部的对生；花梗比苞片略短，果期伸长，常下垂；花萼 4 深裂，裂片卵形，顶端急尖，果期稍增大，三出脉，微被短硬毛；花冠淡紫色、蓝色或粉色，直径 4~5 mm，裂片圆形至卵形；雄蕊比花冠短。蒴果侧扁，近于肾形，密被腺毛，略短于花萼，宽 4~5 mm，顶端凹口深，约成 90°角。裂片顶端圆，脉不明显，宿存花柱与凹口平齐或略超过之。种子背面具横纹，长约 1.5 mm。花果期 5~8 月。2n=14。

中生植物。生山麓冲积扇缘、山地沟谷、居民点和城镇附近。仅见西坡高山气象站、巴彦浩特。

分布于我国华东、华中、西南、西北、华北，也见于欧亚大陆北部地区。古北极种。

茎叶可食。全草入药，能凉血、止血、理气止痛，主治吐血、疝气、睾丸炎、白带。

2. 长果婆婆纳（图版 82，图 2）

Veronica ciliata Fisch. Mem. Soc. Nat. Mosc. **3**：56. 1812；中国植物志 **67**（2）：291. 图

78. 1979；内蒙古植物志（二版）**4**：298. 图版 119. 图 1~4. 1993；宁夏植物志（二版）**下册**：200. 2007.

多年生草本。高 6~25 cm。根状茎短，具多数须根。茎常斜升，单一或茎下部分出 1~2 对分枝，被灰白色细柔毛，近花序处毛较密。叶对生，无柄或下部的叶具短柄；叶片卵形至卵状披针形，长 1~3 cm，宽 0.5~1 cm，先端锐尖至钝，基部圆形或宽楔形，边缘具锯齿或全缘，两面多被柔毛。总状花序通常 2~4 枝，侧生于茎顶叶腋，花序短而花密集，花梗长约 2 mm，除花冠外花序各部均密被长柔毛；苞片条形，长于花梗；花萼 5 深裂，裂片条状披针形，长约 3 mm；花冠蓝色或蓝紫色，长约 4 mm，4 裂，筒部长约为花冠长之 1/3，裂片后方 3 枚倒卵圆形，前方 1 枚较小；雄蕊短于花冠，花丝游离；子房被长柔毛，花柱长约 2 mm，柱头头状。蒴果长卵形或长卵状锥形，长 5~7 mm，顶端钝而微凹，被长柔毛。花期 7~8 月，果期 8~9 月。

耐寒植物。生于海拔 2 000（东坡）~3 500 m 高山、亚高山灌丛、草甸中，也见阴湿石缝中。见主峰下及山脊两侧。

分布于我国西北、西南（北部），也见于中亚、俄罗斯（西伯利亚）、蒙古（西部）。东古北极种。

全草入药，能清热解毒、祛风利湿，主治肝炎、胆囊炎、风湿痛、荨麻疹。

3. 光果婆婆纳（图版 82，图 3）

Veronica rockii Li，Proc. Acad. Nat. Sci. Philad. **104**：210. 1952；中国植物志 **67**（2）：293. 1979；内蒙古植物志（二版）**4**：302. 图版 119. 图 5~7. 1993；宁夏植物志（二版）**下册**：200. 图 121. 2007.

多年生草本。高 20~60 cm。根状茎粗短，具多数须根。茎直立，单一，不分枝，被长柔毛。叶对生，无柄；叶片披针形，长 2~6 cm，宽 0.5~1.5 cm，先端锐尖，基部圆形，边缘有浅锯齿，两面被长柔毛。花序总状，2~4 枝侧生于茎顶叶腋，花序较长而花较疏，花梗长 2~3 mm，除花冠外花序各部均被长柔毛；苞片宽条形，长于花梗；花萼 5 深裂，裂片宽条形或卵状椭圆形，顶端圆钝，长约 4 mm，后方 1 枚较小或缺失；花冠紫色，略长于萼，4 裂，筒部长约为花冠长之 2/3，裂片后方 3 枚倒卵圆形，前方 1 枚椭圆形，较小；雄蕊较花冠短，花丝大部与筒贴生；子房无毛，花柱短，长约 1 mm。蒴果长卵形，长约 6 mm，顶端渐狭而钝。种子卵圆形，长约 0.5 mm，黄褐色，半透明状。花期 7 月，果期 8 月。

耐寒植物。生于海拔 3 000~3 500 m 高山、亚高山灌丛、草甸中。见主峰附近。

分布于我国华北（西北山地）、西北（东部）及河南、湖北、四川（北部）。为我国特有。华北高山–唐古特种。

地上部分蒙药用（蒙药名：冬那端迟），能生肌愈创，主治外伤疖痛。

4. 北水苦荬（图版 82，图 4）珍珠草、秋麻子

Veronica anagallis-aquatica L. Sp. Pl. 12. 1753；中国植物志 **67**（2）：321. 图版 86.

1979；内蒙古植物志（二版）**4**：304. 图版 120. 图 3~5. 1993；宁夏植物志（二版）**下册**：202. 图 123. 2007.

多年生草本。高 10~80 cm，全体常无毛，稀在花序轴、花梗、花萼、蒴果上有疏腺毛。根状茎斜走，节上有须根。茎直立或基部倾斜，单一或有分枝。叶对生，无柄，上部的叶半抱茎，椭圆形或长卵形，长 2~7 cm，宽 0.5~2.5 cm，全缘或具疏小锯齿，两面无毛。总状花序腋生，比叶长，长 5~10 cm，多花；花梗长 3~6 mm，纤细斜升，与花序轴成锐角；苞片狭披针形，长约 2~3 mm，花萼长约 3 mm，4 深裂，裂片卵状披针形；花冠浅蓝色、淡紫色或白色，长约 4 mm，4 深裂，筒部极短，裂片宽卵形；雄蕊与花冠近等长或略长；子房无毛，花柱长约 1.5 mm。蒴果近圆形或卵圆形，顶端微凹，长宽约 2.5 mm，较花萼近相等或略短。种子卵圆形，黄褐色，长宽约 0.5 mm，半透明状。花果期 7~9 月。

湿生植物。生于海拔 1 500（东坡）~1 900~2 300 m 山地沟谷溪边、湿地。见东坡苏峪口沟、大水沟、插旗沟；西坡哈拉乌沟、南寺沟。

分布于长江以北及西南各省区，也见于欧亚大陆温带地区。古北极种。

果实带虫瘿的全草入药，能活血止血、解毒消肿，主治咽喉肿痛、肺结核咯血、风湿疼痛、月经不调、血小板减少性紫癜、跌打损伤；外用治骨折、痛疖肿毒。蒙医也用（蒙药名：查干曲麻之），能祛黄水、利尿、消肿，主治水肿、肾炎、膀胱炎、黄水病、关节痛。

4a. 长果水苦荬（亚种）（图版 82，图 5）

Veronica anagallis-aquatica L. subsp. **anagalloides**（Guss.） A. Jelen. in Bull. Soc. Natur. Ser. Biol. **74**（6）：77. 1969. ——*V. anagalloides* Guss. Ic. Pl. Rar. **5**：t. 3. 1826；中国植物志 **67**（2）：323. 图版 39. 图 6~7. 1979；内蒙古植物志（二版）**4**：304. 图版 120. 图 1~2. 1993；宁夏植物志（二版）**下册**：202. 2007.

长果水苦荬 *V. anagalloides* Guss. 虽然也是个老种，但与北水苦荬 *V. anagallis-aguatica* L. 两者相差甚小，只是前者蒴果宽椭圆形，稍长于宿存的萼；花序、花萼被腺毛较密而已。故我们同意将其命为亚种。

湿生植物。生于海拔 1 500（东坡）~1 900~2 300 m 山地沟谷溪水边、湿地。见东坡苏峪口沟、大水沟、插旗沟；西坡哈拉乌沟、南寺沟。

分布于我国东北（北部）、华北（西部、北部）、西北。也见于欧亚大陆温带地区，但与北水苦荬相比主要分布区偏东。东古北极种。

药用同北水苦荬。

六八、紫葳科 Bignoniaceae

乔木、灌木或草本。叶对生，稀互生，单叶或复叶；无托叶。花两性，两侧对称，顶生或腋生的总状花序或圆锥花序，花萼筒状或钟状，5 齿裂或截形；花冠钟状、漏斗状或

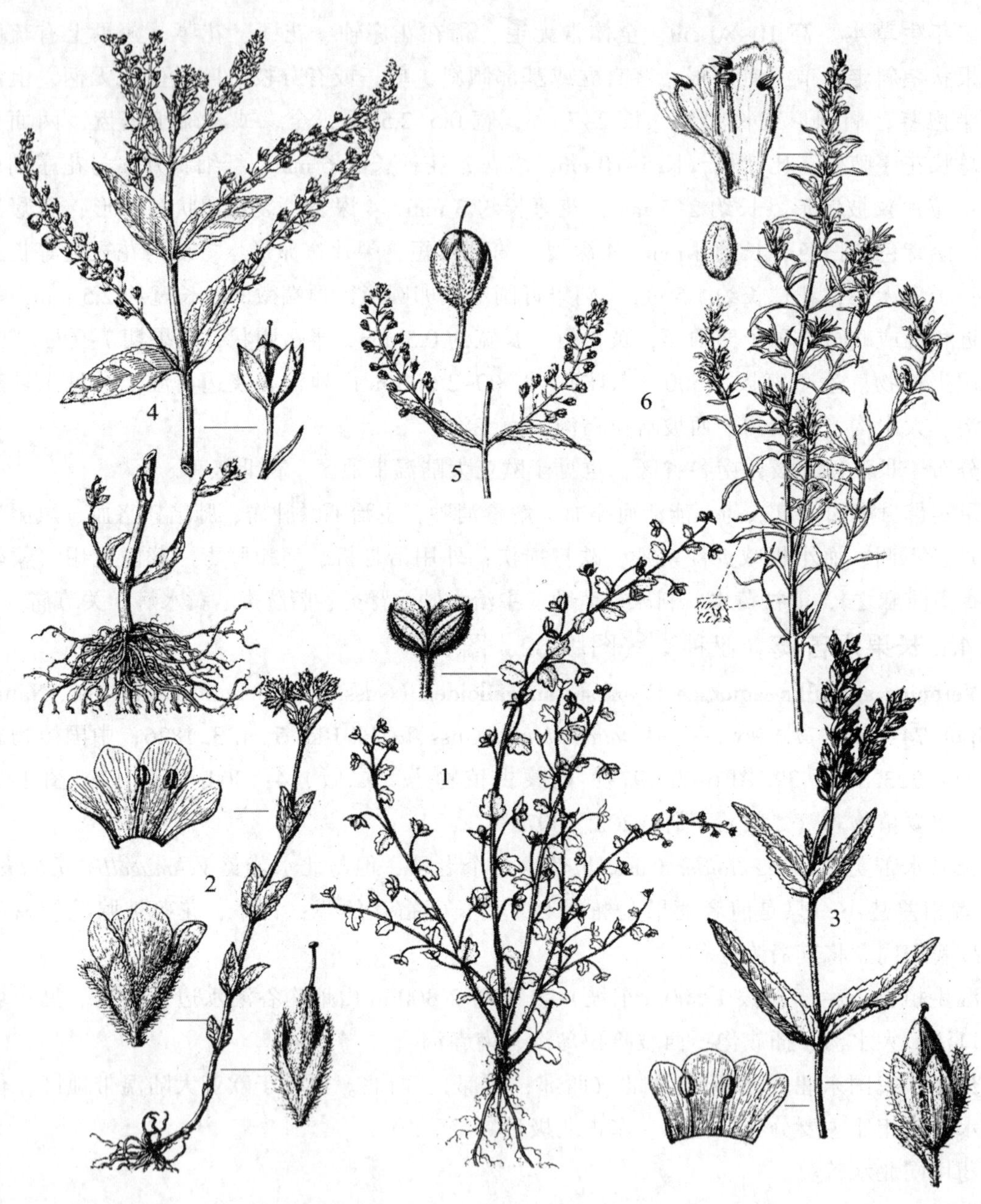

图版 82　1. **婆婆纳** Veronica didyma Tenore 植株、果实；2. **长果婆婆纳** V. ciliata Fisch. 植株、花、果实；3. **光果婆婆纳** V. rockii Li 植株、花、果实；4. **北水苦荬** V. anagallis-aquatica L. 植株（下部、上部）、果实；5. **长果水苦荬** V. anagallis-aquatica L. subsp. anagalloides（Guss.）A. Jelen. 花序分枝、果实；6. **疗齿草** Odontites serotina（Lam.） Dum. 植株上部、花、果实。（1 田虹绘；2~5 张海燕绘；6 马平绘）

筒状，具5裂片，常偏斜形，稀二唇状；雄蕊4，二强，常具1~3退化雄蕊，着生于花冠筒上；子房上位，2室，胚珠多数，生于侧膜胎座上；花柱细长，柱头2裂。蒴果，室背或室间开裂。种子多数，侧扁，有翅。

贺兰山有1属。

1. 角蒿属 Incarvillea Juss.

草本。叶互生，单叶或2~3回羽状复叶，裂片狭。花大，黄色或红色，成顶生总状花序；花萼钟状，5裂；花冠长漏斗形，二唇状，裂片5；雄蕊4，二强，内藏；花盘环状；子房2室；胚珠在每一胎座上1~2列。蒴果向上直立。种子有翅。

贺兰山有1种。

1. 角蒿（图版80，图6）透骨草

Incarvillea sinensis Lam. Encycl. Meth. **3**：243. 1789；中国植物志 **69**：36. 图版9. 图4~6. 1990；内蒙古植物志（二版）**4**：339. 图版134. 1993；宁夏植物志（二版）**下册**：202. 2007.

一年生草本。高30~80 cm。茎直立，具细条纹，被微毛。叶分枝上互生，基部对生，菱形或长椭圆形，2~3回羽状深裂或至全裂，羽片4~7对，下部的羽片再分裂成2~3对，最终裂片为条形，上面绿色，被毛或无毛，下面淡绿色，被毛；叶柄长1.5~3 cm，疏被短毛。顶生总状花序，4~18朵花组成，花梗短，密被短毛，苞片1，小苞片2，密被短毛，丝状；花萼钟状，长2~3 mm，5裂，裂片钻形，被毛，裂片间有膜质短齿；花冠红色，筒状漏斗形，长约3 cm，冠檐5裂，略呈二唇形，上唇2裂片近相等，下唇3裂，中裂片特大；雄蕊4，花丝内卷，花药2室，水平叉开，被短毛，长约5 mm；雌蕊着生于扁平的花盘上，长6 mm，密被腺毛，花柱长1 cm。蒴果长角状，弯曲，长约5~10 cm，先端细尖，熟时瓣裂，内含多数种子。种子褐色，具翅，白色膜质。花期6~8月，果期7~9月。

中生植物。生于山麓冲沟、居民点附近，也见于人为活动较多的山谷，干河床上。见东坡山麓及贺兰沟、黄旗沟、插旗沟；西坡巴彦浩特、哈拉乌沟、北寺沟等。

分布于我国东北、华北、西北（东部）及山东、河南、四川。为我国特有，东北-华北种。

地上部分为透骨草的一种，能祛风湿、活血、止痛、主治风湿性关节痛、筋骨拘挛、瘫痪、疮痈肿毒。种子和全草作蒙药用（蒙药名：乌兰-陶拉麻），能消食利肺，降血压，主治胃病、消化不良、耳流脓、月经不调、高血压、咳血。

六九、列当科 Orobanchaceae

一年生或多年生寄生草本，无叶绿素。叶退化，鳞片状。花单生、穗状花序或总状花序，两性，两侧对称；具苞片；花萼4~5裂；花冠合瓣，5裂或2唇形（常上唇2裂，下唇3裂），花冠筒弯曲；雄蕊4，二强，着生在冠筒上；雌蕊由2~3心皮合生，子房上位，1室，侧膜胎座，胚珠多数，柱头2~3裂。蒴果包于萼内，2（3）瓣裂。种子小，多数，胚乳软肉质或油质。

贺兰山有2属，3种。

分属检索表

1. 花冠二唇形，上唇2裂或全缘，下唇3裂；花萼常2深裂，每裂片全缘或再2齿裂 …… **1. 列当属 Orobanche**
1. 花冠5裂，裂片近等形；花萼深裂，裂片不再裂 …………………………………… **2. 肉苁蓉属 Cistanche**

1. 列当属 Orobanche L.

一年生或多年生寄生草本。茎单一或分枝，圆柱形。叶互生，鳞片状。稠密、疏散或间断的穗状花序或总状花序；苞1，小苞片2或无；花萼合生，钟状，4裂或2深裂，裂片全缘或2裂；花冠筒状、钟状或漏斗状，喉部膨大，二唇形，上唇2裂，下唇3裂；雄蕊内藏；顶端具骤尖头；花盘缺或为一腺体。蒴果2瓣裂。种子多数。

贺兰山有2种。

分种检索表

1. 花序被蛛丝状毛，混生棉毛；花蓝紫色 ……………………………………………… **1. 列当 O. coerulescens**
1. 花序被腺毛；花冠管淡黄色，裂片淡紫色或蓝紫色，花后花冠管中部向下强烈弯曲 ……………………
……………………………………………………………………………………… **2. 弯管列当 O. cumana**

1. 列当（图版84，图6）兔子拐棍、独根草

Orobanche coerulescens Steph. in Willd. Sp. Pl. **3**：349. 1800；中国植物志 **69**：108. 图版28. 图1~5. 1990；内蒙古植物志（二版）**4**：347. 图版137. 图10~13. 1993；宁夏植物志（二版）**下册**：208. 图126. 2007. ——*O. ammophilla* C. A. Mey. in Ledeb. Fl. Alt. **2**：454. 1830.

多年生草本。高10~35 cm，全株被蛛丝状棉毛。根状茎肥厚肉质。茎不分枝，圆柱形，直径5~10 mm，黄褐色，基部常膨大。叶鳞片状，卵状披针形，长8~15 mm，黄褐色。穗状花序顶生，长5~10 cm；苞片卵状披针形，先端尾尖，稍短于花；花萼2深裂至基部，每裂片2浅尖裂；花冠2唇形，蓝紫色或淡紫色，稀淡黄色，长约2 cm；管部稍向前弯曲，上唇宽阔，顶部微凹，下唇3裂，中裂片较大；雄蕊着生冠管的中部，花药无毛，花丝基部常具长柔毛。蒴果卵状椭圆形，长约1 cm。种子黑褐色。花期6~8月，果期8~9月。2n=38，40。

根寄生植物，寄生在蒿属 *Artemisia* L. 植物的根上。习见寄主有：冷蒿 *A. frigida* Willd. 白莲蒿 *A. sacrorum* Ledeb. 、黑沙蒿 *A. ordosica* Krasch. 、南牡蒿 *A. eriopoda* Bunge、龙蒿 *A. dracunculus* L. 等。东、西坡均有分布。

分布于我国东北、华北、西北及四川，也见于欧洲、中亚、俄罗斯（西伯利亚、远东）、朝鲜、日本。古北极种。

全草入药，能补肾助阳、强筋骨，主治阳痿、腰腿冷痛、神经官能症、小儿腹泄等。外用治消肿，也作蒙药（特木根-苏乐）用，主治炭疽。

2. 弯管列当（图版 84，图 5）欧亚列当

Orobanche cumana Wallr. in Orob. Gen. Disak. 58. 1825；中国植物志 **69**：109. 图版 28. 图 6~11. 1990；内蒙古植物志 **4**：349. 图版 138. 1993；宁夏植物志（二版）**下册**：209. 图 127. 2007.

多年生草本。高 15~35 cm，全株被腺毛。根肉质，常粗壮。茎直立，单一，不分枝，圆柱形，直径 5~10 mm，褐黄色。叶鳞片状，三角状卵形或近卵形，长 7~12 mm，宽 5~7 mm，褐黄色，被腺毛，先端尖。穗状花序顶生，长 4~18 cm，具多数花，上部花较密，下部花常间断；苞片卵状披针形或卵形，长 8~15 mm，花萼钟状，向花序轴方向裂达基部，离轴方向深裂，每裂片 2 尖裂，小裂片条形，先端尾尖；花冠唇形，长 10~18 mm，花后管中部强烈向下弯曲，上唇 2 浅裂，下唇 3 浅裂，裂片常带淡紫色或淡蓝色，被稀疏的短柄腺毛；雄蕊二强，内藏，花药与花丝无毛。蒴果矩圆状椭圆形，顶端 2 裂。种子棕黑色，偏椭圆形，长 0.2~0.3 mm，表面网状，具光泽。花期 6~7，果期 7~8 月。

寄生植物。东、西坡均有分布。

分布于我国西北、华北（西部），也见于欧洲、中亚、蒙古（西部）。古地中海种。

药用价值同列当。

2. 肉苁蓉属 Cistanche Hoffmanns. et Link

多年生根寄生草本。茎肉质，圆柱形，常不分枝。叶变态成肉质鳞片，在茎上螺旋状排列；茎叶淡黄色。穗状花序伸出地面，有多数花；花两性；苞片 1，小苞片 2，稀无；花萼 5 浅裂，稀 4 深裂；花冠管状钟形，裂片 5，近相等；雄蕊 4，二强，近内藏；药室等大，平行；子房上位，具侧膜胎座 4，突入子房内，花柱细长，柱头近球形。蒴果 2 瓣裂。种子多数。

贺兰山有 1 种。

1. 沙苁蓉（图版 84，图 7）

Cistanche sinensis G. Beck in Engl. Pflanzenr. **4**（261）：38. 1930；中国植物志 **69**：84. 图版 23. 图 6. 1990；内蒙古植物志 **4**：356. 图版 140. 图 7~9. 1993；宁夏植物志（二版）

下册：210. 2007.

多年生草本。高 15~50 cm。茎圆柱形，直径 15~20 mm，鲜黄色，单一或自基部分枝。鳞片状叶在茎下部卵形，密集向上渐狭窄为披针形渐疏，长 5~20 mm。穗状花序长 5~10 cm，径 4~6 cm；苞片矩圆状披针形至条状披针形，背面及边缘密被蛛丝状毛；小苞片条形或狭矩圆形，被蛛丝状毛；花萼近钟形，长 14~20 mm，向轴面深裂直达基部，4 深裂，裂片矩圆状披针形，被蛛丝状毛；花冠淡黄色，稀裂片带淡红色，干后变墨蓝色，管状钟形，长 22~28 mm，下部有一圈长柔毛；花药长 3~4 mm，被皱曲长柔毛，顶端具聚尖头。蒴果 2 瓣裂，具多数种子。花期 5~6 月，果期 6~7 月。

寄生植物，多寄生于红沙等小灌木上。东、西坡均有分布。

分布于我国西北（东部）及内蒙古（西部），蒙古南部可能有分布。戈壁种。

七〇、车前科 Plantaginaceae

一年生或多年生草本，单叶常基生、互生稀对生，基部鞘状。穗状花序生于花葶上部；花小，两性，辐射对称，着生于苞片腋部；花萼膜质，4 深裂，裂片内侧 2 片与外侧 2 片常异型，背部中央有 1 龙骨状凸起，宿存；花冠干膜质，4 裂，管状；雄蕊 4，着生在花冠筒内，与裂片互生，花丝细长，伸出花冠，花药 2 室；子房上位，1~4 室，每室有胚珠 1 至多数，中轴胎座或基底胎座，花柱丝状，柱头 2 裂。蒴果盖裂或骨质坚果。种子小，1 至多数，盾形或矩圆形，种皮薄，胚直立，胚乳丰富。

单型科，属特征同科。

贺兰山有 3 种。

1. 车前属 Plantago L.

分种检索表

1. 叶无柄；叶片条形或狭条形；穗状花序卵形或椭圆形，长 6~15 mm，花密生；全株密被长柔毛 ……………… 1. 条叶车前 **P. minuta**

1. 叶有柄；叶片卵形、椭圆形、披针形；穗状花序细长圆柱形，长 2 cm 以上。

    2. 叶片椭圆形、矩圆形；椭圆状披针形、倒披针形或披针形，基部狭楔形；根为圆柱状直根 ……………… 2. 平车前 **P. depressa**

    2. 叶片卵形、宽卵形至宽椭圆形，基部近圆形或宽楔形；根为须根 ……………… 3. 车前 **P. asiatica**

1. 条叶车前（图版 83，图 1）细叶车前、小车前

Plantago minuta Pall. Reise **3**：Anbang 716. 1776；中国植物志 **70**：341. 2002；宁夏植物志（二版）**下册**：214. 图 129. 2007. ——*P. lessingii* Fisch. et Mey. in Ind. Ⅱ. Sem. Hort.

Petrop. 47. 1835；内蒙古植物志（二版）**4**：362. 图版 143. 图 1~4. 1993.

一年生草本。高 4~15 cm。全株密被长柔毛，直根细长黑褐色。叶基生，平铺地面，条形或齿状条形，长 4~10 cm，宽 1~4 mm，全缘；无柄，基部鞘状。花葶少数至多数，斜升或直立，通常较叶短，密被柔毛，并混生腺毛；穗状花序卵形，椭圆形或矩圆形，长 6~15 mm，花密生；苞片宽卵形或三角形，密被长柔毛，中央龙骨状凸起较宽，黑棕色；花萼裂片宽卵形，长 2~2.5 mm，被长柔毛，龙骨状凸起显著；花冠裂片卵形，边缘有细锯齿；花丝细长，花柱与柱头疏生柔毛。蒴果卵圆形或近球形，长 3~4 mm，黑棕色，果皮膜质，周裂。种子 2，长 1.5~3 mm，黑棕色。花期 6~8 月，果期 7~9 月。2n=10。

旱生植物。生山麓草原化荒漠和宽阔山谷干河床或干旱山坡，为春季一年生植物层片组成者。见东、西坡山麓和北部低山区。

分布于我国华北（西北部），也见于蒙古、中亚。古地中海种。

2. 平车前（图版 83，图 3）

Plantago depressa Willd. Enum. Pl. Hort. Beroll. Suppl. 8. 1813；中国植物志 **70**：332. 2002；中国高等植物图鉴 **4**：181. 图 5776. 1975；内蒙古植物志（二版）**4**：364. 图版 144. 图 1~5. 1993；宁夏植物志（二版）**下册**：215. 2007.

一年生草本。高 10~25 cm。根圆柱状，下部多分枝，黑褐色。叶基生，直立或平铺，椭圆形、矩圆形、椭圆状披针形或卵状披针形，长 5~14 cm，宽 1~3 cm，先端锐尖或钝尖，基部狭楔形且下延，边缘具不规则锯齿，有时全缘，两面被短柔毛或无毛，弧形脉 5~7 条；叶柄长 4~10 cm，基部具较长的宽叶鞘。花葶数个，直立或斜升，长 5~20 cm，被柔毛；穗状花序圆柱形，长 5~18 cm；苞片三角状卵形，长 1~2 mm，背部具绿色龙骨状凸起；萼裂片椭圆形，长约 2 mm，先端钝尖，龙骨状凸起，边缘宽膜质；花冠裂片卵形或椭圆形，先端有细齿。蒴果圆锥形，褐黄色，长约 3 mm，周裂。种子矩圆形，长约 1.5 mm，黑棕色，光滑。花果期 6~10 月。2n=12，24。

中生植物。生海拔 1 300（东坡）~1 800~2 500 m 山地沟谷溪水边湿地。东、西坡均有分布，为习见植物。

分布于全国各省区，也见于中亚、南亚、俄罗斯（西伯利亚、远东）、蒙古、朝鲜、日本。东古北极种。

种子全草入药，药效同车前。

3. 车前（图版 83，图 2）大车前、车轱辘菜

Plantago asiatica L. Sp. Pl. 113. 1753；内蒙古植物志（二版）**4**：368. 图版 145. 图 1~5. 1993；中国植物志 **70**：325. 2002；宁夏植物志（二版）**下册**：215. 2007.

多年生草本。高 20~50 cm。须根。叶基生，直立或平铺或斜升，卵形或宽卵形，长 4~5 cm，宽 3~8 cm，先端钝圆，基部近圆形，宽楔形，全缘，波状或有疏钝齿，两面无毛或被短柔毛，弧形脉 5~7 条；叶柄长 5~15 cm，基部扩大呈鞘。花葶少数，直立或斜升，

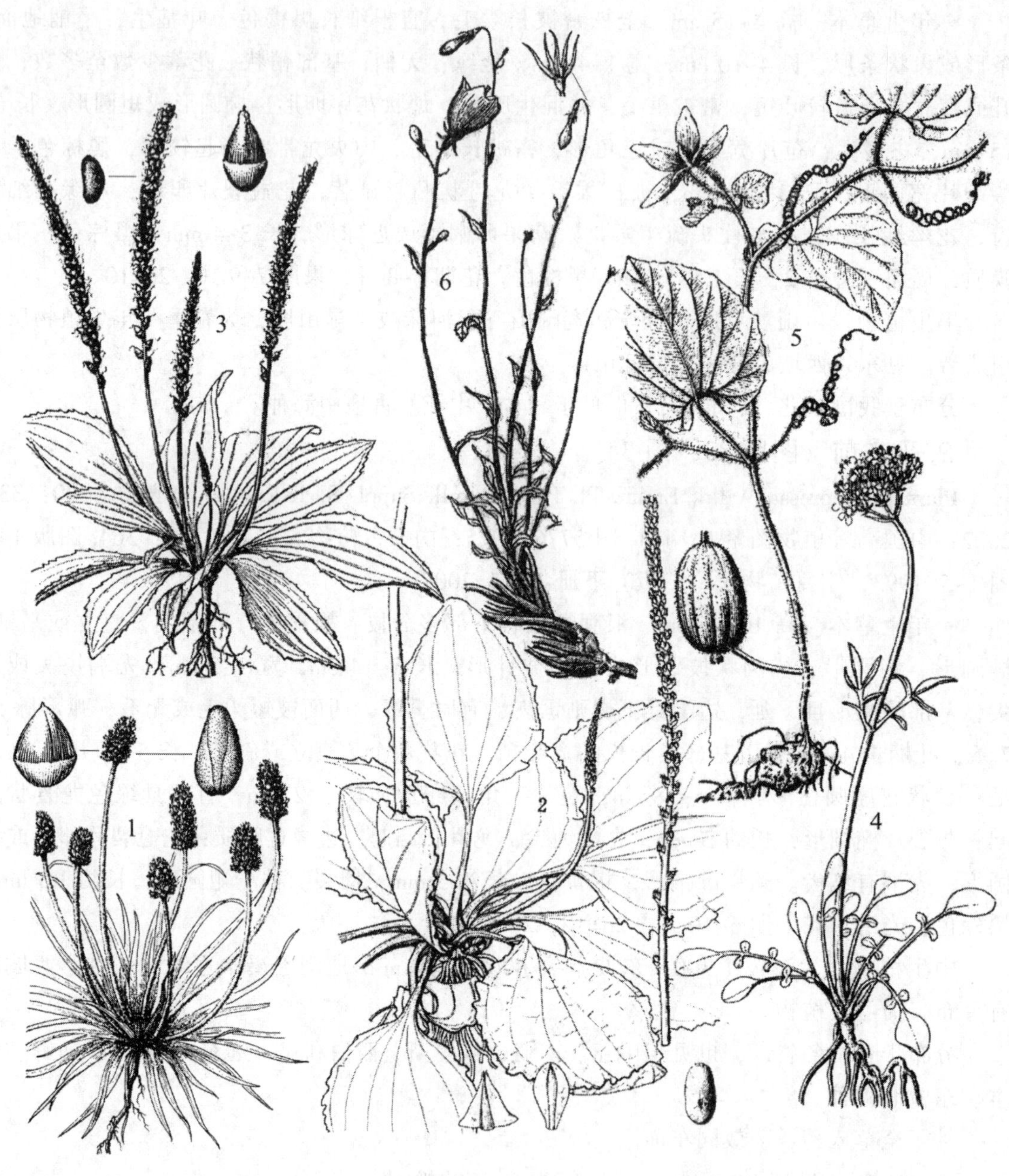

图版 83 **1. 条叶车前** Plantago minuta Pall. 植株、蒴果、种子；**2. 车前** P. asiatica L. 植株、种子；**3. 平车前** P. depressa Willd. 植株、蒴果、种子；**4. 西北缬草** Valeriana tangutica Batal. 植株；**5. 赤瓟** Thladiantha dubia Bunge 植株、蒴果、种子；**6. 宁夏沙参** Adenophora ningxiaensis Hong 植株、花萼。（1~5 马平绘；6 田虹绘）

长 20~50 cm，被短柔毛；穗状花序位于上部，长 5~15 cm，具多花，疏生，上部较密集；苞片宽三角状，较花萼短，背部龙骨状凸起宽，呈暗绿色；花萼裂片倒卵状椭圆形或椭圆形，长 2~2.5 mm，先端钝，边缘白色质膜，背部龙骨状凸起宽，呈绿色；花冠裂片披针形或长三角形，长约 1 mm，先端渐尖，反卷，浅绿色。蒴果椭圆形，长约 3 mm。种子 5~8，矩圆形，长约 1.5 mm，黑褐色。花果期 6~10 月。2n=12，24，36。

中生植物。生山麓涝坝、河渠边上。仅见西坡巴彦浩特。

分布于全国各省，也见于中亚、俄罗斯（西伯利亚、远东）、蒙古、朝鲜、日本、印度尼西亚。东古北极种。

种子及全草入药（药材名：车前子），种子能清热、利尿、明目、祛痰，主治小便不利、结石、肾炎水肿、肠炎、目赤肿痛、痰多咳嗽等；全草能清热、利尿、明目、祛痰，主治小便不利、结石、肾炎水肿、肠炎、目赤肿痛、痰多咳嗽等；也作蒙药用（蒙药名：乌合日乌日根纳）能止泻利尿，主治腹泻、水肿、小便淋痛。

七一、茜草科 Rubiaceae

草本、灌木或乔木，有时攀援状。单叶对生或轮生，常全缘，具托叶，托叶位于叶柄间，有时为叶状。花两性，稀单性，辐射对称，圆锥、聚生或头状花序；萼筒与子房合生，齿檐截形，齿裂或分裂，有时裂片扩大而成花瓣状；花冠合瓣，裂片 4~5；雄蕊与花冠裂片同数互生，着生于花冠筒部里面或筒口；花药分离；子房下位，2 室稀 1 或多数，每室具 1 至多数胚珠。花柱丝状，柱头头状或分叉。果为蒴果、浆果或核果。种子常具胚乳。

贺兰山有 3 属，5 种。

分属检索表

1. 草本；花冠黄色或白色。
    2. 花 4（3）数；果实干燥，果瓣单生或双生，被毛或无毛，或具小瘤状凸起；叶狭小，基部不为心形 ………………………… 1. 拉拉藤属 Galium
    2. 花 5 数；果实肉质，浆果，光滑；叶宽大，基部心形 ………………………… 2. 茜草属 Rubia
1. 灌木；花冠淡紫色；蒴果 ………………………… 3. 薄皮木属 Leptodermis

1. 拉拉藤属 Galium L.

一年生或多年生草本。茎直立或缠绕，四棱形，常具刺。叶 3 至多枚轮生；无柄；无托叶。腋生或顶生的聚伞花序或圆锥花序，花小，两性，4 基数，稀 3 数；萼卵形或球形，萼齿不明显；花冠 4 深裂，裂片开展；雄蕊 4，与花冠互生；子房下位，2 室，每室 1 胚珠。果干燥不开裂，果瓣单生或双生，光滑，有瘤状突起或被钩状毛。种子与果皮紧贴，腹部有槽，种皮膜质。

贺兰山有 3 种。

分种检索表

1. 叶 4 枚轮生，具3 脉；花密集，花萼及果密被钩状毛 ………………………… 1. 北方拉拉藤 **G. boreale**
1. 叶 4~10 枚轮生，具 1 脉。
  2. 茎直立，无刺毛；具地下茎；花序多花，花黄色 ………………………………… 2. 蓬子菜 **G. verum**
  2. 茎平，攀援，具刺毛；无地下茎，须根；花序少花，花淡紫色 …… 3. 细毛拉拉藤 **G. pusillosetosum**

1. 北方拉拉藤（图版 84，图 4）

Galium boreale L. Sp. Pl. 108. 1753；内蒙古植物志（二版）**4**：372. 图版 146. 图 9~11. 1993；中国植物志 **71**（2）：260. 1999；宁夏植物志（二版）**下册**：219. 图 2007.

多年生草本。根细，灰红色。茎高 20~65 cm，近无毛或疏被微毛，4 纵棱，沿棱粗糙具短毛。叶（3）4 片轮生，披针形或狭披针形，长 1~3（5） cm，宽 2~5 mm，先端钝，基部宽楔形或近圆形，两面近无毛，3 脉，凸起，边缘稍反卷，具短硬毛；无柄。顶生聚伞圆锥花序，长可达 15 cm；苞片对生，卵形；花小，白色，花梗长 2 mm；萼筒密被卷曲硬毛；花冠长 2 mm，4 裂，裂片窄椭圆形，长 1.5 mm，外被短硬毛；雄蕊 4，花药椭圆形，光滑；子房下位，花柱中下部 2 裂。果小，椭圆形，长约 1 mm，果瓣单生或双生，密被白色钩状毛。花期 7 月，果期 9 月。2n=44，55，66。

中生植物。生于海拔 1 700（东坡）~2 000~2 500 m 山地林缘及灌丛中。见东坡苏峪口沟、黄旗沟、小口子；西坡南寺沟、北寺沟、强岗梁。

分布于我国东北、华北、西北及山东，也常见于欧洲西部、俄罗斯（西伯利亚、远东)、蒙古、日本、北美。泛北极种。

2. 蓬子菜（图版 84，图 2）

Galium verum L. Sp. Pl. 107. 1753；内蒙古植物志（二版）**4**：373. 图版 146. 图 6~8. 1993；中国植物志 **71**（2）：263. 1999；宁夏植物志（二版）**下册**：220. 图 131. 2007.

多年生草本。高 25~40 cm，直立，基部稍木质。地下茎横走，节部生须根，暗紫红色。茎 4 纵棱，密被短柔毛。叶 6~8（10）片轮生，条形或狭条形，长 1~3 cm，宽 1~2 mm，先端尖，基部狭，上面深绿色，近无毛，下面灰绿色，中脉 1 条，凸起，被稀毛，边缘反卷，具短硬毛；无柄。聚伞圆锥花序，长达 10 cm，稍紧密；苞片小，狭披针形、密被短毛；花小，黄色，具短梗，被疏短毛；萼筒长 1 mm，无毛；花冠长约 2.2 mm，径约 8 mm，裂片 4，卵形，外被短硬毛，里面近喉部被短毛；雄蕊 4，花药椭圆形，花丝被短毛；子房下位花柱 2 裂至中部，长约 0.5 mm，柱头头状。果小，果瓣双生，近球状，径约 2 mm，无毛。花期 7 月，果期 8~9 月。

中生植物。生于海拔 1 800~2 300 m 山地林缘、灌丛及草甸中。见东坡苏峪口沟、黄旗沟、贺兰沟；西坡哈拉乌北沟。

分布于我国东北、华北、西北及长江流域各地，也分布于欧亚大陆及北美温带地区。

泛北极种。

茎可提取绛红色染料，植株上部含 2.5%的硬性橡胶可作工业原料用。全草入药，能活血去淤、解毒止痒、利尿、通经，主治疮痈中毒、跌打损伤、经闭、腹水、蛇咬伤、风疹瘙痒。

3. 细毛拉拉藤（图版 84，图 3）

Galium pusillosetosum Hara in Journ. Jap. Bot. **51**（5）：134. f. 2. 1976；内蒙古植物志（二版）**4**：374. 图版 147. 图 10. 1993；中国植物志 **71**（2）：229. 1999.

多年生草本。高 5~30 cm。须根纤细，暗红色。茎纤细，四棱形，簇生，近直立，基部常平卧，光滑无毛或疏被硬毛。叶纸质，4~6 片轮生，倒披针形，长（3）5~10 mm，宽 1~2.5 mm，先端急尖具刺尖头，基部宽楔形，上面无毛，下面中脉被硬毛，边缘稍反卷，疏被硬毛，1 脉，表面凹下，背面凸起。聚伞花序腋生或顶生，具少花；总花梗长 8~16 mm，无毛；苞片小，叶状，花小，淡紫色；花梗长 3~5 mm，无毛；花冠直径 2.5~3 mm，裂片卵形，长 1.2~1.5 mm，先端渐尖；雄蕊 4，伸出花冠外，子房密被白色硬毛，花柱 2，柱头头状。果实近球形，径约 2 mm，密被白色的钩状硬毛。花期 6~7 月，果期 8 月。

中生植物。生于海拔 2 000~2 300 m 林缘、沟谷边缘灌丛中。见东坡苏峪口沟、黄旗沟、小口子、贺兰沟，西坡南寺沟、北寺沟、哈拉乌沟、水磨沟。

过去该种多被定名为少花拉拉藤 *G. pauciforum* Bunge。

分布于我国西北（东部）、西南，也见于喜马拉雅山南坡、尼泊尔、不丹。东亚（中国–喜马拉雅）种。

2. 茜草属 Rubia L.

多年生草本，茎直立或缠绕，粗糙或被倒生小刺或被短硬毛，具 4 棱；托叶叶状。聚伞花序顶生或腋生，花小，两性；萼筒卵形或近球形，萼裂片不明显或缺；花冠辐状，4~5 裂；雄蕊与花冠裂片同数，互生，着生于花冠筒上，花丝短，花药球形或长椭圆形；花盘小或肿胀；子房下位；花柱 2 深裂；柱头头状或球形。浆果球状，肉质，熟时橙红色或黑紫色。种子具胚乳，子叶宽而薄。

贺兰山有 1 种。

1. 茜草（图版 85，图 6）

Rubia cordifolia L. Syst. Nat. ed. 12. **3**（app.）：229. 1768；内蒙古植物志（二版）**4**：379. 图版 148. 图 2~3. 1993；中国植物志 **71**（2）：315. 1999；宁夏植物志（二版）**下册**：217. 2007. ——*R. cordifolia* L. var. *sylvatica* Maxim. Prim. Fl. Amur. 140. 1859.

多年生缠绕草本。高 40~80 cm。根须状，紫红色。茎被短柔毛，具 4 棱，沿棱具倒刺。叶 4~6（8）片轮生，卵状披针形或卵形，长 1~5 cm，宽 6~20 mm，先端渐尖，基部心形或圆形，上面被极短硬毛，粗糙，下面具 3~5 脉，仅中脉与边缘具倒生小刺，余处均被极短硬毛，后则变光滑；具长柄，长 1~4 cm，具棱，棱具倒刺。聚伞圆锥花序，顶生和腋生；小苞片卵状披针形，长 1~2 mm，被短硬毛；花小，黄白色，具短花梗，长达 1.5 mm，被毛；萼筒近球形，无毛；花冠辐状，长 2 mm，5 裂，裂片长卵形，先端渐尖，被微毛；雄蕊 5，花药黄色，椭圆形；花丝暗绿色，花盘肿胀，花柱短，2 裂至中部，柱头头状。浆果，近球形，径约 4 mm，橙红色，熟时不变黑，具 1 颗种子。花期 7 月，果期 9 月。2n=22。

中生植物。生于海拔 1 500（东坡）~1 800~2 200m 山地沟谷灌丛中。见东坡苏峪口沟、黄旗沟、小口子、插旗沟、大水沟，西坡南寺沟、北寺沟、哈拉乌沟、峡子沟、镇木关沟、皂刺沟。

分布于我国西北各省区，也见于俄罗斯（西伯利亚、远东）、蒙古、朝鲜、日本、亚洲热带地区、澳大利亚。泛亚洲热带种。

根入药（药材名：茜草），能凉血、止血、祛淤、通经，主治吐血、衄血、崩漏、经闭、跌打损伤。

1a.阿拉善茜草

Rubia cordifolia L.var. **alaschanica** G. H. Liu in Acta Sci. Natur. Univ. Intramong. 21（4）570. 1990. 内蒙古植物志（二版）**4**：380，846. 1993.

本变种与正种的区别在于茎、叶、花梗密被短柔毛，果成熟后为黑紫色。

中生植物。生海拔 800~2 200 m 山地林下、岩石缝及沟谷灌丛。见东坡苏峪口沟、黄旗沟、小口子，西坡南寺沟、北寺沟、哈拉乌沟。

贺兰山是其模式产地。模式标本系赵一之等 2606，1980 年 9 月 5 日采贺兰山南寺沟海拔 1 800 m 处。

分布于贺兰山、龙首山。为我国特有。贺兰山-龙首山变种。

3. 薄皮木属 Leptodermis Wall. 野丁香属

落叶灌木。叶对生或簇生于短枝，全缘；具叶柄间托叶，三角形，宿存。花腋生，头状花序，苞片密集；花萼具 5 齿，宿存；花冠漏斗形，裂片 5，稀 4，开展；雄蕊 5，稀 4；花柱细长，顶端 3~5 裂，子房 5 室，每室 1 胚珠，蒴果，5 裂，种子条形。

贺兰山有 1 种。

1. 内蒙薄皮木（图版 84，图 1）内蒙野丁香

Leptodermis ordosica H. C. Fu et E. W. Ma in Fl Intramong. **5**： 413. 图版 135. 1980；中国植物志 **71**（2）：131. 1999；内蒙古植物志（二版）**4**：380 图版 149. 1993；宁夏植物志（二版）**下册**：216. 2007.

小灌木。高 20~40 cm。多分枝，开展，老枝暗灰色，具细裂纹；小枝较细，灰色或荔灰黄色，密被乳头状微毛。叶对生或假轮生，椭圆形、宽椭圆形至狭长椭圆形，长 3~10 mm，

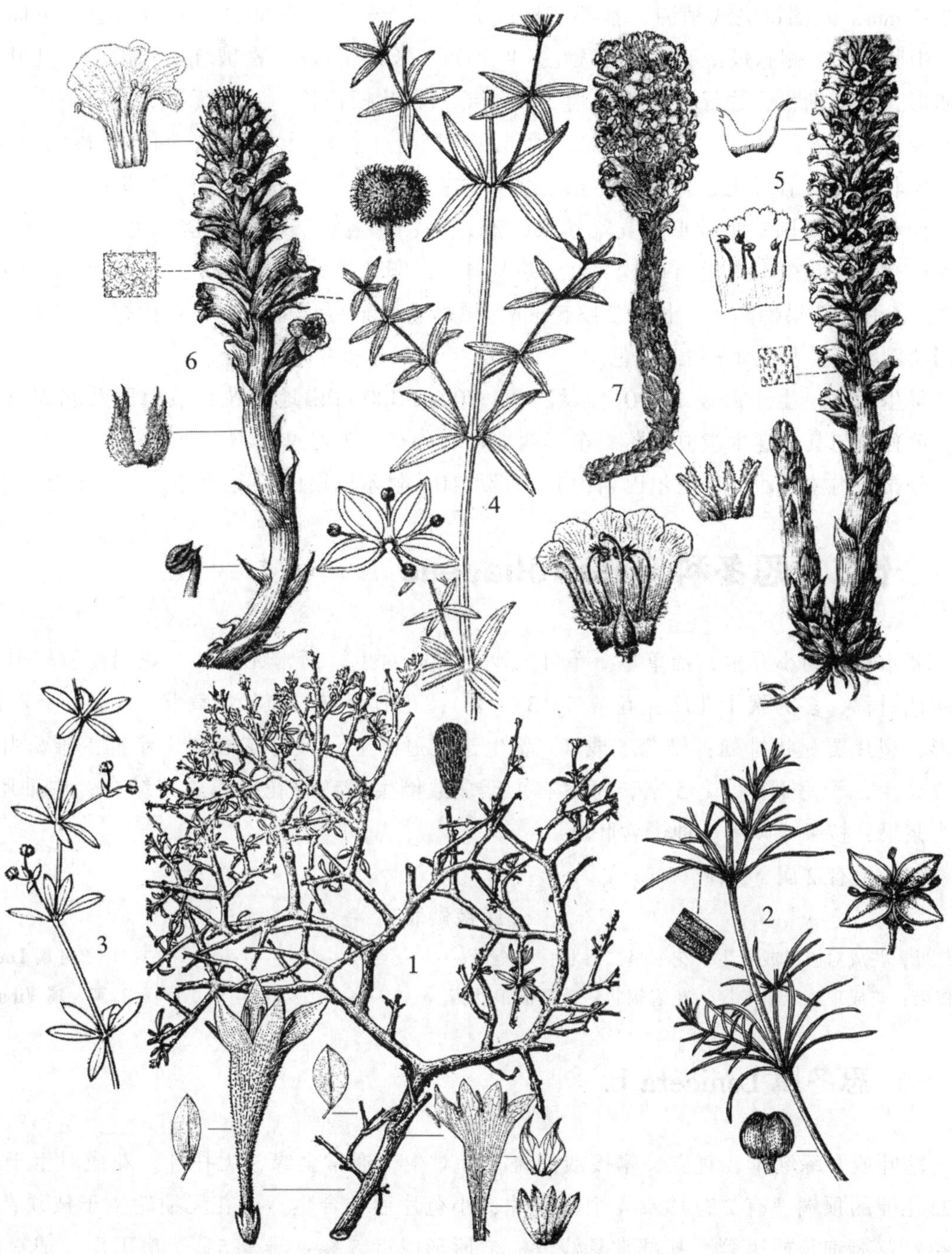

图版 84　1. 内蒙薄皮木 Leptodermis ordosica H. C. Fu et E. W. Ma 植株、叶、苞叶、花、种子；2. 蓬子菜 Galium verum L. 枝叶、花、果实；3. 细毛拉拉藤 G. pusillosetosum Hara 植株（部分）；4. 北方拉拉藤 G. boreale L. 枝叶、花、果实；5. 弯管列当 Orobanche cumana Wallr. 植株、花萼、花；6. 列当 O. coerulescens Steph. 植株、萼、花；7. 沙苁蓉 Cistanche sinensis G. Beck 植株、萼、花。（1~2、4~6 张海燕绘；3、7 马平绘）

宽 2~5 mm，先端锐尖或稍钝，基部窄楔或宽楔形，全缘，常反卷，上面绿色，下面淡绿色，中脉隆起，侧脉极不明显，近无毛；叶柄短，长约 1 mm，密被乳头状微毛；托叶三角状卵形，先端渐尖，边缘有或无小齿，具缘毛，较叶柄稍长。花近无梗，1~3 朵簇生于叶腋或枝顶；小苞片 2 枚，长约 3 mm，通常在中部合生，稍呈二唇形，膜质，透明，具脉，先端尾状渐尖，有缘毛，外面散生白色短条纹；花萼长约 2 mm，萼筒倒卵形，裂片 4~5，比萼筒稍短，矩圆状披针形，先端锐尖，有缘毛；花冠长漏斗状，紫红色，长约 14 mm，外面密被乳头状微毛，里面疏被柔毛，裂片 4~5，卵状披针形，长约 3 mm；雄蕊 4~5；柱头 3，条形。蒴果椭圆形，长约 2~3.5 mm，黑褐色，罕裂片宿存，外有宿存小苞片；种子矩圆状倒卵形，长约 1 mm，黑色。

旱生植物。生于海拔 1 200（东坡）~1 700~2 300 m 山地阳坡，浅山区及北部石质山坡。单独或与其他灌木组成群落。东、西坡均有分布，为习见植物

分布于内蒙古西部（阿尔巴斯山）。为贺兰山–阿尔巴斯山特有种。

七二、忍冬科 Caprifoliaceae

灌木有时为小乔木，稀草本。单叶或羽状复叶对生，通常无托叶。花两性，辐射对称或两侧对称，多为聚伞花序；花萼 5（3~4 裂）；花冠合瓣，辐状或筒状，5 裂，有时成二唇形，裂片覆瓦状排列；雄蕊 5 或 4，着生于花冠筒上，且与花冠裂片互生；雌蕊由 2~5 心皮合生，子房下位，1~5 室，每室有 1 至多数倒生胚珠，花柱离生或结合；中轴胎座。果为浆果，核果或蒴果。种子含胚乳。

贺兰山有 2 属，5 种。

分属检索表

1. 浆果；花成对腋生或轮生，花冠呈二唇状；叶全缘 ························ 1. 忍冬属 Lonicera
1. 核果；花成顶生聚伞花序，花冠辐状；叶具波浪状齿 ························ 2. 荚蒾属 Viburnum

1. 忍冬属 Lonicera L.

落叶或常绿灌木，直立，攀援或缠绕。叶对生，通常全缘，无托叶。花成对生于腋生的总花梗的顶端，有 2 苞片及 4 个小苞片，小苞片通常合生，或花无梗轮生于枝顶；萼 5 齿裂；花冠细长或短管，基部常具浅囊，二唇形或近 5 裂；雄蕊 5；子房下位，成对，每对有时部分或全部联合，2~3（5）室，每室有胚珠数枚至多数；花柱细长，柱头头状。浆果有数枚至多数种子。

贺兰山有 4 种。

分种检索表

1. 花梗较叶柄短或稍长或几等长。

2. 果蓝紫色，有白粉；叶矩圆状卵形或矩圆形，基部通常圆形 ………………… 1. 蓝锭果忍冬 **L. edulis**
2. 果红色。
3. 叶小，长 0. 8~1.5 cm，倒卵形、椭圆形或矩圆形 ……………………………… 2. 小叶忍冬 **L. microphylla**
3. 叶大，长 1. 5 cm 以上； 叶卵形至卵状披针形，先端尖或短渐尖，稀钝形 ………………………………………………………………………… 3. 葱皮忍冬 **L. ferdinandii**
1. 花梗较叶柄长 2 倍或更长；花黄色；浆果红色 ……………………………… 4. 黄花忍冬 **L. chrysantha**

1. 蓝锭果忍冬（图版 85，图 1）

Lonicera edulis Turcz. Fl. Baic. –Dah. **1**：524. 1845. ——*L. caerulea* L. var. *edulis* Turcz. ex Herd. in Bull. Soc. Nat. Mousc. **37**（1）（Pl. Radd. Monopet.）：205 et 207. t. 3. f. 1–2a. 1864；中国植物志 **72**：194. 图版 49. 图 l~2. 1988；内蒙古植物志（二版）**4**：386. 图版 151；图 1~2. 1993；宁夏植物志（二版）**下册**：232. 2007. ——*L. caerulea* L. var. *edulis* Regel，Russk Dendr. 144. 1873.

灌木。高 1~1.5 m。小枝红褐色，幼时被柔毛，髓心充实，基部具鳞片状残留物；冬芽暗褐色，被 2 枚舟形外鳞片所包，光滑；老枝紫褐色，叶柄间有托叶。叶矩圆形、披针形或卵状椭圆形，长 1.5~5.5 cm，宽 1~2.3 cm，先端钝圆或钝尖，基部圆形或宽楔形，全缘，具短睫毛，上面深绿色，中脉下陷，网脉凸起，被疏短柔毛，或仅脉上有毛，下面淡绿色，密被柔毛，脉上尤密；叶柄短，被长毛。花腋生，苞片条形，比萼筒长 2~3 倍，小苞片合生成坛状花环，全包子房，成熟时成肉质；相邻 2 花的萼筒 1/2 至全部合生，萼齿小，被毛；花冠黄白色，常带粉红色或紫色，长 0.7~1.5 cm，外被短柔毛，基部具浅囊；雄蕊 5，稍伸出花冠；花柱较花冠长，无毛。浆果球形或椭圆形，深蓝黑色，长 1~1.2 cm。花期 5 月，果期 7~8 月。

耐寒中生植物。生海拔 2 500~2 800 m 山地阴坡云杉林下，为特征性伴生种。仅见主哈拉乌北沟及北寺沟。

分布于我国东北、华北、西北，也见于俄罗斯（西伯利亚、远东）、蒙古。东古北极种。

浆果可供食用，酿酒；全株可作固土、固坡及园林绿化树种。民间果也入药，可清热解毒。

2. 小叶忍冬（图版 85，图 4）

Lonicera microphylla Willd. ex Roem. et Schult. in Syst. **5**：258. 1819；中国植物志 **72**：174. 1988；内蒙古植物志（二版）**4**：386. 图版 151. 图 3~4. 1993；宁夏植物志（二版）**下册**：236. 2007.

灌木。高 l~2 m。小枝淡褐色，无毛或被微柔毛，细条状剥落，老枝灰褐色有白色髓心。叶卵形、椭圆形或卵状矩圆形，长 0.8~1.5 cm，宽 0.5~1.2 cm，先端钝或尖，基部楔形，边缘具睫毛，两面被柔毛，有时上面光滑；叶柄短或近无柄。苞片锥形，小苞片缺；总花梗单生叶腋，长约 15 mm；相邻两花的萼筒合生，光滑无毛，萼具 5 齿，萼檐呈杯状；

花黄白色，长 10~13 mm，外近无毛，花冠二唇形，上唇 4 浅裂，裂片矩圆形，先端钝圆，下唇长椭圆形，边缘具毛，花冠筒长 4 mm，基部具浅囊；雄蕊 5，着生花冠筒中部，稍伸出花冠，花药长椭圆形，花丝基部被疏柔毛；花柱中部以下被长毛。浆果橙红色，球形，径约 5~6 mm。花期 5~6 月，果期 8~9 月。2n=36。

旱中生植物。生海拔 1 600（东坡）~1 900~2 600 m 山地沟谷、阴坡、半阴坡、半阳坡的灌丛和杂木林中，是构成山地灌丛的重要成员，在宽阔山谷干河床两侧常与灰榆形成疏林灌丛。东、西坡都有较多分布，为习见灌木。

分布于我国西北及内蒙古（西部），也见于中亚（东部，哈萨克斯坦）、俄罗斯（西伯利亚）、蒙古（西部），哈萨克–蒙古种。

水土保持及园林绿化树种。

3. 葱皮忍冬（图版 85，图 2）

Lonicera ferdinandii Franch. in Nour. Arch. Mus. Hist. Paris ser. 2. **6**：31. t. 12. f. A. 1883；中国植物志 **72**：197. 图版 49. 图 7~10. 1988；内蒙古植物志（二版）**4**：388. 图版 152. 图 1. 1993；宁夏植物志（二版）**下册**：235. 图 145. 2007.

灌木。高 1.5~2 m。冬芽细长，具 2 枚舟形外鳞片，被柔毛；幼枝常被小刚毛，基部具鳞片状残留物；老枝光滑，具凸起斑点，粗糙，枝状叶柄间有托叶。叶卵形至卵状披针形，长 1.5~5 cm，宽 0.8~2.5 cm，先端渐尖，基部圆形或近心形，边缘具睫毛，全缘或具浅波状，上面深绿色，疏生刚毛，中脉下凹，被短柔毛，下面灰绿色，疏生硬毛，沿脉较密；叶柄长 2~4 mm，被密毛。总花梗短，长 2 mm，具腺状硬毛，苞片卵形，具缘；小苞片合生成坛状花环，全包子房；萼齿小，三角形，稍尖，被毛；花冠黄色，长约 2 cm，内被柔毛，外被腺毛及柔毛，上唇 4 裂，裂片圆形，下唇矩圆形，反卷；雄蕊稍伸出花冠；花丝具长柔毛，伸出花冠。浆果红色，被细柔毛，卵形。种子卵形，被密蜂窝状小点。花期 5~6 月，果期 7~8 月。

中生植物。生海拔 1 700~2 000 m 山地沟谷、灌丛及杂木林中。见东坡小口子、镇木关沟；西坡峡子沟。

分布于我国华北（北部）、西北（东部）及河南、四川。为我国特有。华北种。

水土保持及庭院绿化种。

4. 黄花忍冬（图版 85，图 3）

Lonicera chrysantha Turcz. in Bull. Soc. Nat. Mosc. **11**：93. 1838；中国植物志 **72**：219. 1988；内蒙古植物志（二版）**4**：389. 图版 153. 图 1~2. 1993；宁夏植物志（二版）**下册**：238. 2007.

灌木。高 1~2 m。冬芽窄卵形，具数对鳞片，边缘具睫毛，背部疏被柔毛；小枝被柔毛，后平滑；老枝空心无髓。叶菱状卵形至菱状披针形，长 4~8 cm，宽 1~4 cm，先端渐尖，基部圆形或宽楔形，全缘，边缘具睫毛，上面暗绿色，近无毛，中肋毛明显，下面淡绿色，疏被短柔毛，沿脉甚密；叶柄长 3~6 mm，被柔毛。苞片线形，长约 5 mm；小苞片卵状矩圆形至近圆形，长为子房的 1/3~1/2，具纤毛和腺点；总梗长 1.5~2.5 cm，被毛；花黄色，长 10~15 mm，外被柔毛，花冠筒基部一侧浅囊状，上唇 4 浅裂，裂片卵圆形，下唇长椭圆形；雄蕊 5，与花冠裂片近等长，花丝被柔毛；花柱较花冠短，子房矩圆状卵圆形，具腺毛。浆果红色，径约 5~6 mm；种子多数。花期 6 月，果熟期 9 月。

耐阴中生植物。生海拔 2 000~2 300 m 山地沟谷、阴坡灌丛及杂木林中。见东坡小口子、插旗沟；西坡哈拉乌北沟、皂刺沟、水磨沟。

分布于我国东北、华北、西北（东部）及山东、河南、浙江、湖北，也见于俄罗斯（东西伯利亚、远东）、蒙古（北部）、朝鲜、日本。东亚（中国–日本）种。

庭院绿化树种。叶入药，清热解毒，主治温病发热、热毒血痢、痈疮肿毒。

2. 荚蒾属 Viburnum L.

落叶或常绿灌木，稀小乔木。单叶对生，全缘，具齿牙或裂片。顶生伞形状或圆锥状聚伞花序，有些种类花序边缘有大型的不孕花；花小，白色或粉红色，萼具 5 微齿；花冠成钟状或轮状，5 裂；雄蕊 5，子房 1 室，花柱极短，3 裂。核果具 1 种子。

贺兰山有 1 种。

1. 蒙古荚蒾（图版 85，图 5）白暖条

Viburnum mongolicum（Pall.）Rehd. in Sargent Trees & Shrubs **2**：111. 1908；中国植物志 **72**：28. 图版 5. 图 1~2. 1988；内蒙古植物志（二版）**4**：394. 图版 154. 图 4~6. 1993；宁夏植物志（二版）**下册**：226，2007. ——*Lonicera mongolica* Pall. Reise **1**：721. 1771.

灌木。高 1~2 m。多分枝，幼枝灰色，密被星状毛，老枝灰黄色，具纵裂纹，无毛。叶宽卵形至椭圆形，稀近圆形，长 2~5 cm，宽 1~3 cm，先端锐尖或钝，基部宽楔形或圆形，边缘具浅波状齿，上面绿色，下面淡绿色，两面被星状毛，主脉上的毛为褐色；叶柄长 3~8 mm。聚伞状伞形花序顶生，花轴、花梗均被星状毛；萼管长 4 mm，裂片 5，三角形，长约 1 mm，无毛；花冠长约 7 mm，先端 5 裂，裂片长约 2 mm，无毛；雄蕊 5，花药长 1.5 mm，花丝长 4 mm，无毛；子房下位，无毛，花柱极短，柱头扁圆。核果椭圆形，蓝黑色，无毛，长约 1 cm，宽 8 mm，具 2 条沟纹，腹面具 3 条沟纹。花期 6 月，果期 9 月。2n=16，18。

喜暖中生植物。生海拔 1 500（东坡）~1 900~2 300 m 地阴坡、半阴坡和沟谷灌从中。见东坡苏峪口沟、贺兰沟、小口子、黄旗沟；西坡哈拉乌北沟、北寺沟、南寺沟、峡子沟。

分布于我国东北（南部）、华北、西北（北部），也见于俄罗斯（东西伯利亚）、蒙古（东北部）、朝鲜、日本。华北种。

水土保持和园林绿化种。

图版 85 1. **蓝锭果忍冬** Lonicera edulis Turcz. 果枝、花；2. **葱皮忍冬** L. ferdinandii Franch. 果枝；3. **黄花忍冬** L. chrysantha Turcz. 果枝、花；4. **小叶忍冬** L. microphylla Willd. ex Roem. et Schult. 果枝、花；5. **蒙古荚蒾** Viburnum mongolicum（Pall.）Rehd. 果枝、花；6. **茜草** Rubia cordifolia L. 植株上部、花。（1~3、5 马平绘；4 田虹绘；6 张海燕绘）

七三、败酱科 Valerianaceae

草本，稀灌木。常具基生叶，茎生叶对生或互生，通常羽状分裂，无托叶。花小，两性，稀单性，稍两侧对称，聚伞状花序或头状花序；花萼小，开花时不明显，有时在果期裂片呈羽毛状；花冠筒状，基部囊状或有距，裂片 3~5；雄蕊 3~5，着生于花冠筒上，与花冠裂片互生；子房下位，3 室，仅 1 室发育，胚珠 1。瘦果，顶端具宿存的冠毛状花萼或有增大的苞片，呈翅果状。

贺兰山有 1 属，1 种。

1. 缬草属 Valeriana L.

多年生草本，直立或攀援，根有强烈气味。叶全缘、齿缘或一至三回羽状复叶。顶生聚伞花序，穗状花序或圆锥花序；花小，白色或玫瑰红色，两性；萼 5~15 裂，裂片花时不明显，果时呈羽毛状；花冠筒纤细，檐部 5 裂；雄蕊 3，稀为 1 或 2；子房下位，3 室，仅 1 室发育，胚珠 1 枚。瘦果扁平，前面 3 脉，背面 1 脉。

贺兰山有 1 种。

1. 西北缬草（图版 83，图 4）小缬草

Valeriana tangutica Batal. in Acta Hort. Petrop. **13**：375. 1894；中国植物志 **73**（1）：41. 图版 11. 图 5. 1986；内蒙古植物志（二版）**4**：411. 图版 162. 图 5. 1993；宁夏植物志（二版）**下册**：242. 图 150. 2007.

多年生低矮细弱草本。全株无毛，高 8~20（30） cm。叶小，基生叶丛生，叶质薄，羽状全裂，裂片全缘，顶端叶裂片大，心状卵形、卵圆形或近于圆形，长 8~18 mm，宽 6~12 mm，两侧裂片 1~2（3）对，疏离，显著较顶生裂片小，长仅 3~4 mm，近圆形，具长柄；茎生叶 2 对，疏离，对生，长 2~4 cm，3~7 深裂，裂片条形，先端尖。伞房状聚伞花序，较密集成半球形；苞片及小苞片条形，全缘；花萼内卷；花冠白色，外面粉色，细筒状漏斗形，先端 5 裂，裂片倒卵圆形；雄蕊长于裂片，花药完全外露；子房狭椭圆形，无毛。果实平滑，顶端有羽毛状宿萼。花期 6 月。

耐寒中生植物。生海拔 2 000~2 700 m 阴湿山坡、云杉林缘或岩石缝中。见东坡苏峪口沟、贺兰沟；西坡哈拉乌沟、北寺沟、南寺沟、水磨沟等。

分布于我国西北（东部、祁连山）。为我国特有。贺兰山–唐古特种。

七四、葫芦科 Cucurbitaceae

一年生或多年生草质或木质藤本；茎匍匐或攀援，常有沟棱，具卷须。叶互生，通常单叶，多为掌状分裂，有时为复叶。花单性，稀两性，雌雄同株或异株，辐射对称，单生、族生或形成多种花序；花托漏斗状、钟状或筒状；花萼与子房合生，5 裂；花冠 5 裂；雄蕊 3 或 5，分离或合生，药室直、弓曲或折曲；子房下位或半下位，3 心皮，1 室、不完全 3 室或 3 室，胚珠多数，稀少数至 1 枚，侧膜胎座，花柱 1，稀 3，柱头膨大，2~3 裂。果实为瓠果或浆果，稀为蒴果，不裂或开裂。种子多数，稀少数至 1 枚，通常扁平，无胚乳。

贺兰山有 1 属，1 种。

1. 赤爬属 Thladiantha Bunge

一年生或多年生攀援草本。卷须不分枝或 2 分叉；叶全缘或 3~7 裂，基部心形，边缘具齿。花单性，雌雄异株；雄花组成聚伞花序或总状花序；雌花单生，具 5 退化雄蕊；花萼钟状，5 裂；花冠钟状，5 裂，裂片反折，全缘；雄蕊 5，药室通直；子房长椭圆形，花柱 3 深裂，柱头 3，肾形。浆果椭圆形或矩圆形，不开裂，先端钝，有时有纵棱；种子多数，扁平，光滑。

1. 赤爬（图版 83，图 5）

Thladiantha dubia Bunge, Enum. Pl. Chin. Bor. 29. 1833；中国植物志 **73**（1）：146. 1986；内蒙古植物志（二版）**4**：421. 图版 166. 图 1~3. 1993；宁夏植物志（二版）**下册**：247. 图 154. 2007.

多年生攀援草本。块根草褐色。茎不分枝，具纵棱，被硬毛状长柔毛；卷须与叶对生，被毛。叶片宽卵状心形，长 5~10 cm，宽 4~8 cm，先端锐尖，基部心形，边缘具大小不等的齿，两面均被柔毛，基部 1 对叶脉沿叶基弯缺，边缘向外展开；叶柄长。花单性，雌雄异株；雌雄花均单生叶腋；花梗纤细，被长柔毛；花萼裂片线状披针形，被长柔毛，反折；花冠，黄色，5 深裂，裂片矩圆形，长 2~2.5 cm，反折；雄蕊 5，离生，花丝被长柔毛，退化子房雄花半球形，雌花具 5 个退化雄蕊；子房矩圆形，密被长柔毛，花柱深 3 裂，柱头肾形。浆果，卵状矩圆形，鲜红色，长 3~5 cm，直径约 2.5 cm，具 10 条不明显纵纹；种子卵形，黑色。花期 7~8 月，果期 9 月。

中生植物。生海拔 1 300~1 500 m 山地沟谷溪边灌丛中和山口居民点附近。仅见东坡苏峪口沟、贺兰沟、小口子等。

分布于我国东北、华北、西北（东部）、华东（北部）及江西、广东。也见于俄罗斯（远东）、朝鲜、日本。东亚（中国–日本）种。

果入药、能理气活血、祛痰利湿，主治跌打损伤、扭腰岔气、暖气吐酸、黄疸、肠炎痢疾、咳血胸痛。也作蒙药用（蒙药名：敖鲁毛斯），能和血调经、止血、消肿，主治下死胎。月经不调、子宫出血。

七五、桔梗科 Campanulaceae

一年生或多年生草本，含乳汁。单叶，互生、对生或轮生，无托叶。二歧或单歧聚伞花序，有时总状或圆锥状；花两性，辐射对称或两侧对称；花萼 4~5 裂；裂片常宿存，花冠钟状或筒状，通常 5 裂，花冠筒 1 侧开裂，几达基部；雄蕊与花冠裂片同数，离生或合生；雌蕊 1，子房下位，稀上位，通常 4~5 室，中轴胎座，胚珠多数。蒴果，顶端瓣裂、侧面孔裂或纵裂，有时周裂或不开裂，果皮干燥或肉质浆果。种子小，胚乳丰富。

贺兰山有 1 属，1 种。

1. 沙参属 Adenophora Fisch.

多年生草本，含白色乳汁。根肥大、肉质，倒圆锥形或圆柱形。茎直立，单一或自根部抽出数条。基生叶具长柄，早落；茎生叶互生、对生或轮生。花序总状或圆锥状；花萼钟形，与子房贴合；萼裂片 5，全缘或有齿，花冠钟状、筒状钟形或坛状，5 浅裂，紫色或蓝色；雄蕊 5，离生，花丝下部加宽成片状，包围花盘；花盘筒状或环状，围于花柱基部；子房下位，3 室，胚珠多数，花柱细长，柱头 3 裂。蒴果自基部 3 孔裂；种子卵形，扁平，有棱或翅状棱。

贺兰山有 1 种。

1. 宁夏沙参（图版 83，图 6）

Adenophora ningxiaensis Hong，Fl. Reip. Pop. Sin. **73**（2）：114. Pl. 17. f. 9~11. 1983；内蒙古植物志（二版）**4**：464. 图版 186. 图 1~2. 1993；宁夏植物志（二版）**下册**：258. 图 159. 2007.

多年生草本。高 15~30 cm。根粗壮，质硬，茎自根颈发出数条，丛生，不分枝，无毛或疏被短硬毛。基生叶心形或倒卵形，早枯；茎生叶互生，披针形或狭卵状披针形，长 1.2~3.5 cm，宽 2~6 mm，先端渐尖，基部楔形，边缘具锯齿，两面无毛或近无毛，无柄。花序无分枝，顶生，数朵花集成假总状花序；花梗纤细；花萼无毛，萼筒倒卵形，裂片钻形或钻状披针形，长 2~4 mm，宽约 1 mm，边缘常有 1 对疣状小齿，个别裂片全缘；花冠钟状，蓝色或蓝紫色，长约 1.5 cm，浅裂片卵状三角形；花盘短筒状，长约 2 mm，无毛；花柱长约 1.5 cm，稍长于花冠。蒴果长椭圆状，长约 8 mm，径约 3 mm。种子黄色，椭圆状，稍扁，长约 2 mm，有一条翅状棱。花期 7~8 月，果期 9 月。

旱中生植物。生海拔 1 600~2 500 m 山坡沟谷崖壁石缝中。见东坡苏峪口沟、贺兰沟、黄旗沟、大水沟、插旗沟、甘沟；西坡哈拉乌沟、南寺沟、北寺沟、峡子沟、古拉本沟。

贺兰山是其模式产地。模式标本系白荫元 No. 151，1933 年 8 月 28 日采自贺兰山(Type)。

分布于内蒙古（西部阿尔巴斯山）、甘肃（兴隆山）。贺兰山–兴隆山–阿尔巴斯山种。

七六、菊科 Compositae

草本或灌木，稀乔木。有的具乳汁。叶互生、对生或轮生，全缘、有齿或分裂，无托叶或具假托叶。花两性或单性，稀单性异株，少数或多数聚集成头状花序，为一至数层总苞片组成的总苞所包围；头状花序单生或数个至多数排列成穗状、总状、聚伞状、伞房状、圆锥状；花序托平或凸起，具托片或无；萼片呈鳞片状或成毛状的冠毛，冠于瘦果的顶端或无；花冠辐射对称而为管状，或两侧对称而为舌状、二唇形；在花序中有同形的小花，即全部为管状花或舌状花，或有异形小花，即外围为舌状花，中央为管状花；雄蕊 4~5，花药合生而环绕着花柱，基部钝或有尾；花柱顶 2 裂，子房下位，1 室，1胚珠。瘦果。

贺兰山有 8 族，41 属，103 种。

分族检索表

1. 头状花序全部为同形的管状花或具异形的小花，中央的花非舌状；植株无乳汁。
  2. 花药的基部钝或微尖。
    3. 花柱分枝通常一面平一面凸形，上端有尖或三角形附片，有时上端钝；叶互生 ………………………………………………………………………… Ⅰ. 紫菀族 Astereae
    3. 花柱分枝通常截形，无或有尖或三角形附片，有时分枝钻形。
      4. 冠毛不存在，或鳞片状、芒状或冠状。
        5. 总苞片叶质；头状花序辐射状，极少管状 ………………………… Ⅲ. 向日葵族 Heliantheae
        5. 总苞片全部或边缘干膜质；头状花序盘装或辐射状 ……………… Ⅳ. 春黄菊族 Anthemideae
      4. 冠毛通常毛状；头状花序盘状或辐射状 ……………………………… Ⅴ. 千里光族 Senecioneae
  2. 花药基部锐尖、箭形或尾形。
    8. 花柱上端无被毛的节，先端截形，无附片，或有三角形附片。
      9. 头状花序盘状；花浅裂，不呈二唇形 ………………………………… Ⅱ. 旋覆花族 Inuleae
      9. 头状花序盘状或辐射状；花冠不规则深裂，呈二唇形 ……………… Ⅵ. 大丁草族 Mutisieae
    8. 花柱上端有稍膨大而被毛的节，头状花序有同形管状花 ……………… Ⅶ. 菜蓟族 Cynareae
1. 头状花序全部为同形的舌状花；植株有乳汁 ……………………………… Ⅷ. 菊苣族 Cichorieae

直接分属检索表

1. 头状花序仅具管状花或兼有舌状花；植物体无乳汁。
  2. 头状花序仅具管状花，管状花有时 2 唇形。
    3. 叶对生；冠毛 2~4，刺芒状 ……………………………………………… 11. 鬼针草属 Bidens
    3. 叶互生或基生。

4. 头状花序含 1 小花，再聚集成球形复头状花序 …………………………… 23. 蓝刺头属 **Echinops**

4. 不为复头状花序。

5. 总苞具刺；叶缘无刺或有刺。

6. 叶缘无刺，总苞具刺或倒钩刺。

7. 雌头状花序含 2 花；总苞完全愈合，具倒钩刺；瘦果无冠毛 ……… 10. 苍耳属 **Xanthium**

7. 头状花序含多花，总苞片不愈合，条形或披针形，先端具倒钩刺；瘦果具冠毛 ……………………………………………………………………… 28. 牛蒡属 **Arctium**

6. 叶缘和总苞均具刺。

8. 叶片沿茎下延成宽或窄翅。

9. 植株高大；叶草质，下面淡绿色，被皱缩长柔毛；头状花序小，花丝有毛 ……………………………………………………………………… 26. 飞廉属 **Carduus**

9. 植株较低矮；叶革质，下面灰白色，密被毡毛；头状花序大，花丝无毛 ……………………………………………………………………… 27. 蝟菊属 **Olgaea**

8. 叶片不沿茎下延成翅。

10. 植株无茎；外层总苞片边缘具刺齿；花白色 ………………… 25. 革苞菊属 **Tugarinovia**

10. 植株具发达的茎；总苞片先端具刺或尖；花紫红色 ………………… 24. 蓟属 **Cirsium**

5. 总苞和叶缘无刺。

11. 总苞片草质或革质，不为干膜质。

12. 叶基生；头状花序单生，具同形花和异形花，春季开的花为异形花，外围有一层雌花，舌状，中央有多数两性花，管状；秋季开的花为同形化，全部两性，管状，2 唇形 ……………………………………………………………………… 22. 大丁草属 **Leibnizia**

12. 叶茎生和基生。

13. 头状花序异形，雌花花丝冠状，两性花细管状 ………………… 7. 花花柴属 **Karelinia**

13. 头状花序同形，全部小花两性，管状。

14. 冠毛多层。

15. 冠毛羽状或锯齿状；根颈部有极厚的白色团状棉毛 ………… 32. 苓菊属 **Jurinea**

15. 冠毛糙毛状；根颈部无白色团状棉毛 ………………………… 31. 麻花头属 **Serratula**

14. 冠毛 1~2 层，外层的糙毛状，内层的羽状 ………………… 33. 风毛菊属 **Saussurea**

11. 总苞片干膜质或边缘膜质。

16. 瘦果有冠毛，毛状或羽毛状。

17. 总苞片具大型干膜质全缘或撕裂的附片。

18. 头状花序大，直径 3~6 cm，冠毛宿存 ………………………… 29. 漏芦属 **Stemmacantha**

18. 头状花序小，直径 1~1. 5 cm，冠毛脱落 ……………………… 30. 顶羽菊属 **Acroptilon**

17. 总苞片全部或边缘干膜质，无明显的附片；头状花序呈伞房状密集排列，外围通常有开展的星状苞叶群 ……………………………………………… 8. 火绒草属 **Leontopodium**

16. 瘦果无冠毛或有冠状冠毛。

19. 头状花序在茎枝顶端排列成伞房状或单生。

20. 小半灌木，茎由基部多分枝，通常丛生。

21. 瘦果无冠状冠毛，但沿边缘有环边；花全部两性，管状 ……… 14. 女蒿属 **Hippolytia**

21. 瘦果无冠毛及环边；边花雌性或部分两性，细管状或管状 ········ 17. 亚菊属 Ajania

20. 一、二年生草本。

22. 二年生草本；头状花序单生，茎顶花葶状；总苞直径 7~12 mm，瘦果三棱状圆柱形，具 5~8 条纵肋 ·· 16. 小甘菊属 Cancrinia

22. 一年生草本；头状花序在茎顶排列成伞房状；总苞径 5~6（10） mm，瘦果斜卵形，具 12~20 条细沟纹 ························ 15. 紊蒿属 Elachanthemum

19. 头状花序在茎上排列成穗状、总状或圆锥状。

23. 边花雌性，结实或不结实；瘦果满布于花序托之上 ················ 19. 蒿属 Artemisia

23. 边花部分雌性，部分两性，结实；瘦果 1 圈，排列在花序托下部 ·· 18. 栉叶蒿属 Neopallasia

2. 头状花序有管状花和舌状花。

24. 冠毛毛状或膜片状。

25. 舌状花舌片通常较管部为长，显著。

26. 管状花和舌状花全为黄色。

27. 总苞片 1 层，等长。

28. 叶具叶鞘；质厚，近革质，花药基部无明显的尾 ···················· 20. 橐吾属 Ligularia

28. 叶无叶鞘；质薄，草质，花药基部具较明显的尾 ···················· 21. 尾药菊属 Synotis

27. 总苞片多层，外层者较短；花序托平或凸起；花药具尾；花柱分枝顶端钝圆或截形 ·· 9. 旋覆花属 Inula

26. 舌状花与管状花不同色，舌状花紫色，管状花黄色。

29. 管状花两侧对称，其中 1 裂片较长；舌状花冠毛毛状、膜片状 ·· 2. 狗娃花属 Heteropappus

29. 管状花辐射对称，5 裂片等长；冠毛糙毛状。

30. 多年生草本，茎单一或上部有分枝；叶通常较大 ···························· 3. 紫菀属 Aster

30. 半灌木，多分枝，呈丛状；叶通常较小 ························ 1. 紫菀木属 Asterothamnus

25. 舌状花舌片甚小。

31. 冠毛通常 2 层；雌花舌状或细管状。

32. 一年生草本；舌状花花冠较冠毛短 ································ 4. 短星菊属 Brachyactis

32. 二年生或多年生草本；舌状花花冠较冠毛长 ························ 5. 飞蓬属 Erigeron

31. 冠毛 1 层；雌花细管状或丝状，有时具直立的小舌片 ···················· 6. 白酒草属 Conyza

24. 冠毛无。

33.半灌木；总苞半球形或矩圆形；舌状花黄色，舌片短 ·············· 12. 短舌菊属 Brachanthemum

33. 多年生草本；总苞浅碟状；舌状花多色，舌片长 ·························· 13. 菊属 Dendranthema

1. 头状花序全为舌状花；植物体含乳汁。

35. 冠毛羽毛状；总苞片多层，花序托无托片；叶常为禾叶状 ························ 34. 鸦葱属 Scorzonera

35. 冠毛单毛状。

36. 叶基生；头状花序单生；瘦果具长喙，表面有小瘤状或小刺状突起 ·· 35. 蒲公英属 Taraxacum

36. 叶茎生，有或无基生叶；头状花序不为单生；瘦果无喙或有喙，不具小瘤状或小刺状突起。

37. 冠毛由极细的柔毛并杂以较粗的直毛所组成；头状花序具多数小花 …………………………………………………………………………………… 36. 苦苣菜属 Sonchus
37. 冠毛由较粗的直毛或粗毛所组成；头状花序具较少的小花。
38. 瘦果扁矩圆形，纺锤形、顶端渐尖成喙；舌状花紫蓝色。
39. 果盘具 1 圈极短的外层冠毛；瘦果圆柱形，具宽而厚的边缘 …………………………………………………………………………………… 37. 毛鳞菊属 Chaetoseris
39. 果盘无 1 圈极短的外层冠毛；瘦果椭圆形，具窄而不明显的边缘 …………………………………………………………………………………… 38. 乳苣属 Mulgedium
38. 瘦果稍扁或近圆柱形；舌状花黄色。
40. 瘦果有等形的纵肋，上端狭窄，具或长或短的喙。
41. 瘦果圆柱形或纺锤形，有 10~20 条纵肋 ………………………… 39. 还阳参属 Crepis
41. 瘦果纺锤形或披针形，稍扁，有 10 条纵肋 ………………………… 40. 苦荬菜属 Ixeris
40. 瘦果具不等形的纵肋，上端狭窄，通常无明显的喙 ……………………… 41. 黄鹌菜属 Youngia

Ⅰ. 紫菀族 Astereae Cass.

分属检索表

1. 半灌木；叶条形或矩圆形，全缘；头状花序单生枝顶或 3~5 排列成疏伞房状 …………………………………………………………………………………… 1. 紫菀木属 Asterothamnus
1. 草本。
2. 头状花序有显著开展的舌状雌花。
3. 舌状花的舌片通常较长而宽。
4. 管状花有 5 裂片，其中 1 裂片较长 ………………………………… 2. 狗娃花属 Heteropappus
4. 管状花 5 裂片等长 ……………………………………………………… 3. 紫菀属 Aster
3. 舌状花的舌片通常短小。
5. 茎多分枝；头状花序极多数；舌状花的花冠较冠毛短；边缘雌花同形 …………………………………………………………………………………… 4. 短星菊属 Brachyactis
5. 茎单生或少分枝；头状花序单生或较少数；舌状花的花冠较冠毛长；边缘雌花异形 …………………………………………………………………………………… 5. 飞蓬属 Erigeron
2. 头状花序无显著开展的舌状雌花，雌花细管状，有直立的小舌片 ……………… 6. 白酒草属 Conyza

1. 紫菀木属 Asterothamnus Novopokr.

半灌木，多分枝。叶小，全缘。头状花序单生于枝顶或 3~5 排列成疏伞房状，总苞倒卵形或半球形，总苞片 3~4 层，革质，边缘膜质，中脉明显而呈棕色；花托多少扁平，具小窝孔，其周围有不整齐具齿的膜片；有异形小花，舌状花雌性，淡紫色或淡红色或白色；管状花两性，通常黄色，上端有 5 裂片；花药基部钝；花柱分枝附片三角形。瘦果具 3 棱，被伏毛，具边肋 2，背棱有 1 不明显的肋；冠毛糙毛状，1~2 层，与花冠等长。

贺兰山有 1 种。

1. 中亚紫菀木（图版 86，图 1）

Asterothamnus centrali-asiaticus Novopokr. in Not. Syst. Herd. Inst. Bot. Acad. Sci. URSS. **18**：338. 1950；中国植物志 **74**：262. 图版 66. 图 5~8. 1985；内蒙古植物志（二版）**4**：510. 图版 205. 图 1~5. 1993；宁夏植物志（二版）**下册**：280. 图 174. 2007.

多年生草本。植株高 20~40 cm。下部多分枝，老枝木质化，灰黄色，腋芽卵圆形，小，被短棉毛，小枝细长，灰绿色，被蛛丝状短棉毛。叶近直立或稍开展，矩圆状条形或近条形，长 8~15 mm，宽 1.0~2 mm，先端锐尖，基部渐狭，无柄，边缘反卷，两面被蛛丝状棉毛，上面较疏，呈灰绿色，下面较密，呈灰白色，中脉明显下陷。头状花序直径约 1 cm，单生枝顶或 2~3 排列成疏伞房状，总花梗细长；总苞宽倒卵形，直径 5 ~7 mm，总苞片外层者短，卵形、披针形，先端锐尖，内层者长，矩圆形，先端稍尖或钝，上端通常紫红色；舌状花淡蓝紫色，7~10 朵，长 10~13 mm，管状花 11~12（16）朵，长约 5 mm。瘦果倒披针形，长约 3.5 mm；冠毛白色，与管状花冠等长。花果期 7~10 月。

超旱生植物。生山麓沟谷、干河床及沙砾地，可沿干河床向山地深入，在各大山口、干河床两侧常形成群落。见东坡甘沟、汝箕沟、苏峪口沟等沟口；西坡峡子沟、哈拉乌沟等沟口。

分布于宁夏（北部）、甘肃（西北部）、青海（柴达木）、内蒙古（西部），也常见于蒙古（南部）。戈壁种。

粗等牧草。

2. 狗娃花属 Heteropappus Less.

一、二年生或多年生草本。叶通常全缘。头状花序多数，在茎顶排列成伞房状花序，总苞半球形，总苞片 2~3（4）层；花序托稍凸起或平，有小窝孔；有异形小花，辐射状，外围通常有 1 层雌花，中央有多数两性花，结实；雌花舌状，蓝紫色或淡红色，稀白色；两性花管状，黄色，上端有 5 裂片，其中 1 裂片较长；花药基部钝；花柱分枝扁平，顶端三角形。瘦果倒卵形或矩圆状倒卵形，多少扁平，有 1~2 纵条纹，有毛，冠毛毛状或膜片状。

贺兰山有 1 种。

1. 阿尔泰狗娃花（图 86，图 4）

Heteropappus altaicus（Willd.） Novopokr. in Sched. ad Herb. Fl. Ross. **56**：n. 2769. et Fl. Ross. **8**：193. 1922；中国植物志 **74**：112. 图版 33. 图 6~13. 1985；内蒙古植物志（二版）**4**：494. 图版 198. 图 1~4. 1993；宁夏植物志（二版）**下册**：284. 图 176. 2007. ——

Aster altaicus Willd. Enum. Pl. Hort. Berol. **2**：880. 1809.

多年生草本。高（5）10~40 cm，全株被弯曲硬毛和腺点。根多分歧，黄色或黄褐色。茎多基部分枝，斜升，少有茎单一或由上部分枝者。茎和枝均具纵条棱。叶疏生或密生，条形、披针形或近匙形，长（0.5）1~3 cm，宽 2~4 mm，先端钝或锐尖，基部渐狭，无柄，全缘。头状花序直径（1）2~3 cm，单生于枝顶或排成伞房状；总苞片草质，边缘膜质，条形或条状披针形，先端渐尖，外层长 3~5 mm，内层长 5~6 mm；舌状花淡蓝紫色，长 10~15 mm，宽 1~2 mm；管状花长约 6 mm。瘦果矩圆状倒卵形，长 2~3 mm，被绢毛，冠毛污白色或红褐色，为不等长的糙毛状，长 4 mm。花果期 7~10 月。2n=18，36。

中旱生植物。生山麓荒漠草原、草原化荒漠及山地草原、石质山坡和干河床上，呈零星或小片分布。为贺兰山东、西坡习见植物。

分布于我国东北、华北、西北以及湖北、四川等省区，也见于俄罗斯（西伯利亚）、蒙古。东古北极种。

全草及根入药，全草能清热降火、排脓，主治传染性热病、肝胆火旺、疱疹疮疖；根能止咳，主治肺虚咳嗽、咳血。

3. 紫菀属 Aster L.

多年生草本，茎分枝或不分枝。叶全缘或有齿。头状花序单生或在茎顶排列成伞房状或圆锥状；总苞钟状或半球形，总苞片 2~3（4）层，通常外层者较短，草质或边缘膜质；花托平或稍凸起，具小窝孔；有异形小花，全部结实，外围 1~2 层雌花，中央两性花，雌花舌状，蓝色、蓝紫色或白色，舌片先端 2~3 齿裂，两性花管状，黄色，上端 5 等裂；花药基部钝，顶端披针形；花柱分枝扁平，披针形或三角形。瘦果倒卵形，扁平，具边肋，被柔毛或腺点，稀无毛；冠毛糙毛状，1~2 层。

贺兰山有 1 种。

1. 三脉紫菀（图版 86，图 2）

Aster ageratoides Turcz. in Bull. Soc. Nat. Mosc. **7**：154. 1837；中国植物志 **74**：159. 图版 45. 图 1~5. 1985；内蒙古植物志（二版）**4**：507. 图版 204. 图 1~7. 1993.

多年生草本。植株高 30~60 cm。根茎横走，有多数褐色细根。茎直立，单一，上部稍分枝，常带红褐色，具纵条棱，被伏短硬毛。基生叶与茎下部叶卵形，基部急狭成长柄；中部叶长圆状披针形至狭披针形，长 3~8 cm，宽 5~30 mm，先端渐尖，基部楔形，边缘有 3~7 对浅或深的锯齿，上面绿色，下面淡绿色，两面被短硬毛和腺点，有离基三出脉，侧脉 3~4 对。头状花序，在茎顶排列成伞房状或圆锥伞房状；总苞钟状至半球形，直径 4~8 mm，总苞片 3 层，外层较短，长约 3 mm，内层较长，长约 5 mm，条状矩圆形，先端钝，上部草质，绿色或紫褐色，下部多少革质，具中脉 1 条，有缘毛；舌状花紫色、淡红色或白色，长约 1 cm；管状花长 5~6 mm。瘦果长 2~3 mm，有微毛，冠毛 2 层，淡红褐色或污白色，与管状花近等长或稍短。花果期 8~9 月。2n=18，36。

中生植物。生海拔 1 500~1 900 m 之间的山地林缘、灌丛下，多呈零星分布。见东坡甘沟、黄渠沟；西坡峡子沟、皂刺沟等。

分布于全国各省区，也分布于俄罗斯（远东）、朝鲜、日本、印度（北部）。东亚种。

全草入药，能清热解毒、止咳祛痰、利尿、止血，主治风热感冒、扁桃体炎、支气管炎、痈疖肿痛、外伤出血。

4. 短星菊属 Brachyactis Ledeb.

一年生或多年生草本。叶全缘。头状花序多数，排列成具苞叶的总状或圆锥花序；总苞倒卵形或半球形，总苞片 2~3 层，边缘膜质；花托平或有小窝孔；有异形小花，花全部结实；雌花短舌状或斜管状，舌片小，淡红紫色；花柱伸长，分枝丝状；两性花管状，黄色，上端 5 齿裂，花柱分枝披针形；花药基部钝。瘦果矩圆形，无明显肋，有 2~4 纵细脉，密被贴毛，冠毛 2 层，白色或淡红色，糙毛状。

贺兰山有 1 种。

1. 短星菊（图版 86，图 3）

Brachyactis ciliata Ledeb. Fl. Ross. **2**：495. 1845；中国植物志 **74**：285. 图版 72. 图 5~9. 1985；内蒙古植物志（二版）**4**：513. 图版 206. 图 1~6. 1993；宁夏植物志（二版）**下册**：289. 图 180. 2007.

一年生草本。植株高 20~50 cm。茎直立，多分枝，红紫色，具纵条棱，疏被弯曲柔毛。叶稍肉质，条状披针形或条形，长 2~5 cm，宽 3~5 mm，先端锐尖，基部无柄，半抱茎，边缘有软骨质缘毛，粗糙，两面无毛。头状花序直径 1~2 cm，在茎端排列成总状圆锥花序；总苞半球形，长 6~8 mm，总苞片 3 层，条状倒披针形，先端锐尖，背部无毛，边缘有睫毛；舌状花连同花柱长约 4.5 mm，管部狭长，舌片矩圆形，长 1.5 mm；管状花长约 4 mm。瘦果褐色，长约 2 mm，宽 0.5 mm，顶端截形，基部渐狭；冠毛长约 6 mm。花果期 8~9 月。2n=14。

耐盐中生植物。生山麓水塘涝坝和泉溪附近，零星或小片分布。仅见西坡巴彦浩特。

分布于我国东北、华北、西北及山东，也见于中亚、俄罗斯（西伯利亚，远东）、蒙古、日本。东古北极种。

5. 飞蓬属 Erigeron L.

一、二年生或多年生草本。叶全缘或齿裂。头状花序单生或排列成圆锥状或伞房状；

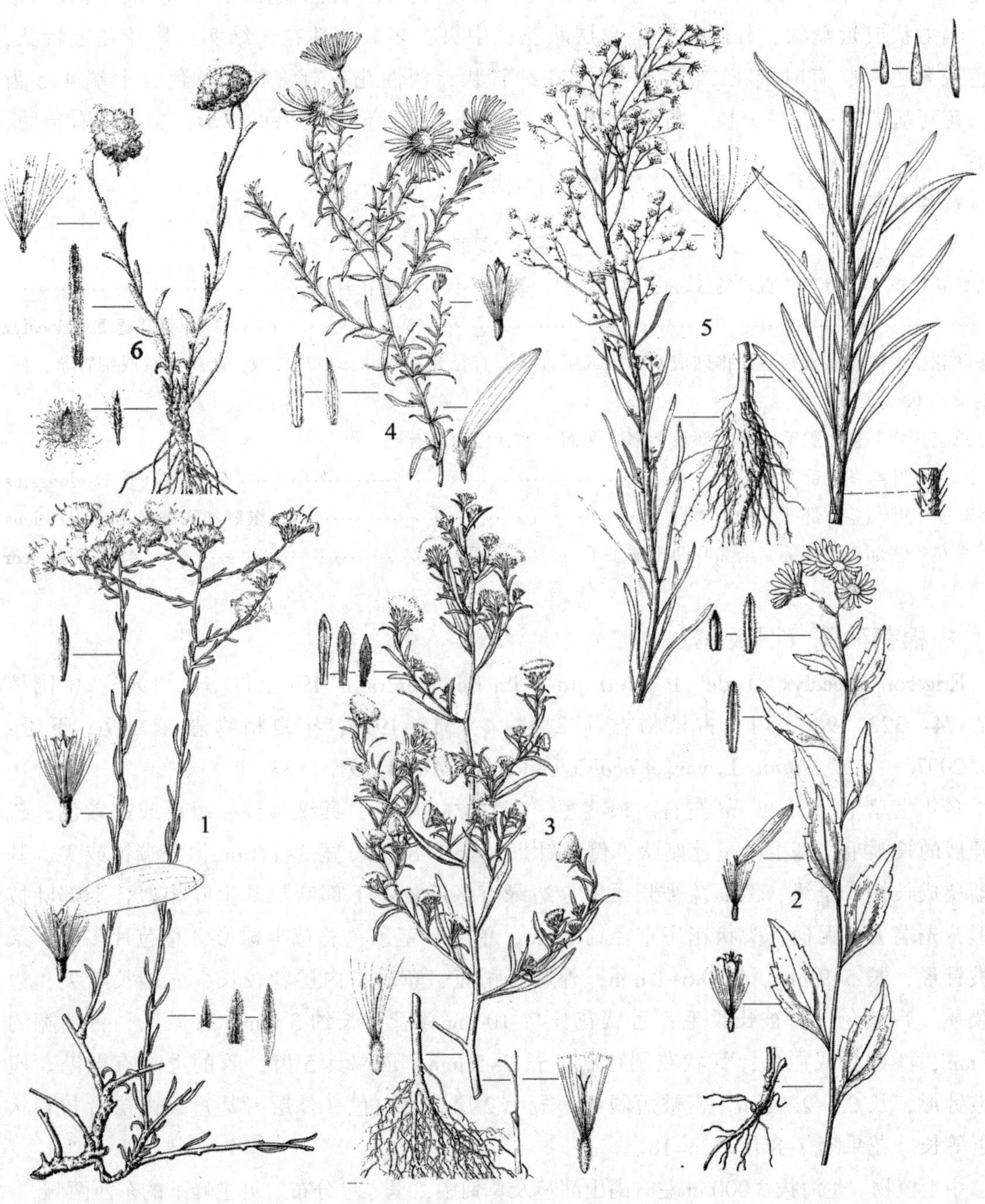

图版 86　1. 中亚紫菀木 Asterothamnus centrali-asiaticus Novopokr. 植株、叶、总苞片、小花；2. 三脉紫菀 Aster ageratoides Turcz. 植株、叶、总苞片、小花；3. 短星菊 Brachyactis ciliata Ledeb. 植株、总苞片、小花；4. 阿尔泰狗娃花 Heteropappus altaicus（Willd.） Novopokr. 植株（上部）、总苞片、小花；5. 小蓬草 Conyza canadensis（L.） Cronq. 植株、总苞片、瘦果；6. 火绒草 Leontopodium leontopodioides（Willd.） Beauv. 植株、苞叶、总苞片、雌花。（1、3、6 马平绘；2、5 田虹绘；4 张海燕绘）

总苞半球形、钟形或圆锥形，总苞片2~3层，不等长；花托稍凸起或有小窝孔；有异形小花，辐射状或近盘状，外围有2至数层雌花；中央有多数两性花，结实；雌花花冠舌状，白色或紫色等，有时雌花二型：内层小花细管状，两性花花冠管状，黄色，上端4~5齿裂；花药基部钝；花柱分枝，雌花为丝状，两性花为披针形。瘦果披针形，扁平，有边肋，冠毛2层，刚毛状。

贺兰山有4种。

分种检索表

1. 头状花序单生于茎顶，直径约3 cm；小花二型，雌花舌状，两性花管状 ………………………………………………………………………………………… **1. 棉苞飞蓬 E. eriocalyx**
1. 头状花序少数或多数在茎顶排列成伞房状或圆锥状，直径8~20 mm；小花三型，雌花舌状或细管状，两性花管状。
   2. 总苞片背部被短腺毛；茎中部及上部叶两面无毛，但边缘有毛。
      3. 基生叶与茎下部叶全缘 ………………………………………… **2. 长茎飞蓬 E. elongatus**
      3. 基生叶与茎下部叶具疏小锯齿 ……………………………… **3. 堪察加飞蓬 E. kamtschaticus**
   2. 总苞片背部密被硬毛，全部叶两面被硬毛 ……………………………………… **4. 飞蓬 E. acer**

1. 棉苞飞蓬（图版87，图2）

Erigeron eriocalyx（Ledeb.） Vierh. in Beih. Bot. Centralbl. **19**（2）：512. 1906；中国植物志 **74**：322. 1985；内蒙古植物志（二版）**4**：515. 1993；宁夏植物志（二版）**下册**：290. 2007. ——*E. alpinus* L. var. *eriocalyx* Ledeb. Fl. Alt. **4**：91. 1833.

多年生草本。高25 cm左右。根茎短。茎直立，单一，具纵条棱，绿色或红紫色，疏被开展的长柔毛。基生叶呈莲座状，倒披针形，长1~8 cm，宽3~11 mm，先端钝或尖，基部渐狭成长柄，全缘，两面疏被长柔毛，边缘有缘毛；茎下部叶与基生叶相似，上部叶披针形，先端尖，无柄。头状花序直径约3 cm，单生于茎顶；总苞半球形，总苞片多层，条状披针形，长5~9 mm，宽0.6~1 mm，外层者稍短，草质，内层者较长，先端长渐尖，边缘膜质，带紫色，密被长柔毛；舌状花长7~10 mm，管部长约3 mm，有微毛，舌片宽约0.5 mm，淡紫色或白色；管状花圆柱状，长3~5 mm，顶端具5齿，管的上部有微毛。瘦果披针形，长2.5~2.7 mm，密被短硬毛，冠毛2层，污白色，外层者甚短，内层者与管状花近等长。花果期7~8月。2n=18。

中生植物。生海拔3 000 m左右高山灌丛及草甸中，呈零星分布。见主峰下的东西两侧。

分布于我国甘肃、新疆，也见于欧洲、俄罗斯（西伯利亚）、蒙古。古北极种。

2. 长茎飞蓬　紫苞飞蓬

Erigeron elongatus Ledeb. Icon. Pl. Fl. Ross. **1**：9. t. 31. 1829；中国植物志 **74**：329. 图版81. 图1~6. 1985；内蒙古植物志（二版）**4**：517. 1993；宁夏植物志（二版）**下册**：291. 图181. 2007.

多年生草本。高 30~60 cm。茎直立，单生或少数丛生，上部具分枝，常带紫色，疏被微毛。叶质较硬，全缘；基生叶莲座状，矩圆形或倒披针形，长 4~10 cm，宽 5~10 mm，先端钝或锐尖，基部下延成柄，全缘，两面被硬毛，边缘具缘毛，花后凋萎；茎生叶矩圆形或披针形，长 2~8 cm，宽 2~8 mm，先端锐尖或渐尖，无柄。头状花序，通常少数，在茎顶排列成伞房状的圆锥状花序，花序梗细长；总苞半球形，总苞片 3 层，条状披针形，长 4.5~9 mm，外层者短，内层者较长，先端尖，紫色，有时绿色，背部有腺毛；雌花 2 型：外层舌状，长 6 ~8 mm，舌片长约 0.5 mm，先端钝，淡紫色，内层细管状，长 2.5~4.9 mm，无色；两性花管状，长约 5 mm，裂片暗紫色，花冠管部上端均疏被微毛。瘦果矩圆状披针形，长约 2 mm，密被短伏毛，冠毛 2 层，白色，外层甚短，内层长达 7 mm。花果期 6~9 月。2n=18。

中生植物。生海拔 2 500~3 000 m 山地林缘、灌丛中及沟谷溪边，呈零星或单个分布。仅见西坡哈拉乌沟、南寺雪岭子沟。

分布于我国东北、华北、西北，也见于欧洲、中亚、俄罗斯（西伯利亚，远东）、蒙古。古北极种。

3. 堪察加飞蓬（图版 87，图 3）

Erigeron kamtschaticus DC. Prodr. **5**：290. 1836；中国植物志 **74**：328. 1985；内蒙古植物志（二版）**4**：517. 图版 207. 图 7~11. 1993；宁夏植物志（二版）**下册**：291. 2007.

二年生草本。高 40~70 cm。茎直立，单一，较粗壮，常带紫红色，具纵条棱，疏被多细胞长毛或近无毛，中上部分枝。基生叶与茎下部叶倒披针形，长 2~10 cm，宽 3~ 10 mm，先端锐尖，基部渐狭，有柄，边缘常有小锯齿，两面缘疏被硬毛；中部及上部叶密生，较小，先端锐尖，全缘，无柄。头状花序直径约 8~10 mm，多数在茎顶排列成圆锥状；总苞片 3 层，条状披针形，长 5~ 6 mm，先端长渐尖，边缘膜质，背部被短腺毛，或混生长硬毛；雌花 2 型，外层舌状，长 5~6 mm，舌片宽 0.25 mm，淡紫色，内层细管状，长 2~3 mm，无色；两性花管状，长 3.5~4.5 mm，花冠管部上端均被微毛。瘦果矩圆状披针形，长 1.5~2 mm，密被短伏毛；冠毛 2 层，污白色，外层者甚短，内层者长 5~6 mm。花果期 7~9 月。2n=18。

中生植物。生山麓及中低山地沟谷、村舍、干燥山坡、沟谷干河床。为贺兰山东、西坡习见植物。

分布于吉林、河北、山西、河南、陕西，也见于俄罗斯（西伯利亚）、蒙古。东古北极种。

4. 飞蓬（图版 87，图 1）

Erigeron acer L. Sp. Pl. 863. 1753；中国植物志 **74**：327. 图版 81. 图 7~12. 1985；内蒙古植物志（二版）**4**：518. 图版 207. 图 1~6. 1993；宁夏植物志（二版）**下册**：290. 2007.

二年生草本。高 20~60 cm。茎直立，单一，上部具分枝，具纵条棱，密被伏柔毛并混生硬毛。叶两面被硬毛，基生叶与茎下部叶倒披针形，长 3~10 cm，宽 3~17 mm，先端钝或稍尖并具小尖头，基部渐狭成具翅的长叶柄，全缘或具少数小尖齿；中上部叶披针形或条状矩圆形，向上渐小，先端尖，全缘或有齿。头状花序直径 1.1~1.7 cm，多数在茎顶排列成伞房状或圆锥状；总苞半球形，总苞片 3 层，条状披针形，长 5~7 mm，先端长渐尖，边缘膜质，背部密被硬毛；雌花 2 型：外层舌状，长 5~7 mm，舌片宽 0.25 mm，淡红紫色，内层细管状，长约 3.5 mm，无色；两性花管状，长约 5 mm。瘦果矩圆状披针形，长 1.5~1.8 mm，被短伏毛；冠毛 2 层，污白色或淡红褐色，外层甚短，内层长 3.5~8 mm。花果期 7~9 月。2n=18（27）。

中生植物。生海拔 2 500 m 左右山地林缘、沟谷及石质山地，呈零星或单个分布。仅见西坡哈拉乌沟。

分布于我国东北、华北、西北及四川、西藏，也见于欧洲、中亚、俄罗斯（西伯利亚、远东）、蒙古、日本及北美。泛北极种。

6. 白酒草属 Conyza Less.

一、二年生或多年生草本。叶全缘或具齿，有时羽状分裂。头状花序在茎顶排列成伞房状或圆锥状，稀单生；总苞钟状，总苞片 3~4 层，少为 2~3 层，边缘膜质；花序托半球形，有小窝孔；有异形小花，花全部结实，外围雌花多数，中央有少数两性花；雌花丝状，无舌或具短舌；两性花管状，黄色，上端 5 齿裂。瘦果小，长圆形，极扁，边缘脉状，无肋，被微毛；冠毛 1 层，细刚毛状。

贺兰山有 1 种。

1. 小蓬草（图版 86，图 5）小飞蓬

Conyza canadensis（L.） Cronq. in Bull. Torrey. Bot. Club. **70**：632. 1943；中国植物志 **74**：348. 1985；内蒙古植物志（二版）**4**：518. 图版 208. 1993. ——*Erigeron canadensis* L. Sp. Pl. 863. 1753.

一年生草本。高 50~120 cm。根圆锥形。茎直立，单一，具纵条棱，疏被硬毛，上部多分枝。叶条状披针形或矩圆状条形，长 5~10 cm，宽 1~10 mm，先端渐尖，基部渐狭，全缘或具微锯齿，两面及边缘疏被硬毛，近无叶柄。头状花序多数，小，直径 3~5 mm，有短梗，在茎顶密集成长的圆锥状花序；总苞近圆柱形，总苞片 2~3 层，披针形，长约 4 mm，先端渐尖，背部近无毛或疏生硬毛；舌状花直立，长约 2.5 mm，舌片小，先端不裂，淡紫色；管状花长约 2.5 mm。瘦果矩圆形，长 1.2~1.5 mm，有短伏毛；冠毛污白色，1 层，与花冠近相等。花果期 6~9 月。2n=18。

中生植物。生山麓村舍、庭院，零星分布。仅见东坡马连口。

原产北美。我国南北各省各有分布（杂草），区系成分不明。

全草入药，能清热利湿、散瘀消肿，主治肠炎、痢疾，外用治牛皮癣、跌打损伤、疮疖肿毒。

Ⅱ 旋覆花族 Inuleae Cass.

分属检索表

1. 头状花序盘状，雌花花冠细管状或丝状。
  2. 总苞矩圆形或短圆柱形，总苞片厚纸质 ………………………………………… 7. 花花柴属 **Karelinia**
  2. 总苞半球形、倒卵形或钟形，总苞片干膜质 ………………………………… 8. 火绒草属 **Leontopodium**
1. 头状花序辐射状或盘状，雌花花冠舌状 …………………………………………………… 9. 旋覆花属 **Inula**

7. 花花柴属 Karelinia Less.

单种属，属特征同种。

1. 花花柴（图版 87，图 4）胖姑娘

Karelinia caspia（Pall.） Less. Linnaea **9**：187. 1834；中国植物志 **75**：54. 图版 9. 图 1~5. 1979；内蒙古植物志（二版）**4**：520. 图版 209. 图 1~4. 1993；宁夏植物志（二版）**下册**：374. 2007. ——*Serratule caspia* Pall. Reise. **2**：743. 1773.

多年生草本。高 40~100 cm。茎直立，粗壮，中空，多分枝，小枝有沟棱，密被糙硬毛，老枝无毛，有疣状凸起。叶质厚，近肉质，卵形、矩圆形或长椭圆形，长 1~6 cm，宽 0.5~2.5 cm，先端钝或圆形，基部稍狭，有圆形或戟形小耳，抱茎，全缘或具短齿，两面被糙硬毛或无毛。头状花序，约 3~7 个在茎顶排列成伞房式聚伞状；总苞长 10~15 mm，总苞片 5~6 层，外层卵圆形，较内层短 3~4 倍，内层者条状披针形，先端稍尖，背部被短毡状毛，边缘有缘毛；花托平，有托毛；有异形小花，紫红色或黄色；雌花丝状，长 3~9 mm，顶端有 3~4 细齿，花柱分枝狭长；两性花细管状，长 9~10 mm，上端有 5 裂片，花药顶端钝，基部有小尖头；花柱分枝短，顶端尖。瘦果圆柱形，具 4~5 棱，长约 1.5 mm，深褐色，无毛；冠毛 1 或多层，长 7~9 mm。花果期 7~9 月。2n=20。

荒漠盐生植物。生山麓重盐碱地，零星或小片分布。仅见东坡山麓及石炭井附近。

分布于我国甘肃（河西走廊）、青海（柴达木）、内蒙古（西部）、宁夏（黄河灌区），也见于欧洲（南部）、中亚、俄罗斯（里海沿岸）、蒙古（南部）。古地中海种。

8. 火绒草属 Leontopodium R. Br.

多年生草本，被棉毛。叶全缘。苞叶数个，围绕花序，开展，形成星状苞叶群，或少数直立，不排成明显的苞叶群。头状花序多数，排列成密集或较疏散的伞房状，具多数同形或异形小花，雌雄同株；总苞半球状或钟状，总苞片数层，覆瓦状排列或近等长，边缘

图版 87 1. **飞蓬** Erigeron acer L. 植株、总苞片、小花、瘦果；2. **棉苞飞蓬** E. eriocalyx（Ledeb.）Vierh. 植株、总苞片、小花、瘦果；3. **堪察加飞蓬** E. kamtschaticus DC. 植株（上部）、总苞片、小花、瘦果；4. **花花柴** Karelinia caspia（Pall.）Less. 植株、总苞片、小花；5. **狼杷草** Bidens tripartita L. 花枝、小花、瘦果；6. **小花鬼针草** B. parviflora Willd. 花枝、小花、瘦果。（1~3 马平绘；4~5 张海燕绘；田虹绘）

膜质；花序托无毛，无托片；雄花（不育的两性花）花冠管状，上部漏斗状，有5个裂片，花药基部有尾状小耳，花柱2浅裂，顶端截形；雌花花冠丝状或细管状，顶端有3~4个齿，花柱有细长分枝。瘦果矩圆形或椭圆形，稍扁；冠毛细或上部较粗厚，常有细齿。

贺兰山有3种。

分种检索表

1. 植株低矮，高2~10 cm；头状花序单生或3个密集，苞叶少数，直立，不开展成星状苞叶群 ………………………………………………………………………………………… 1. 矮火绒草 **L. nanum**
1. 植株较高大，高10 cm以上；头状花序3至多数密集，苞叶形成开展的星状苞叶群，或雌株苞叶多少直立，不排列成明显的苞叶群。
    2. 植株被白色棉毛或粘结的绢毛；苞叶组成稀疏的不整齐的苞叶群；总苞片上端褐色 ………………………………………………………………………………… 2. 绢茸火绒草 **L. smithianum**
    2. 植株被灰白色长柔毛或粘结的绢毛；雄株有明显的苞叶群，雌株常有散生的苞叶；总苞片上端无色或浅褐色 ……………………………………………… 3. 火绒草 **L. leontopodioide**

1. 矮火绒草（图版99，图4）

Leontopodium nanum（Hook. f. et Thoms.） Hand. -Mazz. in Beih. Bot. Centraalbl. **44** (2)：111. 1928；中国植物志 **75**：118. 图版18. 图6. 1979；内蒙古植物志（二版）**4**：524. 图版211. 图1~5. 1993；宁夏植物志（二版）**下册**：376. 2007. ——*Antennaria nana* Hook. f. et Thoms. in C. B. Clarke. Camp. Ind. 100. 1876.

矮小垫状丛生草本。高2~10 cm。有根状茎分枝，被密集或疏散的褐色鳞片状枯叶鞘。无花茎或花茎短，直立，细弱，被白色棉毛。基生叶莲座状，为枯叶鞘所包围；茎生叶匙形，长7~25 mm，宽2~6 mm，先端圆或钝，基部渐狭成鞘部，两面被长柔毛状密棉毛。苞叶少数，与花序等长，直立，不开展成星状苞叶群；头状花序直径6~13 mm，单生或3个密集；总苞长4~5.5 mm，被灰白色棉毛，总苞片4~5层，披针形，先端尖或稍钝，周边深褐色或褐色；小花异形，通常雌雄异株；花冠长4~6 mm；雄花花冠狭漏斗状；雌花花冠细丝状。瘦果椭圆形，长约1 mm，多少有微毛或无毛；冠毛亮白色，长8~ 10 mm，远较花冠和总苞片为长。花果期6~8月。2n=26。

耐寒旱生植物。生海拔2 900~3 500 m高山、亚高山草甸或灌丛下，零星分布。见主峰山脊两侧。

分布于我国西北及四川、西藏，也见于印度（北部）、锡金、克什米尔、中亚。青藏高原–中亚山地种。

2. 绢茸火绒草（图版99，图5）

Leontopodium smithianum Hand. -Mazz. in Acta Hort. Goth. **1**：115. 1924；中国植物志 **75**：135. 1979；内蒙古植物志（二版）**4**：527. 1993；宁夏植物志（二版）**下册**：377. 2007.

植株高 10~20 cm。根状茎短，粗壮，有少数簇生的花茎和不育茎。茎直立，下无莲座状叶丛，被灰白色、白色棉毛或粘结的绢毛。叶等距密生或上部疏生，下部叶花期枯萎宿存；中上部叶多少开展或直立，条状披针形，长 2~4 cm，宽 2~5 mm，先端有小尖头，基部渐狭，无柄，上面被灰白色柔毛，下面被白色棉毛或粘结的绢毛；苞叶 3~10，长椭圆形或条状披针形，较花序长 2~3 倍，边缘常反卷，两面被白色或灰白色厚棉毛，排列成稀疏、不整齐的苞叶群，或长花序梗形成的分苞叶群；头状花序密集，或有花序梗的成伞房状；总苞半球形，长 4~6 mm，被白色密棉毛；总苞片 3~4 层，披针形，先端褐色，尖或稍撕裂；小花异形，有少数雄花，或通常雌雄异株；花冠长 3~4 mm；雄花管状、漏斗状；雌花丝状。瘦果矩圆形，长约 1 mm，有乳头状短毛；冠毛白色，较花冠稍长，雄花冠毛上端增粗。花果期 7~10 月。

中旱生植物。生海拔 2 400~2 900 m 山地灌丛下、林缘岩石缝中，零星或小片分布。仅见西坡哈拉乌沟。

分布于我国华北、西北（东部），为我国特有。华北种。

3. 火绒草（图版 86，图 6）

Leontopodium leontopodioides（Willd.） Beauv. in Bull. Soc. Bot. Gen. ser. 2，**1**：371，374. f. 3. 1909；中国植物志 **75**：136. 1979；内蒙古植物志（二版）**4**：527. 图版 211. 图 10~13. 1993；宁夏植物志（二版）**下册**：378. 图 232. 2007. ——*Gnaphalium leontopodioides* Willd. Sp. Pl. **3**：1892. 1804.

多年生草本。植株高 10~40 cm。根状茎粗壮，为枯萎叶鞘所包裹，有多数簇生的花茎和根出条。茎直立，较细，不分枝，被灰白色长柔毛或绢毛。下部叶较密，花期枯萎宿存；中上部叶较疏，直立，条形或条状披针形，长 1~4 cm，宽 2~4 mm，先端尖或稍钝，有小尖头，基部稍狭，无鞘，无柄，边缘有时反卷或成波状，两面密被白色或灰白色棉毛；苞叶少数，矩圆形或条形，长达花序的 1.5~2 倍，两面或下面被白色或灰白色厚棉毛，雄株多少开展成苞叶群，雌株苞叶群散生，不排列成苞叶群。头状花序，3~7 个密集，排列成伞房状；总苞半球形，长 4~6 mm，被白色棉毛；总苞片约 4 层，披针形，先端无色或浅褐色；小花雌雄异株，少同株；雄花花冠狭漏斗状，长 3.5 mm；雌花花冠丝状，长 4.5~5 mm。瘦果矩圆形，长约 1 mm，有乳头状突起或微毛；冠毛白色，长 4~6 mm，雄花冠毛上端不粗厚，有毛状齿。花果期为 4~10 月。

旱生植物。生（1 800）~2 000~2 500 m 山地干燥山坡、林缘、灌丛间，零星小片分布。见东坡苏峪口沟、黄旗沟、大水沟、甘沟等；西坡哈拉乌沟、南寺沟、北寺沟、水磨沟、峡子沟等。

分布于我国东北、华北、西北，也见于俄罗斯、蒙古、朝鲜、日本。东古北极种。

地上部分入药，能清热凉血，利尿，主治急慢性肾炎、尿道炎。

9. 旋覆花属 Inula L.

多年生，稀一或二年生草本。叶互生。头状花序多数或少数排列成伞房状或圆锥伞房状，有时单生；总苞半球形、倒卵形或宽钟状；总苞片多层，覆瓦状排列。花托平或稍凸起，有小窝孔，无托片；花有异形小花，辐射状，外围有 1 至多层雌花，结实；中央有多数两性花；雌花舌状，黄色，顶端 3 齿；两性花狭漏斗状，黄色，顶端 5 裂；花药基部戟形，有渐尖的尾部；花柱分枝稍扁，顶端钝圆或截形。瘦果近圆柱形，有 4~5 棱，有毛或无毛；冠毛 1~2 层，有多数近等长而微粗糙的细毛。

贺兰山有 3 种。

分种检索表

1. 茎少分枝或不分枝；叶较宽而长；头状花序直径 1.5~5 cm，总苞半球形。
  2. 叶条状披针形，边缘常反卷；头状花序直径 1.5~3.5 cm ························ **1. 线叶旋覆花 I. lineariifolla**
  2. 叶长椭圆形或披针形，边缘不反卷；头状花序直径 2.5~5 cm ························ **2. 旋覆花 I. japonica**
1. 茎多分枝；叶极小，披针形或矩圆状条形，长 5~10 mm，宽 1~3 mm；头状花序直径 1~1.5 cm，总苞倒卵形 ·· **3. 蓼子朴 I. salsoloides**

1. 线叶旋覆花（图版 88，图 3）

Inula lineariifolia Turcz. in Bull. Soc. Nat. Mosc. **10**（7）：154. 1837；中国植物志 75：265. 1979；内蒙古植物志（二版）**4**：533. 图版 213. 图 6~9. 1993；宁夏植物志（二版）**下册**：383. 2007.

多年生草本。高 25~50 cm。茎直立，单生或 2~3 个丛生，上部分枝，具纵沟棱，被短柔毛，上部混有腺毛。基生叶和下部叶条状披针形，有时椭圆状披针形，长可达 15 cm，宽 5~10 mm，先端渐尖，下部渐狭成长柄，边缘常反卷，有不明显的小锯齿，质较厚，上面无毛，下面被蛛丝状柔毛，有腺点；中、上部叶条状披针形至条形，渐狭小，渐无柄。头状花序直径 1.5~3.5 cm，在枝端单生或 3~5 个排列成伞房状；花序梗长 0.5~3 cm；总苞半球形，长 5~7 mm，总苞片 4 层，外层者较短，披针形，先端尖，上部草质，被腺点和短柔毛，下部革质，内层者条形，干膜质，有缘毛；舌状花长 7~12 mm，舌片矩圆状条形；管状花长 3.5~4 mm。瘦果长 1.0~1.2 mm，具细沟，被微毛；冠毛 1 层，白色，与管状花冠等长。花果期 6~10 月。

中生植物。生山麓水田及沟渠中，零星或单个分布。仅见东坡。

分布于我国东北、华北及山东、河南、江苏、陕西，也见于俄罗斯（远东）、蒙古、朝鲜、日本。东亚（中国–日本）种。

2. 旋覆花（图版 88，图 1）

Inula japonica Thunb. Fl. Jap . 318. 1784；中国植物志 **75**：263. 1979；宁夏植物志（二

版）**下册**：383. 2007. ——*I. britanica* L. var. *japonica*（Thunb.） Franch. et Sav. Enum. Pl. Jap. **2**：401. 1879；内蒙古植物志（二版）**4**：535. 1993.

多年生草本。高 20~50 cm。根状茎短，横走或斜升。茎直立，单生或 2~3 个丛生，上部有分枝，稀不分枝，具纵沟棱，疏被长柔毛。基生叶和下部叶在花期常枯萎，长椭圆形或披针形，长 3~10 cm，宽 0.8~2.5 cm，下部渐狭成短柄或长柄；中部叶最大，长椭圆形，长 5~11 cm，宽 1~2.5 cm，先端锐尖或渐尖，基部渐狭，无柄，心形，具圆形耳，半抱茎，边缘具小尖头的疏浅齿或近全缘，上面疏被伏柔毛，下面密被伏柔毛和腺点。头状花序数个生于茎顶或枝端，直径 3~5 cm；花序梗长 1~4 cm，苞叶条状披针形；总苞半球形，直径 1.5~2.2 cm，总苞片约 5 层，外层者条状披针形，长约 8 mm，先端长渐尖，基部稍宽，草质，被长柔毛、腺点和缘毛，内层者条形，长达 1 cm，除中脉外干膜质，具腺点和缘毛；舌状花黄色，舌片条形，长 10~15 mm；管状花长约 5 mm。瘦果长约 1 mm，有浅沟，被短毛；冠毛 1 层，白色，与管状花冠等长。花果期 6~10 月。2n=16。

中生植物。生山麓河溪、塘坝及农田附近，也见于山地沟谷湿地，零星或小片分布。为贺兰山东、西坡习见植物。

分布于我国东北、华北、西北（东部）、华东、华中，也见于俄罗斯（远东）、朝鲜、日本。东亚（中国–日本）种。

花序入药（药材名：旋覆花），能降气、化痰、行水，主治咳喘痰多、噫气、呕吐、胸膈、痞闷、水肿。

3. 蓼子朴（图版 88，图 2）沙地旋覆花

Inula salsoloides（Turcz.） Ostenf. in Sv. Hedin，S. Tibet **6**（3）：39. 1922；中国植物志 **75**：278. 图版 45. 图 11~17. 1979；内蒙古植物志（二版）**4**：536. 图版 214. 图 6~9. 1993；宁夏植物志（二版）**下册**：383. 2007. ——*Conyza salsoloides* Turcz. in Bull. Soc. Nat. Mosc. 5：197. 1832. ——*Inula ammophila* Bunge ex DC. Prodr. **5**：470. 1836.

多年生草本。高 15~40 cm。根状茎横走，具膜质鳞片状叶。茎直立、由基部向上多分枝，斜升或斜卧，圆柱形，具纵条棱，被糙硬毛，混生长柔毛和腺点。叶三角状卵形、三角状披针形，长 5~7 mm，宽 1~2.5 mm，先端钝或稍尖，基部心形或有小耳，半抱茎，全缘，常反卷，稍肉质，上面无毛，下面被长硬毛和腺点，有时两面均被长柔毛和腺点。头状花序直径 1~1.5 cm，单生于枝端；总苞倒卵形，长 8~9 mm，总苞片 4~5 层，外层者渐小，披针形、矩圆状披针形，先端渐尖，内层者较长，条形或狭条形，先端尖，干膜质，基部稍革质，黄绿色，背部无毛，边缘有缘毛和腺点；舌状花长约 10 mm，舌片浅黄色，椭圆状条形；管状花长约 6 mm。瘦果长约 1.5 mm，具多数细沟，被腺体；冠毛白色，约与花冠等长。花果期 6~10 月。

耐盐碱、耐沙埋的旱生植物。生山麓农舍附近的盐碱地、覆沙地，多小片或零星分布。东、西坡均有分布。

分布于我国东北（西南部），华北（西北部），也见于中亚（东部）、蒙古（南部）。古地中海种。

本种可作固沙植物。花及全草入药，能清热解毒、利尿，主治疮痈肿毒、黄水疮、湿疹、外感发热、浮肿、小便不利。兽医用作除虫剂。

Ⅲ. 向日葵族 Heliantheae Cass.

分属检索表

1. 头状花序单性；雌头状花序含 2 花，总苞片完全愈合，果熟时变硬，外面具钩状刺；瘦果顶端无芒刺 …………………………………………………………………………………………… **10. 苍耳属 Xanthium**

1. 头状花序非单性；总苞片不愈合，果熟时不变硬，亦不具钩状刺；瘦果顶端具 2~4 个有倒刺毛的芒刺 …………………………………………………………………………… **11. 鬼针草属 Bidens**

10. 苍耳属 Xanthium L.

一年生草本。茎直立，多分枝。叶互生，具粗齿牙，有柄。头状花序单生，雌雄同株，雄头状花序在茎枝上端密集，球形；总苞半球形，总苞片 1~2 层，革质，具多数不结实的两性花；花托柱状，托片披针形，包围管状花；花冠管状，上端具 5 裂片；花药离生，花丝结合成管状；花柱上部棍棒状；雌头状花序生于叶腋，卵形，各有 2 结实的小花；总苞片 2 层，外层小，分离；内层结合成囊状，果熟时变硬，上端具 2 喙，外面具钩状刺，2 室，内各含 1 小花；雌花无花冠，柱头分枝条形，伸出总苞的喙外。瘦果 2，藏于总苞内，无冠毛。

贺兰山有 1 种。

1. 苍耳（图版 88，图 4）苍子

Xanthium sibiricum Patrin ex Widder in Fedde Repert. Sp. Nov. **20**：32. 1923；中国植物志 **75**：325. 图版 55. 图 1~10. 1979；内蒙古植物志（二版）**4**：540. 图版 216. 图 1~8. 1993；宁夏植物志（二版）**下册**：339. 2007.

多年生草本。植株高 20~80 cm。茎直立，粗壮，不分枝或少分枝，下部圆柱形，上部有纵沟棱，被白色硬伏毛。叶三角状卵形或心形，长 4~9 cm，宽 3~9 cm，先端尖或钝，基部近心形或截形，与叶柄连接处成楔形，不分裂或有 3~5 浅裂，边缘有缺刻及不规则的粗齿牙，三出基脉，两面被硬伏毛及腺点；叶柄长 3~11 cm。雄头状花序直径 4~6 mm，近无梗，总苞片矩圆状披针形，长 1~1.5 mm，被短柔毛；雄花花冠钟状；雌头状花序椭圆形，外层总苞片披针形，长约 3 mm，被短柔毛；内层总苞片宽卵形或椭圆形，成熟叶变坚硬，连同喙长 12~15 mm，宽 4~7 mm，外面疏生具钩状的刺，刺长 1~2 mm；喙坚硬，锥形，

长1.5~2.5 mm，上端略弯曲，不等长。瘦果长约1 cm，灰黑色。花果期7~10月。2n=36。

中生植物。生山麓农田、村舍附近、沿道路、干河床也进入山地。呈小片或零星分布，有时能形成小群聚，为山麓习见杂草。东、西坡均有分布。

分布遍及全国，也广布于欧亚大陆温热地区。泛热带种。

种子可榨油，可掺和桐油制油漆，又可作油墨、肥皂、油毡的原料。带总苞的果实入药（药材名：苍耳子），能散风祛湿，通鼻窍、止痛、止痒，主治风寒、头痛、鼻窦炎、风湿痹痛、皮肤湿疹、瘙痒。

11. 鬼针草属 Bidens L.

一年生或多年生草本。叶对生，有时茎上部叶互生。头状花序单生茎枝顶，或排列成伞房状圆锥花序；总苞钟状或近半球形；总苞片1~2层，外层草质，内层膜质，具透明或黄色的边缘；有异形或同形小花；外围有1层无性，稀雌花，部分结实；中央为两性花，或头状花序全部为两性花，结实；无性花或雌花花冠舌状，舌片黄色或白色，全缘或有齿；两性花花冠管状，冠檐壶状，5裂；花药基部钝或近箭形；花柱分枝扁。瘦果倒楔形或条形，顶端有芒刺2~4，上有倒刺毛。

贺兰山有2种。

分种检索表

1. 瘦果较宽，倒卵状楔形或楔形，顶端截形；茎中部叶3~5深裂；外层总苞片5~9层 …………………………………………………………………………………………………… **1. 狼杷草 B. tripartita**

1. 瘦果狭窄，条形，顶端尖；叶二回至三回羽状全裂；外层总苞片4~5层 ……… **2. 小花鬼针草 B. parviflora**

1. 狼杷草（图版87，图5）

Bidens tripartita L. Sp. Pl. 831. 1753；中国植物志 **75**：372. 图版64. 图1~2. 1979；内蒙古植物志（二版）**4**：549. 图版218. 图6~8. 1993；宁夏植物志（二版）**下册**：345. 图213. 2007.

一年生草本。高30~80 cm。茎直立，具4棱方形，上部分枝，无毛或疏被短毛，带紫色。叶对生，下部叶小，不分裂，花期枯萎；中部叶长4~13 cm，3~5深裂，顶生裂片较大，两端渐尖，裂片均具不整齐疏锯齿，两面无毛或下面沿脉具短硬毛，具窄翅的叶柄；中部叶极少不分裂，长椭圆状披针形，近基部浅裂成1对小裂片；上部叶较小，3深裂或不分裂，披针形。头状花序单生，花序梗较长；总苞盘状，外层总苞片5~9，叶状、叶状狭披针形或匙状倒披针形，长1~3 cm，先端钝，全缘或有粗锯齿，有缘毛，内层较短，长6~9 mm，膜质，背部有褐色或黑灰色纵条纹，具透明的淡黄色的边缘；托片条状披针形，长6~9 mm，约与瘦果等长，背部有褐色条纹，边缘透明；无舌状花，管状花长4~5 mm，顶端 4 裂。瘦果扁，倒卵状楔形，长 6~11 mm，宽 2~3 mm，边缘有倒刺毛，顶端有芒刺 2，长 2~4 mm，两侧有倒刺毛。花果期 9~10 月。2n=48，72。

中生植物。生山麓村舍，道路附近，零星分布。仅见东坡中部。

分布于我国东北、华北、华东、华中、西南及陕西、甘肃、新疆，广布于欧亚、非洲、大洋洲东南部。泛热带种。

2. 小花鬼针草（图版 87，图 6）

Bidens parviflora Willd. Enum. Pl. Hort. Berol. 848. 1809；中国植物志 **75**：376. 图版 63. 图 1~3. 1979；内蒙古植物志（二版）**4**：551. 图版 219. 图 1~4. 1993.

一年生草本。高 20~50 cm。茎直立，暗紫色，下部圆柱形，中上部钝四方形，具纵条纹，无毛或疏被柔毛。叶对生，2~3 回羽状全裂，小裂片具 1~2 个粗齿或再作羽裂，最终裂片条状披针形，宽约 2~4 mm，全缘或有粗齿，上面被短柔毛，下面沿叶脉疏被粗毛；上部叶互生，二回或一回羽状分裂；长 2~3 cm，具细柄。头状花序单生茎或枝顶，具长梗，长 7~10 mm；总苞筒状，基部被柔毛，外层总苞片 4~5，草质，条状披针形，长约 5 mm，果时伸长可达 8~15 mm；内层者常仅 1 枚，托片状，托片长披针形，膜质，果时长达 10~12 mm，无舌状花；管状花 6~12 朵，花长约 4 mm，4 裂。瘦果条形，稍具 4 棱，长 13~15 mm，宽 1 mm，两端渐狭，黑灰色，有短刚毛，顶端有 2 芒刺，长 3~3.5 mm，有倒刺毛。花果期 7~10 月。2n=48。

中生植物。生山麓和浅山沟谷、干河床及村舍、农田、路旁，零星分布。东、西坡都有分布，为习见杂草。

分布于我国东北、华北、西北（东部）、西南及山东、河南，也见于俄罗斯（西伯利亚远东）、蒙古（东、北部）、朝鲜、日本。东古北极种。

Ⅳ. 春黄菊族 Anthemideae Cass.

分属检索表

1. 头状花序较大，边花舌状，盘花管状。
  2. 小半灌木；总苞半球形或矩圆形；舌状花黄色，舌片短或缺 …………… 12. 短舌菊属 Brachanthemum
  2. 多年生草本；总苞浅碟状；舌状花白色、红色或黄色，舌片长 ………………… 13. 菊属 Dendranthema
1. 头状花序小，全部为管状花。
  3. 头状花序全部小花两性，管状。
    4. 瘦果顶端无冠状冠毛。
      5. 小半灌木，头状花序直径 3~5 mm ………………………………………………… 14. 女蒿属 Hippolytia
      5. 一年生草本，头状花序直径 5~6（10） mm ………………………………… 15. 亲蒿属 Elachanthemum
    4. 瘦果顶端有冠状冠毛，三棱状圆柱形，具 5~6 条纵肋 ………………………… 16. 小甘菊属 Cancrinia
  3. 头状花序边花雌性，或部分雌性，部分两性，管状或细管状。

6. 头状花序在茎枝顶端排列成伞房状，全部小花结实 ………………………………… 17. 亚菊属 Ajania

6. 头状花序在茎上排列成穗状、总状或圆锥状。

7. 边花部分雌性，部分两性，结实；中央花两性，不结实；瘦果排列在花序托之下 ……………… ……………………………………………………………………………………………… 18. 栉叶蒿属 Neopallasia

7. 边花雌性，结实；中央花两性，结实或不结实；瘦果满布在花序托之上 …… 19. 蒿属 Artemisia

12. 短舌菊属 Brachanthemum DC.

半灌木。叶羽状或掌状全裂。头状花序单生于枝端或多数排列成伞房状，总苞半球形或杯状，总苞片 4~5 层，覆瓦状排列，边缘宽膜质，撕裂；花托凸起或扁平，无毛或有短毛；有多数异形小花，外围有 1 层（1~15 枚）雌花，稀缺乏，中央有多数两性花；雌花舌状，黄色或白色，舌片短；两性花管状，先端 5 齿裂；花药基部钝，顶端具披针形或卵状披针形的附片；花柱分枝细，顶端截形。瘦果圆柱形，具（3）5~7 纵肋，无毛。

贺兰山有 1 种。

1. 星毛短舌菊（图版 88，图 5）

Brachanthemum pulvinatum（Hand. – Mazz.） Shih in Bull. Bot. Lab. North–East. Forest Inst.（东北林学院植物研究室汇刊） **6**：1. 1980；中国植物志 **76**（1）：27. 图版 1. 图 2. 1983；内蒙古植物志（二版）**4**：565. 图版 223. 图 1~4. 1993. ——*Chrysanthemum pulvinatum* Hand. –Mazz. in Acta Hort. Gothob. **12**：263. 1938. ——*Brachanthemum nanschanicum* Krasch. in Not. Syst. Inst. Bot. Acad. Sci. URSS **11**：200. 1949.

半灌木，高 10~30 cm。茎自基部多分枝，开展，呈垫状株丛，树皮灰棕色，通常呈不规则条状剥裂；小枝圆柱状，灰棕褐色，密被星状毛。叶全形楔形或半圆形，灰绿色，密被星状毛，羽状或近掌状 3~5 深裂，裂片狭条形，长 3~10 mm，宽 0.5~1 mm，先端钝。头状花序单生枝端，半球形，直径 6~8 mm，梗细，长 1.5~4 cm；总苞片 4 层，卵形，先端圆形，边缘宽膜质，褐色，外层者被星状毛，内层者无毛。舌状花黄色，舌片椭圆形，长 3~5 mm，宽约 2 mm，先端钝或截形，具 2 小齿，稀被腺点。瘦果圆柱状，长 2 mm，无毛。花果期 6~10 月。

超旱生植物。生山麓砾石质丘陵、坡地，零星或呈小片分布。仅见西坡巴彦浩特（营盘山）及西坡北端。

分布我国宁夏（西北部）、甘肃（河西走廊）、青海（柴达木）、新疆（东部）、内蒙古（西部）。为我国所特有。南戈壁种。

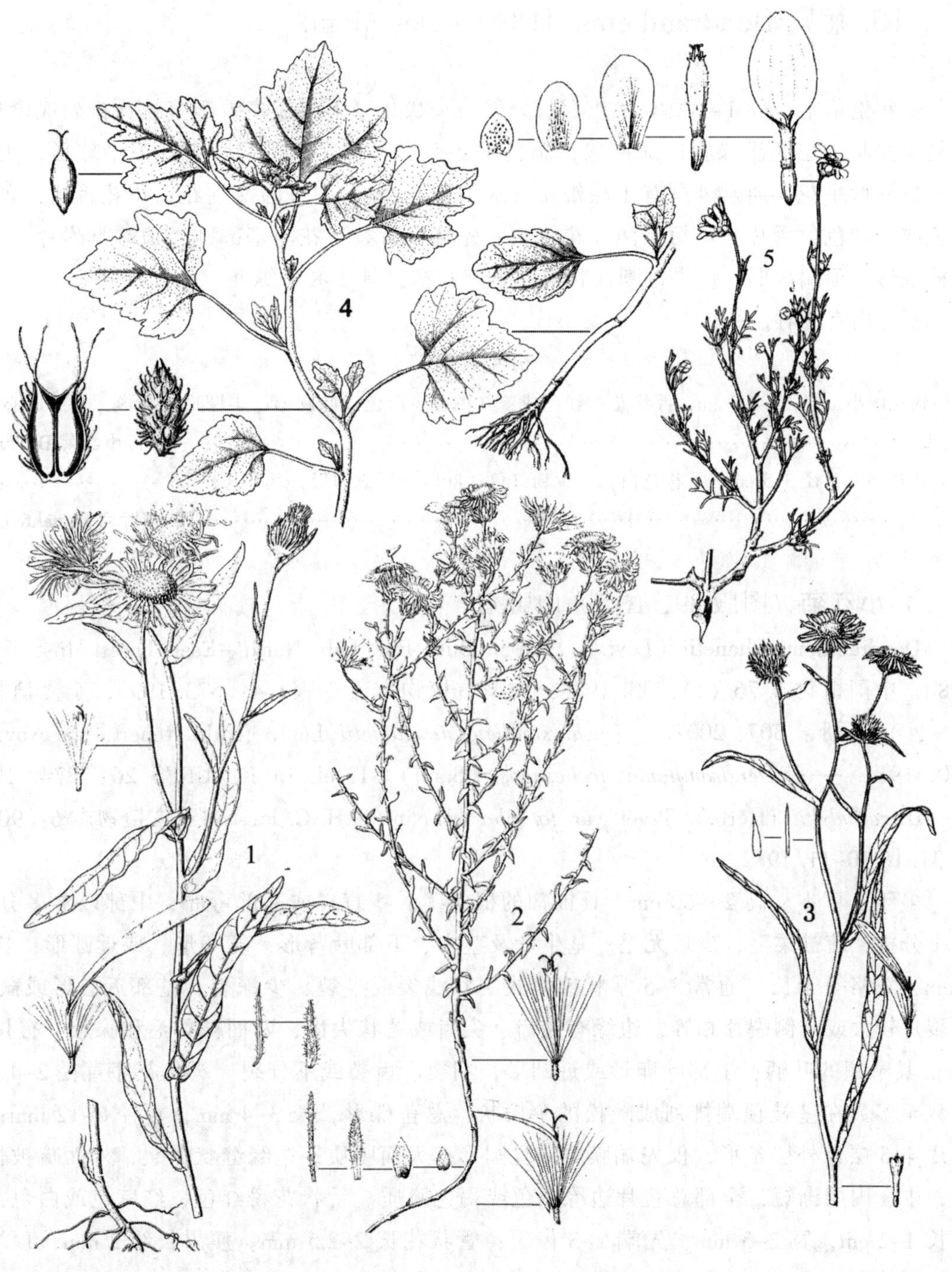

图版 88　1. 旋覆花 Inula japonica Thunb. 植株、总苞片、小花；**2. 蓼子朴** I. salsoloides (Turcz.) Ostenf. 植株、总苞片、小花；**3. 线叶旋覆花** I. lineariifolia Turcz. 植株、总苞片、小花；**4. 苍耳** Xanthium sibiricum Patrin ex Widder 植株、总苞片、小花、瘦果；**5. 星毛短舌菊** Brachanthemum pulvinatum (Hand.- Mazz.) Shih 植株、总苞片、小花。（1~3、5 马平绘；4 田虹绘）

13. 菊属 Dendranthema (DC.) Des Moul.

多年生草本。叶 1~2 回掌状或羽状分裂。头状花序单生或多数于茎枝顶排列成伞房状或复伞房状，总苞浅碟状，稀钟状；总苞片 2~5 层，覆瓦状排列；花托近半球形，无毛；有多数异形小花，通常外围有 1 层雄花（栽培种例外），中央为两性花；雌花舌状，黄色、白色或粉红色，舌片长或短；两性花管状，先端 5 齿裂；花药基部钝；顶端具附片；花柱分枝条形，顶端截形。瘦果近圆柱状而向下部收窄，具 5~8 条纵肋；无冠状冠毛。

贺兰山有 2 种。

分种检索表

1. 头状花序小，径 1.5~2.5 cm，舌状花粉红色或紫红色，少白色；叶圆形、半圆形或肾形，基部近心形或圆形 ………………………………………………………………… 1. 小红菊 **D. chanetii**

1. 头状花序大，径 3~5 cm，舌状花白色，少粉红色；叶椭圆形或卵形，基部长楔形 ………………………………………………………………………………… 2. 楔叶菊 **D. naktongense**

1. 小红菊（图版 89，图 2）山野菊

Dendranthema chanetii（Lévl.） Shih in Bull. Bot. Lab. North –East. Forest. Inst. **6**：3. 1980；中国植物志 **76**（1）：33. 1983；内蒙古植物志（二版）**4**：573. 1993；宁夏植物志（二版）**下册**：307. 2007. ——*Chrysanthemum chanetii* Lévl. Fedde Repert. Sp. Nov. **9**：450. 1911. —— *Dendranthema erubescens*（Stapf） Tzvel. in Fl. URSS **26**：374. 1961. ——*D. zawadskii*（Herb.） Tzvel. var. *latiloba*（Maxim.） H. C. Fu，内蒙古植物志 **6**：90. 图版 31. 图 10~11. 1982.

多年生草本。高 20~60 cm。具匍匐的根状茎。茎直立或基部弯曲，中部以上多分枝，稀不分枝，疏被柔毛，少近无毛。基生叶及茎中、下部叶肾形、宽卵形、或近圆形，长 2~4 cm，宽略等于长，通常 3~5 掌状或掌式羽状浅裂或半裂，少深裂，基部近心形或截形，顶裂片较大或与侧裂片相等，边缘有钝齿、尖齿或芒状尖齿，两面被柔毛和腺点，有长 1~5 cm 具窄翅的叶柄；上部叶卵形或近圆形，羽裂、齿裂或不分裂。头状花序直径 2~4 cm，少数至多数在茎枝顶端排列成疏松的伞房状，总苞碟形，长 3~4 mm，直径 6~12 mm；总苞片 4~5 层，外层条形，仅先端膜质或呈圆形扩大而膜质；边缘缝状撕裂，外面疏被长柔毛，中、内层渐短，全部总苞片边缘白色或褐色膜质。舌状花粉红色、红紫色或白色，舌片长 1~2 cm，宽 2~3 mm，先端 2~3 齿裂；管状花长 2~2.5 mm。瘦果长约 2 mm，顶端斜截，下部渐狭，具 4~6 条脉棱。花果期 7~10 月。

中生植物。生海拔（1 800）2 000~2 400 m 山地林缘、灌丛下和山地草甸，零星分布，为山地草甸的常见伴生种。见东坡苏峪口沟、小口子、黄旗沟、贺兰沟；西坡峡子沟、南寺沟、哈拉乌沟、水磨沟等。

分布于我国东北、华北、西北（东部），也见于俄罗斯（远东）、朝鲜。东北-华北种。

2. 楔叶菊（图版 89，图 1）

Dendranthema naktongense（Nakai） Tzvel. in Fl. URSS **26**：375. 1961；中国植物志 **76**（1）：34. 1983；内蒙古植物志（二版）**4**：574. 图版 225. 图 5~7. 1993. ——*Chrysanthemum naktongense* Nakai in Bot. Mag. Tokyo 186. 1909.

多年生草本。高 25~50 cm。具根状茎。茎直立，茎与枝疏被皱曲柔毛。茎中部叶椭圆形或卵形，长 2~4 cm，宽 1~2 cm，掌式羽状或羽状 3~5（7）浅裂、半裂或深裂，裂片椭圆形或卵形，不分裂的边缘有缺刻状锯齿，裂片及齿端具小尖头，两面疏被皱曲柔毛，密被腺点，叶片基部楔形或宽楔形，有具窄翅的长柄，柄基有或无假托叶；基生叶和茎下部叶与中部叶同形而较小；茎上部叶倒卵形、倒披针形或长倒披针形，3~5 裂或不裂，具短柄。头状花序较大，直径 3~5 cm，2~5 个在茎枝顶端排列成疏松伞房状，少为单生；总苞碟状，直径 10~15 mm；总苞片 5 层，外层者条形或条状披针形，先端圆形，扩大成膜质，中内层者椭圆形，边缘及先端膜质，外层与中层者外面疏被柔毛；舌状花白色，少粉红色或淡红紫色，舌片长 1~2.5 cm、宽 3~5 mm，先端全缘或具 2 齿；管状花长 2~3 mm。花期 7~8 月。2n=36。

中生植物。生海拔 2 000~2 300 m 山地沟谷阴坡灌丛下。仅见西坡峡子沟。

分布于我国东北、内蒙古（东部）、河北，也见于俄罗斯（远东）、朝鲜、日本。东北—华北种。

14. 女蒿属 Hippolytia Poljak.

多年生草本或小半灌木。叶互生，羽状分裂或 3 裂。头状花序在茎顶排列成伞房状、束状伞房状或团伞状；总苞钟状或楔钟状；总苞片 3~5 层，覆瓦状或镊合状；具多数同形小花，两性，管状，顶端 5 齿裂；花药基部钝，顶端具卵状披针形附片；花柱分枝顶端截形。瘦果圆柱形，基部狭窄，具 4~7 条纵肋，无冠状冠毛，但沿果缘有环边。

贺兰山有 1 种。

1. 贺兰山女蒿（亚种）（图版 90，图 1）

Hippolytia kaschgarica（Krasch.） Poljak. subsp. **alashanica**（Ling） Z. Y. Chu et C. Z. Liang（Camb. nov.）——*H. alashanensis*（Ling） Shih in Acta Phytotax. Sin. **17**（4）：63. 1979；中国植物志 **76**（1）：89. 图版 **13**：图 1. 1983；内蒙古植物志（二版）**4**：578. 图版 228. 图 4~6. 1993；宁夏植物志（二版）**下册**：312. 图 197. 2007. ——*Tanacetum alashanense* Ling in Contr. Inst. Bot. Nat. Acad. Peiping **2**：502. 1934.

小半灌木。高约 20~40 cm。茎较粗壮，多分枝，树皮灰褐色，具不规则纵裂纹，当年枝棕褐色或灰褐色，略具纵棱，密被贴伏的短柔毛，后脱落。叶矩圆状倒卵形或长椭圆形，

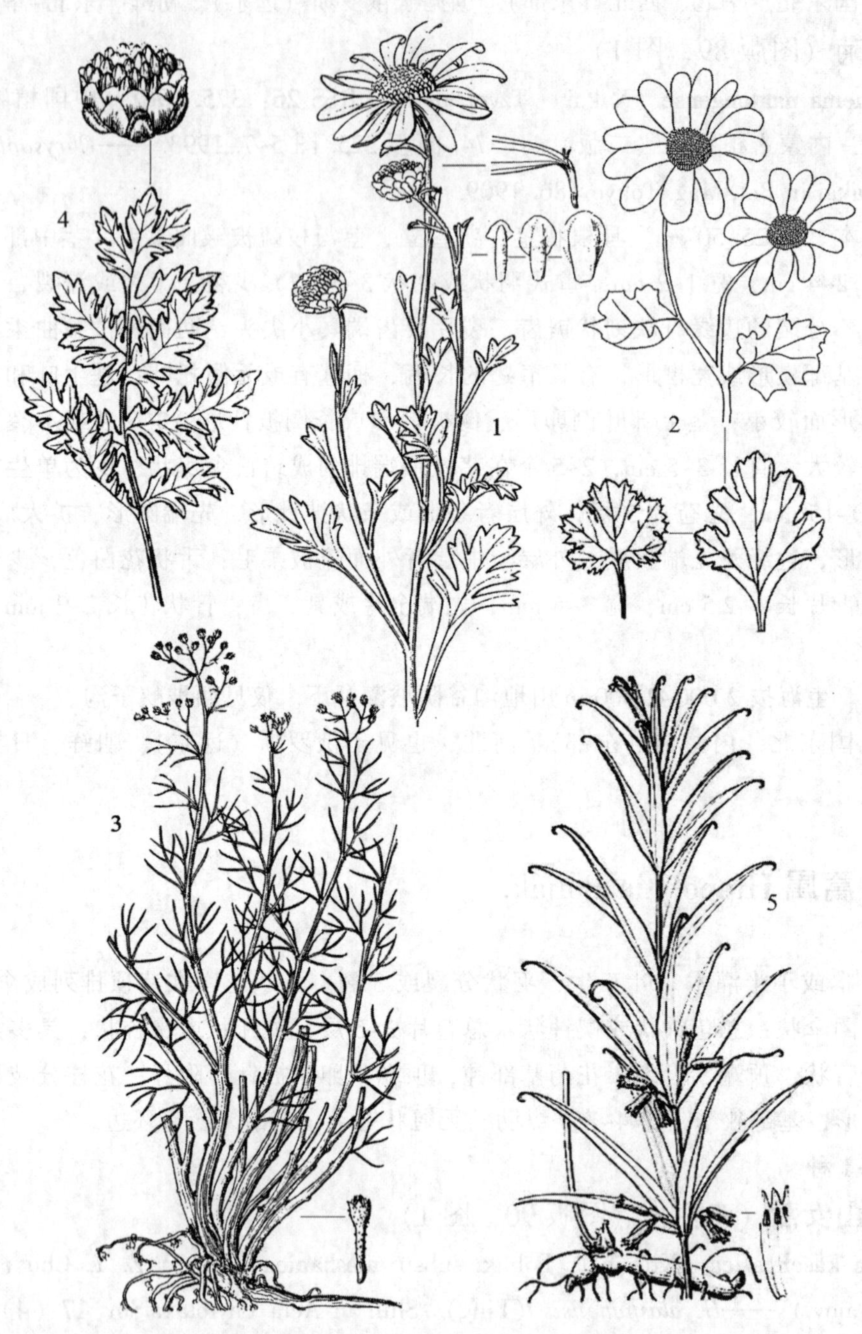

图版 89 1. **楔叶菊** Dendranthema naktongense (Nakai) Tzvel. 植株、总苞片；2. **小红菊** D. chanetii (Lévl.) Shih 叶、花序；3. **丝裂亚菊** Ajania nematoloba (Hand.-Mazz.) Ling 植株、两性花；4. **褐苞蒿** Artemisia phaeolepis Krasch. 叶、花序；5. **黄精** Polygonatum sibiricum Delar. 植株、根状茎、花展开。(1、4 马平绘；3、5 田虹绘)

长 1.5~2.5 cm，宽 4~10 mm，羽状深裂或浅裂，顶裂片矩圆形或楔状矩圆形，先端钝或具 3 牙齿，侧裂片 2~4 对，矩圆形或倒卵状矩圆形，先端钝或尖，全缘或具 1~2 小牙齿，叶基部渐狭，楔形，柄长 5~10 mm，上面绿色，被腺点和疏短柔毛，下面灰白色，密被贴伏的短柔毛，主脉明显而隆起；上部叶小，倒披针形或楔形，全缘或 3 浅裂。头状花序钟状，长 3.5~4.5 mm，宽 2.5 mm，具梗，梗长 5~15 mm，4~8 个在枝端排列成束伞房状；总苞片 3~4 层，外层卵形或卵圆形，先端钝，背部被短柔毛，边缘浅褐色，膜质，内层者倒卵状矩圆形，边缘宽膜质；管状花 18~24，花冠长约 2 mm，外面有腺点。瘦果矩圆形，扁三棱状，长 1~1.5 mm，近无毛。花果期 7~10 月。

旱生植物。生海拔（1 500）~1 700~2 400 m 石质山坡、悬崖石缝中，多呈零星或小片分布。见东坡甘沟、黄旗沟、苏峪口沟、插旗沟、汝箕沟等；西坡哈拉乌沟，北寺沟、南寺沟、峡子沟等。

贺兰山是其模式产地。模式标本系白荫元（Y. R. Pai）151（Type PE），1933 年 8 月采自贺兰山西坡。

为贺兰山特有亚种。

该种与新疆天山南坡（和硕、和静）海拔 1 700~2 200 m 干旱砾石质山坡上产的喀什女蒿 *Hippolytia kaschugarica*（Krasch.） Poljak.（in Not Syst. Herb. Bot. Acad. Sci. URSS 18：290. 1957. ——*Tanacetum kaschagaricum* Krasch. in Acta Inst. Bot. Acad. URSS ser. 1. 1：175. 1993）十分相近，故中国高等植物将贺兰山女蒿作为喀什女蒿的异名。我们比对了两地的标本，认为两者还存在着一定的差异，如贺兰山女蒿的头状花序较小，长 3.5~4.5 mm；径 2~2.5 mm；花序分枝较紧密，成束状伞房花序，分枝夹角为 30~45°；叶长 2~2.5 cm，宽 5~10 mm，侧裂片 2~5 对。而喀什女蒿头状花序较大，长 4~5 mm，径 3.5~4 mm（卵形或矩圆状卵形）；花序分枝开展或二叉状，分枝夹角为 60~90°；叶长 0.5~1 cm，宽 3~6 mm，侧列 2~3 对（图版 90 附喀什女蒿的形状图——引自中国沙漠植物志 3：254. 图版 97. 图 4~6. 1992）。并且两者都有自己的独立分布区。故我们作为亚种处理。

15. 紊蒿属 **Elachanthemum** Ling et Y. R. Ling

一年生草本。叶互生，羽状分裂，裂片细条形。茎多分枝。头状花序同型，有长梗，多数在茎枝端排列成伞房花序。总苞杯状半球形；总苞片 3~4 层，边缘宽膜质。花托圆锥状，凸起，无托毛。花多数 60~l00 余枚，全部为两性；花冠长筒形，顶端 5 裂。花药顶端具三角状卵形附片；花柱分枝条形，顶端截形。瘦果斜卵形，有 15~20 条纵沟纹，无冠毛。

原为单种属，现已知 2 种，贺兰山有 1 种。

1. 紊蒿（图版 90，图 2）

Elachanthemum intricatum（Franch.） Ling et Y. R. Ling in Acta Phytotax. Sin. **16**（1）: 63. 图 1. 1978. 中国植物志 **76**（1）：97. 图版 1. 图 7. 1983；内蒙古植物志（二版）**4**：581. 图版 230. 图 1~4. 1993；宁夏植物志（二版）**下册**：310. 图 190. 2007. ——*Artemisia intricata* Franch. Pl. David. **1**：170. 1884. Stilpnolepis intricata （Franch.） Shih in Acta Phytotax. Sin. **23**（6）：470. 1985.

一年生草本。高 15~30 cm，从基部多分枝形成球状株丛。茎淡红色或黄褐色，疏被短柔毛，枝细，斜升或平卧。叶无柄，羽状全裂，茎下部叶与中部叶长 1~3 cm，裂片 7，其中 4 裂片对生，于叶基部呈托叶状，3 裂片位于叶片先端，裂片条形或条状丝形，长 2~5 mm；茎上部叶 3~5 裂或不裂，叶两面疏被短柔毛。头状花序半球形，直径 5~6（10） mm，有长梗，单生于分枝顶端，多数在茎顶端再排列成疏散的伞房花序；苞杯状球形，总苞片 3~4 层，内外层近等长或外层稍短于内层，卵形或宽卵形，先端尖，中肋绿色，边缘宽膜质，背部疏被柔毛；小花多数，全为两性，花冠管状钟形，长 2~3 mm，淡黄色，常有腺体，顶端 5 裂，裂片三角形；花托近圆锥形，裸露。瘦果斜倒卵形，成熟时有 15~20 条纵沟纹。花果期 9~10 月。

中旱生植物。生山麓草原化荒漠及干河床上。仅见北部山麓地带。

分布于我国内蒙古（西部）、宁夏（北部）、甘肃（河西走廊）、青海（东北部）、新疆(伊吾)，也见于蒙古（南部）。亚洲中部种。

16. 小甘菊属 Cancrinia Kar. et Kir.

二年至多年草本，少小半灌木。叶近基生，羽状分裂。头状花序盘状，单生或多数在茎顶或枝端排列成疏或密的伞房状或伞房圆锥状；具多数同形小花，两性，结实；总苞半球形，总苞片 3~4 层，覆瓦状，缘膜质，外层者较短；花托凸起，无毛或有毛；小花花冠管状，基部具短而宽的管部，檐部呈钟状，5 齿裂。瘦果三棱状圆柱形，具 5~6 纵肋，顶端具膜质小冠。

1. 小甘菊（图版 91，图 5） 金扭扣

Cancrinia discoidea（Ledeb.） Poljak. in Fl. URSS **26**：313. 1961；中国植物志 **76**（1）：99. 图版 15：1983. ——*Pyrethrum discoideum* Ledeb. Icon. Pl. Fl. Ross. Impr. Alt. **2**：f. 153. 1830.

二年生草本。高 5~15 cm。主根细。茎由基部多分枝，直立或斜升，被白色棉毛。叶肉质，灰白色，密被棉毛至近无毛，矩圆形或卵形，长 2~4 cm，宽 1~1.5 cm，二回羽状深裂，侧裂片 2~3 对，每个裂片又 2~5 个浅裂或深裂，稀全缘，小裂片卵形或宽条形，钝或短渐尖，叶柄长，基部扩大。头状花序单生于长 4~15 cm 的梗上，直径 7~12 mm；总苞半球形，径 7~12 mm，总苞片 3~4 层，草质，疏被棉毛；外层总苞片少数，条状披针形，先

端尖，边缘窄膜质，长约 3 mm，内层较长，长约 4 mm，条状矩圆形，先端钝，边缘宽膜质；花序托锥状球形；花冠黄色，长 1.8 mm。瘦果灰白色，长 2 mm，无毛，具 5 条纵肋，顶端具 1 mm 的膜质小冠，5 裂分裂至中部。花果期 5~10 月。

旱中生植物。生于石质残丘坡地及丘前冲积覆沙地，零星分布。仅见东坡南部山麓。

分布于我国内蒙古（西部）、甘肃（河西走廊）、新疆，也见于俄罗斯（西伯利亚南部）、蒙古（南部）。古地中海种。

《内蒙古植物志》（二版）（**4**：583. 图版 231. 图 1~3. 1993）所记载的小甘菊显然是毛果小甘菊（*Cancrinia lasiocarpa* C. Winkl.），因其第一版中（**6**：79. 1980）即描述为多年生草本，虽然第二版改为二年生草本，但从其所附图来看，明显是多年生植物，且茎下部木质化程度高，小甘菊不具备这些特征。毛果小甘菊与小甘菊是相近种，其主要差别是前者瘦果有毛，植物为多年生草本，主根和植株下部木质，叶裂较浅，该种在内蒙古西部荒漠区也有较多分布，主要生长在石质低山残丘上，《内蒙古植物志》没收该种，被混入小甘菊中。

17. 亚菊属 Ajania Poljak.

多年生草本或小半灌木。叶互生，羽状或掌状分裂。头状花序在茎顶排列成伞房状，稀单生；有少数或多数同形小花，外围有 1 层雌花，中央有多数两性花，均结实；总苞钟状，总苞片 3~4 层，覆瓦状排列，草质或硬草质，边缘膜质；花序托凸起，无毛，稀有毛，有小窝孔；雌花花冠管状，顶端 2~4 齿裂；两性花花冠管状，顶端 5 齿裂；花药基部钝，顶端具宽披针形的附片；花柱分枝条形。瘦果矩圆形或近卵形，基部收窄，具 4~6 纵肋，无毛。

贺兰山有 6 种，1 变种。

分种检索表

1. 总苞片麦秆黄色，有光泽，边缘白色膜质。
 2. 叶二回羽状全裂 ………………………………………………… **1. 蓍状亚菊 A. achilloides**
 2. 叶二回掌状或掌式羽状 3~5 全裂。
  3. 叶末回裂片细丝状，宽 0.2~0.3 mm，两面绿色或淡绿色，近无毛；头状花序小，径 2 mm以下 ………………………………………………… **2. 丝裂亚菊 A. nematoloba**
  3. 叶末回裂片披针形、钻形或条形，宽 0.5 mm 以上，两面灰白色，密被灰白色短柔毛；头状花序较大，径 3~4 mm
   4. 花茎不分枝，基部具密集的不育根；茎中部叶规则的二回掌状羽状分裂，叶上面灰绿色，下面灰白色；总苞径 2~3 mm ………………………… **3. 束伞亚菊 A. paviflora**
   4. 花茎多分枝。基部无密集的不育根；茎中部叶不规则的掌状羽状分裂，叶两面灰白色；总苞径 3~4 mm ………………………………………… **4. 灌木亚菊 A. fruticulosa**

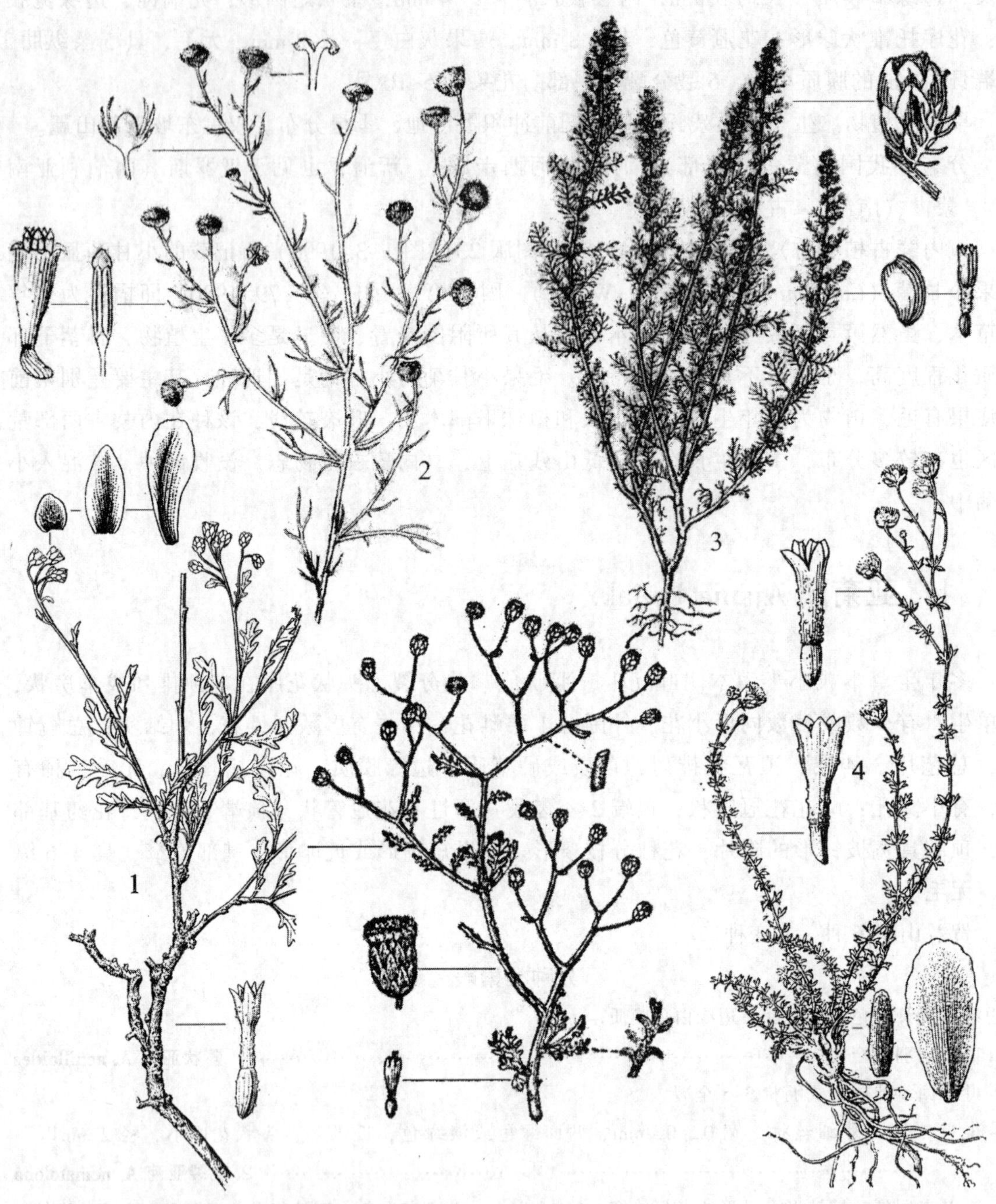

图版 90　1. 贺兰山女蒿 Hippolytia kaschgarica (Krasch.) Poljak. subsp. alashanica (Ling) Z. Y. Chu. et C. Z. Liang 植株、总苞片、小花（附喀什女蒿 Hippolytia kaschgarica (Krasch.) Poljak.植株上部）；2. 亲蒿 Elachanthemum intricatum (Franch.) Ling et Y. R. Ling 植株、花托、总苞片、小花；3. 栉叶蒿 Neopallasia pectinata (Pall.) Poljak. 植株、头状花序、小花、瘦果；4. 铺散亚菊 Ajania khartensis (Dunn) Shin 植株、总苞片、小花。（1 马平绘；2 仿林有润；3 引自东北植物检索表；4 张海燕绘）

1. 苞片非麦秆黄色，无光泽，边缘褐色。

5. 叶二回掌状或近掌状 3~5 全裂；头状花序直径 6~10 mm …………………… 5. 铺散亚菊 **A. khartensis**

5. 叶二回羽状全裂，头状花序直径 2. 5~3 mm ……………………………… 6. 细裂亚菊 **A. przewalskii**

1. 蓍状亚菊（图版 91，图 3）

Ajania achilloides（Turcz.）Poljak. ex Grub. in Nov. Syst. Plant. Vascul. **9**：296. 1972；中国植物志 **76**（1）：122. 图版 20. 图 1. 1983；内蒙古植物志（二版）**4**：589. 图 234. 图 1~4. 1993；宁夏植物志（二版）**下册**：314. 2007. ——*Artemisia achilloides* Turcz. in Bull. Soc. Nat. Mosc. **5**：195. 1832.

小半灌木。高 15~25 cm。根粗壮，木质，多弯曲。茎由基部多分枝，直立或倾斜，基部木质，下部带黄褐色，具纵条棱，密被灰色短柔毛或分叉短毛。叶灰绿色，茎下部叶及中部叶长 10~15 mm，宽 5~10 mm，二回羽状全裂，小裂片狭条形，长 2~5 mm，宽约 0.5 mm，先端钝，基部常有狭条形假托叶；上部叶羽状全裂或不分裂；全部叶两面被短柔毛及腺点。头状花序 3~6 个在枝端排列成伞房状，花梗纤细，长达 15 mm；总苞钟状或卵圆形，长约 4 mm，宽约 3 mm，疏被短柔毛或无毛；总苞片 3~4 层，麦秆黄色有光泽，外层者卵形，中内层者卵形或矩圆状倒卵形，中肋淡绿色，边缘白色膜质；边缘雌花 6~8 枚，花冠细管状，长约 2 mm，两性花花冠管状，长 2~2.5 mm，外面有腺点。瘦果矩圆形，长约 1 mm，褐色。花果期 8~9 月。

强旱生植物。生山麓荒漠草原和草原化荒漠群落中，为重要伴生种；也沿石质山坡上升到海拔 2 000 m 以下的低山，有时能形成小片群落。东、西坡均有分布。

分布于内蒙古（中、西部）、甘肃（祁连山），也见于蒙古。戈壁-蒙古种。

良等牧草。

2. 丝裂亚菊（图版 89，图 3）

Ajania nematoloba（Hand.-Mazz.） Ling et Shih in Bull. Bot. Lab. North-East. Forest. Inst. **6**：16. 1980；中国植物志 **76**（1）：124. 1983. ——*Ajania przewalskii* auct. non Poljak.：内蒙古植物志（二版）**4**：591. 图版 235. 图 3~5. 1993. ——*Chrysanthemum nematolobum* Hana.-Mazz. in Acta Hort. Gothob. **12**：271. 1938.

小半灌木。高 15~30 cm。一年生枝细长，淡紫色或淡绿色，老枝极短缩。茎枝无毛或幼时微被柔毛。中下部茎叶宽卵形或楔形，长 1~2 cm，宽 1~4 cm，二回三出掌状或掌式羽状分裂，一、二回全裂，上部叶 3~5 全裂或羽状全裂，末回裂片细裂如丝，宽 0.1~0.2 mm，两面同色，无毛或有极稀疏的短微毛。头状花序小，多数在枝端排列成伞房状，花梗细，长 0.5~2 cm。总苞钟状，直径 2.5~3 mm，总苞片 4 层，外层卵形，长 1 mm，中内层宽倒卵形，宽 2.5~3 mm。全部苞片麦秆黄色，有光泽，无毛，边缘膜质。边缘雌花约五个，花冠长 1.5 mm，细管状，顶端 2 侧裂尖齿。两性花冠管状，长 2 mm。瘦果长近 1 mm。花果期 9~10 月。

旱生小半灌木。生海拔 2 000 m 左右石质、砾石质山坡。产东坡石炭井沟内。

分布于甘肃省（中部）、青海（东部）。黄土高原种。

3. 束伞亚菊（图版 91，图 1）

Ajania parviflora（Grun.） Ling in Bull. Bot. Lab. North-East. Forest. Inst. **6**：15. 1980；中国植物志 **76**（1）：120. 1983；内蒙古植物志（二版）**4**：589. 1993. ——*Chrysanthemum parviflorum* Grun. in Fedde Repert. Sp. Nov. **12**：312. 1913.

小半灌木。高 10~25 cm。老枝水平伸出，由不定芽发出与老枝垂直又相互平行的花茎和营养枝，或老枝短缩，花茎和营养枝密集成簇，花枝不分枝，仅在枝顶有束伞状短分枝，被短微毛。中部茎叶卵形，长约 2.5 cm，宽约 2 cm，二回掌状羽状分裂，一回侧列 1~2 对，二回为 3 裂；上部和中下部叶 3~5 羽状全裂，小裂片条形，宽 0.5~1 mm，上面淡绿色，疏被短柔毛，下面灰白色，密被短柔毛。头状花序 5~10 个在枝端排列成束状伞房花序；总苞圆柱状，直径 2~3 mm；总苞片 4 层，麦秆黄色有光泽，外层披针形，长 1.5 mm，内中层长椭圆形，长约 3.5 mm，硬草质，顶端极尖，边缘白色膜质，仅外层基部有微毛，其余无毛。边缘雌花 4 个，花冠同型，管状，长 3.5 mm，深裂，裂片反折，裂片外面偶染红色。瘦果长 1.5 mm。花果期 8~9 月。

旱生植物。生海拔 2 000~2 200 m 山地草原和石质山坡，为山地草原伴生种，小片或零星分布。仅产西坡古拉本沟。

分布于我国河北（西北部）、山西（西部、北部）。华北（山地草原）种。

《内蒙古植物志》所记载的束伞亚菊与原描述大体相符，但所绘的图显然是灌木亚菊，并非真正的束伞亚菊。

4. 灌木亚菊（图版 91，图 4）

Ajania fruticulosa（Ledeb.） Poljak. in Not. Syst. Herb. Inst. Bot. Acad. Sci. URSS **17**：428. 1955；中国植物志 **76**（1）：123. 1983；内蒙古植物志（二版）**4**：590. 图 234. 图 59. 1993；宁夏植物志（二版）**下册**：314. 2007. ——*Tanacetum fruticulosum* Ledeb. Ic. Pl. Fl. Ross. **1**：10. t. 38. 1829.

小半灌木。高 10~40 cm。根粗长，木质，上部发出多数或少数直立或倾斜的花枝和当年不育枝。花枝细长，灰白色或灰绿色，密被灰色短柔毛，上部多少作伞房状分枝。叶灰绿色，基生叶花期枯萎脱落；茎下部叶及中部叶长 1~3 cm，宽 1~2 cm，二回掌状或掌式羽状 3~5 全裂，小裂片狭条形或条状钻形，长 3~10 mm，宽 0.5~1（1.5） mm，先端钝或尖，基部常有狭条形假托叶；枝上部叶 3~5 全裂或不分裂；全部叶两面被短柔毛及腺点。头状花序少数或多数在枝端排列成伞房状；总苞钟状，长 4~5 mm，直径 3~4 mm，疏被短柔毛或无毛；总苞片 4 层，外层披针形或卵形，中内层矩圆形，麦秆黄色，有光泽，中肋淡绿色，边缘淡褐色，膜质；边缘雌花约 5 枚，细管状，长约 2 mm；两性花管状，长 2~3 mm，全部花冠黄色，外面有腺点。瘦果矩圆形，长 1.0~1.5 mm，褐色。花果期 8~9 月。

强旱生植物。生山麓草原化荒漠群落中，也生山缘的干燥石质山坡，北部荒漠化较强的低山丘陵有更多分布。见东坡苏峪口沟、甘沟、石炭井；西坡哈拉乌沟、南寺沟、北寺沟、峡子沟等。

分布于我国西北及内蒙古（西部）、西藏（西部），也见于俄罗斯（阿尔泰、西伯利亚西部）、蒙古。戈壁种。

良等牧草。

5. 铺散亚菊（图版 90，图 4）

Ajania khartensis（Dunn） Shin in Acta Phytotax. Sin. **17**（2）：115. 1979；中国植物志 **76**（1）：113. 图版 17. 图 3. 1983；内蒙古植物志（二版）**4**：591. 图版 233. 图 5~8. 1993；宁夏植物志（二版）**下册**：314. 2007. ——*Tanacetum khartense* Dunn in Kew Bull. 1922. 150. 1922.

半匍生多年生草本。高 10~30 cm，全体密被灰白色绢毛。主根基部木质，由基部发出单一不分枝或分枝的花枝或营养枝，枝细，常弯曲，密被灰色细柔毛。叶沿枝密集排列，扇形或半圆形，长 4~6 mm，宽 5~7 mm，二回掌状或近掌状 3~5 全裂，小裂片椭圆形，先端锐尖，两面密被灰白色短柔毛，叶基部渐狭成短柄，柄基常有 1 对短的条形假托叶。头状花序单生于枝顶，再由少数于茎顶、枝端排列成伞房状；总苞钟状，宽 6~10 mm，总苞片 4 层，外层披针形，长 1~2 mm，内层者矩圆形，长 3~4 mm，全部总苞片边缘棕褐色膜质，背部密被绢质长柔毛，先端钝或稍圆；边缘雌花约 7 枚，花冠细管状，长 2.5 mm；中央两性花 40 余枚，管状，长 2~2.5 mm，全部花冠黄色。花果期 8~9 月。

旱生植物。生海拔 1 400~1 800~2 300 m 山地沟谷砾石地、石质山坡，也偶见山麓冲沟、干河床。见东坡黄旗沟、甘沟、苏峪口沟；西坡南寺沟、峡子沟等。

分布于我国青藏高原东缘及其相邻山地（西藏、云南、四川、青海、甘肃、宁夏）。青藏高原种。

5a. 多头铺散亚菊（新变种）（图版 91，图 2）

Ajania khartensis（Dunn） Shin var. **polycephala** Z. Y. Chu et C. Z. Liang var. nov. in Addenda

本变种与正种的区别在于：头状花序较小，直径 3~5 mm，3~6 个在枝顶密聚成头状。

旱生植物。生海拔 2 300 m 左右的山地沟谷与河床内。仅产于西坡哈拉乌沟。

为贺兰山特有变种。

6. 细裂亚菊 *

Ajania przewalskii Poljak. in Not. Syst. Herb. Inst. Bot. Acad Sci. URSS **17**：422. 1955；中国植物志 **76**（1）：109. 1983；内蒙古植物志（二版）**4**：591. 1993；宁夏植物志（二版）**下册**：315. 2007.

多年生草本。高 30~45 cm。茎直立，单一，茎杆黄色，部分为紫褐色，具纵沟棱，被柔毛。叶无柄，上面绿色，无毛或近无毛，下面密被贴伏的长柔毛，长 2~3 cm，宽 1~2.8 cm，二回羽状全裂，一回侧裂片 1~2 对，小裂片长 2~6 mm，宽 0.5~1 mm，狭条状披针形，先端钝尖。头状花序在枝端排列成伞房状，宽钟状，长 4~5 mm，直径 2.5~3 mm；总苞片疏被柔毛或近无毛，外层者卵形，先端尖，内层者倒卵形或倒披针形，边缘褐色宽膜质。边缘雌花 4~7（12）枚，中央两性花 56~60 枚。瘦果矩圆形，长约 0.8 mm，深褐色。花果期 8 月。

旱生植物。生海拔 2 000 ~2 400 m 山地石质山坡、林缘。记载分布于西坡哈拉乌沟。

以上描述是根据文献记载。该种原记载是俄国人普热瓦尔斯基（N. Przewalski）无号（s. n.）1880 年 8 月 9 日采自贺兰山（Mongolia，montes Alaschan）。但在我们多年的采集中，贺兰山并没有找到与其描述相对应的标本。后来我们看到了俄国圣彼得堡科马洛夫植物研究所该种植物的主模式（Holotype）标本的照片，是几枝带叶和花序的枝条（并非全株），其叶是二回羽状深裂，小裂片为狭条形或狭条状披针形。与描述相符是个独立种。二个副模式（Isotype）有编号，为 No. 835，具体采集号写的是“达德仁”。访问过当地人，都不知道这地名。为此，我们查阅了《普热瓦尔斯基传》（俄文，杜伯罗夫 1890），在 304 页. 记载“于 8 月 9 日从青藏高原（却经寺）下来，奔向阿拉善”；345 页“经过阿拉善沙漠的艰苦旅程于 8 月 24 日到达定远营（既今贺兰山下的巴彦浩特）”，由此可见 8 月 9 日的采集乃在青藏高原，而非阿拉善（贺兰山）。另外，从普氏的采集记载，该标本是采自青藏高原东北缘。下表我们举出一些植物的采集点，时间和编号，同样可以说明这个问题。

模式标本	编　号	时　间	采集地点
林地风毛菊 *Saussurea sylvatica* Maxim.	528	1880.7.11~22	青藏高原唐古特
水母雪莲 *S. medusa* Maxim.（合模式）	622	1880.7.18~31	青藏高原唐古特
细花风毛菊 *S. graciliformis* Lipsch.	807	1880.8.1~13	青海祁连山大通河
条叶垂头菊 *Creamanthodium lineare* Maxim.	842	1880.8.7~19	青海祁连山大通河
腾格里沙拐枣 *Calligonum przewalskii* A. Los.	870	1880.8.15	阿拉善腾格里沙漠
籽蒿 *Artemisia sphaerocaphala* Krasch.	890	1880.9.4	内蒙古阿拉善荒漠

从上表采集时间和采集号分析，细裂亚菊（*Ajania przewalskii*）的模式标本绝不可能采自贺兰山，而是青藏高原东北边缘祁连山，从 8 月 14 日进入阿拉善，8 月 15 日的编号是 870 号，9 月 4 日离开贺兰山后在阿拉善采集号为 890 号，如果在此范围内，才有可能采自贺兰山。《中国植物志》写该种的分布是正确的，产青海、甘肃、四川及贺兰山，后面的

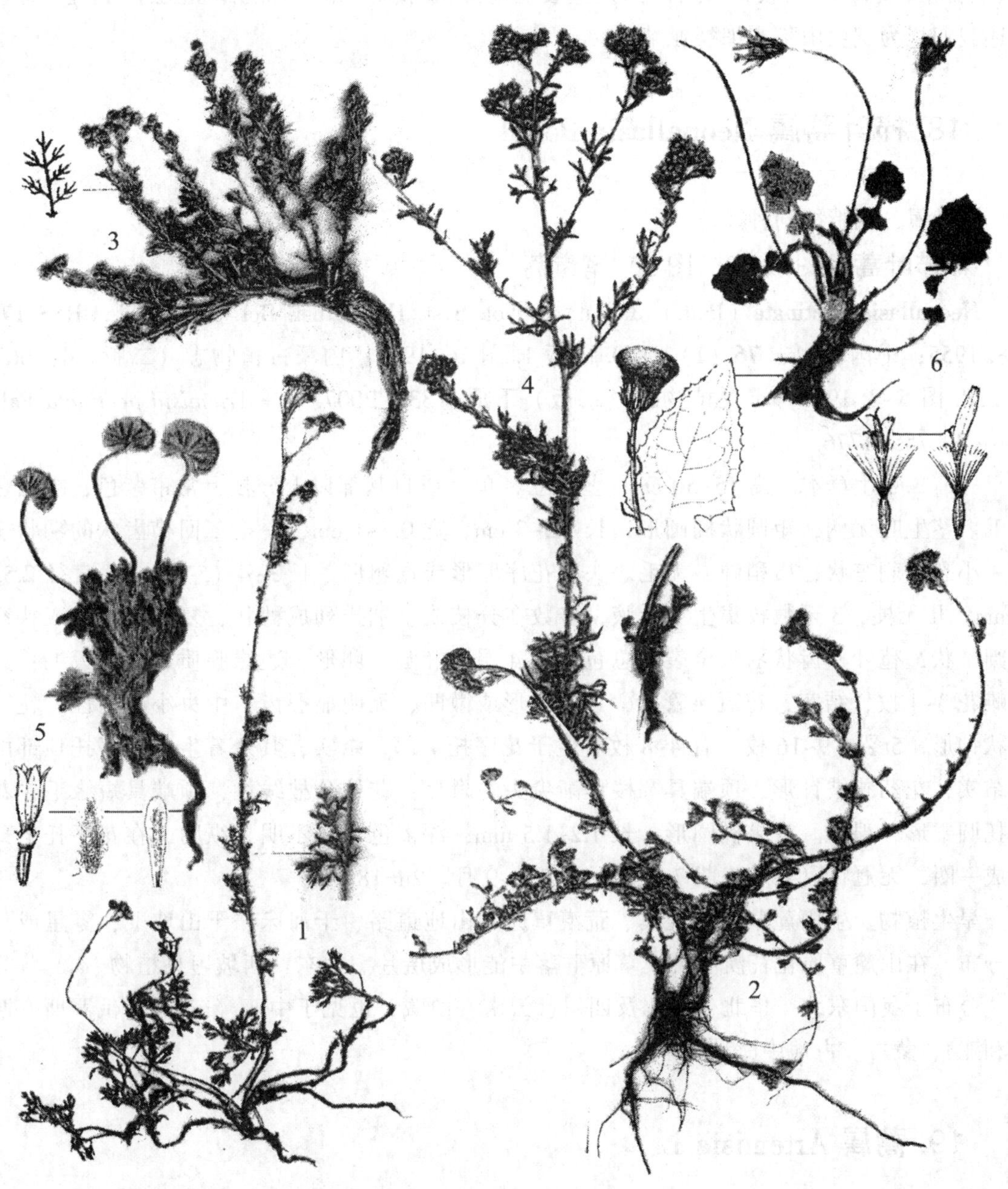

图版 91 1. 束伞亚菊 Ajania parviflora (Grun.) Ling 植株、中部叶、小花；2. 多头铺散亚菊 A. khartensis (Dunn) Shin var. polycephala Z. Y. Chu et C. Z. Liang 植株；3. 蓍状亚菊 A. achilloides (Turcz.) Poljak.ex. Grub. 植株、中部叶、小花；4. 灌木亚菊 A. fruticulosa (Ledeb.) Poljak. 植株、小花；5. 小甘菊 Cancrinia discoidea (Ledeb.) Poljak. 植株、总苞片、小花；6. 大丁草 Leibnitzia anandria (L.) Turcz. 春型植株、秋型花序与叶端、小花。

贺兰山是根据文献记载。《宁夏植物志》（二版）也明确记载产六盘山，不产贺兰山。《内蒙古植物志》（二版）所绘的图是丝裂亚菊 *A. nematoloba*（Hand. -Mazz.） Ling。综上所述我们认为贺兰山不产细裂亚菊。

18. 栉叶蒿属 Neopallasia Poljak.

单种属，属特征同种。

1. 栉叶蒿（图版 90，图 3）篦齿蒿

Neopallasia pectinata（Pall.） Poljak. in Not. Syst. Herb. Inst. Bot. Acad. Sci. URSS **17**：428. 1955；中国植物志 **76**（1）：130. 图版 1. 图 16. 1983；内蒙古植物志（二版）**4**：667. 图 230. 图 5~8. 1993；宁夏植物志（二版）**下册**：338. 2007. ——*Artemisia pectinata* Pall. Reise **3**：755. 1776.

一、二年生草本。高 15~50 cm。茎直立，单一或自基部以上分枝，常带紫色，被白色绢毛。茎生叶无柄，矩圆状椭圆形，长 1.5~3 cm，宽 0.5~1 cm，一至二回栉齿状的羽状全裂，小裂片刺芒状，质稍硬，无毛。头状花序卵形或宽卵形，长 3~4（5） mm，直径 2.5~3 mm，几无梗，3 至数枚集生于叶腋，多数在分枝或茎端排列成穗状，复在茎上组成狭窄的圆锥状，苞叶栉齿状羽状全裂，总苞片 3~4 层，椭圆状卵形，边缘膜质，背部无毛；边缘雌花 3~4 枚，结实，花冠狭管状，顶端截形或微凹，无明显裂齿；中央小花两性，花冠管状钟形，5 裂，9~16 枚，有 4~8 枚着生于花序托下部，结实，其余着生于花序托顶部的不结实，花药狭披针形，顶端具圆棱形渐尖头的附片；花柱分枝线性，顶端具短缘毛；花序托圆锥形，裸露。瘦果椭圆形，长 1.2~1.5 mm，深褐色，具不明显纵肋，在花序托下部排成一圈，无冠状冠毛。花期 7~8 月，果期 8~9 月。2n=18。

旱生植物。生山麓草原化荒漠、荒漠草原和山地道路、干河床、干山坡上，零星或片状分布，在山麓草原化荒漠和荒漠草原群落中能形成层片。为东、西坡习见植物。

分布于我国东北、华北、西北及四川、云南、西藏，也见于中亚（东部）、俄罗斯（西伯利亚）、蒙古。古地中海种。

19. 蒿属 Artemisia L.

草本，稀为半灌木，常有浓烈的气味。茎通常直立，单生或丛生，有分枝。叶互生，具柄或无，通常有假托叶，叶片羽状分裂或不分裂。头状花序多数在茎上排列成圆锥状、总状或穗状，总苞卵形、球形、半球形或矩圆形等；总苞片数层，覆瓦状排列，边缘通常为膜质，外面被毛或无毛；花序托有毛或无；具异形小花，雌花位于外围，结实，两性花位于中央，结实或不结实，雌花花冠狭圆锥状或狭管状，檐部 2~3（4）齿裂，两性花管

状，檐部 5 齿裂；花药基部圆钝或短尖，先端具长三角形附片；花柱条形，伸出花冠外，顶端 2 叉不育花柱极短，无叉，头有睫毛或无。瘦果小，常有纵纹，无冠毛。

贺兰山有 24 种（含 1 无正种的变种），2 变种。

分种检索表

1. 中央小花为两性花，结实；开花时花柱与花冠近等长，先端 2 叉开；子房明显。
 2. 花序托具托毛。
  3. 一、二年生草本。
   4. 头状花序半球形或近球形，直径 4~6 mm，茎中部叶二至三回羽状全裂 … 1. 大籽蒿 **A. siversiana**
   4. 头状花序椭圆形，直径 2~4 mm，茎中部叶一至二回羽状全裂 ……………… 2. 碱蒿 **A. anethifolia**
  3. 小半灌木。
   5. 中部叶矩圆形或倒卵状矩圆形，长宽约 0. 5~0. 7 cm，一至二回羽状全裂 …… 3. 冷蒿 **A. frigida**
   5. 中部叶卵圆形或近圆形，长 1~1. 5 cm，二回羽状全裂 …………………… 4. 旱蒿 **A. xerophytica**
 2. 花序托无托毛。
  6. 头状花序通常球形或半球形；叶二至三回栉齿状，羽状分裂，小裂片为狭叶形，宽小于 1. 5 mm。
   7. 多年生草本或半灌木。
    8. 半灌木；中部叶有侧裂片 3~5 对，下面被毛或无毛。
     9. 叶长卵形、三角状卵形，长 2~10 cm，宽 3~8 cm，叶上面绿色或灰白色，叶下被短柔毛或脱落无毛 ……………………………………………………………………… 5. 白莲蒿 **A. sacrorum**
     9. 叶卵形或三角状卵形，长 2~4 cm，宽 1~2 cm，叶上面绿色，叶下面被蛛丝状柔毛 ……… ……………………………………………………………………… 6. 细裂叶莲蒿 **A. gmelinii**
    8. 多年生草本；茎中部叶有侧裂片 5~8 对，下面密被短柔毛。
     10. 头状花序小，径 2~3 mm，总苞淡绿色，边缘窄膜质；主根细，根状茎斜卧或横走 ……… ……………………………………………………………………… 7. 裂叶蒿 **A. tanacetifolia**
     10. 头状花序稍大，径 4~6 mm，总苞褐色，边缘宽膜质；主根粗，木质化，根状茎直立或斜卧 ……………………………………………………………………… 8. 褐苞蒿 **A. phaeolepis**
   7. 一年生草本，茎通常单一。
     11. 头状花序直径 3~5 mm，在茎上排列成密集而狭窄的圆锥状花序，花紫红色 ……………… ……………………………………………………………………… 9. 臭蒿 **A. hedinii**
     11. 头状花序直径 1.5~2.5 mm，在茎上排列成开展而呈金字塔形的圆锥花序状，花黄色 ……… ……………………………………………………………………… 10. 黄花蒿 **A. annua**
  6. 头状花序椭圆形、矩圆形或卵形；叶一、二回羽状深裂、半裂或全裂，小裂片为宽裂片型，宽大于 2 mm。
   12. 叶上面密被白色腺点及小凹点，中部叶一至二回羽状深裂至半裂 ……………… 11. 艾 **A. argyi**
   12. 叶上面无白色小腺点，或至少有稀疏的腺点，但无明显的小凹点。
    13. 中部叶二回，稀一至二回羽状全裂，小裂片条状披针形或披针形 … 12. 蒙古蒿 **A. mongolica**
    13. 中部叶二回羽状深裂或第一回全裂，小裂片长椭圆形或椭圆状披针形。
     14. 叶上面初叶被蛛丝状短绒毛及稀疏的白色腺点，后脱落，中部叶二回羽状深裂或一回羽状全裂，侧裂片 3（4）对 ……………………………………… 13. 辽东蒿 **A. verbenacea**

14. 叶上面被宿存的蛛丝状绒毛，中部叶通常一回羽状全裂，侧列 2~3 对 ……………………………………………………………………………………………… 14. 白叶蒿 **A. leucophylla**

1. 中央小花两性，但不结实；开花时花柱长仅达花冠中部或中上部，先端常呈棒状或漏斗状，2 裂，通常不叉开；子房细小或不存在。

15. 叶不分裂，条状披针形或条形，全缘 …………………………………… 15. 狭叶青蒿 **A. dracunculus**

15. 叶分裂，羽状全裂、深裂，大头羽裂或指状 3~5 深裂。

16. 叶的小裂片狭条形，为丝状条形、毛发状或栉齿状，或为条形或条状披针形。

17. 叶的小裂片狭条形或丝状条形，非栉齿状。

18. 头状花序直径 3~4 mm；中部叶小裂片宽 1~2.5 mm；茎灰白色，后呈黄褐色、灰褐色或灰黄色 ……………………………………………………………………………… 16. 白沙蒿 **A. sphaerocephala**

18. 头状花序直径 1~3 mm；中部叶小裂片宽 0.5~1.5 mm。

19. 半灌木；茎多数，丛生；头状花序卵形或长卵形，中部叶通常一回羽状全裂 …………………………………………………………………………………… 17. 黑沙蒿 **A. ordosica**

19. 多年生草本或一、二年生草本；茎少数或单一。

20. 多年生草本，中部叶一至二回羽状全裂，小裂片狭条形；头状花序排成稍展开的圆锥状 ………………………………………………………………………… 18. 甘肃蒿 **A. gansuensis**

20. 一年生草本；中部叶一至二回羽状全裂，小裂片丝状条形或毛发状；头状花序排列成大型开展的圆锥状 ……………………………………………… 19. 黄蒿 **A. scoparia**

17. 中部叶二回羽状分裂，第一回全裂，侧裂片 5~8 对，裂片两侧各具 5~8 枚深裂的栉齿 ……………………………………………………………………………… 20. 糜蒿 **A. blepharolepis**

16. 叶的小裂片较宽，为宽条形、披针形、椭圆形，或为齿形、缺刻等，或为匙形、楔形或倒卵形，先端具锯齿或浅裂齿，边全缘。

21. 中部叶 1~2 回大头羽状深裂或全裂。

22. 基生叶近圆形、宽卵形或倒卵形，先端至边缘具不规则深裂片或浅裂片，头状花序直径 1.5~2 mm，在茎上开展稍宽的圆锥花序 ……………………………… 21. 南牡蒿 **A. eriopoda**

22. 基生叶矩圆状匙形或矩圆状倒楔形，不分裂，或椭圆形、卵形、近圆形，二回羽状全裂或深裂；头状花序直径 2~3（4） mm，在茎上排列狭窄的圆锥花序 ………… 22. 漠蒿 **A. desertorum**

21. 中部叶指状 3 深裂或规则的羽状 5 深裂。

23. 中部叶大，长 5~11 cm，宽 3~6 cm，羽状 5 深裂，裂片椭圆状披针形或披针形，长 2~6 cm，宽 5~10 mm ………………………………… 23. 无毛牛尾蒿 **A. dubia** var. **subdigitata**

23. 中部叶小，长 2~3（5） cm，宽 1~1.5 cm，指状 3 深裂或不裂，裂片条形或条状披针形，长 1~2 cm，宽 1~2（5） mm …………………………………………… 24. 蒌蒿 **A. giraldii**

1. 大籽蒿（图版 92，图 1）

Artemisia sieversiana Ehrhart ex Willd. Sp. Pl. 3：1845. 1800；中国植物志 **76**（2）：9. 图版 1. 图 1~7. 1991；内蒙古植物志（二版）**4**：600. 图 236. 图 1~6. 1993；宁夏植物志（二版）**下册**：319. 图 195. 2007.

一或二年生草本。高 30~100 cm。主根粗壮，侧根多数。茎直立，单一，具纵沟棱，被白色短柔毛，由基部或中部以上分枝或不分枝。茎下部与中部叶具长柄，宽卵形或宽三角形，长 4~10 cm，宽 3~8 cm，二至三回羽状深裂，侧裂片 2~3 对，基部渐狭成狭翅，羽轴具狭翅，小裂片条形或条状披针形，长 2~10 mm，宽 1~3 mm，上面绿色，疏被伏柔毛，下面密被伏柔毛，两面密布腺点；最上部花序枝上的叶不裂，条形或条状披针形。头状花序大，半球形，直径 4~6 mm，具梗，下垂，多数在茎上排列成开展或稍狭窄的圆锥状；总苞片 3~4 层，近等长，外层者条形，绿色，被白色伏柔毛或近无毛，内层者长卵形或椭圆形，边缘膜质，无毛或疏被伏柔毛；边缘雌性，狭管状，约 18 枚，长约 1.5 mm，中央小花两性，钟状，多数，长约 1.5 mm；花托凸起，密被托毛。瘦果矩圆状，长 1~1.2 mm，褐色。花期 7~8 月，果期 8~9 月。2n=18。

中生植物。生山地冲沟、村舍附近，也进入山谷滩地和路旁，有时能形成小片群落。为习见杂草。东、西坡均有分布。

分布于我国东北、华北、西北及西南各省区，也见于欧洲、中亚、印度、巴基斯坦、阿富汗、克什米尔、俄国（西伯利亚、远东）、朝鲜、日本、蒙古。古北极种。

全草入药，能祛风、清热、利湿，主治风寒湿痹、黄疸、热痢、疥癞恶疮。

2. 碱蒿（图版 92，图 7）

Artemisia anethifolia Web. ex Stechm. Artem. **29**：1775；中国植物志 **76**（2）：32. 1991；内蒙古植物志（二版）**4**：601. 图片 236. 图 7~8. 1993；宁夏植物志（二版）**下册**：320. 图 196. 2007.

一或二年生草本。高 10~30 cm。根垂直，较细。茎直立或斜升，多由基部分枝，开展，具纵条棱，常带红褐色，疏被柔毛。基生叶及下部叶有长柄，叶长 3~4.5 cm，二至三回羽状全裂，小裂片狭条形或丝状条形，长 3~8 mm，宽 1 mm，先端钝，被灰白色蛛丝状柔毛，后渐脱落；中部叶具短柄或无柄，长 1.5~2 cm，一至二回羽状全裂；上部叶羽状全裂、3 裂或不裂，裂片丝状条形。头状花序半球形或宽卵形，直径 2~3（4） mm，具短梗，下垂或倾斜，多数排列成疏散而开展的圆锥状；总苞片 3 层，外、中层的椭圆形或披针形，背部疏被蛛丝状短柔毛或近无毛，边缘膜质，内层者卵形，近膜质，边缘雌花狭管状，3~6 枚，中央两性花，管状，12~18 枚，花托突起，半球形，有白色托毛。瘦果椭圆形或倒卵形。花果期 7~9 月。2n=16。

耐盐中生植物。生山麓盐碱地和村舍附近。东、西坡均有小片分布。

分布于我国东北、华北、西北，也见于俄罗斯（西伯利亚）、蒙古。东古北极种。

3. 冷蒿（图版 92，图 2）小白蒿、兔毛蒿

Artemisia frigida Willd. Sp. Pl. 3. 1838. 1804；中国植物志 **76**（2）：15. 1991. 内蒙古植物志（二版）**4**：606. 图版 239. 图 1~6. 1993；宁夏植物志（二版）**下册**：321. 2007.

小半灌木。高 10~30 cm，全体密被灰白色或淡黄色短绒毛。根状茎横走，不定根发

达。茎基部木质，多条，丛生，斜升或直立，密被灰白色短柔毛，花期常脱落，基部以上少分枝。叶具短柄，矩圆形或倒卵状矩圆形，二至三回羽状全裂，长 1~1.5 cm，宽 7~15 mm，每侧有裂片（2）3~4 对，小裂片披针形或条状披针形，长 2~5 mm，宽 0.5~1 mm，先端锐尖，全缘，两面密被灰白色或淡黄色短绒毛；上部叶小，3~5 回羽状或近掌状全裂，稀不分裂，花序枝上的叶不分裂，条形。头状花序半球形，直径 2~3（4） mm，具短梗，下垂，多数在茎上排列成总状或狭窄的总状；总苞片 3~4 层，透明膜质，绿色中肋，密被短柔毛，外层卵形或长卵形，先端钝，内层矩圆形或长卵形；边缘雌花细管状，具 2~3 裂齿，9~12 枚，长约 1.5 mm，黄白色；中央两性花管状，20~30 枚，长 2 mm，淡黄色，花药条形，先端附片三角形，花托凸起，有托毛。瘦果矩圆形，长约 1 mm，褐色。花果期 8~10 月。2n=18。

旱生小半灌木。生海拔 1 600（东坡）~1 800~2 500m 山地石质、土质山坡、山麓荒漠草原群落中，为山地草原、荒漠草原的重要伴生种，局部形成层片。见东坡苏峪口沟、贺兰沟、黄旗沟、甘沟；西坡哈拉乌沟、北寺沟、南寺沟、水磨沟及各山麓沟口。

分布于我国东北、华北、西北各省区及西藏，广布欧亚，北美大陆温寒带地区。泛北极种。

良等牧草。全草入药，能清热，利湿，退黄，主治深热黄疸，小便不利，风痒疮疥。

3a. 紫花冷蒿（变种）

Artemisia frigida Willd. var. **atropurpurea** Pamp. in Nuov. Giorn. Bot. Ital. n. s. 34：655. 1927 .

本变种与正种的区别在于：植株矮小，头状花序在茎上常排列成穗状，花冠檐部紫色。

旱生植物。多分布在海拔 2 300 m 以上的部位。

产我国东北（西部）、华北（北部）、西北，为山地草原伴生植物。东古北极变种。

4. 旱蒿（图版 92，图 6）

Artemisia xerphytica Krasch. in Not. Syst. Herb. Hort. Bot. Petrop. **3**：24. 1922；中国植物志 **76**（2）：18. 图版 2. 图 8~14. 1991；内蒙古植物志（二版）**4**：606. 图版 239. 图 9~10. 1993；宁夏植物志（二版）**下册**：322. 2007.

半灌木。高 5~40 cm。主根粗壮，木质。茎多数，丛生，主茎粗壮，扭曲，常裂劈，树皮纤维状剥裂，老枝褐色或灰黄色，当年枝灰白色，密被绢状柔毛。叶小，半肉质，中部叶卵圆形，二回羽状全裂，侧裂片 2~3 对，狭楔形，3~5 全裂，基部裂片具 1~2 枚小裂片，小裂片匙形或倒披针形，长 1~3 mm，宽 0.5~1.5 mm，先端钝，两面密被灰黄色的短绒毛；上部叶与苞叶羽状全裂或 3~5 全裂，裂片狭匙形，或倒披针形。头状花序近球形，直径 3~4 mm，梗长 1~5 mm，在茎枝端排列成稍开展的圆锥状；总苞 3~4 层，外层的狭小，狭卵形，背部被灰黄色短柔毛，中间具绿色中肋，边缘膜质，内层的半膜质，背部无毛；边缘小花雌性，近狭圆锥状，4~10 枚，长约 2 mm，外面被短柔毛；中央两性花管状，

10~20 枚，檐部被短柔毛，两者均为紫红色；花序托凸起，有白色托毛。瘦果倒卵状矩圆形，长 0.5 mm。花果期 8~9 月。

强旱生植物。生山麓荒漠化草原及草原化荒漠中，为伴生种。仅见北部荒漠较强山麓和西坡山麓。

分布于我国西北及内蒙古（西部），也见于蒙古（南部）。戈壁种。

良等牧草，并为防风固沙植物。

5. 白莲蒿（图版 93，图 6）万年蒿、铁秆蒿

Artemisia sacrorum Ledeb. in Mem. Acad. Sci. Petersb. **5**：571. 1815；中国植物志 **76** (2)：44. 图版 6. 图 7~14. 1991；内蒙古植物志（二版）**4**：611. 图版 240. 图 1~6. 1993；宁夏植物志（二版）**下册**：324. 图 198. 2007. ——*A. gmelinii* auct. non Web. ex Stechm.：中国高等植物图鉴 **4**：535. 图 6483. 1975.

半灌木。高 30~50 cm。根稍粗大，木质，垂直；根状茎粗壮，常有多数营养枝。茎多数，多分枝，常成小丛，紫褐色或灰褐色，具纵条棱，下部木质，皮常剥裂；茎、枝初时被短柔毛，后下部脱落无毛。茎下部叶与中部叶长卵形、三角状卵形或长椭圆状卵形，长 2~10 cm，宽 3~8 cm，二至三回栉齿状羽状分裂，第一回全裂，侧裂片 3~5 对，裂片椭圆形或长椭圆形，小裂片栉齿状披针形，具三角形栉齿或全缘，叶中轴两侧有栉齿，叶上面绿色，初时疏被短柔毛，幼时有腺点，下面初时密被灰白色短柔毛，后无毛，叶柄长 1~5 cm，扁平，基部有栉齿状分裂的假托叶；上部叶较小，一至二回栉齿状羽状分裂，近无柄；苞叶栉齿状羽状分裂或不分裂，条状披针形。头状花序近球形，直径 2~3. 5 mm，具短梗，下垂，多数在茎上排列成密集或稍开展的圆锥状；总苞片 3~4 层，外层的披针形或长椭圆形，初时密被短柔毛，中肋绿色，边缘膜质，中、内层的椭圆形，膜质，无毛；雌花狭管状，10~12 枚，中央两性花管状，20~40 枚；花序托凸起。瘦果狭椭圆状卵形或狭圆锥形。花果期 8~10 月。2n=18，36。

旱生植物。生海拔 1 600（东坡）~1 900~2 500 m 石质山坡、沟谷石壁、林缘及灌丛中，在山地中部干燥山坡有时能形成小片群落。东、西坡均有分布，为习见植物。

除青藏高原面上外，几遍布全国，也见于中亚（东部）、南亚（阿富汗）、俄罗斯（西伯利亚、远东）、日本、朝鲜、蒙古、印度、巴基斯坦、尼泊尔、克什米尔。东亚种。

5a. 密毛白莲蒿（变种）白万年蒿

Artemisia sacrorum Ledeb. var. **messerschmidtiana**（Bess.） Y. R. Ling in Bull. Bat. Res. Harbin **8**（4）：13. 1988. ——*A. messerschmidtiana* Bess. in Nouv. Mere. Soc. Nat. Mosc. **3**：27. 1834.

与正种区别在于：叶两面密被灰白色或淡黄色短柔毛。2n=18。

旱生植物。生海拔 1 600（东坡）~1 900~2 500 m 石质山坡、沟谷石壁、林缘及灌丛中，在山地中部干燥山坡有时能形成小片群落。东、西坡均有分布，为习见植物。

图版 92　1. 大籽蒿 Artemisia sieversiana Ehrhart ex Willd. 植株、头状花序、总苞片、小花；2. 冷蒿 A.frigida Willd. 植株、叶、头状花序、总苞片、小花；3. 裂叶蒿 A. tanacetifolia L. 植株、头状花序、总苞片、小花；4. 无毛牛尾蒿 A. dubia Wall. ex Bess. var. subdigitata（Mattf.）Y. R. Ling 叶、头状花序；5. 臭蒿 A. hedinii Ostenf. et Pauls. 植株、叶、头状花序；6. 旱蒿 A. xerphytica Krasch. 植株（部分）、叶、头状花序；7. 碱蒿 A. anethifolia Web. ex Stechm. 植株、叶、头状花序；8. 糜蒿 A. blephareolepis Bunge 花序、叶、头状花序；9. 黄花蒿 A. annua L. 叶、头状花序。（马平绘）

除青藏高原面上外，几遍布全国，也见于中亚（东部）、南亚（阿富汗）、俄罗斯（西伯利亚、远东）、日本、朝鲜、蒙古、印度、巴基斯坦、尼泊尔、克什米尔。东亚种。

6. 细裂叶莲蒿（图版 93，图 7）

Artemisia gmelinii Web. ex Stechm. Artem. 30. 1775；中国植物志 **76**（2）：47. 1991. 内蒙古植物志（二版）**4**：613. 图版 240. 图 7~8. 1993.

半灌木。高 10~40 cm。根木质；根茎稍粗，有多数木质的营养枝。茎多数，丛生，下部木质，暗紫红色，茎、枝初密被灰白色短柔毛，后渐稀疏或无毛。茎下部、中部与营养枝叶卵形或三角状卵形，长 2~4 cm，宽 1~2 cm，二至三回栉齿状羽状分裂，第一至二回为羽状全裂，侧裂片 4~5 对，裂片互相接近，小裂片栉齿状短条形或短条状披针形，边缘常具数个小栉齿，栉齿长 1~2 mm，叶上面暗绿色，初时被灰白色短柔毛，常有凸穴或白色腺点，下面密被灰色或淡灰黄色蛛丝状柔毛，叶柄长 1~1.5 cm，基部有栉齿状分裂的假托叶；上部叶一至二回栉齿状羽状全裂；苞叶呈栉齿状羽状分裂或不分裂，披针状条形。头状花序近球形，直径 2~4 mm，近无梗，下垂，多数在茎上部或枝端排列成总状或狭窄的圆锥状；总苞片 3~4 层，外层卵状椭圆形，边缘狭膜质，背部被短柔毛或近无毛，中层的卵形，边缘宽膜质，无毛，内层的膜质；边缘雌花狭圆锥状，有腺点，10~12 枚。中央两性花管状，微有腺点，多数，花序托凸起，无毛。瘦果矩圆形，花果期 8~10 月。2n=54。

旱生植物。生海拔 1 600（东坡）~1 900~2 500 m 石质山坡、沟谷石壁、林缘及灌丛中，在山地中部干燥山坡有时能形成小片群落。东、西坡均有分布，为习见植物。

分布于我国西北及内蒙古（西部）、四川（西部）、西藏（东部），也见于中亚、俄罗斯(黑海东部，西伯利亚)，蒙古。中亚山地–青藏高原种。

7. 裂叶蒿（图版 92，图 3）

Artemisia tanacetifolia L. Sp. Pl. 848. 1753；中国植物志 **76**（2）：57. 图版 8. 图 8~14. 1991. 内蒙古植物志（二版）**4**：614. 图版 241. 图 1~6. 1993. 宁夏植物志（二版）**下册**：323. 2007. ——*A. laciniata* Willd. Sp. Pl. 3：1843. 1800.

多年生草本。高 20~60 cm。主根细；根状茎横走或斜生。茎直立，单生或数个丛生，中部以上分枝，茎上部被平贴的短柔毛。叶质薄，下部叶与中部叶椭圆形或矩圆形，长 4~10 cm，宽 2~6 cm，二至三回栉齿状羽状分裂，侧裂片 6~8 对，裂片椭圆形，叶中部裂片与中轴成直角叉开，上端成狭翅状，小裂片椭圆状披针形或条状披针形，叶上面绿色，稍有凹点或稍被短柔毛，下面初时密被短柔毛，后稍稀疏，叶柄长 5~10 cm，基部有小型假托叶；上部叶较小近无柄；苞叶分裂或不分裂，条形或条状披针形。头状花序半球形或球形，直径 2~3 mm，具短梗，下垂，多数在茎上排列成狭窄的圆锥状；总苞片 3 层，外层的卵形，淡绿色，边缘狭膜质，背部无毛，中层的卵形，边缘宽膜质，背部无毛，内层的近膜质；边缘雌花狭管状，9~12 枚，中央两性花管状，30~40 枚，均有腺点和短柔毛；花序托半球形。瘦果椭圆状倒卵形，长约 1.2 mm，暗褐色。花果期 7~9 月。2n=18。

中生植物。生海拔 1 800~2 500 m 山地沟谷河溪边、湿地、山地草甸。见东坡大水沟、插旗沟、黄旗沟；西坡哈拉乌沟、南寺沟（冰沟）。

分布于我国东北、华北、西北（东部）。广布于欧亚、北美大陆（阿拉斯加）温寒带地区。古北极种。

8. 褐苞蒿（图版 89，图 4）

Artemisia phaeolepis Krasch. in Syst. Herb. Univ. Tomsk 1~2（73~74）. 1949；中国植物志 **76**（2）：56. 图版 8. 图 1~7. 1991；内蒙古植物志（二版）**4**：610. 图版 241. 图 9~10. 1993；宁夏植物志（二版）**下册**：323. 图 197. 2007. ——*A. tanacetifolia* auct. non L.：内蒙古植物志 **8**：328. 图版 143. 图 6~8. 1985.

多年生草本。高 20~40 cm。根木质化，稍粗。茎直立，具单一或少数花枝，营养枝缩短，下部无毛，上部幼时被柔毛。基生叶与茎下部叶椭圆形或矩圆形，二至三回栉齿状羽状分裂，第一回全裂，每裂片两侧具多数栉齿状小裂片，小裂片先端具小硬尖，边缘加厚，背脉凸起，上面近无毛，微有小凹点，下面疏被灰白色柔毛，后脱落；叶柄长 3~5 cm，基部具小假托叶，茎上部叶较小，无柄。苞叶披针形或条形，全缘或具数个小栉齿。头状花序半球形，径 4~6 mm，具短梗，下垂，在茎上排列成总状花序，稀为狭圆锥状；总苞片 3~4 层，近无毛，外层长卵形，边缘褐色，膜质，中、内层长卵形或卵形，边缘褐色，几全膜质；边缘雌花 12~18 朵，中央两性花 40~80 朵，花冠管状，有腺点，全育或中央花不育。瘦果矩圆形，花果期 7~9 月。2n=36。

中生植物。生海拔 1 800~2 400 m 山地灌丛、林缘及山地草甸中，较少见。见东坡黄旗沟；西坡哈拉乌沟、南寺沟。

分布内蒙古（阴山、大兴安岭）、山西（北部）、宁夏、甘肃、青海、新疆（北部）及西藏（东北部）。也见于在俄罗斯（西伯利亚南部近阿尔泰）、蒙古。西伯利亚-亚洲中部山地种。

本种外形与裂叶蒿 *A. tanacetifolia* L. 相似，但旱生性明显，表现为根部木质化，植株低矮，生殖枝少而纤细，但头状花序较大，多生长在林缘较干燥的山坡，为一旱中生植物。《内蒙古植物志》（一版）（**8**：328. 图版 143. 图 6~8. 1985）将该种误认为典型的裂叶蒿。

9. 臭蒿（图版 92，图 5）

Artemisia hedinii Ostenf. et Pauls. in Hedin. S. Tibet. **6**（3）：41. t. 3. f. 1. 1922；中国植物志 **76**（2）：65. 图版 10. 图 1~7. 1991；内蒙古植物志（二版）**4**：618. 图版 242. 图 7~8. 1993；宁夏植物志（二版）**下册**：322. 2007.

一年生草本。高 20~50 cm，全株有浓烈的臭气。根单一，垂直。茎通常单生，直立，不分枝或由上部分出细的花枝，紫红色，被腺状短柔毛。基生叶多数，密集成莲座状，长椭圆形，二回栉齿状羽状分裂，侧裂片 20 多对，小裂片具多个栉齿，齿尖细长，叶柄短；

茎下部与中部叶长椭圆形，长 4~10 cm，宽 2~4 cm，二回栉齿状羽状分裂，侧裂片 5~10 对，条状披针形，长 3~15 mm，宽 2~4 mm，有栉齿状小裂片，中轴与叶柄上均有栉齿状小裂片，叶上面近无毛，下面疏被腺状短柔毛，叶柄长 1~5 cm，基部有栉齿状分裂的假托叶；上部叶与苞叶渐小，一回栉齿状羽状分裂。头状花序半球形或近球形，直径 3~4 mm，具短梗，在茎上排列成密集而狭窄的圆锥状；总苞片 3 层，外层的椭圆形或披针形，背部无毛或疏被腺状短柔毛，边缘膜质，紫褐色或黑褐色，中、内层的椭圆形，近膜质或膜质，无毛；边缘雌花狭圆锥状，3~8 枚，中央两性花管状，15~30 枚，花紫红色，有腺点，花序托半球形。瘦果矩圆状倒卵形，紫褐色。花果期 7~10 月。

中生植物。生海拔 2 400~2 600 m 山地沟谷、溪水边及山地草甸中。见主峰两侧。

分布于我国青藏高原及其外围山地，也见于印度（北部）、巴基斯坦（北部）、尼泊尔、锡金、克什米尔、塔吉克。青藏高原种。

地上部分入藏药（藏药名：桑资纳保），能清热、凉血、退黄、消炎，主治急性黄疸性肝炎、胆囊炎。

10. 黄花蒿（图版 92，图 9）

Artemisia annua L. Sp. Pl. 847. 1753；中国植物志 **76**（2）：62. 1991；内蒙古植物志（二版）**4**：618. 图版 242. 图 9~10. 1993；宁夏植物志（二版）**下册**：322. 2007.

一年生草本。高达 1 m 余，有浓烈的香气。根单生，垂直。茎单生，直立，多分枝，幼嫩时绿色，后变褐色或红褐色，无毛。叶纸质，绿色；茎下部叶宽卵形或三角状卵形，长 3~7 cm，宽 2~6 cm，三（四）回栉齿状羽状深裂，侧裂片 5~8 对，裂片长椭圆状卵形，再次分裂，小裂片具多数栉齿状深裂齿，中肋明显，中轴两侧有狭翅，稀上部有小栉齿，两面无毛，或下面微有短柔毛，后脱落，具腺点及小凹点，叶柄长 1~2 cm，基部有假托叶；中部叶二至三回栉齿状羽状深裂，小裂片栉齿状三角形，具短柄；上部叶与苞叶一至二回栉齿状羽状深裂，近无柄。头状花序球形，直径 1.5~2.5 mm，有短梗，下垂或倾斜，极多数在茎上排列成开展金字塔形的圆锥状；总苞片 3~4 层，无毛，外层的长卵形或长椭圆形，中肋绿色，边缘膜质，中、内层的宽卵形或卵形，边缘宽膜质；边缘雌花狭管状，外面有腺点，10~20 枚，中央两性花管状，10~30 枚，结实或中央少数花不育；花序托凸起，半球形。瘦果椭圆状卵形，长 0.7 mm，红褐色。花果期 8~10 月。2n=18。

中生植物。生海拔 2 300 m 以下山地沟谷、山麓冲沟、村舍附近，能形成小群聚。东、西坡均有分布。为习见植物。

分布于我国各省区，遍及亚洲及欧洲的温带，也伸入到南亚，北非亚热带地区。泛北极种。

全草入药，即《古本草》记述的“青蒿”，《本草纲目》中也称黄花蒿，能清热、解暑、截疟、凉血、利尿、健胃、止盗汗，主治伤暑、疟疾、虚热。

11. 艾（图版 93，图 1） 艾蒿

Artemisia argyi Lévl. et Van. in Fedde Rep. Sp. Nov. **8**：138. 1910；中国植物志 **76**（2）：87. 图版 11. 图 8~16. 1991；内蒙古植物志（二版）**4**：623. 图版 244. 图 1~8. 1993；宁夏植物志（二版）**下册**：201. 2007.

多年生草本。高 30~80 cm，有浓烈香气。主根粗长，有根状茎。茎直立，单生或少数丛生，上部少数分枝，褐色或灰黄褐色；密被灰白色蛛丝状毛。叶厚纸质，基生叶花期枯萎；茎下部叶近圆形或宽卵形，羽状深裂，侧裂片 2~3 对，椭圆形或倒卵状长椭圆形，每裂片有 2~3 个小裂齿，叶柄长 5~8 mm；中部叶卵形，三角状卵形或近菱形，长 5~9 cm，宽 4~7 cm，一至二回羽状深裂至半裂，侧裂片 2~3 对，卵形或披针形，长 2.5~5 cm，宽 1.5~2 cm，不裂或每侧有 1~2 个缺齿，叶基部宽楔形，渐狭成短柄，柄长 2~5 mm，有极小的假托叶或无，叶上面被灰白色短柔毛，密布白色腺点，下面密被灰白色或灰黄色蛛丝状绒毛；上部叶与苞叶羽状裂或 3 裂，或不分裂而为披针形。头状花序椭圆形，直径 2.5~3 mm，近无梗，花后下倾，在茎上排列成狭窄、尖塔形圆锥状；总苞片 3~4 层，外、中层的卵形，背部密被蛛丝状棉毛，边缘膜质，内层的质薄，背部近无毛；边缘雌花狭管状，6~10 枚，中央两性花管状或高脚杯状，8~12 枚，檐部紫色。花序托小。瘦果矩圆形或长卵形。花果期 7~10 月。2n=36。

中生植物。生山麓村舍附近、渠边、人工林下。仅见东坡山麓。

除极旱区与青藏高原面上外，几遍及全国，也见于俄罗斯（西伯利亚、远东），蒙古、朝鲜。东亚（中国–日本）种。

叶及全草入药，能散寒、温经、止血，主治心腹疼痛、吐衄、下血、月经过多、崩漏、带下、胎动不安、皮肤瘙痒。挥发油含乙酸乙酯、蒿酮等，对多数霉菌、球菌、杆菌有抑制作用，有平喘、镇咳作用。

12. 蒙古蒿（图版 93，图 2）

Artemisia mongolica（Fisch. ex Bess.） Nakai in Bot. Mag. Tokyo **31**：112. 1917；中国植物志 **76**（2）：111. 图版 16. 图 1~9. 1991；内蒙古植物志（二版）**4**：630. 图版 246. 图 1~6. 1993；宁夏植物志（二版）**下册**：350. 图 203. 2007. —— *A. vulgaris* L. var. *mongolica* Fisch. et Bess. in Nouv. Mem. Soc. Nat. Mosc. **3**：53.1834.

多年生草本。高 20~80 cm。根细，侧根多；根状茎短，有少数营养枝。茎直立，少数或单生，多分枝，具纵条棱，常带紫褐色，初时密被灰白色蛛丝状柔毛，后稍稀疏。叶纸质或薄纸质，上面绿色，初时被蛛丝状毛，后稀疏或无毛，下面密被灰白色蛛丝状绒毛；下部叶卵形或宽卵形，二回羽状全裂或深裂，第一回侧裂片 2~3 对，椭圆形或矩圆形，再羽状深裂或为浅齿，叶柄长，两侧常有小裂齿，花期枯萎；中部叶卵形、近圆形或椭圆状卵形，长 4~10 cm，宽 3~6 cm，二回羽状分裂，第一回全裂，侧裂片 2~3 对，椭圆形或披针形，再羽状全裂，稀深裂或 3 裂，小裂片披针形、条形或条状披针形，先端锐尖，基部

渐狭成短柄，叶柄长 0.5~2 cm，两侧偶有 1~2 枚小裂齿，基部常有小型假托叶；上部叶与苞叶卵形或长卵形，3~5 全裂，裂片披针形或条形，全缘或偶有 1~3 枚浅裂齿，无柄。头状花序椭圆形，直径 1.5~2 mm，无梗，直立或倾斜，多数在茎上排列成狭窄或稍开展的圆锥状；总苞片 3~4 层，外层较小，卵形或长卵形，边缘狭膜质，中层的长卵形或椭圆形，边缘宽膜质，两层背部密被蛛丝状毛，内层的椭圆形，半膜质，背部近无毛；边缘雌花狭管状，5~10 枚，中央两性花管状 6~15 枚，紫红色。花序托凸起。瘦果短圆状倒卵形。花果期 8~10 月。2n=16。

中生植物。生山麓边缘村舍及山谷河滩、沙质地。东、西坡均有分布，为习见植物，东坡较多。

分布于我国东北、华北、西北、华东、华中及广东、四川、贵州，也见于俄罗斯（西伯利亚、远东）、蒙古、朝鲜、日本。东亚（中国–日本）种。

13. 辽东蒿（图版 93，图 3）

Artemisia verbenacea（Kom.） Kitag. Lineam. Fl. Mansh. 434. 1939；中国植物志 **76**（2）：113. 1991；内蒙古植物志（二版）**4**：633. 图版 247. 图 1~5. 1993；宁夏植物志（二版）**下册**：327. 图 200. 2007. —— *A. vulgaris* L. var. *verbenacea* Kom. Fl. Mansh. **3**：673. 1907.

多年生草本。高 30~50 cm。主根稍明显，侧根多；根状茎短。茎少数或单生，上部具短分枝，紫褐色，具纵条棱，初时被蛛丝状短绒毛。叶纸质，上面被灰白色蛛丝状短绒毛及稀疏的白色腺点，后脱落，近无毛，下面密被灰白色蛛丝状棉毛；茎下部叶宽卵形或近圆形，一至二回羽状深裂，稀全裂，侧裂片 2~4 对，裂片先端具 2~3 浅裂齿，叶柄长 1~2 cm，花期枯萎；中部叶宽卵形，长 2~5 cm，宽 2~4 cm，二回羽状全裂或深裂，侧裂片 3~4 对，再羽状全裂或深裂，小裂片长椭圆形、椭圆状披针形，先端钝尖；叶柄，两侧常有小裂片，基部具假托叶；上部叶羽状全裂，侧裂片 2 对；苞叶 3~5 全裂。头状花序矩圆形或长卵形，直径 2~2.5 mm，无梗，在茎上排列成疏离、稍开展或狭窄的圆锥状；总苞片 3~4 层，外、中层的卵形或长卵形，背部密被蛛丝状棉毛，边缘膜质，内层的长卵形，背部毛较少，边缘宽膜质；边缘雌花狭管状，3~8 枚，中央两性花管状，6~20 枚，紫红色；花序托凸起。瘦果矩圆形。花果期 8~10 月。

中生植物。生于海拔 1 800~2 400 m 的山地沟谷河滩地、泉溪湿地，沿冲沟也分布到山麓低湿地，有时局部形成小群落。见东坡苏峪口沟、插旗沟；西坡哈拉乌沟，北寺沟，南寺沟、峡子沟等。

分布于我国东北、华北、西北（东部）及四川。为我国特有。东北—华北种。

14. 白叶蒿（图版 93，图 4）

Artemisia leucophylla（Turcz. ex Bess.） C. B. Clarke. Comp. Ind. 162. 1876；中国植物志 **76**（2）：105. 1991；内蒙古植物志（二版）**4**：630. 图版 247. 图 6~7. 1993；宁夏植物

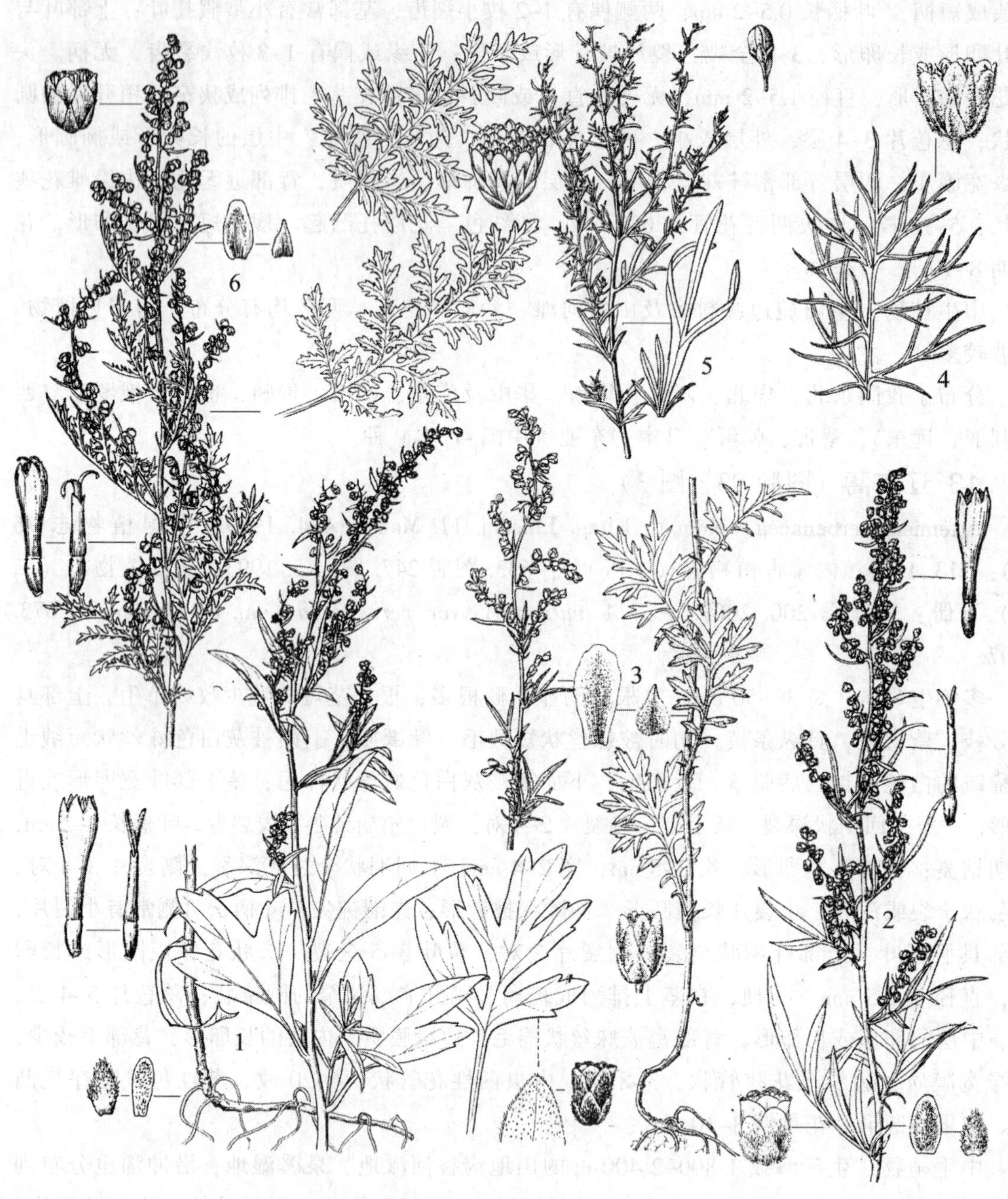

图版 93　1. 艾 Artemisia argyi Lévl. et Van. 植株、叶、头状花序、总苞片、小花；2. 蒙古蒿 A. mongolica（Fisch. ex Bess.）Nakai 植株（上部）、头状花序、总苞片、小花；3. 辽东蒿 A. verbenacea（Kom.） Kitag. 植株、头状花序、总苞片、小花；4. 白叶蒿 A. leucophylla（Turcz. ex Bess.）C. B. Clarke 叶、头状花序；5. 莳蒿 A. giraldii Pamp. 花序枝、叶、头状花序；6. 白莲蒿 A. sacrorum Ledeb. 植株（上部）、叶、头状花序、总苞片、小花；7. 细裂叶莲蒿 A. gmelinii Web. ex Stechm. 叶、头状花序。（1~4、6~7 马平绘；5 张海燕绘）

志（二版）**下册**：330. 2007. —— *A. vulgaris* L. var. *leucophylla* Turcz. ex Bess. in Nouv. Mem. Soc. Nat. Mosc. **3**：54. 1834.

多年生草本。高 30~70 cm。主根稍明显，根状茎斜生。茎直立，单生或数个丛生，上部分枝，具纵条棱，常带紫褐色，疏被蛛丝状柔毛。叶薄纸质，上面灰绿色，被蛛丝状绒毛和白色腺点，下面密被灰白色蛛丝状绒毛；茎下部叶椭圆形或长卵形，长 4~10 cm，宽 3~7 cm，一至二回羽状深裂或全裂，侧裂片 3~4 对，宽菱形或椭圆形，裂片再羽状分裂，小裂片 1~3 对，条状披针形，长 5~10 mm，宽 4~5 mm，叶柄长 3~5 cm，两侧偶有小型裂齿，基部具假托叶；中部与上部叶羽状全裂，侧裂片 2~3 对，条形，无柄；苞叶 3~5 全裂或不分裂。头状花序宽卵形或矩圆形，直径 2.5~4 mm，无梗，在茎上排列成狭窄、略密集的圆锥状；总苞片 3~4 层，外层的稍小，卵形或狭卵形，背部带紫红色，密被蛛丝状毛，边缘膜质，中层的椭圆形或倒卵形，先端钝，边缘宽膜质，背部疏被蛛丝状毛，内层的倒卵形，半膜质，近无毛；边缘雌花狭管状，5~8 枚，中央两性花管状，6~17 枚；花序托小，凸起。瘦果倒卵形。花果期 8~9 月。2n=18。

中生植物。生海拔 1 900~2 300 m 山地沟谷、河滩、阴坡和较湿润坡地。仅见东坡苏峪口沟。

分布于我国东北、华北、西北、西南，也见于俄罗斯（西伯利亚）、蒙古、朝鲜。东古北极种。

15. 狭叶青蒿（图版 94，图 1）龙蒿

Artemisia dracunculus L. Sp. Pl. 849. 1753；中国植物志 **76**（2）：186. 图版 25. 图 1~5. 1991；内蒙古植物志（二版）**4**：639. 图版 249. 1993；宁夏植物志（二版）**下册**：331. 2007.

多年生草本。高 30~100 cm。根粗大，木质；根状茎粗长。茎多数，成丛，多分枝，褐色，具纵条棱，下部木质，初时疏被短柔毛，后渐脱落。叶无柄，下部叶在花期枯萎；中部叶条状披针形或条形，长 3~7 cm，宽 2~3（6） mm，先端渐尖，基部渐狭，全缘，两面初时疏被短柔毛，后无毛；上部叶与苞叶稍小，条形或条状披针形。头状花序近球形，直径 2~3 mm，具短梗或近无梗，斜展或稍下垂；小苞叶条形，在茎上排列成开展或稍狭窄的圆锥状；总苞片 3 层，外层的稍狭小，卵形，背部绿色，无毛，中、内层的卵圆形或长卵形，边缘宽膜质或全为膜质；边缘雌花狭管状或近狭圆锥状，6~10 枚，中央两性花管状 8~14 枚，不育，花药线形，先端具长三角形附片，花柱短，棒状，2 裂，不叉开。花序托小，凸起。瘦果倒卵形或椭圆状倒卵形。花果期 7~10 月。2n=18。

广幅中生植物。生海拔 1 600（东坡）~1 800~2 300 m 山地石质山坡、沟谷或岩石缝中。见东坡苏峪口沟、黄旗沟、汝箕沟、大水沟；西坡哈拉乌沟、北寺沟、峡子沟等。

分布于我国东北、华北、西北，也见于北半球温带，亚热带地区。泛北极种。

16. 白沙蒿（图版 94，图 5）籽蒿、圆头蒿

Artemisia sphaerocephala Krasch. in Acta Inst. Bot. Acad. Sci. URSS **1**（3）：348. 1937；中国植物志 **76**（2）：189. 图版 26. 图 1~6. 1991；内蒙古植物志（二版）**4**：641. 图版 250. 图 7~12. 1993；宁夏植物志（二版）**下册**：334. 2007.

半灌木。高达 50~100 cm。主根粗长，垂直，侧根长而平展；根状茎粗大，具营养枝。茎通常数条，成丛，外皮灰白色，有光泽，常薄片状剥落，后呈灰褐色或灰黄色；当年枝淡黄色或黄褐色，具纵条棱，初时被短柔毛，后脱落，叶稍肉质，干后稍硬，黄绿色；短枝上叶常密集簇生；茎下部叶与中部叶宽卵形或卵形，长 2~5 cm，宽 1.5~4 cm，一至二回羽状全裂，侧裂片 2~3 对，小裂片狭条形，长 0.5~3 cm，宽 1~2 mm，先端有小硬尖头，边缘平展或卷曲，初时两面密被灰白色短柔毛，后脱落；叶柄长 3~8 mm，基部常有条形假托叶；上部叶羽状分裂或 3 全裂，苞叶不分裂，条形，稀 3 全裂。头状花序球形，直径 3~4 mm，具短梗，下垂，在茎上排列成大型、开展的圆锥状；总苞片 3~4 层，外层的卵状披针形，半革质，背部黄绿色，光滑，中、内层的宽卵形或近圆形，边缘宽膜质或全为半膜质；边缘雌花狭管状，4~12 枚，中央两性花管状，5~20 枚，不育；花序托半球形。瘦果卵状椭圆形，长 1.5~2 mm，黑褐色。花果期 7~10 月。2n=18。

沙生强旱生植物。生北部荒漠化较强的山麓干河床和覆沙地。仅见北部山麓。

分布于我国西北（东部）及内蒙古（西部），也见于蒙古（南部）。戈壁种。

优良固沙植物。粗质牧草。瘦果可作食品黏着剂。

17. 黑沙蒿（图版 94，图 4）沙蒿、油蒿

Artemisia ordosica Krasch. in Not. Syst. Herb. Inst. Bot. Acad. Sci. URSS **9**：173. 1946；中国植物志 **76**（2）：195. 图版 27. 图 6~10. 1991；内蒙古植物志（二版）**4**：647. 图版 252. 图 1~6. 1993；宁夏植物志（二版）**下册**：334. 图 207. 2007.

半灌木。高 30~70 cm。主根长圆锥形，垂直，侧根多；根状茎短粗。具多数营养枝，茎多分枝，常组成大的密丛，茎皮老时薄片状剥落，老枝黑灰色或暗灰褐色，当年枝紫红色以至黄褐色，具纵条棱。叶稍肉质，黄绿色或浅绿色，初时两面疏被短柔毛，后无毛；茎下部叶宽卵形或卵形，一至二回羽状全裂，侧裂片 3~4 对，基部裂片最长，有时再 2~3 全裂，小裂片丝状条形，叶柄短；中部叶卵形或宽卵形，长 3~7 cm，宽 2~4 cm，一回羽状全裂，侧裂片 2~3 对，丝状条形，长 1.5~3 cm，宽 0.5~1 mm；上部叶 3~5 全裂，丝状条形，无柄；苞叶 3 全裂或不分裂，丝状条形。头状花序卵形，直径 1.5~2.5 mm，有短梗及小苞叶，直立或斜升，在茎上排列成开展的圆锥状；总苞片 3~4 层，外、中层的卵形或长卵形，背部黄绿色，无毛，边缘膜质，内层的长卵形或椭圆形，半膜质；边缘雌花狭圆锥状，5~7 枚，中央两性花管状，10~14 枚；花序托半球形。瘦果倒卵形，长约 1.5 mm，黑色或黑绿色。花果期 7~10 月。2n=18。

沙生旱生植物。生山麓覆沙地、冲沟沙地，也进入宽阔山谷干河床。东、西坡均有分

布。以北部山丘覆沙地居多。

分布于内蒙古（西部）、河北（北部）、山西（北部）、陕西（北部）、宁夏、甘肃（河西走廊东部）。鄂尔多斯-南阿拉善种。

优良固沙植物。粗等牧草。

18. 甘肃蒿（图版 94，图 7）

Artemisia gansuensis Ling et Y. R. Ling in Bull. Bot. Res. (Harbin) **5**（2）：9. f. 14. 1985；中国植物志 **76**（2）：214. 1991；内蒙古植物志（二版）**4**：651. 图版 253. 图 9~10. 1993；宁夏植物志（二版）**下册**：332. 2007.

多年生草本。高 15~30 cm。主根粗壮，直伸，木质，侧根多；根状茎稍粗，木质。茎多数分枝，常形成小丛，下部木质，上部草质，具纵条棱，棕褐色或黄褐色；茎、枝、叶及总苞片背面初时被灰白色短柔毛，后脱落无毛。叶小，基生叶与茎下部叶宽卵形或近圆形，长 2~3.5 cm，宽 2~3 cm，二回羽状全裂，侧裂 2~3（4）对，再成 3 全裂，小裂片狭条形，长 3~8 mm，宽 0.5~1 mm，先端尖，叶柄短；中部叶宽卵形或近圆形，长、宽 15~25 cm，一至二回羽状全裂，侧裂片 2（3）对，小裂片狭条形，近无柄；上部叶与苞叶 3~5 全裂或不裂。头状花序卵形或宽卵形，直径 1.5~2 mm，近无梗，在茎上排列成稍开展的圆锥状；总苞片 3 层，外、中层的卵形或长卵形，草质，边缘膜质，内层的半膜质；边缘雌花狭管状或狭圆锥状，2~6 枚，中央两性花管状，4~8 枚；花序托凸起。瘦果倒卵形。花果期 8~10 月。

旱生植物。生海拔 1 800~2 300 m 山地石质山坡和山地沟谷。见东坡苏峪口沟、黄旗沟；西坡哈拉乌沟、北寺沟、峡子沟等。

分布于我国河北、山西、陕西、宁夏、甘肃、青海。为我国特有。黄土高原种。

19. 黄蒿（图版 94，图 6）猪毛蒿、东北茵陈蒿

Artemisia scoparia Waldst. et Kit. Pl. Rar. Hung. **1**：66. t. 65. 1802；中国植物志 **76**（2）：220. 图版 30. 图 10~18. 1991；内蒙古植物志（二版）**4**：652. 图版 254. 图 1~6. 1993；宁夏植物志（二版）**下册**：331. 图 204. 2007.

一、二年生草本。高 30~60 cm，有浓烈的香气。主根单一，狭纺锤形，垂直；根状茎粗短，常有细的营养枝。茎直立，单生或 2~3 个自下部开始分枝，分枝开展，上部枝多斜向上；红褐色或褐色，具纵沟棱，幼时被灰黄色绢状柔毛，以后脱落。基生叶近圆形、长卵形，二至三回羽状全裂；被灰白色绢状柔毛，具长柄，花期枯萎；茎下部叶长卵形或椭圆形，长 1.5~3.5 cm，宽 1~3 cm，二至三回羽状全裂，侧裂片 3~4 对，小裂片狭条形，长 3~5 mm，宽 0.2~1 mm，全缘或具 1~2 枚小裂齿，初时两面密被灰白色或灰黄色绢状柔毛，后脱落，叶柄长 2~4 cm；中部叶矩圆形或长卵形，长 1~2 cm，宽 5~15 mm，一至二回羽状全裂，侧裂片 2~3 对，小裂片丝状条形或毛发状；茎上部叶及苞叶 3~5 全裂或不分裂。头状花序小，球形或卵球形，直径 1~1.5 mm，具短梗，下垂或倾斜，小苞叶丝状条形，极

多数在茎上排列成大型而开展的圆锥状；总苞片 3~4 层，外层的草质、卵形、背部绿色，无毛，边缘膜质，中、内层的长卵形或椭圆形，半膜质；边缘雌花狭管状，5~7 枚，中央两性花管状，4~10 枚，不育；花序托小，凸起。瘦果矩圆形或倒卵形，褐色。花果期 7~10 月。2n=16，18。

旱生或旱中生植物。生山麓荒漠草原和草原化荒漠群落中，能形成一年生蒿类植物层片，也零星进入山谷河滩地、山坡灌丛、山地草原中。东、西坡均有分布，为习见植物。

除东南沿海外，几遍及全国。为欧亚大陆温带与亚热带地区广布种。古北极种。

中等牧草。幼苗入药，能清湿热、利疸退黄，主治黄疸性肝炎、尿少色黄；根入藏药(药名察尔汪）能清肺、消炎，主治咽喉炎、扁桃体炎、肺炎咳嗽。

20. 糜蒿（图版 92，图 8）白莎蒿、白里蒿

Artemisia blephareolepis Bunge in Relig. Lehmann：340. 1851（et Mem. Acad. Sci. St. –Petersb. Sav. Etrang. **7**：340. 1854）；中国植物志 **76**（2）：225. 1991；内蒙古植物志（二版）**4**：654. 图版 255. 图 6~7. 1993；宁夏植物志（二版）**下册**：331. 2007.

一年生草本。高 20~60 cm，有臭味，全株密被灰白色短柔毛，呈灰白色。根较细，垂直。茎单生，直立，自基部分枝，下部枝长，近平展，上部枝较短，斜向上。茎下部叶与中部叶长卵形或矩圆形，长 1.5~4 cm，宽 3~8 mm，二回栉齿状羽状分裂，第一回全裂，侧裂片 5~8 对，长卵形或近倒卵形，长 3~5 mm，宽 2~3 mm，边缘常反卷，第二回为栉齿状的深裂，裂片每侧有 5~8 个栉齿，叶柄长 0.5~3 cm，基部有栉齿状的假托叶；上部叶与苞叶栉齿状羽状深裂、浅裂或不分裂，椭圆状披针形或披针形，边缘具若干栉齿。头状花序椭圆形或长椭圆形，直径 1.5~2 mm，具短梗及小苞叶，下垂，在茎上排列成开展的圆锥状；总苞片 4（5）层，外层的较小，卵形，背部绿色，疏被柔毛，边缘膜质，中内层的长卵形，亦疏被柔毛，边缘宽膜质；边缘雌花狭圆锥状，2~3 枚，中央两性花钟状管形或矩圆形，3~6 枚，红褐色；花序托凸起。瘦果椭圆形，长约 1 mm，淡褐色。花果期 7~10 月。

喜沙旱中生植物。生北部荒漠化较强的浅山区干河床和覆沙地。见山地北端。

分布于我国内蒙古（西南部）、陕西（北部）、宁夏（中、北部），也见于蒙古（南部）。南戈壁种。

21. 南牡蒿（图版 94，图 2）

Artemisia eriopoda Bunge in Mem. Acad. Sci. St. –Petersb. **2**：111. 1833；中国植物志 **76**(2)：235. 图版 32. 图 1~9. 1991；内蒙古植物志（二版）**4**：658. 图版 256. 图 1~6. 1993；宁夏植物志（二版）**下册**：337. 2007.

多年生草本。高 30~50 cm。主根粗短；根状茎肥厚，短圆柱状，有短营养枝。茎直立，单生或少数，多分枝，具细条棱，绿褐色或带紫褐色，基部密被短柔毛，其余无毛。叶纸质，上面绿色无毛，下面淡绿色稍被短毛或近无毛；基生叶与茎下部叶具长柄，近圆

形或倒卵形，长 4~5 cm，宽 2~5 cm，一至二回大头羽状深裂或全裂、不分裂，仅边缘具数个锯齿，分裂叶有侧裂片 2~3 对，裂片倒卵形、近匙形或宽楔形，先端至边缘具深裂片或浅裂片，并有锯齿，叶基部渐狭，楔形；中部叶近圆形或宽卵形，长、宽 2~4 cm，羽状深裂或全裂，侧裂片 2~3 对，椭圆形或近匙形，先端具 3 裂齿或全缘，叶基部宽楔形，具短柄，基部有条形的假托叶；上部叶渐小，卵形或长卵形，羽状全裂，侧裂片 2~3 对，裂片椭圆形，先端常有 3 个浅裂齿；苞叶 3 深裂或不分裂，条状披针形。头状花序宽卵形或近球形，直径 1.5~2.5 mm，近无梗，在茎上排列成开展、稍大型的圆锥状；总苞片 3~4 层，外、中层的卵形或长卵形，背部绿色或稍带紫褐色，无毛，边缘膜质，内层的长卵形，半膜质；边缘雌花狭圆锥状，3~8 枚，中央两性花管状，5~11 枚；花序托凸起。瘦果矩圆形。花果期 7~10 月。

中旱生植物。生海拔 1 300（东坡）1 900~2 500 m 石质山坡灌丛下、林缘石缝中。见东坡苏峪口沟、黄旗沟、插旗沟、汝箕沟；西坡哈拉乌沟、北寺沟、南寺沟、峡子沟、皂刺沟。

分布于我国东北（中南部）、华北、华东（北部）、华中及陕西、四川、云南（北部），也见蒙古（东部）、朝鲜、日本。东亚（中国–日本）种。

叶供药用，治风湿性关节炎、头痛、浮肿、毒蛇咬伤等。

22. 漠蒿（图版 94，图 3）沙蒿

Artemisia desertorum Spreng. Syst. Veg. 3：490. 1826；中国植物志 **76**（2）：231. 图版 31. 图 7~l2. 1991；内蒙古植物志（二版）**4**：660. 图版 257. 图 1~5. 1993；宁夏植物志（二版）**下册**：335. 图 209. 2007.

多年生草本。高 20~50 cm。主根圆锥形，垂直，侧根少；根状茎粗短，具短的营养枝。茎单生，稀少数丛生，直立，上部有分枝，淡褐色，有时带紫红色，具细纵棱，初时被短柔毛，后脱落无毛。叶纸质，上面无毛，下面初时被薄绒毛，后无毛；茎下部叶与营养枝叶二型：一型叶片为矩圆状的匙形或倒楔形，先端及边缘具缺刻状锯齿，另一型叶片椭圆形或卵形，长 2~5 cm，宽 1~5 cm，二回羽状全裂或深裂，侧裂片 2~3 对，椭圆形或矩圆形，再 3~5 深裂或浅裂，小裂片条形或条状披针形，叶柄长 1~4（18）cm，基部有半抱茎的假托叶；中部叶较小，长卵形或矩圆形，一至二回羽状深裂，基部宽楔形，具短柄，有假托叶；上部叶 3~5 深裂，有小假托叶；苞叶 3 深裂或不分裂，条状披针形或条形，假托叶小。头状花序卵球形或近球形，直径 2~3 mm，近无梗，有小苞叶，在枝上排列成总状或复总状，在茎上组成狭窄的圆锥状；总苞片 3~4 层，外层卵形，中层长卵形，背部绿色或带紫色，疏被薄毛，边缘膜质，内层长卵形，半膜质，无毛；边缘雌花狭圆锥状或狭管状，4~8 枚，中央两性花管状，5~10 枚；花序托凸起。瘦果倒卵形或矩圆形。花果期 7~9 月。2n=36。

旱生植物。生海拔 2 000~2 200 m 石质山坡草原群落中，伴生种，零星散布。见东坡

甘沟、黄旗沟；西坡中部。

分布于我国东北、华北、西北、西南，也见于俄罗斯（西伯利亚、远东）、印度（北部）、巴基斯坦（北部）、蒙古，朝鲜，日本。东古北极种。

23. 无毛牛尾蒿（变种）（图版 92，图 4）

Artemisia dubia Wall. ex Bess var. **subdigitata**（Mattf.） Y. R. Ling in Kew Bull. **42**（2）：445. 1987；中国植物志 **76**（2）：249. 1991；内蒙古植物志（二版）4：662. 1993；宁夏植物志（二版）**下册**：336. 图 210. 2007. ——*A. subdigitata* Mattf. in Fedde Rep. Sp. Nov. **22**：243. 1926.

多年生草本。高 60~100 cm。主根粗长，侧根多；根状茎粗壮，有营养枝。茎多数或数个丛生，多分枝，开展，直立或斜向上，具纵条棱，紫褐色，幼时被短柔毛，后渐脱落无毛。叶厚纸质，叶两面无毛；基生叶与茎下部叶大，卵形或矩圆形，羽状 5 深裂，裂片全缘或具 1~2 个小裂，无柄，花期枯萎；中部叶卵形，长 5~11 cm，宽 3~6 cm，羽状 5 深裂，裂片椭圆状披针形或披针形，长 2~6 cm，宽 5~10 mm，先端尖，全缘，基部渐狭成短柄，有小型假托叶；上部叶与苞叶指状 3 深裂或不分裂，椭圆状披针形或披针形。头状花序球形或宽卵形，直径 1.5~2 mm，近无梗，基部有条形小苞叶，多数在茎上排列成开展、具多次分枝、大型的圆锥状；总苞片 3~4 层，外、中层的卵形或长卵形，背部无毛，有绿色中肋，边缘膜质，内层的半膜质；边缘雌花狭小，近圆锥形，6~9 枚，中央两性花管状，2~10 枚；花序托凸起。瘦果小，矩圆形或倒卵形。花果期 8~9 月。2n=36。

正种与其不同点为茎、枝、叶均被白色短柔毛，特别叶下面毛密，宿存。该变种较正种分布广、数量多。

中生植物。生山地河溪边湿地及干河床，零星及小片状分布。仅见东坡插旗沟口、苏峪口村舍、农田附近。

分布于我国华北、西北（东部）、西南及山东、河南、湖北、广西，也见于印度、不丹、锡金、尼泊尔、克什米尔地区。东亚（中国-喜马拉雅）种。

地上部分作藏药（藏药名：普儿芒）能清热解毒、利肺，主治肺热咳嗽、咽喉肿痛、气管炎。

24. 茭蒿（图版 93，图 5）华北米蒿

Artemisia giraldii Pamp. in Nuov. Giorn Bot. Ital. n. s. **34**：657. 1927；中国植物志 **76**（2）：251. 图版 34. 图 9~16. 1991；内蒙古植物志（二版）**4**：662. 图版 256. 图 7~9. 1993；宁夏植物志（二版）**下册**：336. 图 211. 2007.

多年生草本。高 40~80 cm。主根粗壮，稍木质化，侧根多，根状茎短粗。茎多数或少数，多分枝，丛生，直立，带红紫色，具纵棱，幼时被柔毛，后渐稀疏或无毛。叶纸质，灰绿色，干后呈暗绿色，先端尖，边缘稍反卷或不反卷，上面疏被灰白色短柔毛，下面初时密被灰白色蛛丝状柔毛，后渐脱落，叶基部渐狭成短柄，基部无假托叶或不明显；茎下

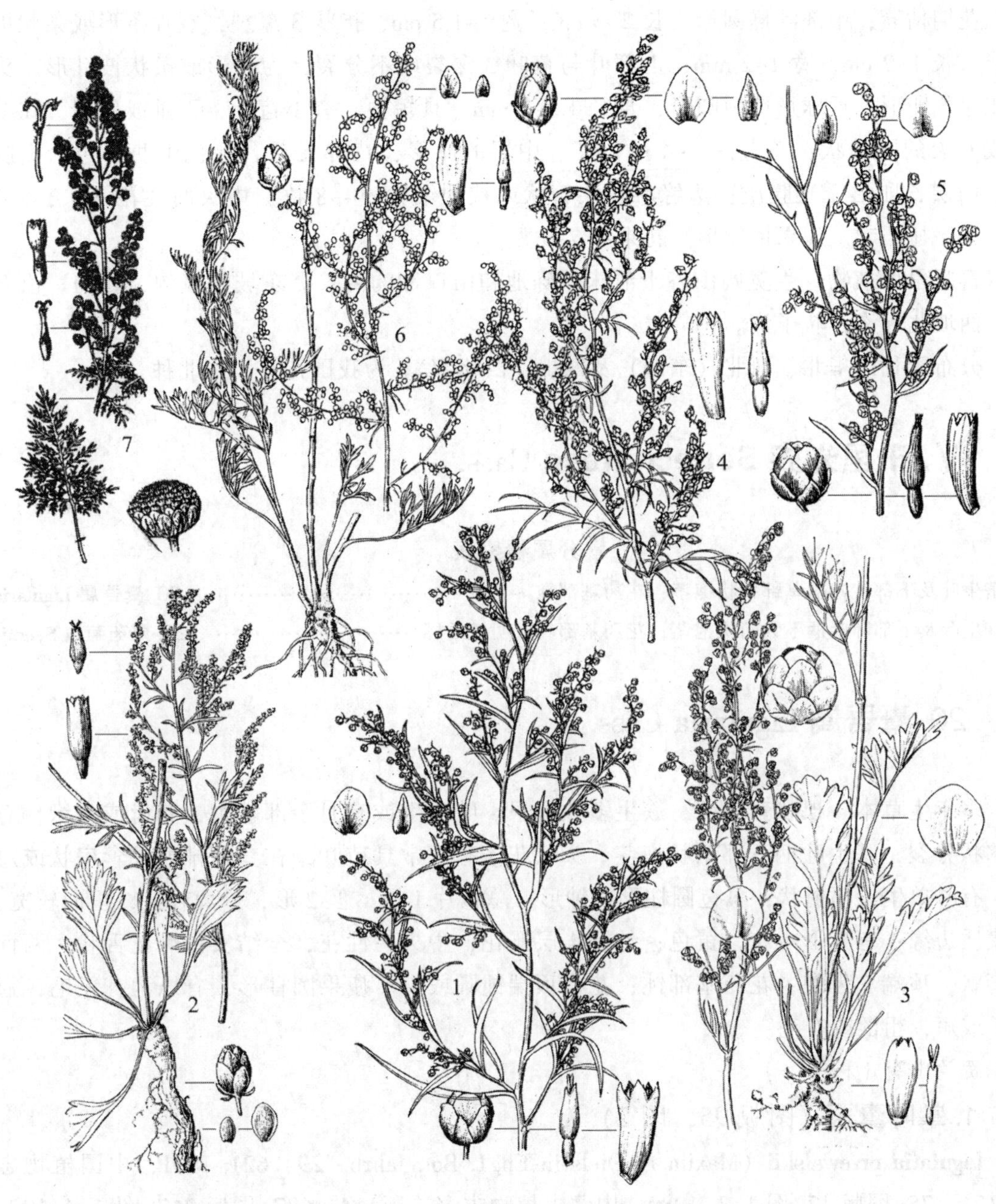

图版 94　1. 狭叶青蒿 Artemisia dracunculus L. 植株、头状花序、总苞片、小花；2. 南牡蒿 A. eriopoda Bunge 植株、头状花序、总苞片、小花；3. 漠蒿 A. desertorum Spreng. 植株、头状花序、总苞片、小花；4. 黑沙蒿 A. ordosica Krasch. 花序枝、头状花序、总苞片、小花；5. 白沙蒿 A. sphaerocephala Krasch. 花序枝、头状花序、叶、总苞片、小花；6. 黄蒿 A. scoparia Waldst. et Kit. 植株、头状花序、总苞片、小花；7. 甘肃蒿 A. gansuensis Ling et Y. R. Ling 花序枝、头状花序、叶、小花。（1~6 马平绘；7 引自模式原图）

部叶卵圆形或长卵形，指状3深裂，稀5深裂，裂片披针形或条状披针形，具短柄或近无柄，花期枯萎；中部叶椭圆形，长2~3 cm，宽1~1.5 cm，指状3深裂，裂片条形或条状披针形，长1~2 cm，宽1~2 mm；上部叶与苞叶3深裂或不分裂，为条形或条状披针形。头状花序宽卵形、近球形或矩圆形，直径1.5~2 mm，具短梗，有小苞叶，下垂或斜展，在茎上成开展的圆锥状；总苞片3~4层，外、中层的卵形，背部无毛，绿色中肋，边缘宽膜质，内层长卵形，半膜质；边缘雌花狭管状或狭圆锥状，4~8枚，中央两性花管状，5~7枚，花序托凸起。瘦果倒卵形。花果期7~9月。

喜暖旱生植物。生宽阔山谷干河床砂砾地和山口冲沟内。见东坡黄旗沟、甘沟、汝箕沟；西坡北寺沟，峡子沟。

分布于我国华北、西北（东部）及四川（西北部）。为我国特有。华北种。

Ⅴ. 千里光族 Senecioneae Cass.

分属检索表

1. 基生叶及下部叶叶柄基部鞘状抱茎；花药基部钝 ………………………………… 20. 橐吾属 Ligularia
1. 基生叶及下部叶叶柄不为鞘状抱茎；花药基部具较明显的尾 ……………………… 21. 尾药菊属 Synotis

20. 橐吾属 Ligularia Cass.

多年生草本。根状茎短缩，簇生多数须根。叶互生或有时全部基生，有齿或全缘，有时掌状分裂，基生叶柄下部鞘状抱茎。头状花序基部常具苞叶，在茎顶排列成伞房状或总状，有时单生，辐射状；总苞圆柱形或钟形；总苞片1层，但2形，外面较狭，里面较宽，具膜质边缘；有异形小花，黄色；外围1层雌花，中央两性花，全结实；雌花舌状，两性花管状，顶端5齿裂；花药基部钝；花柱顶端钝圆或尖。瘦果圆柱形，有纵沟，无毛；冠毛长或短，粗涩或有毛。

贺兰山有1种。

1. 掌叶橐吾（图版95，图2）

Ligularia przewalskii（Maxim.） Diels in Engl. Bot. Jahrb. **29**：621. 1901；中国植物志**77**（2）：75. 图版17. 图1~3. 1989；内蒙古植物志（二版）**4**：687. 图版267. 图1~4. 1993——*Senecio przewalskii* Maxim. Bull. Acad. Sci. St. –Petersb. **26**：493. 1880.

多年生草本。高60~90 cm。茎直立，具纵沟棱，无毛，常带暗紫色，基部有褐色的枯叶纤维。基生叶掌状深裂，宽大于长，宽达22 cm，基部近心形，裂片7，近菱形，中裂片3，侧裂片2~3，先端渐尖，边缘有不整齐疏锯齿或有披针形以至条形的小裂片，上面深绿色，下面淡绿色，两面无毛或沿叶脉及边缘疏被柔毛，叶柄长20~25 cm，基部扩大而抱茎；茎生叶少数，掌状深裂，有基部扩大抱茎的短柄，有时 2~3 裂，或不分裂呈苞叶状。头状花序多数在茎顶排列成总状，长 10~18 cm，苞叶条形，梗长 2~5 mm；总苞圆柱形，长 7~8 mm，宽 2~3 mm，总苞片 5~7，在外的条形，在内的矩圆形，先端钝或稍尖，上部有微毛；舌状花 2 个，舌片匙状条形，长 10~13 mm，先端有 3 齿；管状花 3~5，长约 8 mm。瘦果褐色，圆柱形，长 4~5 mm；冠毛紫褐色，糙毛状，长 3~5 mm。花期 7~8 月。

中生植物。生海拔 2 400 m 左右山地林缘、灌丛下，零星分布。仅见西坡水磨沟（秦仁昌 No. 362）。自 1923 年后再没采到过。

分布于我国山西，内蒙古（西部）、陕西、宁夏、甘肃、青海、四川、江苏。为我国特有。华北种。

21. 尾药菊属 Synotis（C. B. Clarke）C. Jeffrey et Y. L. Chen

多年生草本或半灌木，直立或攀援。单叶，单脉状，稀三出脉。头状花序排列成伞房或复伞房状，总苞钟形或圆筒形，具外层小总苞片。花异形辐射状或同形盘状；舌状花或边缘雌花无或 1 至多数；舌片黄色，明显或微小；管状花 1 至多数；花冠常黄色；花药条状矩圆形或条形，基部具长尾，长为花药筒的 1/3~2 倍；花柱分枝平截或下弯。瘦果圆柱形，具棱；冠毛白色，淡黄或带红色。

贺兰山有 1 种。

1. 术叶菊（图版 95，图 1）术叶千里光

Synotis atractylidifolia（Ling） C. Jeffrey et Y. L. Chen in Kew Bull. **39**（2）：338. 1984；中国植物志 **77**（1）：216. 1999；内蒙古植物志（二版）**4**：679. 图版 264. 图 1~4. 1993；宁夏植物志（二版）**下册**：297. 图 184. 2007. ——*Senecio atractylidifolia* Ling in Contr. Inst. Bot. Nat. Acad. Peiping **5**：24. Pl. 6. f. 5. 1937.

多年生草本。高 30~50 cm。地下茎粗壮、木质。茎丛生，从基部分枝，光滑，具纵条棱，下部木质。基生叶花期常枯萎；中部及上部叶披针形或狭披针形，长 3~8 cm，宽 0.5~1.5 cm，先端渐尖，基部渐狭，边缘具细锯齿，两面近无毛或疏被短柔毛，细脉明显，无柄。头状花序多数，在茎顶排列成密集的复伞房状，花序梗纤细，苞叶条形；总苞钟形，长约 5 mm，宽 3~4 mm，总苞片 8~10，披针形，光滑，边缘膜质，外层小总苞片 1~3，长为总苞片之半；舌状花亮黄色，3~5 个，长约 10 mm，舌片长椭圆形，长约 5 mm；管状花约 10，长约 8 mm。瘦果圆柱形，长约 3 mm，褐色，具纵沟纹，光滑或被微毛；冠毛糙毛状，白色，长 3~5 mm。花果期 7~9 月。

中生植物。生海拔（1 400~）1 600~2 400 m 山地沟谷、岩石缝及干河床上，小片群生，有时能形成小群落。为东、西坡极广布植物。

贺兰山是其模式产地。模式标本系夏纬英 No. 3905（Type），1933 年 8 月 27 日采自贺

兰山。

分布于我国内蒙古（阴山）、甘肃。贺兰山–兴隆山–阴山西段种。

Ⅵ. 大丁草族 Mutisieae Cass. 帚菊木族

贺兰山仅 1 属。

22. 大丁草属 Leibnitzia Cass.

多年生草本。叶全部基生，羽状分裂。花葶直立，具苞叶。头状花序单生，总苞筒状或钟状，总苞片 2~3 层，覆瓦状排列；花托平，有小窝孔；有异形或同形小花，春季开异形花，外围有 1 层雌花，舌状，中央有多数两性花，管状；秋季开同形花，全部两性，管状，为闭锁花，结实；舌状花花冠 2 唇形，外唇舌状，先端具 3 齿，内唇 2 裂，裂片条形；管状花花冠 2 唇状，外唇先端 3~4 裂，内唇 2 裂；花药基部箭形，尾长尖；花柱分枝短而钝。瘦果纺锤形，多少扁平，具纵条纹，有毛；冠毛多数，刺毛状。

贺兰山有 1 种。

1. 大丁草（图版 91，图 6）

Leibnitzia anandria（L.） Turcz. in Schtscheglow. Ind. Publ. 8. **1**：404. 1831；内蒙古植物志（二版）**4**：787. 图版 314. 1993；宁夏植物志（二版）**下册**：388. 图 237. 2007. ——*Tussilago anandria* L. Sp. Pl. 865. 1753. ——*Gerbera anandria*（L.） Sch. Bip. in Flora **27**：782. 1844；中国植物志 **79**：82. 1996.

植物春秋二型：春型者植株较矮小，高 5~15 cm，花葶纤细，直立，密被白色蛛丝状棉毛，后渐脱落，具条形苞叶数个，基生叶具柄，呈莲座状，卵形或椭圆状卵形，长 2~6 cm，宽 1~2 cm，提琴状羽状分裂，顶裂片宽卵形，先端钝，基部心形，边缘具圆齿，齿端有尖，侧裂片小，卵形或三角形，两面密被白色棉毛；秋型者植株高达 30 cm，叶倒披针状长椭圆形或椭圆状宽卵形，长 4~20 cm，宽 2~4 cm，裂片形状与春型者相似，但顶裂片先端短渐尖，上面绿色无毛，下面灰绿色疏被蛛丝状毛。春型的头状花序较小，直径 6~10 mm，秋型者较大，直径 1.5~2.5 cm；总苞钟状，外层总苞片较短，条形，内层者条状披针形，先端钝尖，边缘带紫红色，多少被蛛丝状毛；舌状花紫红色，长 10~12 mm，管状花长约 7 mm。瘦果长 5~6 mm；冠毛淡棕色，长约 10 mm。春型者花期 5~6 月，秋型者为 7~9 月。

中生植物。生海拔（1 800~）2 000~2 400 m 山地沟谷、林缘、灌丛下，零星分布。见东坡见苏峪口沟、小口子、黄旗沟、插旗沟、大水沟等；西坡见哈拉乌沟、南寺沟、北寺沟、水磨沟等。

分布于我国南部各省区，也见于俄罗斯（西伯利亚，远东）、蒙古、朝鲜、日本。东古北极种。

全草入药，能祛风湿、止咳、解毒，主治风湿麻木、咳嗽、疔疮。

大丁草的属名《中国植物志》79 卷采用广义的大丁草属 *Gerbera* Cass.，我们认为两个属的界限还是比较清楚。火石花属 *Gerbera* 集中分布在热带亚洲与热带非洲，而大丁草属 *Leibnitzia* 为亚洲–北美温带分布型，可能起源并非一致，故我们仍采用了后者。

Ⅶ. 菜蓟族 Cynareae Cass.（含蓝刺头族 Echinopsideae Cass.）

分属检索表

1. 叶有刺。
  2. 头状花序有 1 小花，密集成球形的复头状花序 ………………………… 23. 蓝刺头属 Echinops
  2. 头状花序有多数小花，不密集成复头状花序。
    3. 叶不沿茎下延成具齿刺的翅。
      4. 花两性，冠毛羽状；外层总苞片不具刺齿 ………………………… 24. 蓟属 Cirsium
      4. 雌雄异株，冠毛糙毛状，外层总苞片具刺齿 ………………………… 25. 革苞菊属 Tugarinovia
    3. 叶沿茎下延成具齿刺的翅。
      5. 花丝有毛，植株高大，叶草质，下面淡绿色，被皱缩长柔毛；头状花序小，直径 1.5~2.5 cm ………………………… 26. 飞廉属 Carduus
      5. 花丝无毛，植株较低矮，叶革质，下面密被灰白色毡毛；头状花序大，直径 2~5 cm ………………………… 27. 蝟菊属 Olgaea
1. 叶通常无刺。
  6. 总苞顶端具钩刺；基生叶大，宽卵形或心形 ………………………… 28. 牛蒡属 Arctium
  6. 总苞顶端不为钩刺状；基生叶非上述情况。
    7. 总苞片具较大的干膜质全缘或撕裂的附片。
      8. 头状花序大，直径 3~6 cm；冠毛宿存 ………………………… 29. 漏芦属 Stemmacantha
      8. 头状花序小，直径 1~1.5 cm；冠毛脱落 ………………………… 30. 顶羽菊属 Acroptilon
    7. 总苞片无明显或有较小的附片。
      9. 冠毛多层。
        10. 冠毛糙毛状；根颈部无白色团状棉毛 ………………………… 31. 麻花头属 Serratula
        10. 冠毛羽状、短羽状或有锯齿毛，少数特长；根颈部有极厚的白色团状棉毛 ………………………… 32. 苓菊属 Jurinea
      9. 冠毛 1~2 层，外层者糙毛状，内层者羽状 ………………………… 33. 风毛菊属 Saussurea

23. 蓝刺头属 Echinops L.

多年生或一年生草本。叶互生，羽状分裂或不裂，裂片和齿有针刺。头状花序仅有 1

花，两性，结实，多数，密集成球状的复头状花序，生于茎顶或枝端；总苞片3~5层，向里的总苞片不等长，先端具刺尖或呈芒裂，边缘有睫毛，外围有多数或少数的白色基毛；小花花冠管状，檐部5深裂；花药基部尾毛束状或钻状而有缘毛；花柱分枝稍粗，初时靠合，后稍开展，背部有乳头状凸起；冠毛冠状，具多数短条形膜片，不等长，边缘糙毛状。

贺兰山有2种。

分种检索表

1. 一年生草本；叶质薄，软草质，不分裂，条状披针形，两面黄绿色；复头状花序较小，白色或淡蓝色，中、外层苞片外面被蛛丝状长毛 ························ 1. 砂蓝刺头 **E. gmelini**

1. 多年生草本；叶厚硬，革质，羽状分裂；上面绿色，下面白色；复头状花序较大，蓝色或淡蓝色；全部苞片外面无蛛丝状长毛 ························ 2. 火烙草 **E. przewalskii**

1. 砂蓝刺头（图版95，图4）

Echinops gmelini Turcz. in Bull. Soc Nat. Mosc. **5**：195. 1832；中国植物志 **78**（1）：17. 1987；内蒙古植物志（二版）**4**：696. 图版279. 图6~8. 1993；宁夏植物志（二版）**下册**：350. 2007.

一年生草本。高15~40 cm。茎直立，不分枝或有分枝，白色或淡黄色，疏被腺毛或腺点。叶条形或条状披针形，长1~6 cm，宽3~8 mm，先端锐渐尖，基部半抱茎，无柄，边缘具牙齿和硬刺，刺长1~4 mm，两面均为淡黄绿色，有腺点或被极疏的蛛丝状毛，或无毛、无腺点，上部叶有腺毛，下部叶密被棉毛。复头状花序单生于枝端，直径1~3 cm，白色或淡蓝色；头状花序长约15 mm，基毛多数，污白色，糙毛状，长约9 mm；外层总苞片长约6 mm，条状倒披针形，先端尖，边缘有睫毛，背部被短毛；中、内层长11~12 mm，长椭圆形，先端成芒刺或芒裂，边缘有睫毛；背部被蛛丝状长毛；花冠管部长约3 mm，白色，有毛和腺点，花冠裂片淡蓝色。瘦果倒圆锥形，长约5 mm，密被贴伏的棕黄色长毛；冠毛长约1 mm，下部连合。花果期8~9月。2n=26。

中旱生植物。生山麓草原化荒漠覆沙地和干河床中，零星分布。仅见西坡。

分布于我国东北（西部）、华北、西北及河南，也见于俄罗斯（西伯利亚）、蒙古。亚洲中部种。

2. 火烙草（图版95，图3）

Echinops przewalskii Iljin in Not. Syst. Hort. Petrop. **4**：108. 1923；中国植物志 **78**（1）：5. 图版9. 图1~3. 1987；内蒙古植物志（二版）**4**：698. 图版270. 图1~5. 1993；宁夏植物志（二版）**下册**：350. 2007.

多年生草本。高30~40 cm。根粗壮，黑褐色，颈端有多数黑褐色残留叶基，茎直立，单一，不分枝或少分枝，具纵沟棱，密被白色棉毛。叶革质，茎下、中部叶长椭圆形或卵状披针形，羽状深裂，裂片卵形，常呈皱波状扭曲，具不规则缺刻状，小裂片边缘具短刺的小齿，齿端有刺，刺黄色，粗硬，长5~12 mm，叶上面黄绿色，疏被蛛丝状毛，下面密

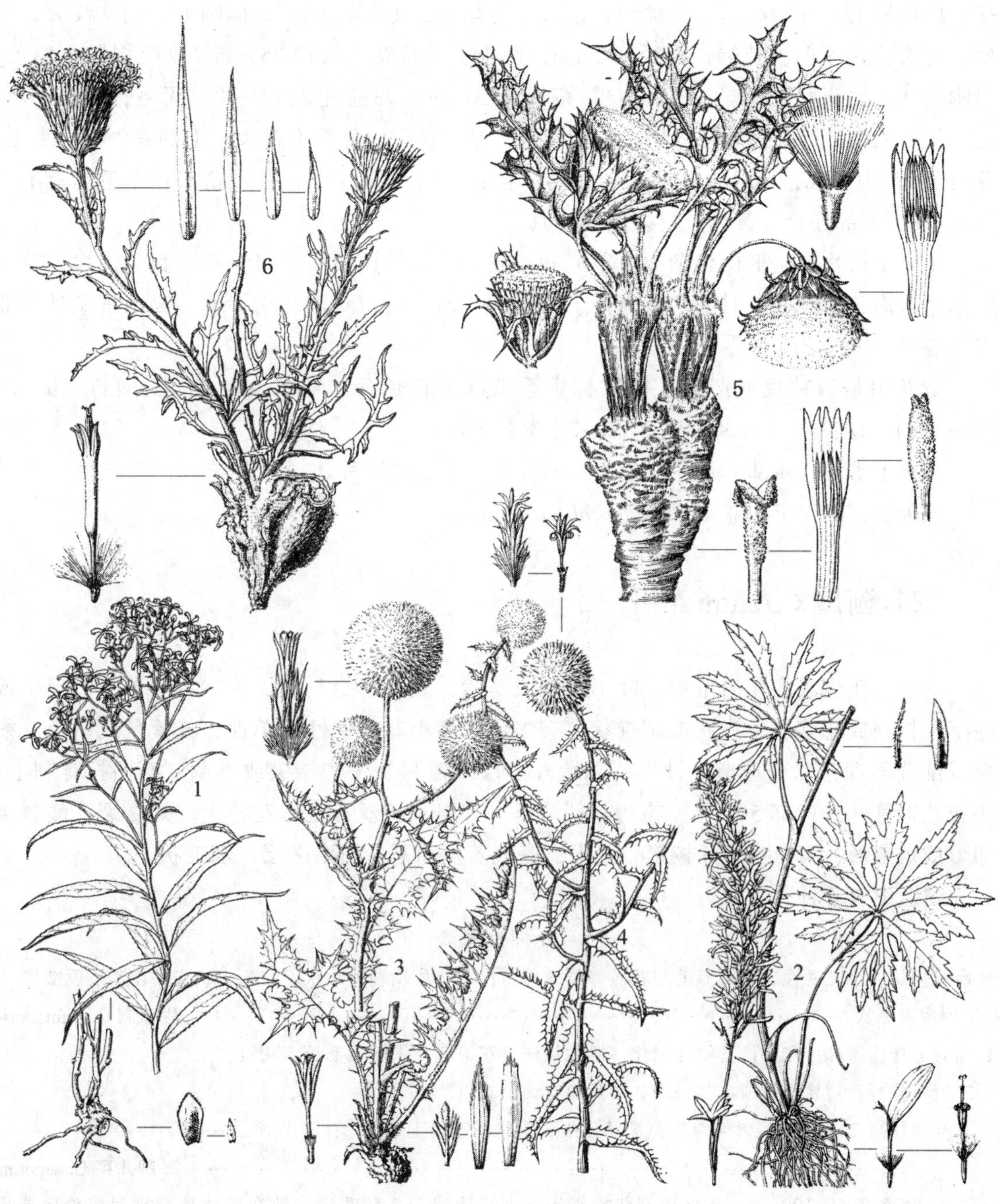

图版 95 **1. 术叶菊** Synotis atractylidifolia (Ling) C. Jeffrey et Y. L. Chen 植株、总苞片；**2. 掌叶橐吾** Ligularia przewalskii (Maxim.) Diels 植株、舌状花、管状花；**3. 火烙草** Echinops przewalskii Iljin 植株、头状花序、小花；**4. 砂蓝刺头** E. gmelini Turcz. 植株、头状花序、小花；**5. 革苞菊** Tugarinovia mongolica Iljin 植株（♀、花、花柱）含花序（花）、瘦果；**6. 蒙新苓菊** Jurinea mongolica Maxim. 植株、总苞片、小花。（1、5 马平绘；2~4、6 张海燕绘）

被灰白色棉毛，叶脉凸起，叶柄较短，边缘有短刺；上部叶变小，椭圆形，羽状浅裂，无柄。复头状花序单生枝端，直径 3~5 cm，蓝色；头状花序长约 25 mm，基毛多数，白色，扁刚毛状，比头状花序短约 2 倍 ；总苞长约 20 mm；总苞片 18~20 片，无毛，外层菱形，先端具小尖头，边缘撕裂；内层者长椭圆形，基部稍狭，先端有芒尖；上部有少羽状缘毛；花冠长 15~16 mm，白色，花冠裂片条形，蓝色。瘦果圆柱形，密被黄褐色柔毛；冠毛长约 1 mm，下部连合，黄色。花果期 6~8 月。

中旱生植物。生低山带杂类草草原和石质、砾石质山坡，零星分布，数量尚多。见东坡苏峪口沟、黄旗沟、甘沟、汝箕沟、大水沟；西坡哈拉乌沟、南寺沟、高山气象站、北寺沟等。

贺兰山是该种模式产地。模式标本系俄国人普热瓦尔斯基（N. Przewalski）No. 225 (Syntype)，1873 年 7 月 9 日至 21 日采自贺兰山山地。

分布于华北（西部）及甘肃。为我国特有。黄土高原种。

该种过去被误定为蓝刺头 *E. latifolium* Tausch.

24. 蓟属 Cirsium Mill.

一、二年生或多年生草本。叶不分裂或羽状分裂，边缘具刺。头状花序单生、聚生或在茎顶排列成总状、伞房状或圆锥状，有多数同形小花，两性或单性，红紫色或白色，能育或部分不育；总苞球形或钟形，总苞片多层，覆瓦状，先端尖或具刺；苞序托有刺毛；小花花冠管状，檐部 5 深裂；花药基部箭形，有尾，花丝有毛；花柱上端短 2 裂。瘦果倒卵形或矩圆形，稍压扁或 4 棱形，无毛，基底着生面平；冠毛多层，羽毛状。

贺兰山有 4 种。

分种检索表

1. 雌雄同株，小花两性，果期冠毛与花冠等长或稍短；总苞片顶端膜片状，红色头状花序在茎枝顶端排列成伞房状 …………………………………………………… **1. 牛口刺 C. shansiense**

1. 雌雄异株，雌株小花雌性，雄蕊退化，两性植株自花不育，果期冠毛长于花冠。
   2. 叶不分裂，边缘齿裂或羽状浅裂，裂片边有细刺。
      3. 植株高 20~60 cm；叶全缘或具波状齿裂；头状花序单生或数个生于茎顶 …………………………………………………… **2. 刺儿菜 C. segetum**
      3. 植株高 50~100 cm；叶具缺刻状粗锯齿或羽状浅裂；头状花序多数在茎枝顶端排列成伞房花序 …………………………………………………… **3. 大蓟 C. setosum**
   2. 叶羽状半裂，侧裂片有 2~3 个刺齿 ………………………… **4. 丝路蓟 C. arvens**

1. 牛口刺（图版 96，图 2）硬条叶蓟

Cirsium shansiense Petrak in Mitt. Thuring. Bot. Ver. n. f. 1. 176. 1943；中国植物志 **78**

(1)：121. 图版 24：2. 1987；内蒙古植物志（二版）**4**：768. 图版 305. 图 4~6. 1993. ——*C. lineare* Sch. –Bip. var. *rigidum* Petrak in Fedde Repert. Sp. Nov. **43**：274. 1938.

多年生草本。高 30~60 cm。根直伸，茎直立，不分枝或上部分枝，具纵沟棱，被多节长毛和蛛丝状棉毛。茎中部叶披针形或长椭圆形，长 4~10 cm，宽 1~2 cm，羽状浅裂、半裂或深裂，下部渐狭，近无柄，叶基部扩大抱茎，侧裂片 3~6 对，斜三角形，中部侧裂片较大，侧裂片不等大，2 齿裂，顶裂片长三角形，全部裂片顶端和齿裂顶端及边缘有针刺；中部叶向上的叶渐小；全部茎生叶上面绿色，被长或短的节毛，下面灰白色，密被蛛丝状棉毛。头状花序在茎枝顶端排成伞房状，少有单生；总苞卵形或卵状球形，长 15~20 mm，宽 20~25 mm，基部微凹；总苞片 7 层，外层者三角状披针形或卵状披针形，先端渐尖，具刺尖头，内层者较长，披针形或条形，先端膜质扩大，红色，全部总苞片外面有黑色黏腺；花冠紫红色，长约 18 mm，狭管部较檐部稍短。瘦果偏斜椭圆状倒卵形，长约 4 mm；冠毛长约 15 mm，淡褐色。花期 7~9 月。

中生植物。生海拔 2 000 m 左右河溪边和沟谷湿地，零星分布。仅见西坡哈拉乌沟口。

分布于我国华北（西部）、西北（东部）、西南（东部）及河南、湖北、湖南、安徽，也见于印度、中南半岛。东亚（中国–喜马拉雅）种。

2. 刺儿菜（图版 96，图 3）小蓟

Cirsium segetum Bunge in Mem. Acad. Sci. St.–Petersb. Sav. Etrang. **2**：110. 1835；内蒙古植物志（二版）**4**：770. 图版 306. 图 1~4. 1993；宁夏植物志（二版）**下册**：357. 2007.

多年生草本。高 20~60 cm。具长、横走的根状茎。茎直立，不分枝或上部分枝，具纵沟棱，无毛或疏被蛛丝状毛。基生叶花期枯萎；下部叶及中部叶椭圆形或长椭圆状披针形，长 5~10 cm，宽 1.5~2.5 cm，先端钝或尖，基部稍狭或钝圆，无柄，全缘或疏具波状齿裂，边缘及齿端有刺，上面绿色无毛或疏被蛛丝状毛，下面灰白色密被蛛丝状毛；上部叶变小。头状花序单生或数个生于茎顶或枝端，直立；总苞钟形，总苞片 8 层，外层长椭圆状披针形，先端有刺尖，内层较长，披针状条形，先端长渐尖，干膜质，均背部被微毛，边缘及上部有蛛丝状毛；雌雄异株，花冠紫红色，雄株头状花序较小，雄花长 17~25 mm，管长为檐的 2~3 倍；雌株头状花序较大，长 26~28 mm，管长为檐的 4 倍。瘦果椭圆形或长卵形，略扁，长约 3 mm。无毛；冠毛羽状淡褐色，先端稍粗而弯曲，果熟时稍较花冠长或与之近等长。花果期 7~9 月。

中生植物。生山麓村舍、路旁及农田，零星分布，为农田杂草。东、西坡均有分布，为习见植物。

广布于我国各地，也见于朝鲜、日本 。东亚种。

嫩枝叶可作养猪饲料。全草入药（药材名：小蓟），能凉血、止血、祛瘀消肿，主治吐血、衄血、尿血、崩漏、痈疮、肝炎、肾炎。

《中国植物志》（**78**（1）：127. 1987）将该种作大蓟 *C. setosum*（Willd.） M. B. 的异名，我们认为两者还是有区别的。

3. 大蓟（图版 96，图 4） 大刺儿菜

Cirsium setosum（Willd.） M. B. Fl. Taur. -Cauc. **3**：560. 1819；中国植物志 **78**（1）：127. 1987；内蒙古植物志（二版）**4**：770. 图版 306. 图 6~9. 1993；宁夏植物志（二版）**下册**：357. 2007. —— *Serratula setosa* Willd. Sp. Pl. **3**：1664. 1803.

多年生草本。高 50~100 cm。具长的根状茎。茎直立，上部有分枝，具纵沟棱，近无毛或疏被蛛丝状毛。基生叶花期枯萎；下部叶及中部叶矩圆形或长椭圆状披针形，长 5~12 cm，宽 2~5 cm，先端钝，具刺尖，基部渐狭，边缘有缺刻状粗锯齿或羽状浅裂，有细刺，上面绿色，下面浅绿色，两面无毛或疏被蛛丝状毛，无柄或有短柄；上部叶渐变小，矩圆形或披针形，全缘或有齿。雌雄异株，头状花序集生于茎的上部，排列成疏松的伞房状；总苞钟形，总苞片 8 层，外层卵状披针形，先端有刺尖，内层者较长，条状披针形，先端略扩大而外曲，干膜质，边缘常细裂并具尖头，两者均为暗紫色，背部被微毛，边缘有睫毛；雌雄异株，花冠紫红色；雄株头状花序较小，雌株头状花序较大；雌花长 17~19 mm，管长为檐的 4~5 倍，花冠裂片深裂至檐部的基部。瘦果倒卵形或矩圆形，长 2.5~3.5 mm，浅褐色，无色；冠毛卵状或基部带褐色，果熟时长达 30 mm，较花冠长。花果期 7~9 月。2n=34。

中生植物。生山麓村舍、路旁及农田，零星或片状分布，为农田杂草。东、西坡均有分布，为习见植物。

分布于我国西北（东部）、华北、东北，也见于俄罗斯（西伯利亚，远东）蒙古、朝鲜、日本及欧洲。古北极种。

全草入药，能凉血、止血、消散痈肿，主治咯血、衄血、尿血、痈肿疮毒等。

4. 丝路蓟（图版 96，图 1）

Cirsium arvense（L.） Scop. Fl. Carn. ed. 2. **2**：126. 1772；中国植物志 **78**（1）：131. 1987；内蒙古植物志（二版）**4**：773. 图版 307. 1993. ——*Serratula arvensis* L. Sp. Pl. 820. 1753.

多年生草本。根直伸。茎直立，高 30~120 cm，上部有分枝，被蛛丝状毛。基生叶花期枯萎；下部叶椭圆形或椭圆状披针形，长 5~10 cm，宽 1~2 cm，羽状浅裂或半裂，基部渐狭，侧裂片偏斜三角形或偏斜半椭圆形，边缘有 2~3 个刺齿，齿顶及齿缘有细刺，上面绿色或浅绿色，无毛，下面浅绿色，被蛛丝状棉毛；中部叶及上部叶渐小。雌雄异株，头状花序集生于茎的上部，排列成圆锥状伞房花序；总苞钟形，直径 1~2 cm，总苞片约 5 层，外、中层卵形，先端有刺尖，内层者较长，长披针形，先端膜质渐尖；小花紫红色，雌花花冠长 17 mm，管长 13 mm，檐长 4 mm；两性花，花冠长 18 mm，管长 12 mm，檐长约 6 mm，花冠裂片深裂几达檐部的基部。瘦果近圆柱形，淡黄色；冠毛污白色，果熟时

长达 28 mm。花果期 7~9 月。2n=34。

中生植物。生山麓、水塘、涝坝、盐湿地，零星或小片分布。东、西坡山麓均有分布，以西侧巴彦浩特附近为多。

分布于我国新疆、甘肃、内蒙古（西部），也见于欧洲、中亚、南亚。古地中海种。

25. 革苞菊属 Tugarinovia Iljin

单种属，属特征同种。

1. 革苞菊（图版 95，图 5）

Tugarinovia mongolica Iljin in Bull. Jard. Bot. Princ. URSS **27**：357. Fl. 1928；中国植物志 **75**：248. 图版 39. 图 1~4. 1979；内蒙古植物志（二版）**4**：704. 图版 274. 1993.

多年生雌雄异株草本。高 5~20 cm，植株有胶黏液汁。根粗壮，根颈部包被多数棉毛状叶柄残余纤维，常呈簇团状，直径可达 6~7 cm。茎基被污白色厚棉毛，上端有少数、稀多数簇生或单生的花茎；花茎长 2~4 cm，不分枝，径约 2 mm，具纵沟棱，密被白色棉毛，无叶。叶基生，成莲座状叶丛，长 3~15 cm，宽 1~4 cm，叶片革质，长椭圆形或矩圆形，羽状深裂或全裂，稀浅裂，皱曲，具不规则的浅牙齿，齿端有长 2~4 mm 的硬刺，两面被疏或密的蛛丝状毛或棉毛，下面中脉稍凸起，具长柄，基部稍扩大，有毛；内部叶较狭。头状花序单生于茎顶，下垂或直立。雄株头状花序较小，有同形花两性，不育；总苞倒圆锥形，长 7~15 mm，宽约 10 mm；总苞片 3~4 层，被蛛丝状毛，外层苞叶状，有浅齿，齿端具黄刺，内层者较短，条状披针形，上稍紫红色，顶端具刺尖；花托中央凸起，具多数小窝孔；小花管状，长 7~9 mm，白色，5 裂，裂片长 1.2~1.5 mm；花药粉红色或淡紫色，基部有丝状全缘的长尾；花柱分枝短，卵圆形，密被极细乳头状突起，子房无毛，冠毛 1 层，少数，长 5~6 mm，污白色，有不等长微糙毛。雌株头状花序较大，有同形的退化两性花（雌花），结实；总苞钟状或宽钟状，长 25~28 mm，宽 8~15 mm，总苞片 4 层，最外层苞片叶状，具刺，绿色，外层的披针形，上部两侧具小锯齿，边缘膜质，背面中上部被蛛丝状毛，绿褐色，内层的倒披针形，先端两侧有小齿，边缘宽膜质，无毛，背部中央有褐绿色纵带；小花管状，长达 14 mm，白色，5 齿裂；有退化雄蕊 5，分离；花柱顶端膨大成棍棒状，分枝短，三角状宽卵形。瘦果矩圆形，长 8~10 mm，密被长绢毛，基底着生面平；冠毛多层，长达 15 mm，淡褐色，花果期 5~6 月。

强旱生植物。生山麓砾石质坡地，零星分布。仅见南端三关口、西坡水磨沟口。

分布于内蒙古（西部），也见于蒙古（中南部）。戈壁-蒙古种。

国家二级重点保护植物。

26. 飞廉属 Carduus L.

草本。叶互生，沿茎下延，成翼，不分裂或羽状分裂，边缘及顶端有针刺。头状花序单生，或数个聚生；总苞钟形或球形；总苞片多层，硬而纤细，具刺尖；花托平或凸起，有托毛；多数同形小花，两性，结实；花冠管状，檐部5裂；花药基部尾状，撕裂；花柱分枝短，常贴合。瘦果长椭圆形或倒卵形，基底着生面平，压扁，具纵肋，无毛；冠毛多数，刺毛状，粗糙，基部合生成环状，整体脱落。

贺兰山有1种。

1. 飞廉（图版96，图5）

Carduus crispus L. Sp. Pl. 821. 1753；中国植物志 **78**（1）：157. 1987；内蒙古植物志（二版）**4**：773. 图版300. 图1~3. 1993；宁夏植物志（二版）**下册**：354. 2007.

二年生草本。高70~100 cm。茎直立，上部有分枝，有纵沟棱，具绿色纵向下延的翅，翅有齿刺，疏被多皱缩的长柔毛。下部叶椭圆状披针形，长5~15 cm，宽3~5 cm，先端渐尖，基部狭，羽状半裂或深裂，裂片卵形或三角形，先端钝，边缘具缺刻状牙齿，齿端及叶缘有不等长的细刺，刺长2~6 mm，上面绿色，无毛或疏被皱缩柔毛，下面浅绿色，被皱缩长节毛，沿中脉较密；中部叶与上部叶渐变小，矩圆形或披针形，羽状深裂，边缘具刺齿。头状花序常2~3个聚生于枝端，直径1.5~2.5 cm；总苞钟形；总苞片7~8层，外层短披针形；中层条状披针形，先端长渐尖或刺状，向外反曲；内层条形，先端近膜质，稍带紫色，三者均背部被微毛，边缘具小刺状缘毛。管状花紫红色，稀白色，长15~16 mm，管与裂片檐部近等长，裂片条形，长约5 mm，粗糙。瘦果长椭圆形，长约3 mm；冠毛白色，长约15 mm。花果期6~9月。2n=16。

中生植物。生山麓村舍、道路、农田，沿干河床、道路进入山地中部，零星分布。东、西坡均有分布，为习见杂草。

分布与我国各省区。广布于欧、亚、北美温暖地区。泛北极种。

地上部分入药，能清热解毒、消肿、凉血、止血，主治无名肿毒、痔疮、外伤肿痛、各种出血。

27. 蝟菊属 Olgaea Iljin

多年生草本。叶互生，近革质，具疏齿和针刺，茎叶下延成翼或无翼。头状花序大，常单生枝顶，有多数同形小花，两性，结实；总苞钟状、半球形或卵球形，总苞片多层，硬而狭，具长刺尖；花序托平，有托毛；小花管状，檐部5裂；花药基部长尾状，撕裂；花柱分枝细长，顶端圆。瘦果矩圆形或倒卵形，具纵纹，基底着生面歪斜；冠毛多数，不等长，有刺毛或锯齿状，基部结合成环。

贺兰山有 2 种。

分种检索表

1. 叶革质或纸质，较柔软；茎枝稍细，翅极狭窄，宽 1~2 mm，边缘针刺；总苞被蛛丝状毛，稍带灰白色 ………………………………………………………………………………… 1. 蝟菊 **O. lomonosowii**
1. 叶近革质，坚硬；茎枝粗壮，翼宽达 2 cm，边缘有刺齿；总苞无蛛丝状毛，绿色 ……………………………………………………………………………………………… 2. 蝟蓟 **O. leucophylla**

1. 蝟菊（图版 96，图 6）

Olgaea lomonosowii（Trautv.） Iljin in Not. Syst. Herb. Hort. Petrop. **3**：144. 1922；中国植物志 **78**（1）：63. 图版 2. 图 2. 图版 5. 图 2（1~2）. 1987；内蒙古植物志（二版）**4**：756. 图版 300. 图 4~6. 1993；宁夏植物志（二版）**下册**：352. 图 216. 2007. ——*Carduus lomonosowii* Trautv. in Acta Hort. Petrop. **1**：183. 1871~1872. ——*Takeikadzuchia lomonosowii*（Trautv.） Kitag. et Kitam. in Acta Phytot. Geobot. **3**：103. 1934.

多年生草本。高 15~50 cm。根粗壮，直伸，暗褐色。茎直立，不分枝或由基部与下部分枝，有纵沟棱，具宽 1~2 mm 的窄翼，翼缘有稀疏针刺，密被灰白色棉毛。叶近革质，基生叶矩圆状倒披针形，长 8~15 cm，宽 3~5 cm，羽状浅裂或深裂，侧裂片 4~6 对，卵形或卵状矩圆形，边缘具不等长小刺齿，叶上面浓绿色，无毛，有光泽，下面灰白色密被毡毛；茎生叶矩圆形或倒披针形，向上渐小，羽状分裂或具齿缺，有小刺尖，基部沿茎下延成茎翼；最上部叶条状披针形，全缘或具小刺齿。头状花序较大，单生于枝端；总苞碗形或宽钟形，稍带灰白色，被灰白色蛛丝毛，直径 3~5 cm；总苞片多层，条状披针形，先端具长刺尖，暗紫色，背部被蛛丝状毛，边缘有刺状缘毛，质硬，内层者较长，直立或开展。管状花两性，紫红色，长 20~25 mm，檐长 14~16 mm，裂片 5；花药尾部结合成鞘状，包围花丝。瘦果矩圆形，长约 5 mm，稍扁，基部着生面稍歪斜；冠毛褐色，长达 2 cm，基部结合。花果期 8~9 月。

砾石生旱生植物。生海拔 2 000 m 左右砾石质山坡和干河床，零星分布。仅见西坡南寺沟、峡子沟。

分布于我国东北、华北、西北（东部），也见于蒙古（东部近兴安）。东北—华北种。

2. 蝟蓟（图版 97，图 2）白山蓟、白背、火媒草

Olgaea leucophylla（Turcz.） Iljin in Not. Syst. Herb. Hort. Bot. Petrop. **3**：15. 1922；中国植物志 **78**（1）：64. 1987；内蒙古植物志（二版）**4**：758. 图版 301. 图 4~6. 1993；宁夏植物志（二版）**下册**：353. 2007. ——*Carduus leucophyllus* Turcz. in Bull. Soc. Nat. Mosc. **5**：194. 1832.

多年生草本。高 15~70 cm。根粗壮，直伸。茎粗壮，坚硬，不分枝或少分枝，有宽 1.5~2 cm 的茎翼，边缘有大小不等的刺齿，齿端具长针刺，密被白色棉毛，基部被褐色枯叶柄纤维。叶矩圆状披针形，长 10~25 cm，宽 2~5 cm，边缘具不规则的疏牙齿，或羽状

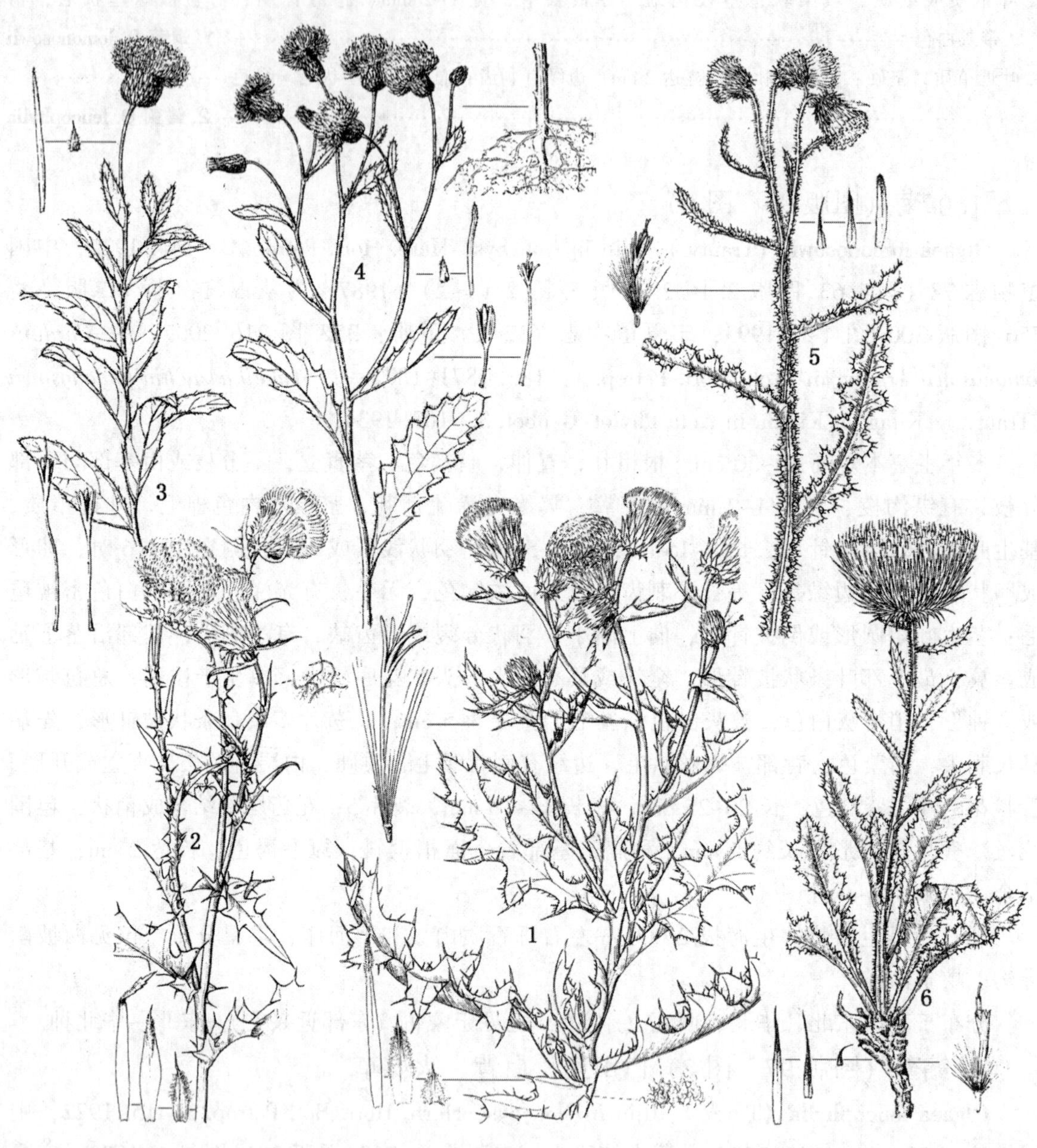

图版 96　1. 丝路蓟 Cirsium arvense（L.）Scop. 植株、总苞片、小花；2. 牛口刺 C. shansiense Petrak 植株、总苞片、小花；3. 刺儿菜 C. segetum Bunge 植株上部、总苞片、小花；4. 大蓟 C. setosum（Willd.）M. B. 植株、总苞片、小花；5. 飞廉 Carduus crispus L. 植株、总苞片、小花；6. 蝟菊 Olgaea lomonosowii (Trautv.) Iljin 植株、总苞片、小花。（马平绘）

浅裂，侧裂片 7~10 对，裂片和刺齿均具针刺，叶上面绿色，无毛或疏被蛛丝状毛，叶脉明显，下面灰白色，密被灰白色毡毛，基生叶具长柄，向上逐渐变短，至无柄。头状花序较大，直径 3~5 cm，单生，少数生枝端；总苞钟状；总苞片多层，条状披针形，质硬而外弯，先端具长刺尖，背部无毛或疏被蛛丝状毛，边缘有短缘毛，外层者较短，绿色，内层者较长，紫红色；花粉红色，长 25~38 mm，5 浅裂，裂片长约 5 mm，无毛。瘦果矩圆形，长约 1 cm，稍压扁，具多条肋棱与褐斑；冠毛黄褐色，长达 2.5 cm。花果期 6~9 月。

沙生—砾石生旱生植物。生山麓干河床和覆沙地，也生于山地砾石质山坡，零星分布。东、西坡都有少量分布。

分布于我国东北（西部）、华北（西部）、西北（东部），也见于蒙古（南部）。内蒙古—黄土高原种。

28. 牛蒡属 Arctium L.

二年或多年生草本。根粗壮。叶互生，不分裂。头状花序单生或数个着生于枝端，总苞球形或壶形；总苞片多层，先端具钩刺；花序托平，有托毛；有多数同形小花，两性，结实；小花管状，檐部 5 裂；花药基部箭形，具毛状尾；花柱分枝细长，基部有环毛。瘦果椭圆形，略呈三棱，具多条肋，无毛，顶端截平，基底着生面平；冠毛短，糙毛状，多数，分离而脱落。

贺兰山有 1 种。

1. 牛蒡（图版 97，图 1）

Arctium lappa L. Sp. Pl. 816. 1753；中国植物志 **78**（1）：58. 1987；内蒙古植物志（二版）**4**：750. 图版 297. 1993；宁夏植物志（二版）**下册**：351. 2007.

二年生草本。高达 1 m。根肉质，呈纺锤状，直径可达 8 cm。茎直立，粗壮，上部多分枝，具纵沟棱，带紫色，被微毛。基生叶大，丛生，宽卵形或心形，长 40~50 cm，宽 30~40 cm，先端钝，具小尖头，基部心形，全缘、或有小齿、波状，上面绿色，近无毛，下面密被灰白色棉毛，叶柄长，粗壮，被疏棉毛；茎生叶互生，宽卵形，具短柄；上部叶渐变小。头状花序单生于枝端，或多数排列成伞房状，直径 2~4 cm，梗长达 10 cm；总苞球形；总苞片多层，长 1~2 cm，宽 1~1.5 mm，边缘有骨质齿，先端钩刺状，外层者条状披针形，内层者披针形；管状花红紫色，长 9~11 mm，裂片长 1.5~2 mm。瘦果椭圆形或倒卵形，长约 5 mm，灰褐色；冠毛白色，长约 3 mm。花果期 6~8 月。2n=36。

中生杂草。生山麓水沟、村舍附近。见东坡苏峪口沟、小口子；西坡巴彦浩特。

分布于我国南北各省区，也广布欧亚大陆温带。旧大陆温带种。

瘦果入药（药材名：牛蒡子），能散风热、利咽、透疹、消肿解毒，主治风热感冒、咽喉肿痛、咳嗽、麻疹、痈疮肿毒。

29. 漏芦属 Stemmacantha Cass.

多年生草本。茎直立或无茎。叶不分裂或羽状分裂。头状花序大，单生于枝端，总苞半球形；总苞片多层，具干膜质、先全缘而后撕裂状的附片；花序托凸起，有托毛；同形小花，两性，壶状，纤细，檐部5深裂；花药基部附属物箭形，彼此结合包围花丝；花柱上部增粗，中部有毛环。瘦果矩圆形，具4棱，压扁，基底着生面歪斜；冠毛多层，糙毛状或短羽毛状。

贺兰山有1种。

1. 祁州漏芦（图版97，图6）

Stemmacantha uniflora (L.) Dittrich in Candollea **39**：49. 1984；中国植物志 **78**（1）：184. 1987；内蒙古植物志（二版）**4**：783. 图版312. 1993；宁夏植物志（二版）**下册**：373. 2007. ——*Cnicus uniflorus* L. Mint. Altera 572. 1771. ——*Rhaponticum uniflorum*（L.）DC. in Ann. Mus. Paris **16**：189. 1810.

多年生草本。高20~60 cm。主根粗大，圆柱形，直径1~2 cm。茎直立，单一，不分枝，被白色棉毛，基部密被残留枯叶柄。基生叶与下部叶叶片长椭圆形，长10~20 cm，宽2~6 cm，羽状深裂至全裂，侧裂片5~10对，矩圆形、椭圆形或披针形，边缘具不规则牙齿，或再分出少数深裂或浅裂片，裂片及齿端具短尖头，两面灰白色，被蛛丝状毛和腺点，叶柄长，密被棉毛；中部叶及上部叶较小，有短柄或无柄。头状花序直径3~6 cm；总苞宽钟状，基部凹入；总苞片外层与中层者卵形或宽卵形，掌状撕裂，内层者披针形或条形；花淡紫红色，长2.5~3.3 cm，狭管与檐近等长。瘦果长5~6 mm，棕褐色；冠毛淡褐色，短羽状，长达2 cm。花果期6~8月。2n=24。

中旱生植物。生海拔1 800~2 000 m石质山坡，在山地草原和旱生灌丛中零星分布。见东坡苏峪口沟，黄旗沟、大水沟、甘沟等；西坡峡子沟、南寺沟等。

分布于我国东北、华北，也见于俄罗斯（西伯利亚，远东）、蒙古、朝鲜、日本。达乌里-蒙古种。

根入药（药材名：漏芦），能清热解毒、消痈肿、通乳，主治乳痈疮肿、乳汁不下、乳房作胀。

30. 顶羽菊属 Acroptilon Cass.

多年生草本。头状花序单生于枝端，多数排列成伞房状或圆锥状；总苞卵形或矩圆状卵形；总苞片多层，有干膜质、全缘的附片；花序托有托毛；全部小花管状，两性，结实，粉红色或红紫色；花药基部具短尾；花柱分枝，顶端被短毛。瘦果矩圆形或倒卵形，具纵肋，无毛；冠毛白色，凋落，外层短，内层长，毛状，上端成羽状。

贺兰山有 1 种。

1. 顶羽菊（图版 97，图 5）苦蒿

Acroptilon repens（L.） DC. Prodr. **6**：663. 1838；中国植物志 **78**（1）：60. 1987；内蒙古植物志（二版）**4**：754. 图版 298. 1993；宁夏植物志（二版）**下册**：372. 图 229. 2007. ——*Centaurea repens* L. Sp. Pl. ed **2**： 1293. 1763.

多年生草本。高 30~50 cm。根粗壮，直伸或横走，侧根发达。茎丛生，基部多分枝，具纵沟棱，被蛛丝状毛和腺体。叶披针形至条形，长 2~6 cm，宽 0.5~1.5 cm，先端钝或尖，全缘或疏具锯齿，有时羽状裂，两面灰绿色，疏被蛛丝状毛和腺点，后脱落，无柄；上部叶短小。头状花序单生于枝端，在茎顶端排列成伞房状。总苞卵形或矩圆状卵形，直径 6~10 mm；总苞片 4~5 层，外层宽卵形，上半部透明膜质，下半部绿色，质厚；内层披针形或宽披针形，先端渐尖，密被长柔毛，花冠紫红色，长约 15 mm，狭管与檐近等长。瘦果矩圆形，长 3~4 mm；冠毛长 8~10 mm。花果期 8~9 月。2n=26。

耐盐旱生植物。生山麓盐碱地、居民点附近，也进入山口宽阔山谷干河床。见东坡苏峪口沟、汝箕沟口、石炭井；西坡哈拉乌沟口、水磨沟口等。

分布于我国西北、华北（西北部），也见于中亚、俄罗斯（西西伯利亚）、蒙古。古地中海种。

也为恶性农田杂草，群众称其“灰叫驴”，很难除掉。

31. 麻花头属 Serratula L.

多年生草本。叶互生，不分裂或羽状分裂。头状花序在茎顶排列成伞房状或单生；总苞卵形、球形、钟形或筒状，总苞片多层，外层者短而宽，有短刺尖，内层者狭而长；花序托平，有托毛；有多数同形小花，两性，结实；花冠管状，檐部 5 裂；花药基部箭形；花柱分枝细，下部有毛。瘦果圆柱形、卵形或倒圆锥形，截头，无毛，基底着生面斜形；冠毛多层，向内渐长，边缘糙毛状或锯齿状。

贺兰山有 2 种。

分种检索表

1. 基生叶与茎下部叶羽状深裂，总苞卵形或长卵形，直径 15~20 mm ……………… **1. 麻花头 S. centauroides**

1. 基生叶与茎下部叶羽状浅裂或深裂，上部边缘具牙齿，总苞半球形，直径 23~25 mm ……………………………………………………………………………………………… **2. 蕴苞麻花头 S. stranglata**

1. 麻花头（图版 97，图 4）

Serratula centauroides L. Sp. Pl. 820. 1753；中国植物志 **78**（1）：172. 1987； 内蒙古植物志（二版）**4**：778. 图版 309. 图 5~8. 1993；宁夏植物志（二版）**下册**：371. 2007.

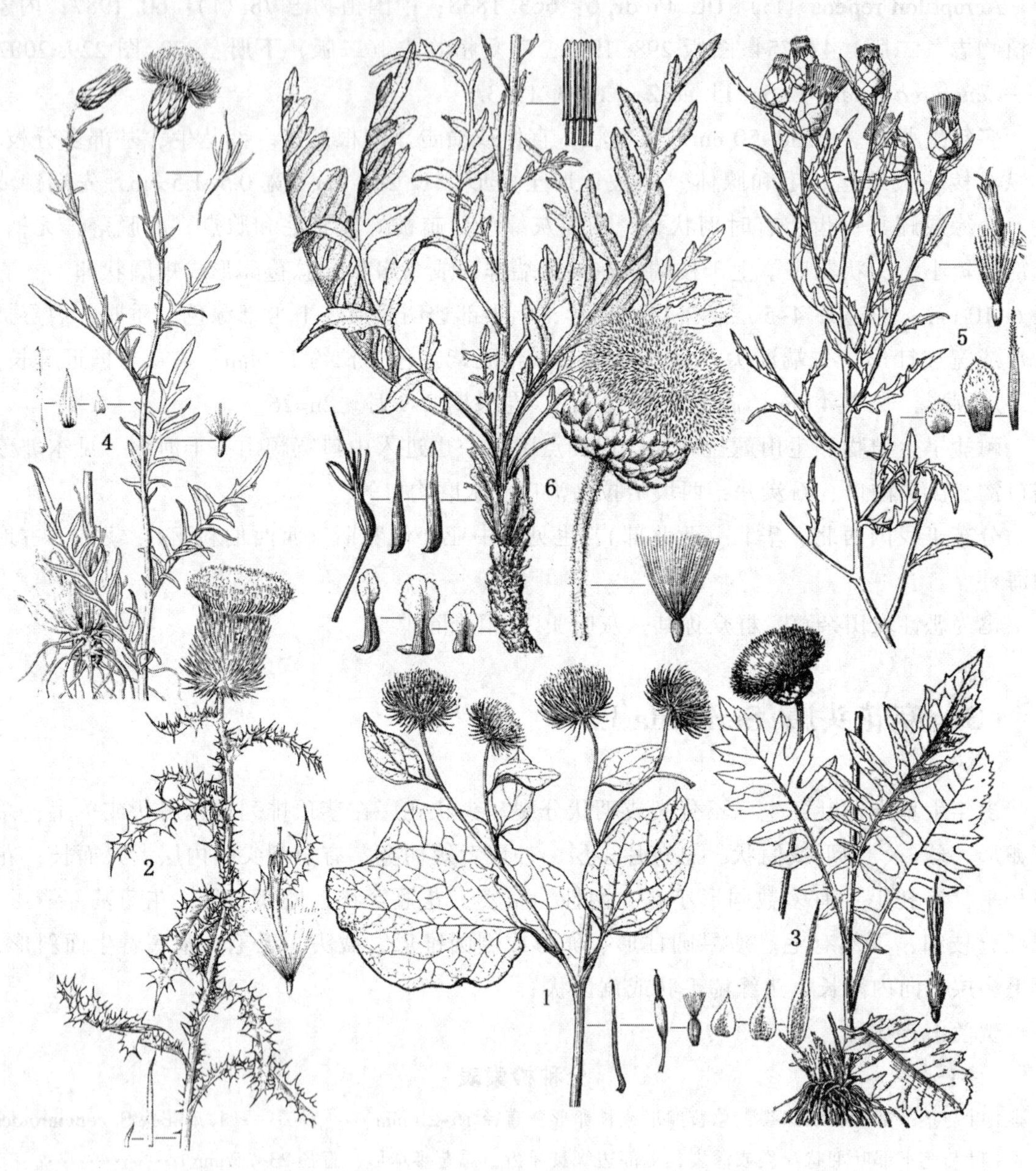

图版 97 1. **牛蒡** Arctium lappa L. 植株（上部）、小花、瘦果；2. **鳍蓟** Olgaea leucophylla（Turcz.）Iljin 植株、总苞片、小花；3. **蕴苞麻花头** Serratula strangulata Iljin 植株（下部）、花序、总苞片、小花、瘦果；4. **麻花头** S. centauroides L. 植株、总苞片、小花、瘦果；5. **顶羽菊** Acroptilon repens（L.）DC. 植株、总苞片、瘦果；6. **祁州漏芦** Stemmacantha uniflora（L.） Dittrich 植株（下部）、花序、总苞片、小花、瘦果。（1、6 田虹绘；2、4~5 马平绘；3 引自中国高等植物图鉴，有改动）

多年生草本。高 30~60 cm。根状茎短，黑褐色。茎直立，不分枝或上部少枝，中部以下被节毛，基部常带紫红色，有褐色枯叶柄纤维。基生叶与茎下部叶椭圆形，长 8~12 cm，宽 3~5 cm，羽状深裂或羽状全裂，裂片矩圆形至条形，先端锐尖，具小尖头，全缘或具疏齿，上面无毛，下面被多节毛，具长或短的柄；中部以上叶渐小，无柄，裂片狭窄。头状花序少数单生于枝端，有时全株仅一个头状花序，具长梗；总苞卵形或长卵形，直径 15~20 mm，宽 15~20 mm，上部稍收缩；总苞片 10~12 层，黄绿色，顶部暗绿色，具刺尖头，有 5 条脉纹，被蛛丝状毛，外层卵形，中层者卵状披针形，内层披针状条形，顶端渐直立而呈黄白色的干膜质的附片；花冠浅红色或白色，长约 20 mm，狭管部长约 12 mm，与檐近等长。瘦果矩圆形，长约 5 mm，具 4 条肋棱，褐色；冠毛淡黄色，长 5~8 mm。花果期 6~8 月。

中旱生植物。生海拔 2 000 m 左右，低山丘陵石质山坡上，为山地草原的伴生种。仅见西坡峡子沟、南寺沟。

分布于我国东北、华北及陕西、甘肃、山东，也见于俄罗斯（西伯利亚）、蒙古。达乌里—蒙古种。

2. 蕴苞麻花头（图版 97，图 3）

Serratula strangulata Iljin in Bull. Jard. Bot. Prin. URSS **27**：89. 1928；中国植物志 **78** (1)：171. 1987；宁夏植物志（二版）**下册**：370. 图 228. 2007.

多年生草本。高 30~80 cm。根状茎粗壮，直伸或斜下，具多数须根，颈部被纤维状残存叶柄。茎直立，单一，不分枝或上部少分枝，具纵棱沟，上部无毛，下部疏被皱曲毛。基生叶与茎下部的叶椭圆形，长 10~15 cm，宽 3.5~5.0 cm，先端渐尖，下部渐狭，下部或下半部边缘羽状浅裂至深裂，上半部边缘具尖牙齿，有时先端呈大头羽裂状，两面被皱曲毛，边缘具短缘毛，叶柄长 3~8 cm，柄基扩展，带红紫色；茎中部及上部的叶大头羽状深裂，顶裂片三角状，卵形或卵形披针形，边缘具不规则牙齿，侧裂片披针形或矩圆形，先端渐尖，全缘或具少数牙齿，近无柄。头状花序单生茎顶，梗长达 30 cm；总苞半球形，直径 1.8~2. 2 cm，总苞片 5~6 层，上半部紫褐色，外层和中层卵形，锐尖头，内层矩圆形，顶端具伸长的黄色附片，长 10~12 mm；花冠紫红色，长 20~25 mm，筒部与檐近等长。瘦果长 5 mm，褐色，具纵肋；冠浅棕色，糙毛状，长 5~7 mm。花果期 6~9 月。

旱生植物。生海拔 2 400~2 600 m 石质山坡和岩石缝中，零星分布。见东坡苏峪口沟；西坡高山气象站。

分布于陕西、甘肃、青海、四川。为我国特有。东亚（中国—喜马拉雅）种。

32. 苓菊属 Jurinea Cass.

多年生草本或半灌木。无茎或有茎。叶全缘、具齿或羽状分裂。头状花序单生于枝端，或排列成伞房状，总苞杯状卵形、半球形或钟形；总苞片多层，草质或革质，被毛或无毛；

花托平，被膜质托片；有多数同形小花，两性，结实；花冠管状，檐部5裂；花药基部附属物尾状，花丝分离；花柱分枝，顶端截形，基部有毛环。瘦果倒圆锥形，具4棱，基底着生面平，稍偏斜；冠毛多层，不等长，少数特长，有羽状、短羽状或锯齿状毛。

贺兰山有1种。

1. 蒙新苓菊（图版95，图6）蒙疆苓菊、地棉花、鸡毛狗

Jurinea mongolica Maxim. in Bull. Acad. Sci. St. –Petersb. **19**：519. 1874；中国植物志 **78**(1)：34. 1987；内蒙古植物志（二版）**4**：706. 图版 275. 1993；宁夏植物志（二版）**下册**：368. 图 277. 2007.

多年生草本。高15~30 cm。根粗壮，直伸，颈部被残存的枯叶柄，有极厚的白色团状棉毛。茎直立，丛生，基部或中部分枝，被疏或密的蛛丝状棉毛。基生叶与下部叶矩圆形、长椭圆形以至矩圆状披针形，长3~7 cm，宽1~3 cm，羽状深裂或浅裂，侧裂片3~4对，披针形、条状披针形至条形，中裂片比较大，有时不分裂，而具疏牙齿或近全缘，边缘常皱曲而反卷，两面被蛛丝状棉毛，下面密生腺点，主脉隆起而呈白黄色，具叶柄；中部叶及上部叶变小，具短柄或无柄，披针形，羽状浅裂或具小钝齿。头状花序单生茎顶；总苞钟状，直径1.5~2.5 cm；总苞片4~5层，黄绿色，通常紧贴而直立，被蛛丝状棉毛、腺体，先端长渐尖，麦秆黄色，外层较短，卵状披针形，中层披针形，内层较长，条状披针形；花红紫色，长20~25 mm，管部向上渐扩大成漏斗状的檐部，外面有腺体，裂片条状披针形，长约5 mm。瘦果长约6 mm，褐色；冠毛污黄色，糙毛状，不等长，有2~4根可长达10 mm，短羽状。花果期6~8月。

旱生植物。生山麓草原化荒漠、荒漠草原的覆沙地和干河床，零星分布。仅见东坡北部山麓石嘴山落石滩。

贺兰山是其模式产地。模式标本系俄国人普热瓦尔斯基（N. Przewalski）No. s. n.(Lectotype)，1872年5月18日至30日采自贺兰山北部山地。

分布于我国内蒙古（西部）、宁夏（中、北部）、陕西（北部）、甘肃（河西走廊东部）、新疆（北部），也见于蒙古。戈壁—蒙古种。

植物颈部的棉毛入药，能止血，主治创伤出血。

33. 风毛菊属 Saussurea DC.

草本。叶不分裂或羽状分裂。头状花序少数或多数，在茎顶或枝端排列成伞状或圆锥状，有时单生；有同形小花，两性，结实；总苞筒状、钟形、球形或半球形；总苞片多层，覆瓦状排列；花托平或凸起，具托毛或无；小花管状，红紫色、蓝色或白色，檐部5裂；花药基部箭形；花柱分枝条形。瘦果圆柱形，具4棱，无毛，顶端截形；冠毛1~2层，外层糙毛状，较短，易脱落，内层羽毛状，基部联合成环状。

贺兰山有 8 种，2 变种。

分种检索表

1. 苞片顶端有扩大的膜质附片。

  2. 茎具明显的翅；叶二回羽状深裂；侧裂片边缘具齿或小裂片，外层总苞片明显短于内层总苞片 …………………………………………………………………………………… 1. 裂叶风毛菊 **S. laciniata**

  2. 茎无翅或具不明显的极狭的翅；叶（一回）大头羽状全裂或深裂；侧裂片全缘或疏具牙齿，外层总苞片伸长与内层总苞片等长或超出 ……………………………………………… 2. 碱地风毛菊 **S. runcinata**

1. 总苞片顶端无扩大的膜质附片。

  3. 叶较窄，宽 1~4 mm，狭针形、条形、毛状披针形，植株较矮小，高 10~25 cm。

    4. 叶狭条形，宽 1~2（3） mm，全缘，边缘反卷，呈禾叶状；头状花序单生枝顶 …………………………………………………………………………………… 3. 禾叶风毛菊 **S. graminea**

    4. 叶条形，条状披针形，宽 2~4 mm，边缘有疏离的小牙齿；头状花序整个在枝顶排列成伞房状 …………………………………………………………………………………… 4. 西北风毛菊 **S. petrovii**

  3. 叶较宽，宽 2~5 cm，椭圆形、矩圆形、卵形，植株高 20 cm 以上。

    5. 叶不分裂

      6. 叶上面绿色，下面密被白色毡毛，呈灰白色，叶基通常心形、圆形；头状花序大，直径 12~15 mm，单生或 2~3 个聚生茎顶 ………………………………………… 5. 阿拉善风毛菊 **S. alaschanica**

      6. 叶两面同色，下部渐狭成窄翅；头状花序小，直径 5~6 mm，在茎顶成伞房花序 …………………………………………………………………………………… 6. 小花风毛菊 **S. parviflora**

    5. 叶羽状分裂

      7. 叶肉质，茎叶具咸苦味；头状花序多数，在茎顶排列成伞房花序 ……… 7. 盐地风毛菊 **S. salsa**

      7. 叶纸质，茎叶无咸苦味；头状花序单生枝顶，直径 2~2.5 cm …………………………………………………………………………………… 8. 贺兰山风毛菊 **S. helanshanensis**

1. 裂叶风毛菊（图版 98，图 3）

Saussurea laciniata Ledeb. in Ic. Pl. Fl. Ross. **1**：16. t. 64. 1829；内蒙古植物志（二版）**4**：715. 图版 277. 图 4~7. 1993；中国植物志 **78**（2）：53. 1999；宁夏植物志（二版）**下册**：366. 2007.

多年生草本。高 15~40 cm。根粗壮，木质化，颈部被棕褐色纤维状残叶柄。茎直立，基部或上部分枝，有带齿的狭翅，疏被短柔毛。基生叶矩圆形，长 3~10 cm，宽 1.5~2 cm。二回羽状深裂，裂片矩圆状卵形或矩圆形，先端锐尖，边缘具齿或小裂片，齿端有软骨质小尖头，两面疏被短柔毛和腺点，叶具长柄，柄基鞘状扩大；中、上部叶渐小，浅裂或全缘，无柄，羽状深裂。头状花序少数在枝端排列成伞房状，有长梗；总苞钟形，直径 8~10 mm；总苞片 5 层，外层卵形，顶端有不规则的小齿，背部被皱曲柔毛，内层者条形或披针状条形，顶端有淡紫色反折的膜质附片，密被长柔毛和腺点；小花紫红色，长 10~12 mm，狭管长约 6 mm，檐长约 4 mm。瘦果圆柱形，长 2~3 mm，深褐色；冠毛 2 层，白色，外层短，糙毛状，内层长 9~10 mm，羽毛状。花果期 7~8 月。2n=28。

图版 98 1. **阿拉善风毛菊** Saussurea alaschanica Maxim. 植株、总苞片、小花、果实；2. **碱地风毛菊** S.runcinata DC. 植株、总苞片、小花；3. **裂叶风毛菊** S. laciniata Ledeb. 植株、总苞片、小花；4. **小花风毛菊** S. parviflora（Poir.）DC. 植株上部、总苞片、小花、果实；5. **盐地风毛菊** S. salsa（Pall.）Spreng. 植株、总苞片、小花（1 田虹绘；2~4 张海燕绘；5 马平绘）

旱生植物。生山麓地带的重盐碱地上。东、西坡山麓均有分布。

分布于我国内蒙古（西部）、陕西（北部）、宁夏（中、北部）、甘肃（河西走廊）、新疆（霍城），也见于哈萨克斯坦、俄罗斯（西伯利亚）、蒙古（西部）。亚洲中部种。

2. 碱地风毛菊（图版 98，图 2） 倒羽叶风毛菊

Saussurea runcinata DC. in Ann. Mus. Hist. Natur. Paris **16**：202. Pl. 11. 1810；内蒙古植物志（二版）**4**：713. 图版 277. 图 1~3. 1993；中国植物志 **78**（2）：51. 图版 11. 图 1~5. 1999；宁夏植物志（二版）**下册**：367. 图 226. 2007.

多年生草本。高 15~50 cm。根粗壮，直伸，颈部被褐色纤维状残叶鞘。茎直立，单一或数个丛生，上部或基部有分枝，无毛，无翅或有狭翅，上部具亮腺点。基生与茎下部叶椭圆形、倒披针形或披针形，长 4~20 cm，宽 0. 5~7 cm，羽状或大头羽状全裂或全缘，顶裂片条形、披针形、卵形或长三角形，先端渐尖、锐尖或钝，边缘全缘或疏具牙齿，侧裂片 4~7 对，下弯或平展，披针形、条状披针形或矩圆形，先端钝或尖，有软骨质小尖头，全缘或具牙齿；两面无毛或疏被柔毛，有腺点，叶具长柄，基部扩大成鞘；中部及上部叶较小，条形或条状披针形，全缘或具疏齿，无柄。头状花序在茎顶与枝端排列成伞房状或伞房状圆锥形；总苞钟形，直径 5~10 mm；总苞片 4~5 层，外层卵形或卵状披针形，先端草质扩大，内层者条形，顶端有扩大成膜质紫红色的附片，全部总苞片背部无毛或上部边缘具短柔毛；小花紫红色，长 14 mm，管部与檐部近等长，有腺点。瘦果圆柱形，长 2~3 mm，黑褐色；冠毛 2 层，外层短，2~3 mm，糙毛状，内层长，7~9 mm，羽毛状。花果期 7~9 月。

耐盐中生植物。生山麓泉溪、涝坝湿润土壤上和农田、地梗，零星或小片分布。见西坡巴彦浩特和东坡中段。

分布于我国东北（西部）、华北、西北（东部），也见于俄罗斯（西伯利亚）、蒙古。西伯利亚-蒙古种。

3. 禾叶风毛菊（图版 99，图 2）

Saussurea graminea Dunn in Journ. Linn. Soc. Bot. **35**：509. 1903；内蒙古植物志（二版）**4**：721. 图版 276. 图 5~7. 1993；中国植物志 **78**（2）：125. 图版 19. 图 6~10. 1999；宁夏植物志（二版）**下册**：360. 图 219. 2007.

多年生草本。高 5~20 cm。根粗壮，扭曲，黑褐色，颈部被褐色鳞片状残叶，自颈部生出不孕枝和花枝。茎直立，密被白色绢状柔毛。叶狭条形，长 3~10 cm，宽 1~3 mm，先端渐尖，基部渐狭成柄，柄基稍呈鞘状，全缘，边缘内卷，上面疏被绢状柔毛或几无毛，下面密被绒毛；茎生叶少数，较短。头状花序单生于茎顶；总苞钟形，长 15~20 cm，宽约 25 cm；总苞片 4~5 层，被绢状长柔毛，外层者卵状披针形，顶端长渐尖，反折，内层者条形，直立，带紫色；小花粉紫色，长约 1.5 cm，狭管长约 6 mm，檐部长约 9 mm。瘦果圆柱

形，长约3~4 mm，顶端有小冠；冠毛淡褐色，2层，内层者长约10 mm。花果期7~9月。

寒生中生植物。生海拔3 000~3 500 m高山草甸、灌丛下，呈零星或小片分布。见主峰下东、西两侧。

分布于我国甘肃、宁夏、青海、四川、西藏。为我国特有。青藏高原种。

4. 西北风毛菊（图版99，图3）

Saussurea petrovii Lipsch. in Journ. Bot. URSS **57**（4）：524. t. 2. 1972； 内蒙古植物志（二版）**4**：728. 图版283. 图1~3. 1993；中国植物志**78**（2）：113. 1999；宁夏植物志（二版）**下册**：363. 图222. 2007.

半灌木，高10~20 cm。根木质，外皮纵裂成纤维状。茎丛生，直立，不分枝或上部有分枝，密被柔毛，基部被褐色残叶柄。叶条形，长3~10 cm，宽2~4 mm，先端长渐尖，基部渐狭，边缘有稀疏小牙齿，齿端具软骨质小尖头；上部叶常全缘，上面绿色，中脉明显，黄色，下面被白色毡毛。头状花序少数在茎顶排列成伞房状；总苞筒形，长10~12 mm，直径5~8 mm；总苞片4~5层，被蛛丝状短柔毛，边缘带紫色，外层和中层者卵形，顶端具小短尖，内层者披针状条形，顶端渐尖；小花粉红色，长8~12 mm，狭管长5~6 mm，檐长3~6 mm。瘦果圆柱形，褐色，长3~4 mm，无毛，有斑点；冠毛2层，白色，内层者长约7 mm，羽毛状。花果期8~9月。

旱生植物。生海拔2 000 m左右石质山坡，呈零星分布，可成为旱生群落重要伴生种。见东坡甘沟、汝箕沟；西坡峡子沟。

分布于我国内蒙古（西部）、宁夏（中、北部）、甘肃（兰州附近）。为我国特有。东阿拉善种。

5. 阿拉善风毛菊（图版98，图1）

Saussurea alaschanica Maxim. in Bull. Acad. Sci. St. -Petersb. **27**：492. 1881；Lipsch. Gen. Sauss. 223. 1979；内蒙古植物志（二版）**4**：732. 图版285. 1993；中国植物志**78**（2）：206. 1999；宁夏植物志（二版）**下册**：363. 2007. ——*S. discolor* acut. non（Willd.）DC.：内蒙古植物志**6**：253. 图版97. 图5~7. 1982.

多年生草本。高20~30 cm。根状茎短、倾斜。茎单生，直立或斜升，具棱，疏被蛛丝状毛，常带紫红色。基生叶或下部叶椭圆形或卵状椭圆形，长2.5~13 cm，宽1.5~5 cm，先端渐尖，基部浅心形、宽楔形或近圆形，边缘有短尖齿，叶片上面绿色，下面被白色毡毛，有具翅的长柄；中部叶向上渐变小，具短柄；上部叶披针形或椭圆状披针形，无柄。头状花序单生或2~3个在茎顶密集排列成伞房状，梗极粗短，被蛛丝状毛，总苞钟状，直径1~1.2 cm；总苞片4~5层，暗紫色，被长柔毛，外层者卵形或卵状披针形，顶端长渐尖，内层者条形，顶端长渐尖；小花紫红色，长约12~15 mm，狭管长约6 mm，檐长6~9 mm。瘦果圆柱形，黑褐色，长约4 mm；冠毛2层，白色，内层者长约12 mm，羽毛状。花果期 7~9 月。

中生植物。生海拔（2 000）2 300~2 800 m 山地林缘、沟谷和湿润山坡，零星分布。见东坡苏峪口沟、插旗沟等；西坡哈拉乌沟、水磨沟、南寺雪岭子沟等。

贺兰山是其模式产地。模式标本系俄国人普热瓦尔斯基（N. Przewalski） No. 215 (Holotype LE)，1873 年 7 月 7 日至 19 日采自山地峡谷。

为贺兰山特有种（有记载蒙古有分布，但看其描述与该种不符）。

《内蒙古植物志》（一版）所记载的北风毛菊 *S. discolor* 实为阿拉善风毛菊的误定。北风毛菊我国不产。

5a. 缩茎阿拉善风毛菊（新变种）

Saussurea alaschanica Maxim. var. **acaulie** Z. Y. Chu et C. Z. Liang，var. nov. in Addenda.

本变种与正中不同在于：茎短缩近无茎。

中生植物。生海拔 2 500 m 以上山脊附近，零星分布。仅见西坡高山气象站。

贺兰山特有变种。

5b. 多头阿拉善风毛菊（新变种）

Saussurea alaschanica Maxim. var. **polycephala** Z. Y. Chu et C. Z. Liang，var. nov. in Addenda.

本变种与正中不同在于：头状花序 3~5，在茎顶成伞房状。

中生植物。生海拔 2 500 m 以上山谷中，零星分布。仅见西坡南寺沟雪岭子。

贺兰山特有变种。

6. 小花风毛菊（图版 98，图 4）

Saussurea parviflora（Poir.） DC. in Ann. Mus. Hist. Natur. Paris **16**：200. 1810；内蒙古植物志（二版）**4**：740. 图版 291. 图 4~7. 1993；中国植物志 **78**（2）：202. 图版 32. 图 1~6. 1999；宁夏植物志（二版）**下册**：360. 2007. ——*Serratula parviflora* Poir. in Lamarck. Encycl. Method. **6**：554. 1805. ——*Saussurea alpina*（L.） DC. var. *manhanschanensis* H. C. Fu，内蒙古植物志 **6**：263. 1982；贺兰山维管植物：266. 1986.

多年生草本。高 40~80 cm。根状茎横走。茎直立，单一或上部有分枝，有狭翅，无毛或疏被短柔毛。叶质薄，上面绿色，下面灰绿色，无毛或被微毛；基生叶在花期凋落；下部叶及中部叶长椭圆形或矩圆状椭圆形，长 8~12 cm，宽 2~3 cm，先端长渐尖，基部渐狭而下延成狭翅，边缘具锯齿；上部叶披针形或条状披针形，全缘，无柄。头状花序多数，在茎顶或枝端密集成伞房状，有短梗，近无毛，总苞钟形，直径 5~6 mm；总苞片 5 层，顶端黑色，无毛或有睫毛，外层者卵形或卵圆形，顶端钝，内层者矩圆形，顶端钝；小花紫色，长约 10 mm，管部长约 4 mm，檐部与之等长。瘦果长约 3 mm；冠毛 2 层，白色，外层短，糙毛状，内层长 6~7 mm，羽毛状。花果期 7~9 月。2n=26。

中生植物。生海拔 2 100 m 左右山地林缘、灌丛下，零星分布。仅见东坡大水沟（桦树泉）。

分布于我国华北、西北（东部）及四川。华北种。

7. 盐地风毛菊（图版 98，图 5）

Saussurea salsa（Pall.） Spreng. in Syst. Veg. **3**：381. 1826；内蒙古植物志（二版）**4**：726. 图版 281. 图 4~7. 1993；中国植物志 **78**（2）：98. 图版 17. 图 1~6. 1999；宁夏植物志（二版）**下册**：365. 图 224. 2007. ——*Serratula salsa* Pall. Reise，1. Anhang：502. 1771.

多年生草本。高 10~40 cm。根粗壮，颈部有褐色残叶柄。茎单一或数个，上部或中部分枝，有短柔毛或无毛，具由叶柄下延而成的窄翅。叶质较厚，稍肉质，两面同色，绿色，上面疏被短糙毛或无毛，下面有腺点，叶柄长，基部扩大成鞘；基生叶与下部叶卵形或宽椭圆形，长 5~20 cm，宽 3~5 cm，大头羽状深裂或浅裂，顶裂片大，箭头状，具波状浅齿、缺刻状裂片或全缘，侧裂片 2 对，三角形、菱形或卵形，全缘或具小裂片，茎生叶向上渐变小，无柄，矩圆形、披针形以至条状披针形，全缘或有疏齿。头状花序多数，在茎顶端排列成伞房状，有短梗；总苞狭筒状，直径 5 mm；总苞片 5~7 层，粉紫色，无毛或有疏蛛丝状毛，外层者卵形，顶端钝，内层者矩圆状条形，顶端钝或稍尖；小花粉紫色，长约 14 mm，管部长约 8 mm，檐部长约 6 mm。瘦果圆柱形，长约 3 mm；冠毛 2 层，白色，内层者长约 13 mm，羽毛状。花果期 7~9 月。

盐中生植物。生长在山麓盐生草甸或盐碱地上，零星小片出现。仅产东坡山麓。

分布于我国内蒙古（西部）、宁夏、甘肃（河西走廊）、青海（柴达木）、新疆，也见于中亚、俄罗斯（西伯利亚）、蒙古。亚洲中部种。

8. 贺兰山风毛菊（新种）（图版 99，图 1）

Saussurea helanshanensis Z. Y. Chu et C. Z. Liang，sp. nov. in Addenda.

多年生草本。高 20~25 cm。根粗壮，直径达 2 cm，暗褐色，颈部具残存的枯叶柄。茎单生，直立，密被长柔毛。叶片轮廓披针形或条状披针形，长 5~15 cm，羽状全裂，侧裂片（3）5~8 对，细条形或条形，长 0.5~5 cm，宽 0.2~0.5 mm，先端渐尖或锐尖，上面近光滑，下面被蛛丝状毛和腺点；茎上叶少，条形，羽状 5 裂，裂片条形，有时不裂，具 2~3 个小齿。头状花序半球形，单生于茎顶，总苞半球形，长 2 cm，直径 2.0~2.5 cm；总苞片 5~6 层，红褐色，先端长渐尖，反折，被长柔毛和腺点；外层卵形或披针状卵形，内层披针状卵形或条状披针形，先端长渐尖；花冠紫红色，长约 20 mm，狭管部长 8~9 mm，檐部长 10~11 mm。瘦果圆柱形，具 4 棱，长约 5 mm；冠毛 2 层，污白色，内层长约 15 mm。花果期 8~10 月。

旱生植物。生海拔 2 500~2 700 m 干旱石质山坡及石缝。仅见东坡苏峪口沟，零星分布。

贺兰山特有种。

本种与毓泉风毛菊 *S. mae* H. C. Fu 相近，但其叶羽状全裂，侧裂片 5~8 对，狭条形或

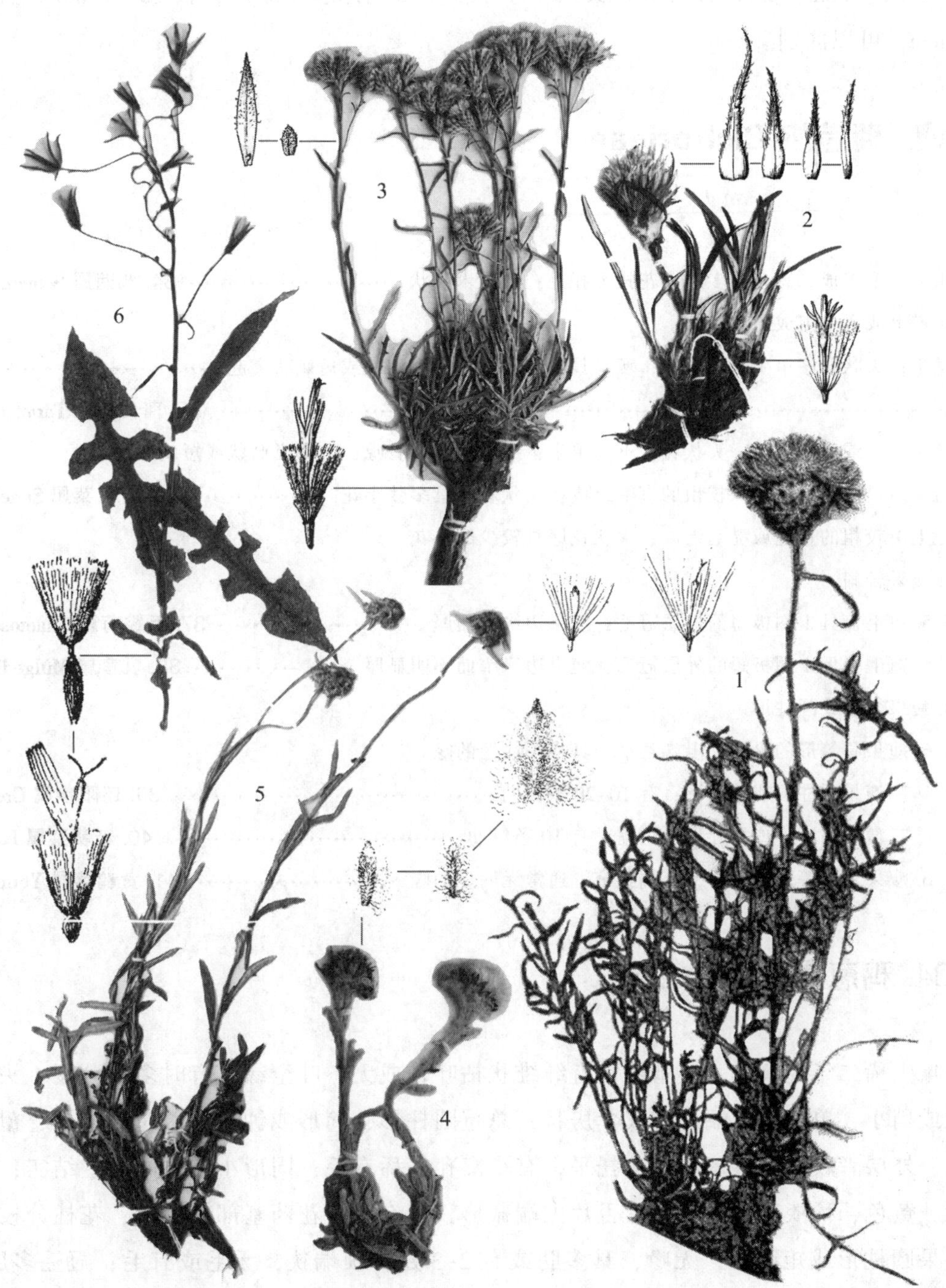

图版 99　1. 贺兰山风毛菊 Saussurea helanshanensis Z. Y. Chu et C. Z. Liang 植株、总苞片、小花；2. 禾叶风毛菊 S. graminea Dunn 植株、总苞片、小花； 3. 西北风毛菊 S. petrovii Lipsch. 植株、总苞片、小花；4. 矮火绒草 Leontopodium nanum（Hook. f. et. Thoms.） Hand. -Mazz. 植株、总苞片；5. 绢茸火绒草 L. smithianum Hand. -Mazz. 植株、总苞片、小花； 6. 青甘毛鳞菊 Chaetoseris roborowskii（Maxim.） Shin 植株、小花、瘦果。

条形，长 1.5~3 cm，宽 1~2.5 mm；头状花序单生茎顶，总苞半球形，长 16~18 mm，直径 20~22 mm，可以区别。

Ⅷ. 菊苣族 Cichorieae

分属检索表

1. 冠毛由羽状毛组成；总苞片多层，花托无托毛；叶常禾叶状 ………………………… 34. 鸦葱属 Scorzonera
1. 冠毛由糙毛或柔毛组成。
  2. 叶基生；头状花序单生于花葶上；瘦果具长喙，上部有小瘤状或短刺状突起 …… 35. 蒲公英属 Taraxacum
  2. 叶茎生，有或无基生叶；头状花序不为单生；瘦果无喙或有喙，上部无瘤状或短刺状突起。
    3. 冠毛由极细的柔毛杂以较粗的直毛组成；头状花序具多数小花 ……………… 36. 苦苣菜属 Sonchus
    3. 冠毛由较粗的直毛或糙毛组成；头状花序具较少的小花。
      4. 瘦果较扁。
        5. 冠毛盘具 1 圈极短的外层冠毛；瘦果边缘宽而厚 ……………………… 37. 毛鳞菊属 Chaetoseris
        5. 冠毛盘无 1 圈极短的外层冠毛；瘦果边缘窄而不明显厚 ……………… 38. 乳苣属 Mulgedium
      4. 瘦果微扁或圆柱形。
        6. 瘦果具等形的纵肋，上端狭窄，具或长或短的喙。
          7. 瘦果圆柱形或纺锤形，有 10~20 条纵肋 ………………………………… 39. 还阳参属 Crepis
          7. 瘦果纺锤形或披针形，稍扁，有 10 条纵肋 ……………………………… 40. 苦荬菜属 Ixeris
        6. 瘦果具不等形的纵肋，上端狭窄，通常无明显的喙 ……………………… 41. 黄鹌菜属 Youngia

34. 鸦葱属 Scorzonera L.

多年生稀二年生草本。茎基部常有纤维状枯叶鞘或无，叶全缘，有时多少分裂。头状花序大或稍小，单生茎顶端或排成伞房状；总苞圆柱形、筒形或钟形；总苞片多层，覆瓦状排列，外层者较内层者短小；花托平，有小窝孔，稀有毛；同形小花，两性，结实；小花舌状，黄色，稀淡紫色或红色，舌片先端截形，具 5 齿；花药基部箭头形；花柱分枝细长。瘦果圆柱形或矩圆形，无喙，具多肋或有 2~3 翅，顶端狭，无毛或有毛；冠毛多层，不等长，羽毛状，柔软。

贺兰山有 5 种。

分种检索表

1. 茎多分枝，形成半球形、球形或帚状株丛。
  2. 茎合轴分枝，形成半球形或球形株丛，基部无鞘状或纤维状残叶；头状花序具 4~5 花 ………………………………………………………………………… 1. 拐轴鸦葱 S. divaricata
  2. 茎分枝形成帚状株丛，基部具鞘状或纤维状残叶；头状花序具 7~12 朵花 ………………………………………………………………………… 2. 帚状鸦葱 S. pseudodivaricata
1. 茎不分枝或少分枝，不形成上述形状的株丛。
  3. 根颈部被鞘状残叶，里面有白色棉毛；叶肉质或革质；瘦果顶端疏被长柔毛。
    4. 叶肉质，披针形或条状披针形，两面无毛 ………………………………… 3. 蒙古鸦葱 S. mongolica
    4. 叶革质，卵形、长椭圆形或披针形，两面被蛛丝状毛 ………………………… 4. 头序鸦葱 S. capito
  3. 根颈部被纤维状残叶，里面无棉毛；叶草质；瘦果无毛或仅顶端疏被柔毛 ……… 5. 鸦葱 S. austriaca

1. 拐轴鸦葱（图版 100，图 2）苦葵鸦葱、女苦奶

Scorzonera divaricata Turcz. in Bull. Soc. Mosc. **5**：181. 1832；内蒙古植物志（二版）**4**：794. 图版 317. 图 5~8. 1993；中国植物志 **80**（1）：15. 1997；宁夏植物志（二版）**下册**：262. 2007.

多年生草本。高 15~30 cm，灰绿色，有白粉。根颈无纤维叶鞘残存。形成半球形株丛，近无毛或疏被皱曲柔毛，自茎下部合轴分枝，枝细，有微毛及腺体。叶条形或丝状条形，长 1~9 cm，宽 1~3 mm，先端长渐尖，常卷曲成钩状，上部叶短小。头状花序单生于枝端；总苞圆筒状，长 10~13 mm，宽约 5 mm；总苞片 3~4 层，被疏或密的霉状蛛丝状毛，外层卵形，先端尖，内层者矩圆状披针形，先端钝；小花 4~5，花黄色，干后蓝紫色，长约 15 mm。瘦果圆柱形，长 6~8 mm，具 10 条纵棱，淡褐黄色；冠毛污黄色，长达 17 mm。花果期 6~8 月。2n=14。

旱生植物。生山麓荒漠草原群落的砾沙地段和干河床上，零星分布。见东、西坡山麓。

分布于我国河北（北部）、山西（北部）、内蒙古（西部）、陕西（北部）、宁夏（北部）、甘肃（河西走廊东部），也见于蒙古。戈壁–蒙古种。

2. 帚状鸦葱（图版 100，图 1）

Scorzonera pseudodivaricata Lipsch. in Bull. Soc. Nat. Mosc. **42**：158. 1933；内蒙古植物志（二版）**4**：795. 图版 317. 图 1~4. 1993；中国植物志 **80**（1）：17. 1997；宁夏植物志（二版）**下册**：262. 图 161. 2007. ——*S. divaricata* Turcz. var. *foliata* Maxim. in Bull. Acad. Sci. St. –Petersb. **32**：494. 1888. ——*S. divaricata* Turcz. var. *virgata* Maxim. 1. c. 495. 1888.

多年生草本。高 10~40 cm，黄绿色。根状茎被鞘状或纤维状撕裂的残叶，通常由颈部发生多数直立或铺散的茎。茎自中上部呈帚状分枝，细长，向上弯曲，无毛或被短柔毛，生长后期常变硬。基生叶条形，长可达 17 cm，基部扩大成鞘；茎生叶互生，下部的有时对生，多少呈镰状弯曲，条形或狭条形，长 1~9 cm，宽 0.5~3 mm，先端长渐尖，有时卷

曲，上部叶变小至鳞片状。头状花序单生于枝端，在茎顶排列成疏松的聚伞状；总苞圆筒状，直径 3~6 mm；总苞片 5 层，无毛或被霉状蛛丝毛，外层小，三角形，先端稍尖，中层卵形，内层者矩圆状披针形，先端稍钝或尖，小花 7~12，黄色，常干后变黄褐色，长约 20 mm。瘦果圆柱形，长 5~10 mm，淡褐色，有时稍弯，无毛或有时在顶端被疏柔毛，冠毛污黄色，下部羽状，先端细齿状。花果期 6~9 月。

强旱生植物。生荒漠化较强山丘的石质山坡，零星分布。仅见北端山丘上。

分布于内蒙古（西部）、宁夏（北部）、甘肃（河西走廊）、青海、新疆，也见于中亚（东部）蒙古。戈壁种。

3. 蒙古鸦葱（图版 100，图 3）

Scorzonera mongolica Maxim. in Bull. Acad. Sci. St. –Petersb. **32**：492. 1888；内蒙古植物志（二版）**4**：798. 图版 319. 图 4~6. 1993；中国植物志 **80**（1）：34. 1998；宁夏植物志（二版）**下册**：263. 2007.

多年生草本。高 6~30 cm，灰绿色，无毛。根直伸，圆柱状；根颈部被鞘状残叶，里面有薄或厚的棉毛。茎少数或多数，直立或斜升，不分枝或少有分枝。叶肉质，具不明显的 3~5 脉；披针形或条状披针形，长 5~10 cm，宽 2~10 mm，先端渐尖或锐尖，具短尖头，基部具短柄，柄基扩大成鞘状；茎生叶互生，有时对生，向上渐变小，无柄。头状花序单生于枝端排列成伞房状；总苞圆筒形，长 1.5~3.0 cm，直径 3~7 mm；总苞片 3~4 层，无毛或被微毛，外层者卵形，内层者长椭圆状条形；小花 12~15，黄色，干后红色，稀白色，长 18~20 mm。瘦果圆柱状，长 5~7 mm，黄褐色，具纵肋，顶端被疏柔毛，无喙；冠毛黄白色，长 20~30 mm，下部羽状，顶端细齿状。花期 6~7 月。

盐旱生植物。生山麓草原化荒漠，白刺、盐爪爪群落的重盐碱地上，零星分布。见东坡汝箕沟；西坡巴彦浩特附近。

分布于我国东北（西南部）、华北、西北及山东、河南，也见于中亚东端、蒙古（南部）。古地中海种。

全草入药，能清热解毒、利尿，主治痈肿疔疮、乳腺炎、尿浊、淋证、妇女带下。

4. 头序鸦葱（图版 100，图 4）棉毛鸦葱

Scorzonera capito Maxim. in Bull. Acad. Sci. St. –Petersb. **32**：491. 1888；内蒙古植物志（二版）**4**：800. 图版 320. 图 1~5. 1993；中国植物志 **80**（1）：21. 1997.

多年生草本。高 5~15 cm。根粗，圆锥形，褐色，根颈部密被枯叶鞘，里面有白色棉毛。茎（1）3~5（7），直立，稍弯曲，斜升，具纵条棱，被短柔毛。叶革质，灰绿色，具 3~5 脉，边缘皱波状，常镰状弯卷，两面被蛛丝状短柔毛；基生叶卵形、短圆形或披针形，长 5~10 cm，宽 1~3 cm，先端尾状渐尖，基部渐狭成短柄，柄基扩大成鞘；茎生叶 1~3，较小，披针形或条状披针形，基部无柄，半抱茎。头状花序单生于茎顶或枝端；总苞钟状或筒状，长 1.8~2.5 cm，直径 1~1.5 cm；总苞片 4~5 层，顶端锐尖，常带红紫色，边缘膜

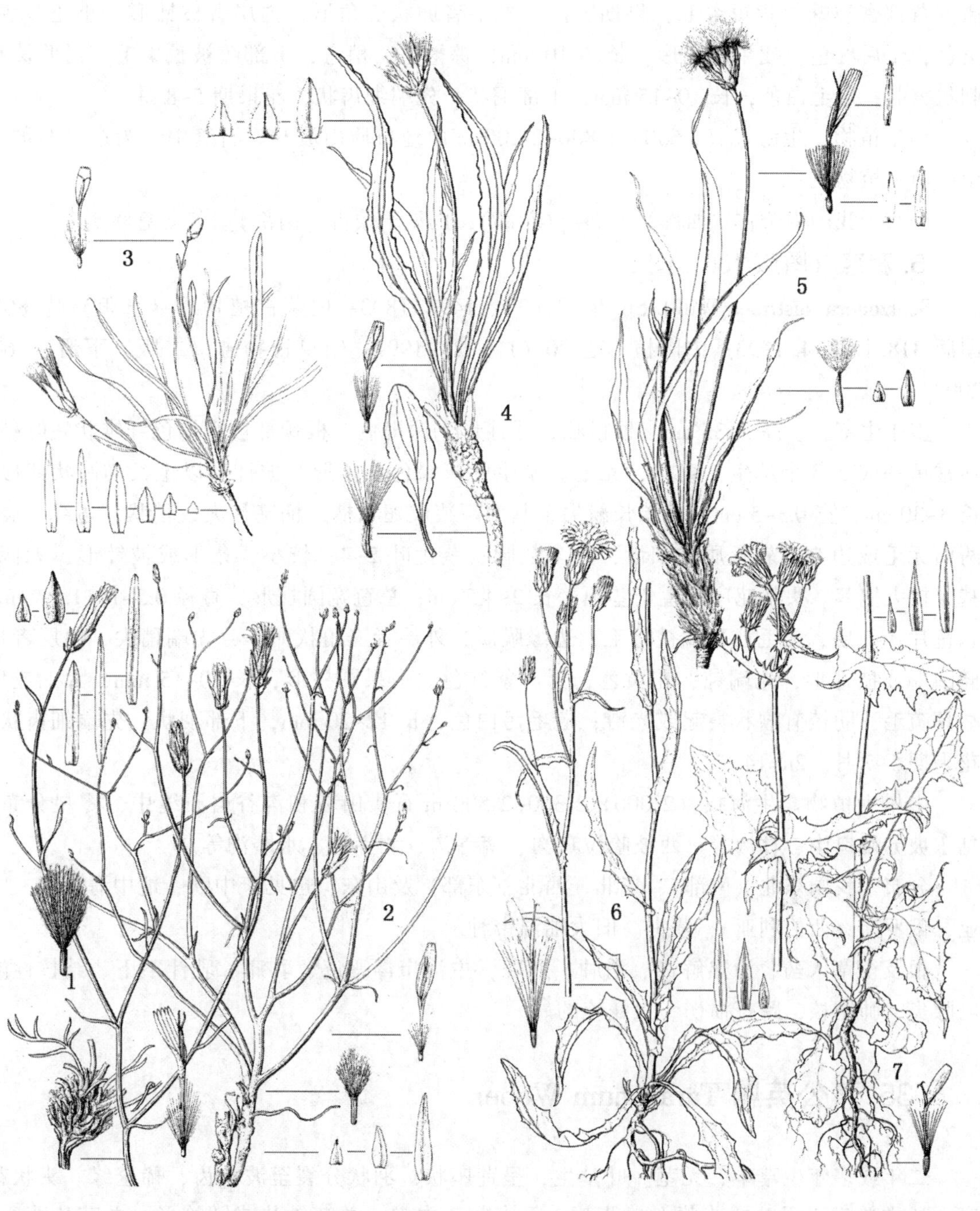

图版 100 **1. 帚状鸦葱** Scorzonera pseudodivaricata Lipsch. 植株、总苞片、小花、瘦果；**2. 拐轴鸦葱** S. divaricata Turcz. 植株、总苞片、小花、瘦果；**3. 蒙古鸦葱** S. mongolica Maxim. 植株、总苞片、小花；**4. 头序鸦葱** S. capito Maxim. 植株、宽叶、总苞片、小花、瘦果；**5. 鸦葱** S. austriaca Willd. 植株、总苞片、小花、瘦果；**6. 苣荬菜** Sonchus arvensis L. 植株、总苞片、小花；**7. 苦苣菜** S. oleraceus L. 植株、总苞片、小花。(1~5 田虹绘，6~7 马平绘)

质，背部密被蛛丝状短柔毛，果期脱落，外层者卵状三角形，内层者披针形；小花多数，黄色，干后红色。瘦果圆柱形，长 7~10 mm，棕褐色，稍弯，上部疏被长柔毛，沿肋棱有刺状突起；冠毛白色，长 10~15 mm，下部羽状，先端细齿状。花果期 5~8 月。

旱生植物。生海拔（1 600）1 800~2 200 m 山地石质山坡和岩石缝中。为东、西坡浅山区习见植物之一。

分布于我国内蒙古（西部）、宁夏（北部），也见于蒙古（南部）。东戈壁种。

5. 鸦葱（图版 100，图 5）

Scorzonera austriaca Willd. Sp. Pl. 3（3）：1498. 1803；内蒙古植物志（二版）4：803. 图版 318. 图 1~4. 1993；中国植物志 **80**（1）：23. 1997；宁夏植物志（二版）**下册**：264. 2007.

多年生草本。高 5~35 cm。根粗壮，圆柱形，深褐色。根颈部被黑褐色纤维状残叶鞘。茎常单一或 2~3 个丛生，直立，无毛。基生叶灰绿色，条形、披针形以至长椭圆状卵形，长 3~30 cm，宽 0.3~5 cm，先端长渐尖，基部渐狭成翅状柄，柄基扩大成鞘状，边缘平展，两面无毛或边缘有软骨质的细齿，具多数脉；茎生叶 2~4，较小，条形或披针形，无柄，基部扩大抱茎。头状花序单生于茎顶，长 2~4.5 cm；总苞宽圆柱形，直径 0.5~1（1.5）cm；总苞片 4~5 层，无毛或顶端被缘毛，边缘膜质，外层者三角状卵形，先端稍尖，内层者长椭圆形或披针形，先端钝；花黄色，干后紫红色。瘦果圆柱形，长 10~15 mm，无毛或顶端具疏毛，肋棱有瘤状突起或光滑；冠毛污白色，长 12~20 mm，下部羽状，先端细齿状。花果期 5~7 月。2n=14。

中旱生植物。生海拔（2 000）2 300~2 500 m 石质山坡和沟谷岩石缝中，零星分布。见东坡苏峪口沟、甘沟等；西坡哈拉乌沟、南寺沟、北寺沟、水磨沟等。

分布于我国东北（南部）、华北、西北（东部）及山东，也见于中欧、地中海地区、中亚、俄罗斯（西伯利亚）、蒙古。旧大陆温带种。

根及全草入药，清热解毒、消肿、通乳，主治疖毒恶疮、乳痛、乳汁不下、结核性淋巴腺炎、肺结核、跌打损伤、虫蛇咬的。

35. 蒲公英属 Taraxacum Weber

二年或多年生草本，无茎。叶基生，呈莲座状，羽状分裂至波状齿，稀全缘。头状花序，通常单生于无叶的花葶上，花葶 1 至多数，中空；总苞钟状或圆筒形，总苞片草质，外层者 2~3 层，较短，内层者 1 层，较长；花托平，无毛，有小窝孔；多数同形小花，两性，结实；花冠舌状，舌片顶端截形，有 5 齿。瘦果纺锤形或倒圆锥形，有纵沟，上部或几全部具刺状或瘤状突起，上端有缢缩的喙基，向上伸长为或长或短的喙；冠毛白色，多层，毛状，少脱落。

贺兰山有 6 种。

分种检索表

1. 外层总苞片先端具角状突起。
  2. 舌状花白色或淡黄色，外层总苞片先端具紫色突起或较短小角；瘦果长 3~4 mm，亮黄色，上部具短粒小瘤，下部光滑 …………………………………………………………… **1. 亚洲蒲公英 T. asiaticum**
  2. 舌状花黄色，外层总苞片先端每片具 1 个角；瘦果长 3~5 mm，暗褐色，上部具小刺，下部具成行排列的小瘤 ……………………………………………………………………… **2. 蒲公英 T. mongolicum**
1. 外层总苞片先端无角状突起，增厚或不增厚。
  3. 外层总苞片较宽，宽达 3 mm 以上，具宽膜质边缘，瘦果喙较长，达 4.5~12 mm。
    4. 外层总苞片具宽膜质边缘，干后膜质边缘明显，总苞片 3~4 层。
      5. 外层总苞片宽卵形，中部具绿色宽带，先端粉红色，被疏睫毛；瘦果喙细长，长 8~12 mm ……………………………………………………………………………… **3. 白缘蒲公英 T. platypecidum**
      5. 外层总苞片卵圆形至卵状披针形，中部绿色（不成带），先端紫红色，无睫毛；瘦果喙稍细长，长 4.5~6 mm ……………………………………………………………………………… **4. 多裂蒲公英 T. dissectum**
    4. 外层总苞片具窄膜质边缘，干后膜质边缘不明显，总苞片 4~5 层 ……………………………………………………………………………………… **5. 东北蒲公英 T. ohwianum**
  3. 外层总苞片较狭窄，宽度不超过 3 mm，瘦果喙较短，长 3~4.5 mm …… **6. 华蒲公英 T. borealisinense**

1. 亚洲蒲公英（图版 101，图 2）

Taraxacum asiaticum Dahlst. in Acta Hort. Goth. **2**：173. f. 11. et 3. f. 9~12. 1926；内蒙古植物志 **6**：287. 图版 114. 图 3~4. 1982；中国植物志 **80**（2）：18. 图版 7. 图 9~12. 1999. ——*T. leucanthum* acut. non（Ledeb.）Ledeb.：内蒙古植物志（二版）**4**：814. 图版 325. 图 3~4. 1993；宁夏植物志（二版）**下册**：266. 图 165. 2007.

多年生草本。高 5~30 cm。根圆锥形，根颈部有暗褐色残叶基。叶条形或狭披针形，长 5~20 cm，宽 0.5~1 cm，羽状深裂或羽状浅裂，顶裂片较大，戟形或狭戟形，两侧小裂片狭尖，侧裂片三角状披针形至条形，裂片间常夹生小裂片或缺刻，两面无毛或疏被柔毛。花葶数个，与叶等长或长于叶，上端疏被蛛丝状毛；总苞钟状，长 10~12 mm，果期长达 18~20 mm；外层总苞片宽卵形或卵状披针形，边缘宽膜质，先端钝，有红紫色角状突起，内层者矩圆状条形或条状披针形，较外层者长 2~2.5 倍，无明显的角状突起；舌状花冠淡白色或黄色，长约 15 mm，舌片宽 1~1.5 mm，边缘舌片背面具暗紫色条纹。瘦果淡褐色，长 3~4 mm，上部有短刺状突起，下部近光滑，喙基长 1 mm，喙长 4 mm；冠毛白色，长 5~7 mm。花果期 5~8 个月。

中生植物。生山麓河、溪、塘坝边缘湿地，零星或小片状分布。东、西坡均有分布。

分布于我国东北、华北、西北（东部）及湖北、四川，也见于俄罗斯（亚洲部分）、蒙古。东古北极种。

本种《中国植物志》记载花黄色、稀白色。而认为花白色、淡黄色的为白花蒲公英 *T. leucanthum*（Ledeb.）Ledeb.，而后者叶近全缘至浅裂；瘦果喙较粗壮，长 3~6 mm；冠毛淡红色，稀为污白色。贺兰山该植物花全为白色，叶羽状深裂、少为浅裂，裂片间夹生小裂片和齿；外层总苞片先端具有角状突起（小角）；瘦果喙细长，长 4~8 mm，冠毛白色。故我们定为亚洲蒲公英。《苏联植物志》（Fl. URSS**29**：540. 1963）将亚洲蒲公英作为白花蒲公英的异名。有的资料将本种定 *T. pseudo-albidum* Kitag.，而该种仅见东北大兴安岭，并作 *T. coreanum* Nakai 的异名。

2. 蒲公英（图版 101，图 1）蒙古蒲公英、姑姑英、婆婆丁

Taraxacum mongolicum Hand. -Mazz. Monogr. Tarax. 67. 1907；内蒙古植物志 **6**：292. 图版 115. 1982；中国植物志 **80**（2）：32. 图版 7. 图 1~4. 1999；宁夏植物志（二版）**下册**：267. 图 166. 2007.

多年生草本。植株高 10~30 cm。根圆锥形，粗壮，褐色。叶倒卵状倒披针形、矩圆状倒披针形，长 4~20 cm，宽 1~3.5 cm，先端锐尖或钝，基部渐狭成柄，通常大头羽状深裂或倒向羽状深裂，顶裂片较大，三角形或三角状戟形，全缘或有齿，侧裂片 3~5 对，三角形、三角状披针形，平展或向下，裂片间常夹生小齿，基部渐狭成柄；叶柄及主脉常带红紫色，两面疏被蛛丝状毛或近无毛。花葶数个，与叶等长或稍长，上部红紫色，密被蛛丝状毛；总苞钟状，长 12~14 mm，淡绿色；总苞片 2~3 层，外层卵状披针形至披针形，边缘膜质，先端有角状突起，内层条状披针形，长于外层的 1.5 倍，先端红紫色，有小角状突起；舌状花黄色，长 1.5~1.8 cm，舌片宽约 1.5 mm，边缘舌片的背面具红紫色条纹。瘦果褐色，长约 4~5 mm，上部有小刺状突起，下部具成行排列的小瘤，喙基长约 1 mm，喙长 6~9 mm，纤细；冠毛白色，长 6 mm。花果期 5~10 月。2n=24，32。

中生植物。生山地沟谷、干河床及河溪边湿地，零星分布。为东、西坡习见植物。

分布于我国东北、华北、西北（东部）、西南（东部）、华东、华中及广东（北部），也见于俄罗斯（东西伯利亚、远东）、蒙古（东北部）、朝鲜。东亚种。

全草入药，能清热解毒、利尿散结，主治急性乳腺炎、淋巴腺炎、瘰疬、疔毒疮肿、急性结膜炎、感冒发热、急性扁桃体炎、急性支气管炎、胃炎、肝炎、胆囊炎、尿路感染。全草入蒙药（蒙药名：巴嘎巴盖—其其格）能清热解毒，主治乳痈、淋巴腺炎、胃热等。

3. 白缘蒲公英（图版101，图 5）

Taraxacum platypecidum Diels in Fedde. Repert. Beib. **12**：515. 1922；内蒙古植物志 **6**：291. 图版 117. 图 4. 1982；中国植物志 **80**（2）：42. 1999；宁夏植物志（二版）**下册**：267. 2007.

多年生草本。高 5~40 cm。根圆柱状，根颈部有黑褐色残叶基。叶宽倒披针形或披针状倒披针形，长 10~30 cm，宽 1~3 cm，先端钝或尖，基部渐狭成长或短的柄，带红紫色，两面疏被蛛丝状长柔毛或近无毛；有时近全缘或疏生少数波状齿；有的为大头羽状浅裂或深裂，顶裂片较大，三角形，全缘或有齿，侧裂片 5~8 对，三角形，全缘或有疏齿。花葶数个，上部密被蛛丝状棉毛；总苞钟状，长 15~17 mm；总苞片 3~4 层，外层宽卵形，中央有暗绿色宽带，边缘白色膜质，先端粉红色疏被睫毛，无角状突起，内层矩圆状条形或

条状披针形，先端无角状突起；舌状花黄色，长约 17 mm，舌片宽约 1 mm，边缘舌片背部具紫红色条纹。瘦果淡褐色，长约 4 mm，上部有刺状小瘤，喙基长约 1 mm，喙纤细，长 10~12 mm；冠毛白色，长 8~10 mm。花果期 5~7 月。

中生植物。生海拔 1 800~2 200 m 山地沟谷、溪旁湿地，零星分布。见东坡苏峪口沟、黄旗沟；西坡北寺沟。

分布于我国东北、华北、西北（东部）及河南、湖北、四川，也见于俄罗斯（远东）、朝鲜、日本。东亚（中国–日本）种。

4. 多裂蒲公英（图版 101，图 6）

Taraxacum dissectum（Ledeb.） Ledeb. Fl. Ross. **2**（2）：841. 1846； 内蒙古植物志 **6**：297. 图版 117. 图 5. 1982；中国植物志 **80**（2）：21. 图版 5. 图 6~10. 1999；宁夏植物志（二版）**下册**：269. 2007.

多年生草本。高 5~25 cm。根圆锥状，粗壮，根颈部密被黑褐色残叶基，腋间被褐色细毛。叶条形或倒披针形，长 2~5 cm，宽 5~10 mm，羽状全裂，顶裂片长三角状戟形，先端尖或稍钝，通常全缘；侧裂片 3~7 对狭窄，全缘，两面被蛛丝状短毛，叶基显紫红色。花葶数个，通常长于叶，密被蛛丝状毛；总苞钟状，长 8~11 mm，绿色；总苞片绿色，先端常紫红色，外层卵圆形至卵状披针形，无小角状突起，中央绿色，边缘白色膜质，内层者矩圆状条形，长于外层者 2 倍，先端无角状突起；舌状花黄色，舌片长 7~8 mm，宽约 1~1.5 mm。瘦果淡褐色，长 3~4 mm，中上部有刺状突起，下部具小瘤状突起，喙基长 0.8~1 mm，喙长 5~6 mm；冠毛白色，长 6~7 mm。花果期 7~9 月。

中生植物。生山麓河流旁湿地，零星分布。仅见西坡山麓芨芨草滩。

分布于我国西北及内蒙古（西部荒漠区山地），也见于俄罗斯（西伯利亚）、蒙古（北部）。东古北极种。

5. 东北蒲公英（图版 101，图 4）

Taraxacum ohwianum Kitam. in Acta Phytotax. Geobot. **2**：124. 1933；内蒙古植物志 **6**：292. 图版 116. 图 1. 1982；中国植物志 **80**（2）：43. 图版 8. 图 12~15. 1999.

多年生草本。高 10~30 cm。根粗长，圆锥形。叶倒披针形，长 10~30 cm，宽 2~5 cm，羽状深裂或浅裂，顶裂片大，扁菱形或三角形，侧裂片 4~5 对，三角形或长三角形，全缘或具疏齿，裂片间有齿或缺刻，两面疏被短柔毛。花葶数个，长于叶，上面被蛛丝状毛；总苞钟状，长 13~15 mm，果期长 15~20 mm，绿色，外层总苞片宽卵形，被疏柔毛，先端尖或稍钝，无或有不明显增厚，紫色，具狭窄膜质边缘，边缘疏生缘毛，内层矩圆状条形，长于外层者 2~2.5 倍，先端钝；舌状花黄色，长约 14 mm，舌片宽约 1 mm，边缘舌片背部具紫色条纹。瘦果亮黄色，长 3~3.5 mm，上部有刺状突起，向下近平滑，喙基长 0.5~1 mm，喙纤细，长 8~11 mm；冠毛污白色，长约 8 mm。花果期 5~7 月。

中生植物。生海拔 2 300~2 800 m 山地沟谷、溪旁湿地，零星分布。仅见西坡哈拉乌

图版 101 1. **蒲公英** Taraxacum mongolicum Hand.-Mazz. 植株、总苞片、瘦果；2. **亚洲蒲公英** T. asiaticum Dahlst. 植株、瘦果；3. **华蒲公英** T. borealisinense Kitam. 植株、瘦果； 4. **东北蒲公英** T. ohwianum Kitam. 叶、瘦果； 5. **白缘蒲公英** T. platypecidum Diels 叶、瘦果；6. **多裂蒲公英** T. dissectum（Ledeb.）Ledeb. 叶、瘦果；7. **鄂尔多斯黄鹌菜** Youngia ordosica Y. Z. Zhao et L. Ma 植株、总苞片、舌状花。（1~6.张海燕绘；7 引自模式原图）

沟、南寺沟、雪岭子等。

分布于我国东北及华北（山地）。东北种。

6. 华蒲公英（图版 101，图 3）

Taraxacum borealisinense Kitam. in Acta Phytotax. Geobot. **31**（1~3）：45. 1980；中国植物志 **80**（2）：17. 图版 7. 图 13~16. 1999. ——*T. sinense* auct. non Poiret：Dahlst. in Acta Hort. Gothob. **2**：168. f. 9. t. 3. f. 1~4. 1926. ——*T. sinicum* Kitag. in Bot. Mag. Tokyo **47**：826. 1933. non. Poiret 1926； 内蒙古植物志 **6**：297. 图版 114. 图 1~2. 1982；宁夏植物志（二版）**下册**：268. 图 167. 2007.

多年生草本。高 5~25 cm。根较粗壮，圆锥形，直伸，根颈部有褐色残叶基。叶倒卵状披针形或狭披针形，稀条状披针形，长 4~12 cm，宽 5~20 mm，边缘的叶羽状浅裂或全缘，具波状齿，里面的叶倒向羽状深裂，顶裂片较大，长三角形或戟状三角形，侧裂片 3~7 对，狭披针形或条状披针形，全缘或稀具小齿，平展或倒向，两面无毛；叶柄和下面叶脉常带紫红色。花葶 1 至数个，长于叶，上端被蛛丝状毛或无毛；总苞筒状钟形，长 8~12 mm，淡绿色；总苞片 3 层，先端无增厚和角状突起，外层卵状披针形，先端钝或尖，淡紫色，内层披针形，长于外层者 2 倍，两者边缘均为白色膜质；舌状花黄色，舌长 8 mm，舌片宽约 1.5 mm，边缘舌片的背面具紫色条纹。瘦果淡褐色，长 3~4 mm，上部有刺状突起，下部有稀疏的钝小瘤，喙基长 1 mm，喙长 3~4.5 mm；冠毛白色，长 5~6 mm。花果期 6~8 月。2n=24。

盐中生植物。生山麓盐湿地、盐化草地，零星分布。仅见西坡巴彦浩特。

分布于我国东北、华北、西北（东部）及河南、四川、云南，也见于俄罗斯（东西伯利亚）蒙古。东古北极种。

36. 苦苣菜属 Sonchus L.

一、二年生或多年生草本。叶互生。头状花序稍大，在茎顶排列成疏散的伞房状或圆锥状；总苞卵形或钟状；总苞片 2~3 层；花托平，无毛；多数同形小花，两性，结实；小花舌状，舌片顶端截形，有 5 齿。瘦果卵形至矩圆形，极压扁，具 10~20 条纵肋，上端较狭窄，无喙；冠毛多层，细而柔软，基部结合成环状。

贺兰山有 2 种。

分种检索表

1. 多年生草本，叶具稀疏的波状牙齿或羽状浅裂 ……………………………………………… 1. 苣荬菜 **S. arvensis**
1. 一或二年生草本，叶羽状深裂、大头羽状全裂或羽状半裂 ………………………… 2. 苦苣菜 **S. oleraceus**

1. 苣荬菜（图版 100，图 6）取麻菜、甜苣

Sonchus arvensis L. Sp. Pl. 793. 1753；内蒙古植物志（二版）**4**：817. 图版 328. 图 1~4. 1993；中国植物志 80（1）：64. 1997；宁夏植物志（二版）**下册**：270. 2007. ——*S. arvensis* L. f. *brachyotus*（DC.） Kirp. in Fl. URSS **29**：253. 1964. ——*S. brachyotus* DC. Prodr. **7**：186. 1838.

多年生草本。高 20~80 cm。茎直立，具纵棱，无毛，下部常带紫红色，不分枝或上部少分枝。叶灰绿色，两面无毛；基生叶与茎下部叶宽披针形或矩圆状披针形，长 4~20 cm，宽 1~3 cm，先端钝，具小尖头，基部渐狭成柄状，柄基稍扩大，半抱茎，边缘具稀疏的波状牙齿或浅裂，裂片三角形，有小刺尖齿；中部叶与基生叶相似，无柄，基部耳状抱茎；上部叶小，披针形或条状披针形。头状花序多数或少数在茎顶排列成伞房状，有时单生。总苞钟状，长 1.5~2 cm，宽 1~2 mm；总苞片 3 层，暗绿色，背部被短柔毛，外层长卵形，内层披针形；小花 100 个以上，花黄色，长约 2 cm。瘦果矩圆形，长约 3 mm，褐色，稍扁，两面各有 3~5 条纵肋，粗糙；冠毛白色，长达 12 mm。花果期 6~9 月。

中生植物。生山麓农田、地梗、村舍附近，零星分布。东、西坡山麓均少量分布。

分布于我国北部各省区，也见于俄罗斯（远东）、蒙古、朝鲜、日本。东亚（中国—日本）种。

其嫩茎叶可供食用，春季挖采调菜。全草入药（药材名：败酱），能清热解毒、消肿排脓、祛瘀止痛，主治肠痈、疮疖肿毒、肠炎、痢疾、带下、产后淤血腹痛、痔疮。

2. 苦苣菜（图版 100，图 7）苦菜

Sonchus oleraceus L. Sp. Pl. 794. 1753；内蒙古植物志（二版）**4**：817. 图版 328. 图 5~8. 1993；中国植物志 **80**（1）：63. 1997；宁夏植物志（二版）**下册**：270. 图 168. 2007.

一或二年生草本。高 30~80 cm。根圆锥形。茎直立，不分枝或上部有分枝，中空，具纵棱，无毛或上部有稀疏腺毛。叶质软，无毛，长椭圆状披针形，长 10~20 cm，宽 3~8 cm，大头羽状深裂或半裂，顶裂片大，宽三角形，侧裂片有时与顶裂片等大，矩圆形或三角形，少有叶不裂而边缘仅有刺状齿；下部叶具翅的柄，柄基扩大抱茎；中部叶及上部叶无柄，基部宽大耳状抱茎。头状花序数个，在茎顶排列成伞房状，梗疏生腺毛；总苞钟状，长 10~12 cm，宽 1~1.5 mm，暗绿色；总苞片 3 层，背部疏被腺毛和柔毛，外层卵状披针形，内层条状披针形。小花 100 个以上，花黄色。瘦果长椭圆状倒卵形，长 2.5~3 mm，压扁，褐色或红褐色，边缘具齿，两面各有 3 条明显的纵肋，肋间有细横纹；冠毛白色，长 6~7 mm。花果期 6~9 月。2n=16，32。

中生植物。生山麓农田、地埂、村舍附近，沿干河河床、道路也进入浅山区及山的中部，零星分布。为东、西坡习见杂草。

分布于全国各省区，也广布于全世界。

全草入药，能清热、凉血、解毒，主治痢疾、黄疸、血淋、痔瘘、疔肿、蛇咬。

37. 毛鳞菊属 Chaetoseris Shin

一、二年生或多年生草本。茎直立，单一，上部长分枝。头状花序茎顶排列成总状、伞房状、圆锥状；总苞钟状，总苞片3~5层；同形小花，两性，结实；舌状花多数10~40，紫色、淡紫色，少黄、白色。瘦果椭圆形，强压扁，边缘宽而厚，顶端急尖或渐尖成喙，每面有3~6条明显的纵肋；冠毛亮白色，外层冠毛少，极短刚毛状，内层冠毛多，极长，易折脱落。

贺兰山1种。

1. 青甘毛鳞菊（图版99，图6）青甘岩参

Chaetoseris roborowskii（Maxim.） Shin in Acta Phytotax. Sin . **29**（5）：407. 1991；中国植物志 **80**（1）：28. 1997. ——*Lactuca roborowskii* Maxim. in Bull. Acad. Sci. St. –Petersb. **29**：127. 1883. ——*Cicerbita roborowskii*（Maxim.） Beauv. in Bull. Soc. Bot. Geneve ser. **2**（2）：135. 1910；内蒙古植物志（二版）**4**：819. 1993；宁夏植物志（二版）**下册**：271. 图169. 2007.

多年生草本。高约20~60 cm。茎直立，通常单一，上部分枝，分枝与花梗被稀疏白色短刺毛。叶矩圆状披针形，长5~15 cm，宽2~4 cm，大头羽状深裂或半裂，顶裂片三角形或卵形，侧裂片2~6对，斜三角形或菱形，全缘或有少数浅齿，裂片及齿端均具小尖头，上面深绿色，下面灰绿色，两面近无毛；有的叶倒向羽状全裂或深裂，顶裂片长条形，侧裂片条形或披针形，全缘或有浅齿；中部叶同形具柄，柄基扩大而半抱茎，上部叶不分裂，条形无柄，基部扩大成耳形，抱茎。头状花序，在茎顶枝端排列成疏散的圆锥状，梗细，有短毛；总苞狭卵形，长约10 mm，宽约4 mm；总苞片近3层，外层披针形，内层条状披针形。小花10~12，舌状花紫色或淡紫色。瘦果圆柱形，压扁，长约5 mm，暗棕色，每面有3条较粗的纵肋，上部近顶处有微硬毛，向上收缩成喙状；冠毛白色，2层，外层短，冠状，内层长，毛状。

中生细弱植物。生山地沟谷及村舍、寺庙附近，零星分布。仅见西坡哈拉乌北沟、北寺沟。

分布于我国甘肃、青海、四川、西藏。为我国特有。东亚（中国—喜马拉雅）种。

该种《中国植物志》写模式标本采自甘肃，依据是N. Przewalski 25Ⅷ. 1880的（Isotype）（of *Lactuca roborowskii* Maxim.）。但该种的合模式（Syntype）确切产地是“China occidentalis，regio Tangut（Prov. Kansu） Jugum S. afl. Tetung，regio sylvatis inferior，7500，in Sylvis。25Ⅶ-6Ⅷ1880 fl. fr. . N. M. Przewalski”，四个合模式均采自此地，都是1880年，只是时间和海拔高度不同。这里的甘肃实际是青海省，由于当时清朝政府在青海尚未建省，青海的大通属甘肃管辖。该种的模式产地应该是青海的唐古特-祁连山南大通河（S. afl. Tetung）地区，海拔25 000英尺左右的林缘。故植物中名为青甘毛鳞菊。

38. 乳苣属 Mulgedium Cass.

一、二年生或多年生草本。叶不分裂或分裂。头状花序多数，在茎或枝顶端排列成伞房状、伞房圆锥状或总状；总苞果期宽钟状或圆柱状；总苞片 3~5 层，常为紫红色；花序托平，无毛；小花同形，两性，结实；舌状花，蓝色或蓝紫色，舌片顶端截形，有 5 齿。瘦果，纺锤形，稍扁，边缘狭而不明显，每面具 3~7 条纵肋，顶端渐尖成喙，不为细丝状；冠毛白色 2 层。

贺兰山有 1 种。

1. 乳苣（图版 102，图 6）紫花山莴苣、苦菜、蒙山莴苣

Mulgedium tataricum（L.）DC. Prodr. 7：248. 1838； 内蒙古植物志（二版）**4**：825. 图版 330. 图 1~4. 1993；中国植物志 **80**（1）：75. 1997；宁夏植物志（二版）**下册**：272. 2007. ——*Sonchus tataricus* L. Mant. **2**：572. 1771. ——*Lactuca tatarica*（L.） C. A. Mey. Verzeichn. Pfl. Cauc. 56. 1831.

多年生草本。高 20~60 cm。具垂直或稍弯曲的长根状茎。茎直立，不分枝或上部分枝，无毛。叶稍肉质，灰绿色无毛；下部叶长椭圆形或矩圆形，长 5~15 cm，宽 1~3 cm，大头羽状、倒向羽状深裂或浅裂，先端锐尖，有小尖头，基部渐狭成柄，柄基扩大半抱茎，侧裂片三角形或披针形，边缘具疏刺状小齿；中部叶同形，少分裂或全缘，基部具短柄抱茎，边缘具刺状小齿；上部叶小，披针形或条状披针形，全缘而不分裂。头状花序多数，在茎顶排列成开展的圆锥状；总苞圆柱形，长 10~15 mm；总苞片 4 层，紫红色，先端稍钝，外层卵形，内层条状披针形，边缘膜质，无毛；舌状花，约 20，紫色或淡紫色。瘦果矩圆形或长椭圆形，长约 5 mm，稍压扁，灰色或黑色，无边缘或具不明显的狭窄边缘，有 5~7 条纵肋，果喙长约 1 mm，灰白色；冠毛白色，长 8~12 mm。花果期 6~9 月。2n=18。

中生植物。生山麓农田、地埂、盐碱地，沿干河床深入山地中部沟谷河溪边。零星或小片状分布。为东、西坡习见植物。

分布于我国东北、华北、西北，广布于欧亚大陆温带地区。旧大陆温带种。

39. 还阳参属 Crepis L.

多年生或一、二年生草本。叶基生或在茎上互生。头状花序在茎顶排列成伞房状、圆锥状或单生；总苞钟状或圆柱状；总苞片 2 至数层；花序托平或凹，无毛或有毛；同形小花多数或少数，两性，结实，花冠舌状，舌片顶端截形，具 5 齿。瘦果圆柱形或纺锤形，有 10~20 条等形的纵肋，上端狭窄，有长或短喙；冠毛 1 层，白色，刚毛状，纤细，不脱落或脱落。

贺兰山有 1 种。

1. 还阳参（图版 102，图 1）驴打滚儿、还羊参

Crepis crocea（Lam.）Babc. in Univ. Calif. Publ. Bot. **19**：400. 1941；内蒙古植物志（二版）**4**：831. 图版 333. 图 1~4. 1993；中国植物志 **80**（1）：115. 1997； 宁夏植物志（二版）**下册**：274. 图 170. 2007. ——*Hieracium croceum* Lam. Encycl. Meth. 2：360. 1786.

多年生草本。高 5~30 cm，全株灰绿色。根稍木质化，直伸或倾斜，深褐色，颈部被覆多数褐色枯叶柄。茎直立，不分枝或少分枝，疏被腺毛和短柔毛。基生叶丛生，倒披针形，长 2~10 cm，宽 0.8~2 cm，先端锐尖或尾尖，基部渐狭为具窄翅的柄，边缘具波状齿或倒向锯齿至羽状半裂，裂片三角状条形，全缘或具小尖齿，两面被柔毛或近无毛；茎上部叶条形，无柄；最上部叶小，苞叶状。头状花序单生于枝端或 2~4 在茎顶排列成疏伞房状；总苞钟状，长 10~15 mm，宽 4~10 mm，混生蛛丝状毛及腺毛；总苞片 2 层，外层总苞片 6~8，条状披针形，不等长，先端尖，外弯，内层 13，较长，矩圆状披针形，边缘膜质，先端钝或尖，小花多数，舌状花黄色，长 12~18 mm。瘦果纺锤形，长 5~6 mm，暗紫色或黑色，具 10~12 条纵肋，上部有小刺；冠毛白色，长 7~8 mm。花果期 6~7 月。2n=16。

中旱生植物。生海拔 1 600~2 500 m 土石质山坡疏松土壤上，零星分布。见东坡苏峪口沟、黄旗沟、小口子、甘沟、大水沟；西坡北寺沟、峡子沟等。

分布于我国东北、华北及陕西、宁夏、西藏，也见于俄罗斯（东西伯利亚、远东）、蒙古（东、北部）。东古北极种。

全草入药，能益气、止咳平喘、清热降火，主治气管炎、肺结核。

40. 苦荬菜属 Ixeris Cass.

一、二年生或多年生草本，常带白粉，无毛。叶基生或茎生。头状花序少数或多数，在茎顶或枝端排列成伞房状或圆锥状；总苞圆筒形；总苞片 2~3 层，外层 1~2 层，甚小，不等长，内层 1 层，等长；花序托平，无毛；小花同形，多数，两性，结实；花舌状，舌片顶端截形，有 5 齿；花药顶端具三角形附片，基部箭形；花柱分枝细长。瘦果纺锤形或披针形，背腹稍扁，具 10 条等形的锐纵肋，上端狭窄而成明显的喙；冠毛 1 层，等长，微粗涩。

贺兰山有 2 种，1 亚种。

分种检索表

1. 植株高 30~80 cm，茎较粗；叶较宽，羽状浅裂、深裂或具缺刻状牙齿，多为茎生，基部扩大而抱茎 ……………………………… **1. 抱茎苦荬菜 I. sonchifolia**
1. 植株高 10~30 cm，茎细弱或稍坚实；叶狭，多为基生，基部稍抱茎 ……………… **2. 山苦荬 I. chinensis**

1. 抱茎苦荬菜（图版 102，图 4）

Ixeris sonchifolia（Maxim.）Z. Y. Chu comb. nov. ——*I. sonchifolia*（Bunge） Hance in

Journ. Linn. Soc. 13：108. 1873；内蒙古植物志（二版）**4**：840. 图版 338. 图 5~8. 1993；宁夏植物志（二版）**下册**：278. 2007. ——*Ixeridium sonchifoliam*（Maxim.） Shin 中国植物志 **80**（1）：255. 1997. ——*Prenanthes sonchifolia* auct. non Willd.：Bunge Enum. Pl. Chin. Bor. 40. 1833. —— *Youngia sonchifolia* Maxim. Prim. Fl. Amur. 180. 1859.

一、二年生草本。高 30~60 cm。根圆锥形，伸长，褐色。茎直立，上部分枝，具纵条纹，无毛。基生叶矩圆形，长 3.5~8 cm，宽 1~2 cm，先端锐尖或钝，基部渐狭成具窄翅的柄，边缘有锯齿缺刻状牙齿或为不规则羽状深裂，上面有微毛；茎生叶较狭小，卵状矩圆形或披针形，长 2~6 cm，宽 0.5~1.5（3） cm，先端尖，基部扩大成耳形或戟形而抱茎，边缘羽状浅裂或深裂或具缺刻状牙齿。头状花序多数，在茎顶排列成伞房状，具细梗；总苞圆筒形，长 5~6 mm，宽约 2.5 mm；总苞片无毛，中脉明显，外层者 5，短小，卵形，不等长，内层 8~9，较长，条状披针形，等长；舌状花黄色，长 7~8 mm。瘦果纺锤形，长 2~3 mm，黑褐色；喙长约为果身的 1/4，为黄白色；冠毛白色，长 3~4 mm。花果期 6~7 月。

中生植物。多生山地沟谷、灌丛下，也见于浅山区农舍附近。为东、西坡习见杂草。

分布于我国东北、华北及陕西、甘肃、宁夏，也见于俄罗斯（远东）、朝鲜。东北-华北种。

该种名过去用的 *I. sonchifolia*（Bunge）Hance 是不合法命名，基名应是 I. Maximowicz 1859 年命名的，现保留在 Ixeris 属中，应给予新的组合命名。

2. 山苦荬（图版 102，图 2）

Ixeris chinensis（Thunb.） Nakai in Bot. Mag. Tokyo **34**：152. 1920；内蒙古植物志（二版）**4**：838. 图版 337. 图 1~4. 1993；宁夏植物志（二版）**下册**：277. 2007. ——*Ixeridium chinense*（Thunb.） Tzvel. in Fl. URSS **29**：390. 1964；中国植物志 **80**（1）：250. 1997. ——*Prenanthes chinensis* Thunb. Fl. Jap. 301. 1784. p. p.

多年生草本。高 10~30 cm，无毛。茎常多数丛生，直立或斜升，有时斜倚。基生叶莲座状，条状披针形、倒披针形或条形，长 4~15 cm，宽 1~3 cm，先端尖或钝，基部渐狭成柄，柄基稍扩大，全缘，具疏牙齿至羽状浅裂或深裂，两面灰绿色；茎生叶 1~3，与基生叶相似，较小，无柄，基部半抱茎。头状花序多数，排列成稀疏的伞房状，梗细长；总苞圆筒形，长 7~9 mm，宽 2~3 mm；总苞片无毛，先端尖，外层者 6~8，三角形或宽卵形，约为内层的 1/6~1/9，短小，内层者 7~8，较长，条状披针形；小花 20~25，花冠黄色，白色或淡紫色，长 10~12 mm。瘦果狭披针形，稍扁，长 3~4 mm，红棕色，沿肋被短柔毛，喙长约 2 mm；冠毛白色，长 4~5 mm。花果期 6~7 月。2n=16，32。

中生植物。生山地沟谷、林缘或灌丛中，也生于农田，村舍附近。零星分布，东、西坡都有少量分布。

分布于我国东北、华北、西北、华东、华南（东、北部）；也见于俄罗斯（远东）、蒙古（肯特山）、朝鲜、日本。东亚（中国-日本）种。

全草入药，能清热解毒、凉血、活血排脓，主治阑尾炎、肠炎、痢疾、疮疖痈肿、吐血、衄血。

2a. 丝叶山苦荬（亚种）（图版 102，图 3）

Ixeris chinensis（Thunb.） Nakai subsp. **graminifolia**（Ledeb.） Kitag. Lineam. Fl. Mansh. 453. 1939. ——*I. graminifolia*（Ledeb.） Kitag. in Rep. First Sc. Exped. Mansh. sect. 4. **4**：95. 1936. ——*I. chinensis*（Thunb.） Nakai var. *graminifolia*（Ledeb.） H. C. Fu， 内蒙古植物志 **6**：图版 125. 图 5. 1982. ——*Ixeridium graminifolium*（Ledeb.） Tzvel. in Fl. URSS 29：392. t. 24. f. 1. 1964. ——*Crepis graminifolia* Ledeb. in Mem. Acad. Sci. St.-Petersb. **5**：558. 1814.

该亚种与正种的区别在于：基生叶很窄，丝状条形，通常全缘，稀具羽状分裂。

旱生植物。生中、低山地和干燥、石质山坡，也见于灌丛下、沟谷、干河床上，零星分布。为东、西坡习见植物。

分布于我国东北、华北、西北，也见于俄罗斯（西伯利亚，远东）、蒙古。东古北极种。

41. 黄鹌菜属 Youngia Cass.

多年生草本。叶基生或互生，常羽状分裂。头状花序较小而狭，具长梗，在茎顶排列成总状、圆锥状或聚伞状，有 4~16 同形小花，两性，结实；总苞圆柱形或圆柱状钟形；总苞片数层；花序托平，有小窝孔；小花花冠舌状，黄色，舌片顶端截形，有 5 齿。瘦果纺锤形或圆柱形，腹背稍扁，具 10~15 条不等形的纵肋，两端渐狭，通常无明显的喙；冠毛 1 层，微粗糙。

贺兰山有 2 种。

分种检索表

1. 总苞片近顶端具角状附属物；基生叶羽状全裂或羽状深裂；茎少数或单一，从中上部分枝 ………………………………………………… 1. 细叶黄鹌菜 **Y. tenuifolia**
1. 总苞片近顶端无角状附属物；基生叶大块羽状浅裂；茎多数由基部强烈二叉状分枝，植株铺散丛状 ………………………………………………… 2. 鄂尔多斯黄鹌菜 **Y. ordosica**

1. 细叶黄鹌菜（图版 102，图 5）

Youngia tenuifolia（Willd.） Babc. et Stebb. in Carn. Inst. Wash. Publ. no. **484**：46. 1937. p. p. ；Czerep. in Fl. URSS **29**：381. 1964；内蒙古植物志（二版）**4**：836. 图版 336. 图 6~10. 1993；中国植物志 **80**（1）：136. 1997；宁夏植物志（二版）**下册**：276. 2007. ——*Crepis tenuifolia* Willd. Sp. Pl. 3：1606. 1803.

多年生草本。高 10~45 cm。根粗壮，木质，黑褐色，根颈被枯叶柄及褐色棉毛。茎少数或单一，直立，较粗，基部直径 1.5~4 mm，上部有分枝，具纵沟棱，无毛或被微毛。基

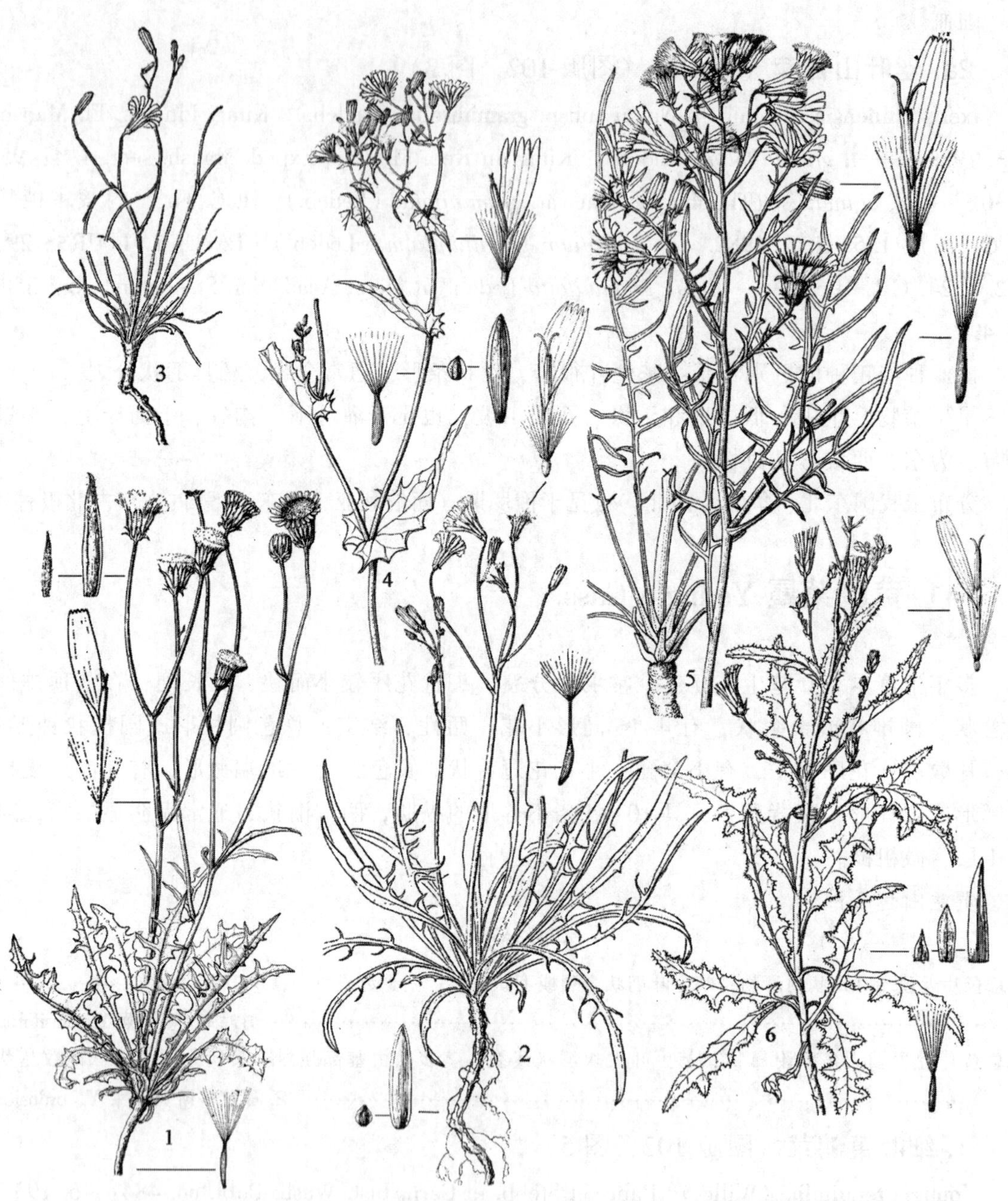

图版 102　1. 还阳参 Crepis crocea（Lam.）Babc. 植株、总苞片、舌状花、瘦果；2. 山苦荬 Ixeris chinensis（Thunb.）Nakai 植株、总苞片、小花、瘦果；3. 丝叶山苦荬 I. chinensis（Thunb.）Nakai subsp.graminifolia（Ledeb.）Kitag. 植株；4. 抱茎苦荬菜 I. sonchifolia（Maxim.）Z. Y. Chu 植株上部、总苞片、舌状花、瘦果；5. 细叶黄鹌菜 Youngia tenuifolia（Willd.）Babc. et Stebb. 植株、总苞片、舌状花、瘦果；6. 乳苣 Mulgedium tataricum（L.）DC. 植株、总苞片、舌状花、瘦果。（张海燕绘）

生叶多数，丛生，长 5~20 cm，宽 2~6 cm，羽状全裂或深裂，侧裂片 6~12 对，条状披针形或条形，全缘、具疏锯齿或条状尖裂片，两面无毛或被微毛，具长柄，柄基稍扩大；中下部叶与基生叶相似，较小，柄较短；上部叶不分裂，条形或条状丝形，有时具不整齐锯齿，无柄。头状花序多数在茎上排列成聚伞圆锥状，梗细；总苞圆柱形，长 8~11 mm；总苞片端部密被柔毛，顶端有角状突起，外层者 5~8，短小，条状披针形，内层者较长，6~9，矩圆状条形，边缘宽膜质；小花 8~15，舌状花冠长 10~15 mm。瘦果纺锤形，长 4~6 mm，黑色，具 10~12 条纵肋，被向上的小刺毛，顶端收缩成喙状；冠毛白色，长 4~6 mm。花果期 7~9 月。2n=10，12。

石生中旱生植物。生海拔 2 200~2 500 m 岩石缝及石质山坡，零星分布。见东坡苏峪口沟、汝箕沟；西坡哈拉乌沟、水磨沟等。

分布于我国东北、华北、及新疆、西藏，也见于俄罗斯（西伯利亚）、蒙古。东古北极种。

2. 鄂尔多斯黄鹌菜（图版 101，图 7）

Youngia ordosica Y. Z. Zhao et L. Ma in Bull. Bot. Res.（Harbin）**23**（3）：3. 2003.

多年生草本植物，高约 5~15 cm。根粗壮，直伸，木质。茎多数，铺散，无毛，自基部二叉状分枝。基生叶多数，长 2~3 cm，宽 1~2 cm，倒向大头羽状分裂，裂片三角形或三角状披针形，先端锐尖，全缘，两面无毛，基部渐狭；茎生叶狭条形，全缘，长 2~4 mm。头状花序排列成伞房状；总苞圆筒形，无毛；外层总苞片短小，卵状披针形或披针形，长约 1 mm，宽约 0.5 mm，顶端急尖，内层总苞片较长，狭披针形，长 5~6 mm，宽约 1 mm，边缘膜质，顶端渐尖；舌状花淡黄色，长约 8 mm，瘦果顶端无喙；冠毛白色，长约 4.5 mm。

本种与细茎黄鹌菜 *Y. tenuicauli*（Babs. et Stebb.）Czer. 在外形上相似，但本种总苞片近顶端无角状附属物，基生叶大头倒向羽状分裂；而后者总苞片近顶端有明显的角状附属物，基生叶非大头羽状分裂。

石生旱生植物。生海拔（1 600）1 800~2 300 m 石质山坡及岩石缝中，零星分布。见东坡苏峪口沟、大水沟、汝箕沟和石炭井等；西坡北寺沟、哈拉乌沟、南寺沟及北部山丘区。

分布仅见于贺兰山北部的阿尔巴斯山（内蒙古）。为贺兰山–阿尔巴斯山特有种。

七七、香蒲科 Typhaceae

水生或湿生多年生草本。具根状茎，须根多。茎直立，粗壮或细弱。叶互生，两列；基部具短鞘状叶，叶条形，直立；叶脉平行，叶鞘长，抱茎。花单性，雌雄同株，多数形成密集的顶生圆柱形的穗状花序，雄花在上，雌花在下，互相连接或两者稍离开；苞片叶状，着生花序基部；无花被；雄花具 1~3 雄蕊，花药细长，2 室，纵裂，花粉粒单体或四合体；雌花具 1 雌蕊，子房上位，1 室，1 胚珠，子房柄基部及下部具白色丝状毛，孕性雌蕊，花柱条形，柱头条状、披针形，宿存；不育雌花无花柱，子房柄不等大。果实呈纺锤状，果皮膜质。种子含有肉质或粉质的胚乳。

本科仅有1属，贺兰山有3种。

1. 香蒲属 Typha L.

属特征同科。

贺兰山有3种。

分种检索表

1. 花茎下部的叶无叶片，只有叶鞘；雌穗长2~4 cm，直径1.5~2.5 cm；植株矮小，高20~50 cm ……………………………………………………………………………… 1.小香蒲 **T. minima**

1. 花茎下部的叶均具叶片；植物体较高大，高通常达80 cm以上。

  2. 植物体高大，高80~200 cm；叶宽3~8 mm；雌花有小苞片，柱头宽条形 …… 2.长苞香蒲 **T. angustata**

  2. 植物体较小，高80 ~100 cm；叶宽2~4 mm；雌花无小苞片，雌花花序轴具白色或黄色芽毛，匙状，叶较狭，宽1~3.5 mm …………………………………………………… 3.无苞香蒲 **T. 1axmannii**

1. 小香蒲（图版103，图1）

Typha minima Funk in Hoppe Bot. Taschenb. 187. 1794；中国植物志 **8**：9. 图版2. 图12~14. 1992；内蒙古植物志（二版）**5**：2. 图版2. 图1~3. 1994；宁夏植物志（二版）**下册**：390. 图239. 2007.

多年生草本。根状茎横走，黄褐色，粗壮。茎直立，细弱，高20~50 cm，下部只有膜质叶鞘。叶基生，条形，宽1~1.5 mm，基部具褐色宽叶鞘，边缘膜质。穗状花序，长6~10 cm，雌雄花序远离，中间相距5~10 cm；雄花序圆柱形，长3~6 cm，直径约5 mm，基部具1膜质苞片，雄花具1雄蕊，基部无毛，花药长约1.5 mm，花粉为四合体；雌花序长1.5~4 cm，直径5~7 mm，基部具1膜质的叶状苞片，比叶片宽；雌花具1小苞片；子房纺锤形，具细长的柄，柱头条形，白色长毛，先端稍膨大，与小苞片近等长，比柱头短。果实褐色，椭圆形，具长柄。花果期6~9月。

湿生植物。生山麓沼泽地、水泡子，零星或小片生长。仅见东坡大武口。

分布于我国东北、华北、西北及河南、湖北、四川，广布于欧亚温带地区。古北极种。

药用花粉或根茎，花粉（药材名：蒲黄）能止血，祛瘀，利尿，主治衄血，咯血，吐血、尿血、崩漏、痛经、产后血瘀、脘腹刺痛、跌打损伤等。根茎能利尿、消肿，主治小便不利、痛肿等。叶供编制，蒲绒可以作枕芯。

2. 长苞香蒲（图版103，图3）

Typha angustata Bory et Chaub. in Exp. Sc. Moree **3**：338. 1832；中国植物志 **8**：8. 图版2. 图8~10. 1992；宁夏植物志（二版）**下册**：391. 2007.

多年生草本。高 0.8~2 m。根茎短粗，须根多数。茎直立，粗壮。叶狭条形，宽 3~8 mm，上部扁平，中部背部隆起，下部具圆筒形抱茎叶鞘，横切面半圆形，海绵状。穗状花序长 30~60 cm，雌雄花序远离，中间相距 2~4 cm；雄花序长 10~30 cm，花序轴疏生白黄色柔毛，雄花具 3 雄蕊，基部具毛，较雄蕊长，花粉单粒；雌花序长 5~20 cm，雌花具小苞片，比柱头短；子房披针形，具细长的柄，基部具多数白色丝状毛，短于柱头，与小苞片约等长，柱头宽条形，褐色。小坚果纺锤形。花果期 6~8 月。

湿生植物。生山麓水田边及沼泽地中，群生，能成小群落。仅见东坡大武口、龟头沟。

分布于我国东北、华北、西北、华东（中、北部）西南（贵州、云南），也见于俄罗斯(亚洲部分)、日本、印度。东古北极种。

用途同小香蒲。

3. 无苞香蒲（图版 103，图 2）拉氏香蒲

Typha laxmannii Lepech. in Nova Acta Acad. Petrop. **12**：84. 335. t. 4. 1801；中国植物志 **8**：5. 图版 1. 图 11~13. 1992；内蒙古植物志（二版）**5**：4. 图版 2. 图 4~6. 1994.

多年生草本。高 80~130 cm。根状茎黄褐色，横走，须根多数，纤细。茎直立。叶狭条形，长 40~80 cm，宽 2~4 mm，基部具长宽的鞘，两边稍膜质。穗状花序长 20 cm，雌雄花序远离，中间相距 1~2 cm；雄花序长圆柱形，长 7~14 cm，雄花具 2~3 雄蕊，花药长约 1.5 mm，花丝很短，下部合生，花粉单粒，花序轴具毛；雌花序圆柱形，长 4~6 cm，基部具 1 叶状苞片，花后脱落，成熟后直径 14~17 mm，雌花无小苞片，孕性雌花柱头匙形，子房披针形，柄纤细，花柱很细；不孕雌花子房倒圆锥形，柱头很小，与花柱近等长，被白色丝状毛。果实椭圆形，种子褐色，具小凸起。花果期 7~9 月。

湿生植物。生山麓塘坝中，群生，能形成群落。仅见西坡巴彦浩特。

分布于我国华北、东北、西北及山东、江苏、河南、四川，广布于欧亚大陆。古北极种。

用途同小香蒲。

七八、眼子菜科 Potamogetonaceae

淡水或海水草本植物。根状茎细长。叶沉没水中或漂浮水面，通常浮水叶宽而质厚，沉水叶狭窄而质薄，互生或对生，稀轮生；托叶常膜质，与叶分离，或与叶基部合生，围茎成鞘。花小，两性或单性，排列成穗状、总状或单生，假花被片 3~4 片，成杯状，有时无花被；雄蕊 1~4，花药常 2 室，外向；雌蕊 1~4 个，离生，子房 1 室，每室含 1 胚珠。果实为不开裂的小坚果状或小核果状。种子无胚乳。

贺兰山有 2 属，4 种。

分属检索表

1. 花两性，排列成穗状花序；花在水面上开；雄蕊 4 ……………………………… 1. 眼子菜属 Potamogeton

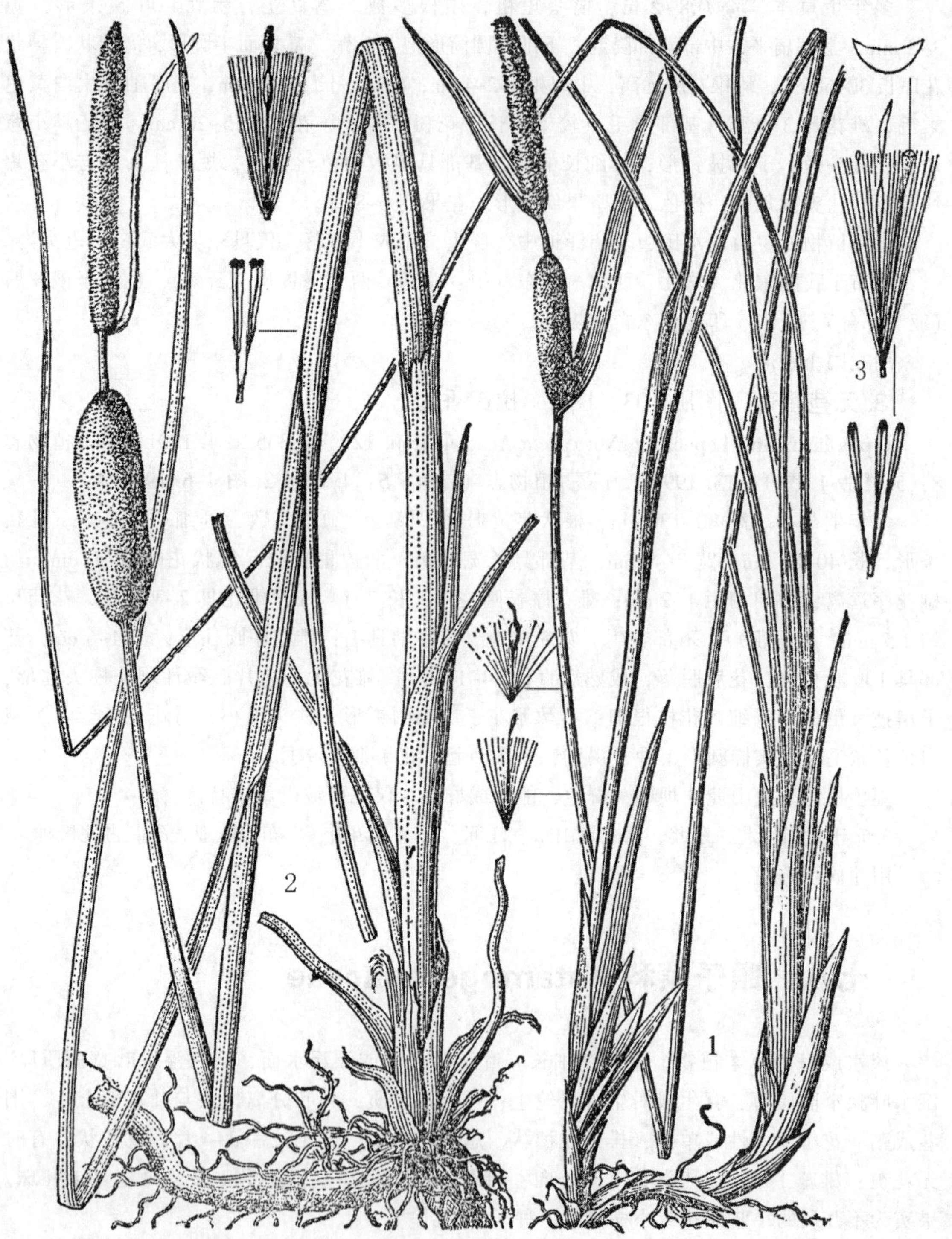

图版 103 1. 小香蒲 Typha minima Funk 植株、雌花、果实；2. 无苞香蒲 T. laxmannii Lepech. 植株、雌花、雄花；3. 长苞香蒲 T. angustata Bory et Chaub. 叶横切面、雌花、雄花。（1~2 张海燕绘；3 引自中国植志）

1. 花单性，单生或排列成聚伞花序；花在水中开；雄蕊 1 …………………………… 2. 角果藻属 **Zannichellia**

1. 眼子菜属 Potamogeton L.

一年生或多年生水生草本。茎纤细，有分枝，圆柱形或扁。叶二列，互生或对生，沉水叶膜质，浮水叶常革质；托叶离生，或与叶基部合生成鞘状。花两性，排列成穗状花序，开花时伸出水面；假花被片 4，绿色，基部具爪；雄蕊 4，无花丝，着生在假花被片的爪上；花粉粒球形；心皮 4，无柄，离生，或基部稍合生。果实为小核果状，内果皮骨质，外果皮含气腔。

贺兰山有 3 种。

分种检索表

1. 叶全部沉水，宽度在 1 mm 以下；托叶与叶柄贴生，形成叶鞘 …………… 1. 篦齿眼子菜 **P. pectinatus**
1. 叶漂浮水面或沉没水中，宽度在 5 mm 以上，托叶和叶柄形成叶鞘。
  2. 叶具长柄；二型，浮水叶较大，卵状椭圆形，沉水叶披针形，基部不抱茎 --- 2. 眼子菜 **P. distinctus**
  2. 叶无柄或具短柄；全部沉没于水中，宽卵形或披针状卵形，基部心形且抱茎 ……………………… ………………………………………………………………………………… 3. 穿叶眼子菜 **P. perfoliatus**

1. 篦齿眼子菜（图版 104，图 1）龙须眼子菜

Potamogeton pectinatus L. Sp. Pl. 127. 1753；中国植物志 **8**：79. 图版 32. 1992；内蒙古植物志（二版）**5**：12. 图版 5. 1994；宁夏植物志（二版）**下册**：393. 2007.

多年生草本。根状茎纤细，多分枝，伸长，在节上生出多数不定根，顶端生有白色块茎（休眠芽体）。茎丝状，长 30~100（200） cm，直径 0.5~1 mm，多分枝。叶互生，长 5~10 cm，宽 0.3~1 mm，基部与托叶贴生成鞘；鞘边缘叠压而抱茎，顶端具膜质小叶舌；叶脉 3，中脉显著，边脉不明显。穗状花序长约 3 cm，具花 4~7 轮，疏松，基部具 2 膜质总苞，早落，花被片 4；雌蕊 4 枚，仅 1~2 枚发育成果实。果实倒卵形，顶端斜生小喙，背部钝圆。花果期 6~10 月。2n=78。

水生植物。生山麓塘坝中，小片群生。仅见西坡巴彦浩特。

分布于我国南北各省区，广布世界各地。世界种。

全草入药。能清热解毒，主治肺炎疮疖。也作鱼、鸭饲料。

2. 眼子菜（图版 104，图 2）

Potamogeton distinctus A. Benn. in Journ. Bot. **42**：72. 1904；中国植物志 **8**：68. 图版 26. 1992；内蒙古植物志（二版）**5**：19. 图版 9. 图 1~4. 1994.

多年生草本。根状茎淡黄白色，直径约 2 mm，多分枝，顶端成纺锤状。茎少分枝，有时不分枝，长 15~30 cm，直径约 2 mm。浮水叶稍革质，互生，花序梗基部叶对生，宽披

针形或卵状椭圆形，长 3~10 cm，宽 1~4 cm，先端钝圆或尖，基部钝圆或楔形，全缘而微皱，具脉 6~8 条，叶柄长 4~10 cm；沉水叶披针形或条状披针形，较浮水叶小，叶柄亦较短；托叶膜质，条形，长 2~4 cm，先端锐尖，与叶片分离，早落。花序梗自浮水叶的叶腋生出，长约 5 cm，花后自基部弯曲；穗状花序圆柱形，密生多花，花小，花被片 4，绿色，雄蕊 2（稀 1~3）。小坚果斜宽卵形，长约 3.5 mm，宽约 2.5 mm，腹面近直，背部具半圆形的 3 条脊，中脊锐，果期隆起，侧脊稍钝，上下各具 2 突起，顶端具短喙。花果期 7~9 月。2n=52。

水生植物。生溪水、流水缓弯处，小片群生。仅见东坡汝箕沟。

分布于我国南北各省区，也见于俄罗斯（亚洲部分）、朝鲜、日本。东古北极种。

3. 穿叶眼子菜（图版 104，图 3）

Potamogeton perfoliatus L. Sp. Pl. 126. 1753；中国植物志 **8**：55. 图版 19. 1992；内蒙古植物志（二版）**5**：19. 图版 10. 图 6~8. 1994；宁夏植物志（二版）**下册**：394. 图 241. 2007.

多年生草本。根状茎横生土中，伸长，淡黄白色，节部生须根。茎上部多分枝，扁圆柱状，直径 1~3 mm。叶全部沉水，互生，质较薄，宽卵形或披针状卵形，长 1.5~5 cm，宽 1~2.5 cm，先端钝圆，基部心形且抱茎，边缘波状，中脉在下面明显凸起，每边具弧状侧脉 1~2 条，次级脉细弱；托叶膜质，无色，早落。花序梗与茎等粗；穗状花序密生多花，有 4~7 轮花；花小，花被片 4，雌蕊 4，离生。小坚果扁斜宽卵形，长约 3 mm。顶端具短喙，背部 3 脊，中脊稍锐，侧脊不明显。花期 6~7 月，果期 8~9 月。2n=52，26（48）。

水生植物。生溪水缓弯处及水库、塘坝中，小片群生。见东坡拜寺沟口，西坡巴彦浩特。

分布于我国东北、华北、西北及山东、河南、湖北、湖南、贵州、云南，广布于世界各大洲。世界种。

全草入药，能渗湿、解表，主治湿疹、皮肤瘙痒。也作鱼、鸭饲料。

2. 角果藻属 Zannichellia L.

多年生沉水草本。茎纤细，匍匐分枝。叶线形；托叶叶鞘状。花单性，雌雄同株，腋生，1 朵雄花和 1 朵雌花，同生在膜质苞鞘内；雄花仅 1 个雄蕊，无花被，花丝细长；雌花生杯状苞内，心皮 4（2~8）离生，柱头斜盾状。果实为瘦果，无柄或具短柄。（该属《中国植物志》置于茨藻科 Najadaceae）

贺兰山有 1 种。

1. 角果藻（图版 104，图 4）

Zannichellia palustris L. Sp. Pl. 969. 1753；中国植物志 **8**：102. 图版 41. 1992；内蒙古

图版 104 **1. 篦齿眼子菜** Potamogeton pectinatus L. 植株、块茎、果序一部分、果实；**2. 眼子菜** P. distinctus A. Benn. 植株、浮水叶、果实；**3. 穿叶眼子菜** P. perfoliatus L. 植株、浮水叶、果实；**4. 角果藻** Zannichellia palustris L. 植株、叶上部放大、花（a. 雌花；b. 雄花；c. 总苞）、果实。（2~4 马平绘；1 张海燕绘）

植物志（二版）**5**：23. 图版 12. 1994；宁夏植物志（二版）**下册**：395. 2007.

沉水植物。细长的茎生于水下泥中，节上着生多数不定根，分支多，常交织成团，质脆，易折断。叶对生，线形，扁平，长 2~7 cm，宽约 0.5 mm，先端尖，基部有鞘状托叶。花腋生，雄花具 1 雄蕊，花药长约 1 mm，2 室药隔延伸至顶端，花丝细长；雌花的花被杯状，4 心皮；子房椭圆形，花柱短粗，后伸长，柱头盾形。瘦果新月状，稍扁，长约 2 mm，顶端具长喙，背部常具有齿的脊，果梗长 1~2 mm。花果期 6~9 月。2n=24，34。

水生植物。生溪水缓弯处，混生于眼子菜中，零星分布。仅见东坡拜寺沟口，汝箕沟。

分布于我国南北各省区，广布于全世界。世界种。

七九、水麦冬科 Juncaginaceae

一年生或多年生草本。叶常基生，条形，具叶鞘。花序顶生，总状；花小，两性，具苞片；花被片 6，两轮；雄蕊 6，与花被对生，花药 2 室，无花丝；心皮 6，有 3 个不发育，合生，柱头毛笔状，子房上位，每室胚珠一粒。蒴果椭圆形、卵形或长圆柱形，3 或 6 裂。含种子 1，无胚乳。（该属中国植物志置于眼子菜科）

贺兰山有 1 属，2 种。

1. 水麦冬属 Triglochin L.

属特征同科。

分种检索表

1. 总状花序较紧密；果实椭圆形或卵形，成熟后呈 6 瓣裂开 ………………………… **1. 海韭菜 T. maritimum**
1. 总状花序较疏松；果实棒状条形，成熟后由下方呈 3 瓣裂开 ………………………… **2. 水冬麦 T. palustre**

1. 海韭菜（图版 105，图 2）圆果水麦冬

Triglochin maritimum L. Sp. Pl. 339. 1753；中国植物志 **8**：40. 图版 11. 1992；内蒙古植物志（二版）**5**：30. 图版 15. 图 4. 1994；宁夏植物志（二版）**下册**：398. 2007.

多年生草本。高 10~50 cm。根茎粗壮，被棕色残叶鞘，有多数须根。叶基生，条形，横切面半圆形，长 7~20 cm，宽约 2 mm，较花序短，稍肉质，光滑，生于花葶两侧，基部扩宽成叶鞘，叶舌长 3~5 mm。花葶直立，圆柱形，总状花序，生多数花，较紧密，花梗长约 1 mm，果熟后可延长为 2~4 mm；花小，花被片 6，两轮，卵形，内轮较狭，绿色；雄蕊 6，心皮 6，柱头毛笔状。蒴果椭圆形或卵形，长 4~5 mm，宽约 3 mm，具 6 棱。花期 6 月，果期 7~8 月。2n=12，24，30，36，48。

耐盐湿生植物。生山麓溪边盐湿地上，呈小片群生。见东坡拜寺沟口、汝箕沟、插旗

沟；西坡巴彦浩特。

分布于我国东北、华北、西北、西南，广布于北半球温带、寒带。泛北极种。

2. 水麦冬（图版 105，图 1）

Triglochin palustre L. Sp. Pl. 338. 1753；Buch in Engl. Pflanzenr. **16**（IV. 14）：9. 1903.

多年生草本。植株细弱，高 20~60 cm。根茎缩短，有密的须根。叶基生，条形，长 10~30 cm，宽约 1 mm，基部具宽叶鞘，边缘膜质，残存叶鞘纤维状。花葶直立，圆柱形，总状花序顶生，花多数，排列疏散，花梗长约 2 mm；花小，花被片 6，鳞片状，宽卵形，绿色；雄蕊 6，花药 2 室，花丝很短；心皮 3，柱头毛笔状。果实棒状条形，长 6~10 mm，粗约 1.5 mm。花期 6 月，果期 7~8 月。2n=24、26。

湿生植物。生山麓溪水边湿地上，零星分布。见东坡拜寺沟口、汝箕沟；西坡巴彦浩特。泛北极种。

分布于我国东北、华北、西北、西南，广布于北半球温带和寒带。

八 O、泽泻科 Alismataceae

一年生或多年生草本，沼生或水生。具根茎。叶基生，常分陆生及水生叶，叶脉弧形。花两性或单性；花被片 6，2 轮，外轮绿色，宿存，内轮花瓣状，脱落；雄蕊 6 至多数，2 室，花丝分离；心皮多数，分离，多螺旋状排列，花柱宿存；子房单室，常 1 胚珠。瘦果聚集成头状。种子褐色，胚马蹄形，无胚乳。

贺兰山有 1 属，1 种。

1. 慈姑属 Sagittaria L.

水生或沼生，一年生或多年生草本。根茎块状或球状，须根多数。叶基生常分沉水及浮水两型，沉水叶常为带状，无柄，浮水叶多箭形，具长柄。花单性或两性，雌雄同株，分枝和花轮生；花被片 6，外轮绿色，宿存，内轮花瓣状白色，质薄，果期脱落；雄花常位于上方，具长柄，雄蕊多数；雌花位于两侧，具短柄；心皮多数，生于突起的花托上；子房扁平，花柱顶生或侧生，胚珠 1。果实两侧压扁，具翅。

1. 野慈姑（图版 105，图 3）

Sagittaria trifolia L. Sp. Pl. 993. 1753；中国植物志 **8**：143. 图版 55. 图 11-13. 1992；内蒙古植物志（二版）**5**：32. 图版 16. 图 4~5. 1994；宁夏植物志（二版）**下册**：400. 图 246. 2007.

多年生草本。具根茎，粗壮，末端多膨大呈球形。叶箭形，长短大小变异很大，先端渐尖，基部具 2 裂片，具 3~7 条弧形脉，脉间具多数横脉，叶柄长 20~60 cm，基部具宽叶

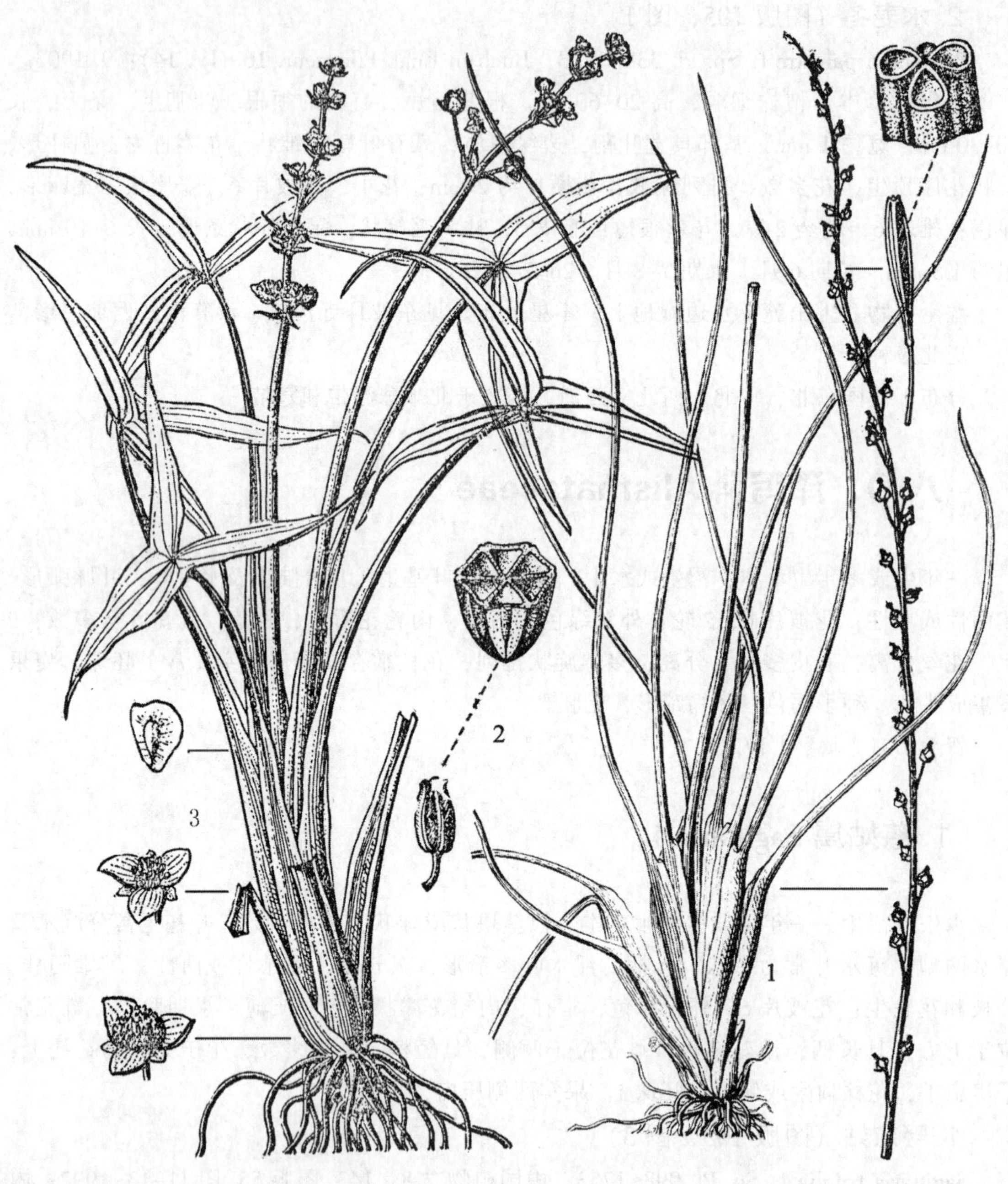

图版 105 **1. 水麦冬** Triglochin palustre L. 植株、花序、果实外形及横切面；**2. 海韭菜** T. maritimum L. 果实外形及横切面；**3. 野慈姑** Sagittaria trifolia L. 植株、雌花、雄花、果实。（1~2 张海燕绘；3 马平绘）

鞘，叶鞘边缘膜质，2 枚裂片较叶片狭长，线状披针形。花茎单一或分枝，高 40~80 cm，花 3 朵轮生，形成总状花序或圆锥状花序；花梗长 1~2 cm；苞片卵形，长 3~7 mm，宽 2~4 mm，宿存；花单一，外轮花被卵形，绿色，宿存，内轮花被近圆形，明显大于外轮，白色，膜质，果期脱落；雄蕊多数，花药多数；心皮多数，聚成球形。瘦果扁平，斜倒卵形，长约 3.5 mm，宽约 2.5 mm，具宽翅，喙向上直立。花期 7 月，果期 8~9 月。2n=22。

湿生或水生植物。生水库、塘坝中，零星或小片分布于香蒲群落中。仅见东坡大武口；西坡巴彦浩特。

分布于我国东北、华北、西北、华东、华南及西南（东部，四川、贵州、云南），分布于欧亚大陆。北温带种。

八一、禾本科 Gramineae（Poaceae）

一年生，越年生或多年生草本。有时具地下根茎，根多为须根。秆直立，倾斜，亦有匍匐，节明显，常中空。叶互生，2 行排列，分为叶片和叶鞘两部分，叶鞘包住秆，开缝，连合，少闭合；叶片扁平或内卷；叶脉平行，中脉常明显，叶片与叶鞘间通常具叶舌，有时两侧还具叶耳。花序由多数小穗排成圆锥状、总状、穗状或头状花序，小穗具柄或无，小穗的基部具有 2 枚颖片，颖的上面有 1 至数枚无柄的小花，着生在小穗轴上；小花通常两性，稀为单性，被外稃及内稃包在外面，其内有鳞被 2~3（稀为 6），雄蕊（2）3~6，雌蕊 1，由 2（3）心皮组成 1 室的上位子房，花柱 2（稀为 3 或 1），柱头常为羽毛状。果实通常为颖果，含丰富胚乳。

贺兰山有 43 属，107 种。

分亚科，分族检索表

1. 小穗含多数至 1 枚小花，大都两侧压扁，通常脱节于颖之上。
  2. 外稃具多数至 5 脉（稀为 3 脉），或脉不明显；叶舌通常无纤毛（芦苇属例外）（(二）早熟禾亚科Pooideae)
    3. 小穗无柄或几无柄，排成穗状花序 ………………………………………………… Ⅱ. 小麦族 **Tritieae**
    3. 小穗具柄或稀无柄，排成圆锥花序或穗形总状花序。
      4. 小穗含 2 至多数小花，如为 1 花时则外稃有 5 条以上的脉。
        5. 第二颖通常较短于第 1 小花；芒如存在时则劲直（稀可反曲）而不扭转，通常自外稃顶端伸出，有时可在外稃顶端 2 裂齿间或裂隙的下方生出。
          6. 外稃基盘延伸如细柄状，其上生有长丝状柔毛；叶舌具纤毛；高大禾草（(一）芦竹亚科 Arundinoideae）……………………………………………………………… Ⅰ. 芦竹族 **Arundineae**
          6. 外稃基盘通常无毛，如有毛时，则毛大都短于外稃；叶舌通常膜质，无纤毛；中小型禾草（(二）早熟禾亚科 Pooideae）。
            7. 外稃通常有 7 至多数脉，稀具 5 或 3 脉；叶鞘全部闭合，或下部闭合，亦可不闭合（但其外稃具多数脉）。

8. 子房顶端无毛或稀有短柔毛；内稃脊上无毛或具短纤毛或柔纤毛；颖果顶端无附属物或喙，有时有无毛的短喙 ………………………………………………………… Ⅲ 臭草族 **Meliceae**

8. 子房顶端有糙毛；内稃脊上有硬纤毛或短纤毛；颖果顶端有生毛的附属物或短喙 ………………………………………………………………………………… Ⅳ. 雀麦族 **Bromeae**

7. 外稃具（3）5 脉；叶鞘通常不闭合或边缘互相覆盖 ……………………… Ⅴ. 早熟禾族 **Poeae**

5. 第二颖等长或长于第一小花；芒如存在大都膝曲而有扭转的芒柱 ……… Ⅵ. 燕麦族 **Areneae**

4. 小穗仅含 1 小花；外稃具 5 脉或稀可更少。

9. 外稃膜质，成熟时疏包颖果或几不包裹 ……………………………… Ⅶ. 剪股颖族 **Agrostideae**

9. 外稃坚厚，非膜质，成熟后与内稃一起紧包颖果 ………………………… Ⅷ. 针茅族 **Stipeae**

2. 外稃具 3 或 1 脉，亦有 5~9 脉者；叶舌通常具纤毛或为一圈毛所代替（(三) 画眉草亚科 Eragrostidoideae.）

10. 外稃具 7~9 脉。

11. 外稃具 9 条或更多的羽状芒 ……………………………………………… Ⅸ. 冠芒草族 **Pappophoreae**

11. 外稃无芒；小穗近于无柄而排列于花絮分枝的一侧 …………………………… Ⅹ. 獐毛族 **Aeluropdeae**

10. 外稃具（1）3（5）脉。

12. 小穗具（2）3 至多数结实小花；圆锥花序，如为总状花序或穗状花序时其小穗不排列于穗轴的一侧 ………………………………………………………………………… Ⅺ. 画眉草族 **Eragrostideae**

12. 小穗仅含 1 结实小花。

13. 小穗无柄或近无柄，排列于穗轴一侧形成穗状花序，此花序再呈指状排列于穗轴先端，组成复合花序 ………………………………………………………………… Ⅻ. 虎尾草族 **Chlorideae**

13. 小穗通常具柄，如无柄或近无柄时，则不排列于穗轴一侧，不呈指状排列的花序。

14. 外稃质薄，不成圆筒形，顶端无芒或仅 1 芒。

15. 穗状花序或穗形总状花序；第一颖微小或缺；小穗 2~5 枚簇生，最下方两枚成熟小穗合并为一刺球体 ……………………………………………………………… ⅩⅢ. 结缕草族 **Zoysieae**

15. 圆锥状花絮紧缩成头状或穗状，位于宽广苞片之腋中；第一颖存在；小穗不为上述情况 …………………………………………………………………………… ⅩⅣ. 鼠尾栗族 **Sporoboleae**

14. 外稃质硬，圆筒形，顶端有 3 裂的芒或具 3 芒 ……………………… ⅩⅤ.三芒草族 **Aristideae**

1. 小穗含 2 小花，背腹扁或桶形，稀可两侧扁，脱节于颖之下，稀脱节于颖之上（(四) 黍亚科 Panicoideae）。

16. 第二小花的外稃及内稃通常质地坚韧，比颖质厚；外稃通常无芒，落盘无毛 --- ⅩⅥ. 黍族 **Panicum**

16. 第二小花的外稃及内稃为膜质或透明膜质，比颖质薄；小穗两性，或成熟小穗与不孕小穗同时混生穗轴上 ………………………………………………………………… ⅩⅦ. 高粱族 **Andropogoneae**

（一）芦竹亚科 Arundinoideae

Ⅰ. 芦竹族 Arundineae

1. 芦苇属 Phragmites Trin.

多年生草本，具粗壮的匍匐根状茎。叶片扁平。顶生圆锥花序；小穗两侧压扁，含数朵小花，小穗轴节间短而无毛，脱节于第一外稃和第二小花之间；颖矩圆状披针形，不等长，第一颖较小，3 脉；第一外稃远大于颖，雄性或中性，狭长披针形，顶端渐窄狭如芒，具 3 脉，无毛，基盘具细长丝状毛；内稃甚小于外稃；雄蕊 3 枚；花柱顶生，分离。

贺兰山有 1 种。

1. 芦苇　芦草、苇子

Phragmites australis（Cav.） Trin. ex Steudel Nomencl. Bot. ed. 2，**2**：324. 1841；内蒙古植物志（二版）**5**：54. 图版 21. 图 1~6. 1994；中国植物志 **9**（2）：25. 2002；宁夏植物志（二版）**下册**： 460. 2007. ——*Arundo australis* Cav. Ann. Sci. Nat.（Pairs）**1**：100. 1799. ——*Phragmites communis* Trin. Fund. Agrost. 134. 1820.

多年生根茎草本。秆直立，坚硬，高 0.5~2.5 m，直径 2~10 mm，节下通常被白粉。叶鞘无毛或被细毛；叶舌短，密生短毛；叶片扁平，长 15~35 cm，宽 1~3.5 cm，光滑或边缘粗糙。圆锥花序稠密，开展，长 10~30 cm，分枝及小枝粗糙；小穗通常含 3~5 小花；两颖均具 3 脉，第一颖长 4~6 mm，第二颖长 6~9 mm；外稃具 3 脉，第一小花常为雄花，外稃狭长披针形，长 10~15 mm，内稃长 3~4 mm；第二外稃长 10~16 mm，先端长渐尖，基盘密生白色长柔毛；内稃长约 3.5 mm，脊上粗糙。花果期 7~9 月。

生态幅度极广的湿生植物。生山麓溪渠边湿地、盐湿地。群生或零星分布。

分布于全国各省区，广布于世界。世界种。

芦苇是主要造纸原料之一。根茎、茎秆、叶及花序均可入药。根茎（药材名：芦根）能清热生津、止呕、利尿，主治热病烦渴、胃热呕逆、肺热咳嗽、肺痈、小便不利、热淋等；茎秆（药材名：苇茎）能清热排脓，主治肺痈吐脓血；叶能清肺止呕、止血、解毒；花序能止血、解毒。芦苇抽穗前是优良的饲草，各种家禽喜食。秆可编织。

（二）早熟禾亚科 Pooideae

Ⅱ. 小麦族 Triticeae

分属检索表

1. 小穗常以 2 至数枚生于穗轴的各节，或在花序之上、下两端可为单生。

2\. 小穗含 1 小花，以 3 枚生于穗轴之各节，居中者无柄而为孕性，两侧小穗常不孕而呈芒状，且大多具柄 ………………………………………………………………………………………… 2. 大麦属 Hordeum

2\. 小穗含 2 至数小花，以 2 至数枚（有时上、下两端为 1 枚）生于穗轴之各节。

3\. 植株不具根茎，基部从不为碎裂呈纤维状的叶鞘所包围；颖矩圆状披针形，具 3~5 脉；小穗轴不扭转，颖包于外稃的外面 ………………………………………………………… 3. 披碱草属 Elymus

3\. 植株具下伸或横走的根茎，基部常为枯老碎裂成纤维状的叶鞘所包围；颖细长呈锥状，具 1~3 脉；外稃常因小穗扭转而与颖交叉排列，外稃背部露出 ………………………………… 4. 赖草属 Leymus

1\. 小穗单生于穗轴的各节；外稃具有显著的基盘；颖果通常与外稃相贴着。

4\. 颖及外稃背部扁平或呈圆形；顶生小穗大都发育正常。

13\. 植株通常无地下茎，或仅具短根头；小穗脱节于颖之上；小穗轴于诸小花之间断落 ……………………………………………………………………………………………… 5. 鹅观草属 Roegneria

13\.植株具地下茎或匍匐茎；小穗脱节于颖之下；小穗轴不于诸小花间断落 …… 6. 偃麦草属 Elytrigia

4\. 颖及外稃两侧压扁，背部显著具脊；顶生小穗不孕或退化 ……………………… 7. 冰草属 Agropyron

2. 大麦属 Hordeum L.

一年生或多年生草本。秆直立。叶扁平。穗状花序顶生，穗轴常逐节断落，每节着生 3（稀 2）枚小穗，中间小穗无柄，发育完全，两侧的大多有柄，常为雄花或退化；在栽培的种类中两侧的小穗大多正常发育，无柄；小穗背腹压扁，其腹面对向穗轴；颖芒状或狭披针形；外稃背部圆形，具 5 脉，顶端有芒或无芒；内稃与外稃近等长。颖果常与外稃片粘着，不易分离。

贺兰山有 1 种。

1. 紫野麦草（图版 107，图 6）紫大麦草、小药大麦草

Hordeum roshevitzii Bowd. in Can. J. Genet. Cytol. **7**（3）：395. 1935；内蒙古植物志（二版）**5**：156. 图版 60. 图 3. 1994. ——*H. violaceum* auct. non Boiss et Hehen：中国植物志 **9**（3）：28. 图版 7. 图 3~4. 1987；宁夏植物志（二版）**下册**：405. 图 248. 2007.

多年生草本。秆细弱，下部节处常膝曲，高 30~45 cm。叶鞘光滑；叶舌膜质，长约 1 mm；叶片扁平或稍内卷，长 1.5~7.5 cm，宽 0.5~3.5 mm，平滑或稍粗糙。穗状花序顶生，长约 3 cm，宽约 5~7 mm，穗轴每节着生三枚小穗；两侧的小穗有柄，含 1 小花，发育不全或为雄性，颖针状，长 8.5 mm，外稃长 3~3.5 mm；中间小穗无柄，含 1 小花，颖针状，长约 6 mm，外稃长 4~5 mm，背部光滑或贴生微毛，先端芒长 3~5 mm。花果期 6~9 月。2n=14。

耐盐中生植物。生山麓溪渠边及盐湿草甸上，零星或小片分布。仅见西坡巴彦浩特。

分布于我国陕西、甘肃、宁夏、青海、新疆，见于中亚、俄罗斯（西伯利亚）、蒙古（西部、北部）。东古北极种。

牧草。

3. 披碱草属 Elymus L.

多年生丛生草本。叶扁平或内卷。穗状花序直立或下垂；小穗常以 2~3（4）枚生于穗轴之每节（有时在上部或基部可见有单生者），含 3~7 小花；颖锥形、条形至披针形，2 颖几等长，先端尖或具长芒，具 3~5（7）脉，脉上粗糙；外稃具 5 脉，先端延伸成长芒或短芒，芒多少向外反曲；内稃通常与外稃等长。

贺兰山有 6 种。

分种检索表

1. 颖（芒除外）显著短于第一小花；花序下垂。

  2. 植株较粗大；叶长 9.5~23 cm，宽可达 9 mm；穗状花序长 12~18 cm，小穗排列疏松，不偏于一侧，含（3）4~5 小花，全部发育 …………………………………… **1. 老芒麦 E. sibiricus**

  2. 植株较细弱；叶长（3）7~11.5 cm，宽不超过 5 mm；穗状花序长 5~9（12）cm，小穗较紧密，多少偏于一侧排列，含（2）3~4 小花，通常仅 2~3 小花发育。

    3. 颖长圆形，长 4~5 mm，先端具长 1~4 mm 的芒尖；叶扁平，宽 3~5 mm ……………………………………………………………… **2. 垂穗披碱草 E. nutans**

    3. 颖甚小，狭长圆形或披针形，长 2~4 mm，先端不具芒尖；叶多内卷，宽约 2 mm ……………………………………………………………… **3. 黑紫披碱草 E. atratus**

1. 颖（芒除外）约等长于第一小花；花序直立或微弯曲。

  4. 外稃全部密生微毛或短小糙毛，开展或稍开展。

    5. 植株高 70~85 cm；穗状花序长 10~18.5 cm，宽 6~10 mm；小穗长 12~15 mm，含 3~ 5 小花，全部发育；颖先端具 3~6 mm 长的短芒；外稃先端芒向外展开 …………………… **4. 披碱草 E. dahuricus**

    5. 植株高 35~45 cm；穗状花序长 6~8 cm，宽 4~5 mm；小穗长 7~10 mm，含 2~3 小花，仅 1~2小花发育；颖先端短芒长 2~3（4） mm；外稃先端芒直立或稍向外展 …………… **5. 圆柱披碱草 E. cylindricus**

  4. 外稃全体无毛或粗糙或仅上半部被有微小短毛；外稃顶端芒直立，长 5~10 mm ……………………………………………………………… **6. 麦薲草 E. tangutorum**

1. 老芒麦（图版 106，图 1）

Elymus sibiricus L. Sp. Pl. 83. 1753；中国植物志 **9**（3）：7. 图版 2. 图 1~6. 1987；内蒙古植物志（二版）**5**：143. 图版 56. 图 1~4. 1994；宁夏植物志（二版）**下册**：407. 图 249. 2007. ——*Clinelymus sibiricus* （L.） Nevski in Bull. Jard. Bot. Acad. Sci. URSS **30**：641. 1932.

多年生疏丛生草本。直立或基部的节膝曲而稍倾斜，高 50~75 cm。叶鞘光滑；叶片扁平，上面粗糙，下面平滑，长 10~23 cm，宽 4~9 mm。穗状花序弯曲而下垂，长 10~18 cm，穗轴边缘粗糙或具小纤毛；小穗灰绿色或稍带紫色，长 13~19 mm，含 3~5 小花，小穗轴密生微毛；颖条状披针形，长 4~6 mm，脉明显而粗糙，先端尖或具长 3~5 mm 的短芒；外稃披针形，背部粗糙、无毛至全部密生微毛，具 5 脉，脉粗糙，顶端芒粗糙，反曲，长 8~

18 mm，第一外稃长 10~12 mm；内稃与外稃等长，先端 2 裂，脊上全部具有小纤毛，脊间被稀少而微小的短毛。花果期 6~9 月。2n= 28。

中生植物。生海拔 2 200~2 500 m 山地草甸、林缘及沟谷湿地上，小片群生或零星分布，有时能形成小群落。为东、西坡习见植物。

分布于我国华北、东北、西北、及四川、西藏，也见于俄罗斯（西伯利亚）、蒙古、朝鲜、日本。古北极种。

优良牧草。

2. 垂穗披碱草（图版 106，图 2）

Elymus nutans Griseb. Nachr. Ges. Wiss. Gottingen **3**：72. 1868；中国植物志 **9**（3）：9. 图版 2. 图 9~13. 1987；内蒙古植物志（二版）**5**：143. 图版 56. 图 5~9. 1994；宁夏植物志（二版）**下册**：407. 2007. ——*Clinelymus nutans*（Griseb.）Nevski in Bull. Jard. Bot. Acad. Sci. URSS **30**：644. 1932.

多年生疏丛生草本。秆直立，基部稍膝曲，高 40~70 cm。叶鞘无毛；叶片扁平，上面粗糙或疏生柔毛，下面粗糙，长（3）6~10 cm，宽 3~5 mm。穗状花序曲折下垂，长 5~9（12） cm，穗轴粗糙或具小纤毛；小穗在穗轴上排列较紧密且多少偏于一侧，绿色，熟后带紫色，长 12~15 mm，含（2）3~4 小花，通常仅 2~3 小花发育，小穗轴密生微毛；颖矩圆形，长 3~4（5） mm，近等长，脉明显而粗糙，先端渐尖，或具长 2~5 mm 之短芒；外稃矩圆状披针形，脉在基部不明显，背部全体被微小短毛，先端芒粗糙，向外反曲，长 10~20 mm；第一外稃长 7~10 mm；内稃与外稃等长，先端钝圆或截平，脊上的纤毛向基部渐少而不显，脊间被稀少微小短毛；花药熟后变为黑色。花果期 6~8 月。2n=42。

中生植物。生海拔（1 500）1 700~2 200 m 山地林缘、灌丛下及石质山坡，零星分布。为东、西坡习见植物。

分布于我国西北、华北（北部）及四川、西藏，也见于印度（喜马拉雅）、中亚、俄罗斯（西伯利亚）、蒙古。东古北极种。

优良牧草。

3. 黑紫披碱草（图版 106，图 6）

Elymus atratus（Nevski） Hand.-Mazz. Symb. Sin. **7**：1992. 1936；中国植物志 **9**（3）：10. 图版 2. 图 14~18. 1987. ——*Clinelymus atratus* Nevski in Bull. Jard. Bot. Acad. Sci. URSS. **30**：644. 1932.

多年生疏丛生草本。秆直立，较细弱，高 40~60 cm，基部成膝曲状。叶鞘光滑无毛；叶片多少内卷，长 3~10（19） cm，宽约 2 mm，两面无毛；基生叶上有时生柔毛。穗状花序较紧密，曲折下垂，长约 5 cm；小穗常偏于一侧，成熟后紫黑色，长 8~10 mm，含 2~3 小花，仅 1~2 小花发育；颖甚小，几等长，长 2~4 mm，狭长圆形或披针形，先端渐尖，稀具小尖头，具 1~3 脉，主脉粗糙，侧脉不显著；外稃披针形，密生微小短毛，具 5 脉，

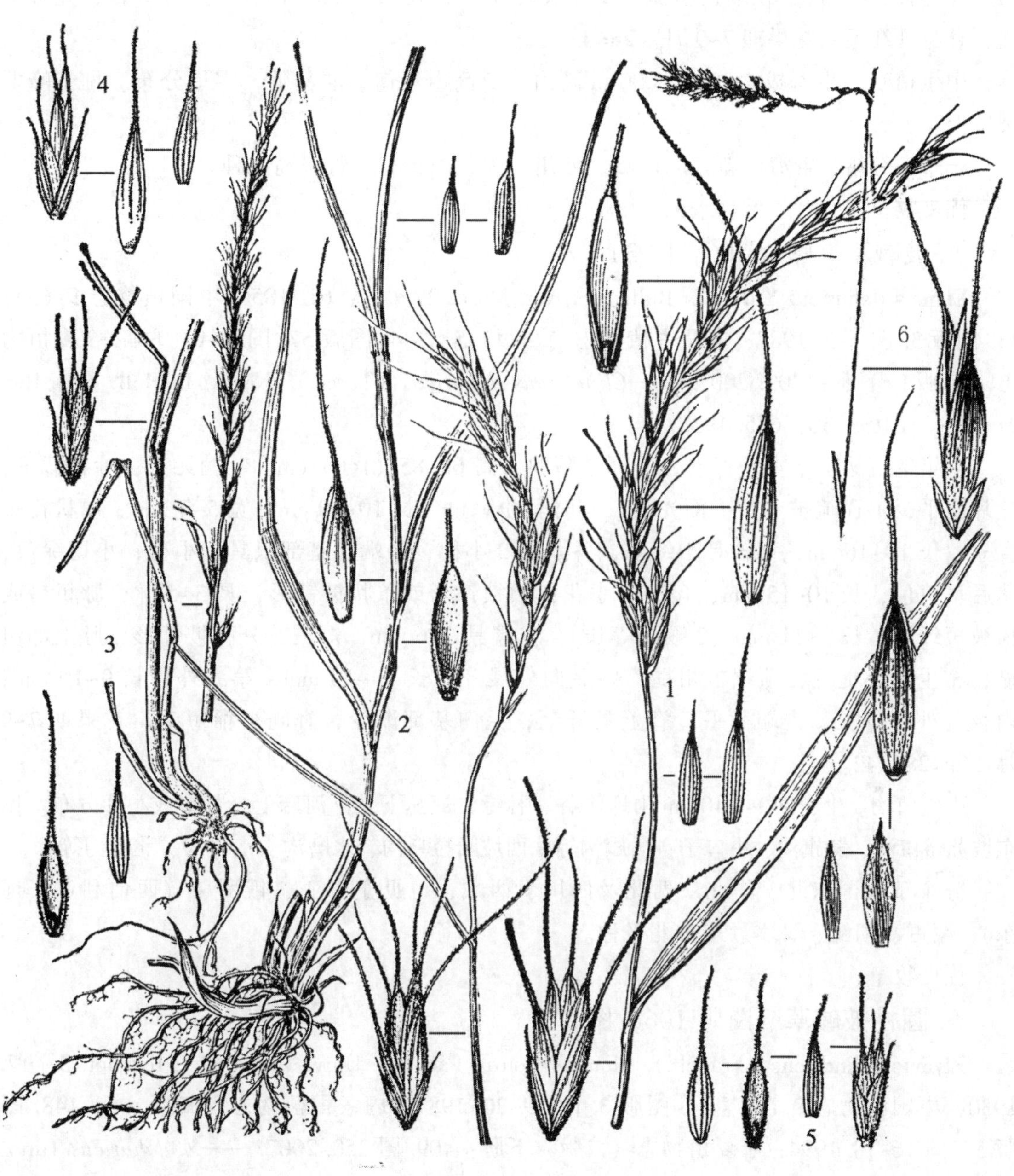

图版 106　1. 老芒麦 Elymus sibiricus L. 花序、小穗、第一颖及第二颖、小花背腹面；2. 垂穗披碱草 E. nutans Griseb. 植株、花序、小穗、第一颖及第二颖、小花背腹面；3. 披碱草 E. dahuricus Turcz. 植株及花序、小穗、颖、小花；4. 麦萱草 E. tangutorum（Nevski）Hand.-Mazz. 小穗、第一颖、小花背部；5. 圆柱披碱草 E. cylindricus（Franch.） Honda 小穗、第一颖、小花背腹面；6. 黑紫披碱草 E. atratus（Nevski） Hand.-Mazz. 小穗、第一颖、第二颖、小花背面。（1~2 张海燕绘；3~5 田虹绘；6 引自中国主要植物图说（禾本科））

第一外稃长 7~8 mm，顶端芒粗糙，反曲或展开，长 10~17 mm；内稃与外稃等长，先端钝圆，脊上具纤毛。花果期 7~9 月。2n=42。

中生植物。生海拔 2 900~3 000 m 高山、亚高山草甸、灌丛下，零星分布。见主峰下缓坡上。

分布于甘肃、青海、新疆、西藏、四川。为我国特有。青藏高原种。

优良牧草。

4. 披碱草（图版 106，图 3）

Elymus dahuricus Turcz. in Bull. Soc. Nat. Mosc. **29**（1）：61. 1856. 中国植物志 **9**（3）：11. 图版 3. 图 1~3. 1987；内蒙古植物志（二版）**5**：144. 图版 57. 图 1~4. 1994；宁夏植物志（二版）**下册**：409. 2007. ——*Clinelymus dahuricus*（Turcz.） Nevski in Bull. Jard. Bot. Acad. Sci. URSS. **30**：645. 1932.

多年生疏丛生草本。直立，基部常膝曲，高 60~85（140）cm。叶鞘无毛；叶舌截平；叶片扁平，上面疏被毛，下面光滑，有时呈粉绿色，长 10~20 cm，宽 5~7 mm。穗状花序直立，长 10~16 cm，穗轴具小纤毛，各节具 2 小穗，顶端和基部只具 1 小穗；小穗绿色，熟后草黄色，长 10~15 mm，含 3~5 小花；颖披针形或条状披针形，具 3~5 脉，脉粗糙或稀被短纤毛，长 7~11 mm（2 颖几等长），先端具 3~6 mm，短芒；外稃披针形，脉上部明显，密生短小糙毛，顶端芒粗糙，熟后向外展开，长 10~20 mm，第一外稃长 9~10 mm；内稃与外稃等长，先端截平，脊上具纤毛，毛向基部渐少，脊间被稀短毛。花果期 7~9 月。2n=28，42。

中生植物。生 1 900~2 400 m 山地沟谷、林缘、灌丛下及干河床上，零星或小片分布。见东坡苏峪口沟、黄旗沟、小口子、插旗沟等；西坡哈拉乌沟、水磨沟、南寺沟、北寺沟等。

分布于我国东北、华北、西北及四川、西藏，也见于中亚、俄罗斯（西伯利亚，远东）、蒙古、朝鲜、日本。东古北极种。

优良牧草。

5. 圆柱披碱草（图版 106，图 5）

Elymus cylindricus（Franch.） Honda，Journ. Fac. Sci. Univ. Tokyo Sect. III. Bot. **3**：17. 1930；中国植物志 **9**（3）：14. 图版 3. 图 19~20. 1987；内蒙古植物志（二版）**5**：148. 图版 57. 图 16~18. 1994；宁夏植物志（二版）**下册**：409. 图 250. 2007. ——*E. dahuricus* Turcz. var. *cylindricus* Franch. Nouv. Arch. Mus. Hist. Nat. ser. 2. **7**：152. 1884.

多年生疏丛生草本。秆细弱，高 40~60 cm，具 2~3 节。叶鞘无毛；叶舌先端钝圆，撕裂；叶片扁平，长 5~14 cm，宽 2~5 mm，上面粗糙，下面平滑。穗状花序瘦细，直立，长 6~10 cm，宽 4~5 mm，穗轴具小纤毛；小穗绿色或带有紫色，长 7~10 mm，含 2~3 小花而仅 1~2 小花发育；颖条状披针形，长（5）7~8 mm，3~5 脉，脉粗糙，先端具芒，长 2~4 mm；外稃披针形，被微小短毛，顶端芒粗糙，长 7~17 mm，直立或稍向外展，第一外稃长

7~8 mm；内稃与外稃等长，先端钝圆，脊上有纤毛，脊间被微小短毛。花果期 7~9 月。2n=42。

中生植物。生海拔（1 800）2 000~2 500 m 山地沟谷、林缘及灌丛下，零星或小片分布。为东、西坡习见植物。

分布于我国华北、西北（东部）及新疆、四川。为我国特有。华北种。

优良牧草。

6. 麦蓂草（图版 106，图 4）

Elymus tangutorum（Nevski） Hand. –Mazz. Symb. Sin. **7**：1292. 1936；中国植物志 **9**（3）：13. 图版 3. 图 16~18. 1987；内蒙古植物志（二版）**5**：146. 图版 57. 图 13~15. 1994；宁夏植物志（二版）**下册**：410. 图 251. 2007. ——*Clinelymus tangutorum* Nevski in Bull. Jard. Acad. Sci. URSS **30**：647. 1932.

多年生疏丛生草本。秆较粗壮，高 60~120 cm；秆、叶、花序皆被白粉。叶鞘基部节间成粉紫色；叶舌先端钝圆；叶片常内卷，长 10~20 cm，宽 4~8 mm，上面微粗糙，下面平滑。穗状花序直立，细弱，紧密，粉紫色，长 8~15 cm，宽 4~6 mm，穗轴具小纤毛；小穗带紫色，长 10~15 mm，含 2~3 小花；颖披针形或条状披针形，边缘、尖端及基部均点状粗糙，长 7~10 mm，先端具长约 1 mm 之短芒，3 脉，脉上具短刺毛；外稃矩圆状披针形，背部被毛，常具紫红色小点，顶端芒长 7~15 mm，被毛，带紫色，直立或微弯曲，第一外稃长 6~9 mm；内稃与外稃等长或较短，脊上被短毛，中部以下渐稀疏，脊间被微毛。花果期 7~9 月。2n=42。

中生植物。生海拔 2 500 m 左右山地石质山坡、岩石缝中，零星分布。见东坡苏峪口沟；西坡哈拉乌沟、南寺雪岭子。

分布于我国华北（西部）、西北及四川、西藏。我国特有。青藏高原种。

优良牧草。

4. 赖草属 Leymus Hochst.

多年生草本，具根茎。叶片质较坚硬通常内卷。穗状花序顶生；小穗 2 至 4 枚生于穗轴之每节，有时亦可单生，含 2~12 小花；颖窄而硬，细长呈锥状，具 1~3 脉；外稃无芒或具短芒，常因小穗轴之扭转而与颖交叉成对而生，使外稃基部裸露。

贺兰山有 3 种（含 1 无正种的变种）。

分种检索表

1. 颖锥状披针形，先端急尖狭窄如芒状，下部多少扩展，具膜质边缘；外稃背上被短毛。
  2. 颖短于小穗，每节具 2~4 枚小穗；小穗含 4~8 小花；叶舌截形，长 1.5~2 mm …… 1. 赖草 **L. secalinus**
    3. 颖等于或长于小穗；每节通常具 3 枚小穗，小穗含 3~5 小花；叶舌圆形，长 2~3 mm ……………………………………………………………………………… 2. 矮天山赖草 **L. tianshanicus** var. **humilis**

1. 颖锥形，下部不扩展，不具膜质边缘；外稃背上密被长 1~1.5 mm 白色细柔毛 …… 3. 毛穗赖草 **L. paboanus**

1. 赖草（图版 107，图 1） 老披碱、厚穗碱草

Lymus secalinus（Georgi） Tzvel. Pl. Asi. Centr. **4**：209. 1968；中国植物志 **9**（3）：20. 图版 5. 图 7~11. 1987；内蒙古植物志（二版）**5**：151. 图版 59. 图 5~9. 1994；宁夏植物志（二版）**下册**：412. 2007. ——*Triticum secalinum* Georgi，Bemerk. Reise RUSS Rcich. **1**：198. 1775. ——*Elymus dasystachys* Trin. in Ledeb. Fl. Alt. **1**：120. 1829. ——*Aneurolepidium dasystachys*（Trin.） Nevski，Fl. URSS **2**：706. 1934.

多年生疏丛生根茎草本。秆质硬，直立，高 45~90 cm，上部密生柔毛，花序下尤多。叶鞘光滑，或在幼时上部边缘具纤毛，基部残留叶鞘，呈纤维状；叶舌膜质，截平，长约 1.5 mm；叶片扁平或干时内卷，长 8~25 cm，宽 3~6 mm，上面粗糙，下面微糙涩，两面被微毛。穗状花序直立，灰绿色，长 10~16 cm，穗轴被短柔毛，每节着生小穗 2~4 枚；小穗长 10~17 mm，含 4~8 小花，小穗轴被微柔毛；颖锥形，先端尖如芒状，具 1 脉，上半部粗糙，第一颖短于第二颖；外稃披针形，背部被柔毛，边缘的毛尤密，先端渐尖或具长 1~4 mm 的短芒，5 脉，中部以上明显，基盘具长约 1 mm 的毛，第一外稃长 8~11 mm；内稃与外稃等长，先端微 2 裂，脊的上半部具纤毛。花果期 6~9 月。2n=28，42。

耐盐中生植物。生山麓盐碱地、盐湿地及农田、村舍附近，沿干河床、盐湿草甸也进入山地沟谷，零星分布或片状分布。为东、西坡习见植物。

分布于我国东北、华北、西北及西藏，广布于亚洲温带地区。东古北极种。

优良牧草。根茎及须根入药，能清热、止血、利尿，主治感冒，鼻出血等。

2. 矮天山赖草

Leymus tianschanicus（Drob.） Tzvel. var. **humilis** S. L. Chen et H. L. Yang，Fl. Intramong.（ed. 2）（内蒙古植物志（二版））**5**：594. 154. 1994.

多年生疏丛生根茎草本。秆直立，高 50~70 cm，平滑无毛，仅于花序下部稍粗糙。叶鞘无毛；叶舌膜质，圆头，长 2~3 mm；叶片扁平，长 15~30 cm，宽 3~8 mm，无毛。穗状花序直立，细长，长 8~15 cm，宽约 0.8 cm；穗轴较粗糙；小穗 3 枚生于一节，长 10~15 mm，含 3~5 小花；小穗轴密被短柔毛；颖锥状披针形，稍长于小穗，第一颖稍短，先端狭窄如芒，基部具窄膜质边缘；外稃矩圆状披针形，背部被短毛，先端延伸成小尖头，第一外稃长 8~10 mm；内稃近等于外稃，脊上具纤毛，上部毛密。花果期 6~9 月。

正种植株高大，秆高 70~120 cm；穗状花序粗而长，长 20~25 cm，宽 1 cm 以上，小穗长 15~20 mm。亚洲中部山地种。

耐盐中生植物，生山麓盐湿地、盐碱地和山地沟谷、干河床，多零星分布。仅见西坡巴彦浩特。

产于内蒙古（西部）、新疆，也见于中亚。

贺兰山为该变种的模式产地。模式标本是陈世龙（S. L. Chen）No. 91-227，1991 年 8 月 9 日采自贺兰山（Helanshan），模式标本存 NMTC（内蒙古师范大学标本室）。

3. 毛穗赖草（图版 107，图 2）

Leymus paboanus（Claus） Pilger in Engl. Bot. Jahrb. **74**：7. 1947；中国植物志 **9**（3）：18. 图版 4. 图 7~11. 1987；内蒙古植物志（二版）**5**：155. 1994；宁夏植物志（二版）**下册**：412. 图 253. 2007. ——*Elymus paboanus* Claus in Beitr. Pflanzen. Russ. Reich. **8**：170. 1851. ——*Aneurolepidium paboanum*（Claus） Nevski in Fl. URSS **2**：707. 1934.

多年生疏丛生根茎草本。秆高 45~90 cm，光滑无毛。叶鞘无毛；叶舌长约 1.0 mm；叶片长 10~30 cm，宽 3~7 mm，扁平或内卷，上面微粗糙，下面光滑。穗状花序直立，长 10~15 cm，宽 8~13 mm；穗轴较细弱，被柔毛；小穗 2~3 枚生于 1 节，长 8~13 mm，含 3~5 小花；颖近锥形，与小穗等长或稍长，微被细小刺毛，或平滑无毛或边缘背脊稍粗糙，下部稍扩展，不具膜质边缘；外稃披针形，背部密被长 1~1.5 mm 的白色细柔毛，先端渐尖或具长约 1~2 mm 的短芒；内稃与外稃近等长，脊上半部具纤毛。花果期 6~7 月。2n=28，56。

耐盐中生植物。生盐化草甸、沟渠边。见东坡大武口。

分布于我国新疆、甘肃、青海，也见于中亚、俄罗斯（西伯利亚）、蒙古。中亚种。

5. 鹅观草属 Roegneria C. Koch

多年生或越年生草本；通常丛生而无根茎，稀具短根茎。叶片扁平或内卷，平滑，粗糙或有时具柔毛。穗状花序顶生，直立或弯曲，穗轴节间延长，不逐节断落，每节具 1 小穗，顶生小穗发育正常；小穗含 2~10 余小花，脱节于颖之上，小穗轴于各小花之间折断；颖与外稃背部扁平或呈圆形而无脊，先端有芒或无芒。

该属的成立与否，学术上存在着较大的分歧，《亚洲中部植物》（Pl. Asi. Centr.）（1968）和英文版《中国植物志》（Flora of China）（2004）持否定观点，将其中大部分种归入披碱草属（*Elymus*）或冰草属（*Agropyron*）；中文版《中国植物志》（1987）仍保持该属。我们从实用的角度认为鹅冠草属在野外与披碱草属、冰草属能明显区别，故仍采用之。

贺兰山有 6 种（含 1 无正种的变种）。

分种检索表

1. 外稃通常具远较稃体为长的芒。
  2. 小穗于结实期其外稃先端的芒劲直或稍屈曲。
    3. 花序疏松而小穗两侧排列于穗轴上；小穗含 5~8 朵小花；外稃背部较平滑 ………………………………………………………………………… 1. 毛盘鹅观草 **R. barbicalla**

3. 花序较紧密而小穗多偏于一侧；小穗含 4~5 朵小花；外稃背部贴生微毛 …… 2.中华鹅观草 **R. sinica**

2. 小穗于结实期其外稃先端的芒常显著向外反曲。

4. 颖等于或略短于第一外稃，其长度至少为外稃的 2／3；小穗无柄或近无柄，花药非黑色。

5. 外稃背部平滑无毛或先端边缘及下部贴生微毛；植株较矮，高 20~30 cm ……………………………………………………………………………………………… 3. 多变鹅观草 **R. varia**

5. 外稃遍生微小硬毛，先端具粗壮的芒，芒长 16~30 mm；植株较高，70~100 cm ……………………………………………………………………………… 4. 细穗鹅观草 **R. turczaninovii** var. **tenuiseta**

4. 颖显著短于第一外稃，其长度不超过外稃的 1／2；小穗明显具柄，柄长 1~2 mm；花药黑色 …… 5. 岷山鹅观草 **R. dura**

1. 外稃无芒，外稃及颖背上平滑无毛；小穗轴平滑无毛 ………………………… 6. 阿拉善鹅观草 **R. alashanica**

1. 毛盘鹅观草（图版 108，图 4） 毛盘披碱草

Roegneria barbicalla Ohwi in Acta Phytotax. et Geobot. **11**（4）：257. 1942；中国植物志 **9**（3）：71. 图版 18. 图 11~12. 1987；内蒙古植物志（二版）**5**：117. 1994；宁夏植物志（二版）**下册**：420. 图 258. 2007. ——*Elymus barbicalla*（Ohwi）S. L. Chen in Bull. Nanjing Bot. Gard. **1987**：9. 1988；Fl. China **22**：425. 2006.

多年生疏丛生草本。秆直立，有时基部节膝曲，平滑无毛，节上不被毛，高 70~90 cm。叶鞘平滑，顶端具叶耳；叶舌截平，长约 0.5 mm；叶片扁平，长 12~20 cm，宽 3~8 mm，两面无毛。穗状花序长 11~15 cm，穗轴棱边具纤毛；小穗疏松贴生，长 14~20 mm，含 5~8 小花，小穗轴被细短毛；颖披针形，平滑，具 4~6 脉，先端渐尖，第一颖长约 8 mm，第二颖长约 9 mm；外稃宽披针形，5 脉，背部无毛，有时边缘或基部稍粗糙，基盘两侧具毛，第一外稃长 9~10 mm，芒细直或微弯曲，粗糙，长 18~25 mm；内稃与外稃等长，先端微凹，脊上具短纤毛。花期 6~7 月。2n=28。

中生植物。生海拔 2 400 m 左右山坡林缘、沟谷溪边，零星分布。仅见西坡哈拉乌沟、南寺沟。

分布于我国河北、山西、内蒙古。为我国特有。华北种。

2.中华鹅观草（图版 108，图 2）中华披碱草

Roegneria sinica Keng，耿以礼及陈守良. 南京大学学报（生物学）（1）：33. 1963；中国植物志 **9**（3）：73 图版 18. 图 1~3. 1987；内蒙古植物志（二版）**5**：122. 1994；宁夏植物志（二版）**下册**：420. 2007. ——*Elymus sinicus*（Keng） S. L. Chen Novon **7**：229. 1997；Fl. China. **22**：424. 2006.

多年生疏丛生草本。高 60~90 cm，秆基部膝曲。叶鞘无毛；叶片质硬，直立，内卷，长 6~12（20） cm，宽 3~4 mm，上面疏生柔毛，下面无毛。穗状花序直立，长 8~10 cm；小穗含 4~5 小花，长 13~14 mm；颖长圆状披针形，先端锐尖，具（3）5 脉，第一颖长 7~

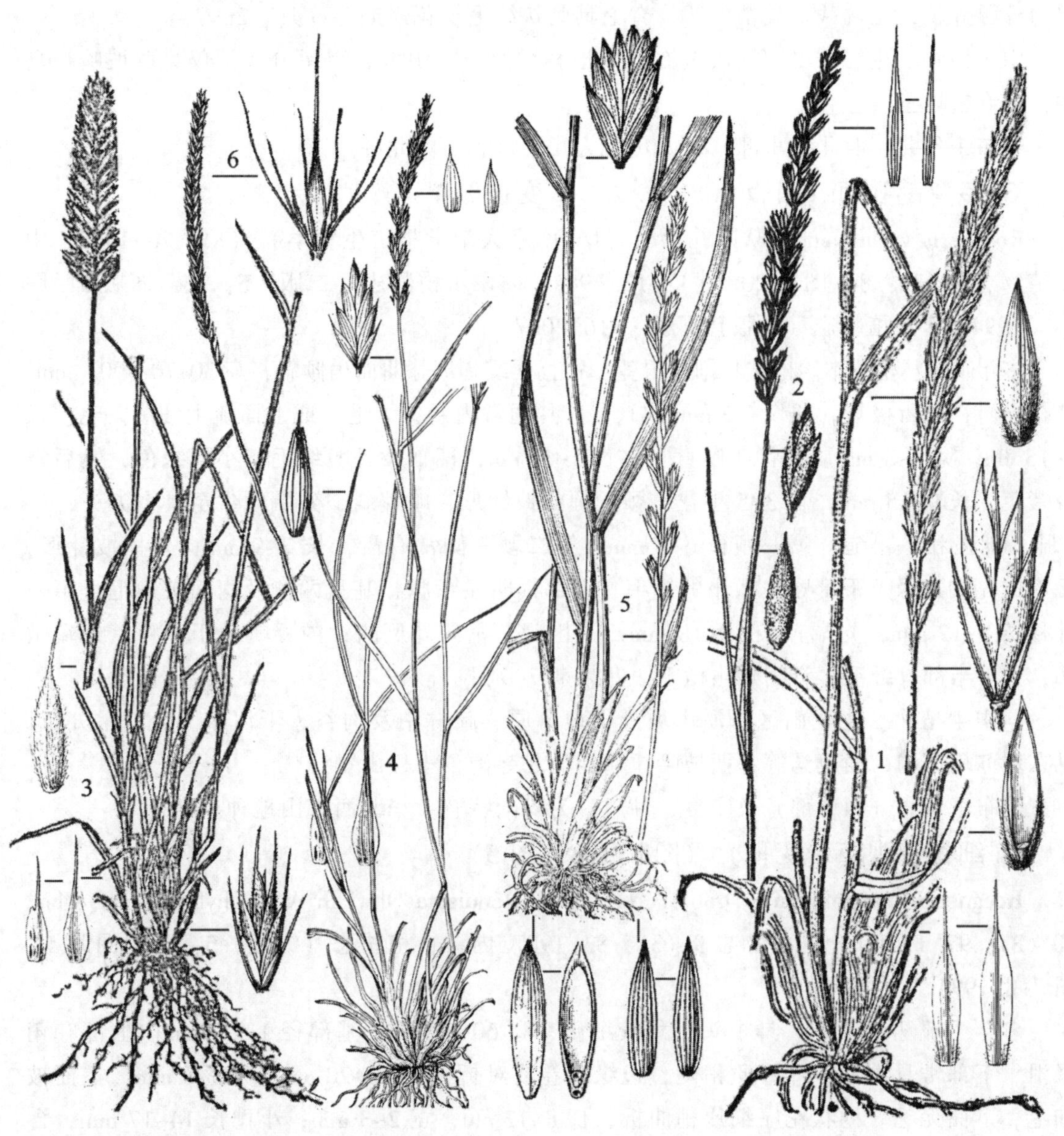

图版 107　1. 赖草 Lymus secalinus（Georgi）Tzvel. 植株、花序、小穗、颖片、小花背腹面；2. 毛穗赖草 L. paboanus（Claus） Pilger 花序、小穗、颖片、外稃；3. 冰草 Agropyron cristatum（L.） Gaertn. 植株、花序、小穗、颖片、外稃；4. 沙芦草 A. mongolicum Keng 植株、花序、小穗、颖片、外稃；5. 偃麦草 Elytrigia repens（L.） Desv. ex Nevski 植株、花序、小穗、颖片、小花背腹面；6. 紫野麦草 Hordeum roshevitzii Bowd. 花序、小穗。（4~5 张海燕绘；6 马平绘；1~3 引自中国药用植物志）

8 mm，第二颖长 8~10 mm；外稃长圆状披针形，背部贴生稀疏微毛，上部具较明显的 5 脉，第一外稃长约 9 mm，基盘两侧的毛长约 0.4 mm，芒直立或稍外曲，长 10~18 mm；内稃与外稃等长，先端截平或稍下凹，脊上具刺状纤毛。花果期 7~9 月。2n=28。

中生植物。生海拔 2 400 m 左右的山地林缘及石质山坡，零星分布。仅见西坡哈拉乌沟，南寺雪岭子。

分布于华北、西北（东部）及四川，为我国特有。华北种。

3. 多变鹅观草（图版 108，图 6）多变披碱草

Roegneria varia Keng，耿以礼及陈守良. 南京大学学报（生物学）（1）：70. 1963；中国植物志 **9**（3）：84. 图版 20. 图 12~13. 1987；内蒙古植物志（二版）**5**：126. 图版 51. 图 1~3. 1994；宁夏植物志（二版）**下册**：416. 2007.

多年生疏丛生草本。植株具细短根茎。秆直立或基部膝曲而稍倾斜，高 30~70（90） cm。叶鞘光滑；叶舌极短，长仅 0.2 mm 或缺；叶片通常内卷，无毛，或上面疏生细短柔毛，长 5~15 cm，宽 2~3 mm。穗状花序直立，长 5~10 cm，穗轴棱具短纤毛；小穗绿色，熟后常带紫色，长 9~15 mm，含 3~5 小花；颖长圆状披针形，略偏斜，先端锐尖至具小尖头，3~5 脉，脉强壮，粗糙，第一颖长 6~8 mm，第二颖一侧常有齿，长 7~9 mm；外稃披针形，无毛或先端边缘及下部贴生微小的短毛，上部具明显 5 脉，基盘两侧及腹面被短毛，第一外稃长 8~12 mm，先端芒长 10~18 mm，芒粗糙，稍向外反曲；内稃等长于外稃，先端微凹，脊上半部具纤毛，脊间贴生微毛。花果期 7~9 月。

旱中生植物。生浅山区石质山坡及山地草原、疏林中及沟谷、干河床上。零星分布。见东坡苏峪口沟、插旗沟等；西坡哈拉乌沟、北寺沟、小松山。

分布于华北（西北部）及宁夏、甘肃。为我国特有。华北西部山地种。

4. 细穗鹅观草（变种）（图版 108，图 5）

Roegneria turczaninovii（Drob.） Nevski var. **tenuiseta** Ohwi in Acta Phytotax. et Geobot. **10**（2）：97. 1941；中国植物志 **9**（3）：83. 1987. 内蒙古植物志（二版）**5**：130. 图版 52. 图 7~8. 1994.

多年生疏丛生草本。具根头。秆较细瘦，高 60~90 cm，基部径 1.5~2 mm。上部叶鞘平滑，下部常具倒毛；叶片质稍硬，边缘内卷或对折，长 10~20 cm，宽 3~8 mm，上面被细毛，下面无毛。穗状花序细瘦稍曲折，长 8~12 cm，宽 2~3 mm；小穗长 14~17 mm，含 3 小花和 1 个不孕外稃；颖披针形，先端尖或渐尖，具 3~5 粗壮脉及 1~2 较短细脉，脉上粗糙，第一颖长 6~10 mm，第二颖长 9~11 mm；外稃披针形，全体被硬细毛，上部明显 5 脉，第一外稃长 9~11 mm，先端芒长 20~40 mm；内稃与外稃近相等，先端钝圆或微凹。脊上部具短硬纤毛。花药黄色。花果期 7~9 月。2n=28、42。

正种花序粗壮，直立，不曲折或垂头；小穗含 5~7 小花，叶片质软而扁平。植株高达 100 cm。

中生植物。生海拔 2 200~2 400 m 山地林缘、灌丛下及沟谷，零星或分片分布。仅见西坡哈拉乌沟、南寺沟。

分布于我国华北、东北（南部），也见于朝鲜，日本。东北-华北种。

5. 岷山鹅观草（图版 108，图 3）耐久鹅观草

Roegneria dura（Keng）Keng，耿以礼及陈守良. 南京大学学报（生物学）（**1**）：54. 1963；中国植物志 **9**（3）：94. 图版 23. 图 7~12. 1987；宁夏植物志（二版）**下册**：418. 2007. ——*Brachypodium dura* Keng in Sunyatsenia **6**（1）：54. 1941. ——*Roegneria dura* Keng var. *variiglumis* Keng，中国主要植物图说（禾本科）382. 1959.

多年生疏丛生草本。秆直立，高 50~80 cm。下部节有叶，膝曲而肿胀；叶鞘无毛或基部被倒生柔毛；叶舌短平截；叶片质较硬，内卷或扁平，上面微粗糙或被短毛，下面平滑，有的基部叶具柔毛，长 8~15 cm，宽 2~4.5 mm。穗状花序下垂，长 6~10 cm；小穗紫色，具长 0.8~1.5（2） mm 之短柄，无毛，含 3~5 小花，长 2.2 mm，可带紫色；颖披针形，先端尖或渐尖或具小尖头，第一颖长 3~4 mm，具 1~3 脉，第二颖长 5~9 mm，具 3~5 脉；外稃披针形，具 5 脉，脉上具短硬毛，第一外稃长约 11 mm，先端芒粗壮、反曲，长 1.5~2.5 cm；内稃较外稃略短，脊上具硬毛；花药黑色，长约 1.5 mm。

旱中生植物。生海拔 2 200 m 左右山地阴坡、沟谷山脚，零星分布。仅见东坡苏峪口沟。

分布于甘肃、青海、新疆、四川、西藏。青藏高原种。

优良牧草。

6. 阿拉善鹅观草（图版 108，图 1）

Roegneria alashanica Keng， 耿以礼及陈守良. 南京大学学报（生物学）（**1**）：73. 1963；中国植物志 **9**（3）：85. 图版 17. 图 1~5. 1987；内蒙古植物志（二版）**5**：123. 图版 51. 1994. ——*Elymus alashanicus*（Keng） S. L. Chen in Bull. Bot. Res.（Harbin）**14**：142. 1994； Fl. China. **22**：414. 2006. ——*Agropyron kanashiroi* acut. non Ohwi：Pl. Asi. Centr. **4**：186. 1968. ——*Roegneria kanashiroi*（Ohwi） Chang，中国沙漠植物志 **1**：80. 1985；宁夏植物志（二版）**下册**：419. 2007. ——*Pseudoregneria alashanica*（Keng）Y. Z. Zhao，大青山植物检索表 165. 2005.（nom. illegit.）

多年生疏丛生草本。植株具鞘外分蘖，幼时为膜质鞘所包，多有横走或下伸根茎状。秆质刚硬，直立或基部斜升，高 30~60 cm。叶鞘紧裹茎，基生者常纤维状；叶舌透明膜质，平截，长约 1 mm；叶片坚韧直立，内卷成针状，长 5~10 cm，宽 1~2.5 mm，两面被微毛，下面无毛。穗状花序劲直，狭细，长 5~10 cm，穗轴棱边微糙涩；小穗淡黄色，无毛，贴生穗轴，含 4~6 花，长 13~17 mm，小穗轴平滑；颖矩圆状披针形，平滑无毛，3 脉，先端尖钝圆，边缘膜质，第一颖长 5~7 mm，第二颖长 7~9 mm；外稃披针形，平滑，脉不明显或于近顶端有 3~5 脉，无芒，基盘平滑无毛，第一外稃长约 10 mm；内稃与外稃

等长，先端凹陷，脊上微糙涩，或下部近于平滑；花药乳白色。花果期7~9月。

旱生植物。生海拔（1 600）1 800~2 200 m石质山坡及岩生缝中，能形成较稀疏的山地草原群落，也为灰榆疏林、旱生灌丛的伴生种，片状和零星分布。为贺兰山浅山区、山区宽谷习见植物，东、西坡均有广泛分布。

贺兰山是其模式产地。模式标本系白荫元 No. 151（Type），1933年8月28日采自贺兰山。

分布于内蒙古（西部）、宁夏、甘肃、新疆，我国特有种。贺兰山–东天山（南坡）种。

6. 偃麦草属 Elytrigia Desv.

多年生草本。具根茎。叶内卷或扁平。穗状花序直立；小穗含3~10（余）小花，无柄，单生于穗轴之每节，无芒或具短芒，成熟时通常自穗轴上整个脱落；颖无脊，具（3）5~7（11）彼此接近的脉，光滑无毛，稀可疏生柔毛，基部具横沟；外稃具5脉，无毛，稀可疏生柔毛，基盘通常无毛。

贺兰山有1种。

1. 偃麦草（图版107，图5）

Elytrigia repens（L.） Desv. ex Nevski in Acta Inst. Bot. Acad. Si. URSS. **1**（1）：14. 1933；中国植物志**9**（3）：105. 图版25. 图1~7. 1987；内蒙古植物志（二版）**5**：133. 图版53. 图1~5. 1994. ——*Triticum repens* L. Sp. Pl. 86. 1753. ——*Agropyron repens*（L.） Beauv. Ess. Agrost. 102. 1812.

多年生草本。根茎疏丛生。秆直立或基部倾斜，光滑，高30~60 cm。叶鞘无毛或分蘖叶鞘具柔毛；叶耳膜质，细小；叶舌长约0.5 mm，撕裂；叶片扁平，长9~14 cm，宽5~8 mm，上面疏被柔毛，下面粗糙。穗状花序长8~15 cm，宽约1 cm，光滑或棱边具短纤毛；小穗长1.0~1.5 cm，含4~7小花，小穗轴无毛；颖披针形，边缘宽膜质，具5~7脉，长8~10 mm，光滑无毛，先端具短尖头；外稃顶端具长不及1~1.2 mm的芒尖，第一外稃长约10 mm；内稃短于外稃1 mm左右，先端凹缺，脊上具短刺毛，脊间先端具微毛。花果期6~9月。2n=28，42，56。

中生植物。生海拔2 500~2 700 m石质山坡、沟谷河溪边，零星分布。仅见东坡苏峪口沟。

分布于我国东北及青海、甘肃、新疆、西藏，广布于欧亚大陆。古北极种。

优良牧草。

7. 冰草属 Agropyron Gaertn.

多年生草本。秆具少数节。叶片多内卷。穗状花序顶生，穗轴每节具 1 枚小穗，顶生小穗常退化，小穗互相密接呈覆瓦状，含 3~11 小花；颖具 1~3 或 5~7 脉，两侧具宽膜质边缘，背部以主脉形成明显的脊，先端具芒尖或短芒；外稃具 5 脉，中脉形成脊，尤以上部更为明显，先端常具芒尖或短芒；内稃与外稃近等长或较之稍长，先端常 2 裂。颖果与稃片黏合而不易脱落。

贺兰山有 2 种。

分种检索表

1. 小穗排列紧密，呈篦齿状，穗轴节间不超过 2 mm；花序粗壮，扁宽；颖和外稃明显具芒，外稃被柔毛 …………………………………………………………………… 1. 冰草 **A. cristatum**

1. 花序细弱；小穗排列疏松，不呈篦齿状，穗轴节间长约 3~5（10） mm；颖和外稃仅具长约 1 mm 的短尖头，外稃无毛或疏被微毛 …………………………………………… 2. 沙芦草 **A. mongolicum**

1. 冰草（图版 107，图 3）

Agropyron cristatum（L.） Gaertn. in Nov. Comm. Acad. Sci. Petrop. **14**：540. 1770；中国植物志 **9**（3）：111. 图版 27. 图 1~7. 1987；内蒙古植物志（二版）**5**：136. 图版 54. 图 1~5. 1994；宁夏植物志（二版）**下册**：423. 2007. ——*Bromus cristatus* L. Sp. Pl. 78. 1753.

多年生疏丛或密丛生草本。须根稠密，具沙套。秆直立或基部节微膝曲，上部被短柔毛，高 15~50 cm。叶鞘紧密裹茎，边缘疏被短毛；叶舌膜质，顶端截平，具细齿，长 0.5~1 mm；叶片质较硬，叶脉隆起成纵沟，边缘常内卷，长 5~12 cm，宽 2~4 mm。穗状花序较粗壮，卵状矩圆形，长 2~5 cm，宽 8~15 mm，穗轴生短毛，节间短，长约 1 mm；小穗紧密平行排列成 2 行，呈篦齿状，含 5~7 小花；颖舟形，脊上或连同背部脉间被密或疏的长柔毛，第一颖长 2~3 mm，第二颖长 3~4 mm，具略短或稍长于颖体的芒；外稃舟形，被稠密长柔毛或稀疏柔毛，边缘狭膜质，第一外稃长 5~7 mm，芒长 2~4 mm；内稃与外稃近等长，先端 2 裂，脊具短小刺毛。花果期 7~9 月。2n=28。

旱生植物。生海拔（1 400）1 800~2 100 m 干燥山坡、草地、疏林、灌丛下，零星分布，为山地草原伴生种。为贺兰山广布植物，东、西均习见。

分布于我国东北、华北、西北，广布于北半球温带。泛北极种。

优良牧草。

2. 沙芦草（图版 107，图 4）蒙古冰草

Agropyron mongolicum Keng in Journ. Washingtong Acad. Sci. **28**：305. f. 4. 1938；中国植物志 **9**（3）：113. 图版 28. 图 1~3. 1987；内蒙古植物志（二版）**5**：139. 图版 55. 图 1~6. 1994；宁夏植物志（二版）**下册**：422. 图 259. 2007.

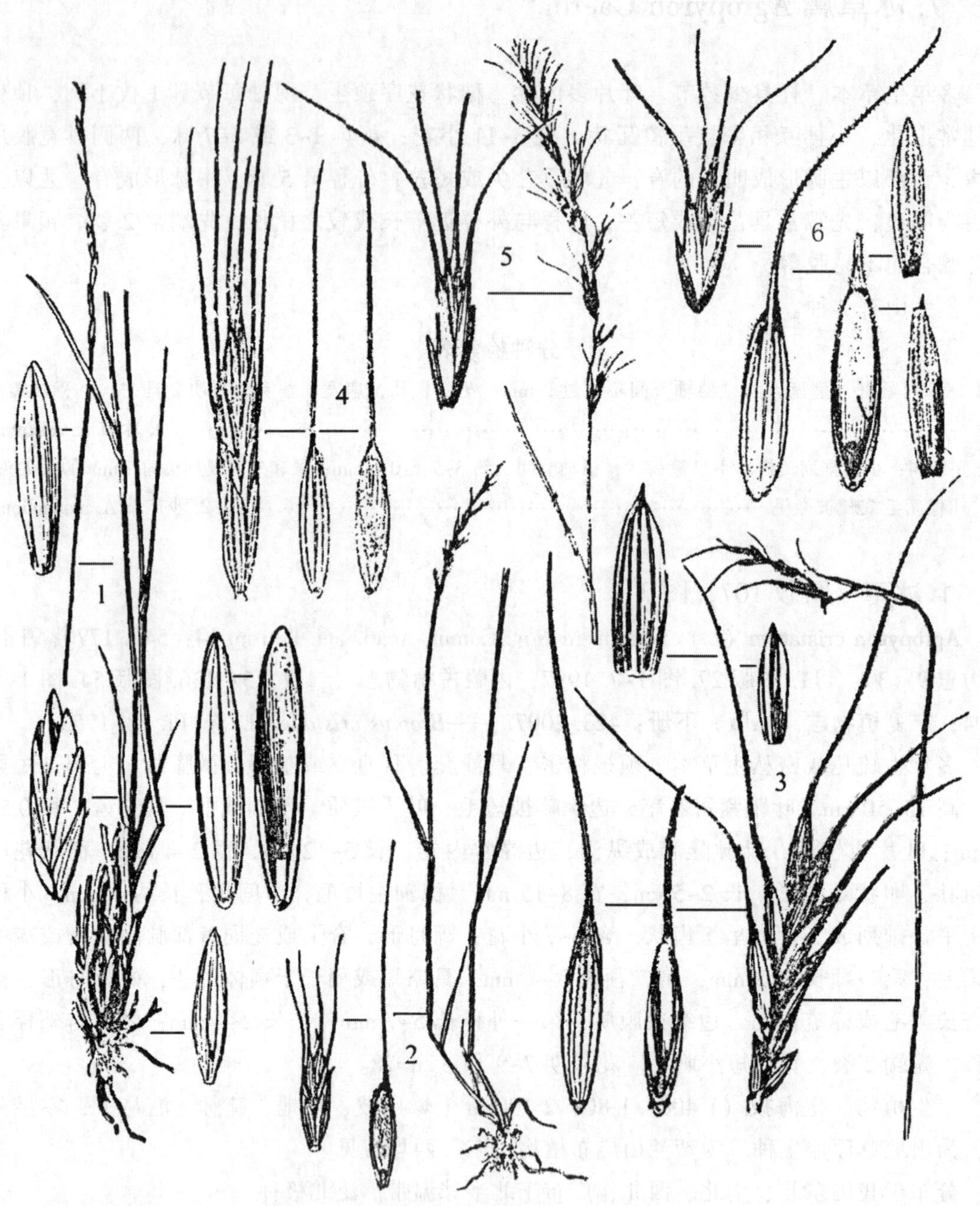

图版 108　1. **阿拉善鹅观草** Roegneria alashanica Keng 植株、小穗、第一颖、第二颖、小花背面及腹面；2. **中华鹅观草** R. sinica Keng　植株、小穗、小花；3. **岷山鹅观草** R. dura（Keng）Keng 花序、小穗、第一颖、第二颖、小花背面、小花腹面。4. **毛盘鹅观草** R. barbicalla Ohwi　小穗、小花的背腹面。5. **细穗鹅观草** R. turczaninovii（Drob.） Nevski var. tenuiseta Ohwi　花序、小穗；6. **多变鹅观草** R. varia Keng 小穗、第一颖及第二颖、小花背腹面。（5~6 马平绘；1~4 引自中国植物志）

多年生疏丛生草本。具根茎。秆基部节常膝曲，高 25~58 cm。叶鞘紧密裹茎，无毛；叶舌截平，具小纤毛，长约 0.5 mm；叶片常内卷，长 5~20 cm，宽 1.5~3 mm，光滑无毛。穗状花序长 5~8 cm，宽 2~3 mm，穗轴节间长 5~10（15） mm，光滑；小穗疏松排列，向上斜升，长 6~10 mm，含 3~8 小花，小穗轴无毛；颖两侧常不对称，具 3~5 脉，第一颖长 3~4 mm，第二颖长 4~6 mm；外稃无毛或具微毛，边缘膜质，先端具短芒尖，长 1~1.5 mm，第一外稃长 5~7 mm；内稃略短于外稃或等长，脊具短纤毛。花果期 7~9 月。2n=14。

旱生植物。生山麓荒漠草原及山地沟谷、覆沙地、干河床上，零星分布。见东坡苏峪口沟、黄旗沟、甘沟；西坡哈拉乌沟、峡子沟等。

分布于内蒙古（中、西部）、陕西、宁夏、甘肃。为我国特有种。华北–南蒙古种。

优良牧草。

Ⅲ. 臭草族 Meliceae

1. 小穗柄具关节而使小穗整个脱落；第一颖具 3 脉，第二颖具 5 脉；小穗顶端有不孕外稃形成的小球；外稃具 7 或更多的脉 …………………………………………………… 8. 臭草属 **Melica**
1. 小穗柄无关节，节脱于颖之上；颖的脉不明显；小穗顶端不具退化小花，不为小球；外稃具 3 脉 …………………………………………………… 9. 沿沟草属 **Catabrosa**

8. 臭草属 Melica L.

多年生草本。叶鞘闭合。圆锥花序开展或紧密；小穗含 2 至数朵小花，上部 2~3 小花退化，仅具外稃，常互抱成小球；脱节于颖之上，并在各小花之间断落；小穗柄细弱，弯曲，常自弯转处折断而使小穗整个脱落；颖具膜质边缘，等长或较第一颖稍短，具 3~5 脉，或第一颖只具 1 脉，等于或稍短于第一小花；外稃背部圆形，具 7 脉或更多，无芒或由先端 2 裂齿间伸出 1 芒。颖果具细长腹沟。

贺兰山有 3 种。

分种检索表

1. 颖不等长，第一颖长 2~3 mm，第二颖长 3~4 mm；外稃背部被长柔毛 ……………… 1. 抱草 **M. virgata**
1. 颖几等长；外稃背部无毛
   2. 花序具较密的小穗；叶片宽 2~7 mm …………………………………… 2. 臭草 **M. scabrosa**
   2. 花序具稀疏的小穗，叶片宽 1~2 mm …………………………………… 3. 细叶臭草 **M. radula**

1. 抱草（图版 109，图 2）

Melica virgata Turcz. ex Trin. in Mem. Acad. Sci. St. –Petersb. ser. **6**（1）：369. 1831；内蒙古植物志（二版）**5**：59. 图版 24. 图 7~12. 1994；中国植物志 **9**（2）：308. 2002；宁夏

植物志（二版）**下册**：469. 图 292. 2007.

多年生丛生草本。秆高 30~70 cm，细而硬。叶鞘长于节间，无毛；叶舌膜质，长约 1 mm；叶片常内卷，长 7~15 cm，宽 2~4 mm，上面被柔毛，下面微粗糙。圆锥花序细长，长 10~20 cm，分枝直立或斜升；小穗柄先端稍膨大，被微毛，小穗长 4~6 mm，含 2~3 枚能育小花，顶端不育外稃成棒状，熟后紫色；颖不相等，先端尖，第一颖卵形，长 2~3 mm，具 3~5 条不明显的脉，第二颖宽披针形，长 3~4 mm，具 5 条明显的脉；外稃披针形，顶端钝，具 7 脉，背部被长柔毛，第一外稃长 4~5 mm；内稃与外稃等长或略短；花药长 1.5~1.8 mm。花果期 7~9 月。

旱中生植物。生海拔 2 000~2 200 m 石质山坡、山地草原及岩石缝中，零星分布。见东坡苏峪口沟、黄旗沟等；西坡哈拉乌沟、峡子沟等。

分布于我国华北。为我国特有。华北种。

2. 臭草（图版 109，图 1）

Melica scabrosa Trin. in Mem. Acad. Sci. St. –Petersb. Sav. Etrang. **2**：146. 1835；内蒙古植物志（二版）**5**：61. 图版 24. 图 1~6. 1994；中国植物志 **9**（2）：305. 2002；宁夏植物志（二版）**下册**：469. 2007.

多年生密丛生草本。秆高 30~60 cm，直立或基部膝曲。叶鞘粗糙；叶舌膜质透明，长 1~3 mm，顶端撕裂；叶片长 6~15 cm，宽 2~7 mm，背面粗糙，上面被疏柔毛。圆锥花序狭窄，长 8~16 cm，宽 1~2 cm；小穗柄短而弯曲，上部被微毛；小穗长 5~7 mm，含 2~4 枚能育小花，不育外稃成小球状；颖狭披针形，几相等，膜质，长 4~7 mm，具 3~5 脉；第一外稃卵状矩圆形，长 5~6 mm，背部颗粒状粗糙；内稃短于外稃或相等，倒卵形；花药长约 1. 3 mm。花果期 6~8 月。

中生植物。生海拔 2 000~2 400 m 山地石质山坡、岩石缝中，零星分布。见东坡苏峪口沟、黄旗沟、插旗沟等；西坡哈拉乌沟、水磨沟、锡叶沟等。

分布于我国华北、西北（东部），及东北（南部），也见于朝鲜。华北种。

3. 细叶臭草（图版 109，图 3）

Melica radula Franch. Pl. David. **1**：366. 1884（in Nouv. Arch. Mus. Hist. Nat. ser. 2. **7**：146. 1884）；内蒙古植物志（二版）**5**：61. 图版 24. 图 13~18. 1994；中国植物志 **9**（2）：307. 2002；宁夏植物志（二版）**下册**：470. 图 293. 2007.

多年生丛生草本。秆高 30~40 cm，直立，较细弱，基部多分蘖。叶鞘微粗糙；叶舌膜质，短，长约 0.5 mm；叶片常内卷成条形，长 5~12 cm，宽 1~2 mm，背面粗糙。圆锥花序长 6~15 cm，狭窄，具稀少的小穗；小穗长 5~7 mm，通常含 2 能育小花，顶生不育外稃成球形或长圆形；颖矩圆状披针形，先端尖，2 颖几等长，长 4~6 mm，第一颖具 1 明显的脉（侧脉不明显），第二颖具 3~5 脉；外稃矩圆形，先端稍钝，具 7 脉，背部颗粒状粗糙，第一外稃长 4.5~6 mm；内稃短于外稃，卵圆形，脊具纤毛；花药长 1.5~2 mm。花果期

6~8 月。

中生植物。生海拔（1 500）1 700~2 300 m 山地沟谷、阴坡及干河床，常在山口干河床或坡脚形成小群落，小片群生或零星分布。为低山区和山口习见植物，东、西坡均有分布。

分布于我国华北及陕西、宁夏。为我国特有。华北种。

9. 沿沟草属 **Catabrosa** Beauv.

多年生柔软禾草。叶片扁平。顶生圆锥花序；小穗极小，常含 2 小花，稀 1 至 4 小花；小穗轴节间较长，无毛，脱节于颖之上或各小花之间；颖不等长，均短于小花，脉不明显，顶端截平或呈啮蚀状；外稃较宽，具 3 条明显的脉，顶端干膜质，无芒；内稃等长于外稃，具 2 直脉。

贺兰山有 1 种。

1. 沿沟草（图版 109，图 4）

Catabrosa aquatica（L.）Beauv. Agrost. 97. t. 19. f. 8. 1812；内蒙古植物志（二版）**5**：67. 图版 28. 1994；中国植物志 **9**（2）：280. 2002. ——*Aira aquatica* L. Sp. Pl. 64. 1753.

多年生秆直立草本。基部伏卧，并于节处生根，高 20~60 cm。叶鞘松弛；叶舌透明膜质，长 2~4 mm；叶片扁平，柔软，长 5~15 cm，宽 4~8 mm。圆锥花序开展，长 8~20 cm，宽达 4 cm；分枝细，上升或平展，基部各节成半轮生，近基部常无小穗或具稀疏小穗；小穗柄长于 0.5 mm，小穗长 2~3 mm，含 1~2 小花；颖半透明膜质，先端截平或啮蚀状钝圆，第一颖长约 1 mm，第二颖长约 1.5 mm；外稃长约 3 mm，先端截平，具隆起 3 脉；内稃外稃等长，具 2 脉；花药长约 1 mm。花果期 6~9 月。

中湿生植物。生海拔 2 500 m 的溪泉边湿地，零星或片状分布。仅见西坡哈拉乌北沟。

分布于我国西北及四川、云南，广布于北半球温带地区。古北极种。

Ⅳ. 雀麦族 Bromeae

10. 雀麦属 **Bromus** L.

一年生或多年生草本。叶鞘闭合；叶片扁平。圆锥花序开展；小穗大，两侧压扁，含多数小花，小穗轴脱节于颖之上及各小花之间；颖不等长或近等长，先端急尖或渐尖乃至成芒状尖头；第一颖具 1~3 脉，第二颖具 3~7 脉；外稃短，背部圆形或具脊，常 5~9 脉，先端全缘或具 2 齿，具芒或稀无芒，芒顶生或由齿间伸出；内稃狭窄，膜质，先端微缺，脊具纤毛；雄蕊 3，子房顶端有毛。颖果条状矩圆形，腹面具槽沟，成熟后紧贴于内稃。

贺兰山有 1 种。

图版 109 1. **臭草** Melica scabrosa Trin. 植株及花序、小穗、第一颖、第二颖、外稃、小花腹面（示内稃）；2. **抱草** M. virgata Turcz. ex Trin. 花序、小穗、第一颖、第二颖、外稃背面、小花腹面；3. **细叶臭草** M. radula Franch. 花序、小穗、第一颖、第二颖、外稃背面、小花腹面；4. **沿沟草** Catabrosa aquatica（L.）Beauv. 植株、小穗、小花、外稃与内稃、雄蕊、雌蕊、颖果；5. **无芒雀麦** Bromus inermis Leyss. 植株、小穗、小花（示外稃与内稃）。（1~3 马平绘；4~5 张海燕绘）

1. 无芒雀麦（图版 109，图 5）

Bromus inermis Leyss. Fl. Hal. 16. 1761；内蒙古植物志（二版）**5**：106. 图版 46. 图 1~4. 1994；中国植物志 **9**（2）：345. 2002；宁夏植物志（二版）**下册**：471. 图 294. 2007.

多年生草本。高 50~80 cm，具短横走根状茎。秆直立，节无毛或稀于节下具倒毛。叶鞘无毛，近鞘口处开展；叶舌长 1~2 mm；叶片扁平，长 8~20 cm，宽 5~30 mm，无毛。圆锥花序开展，长 10~20 cm，每节具 2~5 分枝，每枝生 1~5 枚小穗；小穗长 15~25 mm，含 5~10 小花，小穗轴，具小刺毛；颖披针形，先端渐尖，边缘膜质，第一颖长 4~7 mm，具 1 脉，第二颖长 6~9 mm，具 3 脉；外稃宽披针形，无毛或基部疏生短毛，无芒或具长 1~1.5 mm 的短芒，第一外稃长（6）8~11 mm；内稃稍短于外稃，膜质，脊具纤毛；花药长 3~4.5 mm。果期 7~9 月。2n=28，42。

中生植物。生海拔（1 500）1 800~2 000 m 山地林缘、灌丛下及草甸中，零星和小片状分布。见东坡苏峪口沟、贺兰沟、黄旗沟、小口子等；西坡南寺沟等。

分布于我国东北、华北、西北，广布于欧亚大陆温带地区。泛北极种。

优良牧草。已引入栽培。

V. 早熟禾族 Poeae

分属检索表

1. 外稃背部圆形。
  2. 外稃顶端顿，具细齿，脉平行不于顶端汇合 ………………………… 11. 碱茅属 **Puccinellia**
  2. 外稃顶端尖，脉在顶端汇合 ………………………………………… 12. 羊茅属 **Festuca**
1. 外稃背部具脊，边缘或脊上具柔毛 ……………………………………… 13. 早熟禾属 **Poa**

11. 碱茅属 Puccinellia Parl.

多年生草本（稀为一年生）。叶扁平或内卷。圆锥花序，开展或紧缩；小穗含 2~8 小花；颖不相等，均短于外稃，第一颖具 1~3 脉，第二颖具 3~5 脉；外稃背部圆形，稀具脊，具不明显 5 脉，先端多少膜质，钝或稍尖；内稃通常等长于外稃，具 2 脊。

贺兰山有 3 种。

分种检索表

1. 花药长 1~1.2 mm；第一颖长 0.6 mm ………………………………… 1. 星星草 **P. tenuiflora**
1. 花药长 0.3~0.8 mm；第一颖长 0.6~1.0 mm。
  2. 外稃长 1.9~2.3 mm；花药长 0.3~0.5 mm ……………………… 2. 微药碱茅 **P. hauptiana**
  2. 外稃长 1.5~1.9 mm；花药长 0.5~0.8 mm ……………………… 3. 碱茅 **P. distans**

1. 星星草（图版 110，图 1）

Puccinellia tenuiflora（Turcz.）Scribn. et Merr. in Contr. US. Nat. Herb. **13**：78. 1910；内蒙古植物志（二版）**5**：100. 图版 43. 图 1~4. 1994；中国植物志 **9**（2）：242. 2002. 宁夏植物志（二版）**下册**：477. 图 299. 2007. ——*Atropis tenuiflora* Turcz. ex Griseb. in Ledeb. Fl. Ross. **4**：389. 1852.

多年生丛生草本。秆直立或基部膝曲，灰绿色，高 30~40 cm。叶鞘无毛；叶舌膜质，长约 1 mm，先端半圆形；叶片通常内卷，长 3~8 cm，宽 1~3 mm，上面粗糙，下面光滑。圆锥花序开展，长 8~15 cm，主轴平滑，每节具 2~4 个分枝，分枝细弱；小穗柄粗糙；小穗长 3~4.5 mm，含 3~4 小花；第一颖长约 0.6 mm，先端较尖，具 1 脉，第二颖长约 1.2 mm，具 3 脉；外稃先端钝，紫色，先端带黄色，基部略被微毛，长约 2.5 mm，通常宽为 0.8 mm；内稃平滑或脊上部微粗糙；花药条形，长约 1 mm。2n=14，28。

盐中生植物。生山麓盐湿地、盐碱地和灌溉农田地埂、沟渠边，小片生长，有时能形成群落。东、西坡均有分布。

分布于我国东北、华北、西北（东部），也见于中亚、俄罗斯（西伯利亚）、蒙古。东古北极种。

良好牧草。

2. 微药碱茅（图版 110，图 3）鹤甫碱茅

Puccinellia hauptiana（Trin. ex Krecz.）Krecz. in Fl. URSS **2**：485. 763. t. 36. f. 21. 1934. nom. altern；内蒙古植物志（二版）**5**：102. 图版 44. 图 1~4. 1994；中国植物志 **9**（2）：273. 2002. ——*P. houptiana*（Trin.）Kitag. Fl. Mansh. 90. 1939；宁夏植物志（二版）**下册**：477. 图 300. 2007. ——*P. kobayashii* Ohwi in Acta Phytotax. et Geobot. **4**：31. 1935.——*Atropsis hauptiana* Krecz. 1. c.

多年生草本。秆疏丛生，绿色，直立或基部膝曲，高 15~40 cm。叶鞘无毛；叶舌干膜质，长 1~1.5 mm，先端截平或三角形；叶片条形，内卷或部分平展，长 1~6 cm，宽 1~2 mm，上面及边缘微粗糙，下面近平滑。圆锥花序长 10~20 cm，花后开展，分枝细长，平展或下伸，分枝及小穗柄微粗糙；小穗长 3~5 mm，含 3~7 花，绿色或带紫色；第一颖长 0.6~1 mm，具 1 脉，第二颖长约 1.2 mm，具 3 脉；外稃长 1.5~1.9 mm，先端钝圆形，基部有短毛；内稃等长于外稃，脊上部微粗糙，其余部分光滑无毛；花药长 0.3~0.5 mm。2n=28。

盐中生植物。生山麓盐湿地、盐碱地及盐湿荒漠中，沿干河床湿地也进入山地沟谷，零星或小片分布。东、西坡山麓均有分布，也进入西坡哈拉乌沟及东坡大水沟等沟谷。

分布于我国东北、华北、西北（东部），也见于欧洲南部、中亚、俄罗斯（西伯利亚、远东）、蒙古、朝鲜、日本及北美。古北极种。

牧草。

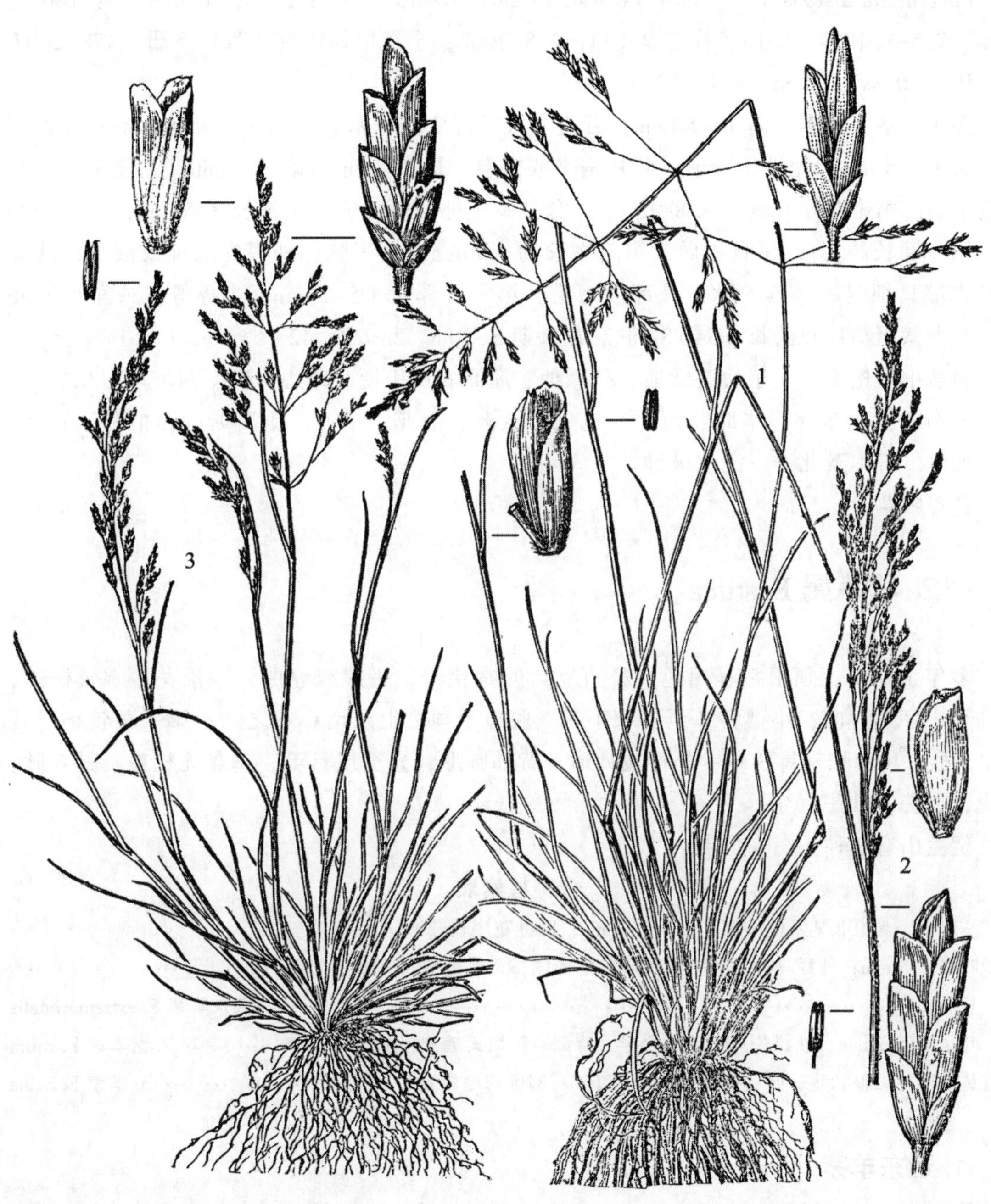

图版 110　1. 星星草 Puccinellia tenuiflora（Turcz.） Scribn. et Merr. 植株、小穗、小花、花药；2. 碱茅 P. distans（L.）Parl. 植株上部及花序、小穗、小花、花药；3. 微药碱茅 P. hauptiana（Trin. ex Krecz.）Krecz. 植株、小穗、小花、花药。（张海燕绘）

3. 碱茅（图版 110，图 2）

Puccinellia distans（L.） Parl. Fl. Ital. **1**：367. 1848；内蒙古植物志（二版）**5**：100 图版 44. 图 5~8. 1994；中国植物志 **9**（2）：275. 2002；宁夏植物志（二版）**下册**：478. 2007. ——*Poa distans* L. Mant. Pl. **1**：32. 1767.

多年生丛生草本。高 15~50 cm，秆直立或基部膝曲，基部常膨大。叶鞘无毛；叶舌膜质，长 1~1.5 mm，先端半圆形；叶片扁平或内卷，长 2~7 cm，宽 1~3 mm，上面粗糙，下面近平滑。圆锥花序开展，长 8~15 cm，分枝及小穗柄微粗糙；小穗长 3~5 mm，含 3~6 小花；第一颖长约 1 mm，具 1 脉，第二颖长约 1.4 mm，具 3 脉；外稃先端钝或截平，其边缘及先端具细裂齿，具 5 脉，基部被短毛，第一外稃长 1.5~2 mm；内稃等长或稍长于外稃，脊上微粗糙；花药长 0.5~0.8 mm。花果期 5~7 月。2n=28，42。

耐盐中生植物。生于盐湿低地、盐碱地、灌溉农田田埂、路边。东、西坡均习见。

分布于我国东北、华北、西北，也见于欧洲、前亚、中亚、俄罗斯（西伯利亚）、蒙古、朝鲜、日本及北美。泛北极种。

良等牧草。

12. 羊茅属 Festuca L.

多年生草本，须根常呈黑色。秆直立。叶常狭窄，平展或卷曲。圆锥花序常较松散，穗轴呈之字形弯曲；小穗含 2 至多数小花，脱节于颖之上及诸小花之间；第一颖较小，具 1 脉，第二颖较长，具 3 脉；外稃披针形，背部圆形，光滑或具毛，基盘无棉毛，具 5 脉，尖锐，无芒或具芒。

贺兰山有 3 种。

分种检索表

1. 疏丛禾草，具根状茎；叶平展，宽 1.5~5 mm；圆锥花序较开展。
  2. 叶宽 2~5 mm；外稃具长芒，芒长于或等于稃体，背部粗糙，但不具柔毛 ……………………………………………………………………………… 1. 远东羊茅 **F. extremorintalis**
  2. 叶宽 1. 5~2 mm；外稃芒短于稃体之半，背部具细短柔毛或粗糙 …………………… 2. 紫羊茅 **F. rubra**
1. 密丛禾草，无根状茎；叶卷曲，宽 1 mm 以下；圆锥花序较紧缩 ……………………… 3. 羊茅 **F. ovina**

1. 远东羊茅（图版 111，图 1）

Festuca extremiorientalis Ohwi in Bot. Mag. Tokyo **45**：194. 1931；内蒙古植物志（二版）**5**：70. 图版 29. 1994；中国植物志 **9**（2）：49. 2002；宁夏植物志（二版）**下册**：473. 图 296. 2007. ——*F. subulata* Trin. subsp. *japonica*（Hack.）T. Koyama et Kawano. in Journ. Bot. Canad. **42**：875.1964.

多年生疏丛生草本。根茎短，高 50~100 cm，秆直立。叶鞘短于节间；叶片条形，扁平，柔软，长 8~25 cm，宽 4~10 mm，两面无毛。圆锥花序开展，疏散，长 10~20 cm，每节具 2 分枝，分枝细软，下垂。下部分枝长达 10 cm；小穗长 5~7 mm，含 2~4 小花；颖狭披针形，边缘膜质，第一颖长 3~4 mm，第二颖长 4~5 mm；外稃披针形，长 5~7 mm，具 5 脉，背部粗糙，顶端渐尖，具长芒，芒等于或略长于稃体；内稃等于或稍短于外稃，膜质；花药长 1~1.8 mm。花果期 6~7 月。2n=28。

中生植物。生海拔 2 500 m 左右山地林缘、灌丛下和沟谷草甸中，零星分布。仅见于西坡哈拉乌沟与南寺雪岭子。

分布于我国东北、华北及西北（东部），也见于俄罗斯（东西伯利亚、远东）、朝鲜。东北–华北种。

优良牧草。

2. 紫羊茅（图版 111，图 2）

Festuca rubra L. Sp. Pl. 74. 1753；内蒙古植物志（二版）**5**：72. 图版 30. 图 1~4. 1994；中国植物志 **9**（2）：82. 2002；宁夏植物志（二版）**下册**：473. 2007.

多年生疏丛生草本。具根茎，高 30~70 cm，秆直立。光滑，近花序处粗糙。叶鞘短于节间，粗糙；叶片扁平，长 10~30 cm，宽 2~3 mm，两面光滑。圆锥花序长 5~10 cm，每节具 1~2 分枝，具短柔毛；小穗长约 8 mm，具 5~7 小花，常紫色，小穗轴被短柔毛；颖披针形，背面粗糙，边缘被细睫毛，无芒，第一颖长 3~3.5 mm，第二颖约长 4.5 mm；外稃狭披针形，长 5~6 mm，背部顶端具细短柔毛，渐尖，芒长 1.5~3 mm；内稃与外稃等长，脊部顶部具细短柔毛，花药长 2~2.5 mm。花果期 6~7 月。2n=14，28，42，56，70。

中生植物。生海拔 2 900~3 400 m 高山、亚高山草甸、灌丛中，为重要伴生种，呈零星或小片分布。见主峰下及山脊两侧。

分布于我国东北、华北、西北、西南，广布于北半球温寒带地区。泛北极种。

优良牧草。

3. 羊茅（图版 111，图 3）狐茅

Festuca ovina L. Sp. Pl. 73. 1753；内蒙古植物志（二版）**5**：77. 图版 33. 图 5. 1994；中国植物志 **9**（2）：66. 2002；宁夏植物志（二版）**下册**：474. 图 297. 2007.

多年生密丛生草本。高 30~60 cm，须根多而细弱，秆细瘦，光滑，仅花序下部具柔毛。叶鞘光滑，基部具残存叶鞘；叶丝状，脆涩，宽约 0.3 mm，横切面圆形，被短刺毛。圆锥花序穗状，长 2~5 cm，分枝常偏向一侧；小穗椭圆形，长 4~6 mm，具 3~6 小花，灰绿色，有时带紫色；颖披针形，先端渐尖，边缘具疏睫毛，第一颖长 2~2.5 mm，第二颖长 3~3.5 mm；外稃披针形，长 3~4 mm，光滑或顶部具短柔毛；芒长 1.5~2 mm；花药长约 2 mm。花果期 6~7 月。2n=14，18。

旱中生植物。生海拔 2 500~2 800 m 石质山坡、岩石缝中，多呈零星分布。仅见西坡哈拉乌沟。

图版 111 1. 远东羊茅 Festuca extremiorientalis Ohwi 植株及花序、叶横切面、小穗、第一颖、第二颖、小花；2. 紫羊茅 F. rubra L. 植株及花序、叶横切面、小穗、小花；3. 羊茅 F. ovina L. 植株、叶的横切面、小穗、小花。（1~2 马平绘；3 仿中国主要植物图说（禾本科））

分布于我国东北、西北、西南，广布于欧亚大陆温寒带地区。古北极种。

优良牧草。

该种是林奈的老种，原描述较为简单且形态变异较大。对该种范围及形态特征学术界颇有分歧。如对外稃的芒，通常认为具短芒，芒长 1.5~2 mm，或芒为外稃的 1/3~1/4。也有认为无芒或仅具长约 0.5 mm 的小尖头。我们从广义的（*F. ovina* L.）认定贺兰山为该种。《宁夏植物志》（二版）（**下册**：425. 2007）记载的短叶羊茅（*F. brachyphylla* Schult. et Schult. f.）形态与该种相似，但其花药长度仅为 0.5 mm，叶片较短，长约 1.5 cm，又显著不同。因没有采到相应的标本，暂记于此。

13. 早熟禾属 Poa L.

多年生或少为一年生。叶片扁平或对折，末端成舟形尖头。圆锥花序开展或紧缩；小穗卵状披针形，含 2 至多数小花，小穗轴脱节于颖之上及各小花之间，顶生小花退化或不发育；颖略不相等，具脊，第一颖通常具 1 脉，第二颖具 3 脉；外稃纸质或较厚，先端锐尖或稍钝且通常为薄膜质，具脊，无芒，具 5 脉，脊与边脉通常具柔毛，基盘具绵毛或无毛；内稃等于或稍短于外稃，具 2 脊，脊上具纤毛或微粗糙。颖果纺锤形或条形。

贺兰山有 19 种。

分钟检索表

1. 颖与外稃质地较薄，第一颖具 1 脉；植物质地常柔软而近于平滑；外稃脉间明显；叶片扁平而质薄；分支弯曲而下垂，内稃 2 脊 …………………………………………………… **1. 垂枝早熟禾 P. declinata**

1. 颖与外稃质地较厚，第一颖具 3 脉；植物质地较硬直而粗糙，或柔软而平滑。

　2. 外稃脊下部疏生微毛，边脉基部与基盘无毛 ……………………………… **2. 光盘早熟禾 P. elanata**

　2. 外稃脊下部与边脉基部具柔毛，基盘亦具绵毛。

　　3. 植株具地下生长的根茎。

　　　4. 外稃先端具较宽膜质，脉间被微毛；花药长 2.5~3 mm。

　　　　5. 小穗光亮；颖与外稃具透明宽膜质边缘；外稃脊下部 1/3 及边脉基部 1/4 具柔毛 …………………………………………………… **3. 唐氏早熟禾 P. tangii**

　　　　5. 小穗不光亮；颖与外稃具不透明宽膜质边脉；外稃脊下部 1/2 及边脉基部 1/3 具柔毛 …………………………………………………… **4.极地早熟禾 P. arctica**

　　　4. 外稃先端具较窄膜质；脉间无毛；花药长 1.5~2 mm。

　　　　6. 小穗长 6~7 mm，含 4~7 小花；叶舌先端稍尖。

　　　　　7. 第一外稃长 3~3.5 mm；颖长 2.5~4 mm；花序上部较密，每节 3~5 个分枝 …………………………………………………… **5. 密花早熟禾 P. pachyantha**

　　　　　7. 第一外稃长 5 mm；颖长 3.5~4 mm，花序上部分枝不密，每节 1 个分枝 …………………………………………………… **6.长花长稃早熟禾 P. dolichachyra（var. longiflora）**

　　　　6. 小穗长 3~6 mm，含 2~5 小花；叶舌先端截平或钝圆。

8. 圆锥花序较紧密，花药长 1.2~1.5 mm；叶舌长 0.5~1 mm。

9. 植株较矮，高 10~15 cm；花序每节具 2~4 分枝，外稃脊下部 1/2 处具长柔毛，叶舌钝圆 ………………………………………………………………… **7. 高地早熟禾 P. alpigena**

9. 植株较高，高 30~50 cm，花序每节具 3~5 分枝；外稃脊下部 2/3 处具长柔毛，叶舌平截 ………………………………………………………………… **8. 细叶早熟禾 P. angustifolia**

8. 圆锥花序较开展，花药长 1.5~2 mm，叶舌长 1.5~3 mm ……… **9. 草地早熟禾 P. pratensis**

3. 植株不具根茎或稀具下伸之短根茎。

10. 外稃基部间脉或脉间有毛；花序是暗紫色的 ……………………… **10. 堇色早熟禾 P. ianthina**

11. 圆锥花序开展或稍开展；植株较细弱。

12. 叶舌长 0.5~1 mm，秆直立；花序每节具 1~3 分枝 …………… **11. 林地早熟禾 P. nemoralis**

12. 叶舌长 2~3 mm，植株成倒伏状；花序每节具 2 分枝 ……………… **12. 柔软早熟禾 P. lepta**

11. 圆锥花序紧缩；植株（秆）较硬、直。

13. 外稃脊下部 2/3 与边脉基部 1/2 具柔毛 ……………………… **13. 硬质早熟禾 P. sphondylodes**

13. 外稃脊下部 1/2 与边脉基部 1/3 或 1/4 具柔毛。

14. 小穗轴疏生微毛 ………………………………………………… **14. 贫叶早熟禾 P. oligophylla**

14. 小穗轴无毛。

15. 外稃边脉基部 1/4 具柔毛；小穗含 2~3 小花。

16. 叶片扁平，两面无毛或近于无毛 ……………………………… **15. 细长早熟禾 P. prolixior**

16. 叶片内卷，两面粗糙或上面微粗糙。

17. 植株较高，高 50 cm 左右，具 5~6 节；叶舌长 1~1.5 mm ……………………………… **16. 硬叶早熟禾 P. stereophylla**

17. 植株较低，高 10~40 cm，具 1~2（4）节；叶舌长 1.5~3 mm ……………………………… **17. 渐狭早熟禾 P. attenuata**

15. 外稃边缘基部 1/3 具柔毛，小穗含 3~5 小花。

18. 秆具 2 节；顶生叶鞘长于叶片 …………………………………… **18. 少叶早熟禾 P. paucifolia**

18. 秆具 3~9 节，顶生叶鞘短于叶片 ……………………………… **19. 多叶早熟禾 P. plurifolia**

1. 垂枝早熟禾（图版 112，图 1）

Poa declinata Keng ex L. Liu，中国植物志 **9**（2）：144. 390. 2002；中国主要植物图说（禾本科）216. 图 171. 1959；宁夏植物志（二版）**下册**：483. 2007. nom. nud.

多年生丛生草本。高 50~80 cm，秆较细弱，直立，具 4~5 节。叶鞘垂落，长于节间，顶生叶鞘长 13~16 cm，长于叶片；叶舌先端截平，具不规则的微齿，长 2~4 mm；叶片质软，扁平或上部对称，长 5~8 cm，宽 2~3 mm，上面微粗糙，下面光滑。圆锥花序开展，疏松，长 10~20 cm，每节具 2~3 分枝，分枝弯曲下垂，基部主枝长 3~7 mm，上部生数个小分枝；小穗灰绿带淡紫色，长 3~4 mm，含 3 小花；颖狭披针形，先端尖，脊上微粗糙，第一颖具一脉，长约 2 mm，第二颖较宽，具 3 脉，长约 3 mm；外稃长圆形，先端具膜质，具明显 5 脉，脊下部 1/2 及边脉下部 1/4 具短柔毛，基盘具极少绵毛，第一外稃长 3~3.5 mm；

内稃稍短于外稃，脊上粗糙；花药长约 0.5 mm，花果期 5~8 月。

中旱生植物。生海拔 2 900 m 左右的石质山坡和岩石缝中，零星分布。仅见西坡哈拉乌北沟。

分布于我国青藏高原东北部（甘肃、青海）。为我国特有。唐古特种。

良等牧草。

2. 光盘早熟禾（图版 112，图 2）

Poa elanata Keng ex Tzvel. Pl. Asi. Centr. **4**：142. 1968；中国主要植物图说（禾本科）181. 图 133. 1959；内蒙古植物志（二版）**5**：89. 图版 38. 图 11~12. 1994. ——*P. elanata* Keng ex L. Liu，中国植物志 **9**（2）：391. 187. 2002.

多年生密丛生草本。高 30~50 cm，根须状，根外常具沙套。秆直立，稍粗糙。叶鞘长于节间；叶舌膜质，长约 2 mm；叶片扁平或对折，长 8~15 cm，宽 1~2 mm，两面粗糙。圆锥花序狭窄，长 6~8 cm，宽 3~8 mm，每节具 2~3 分枝，粗糙；小穗长约 5 mm，含 2~4 小花，小穗轴较粗糙；颖披针形，先端尖，具 3 脉，第一颖长 3~3.5 mm，第二颖长 3.5~4 mm；外稃矩圆形，先端稍膜质，间脉不明显，脊下部 1/4 与边脉基部 1/5 疏生微毛，基盘无毛，第一外稃长 3~3.5 mm；内稃稍短于外稃，脊上具短纤毛；花药长约 2 mm。花果期 7~9 月。

中生植物。生海拔 2 200~2 500 m 山地林缘及沟谷，零星分布。仅见西坡哈拉乌沟、水磨沟。

分布于青海、甘肃、西藏。为我国特有。唐古特种。

牧草。

3. 唐氏早熟禾（图版 112，图 3）

Poa tangii Hitchc. in Proc. Biol. Soc. Wash. **43**：94. 1930；内蒙古植物志（二版）**5**：97. 图版 42. 图 11~12. 1994；中国植物志 **9**（2）：124. 2002.

多年生疏丛生草本。高 20~50 cm。具根茎。秆直立，细弱，光滑。叶鞘疏松裹茎，光滑；叶舌膜质，先端截平且细裂，长约 1 mm；叶片条形，扁平，柔软，光滑，长 1.5~5 cm，宽 2~3 mm，蘖生叶长 10~20 cm。圆锥花序开展，长 3~8 cm，宽 2~5 cm，分枝细弱，孪生；小穗矩圆形，淡绿色或稍带紫色，光亮，长 5~8 mm，含 3~6 小花；颖狭卵圆形，先端钝，质薄，边缘宽膜质，第一颖长 3~3.5 mm，第二颖长 3.5~4 mm；外稃矩圆形，先端钝，质薄，边缘及顶端宽膜质，脊下部 1/3 及边脉基部 1/4 具柔毛，基盘有少量绵毛，第一外稃长 4~5 mm；内稃等长于或稍短于外稃，脊上具微纤毛；花药长约 3 mm。

中生植物。生海拔 2 300~2 500 m 的山地林缘及沟谷溪旁，零星生长。见东坡苏峪口沟；西坡北寺沟、水磨沟、哈拉乌沟。

分布于华北。为我国特有。华北种。

牧草。

贺兰山该植物过去被误定为疑早熟禾（*P. incerta* Keng）。

4. 极地早熟禾（图版 112，图 4）

Poa arctica R. Br. Suppl. App. Parrys First Voy. Bot. 288. 1824；内蒙古植物志（二版）**5**：97. 图版 42. 图 6~10. 1994；中国植物志 **9**（2）：123. 2002；宁夏植物志（二版）**下册**：483. 2007. ——*P. arctica* R. Br. subsp. *caespitans* Simmons ex Nannf. Symb. Bot. Upsal. **4**：71. 1940；Fl. China. **22**：279. 2006.

多年生疏丛生草本。高 10~35 cm，具根茎。秆从基部匍地向上。叶鞘松弛裹茎，稍平滑或粗糙；叶舌膜质，边缘细齿，长 0.5~1 mm；叶片狭条形，上面稍被短毛或粗糙，下面无毛，长 2~15 cm，宽 1~2 mm。圆锥花序开展，宽卵圆形，绿色或淡紫色，长 4~7 cm，宽 3~5 cm，分枝通常孪生；小穗长 5~8 mm，含 3~7 小花；颖卵圆状披针形，宽膜质，第一颖长 2~3 mm，第二颖长 3~4 mm；外稃先端稍钝，宽膜质，脊下部及边脉基部 1/3 被柔毛，脉间贴生微毛，基盘具多量绵毛，第一外稃长 4~5 mm；内稃稍短于外稃，先端微凹，脊上具短纤毛；花药长约 2.5 mm。花期 6~8 月。2n=56，60，72，70。

耐寒中生植物。生海拔 2 500~3 000 m 山地林缘、灌丛下及岩石缝和无林山脊，零星或小片分布。见主峰下部及西坡哈拉乌沟、水磨沟、南寺沟等。

分布于我国华北北部山地，也见于北欧、俄罗斯（西伯利亚、远东）、北美。北极-高山种。

英文版《中国植物志》（Flora of China，22：279）认为我国没有真正的极地早熟禾（*P. arctica* R. Br.）只有亚种（subsp. *caespitans* Simmons ex Nannf.）

5. 密花早熟禾（图版 112，图 5）

Poa pachyantha Keng ex Sh. Chen，Fl. Intramong.（内蒙古植物志）**7**：259. 79. t. 3s. f. 6~10. 1983；内蒙古植物志（二版）**5**：83. 图版 36. 图 6~8. 1994；中国植物志 **9**（2）：101. 图版 14. 图 3. 2002；宁夏植物志（二版）**下册**：493. 图 314. 2007.

多年生疏丛生草本。具根茎，高 40~65 cm，须根纤细，根外常具沙套。秆直立，平滑。叶鞘松弛裹茎，无毛；叶舌膜质，先端尖，长 1~2 mm；叶片对折或扁平，长 4~12 cm，宽 2~4 mm，上面稍粗糙，下面平滑。圆锥花序卵状矩圆形，开展，长 5~13 cm，每节具 2~5 分枝，分枝上端密生多数小穗；小穗矩圆形，长 5~7 mm，带紫色，含 5~7 小花；颖先端尖，脊上微粗糙，第一颖长约 2.5 mm，第二颖长约 3 mm；外稃先端稍膜质，脊下部约 2/3 与边脉基部 1/3 具长柔毛，脉间粗糙，基盘具绵毛，第一外稃长约 3 mm；内稃稍短于或等长于外稃，先端微凹，脊上具短纤毛，脊间稍粗糙；花药长约 2 mm。花期 6~8 月。

中生植物。生海拔 2 500 m 左右山地林缘、灌丛下，零星分布。见东坡苏峪口沟；西坡哈拉乌沟。

分布于我国华北（北部）、西北（东部）及四川。为我国特有。黄土高原种。

中等牧草。

6. 长花长稃早熟禾

Poa dolichachyra Keng ex L. Liu var. **longiflora** S. L. Chen ex D. Z. Ma， Fl. Ningxi. **2**：522. 425. 1988；宁夏植物志（二版）**下册**：492. 图 313. 2007.

多年生疏丛生草本。高 30~40 cm，具细长根状茎。秆直立，直径约 1 mm，具 2 节，顶节位于秆的中部或下部 1/3 处。叶鞘多短于节间，平滑无毛，下部闭合，顶生叶鞘长于其叶片数倍；叶舌膜质，长 2~3 mm，近于三角形，下部者较短；叶片扁平，长 2.5~6.5 cm，宽 2~3 mm，两面无毛，蘖生叶长达 25 cm，内卷。圆锥花序卵圆形，长约 6 cm，每节分枝单生，开展，基部主枝长 3~4.5 cm，下部裸露；小穗卵形，长 6~8 mm，含 4~6 小花，灰绿色或带紫色，小穗轴无毛；颖披针形，先端尖，第一颖长 3~3.5 mm，第二颖长约 4 mm，具 3 脉；外稃先端少些膜质，具明显 5 脉，脊下部 1/2~2/3 及边脉下部 1/2 具长柔毛，脊上部微粗糙，基盘具多量长绵毛，第一外稃长约 5 mm；内稃稍短或等长于外稃。花期 6 月。

正种分枝孪生，小穗长 4~6 mm，含 2~4 小花，第一颖长约 3 mm，第一外稃长约 4~4.5 mm。

中生植物。生于山地中部、林缘和山地草甸中，零星分布。仅见于东坡苏峪口沟。

为贺兰山特有变种。

该变种是马德滋代陈守良先生发表的新变种。模式标本系马德滋 No. A-048. 1973 年 6 月采自贺兰山苏峪口沟兔儿坑。

7. 高地早熟禾（图版 112，图 6）

Poa alpigena（Fr. ex Blytt.） Lindm. Svensk Fanerogamfl. 91. 1918；中国植物志 **9**（2）：101. 2002；宁夏植物志（二版）**下册**：494. 2007. ——*P. pratensis* L. var. *alpigena* Fr. ex Blytt. Norg. Fl. **1**：130. 1861. ——*P. pratensis* L. subsp. *alpigena*（Lindm.） Hiit. Suom. Kasvio. 205. 1933；Fl. China **22**：276. 2006.

多年生疏丛生根茎草本。高 10~15 cm，根茎匍匐，秆直立。径约 1 mm。叶鞘光滑，通常长于节间，顶生的长于叶片；叶舌钝圆，长 0.5~1 mm；叶片条形，长 1.5~4.5 cm，宽 1~2 mm，对折，蘖生叶长达 10 cm，圆锥花序卵形或较狭窄，长 3~5 cm，每节 2~4 分枝，微粗糙，下部主枝长 1.5~3 cm，下部裸露；小穗长 3~4 mm，含 2~3 小花；颖近等长，长 2~3 mm，脊上微粗糙；第一外稃长约 3 mm，间脉明显，脊下部 1/2 具长柔毛，上部粗糙，边脉下部 1/3 具柔毛，基盘具密绵毛；内稃与外稃等长或稍短，脊上粗糙。花果期 6~8 月。

耐寒中生植物。生海拔 3 000 m 以上高山、亚高山灌丛、草甸上，零星分布。见主峰及山脊两侧。

分布于我国青藏高原及外围山地（西藏、青海、四川、甘肃），也个别分布于河北（小五台山），也见于印度（喜马拉雅山地）、北欧。北极-高山种。

8. 细叶早熟禾（图版 113，图 4）

Poa angustifolia L. Sp. Pl. 67. 1753；内蒙古植物志（二版）**5**：83. 图版 36. 图 1~5.

1994；中国植物志 **9**（2）：99. 2002；宁夏植物志（二版）**下册**：494. 图 315. 2007.

多年生丛生草本。高 30~60 cm，具根茎。秆直立，光滑。叶鞘短于节间，无毛；叶舌膜质，先端截平，长 0.5~1 mm；叶片条形，对折或扁平，长 2~11 cm，宽达 2 mm，基生叶常内卷。圆锥花序较狭窄，长 4~10 cm，宽 1~2 cm，每节具 3~5 分枝，微粗糙；小穗卵圆形，长 3.5~5 mm，绿色或稍带紫色，含 2~5 小花；颖近于相等或第一颖稍短，先端尖，长 2~3 mm，脊上部微粗糙；外稃先端尖，狭膜质，间脉明显，脊下部 2/3 及边脉基部 1/2 具长柔毛，基盘密生长绵毛，第一外稃长约 3 mm；内稃等长于外稃或上部小花的长于外稃，脊上具短纤毛；花药长约 1.2 mm。花果期 7~8 月。2n=46，72。

中生植物。生海拔 2 200~2 500 m 山地沟谷、林缘、灌丛下，零星分布。见东坡苏峪口沟、黄旗沟等；西坡哈拉乌沟、水磨沟、南寺沟等。

分布于我国黄河流域及东北，也广布于欧亚大陆温寒带地区。古北极种。

良等牧草。

9. 草地早熟禾（图版 113，图 2）

Poa pratensis L. Sp. Pl. 62. 1753；内蒙古植物志（二版）**5**：82 图版 35. 图 6~10. 1994；中国植物志 **9**（2）：97. 2002；宁夏植物志（二版）**下册**：494. 2007.

多年生根茎草本。高 30~75 cm，疏丛，秆直立。叶鞘疏松裹茎，具纵条纹，光滑；叶舌膜质，先端截平，长 1.5~3 mm；叶片条形，扁平或有时内卷，上面微粗糙，下面光滑，长 6~15 cm，蘖生叶长可超过 30 cm，宽 2~5 mm。圆锥花序，开展，长 10~20 cm，宽 2~5 cm，每节具 3~5 分枝；小穗绿色，熟后草黄色，长 4~6 mm，含 2~5 小花；颖卵状披针形，脊上稍粗糙，第一颖长 2.5~3 mm，第二颖长 3~3.5 mm；外稃披针形，先端尖，膜质，脊下部 2/3 或 1/2 与边脉基部 1/2 或 1/3 具长柔毛，基盘具稠密的白色长绵毛，第一外稃长 3~4 mm；内稃稍短于外稃或上部的等长于外稃，脊具微纤毛；花药长 1.5~2 mm。花果期 6~8 月。2n=（28，58）42。

中生植物。生海拔 2 200~2 500 m 山地沟谷、干河床上。零星分布，见东坡苏峪口沟；西坡哈拉乌沟、水磨沟、南寺沟。

分布于我国东北、华北、西北（东部）及山东、江西、四川，广布于北半球温带。泛北极种。

优等牧草。可引入栽培。

10. 堇色早熟禾（图版 113，图 3）

Poa ianthina Keng ex Sh. Chen， Fl. Intramong.（内蒙古植物志） **7**：260. 1983；中国主要植物图说（禾本科）183. 图 135. 1959；内蒙古植物志（二版）**5**：91. 图版 40. 图 1~3. 1994；中国植物志 **9**（2）：196. 2002.（——*P. ianthina* Keng ex H. L. Yang）；宁夏植物志（二版）**下册**：492. 2007. ——*P. araratica* subsp. *inathina*（Keng ex Sh. Chen） Olonova & G. Zhu，Fl. China **22**：306. 2006.

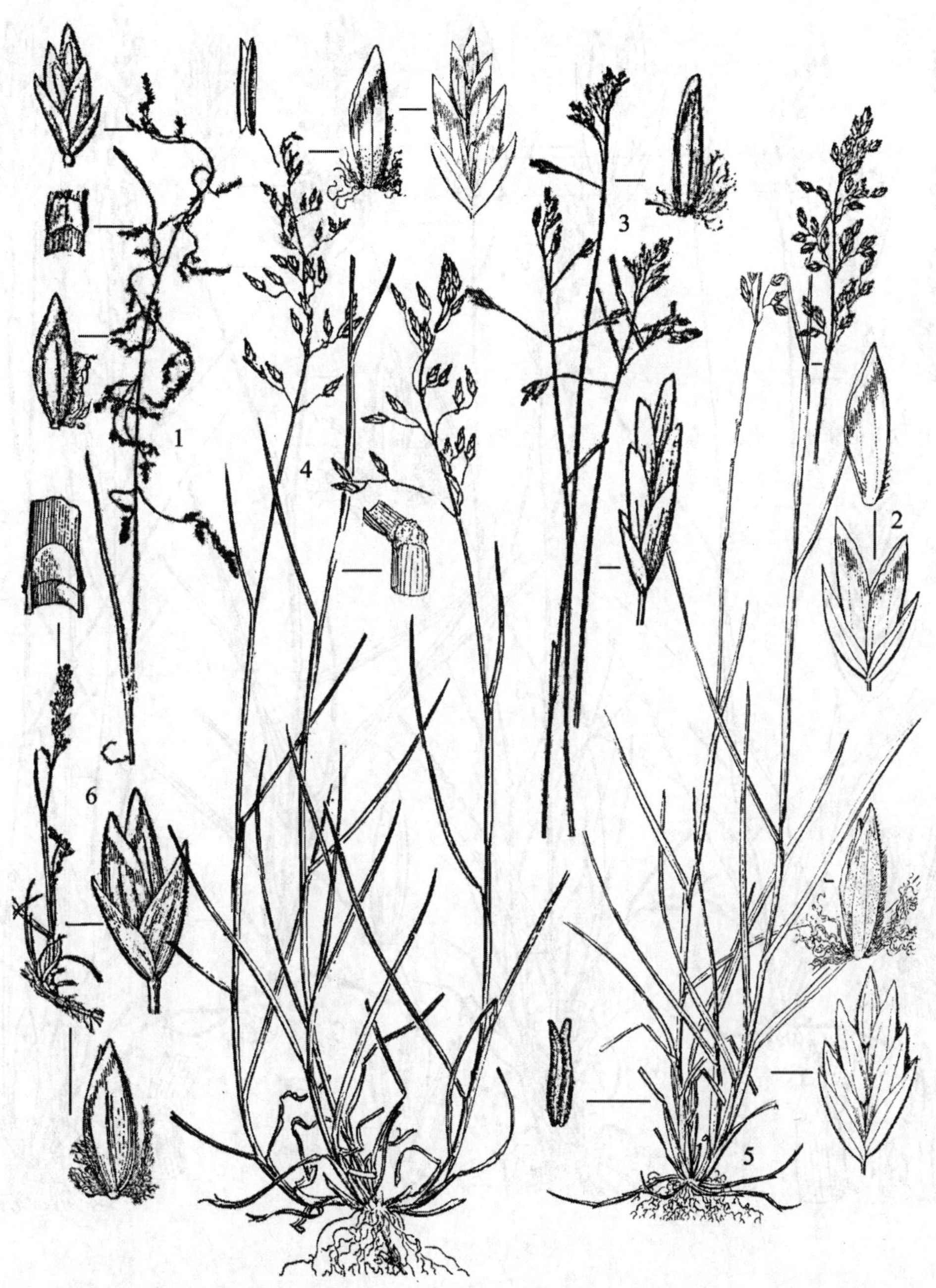

图版 112 1. **垂枝早熟禾** Poa declinata Keng ex L. Liu 花序、叶舌、小穗、小花；2. **光盘早熟禾** P. elanata Keng ex Tzvel. 小穗、小花；3. **唐氏早熟禾** P. tangii Hitchc. 花序、小穗、小花；4. **极地早熟禾** P. arctica R. Br. 植株、叶舌、小穗、小花、花药；5. **密花早熟禾** P. pachyantha Keng ex Sh. Chen 植株、花序、小穗、小花、花药；6. **高地早熟禾** P. alpigena（Fr. ex Blytt.）Lindm. 植株、叶舌、小穗、小花。（1~5 马平绘；6 仿中国主要植物图说（禾本科））

图版 113　1. 林地早熟禾 Poa nemoralis L. 植株、叶舌、小穗、小花、花序；2. 草地早熟禾 P. pratensis L 植株、叶舌、小穗、小花、花药；3. 堇色早熟禾 P. ianthina Keng ex Sh. Chen 植株、小穗、小花；4. 细叶早熟禾 P. angustifolia L. 植株、叶舌、小穗、小花；5. 硬质早熟禾 P. sphondylodes Trin. ex Bunge 植株、花序、叶舌、小穗、小花；6. 柔软早熟禾 P. lepta Keng ex L. Liu 叶舌、小穗、小花。(1~4 马平绘；5~6 仿中国主要植物图说（禾本科）)

多年生密丛生草本。高 30~45 cm，秆直立，近花序下部稍粗糙。叶鞘长于节间，粗糙，基部稍带紫红色；叶舌膜质，先端尖具撕裂，长 1~3 mm；叶片硬质，扁平或内卷，两面均粗糙，长 3~15 cm，宽 1.5~2 mm。圆锥花序狭矩圆形，紫色，长 5~12 cm，宽 2~3 cm，每节具 2~3 分枝，小穗狭卵形，长 3.5~6 mm，含 3~4 小花，小穗轴被微毛；颖卵状披针形，先端锐尖，脊上部粗糙，紫色，具白色膜质边缘，第一颖长 3~3.5 mm，第二颖长 3.5~4 mm；外稃卵状披针形，先端稍钝，紫色，顶端黄铜色，脊下部的 1/2 以及边脉与间脉的 1/3 具柔毛，基部脉间有时疏生微毛，基盘具少量绵毛，第一外稃长 3.5~4 mm；内稃稍短于或等长于外稃，先端微凹，脊上具微纤毛，脊间稍粗糙；花药长 1.5~1.8 mm。花期 6~8 月。

中生植物。生海拔（1 800）2 000~2 500 m 山地灌丛下、石质山坡。见东坡苏峪口沟；西坡哈拉乌沟、水磨沟。

分布于我国华北。为我国特有。华北种。

良等牧草。

11. 林地早熟禾（图版 113，图 1）

Poa nemoralis L. Sp. Pl. 69. 1753；内蒙古植物志（二版）**5**：85. 1994；中国植物志 **9**（2）：173. 2002.

多年生疏丛生草本。高 40~90 cm，秆细弱，花序下部稍粗糙。叶鞘平滑，基部的稍带紫色或呈黄褐色；叶舌膜质，长 0.5~1 mm；叶片狭条形，扁平，上面稍粗糙，下面平滑，长 3~7 cm，宽 1~2 mm。圆锥花序较开展，长 10~30 cm，宽 1~2.5 cm，每节具 1~3 分枝；小穗披针形，灰绿色，长 4~5 mm，含 2~5 小花，小穗轴稍被微毛；颖披针形，先端渐尖，边缘膜质，脊上部稍粗糙，第一颖长约 3.5 mm，第二颖长约 4 mm；外稃矩圆状披针形，先端宽膜质，间脉不明显，脊中部以下及边缘基部 1/3 具长柔毛，基盘具少量绵毛，第一外稃长 3.5~4 mm；内稃较短而狭，长约 3 mm，脊上粗糙或有时具短纤毛；花药长 1~1.5 mm。花果期 7~8 月。2n=28，42，56，70。

中生植物。生海拔 2 200~2 500 m 山地沟谷及岩石缝中，零星分布。仅见西坡哈拉乌沟、香池子沟。

分布于我国东北、华北及新疆（北部），广布于北半球温带地区。泛北极种。

良等牧草。

12. 柔软早熟禾（图版 113，图 6）

Poa lepta Keng ex L. Liu，Fl. Reip. Pop. Sin.（中国植物志）**9**（2）：178. 2002；中国主要植物图说（禾本科）171. 图 120. 1959；宁夏植物志（二版）**下册**：488. 2007.

多年生疏丛生草本。高约 45 cm，具短根茎和细长的须根。秆较软弱，微糙涩，具 3~4 节。叶鞘微糙涩，大多长于节间，顶生叶鞘长 12~16 cm，长于其叶片；叶舌膜质，长 2~3 mm，基部叶较短；叶片质薄，扁平，微糙涩，先端渐尖，长 3.5~15 cm，宽 1~2 mm。圆锥花序狭窄，长 8~10 cm，宽 0.5~1 cm；分枝蘖生，粗糙，基部主枝长 2.5~5 cm；小穗灰绿色，含 3~4 小花，长 4~5 mm；颖薄，披针形，先端锐尖，长 3~4.5 mm；具 3 脉，脊上部粗糙，第一颖稍短于第二颖；外稃先端膜质，间脉尚明显，脊下部的 1/3 以及边脉基部的 1/4 具长柔毛，脊上部微糙涩，基盘具极少的绵毛，第一外稃长约 4 mm；内稃稍短于外稃，长约 3.5 mm，脊上部稍糙涩，基部近平滑；花药长约 1.2 mm。7 月开花。

中生植物。生海拔 2 500~2 800 m 山地林缘、灌丛下及石质山坡，零星分布。仅见西坡水磨沟、南寺雪岭子。

分布于河北，山西。为我国特有。华北种。

13. 硬质早熟禾（图版 113，图 5）

Poa sphondylodes Trin. ex Bunge，Enum. Pl. Quas in China Bor. Coll. 71. 1831（et Mem. Acad. Sci. St. –Petersb. Sav. Etrang. **2**：145. 1835）；内蒙古植物志（二版）**5**：94. 图版 41. 图 1~3. 1994；中国植物志 **9**（2）：206. 2002；宁夏植物志（二版）**下册**：484. 2007.

多年生密丛生草本。高 20~60 cm，须根纤细，根外常具沙套。秆直立，近花序下稍粗糙。叶鞘长于节间，无毛，基部者常淡紫色；叶舌膜质，先端锐尖，长 3~5 mm；叶片狭窄扁平，长 2~7 cm，宽约 1 mm，稍粗糙。圆锥花序紧缩，长 3~10 cm，宽约 1 cm，每节具 2~5 分枝，分枝粗糙；小穗绿色，熟后草黄色，长 5~7 mm，含 3~6 小花；颖披针形，先端锐尖，稍粗糙，第一颖长约 2.5 mm，第二颖长约 3 mm；外稃披针形，先端狭膜质，脊下部 2/3 及边脉基部 1/2 具较长柔毛，基盘具长绵毛，第一外稃长约 3 mm；内稃稍短于外稃或上部小花的可稍长于外稃，先端微凹，脊上粗糙至具微小纤毛；花药长 1~1.5 mm。花果期 6~7 月。2n=28，42。

旱生植物。生海拔 1 800~2 200 m 山地草原、石质山坡及浅山区沟谷、岩石缝中，零星分布。见东坡苏峪口沟、甘沟；西坡三关口北、锡叶沟、峡子沟等。

分布于我国东北、华北、西北及山东、江苏，也见于俄罗斯（西伯利亚、远东）、蒙古、日本。东古北极种。

茨维列夫（Tzvelv）在《亚洲中部植物》（Pl. Asi. Centr. **4**：143. 1968）将该种作 *Poa ochotenis* Trin. 的异名。

14. 贫叶早熟禾（图版 114，图 1）

Poa oligophylla Keng，Fl. Tsingl.（秦岭植物志）**1**（1）：436. 83. 1976；内蒙古植物志（二版）**5**：91. 图版 40. 图 4~5. 1994；中国植物志 **9**（2）：176. 2002；宁夏植物志（二版）**下册**：492. 2007. ——*P. araratica* subsp. *oligophylla*（Keng） Olonora & G. Zhu，Fl. China **22**：301. 2006.

多年生疏丛生草本。具短根茎，须根外常具沙套。秆直立，高 20~50 cm，粗糙，通常具 2 节。叶鞘长于节间，稍粗糙，顶生叶鞘短于叶片；叶舌膜质，长 0.5~1 mm，下部的稍长；叶片扁平或对折，长 3~12 cm，宽 1~2 mm，上面稍粗糙，下面平滑。圆锥花序较狭窄，长5~10 cm，宽 0.5~1.5 cm，每节具 2~4 分枝，粗糙；小穗狭倒卵形，带紫色，长 3.5~4.5 mm，含 2~3 小花，小穗轴疏生微毛；颖先端锐尖，脊上稍粗糙，第一颖长约 3 mm，第二颖长约 3.5 mm；外稃矩圆状披针形，先端稍膜质，间脉不明显，脊下部 1/2 与边脉基部 1/3 具柔毛，基盘具绵毛，第一外稃长约 3 mm；内稃稍短于或等于外稃，脊上具短毛；花药长 1~1.5 mm。花果期 6~8 月。

旱中生植物。生海拔 2 900 m 左右石质山坡及亚高山灌丛下，零星分布。见主峰下及西坡哈拉乌北沟、高山气象站、水磨沟。

分布于我国西北（东部），为我国特有。黄土高原种。

良等牧草。

15. 细长早熟禾（图版 114，图 3）

Poa prolixior Rendle in Journ. Linn. Soc. **36**：427. 1904；内蒙古植物志（二版）**5**：87. 图版 37. 图 5~8. 1994；中国植物志 **9**（2）：191. 2002；宁夏植物志（二版）**下册**：489. 2007.

多年生密丛生草本。高 30~50（70） cm。根纤细。秆直立，具 3~4 节，基部稍倾斜，细弱，稍粗糙。叶鞘短于节间，顶生的短于叶片；叶舌膜质，先端尖，常撕裂状，长 2~4 mm；叶片扁平，上面微粗糙，下面近平滑。圆锥花序狭窄，长6~10 cm，宽 5~10 mm，每节具 2~3 分枝，粗糙；小穗淡绿色，长 3.5~4 mm，含 2~3 小花；颖披针形，先端锐尖，边缘稍膜质，微粗糙，第一颖长约 3 mm，第二颖长约 3.5 mm；外稃矩圆形，先端窄，膜质，稍带紫色，间脉不明显，脊中部以下与边脉 1/4 具长柔毛，基盘具少量绵毛，第一外稃长 3~3.5 mm；内稃稍短于外稃，先端微凹，脊上具微纤毛；花药长约 1.2 mm。花果期 6~8 月。

中生植物。生海拔 2 500 m 左右山地林缘、林下、灌丛及山地草甸中，零星或小片分布。仅见西坡哈拉乌沟、水磨沟、南寺沟雪岭子。

分布于我国长江流域。为我国特有。华北–华中种。

贺兰山该植物与原描述有一定出入：其植株较矮，质地较硬，小穗较长（原描述 2.5~3.0 mm），颖也较长（原描述颖长 2~3 mm，或第一颖还要稍短），第一外稃也长（原描述 2.0~2.5 mm）。其他特征符合，是否生长在干旱山区的生态变化尚难确定，暂定于此。

16. 硬叶早熟禾（图版 114，图 4）

Poa stereophylla Keng ex L. Liu，Fl. Reip. Pop. Sin.（中国植物志）**9**（2）：403. 204. 2002；中国主要植物图说（禾本科）199. 图 152. 1959；宁夏植物志（二版）**下册**：484. 图 305. 2007.

多年生丛生草本。高 40~50 cm，秆直立，具 5~6 节。叶鞘微糙涩，除上部第二个短于节间，其余均长于节间，顶生者长 4.5~5 cm，短于其叶片（叶片长 7.5~8 cm）；叶舌膜质，长 1.0~1.5 mm，钝头；叶片直立，较硬，内卷，长 2~8 cm，宽约 1.5 mm。圆锥花序较紧密，线形，长约 6 cm，宽约 1 cm，草黄色，分枝孪生，基部主枝长达 2.5 cm，下部 2/3 裸露；小穗长约 4 mm，含 2~3 小花，小穗轴无毛；颖卵状披针形，先端锐尖，具 3 脉，脊上粗糙，第一颖长 2~3 mm，第二颖长 3.0~3.2 mm；外稃卵状长圆形，先端较钝且具极狭的膜质，间脉不明显，边脉下部 1/4 与脊下部具短柔毛，基盘无绵毛，第一外稃长 2.5~3.2 mm；内稃等长于外稃，脊上部 2/3 具小纤毛，背部具点状微毛。花果期 7~9 月。

中旱生植物。生海拔 2 300 m 左右石质山坡，零星分布。仅见西坡哈拉乌沟。

贺兰山是其模式产地。模式标本系夏纬英（W. Y. Hsia）No. 3905，1933 年 8 月 27 日采自贺兰山。

为贺兰山特有种。

17. 渐狭早熟禾（图版 114，图 2）

Poa attenuata Trin. ex Bunge in Mem. Acad. Sci. St. –Petersb. Sav. Etrang. **2**：527. 1835；内蒙古植物志（二版）**5**：94. 图版 41. 图 4~7. 1994；中国植物志 **9**（2）：206. 2002.

多年生密丛生草本。高 15~50 cm，须根纤细。秆直立，坚硬，近花序部分稍粗糙。叶鞘无毛，长于节间，微粗糙，基部者常带紫色；叶舌膜质，微钝，长 1.5~3 mm；叶片狭条形，内卷、扁平或对折，上面微粗糙，下面近平滑，长 1.5~7.5 cm，宽 0.5~2 mm。圆锥花序紧缩，长 3~7 cm，宽 0.5~1.0 cm，每节具 2~3 分枝，分枝粗糙；小穗粉绿色，先端微带紫色，长 3~5 mm，含 2~5 小花；颖先端尖，近相等，微粗糙，长 2.5~3.5 mm；外稃先端狭膜质，具不明显 5 脉，脉间点状粗糙，脊下部 1/2 与边脉基部 1/4 被微柔毛，基盘具少量绵毛至极稀疏绵毛或完全简化，第一外稃长 3~3.5 mm；花药长 1~1.5 mm。花果期 6~8 月。2n=28，42。

旱生植物。生海拔 2 500~2 700 m 沟谷、林缘，零星分布。仅见西坡哈拉乌沟、水磨沟。

分布于我国东北、华北及新疆，也见于俄罗斯（西伯利亚、远东）、蒙古。东古北极种。

良等牧草。

18. 少叶早熟禾（图版 114，图 6）

Poa paucifolia Keng ex Sh. Chen，Fl. Intramong.（内蒙古植物志）**7**：261. 1983；中国主要植物图说（禾本科）192. 图 144. 1959；内蒙古植物志（二版）**5**：93. 图版 40. 图 10~11. 1994；宁夏植物志（二版）**下册**：487. 图 308. 2007.

多年生密丛生草本。高 25~50 cm，须根纤细。秆直立，通常具 2 节，近花序下微粗糙。叶鞘常长于节间，微粗糙，基部者常呈紫褐色，大都长于节间，顶生者长于其叶片；叶舌膜质，先端尖，易撕裂，长 2~4 mm；叶片多为对折，上面粗糙，下面近于平滑，长 5~10 cm，宽 1~1.5 mm。圆锥花序较紧密，长 3~8 cm，宽 0.5~2 cm；小穗长 5~6 mm，含 3~5 小花；颖披针形，先端尖，边缘膜质，膜质以下绿色或稍带紫色，脊上粗糙，第一颖长 2~2.5 mm，第二颖长 2.5~3 mm；外稃矩圆形，先端稍黄色膜质，膜质下部紫色，脊下

图版 114　1. 贫叶早熟禾 Poa oligophylla Keng　花序、小穗、小花；2. 渐狭早熟禾 P. attenuata Trin. ex Bunge　植株、叶舌、小穗、小花；3. 细长早熟禾 P. prolixior Rendle 植株、叶舌、小穗、小花；4. 硬叶早熟禾 P. stereophylla Keng ex L. Liu 花序、叶舌、小穗、小花；5. 多叶早熟禾P. plurifolia Keng　植株、叶舌、小穗、小花；6. 少叶早熟禾 P. paucifolia Keng ex Sh. Chen 小穗、小花。（1~4 仿中国主要植物图说（禾本科）5~6 马平绘）

部与边脉基部 1/3 具柔毛，基盘具绵毛，第一外稃长 3~3.5 mm；内稃等长于或稍短于外稃，脊上具微纤毛；花药长 1.5~2 mm。花果期 6~7 月。

旱生植物。生海拔 1 700~2 300 m 山地草原、石质山坡及疏林下，零星分布。见东坡苏峪口沟、黄旗沟、大水沟、甘沟；西坡三关口、峡子沟、哈拉乌沟、香池子沟等。

分布于我国西北（东部）。为我国特有。黄土高原（山地）种。

19. 多叶早熟禾（图版 114，图 5）　长颖早熟禾

Poa plurifolia Keng，Fl. Tsingl.（秦岭植物志）**1**：436. 1976；中国主要植物图说（禾本科）192. 图 144. 1959；内蒙古植物志（二版）**5**：93. 图版 40. 图 6~9. 1994；中国植物志 **9**（2）：193. 2002. 宁夏植物志（二版）**下册**：487. 2007. ——*P. longiglumis* Keng ex L. Liu，中国植物志 **9**（2）：188. 2002；中国主要植物图说（禾本科）181. 图 132. 1999；宁夏植物志（二版）**下册**：491. 2007. ——*P. sphondylodes* Trin. var. *erikssonii* Meld. in Norlindh，Fl. Mong. Stepp. **1**：99. 1949；Fl. China **22**：302. 2006.

多年生密丛生草本。高 25~45 cm。根须状，根外常具沙套。秆直立，具 3~8 节，近花序以下微粗糙。叶鞘通常长于节间，顶生的短于其叶片，微粗糙，基部褐色或带紫色；叶舌膜质，先端稍尖，长 1.5~2.5 mm；叶片扁平或边缘稍内卷，长 4~11 cm，宽 1~1.5 mm，两面均粗糙。圆锥花序紧缩狭窄，有时较疏。长 4~8 cm，宽 7~12 mm，黄绿色，每节具 2~3 分枝；小穗倒卵形，长 4~6 mm，含（2）3~4（5）小花；颖披针形，先端渐尖，具 3 脉，第一颖长 3~3.5 mm，第二颖长 3.5~4 mm；外稃矩圆形，先端稍膜质，稍带紫色，具 5 脉，脊中部以下及边脉基部 1/3 具柔毛，基盘具少量绵毛，第一外稃长约 3.5 mm；内稃长约 3 mm，脊上微粗糙，先端微 2 裂；花药长 1.5~2 mm。花期 6~7 月，果期 7~8 月。

中生植物。生海拔 2 000~2 500 m 沟谷、石质山坡及岩石缝中，零星或小片分布。见东坡甘沟、黄旗沟；西坡哈拉乌沟、香池子沟、峡子沟等。

分布于我国华北、西北（东部）及河南。为我国特有。华北种。

良等牧草。

英文版《中国植物志》（Flora of China）参照中瑞西北科学考察 31 卷《蒙古草原与荒漠区系》（1 卷）（Flora of the Mongolian steppe and desert areas. 1.）F. C. Melderis 的意见，将该种作为硬质早熟禾的一个变种。我们认为该种分类工作做的过细，种下等级定的较多，故这里暂从《中国植物志》。

Ⅵ. 燕麦族 Aveneae

分属检索表

1. 外稃无芒或顶端具小尖头或短芒，具 3~5 脉；小穗轴无毛或具细毛；圆锥花序紧密穗状，常为圆柱形 ………………………………………… **14. 落草属 Koeleria**

1. 外稃显著具芒，如无芒时则圆锥花序不呈穗状，小穗长过 1 cm；子房上部或全部有毛；颖果具腹沟，通常与内稃相附着。

2. 一年生；小穗下垂；颖近于相等，具 7~11 脉 ………………………………………… 15. 燕麦属 **Avena**

2. 多年生，小穗直立或开展；颖不等大，具 1~7 脉 ………………………………… 16. 异燕麦属 **Helictotrichon**

14. 落草属 Koeleria Pers.

多年生密丛生草本。秆通常纤细。叶片狭窄，圆锥花序紧密呈穗状；小穗含 2~4 小花，两侧压扁；小穗脱节于颖之上；颖不等长，具 1~3 脉，边缘膜质，有光泽，宿存；外稃纸质，边缘及顶端膜质，第一外稃与颖片近等长，有不明显的 5 脉，顶端尖或于顶端以下具短芒；内稃狭窄，具 2 脊。

贺兰山有 2 种。

分种检索表

1. 外稃背部无芒，仅顶端具一小尖头；小穗长 4~5 mm，圆锥花序长 5~12 mm ………… 1. 落草 **K. cristata**

1. 外稃背部顶端稍下具长 1~2. 5 mm 的短芒；小穗长 5~6 mm，圆锥花序长 1.5~2.5 cm ……………………………………………………………………………………………… 2. 芒落草 **K. litvinovil**

1. 落草（图版 115，图 1）

Koeleria cristata（L.） Pers. Syn. Pl. **1**：65. 1805；内蒙古植物志（二版）**5**：161. 图版 62. 图 1~6. 1994；中国植物志 **9**（3）：130. 图版 32. 图 2~5. 1987；宁夏植物志（二版）**下册**：451 图 281. 2007. ——*K. gracilis* Pers. Syn. Pl. **1**：97. 1805. ——*Aira cristata* L. Sp. Pl. 63. 1753.

多年生密丛生草本。高 20~50 cm。秆在花序以下密生短柔毛，基部密集枯叶鞘，叶鞘无毛或被短柔毛；叶舌膜质，长 0.5~2 mm；叶片扁平或内卷，灰绿色，长 1.5~7 cm，宽 1~2 mm，蘖生叶密集，长 4~17 cm，宽约 1 mm，被短柔毛或上面无毛，圆锥花序紧密成穗状，下部间断，长 5~12 cm，宽 5~13 mm，黄绿色或带紫褐色，有光泽。小穗长 4~5 mm，含 2~3 小花；颖长圆状披针形，第一颖具 1 脉，长 2.5~3.5 mm，第二颖具 3 脉，长 3~4.5 mm，外稃披针形，第一外稃长约 4 mm，无芒或稀具短尖头，背部微粗糙；内稃稍短于外稃。花果期 6~7 月。2n=14，28，42。

旱生植物。生海拔 1 900~2 300 m 的山地草原、岩石缝和干山坡，为山地草原伴生种。零星分布。仅见西坡哈拉乌沟、南寺沟、北寺沟等。

分布于我国东北、华北、西北、华中、华东、西南，广布于欧亚大陆温带地区。泛北极种。

良等牧草。

2. 芒落草（图版 115，图 2）短芒三毛草

Koeleria litvinowii Dom. in Bibl. Bot. **14**（65）：116. 1907；中国植物志 **9**（3）：130. 图版 33. 图 4~6. 1987；内蒙古植物志（二版）**5**：161. 1994；宁夏植物志（二版）**下册**：452. 2007. ——*Trisetum litvinowii*（Dom.）Nevski in Acta Univ. Asia Med. 8b. Bot. **17**：1. 1934.

多年生丛生草本。高 5~40 cm。秆直立，具 1~3 节，花序以下密被短柔毛。叶鞘被柔毛；叶舌膜质；长约 1 mm；叶片扁平，长约 2~5 cm，宽 2~4 mm，两面被柔毛，分蘖叶长达 5~15 cm，宽 1~2 mm。圆锥花序紧密呈穗状，长 1.5~2.5 cm，宽 5~10 mm，草绿色或带紫色，有光泽；小穗长 5~6 mm，含 2~3 小花，小穗轴节间被柔毛；颖矩圆状披针形，第一颖 4~4.5 mm，具 1 脉，第二颖长 5 mm，具 3 脉；外稃披针形，具 3~5 脉，第一外稃长 4.5~5.5 mm，自稃体顶端以下 1 mm 处生出长1~2.5 mm 的细短芒；内稃稍短于外稃。花果期 6~8 月。2n=28。

耐寒旱生植物。生海拔 2 500~3 400 m 高山、亚高山灌丛、草甸，为重要伴生种，也进入山地砾石质草原和岩石缝中，零星分布。仅见主峰下及西坡哈拉乌沟。

分布于甘肃、青海、新疆、西藏、四川，也见于中亚、蒙古。中亚山地–青藏高原种。

15. 燕麦属 Avena L.

一年生草本。秆直立。叶片扁平。圆锥花序顶生；小穗含 2 至数枚小花，多长于 2 cm，柄常弯曲下垂，小穗轴有毛或否；颖草质，长于小花，7~11 脉；外稃草质，质较硬，5~9 脉，有芒或无，芒多自稃体中部伸出，膝曲，芒柱扭转。

贺兰山 1 种。

1. 野燕麦（图版 115，图 3）

Avena fatua L. Sp. Pl. 80. 1753；中国植物志 **9**（3）：173. 图版 44. 图 9~11. 1987；内蒙古植物志（二版）**5**：168. 图版 64. 图 7~12. 1994；宁夏植物志（二版）**下册**：455. 2007.

一年生草本。高 60~120 cm。秆直立，光滑。叶鞘光滑或基部有毛；叶舌膜质，长 1~5 mm；叶片扁平，长 10~30 cm，宽 5~10 mm。圆锥花序开展，长达 20 cm，小穗长 18~25 mm，含 2~3 小花，小穗轴易脱节；颖卵状或短圆状披针形，长 2~2.5 mm，长于第一小花，具白膜质边缘，先端长渐尖；外稃质较坚硬，具 5 脉，背部有长柔毛，芒自外稃中部或稍下方伸出。长约 3 cm，膝曲，芒柱棕色，扭转；内稃与外稃近等长。颖果黄褐色，腹面具纵沟，不易与稃片分离。花果期 7~8 月。2n=42。

中生植物。生山地林缘、沟谷及山麓农田、村舍附近，零星分布。见东坡苏峪口沟、大水沟；西坡哈拉乌沟口、巴彦浩特。

分布于我国南北各省区，广布于旧大陆温带地区。泛北极种。

16. 异燕麦属 Helictotrichon Bess.

多年生草本。叶片扁平或内卷。圆锥花序开展或紧缩，有光泽；小穗含 3 至数小花，小穗轴脱节于颖之上及各小花之间；颖近等长，具 1~5 脉，边缘宽膜质；外稃下部质较硬，上部膜质，背部圆形，具数脉，芒自外稃中部伸出，扭转，膝曲。

贺兰山有 2 种。

分种检索表

1. 第一颖具 1 脉，第二颖具 3 脉；外稃黄褐色，芒长 10~15 mm ……………………… 1. 藏异燕麦 **H. tibeticum**

1. 第一颖具 1~3 脉，第二颖具 3~5 脉；外稃多带紫色，芒长 15~20 mm ……………………………………
………………………………………………………………………………… 2. 天山异燕麦 **H. tianschanicum**

1. 藏异燕麦（图版 115，图 4）

Helictotrichon tibeticum（Roshev.） Holub in Preslia **31**（1）：50. 1959；中国植物志 **9**（3）：165. 图版 42. 图 1~4. 1987；内蒙古植物志（二版）**5**：166. 图版 63. 图 7~9. 1994. ——*H. tibeticum*（Roshev.）Keng f. 中国主要植物图说（禾本科）496. 图 426. 1959. nom. nud. ——*Avena tibetica* Roshev. in Bull. Gard. Bot. Princ. URSS **27**：98. 1928.

多年生草本。高 20~35 cm。秆花序以下具短柔毛。叶鞘常短于节，被短毛；叶舌短，长 0.5 mm，顶端具纤毛，叶片内卷如针状，长 1~5 cm，宽 0.5~1.5 mm，蘖生叶长 25 cm，粗糙或上面被微毛，圆锥花序紧缩，长 2~5 cm，小穗长 8~10 mm，黄绿色或深褐色，含 2~3 小花，小穗轴两侧具白柔毛；颖披针形，第一颖长 7~9 mm，具 1 脉，第二颖稍长，具 3 脉；外稃质硬，顶端 2 齿，背部粗糙或具短毛，第一外稃长 7~9 mm，常具 7 脉，基盘具柔毛，芒自稃体中部伸出，长 10~15 mm；内稃短于外稃，具 2 脊，脊上具纤毛；花药长约 4 mm，紫色。花果期 7~8 月。

耐寒中生植物。生海拔 2 500~3 000 m 高山、亚高山草甸、灌丛下和石质山坡，零星分布。见主峰以下山脊两侧，西坡分布数量较多。

分布于甘肃、青海、新疆（天山）、西藏、四川，为我国特有。青藏高原种。

2. 天山异燕麦

Helictotrichon tianschanicum（Roshev.）Henr. in Blumea **3**（3）：429. 1940；中国植物志 **9**（3）：165. 1987；宁夏植物志（二版）**下册**：456. 2007. ——*Avenastrum tianschanicum* Roshev. in Bull. Jard. Bot. Acad. Sci. URSS **30**：771. 1932.

多年生密丛生草本。高 15~40 cm。秆较细，直立，光滑无毛，具 1~2 节，基部具残存枯叶鞘。叶鞘被微毛；叶舌较短，长不足 1 mm，被短毛；叶片内卷如针，多在茎下部，长 2~5 cm，宽 1.5~2 mm，稍光滑或粗糙。圆锥花序紧缩，长 4~8 cm；小穗黄褐色，长 9~11 mm，具2~3小花，轴被1~2 mm的柔毛；颖稍带紫色，宽披针形，第一颖长8~10 mm，具1~3脉，第二颖长9~11 mm，具3~5脉；第一外稃宽披针形，长3~8 mm，具5~7脉，芒自稃体中部稍上处伸出，长1.5~2.0 cm，基盘被柔毛；内稃稍短于外稃，顶端齿裂，脊上具短纤毛。花果期6~8月。

耐寒中生植物。生海拔2 800~3 400 m高山、亚高山草甸、灌丛中，为重要伴生种或次优势种，群生或零星分布。见主峰下山脊两侧，以西坡为多。

分布于我国新疆、青海、甘肃、宁夏（六盘山），也见于中亚（天山）。亚洲中部（荒漠）山地种。

《内蒙古植物志》（二版）（**5**：166. 1994）将贺兰山的一种异燕麦定为蒙古异燕麦（*Helictotrichon mongolicum*（Roshev.） Henr.）我们看了马毓泉63~174、生四161号标本，对照《中国植物志》，特征更像天山异燕麦*H. tianschanicum*。蒙古异燕麦模式标本采自蒙古北部（库苏古湖附近），分布于俄罗斯（西伯利亚、阿尔泰），我国仅见于新疆北部，不向东进入甘肃，青海，贺兰山在其分布区以外。

Ⅶ. 剪股颖族 Agrostideae

分属检索表

1. 圆锥花序极紧密呈穗状，圆柱形或矩圆形，内稃缺 ………………………………… 17. 看麦娘属 **Alopecurus**
1. 圆锥花序开展或紧缩，但不呈穗状、柱形。
  2. 小穗多少具柄，长形，排列为展开或紧缩的圆锥花序。
    3. 小穗脱节于颖之上；小穗柄不具关节；颖先端尖或渐尖，不具芒。
      4. 外稃基盘具长柔毛 ………………………………………………… 18. 拂子茅属 **Calamagrostis**
      4. 外稃基盘无毛或仅有微毛 ………………………………………………… 19. 剪股颖属 **Agrostis**
    3. 小穗脱节于颖之下；小穗柄具关节，自关节处断落，而使小穗的基部具柄状基盘；颖先端具长芒 ………………………………………………………………… 20 棒头草属 **Polypogon**
  2. 小穗无柄，几呈圆形，复瓦状排列于穗轴一侧，而后排列成圆锥花序 ……… 21. 茵草属 **Beckmannia**

17. 看麦娘属 Alopecurus L.

多年生或一年生草本。叶扁平，较柔软。圆锥花序密集呈圆柱形；小穗两侧压扁，含1小花，脱节于颖下；颖等长，具3脉，常基部连合，脊上具纤毛；外稃较薄，具5脉，脊上具细芒，基部边缘联合，无内稃。

贺兰山有1种。

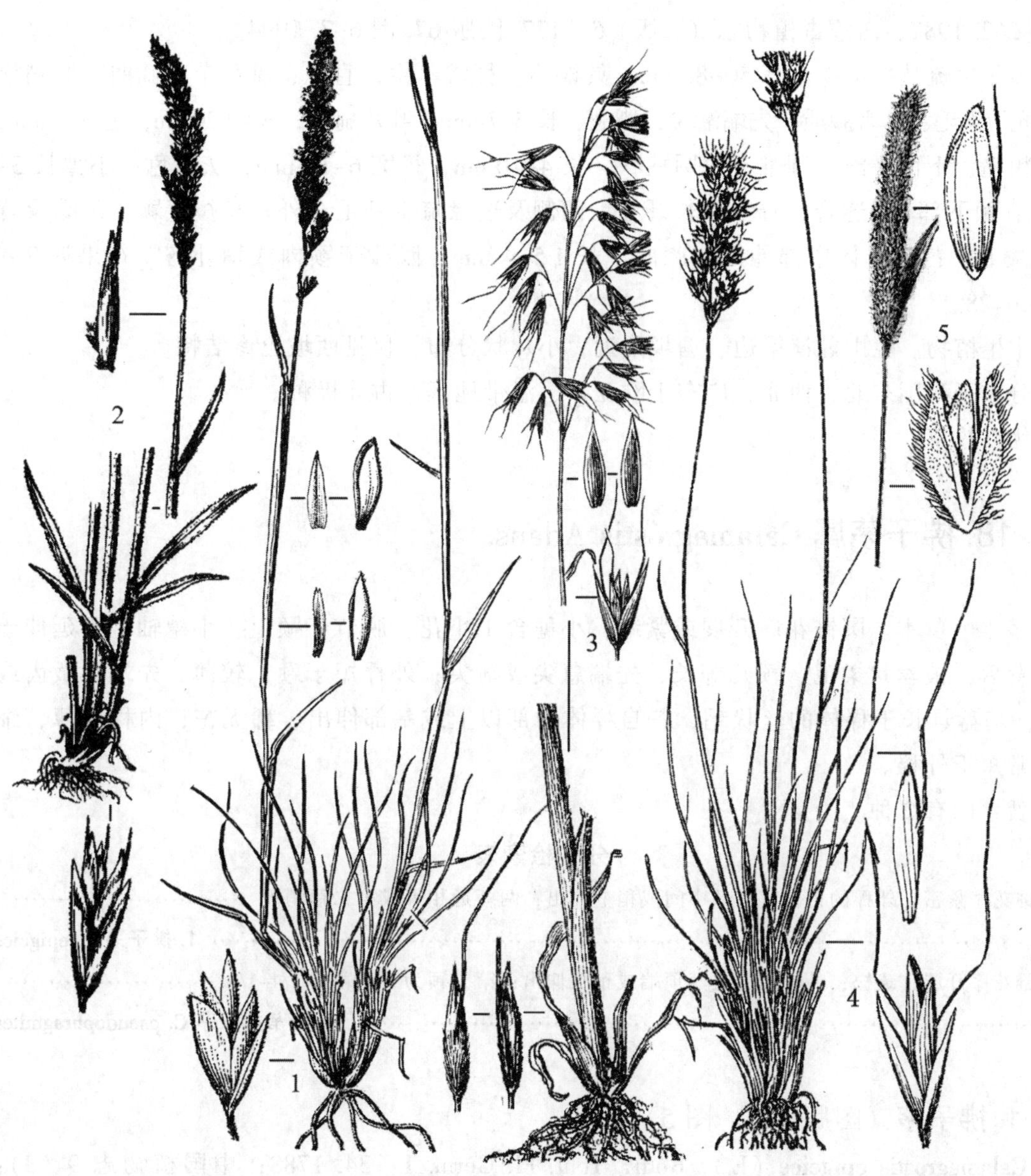

图版 115　1. 落草 Koeleria cristata（L.）Pers. 植株、小穗、颖、外稃、内稃；2. 芒落草 K. litvinowii Dom. 植株下部、花序、小穗、小花；3. 野燕麦 Avena fatua L. 植株下部、花序、小穗、颖、内外稃；4. 藏异燕麦 Helictotrichon tibeticum（Roshev.） Holub 植株、小穗、外稃；5. 苇状看麦娘 Alopecurus arundinaceus Poir. 花序、小穗、外稃。（1~2 仿中国植物志；3~5 马平绘）

1. 苇状看麦娘（图版 115，图 5）大看麦娘

Alopecurus arundinaceus Poir. in Lamk. Enucycl. Meth. Bot. **8**：776. 1808； 中国植物志 **9**(3)：262. 1987；内蒙古植物志（二版）**5**：177. 图版 67. 图 6~7. 1994。

多年生疏丛生草本。高 50~80 cm。具根茎。秆常单生，直立，基部节稍膝曲。叶鞘松弛，光滑无毛；叶舌膜质，先端渐尖，撕裂，长 5~7 mm；叶片扁平，长约 20 cm，宽 3~7 mm，上面粗糙，下面平滑。圆锥花序圆柱状，长 4~10 cm，径宽 6~10 mm，灰绿色；小穗长 3~4 mm；颖下部 1/4 连合，脊上具长纤毛，两侧及边缘疏生纤毛；外稃稍短于颖，顶端及背上被微毛，芒自稃体中部伸出，膝曲，长 1.5~4 mm，隐藏于颖内或稍外露。花果期 7~9 月。2n=28。

中生植物。生山麓溪渠边、塘坝附近，小片状分布。仅见西坡巴彦浩特。

分布于我国东北、西北，广布于欧亚寒、温带地区。古北极种。

优良牧草。

18. 拂子茅属 Calamagrostis Adans.

多年生草本。圆锥花序开展或紧缩；小穗含 1 小花，脱节于颖上，小穗轴常不延伸于内稃背后，被丝状柔毛，颖几等长，先端急尖或渐尖；外稃短于颖，较薄，先端具微齿或 2 裂，基盘具长于稃体的丝状毛，芒自稃体中部以上或基部伸出，稀无芒；内稃质薄，细小，常短于外稃。

贺兰山有 2 种。

分种检索表

1. 圆锥花序紧密；外稃的芒自其背部中间或稍上伸出；两颖近相等或第二颖稍短 ………………………………………………………………………………………………… **1. 拂子茅 C. epigeios**

1. 圆锥花序开展，疏松；外稃的芒自其顶端或稍下伸出；第二颖为第一颖的 1/4~1/3 ………………………………………………………………………… **2. 假苇拂子茅 C. pseudophragmites**

1. 拂子茅（图版 116，图 5）

Calamagrostis epigeios（L.） Roth，Tent. Fl. Germ. **1**：34. 1788；中国植物志 **9**（3）：228. 1987；内蒙古植物志（二版）**5**：180. 图版 68. 图 5~6. 1994；宁夏植物志（二版）**下册**：433. 2007. ——*Arundo epigeios* L. Sp. Pl. 81. 1753.

多年生草本。植株具根茎，高 60~100 cm，平滑无毛。叶鞘常短于节间，无毛；叶舌膜质，长 5~8 mm，先端尖或撕裂；叶片扁平，长 10~25 cm，宽 4~6 mm，上面糙涩，下面平滑。圆锥花序较紧密，有间断，长 10~18 cm，宽 2~3 cm，粗糙；小穗条状锥形，长 6~7 mm，黄绿色或带紫色；2 颖近于相等或第二颖稍短，先端长渐尖，具 1~3 脉；外稃透明膜质，

长约颖体 1/2，先端齿裂，基盘之长柔毛与颖近等长，芒自背部中间或稍上伸出，长 2~3 mm；内稃长为外稃的 2/3，先端微齿裂；花果期 7~9 月。2n=28，42，56。

中生植物。生山地沟谷、河溪边湿地、干河床、浅水砂地，片状分布。为东、西坡习见植物。

分布于全国各地，广布于欧亚大陆温寒带地区。古北极种。

中等牧草。

2. 假苇拂子茅（图版 116，图 6）

Calamagrostis pseudophragmites（Hall. f.） Koeler. Descr. Gram. 106. 1802；中国植物志 **9**（3）：225. 1987；内蒙古植物志（二版）**5**：180. 图版 68. 图 7~9. 1944；宁夏植物志（二版）**下册**：433. 图 265. 2007. ——*Arundo pseudophragmite*. Hall. f. in Roem. Arch. Bot. **1**（2）：11. 1796.

多年生草本。植株具长根茎，高 30~120 cm。秆直立，平滑无毛；叶鞘平滑；叶舌膜质，先端多撕裂，长 5~8 mm；叶片扁平或内卷，长 8~25 cm，宽 2~5 mm，上面粗糙，下面稍粗糙。圆锥花序开展，长 10~25 cm，主轴无毛，分枝细弱，稍粗糙；小穗熟后带紫色，长 5~7 mm；颖条状锥形，具 1~3 脉，粗糙，第二颖较第一颖短 2~3 mm；外稃透明膜质，长 3~3.5 mm，先端微齿裂，基盘之长柔毛与小穗近等长，芒自近顶端处伸出，长约 3 mm；内稃膜质透明，长为外稃的 2/5~2/3。花果期 7~9 月。2n=28。

中生植物。生山麓溪渠边、塘坝附近湿地，也沿沟谷湿地、河床进入山地中部，小片或群生，为东、西坡习见植物。

分布于我国东北、华北、西北、西南（东部）及湖北，广布于欧亚大陆温寒带地区。古北极种。

中等牧草。

19. 剪股颖属 Agrostis L.

多年生草本。秆较细弱。叶片扁平或折卷，粗糙。圆锥花序开展或紧缩；小穗含 1 小花，脱节于颖上，小穗轴不延伸至小花之后；颖等长或近等长，具 1 脉，先端急尖或渐尖；外稃质薄，先端钝，较颖短，具不明显的 5 脉，无芒或背生 1 芒，基盘无毛或生微毛；内稃微小，无脉或退化，短于外稃，具 2 脉。

贺兰山有 2 种。

分种检索表

1. 植物比较高大，高 40~80 cm；叶舌长 5~6 mm ······································· 1. 巨穗剪股颖 **A. gigantea**
1. 植物较低矮，高 30~45 cm；叶舌长 0.5~1 mm ·· 2. 细弱剪股颖 **A. tenuis**

1. 巨穗剪股颖（图版 116，图 3）小糠草、红顶草

Agrostis gigantea Roth，Fl. Germ **1**：31. 1788；中国植物志 **9**（3）：235. 1987；内蒙古植物志（二版）**5**：188. 图版 71. 图 1~5. 1994；宁夏植物志（二版）**下册**：435. 2007. ——*A. alba* auct. non L. and *A. stolonifera* auct. non L.：中国主要植物图说（禾本科）531. 1959.

多年生草本。植株具匍匐根茎，高 40~80 cm。秆丛生，直立或下部的节膝曲而斜升。叶鞘无毛；叶舌膜质，长 5~6 mm，先端具缺刻状齿裂，背部微粗糙；叶片扁平，长 5~16 cm，宽 3~6 mm，上面微粗糙，边缘及下面具微小刺毛。圆锥花序开展，长 10~18 cm，宽 2~8 cm，每节具 3~6 分枝；小穗长 2~2.5 mm，柄长 1~2 mm，先端膨大；两颖近于等长，脊的上部及先端微粗糙；外稃长约 2 mm，无毛，不具芒；内稃长 1.5~1.6 mm，长为外稃的 3/4，具 2 脉，先端全缘或微有齿；花药黄色，长 1~1.2 mm。花期 6~7 月。2n=28，42。

中生植物，生沟谷河溪边草甸、湿地，零星或小片生长。产东坡大水沟、汝箕沟；西坡哈拉乌北沟。

分布于我国东北、华北、西北、西南、华东，广布与欧亚大陆温、寒带地区。古北极种。

良等牧草。

2. 细弱剪股颖（图版 116，图 4）

Agrostis tenuis Sibth. Fl. Oxon. 36. 1794；中国植物志 **9**（3）：235. 1987；内蒙古植物志（二版）**5**：190. 1994. ——*A. capillaris* auct. non L.：宁夏植物志（二版）**下册**：434. 图 269. 2007.

多年生草本。植株具根茎，高 30~50 cm。秆细弱，基部节常膝曲。叶鞘无毛，有时带紫色；叶舌膜质，先端钝，常撕裂，长 0.5~1 mm；叶片扁平或稍内卷，长 5~10 cm，宽 1.5~2 mm，先端渐尖，两面及边缘粗糙。圆锥花序开展，暗紫色，长 6~10 cm，每节具 2~5 分枝，微粗糙；小穗长 2~2.5 mm，其柄长 1~2 mm；颖近等长或第一颖较长，先端尖，脊上部微粗糙；外稃长约 2 mm，先端中脉稍突出成齿，无芒，基盘无毛；内稃长为外稃的 2/3，花药金黄色，长约 1 mm。花果期 6~9 月。2n=28。

中生植物。生海拔（1 500）1 700~2 300 m 山地沟谷及河溪边湿地上，零星或小片分布。见东坡苏峪口沟、大水沟、黄旗沟、插旗沟等；西坡哈拉乌沟、南寺沟、北寺沟。

分布于我国山西、新疆，也见于欧亚大陆温带地区。古北极种。

良等牧草。

20. 棒头草属 Polypogon Desf.

一年生或多年生草本。叶片扁平，粗糙。圆锥花序常密集成穗状；小穗含 1 小花，小穗柄具关节，自关节处脱落，致使小穗基部具柄状基盘；颖等长，先端全缘或 2 裂，芒细

直，自顶端或裂片间伸出；外稃膜质透明，远短于颖，通常具 1 细直短芒；内稃较小，膜质，具 2 不明显的脉。

贺兰山有 1 种。

1. 长芒棒头草（图版 116，图 1）

Polypogon monspeliensis（L.） Desf. Fl. Atlant. **1**：67. 1789；中国植物志 **9**（3）：253. 图版 62. 图 1~3. 1987；内蒙古植物志（二版） **5**：193. 图版 73. 图 1~3. 1994；宁夏植物志（二版）**下册**：430. 图 264. 2007. ——*Alopecurlus monspeliensis* L. Sp. pl. 61. 1753.

一年生草本。植株高 15~40 cm。须根。秆基部常膝曲。叶鞘疏松裹茎，常稍粗糙；叶舌膜质，长 3~6 mm，先端不规则撕裂，叶片 5~10 cm，宽 3~8 mm，粗糙，边缘具小刺毛。圆锥花序粗穗状，长 4~10 cm，径 1.5~2.5 cm（包括芒在内）；小穗灰绿色，熟后呈枯黄色，长 2~2.5 mm；颖密被细纤毛，芒先端 2 浅裂；芒自裂口处伸出，粗糙，长 4~6 mm，第一颖芒较短；外稃无毛，长约 1 mm，先端具微齿，中脉延伸成易脱落的细芒，芒与稃近等长；内稃透明膜质，稍短于外稃。花果期 7~9 月。2n=28。

中生植物。生海拔 1 300~1 500 m 沟谷溪边湿地，零星或片状分布。仅见东坡大水沟、插旗沟。

分布于我国南北各地，广布于全世界热带、温带地区。泛热带种。

中等牧草。

21. 茼草属 Beckmannia Host

一年生草本。由多数间断斜升的穗状花序组成；小穗含 1（稀少为 2）小花，侧扁，几为圆形，近无柄，成 2 行覆瓦状排列于穗轴一侧，脱节于颖下；颖半圆形，等长，先端尖，具 3 脉；外稃披针形，具 5 脉，约稍露出颖外，先端尖或具短尖头；内稃稍短于外稃，具脊。

贺兰山有 1 种。

1. 茼草（图版 116，图 2）

Beckmannia syzigachne（Steud.） Fern. in Rhodora **30**：27. 1928；中国植物志 **9**（3）：256. 图版 62. 图 4~6. 1987；内蒙古植物志（二版）**5**：193. 图版 73. 图 4~6. 1994；宁夏植物志（二版）**下册**：424. 图 260. 2007. ——*Panicum syzigachne* Steud. in Flora **29**：19. 1846.

一年生草本。植株高 45~80 cm。秆基部节微膝曲，平滑。叶鞘无毛；叶舌透明膜质，长 3~7 mm；叶片扁平，长 5~20 cm，宽 3~10 mm，粗糙或下面平滑。圆锥花序，长 15~25 cm，分枝直立或斜升；小穗扁平，圆形，长约 3 mm；颖背部灰绿色，边缘质薄，白色，具淡色横纹；外稃披针形，质薄，具 5 脉，先端具伸出颖外的短芒尖；内稃较外稃稍短。花果期 6~9 月。2n=14，28。

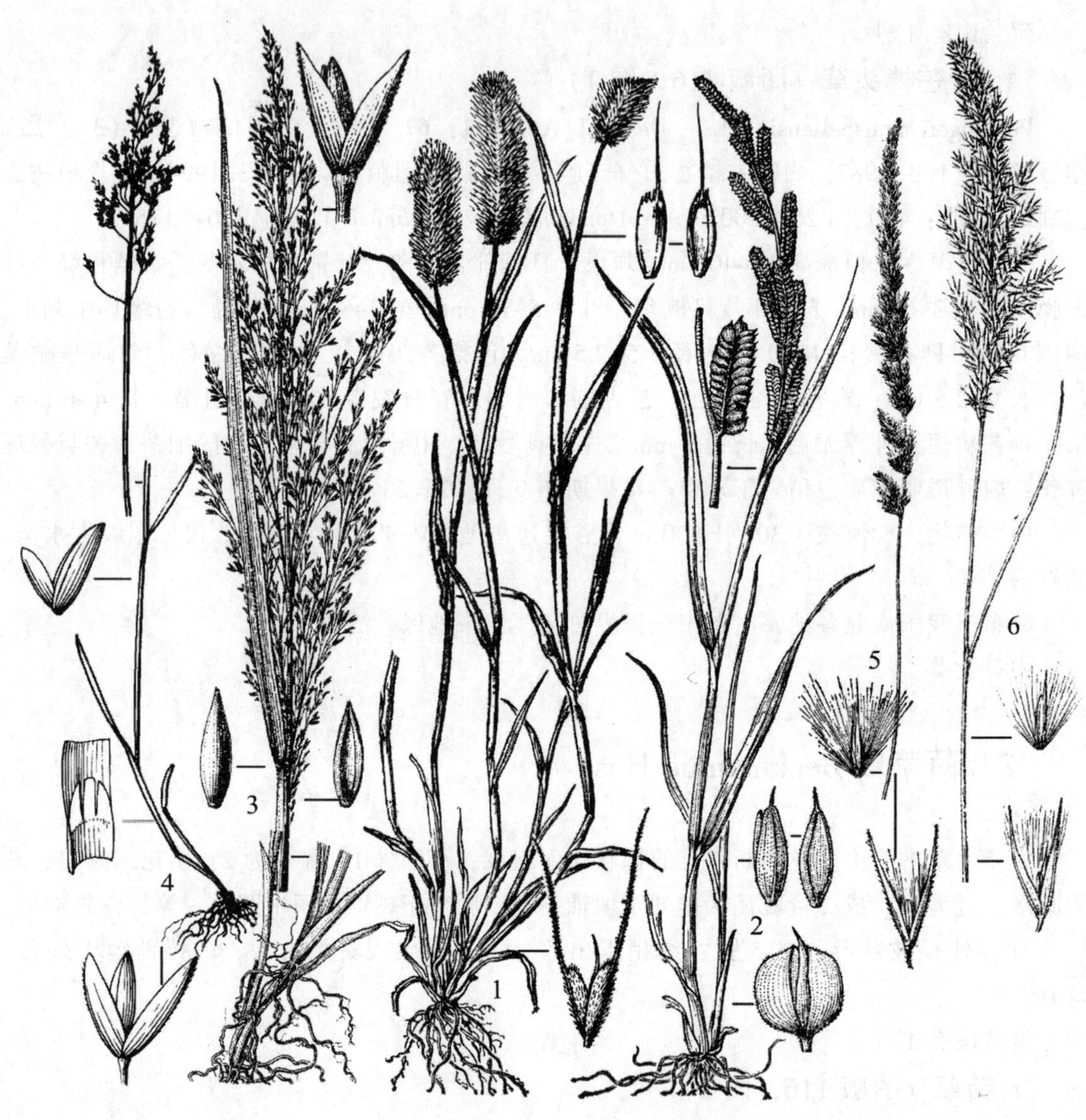

图版 116 1. 长芒棒头草 Polypogon monspeliensis（L.） Desf. 植株、小穗、小花背腹面；2. 茵草 Beckmannia syzigachne（Steud.） Fern. 植株、小穗、小花背腹面；3. 巨穗剪股颖 Agrostis gigantea Roth 植株下部、花序、小穗、小花腹面、外稃背面；4. 细弱剪股颖 A. tenuis Sibth. 植株下部、花序、叶舌、小穗、小花；5. 拂子茅 Calamagrostis epigeios（L.） Roth. 花序、小穗、小花 6. 假苇拂子茅 C. pseudophragmites（Hall. f.） Koeler. 花序 、小穗、小花。（1~3、6 张海燕绘；4~5 仿仿中国主要植物图说（禾本科））

中生-湿生植物。生 2 000 m 左右山地沟谷溪水边，片状或零星分布。仅见东坡大水沟。

分布于全国各地，广布于北半球温寒带地区，也深入到热带及南半球。泛北极种。

中等牧草。

Ⅷ. 针茅族 Stipeae

分属检索表

1. 外稃芒宿存，大都粗壮而下部常扭转。
  2. 外稃不裂或顶端多少 2 裂；通常无延伸的小穗轴。
    3. 芒下部扭转，且与外稃顶端成关节，外稃细瘦呈圆筒形，常具排列成纵行的短柔毛，基盘大都长而尖锐；内稃背部在结实时不外露，通常无毛 ………………………………………… 22. 针茅属 Stipa
    3. 芒下部扭转或几不扭转，不与外稃成关节，外稃有散生柔毛；内稃背部在结实时裸露，脊间有毛。
      4. 芒下部无毛或具微毛；小穗柄较粗，大都短于小穗 …………………… 23.芨芨草属 Achnatherum
      4. 芒全部被柔毛；小穗柄成毛细管状，较长于其小穗 ……………………… 24. 细柄茅属 Ptilagrestis
  2. 外稃 2 裂至中部，在裂片基部有一圈冠毛状毛茸，小穗轴多少延伸于内稃之后 ………………………………………………………………………………………………… 25. 冠毛草属 Stephanachne
1. 外稃芒易落，大都简短，细弱，基部不扭转
  5. 外稃无毛或有毛，具光泽，其芒自顶端伸出 ……………………………………… 26. 落芒草属 Oryzopsis
  5. 外稃遍生柔毛，其芒自裂齿间伸出。
    6. 外稃 7~9 脉，基盘无毛，花药顶端具毫毛，植株高 1~1.5m，有长而粗壮的根状茎 ……………………………………………………………………………………… 27. 沙鞭属 Psammochloa
    6. 外稃 3 脉，基盘有毛，花药顶端无毫毛，植株高 30~50 cm，具短根状茎 ……………………………………………………………………………………… 28. 钝基草属 Timouria

22. 针茅属 Stipa L.

多年生密丛生草本。叶片卷成长筒状条形。圆锥花序开展或紧缩，常被苞叶鞘包裹；小穗含 1 小花，两性，脱节于颖之上；颖近等长或第一颖稍长，草质或膜质，披针形，具条状尾尖或短尖，具 3~5 脉；外稃圆筒形，紧密包裹内稃，背部常具纵向排列的细毛，常具 5 脉，顶具芒，芒基部与稃体连接处具关节，关节被毛或无毛，芒一或二回膝曲，芒柱扭转，芒柱及芒针被柔毛或无毛，基盘锐尖，具柔毛；内稃与外稃近等长，被外稃包裹而不外露。

贺兰山有 11 种。

分种检索表

1. 芒不具柔毛，光滑或粗糙或具小刺毛，不超过 1 mm，二回膝曲。
  2. 芒长 4~6.5 cm；颖长 9~15 mm；外稃长 9 mm 以下。
    3. 外稃长 5~6 mm，芒长 6~10 cm，芒针明显长于第一芒柱，细软、毛发状，光滑或微粗糙 ………………………………………………………………………………………… 1. 本氏针茅 S. bungeana
    3. 外稃长 8~9 mm，芒长 4~6. 5 cm，芒针短于或略等长于第一芒柱，劲直、针刺状，角棱上被 0.5 mm 以下的短刺毛 ………………………………………………………… 2. 甘青针茅 S. przewalskyi
  2. 芒长超过 10 cm；颖长 17~40 mm；外稃长超过 9 mm。
    4. 外稃长 15~17 mm；芒长 18~30 cm，第一芒柱长 7~10 cm ；颖长 30~40 mm ………………………………………………………………………………………… 3. 大针茅 S. grandis
    4. 外稃长（9）10~15 mm；芒长 10~18 cm，第一芒柱长 1.5~5 cm；颖长 17~30 mm。
      5. 外稃长 12~15 mm；芒长 15~20 cm，第一芒柱长 3~5 cm；颖长 23~30 mm ………………………………………………………………………………………… 4. 贝加尔针茅 S. baicalensis
      5. 外稃长（9）10~11 mm；芒长 10~15 mm，第一芒柱长 2~2.5 cm；颖长 18~25 mm ………………………………………………………………………………………… 5. 克氏针茅 S. krylovii
1. 芒具 1 mm 以上的柔毛（或细毛），芒一回或二回膝曲。
  6. 芒长不超过 2.7 cm，仅芒柱具柔毛（或细毛）芒针粗糙或光滑。
    7. 外稃长 7~8 mm，背上密被细毛，芒柱被 1 mm 的细刺毛，芒针被 0. 5 mm 的细刺毛；花序长 3~10 cm，分枝 1~3 cm ………………………………………………………… 6. 狭穗针茅 S. regeliana
    7. 外稃长不超过 5 mm，背上被短毛，芒柱被 1~1.5 mm 的柔毛，芒针无毛；花序长 10~15 cm，分枝长达 3~6 cm ………………………………………………………… 7. 异针茅 S. aliena
  6. 芒长在 3 cm 以上，芒柱无毛或具柔毛，芒针具柔毛。
    8. 芒二回膝曲，芒长 5~7 cm，芒全部具 1~2 mm 的短柔毛，外稃长 5~7 mm ………………………………………………………………………………………… 8. 短花针茅 S. breviflora
    8. 芒一回膝曲。
      9. 芒柱无毛，芒针具白色羽状柔毛。
        10. 花序大部被顶生叶鞘完全包藏，果熟期不超出顶生叶鞘，外稃长约 10（9~11） mm，芒长 9~15 cm，芒柱与芒针长度比为 1:4，芒针的羽状柔毛下部长达 6（7） mm，自下向上渐短 ………………………………………………………………………………………… 9. 小针茅 S. klemenzii
        10. 花序大都被顶生叶鞘包藏，果熟期伸出顶生叶鞘，明显高出叶层；外稃长 7~9 mm，芒长 6~9.5 cm，芒柱与芒针长度比为 1:2 左右，芒针的羽状柔毛下部长达 4（5）mm，自下向上比较均匀，顶部极短 ………………………………………………………… 10. 戈壁针茅 S. gobica
      9. 芒柱、芒针全部具白色羽状柔毛，外稃长 7~9. 5 mm ………………… 11. 沙生针茅 S. glareosa

营养体分种检索表

1. 叶片呈“V”字形折卷，有时能见到对折叶片，基生叶长；10~15 cm；植丛稍疏松。
  2. 叶鞘光滑，基生者有隐藏小穗；叶舌圆钝，薄膜质，长约 1 mm，顶端具柔毛 ………………………………………………………………………………………… 1. 本氏针茅 S. bungeana

2. 叶鞘具短柔毛，无隐藏小穗，基生叶舌平截，厚膜质，长不足 1 mm，具钝齿，无毛 ………………………………………………………………………………………… 8. 短花针茅 **S. breviflora**

1. 叶片呈筒状席卷，从不对折，基生叶长 10~50 cm；植丛紧实。

3. 叶色深绿色或深灰绿色，有叶稍带紫色；植物生 2 700 m 以上的高山草甸。

4. 基生叶叶舌披针形，长 5~6 mm，叶片顶端具黄褐色尖头，干后破裂呈画笔状细毛 ………………………………………………………………………………………… 6. 狭穗针茅 **S. regeliana**

4. 基生叶舌圆钝，长 1 mm；叶片顶端不破裂呈画笔状细毛 ……………………… 7. 异针茅 **S. aliena**

3. 叶色绿色、灰绿色、黄绿色，但从不带紫色；植物生长在 2 500 m 以下的山地草原、山麓、荒漠草原、荒漠中。

5. 草丛高大，基生叶片长（20）30~50 cm，基生叶舌短于 1 mm，秆生叶舌长。

6. 基生叶长（20）30 cm 左右，叶片下面微粗糙或光滑。

7. 基生叶长 30 cm 左右，叶舌长近 1 mm；秆生叶舌长 2~3 mm，叶片上面被微毛，下面微粗糙 ………………………………………………………………………………………… 2. 甘青针茅 **S. przewalskyi**

7. 基生叶片长 20~30 cm，叶舌长 0.5 mm；秆生叶舌长 2~5 mm，叶片上面被短毛，下面光滑 ………………………………………………………………………………………… 5. 克氏针茅 **S. krylovii**

6. 基生叶片长 30~50 cm，叶片下面光滑，上面被微毛或柔毛。

8. 基生叶长达 40 cm，叶片上面被微毛并混杂柔毛，基生叶舌平截或二裂，长约 0.5~1 mm ………………………………………………………………………………………… 7. 贝加尔针茅 **S. baicalensis**

8. 基生叶长达 50 cm，叶片上面被微毛无混杂柔毛，基生叶舌圆钝，具缘毛，长约 1 mm ………………………………………………………………………………………… 3. 大针茅 **S. grandis**

5. 草丛较矮小，基生叶长 10~20 cm，基生叶与秆生叶的叶舌同型，长 0.2~2 mm。

9. 基生叶舌很短，约 0.3 mm，上端为一束长 1~2 mm 的短毛，叶两面被短柔毛 ………………………………………………………………………………………… 11. 沙生针茅 **S. glareosa**

9. 基生叶舌长 1~2 mm，上端具缘毛或短的（1 mm）纤毛。

10. 基生叶舌长 1~1.5 mm，顶端具不足 1 mm 纤毛；叶鞘粗糙 …………… 9. 小针茅 **S. klemenzii**

10. 基生叶舌长 1 mm，边缘具明显长于舌 1 mm 以上的柔毛；叶鞘光滑 ………………………………………………………………………………………… 10. 戈壁针茅 **S. gobica**

1. 本氏针茅（图版 117，图 5） 长芒草

Stipa bungeana Trin. Enum. Pl. China Bor：144. 1833.（et Mem. Acad. Sci. St.-Petersb. Sav. Etrang. **2**：144. 1835）；中国植物志 **9**（3）：273. 图版 65. 图 1~5. 1987；内蒙古植物志（二版）**5**：196. 图版 74. 图 5. 1994；宁夏植物志（二版）**下册**：439. 图 273. 2007.

多年生中型密丛生草本。高 20~60 cm。秆直立或斜升，基部膝曲。叶鞘光滑，边缘具纤毛，基部有隐生小穗；基生叶舌圆钝，长约 1 mm，秆生叶舌披针形，长 3~5 mm，先端常二裂；叶片折卷，有时对折，基生叶长 18 cm；圆锥花序基部被顶生叶鞘所包，成熟后伸出，长约 20 cm，每节具 2~4 分枝；颖近等长，具膜质边缘，先端细芒状，长 9~15 mm，具 3~5 脉；外稃长 5~6 mm，顶端关节处具 1 圈短毛，基盘尖锐，长约 1 mm，密生柔毛，

芒二回膝曲，扭转，第一芒柱长 1~1.5 cm，第二芒柱长 0.5~1 cm，芒针长 3~5 cm，细发状。花期 5~6 月，果期 6~7 月。

广幅暖温型旱生植物。生山麓干沟、河床和浅山区土、石质山坡，能形成群落，为山地草原建群种、亚优势种和伴生种。为东、西坡广布植物。

分布于我国东北（南部）、华北、西北（东部、新疆天山）、华东（北部）及西藏（雅鲁藏布江河谷），也见于中亚（中天山）。华北-黄土高原种或泛黄土高原种。

过去被定为亚洲中部种，但进入内蒙古高原东部。亚洲中部草原北部没有分布。

良等牧草。

2. 甘青针茅（图版 117，图 6）勃氏针茅

Stipa przewalskyi Roshev. in Not. Syst. Herb. Hort. Petrep. **1**（6）：3. 1920；中国植物志 **9**（3）：273. 图版 65. 图 11~15. 1987；内蒙古植物志（二版）**5**：198. 图版 74. 图 6. 1994；宁夏植物志（二版）**下册**：440. 2007.

多年生大型密生草本。秆直立，基部节处膝曲，高 40~90 cm。叶鞘光滑，基生叶舌圆钝，膜质，长 0.5~1 mm，秆生叶舌长 2~3 mm；叶片上面被微毛，下面微粗糙，秆生叶较稀疏，长 10~15 cm，基生叶长 30 cm。圆锥花序长 15~30 cm，伸出鞘外，分枝孪生，小穗灰绿色后变紫色；颖近等长，边缘膜质，顶端尾尖，长 12~15 mm，第一颖具 3 脉，第二颖具 5 脉；外稃长 8~9 mm，顶端关节处具 1 圈短毛，背部具纵向排列的短毛，基盘长 2 mm，背密生柔毛；芒二回膝曲，扭转，角棱上被短刺毛，第一芒柱长 1.5~2.5 cm，第二芒柱长 1 cm，芒针劲直，针刺状，与第一芒柱略等长或稍短，花期 6~7 月。

中旱生植物。生海拔 1 600~2 400 m 山地林缘、土石质山坡、沟谷山脚下，在林缘能形成群落或零星分布。见东坡苏峪口沟、大水沟、汝箕沟、甘沟等；西坡峡子沟。

分布于我国华北、西北（东部）及四川、西藏（东南部）。为我国特有。华北-青藏高原东缘种。

良等牧草。

3. 大针茅（图版 117，图 1）

Stipa grandis P. Smirn. in Fedde，Repert. Sp. Nov. **26**：267. 1929；中国植物志 **9**（3）：274. 图版 65. 图 26~31. 1987；内蒙古植物志（二版）**5**：198. 图版 74. 图 1~4. 1994；宁夏植物志（二版）**下册**： 441. 2007.

多年生大型丛生草本。高 50~100 cm。秆直立。叶鞘粗糙，钝圆，边缘具纤毛；基生叶舌长 0.5~1 mm，秆生叶舌披针形，长 3~10 mm；叶片纵卷似针形，上面具微毛，下面光滑，基生叶长可达 50 cm 以上。圆锥花序基部包于叶鞘内，长 20~50 cm，每节 2~4 分枝，分枝细，伸展；小穗淡绿色或紫色，颖披针形，顶端丝状，长 30~45 mm，第一颖具 3 脉，第二颖具 5 脉；外稃长 15~17 mm，顶端关节处被一圈短毛，基盘密生柔毛，芒二回膝曲，微粗糙，第一芒柱长 7~10 cm，第二芒柱长 2~2.5 cm，芒针卷曲，长 11~18 cm，花果期 7~

8 月。

旱生植物。生海拔（1 800）2 000~2 400 m 干燥山坡、岩石缝中，也见于干燥沟谷，零星分布。见东坡苏峪口沟、大水沟、汝箕沟、甘沟等；西坡哈拉乌沟、北寺沟、峡子沟等。

分布于我国东北、华北、西北（东部），也见于俄罗斯（西伯利亚）、蒙古。过去多定达乌里-蒙古种，后拉甫连科（1988）定达乌里-蒙古-中国北部种。我们认为定亚洲中部草原种比较合适。

良等牧草。

4. 贝加尔针茅（图版 117，图 2）狼针草

Stipa baicailensis Roshev. in Bull. Jard. Bot. Princ. URSS **28**：380. 1929；中国植物志 **9**（3）：273. 图版 65. 图 16~20. 1987；内蒙古植物志（二版）**5**：199. 1994；宁夏植物志（二版）**下册**：441. 图 274. 2007.

多年生大型丛生草本。高 50~80 cm。秆直立。叶鞘常粗涩，先端具小刺毛；基生叶舌平截或二裂，长约 0.5 mm，秆生叶舌披针形，长 1.5~2 mm，均具纤毛；叶片纵卷，上面粗糙，下面平滑，基生叶长达 40 cm。圆锥花序基部包于叶鞘内，长达 20~40 cm，每节 2~4 分枝，分枝细，伸展；小穗绿色或紫褐色；颖尖披针形，长 25~35 mm，顶端丝状，第一颖尖锐，具 3 脉，第二颖具 5 脉；外稃长 12~14 mm，顶端关节处生一圈短毛，基盘尖锐，密生柔毛；芒二回膝曲，光亮无毛，边缘微粗糙，第一芒柱扭转，长 3~5 cm，第二芒柱长 1.5~2 cm，芒针丝状卷曲，长 8~12 cm。花果期 7~8 月。

中旱生植物。生海拔 2 000~2 500 m 山地林缘、灌丛下及山地阴坡，零星或片状分布。见东坡苏峪口沟（兔儿坑）、黄旗沟、贺兰沟；西坡哈拉乌沟、南寺雪岭子、峡子沟等。

分布于我国东北、华北（山地）、西北（东部山地）及四川、西藏（昌都），也见于俄罗斯（西伯利亚、贝加尔、远东）、蒙古（东北部）。达乌里-蒙古种。

良等牧草。

5. 克氏针茅（图版 117，图 3）西北针茅

Stipa krylovii Roshev. in Bull Jard. Bot. Princ. URSS **28**：379. 1929；内蒙古植物志（二版）**5**：199. 1994；宁夏植物志（二版）**下册**： 440. 2007. ——*S. sareptana* Becker var. *krylovii*（Roshev.） P. C. Kuo et Y. H. Sun，中国植物志 **9**（3）：275. 图版 65. 图. 37~41. 1987.

多年生草本中型丛生，高 30~60 cm。秆直立。叶鞘光滑，基生叶舌钝圆，长约 0.5 mm，秆生叶舌钝，披针形，长 2~5 mm；叶纵卷，上面粗糙，下面光滑，基生叶长达 30 cm。圆锥花序基部包于叶鞘内，长 10~20 cm，分枝细，每节 2~4 分枝，向上伸展；小穗草绿色；颖披针形，长（18）20~28 mm，第一颖具 3 脉，第二颖具 3~5 脉；外稃长 9~10 mm，顶端关节处被一圈短毛，基盘长约 3 mm，密生柔毛；芒二回膝曲，光滑，第一芒柱扭转，长 2~2.5 cm，第二芒柱长约 1 cm，芒针丝状弯曲，长 8~10 cm。花果期 7~8 月。2n=44。

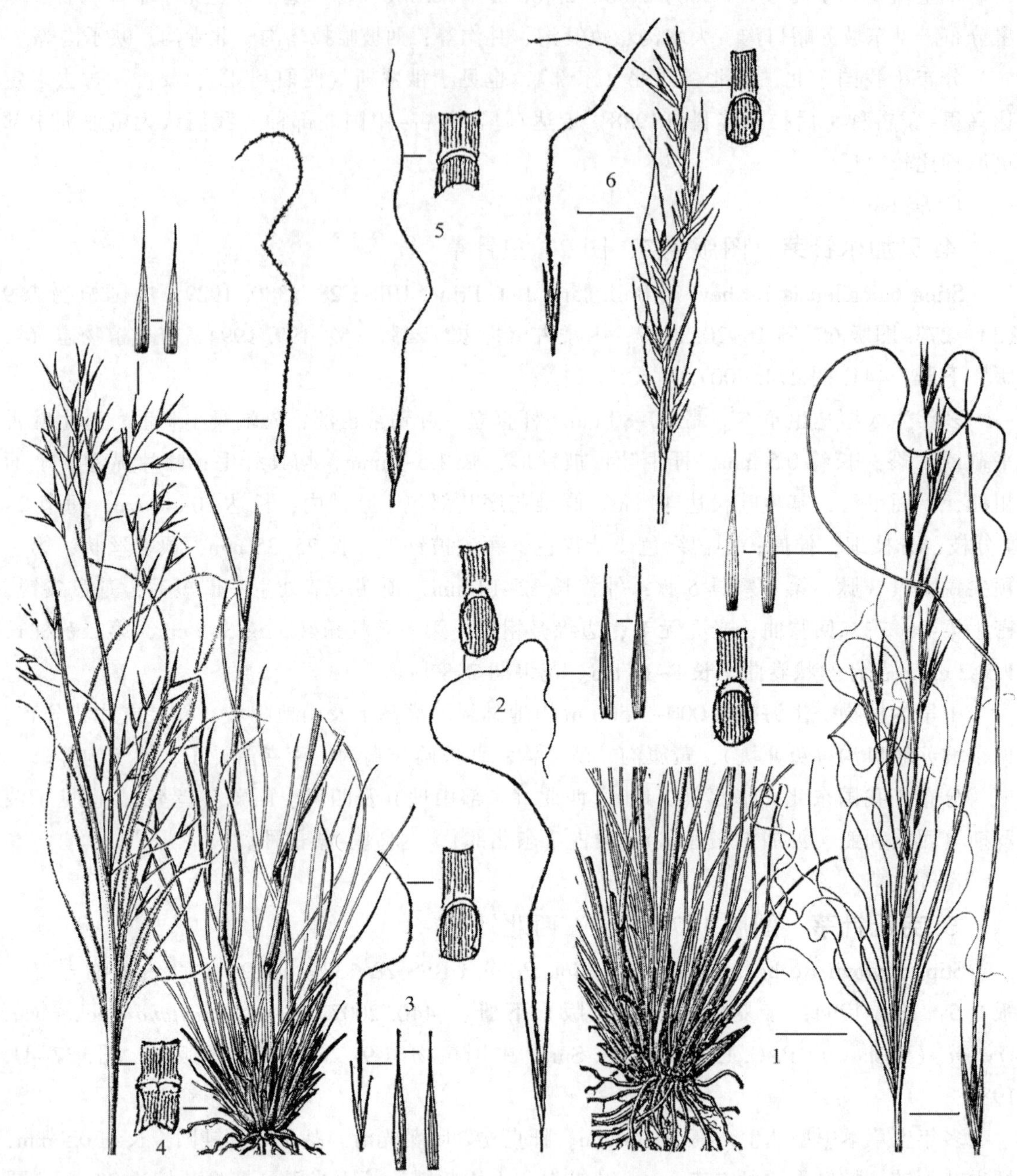

图版 117 **1. 大针茅** Stipa grandis P. Smirn. 植株下部、花序、基生叶舌、小穗、颖片； **2. 贝加尔针茅** S. baicailensis Roshev. 基生叶舌、小穗、颖片； **3. 克氏针茅** S. krylovii Roshev. 基生叶舌、小穗、颖片； **4. 短花针茅** S. breviflora Griseb. 植株下部 、花序 、基生叶舌 、颖片 、具芒外稃； **5. 本氏针茅** S. bungeana Trin. 基生叶舌、小穗 ； **6. 甘青针茅** S. przewalskyi Roshev. 花序、基生叶舌 、小穗。（1、4~5 张海燕绘）

旱生植物。生海拔 2 000~2 400 m 石质山坡，灌丛下及土质干燥阳坡，为山地草原、灰榆疏林草原的建群种或优势种。东、西坡习见。

分布于我国东北（西南部）、华北、西北及西藏（西部、北部），也见于俄罗斯（西伯利亚、阿尔泰）、蒙古。亚洲中部种。

良等牧草。

6. 狭穗针茅（图版 118，图 4）紫花芨芨草

Stipa regeliana Hack. in Sitzb. Akad. Wiss. Math. Naturw. Wien **89**：130. 1884；中国植物志 **9**（3）：282. 图版 68. 图 6~10. 1987. ——*Stipa purpurascens* Htichs. in Pros. Biol. Soc. Wash. **43**：95. 1930. ——*Achnatherum purpurascens*（Hitchs.） Keng，中国主要植物图说(禾本科)：596. 图 535. 1959.

多年生中小型密丛生草本。高 20~50 cm。秆直立平滑。叶鞘无毛；基生叶舌与秆生叶舌同形，披针形，长 5~6 mm，先端有时二裂；叶片纵卷成线形，叶尖干后破裂呈画笔状细毛，基生叶长达 25 cm（为秆高的 1/2~1/3）。圆锥花序狭窄呈穗状，长 3~10 cm。每节具一个分枝；小穗紫色或褐色；颖近相等，长 11~14 mm，下部紫色，先端白色，具 5~7 脉；外稃长 7~8 mm，背部遍生白色细毛；基盘长约 1 mm，密生柔毛；芒不明显的二回膝曲(初看似一回膝曲)，第一芒柱长 5 mm，第二芒柱长 5 mm，同被 7 mm 以下的细毛，芒针长约 10 mm，具 0.5 mm 的细刺毛。花果期 7~9 月。

耐寒旱中生植物。生海拔 2 800~3 400 m 高山、亚高山草甸、灌丛中，零星分布，局部可形成群落。见主峰下及山脊两侧。

分布于甘肃、青海、新疆、西藏及四川（西北部）与云南（西部），也见帕米尔、喜马拉雅、中亚天山。亚洲中部山地-青藏高原种。

良等牧草。

7. 异针茅（图版 118，图 5）

Stipa aliena Keng in Sunyatsenia **6**（1）：74. 1941；中国植物志 **9**（3）：284. 图版 68. 图 21~25. 1987；内蒙古植物志（二版）**5**：202. 1994.

多年生中小型密丛生草本。高 20~30 cm。秆直立，平滑，具 1~2 节。叶鞘平滑，长于节间；基生叶舌与秆生叶舌同形，顶端圆钝，少二裂，背部具微毛，长 1~1.5 mm；叶片纵卷成线形，上面粗糙，下面光滑，基生叶长达 15 cm（为秆高的 1/2~1/3）。圆锥花序较紧缩，长 8~12 cm，分枝单生或孪生，斜向上升，着生 1~3 个小穗，小穗柄长 2~8 mm；小穗灰绿常带紫色，颖披针形，先端细渐尖，具 5~7 脉，长 10~14 mm；外稃长 6.5~7.5 mm，背部遍生短毛，基盘长 1 mm；芒两回膝曲，第一芒柱长 4~5 mm，具 1~2 mm 的羽状柔毛，第二芒柱长 3~4 mm，被细微毛，芒针长 1~1.6 mm，无毛。花果期 7~9 月。

寒旱中生植物。生海拔 3 000 m 以上山地和高山草甸、灌丛中，零星分布，为高寒草甸伴生种。仅见主峰下。

分布于我国青藏高原及东部外围高海拔山地。为我国特有。青藏高原种。

良等牧草。

8. 短花针茅（图版117，图4）

Stipa breviflora Griseb. in Nachr. Ges. Wiss. Goeh **3**：82. 1868；中国植物志 **9**（3）：278. 图版67. 图1~5. 1987；内蒙古植物志（二版）**5**：200. 图版75. 图1~5. 1994；宁夏植物志（二版）**下册**：442. 图275. 2007.

多年生中型密丛生草本。高30~60 cm。秆直立，基部节处膝曲。叶鞘粗糙，基部具短柔毛，基生叶舌与秆生叶舌同形，平截二裂，长0.5~1 mm；叶片摺卷，下面具细短刺毛，基生叶长达20 cm；圆锥花序下部被顶生叶鞘包，果熟时伸出鞘外，长10~20 cm，分枝细，孪生，有时具二回分枝，分枝斜升；小穗灰绿色或黄褐色；颖狭披针形，先端渐尖，长10~15 mm，等长或第一颖稍长；外稃长5.5~6 mm，顶端关节处生一圈短毛，基盘长约1 mm，密生柔毛；芒二回膝曲，第一芒柱扭转，长1~1.5 cm，第二芒柱长0.5~1 cm，芒针弧状弯曲，长3~6 cm，全芒具1~1.5 mm的柔毛。花果期6~7月。

旱生植物。生山麓、浅山区干燥山坡，在山麓土质坡地形成群落，为山前荒漠草原的建群种、草原化荒漠的伴生种。为东、西坡广布植物。

分布于我国华北（西部）、西北及西藏（西南部），也见于喜马拉雅（尼泊尔）、中亚（天山）、蒙古。亚洲中部（草原）种。

良等牧草。

9. 小针茅（图版118，图1）石生针茅、克列门兹针茅

Stipa klemenzii Roshev. in Not. Syst. Herb. Hort. Bot. Petrop. **5**：12. 1924；内蒙古植物志 **5**：202. 图版26. 图1~3. 1994；宁夏植物志（二版）**下册**：443. 2007. ——*S. tianschanica* Roshev. var. *klemenzii*（Roshev.） Norl. Fl. Mong. Stepp. **1**：66. 1949；中国植物志 **9**（3）：227. 1987.

多年生矮型密丛生草本。高10~25 cm。秆斜升或直立，通常具1节，基部节处膝曲。叶鞘粗糙；基生叶舌与秆生叶舌同形，薄膜质，长约1~2 mm；边缘具短于舌的柔毛；叶片纵卷如针状，上面粗糙，下面被短刺毛，基生叶长可达20 cm。圆锥花序被膨大的顶生叶鞘所包，顶生叶鞘常超出圆锥花序，长约10 cm，分枝细，单生或孪生；小穗黄绿色；颖狭披针形，长30~35 mm，上部及边缘宽膜质，顶端延伸成丝状，二颖近等长，第一颖具3脉，第二颖具3~4脉，外稃长约10 mm，顶端关节处光滑，基盘尖锐，长2~3 mm，密生柔毛；芒1回膝曲，芒柱扭转，光滑，长2~2.5 cm，芒针弧状弯曲，长10~13 cm，着生长3~6 mm的柔毛，柔毛自下向上渐短，花果期6~7月。

强旱生植物。生山麓和石质丘陵上，为草原化荒漠的次优势种，有时也形成以它为主的荒漠草原群落。东、西坡均习见。

分布于蒙古高原中西部和甘肃（祁连山），也见于俄罗斯（中西伯利亚、外贝加尔）、

蒙古。蒙古种。

良等牧草。

10. 戈壁针茅（图版 118，图 2）

Stipa gobica Roshev. in Not. Syst. Herb. Hort. Bot. Peterop. **5**：13. 1924；内蒙古植物志（二版）**5**：203. 图版 76. 图 4~5. 1994；宁夏植物志（二版）**下册**：442. 图 276. 2007. ——*S. tianshanica* Roshev. var *gobica*（Roshev.） P. C. Kuo et Y. H. Sun，植物分类学报 **20**（1）：37. 1982；中国植物志 **9**（3）：227. 图版 66. 图 1~5. 1987.

多年生中小型密丛生草本。高 20~50 cm。秆斜升或直立，具 1~2 节，基部膝曲。叶鞘光滑，基生叶舌与秆生叶舌圆形，膜质，长 0.5~1 mm，边缘具明显长于舌的长柔毛；叶纵卷如针状，上面微粗糙，下面光滑，基生叶长可达 20 cm。圆锥花序下部被顶生叶鞘包裹，果熟期伸出叶鞘外，分枝细，光滑，直伸，单生或孪生，小穗黄绿色；颖狭披针形，长 20~25 mm，上部及边缘宽膜质，顶端渐尖，二颖近等长，第一颖具 1 脉，第二颖具 3 脉；外稃长 7~8 mm，顶端关节处光滑，基盘尖锐，长 1~1.5 mm，密被柔毛；芒一回膝曲，芒柱扭转，光滑，长约 2.5~3.5 cm，芒针急折弯曲近呈直角，非弧状弯曲，长 4~6 cm，着生长 3~5 mm 的柔毛，柔毛自下向上渐短，不明显，至针端急剧变短。花果期 6~7 月。

旱生植物。生海拔 2 000~2 200 m 石质山坡、岩生缝中，片状或零星分布。见东、西坡浅山区及石质山坡。

分布于我国蒙古高原中、西部，华北（中部山地）、西北（东部山地）及新疆（天山、阿尔泰山）、西藏（西部），也见于俄罗斯（中西伯利亚）、蒙古。亚洲中西部种。

良等牧草。

11. 沙生针茅（图版 118，图 3）

Stipa glareosa P. Smirn. in Fedde， Repert. Sp. Nov. **26**：266. 1929；中国植物志 **9**（3）：277. 图版 66. 图 11~15. 1987；内蒙古植物志（二版）**5**：203. 图版 77. 图 4~6. 1994；宁夏植物志（二版）**下册**：442. 2007.

多年生小型密丛生草本。高 1.5~3 cm。秆直立，具 2~3 节，粗糙。叶鞘被密毛；基生叶舌与秆生叶舌同形，短而钝，长约 0.5~1 mm，边缘具长 1~2 mm 的纤毛；叶片纵卷如针状，上面微粗糙，下面粗糙或具细微柔毛，基生叶长达 15~20 cm。圆锥花序基部被顶生叶鞘包裹，果熟期稍伸出叶鞘，长 10~15 cm，分枝短，直伸；颖狭披针形，二颖近等长，长 20~30 mm，顶端细丝状，基部具 3 脉，中上部仅剩一中脉；外稃长 9 mm，基盘尖锐，长约 1~2 mm，密被柔毛；芒一回膝曲，生长 2 mm 的白色柔毛，顶端关节具一圈短毛，芒柱扭转，长约 1.5 cm，芒针常弧形弯曲，长 3.5~6 cm，具长达 3~4 mm 羽状柔毛。花果期 6~7 月。2n=44。

强旱生植物。生山麓洪积扇缘草原化荒漠和冲沟、干河床及外缘沙砾地，为草原化荒漠群落的次优势种和伴生种。东、西坡均有分布，西坡分布较多。

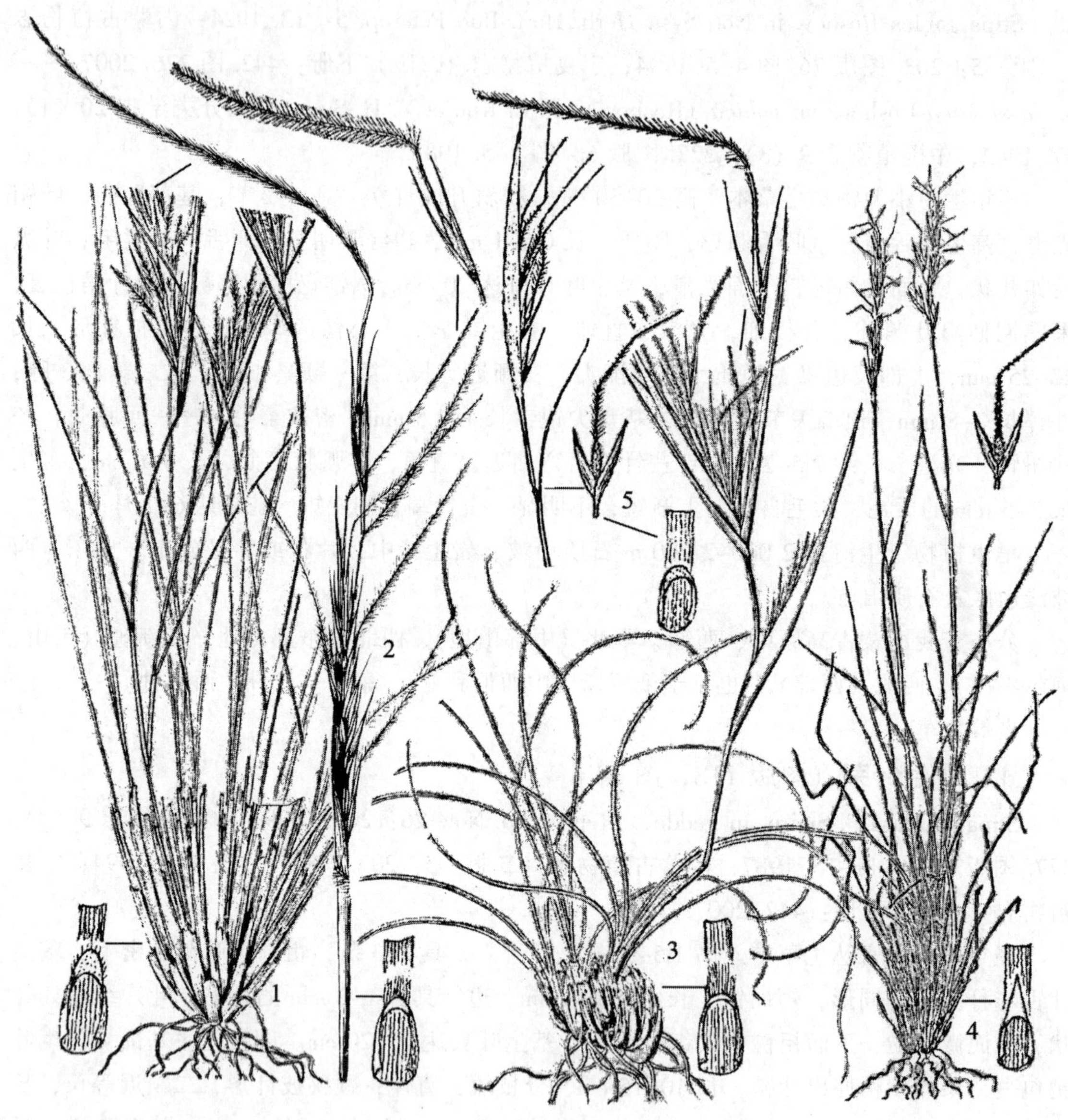

图版 118 **1. 小针茅** Stipa klemenzii Roshev. 植株、基生叶舌、小穗；**2. 戈壁针茅** S. gobica Roshev. 花序、基生叶舌、小穗；**3. 沙生针茅** S. glareosa P. Smirn. 植株、基生叶舌、小穗；**4. 狭穗针茅** S. regeliana Hack. 植株、基生叶舌、小穗；**5. 异针茅** S. aliena Keng 花序、基生叶舌、小穗。（1~2 张海燕绘）

分布于我国西北及内蒙古（西部）、西藏（西北部），也见于帕米尔、中亚（阿赖山、中天山）、俄罗斯（西西伯利亚）、蒙古。亚洲中部种。

良等牧草。

英文版《中国植物志》（Flora of China）22 卷记载贺兰山有蒙古针茅（*Stipa mongolorum* Tzvel），我们至今未采到该植物。

23. 芨芨草属 Achnatherum Beauv.

多年生丛生草本。叶片内卷或扁平。圆锥花序顶生，开展或狭窄；小穗含 1 小花，两性；颖近于等长，宿存，膜质或兼草质；外稃短于颖，厚纸质，成熟后变硬，顶端具 2 裂齿，基盘尖或钝，具须毛；芒从齿间伸出，不与外稃顶端成关节，膝曲而宿存，稀近于颈直而脱落；内稃具 2 脉，无脊，脉间具毛，成熟后背部多少裸露。

贺兰山有 6 种。

分种检索表

1. 叶舌先端尖，披针形，长 5~15 mm；植丛高大，高达 2 m ………………………… **1. 芨芨草 A . splendens**
1. 叶舌先端平截，顶端裂齿，长 2 mm 以下；植丛中、大型，高度在 120 cm 以下。
  2. 圆锥花序紧缩成穗状，每节具 6~7 个分支，分支基部着生小穗；外稃长约 4 mm …………………………………………………………………………………… **2. 醉马草 A. inebrians**
  2. 圆锥花序疏松展开或稍紧密，但不成穗状，每节具 2~5 个分枝，分枝基部常裸露，中部以上着生小穗（稀自分枝基部着生小穗）；外稃长 4.5 mm 以上。
    3. 小穗长 5~6.5 mm；外稃长 4.5~5 mm；花药顶端无毛或仅具 1~3 根毫毛 …………………………………………………………………………… **3. 朝阳芨芨草 A. nakaii**
    3. 小穗长 7 mm 以上；外稃长 5.5 mm 以上；花药顶端明显具毫毛。
      4. 颖贴生细短毛，顶端较钝；秆和叶鞘均粗糙 ………………………… **4. 毛颖芨芨草 A. pubicalyx**
      4. 颖无毛或在脉上疏生小刺毛，顶端尖；秆和叶鞘均平滑。
        5. 花序分枝成熟后斜向上，外稃长约 7 mm，基盘尖锐，长约 1 mm ………… **5. 羽茅 A. sibiricum**
        5. 花序分枝成熟后常水平开展，外稃长约 5~6.5 mm，基盘较钝，长约 0.5 mm ……………………………………………………………… **6. 远东芨芨草 A. extremiorientale**

1. 芨芨草（图版 119，图 6）积机草

Achnatherum splendens（Trin.） Nevski in Acta Inst. Bot. Acad. Sci. URSS ser. 1. **4**：224. 1937；中国植物志 **9**（3）：320. 图版 80. 图 1~3. 1987；内蒙古植物志（二版）**5**：206. 图版 78. 图 1~6. 1994；宁夏植物志（二版）**下册**：444. 2007. ——*Stipa splendens* Trin. in Spreng. Neue Entdenk **2**：54. 1821.

高大、粗壮密丛生多年生草本。高 60~200 cm。秆直立或斜升，坚硬，通常光滑无毛，

基部残存多量黄褐色叶鞘。叶鞘无毛，边缘膜质；叶舌披针形，长 5~10 mm；叶片坚韧，长 30~60 cm，宽 5~7 mm，纵向内卷或有时扁平，上面脉纹凸起，粗糙，下面光滑无毛。圆锥花序开展，长 30~50 cm，开花时呈金字塔形，2~6 枚簇生；小穗披针形，长 4.5~7 mm，灰绿色、紫褐色或草黄色；颖膜质，披针形，顶端尖，第一颖 1 脉，第二颖 3 脉；外稃厚纸质，长 4~5 mm，具 5 脉，密被柔毛，顶端具 2 裂齿；基盘钝圆，长约 0.5 mm，具柔毛；芒长 5~12 mm，自齿间伸出，直立或微弯，但不扭转，易断落；内稃具 2 脉，无脊，脉间具柔毛；花药条形，长 2.5~3 mm，顶端具毫毛。花果期 6~9 月。2n=42，48。

盐中生植物。生山麓盐湿地、盐碱地及干河床上，局部地段形成群落或与白刺、红沙形成盐生荒漠群落，也零星分布。东、西坡均有分布，西坡更丰富。

分布于我国东北（西部）、华北、西北，也见于俄罗斯（西伯利亚、贝加尔）、蒙古。古地中海种。

粗等牧草。造纸原料。制作扫帚，编制草帘子、筐、篓。也是水保植物。茎、花序、颖果及根入药，能清热利尿，主治尿路感染，小便不利；花序能止血。

2. 醉马草（图版 119，图 1）药草

Achnatherum inebrians （Hance）Keng，中国主要植物图说（禾本科）：593. 图 529. 1959；中国植物志 **9**（3）：326. 1987；内蒙古植物志（二版）**5**：209. 图版 79. 图 1~5. 1994；宁夏植物志（二版）**下册**：445. 图 277. 2007. ——*Stipa inebrians* Hance in Journ. Bot. Brit. et For. **14**：212. 1876.

多年生密丛生草本。高 50~120 cm。秆少数直立，常具 3~4 节，平滑。叶鞘稍粗糙；叶舌厚膜质，顶端截平或具裂齿，长约 1 mm；叶片质地较硬，边缘内卷，基生叶长达 30 cm，宽 2~10 mm。圆锥花序紧密呈穗状，长 10~25 cm，径 10~18 mm，直立或先端下倾；小穗披针形，长 5~6.5 mm，灰绿色，成熟后变褐铜色或带紫色；颖几等长，膜质，先端尖，常破裂，具 3 脉，脉上具细小刺毛；外稃长 3.5~4 mm，背部遍生柔毛，顶端 2 齿裂，具 3 脉，脉于顶端会合延伸成芒；基盘钝，长约 0.5 mm，具短毛；芒长 10~13 mm，一回膝曲，芒柱扭转且有短毛，芒针具细小刺毛；内稃具 2 脉，脉间具柔毛；花药长约 2 mm，顶端具毫毛。花果期 7~9 月。

旱生植物。生海拔 1 800~2 200 m 山地沟谷、山脚坡地，沿水线伸入到山前荒漠草原及草原化荒漠中，能形成纯群落。东、西坡均有分布，西坡数量更多。

贺兰山是其模式产地。模式标本系俄国人普热瓦尔斯基（N. Przewalski） 1873 年采，1875 年由布奈施内德尔（Bretschneider）转送 汉斯（Hance）（Type）。

分布于我国西北及西藏、四川（西部），也见于蒙古。青藏高原-亚洲中部荒漠。

为有毒植物，牲畜误食后，轻者致病，重者死亡。全草入药，解毒消肿，外用腮腺炎，化脓肿毒（未溃）。

3. 朝阳芨芨草（图版 119，图 3）中井芨芨草

Achnatherum nakaii（Honda） Tateoka in Journ. Jap. Bot. **30**（7）：208. 1995；中国植物志 **9**（3）：327. 1987；内蒙古植物志（二版）**5**：210. 图版 79. 图 6~10. 1994；宁夏植物志（二版）**下册**：446. 2007. ——*Stipa nakaii* Honda in Rep. First. Sci. Exped. Manch. sect. 4. **4**：65. 104. 1936.

多年生丛生草本。高 40~65 cm。秆直立，较细弱，直径 0.5~2 mm，光滑。叶鞘幼时边缘具睫毛，后无毛，上部边缘膜质；叶舌截平，顶端具短裂齿，长 0.5~1 mm；叶片直立，通常内卷，长 10~25 cm，宽 2~5 mm，近于光滑。圆锥花序较疏松，长 12~25 cm，每节具 2（3）分枝，分枝斜向上升，成熟时常展开；小穗长 5~6.5 mm，草绿色或褐紫色；颖几相等或第一颖稍短，膜质，具 3 脉，顶端稍钝，背部具微毛；外稃狭卵形或披针形，长约 4.5 mm，顶端具二微齿，密生柔毛，具 3 脉，脉在先端汇合，基盘长约 0.5 mm，较钝，具柔毛；芒长 10~15 mm，一回膝曲或不明显的二回膝曲，芒柱扭转粗糙；内稃约与外稃等长，具 2 脉，脉间具柔毛；花药长约 4 mm，顶端无毛或仅具极少毫毛。花果期 7~10 月。

中旱生植物。生海拔 1 800~2 000 m 石质山坡，为榆树疏林、灌丛下的伴生种。零星分布，仅见东坡黄旗沟、甘沟、大水沟等。

分布于辽宁、河北、山西、内蒙古。为我国特有。华北种。

4. 毛颖芨芨草（图版 119，图 2）

Achantherum pubicalyx（Ohwi） Keng ex P. C. Kuo Fl. Tsingl.（秦岭植物志）**1**（1）：153. 1976；中国植物志 **9**（3）：328. 1987；内蒙古植物志（二版）**5**：212. 图版 80. 图 1~6. 1994；宁夏植物志（二版）**下册**：446. 2007. ——*Stipa pubicalyx* Ohwi in Journ. Jap. Bot. **17**（7）：401. 1941.

多年生丛生草本。高 60~100 cm。秆直立，花序下部微粗糙。叶鞘边缘膜质；叶舌截平，长约 1 mm，顶端具裂齿；叶片长达 40 cm，宽 3~8 mm，边缘常内卷，上面密生短柔毛，下面粗糙。圆锥花序较紧缩，长 15~25 cm，主轴粗糙，每节具 2~4 枚分枝，分枝细，稍粗糙，斜向上升，基部着生小穗；小穗长 8~9 mm，紫红色或浅褐色；颖几等长，膜质，矩圆状披针形，具 3 脉，第二颖稍钝，背部贴生微毛；外稃长 6~7 mm，顶端裂齿不明显，背部密生较长的柔毛，具 3 脉，脉在顶部汇合；基盘长约 0.8 mm，具柔毛；芒一回膝曲，芒柱扭转，具细短毛，长 2~2.5 cm；内稃与外稃等长，脉间生柔毛；花药长约 5 mm，顶端生毫毛。花果期 7~10 月。

中旱生植物。生海拔 2 000~2 400 m 山地沟谷、林缘、灌丛下，零星分布。仅见东坡苏峪口沟、黄旗沟和大水沟等。

分布于我国东北、华北、西北（东部），也见于朝鲜（北部）。东北-华北种。

5. 羽茅（图版 119，图 4）光颖芨芨草、西伯利亚羽茅

Achantherum sibiricum（L.） Keng，中国主要植物图说（禾本科）：590. 图 525. 1959；中国植物志 **9**（3）：328. 1987；内蒙古植物志（二版）**5**：212. 图版 80. 图 7~9. 1994；宁夏植物志（二版）**下册**：446. 图 278. 2007. ——*Avena sibirica* L. Sp. Pl. 79. 1753. ——*Stipa sibirica*（L.） Lam. Tabl. Encycl. Meth. **1**：58. 1791.

多年生疏丛生草本。高 50~120 cm。秆直立，光滑。叶鞘松弛，光滑；叶舌截平，顶端具裂齿，长 0.5~1.5 mm；叶片卷折或扁平，长 20~50 cm，宽 2~7 mm，质地较硬，上面和边缘粗糙，下面光滑。圆锥花序较紧缩，从不形成开展状态，长 15~30 cm，每节具 3 至数个分枝，分枝稍弯曲或直立斜向上，自基部着生小穗；小穗草绿色或紫色，长 8~10 mm；颖近等长或第二颖稍短，膜质，先端尖，具 3 脉，脉上生短刺毛；外稃长 6~7 mm，先端具 2 微齿，背部密生短柔毛，具 3 脉，脉于先端汇合；基盘尖，长约 1 mm，具毛；芒长约 2.5 cm，一回或不明显的二回膝曲，芒柱扭转，具细微毛；内稃与外稃近等长，背上圆形，无脊；花药长约 4 mm，顶端具毫毛。花果期 6~9 月。2n=24（22，23）。

中旱生植物。生海拔 2 000~2 400 m 山地灌丛下和干旱山坡，零星分布。东、西坡习见，以西坡数量为多。

分布于我国东北、华北、西北及河南、西藏，也见于亚洲温带地区。东古北极种。

6. 远东芨芨草（图版 119，图 5）

Achantherum extremiorientale（Hara） Keng ex P. C. Kuo，Fl. Tsing.（秦岭植物志）**1**（1）：153. 1976；中国植物志 **9**（3）：329. 1987；内蒙古植物志（二版）**5**：213. 图版 80. 图 10~13. 1994；宁夏植物志（二版）**下册**：447. 2007.—— *Stipa extremiorientale* Hara in Journ. Jap. Bot. **15**（7）：459. 1939.

多年生疏丛生草本。高 60~120 cm。秆直立，光滑无毛。叶鞘较松弛，无毛；叶舌膜质，截平，常具裂齿，长约 1 mm；叶片扁平或稍内卷，长 20~40 cm，宽 4~10 mm，上面和边缘微粗糙，下面平滑。圆锥花序开展，长 20~30 cm，每节具 3~6 枚分枝，细长，水平开展，微粗糙，下部裸露；小穗草绿色或紫色，长 6~9 mm；颖几等长或第一颖稍短，膜质，矩圆状披针形，先端短尖，具 3 脉，平滑；外稃长 5~7 mm，先端具不明显 2 微齿，3 脉汇合，背部密生柔毛；基盘长约 0.5 mm，具短毛，先端钝；芒长约 2 cm，一回膝曲，芒柱扭转，具短微毛；内稃与外稃近等长，具二脉，脉间具柔毛；花药长约 5 mm，顶端有毫毛。花果期 7~9 月。2n=24。

中生植物。生山地沟谷溪边、干河床，零星分布。仅产东坡小口子。

分布于我国东北、华北、西北（东部）及安徽，也见于俄罗斯（东西伯利亚、远东）、朝鲜、日本。东亚（中国–日本）种。

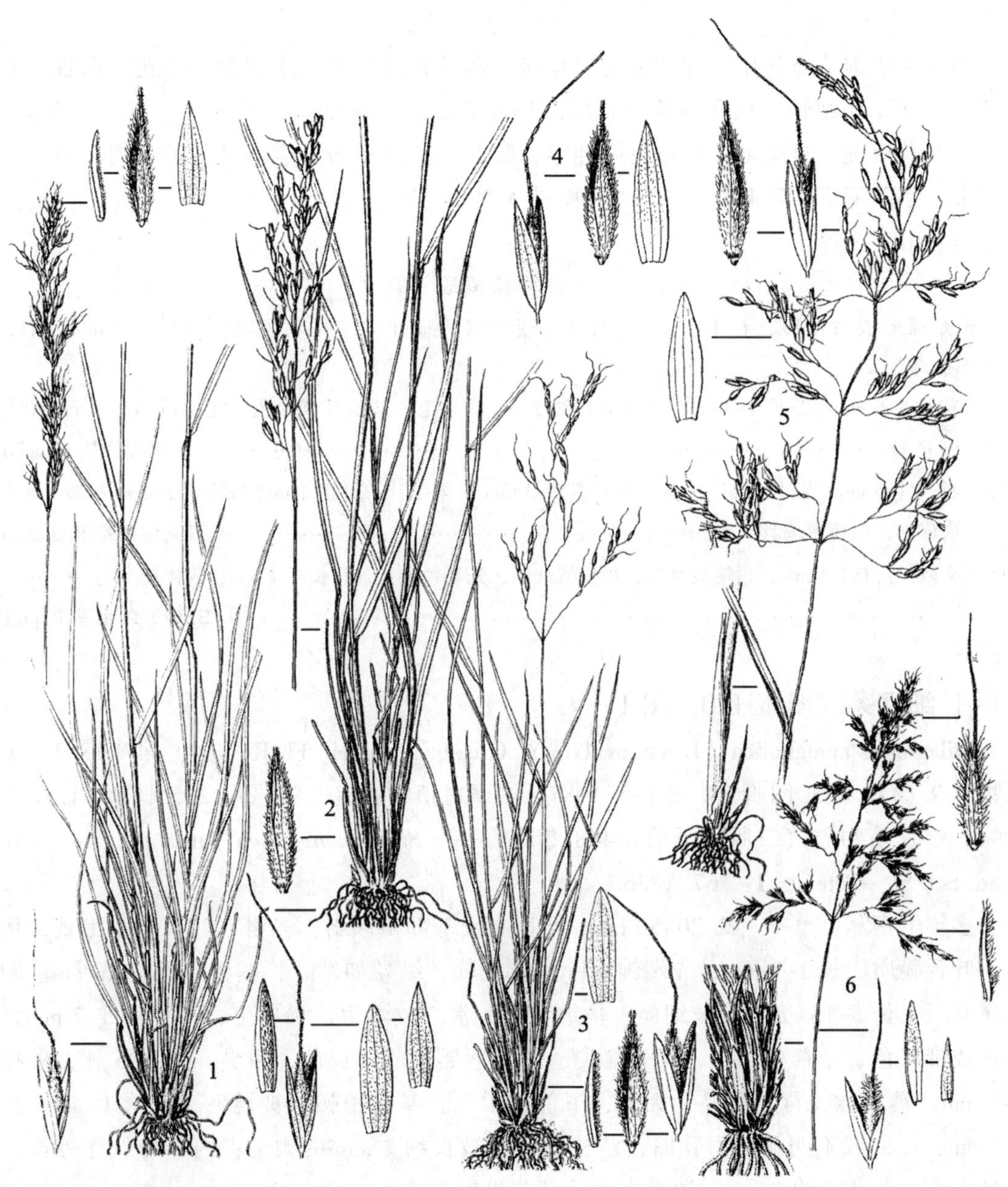

图版 119 **1. 醉马草** Achnatherum inebrians （Hance）Keng 植株和花序、小穗、颖片、外稃、内稃；**2. 毛颖芨芨草** A. pubicalyx（Ohwi） Keng ex P. C. Kuo 植株和花序、小穗、颖、外稃、内稃；**3. 朝阳芨芨草** A. nakaii（Honda） Tateoka 植株、小穗、颖、外稃、内稃；**4. 羽茅** A. sibiricum（L.） Keng 小穗、颖片、外稃；**5. 远东芨芨草** A. extremiorientale（Hara） Keng ex P. C. Kuo 植株下部、花序、小穗、颖、外稃；**6. 芨芨草** A. splendens（Trin.） Nevski 植株下部、花序、小穗、颖、外稃、内稃。（马平绘）

24. 细柄茅属 Ptilagrostis Griseb.

多年生草本。密丛生。叶片纵卷，丝状。圆锥花序开展；小穗含 1 小花，两性，具细长柄，通常无小穗轴；颖几等长，膜质，具 3~5 脉；外稃纸质，具 5 脉，被毛，先端具 2 微齿；基盘短钝，具柔毛；芒自齿间伸出，膝曲，芒柱扭转，全部被柔毛；内稃膜质，具 1~2 脉，背部圆形，常裸露于稃之外；鳞被 3 枚。

贺兰山有 3 种。

分种检索表

1. 叶舌矩圆形或披针形，长 1~3 mm，无毛；颖矩圆状披针形，先端较钝；外稃长 4 mm以上，仅下部被柔毛。
  2. 外稃长 5~6 mm；芒长 2~3 cm，全部被长约 2 mm 的柔毛；颖基部紫黑色；花药顶端常无毛；花序长达 15 cm ………………………………………………………………………… **1. 细柄茅 P. mongholica**
  2. 外稃长 4~5 mm；芒长 1.2~1.5 cm，芒柱具长 3 mm 的柔毛，芒针被 1 mm 的短柔毛；颖基部灰褐色或草黄色，花药顶端具毫毛 ………………………………………… **2. 双叉细柄茅 P. dichotoma**
1. 叶舌平截，长 0.2~1 mm，顶端被纤毛；颖狭披针形，先端锐尖；外稃长 3~4 mm，遍体被柔毛 ……………………………………………………………………………………… **3. 中亚细柄茅 P. pelliotii**

1. 细柄茅（图版 120，图 1）

Ptilagrostis mongholica（Turcz. ex Trin.） Griseb. in Ledeb. Fl. Ross. **4**：447. 1853；中国植物志 **9**（3）：313. 图版 78. 图 1~5. 1987；内蒙古植物志（二版）**5**：215. 图版 81. 图 1~5. 1994；宁夏植物志（二版）**下册**：448. 2007. —— *Stipa mongholica* Turcz. ex Trin. in Bull. Acad. Sci. St. –Petersb. **1**： 67. 1836.

多年生密丛生草本。高 20~50 cm。秆直立或基部稍倾斜，光滑。叶鞘紧密抱茎，稍粗糙；叶舌膜质，长 1~3 mm，先端钝；叶片质较软，纵卷如针状，基生叶长达 20 cm。圆锥花序开展，长 5~15 cm，分枝细弱，呈细毛状，常 2 枚孪生，稀单生；小穗长 5~7 mm，暗紫色或带灰色，小穗柄细长，颖先端尖，基部紫黑色或暗灰色，粗糙，具 3~5 脉；外稃长 5~6 mm，具 5 脉，背上粗糙，无毛，下部被柔毛；基盘稍顿，被短毛，长约 1 mm；芒长 2~3 cm，一回或不明显二回膝曲，芒柱扭转，被长约 2 mm 的柔毛；内稃与外稃等长，下部具柔毛；花药长约 3 mm，顶端常无毛。花果期 7~8 月。 2n=22。

耐寒旱中生植物。生海拔 2 900 m 以上高山、亚高山灌丛、草甸，为重要伴生种和局部次优势种，片状或零星分布。见主峰下山脊西侧。

分布于我国大兴安岭、长白山及华北和西北山地、青藏高原，也见于喜马拉雅（印度、尼泊尔、锡金）、克什米尔、中亚、俄罗斯（西伯利亚）、蒙古。亚洲山地种。

良等牧草。

2. 双叉细柄茅（图版 120，图 2）

Ptilagrostis dichotoma Keng ex Tzvel. Pl. Asi. Centr. **4**：43. 1968；中国植物志 **9**（3）：315. 图版 78. 图 6~11. 1987；内蒙古植物志（二版）**5**：217. 图版 81. 图 8~13. 1994；宁夏植物志（二版）**下册**：448. 2007. ——*P. dichotoma* Keng，中国主要植物图说（禾本科）598. 图 537. 1959. nom. nud.

多年生密丛生草本。高 25~50 cm。秆直立，光滑。叶鞘紧密抱茎，微粗糙；叶舌膜质，先端渐狭，长 2~3 mm；叶片细线形，微粗糙，分蘖者长达 25 cm。圆锥花序开展，长 7~14 cm，分枝细弱丝状，通常单生，有时孪生，上部 1~3 次地二出叉分，基部主枝长达 5 cm；小穗灰褐色，长 5~6 mm，小穗柄纤细，长 5~15 mm，分枝腋间具枕；颖先端钝，具 3 脉，侧脉仅见于基部；外稃长约 4 mm，先端 2 裂，下部具柔毛，上部微粗糙或具微毛；基盘稍顿，长约 0.5 mm，具短毛；芒长 12~15 mm，膝曲，芒柱扭转，具 2.5~3 mm 的柔毛，芒针具长 1 mm 的短毛；内稃约等长于外稃，背圆形，具柔毛；花药长约 1.5 mm，顶端具毫毛。花果期 7~8 月。

耐寒旱中生植物。生于海拔 2 800 m 以上亚高山灌丛及草甸中，也见于云杉林林缘，为重要伴生种，零星分布。产主峰下山脊两侧。

分布于青藏高原及其外缘山地。为我国特有。青藏高原种。

曾有人认为与细柄茅区别不大，作为细柄茅 *P. mongholica* 的异名。我们认为仍为两个独立种。

3. 中亚细柄茅（图版 120，图 3）贝氏细柄茅

Ptilagrostis pelliotii（Danguy）Grub. in Consp. Fl. Mongol. 62. 1955；中国植物志 **9**（3）：311. 图版 77. 图 1~7. 1987；内蒙古植物志（二版）**5**：217. 图版 81. 图 14~15. 1994；宁夏植物志（二版）**下册**：448. 图 279. 2007. ——*Stipa pelliotii* Danguy in Lecomte，Not. Syst. **2**：167. 1912.

多年生密丛生草本。高 15~30 cm。秆直立或基部稍斜升，光滑。叶鞘紧密抱茎，光滑，短于节间，叶舌截平或稍凸出，长约 1 mm，顶端及边缘具纤毛；叶片质地较硬，纵卷如刚毛，粗糙，基生叶长 6~10 cm。圆锥花序疏松，长达 10 cm，分枝细弱，常孪生；小穗柄细弱；小穗浅草黄色，长 4~6 mm；颖几相等，披针形，先端渐尖，具 3 脉；外稃长 3~4 mm，顶端具 2 微齿，背部遍生柔毛；基盘短钝，被柔毛；芒长 20~25 mm，被柔毛，不明显一回膝曲；内稃稍短于外稃，具 1 脉，被柔毛；花药长约 2.5 mm，顶端无毛。花果期 6~8 月。

强旱生植物。生浅山区低山丘陵石质山坡，可形成荒漠草原、草原化荒漠、旱生灌丛、榆树疏林下的优势种、亚优势种和伴生种，群生或片状分布。为东、西坡习见植物。

分布于我国西北及内蒙古（西部），也见于蒙古。亚洲中部（荒漠）种。

良等牧草。

25. 冠毛草属 Stephanachne Keng

多年生草本。叶片线形。圆锥花序穗状；小穗含1小花，两性，脱节于颖上，小穗轴延伸于内稃之后；颖几等长，膜质，披针形，先端渐尖，具3~5脉；外稃短于颖，顶端深2裂，裂片先端渐尖或短尖头，或成细弱短芒，裂片基部有一圈冠毛状柔毛；基盘短而钝圆，被柔毛；芒自裂片间伸出；内稃等于或稍短于外稃，具2脉，被疏生短柔毛；鳞被3~2，细小；花柱不明显。

贺兰山有1种。

1. 冠毛草（图版120，图6）索草

Stephanachne pappophora（Hack.） Keng in Contr. Boil. Lab. Sci. Soc. China Bot. ser. **9**: 136. 1934；中国植物志 **9**（3）：305. 图版 75. 图 7~12. 1987；内蒙古植物志（二版）**5**: 220. 图版 83. 图 6~10. 1994. ——*Calamagrostis pappophorea* Hack. in Ann. Conserv. et Jard. Bot. Geneve 7~8：325. 1904. ——*Pappagrostis pappophorea*（Hack.） Roshev. in Fl. URSS **2**: 231. 1934.

多年生密丛生草本。高10~40 cm。秆直立或基部稍斜生，光滑，具4~5节。叶鞘紧抱茎，微粗糙；叶舌膜质，顶端齿裂，长2~3 mm；叶片长5~20 cm，宽1~3 mm，无毛或边缘微粗糙。圆锥花序紧密，穗状，长6~16 cm，具光泽，黄绿色或枯草黄色，小穗柄长0.5~2.5 mm，具微毛；小穗长5~7 mm；颖近等长或第一颖稍长，先端渐尖成芒状，具1~3脉，中脉粗糙；外稃长3~4 mm，具5脉，顶端二裂，裂片长1.2~1.8 mm，顶端延伸成长约0.5 mm的尖头，基部生有冠毛状柔毛，长约3~4 mm，其下密生短毛；芒长5~8 mm，近中部膝曲，芒柱稍扭转；内稃稍短于外稃，疏生短柔毛；鳞被长约1 mm；花药长1~1.2 mm，深黄色，顶端无毛。花果期8~10月。2n=24。

旱生植物。生海拔2 000~2 500 m干燥山坡、岩石缝中，零星分布。仅见西坡峡子沟、哈拉乌沟。

分布于西北及内蒙古（西部）、西藏（西、北部），也见于中亚（天山）、帕米尔。亚洲中部山地种。

26. 落芒草属 Oryzopsis Michaux

多年生草本，常丛生。叶片扁平或内卷。圆锥花序开展或狭窄。小穗含1小花，两性，脱节于颖之上；颖草质或膜质，几等长，具3~5脉，宿存，顶端渐尖或钝圆；外稃质地硬，果期革质，褐色或黑褐色，常具光泽，贴生柔毛或无毛；基盘短而钝；芒顶生，细弱，不膝曲，不扭转，易早落；内稃扁平，同质，几被外稃所包或仅边缘被包；鳞被3~2；花药顶端常具毫毛。

图版 120 1. **细柄茅** Ptilagrostis mongholica（Turcz. ex Trin.） Griseb. 植株及花序、小穗、颖、小花；2. **双叉细柄茅** P. dichotoma Keng ex Tzvel. 花序、小穗、颖、小花、花药；3. **中亚细柄茅** P. pelliotii（Danguy）Grub. 小花、颖；4. **中华落芒草** Oryzopsis chinensis Hitchc. 植株、花序、小穗、颖、小花；5. **钝基草** Timouria saposhnikowii Roshev. 植株、小穗、颖、外稃（芒落）；6. **冠毛草** Stephanachne pappophora（Hack.）Keng 植株、小穗、颖、小花、外稃（芒落）；7. **三芒草** Aristida adscenionis L. 小穗、花序。（1~3 张海燕绘；4~7 马平绘）

贺兰山有 1 种。

1. **中华落芒草**（图版 120，图 4）

Oryzopsis chinensis Hitchc. in Proc. Biol. Soc. Wash. **43**：92. 1930；中国植物志 **9**（3）：291. 图版 70. 图 7~10. 1987；内蒙古植物志（二版）**5**：195. 图版 73. 图 7~12. 1994；宁夏植物志（二版）**下册**：436. 图 270. 2007.

多年生密丛生草本。高 30~70 cm。秆直立，平滑。叶鞘无毛或边缘及鞘口生短柔毛；叶舌甚短或近于缺；叶片常密集于秆基，基生叶长达 30 cm，宽 0.7~2 mm，多纵卷呈针状，上面及边缘微粗糙，下面无毛或主脉的上部微粗糙。圆锥花序开展，长 10~18 cm，分枝孪生，细弱，粗糙，长 5~9 cm，下部裸露部分甚长，上部分生小枝呈三叉状；小穗绿色或浅绿色，长 3.5~5 mm；颖透明膜质，长约 4 mm，先端尖，具 3~5 脉，侧脉不达顶端；外稃卵圆形，褐色，常发亮有光泽，长 2~3 mm，具 3 脉；基盘被短毛；芒顶生，长 4~7 mm，粗糙，易脱落；内稃与外稃等长，被毛，具 2 脉；花药长约 1.8mm，具毫毛。花果期 5~7 月。

旱生植物。生浅山区石质山坡、岩石缝中，为山地荒漠草原伴生种，零星或片状分布。见东坡插旗沟、甘沟、大水沟等；西坡镇木关沟、峡子沟、北寺沟等。

分布于我国华北（西部）、西北（东部）及河南。为我国特有。黄土高原种。

27. 沙鞭属 Psammochloa Hitchc.

单种属，属特征同种。

1. **沙鞭**（图版 121，图 5） 沙竹

Psammochloa villosa（Trin.） Bor in Kew. Bull. 191. 1951；中国植物志 **9**（3）：309. 图版 76. 图 1~3. 1987；内蒙古植物志（二版）**5**：219. 图版 87. 1994；宁夏植物志（二版）**下册**：437. 2007. ——*Psammochloa mongolica* Hitchc. in Journ. Wash. Acad. Sci. **17**：140. 1927. ——*Arundo villosa* Trin. Sp. Gram. Icon. et Descr. 3. t. 352. 1836.

多年生草本。高 1~1.5 m。水平根茎长达数米，横生于沙中。秆直立，叶鞘光滑，疏松抱茎，基部具黄褐色枯叶鞘，叶舌膜质，披针形，长 4~8 mm；叶片质坚硬，扁平或先端内卷，长达 50 cm，宽达 1 cm，上面具细小短毛，下面光滑无毛。圆锥花序较紧缩，直立，长 20~50 cm，宽 3~5 cm，分枝数枚生于主轴一侧，斜向上升，微粗糙；小穗柄短，小穗含 1 小花，草黄色，长 10~16 mm；颖草质，近相等或第一颖较短，披针形，具 3~5 脉；外稃纸质，长 10~12 mm，具 5~7 脉，背部密生长柔毛，顶端具 2 微齿；基盘钝，无毛；芒自齿间伸出，直立，长 7~12 mm，生短毛，易脱落；内稃与外稃近等长，背部圆形，无脊，密生柔毛，具 5 脉，中脉不明显，边缘内卷，不为外稃紧密包裹；花药长约 7 mm，顶生毫毛。花果期 5~9 月。

沙生旱生植物。生山麓草原化荒漠区覆沙地，小片分布。仅见北端山麓。

分布于我国西北（东部）及内蒙古，也见于蒙古。亚洲中部种。

良等牧草。固沙植物。颖果可作面粉食用。

28. 钝基草属 Timouria Roshev.

单种属，属特征同种。

1. 钝基草（图版 120，图 5）帖木儿草

Timouria saposhnikowii Roshev. in Fedtsch. Fl. Asiat. Ross. **12**：173. t. 12. 1916；中国植物志 **9**（3）：310. 图版 76. 图 4~8. 1987；内蒙古植物志（二版）**5**：219. 图版 83. 图 1~5. 1994；宁夏植物志（二版）**下册**：437. 图 271. 2007.

多年生丛生草本。高 20~50 cm。具较细的短根茎。秆细弱，直立或基部稍斜上升，具 2~3 节，基部具宿存枯萎的叶鞘。叶鞘紧密抱茎，平滑；叶舌薄膜质，长约 0.5 mm，具齿裂；叶片质较硬，直立，纵卷呈针状，长 5~20 cm，上面和边缘粗糙，下面平滑。圆锥花序紧密，狭窄呈穗形，长 3~6 cm，宽 6~8 mm，分枝贴向主轴，微粗糙；小穗草黄色，含 1 小花，长 5~6 mm，小穗柄短；颖披针形，长 4.5~6 mm，膜质，具 3 脉，中脉甚粗糙，先端渐尖，第二颖稍短；外稃质厚于颖，长 2.5~3.5 mm，背部被短毛，顶端 2 裂，具 3 脉，侧脉与顶端裂口处与中脉汇合，并向上延伸成芒；芒自齿间伸出，短而直，在基部稍扭转，长约 4 mm，微粗糙，易脱落；基盘短钝，具须毛，长约 0.3 mm；内稃等长或稍短于外稃，具 2 脉，脉间具短毛；鳞被 3；花药长约 2 mm，顶端无毛。花果期 6~9 月。

旱生植物。生浅山区石质、砾石质山坡，为山地荒漠草原重要伴生种，零星分布。见东坡和南部山丘（三关口等）。

分布于内蒙古（西部）、甘肃（河西走廊）、青海、新疆，也见于中亚（中天山）。亚洲中部(荒漠）种。

（三） 画眉草亚科 Eragrostidoideae

Ⅸ. 冠芒草族 Pappophoreae

贺兰山有 1 属。

29. 冠芒草属 Enneapogon Desv. ex Beauv. 九顶草属

多年生、稀一年生密丛生直立草本。圆锥花序紧缩呈穗状；小穗含 2~3（5）小花，上部小花退化，小穗轴脱节于颖之上，但不在各小花间断落；颖膜质，几等长，与小花等长

或较长，具1至数脉，无芒；外稃质厚，背部圆形，具9至多数脉，于顶端形成9至多数粗糙或具羽毛之芒，呈冠毛状；内稃约与外稃等长，具2脊，脊上具纤毛。

贺兰山有1种。

1. 冠芒草（图版121，图1）九顶草

Enneapogon desvauxii P. Beauv. Ess. Agrostogr. 82. 1812；Fl. China **22**：456. 2006. ——*E. borealis*（Griseb.）Honda in Rep. First. Sci. Exped. Manch. Sect. 4，**4**：101. 1936；中国植物志 **10**（1）：2 图版 1. 图 1~6. 1990；内蒙古植物志（二版）**5**：221. 图版 84. 图 1~3. 1994；宁夏植物志（二版）**下册**：459. 图 284. 2007. ——*Pappophorum boreale* Griseb. in Ledeb. Fl. Ross. **4**：404. 1852.

一年生草本。高5~20 cm。基部鞘内常具隐藏小穗。秆节常膝曲，被柔毛。叶鞘密被短柔毛；叶舌极短，顶端具纤毛；叶片长2~8 cm，宽1~2 mm，内卷，密生短柔毛。圆锥花序紧缩呈圆柱形，长1~3 cm，宽5~10 mm，铅灰色，熟后草黄色；小穗含2~3小花，顶端小花退化；颖质薄，边缘膜质，先端尖，背部被短柔毛，具3~5脉，中脉形成脊，第一颖长3~3.5 mm，第二颖长4~5 mm；第一外稃长2~2.5 mm，被柔毛，尤以边缘更明显，基盘亦被柔毛，顶端具9条直立羽毛状芒，芒不等长，长2.5~4 mm；内稃与外稃等长或稍长，脊上具纤毛。花果期7~9月。2n=20，36。

旱中生植物。生山麓草原化荒漠和荒漠草原群落中，组成夏雨型一年生小禾草层片。零星或小片状分布。东、西坡均有分布，西坡分布更广。

分布于我国北方诸省区，也见于北非、印度、中亚、俄罗斯（西伯利亚）、蒙古。古地中海种。

良等牧草。

X. 獐毛族 Aeluropodeae

30. 獐毛属 Aeluropus Trin.

多年生草本，多分枝。叶片坚硬，常卷折呈针状。圆锥花序常紧密呈穗状或头状；小穗在穗轴一侧排列成2行，含4至多数小花，小花紧密排列成覆瓦状，小穗轴脱节于颖之上及各小花之间；颖略不相等，短于第一小花，第一颖具1~3脉，第二颖具5~7脉；外稃卵形，先端尖或具小尖头，具7~11脉；内稃几等长于外稃，顶端截平，脊上微粗糙或具纤毛。

贺兰山有1种。

1. 獐毛（图版121，图2）马牙头

Aeluropus sinensis（Debeaux） Tzvel. Pl. Asi. Centr. **4**：128. 1968；中国植物志. **10**

(1)：5. 图版 2. 图 1~6. 1990；内蒙古植物志（二版）**5**：224. 图版 84. 图 4~6. 1994. ——*A. littoralis*（Willd.） Parl. var. *sinensis* Debeaux in Acta Soc. Linn. Bordeaux **33**：73. 1879；宁夏植物志（二版）**下册**：467. 图 290. 2007.

多年生匍匐茎草本，高 10~35 cm；基部密生鳞片状叶。秆倾斜或匍匐，具多节，节上被柔毛；叶鞘无毛或被毛，鞘口常密生长柔毛；叶舌截平，边缘为 1 圈纤毛，长 0.5 mm；叶片长 2~6 cm，宽 2~5 mm，扁平或先端内卷如针状，无毛。圆锥花序穗状，长 2~5 cm，分枝密接而重叠，紧贴主轴，小穗长 3~5 mm，含 4~6 小花；颖宽卵形，边缘膜质，第一颖长约 2 mm，第二颖长约 3 mm。外稃具 9 脉，中脉成脊，延伸成小芒尖，无毛，第一外稃长 3 mm；内稃先端具缺刻，脊上具微毛，花果期 5~8 月。

盐中生植物。生山麓盐化湿地、盐碱地，群生或零星分布，有时形成盐化草甸小群落。也进入芨芨草和白刺、盐爪爪盐生荒漠中。东、西坡均有分布。

分布于我国东北、华北、西北（东部）、西南及山东、江苏、河南，也见于蒙古（南部）。温带亚洲种。

固沙水保植物。全草入药能清热利尿、退黄，主治黄疸型肝炎、肝腹水。

Ⅺ. 画眉草族 Eragrostideae

分属检索表

1. 小穗两侧压扁，背部明显具脊，小穗轴成“之”字形折曲，大都不逐节断落；外稃顶端完整无芒，平滑无毛，基盘无毛 …………………………………………………………… 31. 画眉草属 **Eragrostis**
1. 小穗背部呈圆形，小穗轴不呈“之”字形曲折，成熟时与小花一起逐节断落；外稃多少生有柔毛，顶端大都具芒或于 2 裂齿间生 1 小尖头，稀无芒，基盘多少生短柔毛。
    2. 圆锥花序狭窄，由数枚单纯的或具分枝的总状花序所组成；叶鞘内有隐藏的小穗 …………………………………………………………………………………………… 32. 隐子草属 **Cleistogenes**
    2. 穗状花序单生秆顶；叶鞘内不具隐藏小穗 ………………………………………… 33. 草沙蚕属 **Tripogon**

31. 画眉草属 Eragrostis Beauv.

一年生或多年生草本。叶条形。圆锥花序开展或紧缩；小穗两侧压扁，含数枚至多数小花，小花常覆瓦状排列；小穗轴常作“之”字形，逐节脱落或延续而折断；颖不等长，常短于第一小花，具 1 脉，宿存；外稃具 3 条明显脉或侧脉不显，无芒；内稃具 2 脊，常弓形弯曲，宿存或外稃同落。

贺兰山有 2 种（含 1 无正种的变种）。

分种检索表

1. 叶鞘脉上、叶片边缘、小穗柄上以及颖与外稃的脊上均无脉点 ………………………………………………………………………………………………… 1. 无毛画眉草 **E. pilosa** var. **imberbis**

1. 叶鞘脉上、叶片边缘、小穗柄的均具腺点及颖与外稃的脊上有时也有腺点 ……… **2. 小画眉草 E. minor**

1. 无毛画眉草（图版 121，图 3）蚊蚊草

Eragrostis pilosa（L.） Beauv. var. **imberbis** Franch. in Nouv. Arch Mus. Hist. Nat. ser. 2. **7**：145. 1884；中国植物志 **10**（1）：23. 图版 121. 图 1. 1990；内蒙古植物志（二版）**5**：227. 1994；宁夏植物志（二版）**下册**：465. 2007.

一年生草本。高 20~80 cm。秆较细弱，直立或基部膝曲。叶鞘疏松裹茎，压扁，具脊，光滑，鞘口无毛；叶舌为一圈长约 0.5 mm 的纤毛，叶片扁平或内卷，长 5~15 cm，宽 2~3 mm，两面平滑无毛。圆锥花序开展，长 5~15 cm，分枝斜上，单生、簇生、轮生，枝腋无毛；小穗熟后带紫色，长 3~7 mm，宽约 1 mm，含 4~8 小花；颖膜质，先端无毛尖，第一颖常无脉，长 0.5~0.8 mm，第二颖具 1 脉，长 1.2~1.4 mm；外稃先端尖或钝，外稃长约 1.8 mm；内稃长约 1.5 mm，弓形弯曲，脊上有纤毛。花果期 7~9 月。

中生性杂草。生于农田、菜园、地埂，零星散生。仅见东坡村舍农田附近。

分布于我国东北、华北、华东、华南，也见于日本。东亚变种。

良等牧草。

正种 *E. pilosa* 分枝腋间具柔毛，植株较矮小。

2. 小画眉草（图版 121，图 4）

Eragrostis minor Host，Icon. et Descr. Gram. Austr. **4**：15. 1809；中国植物志 **10**（1）：25. 图版 121. 图 5. 1990；内蒙古植物志（二版）**5**：227. 图版 86. 图 9~10. 1994. ——*E. poaeoides* Beauv. Ess. Agrost. 162. 1812；宁夏植物志（二版）**下册**：465. 2007

一年生丛生草本。高 10~20 cm。秆直立或自基部向四周扩展而斜升，节常膝曲。叶鞘脉上具腺点，鞘口具长柔毛，脉间亦疏被长柔毛；叶舌为一圈纤毛，长 0.5~1 mm；叶片扁平，长 3~12 cm，宽 2~5 mm，上面粗糙，背面平滑，脉上及边缘具腺体。圆锥花序疏松而开展，长 5~15 cm，分枝单生，腋间无毛；小穗柄具腺体；小穗绿色或带紫色，长 4~9 mm，宽 1.2~2 mm，含 4 至多数小花；颖先端尖，第一颖长 1~1.4 mm，第二颖长 1.4~2 mm，通常具一脉，脉上常具腺体；外稃宽卵圆形，先端钝，长 1.5~2.2 mm；内稃稍短于外稃，脊上具极短纤毛。花果期 7~9 月。

旱中生植物。生山麓草原化荒漠和荒漠草原群落中，组成夏雨型一年生小禾草层片，沿石质山地也进入山体浅山区，群生或零星分布。为东、西坡习见植物。

见全国各地，也见于世界各温暖地区。泛北极种。

32. 隐子草属 Cleistogenes Keng

多年生丛生草本。叶片扁平或内卷，质较硬，与鞘口相接处有一横痕，易自此处脱落；

在叶鞘内常有隐生小穗。圆锥花序狭窄或开展；小穗含 1 至数小花，颖不等长，质薄，近膜质，第一颖常具 1 脉，第二颖具 3~5 脉，先端尖或钝；外稃具 3~5 脉，先端具细短芒或小尖头，两侧具 2 微齿，基盘短钝，具短毛；内稃稍长于外稃，具 2 脊。

贺兰山有 5 种。

分种检索表

1. 外稃无芒，或具长约 0.5 mm 的小尖头；秆基部常具密集枯叶鞘，稀少具鳞芽 …… **1. 无芒隐子草 C. songorica**

1. 外稃有芒，其芒长 0.5~9 mm，秆基部常具鳞芽，枯叶鞘较少。

  2. 植株常铺散，秋后常呈红褐色，秆干后成蜿蜒状弯曲 ……………………… **2. 糙隐子草 C. squarrosa**

  2. 植株直立或稍倾斜，秋后草黄色或灰褐色，秆干后不成蜿蜒状弯曲或稍左右弯曲。

    3. 秆纤细，径 0.5~1 mm，劲直，基部鳞芽短小，鳞片质薄；叶鞘除鞘口外均平滑无毛；叶片宽 1~2 mm，稀 2~4 mm。

      4. 叶片宽 2~4 mm；颖具 1 脉或第一颖无脉，第一颖长 1~2 mm，第二颖长 2~2.5 mm；外稃先端芒长 0.5~1 mm；圆锥花序分枝斜上 …………………………………………… **3. 丛生隐子草 C. caespitosa**

      4. 叶片宽 1~2 mm；颖具 1~3 脉，第一颖长 1.5~4.5 mm，第二颖长 3.5~6 mm；外稃芒长 1~3 mm；圆锥花序分枝常平展或下垂 ………………………………………………………… **4. 中华隐子草 C. chinensis**

    3. 秆较粗壮；径 1~2.5 mm，直立，节间短，叶多，基部常无鳞芽；叶鞘常多少具疣毛；叶片宽 2~4 mm ………………………………………………………………………………………… **5. 多叶隐子草 C. polyphylla**

1. 无芒隐子草（图版 122，图 1）

Cleistogenes songorica（Roshev.） Ohwi in Journ. Jap. Bot. **18**：540. 1942；中国植物志 **10**（1）：43. 图版 11. 图 1~6. 1990；内蒙古植物志（二版）**5**：230. 图版 87. 图 1~6. 1994；宁夏植物志（二版）**下册**：461. 图 285. 2007. ——*C. mutica* Keng in Journ. Wash. Acad. Sci. **28**：299. 1938. ——*Diplachne songorica* Roshev. in Fl. URSS **2**：311. 1934. ——*Kengia songorica*（Roshev.） Packer in Bot. Not. **113**（3）：293. 1960.

多年生丛生草本。高 15~30 cm。秆直立或稍倾斜，基部具枯叶鞘。叶鞘长于节间，无毛，鞘口有长柔毛；叶舌长 0.5 mm，具短纤毛；叶片条形，长 2~6 cm，宽 1.5~2.5 mm，上面粗糙，扁平或边缘稍内卷。圆锥花序开展，长 3~8 cm，分枝平展或稍斜上，分枝腋间具柔毛；小穗长 4~8 mm，含 3~6 小花，绿色或带紫褐色；颖卵状披针形，先端尖，具 1 脉，第一颖长 2~3 mm，第二颖长 3~4 mm；外稃卵状披针形，膜质，第一外稃长3~4 mm，5 脉，先端无芒或具短尖头；内稃短于外稃；花药黄色或紫色，长约 1.5 mm。花果期 7~9 月。

强旱生植物。生山麓草原化荒漠和荒漠草原群落中，常形成多年生丛生禾草层片，可成为亚优势种，群生。为东、西坡习见植物。

分布于我国西北及内蒙古（西部），也见于俄罗斯（西伯利亚）、蒙古、哈萨克斯坦（东部）。亚洲中部种。

图版 121　1. 冠芒草 Enneapogon desvauxii P. Beauv. 植株、小穗、小花；2. 獐毛 Aeluropus sinensis（Debeaux）Tzvel. 植株、小穗、小花；3. 无毛画眉草 Eragrostis pilosa（L.）Beauv. var. imberbis Franch. 植株、小穗、颖、小花；4. 小画眉草 E. minor Host 小穗、小花；5. 沙鞭 Psammochloa villosa（Trin.）Bor 花序、小穗；6. 止血马唐 Digitaria ischaemum（Schreb.）Schreb. ex Muhl. 植株、小穗及穗轴、颖、第一外稃。（马平绘）

良等牧草。

2. 糙隐子草（图版 122，图 2）

Cleistogenes squarrosa（Trin.） Keng in Sinensia **5**：156. 1934；中国植物志 **10**（1）：47. 图版 11. 图 7~12. 1990；内蒙古植物志（二版）**5**：231. 图版 87. 图 7~12. 1994. ——*Molinia squarrosa* Trin. in Ledeb. Fl. Ait. **1**：105. 1829. ——*Kengia squarrosa*（Trin.） Packer in Bot. Not. **113**（3）：292. 1960.

多年生密丛生草本。高 10~25 cm。植株绿色，秋后常成红褐色。杆铺散或直立，纤细，干后常成蜿蜒状或螺旋状弯曲。叶鞘层层包裹达花序基部；叶舌具纤毛；叶片线形，长 3~6 cm，宽 1~2 mm，扁平或内卷。圆锥花序狭窄，长 3~7 cm；小穗长 5~7 mm，含 2~3 小花，绿色或带紫色；颖具 1 脉，第一颖长 1~2 mm，第 2 颖长 3~5 mm；外稃具 5 脉，第 1 外稃长 5~6 mm，先端具较稃体为短的芒；花药长约 2 mm。花果期 7~9 月。2n=40。

旱生植物。生海拔（1 500）1 700~2 400 m 干旱山坡、疏林、灌丛下，为山地草原的主要伴生种，零星或片状分布。东、西坡均有分布。

分布于我国东北、华北、西北及山东，广布于欧洲（东南部）、俄罗斯（西伯利亚、贝加尔）、哈萨克斯坦、蒙古。黑海-哈萨克斯坦-蒙古种（欧亚草原种）。

良等牧草。

3. 丛生隐子草（图版 122，图 3）

Cleistogenes caespitosa Keng in Sinensia **5**：154. f. 4. 1934；中国植物志 **10**（1）：49. 图版 13. 图 6~10. 1990；内蒙古植物志（二版）**5**：231. 图版 89. 图 1~5. 1994；宁夏植物志（二版）**下册**：462. 图 287. 2007. ——*Kengia caespitosa*（Keng） Packer in Bot. Not. **113**（3）：292. 1960.

多年生密丛生草本。高 25~45 cm。秆纤细，径约 1 mm，黄绿色或紫褐色，基部常具短小鳞芽。叶鞘仅鞘口具长柔毛；叶舌为一圈短纤毛；叶片条形，长 3~7 cm，宽 2~4 mm，扁平或内卷。圆锥花序稍开展，长 7~12 cm，宽 2~4 cm；分枝常斜上，长 1~5 cm；小穗长 5~11 mm，含 3~5 小花；颖卵状披针形，先端钝，具 1 脉，第一颖长 1~2 mm，第二颖长 2~3 mm；外稃披针形，5 脉，边缘具柔毛，第一外稃长 4~5.5 mm，先端具长 0.5~1 mm 的短芒；内稃与外稃近等长；花药长约 3 mm。花果期 7~9 月。2n=24。

中旱生植物。生海拔 2 000~2 500 m 石质山坡、沟谷、灌丛下，零星分布。见东坡苏峪口沟、插旗沟。

分布于我国华北、西北（东部）。为我国特有。华北种。

良等牧草。

4. 中华隐子草（图版 122，图 4）

Cleistogenes chinensis（Maxim.） Keng in Sinensia **5**：152. 9. 2. 1934；中国植物志 **10**（1）：47. 1990；内蒙古植物志（二版）**5**：236. 图版 90. 图 1~5. 1994；宁夏植物志（二版）

下册：463. 2007. ——*Diplachne serotina* Link. var. *chinensis* Maxim. in Bull. Soc. Nat. Moscou. **54**：70. 1879. ——*Kengia chinensis*（Maxim.） Packer in Bot. Not. **113**（3）：291. 1960.

多年生丛生草本。高 10~40 cm。秆纤细，直立，径 0.5~1 mm，基部密生贴近根头的鳞芽。叶鞘较节长，鞘口常具柔毛；叶舌短，边缘具纤毛；叶片扁平或内卷，长 3~7 cm，宽 1~2 mm，上面稍粗糙，下面光滑。圆锥花序疏展，长 5~8 cm，具 3~5 分枝，分枝斜上，平展；小穗黄绿色或稍带紫色，长 7~9 mm，含 3~5 小花；颖披针形，第一颖长 3~4.5 mm，第二颖长 4~5 mm；外稃披针形，边缘具长柔毛，5 脉，第一外稃长 5~6 mm，先端芒长 1~3 mm；内稃与外稃近等长。花果期 7~9 月。

中旱生植物。生海拔 2 400 m 左右山地沟谷、石质山坡及灌丛下，零星分布。见东坡苏峪口沟、插旗沟、贺兰沟等；西坡北寺沟。

分布于我国华北、西北（东部）。为我国特有。华北种。

良等牧草。

5. 多叶隐子草（图版 122，图 5）

Cleistogenes ployphylla Keng，中国主要植物图说（禾本科）288. 图 233. 1959；nom. nud. ex Keng f. et L. Liou in Acta Bot. Sin.（植物学报）**9**（1）：69. 1960；中国植物志 **10**（1）：50. 图版 15. 图 1~6. 1990；内蒙古植物志（二版）**5**：236. 图版 91. 图 1~6. 1994. ——*Kengia polyphylla*（Keng） Packer in Bot. Not. **113**（3）：293. 1960.

多年生丛生草本。高 15~30 cm。秆较粗壮，直立，径 1~2.5 mm，具多节，干后叶片常自叶鞘口处脱落，上部左右弯曲，与叶鞘近于叉状分离。叶鞘具疣毛，层层包裹直达花序下部；叶舌平截，长约 5 mm，具短纤毛；叶片披针形，扁平或内卷，质厚，较硬，长 2~5 cm，宽 2~4 mm，多直立上升。圆锥花序狭窄，基部为叶鞘所包，长 4~7 cm，宽 1~3 cm；小穗长 8~13 mm，绿色或带紫色，含 3~7 小花；颖披针形或距圆形，具 1~3（5）脉，第一颖长 1.5~2（4） mm，第二颖长 3~4（5） mm；外稃披针形，5 脉，第一外稃长 4~5 mm，先端具长 0.5~1.5 mm 的短芒；内稃与外稃近等长；花药长约 2 mm。花果期 7~10 月。

旱生植物。生海拔（1 200）1 500~1 800 m 干燥、石质阳坡，为石质山地草原，疏林、灌丛的伴生种，有时可形成层片，群生或零星分布。见东坡中南部各山坡；西坡巴彦浩特、峡子沟。

分布于我国东北（西部、南部）、华北及陕西、山东。为我国特有。东北-华北种。

良等牧草。

33. 草沙蚕属 Tripogon Roem. et Schult.

多年生密丛生细弱草本。叶片细长，内卷。穗状花序单生，穗轴微扭转；小穗含少数至多数小花，几无柄，成 2 行贴生穗轴一侧，脱节与颖之上及各小花之间；颖具 1 脉，不等长，第一颖较小，紧贴于穗轴之槽穴，狭窄，膜质，先端尖或具小尖头；外稃卵形，背部拱形，先端2~4裂，具3脉，中脉自裂片间延伸成芒，侧脉延伸成短芒或否，基盘具柔毛；内稃与外稃等长或较之为短。

贺兰山有1种。

1. 中华草沙蚕（图版123，图1）

Tripogon chinensis（Franch.） Hack. in Bull. Herb. Boiss. **2**（3）：503. 1903；中国植物志 **10**（1）：62. 图版10. 图8~14. 1990；内蒙古植物志（二版）**5**：239. 图版92. 图1~5. 1994；宁夏植物志（二版）**下册**：425. 图261. 2007. ——*Festuca filiformis* Nees ex Steud. var. *chinensis* Franch. in Nouv. Arch. Hist. Nat. Mus. ser. 2. **7**：149. 1884.

多年生密丛生草本。高10~30 cm。须根纤细而稠密。杆直立，细弱，光滑无毛。叶鞘通常仅于鞘口处有长柔毛；叶舌膜质，长约0.5 mm，具纤毛；叶片狭条形，常内卷成刺毛状，上面疏生柔毛，下面无毛，长5~15 cm，宽约1~2 mm。穗状花序细弱，长8~15 cm，穗轴三棱形，无毛；小穗铅绿色，长5~10 mm，含3~5小花；颖具宽膜质边缘，第一颖长2~2.5 mm，第二颖长3~4 mm；外稃薄膜质，先端2裂，具3脉，主脉延伸成短且直的芒，芒长1~2 mm，侧脉可延伸成长0.2~0.5 mm的芒状小尖头，第一外稃长3~4 mm，基盘被长柔毛；内稃膜质，等长或稍短于外稃，脊上粗糙，具微小纤毛；花药长1~1.5 mm。花果期7~9月。

旱生植物。生山麓荒漠草原与浅山区干燥山坡及干河床上，零星分布。见东坡苏峪口、马莲口、黄旗沟口、甘沟口；西坡哈拉乌沟口、峡子沟口等。

分布于我国东北、华北、西北、华东及四川，也见于俄罗斯（东西伯利亚、远东）、朝鲜。东亚种。

中等牧草。

Ⅻ. 虎尾草族 Chlorideae

34. 虎尾草属 Chloris Swartz

一年生或多年生草本。叶片扁平或具纵折，粗糙。穗状花序2至数枚在茎顶呈指状排列；小穗含1两性小花，以2行呈覆瓦状排列于穗轴之一侧，脱节于颖之上；两性小花上方有退化不孕小花，互相包卷呈球状；颖不相等，第一颖较短而窄，具1脉；外稃质厚，先端尖或钝，全缘或具2齿裂，中脉延伸成直芒，脊上或边脉具柔毛，基盘被柔毛；内稃与外稃近等长，不孕小花仅具外稃，无毛，常具直芒。

贺兰山有1种。

图版 122 1. **无芒隐子草** Cleistogenes songorica（Roshev.）Ohwi 植株、小穗、第一颖、第二颖、外稃、内稃；2. **糙隐子草** C. squarrosa（Trin.） Keng 植株、小穗、第一颖、第二颖、外稃、内稃；3. **丛生隐子草** C. caespitosa Keng 植株、小穗、第一颖、第二颖、小花；4. **中华隐子草** C. chinensis（Maxim.） Keng 植株、小穗、第一颖、第二颖、小花；5. **多叶隐子草** C. polyphylla Keng 植株、小穗、第一颖、第二颖、小花、内稃。（马平绘）

1. 虎尾草（图版 123，图 2）

Chloris virgata Swartz Fl. Ind. Occid. **1**：203. 1797；中国植物志 **10**（1）：79. 图版 22. 图 1~4. 1990；内蒙古植物志（二版）**5**：240. 图版 92. 图 6~8. 1994；宁夏植物志（二版）**下册**：425. 2007.

一年生草本。高 10~35 cm。秆无毛，斜升、铺散或直立，基部节处常膝曲。叶鞘背部具脊，上部叶鞘常膨大包藏花序；叶舌膜质，长约 1 mm，具纤毛；叶片长 5~20 cm，宽 3~6 mm，平滑无毛或上面及边缘粗糙。穗状花序长 2~5 cm，数枚指状簇生于秆顶，拢成毛刷状；小穗长 3~4 mm（芒除外），熟叶紫色；颖膜质，第一颖长 1.5~2 mm，第二颖长 3 mm，先端具长 0.5~2 mm 的芒；外稃长 3~4 mm，具 3 脉，沿脉及边缘具长柔毛，芒自顶端稍下处伸出，长 5~15 mm；内稃稍短于外稃，脊上具微纤毛；不孕外稃狭窄，顶端截平，芒长 4~9 mm。花果期 6~9 月。2n=20（14，26，30）。

中生植物。生山麓草原化荒漠、荒漠草原群落中，也作杂草生农田和村舍附近，零星或片状分布，能形成夏雨型一年生小稀层片。为东、西坡习见植物。

分布于全国。也见于温、热带地区。泛热带种。

中等牧草。

XⅢ. 结缕草族 Zoysieae

35. 锋芒草属 **Tragus** Hall.

一年生或多年生草本。叶片扁平。穗形花序顶生，通常 2~5 小穗聚生成簇，每 1 小穗簇几无柄或具梗，成熟时整个穗簇脱落；每小穗簇下方的 2 枚为孕性，常互相结合形成 1 刺球体，其余 1~3 小穗常退化而不孕；第一颖小，质薄，或退化，第二颖革质，背部凸拱，具 5 肋，肋上被钩状刺；外稃膜质，扁平；内稃质地亦较薄，背部凸起；雄蕊 3。

贺兰山有 1 种。

1. 锋芒草（图版 123，图 3）

Tragus mongolorum Ohwi in Acta Phytotax. et Geobot. **10**（4）：268. 1941；Fl. China **22**：496. 2006. 宁夏植物志（二版）**下册**：505. 图 321. 2007. ——*T. racemosus*（L.）All. Fl. Pedemont **2**：241. 1785；中国植物志 **10**（1）：132. 1990；内蒙古植物志（二版）**5**：244. 图版 94. 图 1~5. 1994.

一年生草本。高 10~30 cm。具细弱的须根。秆直立或铺散于地面，节常膝曲。叶鞘无毛，鞘口常具细柔毛；叶舌纤毛状；叶片长 2~8 cm，宽 2~5 mm，边缘具刺毛。花序紧密呈穗状，长 3~7 cm；小穗簇明显具梗，由 2 个孕性小穗及 1 退化小穗组成，长 4~5 mm；第一颖微小，薄膜质，第二颖革质，背部具 5 条带刺的肋，顶端具明显伸出刺外的尖头；

外稃膜质，具不明显 3 脉，先端具尖头，长约 3 mm；内稃较外稃质薄且短，脉不明显。花果期 6~9 月。2n=40。

中生植物。生山麓草原化荒漠和荒漠草原的冲沟、局部低洼地，也作为农田杂草见于农田、村舍、路旁，零星分布。东、西坡均有少量分布。

分布于蒙古高原及华北（北部）、西北（东部），也见于蒙古。亚洲中部种。

良等牧草。

XⅣ. 鼠尾粟族 Sporoboleae

36. 隐花草属 Crypsis Ait. 扎股草属

一年生草本。圆锥花序紧缩呈穗状、头状或圆柱状，花序下托以膨大的苞片状叶鞘；小穗含 1 小花，两侧压扁，脱节于颖之下；颖膜质，顶端钝，具 1 脉，脉上粗糙或具纤毛，不等大，第一颖短而窄，第二颖披针形；外稃披针形，略长于颖，质薄，具 1 脉，顶端无芒；内稃与外稃同质，具 2 条脉纹，成熟时自中部裂开，鳞被缺；雄蕊 2~3，颖果囊果状，成熟时自稃内脱出。

贺兰山有 1 种。

1. 隐花草（图版 123，图 5）扎股草

Crypsis aculeata（L.） Ait. Hort. Kew. **1**：48. 1789；中国植物志 **10**（1）：103. 图版 32. 图 4~6. 1990；内蒙古植物志（二版）**5**：242. 图版 93. 图 1~4. 1994；宁夏植物志（二版）**下册**：429. 2007. ——*Schoenus aculeatus* L. Sp. Pl. 42. 1753.

一年生草本。植株铺散，平卧或斜升，无毛，高 5~20 cm。叶鞘疏松，上部者膨大，包住花序；叶舌短小，具纤毛；叶片质硬，条状披针形，先端尖锐，多少内卷呈针刺状，长 1.5~7 cm，宽 2~4 mm。圆锥花序紧密，短缩呈头状，压扁，长 6~10 mm，宽 3~7 mm，下紧托以 2 枚苞片状叶鞘；小穗披针形，淡黄白色，长 4 mm；颖膜质，不等大，顶端钝，第一颖长 3 mm，第二颖长 3.5 mm，脉上粗糙或生纤毛；外稃长于颖，薄膜质，长 4 mm；内稃具不明显 2 脉；雄蕊 2。花果期 7~9 月。2n=16，18，54。

盐中生植物。生山麓盐湿地、盐渍地，片状或零星分布。东、西坡均有分布，东坡较多；西坡仅见巴彦浩特。

分布于我国华北、西北、华东（北部），广布于欧亚大陆温寒带地区。古北极种。

XV. 三芒草族 Aristideae

37. 三芒草属 Aristida L.

一年生或多年生细弱丛生草本。叶片通常内卷。圆锥花序狭窄或开展；小穗含 1 小花，两性，脱节于颖之上；颖狭窄，膜质，具 1~5 脉；外稃狭圆筒状，熟后质地变硬，具 3 脉，包着内稃，顶端具 3 芒，芒柱直上或扭转，芒粗糙或被柔毛，基盘具短毛；内稃质薄而短小，或退化。

贺兰山有 1 种。

1. 三芒草（图版 120，图 7）

Aristida adscenionis L. Sp. Pl. 82. 1753；中国植物志 **10**（1）：120. 图版 37. 图 3~6. 1990；内蒙古植物志（二版）**5**：58. 图版 20. 图 5~6. 1994；宁夏植物志（二版）**下册**：438. 图 272. 2007.

一年生草本。高 12~37 cm，基部具分枝。秆直立或斜倾，常膝曲。叶鞘光滑；叶舌短平，膜质，具长约 0.5 mm 的纤毛；叶片纵卷如针状，长 3~16 cm，宽 1~3 mm，上面微粗糙，下面稍平滑。圆锥花序通常较紧密，长 4~15 cm，分枝单生，细弱，小穗灰绿色或紫色；颖膜质，具 1 脉，脉上粗糙，第一颖长 4~6 mm，第二颖长 5~7 mm；外稃长 7~10 mm，中脉粗糙，芒粗糙而无毛，主芒长 10~20 mm，侧芒较短，基盘长 0.4~0.7 mm，被向上细毛；内稃透明膜质，微小，长 1.5 mm 左右，为外稃所包卷。花果期 6~9 月。

旱中生植物。生山麓草原化荒漠、荒漠草原群落中，沿干燥山坡、干河床也进入山体内部，零星或片状分布，在山麓地带能形成一年生小禾草层片。为东、西坡习见植物。

分布于东北、华北、西北、华东（北部）及河南，广布于全世界温带地区。泛温带种。

幼嫩时为良等牧草。

（四）黍亚科 Panicoideae

XVI. 黍族 Panicum L.

分属检索表

1. 花序中无不育的小枝，不具刚毛；其穗轴不延伸至上端小穗后方。
    2. 穗形总状花序组成圆锥花序；第二外稃成熟时革质，变硬，边缘内卷 ………… 38. 稗属 **Echinochloa**
    2. 穗形总状花序指状排列或近于指状；第二外稃为软骨质，顶端尖锐或钝圆，不具芒，亦无小尖头，边缘膜质透明，不内卷 …………………………………………………………………… 39. 马唐属 **Digitaria**
1. 花序中有不育的小枝（或由穗轴延伸）所成的刚毛；其穗轴延伸至上端小穗后方。

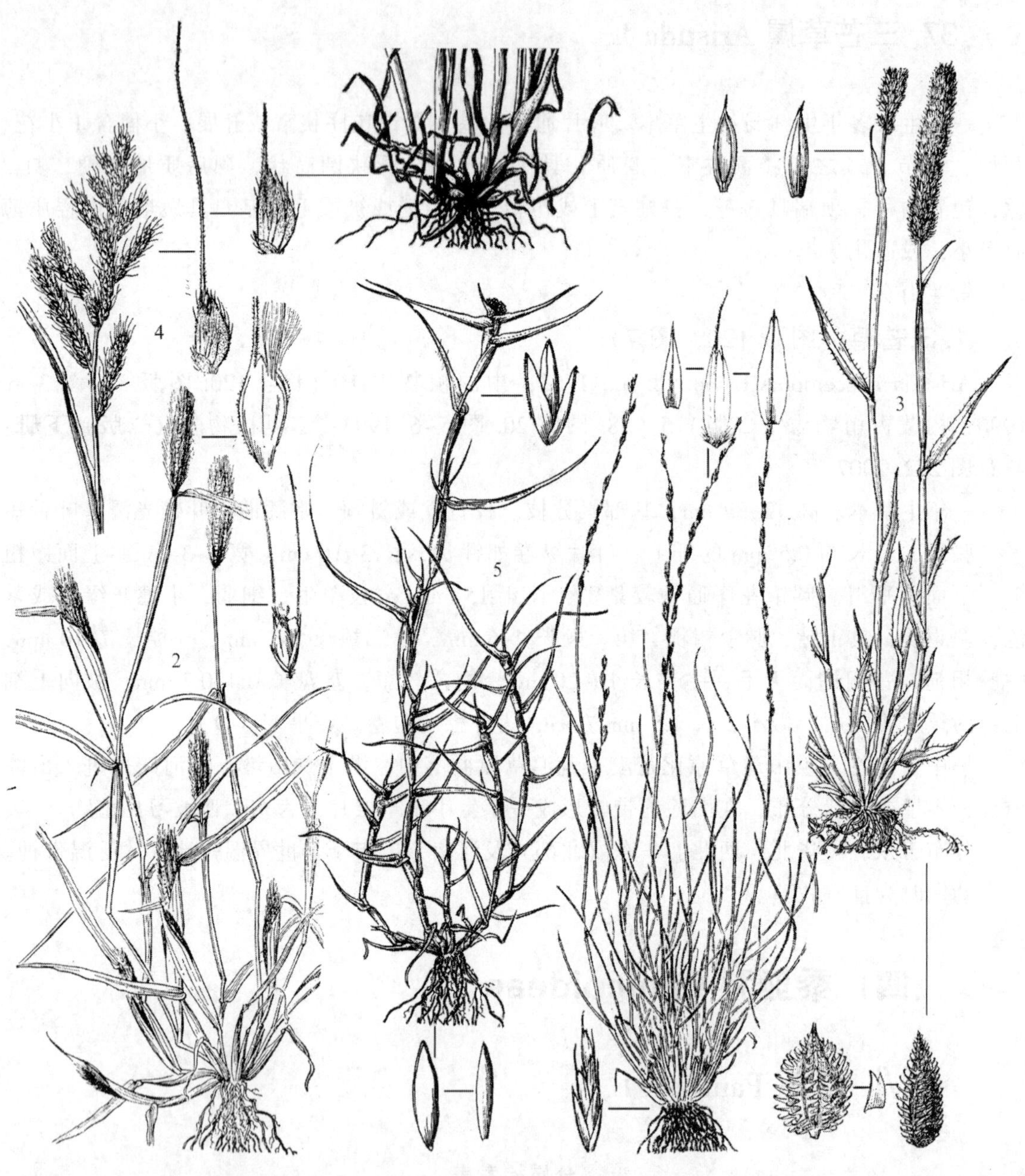

图版 123　**1. 中华草沙蚕** Tripogon chinensis（Franch.） Hack. 植株、小穗、第一颖、第二颖、小花；**2. 虎尾草** Chloris virgata Swartz 植株、小穗、小花；**3. 锋芒草** Tragus mongolorum Ohwi　植株、小穗簇、第一颖、第二颖、小花被腹面；**4. 稗** Echinochloa crusgalli（L.） Beauv. 花序、小穗（示芒的长短）；**5. 隐花草** Crypsis aculeata（L.） Ait. 植株、小穗、外稃、内稃。（1~2、4~5 马平绘；3 张海燕绘）

3. 小穗脱落时附于其下的刚毛仍宿存花序上 ………………………………………… 40. 狗尾草属 Setaria
3. 小穗脱落时连同附于其下的刚毛一起脱落 ……………………………………… 41. 狼尾草属 Pennisetum

38. 稗属 Echinochloa Beauv.

一年生或多年生草本。叶片扁平，无叶舌。圆锥花序由数个偏于一侧的穗形总状花序构成；小穗含 2 小花，一面扁平，一面凸起，近于无柄，并生或不规则簇生于穗轴的一侧，脱节于颖之下；颖草质，第一颖很小，三角形，先端尖，长为小穗的 1/3~3/5，第二颖和第一外稃同长；第一外稃有时变硬，具短芒或长芒，具薄膜质内稃或有时具雄蕊；第二外稃成熟后变硬，先端尖头，平滑光亮，边缘内卷，包卷同质的内稃。

贺兰山有 1 种。

1. 稗（图版 123，图 4）水稗、野稗

Echinochloa crusgalli（L.） Beauv. Ess. Agrost. 53. 1812；中国植物志 **10**（1）：252. 1990. ——*Panicum crusgalli* L. Sp. Pl. 56. 1753；内蒙古植物志（二版）**5**：248. 图版 95. 图 1~3. 1994.

一年生草本。高 50~120 cm。秆基部膝曲，径 2~5 mm，光滑无毛。叶鞘疏松，平滑，叶舌缺；叶片扁平或扁平条形，长 10~40 cm，宽 5~15 mm，边缘粗糙。圆锥花序，常带紫色，呈尖塔形，长 6~20 cm，主轴具棱，粗糙，或具疣刺毛；小穗密集于穗轴的一侧，卵形，长约 3 mm，近无柄或具短柄，脉上具刺疣毛；第一颖长约为小穗的 1/3~1/2，基部包卷小穗，3~5 脉，脉上具疣刺毛，第二颖与小穗等长，先端渐尖或具小尖头，5 脉，脉上具疣刺毛；外稃草质，上部具 7 脉，脉上具疣刺毛，先端延伸成一粗壮的芒，芒长 5~30 mm，内稃狭窄，薄膜质，具 2 脊；第二外稃椭圆形，光滑，边缘内卷，包着内稃。花果期 6~9 月。2n=36（54，72）。

中湿生植物。生山麓水田、渠道和村舍附近，零星分布。东、西坡均有分布，东坡较多；西坡仅见巴彦浩特。

分布几遍全国，广布于全世界温暖地区。泛温带种（南北温带种）。

39. 马唐属 Digitaria Heist.

一年生或多年生草本。秆直立至平卧。总状花序细弱，2 至多数呈指状排列，或着生于短缩主轴上；小穗含 1 两性花及 1 不孕小花，2~3 枚生于穗轴之各节，互生成 4 行排列于穗轴的一侧，穗轴三角状或压扁，边缘具翼；第一颖微小或缺，第二颖短于小穗；第一外稃 3~9 脉，生柔毛或多种毛被，第二外稃软骨质，先端尖，不具芒，边缘透明膜质，扁平，内包同质内稃。

贺兰山有 1 种。

1. 止血马唐（图版 121，图 6）

Digitaria ischaemum（Schreb.） Schreb. ex Muhl. Descr. Gram. Pl. Calam. 131. 1817；中国植物志 **10**（1）：314. 图版 99. 图 6~10. 1990；内蒙古植物志（二版）**5**：252. 图版 97. 图 1~5. 1994；宁夏植物志（二版）**下册**：501. 2007. ——*Panicum ischaemum* Schreb. ex Schw. Spec. Fl. Erlang **1**：16. 1804.

一年生草本。高 15~45 cm。秆直立或基部倾斜，下部常有毛。叶鞘具脊，有时带紫色，无毛或疏生软毛；叶舌膜质，长约 0.6 mm；叶片扁平，长 5~12 cm，宽 4~8 mm，先端渐尖，基部圆形，疏生柔毛。总状花序 2~4 个于茎顶彼此接近或最下 1 枚较远离；长 4~9 cm，穗轴具白色中脉，边缘粗糙；小穗长 2~2.5 mm，灰绿色或带紫色，每节生 2~3 枚；第一颖几不存在；第二颖稍短于小穗或等长，具 3~5 脉；第一外稃具 5~7 脉，全部被柔毛；第二外稃成熟后呈紫褐色，有光泽。花果期 6~9 月。2n=36。

中生植物。生山麓农田和村舍附近，零星分布。东、西坡均有分布，东坡较多，西坡仅见巴彦浩特。

分布于我国东北、华北、西北及四川、西藏、台湾，广布于欧亚大陆温带地区及北美温带地区。古北极种（过去曾写泛北极种）。

中等牧草。

40. 狗尾草属 Setaria Beauv.

一年生或多年生草本，圆锥花序呈穗状；小穗含 1~2 小花，无芒；小穗下托以刚毛，脱节于极短且呈环状的小穗柄上，刚毛宿存；颖透明，不等长，第一颖具 3~5 脉，或无脉，第二颖具 5~7 脉，第一小花雄性或中性，第一外稃通常包着内稃，内稃膜质或草质，雄蕊 3 枚；第二小花两性，第二外稃软骨质或革质，包着同质内稃。

贺兰山有 2 种。

分种检索表

1. 花序主轴上每簇含小穗 1 个，稀可见另一不育的小穗；第二颖长约为谷粒之半，小穗和刚毛金黄色，小穗长 3~4 mm ………………………………………………………………………… 1. 金色狗尾草 **S. glauca**
1. 花序主轴上每簇通常含小穗 3 枚以上，第二颖等长或稍短于谷粒，刚毛绿色或紫色，小穗长 2~3.5 mm ………………………………………………………………………………………… 2. 狗尾草 **S. viridis**

1. 金色狗尾草（图版 124，图 2）

Setaria glauca（L.） Beauv. Ess. Agrost. 51. 178. 1812；中国植物志 **10**（1）：357. 1990；内蒙古植物志（二版）**5**：261. 图版 99. 图 10~15. 1994；宁夏植物志（二版）**下册**：498. 2007. ——*Panicum glaucum* L. SP. PL. ed. 1. 56. 1753. ——*Setaria lutescens*（Weigel） F. T.

Hubb. Rhodora **18**：232. 1916 .

一年生草本。高 20~80 cm。秆直立或基部膝曲，光滑无毛，仅花序下部稍粗糙。叶鞘下部扁压具脊；叶舌为一圈长约 1 mm 的纤毛；叶片条状披针形，长 5~30 cm，宽 2~8 mm，上面粗糙，下面光滑。圆锥花序紧密成圆柱状，长 3~8 cm，宽约 1 cm（刚毛包括在内），直立，主轴具短柔毛，刚毛金黄色，粗糙，长 4~8 mm；小穗长 3 mm，椭圆形，先端尖，一簇中仅有 1 枚发育；第一颖广卵形，先端尖，具 3 脉；第一外稃与小穗等长，具 5 脉，内稃膜质，与小穗等长、等宽，含 3 雄蕊，第二外稃革质，先端尖，成熟时具明显的横皱纹，背部极隆起。花果期 7~9 月。2n=18，36。

中生植物。生山麓干河床、农田、地边、村舍、道路附近，零星分布。为东、西坡习见植物。

分布于全国各地，广布于全欧亚大陆暖温带。泛温带种（有人定古北极种）。

青嫩时为良等牧草。

2. 狗尾草（图版 124，图 1）毛莠莠

Setaria viridis（L.） Beauv. Ess. Agrost. **51**：178. 1812；中国植物志 **10**（1）：348. 1990；内蒙古植物志（二版）**5**：258. 图版 99. 图 1~7. 1994；宁夏植物志（二版）**下册**：498. 图 317. 2007. ——*Panicum viride* L. Syst. Nat. ed. 10. **2**：870. 1759.

一年生草本。高 20~80 cm。秆直立或基部稍膝曲，花序下方多少粗糙。叶鞘松弛，无毛或具柔毛；叶舌为一圈长 1~2 mm 的纤毛；叶片扁平，条形或披针形，长 10~30 cm；宽 2~15 mm；先端渐尖，基部钝圆，通常无毛或疏被疣毛，边缘粗糙；圆锥花序紧密成圆柱状，直立，或稍下垂，长 2~10 cm，宽 4~10 mm（刚毛除外），刚毛长于小穗的 2~4 倍；粗糙，绿色或紫色；小穗椭圆形，先端钝，长 2~2.5 mm；第一颖卵形，长约为小穗的 1/3，具 3 脉，第二颖与小穗几乎等长，具 5~7 脉；第一外稃与小穗等长，具 5~7 脉，内稃狭窄；第二外稃具有细点皱纹，边缘内卷。顶端钝，成熟时稍肿胀。花期 6~9 月。2n=18。

中生植物。生山麓农田、地边、村舍、道路附近。沿干河床、道路也进入山体内部。零星或小片分布。为东、西坡习见农田杂草。

分布于全国各地，广布于全世界温带和热带地区。泛热带种（有人定世界种）。

良等牧草。

全草入药，能清热明目、利尿、消肿排脓，主治目翳、沙眼，目赤肿痛、黄疸肝炎；小便不利、淋巴结核（已溃）、骨结核等。种子食用，喂家禽及蒸馏酒精。

41. 狼尾草属 Pennisetum Rich.

一年生或多年生草本。秆较硬，常具分枝。叶扁平。圆锥花序密集呈穗状圆柱形；小穗含 1~2 小花，单生或 2~3 枚聚生成簇，围以总苞状刚毛；刚毛随同小穗一起脱落；第一

颖微小，第二颖长于第一颖；第一小花雄性或中性，第一外稃先端尖或具芒状尖头，包 1 内稃；第二小花两性，第二外稃厚纸质，光滑，边缘薄而平，包着同质之内稃；内稃先端与外稃分离。

贺兰山有 1 种。

1. 白草（图版 124，图 4）

Pennisetum centrasiaticum Tzvel. Pl. Asi. Centr. **4**：30. 1968；中国植物志 **10**（1）：368. 图版 113. 图 1~14. 图版 128. 图 15. 1990；内蒙古植物志（二版）**5**：262. 图版 97. 图 10~16. 1994. ——*P. flaccidum* auct. non Griseb.：中国主要植物图说（禾本科）714. 图 622. 1959；宁夏植物志（二版）**下册**：499. 2007.

多年生根茎草本。高 25~100 cm。具横走根茎，长达 2m。秆单生或丛生，直立或基部略倾斜，节处常具髭毛。叶鞘无毛或于鞘口及边缘具纤毛；叶舌膜质，短，具长 1~2 mm 纤毛；叶片条形，长 10~30 cm，宽 3~10 mm，无毛。穗状圆锥花序呈圆柱形，直立或微弯曲，长 5~15 cm，宽约 1.5 cm（刚毛在内），主轴具棱，无毛或有微毛；刚毛柔软，绿白色或紫色，长 8~15 mm；小穗多数单生，长 4~7 mm；第一颖微小，先端尖或钝，脉不明显，第二颖长于小穗，先端尖，具 3~5 脉；第一外稃与小穗等长，具 3~7 脉，先端芒尖；内稃膜质或退化，第二外稃具 5 脉，先端芒尖，与其内稃同为纸质，内稃较之略短。花果期 7~9 月。2n=36。

旱中生植物。生浅山区和山麓干山坡、坡脚、干河床及山麓覆沙地，片状或零星分布。为东、西坡习见植物，东坡较多。

分布于我国东北（西、南部）、华北、西北及四川（西北部）、云南（北部）、西藏，也见于帕米尔、喜马拉雅。亚洲中部种。

良等牧草。根茎入药，能清热凉血、利尿，主治急性肾炎，尿血、鼻衄、肺热咳嗽、胃热烦渴等。

本种刚毛柔软、细弱、微粗糙，无羽状毛，而 *P. flaccidum* Griseb. 的刚毛有羽状毛。分布于中亚、西亚。

XⅦ. 高粱族 Andropogoneae（蜀黍族）

分属检索表

1. 叶宽披针形至卵状披针形，基部心形抱茎；无柄小穗第二外稃的芒从基部处伸出 …………………………………………………… 42. 荩草属 **Arthraxon**
1. 叶条形或条状披针形，基部不为心形抱茎；无柄小穗第二外稃的芒退化呈条形柄状，顶端延伸成芒 …………………………………………… 43. 孔颖草属 **Bothriochloa**

42. 荩草属 Arthraxon Beauv.

一年生或多年生草本。叶心形，基部抱茎。总状花序于茎顶排列呈指状，极稀呈圆锥状；小穗孪生，1 有柄，1 无柄，有柄者雄性或退化仅留其柄之痕迹，无柄者含 1 两性小花，具芒，成熟后脱落；颖革质、厚纸质，两颖等长或第二颖稍短；第一颖不内折，或边缘稍内折，第二颖具 3 脉，对折而主脉形成脊，先端尖或具小尖头；第一外稃膜质，无内稃及雌雄蕊；第二外稃同质，全缘或先端具 2 微齿，自近基部伸出 1 芒，内稃甚小或缺；雄蕊 2~3。

贺兰山有 1 种。

1. 荩草（图版 124，图 3）

Arthraxon hispidus（Thunb.） Makino in Bot. Mag. Tokyo **26**：214. 1912；中国植物志 **10**(2)：218. 1997；内蒙古植物志（二版）**5**：270. 图版 103. 图 1~6. 1994；宁夏植物志（二版）**下册**：508. 图 324. 2007. ——*Phalaris hispida* Thunb. Fl. Jap. 44. 1784.

一年生草本。高 23~55 cm。秆细弱，无毛，具多节，常分枝，基部倾斜，其节处着土后易生根。叶鞘短于节间具短硬疣毛；叶舌膜质，长 1~1.5 mm，边缘具纤毛；叶片卵状披针形，基部心形抱茎，长 2~4 cm，宽 3~15 mm，两面无毛或下部边缘生纤毛。总状花序细弱，长 1.5~3 cm，2 至多枚呈指状排列，穗轴节间无毛；有柄小穗退化仅剩短柄，无柄小穗卵状披针形，灰绿色或带紫色，长 4~5 mm；第一颖草质，边缘膜质，7~9 脉，第二颖较薄，近于膜质，与第一颖等长，舟形，脊上粗糙，具 3 脉，2 侧脉不明显；第一外稃矩圆形，先端尖，长约为第一颖的 2/3；第二外稃与第一外稃等长，基部质较硬，芒长 7~9 mm，膝曲，下部扭转，雄蕊 2，花药长 0.5~1 mm。花果期 7~9 月。2n=36。

中生植物。生海拔（1 800）2 000~2 400 m 山地沟谷泉溪边，小片或零星分布。见东坡苏峪口沟、贺兰沟、插旗沟等；西坡哈拉乌沟、南寺沟（牦牛淌）。

分布于全国各地，也广布于旧大陆温带、热带。泛热带种。

良等牧草。全草入药，能止咳平喘、解毒、祛风湿，主治：久咳气喘、肝炎、咽喉炎、口腔炎、鼻炎、乳腺炎、疥癣、皮肤瘙痒、恶疮。

43. 孔颖草属 Bothriochloa Kuntze

多年生草本。总状花序于秆顶再排列成圆锥状、伞房状或指状；小穗孪生，无柄者两性，有柄者雄性或中性，穗轴节间与小穗柄中央呈纵凹沟；无柄小穗基盘钝，具短髭毛；第一颖革质兼硬纸质，先端尖或渐尖，边缘内折成 2 脊，第二颖舟形，具 3 脉，先端尖；第一外稃膜质，无脉；第二外稃退化，膜质，条形，顶端延伸成一膝曲的芒。

贺兰山有 1 种。

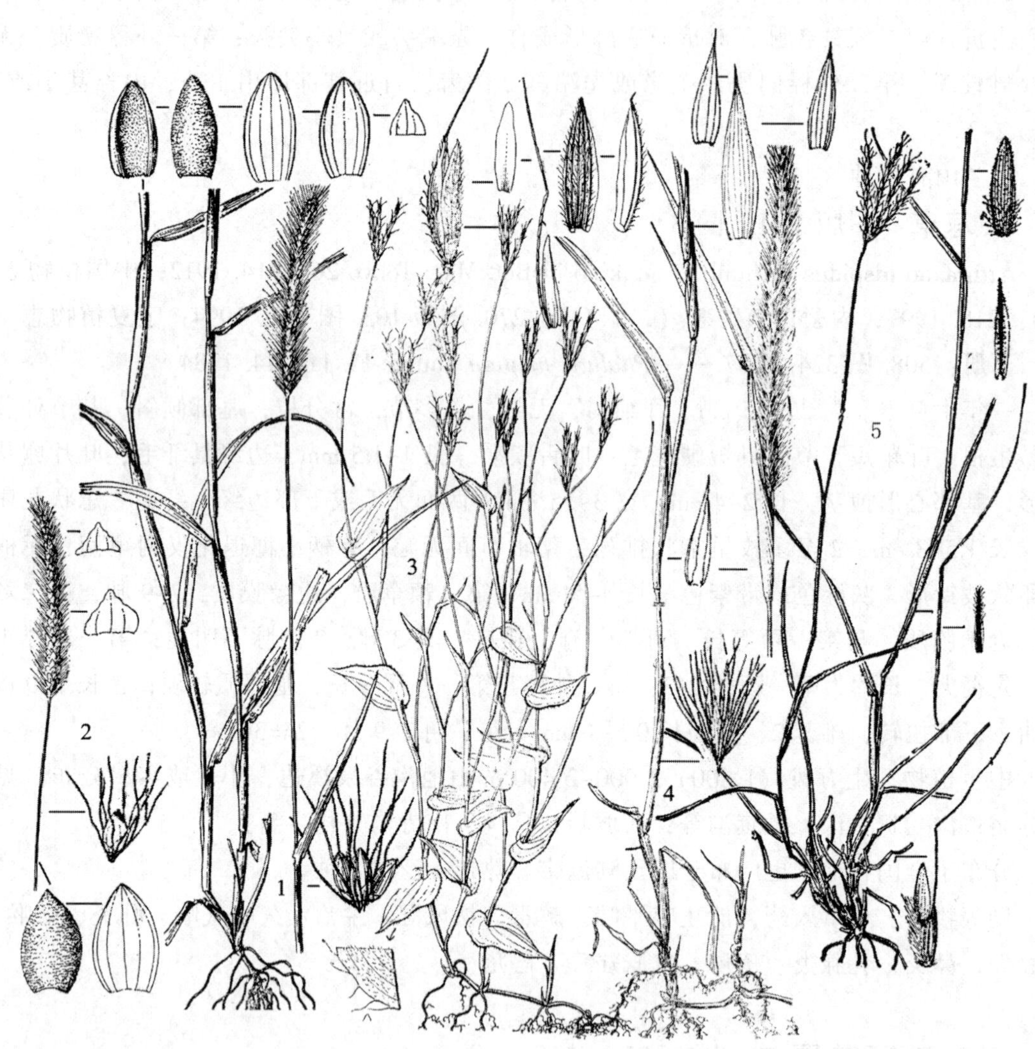

图版 124 **1. 狗尾草** Setaria viridis (L.) Beauv. 植株及花序、小穗簇、颖、第一外稃与第二外稃、内稃；**2. 金色狗尾草** S. glauca (L.) Beauv. 花序、小穗簇、颖、第一外稃与第二外稃；**3. 荩草** Arthraxon hispidus (Thunb.) Makino 植株、小穗、颖、第一外稃与第二外稃；**4. 白草** Pennisetum centrasiaticum Tzvel. 植株下部、花序、小穗、颖、第一外稃与第二外稃、内稃；**5. 白羊草** Bothriochloa ischaemum (L.) Keng 植株、小穗、颖、退化的第二外稃、第一外稃。（马平绘）

1. 白羊草（图版 124，图 5）

Bothriochloa ischaemum（L.） Keng in Contr. Bio1. Lab. Sci. Soc. China Bot. ser. **10**：201. 1936；内蒙古植物志（二版）**5**：273. 图版 104. 图 1~6. 1994；中国植物志 **10**（2）：144. 1997；宁夏植物志（二版）**下册**：510. 图 325. 2007. ——*Andropogon ischaemum* L. Sp. Pl. 1047. 1753.

多年生疏丛生草本。高 25~70 cm。有时具下伸短根茎。秆直立或基部膝曲，节无毛或具白色微毛。叶鞘无毛，多聚集于基部而互相跨复；叶舌膜质，长约 1 mm，具纤毛；叶片狭条形，长 3~15 cm，宽 1.5~3 mm，先端渐尖，上面被微毛或疣毛，下面无毛或粗糙。总状花序 3~6 枚于茎顶彼此接近再排列成圆锥状，长 3~6 cm，细弱，灰白而带紫色，穗轴节间与小穗柄两侧具白色丝状柔毛；无柄小穗长 4~5 mm，基盘具髭毛；第一颖背部中央微凹，具 5~7 脉，边缘内卷，上部成 2 脊，脊上粗糙，顶端钝，膜质，下部 1/3 常具丝状柔毛，第二颖舟形，脊上粗糙，先端尖，边缘、脉间近膜质，中部以上疏生纤毛；第一外稃膜质透明，长约 3 mm，边缘上部疏生纤毛，第二外稃退化成线形，先端延伸成一膝曲的芒，芒长 10~15 mm；有柄小穗雄性，无芒，第一颖背部无毛，具 9 脉，先端粗糙，背上无毛，第二颖具 5 脉，边缘内折，具纤毛。花果期 7~9 月。2n=36（40，50，60）。

喜暖中旱生植物。生 1 250~1 500 m 山麓及浅山区的沟谷阳坡坡麓及干河床边，群生，能形成群落。见东坡黄旗沟、马莲口、苏峪口；西坡中、南部有个别沟口有分布。

分布几达全国各省区，广布于两半球温暖地区。泛热带种。

良等牧草。

八二、莎草科 Cyperaceae

多年生草本，较少一年生。根簇生。根状茎丛生或匍匐，少兼具块茎。秆三棱柱形，稀为圆柱形，实心，稀中空。叶基生或秆生，通常具闭合的叶鞘及狭长的叶片，或有时叶片退化为叶鞘。小穗单生或多数形成穗状、总状、圆锥状、头状或长侧枝聚伞花序；苞片 1 至多枚，叶状、刚毛状、鳞片状或佛焰苞状，基部具苞鞘或无鞘；花两性或单性，雌雄同株，稀为异株，单生于鳞片（颖片）腋间；鳞片 2 列或螺旋状排列，多数或少数雌小穗退化至仅具 1 鳞片；无花被或变化为下位鳞片或下位刚毛，有时雌花为囊状苞片所包；雄蕊 3，较少 2~1，花丝丝状，花药底着；子房 1 室，具 1 胚珠，花柱单一，柱头 2~3。果实为小坚果，三棱形，双凸状，平凸状或球形。

贺兰山有 8 属，28 种。

分属检索表

1. 花两性，无先出叶所形成的果囊。

  2. 鳞片螺旋排列；子房基部有下位刚毛。

3. 花柱基部不膨大，其与小坚果连接处无明显界限，叶具叶片。

4. 小穗不成2列，着生在穗轴上；花序为头状，或聚伞花序 ………………………… 1. 藨草属 **Scirpus**

4. 小穗成2列，着生在穗轴上；花序为穗状花序 ………………………………… 2. 扁穗草属 **Blysmus**

3. 花柱基部膨大，与小坚果连接处通常界限分明，叶退化为叶鞘 ……………… 3. 荸荠属 **Eleocharis**

2. 鳞片2列；子房基部无下位刚毛。

5. 柱头3；小坚果三棱形 ………………………………………………………………… 4. 莎草属 **Cyperus**

5. 柱头2，稀3；小坚果微扁平。

6. 小坚果背腹扁，面向小穗轴 ………………………………………………… 5.水莎草属 **Juncellus**

6. 小坚果两侧扁，棱向小穗轴 ………………………………………………………… 6.扁莎属 **Pycreus**

1. 花单性，雌花具先出叶形成的果囊。

7. 雌花先出叶的边缘仅部分愈合或完全分离；具退化的小穗轴 ……………………… 7. 嵩草属 **Kobresia**

7. 雌花先出叶全部愈合成果囊；无退化的小穗轴 ………………………………………… 8. 苔草属 **Carex**

1. 藨草属 Scirpus L.

多年生或一年生草本。有或无根状茎；有时具块茎。秆三棱形，稀为圆柱形。叶基生或秆生，有叶片或仅具叶鞘。长侧枝聚伞花序简单或复出，顶生或数枚组成圆锥花序，或小穗簇生成头状，假侧生，稀顶生1枚小穗；小穗具多数至少数花；鳞片螺旋状排列，每鳞片内均具1两性花或最下1至数枚鳞片中空无花；下位刚毛1~6（9）条，或缺，常具倒生刺，稀平滑；雄蕊3，花柱基部不膨大。小坚果三棱形、平凸状，或双凸状；柱头2~3。

贺兰山有3种。

分种检索表

1. 花序顶生，头状；花序下有伸长的禾叶状苞片；鳞片顶端多少呈缺刻状撕裂，具芒 ……………………………………………………………………………………………… 1. 扁秆藨草 **S. planiculmis**

1. 花序假侧生，花序下无禾叶状苞片；而有由茎所延长的苞片；鳞片顶端微凹或圆形具短尖。

2. 茎为锐三棱柱状；根状茎细长，棕红色；鳞片背面无铁锈色疣状突起 ………… 2. 藨草 **S. trigueter**

2. 茎为圆柱状；根状茎粗壮，黄褐色；鳞片背面具铁锈色疣状突起 ………… 3. 水葱 **S. tabernaemontani**

1. 扁秆藨草（图版125，图3）

Scirpus planiculmis Fr. Schmidt in Reis. Amurl. u. Ins. Sachl. 1868（et Mem. Acad. Sci. St. –Petersb. ser. **7**. 7（2）：190. t. 8. f. 1~7. 1868）；中国植物志**11**：7. 图版1. 图1~7. 1961；内蒙古植物志（二版）**5**：281. 图版107. 图5~7. 1994；宁夏植物志（二版）**下册**：520. 2007.

多年生草本。根状茎匍匐，顶端增粗成球形块茎，黑褐色。秆单一，高20~85 cm，三棱形。基部叶鞘黄褐色，脉间具横隔；叶片长条形，扁平，宽2~4（5） mm。苞片1~3，叶状，比花序长1至数倍；长侧枝聚伞花序短缩成头状或有时具1至数枚短的辐射枝，辐射枝常具 1~4（6）小穗；小穗卵形或矩圆状卵形，长 1~1.5（2） cm，宽 4~7 mm，黄褐色或深棕褐色，具多数花；鳞片卵状披针形或近椭圆形，长 5~7 mm，先端微凹或撕裂，深棕色，背部绿色，具 1 脉，顶端延伸成 1~2 mm 的外反曲的短芒；下位刚毛 2~4 条，等于或短于小坚果的一半，具倒刺；雄蕊 3，花药长约 4 mm，黄色。小坚果倒卵形，长 3~3.5 mm，扁平或中部微凹，有光泽，柱头 2。花果期 7~9 月。

湿生植物。生山麓低洼积水地和水库、涝坝中，小片或零星分布。见东坡大武口、拜寺沟口；西坡巴彦浩特。

分布于我国东北、华北、西北、华东、华中及云南，也见于俄罗斯（东西伯利亚、远东）、蒙古、朝鲜、日本。东古北极种。

茎叶可编织，块根入药。粗等牧草。

2. 藨草（图版 125，图 1）三棱藨草

Scirpus triqueter L. Mant. **1**：29. 1767；中国植物志 **11**：18. 图版 8. 图 11~15. 1961；内蒙古植物志（二版）**5**：285. 图版 110. 图 1~3. 1994；宁夏植物志（二版）**下册**：522. 图 330. 2007.

多年生草本。根状茎细长，匍匐，红棕色。秆高 20~90 cm，锐三棱形，平滑。叶鞘 1~3，黄褐色，具隆起的横隔，仅上部具狭条形的叶片，长约 2~6 cm，宽约 1~3 mm，绿色，背部具稍隆起的中脉。苞片 1，为秆的延伸，通常长于花序；长侧枝聚伞花序简单，假侧生，具 2~6 不等长的辐射枝或短缩成头状；小穗卵形或椭圆形，长 7~10 mm，宽约 5 mm；鳞片椭圆形，长 3.5 mm，褐色，具 1 脉，边缘具缘毛，先端凹缺，中脉延伸成短尖；下位刚毛 2~4 条，具倒刺，与小坚果近等长；雄蕊 3。小坚果倒卵形，双凸状或平凸状，长 3 mm，宽约 1.7 mm，褐色，有光泽；柱头 2。花果期 7~9 月。

湿生植物。生山麓低洼积水处、水库、涝坝中，呈小片或零星分布。见东坡大武口；西坡巴彦浩特。

遍布全国各省区，广布于北温带地区。泛北极种。

茎叶可编织、造纸。粗等牧草。

3. 水葱（图版 125，图 2）

Scirpus tabernaemontani Gmel. in Fl. Bad. **1**：101. 1805；内蒙古植物志（二版）**5**：288. 图版 110. 图 4~6. 1994；宁夏植物志（二版）**下册**：522. 2007. ——*S. validus* Vahl, Enum. **2**：268. 1806；中国植物志 **11**：19. 图版 9. 图 8~13. 1961.

多年生草本。根状茎粗壮，匍匐，褐色。秆高 50~130 cm，径 3~15 mm，圆柱形，中空，平滑。叶鞘疏松，淡褐色，脉间具横隔，常无叶片，仅上部具短而狭窄的叶片。苞片 1，为秆之延伸，短于花序，直立；长侧枝聚伞花序假侧生，辐射枝 3~8，不等长，常 1~2 次分歧；小穗卵形或矩圆形，长 8 mm，宽约 4 mm，单生或 2~3 枚聚生，红棕色或红褐色；鳞片宽卵形或矩圆形，长约 3 mm，宽约 2 mm，红棕色或红褐色，常具铁锈色疣状突

起，中脉淡绿色，边缘近膜质，具缘毛，先端凹缺，中脉延伸成短尖；下位刚毛6条，与小坚果近等长，具倒刺；雄蕊3。小坚果倒卵形，长2 mm，平凸状，灰褐色，平滑；柱头2。花果期7~9月。

湿生植物。生山麓低洼积水处、水库和涝坝中，呈小片分布。见东坡大武口；西坡巴彦浩特。

分布我国东北、华北、西北、西南及江苏，也见于欧亚、北美及大洋洲。泛北极种。

茎叶可编织。粗等牧草。

2. 扁穗草属 Blysmus Panz.

多年生草本，具匍匐根状茎。穗状花序单一，顶生，具5~10余个小穗，排成二列着生在穗轴上；小穗含少数两性花；下位刚毛无或3~6条，具倒刺；雄蕊3，花药先端具附属物；花柱基部不膨大；小坚果平凸状；柱头2。

贺兰山有1种。

1. 华扁穗草（图版126，图1）

Blysmus sinocompressus Tang et Wang 中国植物志 **11**：224. 41. 图版16. 图1~4. 1961；内蒙古植物志（二版）5：293. 图版113. 图5~8. 1994；宁夏植物志（二版）**下册**：517. 图328. 2007.

多年生草本。根状茎长，匍匐，黄色，光亮，具褐色鳞片。秆近于散生，高10~30 cm，扁三棱形，具槽，中部以下生叶，基部有褐色枯叶鞘。叶扁平，短于秆，宽1~3.5 mm，边缘卷曲，具有疏而细的小齿，向顶端渐狭呈三棱形；叶舌很短，白色，膜质。苞片叶状；穗状花序单一，顶生，矩圆形或狭矩圆形，长1. 5~3.5 cm。花序由6~15个小穗组成，排列成二列，通常下部有一小穗远离；小穗卵状披针形、卵形或卵状矩圆形，长5~7 mm，有2~9朵两性花；鳞片螺旋排列，卵状矩圆形，长3.5~5 mm；顶端急尖，锈褐色，膜质，背部具3~5条脉，中脉呈龙骨状突起，绿色；下位刚毛3~6条，细弱，卷曲，高出小坚果约2倍，具倒刺；雄蕊3，花药先端具短尖。小坚果倒卵形，平凸状，深褐色或灰褐色，长2 mm，基部具短柄。柱头2，与花柱近等长。花果期6~9月。

湿生植物。生山沟河溪边、山口积水沼泽–草甸中。零星分布，见东坡苏峪口沟、拜寺沟；西坡高山气象站、照北沟。

分布于我国华北、西北（东部）及四川、云南、西藏（东部）。为中国特有。中国–喜马拉雅种。

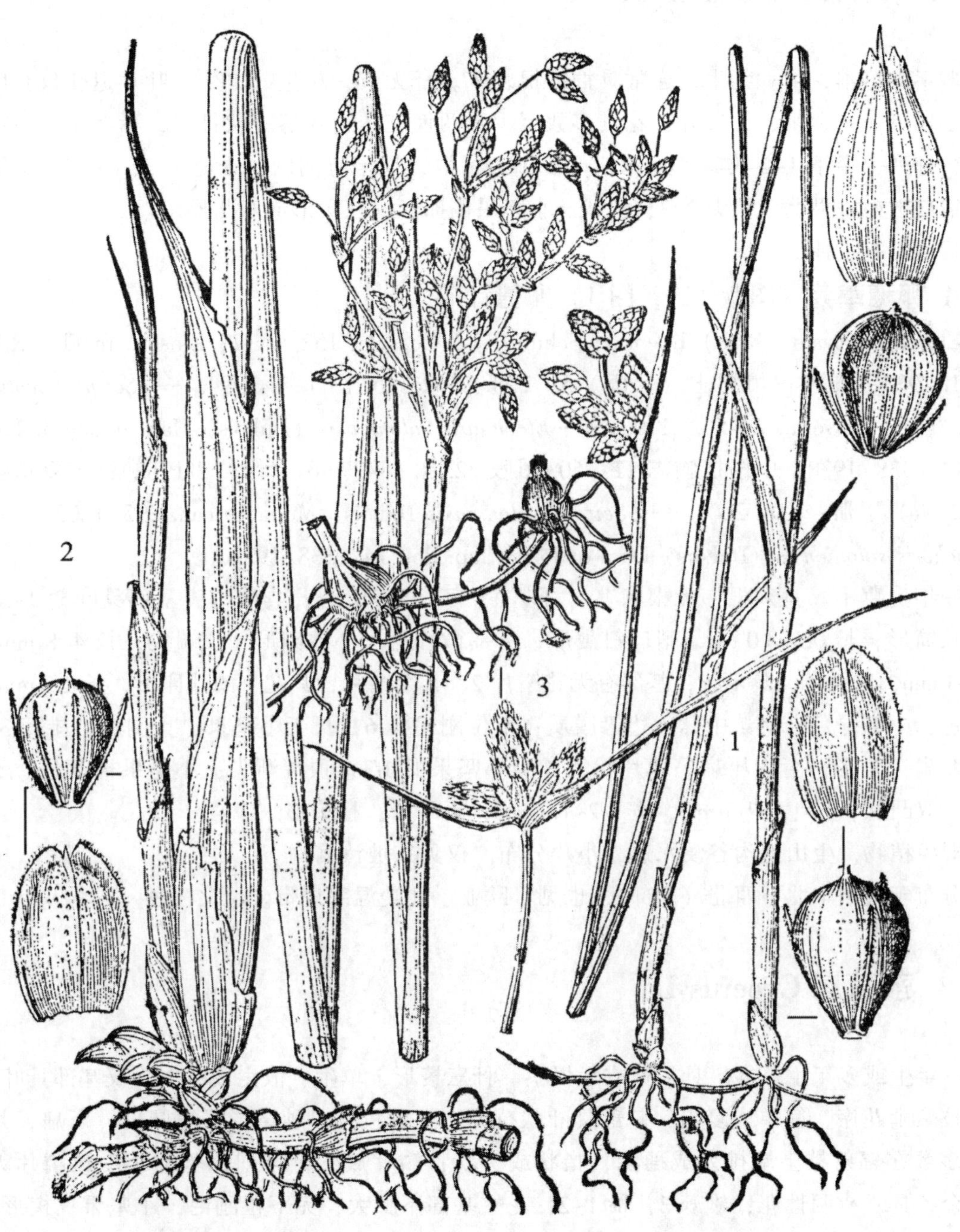

图版 125 1. **藨草** Scirpus triqueter L. 植株、鳞片、下位刚毛及小坚果；2. **水葱** S. tabernaemontani Gmel. 植株、鳞片、下位刚毛及小坚果；3. **扁秆藨草** S. planiculmis Fr. Schmidt 植株下部、花序、鳞片、下位刚毛及小坚果。（马平绘）

3. 荸荠属 Eleocharis R. Br.

多年生草本，稀一年生，通常具匍匐根状茎。秆无节，丛生或单生。叶片退化仅具叶鞘。小穗单一，顶生，无苞叶；花具多数至少数两性花；鳞片螺旋状排列，稀在小穗下部近二行排列，最下 1~2 枚鳞片无花；下位刚毛稀缺，通常有倒刺；雄蕊 1~3；花柱基部膨大，宿存于小坚果上，柱头 2~3，丝状。小坚果倒卵形、三棱形或双凸形。

贺兰山有 1 种。

1. 卵穗荸荠（图版 127，图 1）卵穗针蔺

Eleocharis ovata（Roth）Roem. et Schult. Syst. Veg. **2**：152. 1817；Zinserl. in Fl. URSS **3**：71. 1935；内蒙古植物志（二版）**5**：298. 图版 115. 图 1~3. 1994. ——*Scirpus ovatus* Roth，Tent. Fl. Germ. **2**：562. 1793. ——*Eleocharis soloniensis*（Dubois）Hara in Journ. Jap. Bot. **14**：338. 1938；中国植物志 **11**：60. 图版 22. 图 1~4. 1961（修订，1962）；宁夏植物志（二版）**下册**：518. 2007. ——*Scirpus soloniensis* Dubois，Meth. Orlean. 295. 1803. ——*Heleocharis soloniensis*（Dubois）Hara in Journ. Jap. Bot. **14**：338. 1939.

一年生草本。具须根，无根状茎。秆丛生，高 10~30 cm，具浅沟，基部具叶鞘 1~3；叶鞘长筒形，长 0.5~3.0 cm，鞘口斜截形，下部微红色。小穗卵形，顶端尖，长 4~8 mm，宽 3~4 mm，铁锈色，具多花，基部有无花鳞片 2，其余鳞片皆具花，鳞片卵形，长 1.5 mm，红褐色，中部绿色，具 1 中脉，边缘膜质；下位刚毛 5~6，长于小坚果，具倒刺；雄蕊 3；花柱基扁三角形，背腹压扁呈薄片状，长为小坚果的 1/3，顶端渐尖；小坚果褐黄色，倒卵形，双凸状，长 1.4~1.5 mm，宽 1.2~1.4 mm，近平滑；柱头 2。

湿生植物。生山地沟谷溪水边，小片分布。仅见东坡汝箕沟。

分布于我国华北、西北（东部），也见于欧亚、北美温寒地带。泛北极种。

4. 莎草属 Cyperus L.

一年生或多年生草本。具须根或短根茎。秆三棱形，单生、散生或丛生，仅基部具叶。长侧枝聚伞花序，简单或复出，基部具叶状苞片 2 至数枚；小穗条形或矩圆形，压扁，几个至多数在辐射枝上端排列成穗状，指状或头状；鳞片成二行排列，基部 1~2 枚鳞片无花，余各具 1 枚两性花；雄蕊 3，稀 1~2；花柱基部不膨大，无下位刚毛，小坚果三棱形；柱头 3，稀 2。

贺兰山有 1 种。

1. 密穗莎草（图版 126，图 3）褐穗莎草

Cyperus fuscus L. Sp. Pl. 46. 1753；中国植物志 **11**：150. 图版 51. 图 8~11. 1961；内蒙古植物志（二版）**5**：306. 图版 118. 图 5~6. 1994；宁夏植物志（二版）**下册**：513. 2007.

一年生草本。具须根。秆高 5~20 cm，锐三棱形，丛生。叶基生，叶片扁平或内折，宽 1~3 mm；苞片叶状，2~3，远较花序长；长侧枝聚伞花序复出或简单，辐射枝 1~6 枚，不等长；小穗线状披针形，长 4~7 mm，宽 1.5 mm，褐色，具 15~20 花，多数小穗聚生成头状花序；鳞片二行排列，卵形，长约 1.4 mm，顶端具小尖头；雄蕊 2，柱头 3。小坚果椭圆形或三棱形，长近 1 mm，淡黄色，平滑。花果期 7~9 月。2n=72。

中湿生植物。生山地沟谷溪水边、山前水塘、涝坝中，呈密集小片分布。见东坡汝箕沟、大水沟；西坡巴彦浩特。

分布于我国东北、华北、西北、华中及西藏，也见于欧亚、北美。泛北极种。

5. 水莎草属 Juncellus（Griseb.）C. B. Clarke

一年生或多年生草本。有或无根状茎。秆丛生或散生，基部具叶。苞片叶状；长侧枝聚伞花序，简单或复出，疏展或紧缩成头状；小穗排列成穗状或头状；鳞片宽卵形，钝，二行排列，基部 1~2 鳞片无花，余各具 1 两性花；雄蕊 3，稀 1~2，无下位刚毛。小坚果背腹压扁，面向小穗轴着生，双凸状或平凸状；柱头 2，稀 3。

贺兰山有 1 种。

1. 花穗水莎草（图版 126，图 2）

Juncellus pannonicus（Jacq.）C. B. Clarke in Kew Bull. Add. ser. **8**：3. 1908；中国植物志 **11**：161. 图版 57. 图 5~10. 1961；内蒙古植物志（二版）**5**：309. 图版 119. 图 5~8. 1994；宁夏植物志（二版）**下册**：515. 2007. ——*Cyperus pannonicus* Jacq. Fl. Austr. 5. App. 29. t. 6. 1778.

多年生草本。具须根和短根状茎。秆密丛生，高 7~15 cm，扁三棱形，平滑。基部叶鞘 3~4，红褐色，仅上部 1 枚具叶片；叶片狭条形，宽 0. 5~1 mm。苞片 2，下部者长，上部者较短，下部苞片基部较宽，直立，似秆之延伸；长侧枝聚伞花序短缩成头状，假侧生，小穗 1~7（12）；小穗卵状矩圆形或宽披针形，肿胀，长 5~10 mm，宽 3 mm，含 10~20（22）花；鳞片宽卵形，长 2~2.5 mm，宽约 2.5 mm，两侧黑褐色，中部淡褐色，具多数脉，先端具短尖；雄蕊 3。小坚果平凸状，椭圆形，长 1.8~2 mm，宽约 1.2~1.5 mm，黄褐色，有光泽，柱头 2。花果期 7~9 月。

湿生植物。生海拔 2 000~2 400 m 山地沟谷溪水边，也生山口沟渠积水地，零星分布。仅见东坡插旗沟口、苏峪口沟。

分布于我国东北、华北、西北及河南，也见欧洲（中部）、亚洲（北部）、俄罗斯、蒙古。古北极种。

图版 126　1. 华扁穗草 Blysmus sinocompressus Tang et Wang 植株苞片、鳞片、下位刚毛及小坚果；2. 花穗水莎草 Juncellus Pannonicus (Jacq.) C. B. Clarke 植株、小穗、鳞片、小坚果；3. 密穗莎草 Cyperus fuscus L. 植株、小穗、鳞片、小坚果。(1~2 马平绘；3 付晓明绘)

6. 扁莎属 Pycreus P. Beau.

一年生或多年生草本。有或无根状茎。秆丛生，平滑。叶片条形。苞片 2~8、禾叶状；长侧枝聚伞花序简单或复出或短缩成头状，辐射枝不等长；小穗具多数花；鳞片钝或具短尖，成二行排列，基部 1~2 鳞片无花，余各为 1 两性花；雄蕊 1~3，无下位刚毛。小坚果两侧压扁，棱向小穗轴，双凸状，表面具有细点或花纹；柱头 2。

贺兰山有 2 种。

分种检索表

1. 鳞片两侧具宽槽，小穗长卵形或矩圆形，长 5~10 mm，宽约 3 mm，具 5~15 花 …………………………………………………………………………………………………… 1. 槽鳞扁莎 **P. korshinskyi**

1. 鳞片两侧无宽槽，小穗条形或狭披针形，长 10~20 mm，宽 1.5~2 mm，具 20~30 花 …………………………………………………………………………………………………… 2. 球穗扁莎 **P. globosus**

1. 槽鳞扁莎（图版 127，图 3）红鳞扁莎

Pycreus korshinskyi（Meinsh.）V. Krecz. in Not. Syst. Herb. Inst. Bot. Nom. Kom. Acad. Sci. URSS **7**：27. 1937；内蒙古植物志（二版）**5**：309. 图版 120. 图 9~12. 1994. ——*Cyperus korshinskyi* Meinsh. in Acta Hort. Petrop. **18**：235. 1901. ——*Pycreus sanguinolentus*（Vahl）Nees f. *humilus*（Miq.）L. K. Dai et f. *rubro-marginatus*（Schrenk） L. K. Dai，中国植物志 **11**：171. 1961；宁夏植物志（二版）**下册**：516. 2007.

一年生草本。具须根。秆丛生，稀单生，高 5~25 cm，扁三棱形，平滑。叶鞘红褐色，具纵肋；叶片条形，扁平，短于秆，宽 1~2（3） mm。苞片 2~3，叶状，不等长，比花序长 1~2 倍；长侧枝聚伞花序短缩成头状或具 1~4 个不等长的辐射枝，辐射枝长 1~2.5 cm，其上着生多数小穗；小穗长卵形或矩圆形，长 5~10 mm，宽约 3 mm，具 5~15 花；鳞片二行排列，卵圆形，长约 2.4 mm，宽约 2 mm，背部绿色，具 3 脉，两侧具淡绿色的宽槽，其外侧紫红色，边缘白色膜质；雄蕊 3。小坚果倒卵形，长 1.2 mm，宽 0.7 mm，双凸状，灰褐色，具细点；柱头 2。花果期 7~9 月。

湿生植物。生山地沟谷溪边、山前水库、涝坝中，零星或小片分布，见东坡黄旗沟、汝箕沟；西坡巴彦浩特。

除青藏高原外，几乎遍及我国各地区，也见俄罗斯（远东）、朝鲜和日本。泛热带种。

2. 球穗扁莎（图版 127，图 2）

Pycreus globosus（All.）Reichb. Fl. Germ. Excurs. 140. 1830；中国植物志 **11**：166. 图版 58. 图 7~10. 1961；内蒙古植物志（二版）**5**：311. 图版 120. 图 1~4. 1994. ——*Cyperus globosus* All. Auctuar. Fl. Pedem. 49. 1789.

多年生草本。具须根和极短根状茎。秆纤细，三棱形，高 5~30 cm，平滑。叶鞘红褐

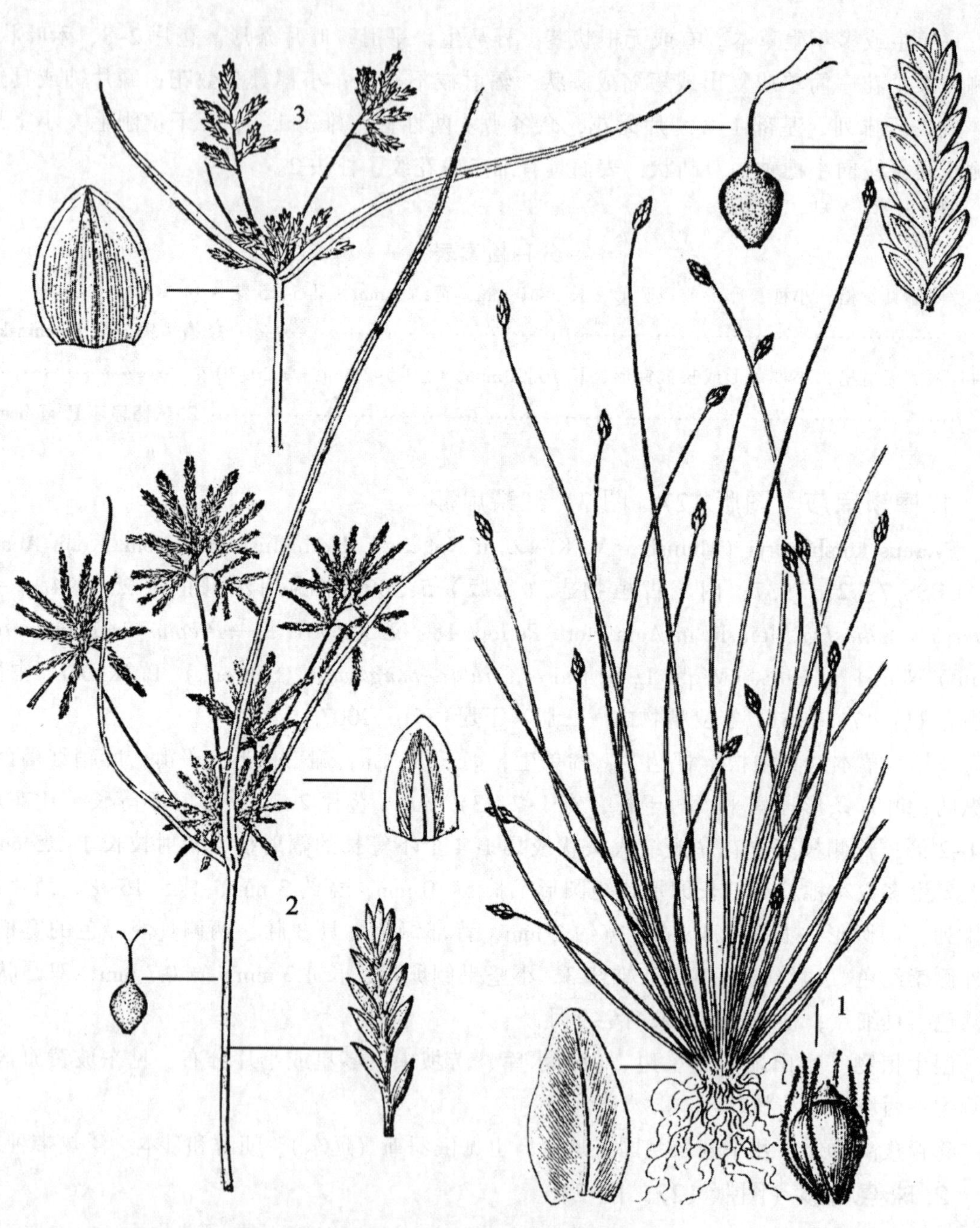

图版 127　1. 卵穗荸荠 Eleocharis ovata（Roth）Roem. et Schult. 植株、鳞片、小坚果；2. 球穗扁莎 Pycreus globosus（All.） Reichb. 花序、小穗、鳞片、小坚果；3. 槽鳞扁莎 P. korshinskyi（Meinsh.） V. Krecz. 花序、小穗、鳞片、小坚果。（1 马平绘；2~3 田虹绘）

色；叶片条形，短于秆，宽 1~2 mm，边缘稍粗糙。苞片 2~3，不等长；长侧枝聚伞花序简单，辐射枝 1~4，长 1~4.5 cm，有的不发育；辐射枝延伸，近顶部形成穗状花序，球形，具 5~23 小穗；小穗条形或狭披针形，长 10~20 mm，宽 1.5~2 mm，具 20~30 花；鳞片卵圆形或长椭圆状卵形，长 2 mm，宽 1 mm，背部黄绿色，具 3 脉，两侧红棕色，或黄棕色，边缘白色膜质，先端钝；雄蕊 2。小坚果倒卵形，双凸状，先端具短尖，长约 0.7 mm，宽约 0.5 mm。黄褐色，具细点，柱头 2。花果期 7~9 月。

湿生植物。生山麓水库、涝坝边，零星或小片分布。仅见西坡巴彦浩特。

除青藏高原、蒙古高原及新疆北部，几乎遍及我国温带、热带地区，也广布于欧亚大陆（中南部)、非洲、大洋洲。泛热带种。

7.嵩草属 Kobresia Willd.

多年生密丛生草本。常具短或长的根茎，秆三棱形或圆柱形。叶基生，少秆生，呈线形。小穗多数组成穗状或穗状圆锥花序或单一顶生，两性或单性，单性者为雌雄异序或异株，含多数支小穗；支小穗单性者仅含 1 雄或 1 雌花；两性者通常雌雄顺序；雄花具 1 枚鳞片，雄蕊 2~3 枚；雌花亦具 1 枚鳞片，雌蕊 1 枚，被两枚小苞片愈合的先出叶所包，子房上位，柱头 2~3 个，果为小坚果，三棱形、双凸状或平凸状，为先出叶所包，有时雌性支小穗中存在退化小穗轴。

贺兰山有 4 种。

分种检索表

1. 花序简单，穗状，极少基部有短分枝。
  2. 花序线状圆柱形，长 1~3.5 cm，粗 2~3 mm，植株较高大，高（12）15~40 cm ………………………………………………………………………………………………… 1. 嵩草 **K. myosuroides**
  2. 花序椭圆形，细小，长 0.3~0.5 cm，粗 2~3 mm，植株矮小，高 3~10（12）cm。
    3. 支小穗顶生者雄性，侧生者雌雄顺序，叶平展或下部对折而上部平展，小坚果平凸状或双凸状，柱头 2 个，密丛草本，高 3~12 cm ……………………………… 2.高原嵩草 **K. pusilla**
    3. 支小穗单生，花雌雄同序，侧生小穗全部雌性，叶边缘内卷呈线性，小坚果扁三棱形，柱头 3 个，垫状草本，高仅 1~3 cm ……………………………………………… 3. 高山嵩草 **K. pygmaea**
1. 花序为短缩穗状的圆锥花序，小穗 10~13（18）个，下部两个分枝；小坚果喙极短，柱头 2，双凸状或平凸状 ……………………………………………………………… 4. 贺兰山嵩草 **K. helanshanica**

1. 嵩草（图版 128，图 1）

Kobresia myosuroides（Villars）Fiori in Fiori et Paol. Fl. Anal. Ital. **1**：125. 1896（et in Fiori et Paol. Icon. Fl. Ital. **1**（2）：52. f. 441. 1896)；中国植物志 **12**：32. 图版 6. 图 5~7. 2000. ——*Carex myosuroides* Villars，Prosp. Pl. Dauph. 17. 1779. ——*Kobresia bellardii*

(All.) Degland in Loisel. Fl. Gall. **2**: 626. 1807; 内蒙古植物志（二版）**5**: 314. 图版 121. 图 1~5. 1994; 宁夏植物志（二版）**下册**: 525. 图 332. 2007. ——*Carex bellardii* All. Fl. Dauph. 17. 1779（et Hist. Pl. Dauph. **2**: 194. 1787）——*Kobresia bistaminata* W. Z. Di et M. J. Zhong in Acta Bot. Bor. -Occ. Sin. **6**（4）: 275. 1986; 内蒙古植物志（二版）**5**: 314. 图版 122. 图 7~15. 1994; 宁夏植物志（二版）**下册**: 525. 2007.（Lapscal. 误为 *K. distaminata*）

多年生草本。具短根状茎。秆密丛生，纤细，钝三棱形，高 10~30 cm，粗 0.5~0.7 mm，基部具褐色有光泽的宿存老叶鞘。叶丝状，与秆近等长或短于秆，粗 0.5~1.5（2） mm，腹面具沟。穗状花序，线状圆柱形，长 1~3 cm，粗 2~3 mm；支小穗多数，疏生，顶生者雄性，侧生者雄雌顺序，在基部雌花的上部具 1（2）朵雄花，稀在雌花之上无雄花；鳞片卵形或长圆形，长约 3~4 mm，具 1 脉，先端钝或急尖，栗褐色，纸质，具光泽，白色膜质边缘；先出叶卵形、椭圆形，长 2.5~3.5 mm，腹侧边缘下部 1/3 处愈合，顶端近截形，膜质，背面具微粗糙 2 脊。小坚果倒卵形或长圆形，双凸状或扁三棱状，长 2~2.5 mm，褐色，具光泽，顶端具短喙；柱头 3（2）。花果期 6~9 月。

耐寒中生植物。生海拔 2 800~3 400 m 山地云杉疏林林缘，高山灌丛、草甸中，零星分布。见主峰下山脊两侧，多集中在西坡。

分布在我国东北、华北、西北高海拔山地、青藏高原及其东缘。也见于北温带北部及较高山地。泛北极种。

2. 高原嵩草（图版 128，图 2）

Kobresia pusilla Ivan. in Journ. Bot. USSR. **24**: 496. 1939; 内蒙古植被 347. 1985. 中国植物志 **12**: 37. 图版 7. 图 14~17. 2000. ——*K. humilis* auct. non（C. A. Mey. ex Trautv.）Serg.: 内蒙古植物志（二版）**5**: 313. 图版 121. 图 6~10. 1994; 宁夏植物志（二版）**下册**: 524. 2007.

多年生草本。短根状茎。秆密丛生，高 3~12 cm，钝三棱形。基部具褐色的宿存鞘；叶扁平，对折，短于秆，宽 1~2 mm，边缘粗糙。穗状花序，椭圆形或卵形，长 6~12 mm，粗 3~4 mm，基部有时具 1~2 个不显著的分枝；支小穗 4~8 枚，顶生者雄性，侧生者雄雌顺序，在基部雌花的上部具 2~4 朵雄花；鳞片卵形至椭圆形，长 3~5 mm，先端极尖或钝，纸质，两侧淡褐色，中部绿色，具 3 条脉，具白色膜质边缘；先出叶长圆形或椭圆形，长约 4.8 mm，膜质，淡褐色，2 脊微粗糙；腹侧边缘分离至基部。小坚果长圆形或倒卵形，双凸状或平凸状，长 2.5 mm，基部无柄，顶端具短喙，暗灰褐色有光泽，柱头 2。花果期 6~8 月。

寒生中生植物。生海拔 3 000~3 500 m 高山灌丛与高山草甸中，片状分布，为高山草甸或高山灌丛的建群种或优势种。见主峰山脊两侧，西侧较多。

分布于青藏高原及其东北缘较高山地。青藏高原种。

良等牧草。

该植物（内蒙古大学生物系标本室，马毓泉 102A 标本）1962 年 7 月 2 日采自贺兰山主峰下 2 800 m 山脊，1964 年由汤彦承先生鉴定。

3. 高山嵩草（图版 128，图 3）

Kobresia pygmaea C. B. Clarke in Hook. f. Fl. Brit. Ind. **6**：696. 1894；内蒙古植物志 **8**：35. 图版 16. 图 1~5. 1985；（二版）**5**：316. 图版 124. 图 1~5. 1994；中国植物志 **12**：47. 2000.

多年生矮小草本。具短根状茎。秆密丛生，高 1~3 cm，稍坚实，近圆柱形有钝棱，直径 0.5 mm，平滑。基部密集暗棕褐色叶鞘；叶刚毛状，内卷，与秆近等长，宽 0.5 mm，腹面具沟，边缘粗糙。穗状花序，雄雌顺序，椭圆形，长 3~5 mm，宽 1~2 mm；支小穗 5~7 个；顶生者雄性，侧生者雌性；鳞片宽卵形或矩圆形，先端圆钝，有时具绿色粗糙芒尖，长 2~3 mm，具 1 条脉，沿脉淡绿色，两侧褐色，具狭的白色膜边缘；先出叶椭圆形，长约 2 mm，先端微凹，腹侧边缘分离达基部，具二脊。小坚果椭圆形或卵状椭圆形，扁三棱形，长 1.5~2 mm，无喙；退化小穗轴扁；花柱短，柱头 3。花果期 6~8 月。

寒生中生植物。生海拔 2 800~3 500 m 高山灌丛、高山草甸及岩石缝中，片状或形成毡状草皮，为高山草甸或高山灌丛的建群种与优势种。

分布于青藏高原和喜马拉雅山地及华北、西北海拔较高山地。青藏高原种。

良等牧草。

4. 贺兰山嵩草（图版 128，图 4）

Kobresia helanshanica W. Z. Di et M. J. Zhong in Acta Bot. Bor. –Occ. Sin. **5**（4）：311. 图 1. 1985；内蒙古植物志（二版）**5**：319. 图版 122. 图 1~6. 1994；中国植物志 **12**：20. 2000.

多年生草本。具短根状茎。秆密丛生，直立，钝三棱形，高 17~22 cm，粗约 1 mm。叶线形，扁平，长 8~15 cm，宽 1~2.5 mm，边缘和中脉上粗糙，比秆短。圆锥花序短缩成穗状，卵形或椭圆形，长 8~14 mm，粗约 6 mm；小穗约 10~13（18）个，长圆形，长 4~6 mm，雄雌顺序，下部的 2 枚侧生小穗有分枝；小穗具 5~7 个支小穗，支小穗单性，下部 1~3 个雌花，余为雄花；雌花鳞片卵形或卵状长圆形，长 4~4.5 mm，先端锐尖，宽 2~2.2 mm，中间黄绿色，有一条粗糙的中脉，两侧褐色，边缘白色膜质；先出叶长圆形或倒卵状长圆形，长 3.5~4 mm，膜质，淡褐色，基部结合，背部有稍粗糙的 2 脊；腹面边缘分离几达基部。小坚果倒卵形，双凸状或平凸状，褐色，有光泽，顶端不明显具喙；柱头 2，退化小穗轴刚毛状。花果期 6~9 月。

耐寒中生植物。生海拔 3 000 m 左右高山灌丛、草甸中，零星或小片分布。见主峰山脊两侧。

贺兰山是其模式产地。模式标本系西北大学贺兰山采集队 No. 6503，1984 年 7 月 28 日采自贺兰山。

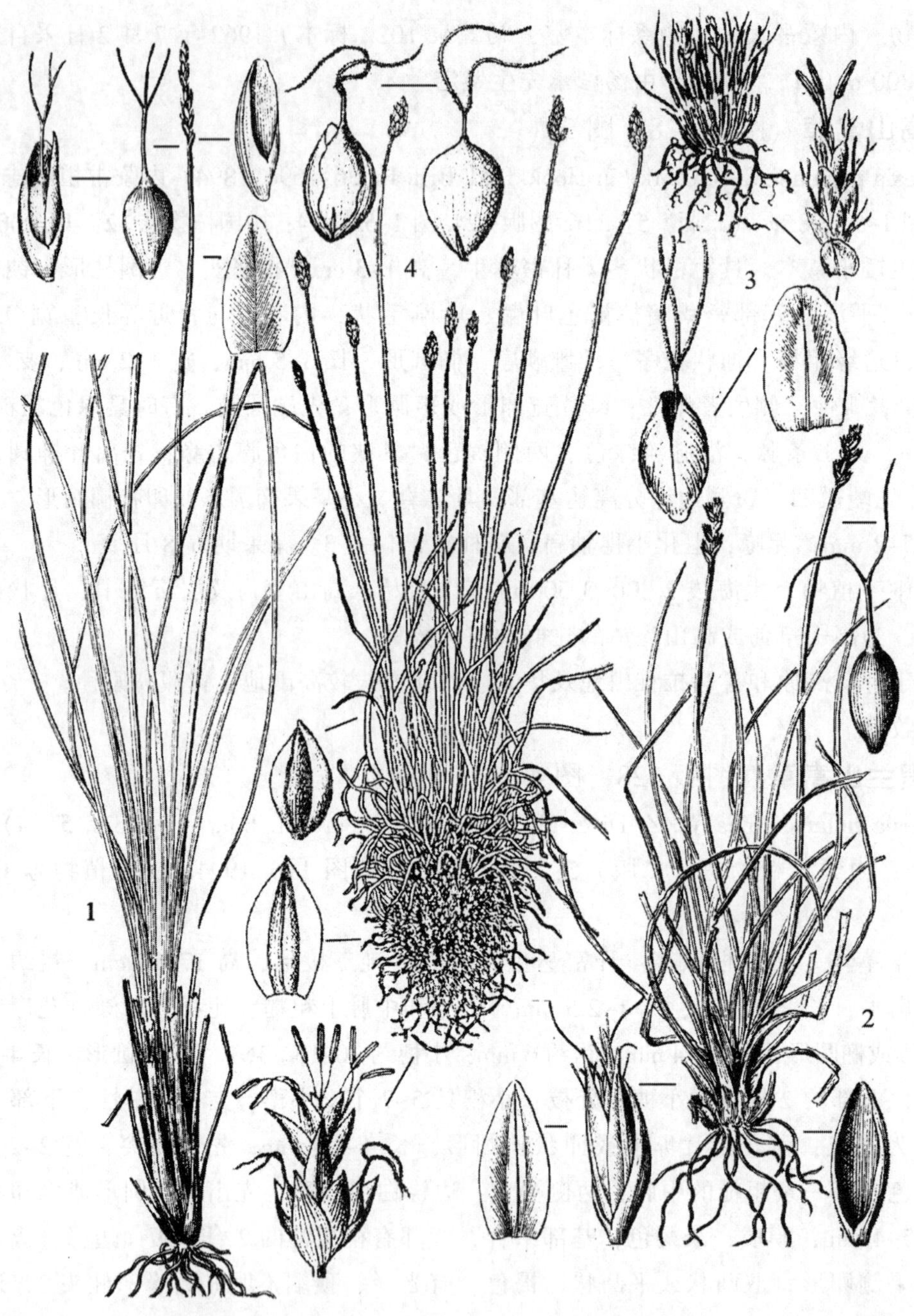

图版 128　1. 嵩草 Kobresia myosuroides（Villars）Fiori 植株及花序、鳞片、雄蕊顺序支小穗之雄花与雌花、先出叶、小坚果；**2. 高原嵩草** K. pusilla Ivan. 植株、鳞片、雄蕊顺序支小穗之雄花与雌花、先出叶、小坚果；**3. 高山嵩草** K. pygmaea C. B. Clarke 植株、鳞片、小穗、侧生枝小穗；**4. 贺兰山嵩草** K. helanshanica W. Z. Di et M. J. Zhong 植株、先出叶、小坚果、退化小穗轴、鳞片、小穗。（1~3 马平绘；4 仿模式原图）

贺兰山特有种。

良等牧草。

8. 苔草属 Carex L.

多年生草本。具根状茎。秆丛生、散生或单生，直立，三棱形。基部通常具无叶叶鞘，叶基生或秆生；叶片条形，呈禾叶状，平展，少数内卷。苞片叶状、鳞片状、刚毛状，具苞鞘或无鞘。小穗单一至多数，有一朵雌花或一朵雄花组成1个支小穗，单性或两性（两性小穗为雄雌顺序，或为雌雄顺序），具柄或无柄，多生于秆之顶端或上部，构成穗状、总状或圆锥花序；鳞片螺旋状排列于小穗轴的周围；花单性，雄花具雄蕊3枚，花丝离生；雌花具1雌蕊，花柱基部增粗，柱头2~3个。子房包于果囊内，果囊顶端具喙或无喙。小坚果疏松或紧包于果囊中，三棱状或平凸状，基部有时具退化小穗轴。

贺兰山有15种。

分种检索表

1. 小穗两性，稀单性，雄雌顺序，柱头2。

  2. 果囊革质，匍匐根茎细长，直径0.8~1.5（2） mm，秆束状丛生；叶内卷。

    3. 果囊宽卵形或宽椭圆形，长2.5~3.5 mm，无脉；顶端急缩成短喙 ………… **1.寸草苔 C. duriuscula**

    3. 果囊卵形或卵状椭圆形，长3.5~4.5 mm，具脉，顶端渐狭成较长喙 - - - **2.砾苔草 C. stenophylloides**

  2.果囊近膜质，匍匐根茎短粗状，直径2.5~5 mm，秆常1~3散生，叶片扁平或对折 ………………………………………………………………………………………… **3.无脉苔草 C. enervis**

1. 小穗单性，顶生为雄性，侧生为雌性，柱头3或2。

  4. 小坚果三棱形，柱头3。

    5. 果囊三棱形，腹背面不扁压。

      6. 苞叶具苞鞘，顶生小穗为雄小穗，其余为雌小穗。

        7. 果囊被短柔毛或短毛，无光泽，纸质或近膜质。

          8. 苞鞘腹背面皆绿色，顶端具短苞叶，穗轴较直，叶短于秆或与秆等长，被白色短绒毛。

            9. 根茎短缩，果囊背面无脉或具不明显的脉，腹面具3~5脉 ……… **4.脚苔草 C. pediformis**

            9. 根茎长匍匐，果囊无脉 ……………………………………………… **5.祁连苔草 C. allivescens**

          8. 苞鞘背面绿色，腹面淡褐色，顶端无苞叶（仅下部1~2枚具刺毛状苞叶）穗轴呈"之"字形折曲；叶花后长于秆 ……………………………… **6.凸脉苔草 C. lanceolata**

        7. 果囊平滑无毛，有光泽，革质。

          10. 果囊椭圆或倒卵形，鼓胀三棱形，长约3 mm，金黄色，具喙；雌花鳞片卵形或狭卵形，长4.5~5 mm，褐色 …………………………………………… **7.黄囊苔草 C. korshinskyi**

          10. 果囊球状倒卵形，钝三棱形，长约3 mm，淡黄褐色，无脉；雌花鳞片卵形或宽倒卵形，长约

3 mm，红褐色 ………………………………………………………… 8.干生苔草 **C. aridula**

6. 苞片无苞鞘，顶生小穗为雌雄顺序（稀为雄性），侧生小穗雌性。

11. 果囊脉不明显，具短喙，喙口不成紫红色。

12. 小穗具纤细长柄，常下倾；雌花鳞片长 2~3 mm；雌花穗长 0.5~1.5 cm ……………………………………………………………………………………… 9.华北苔草 **C. hancockiana**

12. 小穗无柄，聚集生或最下 1 枚稍远离，直立；雌花鳞片长 4~6 mm；雌小穗长 2~3 cm ……………………………………………………………………………… 10. 甘肃苔草 **C. kansuensis**

11. 果囊脉明显，具短喙，喙口暗紫红色。

13. 果囊不膨大，长 3~3.5 mm，雌花鳞片长 2.5 mm 左右，稍短与果囊，小坚果长圆形、三棱形 ……………………………………………………………………………… 11.紫喙苔草 **C. serreana**

13. 果囊膨大，长 2~2.2 mm，雌花鳞片长约 1.2 mm 左右，为果囊的 1/2，小坚果倒卵形、三棱形 ……………………………………………………………………………… 12. 膨囊苔草 **C. lehmanii**

5. 果囊腹背面扁压。不呈三棱形，成扁三棱形或极压扁三棱形。

14. 果囊平滑无毛，极压扁，具明显淡色的边缘，上部急缩成短喙，喙口具二微齿 ……………………………………………………………………………………… 13.扁囊苔草 **C. coriophora**

14. 果囊两侧具短糙毛，稍压扁，上部急缩成长喙，喙口斜截 ………… 14.糙喙苔草 **C. scabrirostris**

4. 小坚果平凸状，柱头 2；果囊近圆形或到卵圆形，密生瘤状小突起，顶端具极端的喙，喙口疏生小刺；雌花鳞片暗红色，具 1 脉，宽度为果囊的 1/2~1/3；雌性小穗卵圆或长圆形 ……………………………………………………………………………………… 15. 圆囊苔草 **C. orbicularis**

1. 寸草苔（图版 129，图 1）

Carex duriuscula C. A. Mey. in Mem. Acad. Sci. St. –Petersb. **1**：214. t. 8. 1831；内蒙古植物志（二版）**5**：340；图版 131. 图 1~5. 1994；中国植物志 **12**：495. 图版 101. 图 1~4. 2000.

多年生草本。根状茎细长，匍匐。秆疏丛生，纤细，高 5~20 cm，近钝三棱形，平滑。基部叶鞘灰褐色，细裂成纤维状；叶片内卷，刚硬，灰绿色，短于秆，平滑，边缘稍粗，苞片鳞片状。穗状花序卵形或卵球形，长 7~15 mm，宽 5~10 mm；小穗 3~6 个，雄雌顺序，密生，卵形，长约 5 mm，具少数花；雌花鳞片宽卵形或椭圆形，长约 3 mm，锈褐色，先端和边缘白色膜质，顶端尖锐具短尖，稍短于果囊；果囊革质，宽卵形或宽椭圆形，长 3~3.2 mm，平凸状，褐色或暗褐色，成熟后微有光泽，两面具多脉，基部近圆形，具海绵状组织，有粗的短柄，顶端急收缩为短喙，喙缘稍粗糙，喙口白色，膜质，斜截形。小坚果疏松包于果囊中，近圆形或宽椭圆形，长 1.5~2 mm，宽 1.5~1.7 mm；花柱短，基部稍膨大，柱头 2。花果期 4~7 月。

中旱生植物，生海拔（1 800）2 000~2 500 m 山地草原、灌丛和林缘，多小片或零星分布，为山地草原的重要伴生种。东、西坡均广泛分布。

分布于我国东北、华北和西北东部，也见于俄罗斯、蒙古和朝鲜。泛北极种。

良等牧草。

2. 砾苔草（图版 129，图 2）中亚苔草、细叶苔草

Carex stenophylloides V. Krecz. in Kom. FL. URSS **3**：592. 141. 1935；内蒙古植物志（二版）**5**：342. 图版 131. 图 6~8. 1994；宁夏植物志（二版）**下册**：528. 图 333. 2007. ——*C. duriuscula* C. A. Mey. subsp. *stenophylloides*（V. Krecz.）S. Y. Liang et Y. C. Tang in Acta Phytotax. Sin. **28**（2）：153. 1990；中国植物志 **12**：496. 2000.

多年生草本。根状茎纤细，匍匐。秆成束状丛生，较细，高 5~25 cm，钝三棱形，平滑。基部叶鞘褐色，稍细裂成纤维状；叶片近扁平或内卷，灰绿色，长于或短于秆，质较硬，近于平滑，边缘粗糙。苞片鳞片状，穗状花序卵形或长圆形，长 10~25 mm，宽 5~7 mm，小穗 3~7 个，雄雌顺序，卵形，具少数花；雌花鳞片卵形或宽卵形，长 3.5~4 mm，宽约 1.8 mm，具 1 条凸起脉，先端和边缘白色膜质较狭；果囊革质，卵形或卵状椭圆形，长 3.5~4.5 mm，平凸状，宽约 2 mm，淡褐色或紫褐色，有光泽，两面具多条脉，基部近圆形或宽楔形，具短柄，顶端渐狭为较长的喙；喙微粗糙，喙口斜截形。小坚果稍疏松地包于果囊中，椭圆形，长 1.6~2 mm，宽 1~1.5 mm，褐色或黄褐色，稍呈平凸状，基部具短柄，顶端较钝，表面具较密的小突起；花柱基部不膨大，柱头 2。花果期 4~7 月。

旱生植物。生山麓荒漠和荒漠草原及山地草原，多呈零星或小片生长，为草原化荒漠群落的伴生种。东、西坡均有分布，东坡更多。

分布于我国华北、西北和西藏，也见于伊拉克、伊朗、阿富汗、蒙古、俄罗斯、中亚、高加索。东古北极种。

良等牧草。

3. 无脉苔草（图版 129，图 3）

Carex enervis C. A. Mey. in Ledeb. Fl. Alt. **4**：209. 1833；内蒙古植物志（二版）**5**：343. 图版 132. 图 1~4. 1994；中国植物志 **12**：499. 图版 101. 图 5~8. 2000.

多年生草本。根状茎长，匍匐，较粗。秆 1~3 株散生，高 15~45 cm，上部微粗糙，下部平滑，基部具淡褐色叶鞘。叶片扁平或对折，灰绿色，短于秆，宽 2~3 mm，边缘粗糙，先端渐尖。苞片刚毛状，矩圆状卵形，长 1~2 cm，小穗 5~10 个雄雌顺序，聚集成卵状至长圆形的穗状花序，雌花鳞片长圆形至椭圆形，长约 3 mm，淡褐色，中脉明显，具极狭的白色膜质边缘，与果囊近等长；果囊膜质，卵状椭圆形或长圆状卵形，平凸状，长 3~4 mm，宽 1~1.5 mm，纸质两侧锈色，边缘肥厚，稍向腹侧弯曲，背腹面具不明显脉至无脉，基部无海绵状组织，近圆形或楔形，具短柄，顶端具急缩较长喙，喙缘粗糙，喙口白色膜质，短 2 齿。小坚果稍紧包于果囊中，椭圆状倒卵形，长 1.2~1.5 mm，宽约 1 mm，浅灰色，有光泽和花纹；花柱基部不膨大，柱头 2。果期 6~8 月。

中生植物。生海拔 2 500~3 000 m 山地沟谷溪边及湿地上，零星或小片生长。仅见西坡哈拉乌沟、水磨沟。

分布于我国东北、华北、西北和青藏高原，也见于俄罗斯、蒙古。东古北极种。

中等牧草。

4. 脚苔草（图版 129，图 4）日荫菅、柄状苔草、硬叶苔草

Carex pediformis C. A. Mey. in Mem. Acad. Sci. St. –Petersb. Sav. Etrang. **1**：219. t. 10. f. 2. 1831；内蒙古植物志（二版）**5**：379. 图版 15. 图 1~5. 1994；中国植物志 **12**：204. 图版 41. 图 1~4. 2000. ——*C. sutschanensis* Kom. in Bull. Jard. Bot. St. –Petersb. **16**：155. 1916；贺兰山维管植物：309. 1986.

多年生草本。根状茎短缩，斜升。秆密丛生，高 18~40 cm，纤细，钝三棱形，微粗糙。基部叶鞘褐色，细裂成纤维状；叶通常短于秆或近等长，稍硬，扁平或稍对折，灰绿色或绿色，宽 1.5~2.5 mm，边缘粗糙。苞片佛焰苞状，上部边缘狭膜质，苞叶甚短，或呈刚毛状；小穗 3~4 个，上方 2 个常接近生，下 1 个稍远离，顶生者为雄性，棒状圆柱形，长 8~18 mm，不超出或超出相邻雌小穗；雄花鳞片长圆形，锈色或淡锈色，长 3~4 mm，具 1 条脉，边缘白色膜质；侧生 2~3 个为雌性，矩圆状条形，长 1~2 cm，稍稀疏，具多数稍密或疏生的花；穗轴通常直；雌花鳞片卵形，锈色或淡锈色，长 3.5~4 mm，中部绿色，具 1~3 条脉，先端钝或尖，具芒尖，边缘白色宽膜质，稍长于果囊；果囊倒卵形，钝三棱形状，长 3~3.5 mm，密被白色短柔毛，背面无脉或具不明显的短喙，腹部具 2 侧脉，基部渐狭成长柄，顶端圆，骤缩成外歪的喙，喙口微凹。小坚果倒卵形，三棱状，长约 3 mm，黄褐色，具短柄；花柱基部增大，柱头 3。花果期 5~7 月。

中旱生植物。生海拔 2 200~2 600 m 山地林缘、灌丛下及土石质阴坡，零星或小片分布。见西坡哈拉乌沟、南寺沟。

分布我国东北、华北、西北东部和新疆，也见于俄罗斯、蒙古。达乌里–蒙古种。

良等牧草。

5. 祁连苔草（图版 129，图 5）

Carex allivescens V. Krecz. in Not. Syst. Herb. Inst. Bot. Nom. Kom. Acad. Sci. URSS **9**：190. 1946；Egorova Pl. Asi. Centr. **3**：73. 1967；内蒙古植物志（二版）**5**：384. 图版 168. 图 5~7. 1994；宁夏植物志（二版）**下册**：536. 2007.

多年生草本。具匍匐的根状茎。秆疏丛生，纤细，高 15~25 cm，三棱形，上部粗糙，下部生叶，基部红棕色叶鞘稍纤维状细裂；叶片扁平，淡绿色，短于秆，宽 1.5~2.5 mm，短尖头，边缘粗糙。苞片叶状，短于花序，具膜质的苞鞘；小穗 3~4，上部 2 枚接近，无柄，其余远离生，具长柄，顶生；雄小穗 1~2，长圆柱形，长 1~1.5 cm。雄花鳞片倒卵形，长约 4.5 mm，淡锈色，先端钝或近急尖，边缘宽膜质，具 1 脉，侧生雌小穗 2，长圆状披针形，长 0.8~1.5 cm；雌花鳞片倒卵形圆形，淡锈色，具 1 脉，先端钝，有时具小短尖，边缘宽膜质，与果囊近等长；果囊渐狭，卵形或椭圆形，淡棕褐色，长约 3 mm。全株密生短柔毛，无脉，基部具粗短柄，先端渐狭收缩为短喙；喙口具 2 微齿。小坚果疏松包于果囊中，倒卵形，三棱状，长约 1.5 mm；花柱基部膨大，柱头 3。花果期 6~8 月。

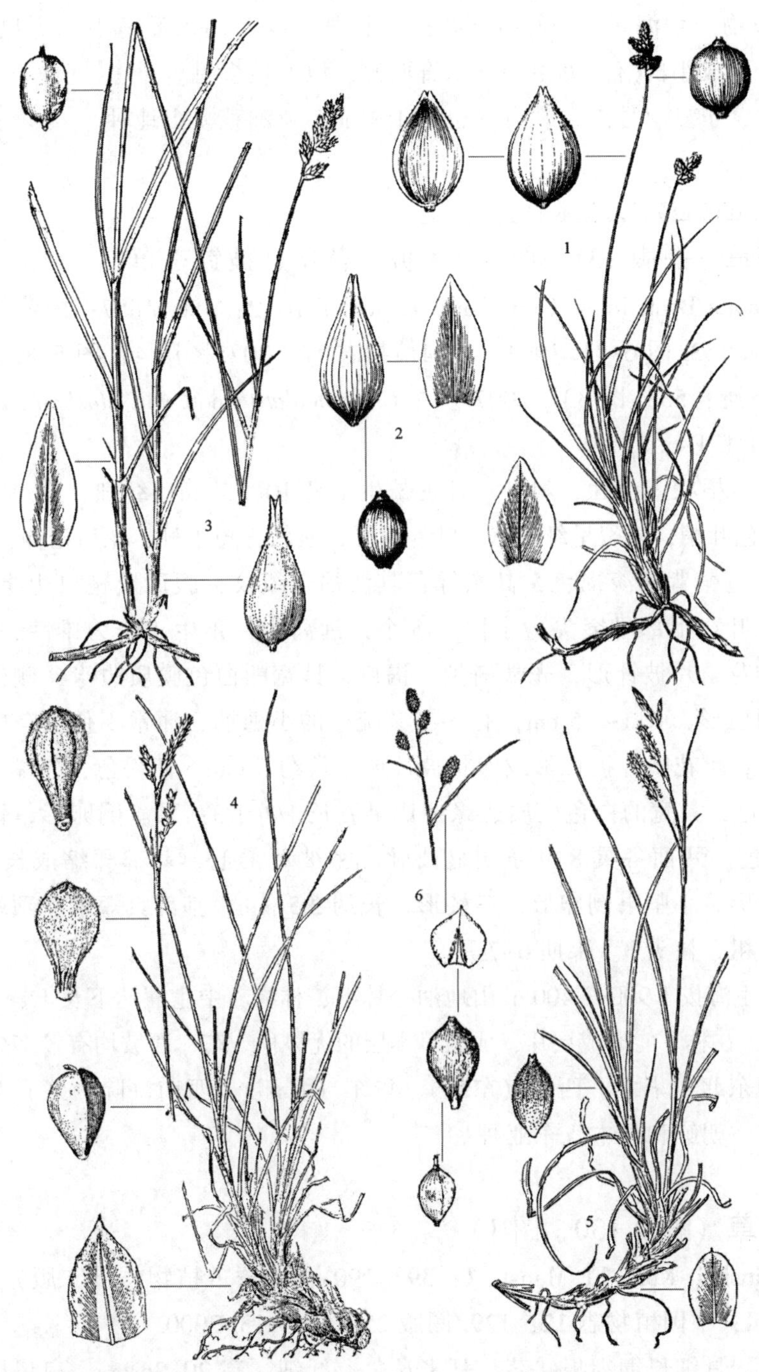

图版 129　1. 寸草苔 Carex duriuscula C. A. Mey. 植株、雌花鳞片、果囊（背面）、果囊（腹面）、小坚果；2. 砾苔草 C. stenophylloides V. Krecz. 雌花鳞片、果囊、小坚果；3. 无脉苔草 C. enervis C. A. Mey. 植株、雌花鳞片、果囊、小坚果；4. 脚苔草 C. pediformis C. A. Mey. 植株及花序、雌花鳞片、果囊（背面）；5. 祁连苔草 C. allivescens V. Krecz. 植株、雌花鳞片、果囊；6. 膨囊苔草 C. lehmanii Drejer 花序、雌花鳞片、果囊、小坚果。（马平绘）

耐寒中生植物。生海拔 2 800~3 000 m 云杉林林缘及高山灌丛下，零星或片状生长。在高山灌丛下能形成小群落。见主峰下山脊两侧，以西坡多见。

分布内蒙古、宁夏、甘肃、青海，也见于中亚。亚洲荒漠山地种。

良等牧草。

该种《中国植物志》12 卷未收。

6. 凸脉苔草（图版 131，图 5）大披针苔草、披针苔草

Carex lanceolata Boott in A. Gray. Narr. Exped. Perry **2**：326. 1857；内蒙古植物志（二版）**5**：384. 图版 153. 图 6~11. 1994；中国植物志 **12**：207. 图版 41. 图 5~8. 2000；宁夏植物志（二版）**下册**：533. 图 337. 2007. ——*C. lanceolata* Boott var. *alashanica* Egor. Pl. Asi. Centr. **3**：74. t. 4. f. 1~6. 1976.

多年生草本。根状茎粗壮，斜升。秆密丛生，高 10~35 cm，纤细，扁三棱形，上部粗糙。基部具紫褐色叶鞘，分裂呈纤维状；叶片扁平，质软，短于秆，花后延伸，宽 1.5~2 mm。苞片佛焰苞状，苞鞘背部淡褐色，其余绿色具淡褐色线纹，腹面及鞘口边缘具白色膜质，下部具刚毛状苞叶，下部呈突尖，小穗 3~5 个，远离生，顶生 1 个为雄性，线状圆柱形，长约 10 mm；雄花鳞片披针形，先端渐尖，褐色，具宽的白色膜质边缘；侧生 2~5 个雌性小穗，长圆状圆柱形，长 1~1.5 cm，有 5~7 朵疏生的小穗柄，通常不伸出苞鞘外；小穗轴微呈之字形膝曲；雌花鳞片披针形或卵状披针形，长约 5 mm，紫褐色，先端急尖，中部具 3 脉，脉间淡绿色，具宽的白色膜质边缘，比果囊长 1/2~1/3；果囊倒卵形、钝三棱形，长约 3 mm，淡绿色，两面各具 8~9 条明显凸脉，密被短柔毛，基部骤缩成长柄，顶端圆，具短喙，喙口截形。小坚果倒卵形，三棱形，长约 2.5 mm，基部具短柄，顶端具外弯的短喙；花柱基部增粗，柱头 3。果期 6~7 月。

中生植物。生海拔 1 900~2 400 m 山地油松林下、林缘、中生灌丛下及土、石质阴坡，片状或小片状分布，在林下能形成层片，成为草本层的优势种。东、西坡均有较多分布。

分布于我国东北、华北、西北（东部）、华东（北部）、西南（除西藏）及河南，也见于俄罗斯、蒙古、朝鲜和日本。东亚种。

良等牧草。

7. 黄囊苔草（图版 130，图 1）

Carex korshinskyi Kom. Fl. Mansh. **1**：393. 1901；内蒙古植物志（二版）**5**：401. 图版 162. 图 1~5. 1994；中国植物志 **12**：129. 图版 25. 图 10~13. 2000.

多年生草本。具细长匍匐根状茎。秆密丛生，纤细，高 20~36 cm，扁三棱形，上部微粗糙，下部平滑。基部具褐红色叶鞘，细裂成纤维状；叶片狭，宽 1~2 mm，扁平或对折，短于秆或近等长，边缘粗糙。苞片鳞片状，最下面的先端具长芒，小穗 2~3 个；顶生者为雄小穗，棒形，长 1~2.5 cm，与相邻雌小穗接近，雄花鳞片披针形，先端急尖，褐色，边缘白色膜质；侧生为雌小穗，近球形或卵形，长 0.5~1 cm，具 5~12 朵花，无柄；雌花鳞片卵形，长约 3 mm，先端急尖，淡棕色，边缘白色膜质，与果囊近等长；果囊倒卵形或椭

圆形，钝三棱形，革质，金黄色，长约 3 mm，背面具多数脉，腹面脉少，平滑，具光泽，基部近楔形，顶端急缩为短喙；喙平滑，喙口膜质，斜截形。小坚果紧包于果囊内，椭圆形，钝三棱形，长约 2 mm，灰褐色；花柱基部稍粗，柱头 3。花果期 6~8 月。

旱生植物。生海拔 2 000~2 400 m 山地林缘、灌丛下及土石质山坡草原群落，呈片状或零星分布，为草原与灌丛群落的伴生种。见东坡苏峪口沟、黄旗沟、插旗沟、甘沟；西坡哈拉乌沟、北寺沟、南寺沟和峡子沟。

分布我国东北（西部）、华北（北部）和西北，也见于俄罗斯、蒙古、朝鲜。西伯利亚-蒙古种。

良等牧草。

8.干生苔草（图版 130，图 2）

Carex aridula V. Krecz. in Not. Syst. Herb. Inst. Bot. Nom. Kom. Acad. Sci. URSS **9**：191. 1946；内蒙古植物志（二版）**5**：403. 图版 162. 图 6~10. 1994；中国植物志 **12**：131. 图版 25. 图 1~5. 2000；宁夏植物志（二版）**下册**：533. 2007.

多年生草本。具细长匍匐根茎。秆丛生，纤细，直立，高 5~20 cm，扁三棱形，微粗糙，基部具红褐色叶鞘，细裂成网状。叶片细，宽约 1 mm，扁平，常外卷，边缘粗糙。苞片鳞片状，最下 1 片先端刚毛状，基部包秆；顶生小穗 2~3 个为雄性，棒状，长 8~12 mm，与相邻雌小穗接近，雄花鳞片倒卵形，先端近圆形，红锈色，边缘白色膜质，有 1~3 条脉，侧生小穗 1~2 个，雌性，球形或长圆形，长 5~8 mm，具几朵至十几朵花，无柄；雌花鳞片宽卵形，锈棕色，长约 4 mm，先端近尖，边缘白色膜质，具 1 条脉；果囊革质，球状倒卵形，钝三棱形，长 3 mm，淡绿色，果熟时淡褐色，平滑，具光泽，无脉，基部宽楔形，顶端骤缩为短喙；喙口斜截形、白色膜质，小坚果倒卵形，三棱形，长约 2 mm，深褐色，花柱基部增粗，柱头 3，果期 6~8 月。

耐寒中旱生植物。生海拔 3 000 m 高山灌丛的石缝中，零星分布。见主峰下山脊两侧。

分布于内蒙古、宁夏、甘肃、青海和四川。青藏高原东缘种（唐古特种）。

良等牧草。

9. 华北苔草（图版 130，图 4）

Carex hancockiana Maxim. in Bull. Soc. Nat. Moscou. **54**（1）：66. 1879；内蒙古植物志（二版）**5**：405. 图版 164. 图 6~10. 1994；中国植物志 **12**：112. 图版 20. 图 1~4. 2000；宁夏植物志（二版）**下册**：532. 图 336. 2007.

多年生草本。根状茎短。秆丛生，高 30~80 cm，纤细，三棱形，上部微粗。基部叶鞘无叶片，紫红色，细裂成网状；叶片长于秆或近等长，宽 2~4 mm，叶片扁平，边缘粗糙，背部密生小点。苞片叶状，长于花序，无苞鞘；小穗 3~5 个，顶生 1 个为雌雄顺序，圆柱形，长 1~2 cm，小穗柄常下倾，花密生；雄花鳞片紫褐色；侧生小穗雌性，长圆形，长 1~1.5 cm，小穗轴纤细，基部的长达 1.5~3 cm；雌花鳞片卵状披针形，长约 2 mm，紫褐

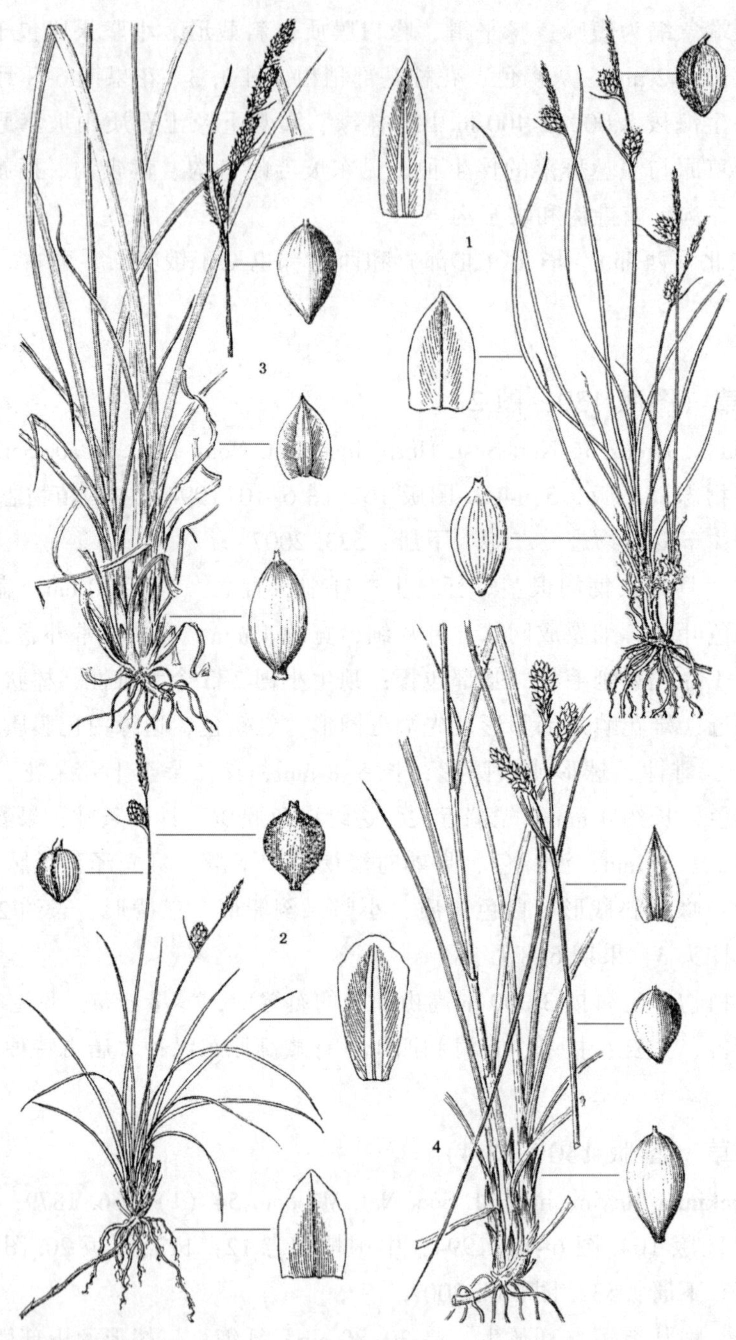

图版 130　1. 黄囊苔草 Carex korshinkyi Kom. 植株、雄花鳞片、雌花鳞片、果囊、小坚果；**2. 干生苔草** C. aridula V. Krecz. 株花、雄花鳞片、雌花鳞片、果囊、小坚果；**3. 甘肃苔草** C. kansuensis Nelmes 植株一部分、花序、雌花鳞片、果囊、小坚果；**4. 华北苔草** C. hancockiana Maxim. 植株一部分、花序、雌花鳞片、果囊（背面）、小坚果。（1~2 田虹绘；3~4 马平绘）

色，先端渐尖，边缘白色膜质，3 条脉，较果囊短；果囊成熟后水平开展，倒卵形或椭圆形，淡绿色，后呈淡褐色，膨胀三棱状，长 2.5~3 mm，脉不明显，基部稍狭，顶端急缩为短喙；喙口具 2 齿。小坚果倒卵形，三棱形，长约 1.5 mm，柱头 3。花果期 5~7 月。

中生植物。生海拔 2 000~2 400 m 山地林缘、溪泉边和阴坡灌丛下，多呈小片状分布。见东坡苏峪口沟、插旗沟、黄旗沟；西坡哈拉乌沟、南寺沟、北寺沟、水磨沟。

分布于我国东北、华北、西北东部，也见于俄罗斯、蒙古、朝鲜。东北–华北种。

良等牧草。

10. 甘肃苔草（图版 130，图 3）

Carex kansuensis Nelmes in Kew Bull. 1939；中国高等植物图鉴 **5**：293. 图7416. 1976；贺兰山维管植物：309. 1986；中国植物志 **12**：110. 图版 20. 图 5~8. 2000. ——*C. angarae* auct. non Steud.：内蒙古植物志（二版）**5**：407. 1994. p. p. guoad helanshan.

多年生草本。根状茎短。秆丛生，质硬，高 40~80 cm，锐三角形，基部具紫红色叶鞘，无叶片。叶片扁平，质软，暗绿色，短于秆，宽 4~5 mm，边缘粗糙。苞片最下部的叶状，上部的刚毛状，短于花序，无苞鞘；小穗 4~6 个，疏松聚生，顶生 1 个小穗雌雄顺序，卵形或矩圆形，长 0.6~1 cm，其余为雌性，在雌小穗基部有时有少数雄花，花密生，长圆状圆锥形，长 1.5~3 cm；小穗柄纤细，长约 2 cm，下垂；雌花鳞片椭圆状披针形，长约 4 mm，黑紫色，边缘白色膜质，近等于果囊；果囊膜质，淡黄色，稍膨大三棱形，上部具紫红色细点，无脉，基部具短柄，顶端急缩为短喙，喙口具 2 齿。小坚果疏松包于果囊中，黄褐色，倒卵状长圆形，三棱状，具细点，长 2 mm，柱头 3。花果期 6~8 月。

中生植物。生海拔 2 500~2 800 m 山地溪水边，零星分布。仅见西坡哈拉乌北沟。

分布于我国西北东部，青藏高原东部。唐古特种。

该植物基部具紫红色叶鞘，雌花鳞片暗紫色（紫黑色或紫褐色），具白色膜质边缘，小坚果疏松包于果囊中等特性与紫鳞苔草相似，但 *C. angarae* 雌花鳞片长仅 2（3） mm，明显短，为果囊的 1/2~1/3。而该植物雌花鳞片长约 4 mm，披针形，与果囊近等长明显区别，内蒙古大学标本室赵一之 1027 号标本（采于贺兰山哈拉乌北沟 2 400~2 600 m 山地林缘溪水边），符合甘肃苔草特征。《内蒙古植物志》记载贺兰山的紫鳞苔草 *C. angarae* 系误定，在内蒙古见于大青山以东，《中国植物志》11 卷记载紫鳞苔草、圆穗苔草仅分布在我国东北地区。

11. 紫喙苔草（图版 131，图 2）

Carex serreana Hand. –Mazz. in Oest. Bot. Zeit. **85**：225. 1936；内蒙古植物志（二版）**5**：407. 图版 165. 图 6~10. 1994；中国植物志 **12**：117. 图版 21. 图 9~12. 2000.

多年生草本。根状茎短。秆丛生，高约 25~50 cm，三棱形，纤细，坚实，基部具紫褐色叶鞘。叶片扁平，质软，短于秆，宽 2~3 mm。苞片刚毛状，短于花序，无鞘；小穗 2~3 个，接近，顶生 1 个为雌雄顺序，卵形，长约 9 mm，侧生小穗雌性，卵形，长约 7 mm，

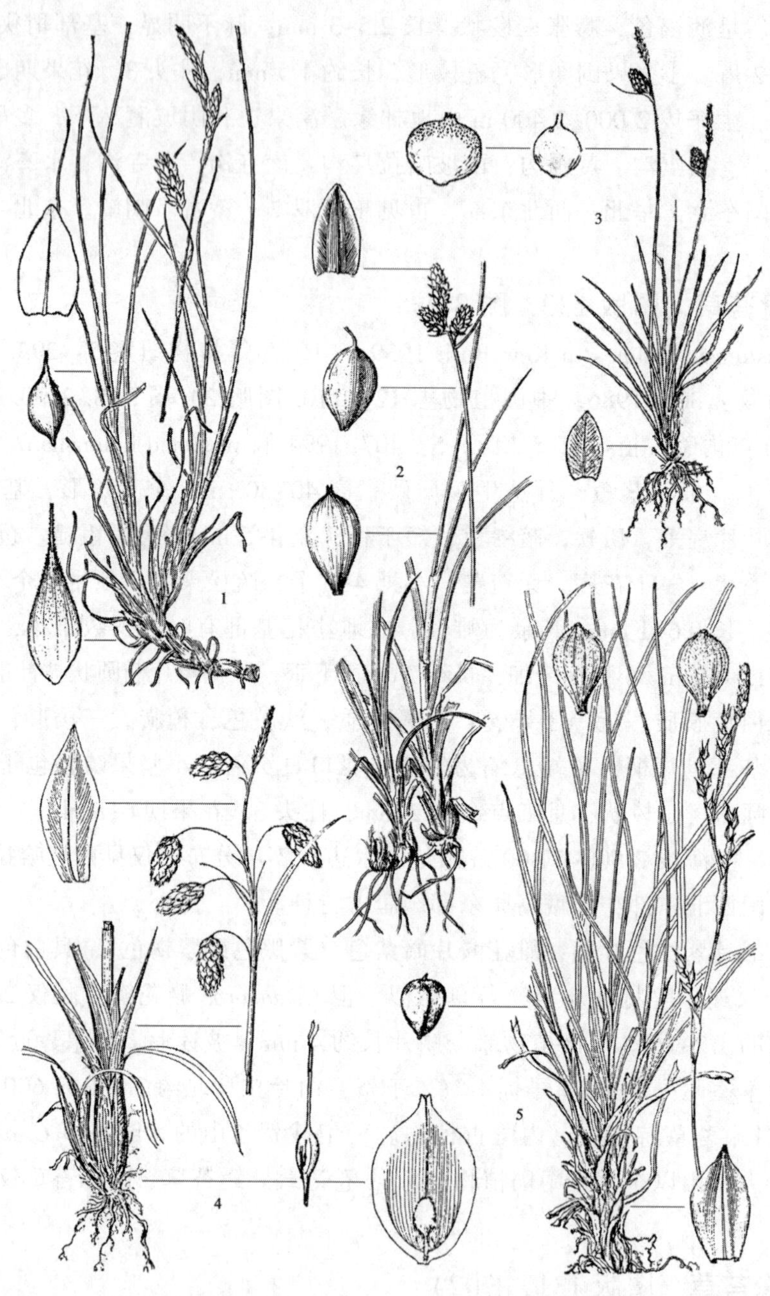

图版 131　**1. 糙喙苔草** Carex scabrirostris Kükenth. 植株及花序、雌花鳞片、果囊、小坚果；**2. 紫喙苔草** C. serreana Hand.-Mazz. 植株、花序、雌花鳞片、果囊（背面）、小坚果 **3. 圆囊苔草** C. orbicularis Boott 雌花鳞片、果囊、小坚果；**4. 扁囊苔草** C. coriophorra Fisch. et C. A. Mey. ex Kunth 植株下部、花序、雌花鳞片、果囊（背面）、小坚果；**5. 凸脉苔草** C. lanceolata Boott. 植株一部分、花序、雌花鳞片、果囊（背面）、果囊（腹面）、小坚果。（1~2 马平绘；4 田虹绘；5 张海燕绘；3 仿中国植物志）

小穗柄纤细，最下部的柄长 5 毫；雌花鳞片卵形或卵状披针形，暗紫红色，长约 2~2.2 mm，先端钝或尖，具狭的白色膜质边缘，背面具 3 条脉，短于果囊，果囊倒披针形或椭圆状披针形，长约 3 mm，三棱状，不膨胀，黄绿色或黄褐色，脉明显，基部楔形渐狭为短柄，顶端急缩为短喙；喙暗紫色，喙口具 2 小齿。小坚果长圆形，三棱状，长约 2 mm；花柱长，基部不增粗，柱头 3。花果期 7~8 月。

中生植物。生海拔 3 000~3 400 m 高山灌丛与草甸中。小片状分布。见主峰下山脊两侧。

分布于我国华北、西北东部。中国喜马拉雅种。

12. 膨囊苔草（图版 129，图 6）

Carex lehmanii Drejer，Symb. Caric. 13. t. 2. 1844；中国植物志 **12**：115. 图版 21. 图 1~4. 2000；宁夏植物志（二版）**下册**：532. 2007.

多年生草本。具匍匐根状茎。秆疏生，高 15~50 cm，纤细，三棱形，基部具紫褐色叶鞘。叶片扁平，柔软，宽 3~4 mm，与秆近等长。苞片叶状，下部 1 个长于花序；小穗 3~5 个，顶生 1 个雌雄顺序，长圆形，长 4~8 mm，侧生小穗雌性，卵形或长圆形，长 5~9 mm；小穗柄纤细，最下部的长 1~4 cm，向上渐短；雌花鳞片宽卵形，长约 1.2 mm，先端钝或稍尖，暗紫色，两侧稍淡，具 1~3 脉，短于果囊 1/2；果囊倒卵形或倒卵状椭圆形，三棱形，长 2~2.2 mm，膨胀，淡黄绿色，脉明显，先端收缩成暗紫红色的短喙，喙口微凹或截形。小坚果倒卵形，三棱形，长约 1.5~1.7 mm。花柱短，柱头 3。

中生植物。生海拔 2 400~2 600 m 云杉林林缘、沟谷溪边，零星或小片分布。见东坡苏峪口沟兔儿坑。

分布于我国西北东部和青藏高原东部，也见于尼泊尔、锡金、朝鲜、日本。东亚种。

13. 扁囊苔草（图版 131，图 4）

Carex coriophorra Fisch. et C. A. Mey. ex Kunth，Enum. Pl. **2**：463. 1847；内蒙古植物志（二版）**5**：413. 图版 157. 图 5~9. 1994. 中国植物志 **12**：229. 图版 45. 图 8~11. 2000；宁夏植物志（二版）**下册**：536. 2007.

多年生草本。根状茎短，匍匐。秆高 50~70 cm，粗壮，三棱形，粗 2 mm，平滑，基部具淡褐色叶鞘，细裂成纤维状，叶片扁平，质硬，淡绿色，长为秆的 1/3，宽 3~5 mm，边缘近平滑。苞片叶状，短于花序，具鞘；小穗 3~6 个，顶生 1（2）个为雄性，长圆形，长 1~1.7 cm，下垂，雄花鳞片长圆状或倒卵形，长约 5 mm，侧生小穗雌性，长圆形，长 1~1.7 cm，宽约 7 mm，密花，具细柄，柄长 2~3 cm，弯曲或下垂；雌花鳞片长圆形或披针形，长约 4 mm，锈褐色，中部黄绿色，先端尖，具狭的白色膜质边缘，短于果囊；果囊宽椭圆形，极压扁三棱形，长约 5 mm，锈褐色，无脉，上部边缘疏生小刺毛，基部近圆形，具短柄，先端骤缩为短喙；喙圆柱形，喙口白色膜质，具 2 微齿。小坚果疏松包于果囊中，倒卵状椭圆形，长约 1.5 mm，三棱状，基部具长达 1 mm 的柄；花柱细，基部不膨大，柱头3。花果期6~8月。

中生植物，生山地海拔2 400~2 800 m溪水、湿地中，呈小片和零星分布。仅见东坡苏峪口沟。

分布于我国东北、华北和西北（东部）。也见于俄罗斯、蒙古。东北–华北种。

中等牧草。

14. 糙喙苔草（图版131，图1）

Carex scabrirostris Kükenth. in Bot. Jahrb. Syst. **36**：Beibl. n. 82. 9. 1905；贺兰山维管植物：309. 1986；中国植物志**12**：249. 图版47. 图13~15. 2000. ——*C. cranaocarpa* auct. non Nelmes：内蒙古植物志**8**：122. 图版54. 图1~4. 1985 et 内蒙古植物志（二版）**5**：415. 图版168. 图1~4. 1994.

多年生草本。根状茎向下延伸。秆疏丛生，高30~50 cm，钝三棱形，平滑，基部具褐色叶鞘，细裂成纤维状 。叶扁平，宽1~3 mm，边缘稍粗糙，短于秆。苞片叶状，具长鞘，短于花序；小穗3~5个，上部1~2（3）个雄性，接近圆柱形，长1~2 cm，余为雌性，长圆状圆柱形，长约2 cm，密花，具长为2~3 cm的细柄，下垂；雌花鳞片卵状披针形，暗褐色，长3.5~4 mm，具1脉，先端渐尖，具短尖，边缘白色膜质，短于果囊1/2；果囊膜质，披针形，扁三棱状，长6~7 mm，下部淡黄色，上部暗褐色，脉不明显，基部圆形，具短柄，先端骤缩为短喙，喙平滑，喙口全缘。小坚果倒卵状长圆形，长约2 mm，三棱状，花柱细长有疏毛，柱头3。花果期7~8月。

耐寒中生植物。生海拔3 000~3 500 m高山灌丛、草甸中，呈零星或片状分布，有时可形成层片。见主峰山脊两侧。

分布于青藏高原及其东部高海拔山地，甘肃、青海、四川、陕西（太白山）。青藏高原东缘山地种。

该种从标本形态特征和分布区范围以及生态特点，都应是糙喙苔草。《中国植物志》（**12**：252）的鹤果苔草 *C. cyanaocarpa* 仅分布河北、山西，生山坡阳处石缝中或路边。

15. 圆囊苔草（图版131，图3）

Carex orbicularis Boott in Proc. Linn. Soc. **1**：254. 1845；Egorova Pl. Asi. Centr. **3**：62. 1967；中国植物志**12**：398. 图版83. 图1~4. 2000. ——*C. cinerascens* auct. non Kükenth.：宁夏植物志（二版）**下册**：531. 图335. 2007.

多年生草本。具短根状茎和匍匐茎。秆丛生，高10~25 cm，纤细，三棱形，粗糙，基部具深褐色叶鞘。叶片扁平，宽1.5~2.5 mm，边缘粗糙，短于秆。苞片基部刚毛状，无鞘，短于花序；小穗2~4个，顶生1个雄性，圆柱形，长1.2~2 cm，小穗柄长3~9 mm，侧生小穗雌性，卵形或长圆形，长0.5~1.5 cm，花密，小穗柄长2~3 mm，向上渐无柄；雌花鳞片长圆形或长圆状披针形，顶端钝，长1.8~2.5 mm，宽1~1.2 mm，紫红色，边缘白色膜质，短于果囊，窄为果囊1/2~1/3；果囊宽卵形，平凸状，长2~2.5 mm，宽2.5 mm，褐紫色，密生瘤状小突起，脉不明显，先端具极短的喙，喙口微凹，疏生小刺。小坚果卵形，长约 2 mm；花柱基部不增大，柱头 2，花果期 7~8 月。

湿中生植物。生山麓水渠、涝坝边及 2 200~2 600 m 的山谷溪水边湿地，多呈小片生长。见西坡水磨沟、锡叶沟。

分布于青藏高原及其东缘山地，也见于中亚、西亚山地。青藏高原–中亚山地种。

最早记载贺兰山有该植物的是美国纽约植物园的 H. Walker，他根据秦仁昌先生 1923 年在贺兰山水磨沟、锡叶沟采集的 90 号和 183 号标本而定，于 1941 年发表在《秦仁昌在中国蒙古南部和甘肃省所采集的植物》一文中。1985 年出版的《内蒙古植被》第二章“植物种及其生态地理特征简述”中（340 页）也记载贺兰山有该种分布，并定为湿生–沼泽种。在编写该植物名录时曾查阅过中国科学院植物研究所该植物的标本。《宁夏植物志》（二版）（**下册**：531）中灰化苔草 *C. cinerascens* 所附的图 335 其雌花鳞片为椭圆形，顶端钝，具 1 脉，而真正的灰化苔草为长圆状披针形，顶端锐尖（少有钝），具 3 脉。看来所指植物应该是圆囊苔草。灰化苔草仅分布于我国东北、华北和华中地区，西北地区仅分布于陕西秦岭。

八三、天南星科 Araceae

草本植物。常含乳汁，具块茎或根茎。叶通常基生，茎生则为互生呈 2 列或螺旋状排列，叶片星形、全缘或分裂，大都具网状脉。肉穗花序外面有佛焰苞包围；花两性或单性，花单性时，雌雄同株或异株，花被缺或 4~6 片；雄蕊 1 至多数，分离或合生为雄蕊柱，花药 2 室，顶孔开裂或缝裂；子房上位或陷入肉穗花序轴内，1 至多室，胚珠 1 至多数。果为浆果，密集于肉穗花序轴上，含种子 1 至多数。

贺兰山有 1 属，1 种。

1. 天南星属 Arisaema Mart.

多年生草本，具块茎。叶掌状 3 裂或辐射状 5 至多裂，与花絮同时抽出。佛焰苞顶生，下部呈管状，上部呈片状，先端渐尖或呈细长尾状；肉穗花序包在佛焰苞内或伸出苞外，附属体有各种形状，仅达佛焰苞喉部或伸出喉外；肉穗花序单性或两性，在两性花序中，雌花序花密集，雄花序花稀疏，位于雌花序之上；花序单性，雌雄异株，雄花有 2~5 雄蕊；雌花密集，子房 1 室，胚珠 1~9，基底胎座。浆果 1 室，含种子 1 至数颗。

1. 天南星

Arisaema erubescens（Wall.）Schott，Melet. **1**：17. 1832；中国植物志 **13**（2）：189. 图版 37. 图 1~8. 1979. ——*Arum erubescens* Wall. Pl. Asiat. Rar. **2**：30. t. 135. 1831. ——

Arisaema consanguineum Schott in Bonpl. **7**：27. 1859；贺兰山维管植物：310. 1986.

多年生草本。块茎扁球形，直径 2~3 cm，密生须根。假茎高 20~40 cm，膜质，淡蔷薇色，先端渐尖。叶 1 枚，叶片辐射状分裂，裂片 7~15 个，长圆状披针形或倒披针形，长 5~20 cm，宽 1~3 cm，先端渐尖或细丝状，基部渐狭；叶柄长 15~30 cm。雌雄异株；花序短于叶柄；佛焰苞绿色，上部带紫色，具白色条纹，管长 3.5~5.0 cm，檐卵状长椭圆形或卵形，略长于管，先端渐尖，具长尾尖；雄肉穗花序长 1.5~2.0 cm，无柄，花稍密，花药 2~4 个聚生，球形，顶孔开裂，附属器棒状，长约 3 cm，顶端钝圆，向下渐狭；雌肉穗花序长 1.0~1.5 cm，花密生，附属物棒状，长约 3 cm。果序长约 3 cm，浆果红色。花果期 5~8 月。

湿中生植物。生海拔 2 700 左右云杉林间溪边湿地，零星少见。仅见西坡哈拉乌北沟。

广布黄河流域以南地区，也见于不丹至泰国。东亚种。

该植物我们尚未采到标本，依据《贺兰山维管植物》。

八四、灯心草科 Juncaceae

多年生或一年生草本。根状茎直生或横走，着生多数须根。茎直立，多丛生，不分枝。叶基生或茎生，常狭条形或毛发状，扁平或圆柱状，呈禾草状，叶鞘开裂或闭合，花序圆锥状、聚伞状或头状，稀单生；花小，两性，辐射对称；花被片 6，2 轮排列，颖状；雄蕊 6，稀 3，与花被片对生，花药 2 室，基着，纵裂；雌蕊 1，子房上位，1~3 室，含 3 至多数胚珠；花柱 1~3，短或长；柱头 3 条。蒴果 1~3 室，室背开裂。种子细小，常具尾状附属物。

贺兰山有 1 属，5 种。

1. 灯心草属 Juncus L.

多年生或稀一年生草本。常具根茎。茎直立，丛生，光滑无毛。叶鞘开口，叶片禾草状扁平或圆柱形而具横隔，常具叶耳，稀叶片退化为鳞片状叶鞘。苞片叶状，1~3 个，花头状簇生或分叉聚伞生在花茎顶端，组成头状或圆锥花序，雌蕊先成熟；花被片颖状，边缘常膜质，内轮与外轮等长，或内轮较短，稀较长；雄蕊 6，稀 3，常短于花被；子房 3 或 1 室，含多数胚珠。蒴果 1 或 3 室。种子多数。

分种检索表

1. 花单生，不呈小头状；由多花排列成聚伞或圆锥状花序。
   2. 一年生草本；花被片披针形，先端锐尖或长渐尖；蒴果常短于花被 ………… 1.小灯心草 **J. bufonius**
   2. 多年生草本；花被片卵状披针形，先端钝圆；蒴果明显超出花被 ………… 2.细灯心草 **J. gracillimus**

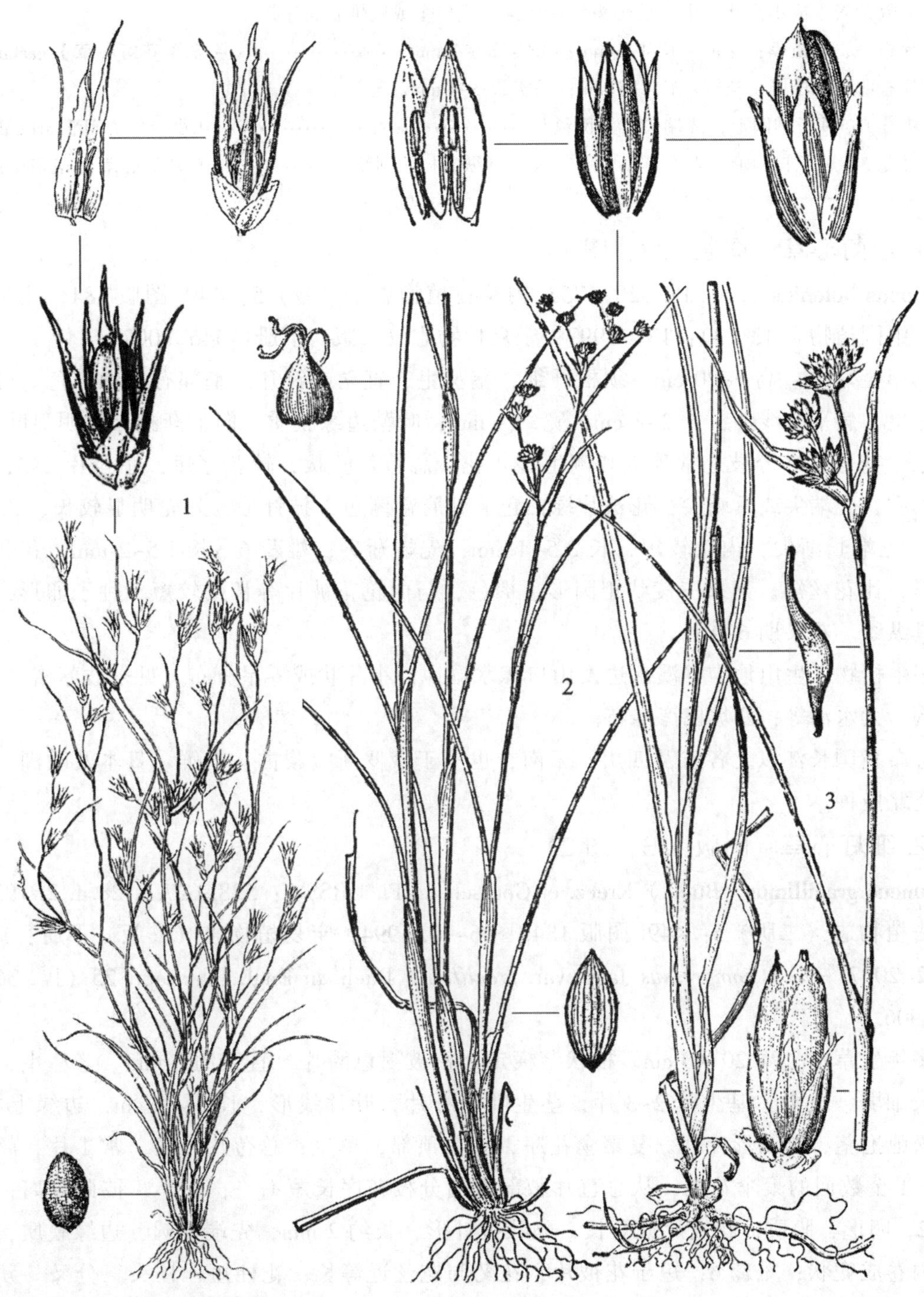

图版 132 1. 小灯心草 Juncus bufonius L. 植株、花、花被片和雄蕊、果实和宿存花被、种子；2. 小花灯心草 J. articulatus L. 植株和花序、花、花被片和雌蕊、雌蕊、果实和宿存花被、种子；3. 栗花灯心草 J. castaneus Smith 植株和花序、果实和宿存花被、种子。（马平绘）

1. 花2至数朵簇生成小头状；由多数小头状花序排列成聚伞或圆锥状花序。

3. 叶片扁平，无横隔；花被片长4~5 mm；果实长6~7 mm ………………………… 3.栗花灯心草 **J. castaneus**

3. 叶片有明显的横隔；花被片长2~3 mm；果实长3~4 mm。

4. 雄蕊6；种子椭圆形，两端尖，无网纹 ………………………………………… 4.小花灯心草 **J. articulatus**

4. 雄蕊3；种子长卵形，先端具小尖头，表面具纵向梯状网纹 ……………… 5.针灯心草 **J. wallichianus**

1. 小灯心草（图版132，图1）

Juncus bufonius L. Sp. Pl. 328. 1753. 内蒙古植物志（二版）**5**：449. 图版184，图1~5. 1994；中国植物志 **13**（3）：172. 1997；宁夏植物志（二版）**下册**：546. 2007.

一年生草本。高5~20 cm。须根纤细，茎丛生，直立或斜升，基部有时红褐色。叶基生和茎生，扁平，线性，长2~8 cm，宽约1 mm；叶鞘边缘膜质，向上渐狭，无明显叶耳。二岐聚伞花序，在分枝上常顶生和侧生2~4花；总苞片叶状，较花序短；小苞片2~3，卵形，膜质，先端尖或具刺尖；花被片绿白色，背脊部绿色，披针形，外轮明显较长，长4~6 mm，先端长渐尖，内轮较短，长3.5~4 mm，先端渐尖；雄蕊6，长1.5~2 mm，花药狭矩圆形，比花丝短。蒴果三棱状矩圆形，褐色，与内轮花被片等长或较短。种子卵形，褐色，具纵纹。花果期6~9月。

湿生植物。生山地沟谷溪水边及山口积水湿地，小片状或零星分布。见东坡苏峪口沟、拜寺沟、大水沟等；西坡巴彦浩特。

分布我国长江以北各省及四川、云南，也见于俄罗斯、蒙古、朝鲜、日本及欧洲、北美。泛北极种。

2. 细灯心草（图版133，图2）

Juncus gracillimus（Buch.）Krecz. et Gontsch. in Fl. URSS **3**：528. 627. t. 28. f. 2. 1935；内蒙古植物志（二版）**5**：449. 图版184. 图6~10. 1994；宁夏植物志（二版）**下册**：547. 图342. 2007. ——*J. compressus* Jacp. var. *gracillimus* Buch. in Engl. Pflanzepr. **25**（Ⅳ. 36）：112. 1906.

多年生草本。高20~40 cm。根状茎横走，密披褐色鳞片，直径约3 mm。茎丛生，直立，较细弱、光滑。基生叶2~3片，茎生叶1~2片，叶片线形，长5~10 cm，边缘上卷；叶鞘松弛抱茎，具圆形叶耳。复聚伞花序，生茎顶部，单生；总苞片叶状，常1片，超出花序；1至数回的聚伞花序，从总苞片腋部发出分枝花序长短不一；花小，彼此分离；小苞片2，卵形，膜质；花被片近等长，卵状披针形，长约2 mm，先端钝圆，边缘膜质，常稍向内卷成兜状；雄蕊6，短于花被片，花药与花丝近等长；花柱短，柱头三分叉。蒴果卵形，超出花被片，先端具短尖，褐色，具光泽。种子褐色，斜倒卵形，长约0.3 mm，表面具纵向梯纹。花果期5~8月。

湿生植物。生山地沟谷溪水边、山麓水库、涝坝中，小片分布。见东坡拜寺沟；西坡巴彦浩特。

分布于我国长江流域以北各省（区），也见于俄罗斯、蒙古、朝鲜、日本、中亚和欧洲。古北极种。

该植物《中国植物志》（**13**（3）：166. 1997）吴国芳用新种名 *J. manasiensis* K. F. Wu，但英文修订版的《中国植物志》（Flora of China）仍用原名。

3. 栗花灯心草（图版 132，图 3）

Juncus castaneus Smith，Fl. Brit. **1**：383. 1800；内蒙古植物志（二版）**5**：451. 图版 185. 图 3~5. 1994；中国植物志 **13**（3）：227. 1997；宁夏植物志（二版）**下册**：548. 2007.

多年生草本。高 20~40 cm，具长的根茎。茎直立，圆柱形，直径 1.5~2 mm，具纵沟纹。基生叶 2~4 片，茎生叶 1~2 片，叶片狭条形，长 8~15 cm，宽 1~3 mm，先端针状，边缘内卷；叶鞘松弛抱茎，无叶耳。顶生聚伞花序，由多个头状花序组成，花序梗不等长；叶状总苞片 1，常超出花絮；头状花序含 5~14 花，基部有 1~2 膜质苞片；花被片近等长，披针形，长 4~5 mm，先端常渐尖，边缘膜质；雄蕊 6，短于花被片 1/2~1/3；花柱短，长约 1 mm，柱头三分叉，长 2~3 mm，扭转。蒴果披针状矩圆形，长 6~8 mm，栗褐色，具 3 棱。种子椭圆形或矩圆形，长约 1 mm，黄色，两端各有长约 1 mm 的尾状附属物。花果期 7~9 月。

湿生植物。生沟谷溪水边，零星或小片分布。见东坡汝箕沟；西坡哈拉乌沟。

分布于我国东北、华北、西北（东部）及四川和云南。也见于俄罗斯（远东）、蒙古、朝鲜、日本、欧洲、北极。古北极种，

4. 小花灯心草（图版 132，图 2）

Juncus articulatus L. Sp. Pl. 465. 1753；中国植物志 **13**（3）：184. 1997；宁夏植物志（二版）**下册**：547. 图 343. 2007. ——*J. lampocarpus* Ehrh. Calam. No. 126. 1971；中国高等植物图鉴 **5**：412. 图 7653. 1976；贺兰山维管植物：311. 1986.

多年生草本。高 10~40 cm，根状茎短缩横走。茎直立，丛生，圆柱形或稍扁，具纵沟纹。基生叶 1~2 片，茎生叶通常 2 片，叶片近圆筒形，长 2~15 cm，粗 1~1.5 mm，先端针形，横隔明显，关节状；叶鞘松弛抱茎，边缘膜质，顶端具狭叶耳。多数头状花序组成聚伞花序；头状花序含 4~10 花；花被片近等长，披针形，长 2.5~3 mm，先端尖，边缘膜质；雄蕊 6，为花被片的 1/2；花药较花丝稍短或近等长；雄蕊具短花柱，柱头 3。蒴果三棱状椭圆形，褐色，具光泽，稍伸出花被。种子椭圆形，长约 0.5 mm，黄褐色，两端尖。花果期 6~8 月。

湿生植物。生沟谷溪边、山麓水库、涝坝边，零星分布。见东坡汝箕沟、大水沟；西坡巴彦浩特。

分布于我国东北、华北、西北、华东及四川，也见于亚洲北部、欧洲、北美和北非。泛北极种。

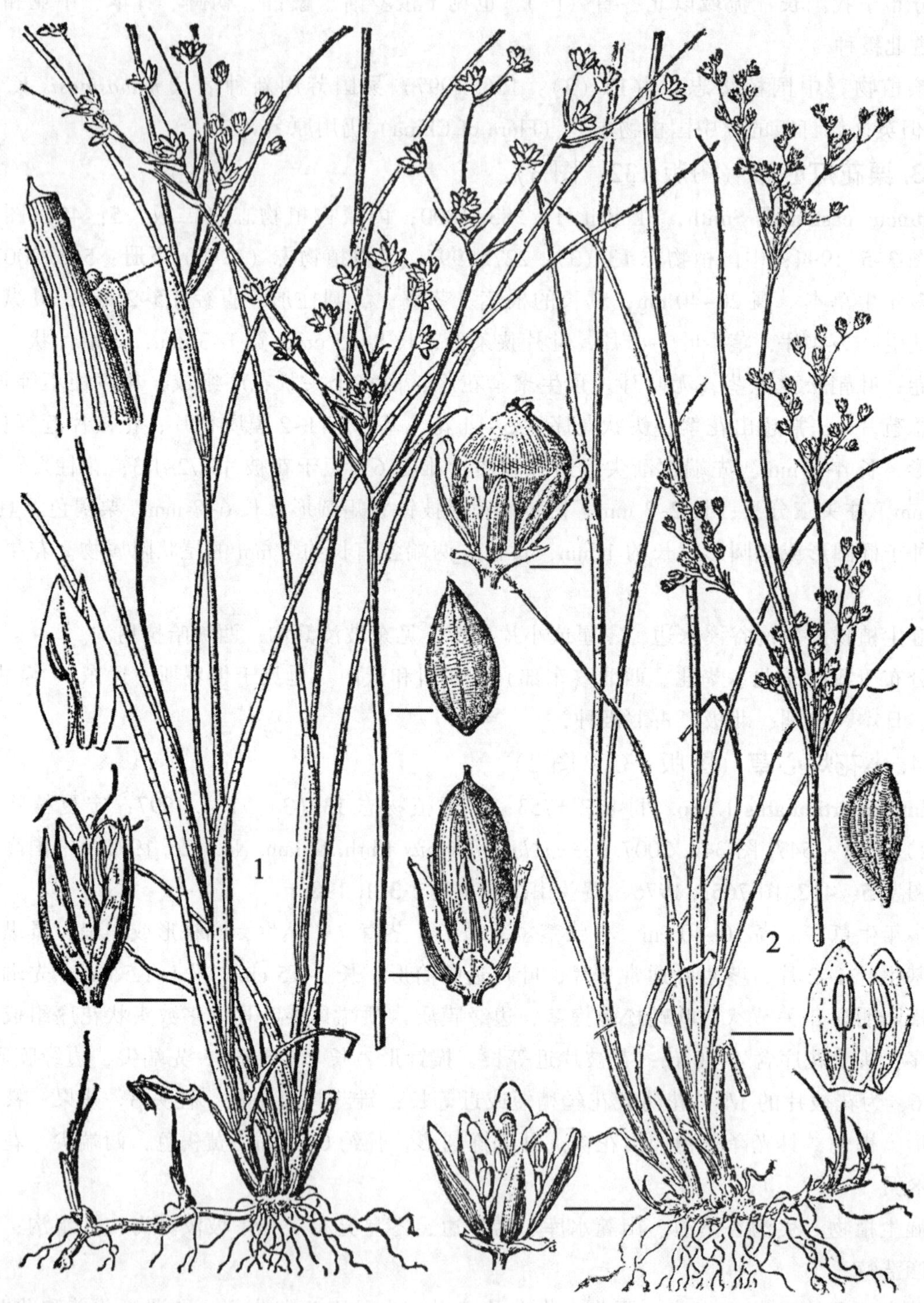

图版 133　1. 针灯心草 Juncus wallichianus J. Gay ex Laharpe 植株、花、花被和雌蕊、果实、种子；2. 细灯心草 J. gracillimus (Buch.) Krecz. et Gontsch. 植株和花序、花、花被片和雌蕊、果实和宿存花柱、种子。(马平绘)

5. 针灯心草（图版 133，图 1）

Juncus wallichianus J. Gay ex Laharpe，Mem. Soc. Hist. Nat. Paris. **3**：139. 1827；内蒙古植物志（二版）**5**：453. 图版 187. 图 1~5. 1994；中国植物志 **13**（3）：188. 1997.

多年生草本。高 25~40 cm，具横走的根状茎。茎直立，丛生，圆柱形，直径 1~2 mm，有节，具纵沟纹。基生叶 1~2 片，茎生叶通常 2 片，叶片细长圆柱形，中空，有明显的横隔，长约 5~20 cm，宽 1~1.5 mm，先端针状；叶鞘松弛抱茎，有钝圆、宽约 1 mm 的叶耳。叶状总苞短于花序；多数头状花序组成复聚伞花序；头状花序直径 2~5 mm，含花（2）4~6（10）朵，基部有膜质苞片 2，苞片卵形，长约 2 mm；花被片近等长，披针形，长 2~2.5 mm，先端锐尖或渐尖，边缘膜质；雄蕊 3，短于花被片，花药狭矩圆形，较花丝短。蒴果三棱状矩圆形或近圆锥形，长 3~3.5 mm，先端骤尖，棕褐色，有光泽。种子长卵形，有小尖头，棕色，长约 0.5 mm，表面有纵向梯状网纹。花果期 6~8 月。

湿生植物。生山麓水库、涝坝边，小片或零星分布。仅见西坡巴彦浩特。

分布于我国东北、华北，也见于俄罗斯（远东）、朝鲜、日本。东亚种。

《贺兰山维管植物》还记载一种中亚灯心草 *J. turkestanicus* V. Krecz. et Gontsch. 与本种相近，我们尚未采到标本。文献记载该植物仅见新疆准噶尔及中亚地区。

八五、百合科 Liliaceae

草本，稀木本。常具根状茎、鳞茎或块茎。叶基生或茎生；茎生叶多互生或轮生，稀对生；常具弧形或平行脉，极稀具网状脉。花两性，稀单性异株或杂性；花通常辐射对称；花被片 6，稀 4 或 5，两轮排列，离生或不同程度的合生，通常花冠状；雄蕊与花被片同数，稀 3 或 12，花丝离生或贴生于花被筒上；花药基着或丁字状着生，多 2 室，纵裂；雌蕊 1，子房上位，通常 3 室，具中轴胎座，稀 1 室而具侧膜胎座；每室具 1 至多数倒生胚珠。果实为蒴果或浆果。种子具丰富的胚乳，胚小。该科新分类系统可划分成几个科：百合科，葱科 Alliaceae，天门冬科 Asparagaceae，铃兰科 Convallariaceae 等。

贺兰山有 7 属，25 种。

分属检索表

1. 叶退化成鳞片状，具丝状或条状的叶状枝 ………………………………………… **1.天门冬属 Asparagus**
1. 叶不退化成鳞片状，不具叶状枝。
  2. 植株具鳞茎。
    3. 花被片内面基部具蜜腺；花少数，单生花或排列成疏总状花序。
      4. 花大，直径 5 cm 以上，花被片脱落，花药丁字状着生；无基生叶 ……………… **2.百合属 Lilium**
      4. 花小，直径 4 cm 以下，花药基底着生；具基生叶。
        5. 鳞茎膨大，鳞茎皮革质；花黄色，花被片基部无注陷 ……………………… **3.顶冰花属 Gagea**
        5.鳞茎不膨大，鳞茎皮膜质；花白色具紫色条纹，花被片基部具洼陷 ……… **4.洼瓣花属 Lloydia**

3. 花被片内面基部无蜜腺；花多数，排列成伞形花序 …………………………………… 5.葱属 **Allium**

2. 植株具根茎

6.根茎肉质，肥大；叶多数；花腋生，花被片 6，雄蕊 6 …………………………… 6.黄精属 **Polygonatum**

6.根茎细小；叶少数（二枚）；花序顶生，花被片 4，雄蕊 4 ……………………… 7.舞鹤草属 **Maianthemum**

1. 天门冬属 Asparagus L.

多年生草本或半灌木。根绳状，常具纺锤状的肉质块根。茎直立或攀援。叶状枝常簇生，扁平，三棱形或近圆柱形；在茎枝上有时有软骨质齿。叶退化成鳞片状，基部有时延伸成距或刺。花小，1~4 朵腋生或排成总状花序；花两性或单性，有时杂性；花梗通常具关节；花被钟形；花被片离生，稀基部合生；雄蕊 6，着生于花被片基部；花柱明显，柱头 3 裂，子房无柄 3 室，每室 2 至几个胚珠。浆果球形，具 1 至几粒种子。

贺兰山有 4 种。

分种检索表

1. 攀援植物。

2. 根具圆柱状肉质的块根，粗 7~15 mm；叶状枝有软骨质齿，花梗较短，长 3~6 mm …………………………………………………………………………………………… 1.攀援天门冬 **A. brachyphyllus**

2. 根绳状，不肉质膨大，粗 2~3 mm；叶状枝无软骨质齿，花梗较长，长 6~25 mm …………………………………………………………………………………………… 2.西北天门冬 **A. persicus**

1. 直立植物。

3. 茎和分枝呈强烈回折状；半灌木，茎具纵向剥离的白色薄膜；叶状枝与分枝呈钝角开展，刚直，花梗长 5 mm 以下 ………………………………………………………………… 3.戈壁天门冬 **A. gobicus**

3. 茎直立，不呈回折状。多年生草本，茎无剥离的白色薄膜；叶状枝与分枝呈锐角开展。细弱，花梗长 6 mm 以上 ………………………………………………………………… 4.青海天门冬 **A. przewalskyi**

1. 攀援天门冬（图版 134，图 1）

Asparagus brachyphyllus Turcz. in Bull. Soc. Nat. Mosc. **13**：78. 1840；中国植物志 **15**：116. 图版 37. 图 1~3. 1978. 内蒙古植物志（二版）**5**：525. 图版 220. 图 1~2. 1994；宁夏植物志（二版）**下册**：555. 图 348. 2007.

多年生攀援草本。根膨大呈近圆柱形肉质块根，粗 7~15 mm。茎长 20~100 cm，分枝具纵沟纹，通常有软骨质齿。叶状枝 4~10 簇生，近扁圆柱形，有条棱，伸直或弧曲，长 4~12 mm，有软骨质齿；鳞片状叶基部有刺状短距。花 2（4）朵腋生，淡紫褐色；花梗较短，长 4~8 mm，中部具关节；雄花的花被片长 5~7 mm，花丝中部以下贴生于花被片上；雌花较小，花被片长约 3 mm。浆果成熟时深红色，直径 6~8 mm，通常有 4~5 粒种子。花期 6~8 月，果期 7~9 月。

中旱生植物。生海拔 1 900~2 200 m 山地灌丛或石缝中，零星分布。见东坡甘沟；西

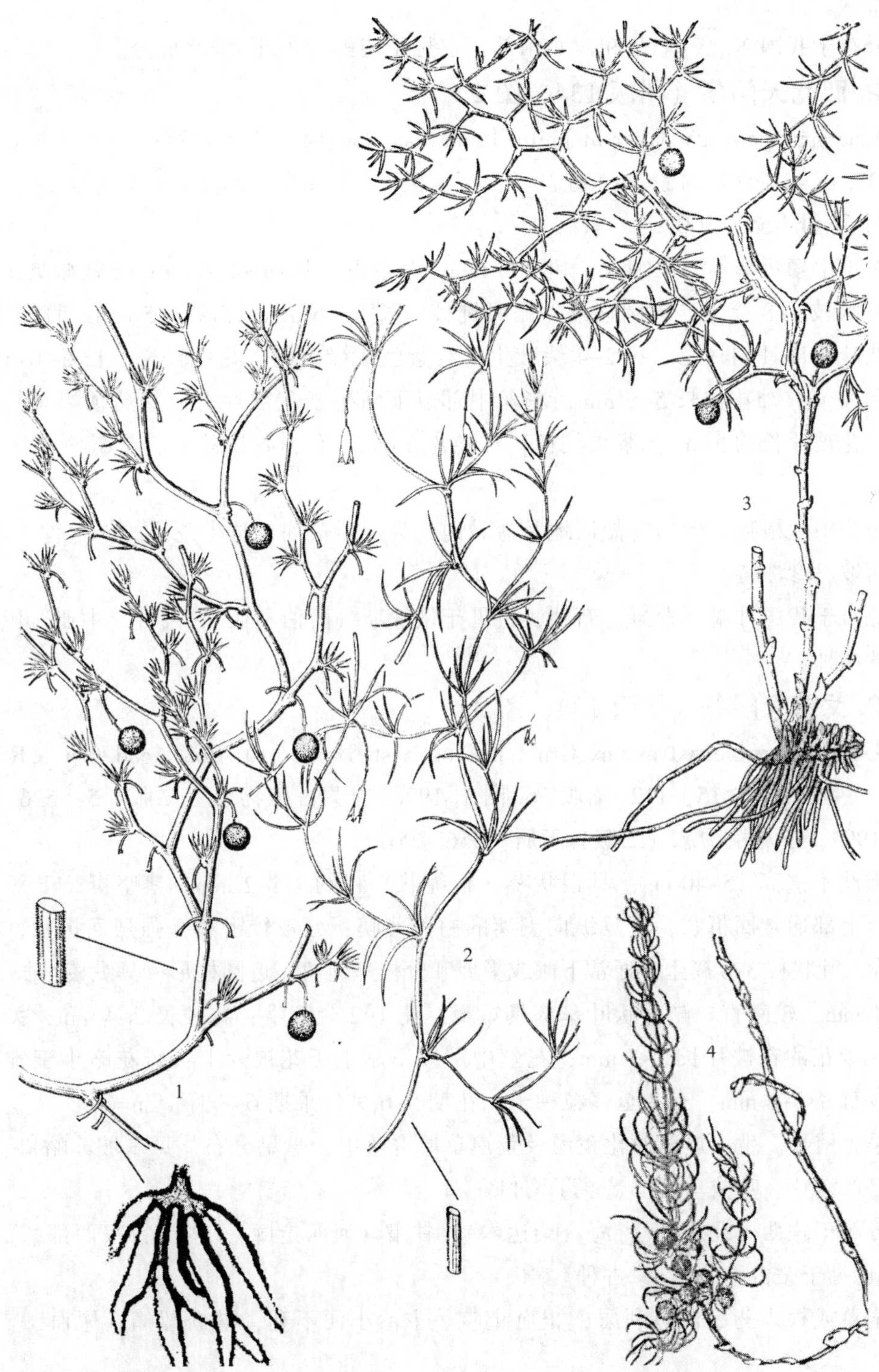

图版 134　**1. 攀援天门冬** Asparagus brachyphyllus Turcz. 果株、分枝一段；**2. 西北天门冬** A. persicus Baker 花株、分枝一段。**3. 戈壁天门冬** A. gobicus Ivan. ex Grub. 植株；　**4. 青海天冬门** A. przewalskyi Ivanova　植株下部。（1~3 马平绘；4 引自模式原图）

坡水磨沟、锡叶沟。

分布于我国东北、华北和西北东部，也见于朝鲜。东北-华北成分。

2. 西北天门冬（图版 134，图 2）

Asparagus persicus Baker in Journ. Linn. Soc. Bot. **14**：603. 1875；中国植物志 **15**：114. 图版 37. 图 4. 1978. 内蒙古植物志（二版）**5**：526. 图版 220. 图 3~4. 1994；宁夏植物志（二版）**下册**：555. 2007.

多年生攀援草本。根细长，粗 2~3 mm。茎平滑，长 30~100 cm；分枝略具条纹或近平滑。叶状枝 4~8 簇生，近圆柱形，略具钝棱，长 5~15 mm，粗约 0.5 mm，直伸或稍弧曲；鳞片状叶基部具刺状距。花 2~4 朵腋生，红紫色或绿白色；花梗较长，长 6~18 mm，中部以上具关节；雄花被长 5~6 mm，花丝中部以下贴生于花被片上，花药顶端具细尖；雌花较小，花被片长约 3 mm。浆果红色，直径约 6 mm，有 5~6 粒种子。花期 5~6 月，果期 6~8 月。

耐盐中生植物。生山前盐渍地及盐碱地，为盐生草甸、盐生荒漠的伴生种，零星分布。仅见西坡巴彦浩特。

分布于我国甘肃、青海、新疆，也见于俄罗斯（西伯利亚）、蒙古、中亚、伊朗。亚洲西部荒漠种。

3. 戈壁天门冬（图版 134，图 3）

Asparagus gobicus Ivan. ex Grub. in Not. Syst. Herb. Inst. Bot. Acad. Sci. URSS **17**：9. 1955；中国植物志 **15**：112. 图版 36. 图 1. 1978. 内蒙古植物志（二版）**5**：526. 图版 221. 图 1. 1994；宁夏植物志（二版）**下册**：556. 2007.

半灌木。高 15~40 cm，具根状茎。根绳状，粗约 1.5~2 mm。茎坚挺，下部直立，黄褐色，上部通常回折状，常具纵向剥离的白色薄膜；分枝较密集，强烈回折状，常疏生软骨质齿，叶状枝 3~8 簇生，通常下倾或平展和分枝呈钝角，近圆柱形，具纵棱，长 5~15 mm，粗约 1 mm，较刚直。鳞片状叶基部具短距。花 1~2 朵腋生；花梗长 2~4 mm，关节位于中上部；雄花的花被片长 5~7 mm；花丝中部以下贴生于花被片上；雌花略小于雄花。浆果红色，直径 5~8 mm，有 3 至多粒种子。花期 5~6 月，果期 6~8 月。2n=60。

旱生植物。生山麓草原化荒漠及荒漠草原群落中，零星分布。见东坡苏峪口、甘沟口；西坡巴彦浩特、哈拉乌沟口、峡子沟口。

分布于陕西（北部）、青海（柴达木）、甘肃（河西走廊）、内蒙古（西部）、宁夏（北部），也见于蒙古。戈壁-蒙古种。

全草或根入药，清热利尿，止血止咳。主治小便不利，淋沥涩痛、尿血、支气管炎、咳血。

4. 青海天门冬（图版 134，图 4）

Asparagus przewalskyi Ivanova，Pl. Asi. Centr. **7**：81. t. 5. f. 1. 1977；宁夏植物志（二

版）**下册**：554. 图 347. 2007. ——*A. borealis* S. C. Chen in Acta Phytotax. Sin. **19**（4）：502. 图 2. 图 1~2. 1981；内蒙古植物志（二版）**5**：531. 1994（Syn. nov.）——*A. dolichorhizmatus* J. M. Ni & R. N. Zhao in Acta Phytotax Sin. **31**（4）：378~380. 1993.

多年生草本。高 20~50 cm。根状茎细长、匍匐，粗 1.2~1.8 mm，灰黄色或灰白色，具节，节上具膜质鳞片。茎单生或 2~3 个疏丛生，细弱，不分枝，上部弯曲下垂；叶状枝（3）5~8 个成簇，扁半圆柱，开张，向上常呈镰状弯曲，光滑，长 1.5~3.0（5.0） cm，宽 0.7~1.0 mm。鳞片状叶膜质，卵状披针形，基部无刺。花 2 朵，着生于茎中下部叶状枝腋中，花梗长（7）8~10 mm，近顶部具关节；花被钟形，长约 8 mm，鲜时绿白色，干后棕色；雄蕊 6，花丝等长。浆果熟时红色，直径约 7 mm。花期 5~6 月，果期 7~8 月。

中旱生植物。生灌丛下。仅见西坡南寺沟。

分布于祁连山。为我国特有。青藏高原东缘种。

该种模式标本采自青海黄河上游（N. Przewalskyi s. n. 2/2 V. 1880）。陈心启发表的北天门冬（*A. borealis*）模式也采自青海西宁（王生新 S. X. Wang，261. 20 V. 1965），而且特征几乎完全相同，故归并，后者为晚出异名。贺兰山所产该植物，鲜时花绿白色，花梗长 11~20 mm，6 枚雄蕊等长。徐杰等定新变种贺兰山天门冬（*A. przewalskyi* var. *alaschanicus* Y. Z. Zhao & J. Xu var. nov（nom. nud.）模式标本采自贺兰山南寺沟（宁夏药检所，宁药 73–0126 号，13 V. 1973）。我们认为花色鲜时绿白色或绿黄色，干后变淡棕色（淡紫色）属正常变化，花梗长 10~20 mm（实为 7~18 mm）和雄蕊等长，因原描述中未提到花梗长度和雄蕊 6 枚是否等长，因此暂记于此，待见到原模式标本后再定。有的资料记载贺兰山还有长花天门冬（*A. longiflorus* Franch.），我们尚未找到可靠标本。

2. 百合属 Lilium L.

多年生草本。具鳞茎。茎直立，不分枝，叶散生，少轮生。花大，单生或排列成总状花序；花被片 6，2 轮生，喇叭形或钟形，基部有蜜腺；雄蕊 6，花药大，椭圆形，花丝钻形；子房圆柱形，花柱长，柱头膨大，3 裂。蒴果，室背开裂。种子多数。

贺兰山有 1 种。

1. 山丹（图版 135，图 4）细叶百合、山丹丹

Lilium pumilum DC. in Redoute. Liliac. **7**：t. 378. 1812；中国植物志 **14**：147. 图版 40. 图 1~5. 1980；内蒙古植物志（二版）**5**：473. 图版 194. 图 3. 1994；宁夏植物志（二版）**下册**：580. 2007. —— *L. tenuifolium* Fisch. in Cat. Jard. Gorenki 8. 1812. nom. nud. ; Hook. in Bot. Mag. t. 3140. 1832. —— *L. potaninii* Vrishcz in Journ. Bot. URSS **53**：1472. 1968. —— *L. pumilum* DC. var. *potaninii*（Vrishcz）Y. Z. Zhao，内蒙古植物志 **8**：1985.

多年生草本。鳞茎卵形或圆锥形，长 3~5 cm，直径 2~3 cm；鳞片矩圆形或长卵形，

图版 135　1. 少花顶冰花 Gagea pauciflora Turcz. 植株、花被片及雄蕊、雌蕊；2. 西藏洼瓣花 Lloydia tibetica Baker ex Oliver 花序、花被片与雌蕊；3. 洼瓣花 L. serotina（L.）Reichb. 植株、花被片及雄蕊、雌蕊；4. 山丹 Lilium pumilum DC. 植株上部及地下部分、鳞茎。（马平绘）

长 3~4 cm，宽1~1.5 cm，白色。茎直立，高 25~66 cm，与叶边缘密被小乳头状突起。叶散生于茎中部，条形，长 3~9.5 cm，宽 1.5~3 mm，具 1 中脉，花单生或数朵成总状花序，生于茎顶部，鲜红色，下垂；花被片反卷，长 3~5 cm，宽 6~10 mm，蜜腺两边有乳头状突起；花丝长 2.4~3 cm，无毛，花药长矩形，长 7.5~10 mm，黄色，具红色花粉粒；子房圆柱形，长约 10 mm；花柱长约 17 mm，柱头膨大，径 3.5~4 mm，3 裂。蒴果矩圆形，长约 2 cm，直径 0.7~1.5 cm。花期 7~8 月，果期 9~10 月。

中生植物。生海拔 2 000~2 400 m 山地沟谷、石质山坡及灌丛下，零星分布。见东坡苏峪口沟、小口子、黄旗沟、汝箕沟、大水沟、甘沟；西坡哈拉乌沟、北寺沟、南寺沟、水磨沟、峡子沟、镇木关沟等。

分布于我国东北、华北和西北东部，也见于俄罗斯（西伯利亚、远东）、蒙古和朝鲜。东北-华北种。

鳞茎入药，能养阴润肺，清心安神，主治阴虚，久咳，痰中带血、虚烦惊悸、神志恍惚。花、鳞茎入蒙药（蒙药名：莎日良），能接骨、治伤、去黄水，清热解毒，止咳止血，月经过多等。

该种在贺兰山的标本因果实近球形，茎与叶边缘具小乳头状突起，曾被定变种球果百合 *L. pumilum* DC. var. *potaninii*（Vrishcz.）Y. Z. Zhao。

3. 顶冰花属 Gagea Salisb.

多年生草本。鳞茎较小，卵珠形。基生叶 1~2，有时具数片茎生互生叶。花通常排成伞房、伞形或总状花序，少单生；花被片 6，通常黄色或绿黄色，离生，2 轮，宿存，增大，比蒴果长；雄蕊 6；花丝基生；花药卵形或矩圆形，基着；花柱较长，柱头头状或 3 裂。蒴果倒卵形至矩圆形，通常有三棱，果皮薄。

贺兰山有 1 种。

1. 少花顶冰花（图版 135，图 1）

Gagea pauciflora Turcz. in Bull. Soc. Nat. Mosc. **11**：102. 1938. nom. nud.；Grossg. in Fl. URSS **4**：111. 1935；中国植物志 **14**：72. 1980；内蒙古植物志（二版）**5**：467. 图版 192. 图 1~3. 1994；宁夏植物志（二版）**下册**：581. 2007.

多年生草本。高 7~25 cm。鳞茎球形或卵形，皮黄褐色，上端延伸成圆筒状，撕裂，抱茎。基生叶 1，长 8~22 cm，宽 2~3 mm；茎生叶通常 1~3，下部 1 枚长，可达 12 cm，披针状条形，上部的渐小而成为苞片状。花 1~3 朵，排成近总状花序；花梗长约 10 mm，花被片披针形，绿黄色，长 10~20 mm，宽 2.5~4 mm，先端尖；雄蕊长为花被的 1/2~2/3，花药条形，长 2~3.5 mm；子房矩圆形，长 2.5~3.5 mm；花柱与子房近等长或略短，柱头 3 深裂，裂片超过 1 mm。蒴果近倒卵形，长为宿存花被片的 2/3。花期 5~6 月，果期 7 月。

早春类短命中生植物。生于海拔 1 900~2 400 m 沟谷、溪水及山地草甸或灌丛下，零星分布。见东坡苏峪口沟；西坡哈拉乌沟、水磨沟、南寺沟、北寺沟等。

分布于我国华北及陕西、甘肃、青海和西藏。也见于俄罗斯、蒙古。东古北极种。

4. 洼瓣花属 Lloydia Salisb.

多年生草本。鳞茎狭卵形，上端延伸成圆筒状，茎不分枝。叶 1 至多枚基生；茎叶较短，互生。花单朵顶生或 2~4 朵排成近二岐的伞房状花序；花被片 6，离生，近基部常有凹穴、毛或褶片；雄蕊 6，基部着生，花药基着；花柱与子房近等长或较长，柱头近头状或 3 浅裂。蒴果狭倒卵状矩形至宽倒卵形，室背上部开裂。种子多数。

贺兰山有 2 种。

分种检索表

1.基生叶 1~2 枚；花被片白色，具紫色斑，内外花被相似，花丝无毛。基部有一凹穴 ……………………………………………………………………………………………… **1.洼瓣花 L. serotina**

1. 基生叶 3~5 枚；花被片淡黄色，具淡紫色脉，内花被较宽，外花被较尖窄，花丝中下部具毛，基部具 1 对褶片 ………………………………………………………………………… **2.西藏洼瓣花 L. tibetica**

1. 洼瓣花（图版 135，图 3）

Lloydia serotina（L.）Reichb. Fl. Germ. Exs. 102. 1830；中国植物志 **14**：81. 图版 19. 图 7~8. 1980；内蒙古植物志（二版）**5**：467. 图版 192. 图 7~9. 1994；宁夏植物志（二版）**下册**：528. 图 370. 2007. ——*Bulboscodium serotinum* L. Sp. Pl. 294. 1753.

多年生草本。鳞茎狭卵形，皮灰褐色，上部开裂。茎直立，高 5~20 cm。基生叶通常 2，狭条形，宽约 1 mm，短于花茎；茎生叶 2~4 枚，长 1~2.5 cm，宽约 2 mm。花 1 朵，顶生；内外花被片近相似，倒卵形，白色而带紫斑纹，长 1~1.2 cm，宽约 5 mm，先端钝，内面近基部常有一凹穴；雄蕊短于花被片，花丝无毛；子房近矩圆形；花柱与子房近等长，柱头 3 浅裂。蒴果倒卵形，略具三钝棱，顶端花柱宿存。种子近三角形，扁平。花期 5~6 月，果期 7~8 月。

早春中生植物。生海拔 2 200~2 500 m 山地沟谷及阴坡，灌丛下，零星分布。仅见西坡哈拉乌北沟、水磨沟。

分布于我国东北、华北、西北、西南各省区，也广布于欧洲、亚洲和北美洲。泛北极种。

2. 西藏洼瓣花（图版 135，图 2）

Lloydia tibetica Baker ex Oliver in Hook. Ic. Pl. ser. 4. 3. t. 2216. 1892；中国植物志 **14**：82. 图版 20. 图 1~4. 1980；Pl. Asi. Gentr. **7**：77. 1977.

多年生草本。鳞茎不明显膨大，卵柱形。顶端延长，开裂。基生叶 3~5（8）枚，条形，扁平，等长或有时高于花茎，宽 1.5~3 mm；茎生叶 2~3 枚，短，向上渡过为苞片。花 1~4（5）朵，呈二岐聚伞花序；花被片淡黄色，有淡紫色脉纹，基部通常多少具柔毛；内花被明显宽于外花被，内花被基部有 1 对褶片；雄蕊短于花被，花丝中下部具柔毛；子房长矩圆形；花柱长于子房，柱头近头状，稍三裂。蒴果矩圆形。种子不规则矩圆形，扁平。花期 6~7 月，果期 7~8 月。

早春中生植物。生海拔 3 000 m 左右石质山脊、石缝和高山灌丛下。仅见主峰下山脊两侧。

分布于我国青藏高原及外围山地和陕西（太白山）、湖北（兴山）、山西（垣曲，中条山），也见于尼泊尔。青藏高原种。

5. 葱属 Allium L.

多年生草本，常有葱蒜味。鳞茎圆柱形至球形，外皮膜质，革质或纤维质。叶基生或具长鞘而似茎生，扁平或圆锥形，实心或空心。花葶从鳞茎中抽出；伞形或头状花序，下有 1~3 枚总苞；花被片 6，2 轮，分离或下部连生；雄蕊 6，2 轮，花丝全缘或基部扩大而每侧具齿，通常基部合生并与花被片贴生；子房 3 室，三棱形，每室具数粒胚珠；柱头头状或 3 浅裂。蒴果小，室背全裂。种子黑色，多棱形或近球形。

贺兰山有 13 种（含 1 无正种的变种），1 变种。

分种检索表

1. 鳞茎球形，基部常具珠芽（小鳞茎），外质不破裂；叶半圆筒状或三棱状半圆筒状，中空 ………………………………………………………………………………………… 1. 薤白 A. macrostemon

1. 鳞茎圆柱形或卵状圆柱形，基部不具珠芽。
 2. 花丝短于或近等于花被片。
  3. 内轮花丝不具裂齿。
   4. 花白色，淡红色，紫红色，淡紫色；小花梗明显长于花被。
    5. 鳞茎外皮破裂成紧密或松散的纤维状，紧密的呈网状，近网状。
     6. 植株具横生根状茎；鳞茎外皮破裂成紧密的纤维状，且呈网状或近网状；叶三棱状条形，中空；花白色具红色中脉 ………………………………………… 2. 野韭 A. ramosum
     6. 植株无根茎或仅具直伸的短根茎；鳞茎外皮破裂成松散的纤维状，但不呈网状；叶半圆柱形至圆柱形，实心；花淡红色或红紫色 ………………… 3.蒙古葱 A. mongolicum
    5. 鳞茎外皮膜质，不规则的破裂。
     7. 植物较纤细；叶长于或近等于花葶，粗 0.3~1 mm；小花梗近等长，长 0.5~1.5 cm；花丝长为花被的 1/2~2/3 ……………………………………… 4. 细叶葱 A. tenuissimum
     7. 植物较粗壮；叶短于或近等于花葶，粗 1~2 mm；小花梗不等长，长 1~3 cm；花丝长为花被的 2/3 ……………………………………………………………… 5. 矮葱 A. anisopodium
     （花葶、小花梗和叶纵棱具明显细糙齿的为变种糙葶矮葱 var. zimmermannianum）
   4. 花淡蓝色或淡紫色；小花梗极短，显著短于花被 ……………………… 6. 短梗葱 A. kansuense

3. 内轮花丝具裂齿，每侧各具 1 个相等的钝齿，齿卵圆形，叶明显短于花葶 ……………………………………………………………………………………………… 7. 双齿葱 **A. bidentatum**

2. 花丝长于花被片。

8. 内轮花丝不具裂齿；鳞茎外皮纸质，污白色；花白色至淡红色，具淡红色中脉 ……………………………………………………………………………………………… 8. 白花葱 **A. yanchiense**

8. 内轮花丝具裂齿；鳞茎外皮破裂成紧密或松散纤维状，成网状或不成网状。

9. 鳞茎外皮破裂成紧密的纤维状，能成网状。

10. 鳞茎外皮黄褐色或灰褐色；伞形花序半球形，较松散；花丝略长于花被片 ……………………………………………………………………………………… 9. 贺兰葱 **A. eduardii**

10. 鳞茎外皮红色；伞形花序球形，紧密；花丝为花被片 1.5~2 倍 … 10.青甘葱 **A. przewalskianum**

9. 鳞茎外皮破裂，松散纤维状，不成网状或稀成网状。

11. 花蓝色、紫蓝色或粉白色；叶比花葶短；鳞茎多数或少数簇生。

12. 叶狭条形，扁平；花蓝色至紫蓝色；须根较少，纤细11. 雾灵葱 **A. plurifoliatum** var. **stenodon**

12. 叶半圆柱型，边缘具微糙齿；花淡紫色，紫红色，稀粉白色；须根极多并粗壮 ……………………………………………………………………………………… 12. 多根葱 **A. polyrhizum**

11. 花白色或黄白色；叶比花葶长或近等长；鳞茎单生或 2~3 枚聚生 ……………………………………………………………………………… 13. 阿拉善葱 **A. alaschanicum**

1. 薤白（图版 136，图 2）小根葱

Allium macrostemon Bunge，Enum. Pl. China Bor. Coll. 65.1833；中国植物志 **14**：265. 图 92. 1980；内蒙古植物志（二版）**5**：505. 图版 209. 图 4~6. 1994；宁夏植物志（二版）**下册**：578. 图 367. 2007.

多年生草本。鳞茎近球状，粗 1~1.8 cm，外皮棕黑色，纸质，不破裂，内皮白色。叶半圆柱状或三棱状半圆筒形，中空，上面具纵沟，短于花葶。花葶圆柱状，高 30~80 cm，近中部被叶鞘；总苞 2 裂，膜质，宿存；伞形花序半球状至球状，具多而密集的花，或间具珠芽；小花梗近等长，长 1~1.5 cm，基部具白色膜质小苞片；花淡紫色或淡红色；花被片先端钝，长 4~5 mm，宽 2~2.5 mm，外轮的舟状矩圆形，常较内轮稍宽而短，内轮的矩圆状披针形；花丝等长，比花被片长 1/3~1/2，基部呈狭三角形扩大，向上渐狭成锥形，内轮的基部比外轮基部稍宽；花柱伸出花被外，子房近球状，基部具有帘的凹穴。2n=16，24，32，40，48。

旱中生植物。生海拔 2 200~2 400 m 山地沟谷，零星分布。仅见西坡峡子沟（内蒙古药检所甲-03-60. 9. 27）。

除新疆、青海外，几乎全国各省区均有分布，也见于朝鲜、日本和俄罗斯（远东）。东亚种。

鳞茎可食用。也入药（药材名：薤白），能理气宽胸、通阳散结，主治胸闷、胸痛、脘痞不舒、泻痢后重，痰饮咳嗽。

也作牧草。

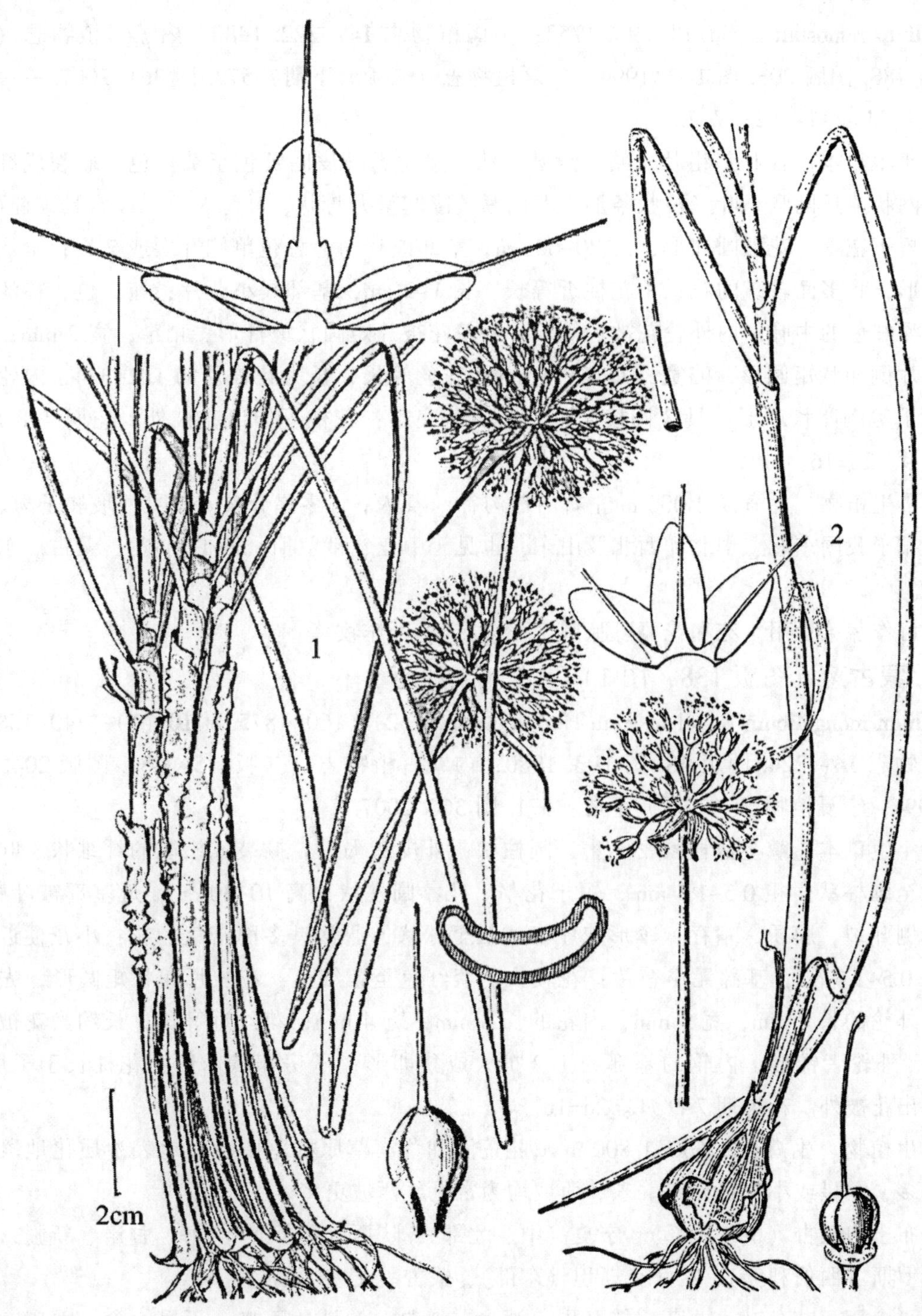

图版 136　1. 阿拉善葱 Allium alaschanicum Y. Z. Zhao　植株、叶纵切面、花纵剖面、雌蕊；2. 薤白 A. macrostemon Bunge　植株、花纵剖面、示花被片及花丝、雌蕊。（马平绘）

2. 野韭（图版 137，图 1）

Allium ramosum L. Sp. Pl. 296. 1753；中国植物志 **14**：222. 1980；内蒙古植物志（二版）**5**：488. 图版 203. 图 1~3. 1994；宁夏植物志（二版）**下册**：572. 图 361. 2007. ——*A. odorum* L. Mant. **1**：62. 1767.

多年生草本。根状茎粗壮。鳞茎近圆柱状，簇生；外皮暗黄色至黄褐色，破裂成纤维状，呈网状或近网状。叶三棱状条形，背面纵棱隆起呈龙骨状，叶缘及沿纵棱常具细糙齿。中空，短于花葶。花葶圆柱形，高 20~60 cm，基部被叶鞘；总苞单侧开裂或 2 裂；伞形花序半球形，具多而较疏的花；小花梗近等长，长 1~2 cm，基部具小苞片；花白色，稀淡红色，具深红色的中脉；内外轮花被近等长，外轮花被片矩圆状披针形，稍窄，宽 2 mm；内轮花被片倒卵状矩圆形，略宽，宽 2.5~3 mm；花丝等长，长为花被片的 1/2~3/4，内轮者稍宽；子房倒卵状球形，具 3 圆棱，外壁具疣状突起；花柱不伸出花被外。花期 7~8 月，果期 8~9。2n=16。

中旱生植物。生海拔 2 000 m 左右山地沟谷、灌丛下，零星分布。仅见西坡峡子沟。

分布于我国东北、华北和西北及山东，也见于中亚、俄罗斯（西伯利亚）、蒙古。东古北极种。

叶可作蔬菜食用。花和花葶可腌制“韭菜花”。可作牧草。

3. 蒙古葱（图版 138，图 1）蒙古韭、沙葱

Allium mongolicum Regel in Acta Hort. Petrop. **3**（2）：160. 1875. et **10**（1）：340. 1887；中国植物志 **14**：224. 图版 48. 图 1~3. 1980；内蒙古植物志（二版）**5**：489. 图版 204. 图 1~3. 1994；宁夏植物志（二版）**下册**：571. 图 360. 2007.

多年生草本。鳞茎数枚紧密丛生，圆柱状；外皮灰褐色，撕裂成松散的纤维状。叶半圆柱状至圆柱状，粗 0.5~1.5 mm，短于花葶。花葶圆柱状，高 10~30 cm，近基部被叶鞘；总苞单侧开裂，膜质，宿存；伞形花序半球状至球状，通常具多而密集的花；小花梗近等长，长 0.5~1.5 cm，基部无小苞片；花较大。淡红色至紫红色；花被片卵状矩圆形，先端钝圆，外轮的长 6 mm，宽 3 mm，内轮的长 8 mm，宽 4 mm；花丝近等长，长约为花被片的 2/3，外轮者锥形，内轮的基部约 1/2 扩大成狭卵形；子房卵状球形；花柱长于子房，但不伸出花被外。花果期 7~9 月。2n=16。

旱生植物。生海拔 1 600~1 800 m 山麓荒漠和荒漠草原群落中，在地表沙质化地段常数量较多，零星或小片状分布。东、西坡均为常见，西坡更多。

分布于内蒙古（中、西部）、宁夏（中、北部）、陕西（北部）、青海、甘肃、新疆，也见于俄罗斯（西伯利亚）、哈萨克斯坦（东部）、蒙古。戈壁-蒙古种。

叶可食用。花、叶入蒙药，能开胃、消食、杀虫，治消化不良、不思饮食、秃疮、青腿病等。良等牧草。

图版 137 1. 野韭 Allium ramosum L. 植株、花纵剖面、示花被片及花丝、雌蕊；2. 雾灵韭 A. plurifoliatum Rendle var. stenodon（Nakaiet et Kitag.）J. M. Xu 植株、花纵剖面、示花被片及花丝、雌蕊； 3. 贺兰葱 A. eduardii Stearn 植株、花纵剖面、示花被片及花丝、雌蕊。（马平绘）

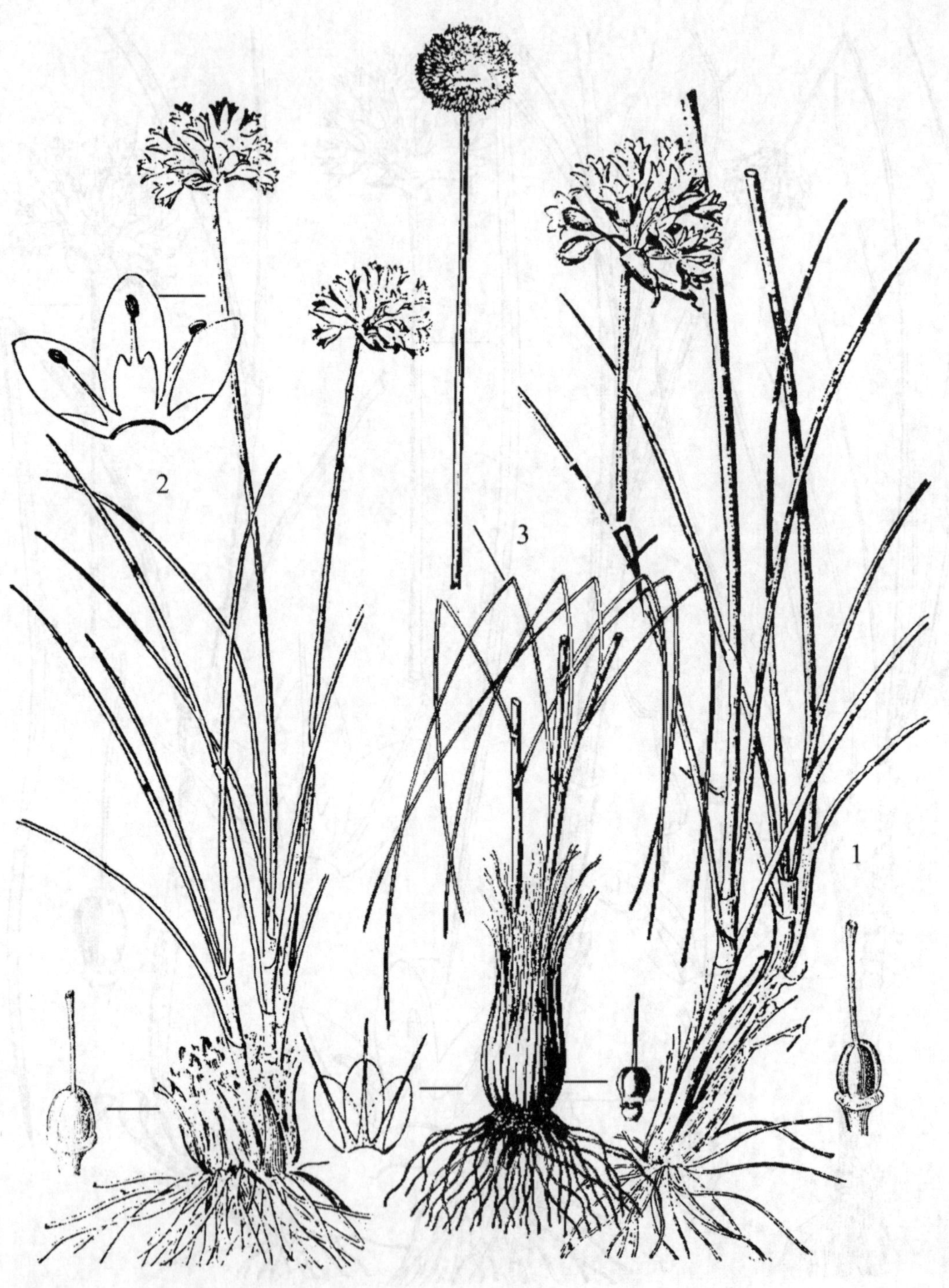

图版 138　1. 蒙古葱 Allium mongolicum Regel 植株、花纵剖面、示花被片及花丝、雌蕊；2. 双齿葱 A. bidentatum Fisch. ex Prokh. 植株、花纵剖面、示花被片及花丝、雌蕊；3. 白花葱 A. yanchiense J. M. Xu 植株、示花被片及花丝、雌蕊。（1~2 马平绘；3 仿中国植物志）

4. 细叶葱（图版 139，图 4）细叶韭

Allium tenuissimum L. Sp. Pl. 301. 1753；中国植物志 **14**：237. 图版 49. 图 1~3. 1980；内蒙古植物志（二版）**5**：495. 图版 206. 图 1~3. 1994；宁夏植物志（二版）**下册**：574. 2007. ——*A. elegantulum* Kitag. in Rep. First Sci. Exped. Manch. Sect. 4. **2**：98. 1935.

多年生草本。鳞茎近圆柱状，数枚聚生，多斜生；鳞茎外皮紫色至黑褐色，膜质，不规则破裂，内皮膜质紫红色。叶半圆柱状至近圆柱状，光滑，粗 0.3~1 mm，长于或近等长于花葶。花葶圆柱状，具纵棱，光滑，高 10~40 cm；中下部被叶鞘；总苞单侧开裂，膜质，具短喙，宿存；伞形花序半球状，松散；小花梗近等长，长 5~15 mm，基部无小苞片；花白色或淡红色；外轮花被片卵状矩圆形，先端钝圆，长 3~3.5 mm，宽 1.5~2 mm；内轮花被片倒卵状矩圆形，先端钝圆状平截，长 3.5~4 mm，宽 2~2.5 mm；花丝长为花被片的 1/2~2/3，外轮的稍短而呈锥形，内轮的下部扩大成卵圆形，扩大部分约为其花丝的 2/3；子房卵球状，花柱不伸出花被外。花果期 5~8 月。2n=16、32。

旱生植物。生海拔 2 000~2 300 m 浅山区的土、石质山坡，为草原群落和灌丛下的伴生种，零星分布。见东坡苏峪口沟、小口子、甘沟；西坡峡子沟、北寺沟。

分布于我国东北、华北、西北东部及山东、河南、四川、江苏、浙江，也见于俄罗斯(西伯利亚)、蒙古。达乌里-蒙古种。

花序种子可作调味品。良等牧草。

5. 矮葱（图版 139，图 3）矮韭

Allium anisopodium Ledeb. Fl. Ross. **4**：183. 1852；中国植物志 **14**：237. 图版 49. 图 4~6. 1980；内蒙古植物志（二版）**5**：497. 图版 207. 图 1~3. 1994；宁夏植物志（二版）**下册**：575. 图 365. 2007.

多年生草本。根状茎横生，外皮黑褐色。鳞茎近圆柱状，数枚聚生；外皮黑褐色，膜质，不规则地破裂，内皮常带紫红色。叶半圆柱状条形，有时因背面中央的纵棱隆起而成三棱状狭条形，光滑，或有时叶缘和纵棱具细糙齿，宽 1~2 mm，短于或近等长于花葶。花葶圆柱状，具细纵棱，光滑，高 20~40 cm，粗 1~2 mm，下部被叶鞘；总苞单侧开裂，宿存；伞形花序半球形，松散；小花梗不等长，长 1~3 cm，具纵棱，光滑，稀沿纵棱略具细糙齿，基部无小苞片；花淡紫色；外轮花被片卵状矩圆形，先端钝圆，长约 4 mm，宽约 2 mm；内轮花被片倒卵状矩圆形，先端平截，长约 5 mm，宽约 2.5 mm；花丝长约为花被片的 2/3，外轮的锥形，基部略扩大，比内轮的稍短，内轮下部扩大成卵圆形，扩大部分为花丝长度的 2/3；子房卵球状，基部无凹陷的蜜穴；花柱短于或近等长于子房，不伸出花被外。花果期 6~8 月。2n=16，32。

旱中生植物。生海拔 1 800~2 300 m 山地沟谷、灌丛及草原群落中，呈零星分布。见东坡苏峪口沟、贺兰沟、黄旗沟；西坡哈拉乌沟、北寺沟、南寺沟、峡子沟等。

分布于我国东北、华北、西北（东部、新疆北部）及山东，也见于俄罗斯（西伯利亚、

远东）、哈萨克斯坦（东部）、蒙古。达乌里–蒙古种。

良等牧草。

5a. 糙葶葱（变种）（图版 139，图 2）糙葶韭

Allium anisopodium Ledeb. var. **zimmermannianum**（Gilg） Wang & Tang，北研植物所丛刊 **2**（8）：260. 1934；中国植物志 **14**：239. 图版 49. 图 7. 1980；内蒙古植物志（二版）**5**：497. 图版 207. 图 4. 1994；宁夏植物志（二版）**下册**：575. 2007. ——*Allium zimmermannianum* Gilg in Bot. Jahrb. **34**（Beibl 75）：23. 1904.

本变种与正种的区别在于本变种的花葶、小花梗和叶沿纵棱均具明显的细糙齿。2n=16，32。

生境同正种。

分布于我国东北、华北、西北（东部）和山东。

6. 短梗葱（图版 140，图 2）

Allium kansuense Regel in Acta Hort. Petrop. **10**（2）：690. 1889；Pl. Asi. Centr. **7**：32. t. Ⅱ. f. 3. 1977. ——*A. cyaneum* Regel var. *brachystemon* Regel，l. c. **10**（1）：346. 1887.

多年生草本。具横走根状茎。鳞茎圆柱状，细长，数个簇生；外皮暗褐色，破裂成纤维状，不明显呈网状。叶半圆柱形，上面具沟槽，与花葶近等长，粗约 1 mm。花葶圆柱状，高 10~25 cm，下部被叶鞘；总苞单侧开裂或 2 裂；伞形花序半球形，具少数及多数花，松散或紧实。小花梗极短或近于无梗、近于相等，短于花被，长度小于 4 mm，花天蓝色或淡蓝紫色；外轮花被片矩圆形，先端渐尖，长 4~5 mm，宽 2~3 mm，内轮花被片矩圆状卵形，先端钝圆，长 5~6 mm，宽 3~4 mm；花丝近等长，为花被片的 2/3，内轮花丝基部扩大成卵圆形，无齿，扩大部分为花丝的 2/3；子房近球形，基部具凹陷的蜜穴，花柱长于子房，不伸出花被外。花果期 6~9 月。

中旱生植物。生 2 400~2 900 m 土、石质山坡、山脊石缝中，也偶见林缘、灌丛下和草原群落中，零星或小片状分布。见东坡苏峪口沟、黄旗沟；西坡哈拉乌沟、南寺沟等。

分布于青海和甘肃的祁连山，为我国特有。青藏高原东缘种。

贺兰山的该种植物过去多被定为天蓝葱（*Allium cyaneum* Regel），如 H. Walker 1941 年发表的《秦仁昌在中国蒙古南部和甘肃所采的植物》中将秦仁昌采自贺兰山的 1121 号标本鉴定为此种；《贺兰山维管植物》（317，1986）也收有此种。但是，天蓝葱小花梗长 4~12 mm，与花被片等长或为其 2 倍，花丝明显长于花被片，为其 1.5 倍，从比花被片长 1/3 直到比其长 1 倍。而该种小花梗很短，明显比花被片短，花丝也短于花被片，为花被片的 2/3 左右，显然与天蓝葱不同。《中国植物志》（**14**：229. 1980）及其英文版（Flora of China，**24**：178）将 *Allium kansuense* Regel 作为高山韭 *A. sikkimense* Baker 的异名，然而，高山韭虽花色也为天蓝色，花丝为花被的 1/2~1/3，但该种叶扁平条形；内轮花被片的边缘常具 1 至数个疏离的不规则小齿，内外轮花丝基部都扩大，有时还有 1 个小齿，明显

图版 139 1. 多根葱 Allium polyrhizum Turcz. ex Regel 植株、花纵剖面、示花被片及花丝、雌蕊；2. 糙葶葱 A. anisopodium Ledeb. var. zimmermannianum (Gilg) Wang & Tang 植株；3. 矮葱 A. anisopodium Ledeb.植株、花纵剖面、示花被片及花丝；4. 细叶葱 A. tenuissimum L. 植株、花纵剖面、示花被片及花丝、雌蕊。(马平绘)

与短梗葱有区别。因此，我们认为短梗葱是一个独立种，不宜与高山韭合并。

7. 双齿葱（图版 138，图 2）砂韭

Allium bidentatum Fisch. ex Prokh. in Bull. Jard. Bot. Princ. URSS **29**：564. 1930；中国植物志 **14**：226. 图 50. 1980；内蒙古植物志（二版）**5**：491. 图版 204，图 4~6. 1994；宁夏植物志（二版）**下册**：576. 2007.

多年生草本。鳞茎数枚紧密聚生，圆柱状，粗 3~5 mm；外皮褐色至灰褐色，薄革质，条状撕裂，有时顶端破裂呈纤维状。叶半圆柱形，宽 1~1.5 mm，边缘具疏微齿，短于花葶。花葶圆柱状，高 10~30 cm，近基部被叶鞘；总苞 2 裂；伞形花序半球状，具多而密集的花；小花梗近等长，长 5~12 mm，基部无小苞片；花淡紫红色至淡紫色；外轮花被片矩圆状卵形，长 4~5 mm，宽 2~3 mm；内轮花被片椭圆状矩圆形，先端截平，常具不规则小齿，长 5~6 mm，宽 2~3 mm；花丝等长，稍短于或近等长于花被片，外轮者锥形，内轮的基部 2/3~4/5 扩大成卵状矩圆形，扩大部分每侧各具 1 钝齿；子房卵状球形，基部无凹陷的蜜穴；花柱略长于子房，但不伸出花被外。花果期 7~8 月。2n=32。

旱生植物。生海拔 1 700~2 000 m 石质山坡及草原群落中，零星分布。仅见西坡浅山地区。

分布于我国东北、华北、西北（东部和新疆），也见于俄罗斯（西伯利亚、远东）、蒙古。达乌里–蒙古种。

8. 白花葱（图版 138，图 3）

Allium yanchiense J. M. Xu，中国植物志 **14**：260. 286. 图 85. 1980.

多年生草本。具斜生的根状茎。鳞茎单生或数枚聚生，卵状圆柱形，粗 1~2 cm；鳞茎外皮污灰色，纸质，无光泽，顶端纤维状。叶圆柱状，中空，短于花葶，粗 1~2 mm。花葶圆柱状，高 20~40 cm；总苞 2 裂，具短喙，宿存；伞形花序球状，具多而密集的花；小花梗近等长，基部具小苞片；花白色至淡红色，常具淡红色中脉；外轮花被片矩圆状卵形，长 4~5.2 mm，内轮花被片矩圆形或卵状矩圆形，长 4~6 mm；花丝等长，长于花被片，锥形，仅基部合生并与花被片贴生；子房卵球状，腹缝线基部具有帘的蜜穴；花柱伸出花被外。花果期 8~9 月。

旱生植物。生海拔 1 800~2 200 m 石质山坡、沟谷草原与灌丛下，零星分布。仅见西坡南寺沟。

分布于我国河北、山西、陕西、宁夏、甘肃、青海。为我国特有。黄土高原种。

9. 贺兰葱（图版 137，图 3）

Allium eduardii Stearn in Herbertia **11**：102. 1946. in adnot.；中国植物志 **14**：216. 图 39. 1980；内蒙古植物志（二版）**5**：480. 图版 198. 图 5~7. 1994；宁夏植物志（二版）**下册**：573. 2007.

多年生草本。鳞茎数枚紧密聚生，圆柱状，通常共同被以网状外皮；外皮黄褐色，破

裂成纤维状，呈明显网状。叶半圆柱状，上面具纵沟，粗 0.5~1 mm，短于花葶。花葶圆柱状，高 15~30 cm，下部被叶鞘；总苞片单侧开裂，膜质，具长约 1.5 cm 的喙，宿存；伞形花序半球状，较疏散；小花梗近等长，长 1~1.5 cm，基部具白色膜质小苞片；花淡紫红色至紫色；花被片矩圆状卵形至矩圆状披针形，长 5~6 mm，宽 2~2.5 mm，外轮稍短于内轮；花丝等长，稍长于花被片，外轮者锥形，内轮的基部扩大，每侧各具 1 锐齿；子房近球形，基部不具凹陷的蜜穴；花柱伸出花被外。花果期 7~8 月。2n=16。

中旱生植物。生 2 100~2 600 m 石质山坡、山脊及石缝中，零星分布。见东坡苏峪口沟、黄旗沟、拜寺沟；西坡哈拉乌沟、南寺沟。

分布于我国河北、内蒙古、宁夏和新疆（东部准噶尔、阿尔泰），也见于俄罗斯（阿尔泰山）、哈萨克斯坦（塔尔巴哈台山）、蒙古（杭爱山）。亚洲中部（荒漠）山地种。

10. 青甘葱（图版 140，图 1）

Allium przewalskianum Regel in Acta Hort. Petrop. **3**（2）：164. 1875；中国植物志 **14**：216. 图 40. 1980. 内蒙古植物志（二版）**5**：482. 图版 199. 1994；宁夏植物志（二版）**下册**：573. 图 363. 2007.

多年生草本。鳞茎数枚聚生，狭卵状圆柱形；外皮红棕色，破裂成纤维状，呈明显网状。叶半圆柱状至圆柱状，具纵棱，粗 0.5~1.5 mm，短于或近等于花葶。花葶圆柱状，高 15~40 cm，下部被叶鞘。总苞单侧开裂，宿存；伞形花序球状，具多而密集的花；小花梗近等长，长 1~1.5 cm；花淡红色至深紫红色；花被片长 4~6 mm，外轮的卵形或狭卵形，稍短于内轮，内轮的矩圆形至矩圆状披针形；先端稍钝；花丝等长，长于花被片，外轮的锥形，内轮的基部扩大成矩圆形，每侧各具 1 锐齿；子房球状，基部无凹陷的蜜穴。花期 7~8 月。2n=32。

中旱生植物。生海拔 2 300~2 500 m 石质山坡或灌丛下，零星分布。见东坡苏峪口沟、甘沟、大水沟；西坡哈拉乌沟、峡子沟等。

分布于青藏高原及其外围山地（包括甘肃、新疆、青海、西藏、四川、云南、陕西秦岭、宁夏六盘山），也见于印度、尼泊尔。青藏高原种。

11. 雾灵葱（图版 137，图 2） 雾灵韭

Allium plurifoliatum Rendle var. **stenodon**（Nakai et Kitag.） J. M. Xu，中国植物志 **14**：233. 1980；内蒙古植物志（二版）**5**：493. 图版 205. 图 4~6. 1994. ——*A. stenodon* Nakai et Kitag. in Rep. First Sci. Exped. Manch. 4，**1**：18. t. 6. 1934.

多年生草本。须根细弱。鳞茎数个簇生或单生，圆柱状，粗 3~8 mm；鳞茎外皮黑褐色，破裂成纤维状。叶狭条形，扁平，宽 2~3 mm，短于花葶。花葶圆柱状，高 15~40 cm，中部以下常被略带紫色的叶鞘；总苞单侧开裂，先端具短喙，宿存；伞形花序半球状，具多而密集的花；小花梗近等长，等于花被片或长于花被 1.5 倍，长 5~12 mm，基部无小苞片；花蓝色至紫蓝色；花被片长 4~5 mm，宽 2~3 mm，外轮的舟状卵形，稍短于内轮，内

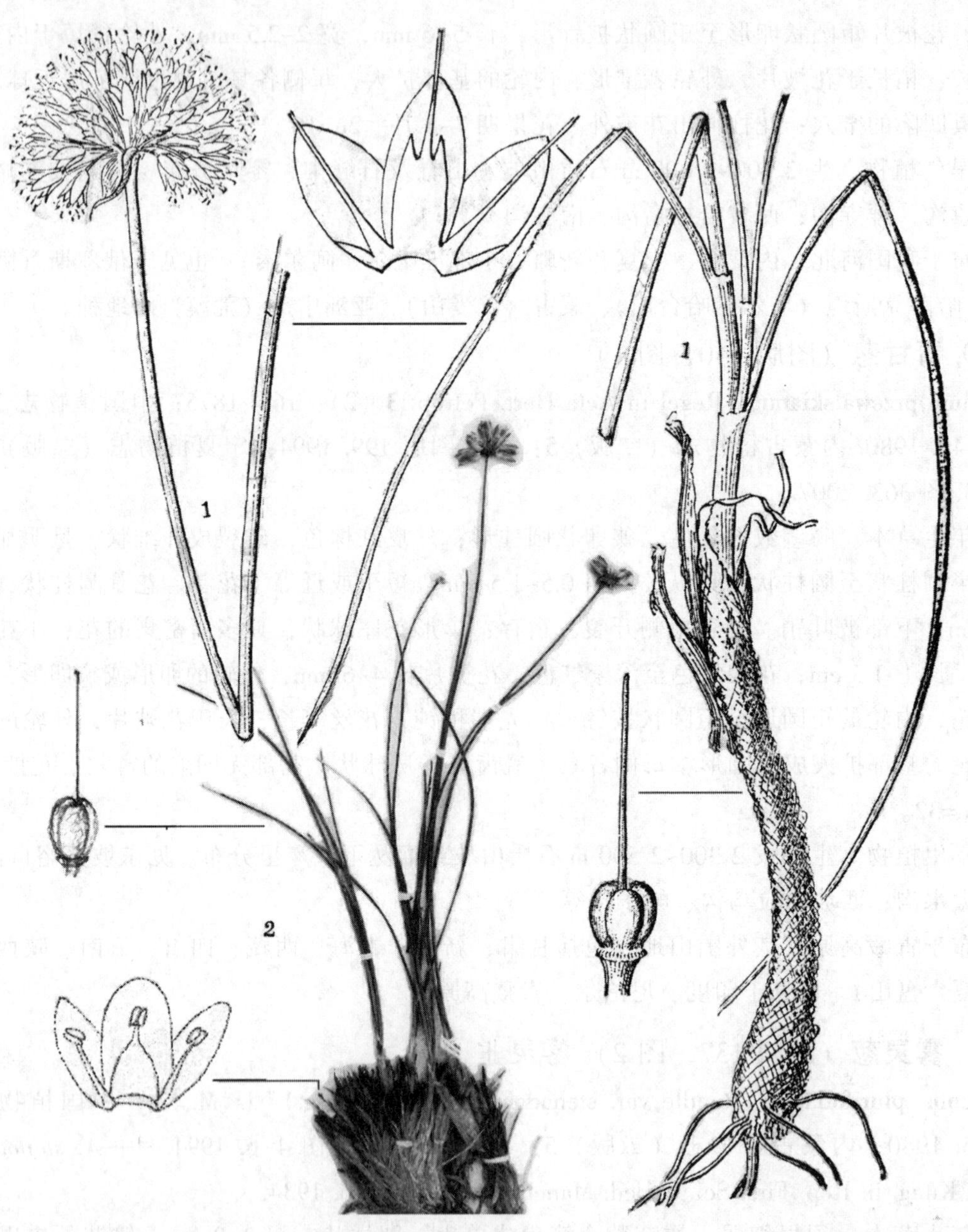

图版 140　1. 青甘葱 Allium przewalskianum Regel 植株、花纵剖面、示花被片及花丝、雌蕊；2. 短梗葱 A. kansuense Regel 植株、花纵剖面、示花被片及花丝、雌蕊。（1 马平绘）

轮的卵状矩圆形；花丝等长，比花被片长 0.5~1 倍，外轮的锥状，内轮的基部扩大，扩大部分每侧各具 1 长齿，有时齿上一侧又具 1 小裂齿；子房倒卵状，腹缝线基部具有帘的凹陷蜜穴；花柱伸出花被外。花果期 7~9 月。

中生植物。生海拔 2 000~2 500 m 山地林缘、灌丛下，零星分布。见东坡苏峪口沟；西坡哈拉乌沟、水磨沟、北寺沟等。

分布于我国河北、河南。为我国特有。华北种。

12. 多根葱（图版 139，图 1）碱韭、碱葱

Allium polyrhizum Turcz. ex Regel in Acta Hort. Petrop. **3**（2）：162. 1875；中国植物志 **14**：223. 图 48. 1980；内蒙古植物志（二版）**5**：489. 图版 20. 图 4~6. 1994；宁夏植物志（二版）**下册**：572. 图 362. 2007.

多年生草本。具根状茎，须根绳状，较粗壮。鳞茎多枚紧密簇生，圆柱状；外皮黄褐色，撕裂成纤维状，呈近网状。叶半圆柱状，边缘具密的微糙齿，粗 0.3~1 mm，短于花葶。花葶圆柱状，高 10~20 cm，近基部被叶鞘；总苞 2 裂，膜质，宿存；伞形花序半球状，具多而密集的花；小花梗近等长，长 5~8 mm，基部具膜质小苞片；花淡紫色至紫红色，稀粉白色；外轮花被片狭卵形，长 2.5~3.5 mm，宽 1.5~2 mm；内轮花被片矩圆形，长 3.5~4 mm，宽约 2 mm；花丝等长，稍长于花被片，外轮者锥形，内轮的基部扩大，扩大部分每侧各具 1 锐齿；子房卵形，不具凹陷的蜜穴；花柱稍伸出花被外。花果期 7~8 月。$2n=32$。

旱生植物。生山麓荒漠草原和荒漠群落中，小片或零星分布，有时可成为荒漠草原的亚优势种和伴生种。东、西坡均有分布，西坡更广泛。

分布于我国东北（西部）、华北（北部）、西北地区，也见于俄罗斯（东西伯利亚）、哈萨克斯坦（东部）、蒙古。古地中海种。

13. 阿拉善葱（图版 136，图 1）

Allium alaschanicum Y. Z. Zhao，内蒙古大学学报（自然科学版）**23**（1）：109. 1992；内蒙古植物志（二版）**5**：484. 图版 201. 1994；——*A. flavovirens* Regel in Acta Hort. Petrop. **10**（1）：344. 1887；Fl. China **24**：182. 2000.

多年生草本。鳞茎单生或 2~3 枚聚生，圆柱状，长 10~20 cm，粗 8~20 mm；外皮黄褐色、褐色或深褐色，纤维状撕裂。叶半圆柱状，中空，上面具沟槽，长于花葶或近等长，宽 2~4 mm。花葶圆柱状，高 15~50 cm，中下部被叶鞘；总苞 2 裂，具狭长喙，宿存；伞形花序球形，花多而密集或疏松；小花梗近等长，长为花被片的 1.5~2 倍，无小苞片；花白色或淡黄色；花被片矩圆形或卵状矩圆形，长 4~6 mm，外轮者稍短，背面淡紫红色；花丝等长，长为花被片的 1.5~2 倍，外轮的锥形，内轮的基部扩大，每侧各具 1 钝齿；子房近球形，基部具凹陷的蜜穴；花柱伸出。花期 8 月，果期 9 月。

旱中生植物。生海拔 2 000~2 800 m 石质山坡，呈零星或小片分布。见东坡苏峪口沟；

西坡哈拉乌沟、南寺沟、北寺沟、皂刺沟、镇木关沟等。

贺兰山是其模式产地。模式标本系赵一之 No. 26，1990 年 9 月 5 日采自贺兰山哈拉乌沟。

分布于我国甘肃、青海的祁连山一带。为我国特有。贺兰山特有种。

贺兰山该植物的学名最早被定为新疆葱 *Allium flavidum* Ledeb.（内蒙古植物志 **8**：189. t. 84. 1985）。1992 年赵一之认为该种与新疆葱虽然相近，但有较大差别：鳞茎外皮条状纤维撕裂，非网状或稍网状；花葶中下部被叶鞘；叶比花葶长或近等长；小花梗基部无小苞片，花丝每侧具一小短齿。并由此而定新种。2000 年出版的英文版《中国植物志》（Flora of China **24**：182）则认为是 *Allium flavovirens* Regel。然而沃登斯基（A. Vveolensky）在 1935 年编著的《苏联植物志》（Flora URSS **4**：146）和 1977 年格鲁鲍夫（Grubov）所编著的《亚洲中部植物》（Pl. Asi. Centr. **7**：32）都认为是白头葱 *A. leucocephalum* Turcz.的异名，《中国植物志》（**14**：218. 1980）也持同样观点。《亚洲中部植物》考证了作为 *A. flavovirens* Regel 的模式标本，指出莱格尔（E. Regel）引证的是普热瓦尔斯基（N. Przewalski）采自中国西北部甘肃地区的种子在植物园栽培的植物。但当时混杂了标签，实际上该植物既不产自甘肃，也不是普氏所采，而是白头葱。但这里并没有讨论莱格尔（Regel）描述的植物 *Allium flavovirens*Regel 的特征（包括图）是和白头葱 *A. leucocaphalum* 不完全一致，而刚好又与贺兰山的标本相近同。因此我们这里暂做 *A. alaschanicum* Y. Z. Zhao 处理。《苏联植物志》和《亚洲中部植物》由于没有找到对应的标本，只是一种推断、猜测而已。

6. 舞鹤草属 Maianthemum Web.

多年生草本。有匍匐根状茎。茎直立，不分枝。基生叶 1，早期凋萎；叶茎生，互生。花序总状顶生，小苞片宿存；两性花，小；花被片 4，离生；雄蕊 4，着生于花被片基部，花药背着；子房 2 室，每室有 2 胚珠；花柱短粗。浆果球形，熟时红黑色，含种子 1~3 颗。

贺兰山有 1 种。

1. 舞鹤草（图版 141，图 3）

Maianthemum bifolium（L.） F. W. Schmidt. Fl. Boem. **4**：55. 1794；中国植物志 **15**：41. 图版 9. 图 6~7. 1978；内蒙古植物志（二版）**5**：512. 图版 212. 图 1~3. 1994；宁夏植物志（二版）**下册**：565. 图 365. 2007. ——*Convallaria bifolia* L. Sp. Pl. 316. 1753.

多年生草本。根状茎细长，匍匐，直径约 1 mm。节间长 1~4 cm，节上生细须根。茎直立，高 10~20 cm，无毛或散生柔毛。基生叶 1，花期凋萎；茎生叶 2（3）枚，互生，三角状卵形，长 4~6 cm，宽 2~4.5 cm，先端锐尖至渐尖，基部心形，两面脉上散生柔毛，下面较密；叶柄长 0.5~2.5 cm，被毛。总状花序顶生，长 2~4 cm，花序轴有短毛或乳状突起；花白色，单生或成对；花梗细，长约 3~5 mm，顶端有关节；花被片矩圆形，2 轮，平展至下弯，长约 2 mm，有 1 脉；花丝比花被片短；花药卵形，长约 0.5 mm；子房卵球形；花柱与子房近等长。浆果球形，熟时红黑色，直径 2~4 mm。种子卵圆形，种皮黄色，有颗粒状皱纹。花期 6 月，果期 7~8 月。2n=36，64，70。

中生植物。生海拔 2 400~2 500 m 山地林缘、林下，零星分布。见东坡苏峪口沟；西坡北寺沟。

分布于我国东北、华北、西北（东部）及四川。广布于北半球温带。北温带森林种。

全草入药，能凉血、止血、清热解毒，主治吐血、尿血、月经过多、外伤出血、脓肿、疥癣。

7. 黄精属 Polygonatum Mill.

多年生草本。根状茎匍匐、肉质。茎不分枝，基部具膜质鞘。叶互生、对生或轮生，全缘。花腋生，1~2 或数朵集生成近伞形或总状花序；花被筒状钟形，常下垂，顶端 6 浅裂，雄蕊 6，内藏，花药基部 2 裂；子房 3 室，每室具 2~6 颗胚珠；花柱丝状，柱头小。浆果球形。

贺兰山有 3 种。

分种检索表

1. 叶互生；花被长 14~20 mm；叶先端不呈钩形。
  2. 花序具 1~2 朵花，总花梗较短，长约 1 cm ························ 1. 玉竹 **P. odoratum**
  2. 花序具 8~10 朵花，总花梗较长，长达 5 cm ························ 2. 热河黄精 **P. macropodium**
1. 叶轮生，花被长 6~13 mm；叶先端拳卷或弯曲呈钩形 ························ 3. 黄精 **P. sibiricum**

1. 玉竹（图版 141，图 1）萎蕤

Polygonatum odoratum（Mill.）Druce in Ann. Scott. Nat. Hist. 226. 1906；中国植物志 **15**：61. 图版 19. 图 1~3. 1978；内蒙古植物志（二版）**5**：517. 图版 216. 图 1~4. 1994；宁夏植物志（二版）**下册**：560. 图 351. 2007. ——*Convallaria odorata* Mill. Gard. Dict. ed. 8, no. 4, 1768. ——*Polygonatum officinale* All. Fl. Pedem **1**：131. 1785.

多年生草本。根状茎粗壮，圆柱形，肉质，黄白色，生有须根，直径 4~9 毫。茎有纵棱，高 20~40 cm，具 7~10 叶。叶互生，椭圆形至卵状矩圆形，长 4~12 cm，宽 3~5 cm，两面无毛，下面灰绿色。花序具 1~3 花，腋生，总花梗长 0.6~1.5 cm，花梗长（包括单花的梗长）0.3~1.5 cm，具条状披针形苞片或无；花被白色带黄绿，长 14~18 mm，花被筒较直，裂片长约 3.5 mm；花丝扁平，着生于花筒近中部，花药黄色；子房长约 3 mm，花柱细长，内藏，长约 10 mm。浆果球形，熟时蓝黑色，直径 4~8 mm，有种子 3~4 颗。花期 6

月，果期 7~8 月。

中生植物。生海拔 1 800~2 200 m 山地林缘、林下灌丛中，零星分布。见东坡苏峪口沟、插旗沟；西坡哈拉乌沟、南寺沟。

分布于我国东北、华北、西北（东部）、华中、华南。也见于欧亚大陆温带地区。古北极种。

根茎入药（药材名：玉竹），能养阴润燥、生津止渴，主治热病伤阴、口燥咽干、干咳少痰、心烦心悸、消渴等。根茎也入蒙药（蒙药名：模和日–查干），能补肾、去黄水、温胃、降气，主治久病体弱、肾寒、腰腿酸痛、滑精、阳痿、寒性黄水病、胃寒、嗳气、胃胀、积食、食泻等。

2. 热河黄精（图版 141，图 2）多花黄精

Polygonatum macropodium Turcz. in Bull. Soc. Nat. Mosc. **5**：205. 1832；中国植物志 **15**：62. 1978；内蒙古植物志（二版）**5**：519. 图版 216. 图 5. 1994；宁夏植物志（二版）**下册**：559. 2007.

多年生草本。根状茎粗壮，圆柱形，直径达 1 cm。茎高 80 cm 以上。叶互生，卵形、卵状椭圆形，长 5~9 cm；先端尖，下面无毛。花序腋生，具 5~10 花，近伞房状；总花梗粗壮，弧曲，长 4~5 cm，花梗长 0.5~1.5 cm；苞片膜质，钻形，微小，生花梗中部以下；花被钟状至筒状，白色或带红点，长 15~20 mm，裂片长 4~5 mm；花丝长约 5 mm，具 3 狭翅，着生于花被筒近中部，子房长 3~4 mm，花柱长 10~13 mm，不伸出花被外。浆果，直径 8~10 mm，成熟时深蓝色，有种子 7~8 颗。花期 6~8 月，果期 8~9 月。2n=22。

中生植物。生海拔 2 000~2 500 m 山地林缘、灌丛下及山地沟谷，零星分布。见东坡苏峪口沟、大水沟；西坡北寺沟、南寺沟等。

分布于我国东北（南部）、华北（北部）及山东。为我国特有。华北种。

根茎入药，功能主治同玉竹。

3. 黄精（图版 89，图 5）鸡头黄精

Polygonatum sibiricum Delar. ex Redodte，Lil. **6**：t. 315. 1812；中国植物志 **15**：78. 图版 26. 图 1~3. 1978；内蒙古植物志（二版）**5**：521. 图版 218. 1994；宁夏植物志（二版）**下册**：560. 图 351. 2007.

多年生草本。根状茎肥厚，横生，圆柱形，节部膨大，直径 0.5~1 cm，散生须根，黄白色。茎高 30~70 cm。叶无柄，4~6 轮生，平滑无毛，条状披针形，长 5~10 cm，宽 4~14 mm，先端拳卷或弯曲呈钩形。花腋生，每个叶腋有 2~4 朵花；总花梗长 5~15 mm；花梗长 2~8 mm，下垂；花梗基部有苞片，膜质，白色，条状披针形，长约 2~4 mm；花被绿白色，全长 9~13 mm，裂片长约 3 mm，花被筒中部稍缢缩；花丝短，着生于花被筒中部，花药长 2~2.5 mm；子房卵形，长约 3 mm，花柱长 4~5 mm。浆果，直径约 5 mm，成熟时黑色，有种子 2~4 粒。花期 5~6 月，果期 7~8 月。

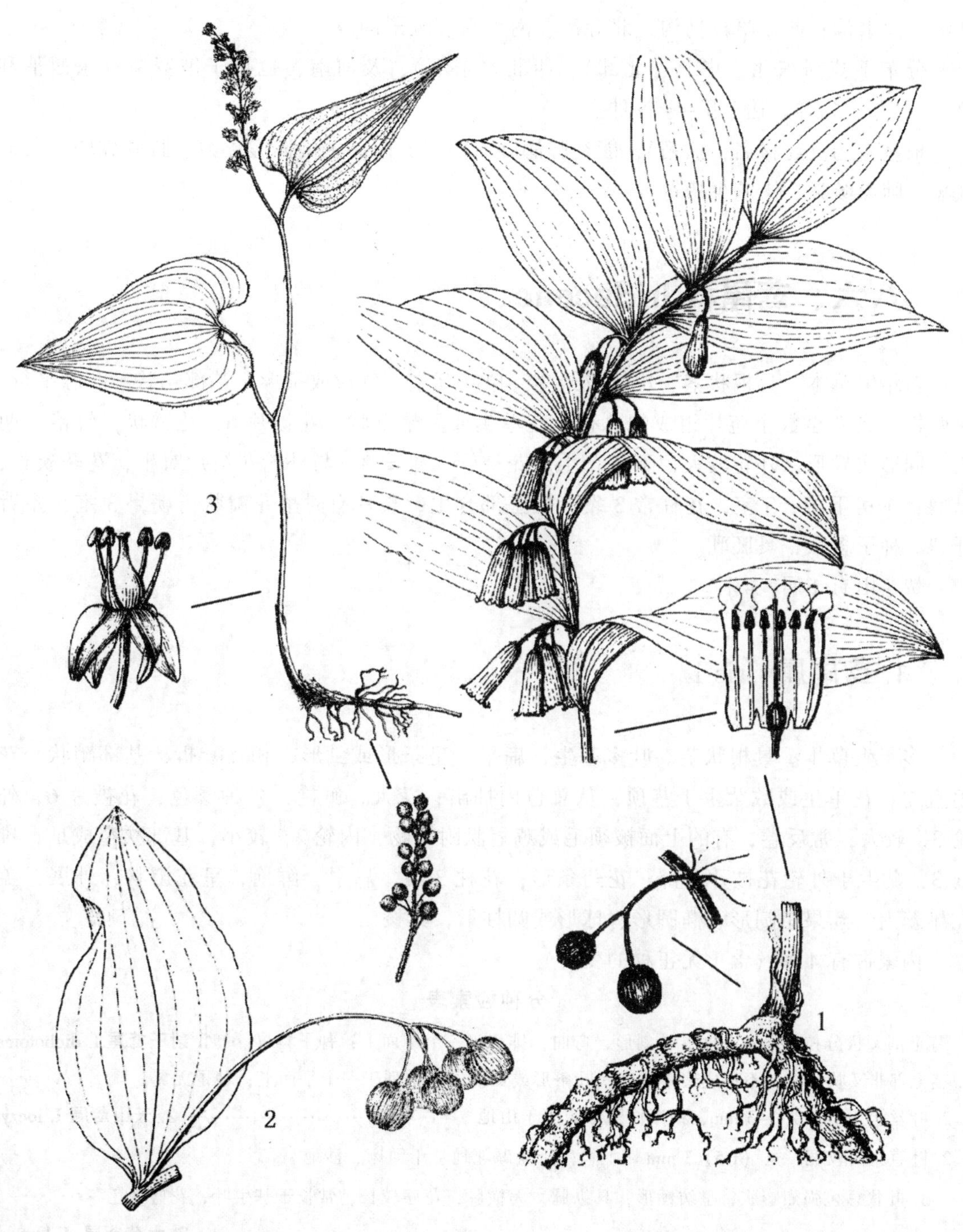

图版 141　1. 玉竹 Polygonatum odoratum（Mill.）Druce 根状茎、植株上部、花被开展、示雄蕊、雌蕊、果序；2. 热河黄精 P. macropodium Turcz. 果序；3. 舞鹤草 Maianthemum bifolium（L.）F. W. Schmidt. 植株、花、果序。（田虹绘）

中生植物。生海拔 1 800~2 400 m 山坡林缘、灌丛下，零星分布。见东坡苏峪口沟、甘沟、大水沟；西坡哈拉乌沟、北寺沟、南寺沟、峡子沟。

分布于我国东北、华北（北部）、西北（东部）、及河南，也见于俄罗斯（东西伯利亚）、蒙古、朝鲜。达乌里-蒙古种。

根茎入药（药材名：黄精），能补脾润肺、益气养阴，主治体虚乏力、腰膝软弱、心悸气短、肺燥咳嗽、干咳少痰等。

八六、鸢尾科 Iridaceae

多年生草本。具根状茎、块茎或鳞茎。单叶互生，剑形或条形，基部鞘状，叶脉平行。花两性，具 2 至数个苞片组成的总苞，花单生或呈聚伞状，花被片 6，花瓣状，鲜艳，两轮，同形或异形，外轮较大，下部合生成花被管；雄蕊 3，与外轮花被片对生，花药狭长，纵裂；子房下位，3 室，花柱常 3 裂，仅基部合生，裂片有时呈花瓣状。蒴果 3 室，室背开裂。种子多数，具胚乳。

贺兰山有 1 属，4 种。

1. 鸢尾属 Iris L.

多年生草本。具根状茎。叶多基生，扁平，呈条形或剑形，相互套折，基部鞘状。花葶直立；花单生或数朵生于茎顶，从总苞内抽出；花大，鲜艳，各种颜色；花被片 6，外轮 3，较大，常反卷，有的上面被须毛或鸡冠状附属物，内轮 3，较小，基部狭窄成爪；雄蕊 3，贴生于外轮花被片基部，花药条形；花柱 3 裂，扁平，鲜艳，呈花瓣状，外展，盖在雄蕊上。蒴果矩圆形、椭圆形、球形或圆柱形，具棱。

内蒙古有 4 种（含 1 无正种的变种）。

分种检索表

1. 茎上部叉状分枝；聚伞花序；叶剑形，弯曲，排列于一个平面上；种子具翼 …… 1. 射干鸢尾 I. dichotoma
1. 茎上部非叉状分枝；不形成聚伞花序；叶条形或剑形，不排列于一个平面上；种子无翼。
  2. 叶丝状条形，宽 1~3 mm，横断面弧形，生于山地 …………………………………… 2. 天山鸢尾 I. ioczyi
  2. 叶直立而较宽，宽（1.5）3 mm 以上；生于盐碱滩地、干河床、沙地。
    3. 叶状总苞强烈膨胀，呈纺锤形，具纵脉，无横脉，花序较长，常长于基生叶，花蓝紫色 ……………………………………………………………………………………… 3. 大苞鸢尾 I. bungei
    3. 叶状总苞不膨胀，不为纺锤形；花葶较短，常短于基生叶；花蓝色 ……………………………………………………………………………………… 4. 马蔺 I. lactea var. chinensis

1. 射干鸢尾（图版 142，图 1）歧花鸢尾

Iris dichotoma Pall. Reise **3**：712. 1773；中国植物志 **16**（1）：172. 图版 55. 图 1. 1985. 内蒙古植物志（二版）**5**：538. 图版 225. 图 1. 1994；宁夏植物志（二版）**下册**：587. 图 372. 2007.

多年生草本。植株高 40~60 cm。根状茎粗壮，具多数绳状须根。茎直立，多分枝，分枝处具 1 枚苞片，苞片披针形，长 3~10 cm，绿色，边缘膜质。叶基生，6~8 枚，排列于一个平面上，呈扇状，剑形，长 10~20 cm，宽 1~3 cm，绿色，基部套折状，边缘白色膜质，具多数纵脉。花茎二岐分枝；总苞干膜质，宽卵形，长 1~2 cm。聚伞花序，有花 3~15 朵；花梗较长，伸出总苞外；花深白色且具紫褐色斑纹；花被管短，外轮花被片矩圆形，薄片状，内轮花被片明显短于外轮，瓣片矩圆状倒卵形；雄蕊 3，贴生于外轮花被片基部，花药基底着生；花柱分枝 3，花瓣状，卵形，基部连合，柱头具 2 齿。蒴果圆柱形，长 3.5~5 cm，具棱。种子椭圆形，黑褐色，两端翅状。花期 7 月，果期 8~9 月。2n=32。

中旱生植物。生海拔 1 800~2 400 m 石质山坡、山脊及石缝中，零星分布。见东坡苏峪口沟、小口子、黄旗沟、大水沟；西坡北寺沟等。

分布于我国东北、华北、西北（东部）、华东及河南，也见于俄罗斯（东西伯利亚、远东）、蒙古。东西伯利亚-中国北部种（过去多定达乌里-蒙古种）。

该种 1972 年 Lenz. 在 Aliso 7. **4**：403 上发表为单型属祖鸢尾 *Pardonthopsis* Lenz. ，仅 1 种 *P. dichotoma*（Pall.） Lenz. 。该属外形酷似射干鸢尾 *Belamcanda chinensis*（L.）DL. 是介于这两属之间的类型：如花序为二歧式分枝，花结构更靠近鸢尾属，如花柱上部分枝呈花瓣状。可能是鸢尾属的祖型，我们仍将它置于鸢尾属中。

2. 天山鸢尾（图版 142，图 2）

Iris loczyi Kanitz in Asi. Centr. Coll. 58. 1891；中国植物志 **16**（1）：161. 图版 61. 图 3~4. 1985. 内蒙古植物志（二版）**5**：540. 图版 225. 图 4~5. 1994；宁夏植物志（二版）**下册**：589. 2007. ——*I. lenuifolia* Pall. var. *tianschanica* Maxim. in Bull. Acad. Sci. St. –Petersb. 1880. **26**：512. 1988. ——*I. tianschanica*（Maxim.） Ved. Fl. Turkm. **1**（2）：325. 1932 .

多年生草本。植株高 15~30 cm，形成稠密草丛。根状茎细，匍匐；须根多数，绳状，黄褐色，坚韧。植株基部被片状、红褐色的宿存叶鞘。基生叶狭条形，长达 20~40 cm，宽 1.5~3 mm，坚韧， 光滑，两面具突出纵叶脉。花葶长约 3~6 cm；苞叶 3，质薄，狭披针形，长 10~15 cm，内有花 1~2 朵；花淡蓝色或蓝紫色，花梗短，花被管细长，可达 10 cm，外轮花被片倒披针形，长 4~5 cm，基部狭，上部较宽，淡蓝色，具紫褐色或黄褐色脉纹，内轮花被片较短，较狭，近直立；花柱裂片条形。蒴果长球形，具 6 肋 3 棱，长 3~6 cm，顶端具喙。花期 5~6 月，果期 7 月。

旱生植物。生海拔（1 600）1 800~2 300 m 石质山坡，为山地草原、灌丛群落的伴生种。见东坡苏峪口沟、插旗沟、黄旗沟、大水沟；西坡哈拉乌沟、水磨沟、镇木关沟、峡

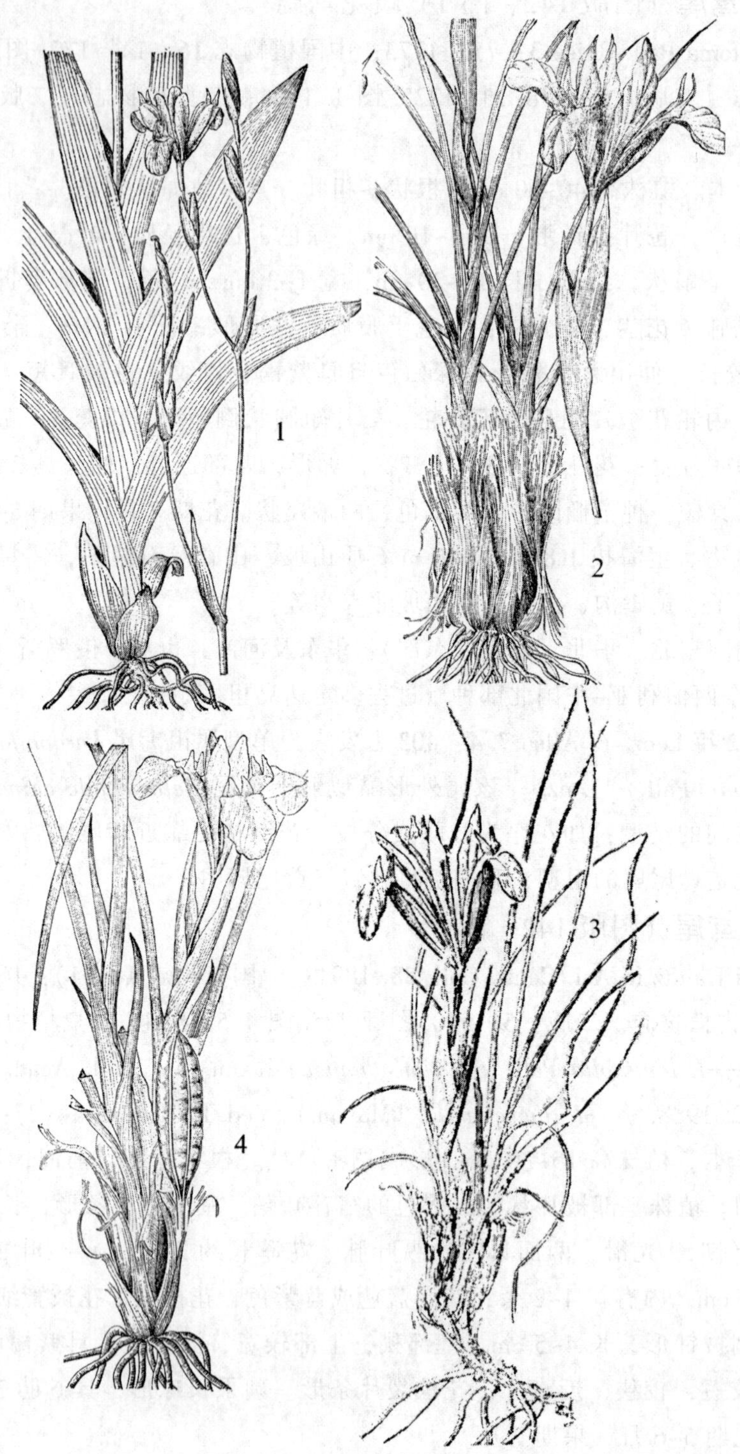

图版 142　1. 射干鸢尾 Iris dichotoma Pall. 植株；2. 天山鸢尾 I. loczyi Kanitz 植株；3. 大苞鸢尾 I. bungei Maxim. 植株；4. 马蔺 I. lactea Pall. var. chinensis (Fisch.) Koidz. 植株。(马平绘)

子沟等。

分布于我国东北及四川、西藏，也见于中亚（天山）。青藏高原外缘山地种。

附：鸢尾 *Iris maximowiczii* Grub. Pl. Asi. Centr. **7**：93. t. 6. f. 1. 1977. ——*I. songarica* Schrenk var. *gracilis* Maxim. in Bull. Acta Sci. St. –Petersb. **26**：510. 1880.

该植物叶也为线形，长达 40 cm，宽 3~5 mm，茎单一，花葶高 20~50 cm，明显超出基生叶，花枝分枝长 3~4 cm，裂片狭三角形，长 7~8 mm，蒴果较长，三棱状卵圆形，长 4~6 cm，具喙。

仅见 2 800 m 以上较高山地草甸。野外仅见干枯植株，没采到标本，《宁夏植物志》（二版）下册 588 页记载的准格尔鸢尾 *I. songarica* 与此形态相符，但真正准噶尔鸢尾仅产西天山。我国的是其变种，即 Grubov 的新种。

3. 大苞鸢尾（图版 142，图 3）

Iris bungei Maxim. in Bull. Acad. Sci. St. –Petersb. **26**：509. 1880；中国植物志 **16**（1）：163. 图版 52. 图 1~2. 1985；蒙古植物志（二版）**5**：541. 图版 226. 图 2. 1994；宁夏植物志（二版）**下册**：589. 2007.

多年生草本。植株高 20~40 cm，形成稠密草丛。根状茎粗短，着生多数黄褐色细绳状须根。植株基部被稠密的纤维状棕褐色宿存叶鞘。基生叶条形，长 15~50 cm，宽 2.5~5 mm，光滑或粗糙，两面具突出的纵脉。花葶高约 15~30 cm，具 2~3 枚茎生叶，短于基生叶；苞叶鞘状膨大，呈纺锤形，长 6~10 cm，先端尖锐，边缘白色膜质，光滑或粗糙，具纵脉而无横脉，不形成网状；花 1~2 朵，蓝紫色，花被管长 5~10 cm；外轮花被片披针形，长约 5.5 cm，顶部较宽，具紫色脉纹，内轮花被与外轮花被略等长或稍短，披针形，具紫色脉纹；花柱分枝，先端 2 裂片，狭披针形。蒴果圆柱状矩圆形，长 4~6 cm，具 3 棱，顶端具长喙。花期 5 月，果期 7 月。

中旱生植物。生山麓草原化荒漠和冲沟内，零星或小片分布。见东坡大水沟口、大武口北；西坡则广布。

分布于我国内蒙古（西部）、宁夏（北部）、甘肃（西北部）、山西（北部），也见于蒙古（中、西部）。戈壁蒙古种。

4. 马蔺（图版 142，图 4）

Iris lactea Pall. var. **chinensis**（Fisch.）Koidz. in Bot. Mag. Tokyo **39**：300. 1925；中国植物志 **16**（1）：157. 图版 50. 图 1~2. 1985；内蒙古植物志（二版）**5**：545. 图版 228. 图 1~2. 1994；宁夏植物志（二版）**下册**：588. 2007. ——*I. pallisii* Fisch. var. *chinensis* Fisch. in Curtis. Bot. Mag. t. 2331. 1832.

多年生草本。植株高 20~50 cm，形成大型草丛。根状茎粗壮，着生多数绳状棕褐色须根。植株基部具稠密的红褐色纤维状宿存叶鞘；基生叶多数，剑形，长 20~50 cm，宽 4~6 mm，花期与花葶等长或稍超出，后渐渐明显超出花葶，两面具数条突出的纵脉，绿色或蓝绿色，叶基稍红紫色。花葶丛生，高 10~30 cm，总苞具苞叶 3~5 枚，苞叶狭披针形，顶端尖锐，长 5~10 mm，淡绿色，边缘白色宽膜质，具多数纵脉；花 1~3 朵，淡蓝色或蓝紫色；花被管较短，长 1~2 cm，外轮花被片匙形，长 3~5 cm，内轮花被片较小，倒披针形，较直立；花柱分枝，花瓣状，顶端 2 裂。蒴果长椭圆形，长 4~6 cm，具纵肋 6 条，有尖喙。种子近球形，棕褐色。花期 5 月，果期 6~7 月。2n=40。

耐盐中生植物。生山麓盐渍化或盐碱低地，有时能形成小片群落。东、西坡均有较多分布。

分布于我国东北、华北、西北、华东（种、北部）、华中及四川、西藏，也见于中亚、俄罗斯（西伯利亚）、蒙古。古地中海种。

花、种子及根入药，能清热解毒、止血、利尿，主治咽喉肿痛、吐血、衄血、月经过多、小便不利、淋病、白带、肝炎、疮疖痈肿等。也入蒙药，能杀虫、止痛，消食、解痉、目黄、生肌、排脓、治胃痧、霍乱、蛲虫、虫积腹痛，虫牙、皮肤瘙痒、毒热、疮疡、脓胞、黄疸、口苦。粗等牧草。

八七、兰科 Orchidaceae

多年生草本，陆生、附生或腐生。通常具根状茎或块茎，稀具假鳞茎。茎直立或攀援，单叶互生，稀对生或轮生，基部常具抱茎的叶鞘，有时退化成鳞片状。单花或排列成总状、穗状或圆锥状花序；花两性，两侧对称；花被片 6， 2 轮，外轮 3 片为萼片，通常花瓣状，离生或部分合生，中央的 1 片称中萼片，有时与花瓣靠合成兜，两侧的 2 片称侧萼片，内轮 3 片，两侧的 2 片称花瓣，中央 1 片特化而称唇瓣，唇瓣常作 180°扭曲而位于花的下方，先端分裂或不分裂，基部常囊状或有距；雄蕊通常 1 或 2（3)，与花柱合生称蕊柱，当雄蕊 1 个时，雄蕊生于蕊柱的顶端，当雄蕊 2 个时，雄蕊生于蕊柱的两侧；花药通常 2 室，花粉常结成花粉块；花粉块 2~8 个，常具花粉块柄；雌蕊由 3 心皮合生，子房下位， 1 室，侧膜胎座，含多数胚珠；柱头有两类：当单雄蕊时，3 个柱头有 2 个发育且常黏合，另 1 柱头不发育，变成小凸体，称蕊喙，位于柱头上方，当两雄蕊时，3 个柱头合成单柱头，无蕊喙。蒴果三棱状圆柱形或纺锤形，常侧面 3~6 裂缝开裂。种子极多，微小，无胚乳。

贺兰山有 6 属，6 种。

分属检索表

1. 腐生植物，叶退化成鳞片状或鞘，非绿色；植株无块茎；萼片与花瓣不合生成筒。
   2. 根极多，盘结成鸟巢状；唇瓣不裂或 2 裂，内面无褶片和胼胝体 ………………… 1. 鸟巢兰属 **Neottia**
   2. 根少数，非鸟巢状；根状茎肉质，珊瑚状分枝，唇瓣 2 裂或 3 裂，内面有褶片或胼胝体 ………………………………………………………………………………… 2. 珊瑚兰属 **Corallorhiza**

1. 非腐生植物，具绿叶；植株具块茎；萼片与花瓣合生。
  3. 花序明显呈螺旋状扭转；茎基部簇生数条指状肉质块根 ……………………… 3. 绶草属 **Spiranthes**
  3. 花序不呈螺旋状扭转；茎基部无上述的块根。
    4. 茎基部无块茎，纤维根稍肉质；唇瓣基部凹陷呈杯状，中部缢缩成关节 ……………………………………………………………………………… 4. 火烧兰属 **Epipactis**
    4. 茎基部具肉质块茎。
      5. 块茎前部分裂成掌状；唇瓣基部的距囊状，苞片大，长于花 ………… 5. 凹舌兰属 **Coeloglossum**
      5. 块茎不裂，近球形；唇瓣基部不呈囊状；苞片小，短于花 ……………… 6. 角盘兰属 **Herminium**

1. 鸟巢兰属 Neottia Guett.

腐生。根状茎短，具多数粗短而肉质的纤维根，聚生成鸟巢状。茎无绿色叶。总状花序具多数花；萼片离生，唇瓣先端 2 裂，稀不裂，基部无距；蕊柱直立，通常较长，圆柱状，顶端有药床；花药无花丝；花粉块 2，粉质，粒状；蕊喙较大，前伸并弯向柱头；柱头位于蕊喙之下，隆起，侧生或变成唇形而伸出，较大，多少 2 裂；子房具细长花梗。

贺兰山有 1 种。

1. 堪察加鸟巢兰（图版 143，图 3）

Neottia camtschatea（L.）Reichb. f. Ie. Germ. 13~14：146. 1851；中国植物志 **17**：99. 图版 12. 图 8. 1999；——*Ophrys camtschatea* L. Sp. Pl. 948. 1753. ——*Neottia camtschatica* Sprengel. Svst. Veg **3**：707. 1826；内蒙古植物志（二版）**5**：578. 图版 244. 图 15~22. 1994；宁夏植物志（二版）**下册**：595. 图 377. 2007.

腐生。植株高 10~30 cm。根状茎短，具多数稍肉质的鸟巢状纤维根。茎直立，棕色，疏被乳突状短毛，具 2~5 枚叶鞘，叶鞘长 1.5~3 cm。总状花序长 5~15 cm，具多数花，疏散，花序轴密被乳突状短毛；苞片矩圆状卵形或宽卵形，花淡绿色；中萼片矩圆形，长约 4 mm，宽约 1.5 mm，先端钝，外面疏被短毛；侧萼片与中萼片相似，歪斜；花瓣条形，近等长于萼片，较萼片窄，先端钝或渐尖；唇瓣在下方，倒楔形，向基部变狭，基部上面只 2 枚褶片，长 6~10 mm，近基部宽，顶端 2 深裂，2 裂片间具小尖头，裂片近披针形，长 2~3 mm，宽 1~1.5 mm，2 裂片并行，边缘具乳突状细缘毛；蕊柱长约 3 mm；顶端花药近梯形，生于药床之内；蕊喙宽阔，近半圆形，柱头隆起，似马蹄形，2 裂，位于蕊喙之下；子房椭圆形或倒卵形，密被乳突状短毛，长 2~4 mm。蒴果长 8~10 mm。花期 7 月，果期 8~9 月。

中生植物。生海拔 2 200~2 500 m 山地阴坡云杉林下，河谷溪边林缘，零星分布。见东坡苏峪口沟、大水沟；西坡哈拉乌沟。

分布于我国华北、西北（东部、新疆天山、阿尔泰山），也见于中亚（天山）、俄罗斯（西伯利亚、勘察加）、蒙古（杭爱山）。东古北极种。

2. 珊瑚兰属 Corallorhiza Gagnebin

腐生。具珊瑚状肉质根状茎。茎无绿叶，具鞘状鳞片。总状花序；花小；萼片离生，相似，狭矩圆形；花瓣稍较萼片宽，唇瓣位于下方，中部以下3裂，侧裂片很小，无距；蕊柱较长，压扁，无蕊柱足；花粉块4，蜡质，分离，成对迭生于每个药室；蕊喙短而宽，着生于花药下面；柱头隆起，2裂，位于蕊喙之下。

贺兰山有1种。

1. 珊瑚兰（图版143，图1）

Corallorhiza trifida Chat. Sp. Inaug. Corall. 8. 1760；内蒙古植物志（二版）**5**：592. 图版244. 图1~7. 1994；中国植物志**18**：172. 1999；宁夏植物志（二版）**下册**：595. 图377. 2007. ——*C. innata* R. Br. in Ait. Hort. Kew. ed. 2. **5**：209. 1813.

腐生。植株高10~20 cm。根状茎肉质，呈珊瑚状。茎直立，圆柱形，淡棕色，无毛，无绿叶，下部具2~4枚膜质鞘，最下面一片长约1 cm。总状花序长2~4 cm，具4~8花，疏松，花序轴无毛；苞片小，卵状披针形，长约1 mm，先端渐尖，短于花梗；花黄绿色，较小；中萼片条状矩圆形，长约5 mm，宽约1 mm，先端急尖或渐尖；侧萼片与中萼片相似，稍歪斜；花瓣椭圆状披针形，较萼片略短而宽，先端急尖或渐尖，稍歪斜；唇瓣矩圆形，长约3.5 mm，约宽1.5 mm，先端圆形，上表面近基部具2条纵褶片，中部以下两侧各具1个小裂片，斜三角状；蕊柱长约3 mm，两侧具翅，压扁，花药较小，近肾形；花粉块4，近圆形；蕊喙直立，短而宽；柱头2个，近圆形；子房椭圆形，长约4 mm；花梗扭转，长约2 mm。蒴果椭圆形，下垂。花期6月，果期7月。2n=42。

中生植物。生海拔3 000 m左右云杉林缘、林下及高山灌丛中，零星分布。仅见主峰下西侧边渠子沟。

分布于我国东北（大兴安岭、长白山）、华北、西北（东部、新疆）及四川，也见于北半球温带地区。泛北极种。

3. 绶草属 Spiranthes L. C. Rich

陆生。具肉质指状簇生的根。叶数片，近基生。总状花序顶生，花序轴螺旋状扭转；花小，花被片离生；萼片近等大，中萼片常与花瓣靠合成兜状；唇瓣位于下方，上部边缘皱波状，基部凹陷并常抱蕊柱，无距；蕊柱圆柱状，基部稍扩大，但不形成蕊柱足；花药2室，着生于蕊柱背面；花粉块2，粉质，粒状，具花粉块柄及黏盘；蕊喙深2裂，黏盘生于两裂片之间，柱头位于蕊喙下方。

贺兰山有1种。

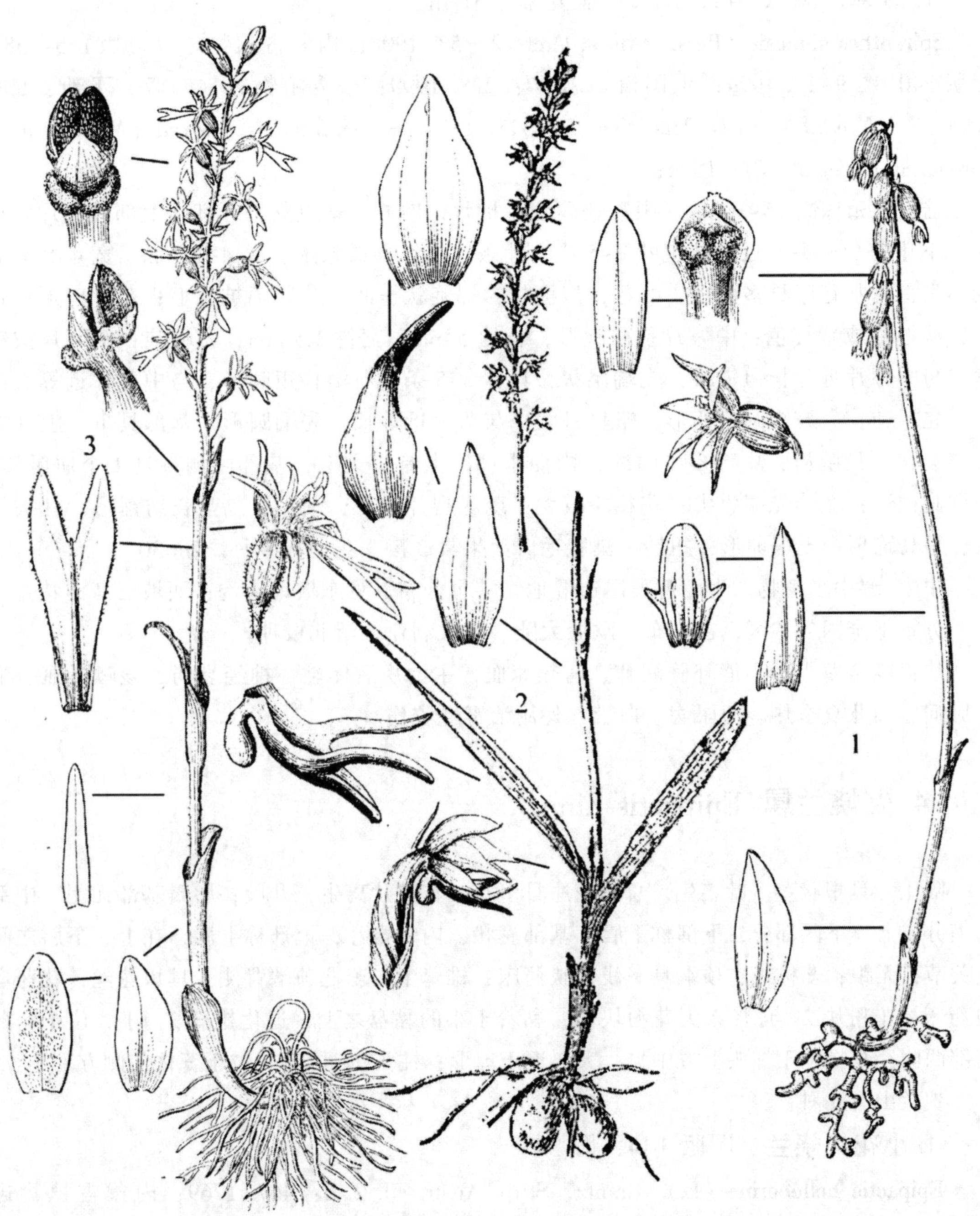

图版 143　1. 珊瑚兰 Corallorhiza trifida Chat. 植株、花、中萼片、侧萼片、花瓣、唇瓣、蕊柱（花药脱落）；2. 裂瓣角盘兰 Herminium alaschanicum Maxim. 植株及花序、花外形、侧萼片、花瓣、唇瓣；3. 堪察加鸟巢兰 Neottia camtschatea（L.）Reichb. 植株、花、中萼片、侧萼片、花瓣、唇瓣、蕊柱正面观、蕊柱侧面观。（马平绘）

1. **绶草**（图版 144，图 2）盘龙参、扭扭兰

Spiranthes sinensis（Pers.）Ames. Orch. **2**：53. 1908；内蒙古植物志（二版）**5**：586. 图版 240. 图 9~17. 1994；中国植物志 **17**：228. 1999；宁夏植物志（二版）**下册**：596. 2007. ——*Neottia sinensis* Pers. Syn. **2**：511. 1807. ——*Spiranthes amoena*（M. V. Bieb.）Spreng. Syst. Veg **3**：708. 1826；

陆生。植株高 15~30 cm。根数条簇生，指状，肉质。茎直立，纤细，上部具苞片状小叶。小叶先端渐尖；近基部生叶 3~5 片，叶条状披针形或条形，长 4~12 cm，宽 4~8 mm，近渐尖；总状花序具多数密生的花，似穗状，螺旋状扭曲，花序轴被腺毛；苞片卵形；花小，淡红色或紫红色；中萼片狭椭圆形，长约 5 mm，宽约 1.5 mm，先端钝；侧萼片披针形，与中萼片近等长但较狭，先端尾状，具脉 3~5 条；花瓣狭矩圆形，与中萼片近等长但窄，先端钝；唇瓣矩圆状卵形，略呈舟状，与萼片近等长；先端圆形，基部具爪，上部边缘皱波状，具啮齿，中部多少缢缩，内面中部以上具短柔毛，基部两侧各具 1 个胼胝体；蕊柱圆柱形；花药先端急尖；花粉块较大；蕊喙裂片狭长，渐尖；黏盘长纺锤形；柱头较大，呈马蹄形；子房卵形，扭转，具腺毛。蒴果具 3 棱。花期 6~8 月。2n=30。

中生-湿中生植物。生山麓渠溪边湿地，零星分布。见东坡龟头沟；西坡巴彦浩特。

分布于全国各省区，也广布于欧亚大陆、澳大利亚。泛北极种。

块根或全草入药。能补脾润肺、清热凉血，主治病后体虚、神经衰弱、咳嗽吐血、咽喉肿痛、小儿夏季热、糖尿病、白带；外用治毒蛇咬伤。

4. 火烧兰属 Epipactis Zinn

陆生。具根状茎。叶茎生。总状花序具多花；花被片离生，开展；唇瓣基部无距，中部缢缩分成上、下两部分，下部称下唇，基部囊状，内含蜜汁，上部称上唇，在上、下唇之间具关节；无距；蕊柱短，顶端具一浅杯状药床；雄蕊生于蕊柱顶端背侧，具短花丝；花药弯向药床；花粉块 2，球形，无花粉块柄，黏着于小的黏盘之上；退化雄蕊 2，小，位于花药基部两侧；蕊喙位于柱头上方中央，大，近于球形；柱头 2，隆起，位于蕊柱前侧方。

贺兰山有 1 种。

1. **小花火烧兰**（图版 144，图 3）

Epipactis helleborine（L.） Crantz，Stirp. Austr. ed. 2. **6**：467. 1769；内蒙古植物志（二版）**5**：580. 图版 245. 图 7~13. 1994；中国植物志 **17**：87. 1999；宁夏植物志（二版）**下册**：597. 图 378. 2007. ——*Serapias helleborine* L. Sp. Pl. 949. 1753.

陆生。植株高 20~40 cm。根状茎短，具多条细长根。茎直立，细圆柱状，下部具数枚叶鞘，近无毛，上部被柔毛。叶 3~5 片，互生，卵形或卵状披针形，长 3~6 cm，宽 2~3 cm，先端渐尖，基部抱茎，具弧曲脉序，边缘具乳突状细缘毛。总状花序长 8~15 cm，疏生 8 至

图版 144 **1. 凹舌兰** Coeloglossum viride (L.) Hartm. 植株及花序、花外形、中萼片、侧萼片、花瓣、唇瓣、蕊柱、花粉块及粘盘；**2. 绶草** Spiranthes sinensis (Pers.) Ames. 植株及花序、花外形、中萼片及花瓣、侧萼片、唇瓣、蕊柱、粘盘插生于蕊喙、蕊喙、花粉块及粘盘；**3. 小花火烧兰** Epipactis helleborine (L.) Crantz 植株下部、中部及花序、花、中萼片、侧萼片、花瓣、唇瓣、蕊柱（正面、侧面）。（马平绘）。

多数花；花序轴被短柔毛；苞片叶状，披针形，长 1~4 cm，宽 3~10 mm，先端渐尖，边缘具乳突状细缘毛，下部的长于花；花下垂；中萼片卵状舟形，长约 8 mm，宽约 3.5 mm，渐尖，无毛；侧萼片相似于中萼片，稍偏斜；花瓣卵形，长约 7 mm，宽约 3 mm，先端渐尖，萼片和花瓣的中脉明显；唇瓣长约 7 mm，下唇凹陷成杯状，近半球形，长约 4 mm，内面基部具明显 3 脉，上唇心形，长约 3 mm，基部有 2 枚胼胝体；蕊柱长约 3 mm，粗厚；花药长约 2 mm；子房狭倒卵形，长约 8 mm；花梗扭曲，长约 3 mm。花期 7 月。2n=20，38，40。

中生植物。生海拔 2 000~2 400 m 山地云杉林缘及土层较厚的灌丛下，零星分布。见东坡苏峪口沟、甘沟；西坡哈拉乌沟。

分布于我国华北、华中、西北、西南及黑龙江，广布于欧亚、北美及北非。泛北极种。

根和根茎入药，能清热解毒、止咳化痰、活血止痛，主治肺热、咳嗽、咽喉肿痛、音哑、牙痛、目赤肿痛、跌打损伤。

5. 凹舌兰属 Coeloglossum Hartm.

陆生。块茎掌状分裂。叶数片，互生。总状花序，具多数花；花通常黄绿色；萼片近等长，基部合生；花瓣小；唇瓣位于下方，顶端 3 裂，中裂片小于侧裂片，具短矩；蕊柱短，直立；花药基部叉开；花粉块 2，粉质，颗粒状，具短柄及黏盘；黏盘圆形，贴生于蕊喙基部叉开部分的末端，裸露；蕊喙位于两药室间靠近基部处，稍突起；三角状，基部叉开；柱头 1，位于蕊喙下凹处，肥厚，隆起。

贺兰山有 1 种。

1. 凹舌兰（图版 144，图 1）手儿参

Coeloglossum viride（L.）Hartm. Handb. Skand. Fl. 329. 1820；内蒙古植物志（二版）**5**：564. 图版 237. 1994；中国植物志 **17**：328. 1999. ——*Satyrium viride* L. Sp. Pl. 944. 1753. ——*Coeloglossum viride*（L.）Hartm. var. *bracteatum*（Muhl. ex Willd.）Richt. Fl. Europ. **1**：278. 1890；宁夏植物志（二版）**下册**：598. 2007.

陆生。植株高 15~40 cm。块茎肥厚，掌状分裂，颈部具数条细长根。茎直立，无毛，基部具 2~3 片叶鞘。叶 2~5 片，椭圆形、长椭圆形、宽卵状披针形，长 5~12 cm，宽 1~4 cm，先端急尖或渐尖，基部渐狭成鞘抱茎，无毛。总状花序长 4~11 cm，具多花，疏松；苞片条形或条状披针形，下部长于花，上部近等长于花；花绿色或黄绿色；萼片基部合生，且与花瓣成兜，中萼片卵状椭圆形，长 5~9 mm，宽 3~4 mm，先端钝，具 3~5 脉；侧萼片斜卵形，与中萼片近等大；花瓣条状披针形，长 4~7 mm，宽 0.3~1 mm，具 1 脉；唇瓣下垂，肉质，倒披针形，长 6~13 mm，基部具囊状距，近基部中央具 1 条短的纵褶片，顶端 3 浅裂，侧裂片长 1~2 mm，中裂片较小，三角状，距卵球形，长约 3 mm；蕊柱长 1.5~3 mm，

直立；退化雄蕊近半圆形；花药近倒卵形；花粉块近棒状，柄长 0.3~0.5 mm；粘盘近卵圆形；柱头近肾形；子房扭转，长 5~10 mm，无毛。花期 6~7 月。2n=40。

中生植物。生海拔 2 200~3 000 m 山地云杉林下、林缘，零星分布。仅见西坡哈拉乌北沟。

分布于我国除华南以外的大部分地区，广布于北半球温带。泛北极种。

6. 角盘兰属 Herminium Guett.

陆生。块茎近球形，不分裂。叶 1 至数枚，互生或近对生。花序总状，顶生，具多数密集花，而似穗状；花小，通常为黄绿色或绿色，常垂头，钩手状；萼片离生，近等大；花瓣通常较萼片狭小，常增厚带肉质；唇瓣位于下方，前部 3 裂或不裂，基部多少凹陷，通常无距，稀具距；蕊柱极短，直立；退化雄蕊 2，显著；花药生于蕊柱顶端，2 室，药室并行；花粉块 2，粉质，颗粒状，具短柄和粘盘；粘盘裸露，卷成角状或不卷为角状（唇瓣基部无距）；蕊喙小，近三角状；柱头 2，隆起，分开，几为棍棒状。

贺兰山有 1 种。

1. 裂瓣角盘兰（图版 143，图 2）

Herminium alaschanicum Maxim. in Bull. Acad. Sci. St. –Petersb. **31**：105. 1887；内蒙古植物志（二版）**5**：570. 图版 239. 图 9~13. 1994；中国植物志 **17**：350. 1999；宁夏植物志（二版）**下册**：600. 图 381. 2007.

陆生。植株高 20~35 cm。块茎椭圆形或球形，直径 8~12 mm，颈部生数条纤细长根。茎直立，无毛，基部具棕色膜质叶鞘，下部有叶 2~4，中、上部有 2~5 苞片状小叶。叶条状披针形或椭圆状披针形，长 5~10 cm，宽 5~12 mm，先端渐尖，基部渐狭成鞘抱茎，无毛。总状花序圆柱状，长 15~25 cm，具多数密集的花；苞片披针形，先端尾状，下部的较子房长；花小，绿色，垂头，钩手状；中萼片卵形，略呈舟状，长 2~4 mm，宽 1~2.5 mm，先端钝或近急尖，具 3 脉，侧萼片卵状披针形，歪斜，与中萼片近等长，但较窄，具 1~3 脉；花瓣较萼片稍长，卵状披针形，近中部骤狭呈尾状且肉质增厚；唇瓣近矩圆形，基部凹陷具短距，近中部 3 裂，侧裂片条形，中裂片条状三角形，较侧裂片稍短而宽；距明显，近卵状矩圆形，长约 1 mm，基部较狭，向末端加宽，向前弯曲，末端钝；蕊柱长约 1 mm；退化雄蕊小，椭圆形；花粉块倒卵形，具极短的柄和卷曲成角状的粘盘；蕊喙小；柱头 2，隆起；子房无毛，长 3~5 mm，扭转。花期 6~7 月。

中生植物。生海拔 2 200~2 800 m 山地云杉林下、林缘草甸，零星分布。见东坡苏峪口沟；西坡哈拉乌沟、南寺雪岭子沟。

贺兰山是其模式产地。模式标本系俄国人普热瓦尔斯基（N. Przewalski） No. 163 (Syntype)，1873 年 6 月 27 日至 7 月 9 日采自贺兰山山坡湿润地。

分布于我国华北、西北（东部）、西南，为我国特有种。东亚（中国喜马拉雅）种。

贺兰山栽培植物名录

一、造林及庭院树种

1. 银杏 *Ginkgo biloba* L.（银杏科），东坡小口子庙宇及宁夏贺兰山自然保护区管理局树木园有数株。

2. 云杉 *Picea asperata* Mast.（松科），宁夏贺兰山自然保护区管理局树木园、苗圃有十余株，1998 年由陕西引进。

3. 青杆 *Picea wilsonii* Mast.（松科），西坡巴彦浩特有种植。

4. 白杆 *Picea meyeri* Rehd.（松科），西坡巴彦浩特有较多种植。

5. 樟子松 *Pinus sylvestris* L. var. *mongolica* Litv.（松科），东、西坡都有少量种植。

6. 华北落叶松 *Larix principis-rupprechtii* Mayr.（松科），东、西坡都有种植，西坡哈拉乌北沟（清水湾）、叉沟，东坡插旗沟都有成片生长，长势良好，结果多年。

7. 侧柏 *Platycladus orientalis*（L.） Franch.（柏科），东、西坡都有较多种植，长势良好，结果多年。

8. 圆柏 *Sabina chinensis*（L.） Ant.（柏科），东、西坡寺庙都有种植，巴彦浩特旧王府院内有大树，长势良好，结果多年（在野生植物中有描述，下同）。

9. 爬地柏 *Sabina procumbens*（Endl.） Iwata et Kusaka.（柏科），东坡宁夏贺兰山自然保护区管理局从外地引入，数十株。

10. 毛白杨 *Populus tomentosa* Carr.（杨柳科），东、西坡都有少量种植。

11. 银白杨 *Populus alba* L.（杨柳科），东坡石炭井、北武当庙、汝箕沟、大水沟都有少量种植，北武当庙内有大树（高约 20m，胸径 60 cm），长势良好。

12. 新疆杨 *Populus alba* L. var. *pyramidalis* Bunge（杨柳科），东、西坡城镇、公路边主要行道绿化树种，长势良好。

13. 箭杆杨 *Populus nigra* L. var. *theuestina*（Dode） Bean（杨柳科），农田、庭院多有种植，农田防护林重要树种。

14. 小青杨 *Populus pseudo-simonii* Kitag.（杨柳科），东坡机关、矿区有少量种植。

15. 小叶杨 *Populus simonii* Carr.（杨柳科），东、西坡村舍有种植。

16. 旱柳 *Salix matsudana* Koidz.（杨柳科），东、西坡农舍、路旁、水渠边多有种植。长势一般，一些植物有枯梢现象。

17. 垂柳 *Salix babylonica* L.（杨柳科），东、西坡均有种植，巴彦浩特作行道树种。

18. 曲枝垂柳 *Salix babylonica* L. f. *tortuosa* Y. L. Chou（杨柳科），东坡宁夏贺兰山自然保护区管理局树木园有十余株，为 2000 年从陕西引入。

19. 榆 *Ulmus pumila* L. cv. *pendula*（榆科），东、西坡广为种植。

20. 槐 *Sophora japonica* L.（豆科），东、西坡庙宇、机关均有种植，巴彦浩特较多，长势良好。

21. 龙爪槐 *Sophora japonica* L. f. *pendula* Loud.（豆科），东坡宁夏贺兰山自然保护区管理局树木园有数株，1998 年从陕西引入。

22. 刺槐 *Robinia psedoaeacia* L.（豆科），东、西坡庭院、行道多有种植。

23. 紫穗槐 *Amorpha fruticosa* L.（豆科），东、西坡农舍、村镇均有种植。

24. 臭椿 *Ailanthus altissima*（Mill.） Swingle（苦木科），在东坡各沟口、寺庙、村舍多有种植。

25. 复叶槭（糖槭、梣叶槭）*Acer negundo* L.（槭树科），东、西坡村镇、机关多有种植，也作行道树。

26. 桃叶卫矛（丝棉木、白杜）*Euonymus bungeanus* Maxim.（卫矛科），东、西坡机关、庭院多有种植，作观赏树种。

27. 栾树 *Koelreuteria paniculata* Laxm（无患子科），东坡小口子有少量种植，能正常开花结果。

28. 沙枣 *Elaeagnus angustifolia.* L（胡颓子科），东、西坡均有种植，巴彦浩特庭院、涝坝围内有多量种植。

29. 白蜡 *Fraxinus chinensis* Roxb.（木犀科），西坡巴彦浩特机关院内有少量栽培，已结果。

30. 洋白蜡 *Fraxinus pennsylvanica* Marsh. var. *lancelata* Sarg.（木犀科），东坡小口子、苏峪口有种植，能结果，有枯梢现象。

31. 火炬树 *Rhus typhina* L.（槭树科），东坡宁夏贺兰山自然保护区管理局树木园及苗圃园见 1 株，长势很好。

32. 梓树 *Catalpa ovata* G. Don.（紫威科），东坡小口子有少量种植，长势良好，能结果。

此外，我们在宁夏贺兰山自然保护区管理局树木园还见到过杜仲 *Eucommia ulmoides* Oliv.和白皮松 *Pinus bungeana* Zucc ex Endl. 的幼年植株，均长势不佳，前者可能是水热条件均满足不了需要，后者可能是湿度不够，不适应当地环境，故没收。

二、果树类

1. 核桃（胡桃）*Juglans regia* L.（胡桃科），东坡山口农舍，西坡巴彦浩特果园均有种植。

2. 桑 *Morus alba* L.（桑科），东坡山口农舍多有种植，西坡少见。

3. 山楂 *Crataegus pinnatifida* Bunge（蔷薇科），东坡宁夏贺兰山自然保护区管理局树木园有数株，已结果，长势良好，为1998年从陕西引进；西坡果园也有。

4. 苹果 *Malus pumila* Mill（蔷薇科），东、西坡村镇、农舍、宾馆多有种植，巴彦浩特宾馆院内结果颇丰。

5. 花红（沙果）*Malus asiatica* Nakai（蔷薇科），东、西坡农舍、果园均有少量种植。

6. 白梨 *Pyrus ussuriensis* Maxim.（蔷薇科），东、西坡农舍、果园均有种植。

7. 秋子梨 *Pyrus bretschneideri* Maxim.（蔷薇科），西坡巴彦浩特果园有少量种植。作砧木用。

8. 桃 *Prunus persica*（L.） Batsch.——*Amygalus persica* L.（蔷薇科），东坡农舍、庭院、西坡果园、宾馆均有种植。

9. 杏 *Prunus armeniaca* L.（蔷薇科），东、西坡农舍、机关、果园多有种植。

10. 李 *Prunus salicina* Lindl.（蔷薇科），东坡农舍多有种植，西坡果园有种植。

11. 葡萄 *Vitis vinifera* L.（葡萄科），东、西坡农舍、机关、果园多有种植。品种甚多，如红葡萄的龙眼、玫瑰香，巨丰白葡萄的牛奶、皇后、太白、无核白等。

三、花灌木

1. 牡丹 *Paeonia suffruticosa* Andr.（毛茛科或芍药科），东坡苏峪口有栽培。

2. 紫叶小檗 *Berberis thunbergii* DC. var. *atropurpurea* Rehd.（小檗科），西坡旅游区有种植，东坡保护区管理局树木园有种植，1988年从陕西引进。

3. 山梅花 *Philadelphus incanus* Koehne（虎耳草科），东坡宁夏贺兰山自然保护区管理局树木园见一株。

4. 华北珍珠梅 *Sorbaria kirilowii*（Regel） Maxim.（蔷薇科），西坡巴彦浩特有种植，东坡宁夏贺兰山自然保护区管理局树木也有数株，1988年从陕西引进。

5. 黄刺枚 *Rosa xanthina* Lindl.（蔷薇科），东、西两侧机关、宾馆、居民庭院有种植，东坡宁夏贺兰山自然保护区管理局树木园有十余株，为1988年从陕西引进（花为重瓣与野生单瓣的不同）。

6. 月季 *Rosa chinensis* Jacp.（蔷薇科），东、西坡旅游点、机关、居民庭院有种植。

7. 玫瑰 *Rosa rugosa* Thunb.（蔷薇科），西坡巴彦浩特庭院有种植，东坡少见。

8. 榆叶梅 *Prunus triloba* Lindl.（蔷薇科），东坡宁夏贺兰山自然保护区管理局树木园有种植，1998 年从陕西引进。

9. 红叶李 *Prunus cerasifera* Ehrh. f. *atropurpurea*（Jaep.） Rehd.（蔷薇科），东坡宁夏贺兰山自然保护区管理局树木园有数株，1998 年从陕西引进。

10. 碧桃 *Prunnus persica*（L.）Batsch. f. *duplex* Rehd.（蔷薇科），东坡宁夏贺兰山自然保护区管理局树木园有数株，1998 年从陕西引进（花重瓣）。

11. 泡叶栒子 *Cotoneaster bullatus* Bois（蔷薇科），东坡宁夏贺兰山自然保护区管理局树木园有种植，已开花结果。为 1998 年从山西引进。

12. 白刺花 *Sophora viciifolia* Hance（豆科），东坡宁夏贺兰山自然保护区管理局树木园有种植（见 1 株），已开花结果。

13. 细枝岩黄芪 *Hedysarum scoparium* Fisch et Mey（豆科），西坡巴彦浩特营盘山上有种植。

14. 黄杨 *Buxus sinica*（Rehd. et Wils.）M. Cheng（黄杨科），东、西两侧都有少量种植。

15. 五叶地锦 *Parthenocissus quinquefolia*（L.）Planch（葡萄科），东、西两侧都有少量种植。

16. 栓翅卫矛 *Euonymus phellomanus* Loes.（卫矛科），东坡宁夏贺兰山自然保护区管理局树木园有数株，2001 年从陕西引进。

17. 红瑞木 *Cornus alba* L.——*Swida alba* Opiz（山茱萸科），东坡宁夏贺兰山自然保护区管理局树木园有 10 余株，1998 年从陕西引进。

18. 梾木 *Cornus macrophylla* Wall.——*Swida macrophylla*（Wall.）Sojak（山茱萸科），东坡宁夏贺兰山自然保护区管理局树木园有数株，1998 年从陕西引进。

19. 毛黄栌 *Cotinus coggygria* Scop. var. *pubescens* Engler（漆树科），东坡海昊苗圃有少量种植，能正常开花结果。

20. 花椒 *Zanthoxylum bungeanum* Maxim.（芸香科），东坡山口村舍有种植，经济树种。

21. 连翘 *Forsythia suspensa*（Thunb.）Vahl.（木犀科），东坡苏峪口有种植，宁夏贺兰山自然保护区管理局树木园有 10 余株，2000 年从陕西引进。

22. 红丁香（毛丁香）*Syringa villosa* Vahl.（木犀科），西坡巴彦浩特街心广场有种植，东坡海昊苗圃有栽培。

23. 暴马丁香 *Syringa reticulata*（Bl.） Hara var. *mandshurica*（Maxim.） Hara—— *S. amurensis* Rupr.（木犀科），东坡宁夏贺兰山自然保护区管理局树木园有数株，1998 年从陕西引进。

24. 白花丁香 *Syringa oblata* Lindl. var. *affinis*（L. Henry） Lingelsh.（木犀科），东、西坡都有少量种植。

25. 光果莸 *Caryopteris tangutica* Maxim.（马鞭草科），东坡苏峪口有栽培，长势良好，能开花结果。

26. 金叶莸 *Caryopterisx clandonensis* Worcester Gold（马鞭草科），东坡苏峪口有栽培，长势良好。

27. 金银忍冬（小花金银花）*Lonicera maackii*（Rupr.）Maxim.（忍冬科），东坡宁夏贺兰山自然保护区管理局树木园有数株，1998 年从陕西引进。

28. 红花忍冬 *Lonicera rupicola* Hook. f. et Thoms. var. *syringantha*（Maxim.） Zebel（忍冬科），东坡宁夏贺兰山自然保护区管理局树木园有 2 株，1998 年从陕西引进。

29. 锦带花 *Weigela florida*（Bunge）A. DC.（忍冬科），东坡苏峪口有种植，宁夏贺兰山自然保护区管理局树木园有数株。长势良好，能开花结果。

30. 香荚蒾*Viburnum farreri* W. T. Stearn（忍冬科），东坡宁夏贺兰山自然保护区管理局树木园有数株，1998 年从陕西引进。

四、露地草花（不含室内与盆栽花卉）

（东、西坡旅游点、宾馆、街道旁、庭院常种植）

1. 芍药 *Paeonia lactiflora* Pall.（毛茛科或芍药科），多年生草本，原产我国。

2. 荭草 *Polygonum orientale* L.（蓼科），一年生草本，原产东亚。

3. 扫帚菜 *Kochia scoparia*（L.） Schrad. f. *trichophila*（Hort）Schinz et Thell.（藜科），一年生草本，原产亚洲。

4. 石竹（洛阳花）*Dianthus chinensis* L.（石竹科），多年生草本，原产我国。

5. 虞美人 *Papaver rhoeas* L.（罂粟科），一年生草本，原产欧洲。

6. 旱金莲 *Tropaeolum majus* L.（旱金莲科），一年生草本，原产南美秘鲁。

7. 鸡冠花 *Celosia cristata* L.（苋科），一年生草本，原产印度。

8. 紫茉莉 *Mirabilis jalapa* L.（紫茉莉科），一年生草本，原产美洲。

9. 醉蝶花 *Cleome spinosa* L.（白花菜科），一年生草本，原产美洲。

10. 大花马齿苋（半支莲）*Portulaca grandiflora* Hook（马齿苋科），一年生草本，原产巴西。

11. 红花菜豆 *Phaseolus coccineus* L.（豆科），一年生草本（嫩豆角可作蔬菜），原产美洲热带。

12. 凤仙花（指甲草）*Impatiens balsamina* L.（凤仙花科），一年生草本，原产我国。

13. 锦葵（小熟季）*Malva sinensis* Cavan.（锦葵科），一年生草本，原产我国。

14. 蜀葵（大熟季）*Althaea rosea* L.（锦葵科），多年生草本，原产我国。

15. 三色堇 *Viola tricolor* L.（堇菜科），一年生草本，原产欧洲。

16. 圆叶牵牛 *Pharbitis purpurea*（L.） Voight.（旋花科），一年生草本，原产美洲。

17. 银边翠（高山积雪）*Euphorbia marginata* Pursh（大戟科），一年生草本，原产北美。

18. 夜来香（月见草）*Oenothera biennis* L.（柳叶菜科），一年生草本，原产北美。

19. 一串红 *Salvia splendens* Ker-Gawl.（唇形科），一年生草本，原产北美巴西。

20. 金鱼草 *Antirrhinum majus* L.（玄参科），一年生草本，原产美洲。

21. 翠菊（江西腊、六月菊）*Callistephus chinensis*（L.） Ness（菊科），一年生草本，原产我国北方。

22. 百日菊（步步登高）*Zinnia elegans* Jacq.（菊科），一年生草本，原产墨西哥。

23. 大丽花 *Dahlia pinnata* Cav. Ic. et Descr.（菊科），多年生草本，原产墨西哥。

24. 小丽花 *Dahlia hybrida* Hort.（菊科），多年生草本，原产墨西哥。

25. 秋英（波斯菊、八瓣梅）*Cosmos bipinnata* Cav. Ic. et Descr.（菊科），一年生草本，原产墨西哥。

26. 万寿菊（臭芙蓉）*Tagetes erecta* L.（菊科），多年生草本，原产墨西哥。

27. 金盆花 *Calendula officinalis* L.（菊科），一年生草本，原产欧洲南部。

28. 黑心金光菊 *Rudbeckia hirta* L.（菊科），一年生草本，原产北美。

29. 美人蕉 *Canna generalis* Bailey（美人蕉科），多年生草本，原产美洲。

五、粮食、油料及经济作物

1. 小麦 *Triticum aestivum* L.（禾本科）
2. 大麦 *Hordeum vulgare* L.（禾本科）
3. 稻（水稻）*Oryzo sativa* L.（禾本科）
4. 玉米（玉蜀香）*Zea mays* L.（禾本科）
5. 谷子（粟）*Setaria italica*（L.）Beauv（禾本科）
6. 黍（黍子）*Panicum miliaceum* L.（禾本科）
7. 高粱（蜀黍）*Sorghum bicolor*（L.） Moench——*S. vulgare* Pers.（禾本科）
8. 大豆（黄豆、黑豆）*Glycine max*（L.） Merr.（豆科）
9. 蚕豆（大豆）*Vicia faba* L.（豆科）
10. 豌豆 *Pisum sativum* L.（豆科）
11. 绿豆 *Phaseolus radiatus* L.（豆科）
12. 赤小豆 *Phaseolus angularis*（Willd.）W. F. Wight（豆科）
13. 菜豆（豆角）*Phaseolus vulgaris* L.（豆科）
14. 落花生 *Arachis hypogaea* L.（豆科）
15. 荞麦 *Fagopyrum sagittatum* Gilib.（蓼科）

16. 芥菜（菜籽）*Brassica juncea*（L.）Czern. et Coss（十字花科）
17. 芝麻菜（臭芥）*Eruca sativa* Mill.（十字花科）（也逸为半野生）
18. 亚麻（胡麻）*Linum usitatissimum* L.（亚麻科）
19. 向日葵 *Helianthus annuus* L.（菊科）
20. 蓖麻 *Ricinus communis* L.（大戟科）
21. 线麻（大麻）*Cannabis sativa* L.（桑科）
22. 甜菜 *Beta vulgaris* L.（藜科）
23. 烟草（黄花烟草）*Nicotiana rustica* L.（茄科）
24. 草红花 *Carthamus tinctorius* L.（菊科）

六、蔬菜、瓜果

蔬菜

1. 白菜（长白菜、大白菜）*Brassica rapa* L. var. *glabra* Regel（十字花科）
2. 甘蓝（莲花白、圆白菜）*Brassica oleracea* L. var. *capitata* L.（十字花科）
3. 球茎甘蓝 *Brassia oleracea* L. var. *gongylodes* L.（十字花科）
4. 花椰菜（菜花）*Brassica oleracea* L. var. *botrytis* L.（十字花科）
5. 油菜（青菜）*Brassica rapa* L. var. *chinensis*（L.）Kitam（十字花科）
6. 芥菜疙瘩 *Brassica juncea*（L.）Czern. et Coss. var. *napiformis*（Paill. et Bois） Kitam（十字花科）
7. 雪里红（雪里翁）*Brassica juncea*（L.）Czern. et Coss.（十字花科）
8. 芜菁 *Brassica rapa* L.（十字花科）
9. 萝卜 *Raphanus sativus* L.（十字花科）
10. 芹菜 *Apium graveolens* L.（伞形科）
11. 芫荽（香菜）*Coriandrum sativum* L.（伞形科）
12. 茴香（小茴香）*Foeniculum vulgare* Mill.（伞形科）
13. 胡萝卜 *Daucus carota* L. var. *sativa* Hoffm.（伞形科）
14. 莴苣（生菜）*Lactuca sativa* L.（菊科）
15. 蒿子秆（茼蒿）*Chrysanthemum carinatum* Schousb.（菊科）
16. 菜豆 *Phaseolus vulgaris* L.（豆科）
17. 红豆 *Phaseolus angular*（Wild） W. F. Wight.（豆科）
18. 茄 *Solanum melongena* L.（茄科）
19. 番茄（西红柿）*Lycopersicon esculentum* Mill.（茄科）
20. 辣椒 *Capsicum annuum* L.（茄科）

21. 马铃薯 *Solanum tuberosum* L.（茄科）

22. 菠菜 *Spinacia oleracea* L.（藜科）

23. 韭 *Allium tuberosum* L.（百合科）

24. 葱 *Allium fistulosum* L.（百合科）

25. 蒜 *Allium sativum* L.（百合科）

26. 洋葱 *Allium cepa* L.（百合科）

27. 菊芋（洋姜）*Helianthus tuberosus* L.（菊科）

28. 宝塔菜（甘露子）*Stachys sieboldii* Miq.（唇形科）

瓜类

29. 西葫芦 *Cucurbita pepo* L.（葫芦科）

30. 南瓜（倭瓜）*Cucurbita moschata*（Duch. ex Lam.） Duch. ex Poiret（葫芦科）

31. 大瓜（笋瓜）*Cucurbita maxima* Duch.（葫芦科）

32. 黄瓜 *Cucumis sativus* L.（葫芦科）

33. 香瓜 *Cucumis melo* L.（葫芦科）（含多个品种，如哈密瓜、白兰瓜、华莱士）

34. 菜瓜 *Cucumis melo* L. var. *conomon*（Thunb.）Makino（葫芦科）

35. 丝瓜 *Luffa cylindrica*（L.）Roem.（葫芦科）

36. 西瓜 *Citrullus lanatus*（Thunb.）Mastum.（葫芦科）

七、牧草

1. 苏丹草 *Sorghum sudanense*（Piper） Stapf（禾本科）

2. 黄花草木樨 *Melilotus officinalis*（L.）Desr（豆科）

3. 白花草木樨 *Melilotus albus* Medic.（豆科）

4. 箭舌豌豆（巢菜）*Vicia sativa* L.（豆科）

5. 毛叶苕子 *Vicia villosa* Roth.（豆科）

6. 紫花苜蓿 *Medicago sativa* L.（豆科）

7. 沙打旺 *Astragalus adsurgens* Pall.（豆科）

除上述栽培植物以外，贺兰山植物以野生为主的，同时进入栽培植物的有：青海云杉 *Picea crassifolia* Kom.、油松 *Pinus tabulaeformis* Carr.、杜松 *Juniperus rigida* Sieb. et Zucc.、灰榆 *Ulmus glaucescens* Franch.、木藤廖 *Polygonum aubertii* L.、蒙古扁桃 *Prunus mongolica* Maxim.、单瓣黄刺玫 *Rosa xanthina* Lindl. f. *normalis* Rehd. et Wils.、紫丁香 *Syringa oblata* Lindl.、文冠果 *Xanthoceras sorbifolia* Bunge、互叶醉鱼草 *Buddleja alternifolia* Maxim.、小叶忍冬 *Lonicera microphylla* Willd. ex Roem. et Schult.等。

附录

Addenda

新种记载

Diagnoses Plantarum Novarum

Sabina Mill

Sabina vulgaris Ant. var. **alashanensis** Z. Y. Chu et C. Z. Liang, var. nov.

A typo differt plantis arboresentibus; ramulis crassioribus 1~2 mm diam.; strobilis 1~2 seminibus, majoribus, 7~9 x 6 mm.

Spec. exam.: Helanshan（贺兰山）: Xiazigou（峡子沟）, alt. 1900 m. 30Ⅶ 2004. C. Z. Liang（梁存柱）, H-04-347（Typus HIMC）.

Astragalus L.

Astragalus leasanicus Ulbr. var. **pilocarpus** Z. Y. Chu et C. Z. Liang, var. nov.

A typo differt foliis et leguminibus pilis albis adprssis.

Spec. exam.: Helanshan（贺兰山）: Dashuigou（大水沟）, alt. 1 400 m. 10 Ⅴ2004. Z. Y. Chu（朱宗元）, 04-118.

Euphorbia L.

Euphorbia ordosinensis Z. Y. Zhu et W. Wang, sp. nov.

Species affinis E. lioui C. Y. Wu & J. S. Ma, sed glandibus 4~5, reniformibus vel subrotundis, apice sinuosis, in sinu erose dentatis rubiginosis, plantis minoribus, caule simplici, foliis et bracteolis linearibus vel lineari-laceolatis, costa 1 differt.

Herba perennis minima. Radix teres circ. 5 cm longa, 2~3 mm diam., fulvida. Caules erecti 5~10 cm alti, simplices glabri. Folia alterna, sessilia, linearia vel lineari-laceolata, 0.5~2.5 cm longa, 2~4 mm lata, apice acuminata, margine integra, glabra, costa 1. Cyathium terminale, brachypodum; bracteae 3~4, subverticillatae, similes inferne foliis, longiores; pedunculi 3~4, circ. 2 cm. longi; bracteolae 2, oppositae, triangulari-ovatae, 4~8 mm longae et latae, apice acutae vel obtusiusculae, basi subtruncatae; costa 1, glabra; involucra campanulata, 1.5 mm longa, 2 mm diam., apice 4（5）-lobata, extus glabra, intus pilosa, glandibus 4~5, reniformibus vel subrotundis, apice sinuosis in sinu erose dentatis, rubiginosis. Flores masculini3 ~6, ebracteati, antheris versatilibus. Flos femineus 1; ovarium longe globosum, 2 mm longum, 1.2 mm diam., laeve, stipitatum, stipite 3 mm. longo; styli 3, 2 mm longi, 2/3 liberi; stigmata 2-lobulata, lobulo superiore. Fructus ignotus.

Spec. exam.: China. Nei Monggol（内蒙古）, Ordos（鄂尔多斯）, Mt. Alabas（阿拉巴斯山）, Qipanjing（棋盘井）, in stony lower mountain and hills, alt. 1 200 m. 14 Ⅴ 1998. Z. Y. Chu（朱宗元）, W. Wang（王炜）, H. Pei（裴浩）, 98-021（Holotypus, HIMC）; same county Z. Y. Chu, W. Wang, C. Z. Liang （梁存柱）, 99-018; Mt. Albas, Xigou（西沟）, Z. Y. Chu, W. Wang, C. Z. Liang, 99-024.

Vaccinium L.

Vaccinium vitis-idaea L. var. **alashanicum** Z. Y. Chu et C. Z. Liang, var. nov.

A typo differt plantis tenuibus; 2~5 cm altis; pedicellibus tenuibus, "Pili glandulis".

Spec. exam.: Helanshan（贺兰山）: Lancaiguo（烂柴沟）. alt. 2 400~2 500 m. in Picea sylvis, J. G. Xu（徐建国）s. n.（无号）（Typus HIMC）

Ajania Poljak.

Ajania khartensis（Dunn） Shin var. **polycephala** Z. Y. Chu et C. Z. Liang, var. nov.

A typo differt capitulis parvioribus, 2~3 mm diam., in caulium vel ramorum apicibus 3~6 conglomeratis.

Spec. exam.: Helanshan（贺兰山）: Halawubeiguo（哈拉乌北沟）, in letis fluminalibus montium（干旱山地）, alt. 2 300 m. 17 Ⅸ 1985. Z. Y. Chu（朱宗元）, 85-144（Typus HIMC）.

Saussurea DC.

Saussurea alaschanica Maxim. var. **acaulis** Z. Y. Chu et C. Z. Liang, var. nov.

A typo differt caulibus brevissimis vel acaulibus.

Spec. exam.: Helanshan（贺兰山）: alpine meteorological Station（高山气象站）, in apicibus montanorum（山顶点）, alt. 2 500 m. 31 Ⅷ 2004. C. Z. Liang et al.（梁存柱等）. H-04-402（Holotypus HIMC）.

Saussurea alashanica Maxim. var. **polycephala** Z. Y. Chu et C. Z. Liang, var. nov.

A typo differt capitulis 3~5 in caulium apicibus corymbosis.

Spec. exam.: Helanshan（贺兰山）: Nansigou（南寺沟）, Xuelingzi（雪岭子）, in valibus（山谷中）, alt. 2 700 m. 29 Ⅷ 2004. C. Z. Liang et al.（梁存柱等）H-04-320（Holotypus

HIMC）.

Saussurea helanshanensis Z. Y. Chu et C. Z. Liang，sp. nov.

Species S. mae H. C. Fu. affinis，sed phyllariis pinnati-sectis，lobis lareralibus（3）5~8 jugis，linearibus vel angusti-linearibus；calathiis solitariis，innolueis subsphaerics，circ. 1.5 mm longis 16 mm diam. differt.

Herba perennis 10 ~25 cm alt. Radix crassa，circ. 2 cm diam，fusca，collo petiolis marcidis remanentis. Caulis simplex，erctus，dense villosus. Folia ambito lanceolata vel linaeari-lanceolata，5~15 cm longa，pinnatisecta，lobis lateralibus（3）5~8 jugis，linearibus vel angusti-linealribus，0.5~1.5 cm longis，0.2~0.5 mm latis，apice acutis vel acuminatis，saepe mucronatis，integeris vel lare dentatis，supra glabra，subtus dense araneosa villosa et glandulosa，folia supra miner，lineares，pinnati-5 partita，lobis linearibus，interdu non partita，2~3 dentibus. Calathia solitaria；invalucrum subsphaericum，1.5 cm longum，2 cm diam；phylla 5~6 stromitica，grufa，apice acuminata，recurva，dense villosa et glandulosa，externa ovata vel oviti-lanceolata，interior lanceolatiovata vel lineari-lanceolata. Ovata，apice acuminata. Corolla purpurea，circ. 20 mm loga，tubo 7~8 mm longo，limbo 10~11 mm longo. Achenia cylindrical，fusca，circ. 3 mm longa，4 gonia；pappi 2-stromitici albidi circ. 12 mm longi.

Spec. exam.: Helanshan（贺兰山）：Suyugou（苏峪沟），in aridis petris（干旱的岩石上），alt. 2700 m. 25. VIII. 2003. L. Q. Zhao et al.（赵利清等），s. n.（Holotypus HIMC）

中名索引

（按笔画顺序排序）

四画

五画

六画

七画

八画

十画

十一画

十二画

十三画

十四画

十五画

十六画

十七画

十八画

十九画

二十画

二十一画以上

拉丁名索引

A

B

C

D

E

F

G

I

M

N

O

P

R

S

T